VORLESUNGEN ÜBER REELLE FUNKTIONEN

VON

DR. CONSTANTIN CARATHÉODORY

ORD. PROFESSOR AN DER UNIVERSITÄT MÜNCHEN

MIT 47 FIGUREN IM TEXT

ZWEITE AUFLAGE

1927

SPRINGER FACHMEDIEN WIESBADEN GMBH

PHOTOMECHANISCHES GUMMIDRUCKVERFAHREN DER DRUCKEREI
B. G. TEUBNER, LEIPZIG

ISBN 978-3-663-15205-7 ISBN 978-3-663-15768-7 (eBook)
DOI 10.1007/978-3-663-15768-7

MEINEN FREUNDEN

ERHARD SCHMIDT

UND

ERNST ZERMELO

Aus dem Vorwort der ersten Auflage.

Die Umwälzung, welche die Theorie der reellen Funktionen durch die Untersuchungen von H. Lebesgue erfahren hat, ist ein Prozeß, der heute in seinen Hauptzügen als abgeschlossen gelten kann. Ein Versuch diese Theorie von Grund aus und systematisch aufzubauen scheint mir daher notwendig geworden zu sein; dies hat mich bewogen die Vorlesung, die ich im Sommersemester 1914 an der Universität Göttingen gehalten habe, auszuarbeiten, und mit manchen Erweiterungen und Zusätzen versehen, der Öffentlichkeit vorzulegen.

Ich habe mich bemüht die Tatsachen, die zur Darstellung einer Theorie der reellen Funktionen notwendig sind, direkt aus den am Anfang des Buches angeführten Axiomen über reelle Zahlen ohne jede weitere Voraussetzung zu entwickeln und in eine solche Reihenfolge zu bringen, daß alle Beweise möglichst aus ihrer natürlichen Quelle entspringen und daher zu Sätzen führen, die man mit großer Allgemeinheit aussprechen kann.

Das Fundament, auf dem die ganze Theorie der reellen Funktionen beruht, ist die Theorie der Punktmengen, diese unvergängliche Schöpfung Georg Cantors. In den Kapiteln, die diesem Gegenstande gewidmet sind, habe ich aber durchaus nicht den Grad der Vollständigkeit erstrebt, der in einem der Mengenlehre selbst gewidmeten Werke — von denen es vorzügliche in deutscher Sprache gibt — unerläßlich wäre, sondern mich damit begnügt, die Resultate aufzustellen, die in späteren Abschnitten wirklich benutzt werden oder die für das allgemeine Verständnis der Theorie unentbehrlich sind.

Göttingen, Dezember 1917.

C. Carathéodory.

Vorwort der zweiten Auflage.

Da die seit einiger Zeit notwendig gewordene zweite Auflage dieses Buches durch mechanischen Neudruck hergestellt worden ist, ist es nicht möglich gewesen, größere Änderungen im Texte vorzunehmen.

Abgesehen von kleinen Verbesserungen sind vor allem der Abschnitt über Punktmengen von nicht meßbarem Inhalt (§§ 332—334) nach einer Note von Herrn Jul. Wolff (C. R. 177 [1923] p. 863) und die Erweiterung des Definitionsbereiches stetiger Funktionen (§§ 541 bis 543) neu redigiert worden. Bei der letzten Frage sowie auch im § 367 bin ich der Darstellung von Herrn F. Hausdorff im fünften Bande der Mathematischen Zeitschrift (1919) gefolgt.

Außerdem habe ich zwei kleine Untersuchungen, die nicht im Texte eingeschoben werden konnten, als Noten am Ende des Werkes aufgenommen. Die erste dieser Noten, die eine schöne Bemerkung über den Vitalischen Satz enthält, ist aus einer Mitteilung von Herrn H. Bohr entstanden.

Endlich habe ich das Literaturverzeichnis am Ende des Buches, wie ich hoffe, praktischer eingeteilt und auch einiges aus den neuesten Veröffentlichungen berücksichtigt.

München, 21. Mai 1927.

C. Carathéodory.

Inhalt.

Seite

Einleitung.

§ 1. Anordnungs- und Verknüpfungsaxiome 1
§ 11. Zahlenmengen. Axiome der natürlichen Zahlen 6
§ 18. Das Stetigkeitsaxiom 10
§ 24. Absolute Beträge 16
§ 26. Das Zuordnungsaxiom 18

Kapitel I. **Über Punktmengen.**

§ 27. Definitionen 19
§ 30. Die Grundoperationen an Punktmengen 21
§ 38. Endliche und unendliche Punktmengen. Abzählbarkeit 25
§ 50. Sätze über Intervalle 34
§ 52. Vergleich einer Punktmenge mit dem Gesamtraum 37
§ 54. Klassifizierung von Punktmengen 39
§ 57. Überdeckungssätze 42
§ 62. Sätze über Häufungs- und Kondensationspunkte. 48
§ 67. Häufungspunkte von Durchschnitts- und Vereinigungsmengen . . . 52
§ 74. Relativbegriffe 58
§ 76. Überall dichte und nirgends dichte Punktmengen 61
§ 80. Sätze über gewisse Durchschnittsmengen 66

Kapitel II. **Der Grenzbegriff.**

§ 83. Der allgemeine Funktionsbegriff 71
§ 85. Der obere und der untere Limes 73
§ 96. Konvergente Zahlenfolgen 88
§ 104. Summen von positiven Zahlen 98
§ 106. Konvergente Reihen 101
§ 113. Konvergente Punktmengen. 110
§ 115. Limes superior und inferior von Folgen von Punktmengen 113

Kapitel III. **Funktionen.**

§ 121. Definitionen 120
§ 123. Limesfunktionen einer Punktfunktion 122

Seite

§ 127. Halbstetigkeits- und Stetigkeitspunkte 127
§ 134. Halbstetige und stetige Funktionen. 136
§ 139. Schwankung. Punktiert- und totalunstetige Funktionen 140
§ 143. Funktionen einer Veränderlichen 144
§ 147. Monotone Funktionen 149
§ 162. Erzeugung stetiger Funktionen. 167
§ 167. Konvergente Funktionenfolgen 170
§ 171. Gleichmäßige Konvergenz 173
§ 177. Funktionen von beschränkter Variation 180

Kapitel IV. **Entfernung und Zusammenhang.**

§ 185. Entfernung von Punkten 191
§ 189. Entfernung von Punktmengen 196
§ 195. Durchmesser 201
§ 198. Gleichmäßige Stetigkeit 203
§ 200. Stetige Abbildung 205
§ 204. Kontinuen 208
§ 213. Begrenzung von Punktmengen 216
§ 220. Gebiete 222
§ 226. Anwendung auf stetige Funktionen 227

Kapitel V. **Inhalt und Meßbarkeit.**

§ 228. Äußerer Inhalt 229
§ 235. Maßfunktionen 237
§ 239. Meßbarkeit. 246
§ 253. Die regulären Maßfunktionen 258
§ 269. Anwendung der Theorie der Meßbarkeit auf den Inhalt von Punktmengen 274
§ 279. Quadrierbare Punktmengen. Räumliche Zellennetze 289
§ 288. Überdeckungssatz von Vitali. 299

Kapitel VI. **Lineare Gebilde.**

§ 292. Vektoren des q-dimensionalen Raumes 307
§ 293. Lineare Vektorgebilde. 309
§ 298. Orthogonalitätseigenschaften 313
§ 304. Determinanten 318
§ 312. Anwendung der Determinanten auf die linearen Vektorgebilde . . 326
§ 316. Lineare Gleichungen 329
§ 321. Lineare Punktgebilde 333
§ 322. Lineare Punkttransformationen 335
§ 326. Transformation des Inhalts von Punktmengen 340

Seite

§ 330. Orthogonale Transformationen 347
§ 332. Punktmengen von nicht meßbarem Inhalt 349
§ 335. Stetige meßbare Abbildungen 354
§ 338. Kritik der Theorie der Maßfunktionen 359

Kapitel VII. **Meßbare Funktionen.**

§ 342. Darstellung von Funktionen durch Folgen von Punktmengen . . . 369
§ 345. Meßbare Funktionen 374
§ 356. Endlichwertige Funktionen 385
§ 359. Äquivalente Funktionen 389
§ 362. Die Klassen von Baire 393
§ 367. Anwendung des Klassenbegriffs auf meßbare Funktionen 401

Kapitel VIII. **Das bestimmte Integral.**

§ 374. Zylindermengen 414
§ 379. Ordinatenmengen 418
§ 381. Das bestimmte Integral von nicht negativen Funktionen 420
§ 384. Meßbarkeit und Summierbarkeit 423
§ 388. Summierbare Funktionen beliebigen Vorzeichens 427
§ 403. Abschätzung und Approximation von Integralen 445
§ 410. Darbouxsche Summen 453
§ 414. Riemannsche Integrale 459

Kapitel IX. **Das unbestimmte Integral und die additiven totalstetigen Mengenfunktionen.**

§ 424. Das unbestimmte Integral 469
§ 430. Additive totalstetige Mengenfunktionen 475
§ 435. Die mittleren Derivierten 480
§ 443. Die verallgemeinerten Derivierten 492
§ 450. Die Limesfunktionen der Derivierten 499
§ 453. Die additiven totalstetigen Intervallfunktionen 502

Kapitel X. **Funktionen einer Veränderlichen.**

§ 458. Die λ-Variation 510
§ 461. Die Derivierten einer Funktion 515
§ 465. Die Regeln der Differentialrechnung 518
§ 472. Die Derivierten von stetigen Funktionen als Funktionen der unabhängigen Veränderlichen 527
§ 483. Einfache Integrale und totalstetige Funktionen 542
§ 496. Die Substitutionstheorie der einfachen Integrale 556
§ 500. Monotone Funktionen 563
§ 511. Meßbare Abbildungen 581
§ 514. Funktionen von beschränkter Variation 584

Seite

§ 519. Die nirgends differentiierbare Funktion von Weierstraß 590
§ 523. Das Umkehrproblem der Differentialrechnung 594
§ 528. Berechnung von einfachen Integralen. 600
§ 532. Uneigentliche Integrale 606
§ 537. Der zweite Mittelwertsatz der Integralrechnung 612
§ 541. Erweiterung des Definitionsbereichs stetiger Funktionen 617

Kapitel XI. **Funktionen von mehreren Veränderlichen.**

§ 544. Der Satz von Fubini 621
§ 548. Die wiederholten und die mehrfachen Integrale 628
§ 557. Partielle Ableitungen. Differentiierbarkeit 641
§ 564. Die Vertauschung der Reihenfolge der Differentiationen 650
§ 565. Totalstetige Funktionen von zwei Veränderlichen 651
§ 572. Differentiation unter dem Integralzeichen 661
§ 576. Differentialgleichungen 665

Note I Über den Überdeckungssatz von Vitali 689
Note II Über das arithmetische Mittel des äußeren und inneren Inhalts. . 693

Anleitung zur Benutzung der Literatur 699
Verzeichnis der Beispiele 707
Register 709

Einleitung.

1. Die Theorie der reellen Funktionen beruht auf der Theorie der reellen Zahlen. Wenn man diese genetisch aufbauen will, so muß man nacheinander die positiven ganzen Zahlen, die negativen ganzen Zahlen, die rationalen und endlich die irrationalen Zahlen betrachten und ihre Eigenschaften untersuchen.*)

Für unsere Zwecke genügt es aber, wenn wir zeigen, daß man unter den Eigenschaften der Zahlen einige hervorheben kann, aus denen dann die übrigen folgen. Diese ausgezeichneten Eigenschaften wollen wir „Axiome" nennen. Die Aufzählung der Axiome soll nun durchaus nicht eine Theorie der reellen Zahlen ersetzen (die mindestens eine Untersuchung über die Widerspruchslosigkeit und die Unabhängigkeit der Axiome und noch manches andere enthalten müßte), aber wir gewinnen durch eine solche Aufzählung den festen Grund, auf dem wir alles Übrige ohne weitere Voraussetzung aufbauen werden.

Anordnungs- und Verknüpfungsaxiome.

2. Die Axiome der Anordnung lauten:

I 1. Die Zahlen können angeordnet werden, d. h. wenn a und b zwei Zahlen bedeuten, so muß von den drei Möglichkeiten

$$a = b, \quad a > b, \quad b > a$$

stets eine und nur eine erfüllt sein.

I 2. Es gibt mindestens zwei Zahlen, die nicht einander gleich sind.

I 3. Aus der Voraussetzung $a > b$ und $b > c$ folgt stets $a > c$.

Die Gleichung $a = b$ soll dabei bedeuten, daß die beiden Zeichen a und b dieselbe Zahl darstellen. Ist also $a = b$, so ist auch stets $b = a$, und aus den beiden Gleichungen $a = b$ und $b = c$ folgt stets $a = c$. Ferner

*) Siehe z. B. O. Hölder, Die Arithmetik in strenger Begründung. Programmabhandl. d. philos. Fakult. zu Leipzig (in Kommission bei Teubner, Leipzig 1914), sowie A. Pringsheim, Vorlesungen über Zahlenlehre, Erste Abteilung (Teubner, Leipzig 1916).

folgt aus $a = b$ und $b > c$, oder aus $a > b$ und $b = c$, daß $a > c$ ist. Allgemein kann man, wenn $a = b$ ist, in allen Relationen zwischen Zahlen das Zeichen a durch das Zeichen b ersetzen.

Die Relation $a > b$ wird „a größer als b" ausgesprochen; zur Bequemlichkeit der Darstellung führt man noch die Zeichen

$$<, \quad \neq, \quad \geqq, \quad \leqq$$

ein, die folgende Bedeutung haben:

$a < b$ ist eine andere Schreibweise für $b > a$ und wird „a kleiner als b" ausgesprochen.

$a \neq b$: „a ungleich b" bedeutet, daß entweder $a > b$ oder $a < b$, aber nicht $a = b$ ist.

$a \geqq b$: „a größer oder gleich b" oder auch „a nicht kleiner als b" bedeutet, daß entweder $a > b$ oder $a = b$, aber nicht $a < b$ ist.

$a \leqq b$: „a kleiner oder gleich b" oder auch „a nicht größer als b" bedeutet, daß entweder $a < b$ oder $a = b$, aber nicht $a > b$ ist.

3. Die Axiome der Addition lauten:

II 1. Sind a und b beliebig gegebene Zahlen, so gibt es eine eindeutig bestimmte Zahl c, die man die Summe von a und b nennt; man schreibt

$$c = a + b.$$

II 2. Die Summenoperation besitzt die kommutative Eigenschaft

$$a + b = b + a.$$

II 3. Die Summenoperation besitzt die assoziative Eigenschaft

$$a + (b + c) = (a + b) + c.$$

II 4. Wenn $a > a'$ ist, so ist $a + b > a' + b$.

Aus II 4 folgt erstens unmittelbar, daß, wenn $a < a'$ ist, die Relation $a + b < a' + b$ gilt, und zweitens, daß wenn $a + b >$ oder $=$ oder $< a' + b$ ist, die Zahl a bzw. $>$ oder $=$ oder $< a'$ ist. Der Beweis dieser letzten Behauptung ist in allen Fällen übereinstimmend. Setzen wir z. B. voraus $a + b > a' + b$, und nehmen wir an, es wäre nicht $a > a'$, dann kann nur $a' \geqq a$ gelten, woraus mit Berücksichtigung von II 4 folgt: $a' + b \geqq a + b$, was aber der Voraussetzung widerspricht.

Es ist selbstverständlich, daß man zwei Gleichungen gliedweise addieren kann: aus $a = a'$ und $b = b'$ folgt $a + b = a' + b'$.

Aber man kann auch zwei Ungleichheiten $a > b$ und $a' > b'$ gliedweise addieren. Denn es ist nach II 4

$$a + a' > b + a' \quad \text{und} \quad a' + b > b' + b,$$

ferner nach II 2

$$b + a' = a' + b \quad \text{und} \quad b' + b = b + b',$$

also nach I 3

$$a + a' > b + b'.$$

4. Das Axiom der Subtraktion lautet:

III. Sind a und b irgend welche Zahlen, so gibt es stets mindestens eine Zahl c, so daß $a = b + c$ ist. Die Zahl c wird die Differenz von a und b genannt.

Mit Hilfe der früheren Sätze kann man beweisen, daß es nur eine Zahl c geben kann, welche die Gleichung $a = b + c$ befriedigt. Aus $a = b + c$ und $a = b + c'$ folgt nämlich $b + c = b + c'$ und hieraus nach dem vorigen Paragraphen $c = c'$.

5. Wir führen jetzt die Null ein; es gibt nach III eine Zahl ζ, so daß für ein gegebenes a die Gleichung

$$a = \zeta + a$$

besteht. Diese Zahl ζ ist von a unabhängig. Denn aus $b = \zeta' + b$ folgt zunächst

$$b + a = (\zeta' + b) + a$$

und hieraus nach den Axiomen der Addition

$$a + b = (\zeta' + a) + b.$$

Es ist daher $a = \zeta' + a$ und somit wegen der Eindeutigkeit der Subtraktion $\zeta = \zeta'$. Die so definierte Zahl nennen wir Null und schreiben $\zeta = 0$.

6. Jetzt kann man positive und negative Zahlen trennen. Eine Zahl p heißt positiv, wenn $p > 0$ ist, und eine Zahl n heißt negativ, wenn $n < 0$ ist. Jede von Null verschiedene Zahl ist nach I 1 entweder positiv oder negativ.

Satz 1. *Ist p eine positive Zahl, so ist $a + p > a$.*

Es ist nach Voraussetzung $p > 0$; also nach II 4 ist $a + p > a + 0 = a$. Analog gilt für eine negative Zahl n die Gleichung: $a + n < a$.

Satz 2. *Ist $a > b$ und setzt man $a = b + c$, so ist $c > 0$.*

In der Tat würde aus $c \leqq 0$ folgen $b + c \leqq b$, was der Voraussetzung $b + c = a > b$ widerspricht.

7. Zwei Zahlen a und a' heißen entgegengesetzt, wenn ihre Summe Null ist: $a + a' = 0$. Ist $a = 0$, so ist auch $a' = 0$, denn dies folgt aus $a + a' = 0 = a$ nach der Definition der Null. Ist dagegen $a > 0$, so muß $a' < 0$ sein. Denn wäre $a' > 0$, so wäre nach dem vorigen Paragraphen $a + a' > a > 0$, und wäre $a' = 0$, so wäre $a + a' = a > 0$, was beides der Definition entgegengesetzter Zahlen widerspricht.

Das Axiom I 2 verbunden mit diesem letzten Resultat zeigt uns, daß es sowohl positive, wie auch negative Zahlen gibt.

Ist a gegeben, so ist die zu a entgegengesetzte Zahl a' durch die Gleichung $a + a' = 0$ eindeutig bestimmt. Man führt jetzt das Minuszeichen ein, indem man schreibt $a' = -a$, wenn a und a' entgegengesetzte Zahlen sind. Wegen der Symmetrie der Definition solcher Zahlen muß dann $a = -a'$ sein und also $a = -(-a)$.

Ist $a = c + b$, so ist $c = a + (-b)$ oder kurz $c = a - b$. Denn aus $a = c + b$ folgt $a + (-b) = c + b + (-b)$, also $a - b = c + 0 = c$.

8. Die Axiome der Multiplikation lauten:

IV 1. Zu zwei Zahlen a und b gibt es eine eindeutig bestimmte Zahl c, die das Produkt beider heißt. Man schreibt $c = a \cdot b$, oder auch $c = ab$.

Über die Multiplikation gelten die Gesetze:

IV 2. Das kommutative Gesetz: $a \cdot b = b \cdot a$.

IV 3. Das assoziative Gesetz: $a \cdot (b \cdot c) = (a \cdot b) \cdot c$.

IV 4. Das distributive Gesetz: $a \cdot (b + c) = a \cdot b + a \cdot c$.

IV 5. Ist $p_1 > 0$ und $p_2 > 0$, so ist auch $p_1 p_2 > 0$.

Es seien a und b beliebige Zahlen; nach dem Früheren haben wir $b = b + 0$, also

$$a \cdot b = a \cdot (b + 0),$$

folglich nach IV 4: $a \cdot b = a \cdot b + a \cdot 0$. Nach der Definition der Null ist daher $a \cdot 0 = 0$. Das liefert uns den

Satz 3. *Das Produkt einer beliebigen Zahl mit der Null ist gleich Null.*

Sind a und a' entgegengesetzt und b eine beliebige Zahl, so folgt aus dem letzten Satze, wegen $a + a' = 0$, mit Hilfe des distributiven Gesetzes:

$$(a + a') \cdot b = a \cdot b + a' \cdot b = 0$$

oder

$$(-a) \cdot b = -(a \cdot b).$$

Aus der letzten Formel bekommen wir ferner

$$(-a) \cdot (-b) = -[a \cdot (-b)] = -[-(a \cdot b)] = a \cdot b.$$

Die letzten „Vorzeichenregeln“ zusammen mit IV 5 liefern den

Satz 4. *Das Produkt einer positiven und einer negativen Zahl ist negativ; das Produkt von zwei negativen Zahlen ist positiv.*

Hieraus folgt insbesondere der

Satz 5. *Das Produkt ab von zwei Zahlen a und b verschwindet dann und nur dann, wenn eine der beiden Zahlen gleich Null ist.*

Denn für jeden der anderen möglichen Fälle ist das Produkt, wie wir sahen, entweder positiv oder negativ.

Satz 6. *Ist p eine positive Zahl, und ist $a > b$, so ist auch $ap > bp$. Ist n eine negative Zahl, und ist $a > b$, so ist $an < bn$.*

Nach Voraussetzung kann man schreiben: $a = b + p_1$, wo p_1 positiv ist. Also ist

$$ap = bp + pp_1 > bp,$$
$$an = bn + p_1 n < bn.$$

9. Das Axiom der Division lautet:

V. Ist $b \neq 0$ und a eine beliebige Zahl, so gibt es stets mindestens eine Zahl c, so daß $a = c \cdot b$ ist. Man schreibt dann $c = \frac{a}{b}$ oder $c = a:b$. Die Zahl c heißt der Quotient von a durch b.

Die Bedingung $b \neq 0$ ist natürlich notwendig; ist nämlich $b = 0$, so hat die Gleichung $a = cb$ nur dann eine Lösung, wenn $a = 0$ ist, und in diesem Falle ist c vollständig willkürlich.

Ist aber $b \neq 0$, so läßt sich zeigen, daß c durch unsere Forderung eindeutig bestimmt ist. Denn angenommen, es gäbe noch eine Zahl c', so daß zu gleicher Zeit $cb = c'b$ und $c \neq c'$ stattfinden, so könnte man die Gleichung aufstellen $c' = c + k$, wo $k \neq 0$ sein muß. Daraus würde aber folgen

$$c'b = (c + k)b = cb + kb \neq cb,$$

was der Voraussetzung widerspricht.

10. Wir führen jetzt die Eins ein. Es gibt nach V für jedes $a \neq 0$ eine Zahl ε, so daß $a = \varepsilon a$ ist. Diese Zahl ist von a unabhängig. Denn ist $b \neq 0$ und $b = \varepsilon' b$, so ist auch $ab = a\varepsilon' b$. Da aber nach dem vorigen Resultat die Division eindeutig ist, so muß $a = a\varepsilon'$ und daher $\varepsilon' a = \varepsilon a$ sein; eine zweite Anwendung desselben Schlusses liefert dann die zu beweisende Gleichung $\varepsilon = \varepsilon'$. Die so bestimmte Zahl ε drücken wir durch das Zeichen 1 aus.

Ist p irgend eine positive Zahl, so folgt aus $p \cdot 1 = p > 0$, mit Hilfe der Sätze über das Vorzeichen eines Produktes, daß 1 weder Null noch negativ sein kann; wir haben also:

$$1 > 0.$$

Zahlenmengen. Axiome der natürlichen Zahlen.

11. Charakteristisch für unsere heutige Mathematik ist die gleichzeitige Betrachtung von Gesamtheiten von Zahlen, die man Zahlenmengen nennt. Die einzelnen Zahlen a, die zu der betrachteten Gesamtheit $\{a\}$ gehören, nennt man die Elemente der Menge. Außerdem betrachtet man auch sogenannte „leere" Mengen, d. h. solche, die kein einziges Element besitzen. Zwei verschiedene Elemente einer Menge stellen stets zwei verschiedene Zahlen dar.

Haben zwei Mengen $\{a\}$ und $\{b\}$ die Eigenschaft, daß jedes Element b von $\{b\}$ zugleich auch Element von $\{a\}$ ist, so sagt man, daß die Menge $\{b\}$ eine Teilmenge von $\{a\}$ ist. Hiernach ist jede Menge eine Teilmenge von sich selbst. Man setzt außerdem noch fest, daß die leeren Mengen Teilmengen von jeder beliebigen Zahlenmenge sind. Ist $\{b\}$ eine Teilmenge von $\{a\}$, gibt es aber gewisse Elemente von $\{a\}$, die nicht in $\{b\}$ enthalten sind, so sagt man, daß $\{b\}$ eine echte Teilmenge von $\{a\}$ ist.

12. Die Axiome für die natürlichen Zahlen lauten:

VI 1. Die Zahl 1 ist eine natürliche Zahl, und $(n+1)$ soll ebenfalls eine natürliche Zahl sein, sobald n eine solche ist.

VI 2. Jede Teilmenge von natürlichen Zahlen, welche die Zahl 1 und mit der Zahl k immer auch $(k+1)$ enthält, ist mit der Gesamtmenge der natürlichen Zahlen identisch.

Die Menge der natürlichen Zahlen nennt man auch die natürliche Zahlenreihe und bezeichnet sie folgendermaßen:

$$1, 2, 3, \ldots;$$

hierbei ist $2 = (1+1)$, $3 = (2+1)$ usf.

Es sei n eine natürliche Zahl; die Gesamtheit der natürlichen Zahlen k, die der Bedingung

$$k \leqq n$$

genügen, ist eine echte Teilmenge der natürlichen Zahlenreihe, denn sie enthält nicht die natürliche Zahl $(n+1)$. Man nennt diese Teilmenge den Abschnitt der natürlichen Zahlenreihe an der Zahl n und bezeichnet sie durch das Symbol:

$$1, 2, \ldots, n.$$

13. Das Axiom VI 2 ist einem Satz gleichbedeutend, den man das Prinzip der vollständigen Induktion oder auch den Schluß von n auf $(n+1)$ nennt und folgendermaßen aussprechen kann:

Satz 1. *Ist $\mathfrak{B}(k)$ irgendeine Behauptung, die von einer Zahl k abhängt und*

a) *für $k = 1$ besteht,*

b) *stets mit k auch für $(k+1)$ besteht,*

so ist die Behauptung $\mathfrak{B}(k)$ ausnahmslos für alle natürlichen Zahlen richtig.

In der Tat enthält die Teilmenge $\{n\}$ der natürlichen Zahlenreihe, für welche $\mathfrak{B}(k)$ richtig ist, sowohl die Zahl 1 als auch die Zahl $(k+1)$, sobald sie die natürliche Zahl k enthält.

Man kann sogar einen etwas allgemeineren Satz derselben Art beweisen.

Satz 2. *Ist $\mathfrak{B}(k)$ irgendeine Behauptung, die von einer Zahl k abhängt und*

a) *für $k = 1$ besteht,*

b) *immer mit k auch für $(k+1)$ besteht, wenn k eine Zahl des Abschnitts der natürlichen Zahlenreihe an der Zahl n bedeutet,*

so ist $\mathfrak{B}(k)$ für alle Zahlen des Abschnitts der natürlichen Zahlenreihe an der Zahl $(n+1)$, also auch insbesondere $\mathfrak{B}(n+1)$, richtig.

Es sei $\{q\}$ die Teilmenge der natürlichen Zahlen, für welche entweder $\mathfrak{B}(q)$ besteht, oder $q > n$ ist. Diese Menge enthält wegen a) die Zahl 1 und wegen b) enthält sie stets mit q auch $(q+1)$. Hieraus folgt nach VI 2, daß für jede natürliche Zahl k entweder $\mathfrak{B}(k)$ oder $k > n$ bestehen muß. Die Behauptung $\mathfrak{B}(k)$ ist also für alle Zahlen des Abschnitts $k \leqq n$ richtig, und da $\mathfrak{B}(n)$ richtig ist, ist auch $\mathfrak{B}(n+1)$ richtig.

14. Wir leiten jetzt einige der Haupteigenschaften der natürlichen Zahlen ab.

Satz 3. *Alle natürlichen Zahlen sind positiv; die Zahl Eins ist die kleinste unter ihnen.*

In der Tat ist die Relation $k \geqq 1$ für $k = 1$ richtig; ist diese Relation ferner für $k = n$ erfüllt, d. h. ist $n \geqq 1$, so ist $(n+1) > 1$. Nach VI 2 sehen wir also, daß jede natürliche Zahl $\geqq 1$ und daher positiv ist. Ferner muß aber auch jede von Eins verschiedene natürliche Zahl > 1 sein.

Satz 4. *Sind a und b natürliche Zahlen und $a > b$, so ist die Differenz $(a-b)$ ebenfalls eine natürliche Zahl, und man kann schreiben $a=b+n$, wo n eine natürliche Zahl bedeutet.*

Ist $k = 1$, so ist $(k-1) = 0$; ist $(k-1)$ entweder gleich Null oder gleich einer natürlichen Zahl, so ist $((k+1)-1) = ((k-1)+1)$ immer gleich einer natürlichen Zahl. Nach dem Satz 1 ist also jede Zahl von der Form $(k-1)$, wo k eine natürliche Zahl bedeutet, entweder gleich Null oder gleich einer natürlichen Zahl. Hieraus folgt aber die Richtigkeit unseres Satzes für $b = 1$ und für jedes beliebige $a > b$; denn es ist dann $(a-b) = (a-1)$, und diese letzte Zahl ist wegen der Bedingung $a > b$ von Null verschieden.

Angenommen der Satz wäre bewiesen für $b = k$ und für jedes beliebige $a > b$, so wird nach dem Prinzip der vollständigen Induktion unser Satz allgemein bewiesen sein, wenn wir zeigen, daß er auch für $b = k + 1$ und für jedes beliebige $a > b$ richtig ist. Es sei also $a > k + 1$; dann ist erstens $(a-1) > k \geqq 1$ und folglich nach dem Früheren eine natürliche Zahl. Nach Voraussetzung ist nun $(a-1) = k + n$, wo n eine natürliche Zahl bedeutet, und daher $a = (k+1) + n = b + n$, was wir beweisen wollten.

Ganz ähnlich zeigt man, daß die Summe und das Produkt von zwei natürlichen Zahlen wieder natürliche Zahlen sind.

15. Wir beweisen jetzt den wichtigen Satz:

Satz 5. *Jede Menge* $\{a\}$ *von natürlichen Zahlen, die nicht leer ist, besitzt ein kleinstes Element, d. h. es gibt mindestens ein Element* a_0 *von der Eigenschaft, daß jedes beliebige Element* $a \geqq a_0$ *ist.*

Wir bezeichnen mit a' irgendein Element von $\{a\}$; ein solches muß nach Voraussetzung immer existieren. Um nun den Satz zu beweisen, bemerken wir, daß, wenn die Zahl Eins Element von $\{a\}$ ist, unsere Menge ein kleinstes Element besitzt, und daß dann unsere Behauptung richtig ist. Ist aber 1 nicht in $\{a\}$ enthalten, so ist die Zahl 1 kleiner als jedes Element von $\{a\}$. Wäre nun für jede natürliche Zahl k, die kleiner als jedes Element von $\{a\}$ ist, diese Eigenschaft auf $(k+1)$ übertragbar, so müßte nach VI 2 jede natürliche Zahl, also auch a', kleiner sein als jedes Element von $\{a\}$, was einen Widerspruch enthält.

Es gibt also notwendig eine natürliche Zahl k, die kleiner als jedes Element von $\{a\}$ ist, so daß die natürliche Zahl $(k+1)$ diese Eigenschaft nicht besitzt. Oder anders ausgedrückt, mindestens ein Element a_0 von $\{a\}$ ist $\leqq (k+1)$. Da a_0 eine natürliche Zahl $> k$ ist, so ist nach Satz 4

$$a_0 = k + n.$$

Aus $a_0 \leqq k + 1$ folgt dann $k + n \leqq k + 1$ und schließlich (Satz 3), daß $n = 1$ oder $a_0 = k + 1$ sein muß. Für jedes andere Element a von $\{a\}$ gilt aber ebenfalls die Darstellung $a = k + n$ und folglich ist

$$a_0 < a,$$

d. h. die Zahlenmenge $\{a\}$ besitzt ein kleinstes Element, wie wir beweisen wollten.

16. Das Prinzip der vollständigen Induktion erlaubt auch den Anzahlbegriff, d. h. die Kardinalzahlen mit Hilfe unserer Axiome zu erklären.

Definition. Von einer beliebigen Menge*) sagt man, daß sie nur aus endlich vielen Elementen besteht, wenn man ihre Elemente eineindeutig den Zahlen irgend eines Abschnittes $k \leqq n$ der natürlichen Zahlenreihe zuordnen kann, oder, wie wir kurz sagen wollen, wenn man die Menge auf den Abschnitt eineindeutig abbilden kann.

Gelingt es nun zu zeigen, daß man jede Menge von endlich vielen Elementen nur auf einen einzigen Abschnitt $k \leqq n$ der natürlichen Zahlenreihe eineindeutig abbilden kann, so ist die Zahl n charakteristisch für unsere Menge, und man kann von einer Anzahl von n Elementen sprechen.

Enthält die Menge ein einziges Element, so kann man sie nur auf den Abschnitt $k \leqq 1$ der natürlichen Zahlenreihe eineindeutig abbilden.

Es sei nun n eine natürliche Zahl von der Eigenschaft, daß keine Menge, die auf den Abschnitt $k \leqq n$ eineindeutig abgebildet werden kann, auch auf einen anderen Abschnitt $k \leqq n'$ abbildbar ist, wobei $n' \neq n$ ist. Wir zeigen jetzt, daß $(n+1)$ dieselbe Eigenschaft besitzt, und entnehmen dann aus dem Prinzip der vollständigen Induktion, daß diese Eigenschaft, wie wir beweisen wollten, für jede natürliche Zahl gilt.

Es sei also $\{a\}$ eine Menge von endlich vielen Elementen, die eineindeutig auf die Abschnitte $k \leqq n+1$ und $k \leqq N+1$ der natürlichen Zahlenreihe abgebildet werden kann; es ist zu zeigen, daß $n = N$ ist. Es sei a' dasjenige Element der Menge, das bei der ersten Abbildung der Zahl $(n+1)$ entspricht, a'' dasjenige Element, das bei der zweiten Abbildung der Zahl $(N+1)$ entspricht.

Wir bezeichnen mit $\{a\} - a'$, $\{a\} - a''$ und $\{a\} - a' - a''$ die von a', von a'' und von a' und a'' verschiedenen Elemente von $\{a\}$.**) Die Menge $\{a\} - a''$ ist auf den Abschnitt $k \leqq N$ abgebildet; man kann aber auch, indem man die Elemente von $\{a\} - a' - a''$ sich selbst ent-

---

*) Die obige Definition kann man außer auf Zahlenmengen auch auf allgemeinere Mengen, z. B. auf die weiter unten definierten Punktmengen, anwenden.

**) Im Falle, daß die Zeichen a' und a'' zufällig dasselbe Element bezeichnen sollten, stellen natürlich die Symbole $\{a\} - a'$, $\{a\} - a''$ und $\{a\} - a' - a''$ dieselbe Zahlenmenge dar.

sprechen läßt und a'' auf a' abbildet, die Elemente von $\{a\} - a''$ und $\{a\} - a'$ eineindeutig aufeinander abbilden und folglich die erste dieser Mengen ebenso wie die zweite auf den Abschnitt $k \leqq n$ beziehen. Hieraus folgt aber nach Voraussetzung, daß $n = N$ sein muß, was zu beweisen war.

Betrachtet man die Zahlen eines beliebigen Abschnittes $k \leqq n$ der natürlichen Zahlenreihe als Elemente einer Menge, so sieht man, daß es Mengen von endlich vielen Elementen gibt, deren Anzahl n ist.

Die Abbildung einer Zahlenmenge von endlich vielen Elementen auf den Abschnitt $k \leqq n$ der natürlichen Zahlenreihe kann man dadurch zum Ausdruck bringen, daß man die Elemente der Menge mit Indizes versieht, und sich einer der Bezeichnungen

$$a_1, a_2, \ldots, a_n$$

oder

$$a_k \qquad (k = 1, 2, \ldots, n)$$

bedient.

17. Satz 6. *Eine Zahlenmenge $a_1, a_2, \ldots, a_n$ von endlich vielen Elementen enthält ein größtes und ein kleinstes Element.*

Jeder Zahl a_k unserer Zahlenmenge ordnen wir eine Zahl b_k folgendermaßen zu: es soll $b_1 = a_1$ sein, und wenn k eine Zahl des Abschnitts $k \leqq (n-1)$ der natürlichen Zahlenreihe bedeutet, so soll b_{k+1} gleich der größeren unter den beiden Zahlen b_k und a_{k+1} sein. Nach dem Satze 2 des § 13 sind dann die b_k für alle Zahlen des Abschnitts $k \leqq n$ definiert; ferner ist nach demselben Satze jedes b_k also insbesondere b_n gleich einem unter den Elementen $a_1, a_2, \ldots, a_n$, und es gilt für jedes $k \leqq n$ die Beziehung

$$a_k \leqq b_k \leqq b_n,$$

womit der erste Teil des Satzes bewiesen ist. Ebenso beweist man, daß die gegebene Zahlenmenge ein kleinstes Element besitzt.

Das Stetigkeitsaxiom.

18. Eine Zahlenmenge, die nicht aus endlich vielen Elementen besteht, braucht kein größtes oder kleinstes Element zu besitzen. Die Menge der natürlichen Zahlen besitzt z. B. kein größtes Element, denn man kann jeder natürlichen Zahl n eine größere, nämlich $(n+1)$ zuordnen, die auch in der betrachteten Menge enthalten ist.

Dagegen sollen die reellen Zahlen noch folgendem letzten Axiom genügen:

VII. Ist $\{a\}$ eine beliebige Zahlenmenge, so heiße eine Zahl A, die von keinem Element a von $\{a\}$ übertroffen wird, eine obere Schranke der Zahlenmenge $\{a\}$. Dann ist die Menge $\{A\}$ der oberen Schranken A von $\{a\}$ entweder leer, oder sie besitzt ein kleinstes Element G, das die obere Grenze von $\{a\}$ genannt wird.

Mit anderen Worten: entweder gibt es überhaupt keine Zahl, die größer oder gleich allen Elementen von $\{a\}$ ist, oder es gibt eine Zahl G, die nicht nur diese Eigenschaft besitzt, sondern noch eine zweite, nämlich, daß man jeder Zahl

$$G' < G$$

ein Element a' von $\{a\}$ zuordnen kann, das größer als G' ist:

$$G' < a'.$$

Das Axiom VII läßt die Existenz von Zahlenmengen $\{a\}$ zu, für welche die Menge $\{A\}$ der oberen Schranken A von $\{a\}$ leer ist. Dies findet z. B. in folgendem Falle statt: Es sei ε eine beliebige positive (also von Null verschiedene) Zahl; wir betrachten die Zahlenmenge $\{k\varepsilon\}$, in der die Zahl k eine beliebige natürliche Zahl bedeutet. Gibt es dann Zahlen, die $\geqq$ sämtlichen $k\varepsilon$ sind, so sei ω die obere Grenze von $\{k\varepsilon\}$. Dann ist erstens für jede natürliche Zahl k

$$k\varepsilon \leqq \omega, \tag{1}$$

zweitens aber gibt es eine natürliche Zahl k_0, so daß

$$k_0\varepsilon > \omega - \varepsilon \tag{2}$$

ist, weil $(\omega - \varepsilon)$ kleiner als die obere Grenze ω ist.

Nun folgt aber aus (2)

$$(k_0 + 1)\varepsilon > \omega,$$

d. h. eine Ungleichheit, die der Bedingung (1) widerspricht.

Wir führen jetzt folgende **Definition** ein: Kann man jeder beliebigen Zahl α ein Element der Zahlenmenge $\{a\}$ zuordnen, das größer ist als α, so sagt man, die Zahlenmenge $\{a\}$ hat die obere Grenze $+\infty$ (gelesen: „plus unendlich").

Das Stetigkeitsaxiom kann man dann kurz aussprechen:

Jede Zahlenmenge hat entweder eine endliche obere Grenze oder die obere Grenze $+\infty$.

Ferner liefert das soeben bewiesene Resultat einen wichtigen Satz, den schon Archimedes benutzt hat und der nach ihm genannt wird, obgleich er wahrscheinlich schon von Eudoxos stammt:

Satz von Archimedes. *Ist ε eine beliebige, positive Zahl, so ist die obere Grenze von* $\{\varepsilon, 2\varepsilon, 3\varepsilon, \ldots\} = +\infty$.

19. Wir betrachten jetzt die Menge $\{a'\}$ der zu den Zahlen a einer Menge $\{a\}$ entgegengesetzten Zahlen

$$a' = -a.$$

Ist die obere Grenze von $\{a'\}$ eine Zahl G', so nennt man die Zahl

$$g = -G'$$

die untere Grenze der Zahlenmenge $\{a\}$. Ist die obere Grenze von $\{a'\}$ aber $+\infty$, so sagt man, daß die untere Grenze von $\{a\}$ gleich $-\infty$ ist.

Die untere Grenze einer Zahlenmenge hat also folgende Bedeutung: Falls es Zahlen gibt, die $\leqq$ allen Elementen von $\{a\}$ sind, so ist die untere Grenze von $\{a\}$ die größte unter diesen Zahlen. Falls aber derartige Zahlen nicht existieren, so ist die untere Grenze gleich $-\infty$. Jede reelle Zahl wird im Gegensatz zu den Symbolen $\pm\infty$ als „endlich" bezeichnet.

20. Eine Zahl, die einer natürlichen Zahl entweder gleich oder entgegengesetzt ist, oder die gleich Null ist, nennt man eine ganze Zahl.

Der Begriff der ganzen positiven Zahlen deckt sich daher mit dem Begriff der natürlichen Zahlen. Ferner beweist man ohne Schwierigkeit nach unseren früheren Darlegungen, daß die Summe, die Differenz und das Produkt von zwei ganzen Zahlen wieder eine ganze Zahl ist.

Ist a eine beliebige Zahl, so gibt es, wenn wir im Satz von Archimedes $\varepsilon = 1$ setzen, nach diesem Satze eine ganze positive Zahl p, die größer als $-a$ ist:

$$p > -a$$

oder

$$p + a > 0. \tag{1}$$

Man bezeichne mit q die kleinste natürliche Zahl, die $(p + a)$ übertrifft (§ 15, Satz 5). Ist dann $q > 1$, so ist $(q - 1)$ ebenfalls eine natürliche Zahl, und man hat

$$q - 1 \leqq p + a < q; \tag{2}$$

ist aber $q = 1$, so ist wegen (1) die Relation (2) ebenfalls erfüllt. Die ganze Zahl

$$n = q - p - 1$$

hat also stets die Eigenschaft, daß

$$n \leqq a < n + 1$$

ist, d. h. wir haben den Satz:

Satz 2. *Ist a eine beliebige Zahl, so gibt es stets zwei aufeinanderfolgende ganze Zahlen n und $(n+1)$, welche die Relation*

$$n \leqq a < n+1$$

erfüllen.

21. Eine Zahl von der Gestalt

$$\frac{p}{q}, \tag{1}$$

wo p und q ganzzahlig sind und $q \neq 0$ ist, heißt eine rationale Zahl; das Symbol (1) heißt ein Bruch, p ist der Zähler, q der Nenner des Bruches. Jede ganze Zahl ist rational; man braucht ja bloß, um die Form (1) herzustellen, p gleich der gegebenen ganzen Zahl und $q = 1$ zu setzen.

Die Summe, die Differenz, das Produkt und der Quotient von zwei rationalen Zahlen sind wieder rationale Zahlen; dabei ist die Null als Divisor stets ausgeschlossen.

Es seien a und b zwei beliebige Zahlen, die voneinander verschieden sind, und es sei $a < b$. Nach dem Satz von Archimedes können wir eine natürliche Zahl q finden, so daß

$$q(b-a) > 1$$

ist, was man auch

$$qa + 1 < qb \tag{2}$$

schreiben kann.

Nach dem vorigen Satze kann man zwei aufeinanderfolgende ganze Zahlen $(p-1)$ und p finden, so daß

$$p - 1 \leqq qa < p$$

ist, und diese letzte Relation kann man noch schreiben

$$qa < p \leqq qa + 1. \tag{3}$$

Vergleicht man (2) und (3), so erhält man

$$qa < p < qb$$

und hieraus

$$a < \frac{p}{q} < b.$$

Satz 3. *Sind a und b verschiedene Zahlen, so gibt es immer mindestens eine rationale Zahl r, die zwischen ihnen liegt.*

Bezeichnet man mit $\{r\}$ die Gesamtheit der rationalen Zahlen, die kleiner sind als eine gegebene Zahl a, so ist keine Zahl $a' < a$ größer oder gleich allen Zahlen von $\{r\}$, da nach dem letzten Satze rationale Zahlen existieren, die zwischen a' und a liegen. Hieraus folgt:

Satz 4. *Jede Zahl ist die obere Grenze der rationalen Zahlen, die sie übertrifft.*

Ebenso beweist man, daß jede Zahl die untere Grenze der rationalen Zahlen ist, die die gegebene Zahl übertreffen.

Ein anderer sehr nützlicher Satz ist folgender:

Satz 5. *Die untere Grenze der Zahlen von der Form*

$$\frac{1}{n},$$

wo n eine beliebige natürliche Zahl bedeutet, ist gleich Null.

In der Tat sind alle diese Zahlen positiv, ihre untere Grenze also sicher nicht negativ. Ist aber ε eine beliebige positive Zahl, so gibt es nach dem Satz von Archimedes eine natürliche Zahl n, so daß

$$n\varepsilon > 1$$

oder

$$\frac{1}{n} < \varepsilon$$

ist. Hieraus folgt aber die Behauptung unmittelbar.

22. Die Symbole $+\infty$ und $-\infty$, die wir eingeführt haben, sind keine eigentlichen Zahlen; würde man versuchen alle früheren Axiome auf die durch diese Symbole erweiterte Menge aller reellen Zahlen anzuwenden, so würden sich sehr bald Widersprüche einstellen. Es ist aber möglich, Regeln für das Rechnen mit den Symbolen $\pm\infty$ aufzustellen, deren Anwendung äußerst bequem ist, weil sie in vielen Fällen die Ausdrucksweise bedeutend abkürzen. Da es sich nur um eine kleine Anzahl solcher Regeln handelt, kann man sich in jedem speziellen Falle leicht vergewissern, ob ihre Anwendung zu richtigen Resultaten führt. Der Leser dieses Buches muß dies stets tun und zugleich im Auge behalten, daß es sich lediglich um eine Ausdrucksweise handelt, die nur erlauben soll, gewisse langwierige Fallunterscheidungen zu vermeiden. Ob im Folgenden ein Buchstabe nur eine endliche Zahl oder auch eins der Symbole $\pm\infty$ bedeuten darf, wird immer unzweideutig aus dem Zusammenhange hervorgehen.

Für die durch $+\infty$ und $-\infty$ erweiterte Menge aller reellen Zahlen erklären wir nun folgende Bezeichnungen und Relationen:

1. Ist a eine beliebige endliche Zahl, so setzen wir

$$a < +\infty \quad \text{und} \quad a > -\infty, \tag{1}$$

außerdem aber noch

(2) $$-\infty < +\infty .$$

Genügt also z. B. eine Zahl a unserer erweiterten Menge der Bedingung

$$a < +\infty ,$$

so heißt das, daß a entweder eine endliche Zahl oder $-\infty$ ist.

2. Ist a eine endliche Zahl, so setzt man

(3) $$a + \infty = +\infty + a = +\infty ,$$

(4) $$a - \infty = -\infty + a = -\infty$$

und außerdem

(5) $$+\infty + \infty = +\infty , \qquad -\infty - \infty = -\infty .$$

3. Bedeutet p eine positive und n eine negative Zahl, so setzt man

(6) $$\begin{cases} p\cdot(+\infty) = (+\infty)\cdot p = +\infty \\ n\cdot(+\infty) = (+\infty)\cdot n = -\infty \\ p\cdot(-\infty) = (-\infty)\cdot p = -\infty \\ n\cdot(-\infty) = (-\infty)\cdot n = +\infty \end{cases}$$

und außerdem

(7) $$\begin{cases} (+\infty)(+\infty) = +\infty \\ (+\infty)(-\infty) = (-\infty)(+\infty) = -\infty \\ (-\infty)(-\infty) = +\infty . \end{cases}$$

Aus (6) folgt dann insbesondere, daß

(8) $$-(-\infty) = (-1)\cdot(-\infty) = +\infty$$

ist.

4. Ist a eine beliebige endliche Zahl, so setzt man

(9) $$\frac{a}{+\infty} = \frac{a}{-\infty} = 0 .$$

Die soeben erklärten Operationen werden wir sehr oft benutzen; dagegen sind die folgenden Operationen nicht erklärt und sollen stets als sinnlos angesehen werden:

1. die Division einer beliebigen endlichen oder unendlichen Zahl durch Null,

2. Die Operationen

$$+\infty - \infty , \quad -\infty + \infty , \quad 0(\pm\infty), \quad (\pm\infty)\,0, \; \frac{\pm\infty}{\pm\infty}. \; ^{*)}$$

23. Die Betrachtung der unendlichen Zahlen im Sinne des vorigen Paragraphen erlaubt insbesondere den Wortlaut gewisser Sätze über

*) Hieraus folgt insbesondere, daß das distributive Gesetz der Multiplikation für die durch $\pm\infty$ erweiterte Menge der reellen Zahlen nicht mehr unbeschränkt gilt, z. B. in $(2-1)\,\infty = \infty$.

obere und untere Grenzen von Zahlenmengen sehr zu vereinfachen, da man dann die verschiedenen Fälle, wo diese Grenzen endlich oder unendlich sind, alle zusammen behandeln kann. Es können sogar unendliche Zahlen unter den Elementen unserer Mengen vorkommen, ohne daß wir unsere Betrachtungen zu verändern brauchen:

Satz 6. *Sind* $\{a\}$ *und* $\{b\}$ *zwei beliebige Zahlenmengen und kann man jedem Element* a *von* $\{a\}$ *mindestens ein Element* b *von* $\{b\}$ *zuordnen, das nicht kleiner als* a *ist, so ist die obere Grenze* G_b *von* $\{b\}$ *nicht kleiner als die obere Grenze* G_a *von* $\{a\}$.

Kann man dagegen jedem Elemente von $\{a\}$ *mindestens ein nicht größeres Element von* $\{b\}$ *zuordnen, so besteht zwischen den unteren Grenzen* g_b *von* $\{b\}$ *und* g_a *von* $\{a\}$ *die Relation*

$$g_a \geqq g_b .$$

Aus $G_a > G_b$ würde nämlich folgen, daß mindestens ein Element von $\{a\}$ existiert, das größer als G_b und folglich als alle Elemente von $\{b\}$ ist; und aus $g_a < g_b$ würde man die Existenz eines Elementes von $\{a\}$ behaupten können, das kleiner ist als g_b und folglich als alle Elemente von $\{b\}$. Beides widerspricht aber den Voraussetzungen des Satzes.

Ein spezieller Fall des vorigen Satzes ist folgender:

Satz 7. *Ist die Zahlenmenge* $\{a\}$ *eine Teilmenge der Zahlenmenge* $\{b\}$, *so bestehen zwischen den oberen und unteren Grenzen dieser Zahlenmengen zugleich beide Relationen*

$$G_a \leqq G_b \quad \textit{und} \quad g_a \geqq g_b .$$

In der Tat ist dann jedes Element von $\{a\}$ gleich einem Elemente von $\{b\}$.

Absolute Beträge.

24. Unter dem **absoluten Betrag** einer endlichen Zahl a versteht man eine nicht negative Zahl, die mit $|a|$ bezeichnet und folgendermaßen definiert wird:

$$|a| = a \quad \text{falls} \quad a \geqq 0,$$

$$|a| = -a \quad \text{falls} \quad a < 0$$

ist.

Es ist stets

(1) $$|a| = |-a|,$$

wie sofort aus der Definition erhellt.

Sind a und b zwei beliebige endliche Zahlen, so ist:

1. falls $a \geqq 0$ und $b \geqq 0$ oder $a \leqq 0$ und $b \leqq 0$ ist,

$$|a+b| = |a| + |b|,$$

2. falls $a > 0$ und $b < 0$ oder $a < 0$ und $b > 0$ ist, entweder

$$|a+b| = |a| - |b| < |a| + |b|$$

oder

$$|a+b| = |b| - |a| < |a| + |b|.$$

In allen Fällen ist also

$$(2) \qquad \big||a| - |b|\big| \leqq |a+b| \leqq |a| + |b|.$$

Ferner ist immer, wegen (1),

$$(3) \qquad |a \cdot b| = |a| \cdot |b|.$$

Setzen wir ferner

$$|\pm\infty| = +\infty,$$

so sieht man leicht, daß die Relationen (1), (2) und (3) für die durch $\pm\infty$ erweiterte Menge aller Zahlen erhalten bleiben, so lange die darin ausgeführten Operationen einen Sinn haben (§ 22).

25. Sind a und b zwei endliche Zahlen, so kann man mit Hilfe des Begriffs des absoluten Betrages einen Ausdruck für die größere und die kleinere der beiden Zahlen ableiten. Es sei z. B. $a \leqq b$; dann hat man

$$|b-a| = b-a$$

und

$$b = \frac{a+b+|b-a|}{2}.$$

Ist aber $a > b$, so findet man

$$|b-a| = a-b$$

und daher

$$a = \frac{a+b+|b-a|}{2}.$$

Die größere der beiden Zahlen ist also stets

$$\frac{a+b+|b-a|}{2},$$

und ebenso findet man, daß die kleinere der beiden Zahlen gleich

$$\frac{a+b-|b-a|}{2}$$

ist.

Das Zuordnungsaxiom.

26. Es ist meistens bequem, die Sprache der analytischen Geometrie zu benutzen, und statt von Zahlen, von Punkten, die auf einer Achse liegen, zu sprechen. Dies erfordert ein neues Axiom, das uns aber deshalb natürlich erscheint, weil die Streckenrechnung der Alten, die im Lehrbuche von Euklid ihre endgültige Darstellung gefunden hat, den vorhergehenden Axiomen — soweit sie für positive Zahlen gelten — genügt.

Dieses Axiom, das die Verbindung zwischen Analysis und Geometrie herstellt, lautet:

VIII. Ordnet man jedem Punkte P einer Achse, auf welcher der Nullpunkt O und der Einheitspunkt E gegeben sind, eine Zahl x zu, die gleich dem Verhältnisse

$$\frac{\overrightarrow{OP}}{\overrightarrow{OE}}$$

der gerichteten Strecken $\overrightarrow{OP}$ und $\overrightarrow{OE}$ ist, so entspricht vermöge dieser Zuordnung jeder endlichen Zahl x genau ein Punkt P der Achse.

Wählen wir in einer Ebene zwei Achsen, die sich senkrecht schneiden, und legen den Nullpunkt jeder Achse in ihren Schnittpunkt mit der andern, die Einheitspunkte aber in zwei andere beliebige Punkte dieser Geraden, so ist jedem Punkte der Ebene das Zahlenpaar seiner Koordinaten zugeordnet, und umgekehrt jedem Zahlenpaar ein Punkt der Ebene.

Ganz analog wird jedem Zahlentripel ein Punkt des dreidimensionalen Raumes zugeordnet, und umgekehrt.

Endlich kann man aber auch die Sprache der n-dimensionalen Geometrie einführen, indem man jedem Komplex $(x_1, x_2, \ldots, x_n)$ von n endlichen Zahlen einen Punkt des n-dimensionalen Raumes $\mathfrak{R}_n$ zuordnet. Damit gewinnen wir die Möglichkeit, unseren Resultaten, die sich eigentlich nur auf Zahlen beziehen, eine gewisse Anschaulichkeit zu verleihen, ohne deshalb diese Resultate weniger scharf und streng ableiten zu müssen.

Kapitel I. **Über Punktmengen.**

Definitionen.

27. Betrachtet man die umkehrbar eindeutige Abbildung der reellen Zahlen auf die Punkte einer Achse (§ 26), so entspricht jeder *Zahlenmenge* (§ 11), die aus endlichen Zahlen besteht, eine sogenannte *lineare Punktmenge.*

Eine lineare Punktmenge ist eine Gesamtheit von Punkten einer Geraden, die ganz beliebig ist; d. h. wir brauchen nur zu wissen, daß jeder Punkt der Geraden nur entweder zur Menge oder nicht zur Menge gehören kann.

Beispiele von linearen Punktmengen:

1. Die Punktmenge, die aus dem Punkte $x = 0$ allein besteht.

2. Die Punktmenge, deren Elemente den ganzen Zahlen $0, 1, 2, 3, \ldots$ entsprechen.

3. Die Punktmenge, die aus den Punkten

$$x = \frac{1}{k} \qquad (k = 1, 2, 3, \ldots)$$

besteht.

4. Die Punktmenge, die aus den Punkten unter 3. und außerdem aus dem Punkte $x = 0$ besteht.

5. Die Menge aller rationalen Punkte (d. h. Punkte mit rationaler Abszisse).

6. Die Punktmenge, deren Punkte die Bedingung

$$0 \leqq x < 1$$

befriedigen. Diese Punktmenge enthält den Punkt $x = 0$, aber nicht den Punkt $x = 1$.

7. *Das lineare Intervall von a bis b* $(a < b)$. Das ist der Inbegriff aller Punkte der Achse, die der Bedingung

$$a < x < b$$

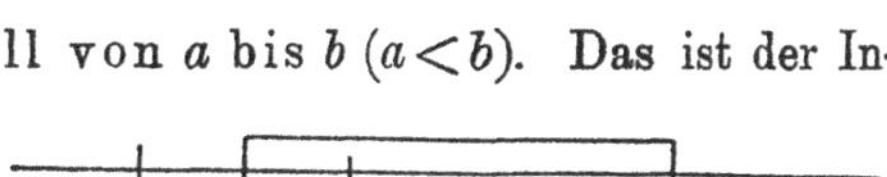

Fig. 1.

genügen, wobei a und b endliche Zahlen bedeuten. Die Punkte a und b heißen die *Endpunkte* des Intervalls und gehören *nicht* zum Intervall. Der Punkt

$$\frac{a+b}{2}$$

heißt der *Mittelpunkt* des Intervalls, die positive Zahl $(b - a)$ wird die *Länge* des Intervalls genannt.

28. Der Begriff einer ebenen Punktmenge ist ganz analog dem für lineare Punktmengen auseinandergesetzten. Jedem Punkte der Ebene ist das Zahlenpaar seiner Koordinaten zugeordnet und eine ebene Punktmenge ist also als eine Menge von Zahlenpaaren aufzufassen.

Ebenso sahen wir (§ 26), daß man jeden Komplex von n endlichen Zahlen $(x_1, x_2, \ldots, x_n)$ einen Punkt des n-dimensionalen Raumes $\mathfrak{R}_n$ nennt. Eine Punktmenge in diesem Raume ist dann jede Menge von derartigen Zahlenkomplexen. Hierbei ist zu beachten, daß wir einen solchen Zahlenkomplex nur dann als Punkt ansehen, wenn jede Zahl des Komplexes endlich ist.

29. Dieselbe Rolle, die das lineare Intervall $a < x < b$ unter den linearen Punktmengen spielt, spielt das Rechteck oder zweidimensionale Intervall für die ebenen Punktmengen. Ein zweidimensionales Intervall I in der xy-Ebene ist die Menge aller Punkte, für die zugleich

$$a < x < b \quad \text{und} \quad a' < y < b'$$

ist. Dabei ist zu beachten, daß die Punkte, die man gewöhnlich als Rand des Rechtecks zu bezeichnen pflegt, also z. B. der Punkt mit den Koordinaten

$$x = a, \quad y = \frac{a' + b'}{2}$$

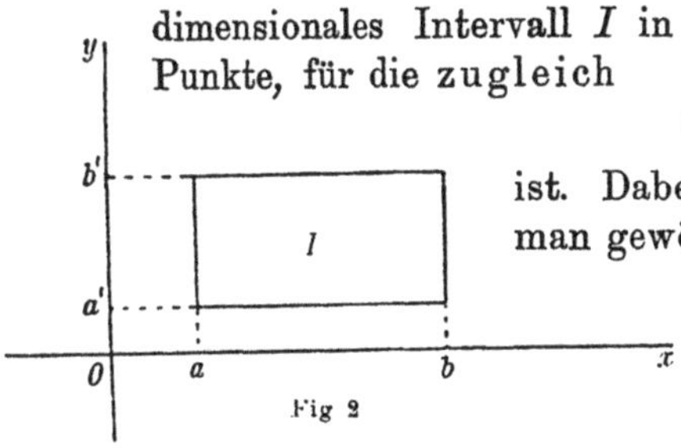

Fig 2

nicht zum Intervall I gehören. (Vgl. hierzu die Definition des abgeschlossenen Intervalls, § 55.)

Ähnlich können wir im n-dimensionalen Raume n-dimensionale Intervalle definieren. Dies sind die Mengen aller Punkte $(x_1, \ldots, x_n)$, für welche zugleich die Ungleichheiten

$$a_k < x_k < b_k \qquad (k = 1, 2, \ldots, n)$$

stattfinden. Hierbei bedeuten die a_k und b_k vorgegebene endliche Zahlen; die positiven Zahlen $(b_k - a_k)$ nennt man die Längen der Kanten des Intervalls. Ein Intervall mit lauter gleichen Kanten heißt ein n-dimensionaler Würfel, im speziellen Falle, wo $n = 2$ ist, ein Quadrat.

Der Punkt mit den Koordinaten

$$\frac{a_k + b_k}{2}$$

heißt der Mittelpunkt des Intervalls oder des Würfels.

Die Grundoperationen an Punktmengen.

30. Wir bezeichnen die Punktmengen symbolisch durch große lateinische Buchstaben

$$A, B, \ldots .$$

Die Punktmengen, die wir gleichzeitig betrachten und miteinander vergleichen wollen, sollen alle in einem und demselben n-dimensionalen Raume $\mathfrak{R}_n$ liegen, wobei n irgendeine natürliche Zahl bedeutet. Die Punkte des $\mathfrak{R}_n$ zusammengenommen nennen wir den Gesamtraum; außerdem ist es bequem auch eine leere Menge einzuführen, d. h. eine solche, die keinen einzigen Punkt besitzt. Für diese leere Punktmenge werden wir oft das Zeichen 0 benutzen.

Sind alle Punkte einer Punktmenge B in der Punktmenge A enthalten, so heißt B eine Teilmenge von A; diese Beziehung stellen wir durch das Zeichen

$$B \prec A \quad \text{oder} \quad A \succ B$$

dar. Die leere Menge soll als Teilmenge von jeder beliebigen Punktmenge A gelten

$$0 \prec A.$$

Unter die Teilmengen B einer Punktmenge A nehmen wir auch die Punktmenge A selbst auf; gibt es Punkte von A, die nicht in B enthalten sind, so heißt B eine echte Teilmenge von A. Ist sowohl $A \prec B$ als auch $A \succ B$, so bestehen die beiden Punktmengen aus denselben Punkten, und wir schreiben

$$A = B.$$

31. Unter der Komplementärmenge A' einer Punktmenge A verstehen wir die Punktmenge, die aus allen Punkten des Gesamtraumes besteht, die nicht zu A gehören, und nur aus diesen.

Ist z. B. A die lineare Punktmenge $0 < x < 1$, der Gesamtraum also die x-Achse, so ist A' die Menge aller Punkte, für welche $x \leqq 0$ oder $x \geqq 1$ ist.

Bedeutet aber A dieselbe Strecke in der xy-Ebene, d. h. die Gesamtheit der Punkte, für welche zugleich $0 < x < 1$ und $y = 0$ ist, so besteht die Komplementärmenge A' erstens aus allen Punkten der Ebene, für welche $y \neq 0$ ist, und außerdem aus den Punkten, für welche entweder $x \leqq 0$, $y = 0$ oder $x \geqq 1$, $y = 0$ ist.

Für die Komplementärmenge gilt ferner die Beziehung: Ist $A \prec B$, so ist stets $B' \prec A'$.

32. Durchschnitt von zwei Punktmengen A und B nennen wir die Gesamtheit der Punkte, die sowohl in A als auch in B enthalten sind. Wir schreiben, wenn D den Durchschnitt von A und B bezeichnen soll,

$$D = AB.^{*)}$$

Haben A und B keine gemeinsamen Punkte, so ist

$$AB = 0,$$

indem wir wieder mit Null die leere Menge bezeichnen. Insbesondere ist also auch

$$A \cdot 0 = 0.$$

Es ist übrigens stets

$$AB \prec A,$$

und nur dann

$$AB = A,$$

wenn A eine Teilmenge von B ist.

Es ist trivial, daß für den Durchschnitt das kommutative Gesetz gilt:

$$AB = BA.$$

Ebenso gilt das assoziative Gesetz:

$$(AB)C = A(BC) = ABC.$$

Endlich sehen wir, daß, wenn $A \prec A_1$ und $B \prec B_1$, auch

$$AB \prec A_1 B_1$$

ist.

33. Es seien A und B zwei Punktmengen ohne gemeinsamen Punkt: $AB = 0$; dann nennen wir die Punktmenge, die aus allen Punkten von A und aus allen Punkten von B, soweit sie vorhanden sind, und nur aus diesen Punkten besteht, die Summe S der beiden Punktmengen A und B und schreiben

$$S = A + B.$$

Es versteht sich von selbst, daß auch hier das Gesetz

$$A + B = B + A$$

*) Um diese Schreibweise als Produkt zu verstehen, denke man sich eine Funktion $\varphi_M(P)$ des Punktes P (vgl. § 83), die in allen Punkten einer beliebigen Punktmenge M gleich Eins ist und in den Punkten der Komplementärmenge M' von M verschwindet; dann ist

$$\varphi_D(P) = \varphi_A(P) \cdot \varphi_B(P).$$

gilt. Das Symbol $(A+B)+C$ hat aber nur dann einen Sinn, wenn einerseits $AB=0$, anderseits $(A+B)C=0$ ist; letzteres ist aber dann und nur dann der Fall, wenn $AC=BC=0$ ist. Aus $BC=0$ folgt nun, daß $(B+C)$ einen Sinn hat, und dann aus $AB=AC=0$, daß $A(B+C)=0$ ist. Man sieht schließlich ein, daß die rechte Seite der Gleichung

$$(A+B)+C=A+(B+C)$$

einen Sinn hat, sobald dies für die linke der Fall ist, und daß die Gleichung dann immer richtig ist. Das kommutative und das assoziative Gesetz gelten also für die Summe von Punktmengen.

Für Durchschnitt und Summe gilt ferner das distributive Gesetz

$$C(A+B)=CA+CB,$$

denn links steht die Menge der Punkte, die zu C und zu A oder B gehören, und rechts die Menge der Punkte, die zu C und A oder zu C und B gehören.

Bei der Anwendung dieses Gesetzes ist aber darauf zu achten, daß nicht immer beide Seiten zugleich einen Sinn haben. Wenn die linke Seite einen Sinn hat, d. h. $AB=0$ ist, so hat auch die rechte Seite einen Sinn, denn dann ist

$$(CA)\cdot(CB)=(C\cdot C)(AB)=C\cdot 0=0.$$

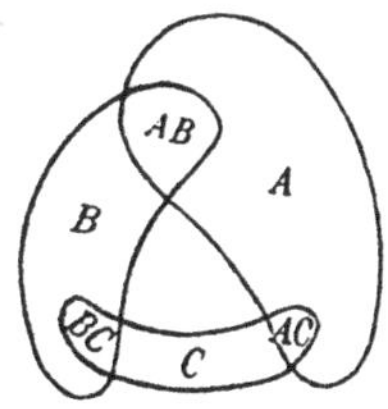

Fig. 3.

Ist aber umgekehrt $(CA)(CB)=CAB=0$, so kann man nicht schließen, daß $AB=0$ ist, wie die nebenstehende Figur zeigt.

34. Ist B in A enthalten, also $AB=B$, so ist die Differenz $(A-B)$ der beiden gegebenen Mengen durch die Gesamtheit der Punkte definiert, die zu A, aber nicht zu B gehören. Differenz und Summe stehen hiernach in der Beziehung: Wenn $C=A-B$ ist, so ist $A=C+B$.

35. Wir gehen jetzt zum Begriff der Vereinigungsmenge über, einer Verallgemeinerung des Summenbegriffs, bei welcher die Leerheit des Durchschnitts nicht mehr vorausgesetzt wird: Die Vereinigungsmenge V von zwei beliebigen Punktmengen besteht aus dem Inbegriff der Punkte, die zu A oder B gehören. Wir schreiben symbolisch

$$V=A\dotplus B.$$

Offenbar ist

$$A\dotplus B=B\dotplus A,$$

$$A\dotplus(B\dotplus C)=(A\dotplus B)\dotplus C.$$

Hier gilt das distributive Gesetz ohne Einschränkung:

$$C(A \dotplus B) = CA \dotplus CB.$$

Ferner haben wir für $A \prec A_1$ und $B \prec B_1$

$$A \dotplus B \prec A_1 \dotplus B_1 .$$

36. Die Vereinigungsmenge V von zwei Punktmengen A und B besteht aus allen Punkten von A und aus allen Punkten von B, die nicht in A enthalten sind. Man kann also schreiben:

$$V = A \dotplus B = A + (B - AB).$$

Die Operation $(B - AB)$ kommt fast ebenso oft vor wie die des Durchschnitts AB oder der Vereinigung $A \dotplus B$ von zwei Mengen und muß daher auch unter die Grundoperationen über Mengen aufgenommen werden.

37. Mit Hilfe des Begriffs der Komplementärmenge lassen sich die drei Grundoperationen AB, $A \dotplus B$, $(A - AB)$ aus einer beliebigen unter ihnen ableiten.

Wir wollen z. B. die Operation AB zu Grunde legen; setzen wir $V = A \dotplus B$, so besteht die Komplementärmenge V' von V aus allen Punkten, die zugleich zu A' und zu B' gehören (s. Fig. 4). Also ist

(1) $$V' = A'B'$$

und da die Komplementärmenge einer Komplementärmenge die ursprüngliche Menge ist, so hat man

(2) $$A \dotplus B = (A'B')'.$$

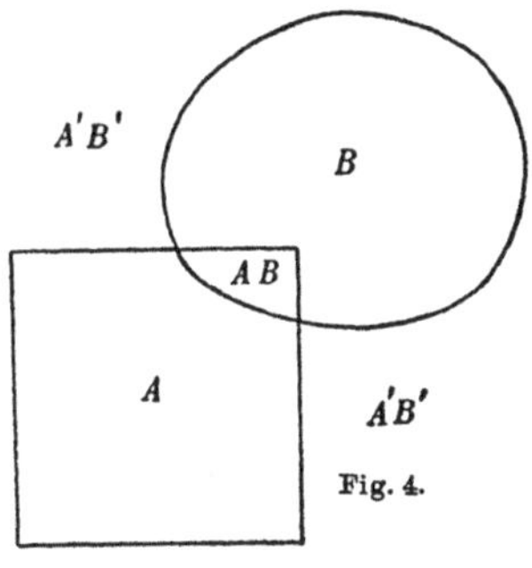

Fig. 4.

Mit Hilfe des Schlusses von n auf $(n+1)$ kann man die Formeln (1) und (2) auf die Vereinigungsmenge von beliebig vielen Punktmengen in endlicher Anzahl übertragen. Setzt man nämlich

$$V_n = A_1 \dotplus A_2 \dotplus \cdots \dotplus A_n$$

$$V_{n+1} = A_1 \dotplus A_2 \dotplus \cdots \dotplus A_n \dotplus A_{n+1}$$

und ist nach Voraussetzung

$$V_n' = A_1' A_2' \ldots A_n',$$

so folgt aus (1), wenn man diese Gleichung auf die Vereinigungsmenge V_{n+1} von V_n und A_{n+1} anwendet,

$$V'_{n+1} = V_n' \cdot A'_{n+1} = A_1' \ldots A'_{n+1}.$$

Für jede natürliche Zahl n ist also

(3) $$(A_1 \dotplus A_2 \dotplus \cdots \dotplus A_n) = (A_1' \cdot A_2' \ldots A_n')'.$$

Ähnlich sieht man, daß, wenn A und B zwei beliebige Punktmengen bedeuten,

(4) $$A - AB = AB'$$

ist.

Endliche und unendliche Punktmengen. Abzählbarkeit.

38. Die einfachsten nicht leeren Punktmengen sind die, die aus einer endlichen Anzahl von Punkten bestehen, und die man also eineindeutig auf einen Abschnitt der natürlichen Zahlenreihe abbilden kann (§ 16). Über solche Punktmengen, die man endliche Punktmengen nennt, gilt folgender Satz:

Satz 1. *Jede nicht leere Teilmenge B einer endlichen Punktmenge A ist wiederum eine endliche Punktmenge, und die Anzahl der Punkte von B ist nicht größer als die von A. Ist außerdem B eine echte Teilmenge von A, so ist die Anzahl ihrer Punkte kleiner als die von A.*

Besteht die Punktmenge A aus einem einzigen Punkte P, so ist jede Teilmenge von A entweder leer oder identisch mit A. Der erste Teil des Satzes ist also in diesem Falle richtig. Um ihn allgemein zu beweisen, genügt es also nach dem Prinzip der vollständigen Induktion, zu zeigen, daß er für eine Punktmenge von $(n+1)$ Punkten richtig ist, sobald er für eine Punktmenge von n Punkten besteht.

Es seien $P_1, P_2, \ldots, P_n, P_{n+1}$ die Punkte von A; ist dann der Punkt P_{n+1} nicht in B enthalten, so ist B eine Teilmenge von $(A-P_{n+1})$. Diese letzte Punktmenge ist aber auf den Abschnitt $k \leqq n$ der natürlichen Zahlenreihe eineindeutig abgebildet und enthält also n Punkte. Die Punktmenge B ist also endlich und kann nicht mehr als n Punkte enthalten. Ist dagegen P_{n+1} ein Punkt von B, so ist entweder $(B-P_{n+1})$ leer, und dann enthält B nur einen einzigen Punkt, oder man kann den vorigen Schluß auf die Punktmenge $(B-P_{n+1})$ anwenden. Diese letzte Punktmenge ist daher eineindeutig auf einen Abschnitt $k \leqq m$ der natürlichen Zahlenreihe abgebildet und es ist $m \leqq n$. Ordnet man dann den Punkt P_{n+1} der Zahl $(m+1)$ zu, so ist B auf den Abschnitt $k \leqq (m+1)$ abgebildet, und unsere Behauptung bewiesen.

Um den zweiten Teil des Satzes zu beweisen, betrachten wir eine endliche Punktmenge A von n Punkten und eine echte nicht leere Teilmenge B von A, die also z. B. den Punkt P_k nicht enthält. Nach dem Vorigen ist B eine endliche Punktmenge; es sei m die Anzahl ihrer

Punkte. Nun ist aber $(B + P_k)$ ebenfalls eine Teilmenge von A und die Anzahl ihrer Punkte ist $(m+1)$; also ist $(m+1) \leqq n$ und daher, wie wir zeigen wollten, $m < n$.

39. Eine zweite Klasse von Punktmengen ist die, deren Punkte man auf die Zahlen der natürlichen Zahlenreihe abbilden kann. Es ist zunächst zu zeigen, daß eine solche Punktmenge A, deren Punkte wir mit $P_1, P_2, \ldots$ bezeichnen, keine endliche Punktmenge sein kann. Nehmen wir nämlich an, sie wäre endlich und n sei die Anzahl ihrer Punkte, dann müßte nach dem Satze des vorigen Paragraphen jede nicht leere Teilmenge B von A endlich sein und nicht mehr Punkte als n enthalten. Dies ist aber insbesondere nicht der Fall für die Teilmenge

$$B = P_1 + P_2 + \cdots + P_{n+1}$$

von A, die auf den Abschnitt $k \leqq n+1$ der natürlichen Zahlenreihe abgebildet ist.

Die Punktmengen, zwischen deren Punkten und den natürlichen Zahlen eine umkehrbar eindeutige Zuordnung möglich ist, nennt man unendliche, abzählbare Punktmengen. Die Haupteigenschaft der abzählbaren Punktmengen ist folgende:

Satz 2. *Jede Teilmenge B einer abzählbaren Punktmenge A ist entweder endlich oder abzählbar.*

Wir bezeichnen mit $a_1, a_2, \ldots$ die Punkte einer abzählbaren Menge A und bemerken, daß die Punkte einer beliebigen nicht leeren Teilmenge C von A auf eine Teilmenge der natürlichen Zahlen abgebildet sind, die ein kleinstes Element besitzt (§ 15 Satz 5). Dieses kleinste Element ist Bild eines Punktes von C, den wir den ersten Punkt der Teilmenge C von A nennen.

Nun sei B eine Teilmenge von A, die nicht endlich ist. Mit Hilfe des Prinzips der vollständigen Induktion definieren wir für jede natürliche Zahl p einen Punkt b_p folgendermaßen. Der Punkt

$$b_1 = a_{n_1}$$

soll der erste Punkt der Teilmenge B von A sein, und mit

$$b_{p+1} = a_{n_{p+1}}$$

soll für $p \geqq 1$ der erste Punkt der Punktmenge

$$B - \{b_1, \ldots, b_p\}$$

bezeichnet werden. Diese letzte Punktmenge ist nämlich nicht leer, da sonst die Menge B selbst endlich wäre, was der Voraussetzung widerspricht. Wir bezeichnen mit $\bar{B}$ die Gesamtheit der Punkte b_p; diese Punktmenge ist nach dem Vorigen eindeutig definiert, und man hat für jede natürliche Zahl p

$$\{b_1, \ldots, b_p\} \prec \bar{B} \prec B. \tag{1}$$

Nun bemerke man, daß wegen der Ungleichheiten

$$n_1 < n_2 < n_3 < \cdots \quad \text{und} \quad n_1 \geqq 1,$$

nach dem Prinzip der vollständigen Induktion, stets

$$n_k \geqq k$$

sein muß. Ist jetzt a_k irgendein Punkt von B, so ist also für $p > k$ der Punkt

$$b_p = a_{n_p}$$

sicher von a_k verschieden, und hieraus folgt, daß a_k kein Punkt von

$$B - \{b_1, b_2, \ldots, b_k\}$$

sein kann und daher in $\{b_1, \ldots, b_k\}$ und nach (1) auch in $\bar{B}$ enthalten sein muß.

Die Punktmenge $\bar{B}$ enthält also jeden Punkt von B; es ist also

$$B \prec \bar{B}$$

und wegen (1)

$$\bar{B} = B,$$

d. h. die gegebene Punktmenge B ist abzählbar, da $\bar{B}$ nach ihrer Konstruktion abzählbar ist.

40. Die vorigen Sätze haben wir für Punktmengen bewiesen; wir haben aber nirgends davon Gebrauch gemacht, daß die Elemente dieser Mengen wirklich Punkte sind. Wir können daher endliche und abzählbare Mengen einführen, deren Elemente

$$A_1, A_2, A_3, \ldots$$

selbst beliebige Punktmengen sind. Solche „Mengen von Punktmengen" nennt man auch endliche oder unendliche Folgen von Punktmengen.

Wir definieren zwei neue Operationen: Die Durchschnitts- und die Vereinigungsmenge von abzählbar unendlich vielen Punktmengen. Die Durchschnittsmenge

$$D = A_1 \cdot A_2 \cdot A_3 \ldots$$

besteht aus allen Punkten, die in jeder der Punktmengen A_k enthalten sind und nur aus diesen.

Die Vereinigungsmenge

$$V = A_1 \dotplus A_2 \dotplus A_3 \dotplus \cdots$$

ist die Gesamtheit der Punkte, die in mindestens einem A_k vorkommen. Man findet, daß auch hier die Formel (§ 37)

$$V = (A_1' \cdot A_2' \cdot A_3' \cdot \ldots)'$$

ihre Geltung behält; denn jeder Punkt der Komplementärmenge V' von V muß in allen A_k' enthalten sein, und jeder Punkt des Durchschnitts aller A_k' ist ein Punkt von V'.

Anstatt

$$V = A_1 \dotplus A_2 \dotplus A_3 \dotplus \cdots$$

kann man auch schreiben

$$V = B_1 + B_2 + B_3 + \cdots,$$

wenn man unter $B_1, B_2, \ldots$ folgendes versteht:

$$\begin{aligned} B_1 &= A_1 \\ B_2 &= A_2 - A_2 B_1 \\ B_3 &= A_3 - A_3(B_1 + B_2) \\ &\cdot\ \cdot\ \cdot\ \cdot\ \cdot\ \cdot\ \cdot\ \cdot\ \cdot\ \cdot \\ B_{k+1} &= A_{k+1} - A_{k+1}(B_1 + B_2 + \cdots + B_k). \end{aligned}$$

Dann ist in der Tat

$$B_1 + B_2 + \cdots + B_k = A_1 \dotplus A_2 \dotplus \cdots \dotplus A_k.$$

Die Vereinigungsmenge abzählbar vieler Mengen läßt sich also ersetzen durch die Summe abzählbar vieler Mengen, die Teilmengen jener sind.

41. Sind zwei Folgen $A_1, A_2, \ldots$ und $B_1, B_2, \ldots$ von je abzählbar vielen Punktmengen gegeben, und ist für jedes k

$$A_k \prec B_k,$$

so folgt aus der Definition des Durchschnitts und der Vereinigungsmenge der A_k resp. B_k, daß sowohl

$$A_1 \cdot A_2 \cdot A_3 \cdots \prec B_1 \cdot B_2 \cdot B_3 \cdots$$

als auch

$$A_1 \dotplus A_2 \dotplus A_3 \dotplus \cdots \prec B_1 \dotplus B_2 \dotplus B_3 \dotplus \cdots$$

ist.

42. Es sei mit A_p eine Menge von abzählbar vielen Elementen $a_{p1}, a_{p2}, \ldots$ bezeichnet, und wir nehmen an, daß wir abzählbar viele derartige Mengen $A_1, A_2, \ldots$ vor uns haben. Dann kann man eine abzählbare Menge A finden, deren Elemente aus lauter Elementen a_{pq} der A_p bestehen und zwar so, daß jedes dieser Elemente einmal und nur einmal vorkommt.

Wir schreiben das Schema:

$$\begin{array}{l} A_1\colon a_{11},\ a_{12},\ a_{13}, \ldots, a_{1q}, \ldots \\ A_2\colon a_{21},\ a_{22},\ a_{23}, \ldots, a_{2q}, \ldots \\ A_3\colon a_{31},\ a_{32},\ a_{33}, \ldots, a_{3q}, \ldots \\ \cdots\cdots\cdots\cdots\cdots\cdots \\ A_p\colon a_{p1},\ a_{p2},\ a_{p3}, \ldots, a_{pq}, \ldots \\ \cdots\cdots\cdots\cdots\cdots\cdots \end{array}$$

und ordnen die Elemente a_{pq} (deren Gesamtheit wir mit A bezeichnen) folgendermaßen um:

$$A\colon a_{11};\ a_{21}, a_{12};\ a_{31}, a_{22}, a_{13};\ a_{41}, \ldots, a_{14};\ \ldots;\ a_{k1}, \ldots, a_{1k};\ \ldots.$$

Zu jeder Indexsumme $p+q=s$ gibt es nur endlich viele Elemente, die in der Menge A aufeinanderfolgen und nach fallendem ersten Index geordnet sind. Dadurch ist eindeutig der Rang jedes Elementes a_{pq} festgelegt. Dem Elemente a_{p1} gehen z. B.

$$1+2+\cdots+(p-1)=\frac{p(p-1)}{2}$$

Elemente voraus, ihm selbst kommt der Rang $\frac{p(p-1)}{2}+1$ zu. Das Element a_{pq} tritt in einer Gruppe auf, die mit $a_{p+q-1,1}$ beginnt; daher ist der Rang k von a_{pq} gleich

$$k=\frac{(p+q-1)(p+q-2)}{2}+q. \tag{1}$$

Hieraus folgt insbesondere, wenn man $p+q=s$ setzt,

$$\frac{(s-1)(s-2)}{2}<k\leqq\frac{s(s-1)}{2}; \tag{2}$$

ist nun k eine beliebige positive ganze Zahl, so kann man auf eine und nur eine Weise zwei ganze positive Zahlen p und q so bestimmen, daß die Relationen (1) und (2) erfüllt sind: man muß zuerst die ganze positive Zahl s so wählen, daß (2) befriedigt wird, und hierauf

$$q=k-\frac{(s-1)(s-2)}{2} \quad \text{und} \quad p=s-q$$

setzen.

43. Satz 3. *Sind $C_1, C_2, \ldots$ endlich oder abzählbar unendlich viele Punktmengen, von denen jede aus endlich oder abzählbar unendlich vielen Punkten besteht, so hat die Vereinigungsmenge V dieser Mengen dieselbe Eigenschaft.*

Man kann in der Tat

$$V = B_1 + B_2 + \cdots$$

setzen (§ 40), wobei die B_k als Teilmengen von C_k ebenfalls aus endlich oder abzählbar unendlich vielen Punkten bestehen (§ 39). Bezeichnet man die Elemente derjenigen B_k, die nicht leer sind, mit $a_{k1}, a_{k2}, \ldots,$ so werden die B_k als Teilmengen unserer Mengen A_k des § 42 erscheinen und V als Teilmenge der abzählbaren Menge A. Die Punktmenge V ist also jedenfalls abzählbar, falls sie nicht nur endlich viele Punkte enthält.

44. Es seien abzählbar unendlich viele Folgen

$$A_{k1}, A_{k2}, A_{k3}, \ldots \qquad (k = 1, 2, 3, \ldots) \tag{1}$$

von abzählbar unendlich vielen Punktmengen gegeben. Mit V_k und D_k bezeichnen wir die Vereinigungsmengen und Durchschnitte

$$V_k = A_{k1} \dotplus A_{k2} \dotplus A_{k3} \dotplus \cdots$$

$$D_k = A_{k1} \cdot A_{k2} \cdot A_{k3} \cdots,$$

ferner mit V und D die Punktmengen,

$$V = V_1 \dotplus V_2 \dotplus V_3 \dotplus \cdots$$

$$D = D_1 \cdot D_2 \cdot D_3 \cdots.$$

Nach dem § 42 kann man die Punktmengen A_{pq} abzählen und folglich ihre Vereinigungsmenge $\overline{V}$ und ihren Durchschnitt $\overline{D}$ bilden. Jeder Punkt von $\overline{V}$ ist in mindestens einer Punktmenge A_{pq} enthalten, folglich in mindestens einem V_p und schließlich auch in V. Es ist also $\overline{V} \prec V$. Umgekehrt ist jeder Punkt von V in mindestens einem V_p, folglich in mindestens einem A_{pq} und also auch in $\overline{V}$ enthalten. Es ist also

$$\overline{V} = V,$$

und auf ganz analoge Weise zeigt man, daß

$$\overline{D} = D$$

ist.

45. Satz 4. *Die Menge der Punkte der x-Achse mit positiver rationaler Abszisse ist abzählbar.*

Um diesen Satz zu beweisen, verstehen wir unter dem a_{pq} des § 42 den Bruch $\frac{p}{q}$, wobei p und q natürliche Zahlen sind. Diese Brüche lassen sich also in eine Reihe bringen; darunter kommen aber einige rationale Zahlen öfter vor:

$$\tfrac{1}{1};\ \tfrac{2}{1},\ \tfrac{1}{2};\ \tfrac{3}{1},\ \left(\tfrac{2}{2}\right),\ \tfrac{1}{3};\ \tfrac{4}{1},\ \tfrac{3}{2},\ \tfrac{2}{3},\ \tfrac{1}{4};\ \tfrac{5}{1},\ \left(\tfrac{4}{2}\right),\ \left(\tfrac{3}{3}\right),\ \left(\tfrac{2}{4}\right),\ \tfrac{1}{5};\ \tfrac{6}{1},\ \ldots.$$

Die Menge aller rationalen positiven Zahlen ist also, als Teilmenge der abzählbaren Menge aller positiven Brüche, selbst abzählbar.

Da ferner die Menge aller negativen rationalen Zahlen einschließlich der Null aus demselben Grunde auch abzählbar ist, so ist die Menge aller rationalen Zahlen, als Summe zweier abzählbarer Mengen, auch abzählbar (§ 43, Satz 3).

Satz 5. *Sämtliche Punkte der Ebene mit rationalen Koordinaten bilden eine abzählbare Punktmenge.*

x und y seien die rationalen Koordinaten eines Punktes P der Menge; x kann dann die abzählbar vielen Werte der rationalen Zahlen annehmen

$$x:\quad r_1, r_2, r_3, \ldots;$$

dasselbe gilt von y

$$y:\quad r_1, r_2, r_3, \ldots.$$

Den Punkt P mit den Koordinaten $x = r_p$ und $y = r_q$ fassen wir jetzt als Element a_{pq} unseres Schemas im § 42 auf. Da aber die Menge aller a_{pq} abzählbar ist, so ist damit der Satz bewiesen.

Ganz analog beweist man mit Hilfe des Schlusses von n auf $(n+1)$:

Satz 6. *Sämtliche Punkte des n-dimensionalen Raumes, die durchweg rationale Koordinaten besitzen, bilden eine abzählbare Menge.*

46. Der Begriff der Abzählbarkeit bekommt nun erst dadurch seine rechte Bedeutung, daß es auch nicht abzählbare Punktmengen gibt. Die Existenz solcher Punktmengen behauptet folgender Satz von G. Cantor:

Satz 7. *Ein lineares Intervall ist eine nicht abzählbare Punktmenge.*

Wir beweisen diesen Satz, indem wir zeigen, daß jede abzählbare Teilmenge des gegebenen Intervalls eine echte Teilmenge (§ 30) des Intervalls ist.

Wir müssen also, wenn $x_1, x_2, \ldots$ eine Folge von Punkten bedeutet, die im linearen Intervall $a_0 < x < b_0$ enthalten ist, einen Punkt ξ dieses Intervalls bestimmen, der nicht in dieser Folge enthalten ist. Zu diesem Zwecke werden wir eine Folge ineinandergeschachtelter Intervalle: $\delta_0 \succ \delta_1 \succ \delta_2 \succ \cdots$ konstruieren, von der Eigenschaft, daß δ_k die Punkte $x_1, x_2, \ldots, x_k$ nicht enthält. Wir bezeichnen ein Intervall, dessen Endpunkte α und β sind, durch das Symbol $[\alpha, \beta]$ und setzen $\delta_0 = [a_0, b_0]$; wir suchen hierauf den Punkt x_1 unserer Folge auf, und zerlegen das Intervall $[x_1, b_0]$ in drei gleiche Teile durch die Teilpunkte a_1 und b_1. Wir setzen $\delta_1 = [a_1, b_1]$ und bemerken, daß δ_1 den Punkt x_1 nicht enthält. Der Punkt x_2 kann nun entweder ein Punkt von δ_1 sein oder nicht. Im ersten Falle zerlegen wir $[x_2, b_1]$, im zweiten Falle $[a_1, b_1]$ durch die Teilpunkte a_2 und b_2 in drei gleiche Teile. Das so konstruierte Intervall $\delta_2 = [a_2, b_2]$ enthält x_2 nicht, und da $\delta_2 \prec \delta_1$ ist, so enthält es auch nicht x_1. Dieses Verfahren setzen wir fort: ist $\delta_k = [a_k, b_k]$ ein Intervall, das die Punkte $x_1 \ldots x_k$ nicht enthält, so zerlegen wir, je nachdem x_{k+1} in δ_k enthalten ist oder nicht, das Intervall $[x_{k+1}, b_k]$ oder $[a_k, b_k]$ in drei gleiche Teile und nehmen die so bestimmten Teilpunkte a_{k+1} und b_{k+1} als Endpunkte des Intervalls δ_{k+1}. Nach dem Axiome der vollständigen Induktion enthält für jede natürliche Zahl k das Intervall δ_k keinen einzigen der Punkte $x_1, x_2, \ldots, x_k$. Außerdem folgt ebenfalls (nach unserer Konstruktion), daß für jede positive ganze Zahl die Relationen

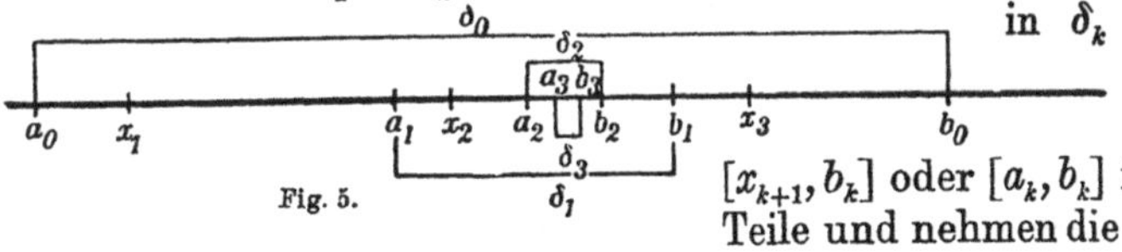

Fig. 5.

(1) $$a_k < a_{k+1}, \quad a_k < b_k, \quad b_{k+1} < b_k$$

erfüllt sind. Sind also k und p zwei beliebige natürliche Zahlen, so ist für $k \leqq p$ immer $a_k \leqq a_p < b_p$ und für $k > p$ immer $a_k < b_k < b_p$, also jedenfalls stets

(2) $$a_k < b_p.$$

Da aus (2) für jedes k die Relation $a_k < b_1$ folgt, ist die obere Grenze ξ aller a_k eine endliche Zahl (§ 18) und es ist für jedes k

$$a_k \leqq \xi \quad \text{und} \quad \xi \leqq b_k,$$

letzteres wegen (2). Endlich folgt noch aus $a_k < a_{k+1} \leqq \xi$ und $\xi \leqq b_{k+1} < b_k$, daß

$$a_k < \xi < b_k$$

ist, d. h. daß der Punkt ξ für jedes k im Intervalle δ_k liegt. Also ist ξ ein Punkt des gegebenen Intervalles $[a_0, b_0]$ der von x_k verschieden ist, was auch k für eine natürliche Zahl sein mag; d. h. ξ ist nicht in der Folge enthalten, w. z. b. w.

Dieser Satz, den wir für das eindimensionale Intervall bewiesen haben, gilt auch für Intervalle beliebiger Dimension. Denn ein solches enthält stets ein eindimensionales Intervall als Teilmenge, kann also selbst nicht abzählbar sein, da die Teilmenge einer abzählbaren Menge selbst abzählbar ist (§ 39).

47. Vergleichen wir unser letztes Resultat mit dem Satze des § 45, daß die Punkte mit rationalen Koordinaten, die im n-dimensionalen

Raume, und folglich (§ 39) auch die, die in einem beliebigen Teile des Raumes enthalten sind, stets eine abzählbare Punktmenge bilden, so folgt hieraus, daß in jedem Intervall des Raumes außer diesen Punkten noch andere existieren müssen. Insbesondere sieht man, daß in jedem linearen Intervall $a < x < b$ zwischen zwei Zahlen, außer den rationalen Zahlen auch andere, sogenannte irrationale Zahlen liegen müssen.

Außerdem gilt der Satz:

Satz 8. *Die Menge der irrationalen Zahlen eines Intervalls ist nicht abzählbar.*

Wäre sie nämlich abzählbar, so würde das Intervall als Summe von zwei abzählbaren Mengen ebenfalls abzählbar sein (§ 43), was dem vorigen Satze widerspricht.

48. Es ist möglich in jeder der speziellen Punktmengen, die wir bisher als Beispiele erwähnt haben, bestimmte Punkte anzugeben, die in diesen Mengen enthalten sind. So ist z. B. der Mittelpunkt eines Intervalls (§ 29) in diesem enthalten. Diese Operation, die als Zuordnung eines bestimmten Punktes einer Menge zu dieser aufgefaßt werden kann, wird oft als Auswahl eines Punktes der Menge bezeichnet (vgl. hierzu den § 83 unter III).

E. Zermelo hat bemerkt, daß man zum Beweise einer Reihe von Sätzen, die für den Ausbau der Analysis unerläßlich sind, die Möglichkeit einer Operation fordern muß, die darin besteht, gleichzeitig aus jeder Teilmenge des Gesamtraumes einen Punkt auszuwählen, und daß man diese Forderung als neues Axiom zu betrachten hat.

Das Auswahlaxiom. Unter den Zuordnungen, bei denen jeder nicht leeren Punktmenge A eines n-dimensionalen Raumes, ein Punkt P dieses Raumes entspricht, existieren solche, bei denen P stets in A enthalten ist.

Es ist m. a. W. möglich, jeder Punktmenge A eines n-dimensionalen Raumes $\mathfrak{R}_n$ einen ihrer Punkte eindeutig zuzuordnen und dies gleichzeitig für alle Punktmengen des Raumes.

49. Das Auswahlaxiom erlaubt uns folgenden Satz zu beweisen:

Satz 9. *Jede unendliche Punktmenge enthält abzählbare unendliche Teilmengen.*

Es sei A eine unendliche Punktmenge; wir ordnen jeder nicht leeren Punktmenge C des Raumes nach dem Auswahlaxiom einen Punkt P_C zu, der in ihr enthalten ist. Nun konstruieren wir mit Hilfe des Prinzips der vollständigen Induktion eine abzählbare Punktmenge

$$B = \{P_1, P_2, \ldots\}$$

folgendermaßen. Man setze

$$P_1 = P_A$$

und mit Hilfe der Bezeichnung

$$C_k = A - \{P_1, \ldots, P_k\}$$

setze man zweitens

$$P_{k+1} = P_{C_k},$$

was immer möglich ist, weil A nach Voraussetzung eine unendliche Punktmenge bedeutet und daher C_k nicht leer ist. Die so definierte abzählbare Punktmenge B ist eine Teilmenge von A. Außerdem aber ist B eine unendliche Punktmenge, weil nach unserer Konstruktion für $k \neq m$ auch $P_k \neq P_m$ ist.

Sätze über Intervalle.

50. Um die Punktmengen näher untersuchen zu können, müssen wir uns ein Instrument zurechtschneiden, mit dem wir im allgemeinen n-dimensionalen Raume Schlüsse ziehen können. Dies wird durch folgende einfache Sätze über Intervalle erreicht.

Satz 1. *Der Durchschnitt von zwei Intervallen ist leer oder wieder ein Intervall.*

Es seien im n-dimensionalen Raume (wobei n auch gleich Eins gedacht werden kann) die beiden Intervalle

$$I'\colon\ a_k' < x_k < b_k' \quad \text{und} \quad I''\colon\ a_k'' < x_k < b_k'' \qquad (k = 1, 2, \ldots, n)$$

gegeben. Wir setzen

$$a_k = \frac{a_k' + a_k'' + |a_k' - a_k''|}{2} \qquad b_k = \frac{b_k' + b_k'' - |b_k' - b_k''|}{2};$$

dann ist a_k die größere der beiden Zahlen a_k' und a_k'', b_k die kleinere der beiden Zahlen b_k' und b_k'' (§ 25). Haben nun die Intervalle I' und I'' einen Punkt

$$\xi_1, \xi_2, \ldots, \xi_n$$

gemeinsam, d. h. ist ihr Durchschnitt nicht leer, so ist für jedes k

$$a_k < \xi_k < b_k,$$

und der Punkt $\xi_1 \ldots \xi_n$ ist im Intervalle

$$(1) \qquad I\colon\ a_k < x_k < b_k \qquad (k = 1, 2, \ldots, n)$$

enthalten. Ist umgekehrt für jeden Wert von k

$$a_k < b_k,$$

so existiert das Intervall (1) und jeder Punkt von I ist sowohl in I' als auch in I'' enthalten. Man hat also

$$I = I'I''.$$

Satz 2. *Jedes Intervall ist in einem Würfel enthalten, dessen Mittelpunkt der Anfangspunkt der Koordinaten ist.*

Es sei

$$I:\quad a_k < x_k < b_k \qquad (k = 1, 2, \ldots, n)$$

das gegebene Intervall; man nenne c die größte unter den $2n$ Zahlen $|a_k|$ und $|b_k|$; dann genügt der Würfel

$$-c < x_k < c \qquad (k = 1, 2, \ldots, n)$$

den Voraussetzungen des Satzes.

Satz 3. *Jeder Punkt P eines Intervalls I ist Mittelpunkt eines Würfels, der ganz in I enthalten ist.*

Es seien $(\xi_1, \xi_2, \ldots, \xi_n)$ die Koordinaten des Punktes P und

$$I:\ a_k < x_k < b_k \qquad (k = 1, 2, \ldots, n)$$

das gegebene Intervall. Nach Voraussetzung sind die $2n$ Zahlen $(\xi_k - a_k)$ und $(b_k - \xi_k)$ alle positiv und von Null verschieden. Es sei h die kleinste unter ihnen; dann hat der Würfel

$$\xi_k - h < x_k < \xi_k + h \qquad (k = 1, 2, \ldots, n)$$

die verlangten Eigenschaften.

Satz 4. *Sind P und Q zwei voneinander verschiedene Punkte mit den Koordinaten $(\xi_1, \xi_2, \ldots, \xi_n)$ und $(\eta_1, \eta_2, \ldots, \eta_n)$, so kann man einen Würfel J finden, der P zum Mittelpunkte hat und Q nicht enthält. Ist außerdem P ein Punkt des Intervalls I, so kann man verlangen, daß der Würfel J eine Teilmenge von I sei.*

Um den ersten Teil des Satzes zu beweisen, bemerke man, daß, da die Punkte P und Q getrennt liegen, die Zahlen $|\xi_k - \eta_k|$ nicht alle Null sein können. Ist z. B. h die größte unter ihnen, so hat der Würfel

$$\xi_k - h < x_k < \xi_k + h \qquad (k = 1, 2, \ldots, n)$$

die gewünschte Eigenschaft.

Ist zweitens P ein Punkt des Intervalls I, so nenne man J' den soeben bestimmten Würfel; die Intervalle I und J' haben den Punkt P gemeinsam. Nach dem Satze 1 ist also die Punktmenge $I' = I \cdot J'$ ein

Intervall, das zwar P aber nicht Q enthält. Hierauf bestimme man den Würfel J, der nach Satz 3 den Punkt P als Mittelpunkt besitzt und in I' enthalten ist; dieser Würfel ist der gesuchte.

51. Es sei p eine gegebene natürliche Zahl und $k_1, k_2, \ldots, k_n$ irgendwelche ganze Zahlen. Wir betrachten die n-dimensionalen Würfel

$$\frac{k_j - 1}{p} < x_j < \frac{k_j + 1}{p} \qquad (j = 1, 2, \ldots, n)$$

und zwar sämtliche Würfel, die man erhält, wenn man p festhält und alle möglichen Kombinationen der Zahlen k_j betrachtet. Diese Würfel sind alle von gleicher Größe und ihre Mittelpunkte besitzen die rationalen Koordinaten

$$\frac{k_j}{p}; \qquad (j = 1, 2, \ldots, n)$$

hieraus folgt aber, daß die Menge der betrachteten Würfel abzählbar ist (§ 45). Ist $(\xi_1, \ldots, \xi_n)$ ein beliebiger Punkt des Raumes, so kann man (§ 20) die k_j so wählen, daß die Ungleichheiten

$$k_j - 1 < p\xi_j < k_j + 1 \qquad (j = 1, 2, \ldots, n)$$

sämtlich gelten; hieraus folgt, daß jeder Punkt des Raumes in der Vereinigungsmenge unserer Würfel enthalten ist, oder wie wir sagen wollen, daß der Raum von unsern Würfeln überdeckt wird.

Es sei endlich

$$I\colon \quad a_j < x_j < b_j \qquad (j = 1, 2, \ldots, n)$$

ein beliebiges Intervall des n-dimensionalen Raumes. Ein Würfel unserer Menge hat dann und nur dann Punkte mit I gemeinsam, wenn die Ungleichheiten

$$\frac{k_j + 1}{p} > a_j \quad \text{und} \quad \frac{k_j - 1}{p} < b_j$$

oder

$$p a_j - 1 < k_j < p b_j + 1$$

sämtlich erfüllt sind. Hieraus folgt aber, daß das Intervall I nur mit endlich vielen unserer Würfel Punkte gemeinsam hat.

Endlich bemerken wir, daß wenn λ eine beliebige positive Zahl bedeutet, und wenn wir die natürliche Zahl

$$p > \frac{2}{\lambda}$$

wählen, die Kantenlänge unserer Würfel kleiner als λ ist.

Satz 5. *Man kann den ganzen n-dimensionalen Raum mit einer abzählbaren Menge von gleich großen Würfeln überdecken, deren Kanten-*

länge kleiner als eine vorgeschriebene positive Zahl λ ist. Es ist außerdem möglich, diese Würfel so zu wählen, daß es nur endlich viele unter ihnen gibt, die mit einem willkürlich gegebenen Intervall I des Raumes Punkte gemeinsam haben.

Vergleich einer Punktmenge mit dem Gesamtraum.

52. Definition 1. Eine Punktmenge A heißt beschränkt, wenn sie Teilmenge eines Intervalls ist.

Insbesondere ist jedes Intervall beschränkt; dagegen ist z. B. die abzählbare lineare Punktmenge $x = 1, 2, \ldots$ nicht beschränkt.

Definition 2. Ein Punkt P heißt innerer Punkt einer Punktmenge A, wenn ein Intervall I_P existiert, das P enthält und zugleich Teilmenge von A ist.

Man muß also zugleich $P \prec I_P$ und $I_P \prec A$ haben. Insbesondere ist jeder Punkt eines Intervalls innerer Punkt dieses Intervalls, weil man in diesem Falle $I_P = A$ setzen kann. Ein Intervall besteht aus lauter inneren Punkten.

Definition 3. Jede aus lauter inneren Punkten bestehende Punktmenge U_P, die einen Punkt P enthält, soll eine Umgebung dieses Punktes genannt werden.

Jede Umgebung U_P von P enthält ein Intervall I_P, in welchem P selbst enthalten ist; gäbe es nämlich kein solches Intervall, so wäre P, entgegen der Definition von U_P, kein innerer Punkt von U_P. Anderseits ist aber schon ein Intervall I_P, das P enthält, eine Umgebung von P, weil es aus lauter inneren Punkten besteht. Man kann also sagen, daß eine notwendige und hinreichende Bedingung dafür, daß P innerer Punkt von A sei, darin besteht, daß eine Umgebung von P Teilmenge von A sei.

53. Mit Hilfe des Begriffes der Umgebung wollen wir nun die Punkte des Gesamtraumes in bezug auf eine Punktmenge A klassifizieren; es bestehen folgende Möglichkeiten:

1. Es gibt eine Umgebung U_P von P, so daß $U_P A = 0$ ist. Dann gehört also weder P selbst noch ein anderer Punkt von U_P zu A, sondern U_P ist Teilmenge der Komplementärmenge A'. Folglich ist P innerer Punkt von A'.

2. Es gibt kein U_P, so daß $U_P A = 0$ ist; es gibt aber mindestens ein U_P, das nur einen einzigen Punkt Q von A enthält. Dann muß Q mit P zusammenfallen: man kann nämlich nach der Defini-

tion der Umgebung ein Intervall I'_P finden, das P enthält und in U_P enthalten ist, und, falls Q und P voneinander verschieden sein sollten, ein Teilintervall I_P von I'_P konstruieren, das P aber nicht Q enthält (§ 50, Satz 4). Dann ist I_P eine Umgebung von P und, da $I_P \prec I'_P \prec U_P$ ist, ist $I_P A \prec U_P A$. Nun besteht $U_P A$ nach Voraussetzung aus dem einzigen Punkte Q, und Q ist nicht in I_P und folglich auch nicht in $I_P A$ enthalten. Es müßte also $I_P A$ entgegen der ursprünglichen Voraussetzung eine leere Menge sein. Also ist der Punkt P in A enthalten, und es gibt Umgebungen U_P von P, die keinen weiteren Punkt von A enthalten; der Punkt P heißt dann ein isolierter Punkt der Punktmenge A.

3. Jede Umgebung U_P von P enthält mindestens einen Punkt von A, der von P verschieden ist. Dann muß jede Umgebung U_P unendlich viele Punkte von A enthalten; angenommen nämlich man könnte ein U_P so wählen, daß außer etwa P nur noch endlich viele Punkte $Q_1, Q_2, \ldots, Q_m$ in $U_P A$ enthalten sind, dann könnte man m Intervalle $I_1, I_2, \ldots, I_m$ finden, die P enthalten und in U_P enthalten sind und die außerdem die Eigenschaft haben, daß I_k den Punkt Q_k nicht enthält (§ 50, Satz 4). Der Durchschnitt $I = I_1 I_2 \ldots I_m$ dieser Intervalle ist wieder ein Intervall, das P enthält, in U_P enthalten ist, und keinen einzigen der Punkte Q_k enthalten kann; dies Intervall I ist dann eine Umgebung von P, die außer vielleicht P keinen einzigen Punkt von A enthält, und dies widerspricht unserer Voraussetzung.

In diesem Falle heißt P Häufungspunkt von A; er kann, aber braucht übrigens nicht selbst ein Punkt von A sein.

Ich wiederhole die **Definition** des Häufungspunktes:

Ein Punkt P des Raumes heißt Häufungspunkt von A, wenn jede Umgebung U_P von P mindestens einen Punkt von A enthält, der von P verschieden ist; und dann müssen unendlich viele Punkte von A in U_P enthalten sein.

Unter den Häufungspunkten unterscheiden wir noch besonders Kondensationspunkte und innere Punkte (§ 52).

4. **Definition.** Ein Häufungspunkt P heißt Kondensationspunkt, wenn für keine Umgebung U_P von P der Durchschnitt $U_P A$ abzählbar ist.

Ist also P Häufungspunkt von A, aber kein Kondensationspunkt, so gibt es zwar keine Umgebung U_P von P, für welche $U_P A$ endlich ist, aber mindestens ein U_P, so daß $U_P A$ abzählbar ist.

Jeder innere Punkt von A ist Kondensationspunkt; nach Voraussetzung gibt es ein Intervall I_P, das P enthält und in A enthalten ist. Ist dann U_P eine beliebige Umgebung von P, so gibt es ein Intervall J_P, das P enthält und Teilmenge von U_P ist. Aus

$$I_P \prec A \quad \text{und} \quad J_P \prec U_P$$

folgt

$$I_P J_P \prec A U_P .$$

Nun ist $I_P J_P$ ein Intervall (§ 50, Satz 1) und folglich nicht abzählbar (§ 46), umsomehr gilt dasselbe dann von $A U_P$.

Beispiele. Zu 1: A bestehe aus den Punkten $0 < x < 1$. Der Punkt -1 ist innerer Punkt der Komplementärmenge.

Zu 2: A bestehe aus den Punkten $0 < x < 1$ und außerdem aus $x = -1$ und $x = -2$; die beiden letztgenannten Punkte sind isolierte Punkte von A.

Zu 3: A bestehe aus den Punkten $1, \frac{1}{2}, \frac{1}{3}, \cdots, \frac{1}{n}, \cdots$. Sämtliche Punkte der Menge sind isolierte Punkte. Der nicht zur Menge gehörende Punkt 0 ist Häufungspunkt, aber nicht Kondensationspunkt von A.

Zu 4: A besteht aus den Punkten $0 < x < 1$. Die Punkte 0 und 1 sind Kondensationspunkte, die nicht in A enthalten sind.

Klassifizierung von Punktmengen.

54. Wir haben schon unter den Punktmengen abzählbare und nichtabzählbare, beschränkte und nichtbeschränkte (§ 46, 52) unterschieden. Zu weiteren Unterscheidungen gelangt man, wenn man eine Punktmenge A mit der Menge H_A ihrer Häufungspunkte vergleicht, die von vielen Autoren die Ableitung der Punktmenge A genannt wird. Im allgemeinen liefert allerdings dieser Vergleich nichts bemerkenswertes.

Es gibt jedoch zwei extreme Fälle:

1. $H_A \prec A$, d. h. jeder Häufungspunkt von A ist Punkt der Menge A. Dann heißt die Menge A abgeschlossen.

2. $H_A \succ A$, d. h. jeder Punkt von A ist Häufungspunkt von A. Dann heißt die Punktmenge A in sich dicht.

3. Diese beiden Fälle brauchen, wie Beispiele zeigen (§ 55), sich nicht auszuschließen; eine Menge A kann sowohl abgeschlossen, als in sich dicht sein; dann heißt die Punktmenge A perfekt.

Diese Begriffe und auch die Bezeichnungen sind von G. Cantor geschaffen worden. Ferner ist zu bemerken, daß nach unserer Definition eine Punktmenge A auch dann als abgeschlossen angesehen werden muß, wenn die Menge H_A ihrer Häufungspunkte leer ist. So ist z. B. die Gesamtheit der Punkte mit durchweg ganzzahligen Koordinaten eine abgeschlossene Punktmenge.

Satz 1. *Die Komplementärmenge einer abgeschlossenen Punktmenge besteht aus lauter inneren Punkten.*

Beweis: A sei abgeschlossen und P sei ein Punkt der Komplementärmenge A'. Dann ist P kein Punkt von A, und, wegen der Abgeschlossenheit von A, auch kein Häufungspunkt von A. Also gibt es eine Umgebung von P, die keinen einzigen von P verschiedenen Punkt von A, und folglich keinen einzigen Punkt von A enthält. D. h. der Punkt P ist innerer Punkt der Komplementärmenge A'.

Satz 2. *Besteht A aus lauter inneren Punkten, so ist die Komplementärmenge A' von A abgeschlossen.*

Beweis: Es ist zu beweisen, daß jeder Häufungspunkt der Komplementärmenge A' zu A' und also nicht zu A gehört. Das folgt aber sofort daraus, daß jeder Punkt von A innerer Punkt ist; daher gibt es um jeden Punkt P von A ein Intervall, das ganz zu A gehört, in dem also kein Punkt von A' liegt.

Diese Dualität zwischen abgeschlossenen Punktmengen und solchen, die aus lauter inneren Punkten bestehen, ist, wie wir sehen werden, sehr tief ausgeprägt; wir werden sie am besten dadurch auch äußerlich zum Ausdruck bringen, wenn wir die Eigenschaft einer Menge, lauter innere Punkte zu besitzen, durch einen Namen charakterisieren, der zum Worte „abgeschlossen" in Beziehung steht. Wir wollen die Punktmengen, die aus lauter inneren Punkten bestehen, offene Punktmengen nennen; dies können wir umso unbedenklicher tun, als wir später beweisen werden, daß eine Punktmenge nicht zu gleicher Zeit abgeschlossen und offen sein kann (§ 213), es sei denn, daß sie mit dem Gesamtraum identisch ist.

Nach dieser Ausdrucksweise ist eine Umgebung eines Punktes P eine offene Punktmenge, die P enthält. Ebenso werden wir von Umgebungen einer beliebigen Punktmenge A sprechen: das sind die offenen Punktmengen, die A als Teilmenge enthalten.

55. Wir bezeichnen mit I das Intervall

$$I:\quad a_k < x_k < b_k \qquad (k = 1, 2, \ldots, n)$$

und mit $\bar{I}$ die Punktmenge, welche durch die Bedingungen

$$\bar{I}:\quad a_k \leqq x_k \leqq b_k \qquad (k = 1, 2, \ldots, n)$$

gegeben ist. Ferner bezeichnen wir mit H und $\bar{H}$ die Mengen, die aus den Häufungspunkten von I bzw. $\bar{I}$ bestehen; da $I \prec \bar{I}$ ist, so ist auch

$$(1) \qquad H \prec \bar{H}.$$

Bezeichnet man mit $(\xi_1, \ldots, \xi_n)$ die Koordinaten eines Punktes P, der in der Komplementärmenge von $\bar{I}$ liegt, so muß von den $2n$ Größen $(a_k - \xi_k)$, $(\xi_k - b_k)$ mindestens eine positiv und von Null verschieden sein. Es sei h die größte unter diesen Zahlen, dann hat das Intervall

$$\xi_k - h < x_k < \xi_k + h \qquad (k = 1, 2, \ldots, n)$$

keinen einzigen Punkt mit $\bar{I}$ gemeinsam, d. h. P ist ein innerer Punkt der Komplementärmenge von $\bar{I}$. Diese Komplementärmenge ist demnach offen und $\bar{I}$ ist eine abgeschlossene Punktmenge; es ist also

$$(2) \qquad \bar{H} \prec \bar{I}.$$

Zweitens sieht man, daß, wenn P ein beliebiger Punkt von $\bar{I}$ ist, jedes Intervall J_P, das P enthält, auch Punkte von I enthalten muß, die von P verschieden sind, d. h., daß P ein Häufungspunkt von I ist; demnach ist

$$(3) \qquad \bar{I} \prec H.$$

Aus (1) und (2) folgt, daß $H \prec \bar{I}$ ist, und dies mit (3) verglichen gibt

$$(4) \qquad \bar{I} = H.$$

Der Vergleich von (1) und (3) gibt $\bar{I} \prec \bar{H}$ und dies liefert in Verbindung mit (2)

$$(5) \qquad \bar{I} = \bar{H}.$$

Man kann die Gleichungen (4) und (5) folgendermaßen deuten: Ein beliebiges Intervall I ist eine offene Punktmenge, deren Häufungspunkte eine I enthaltende perfekte Punktmenge $\bar{I}$ bilden; die Punktmenge $\bar{I}$ heißt ein abgeschlossenes Intervall.

Insbesondere hat aber auch unsere Untersuchung gezeigt, daß es perfekte Punktmengen gibt, was natürlich durch die Definition des vorigen Paragraphen noch nicht gewährleistet war.

56. Man kann die Sätze des § 50 auf abgeschlossene Intervalle übertragen.

Satz 3. *Haben zwei abgeschlossene Intervalle einen inneren Punkt gemeinsam, so ist ihr Durchschnitt wieder ein abgeschlossenes Intervall.*

Der Beweis ist identisch mit dem oben gegebenen, nur daß man die Zeichen $>$ und $<$ durch $\geqq$ und $\leqq$ zu ersetzen hat.

Satz 4. *Jeder Punkt P eines Intervalls I ist Mittelpunkt eines abgeschlossenen Würfels $\overline{Q}$, der ganz in I enthalten ist.*

Es seien $(\xi_1, \xi_2, \ldots, \xi_n)$ die Koordinaten des Punktes P und

$$I: \quad a_k < x_k < b_k \qquad (k = 1, 2, \ldots, n)$$

das gegebene (nicht abgeschlossene) Intervall. Nach Voraussetzung sind die $2n$ Zahlen $(\xi_k - a_k)$ und $(b_k - \xi_k)$ alle positiv und von Null verschieden. Es sei h die kleinste unter ihnen; dann hat der abgeschlossene Würfel

$$\xi_k - \frac{h}{2} \leqq x_k \leqq \xi_k + \frac{h}{2}$$

die gewünschte Eigenschaft.

Durch Kombination dieses letzten Resultates mit dem Satze 4 des § 50 erhält man endlich:

Satz 5. *Sind P und Q zwei voneinander verschiedene Punkte, so kann man einen abgeschlossenen Würfel $\overline{J}$ finden, der P zum Mittelpunkte hat und Q nicht enthält. Ist außerdem P ein Punkt eines gegebenen Intervalls I, so kann man noch verlangen, daß der abgeschlossene Würfel $\overline{J}$ eine Teilmenge von I sei.*

Überdeckungssätze.

57. Wir leiten jetzt einige Sätze ab, welche die Grundlage für das weitere Eindringen in die Theorie der Punktmengen bilden.

Es sei

$$\overline{I}: \quad a \leqq x \leqq b$$

ein abgeschlossenes lineares Intervall. Jedem Punkte P dieses Intervalls sei nun eindeutig ein (offenes) lineares Intervall δ_P zugeordnet, das den Punkt P enthält. Dann gilt der Satz

Das abgeschlossene Intervall $\overline{I}$ läßt sich mit einer endlichen Anzahl von Intervallen δ_P völlig überdecken.

Mit anderen Worten: es gibt eine endliche Anzahl von Punkten $P_1, P_2, \ldots, P_m$, so daß

$$\overline{I} \prec \delta_{P_1} \dotplus \delta_{P_2} \dotplus \cdots \dotplus \delta_{P_m}$$

ist.

Wir wollen einen Punkt ξ von $\overline{I}$ erreichbar nennen, wenn der ausgesprochene Satz mindestens für das abgeschlossene Teilintervall $a \leqq x \leqq \xi$ richtig ist, und die Menge der erreichbaren Punkte untersuchen. Es wird zu beweisen sein, daß der Punkt $x = b$ zu dieser Menge gehört.

Nun ist diese Menge nicht leer; jeder Punkt ξ des Durchschnitts $I \cdot \delta_a$ von

$$I: \quad a < x < b$$

mit δ_a ist nämlich erreichbar. Anderseits ist nach Konstruktion für alle erreichbaren Punkte $\xi \leqq b$; diese Zahlenmenge besitzt also eine obere Grenze $\omega \leqq b$. Nach Definition der oberen Grenze darf kein Punkt x des Intervalles $\bar{I}$, für welchen $x > \omega$ ist, falls ein solcher Punkt existiert, erreichbar sein; dagegen gibt es für jedes positive h erreichbare Punkte ξ, für welche $\omega - h < \xi$ ist. Nun ist, wegen $a < \omega \leqq b$, der Punkt ω in $\bar{I}$ enthalten und es ist ihm nach Voraussetzung ein Intervall

$$\delta_\omega: \quad \omega - h < x < \omega + k$$

zugeordnet. Wählt man einen erreichbaren Punkt ξ zwischen $(\omega - h)$ und ω und bezeichnet mit $\delta_1, \delta_2, \ldots, \delta_p$ endlich viele der gegebenen Intervalle δ_P, deren Vereinigungsmenge das Intervall $a \leqq x \leqq \xi$ enthält, so wird die Vereinigungsmenge

$$\delta_1 \dotplus \delta_2 \dotplus \cdots \dotplus \delta_p \dotplus \delta_\omega$$

alle Punkte des Intervalls $a < x < \omega + k$ enthalten. Hieraus folgt aber, daß erstens ω selbst erreichbar ist und zweitens, daß $\omega = b$ ist; denn wäre $\omega < b$, so würden Punkte ξ von $\bar{I}$ im Intervalle $\omega < x < \omega + k$ liegen. Diese Punkte wären aber erreichbar, und es wäre für sie zugleich $\xi > \omega$, was der Konstruktion von ω widerspricht. Also ist der Punkt b selbst ein erreichbarer Punkt, w. z. b. w.

58. Dieser Satz läßt sich durch den Schluß von n auf $(n+1)$ auf mehrdimensionale Intervalle übertragen; der Wortlaut des Satzes wird dabei nicht geändert: Es sei $\bar{I}$ ein abgeschlossenes n-dimensionales Intervall, und jedem Punkte P dieses Intervalls ein (n-dimensionales) Intervall δ_P zugeordnet, das P enthält. Es gibt dann endlich viele Punkte $P_1, P_2, \ldots, P_m$ von $\bar{I}$ von der Eigenschaft, daß

$$\bar{I} \prec \delta_{P_1} \dotplus \delta_{P_2} \dotplus \cdots \dotplus \delta_{P_m}$$

ist.

Wir nehmen an, der Satz sei für $(n-1)$ Dimensionen bewiesen, und betrachten die Punkte P des abgeschlossenen Intervalls

$$\bar{I}: \quad a_k \leqq x_k \leqq b_k, \qquad (k = 1, 2, \ldots, n)$$

für welche

$$x_n = \xi$$

ist, wobei ξ irgendeine feste Zahl des linearen abgeschlossenen Intervalls $a_n \leqq \xi \leqq b_n$ bedeutet. [Die Fig. 6 stellt die Konstruktion für den Fall $n = 2$ dar.]

Diese Punkte P werden auf gewisse Punkte P' des $(n-1)$-dimensionalen Raumes $x_1, x_2, \ldots, x_{n-1}$ projiziert und die Gesamtheit der Punkte P' erfüllt ein abgeschlossenes $(n-1)$-dimensionales Intervall

$$\bar{J}:\quad a_k \leqq x_k \leqq b_k. \qquad (k = 1, 2, \ldots, (n-1))$$

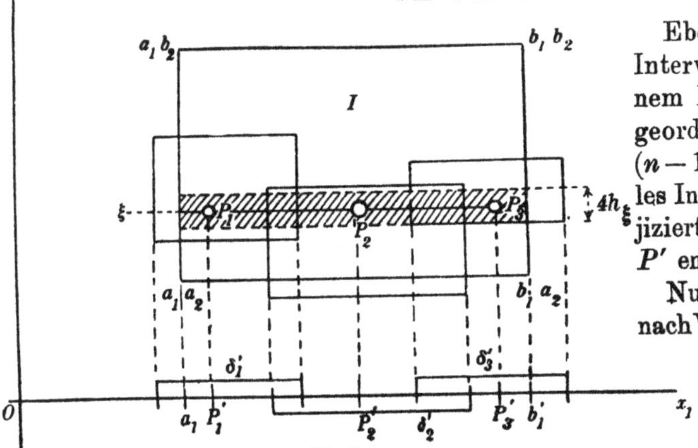

Fig. 6.

Ebenso wird das Intervall δ_P, das einem Punkte P zugeordnet ist, auf ein $(n-1)$-dimensionales Intervall δ_P' projiziert, das den Punkt P' enthält.

Nun kann man nach Voraussetzung eine endliche Anzahl von Punkten P_1', P_2', $\ldots$, P_j', $\ldots$, P_m' finden, so daß, wenn man mit $\delta_1', \ldots, \delta_j', \ldots, \delta_m'$ ihre zugeordneten $(n-1)$-dimensionalen Intervalle bezeichnet,

$$J \prec \delta_1' \dotplus \delta_2' \dotplus \cdots \dotplus \delta_m'$$

ist. Wir kehren jetzt zu unserem n-dimensionalen Raume zurück, und betrachten die Punkte P_j, deren $(n-1)$ erste Koordinaten mit denen von P_j' zusammenfallen und für welche außerdem $x_n = \xi$ ist; die diesen Punkten zugeordneten Intervalle bezeichnen wir mit

$$\delta_j:\quad \alpha_k^{(j)} < x < \beta_k^{(j)} \qquad (k = 1, 2, \ldots, n)$$

und bemerken, daß die $2m$ Zahlen

$$(\xi - \alpha_n^{(j)}) \quad \text{und} \quad (\beta_n^{(j)} - \xi) \qquad (j = 1, 2, \ldots, m)$$

alle positiv und von Null verschieden sind. Es sei $2h_\xi$ die kleinste unter diesen Zahlen; dann muß jeder Punkt des n-dimensionalen abgeschlossenen Intervalls

$$\bar{H}_\xi:\quad \begin{cases} a_k \leqq x_k \leqq b_k & (k = 1, 2, \ldots, (n-1)) \\ \xi - h_\xi \leqq x_n \leqq \xi + h_\xi \end{cases}$$

in der Vereinigungsmenge

$$\delta_1 \dotplus \delta_2 \dotplus \cdots \dotplus \delta_m$$

liegen.

Nun wenden wir den Satz des vorigen Paragraphen an: Wir haben jedem Punkte ξ des abgeschlossenen linearen Intervalls $a_n \leqq x_n \leqq b_n$ ein lineares Intervall $\xi - h_\xi < x_n < \xi + h_\xi$ zugeordnet. Wir können also endlich viele Punkte $\xi_1, \xi_2, \ldots, \xi_p$ finden, so daß das lineare Intervall $a_n \leqq x_n \leqq b_n$ durch die Vereinigung der Intervalle

$$\xi_k - h_{\xi_k} < x_n < \xi_k + h_{\xi_k} \qquad (k = 1, 2, \ldots, p)$$

überdeckt wird. Dann ist aber auch für unser gegebenes n-dimensionales abgeschlossenes Intervall

$$\bar{I} \prec \bar{H}_{\xi_1} \dotplus \bar{H}_{\xi_2} \dotplus \cdots \dotplus \bar{H}_{\xi_p},$$

und da jedes der Intervalle $\bar{H}_{\xi_1}, \bar{H}_{\xi_2}, \ldots, \bar{H}_{\xi_p}$ durch die Vereinigungsmenge von endlich vielen δ_P überdeckt werden konnte, so gilt dasselbe von $\bar{I}$.

59. Unser Resultat läßt eine weitere Verallgemeinerung zu, durch die es erst in brauchbarer Form erscheinen wird:

Überdeckungssatz von Borel. Ist jedem Punkte P einer abgeschlossenen und beschränkten Punktmenge A eine Umgebung δ_P eindeutig zugeordnet, so kann man die ganze Punktmenge A mit einer endlichen Anzahl dieser Umgebungen überdecken.

D. h. es gibt endlich viele Punkte $P_1, P_2, \ldots, P_m$, so daß

$$A \prec \delta_{P_1} \dotplus \delta_{P_2} \dotplus \cdots \dotplus \delta_{P_m}$$

ist.

Die Punktmenge A ist beschränkt; man kann also ein Intervall (§ 52) und folglich auch ein abgeschlossenes Intervall $\bar{I}$ finden, das A in seinem Inneren enthält. Alle Punkte von $(\bar{I} - A) = \bar{I}A'$ sind innere Punkte von A', da die Komplementärmenge einer abgeschlossenen Menge nur aus inneren Punkten besteht (§ 54). Jedem Punkte Q von $(\bar{I} - A)$ kann man also ein Intervall γ_Q zuordnen, das Q, aber keinen Punkt von A enthält. Den Punkten P von A kann man aber Intervalle δ'_P zuordnen, die P enthalten und jedesmal Teilmengen der gegebenen Umgebungen δ_P von P sind. Nach dem vorigen Satze kann man endlich viele Punkte $Q_1, Q_2, \ldots, Q_j$ und $P_1, P_2, \ldots, P_k$ von $\bar{I}$ finden, so daß

$$A \prec \bar{I} \prec \gamma_{Q_1} \dotplus \gamma_{Q_2} \dotplus \cdots \dotplus \gamma_{Q_j} \dotplus \delta'_{P_1} \dotplus \delta'_{P_2} \dotplus \cdots \dotplus \delta'_{P_k}$$

ist. Da nun die Intervalle γ_Q keinen Punkt von A enthalten, ist

$$A \prec \delta'_{P_1} + \delta'_{P_2} + \cdots + \delta'_{P_k} \prec \delta_{P_1} + \delta_{P_2} + \cdots + \delta_{P_k},$$

womit der Borelsche Satz bewiesen ist.

Die beiden Voraussetzungen der Beschränktheit und Abgeschlossenheit der Menge A sind für den Satz aber notwendig: Jedem Punkte der beschränkten, aber nicht abgeschlossenen unendlichen Punktmenge $1, \frac{1}{2}, \frac{1}{3}, \ldots$ oder jedem Punkte der abgeschlossenen, aber nicht beschränkten unendlichen Punktmenge $1, 2, 3, \ldots$ kann man z. B. ein Intervall zuordnen, das nur ihn enthält, so daß also erst unendlich viele Intervalle hinreichen, um die Menge zu überdecken.

60. Setzt man weder die Abgeschlossenheit noch die Beschränktheit der Menge voraus, so gilt aber wenigstens noch der folgende Überdeckungssatz:

Überdeckungssatz von Lindelöf. Ist jedem Punkte P einer beliebigen Menge A eine Umgebung U_P zugeordnet, so kann man eine höchstens abzählbare Teilmenge $P_1, P_2, \ldots$ von A finden, so daß

$$A \prec U_{P_1} + U_{P_2} + \cdots$$

ist.

Die dem Punkte P zugeordnete Umgebung U_P enthält ein Intervall, das P enthält; dieses Intervall enthält einen Würfel, der P zum Mittelpunkte hat (§ 50, Satz 3). Wenn man bewiesen hat, daß A sich mit abzählbar vielen solcher Würfel überdecken läßt, so ist damit erst recht bewiesen, daß es sich mit abzählbar vielen Umgebungen U_P überdecken läßt. Jedem Punkte P der Menge A ordnen wir also einen Würfel W_P zu, der P als Mittelpunkt enthält. (Wir können der Eindeutigkeit halber festsetzen, daß W_P der größte der ganz in U_P liegenden Würfel sein soll, die P zum Mittelpunkte haben, da ein derartiger größter Würfel immer existiert, sofern U_P nicht identisch mit dem Gesamtraum ist.) Die Seitenlänge von W_P sei a_P.

Wir zerlegen jetzt die gegebene Punktmenge A in abzählbar viele Teilmengen $A_1, A_2, \ldots, A_n, \ldots$. Hierbei sei A_1 die Menge der Punkte von A, für welche $a_P > 1$ ist, ferner A_2 die Menge derjenigen Punkte, für welche $1 \geqq a_P > \frac{1}{2}$, und allgemein A_k die Menge derjenigen Punkte, für welche

$$\frac{1}{k-1} \geqq a_P > \frac{1}{k}$$

ist; einige dieser Punktmengen A_k können leer sein, aber jeder Punkt von A ist in einer und nur einer dieser Mengen enthalten:

$$A = A_1 + A_2 + A_3 + \cdots.$$

Wenn man noch zeigt, daß man jede dieser Mengen A_k mit endlich oder abzählbar vielen Würfeln W_P überdecken kann, so ist der Beweis geführt (§ 42). Zu diesem Zweck überdecken wir den ganzen Raum mit abzählbar unendlich vielen kongruenten Würfeln, deren Seiten gleich $\frac{1}{2k}$ sind (§ 51, Satz 5). Wir bezeichnen mit $w_1, w_2, \ldots$ die abzählbare Teilmenge (§ 39) dieser Würfel, die mindestens einen Punkt von A_k enthalten. Dann ist

$$A_k \prec w_1 \dotplus w_2 \dotplus w_3 \dotplus \cdots,$$

und für jede natürliche Zahl j

$$A_k w_j \neq 0.$$

Nach dem Auswahlaxiom (§ 48) kann man jeder dieser Punktmengen $A_k w_j$ einen ihrer Punkte zuordnen. Der zu einem solchen Punkte P gehörende konzentrische Würfel W_P überdeckt ganz den entsprechenden Würfel w_j, da die Seite des letzteren kleiner als $\frac{a_P}{2}$ ist. Die Punktmenge A_k ist somit von endlich oder abzählbar vielen Würfeln W_P und folglich von abzählbar vielen Umgebungen U_P überdeckt. Da die Vereinigungsmenge abzählbar vieler abzählbarer Mengen wieder abzählbar ist, so kann A selbst mit abzählbar vielen Umgebungen U_P überdeckt werden.

61. Der soeben bewiesene Satz kann im Falle, daß A beschränkt und die Umgebungen U_P Würfel sind, die P zum Mittelpunkte haben, noch etwas verschärft werden. In diesem Falle gibt es nach dem Satze 5 des § 51 nur endlich viele Hilfswürfel $w_1, w_2, \ldots$ und folglich in der abzählbaren Folge $W_1, W_2, \ldots$ von Würfeln, die A überdecken, nur endlich viele, die im Beweise des vorigen Paragraphen einem A_k zugeordnet sind. Es gibt also ebenfalls nur endlich viele dieser Würfel, deren Seitenlänge größer als $\frac{1}{p}$ ist, wo p eine beliebige natürliche Zahl bedeutet.

Hieraus folgt aber, daß man die $W_1, W_2, \ldots$ nach absteigender Länge ihrer Kanten ordnen kann:

Satz. *Ist jedem Punkte P einer beschränkten Punktmenge A ein Würfel W_P mit P als Mittelpunkt zugeordnet, so kann man die Punktmenge A mit abzählbar vielen Würfeln $W_1, W_2, \ldots$ überdecken, deren Seitenlängen $a_1, a_2, \ldots$ die Relation $a_k \geqq a_{k+1}$ befriedigen.*

Sätze über Häufungs- und Kondensationspunkte.

62. Satz 1. *Jede nicht leere beschränkte Punktmenge ohne Häufungspunkt besteht aus endlich vielen Punkten.*

Wegen ihrer Beschränktheit liegt die Punktmenge A in einem abgeschlossenen Intervall $\bar{I}$. Um jeden Punkt P von $\bar{I}$ kann man, weil P nach Voraussetzung kein Häufungspunkt von A ist, eine Umgebung U_P von P so bestimmen, daß U_P entweder keinen einzigen Punkt von A oder nur den Punkt P allein enthält (§ 53). Nach dem Borelschen Überdeckungssatz kann man nun endlich viele Punkte $P_1, P_2, \ldots, P_m$ so finden, daß

$$\bar{I} \prec U_{P_1} \dotplus U_{P_2} \dotplus \cdots \dotplus U_{P_m}$$

und folglich

$$A = A\bar{I} = A(U_{P_1} \dotplus U_{P_2} \dotplus \cdots \dotplus U_{P_m})$$

ist. Die Punktmenge A besteht also nach der Konstruktion der Umgebungen U_P höchstens aus den endlich vielen Punkten $P_1, P_2, \ldots, P_m$.

Der Satz 1 ist gleichbedeutend mit folgendem:

Satz 2. *Jede aus unendlich vielen Punkten bestehende beschränkte Punktmenge besitzt mindestens einen Häufungspunkt.*

Ferner gilt der Satz:

Satz 3. *Die Menge H_A der Häufungspunkte einer Punktmenge A ist abgeschlossen.*

Es ist zu beweisen, daß, wenn der Punkt P Häufungspunkt von H_A ist, er in der Punktmenge H_A selbst enthalten ist. Jede Umgebung U_P von P enthält nach Voraussetzung mindestens einen Punkt Q von H_A; die Punktmenge U_P ist aber zugleich auch (§ 52, Definition 3) eine Umgebung von Q. Sie muß also unendlich viele Punkte von A enthalten und aus der Tatsache, daß letzteres für jede Umgebung von P zutrifft, folgt, daß P, wie wir es beweisen wollten, ein Häufungspunkt von A ist.

63. Satz 4. *Jede Punktmenge A, die keinen in ihr liegenden Kondensationspunkt besitzt, ist endlich oder abzählbar und hat also überhaupt keinen Kondensationspunkt.*

Um jeden beliebigen Punkt P der Punktmenge A kann man, weil P kein Kondensationspunkt von A ist, eine Umgebung U_P von P so bestimmen, daß die Punktmenge $U_P A$ aus höchstens abzählbar vielen Punkten besteht. Nach dem Lindelöfschen Überdeckungssatz (§ 60) kann man nun A mit höchstens abzählbar unendlich vielen derartigen Umgebungen überdecken. Die Punktmenge A erscheint dann als Vereinigungsmenge von abzählbar vielen abzählbaren Mengen und ist folglich selbst abzählbar, falls sie nicht endlich ist (§ 43, Satz 3).

Aus dem letzten Satze folgt ohne weiteres:

Satz 5. *Jede nicht abzählbare Punktmenge enthält mindestens einen ihrer Kondensationspunkte.*

Ist daher A eine nicht abzählbare Punktmenge und C_A die Menge ihrer Kondensationspunkte, so ist der Durchschnitt $A C_A$ von A und C_A nicht leer. Die Punktmenge $(A - A C_A)$, die auch leer sein kann, besitzt keinen einzigen Kondensationspunkt; denn sie ist eine Teilmenge von A und ihre Kondensationspunkte müßten daher alle in C_A enthalten sein, d. h. in einer Punktmenge, die mit $(A - A C_A)$ keinen einzigen gemeinsamen Punkt besitzt. Nach Satz 4 ist also $(A - A C_A)$ eine höchstens abzählbare Punktmenge.

Für jede Umgebung U_P eines beliebigen Punktes P des Raumes ist nun

$$A U_P = A C_A U_P + (A - A C_A) U_P; \tag{1}$$

die Punktmenge $(A - A C_A)\, U_P$ ist als Teilmenge von $(A - A C_A)$ abzählbar oder endlich. Ist nun $A C_A U_P$ ebenfalls eine abzählbare Punktmenge, so muß also nach (1) dasselbe auch von der Punktmenge $A\, U_P$ gelten und hieraus folgt, daß P dann kein Kondensationspunkt von A sein kann.

Wenn dagegen P ein Kondensationspunkt von A ist, d. h. wenn P in C_A enthalten ist, so muß also für jede Umgebung U_P von P die Punktmenge $A C_A U_P$ aus nicht abzählbar unendlich vielen Punkten bestehen, d. h. der Punkt P ist auch Kondensationspunkt von $A C_A$. Da nun aber anderseits jeder Kondensationspunkt von $A C_A$ in C_A enthalten sein muß, weil $A C_A$ eine Teilmenge von A ist, sehen wir, daß die Punktmengen A und $A C_A$ dieselben Kondensationspunkte besitzen.

Satz 6. *Bezeichnet man mit C_A die Menge der Kondensationspunkte einer nicht abzählbaren Punktmenge A, so ist:*

a) *die Punktmenge $A C_A$ ebenfalls nicht abzählbar und die Menge ihrer Kondensationspunkte identisch mit C_A,*

b) *die Punktmenge $(A - A C_A)$ leer oder höchstens abzählbar.*

Aus dem Satz 6 a) entnimmt man, daß jeder Punkt von $A C_A$ Kondensationspunkt von $A C_A$ ist, und daß folglich umsomehr die Punktmenge $A C_A$ in sich dicht ist. Jede nicht abzählbare Menge enthält also eine in sich dichte Teilmenge und die Punktmengen, die wie die Menge der Zahlen

$$1, \tfrac{1}{2}, \tfrac{1}{3}, \ldots$$

keine in sich dichte Teilmenge enthalten, sind alle abzählbar.

Ebenso sieht man, daß die Menge C_A der Kondensationspunkte von A in sich dicht ist; denn jeder Punkt von C_A ist Kondensationspunkt und folglich auch Häufungspunkt von AC_A, d. h. einer Punktmenge, die in C_A enthalten ist.

Anderseits kann man durch dieselbe Schlußweise, wie beim Satze 3, einsehen, daß die Punktmenge C_A abgeschlossen ist. Ist nämlich P ein Häufungspunkt von C_A, so enthält jede Umgebung U_P von P mindestens einen Punkt Q, der zu C_A gehört und da U_P auch Umgebung von Q ist, so kann nach der Definition der Kondensationspunkte die Punktmenge $U_P A$ nicht abzählbar sein. Also ist P selbst ein Kondensationspunkt von A und folglich in C_A enthalten. Da die Menge C_A der Kondensationspunkte von A sowohl in sich dicht als auch abgeschlossen ist, gilt der

Satz 7. *Die Menge C_A der Kondensationspunkte einer nicht abzählbaren Punktmenge A ist perfekt.*

64. Ist eine Punktmenge A abgeschlossen und nicht abzählbar, so ist die Menge C_A ihrer Kondensationspunkte, als Teilmenge der Menge H_A ihrer Häufungspunkte, eine Teilmenge von A und es bestehen die Gleichungen

$$AC_A = C_A \quad \text{und} \quad (A - AC_A) = A - C_A.$$

Der Vergleich mit den Sätzen 6 und 7 liefert uns dann unmittelbar den Cantor-Bendixsonschen Satz, der folgendermaßen lautet:

Satz 8. *Jede abgeschlossene Punktmenge ist endlich, abzählbar oder perfekt oder die Summe einer höchstens abzählbaren und einer perfekten Punktmenge.*

Es ist leicht, Beispiele von nicht abgeschlossenen Punktmengen zu geben, die weder abzählbar noch perfekt sind und die sich nicht als Summe einer perfekten und einer abzählbaren Punktmenge darstellen lassen: z. B. das lineare Intervall $a < x < b$. Dies Intervall I ist weder abzählbar noch perfekt. Ist ferner T eine beliebige perfekte Teilmenge von I, so enthält die offene Komplementärmenge T' von T den Punkt a und die Punktmenge $I - T = IT'$ ist eine offene Punktmenge, die mindestens ein Intervall enthält, das a zum Endpunkte besitzt; sie kann demnach nicht abzählbar sein.

65. Es ist sehr merkwürdig, daß man den Satz 7 (§ 63) in gewisser Hinsicht umkehren kann:

Satz 9. *Jede perfekte Punktmenge ist nicht abzählbar und identisch mit der Menge ihrer Kondensationspunkte.*

Ist A perfekt, also abgeschlossen, so ist

$$C_A \prec A.$$

Man braucht also nur zu zeigen, daß jeder Punkt von A in C_A enthalten ist, oder daß, wenn P ein Punkt von A ist und wenn I_P ein Intervall bezeichnet, das P enthält, die Punktmenge $I_P A$ nicht abzählbar ist. Dies läßt sich ganz ähnlich beweisen, wie die Nicht-Abzählbarkeit des Intervalls (§ 46).

Da P Häufungspunkt von A ist, enthält $I_P A$ unendlich viele Punkte. Wir nehmen an, daß diese eine abzählbare Menge

$$(1) \qquad I_P A = P_1 + P_2 + \cdots + P_n + \cdots$$

bilden. Da P_1 und P_2 verschiedene Punkte sind, die in I_P liegen, so kann man um P_2 als Mittelpunkt einen abgeschlossenen Würfel $\overline{W}_1$ konstruieren, der in I_P liegt und P_1 nicht enthält (§ 56, Satz 5). Da nun nach Voraussetzung die Punktmenge A in sich dicht ist und folglich der Mittelpunkt P_2 von W_1 Häufungspunkt von A ist, gibt es sicher im Innern des (offenen) Würfels W_1 Punkte von A, die von P_2 verschieden sind; unter diesen, die eine Teilmenge von (1) bilden, sei P_{m_2} der mit dem kleinsten Index (§ 15, Satz 5). Um P_{m_2} als Mittelpunkt legen wir einen abgeschlossenen Würfel $\overline{W}_2$, der in W_1 enthalten ist und den Punkt P_2 nicht enthält. Der Mittelpunkt P_{m_2} des Würfels $\overline{W}_2$ ist dann der erste Punkt der Reihe (1), der in $\overline{W}_2$ enthalten ist; außerdem sieht man, daß $m_2 > 2$ ist. Mit P_{m_3} bezeichnen wir den ersten Punkt der Reihe (1), der im Innern von W_2 liegt und von P_{m_2} verschieden ist; ein solcher Punkt existiert immer, weil P_{m_2} (ebenso wie oben P_2) Häufungspunkt von A ist. Um P_{m_3} als Mittelpunkt legen wir wieder einen abgeschlossenen Würfel $\overline{W}_3$, der in W_2 enthalten ist und P_{m_2} nicht enthält.

Indem wir auf diese Weise fortfahren, erhalten wir eine Folge von ineinandergeschachtelten abgeschlossenen Würfeln

$$(2) \qquad \overline{W}_1 \succ \overline{W}_2 \succ \overline{W}_3 \succ \cdots,$$

deren respektive Mittelpunkte

$$(3) \qquad P_2 = P_{m_1},\ P_{m_2},\ P_{m_3},\ \ldots$$

folgende Eigenschaften haben:

a) der Punkt P_{m_k} ist der **erste** Punkt der Reihe (1), der in $\overline{W}_k$ vorkommt;

b) der Punkt P_{m_k} kommt in dieser Reihe später als P_k vor, d. h. es ist stets $m_k > k$.

Die Punktmenge $\{P_{m_1}, P_{m_2}, \ldots\}$ besteht dann aus unendlich vielen voneinander verschiedenen Punkten, die alle in I_P liegen; sie hat also mindestens einen Häufungspunkt Ω (§ 62, Satz 2). In jeder Umgebung U_Ω von Ω liegen unendlich viele von den Punkten $P_{m_1}, P_{m_2}, \ldots,$ also unendlich viele, die in der Folge (3), bei fest gewähltem k, später als P_{m_k} vorkommen. Da diese Punkte dann auch in $\overline{W}_k$ vorkommen müssen, ist Ω Häufungspunkt von $\overline{W}_k$ und dann auch (weil $\overline{W}_k$ abgeschlossen ist) in $\overline{W}_k$ enthalten. Hieraus folgt, daß Ω in jedem $\overline{W}_k$ enthalten ist und also nicht unter den Punkten der Reihe (1) vorkommen kann, von denen jeder, wegen der Eigenschaften a) und b) von $\overline{W}_k$ nur in endlich vielen $\overline{W}_k$ enthalten sein kann. Anderseits aber sind die P_{m_k} lauter Punkte von A; der Punkt Ω ist also Häufungspunkt von A, und weil A perfekt ist, in A enthalten. Da endlich $\Omega \prec \overline{W}_1 \prec I_P$ ist, können die Punkte von $I_P A$ entgegen der Voraussetzung keine abzählbare Menge bilden.

66. Betrachtet man die Menge H_A der Häufungspunkte und C_A der Kondensationspunkte einer beliebigen Punktmenge A, so kann man vier neue Punktmengen bilden. Die Menge H_H der Häufungspunkte von Häufungspunkten, die Menge C_H der Kondensationspunkte von Häufungspunkten, und endlich die Mengen H_C und C_C von Häufungs- und Kondensationspunkten der Kondensationspunkte C_A.

Es folgt aus der Definition

$$C_A \prec H_A, \tag{1}$$

und weil H_A abgeschlossen ist (§ 62, Satz 3)

$$C_H \prec H_H \prec H_A.$$

Nun ist aber C_A perfekt (§ 63, Satz 7) und, wegen des Satzes 9,

$$C_C = H_C = C_A;$$

anderseits hat man wegen (1)

$$C_C \prec C_H$$

oder, wenn man alles miteinander vergleicht,

$$C_C = H_C = C_A \prec C_H \prec H_H \prec H_A.$$

Häufungspunkte von Durchschnitts- und Vereinigungsmengen.

67. Sind $A_1, A_2, \ldots$ endlich oder abzählbar unendlich viele Punktmengen und D ihr Durchschnitt, und betrachtet man die Menge H_D der Häufungspunkte von D, so liegt nach Voraussetzung in jeder Umgebung U_P eines Punktes P von H_D ein von P verschiedener Punkt Q

der Menge D. Dieser Punkt Q ist aber als Punkt von D auch Punkt jeder beliebigen unter den Punktmengen A_k; also ist P Häufungspunkt von A_k und folglich in der Menge H_{A_k} dieser Häufungspunkte enthalten. Da dieses für jedes k gilt, ist P ein Punkt des Durchschnitts aller H_{A_k} und also H_D eine Teilmenge dieses Durchschnitts:

(1) $$H_D \prec H_{A_1} H_{A_2} H_{A_3} \ldots .$$

Es braucht aber natürlich, selbst wenn nur endlich viele Punktmengen A_k gegeben sind, H_D nicht identisch mit dem Durchschnitte der H_{A_k} zu sein. Sind z. B. A_1 und A_2 zwei abgeschlossene lineare Intervalle, die einen einzigen gemeinsamen Punkt P besitzen, so ist H_D leer, wogegen $H_{A_1} H_{A_2}$ den Punkt P enthält.

68. Ist

$$V = A_1 \dotplus A_2 \dotplus A_3 \dotplus \cdots$$

die Vereinigungsmenge von endlich oder abzählbar unendlich vielen Punktmengen und wird mit H_V die Menge der Häufungspunkte von V bezeichnet, so ist, wie man sofort sieht, jeder Häufungspunkt P von A_k auch Häufungspunkt von V, oder in Zeichen

(2) $$H_V \succ H_{A_1} \dotplus H_{A_2} \dotplus H_{A_3} \dotplus \cdots .$$

Sind die A_k in unendlicher Anzahl, so kann es Punkte von H_V geben, die nicht in der Vereinigungsmenge der H_{A_k} liegen. Bestehen z. B. die A_k aus einem einzigen Punkte mit rationalen Koordinaten und sind alle rationalen Punkte in V vertreten, so sind die H_{A_k} alle leer und dasselbe gilt von der Vereinigungsmenge

$$H_{A_1} \dotplus H_{A_2} \dotplus \cdots;$$

jeder Punkt des Raumes ist dagegen in H_V enthalten.

Sind aber die A_k in endlicher Anzahl, so ist immer

(3) $$H_V = H_{A_1} \dotplus H_{A_2} \dotplus \cdots \dotplus H_{A_m},$$

wenn

$$V = A_1 \dotplus A_2 \dotplus \cdots \dotplus A_m$$

ist. Diese Relation braucht nur im Falle von zwei Punktmengen A_1 und A_2 bewiesen zu werden; sie kann dann ohne weiteres, mit Hilfe des Schlusses von n auf $(n+1)$, verallgemeinert werden.

Es sei also $V = A_1 \dotplus A_2$ und P sei ein Punkt von H_V. Ich behaupte, daß P entweder in H_{A_1} oder in H_{A_2} enthalten ist. Wäre nämlich P weder in der einen noch in der andern dieser Punktmengen enthalten, so würde es zwei Intervalle I_1 und I_2 geben, die beide P enthalten und die so bestimmt werden können, daß I_1 außer vielleicht P keinen Punkt von A_1 und I_2 außer eventuell P keinen Punkt von A_2 enthält. Dann würde das Intervall $I = I_1 I_2$ (§ 50, Satz 1) den Punkt P, aber keinen von P verschiedener Punkt von V enthalten, d. h. P wäre entgegen der Voraussetzung kein Punkt von H_V. Es ist also

$$H_V \prec H_{A_1} \dot{+} H_{A_2}$$

und, wegen (2),

$$H_V = H_{A_1} \dot{+} H_{A_2}.$$

69. Satz 1. *Der Durchschnitt von endlich oder abzählbar unendlich vielen abgeschlossenen Punktmengen ist leer oder abgeschlossen.*

Es seien $A_1, A_2, \ldots$ abgeschlossene Punktmengen, d. h. $H_{A_k} \prec A_k$. Hieraus folgt (§ 41)

$$H_{A_1} H_{A_2} \cdots \prec A_1 A_2 \cdots = D$$

und, wegen (1), § 67:

$$H_D \prec D.$$

Satz 2. *Sind die nicht leeren Punktmengen* $A_1, A_2, \ldots$ *abgeschlossen und ineinandergeschachtelt*

$$A_1 \succ A_2 \succ A_3 \succ \cdots,$$

ist außerdem A_1 *beschränkt, so ist der Durchschnitt* D *dieser Punktmengen nicht leer.*

Der Satz bedarf nur dann eines Beweises, wenn die Punktmengen A_k in unendlicher Anzahl vorhanden sind. Wäre nun der Durchschnitt D aller A_k leer, so könnte man jedem Punkt P von A_1 eine kleinste Zahl k_P zuordnen, so daß die Punktmenge A_{k_P} unserer Folge den Punkt P nicht enthält. Da ferner A_{k_P} abgeschlossen ist, so ist die Komplementärmenge A'_{k_P} von A_{k_P} eine Umgebung von P (§ 54, 52). Nach dem Borelschen Überdeckungssatz kann man hierauf die beschränkte und abgeschlossene Punktmenge A_1 mit einer endlichen Anzahl dieser Umgebungen überdecken. D. h. man kann endlich viele ganze Zahlen $k_1, k_2, \ldots, k_m$ finden, so daß jeder Punkt von A_1 in mindestens einer der Komplementärmengen von $A_{k_1}, A_{k_2}, \ldots, A_{k_m}$ liegt. Es sei k die größte unter den Zahlen $k_1, k_2, \ldots, k_m$; dann ist A_k eine Teilmenge von jeder der Mengen $A_{k_1}, A_{k_2}, \ldots, A_{k_m}$, weil die gegebenen Mengen $A_1, A_2, \ldots$ ineinandergeschachtelt waren. Die Komplementärmenge A'_k von A_k enthält also jede einzelne unter den Komplementärmengen von $A_{k_1}, A_{k_2}, \ldots, A_{k_m}$ und folglich nach unserer Konstruktion auch A_1 selbst. Es müßte danach der Durchschnitt $A_1 A_k$ leer sein, und dies ist im Widerspruch mit der Voraussetzung, daß A_k nicht leer und eine Teilmenge von A_1 ist.

Ohne die Voraussetzung, daß A_1 (oder allgemeiner, daß mindestens eine der Punktmengen A_k) beschränkt sein soll, hätten wir unseren Satz nicht beweisen können. Die linearen Punktmengen

$$A_k: \quad k \leqq x \qquad (k = 1, 2, \ldots)$$

sind abgeschlossen und ineinandergeschachtelt, ihr Durchschnitt ist aber leer.

Satz 3. *Die Vereinigungsmenge von endlich vielen abgeschlossenen Punktmengen ist abgeschlossen.*

In der Tat folgt aus

$$H_V = H_{A_1} \dotplus H_{A_2} \dotplus \cdots \dotplus H_{A_m}$$

und aus

$$H_{A_k} \prec A_k, \qquad (k = 1, 2, \ldots, m)$$

daß auch

$$H_V \prec V$$

ist, d. h. daß V eine abgeschlossene Punktmenge ist.

Dagegen braucht die Vereinigungsmenge von unendlich vielen abgeschlossenen Punktmengen **nicht** abgeschlossen zu sein; die rationalen Punkte des Raumes bilden z. B. eine nicht abgeschlossene Punktmenge, die als Vereinigungsmenge von abzählbar unendlich vielen Mengen, die aus einem einzigen Punkte bestehen, also abgeschlossen sind, angesehen werden kann.

70. **Satz 4.** *Die Vereinigungsmenge*

$$V = A_1 \dotplus A_2 \dotplus \cdots$$

von endlich oder abzählbar unendlich vielen in sich dichten Mengen ist in sich dicht.

Der Satz folgt direkt aus (2), § 68 und aus der Voraussetzung, daß für jeden Wert von k

$$H_{A_k} \succ A_k$$

ist.

Satz 5. *Der Durchschnitt einer offenen und einer in sich dichten Punktmenge ist in sich dicht, sobald er nicht leer ist.*

Ist A eine offene, B eine in sich dichte Punktmenge und P ein Punkt von AB, so gibt es ein Intervall J_P, das P enthält und in A enthalten ist. Ist dann I_P ein beliebiges Intervall, das P enthält, so hat das Intervall $I_P J_P$ dieselbe Eigenschaft. Da B in sich dicht ist, gibt es in $I_P J_P$ einen von P verschiedenen Punkt Q, der in B und folglich, da $J_P \prec A$ ist, in AB enthalten ist. Also ist P Häufungspunkt von AB und die Punktmenge AB in sich dicht.

Erinnert man sich an die Definition der perfekten Punktmengen (§ 54), so folgt aus unseren Sätzen 3 und 4:

Satz 6. *Die Vereinigungsmenge von endlich vielen perfekten Punktmengen ist perfekt.*

Dagegen braucht weder der Durchschnitt von zwei, noch die Vereinigungsmenge von unendlich vielen perfekten Punktmengen perfekt zu sein. Betrachtet man z. B. die perfekten linearen Punktmengen

$$A_n.\ \frac{1}{n+1} \leqq x \leqq \frac{1}{n}, \qquad (n = 1, 2, \ldots)$$

so besteht der Durchschnitt $A_{n-1}A_n$ aus dem einzigen Punkt $1:n$ und die Vereinigung $A_1 \dotplus A_2 \dotplus \cdots$ kann geschrieben werden $0 < x \leqq 1$; die beiden letzten Punktmengen sind aber nicht perfekt.

71. Um die analogen Sätze über offene Punktmengen abzuleiten, benutzen wir die Tatsache, daß die Komplementärmenge einer offenen Punktmenge abgeschlossen ist.

Sind $A_1, A_2, \ldots$ offene Punktmengen, $A_1', A_2', \ldots$ ihre Komplementärmengen, so ist (§ 40)

$$A_1 \dotplus A_2 \dotplus \cdots = (A_1' A_2' A_3' \ldots)'.$$

Nach Satz 1 ist $A_1' A_2' A_3' \ldots$ abgeschlossen oder leer; wir haben also den

Satz 7. *Die Vereinigungsmenge von endlich oder abzählbar unendlich vielen offenen Punktmengen ist offen.*

Ähnlich entnehmen wir aus

$$A_1 A_2 \ldots A_m = (A_1' \dotplus A_2' \dotplus \cdots \dotplus A_m')'$$

mit Hilfe des Satzes 3

Satz 8. *Der Durchschnitt von endlich vielen offenen Punktmengen ist offen, falls er nicht leer ist.*

Dagegen kann man über den Durchschnitt von abzählbar unendlich vielen offenen Punktmengen keine so einfache Aussage machen. Es ist leicht, Beispiele zu bilden, bei denen dieser Durchschnitt leer ist

$$A_n:\quad 0 < x < \frac{1}{n},$$

oder aus isolierten Punkten besteht

$$A_n:\quad -\frac{1}{n} < x < \frac{1}{n}.$$

oder perfekt ist

$$A_n: \quad -\frac{1}{n} < x < 1 + \frac{1}{n}$$

u. s. f. (vgl. hierzu den § 81).

72. Satz 9. *Ist A eine beliebige Punktmenge und H_A die Menge ihrer Häufungspunkte, so ist $(A \dotplus H_A)$ abgeschlossen; ist A in sich dicht, so ist $(A \dotplus H_A)$ perfekt. Die Punktmenge $(A \dotplus H_A)$ nennen wir die abgeschlossene Hülle von A.*

Setzt man

(1) $$B = A \dotplus H_A$$

und bezeichnet man mit H_H die Häufungspunkte von H_A, so ist, weil H_A abgeschlossen ist,

$$H_H \prec H_A$$

und folglich nach der Gleichung (3) des § 68

(2) $$H_B = H_A \dotplus H_H = H_A \prec B;$$

ist aber A in sich dicht, d. h. $A \prec H_A$, so ist nach (1) $B = H_A$ und folglich nach (2)

$$H_B = B.$$

Die Wichtigkeit des Begriffs der abgeschlossenen Hülle einer Punktmenge A wird durch folgenden Satz hervorgehoben:

Satz 10. *Die abgeschlossene Hülle $(A \dotplus H_A)$ einer beliebigen Punktmenge A ist die kleinste abgeschlossene Punktmenge, die A als Teilmenge enthält.*

Wir bezeichnen mit $\bar{B}$ eine beliebige abgeschlossene Punktmenge, die A als Teilmenge enthält. Man hat dann die Beziehungen

(3) $$A \prec \bar{B} \quad \text{und} \quad H_{\bar{B}} \prec \bar{B};$$

aus der ersten dieser Relationen folgt $H_A \prec H_{\bar{B}}$ und die zweite zeigt hierauf, daß

(4) $$H_A \prec \bar{B}$$

ist. Der Vergleich von (3) mit (4) liefert dann

$$A \dotplus H_A \prec \bar{B},$$

womit unsere Behauptung bewiesen ist. (Vgl. hierzu die §§ 213—215.)

73. Man kann abzählbar unendlich viele Punktmengen

(1) $$\gamma_1, \gamma_2, \gamma_3, \ldots$$

ein für allemal so definieren, daß j e d e o f f e n e P u n k t m e n g e des n-dimensionalen Raumes als Vereinigungsmenge von Mengen, die eine Teilfolge von (1) bilden, angesehen werden kann. Durch Bildung von Komplementärmengen kann man dann jede abgeschlossene und also auch jede perfekte Punktmenge aus den Mengen der Folge (1) ableiten.

Die Wahl der „Grundmengen“ γ_k ist natürlich in hohem Grade willkürlich; man kann z. B. festsetzen, daß die γ_k lauter Würfel sind, deren Mittelpunkte rationale Koordinaten besitzen und deren Kantenlängen

$$a = \frac{1}{p} \qquad (p = 1, 2, 3, \ldots)$$

sind und sämtliche Würfel dieser Art in die Folge (1) aufnehmen. Nach den §§ 45 u. 42 bilden nämlich diese Würfel wirklich eine abzählbare Menge.

Es sei nun A eine beliebige offene Punktmenge und P ein Punkt von A; es gibt dann einen Würfel W, der P zum Mittelpunkt hat, ganz in A liegt, und dessen Kantenlänge $1:m$ ist. Man nenne W_1 den zu W konzentrischen Würfel, dessen Kantenlänge $1:2m$ ist, und Q sei ein beliebiger Punkt mit rationalen Koordinaten, der im Inneren von W_1 liegt. Der Würfel W_2, der Q zum Mittelpunkte hat und dessen Kantenlänge $1:2m$ ist, ist einerseits in W, also auch in A enthalten, anderseits enthält er aber auch P in seinem Inneren. Der Würfel W_2 ist aber in unserer Folge (1) enthalten; es gibt also Mengen in dieser Folge, die zugleich Teilmengen von A und Umgebungen von P sind.

Bezeichnen wir also der Reihe nach mit $\gamma_{n_1}, \gamma_{n_2}, \ldots$ diejenigen Würfel der Folge (1), die in A enthalten sind, so liegt jeder Punkt von A in der Vereinigungsmenge

$$V = \gamma_{n_1} \dotplus \gamma_{n_2} \dotplus \cdots;$$

umgekehrt ist aber V eine Teilmenge von A und man hat daher $V = A$, wie wir zeigen wollten.

Die soeben geschilderte Konstruktion behält ihre Gültigkeit, wenn wir jeden der Würfel γ_k, die wir benutzt haben, durch seine abgeschlossene Hülle $\bar{\gamma}_k$ ersetzen.

Wir sehen hieraus, daß man jede offene Punktmenge als Vereinigungsmenge von abzählbar unendlich vielen abgeschlossenen — und sogar perfekten — Punktmengen darstellen kann.

Relativbegriffe.

74. Von einer Teilmenge A einer gegebenen Punktmenge S sagt man, daß sie auf S (oder relativ zu S) abgeschlossen ist, wenn der Durchschnitt von S mit der Menge H_A der Häufungspunkte von A in A enthalten ist; es soll m. a. W. sein:

$$H_A S \prec A \prec S. \tag{1}$$

Die relative Abgeschlossenheit einer Punktmenge unterscheidet sich also lediglich dadurch von der gewöhnlichen (§ 54), daß man die Häufungspunkte von A, die in S enthalten sind, allein berücksichtigt.

Wir bezeichnen mit $\bar{A}$ die abgeschlossene Hülle von A; dann ist wegen (1)

$$\bar{A} S = (A \dotplus H_A) S = A,$$

d. h. eine Punktmenge A, die auf S abgeschlossen ist, ist der Durchschnitt von S mit ihrer abgeschlossenen Hülle $\bar{A}$.

Ist anderseits B eine abgeschlossene Punktmenge, d. h. ist

$$H_B \prec B, \tag{2}$$

und setzt man

$$A = BS, \tag{3}$$

so folgt zunächst aus (3)

$$H_A \prec H_B$$

und daher nach (2)

$$H_A \prec B.$$

Also ist auch

$$H_A S \prec BS = A,$$

d. h. A ist abgeschlossen auf S.

Satz 1. *Dafür, daß eine Punktmenge A auf einer gegebenen Punktmenge S abgeschlossen sei, ist notwendig und hinreichend, daß A der Durchschnitt von S mit einer abgeschlossenen Punktmenge sei; dann ist auch stets A gleich dem Durchschnitt von S mit der abgeschlossenen Hülle $\bar{A}$ von A. Insbesondere sollen leere Punktmengen auch als abgeschlossen auf S gelten.*

Es seien $A_1, A_2, \ldots$ endlich oder abzählbar unendlich viele Punktmengen, die auf S abgeschlossen sind, $\bar{A}_1, \bar{A}_2, \ldots$ ihre abgeschlossenen Hüllen. Aus

$$A_1 = \bar{A}_1 S, \; A_2 = \bar{A}_2 S, \ldots$$

folgt

$$A_1 A_2 \cdots = S(\bar{A}_1 \bar{A}_2 \ldots)$$

und nach dem Satze 1 des § 69 sieht man, daß auch der Durchschnitt $A_1 A_2 \ldots$ auf S abgeschlossen sein muß. Ganz ähnlich beweist man den zweiten Teil des folgenden Satzes.

Satz 2. *Der Durchschnitt von endlich oder abzählbar unendlich vielen und die Vereinigung von endlich vielen Punktmengen A_k, die auf S abgeschlossen sind, sind ebenfalls auf S abgeschlossene Punktmengen.*

Aus dem Satze 1 folgt ferner, daß wenn S selbst abgeschlossen ist, jede auf S abgeschlossene Punktmenge, als Durchschnitt von zwei abgeschlossenen Punktmengen, ebenfalls im gewöhnlichen Sinne abgeschlossen sein muß.

Satz 3. *Jede Punktmenge A, die auf einer abgeschlossenen Punktmenge S abgeschlossen ist, ist eine abgeschlossene Teilmenge von S.*

75. Von einer Punktmenge A wollen wir sagen, daß sie auf S (oder relativ zu S) offen ist, wenn A eine Teilmenge von S und $(S-A)$ auf S abgeschlossen ist. Ist A offen auf S, so ist

$$(S-A) = BS,$$

wobei B nach dem ersten Satze des vorigen Paragraphen eine abgeschlossene Punktmenge bedeutet. Nun ist die Komplementärmenge B' von B offen und

$$A = S - (S-A) = S - BS = B'S$$

der Durchschnitt einer offenen Punktmenge B' mit S. Ist umgekehrt

$$A = U \cdot S,$$

wo U eine offene Punktmenge bedeutet, so ist die Komplementärmenge U' von U abgeschlossen und

$$S - A = S - US = U'S$$

eine auf S abgeschlossene Punktmenge.

Satz 4. *Dafür, daß eine Punktmenge A offen auf einer Punktmenge S liege, ist notwendig und hinreichend, daß A der Durchschnitt von S mit einer offenen Punktmenge sei. Insbesondere sollen leere Punktmengen auch als offen auf S gelten.*

Man sieht ebenso, wie im vorigen Paragraphen, daß die Vereinigung von endlich oder abzählbar unendlich vielen und der Durchschnitt von endlich vielen Punktmengen, die auf S offen sind, ebenfalls auf S offene Punktmengen sein müssen; und daß, wenn S selbst eine offene Punktmenge ist, jede Punktmenge A, die auf S offen liegt, ebenfalls eine im gewöhnlichen Sinne offene Punktmenge sein muß.

Beispiele von relativ abgeschlossenen und relativ offenen Punktmengen:

1. Die lineare Punktmenge $0 < x \leqq 1$ ist abgeschlossen auf dem Intervall $0 < x < 2$.

2. Die lineare Punktmenge $0 \leqq x < 1$ ist offen auf dem abgeschlossenen Intervall $0 \leqq x \leqq 2$

Überall dichte und nirgends dichte Punktmengen.

76. Definition. Ist S eine gegebene Punktmenge, so heißt eine beliebige Punktmenge A überall dicht auf S, wenn jeder Punkt von S Häufungspunkt des Durchschnitts AS ist, oder in Zeichen, wenn

(1) $$S \prec H_{AS}$$

ist.

Danach liegen z. B. die rationalen Punkte des n-dimensionalen Raumes überall dicht auf jedem offenen oder abgeschlossenen Intervall dieses Raumes.

Da AS eine Teilmenge von S ist, ist

(2) $$H_{AS} \prec H_S,$$

also muß nach (1)

(3) $$S \prec H_S,$$

d. h. die Punktmenge S muß notwendig in sich dicht sein.

Die abgeschlossene Hülle von S

$$T = S \dotplus H_S$$

ist dann, nach dem Satze 9 des § 72 eine perfekte Punktmenge und man hat:

(4) $$T = H_S.$$

Ist P irgend ein Punkt von T, so ist P nach (4) Häufungspunkt von S, also nach (1) Häufungspunkt von H_{AS}, und da diese letzte Punktmenge abgeschlossen ist, ist P in H_{AS} enthalten; wir haben mithin:

$$T \prec H_{AS}.$$

Nun folgt aber aus $S \prec T$, daß auch $AS \prec AT$ und daß

$$H_{AS} \prec H_{AT}$$

ist; also ist auch

$$T \prec H_{AT},$$

d. h. die Punktmenge A ist überall dicht auf T.

Satz 1. *Jede auf einer beliebigen (in sich dichten) Punktmenge S überall dichte Punktmenge A ist auch auf der (perfekten) abgeschlossenen Hülle von S überall dicht.*

Ferner gilt folgender Satz:

Satz 2. *Sind $A_1, A_2, \ldots$ und $S_1, S_2, \ldots$ beliebige Punktmengen in endlicher oder abzählbarer Anzahl gegeben, und ist für jedes in Betracht* *kommende k die Punktmenge A_k überall dicht auf S_k, setzt man ferner*

$$A = A_1 \dotplus A_2 \dotplus A_3 \dotplus \cdots$$
$$S = S_1 \dotplus S_2 \dotplus S_3 \dotplus \cdots,$$

so ist A überall dicht auf S.

Setzt man in der Tat

$$V = A_1 S_1 \dotplus A_2 S_2 \dotplus A_3 S_3 \dotplus \cdots,$$

so ist

$$AS = AS_1 \dotplus AS_2 \dotplus AS_3 \dotplus \cdots$$
$$\succ V,$$

also

$$H_{AS} \succ H_V.$$

Anderseits ist nach der Relation (2) des § 68

$$H_V \succ H_{A_1 S_1} \dotplus H_{A_2 S_2} \dotplus \cdots$$

und nach Definition

$$H_{A_k S_k} \succ S_k.$$

Also ist schließlich

$$H_{AS} \succ S_1 \dotplus S_2 \dotplus \cdots = S,$$

womit die Behauptung bewiesen ist.

77. Ist A überall dicht auf S, so liegt in jeder Umgebung U_P eines Punktes P von S nach Definition mindestens ein Punkt von AS, der von P verschieden ist und diese Bedingung ist hinreichend, dafür, daß A überall dicht auf S sei. Benutzt man aber die Eigenschaft von S, in sich dicht zu sein, die wir als notwendig erkannt haben, so genügt es zu verifizieren, daß U_P überhaupt einen Punkt von AS enthält, um schließen zu können, daß A überall dicht auf S ist.

Weil nämlich S in sich dicht ist, gibt es dann in U_P einen von P verschiedenen Punkt Q von S und man kann eine Umgebung U_Q von Q finden, die P nicht enthält und Teilmenge von U_P ist. Diese Punktmenge U_Q enthält nach Voraussetzung mindestens einen Punkt P_1, der in AS liegt; dann ist $P_1 \neq P$ und in ASU_P enthalten, d. h. P ist Häufungspunkt von AS.

Satz 3. *Dafür, daß die Punktmenge A auf der in sich dichten Punktmenge S überall dicht liege, ist notwendig und hinreichend, daß jede Umgebung U_P eines beliebigen Punktes P von S mindestens einen Punkt von AS enthält.*

Jetzt beweisen wir den Satz:

Satz 4. *Der Durchschnitt AB einer offenen Punktmenge A und einer beliebigen Punktmenge B, die beide überall dicht auf S sind, ist ebenfalls überall dicht auf S.*

Es sei P ein beliebiger Punkt von S und U_P eine Umgebung von P. Da die Punktmenge A überall dicht auf S ist, ist $U_P A S$ nicht leer und die Punktmenge $U_P A$ enthält mindestens einen Punkt Q von S. Nun ist $U_P A$, weil A offen ist, ebenfalls eine offene Punktmenge und somit eine Umgebung U_Q von Q. Also kann, weil B überall dicht auf S ist, die Punktmenge

$$U_Q BS = U_P ABS$$

nicht leer sein und U_P enthält mindestens einen Punkt von ABS. Anderseits ist S notwendig in sich dicht, so daß, nach dem vorigen Satze, AB überall dicht auf S liegen muß.

78. Aus dem soeben bewiesenen Satze folgt ohne weiteres, daß der Durchschnitt von endlich vielen offenen Punktmengen, die sämtlich überall dicht auf S sind, ebenfalls überall dicht auf S sein muß. Für den Durchschnitt von abzählbar unendlich vielen offenen Punktmengen ist dies keineswegs immer der Fall, wie folgendes Beispiel zeigt.

Es seien $r_1, r_2, \ldots$ die rationalen Punkte des Raumes und man setze S gleich der Summe aller dieser rationalen Punkte und A_k gleich der Komplementärmenge des Punktes r_k; dann sind die A_k offene, auf S überall dichte Punktmengen und der Durchschnitt $A_1 A_2 A_3 \ldots$ aller Punktmengen A_k hat keinen Punkt mit S gemeinsam und ist also nicht überall dicht auf S.

Um so interessanter ist folgender für die Anwendungen wichtiger Satz:

Satz 5. *Sind die abzählbar unendlich vielen Punktmengen $A_1, A_2, \ldots$ alle offen und überall dicht auf einer Punktmenge S, die perfekt oder offen oder allgemeiner der Durchschnitt TU einer perfekten Punktmenge T und einer offenen Punktmenge U ist, so ist der Durchschnitt*

(1) $$D = A_1 A_2 A_3 \ldots$$

dieser Punktmengen ebenfalls überall dicht auf S.

Es sei P ein Punkt von $S = TU$ und U_P eine beliebige Umgebung von P. Nach Voraussetzung enthält U_P einen Punkt Q_1 von $A_1 S$ und es existiert dann auch, weil A_1 und U offene Punktmengen sind, ein abgeschlossener Würfel $\overline{W}_1$, der Q_1 zum Mittelpunkte hat und in $A_1 U U_P$ enthalten ist:

(2) $$\overline{W}_1 \prec A_1 U U_P.$$

Der offene Würfel W_1, der aus den inneren Punkten von $\overline{W}_1$ besteht, ist eine Umgebung von Q_1 und enthält daher mindestens einen Punkt Q_2, der in $A_2 S$ enthalten ist; wir können dann, weil nach Voraussetzung A_2 eine offene Punktmenge ist, einen abgeschlossenen Würfel $\overline{W}_2$ finden, der Q_2 zum Mittelpunkte hat und in $A_2 W_1$ enthalten ist. Indem wir auf diese Weise fortfahren, bestimmen wir nacheinander für alle natürlichen Zahlen $k = 1, 2, \ldots$ Punkte Q_k, die auf S liegen, und abgeschlossene Würfel $\overline{W}_k$ mit den inneren Punkten W_k, die Q_k zum Mittelpunkte haben, und welche den Beziehungen

(3) $$\overline{W}_k \prec A_k W_{k-1} \qquad (k = 2, 3, \ldots)$$

genügen. Aus diesen folgt:

(4) $$\overline{W}_k \prec \overline{W}_{k-1}$$

und

(5) $$\overline{W}_k \prec A_k;$$

setzen wir jetzt

(6) $$B_k = \overline{W}_k T,$$

so sind die Punktmengen B_k für jeden Wert von k als Durchschnitt von zwei abgeschlossenen Punktmengen abgeschlossen und nicht leer, weil diese ja beide mindestens den Punkt Q_k enthalten. Ferner ist, wegen (4) und (6)

$$B_1 \succ B_2 \succ B_3 \succ \cdots$$

und für jedes k, wegen (5) und (6)

(7) $$B_k \prec A_k T.$$

Endlich ist B_1 als Teilmenge von $\overline{W}_1$ eine beschränkte Punktmenge.

Nach dem Satze 2 des § 69 ist der Durchschnitt $B_1 B_2 B_3 \ldots$ der Punktmengen B_k nicht leer; dieser Durchschnitt ist aber einerseits, wegen (1) und (7), eine Teilmenge von DT, anderseits wegen (6) und (4) eine Teilmenge von $\overline{W}_1$ und folglich nach (2) von $U U_P$. Mithin ist die Punktmenge

$$DTUU_P = DSU_P$$

nicht leer, woraus folgt, daß D überall dicht auf S liegt (§ 77, Satz 3).

79. Definition. Eine Punktmenge A heißt nirgends dicht auf einer in sich dichten Punktmenge S, wenn die Menge B der inneren Punkte der Komplementärmenge von AS überall dicht auf S liegt.

Da die Punktmenge B nach Voraussetzung überall dicht auf S liegen soll, so gibt es in jeder Umgebung U_P eines Punktes P von S einen Punkt Q, der zu BS gehört. Es sei U_Q eine Umgebung von Q, die in der offenen Punktmenge B enthalten ist. Für die Punktmengen U_P und U_Q gilt dann erstens die Bedingung

$$U_Q U_P S \neq 0 \tag{1}$$

und zweitens ist, weil $U_Q \prec B$ und B keinen Punkt von AS enthält,

$$A S U_Q U_P = 0. \tag{2}$$

Nehmen wir umgekehrt an, daß man jeder Umgebung U_P eines beliebigen Punktes P von S eine offene Punktmenge U_Q zuordnen kann, so daß die Relationen (1) und (2) zugleich erfüllt sind. Die Punktmenge $U_Q U_P$ besteht dann aus lauter Punkten der Komplementärmenge von AS und da $U_Q U_P$ eine nicht leere offene Punktmenge bedeutet, so sind diese Punkte innere Punkte dieser Komplementärmenge. Wir können also schreiben

$$U_Q U_P \prec B$$

und daher auch

$$U_Q U_P \prec B U_P;$$

also ist nach (1)

$$B U_P S \neq 0,$$

und da dies für jede Umgebung U_P eines Punktes P von S gelten muß, und S eine in sich dichte Punktmenge bedeutet, so ist nach dem Satze 3 des § 77 die Punktmenge B überall dicht auf S.

Anderseits besteht nach demselben Satze die notwendige und hinreichende Bedingung dafür, daß die Punktmenge A nicht überall dicht auf $U_P S$ liege, in der Forderung, daß eine Umgebung U_Q eines Punktes Q von $U_P S$ existiert, für die der Durchschnitt $A U_Q U_P S$ leer ist, so daß dann die Relationen (1) und (2) zugleich stattfinden. Alles zusammenfassend haben wir den

Satz 6. *Dafür, daß eine Punktmenge A nirgends dicht auf einer Punktmenge S liege, ist notwendig und hinreichend, daß man jeder Umgebung U_P eines beliebigen Punktes P von S eine offene Punktmenge U_Q zuordnen kann, so daß die beiden Relationen $U_Q U_P S \neq 0$ und $A S U_Q U_P = 0$ zugleich erfüllt sind, was damit gleichbedeutend ist, daß keine offene Punktmenge U existiert, die mit S gemeinsame Punkte besitzt, so daß A überall dicht auf US liegt.*

Es gilt nun der Satz:

Satz 7. *Der Durchschnitt S einer perfekten Punktmenge T und einer offenen Punktmenge U kann nicht als Vereinigungsmenge von abzählbar*

unendlich vielen Punktmengen $A_1, A_2, \ldots$ dargestellt werden, die alle nirgends dicht auf S liegen.

Setzt man nämlich

$$V = A_1 + A_2 + A_3 + \cdots$$

und bezeichnet mit $V', A_1', A_2', \ldots$ die Komplementärmengen von $V, A_1, A_2, \ldots$, so ist (§ 40)

$$V' = A_1' A_2' A_3' \ldots .$$

Nun sind nach Voraussetzung die A_k Teilmengen von S und wenn man mit B_k die inneren Punkte der Komplementärmenge von $A_k = A_k S$ bezeichnet, so ist

$$B_k \prec A_k'.$$

Also hat man

$$V' \succ B_1 B_2 B_3 \ldots .$$

Wenn nun die offenen Punktmengen B_k überall dicht auf S liegen, so gilt dasselbe nach dem Satze 5 des vorigen Paragraphen vom Durchschnitt $B_1 B_2 B_3 \ldots$ und die Punktmenge

$$S - V = SV' \succ S B_1 B_2 \ldots$$

kann daher nicht leer sein.

Sätze über gewisse Durchschnittsmengen.*)

80. Wir betrachten eine Folge

(1) $$B_1 \succ B_2 \succ B_3 \succ \cdots$$

von abzählbar unendlich vielen ineinandergeschachtelten abgeschlossenen Punktmengen von folgender Beschaffenheit:

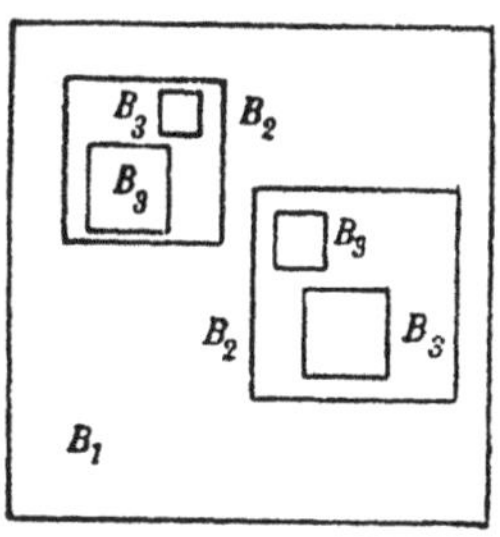

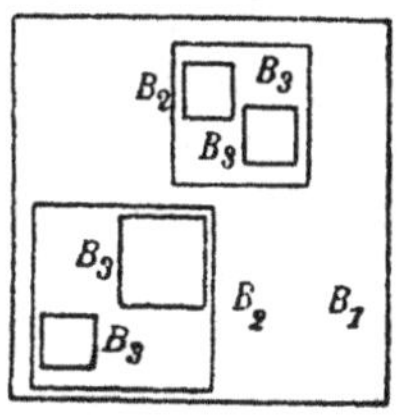

Fig. 7.

Die Punktmenge B_k besteht aus 2^k abgeschlossenen getrennt liegenden Würfeln, deren Kantenlängen alle $\leqq 1:2^k$ sind, und jeder Würfel der Punktmenge B_k enthält z w e i von den Würfeln der Punktmenge B_{k+1}.

Ferner sei

(2) $$A_1 \succ A_2 \succ A_3 \succ \cdots$$

eine Folge von abzählbar unendlich vielen ineinandergeschachtelten a b - g e s c h l o s s e n e n Punktmengen, und es sei

(3) $$A_k \prec B_k$$

*) Dieser Abschnitt wird erst im Kap. X benutzt werden.

und für jeden der abgeschlossenen Würfel $\overline{W}_\alpha$, die in B_k vorkommen, sei

(4) $$A_k \overline{W}_\alpha \neq 0.$$

Da die beiden letzten Bedingungen natürlich erfüllt sind, wenn man $A_k = B_k$ setzt, werden wir die allgemeineren Punktmengen A_k statt der B_k nur dann einführen, wenn wir durch äußere Umstände dazu veranlaßt sind (vgl. § 82).

Wir wollen jetzt zeigen, daß der Durchschnitt

(5) $$A = A_1 A_2 A_3 \ldots$$

eine perfekte Punktmenge darstellt. Zuerst bemerken wir, daß nach den Sätzen 1 und 2 des § 69 die Punktmenge A abgeschlossen und nicht leer ist. Ist nun P ein Punkt von A und U_P eine beliebige Umgebung von P, so kann man die natürliche Zahl k so bestimmen, daß der abgeschlossene Würfel $\overline{W}$, der P zum Mittelpunkte hat und dessen Kantenlänge gleich $1:2^{k-1}$ ist, ganz in U_P liegt (§§ 52, 56). Unter den 2^k Würfeln, aus welchen die Punktmenge B_k zusammengesetzt ist, gibt es, wegen (3) und weil P in A_k liegt, einen, z. B. $\overline{W}_\alpha$, der den Punkt P enthält. Da nun die Kantenlänge von $\overline{W}_\alpha$ kleiner oder gleich $1:2^k$ ist, hat man

$$\overline{W}_\alpha \prec \overline{W} \prec U_P.$$

Die Punktmenge $\overline{W}_\alpha B_{k+1}$ besteht nach Definition aus zwei getrennten, abgeschlossenen Würfeln, von denen der eine $\overline{W}_\beta$ den Punkt P nicht enthält. Nun liegen aber für jedes $p > (k+1)$ eine Anzahl der Würfel von B_p innerhalb $\overline{W}_\beta$ und nach (4) ist dann für jede dieser Zahlen p

$$A_p \overline{W}_\beta \neq 0.$$

Nach (2) gilt dieselbe Relation für alle übrigen Werte von p, die $\leqq (k+1)$ sind, und da die Punktmengen $A_p \overline{W}_\beta$ alle abgeschlossen sind, ist der Durchschnitt

$$A\overline{W}_\beta = (A_1 \overline{W}_\beta)(A_2 \overline{W}_\beta) \ldots$$

nicht leer (§ 69, Satz 2). Dies besagt aber, daß die Punktmenge A in der Umgebung U_P von P mindestens einen von P verschiedenen Punkt enthält, und da P ein beliebiger Punkt von A und U_P eine beliebige Umgebung von P bedeutete, muß A in sich dicht sein. Wir hatten aber schon gesehen, daß A abgeschlossen ist; also ist die Punktmenge A eine perfekte Punktmenge.

81. Wir sind jetzt imstande, zwei Sätze zu beweisen, die uns später nützlich sein werden (vgl. § 473).

Es seien mit $U_1, U_2, \ldots$ abzählbar unendlich viele offene Punktmengen bezeichnet; wir betrachten den Durchschnitt

$$D = U_1 U_2 \ldots \tag{1}$$

dieser Mengen, von dem wir voraussetzen, daß er eine in sich dichte Punktmenge H enthält.

Es seien P_1 und P_2 zwei Punkte von H, die also beide in D und folglich in U_1 enthalten sind. Wir können zwei getrennt liegende abgeschlossene Würfel $\overline{W}_1$ und $\overline{W}_2$ finden, die P_1 und P_2 zu Mittelpunkten haben, beide in U_1 enthalten sind und deren Kantenlänge die Zahl $1:2$ nicht übersteigt. Nennen wir B_1 die Summe der beiden Würfel, so hat man

$$B_1 \prec U_1.$$

Da H in sich dicht ist und der Punkt P_1 von H im Inneren des Würfels W_1 liegt, gibt es mindestens zwei Punkte P_{11} und P_{12} von H, die innere Punkte von W_1 sind. Man kann dann, weil P_{11} und P_{12} als Punkte von H in D und folglich in der offenen Punktmenge U_2 liegen, zwei abgeschlossene Würfel $\overline{W}_{11}$ und $\overline{W}_{12}$ finden, die getrennt liegen, in $U_2 W_1$ enthalten sind, deren Mittelpunkte die Punkte P_{11} und P_{12} sind und deren Kantenlänge $\leqq 1:2^2$ ist. Ebenso kann man in $U_2 W_2$ zwei abgeschlossene Würfel $\overline{W}_{21}$ und $\overline{W}_{22}$ bestimmen, die getrennt liegen, und deren Kantenlänge $\leqq 1:2^2$ ist. Setzt man dann

$$B_2 = \overline{W}_{11} + \overline{W}_{12} + \overline{W}_{21} + \overline{W}_{22},$$

so ist

$$B_2 \prec U_2$$

und besitzt die Eigenschaften, die im vorigen Paragraphen von der gleichnamigen Punktmenge gefordert waren.

Allgemein bestimmt man, indem man auf diese Weise fortfährt, für jede natürliche Zahl k Punktmengen B_k, die aus 2^k abgeschlossenen Würfeln bestehen, deren Mittelpunkte Punkte von H sind, für welche außerdem die Relation

$$B_k \prec U_k \tag{2}$$

gilt und für welche sonst die übrigen Bestimmungen stattfinden, die wir im vorigen Paragraphen festgesetzt hatten.

Der Durchschnitt aller B_k ist, wie wir sahen, eine perfekte Punktmenge, die wegen (2) und (1) eine Teilmenge von D ist. Aus der Voraussetzung, daß D eine in sich dichte Teilmenge enthält, folgt also, daß es auch eine perfekte Punktmenge enthalten muß und daher nicht abzählbar sein kann (§ 65, Satz 9). Enthält die Punktmenge D keine in sich dichte Punktmenge, so muß D notwendig abzählbar sein (§ 63); wir haben also den Satz, den man Herrn W. H. Young verdankt:

Satz 1. *Der Durchschnitt von abzählbar unendlich vielen offenen Punktmengen ist entweder leer, oder eine abzählbare Punktmenge, die keine in sich dichte Punktmenge enthält, oder aber er enthält mindestens eine perfekte Punktmenge.*

Ein interessantes Ergebnis dieses Satzes ist, daß nicht jede abzählbare Punktmenge als Durchschnitt von abzählbar vielen offenen Punktmengen dargestellt werden kann. Die Menge der rationalen Punkte z. B. ist abzählbar und zugleich in sich dicht; der Durchschnitt von abzählbar vielen offenen Punktmengen kann also nicht aus diesen Punkten allein bestehen, wenn er sie alle enthält.

82. Wir betrachten jetzt eine Folge $M_1, M_2, \ldots$ von Punktmengen, von denen jede die Vereinigung von abzählbar unendlich vielen abgeschlossenen Punktmengen N_{kj} ist:

$$M_k = N_{k1} \dotplus N_{k2} \dotplus \cdots \qquad (k = 1, 2, \ldots) \tag{1}$$

und nehmen an, daß der Durchschnitt

$$D = M_1 M_2 M_3 \ldots \tag{2}$$

dieser Punktmengen nicht abzählbar ist. Wir bezeichnen mit C_D die Kondensationspunkte von D und setzen

$$C = D C_D;$$

dann ist (§ 63, Satz 6) die Punktmenge C nicht abzählbar und in der Menge C_D ihrer eigenen Kondensationspunkte enthalten und ferner ist C in jedem M_k enthalten, also

$$C = C M_k \qquad (k = 1, 2, \ldots). \tag{3}$$

Es seien P_1 und P_2 zwei Punkte von C und W_1, W_2 zwei getrennt liegende (offene) Würfel, die P_1 und P_2 zu Mittelpunkten haben, und deren Kantenlänge $\leqq 1:2$ ist. Da W_1 einen Kondensationspunkt von C, nämlich P_1 als Mittelpunkt besitzt, ist die Punktmenge $W_1 C$ nicht abzählbar und das Gleiche gilt wegen (3) von der Punktmenge $M_1 W_1 C$. Wären nun die Punktmengen

$$N_{1j} W_1 C \qquad (j = 1, 2, \ldots)$$

alle abzählbar, so würde dasselbe von ihrer Vereinigung $M_1 W_1 C$ gelten müssen, was nicht der Fall ist; man kann daher eine natürliche Zahl p_1 finden, so daß $N_{1 p_1} W_1 C$ nicht abzählbar ist. Ebenso kann man aber auch eine natürliche Zahl p_2 finden, so daß $N_{1p_2} W_2 C$ nicht abzählbar ist. Setzt man nun, indem man mit $\overline{W}_1$ und $\overline{W}_2$ die abgeschlossenen Hüllen von W_1 und W_2 bezeichnet,

$$B_1 = \overline{W}_1 + \overline{W}_2 \quad \text{und} \quad A_1 = (N_{1p_1} \dotplus N_{1p_2}) B_1,$$

so ist A_1 abgeschlossen, weil N_{1p_1}, N_{1p_2} und B_1 es sind (§ 69, Satz 1 und 3). Ferner ist $A_1 \prec M_1$ und $A_1 \prec B_1$ und die Punktmengen $A_1 W_1 C$, $A_1 W_2 C$ sind nicht abzählbar. Bezeichnen wir mit C_1 die Menge der Kondensationspunkte von $(A_1 W_1 C + A_1 W_2 C)$, soweit sie in dieser Punktmenge enthalten sind, und wählen in $C_1 W_1$ und $C_1 W_2$ je zwei Punkte P_{11}, P_{12} und P_{21}, P_{22}, so können wir die obige Konstruktion, in der man C durch C_1 ersetzt, wiederholen; ich behaupte, daß man auf diese Weise zwei Folgen von abgeschlossenen Punktmengen B_1, $B_2, \ldots$ und $A_1, A_2, \ldots$ erhält, welche die Eigenschaften, die im § 80 für die gleichnamigen Mengen gefordert waren, besitzen. Es handelt sich darum zu zeigen, daß, wenn die B_k und A_k gegeben sind, die B_{k+1} und A_{k+1} konstruiert werden können. Von den A_k verlangen wir nun folgendes: Es soll $A_k \prec M_k$, $A_k \prec B_k$ und $A_k \prec A_{k-1}$ sein und für jeden Würfel W_α, der in B_k vorkommt, soll $A_k W_\alpha C$ nicht abzählbar sein. Nun ist nach (3)

$$A_k W_\alpha C = M_{k+1} A_k W_\alpha C$$

und daher die Punktmenge $M_{k+1} A_k W_\alpha C$ ebenfalls nicht abzählbar. Es seien Q_1 und Q_2 zwei Kondensationspunkte dieser Menge, die in ihr liegen und $W_{\alpha 1}$, $W_{\alpha 2}$ zwei Würfel, die Q_1 und Q_2 zu Mittelpunkten haben, deren Seiten $\leqq 1 : 2^{k+1}$ sind und deren abgeschlossene Hüllen $\overline{W}_{\alpha 1}$ und $\overline{W}_{\alpha 2}$ getrennt liegen und Teilmengen von B_k sind. Dann kann man wie oben die natürlichen Zahlen q_1 und q_2 so wählen, daß die Punktmengen

$$N_{(k+1)q_1} W_{\alpha 1} A_k C \quad \text{und} \quad N_{(k+1)q_2} W_{\alpha 2} A_k C$$

nicht abzählbar sind. Führt man diese Operation für alle 2^k Würfel W_α der Punktmenge B_k aus und bezeichnet mit B_{k+1} die Summe der abgeschlossenen Würfel $\overline{W}_{\alpha 1}$, $\overline{W}_{\alpha 2}$ und mit V_{k+1} die Vereinigung aller 2^{k+1} abgeschlossenen Punktmengen $N_{(k+1)q_1}$, $N_{(k+1)q_2}, \ldots$, so genügt es

$$A_{k+1} = V_{k+1} A_k B_{k+1}$$

zu setzen, um allen geforderten Eigenschaften zu genügen.

Der Durchschnitt

$$A = A_1 A_2 A_3 \ldots$$

aller A_k ist dann nach dem § 80 eine perfekte Punktmenge, die in D enthalten ist, und wir haben den Satz:

Satz 2. *Der Durchschnitt*

$$D = M_1 M_2 M_3 \ldots$$

von abzählbar unendlich vielen Punktmengen, von denen jede die Vereinigung abzählbar vieler abgeschlossener Punktmengen ist, enthält eine perfekte Teilmenge, sobald er nicht abzählbar ist.

Da jede offene Punktmenge als Vereinigung von abzählbar unendlich vielen abgeschlossenen Punktmengen angesehen werden kann (§ 73), enthält der letzte Satz einen Teil des vorigen. Nur kann hier der Durchschnitt D sehr wohl abzählbar und in sich dicht sein, was früher nicht der Fall war. Es könnten z. B. alle M_k einander gleich sein und aus der Menge der rationalen Punkte des Raumes bestehen.

Kapitel II. **Der Grenzbegriff.**

Der allgemeine Funktionsbegriff.

83. Der moderne Begriff einer Funktion deckt sich mit dem einer Zuordnung.

I. Im einfachsten Fall der reellen eindeutigen Punktfunktionen wird *jedem* Punkte P einer gegebenen beliebigen Punktmenge A des n-dimensionalen Raumes eine endliche oder unendliche Zahl eindeutig zugeordnet, die man z. B. mit $f(P)$ bezeichnet, um die Abhängigkeit dieser Zahl vom Punkte P hervortreten zu lassen. Die Punktmenge A, die gegebenenfalls alle Punkte des Gesamtraumes $\mathfrak{R}_n$ umfassen kann, heißt der Definitionsbereich der Funktion $f(P)$.

Unter den einfachsten Punktfunktionen sind diejenigen hervorzuheben, deren Definitionsbereich A aus einer abzählbaren unendlichen Punktmenge besteht. Den Punkten

$$P_1, P_2, \ldots$$

von A entsprechen dann eindeutig die Zahlen

$$(1) \qquad a_1, a_2, \ldots.$$

Diese Gesamtheit der Zahlen a_k, von denen jede durch ihren Index k einer natürlichen Zahl eindeutig zugeordnet ist, nennt man eine Zahlenfolge. Zahlenfolgen unterscheiden sich dadurch von den Punktfolgen, die wir bisher betrachtet haben (s. z. B. den § 40), daß zwei verschiedene Elemente a_p und a_q der Folge (1) dieselbe Zahl bedeuten können. Wir werden manchmal eine Zahlenfolge durch Angabe ihres allgemeinen Elements, also z. B. die Folge (1) mit a_n, bezeichnen.

II. Neben den Punktfunktionen, die uns hauptsächlich beschäftigen werden, werden wir auch sehr oft Mengenfunktionen betrachten: diese erhält man dadurch, daß man jeder Punktmenge A einer gewissen Menge $\mathfrak{A}$ von Punktmengen eine endliche oder unendliche Zahl zuordnet, die wir z. B. auch mit $f(A)$ bezeichnen werden. Die Menge $\mathfrak{A}$, die gegebenenfalls alle möglichen Punktmengen eines Raumes $\mathfrak{R}_n$ umfassen kann, heißt dann ebenfalls der Definitionsbereich der Mengenfunktion $f(A)$.

So kann man z. B. die Summe der Kantenlängen der Intervalle (§ 29) als eine Mengenfunktion ansehen. Hierbei besteht der Definitionsbereich $\mathfrak{A}$ aus der Gesamtheit der Intervalle des betrachteten Raumes.

III. Ein weiterer Funktionsbegriff, dem man fast alle Gebilde, die bisher in der Analysis betrachtet worden sind, unterordnen kann*), ist folgender:

Jeder Punktmenge A einer gewissen Menge $\mathfrak{A}$ von Punktmengen wird nicht mehr eine Zahl, sondern wieder eine Punktmenge B desselben oder eines anderen Raumes eindeutig zugeordnet.

Der Gesamtheit $\mathfrak{A}$ der betrachteten Punktmengen A entspricht dann also eine Gesamtheit $\mathfrak{B}$ der zugeordneten Punktmengen B und man sagt, daß $\mathfrak{A}$ auf $\mathfrak{B}$ eindeutig abgebildet ist.

Als Beispiel führen wir die abgeschlossene Hülle $\bar{A}$ einer Punktmenge A an, die ja jeder Punktmenge zugeordnet ist (§ 72).

Der am meisten gebrauchte Fall einer Abbildung ist der, wo die Punktmengen A und B jede aus einem einzigen Punkte bestehen und die Gebilde $\mathfrak{A}$ und $\mathfrak{B}$ wieder gewöhnliche Punktmengen sind (vgl. § 200).

84. Unter den Abbildungen von zwei Mengen $\mathfrak{A}$ und $\mathfrak{B}$ von Punktmengen A und B aufeinander sind die eineindeutigen Abbildungen besonders zu beachten. Man sagt, daß die Abbildung eineindeutig ist, wenn zwei verschiedenen Punktmengen A_1 und A_2 von $\mathfrak{A}$ stets zwei verschiedene Punktmengen B_1 und B_2 von $\mathfrak{B}$ zugeordnet sind. Dann entspricht umgekehrt jeder Punktmenge B von $\mathfrak{B}$ wieder eine eindeutig bestimmte Punktmenge A von $\mathfrak{A}$. Bei eineindeutigen Abbildungen ist also sowohl $\mathfrak{A}$ auf $\mathfrak{B}$ als auch $\mathfrak{B}$ auf $\mathfrak{A}$ abgebildet.

*) Z. B. die mehrdeutigen Funktionen, die analytischen Funktionen einer komplexen Veränderlichen, die Funktionen von abzählbar unendlich vielen Veränderlichen, die Gebilde, die aus endlich oder unendlich vielen Funktionen dieser verschiedenen Arten bestehen u. a. m.

Der obere und der untere Limes.

85. Es sei A eine beliebige Punktmenge und $f(P)$ eine Funktion, deren Definitionsbereich A ist. Wir führen nun, wenn α eine beliebige endliche Zahl oder $\pm\infty$ bedeutet, folgende Bezeichnung ein, die uns auch später gute Dienste leisten wird:

$$\boldsymbol{M}(f > \alpha)$$

soll die Teilmenge von A bedeuten, die auch leer sein kann, in welcher die Werte der Funktion $f(P)$ größer als α sind,

$$\boldsymbol{M}(f = \alpha)$$

soll die Teilmenge von A bedeuten, in welcher $f(P)$ den Wert α annimmt; und ähnlich erklären wir die Symbole

$$\boldsymbol{M}(f < \alpha), \quad \boldsymbol{M}(f \geqq \alpha), \quad \boldsymbol{M}(f \leqq \alpha), \quad \boldsymbol{M}(f \neq \alpha), \quad \text{usf.}$$

Setzen wir jetzt zur Abkürzung

(1) $$\begin{cases} A_\alpha = \boldsymbol{M}(f > \alpha), & A_\alpha^* = \boldsymbol{M}(f \geqq \alpha), \\ B_\alpha = \boldsymbol{M}(f < \alpha), & B_\alpha^* = \boldsymbol{M}(f \leqq \alpha), \end{cases}$$

so haben wir

(2) $$A_\alpha + B_\alpha^* = B_\alpha + A_\alpha^* = A.$$

Außerdem haben wir

$$A_\alpha^* = A_\alpha + \boldsymbol{M}(f = \alpha)$$

und daher

(3) $$A_\alpha \prec A_\alpha^*,$$

und ebenso findet man

(4) $$B_\alpha \prec B_\alpha^*.$$

Sind nun α und β zwei Zahlen, und hat man $\alpha < \beta$, so ist

$$A_\alpha = A_\beta^* + \boldsymbol{M}(\alpha < f < \beta)$$

und daher

(5) $$A_\beta^* \prec A_\alpha;$$

ebenso beweist man, daß

(6) $$B_\alpha^* \prec B_\beta$$

ist.

86. Es sei jetzt $f(P)$ eine Funktion, deren Definitionsbereich A eine unendliche Punktmenge ist. Wir betrachten die Zahlenmenge $\{\alpha\}$, die aus allen Zahlen besteht, für welche die oben definierte Punktmenge A_α aus unendlich vielen Punkten besteht. Ist diese Zahlenmenge nicht leer, so sei ihre obere Grenze mit $\bar{\alpha}$ bezeichnet; ist die Zahlenmenge $\{\alpha\}$ aber leer, so setzen wir $\bar{\alpha} = -\infty$.

Die Zahl $\bar{\alpha}$, die also in jedem Falle eindeutig bestimmt ist, heißt der obere Limes des Wertevorrats der Funktion $f(P)$ in ihrem Definitionsbereiche A.

Wir werden bald an Beispielen sehen (§ 88), daß dieser obere Limes sowohl endlich als auch gleich $\pm\infty$ sein kann. Zuerst wollen wir aber zeigen, daß man die Zahl $\bar{\alpha}$ auch auf andere Weise definieren kann.

Es sei erstens $\bar{\alpha} < +\infty$ und ξ eine beliebige Zahl, die $\bar{\alpha}$ übertrifft,

$$\bar{\alpha} < \xi;$$

dann gibt es Zahlen ξ', die zwischen $\bar{\alpha}$ und ξ liegen,

$$\bar{\alpha} < \xi' < \xi,$$

und die Relationen (3) und (5) des vorigen Paragraphen lehren, daß

$$A_\xi \prec A_\xi^* \prec A_{\xi'}$$

ist. Nun ist aber, weil $\xi' > \bar{\alpha}$ ist, nach Definition $A_{\xi'}$ eine endliche Punktmenge, d.h. eine solche, die nur aus höchstens endlich vielen Punkten besteht; nach dem Satze 1 des § 38 müssen also ihre Teilmengen A_ξ und A_ξ^* ebenfalls endliche Punktmengen sein.

Wir sehen also, daß, sofern Zahlen ξ existieren, die größer als $\bar{\alpha}$ sind, die beiden Punktmengen A_ξ und A_ξ^* endlich sein müssen.

Zweitens sei $\bar{\alpha} > -\infty$ und η eine beliebige Zahl, die von $\bar{\alpha}$ übertroffen wird,

$$\eta < \bar{\alpha};$$

dann ist nach der obigen Definition A_η eine unendliche Punktmenge, und das gleiche gilt, wenn man die Relation (3) des vorigen Paragraphen berücksichtigt, von A_η^*.

Wir sehen also, daß, sofern Zahlen η existieren, die kleiner als $\bar{\alpha}$ sind, die beiden Punktmengen A_η und A_η^* aus unendlich vielen Punkten bestehen müssen.

Hieraus folgt, daß Zahlen ξ für welche A_ξ oder A_ξ^* endliche Punktmengen sind, dann und nur dann existieren, wenn $\bar{\alpha} < +\infty$ ist, und daß dann $\bar{\alpha}$ die untere Grenze dieser Zahlen ist, und daß Zahlen η, für welche A_η und A_η^* unendliche Punktmengen bedeuten, dann und nur dann existieren, wenn $\bar{\alpha} > -\infty$ ist, und daß dann $\bar{\alpha}$ gleich der oberen Grenze dieser Zahlen ist.

Wir können demnach den Satz aussprechen:

Satz 1. *Man erhält den oberen Limes $\bar{\alpha}$ des Wertevorrats einer Funktion $f(P)$ in ihrem Definitionsbereich A, indem man die obere Grenze* *der Zahlen η bestimmt, für welche die Punktmengen*

$$\boldsymbol{M}(f>\eta) \quad \textit{oder} \quad \boldsymbol{M}(f\geqq\eta)$$

unendlich sind, oder die untere Grenze der Zahlen ξ bestimmt, für welche die Punktmengen

$$\boldsymbol{M}(f>\xi) \quad \textit{oder} \quad \boldsymbol{M}(f\geqq\xi)$$

endliche Punktmengen sind. Von diesen vier Operationen sind entweder nur zwei ausführbar, und $\bar{\alpha}$ ist dann gleich $\pm\infty$, oder sie sind alle vier gleichzeitig ausführbar und liefern dann denselben Wert für $\bar{\alpha}$.

87. Wir führen jetzt folgende Definition ein:

Definition. Der untere Limes $\underline{\alpha}$ des Wertevorrats einer Funktion $f(P)$ in ihrem Definitionsbereich A ist eine Zahl, die dem oberen Limes $\bar{\beta}$ des Wertevorrats von $-f(P)$ entgegengesetzt ist, d. h. es soll

$$\underline{\alpha} = -\bar{\beta}$$

sein, falls $\bar{\beta}$ eine endliche Zahl ist, und $\underline{\alpha}$ gleich $-\infty$ oder $+\infty$ sein, je nachdem $\bar{\beta}$ gleich $+\infty$ oder $-\infty$ ist.

Wir bemerken, daß für jede endliche Zahl α die Gleichungen

$$(1) \qquad \begin{cases} \boldsymbol{M}(f<\alpha) = \boldsymbol{M}(-f>-\alpha), \\ \boldsymbol{M}(f\leqq\alpha) = \boldsymbol{M}(-f\geqq-\alpha) \end{cases}$$

gelten. Es sei nun erstens $\underline{\alpha} > -\infty$ und

$$\eta < \underline{\alpha};$$

dann ist nach Definition $\bar{\beta} < +\infty$ und

$$-\eta > \bar{\beta}.$$

Also bestehen nach dem vorigen Paragraphen die Punktmengen

$$(2) \qquad \boldsymbol{M}(-f>-\eta) \quad \text{und} \quad \boldsymbol{M}(-f\geqq-\eta)$$

aus höchstens endlich vielen Punkten; da nach (1) diese Punktmengen identisch sind mit unseren früheren Punktmengen B_η und B_η^*, so müssen diese ebenfalls endliche Punktmengen sein.

Zweitens sei $\underline{\alpha} < +\infty$ und

$$\underline{\alpha} < \xi;$$

dann ist $-\xi < \bar{\beta}$, und nach dem vorigen Paragraphen müssen die Punktmengen

$$\boldsymbol{M}(-f>-\xi) \quad \text{und} \quad \boldsymbol{M}(-f\geqq-\xi)$$

oder, was dasselbe ist, die Punktmengen B_ξ und B_ξ^* aus unendlich vielen Punkten bestehen.

Satz 2. *Der untere Limes $\underline{\alpha}$ des Wertevorrats einer Funktion $f(P)$ ist gleich der oberen Grenze der Zahlen η, für welche die Punktmengen*

$$\boldsymbol{M}(f<\eta) \quad \textit{oder} \quad \boldsymbol{M}(f\leqq\eta)$$

endlich sind, oder auch gleich der unteren Grenze der Zahlen ξ, für welche die Punktmengen

$$\boldsymbol{M}(f<\xi) \quad \textit{oder} \quad \boldsymbol{M}(f\leqq\xi)$$

unendlich sind. Von diesen Operationen sind entweder nur zwei oder alle vier ausführbar, je nachdem $\underline{\alpha}$ unendlich oder endlich ist.

Wir wollen jetzt die Zahlen $\overline{\alpha}$ und $\underline{\alpha}$ miteinander vergleichen. Es sei $\overline{\alpha}<+\infty$ und ξ eine beliebige Zahl, die $\overline{\alpha}$ übertrifft:

$$\overline{\alpha}<\xi. \tag{3}$$

Dann ist die Punktmenge A_ξ eine endliche Punktmenge; nach der Gleichung (2) des § 85 ist aber

$$B_\xi^*+A_\xi=A,$$

und da A eine unendliche Punktmenge ist, muß auch B_ξ^* aus unendlich vielen Punkten bestehen. Dies ist aber nur dann möglich, wenn

$$\xi\geqq\underline{\alpha} \tag{4}$$

ist; wäre nun $\underline{\alpha}>\overline{\alpha}$, so könnte man Zahlen ξ finden, die zwischen den beiden Zahlen $\underline{\alpha}$ und $\overline{\alpha}$ liegen, und die beiden Relationen (3) und (4) könnten nicht gleichzeitig bestehen. Es muß also stets

$$\underline{\alpha}\leqq\overline{\alpha}$$

sein. Wir haben die letzte Relation nur unter der Voraussetzung bewiesen, daß $\overline{\alpha}<+\infty$ ist; im Falle $\overline{\alpha}=+\infty$ ist sie aber von selbst erfüllt, und wir haben den Satz:

Satz 3. *Der untere Limes $\underline{\alpha}$ des Wertevorrats einer Funktion $f(P)$ ist nie größer als der obere Limes $\overline{\alpha}$ dieses Wertevorrats.*

88. Wir werden den Begriff des oberen und des unteren Limes im folgenden ausschließlich auf Zahlenfolgen (§ 83) anwenden, und es ist daher zweckmäßig, die folgenden Sätze, die übrigens — bis auf die Konstruktion des § 95 — auch mit der bisherigen Allgemeinheit gelten, nur für diese auszusprechen.

Ist

(1) $$a_1, a_2, a_3, \ldots$$

irgendeine Folge von (endlichen oder unendlichen) Zahlen, so bezeichnet man die Zahlen $\bar{\alpha}$ und $\underline{\alpha}$ auch öfter durch die Zeichen

$$\alpha = \overline{\lim_{n=\infty}} a_n,$$

$$\underline{\alpha = \lim_{n=\infty} a_n},$$

in denen a_n das allgemeine Element der gegebenen Zahlenfolge bedeutet. Diese Größen $\bar{\alpha}$ und $\underline{\alpha}$ werden die Hauptlimites der Zahlenfolge genannt; $\bar{\alpha}$ heißt der obere, $\underline{\alpha}$ der untere Limes der Folge. Sie haben nach den früheren Betrachtungen folgende Bedeutung:

Die Zahl $\bar{\alpha}$ ist die obere Grenze der Zahlen η, für welche eine der Relationen

$$\eta < a_k \quad \text{oder} \quad \eta \leqq a_k$$

für unendlich viele Werte der natürlichen Zahl k erfüllt ist, oder auch die untere Grenze der Zahlen ξ, für welche eine der Relationen

$$\xi < a_k \quad \text{oder} \quad \xi \leqq a_k$$

nur für höchstens endlich viele Werte von k erfüllt ist.

Die Zahl $\underline{\alpha}$ ist die obere Grenze der Zahlen η, für welche eine der Relationen

$$\eta > a_k \quad \text{oder} \quad \eta \geqq a_k$$

nur für höchstens endlich viele Werte von k befriedigt ist, oder auch die untere Grenze der Zahlen ξ, für welche

$$\xi > a_k \quad \text{oder} \quad \xi \geqq a_k$$

für unendlich viele Werte von k erfüllt ist.

Unsere ursprüngliche Definition von α (§ 87) liefert uns übrigens den Satz

Satz 4. *Es gilt stets die Relation*

$$\overline{\lim_{n=\infty}} (-a_n) = -\underline{\lim_{n=\infty}} a_n.$$

Wir wollen an einigen Beispielen zeigen, daß die Hauptlimites einer Folge von Zahlen sowohl voneinander verschieden als auch einander gleich, sowohl endlich als unendlich sein können:

1. Ist

$$a_n = \frac{1}{n},$$

so wird jede negative Zahl durch unendlich viele a_n übertroffen, jede positive Zahl aber nur durch höchstens endlich viele. Es ist also

$$\overline{\alpha} = 0,$$

und ebenso sieht man, daß

$$\underline{\alpha} = 0$$

ist.

2. Ist

$$a_n = n,$$

so findet man

$$\underline{\alpha} = \overline{\alpha} = +\infty.$$

3. Es sei

$$a_{2n-1} = 1 - \frac{1}{n}, \quad a_{2n} = -1 + \frac{1}{n} \qquad (n = 1, 2, 3, \ldots);$$

dann ist

$$\underline{\alpha} = -1 \quad \text{und} \quad \overline{\alpha} = +1.$$

4. Es sei

$$a_{2n-1} = n, \quad a_{2n} = -n \qquad (n = 1, 2, 3, \ldots);$$

dann findet man

$$\underline{\alpha} = -\infty, \quad \overline{\alpha} = +\infty.$$

5. Es sei

$$a_{2n-1} = \frac{1}{n}, \quad a_{2n} = n \qquad (n = 1, 2, 3, \ldots);$$

dann ist

$$\underline{\alpha} = 0, \quad \overline{\alpha} = +\infty.$$

89. Es sei

$$(1) \qquad a_1, a_2, a_3, \ldots$$

eine beliebige Zahlenfolge mit den Hauptlimites $\underline{\alpha}$ und $\overline{\alpha}$ und

$$(2) \qquad b_1, b_2, b_3, \ldots$$

sei eine Teilfolge von (1) mit den Hauptlimites $\underline{\beta}$ und $\overline{\beta}$.

Es sei nun $\overline{\alpha} < +\infty$, und ξ bedeute eine beliebige Zahl oberhalb α. Es gibt dann nur höchstens endlich viele a_k, für welche

$$\xi < a_k$$

ist, und weil die Folge (2) eine Teilfolge von (1) ist, ebenfalls nur höchstens endlich viele b_k, für welche

$$\xi < b_k$$

ist. Hieraus folgt aber

$$\xi \geqq \overline{\beta},$$

und da dieses für alle Zahlen ξ gilt, die $\bar{\alpha}$ übertreffen, muß auch

$$\bar{\beta} \leqq \bar{\alpha}$$

sein. Die letzte Relation gilt natürlich auch, wenn $\bar{\alpha} = +\infty$ ist, und ist daher allgemein. Ebenso findet man die Relation

$$\underline{\alpha} \leqq \underline{\beta}.$$

Ist nun $\bar{\beta} < \bar{\alpha}$, so gibt es Zahlen ξ, die zwischen β und α liegen. Diese Zahlen ξ werden dann selbst von unendlich vielen Elementen a_k übertroffen, aber nur von höchstens endlich vielen b_k, und hieraus folgt, daß es dann unendlich viele Elemente a_k geben muß, die in der Folge (2) nicht enthalten sind. Ebenso schließt man für den Fall, wo $\underline{\alpha} < \underline{\beta}$ ist.

Satz 5. *Zwischen den Hauptlimites* $\underline{\alpha}$ *und* $\bar{\alpha}$ *einer Zahlenfolge*

$$a_1, a_2, a_3, \ldots$$

und den Hauptlimites $\underline{\beta}$ *und* β *einer beliebigen ihrer Teilfolgen*

$$b_1, b_2, b_3, \ldots$$

bestehen stets die Relationen

$$\underline{\alpha} \leqq \underline{\beta} \leqq \bar{\beta} \leqq \bar{\alpha}.$$

Gibt es nur endlich viele Elemente der ersten Folge, die nicht in der zweiten vorkommen, so ist außerdem immer

$$\underline{\alpha} = \underline{\beta} \quad \textit{und} \quad \bar{\alpha} = \beta.$$

Nach genau derselben Methode beweist man den Satz:

Satz 6. *Bestehen zwischen den Elementen zweier Zahlenfolgen* a_1, $a_2, \ldots$ *und* $b_1, b_2, \ldots$ *die Bedingungen*

$$a_n \leqq b_n \qquad (n = 1, 2, 3, \ldots),$$

so gelten auch zwischen ihren Hauptlimites $\underline{\alpha}$, $\bar{\alpha}$, β *und* $\bar{\beta}$ *die Relationen*

$$\underline{\alpha} \leqq \underline{\beta} \quad \textit{und} \quad \bar{\alpha} \leqq \beta.$$

90. Wir betrachten zwei beliebige Zahlenfolgen

$$a_1, a_2, a_3, \ldots,$$
$$b_1, b_2, b_3, \ldots,$$

sowie die Zahlenfolge

$$c_1, c_2, c_3, \ldots,$$

die man erhält, wenn man die Folge der a_n und b_n gliedweise summiert,

$$c_n = a_n + b_n \qquad (n = 1, 2, 3, \ldots)$$

und bezeichnen resp. mit $\bar{\alpha}$, $\underline{\alpha}$, $\bar{\beta}$, $\underline{\beta}$, $\bar{\gamma}$, $\underline{\gamma}$ die Hauptlimites dieser Folgen. Hierbei wird natürlich stillschweigend vorausgesetzt, daß (falls nicht alle a_n und b_n endliche Zahlen bedeuten) die Operation $a_n + b_n$ für jeden Wert von n ausführbar ist (§ 22).

Es seien zunächst $\bar{\alpha}$ und $\bar{\beta}$ endliche Zahlen und p eine beliebige positive Zahl. Die Menge N_1 der natürlichen Zahlen n, für welche

$$a_n > \bar{\alpha} + \frac{p}{2},$$

ist leer oder endlich; desgleichen die Menge N_2 der natürlichen Zahlen, für welche

$$b_n > \bar{\beta} + \frac{p}{2}$$

ist. Für alle natürliche Zahlen, die weder zu N_1 noch zu N_2 gehören, ist zugleich

$$a_n \leqq \bar{\alpha} + \frac{p}{2} \quad \text{und} \quad b_n \leqq \bar{\beta} + \frac{p}{2}$$

und daher

$$c_n \leqq \bar{\alpha} + \bar{\beta} + p.$$

Es gibt aber höchstens endlich viele natürliche Zahlen, die in der Vereinigungsmenge $(N_1 \dotplus N_2)$ enthalten sind; für diese allein kann

$$c_n > \bar{\alpha} + \bar{\beta} + p$$

sein und hieraus schließt man, daß

$$\bar{\gamma} < \bar{\alpha} + \bar{\beta} + p$$

sein muß. Die letzte Relation ist für jede positive Zahl p richtig und man hat daher auch

(1) $$\bar{\gamma} \leqq \bar{\alpha} + \bar{\beta}.$$

Es sei zweitens die eine der beiden Zahlen $\bar{\alpha}$ oder $\bar{\beta}$ gleich $-\infty$ und die andere von $+\infty$ verschieden, so daß nach dem § 22

$$\bar{\alpha} + \bar{\beta} = -\infty$$

ist. Ist z. B.

$$\bar{\alpha} = -\infty \quad \text{und} \quad \bar{\beta} < +\infty,$$

so wähle man eine beliebige Zahl ξ und eine zweite beliebige Zahl η, die $\bar{\beta}$ übertrifft. Die Menge der natürlichen Zahlen, für welche

$$a_n > \xi - \eta \quad \text{oder} \quad b_n > \eta$$

ist, ist dann leer oder endlich und es gibt nach demselben Schluß wie früher ebenfalls nur höchstens endlich viele Zahlen c_n, für welche

$$c_n > (\xi - \eta + \eta) = \xi$$

ist. Hieraus folgt aber $\overline{\gamma} \leqq \xi$ und weil ξ eine beliebige endliche Zahl bedeutet

$$\overline{\gamma} = -\infty = \overline{\alpha} + \overline{\beta}.$$

Ist endlich eine der Zahlen $\overline{\alpha}$ oder $\overline{\beta}$ gleich $+\infty$ und die andere verschieden von $-\infty$, so ist

$$\overline{\alpha} + \overline{\beta} = +\infty$$

und die Relation (1) ist wieder erfüllt. Diese Relation ist m. a. W. stets erfüllt, außer wenn von den beiden Zahlen $\overline{\alpha}$ und $\overline{\beta}$ die eine gleich $+\infty$, die andere gleich $-\infty$ ist, d. h. wenn die Summe $\overline{\alpha} + \overline{\beta}$ nicht definiert ist (§ 22).

91. Wir wollen jetzt $\overline{\gamma}$ mit $(\overline{\alpha} + \underline{\beta})$ vergleichen; es seien zunächst die beiden Zahlen $\overline{\alpha}$ und $\underline{\beta}$ endlich und p eine beliebige positive Zahl. Die Menge N_1 der natürlichen Zahlen, für welche

$$a_n > \overline{\alpha} - \frac{p}{2},$$

ist unendlich; die Menge N_2, für welche

$$b_n \leqq \underline{\beta} - \frac{p}{2},$$

ist leer oder endlich. Unter den Elementen von N_1 sind also sicher unendlich viele vorhanden, die nicht in N_2 enthalten sind, und für diese ist zugleich

$$a_n > \overline{\alpha} - \frac{p}{2} \quad \text{und} \quad b_n > \underline{\beta} - \frac{p}{2};$$

es gibt also eine unendliche Menge von natürlichen Zahlen, für welche

$$c_n > \overline{\alpha} + \underline{\beta} - p$$

ist. Hieraus folgt aber

$$\overline{\gamma} \geqq \overline{\alpha} + \underline{\beta} - p;$$

und, da die positive Zahl p beliebig ist,

$$\overline{\gamma} \geqq \overline{\alpha} + \underline{\beta}. \tag{1}$$

Es sei zweitens $\overline{\alpha} = +\infty$ und $\underline{\beta}$ von $-\infty$ verschieden; ist dann ξ eine beliebige Zahl und $\eta < \underline{\beta}$, so sieht man genau wie oben, daß es unendlich viele natürliche Zahlen gibt, für welche zugleich

$$a_n > \xi - \eta \quad \text{und} \quad b_n > \eta$$

stattfinden. Also gibt es auch unendlich viele natürliche Zahlen n, für welche

$$c_n > \xi$$

ist. Ebenso wähle man $\eta < \bar{\alpha}$ und ξ beliebig, wenn $\bar{\alpha} > -\infty$ und $\underline{\beta} = +\infty$ ist; dann gibt es unendlich viele Zahlen n, für welche zugleich

$$a_n > \eta \quad \text{und} \quad b_n > \xi - \eta$$

stattfinden. Für diese natürlichen Zahlen ist dann auch

$$c_n > \xi .$$

In den beiden letzten Fällen muß also $\bar{\gamma} \geqq \xi$ sein, und weil ξ beliebig war,

$$\bar{\gamma} = +\infty = \bar{\alpha} + \underline{\beta}$$

sein. Die Bedingung (1) ist ferner stets erfüllt, wenn der eine der beiden Hauptlimites $\bar{\alpha}$ und $\underline{\beta}$ gleich $-\infty$ und der andere von $+\infty$ verschieden ist, denn man hat dann

$$\bar{\alpha} + \underline{\beta} = -\infty ;$$

wir sehen also, daß sie immer stattfindet außer, wenn die Operation $\bar{\alpha} + \underline{\beta}$ nicht ausführbar ist, d. h. wenn die eine der Zahlen $\bar{\alpha}$ oder $\underline{\beta}$ gleich $+\infty$ und die andere gleich $-\infty$ ist.

Durch Vertauschung der beiden Folgen a_n und b_n erhält man aus (1) die Relation

$$\bar{\gamma} \geqq \underline{\alpha} + \bar{\beta} .$$

Wendet man endlich die Resultate des vorigen und dieses Paragraphen auf die Folgen $(-a_n)$, $(-b_n)$ und $(-c_n)$ an und berücksichtigt den Satz 4 des § 88, so kommt:

$$-\underline{\gamma} \leqq (-\underline{\alpha}) + (-\underline{\beta}); \quad -\underline{\gamma} \geqq (-\underline{\alpha}) + (-\bar{\beta}); \quad -\underline{\gamma} \geqq (-\bar{\alpha}) + (-\underline{\beta})$$

oder

$$\underline{\gamma} \geqq \underline{\alpha} + \underline{\beta}; \quad \underline{\gamma} \leqq \underline{\alpha} + \bar{\beta}; \quad \underline{\gamma} \leqq \bar{\alpha} + \underline{\beta}$$

und wir können also den Satz behaupten:

Satz 7. *Zwischen den Hauptlimites $\underline{\alpha}$, $\bar{\alpha}$, $\underline{\beta}$, $\bar{\beta}$, $\underline{\gamma}$, $\bar{\gamma}$ der drei Zahlenfolgen*

$$a_n, \; b_n, \; c_n = a_n + b_n \qquad (n = 1, 2, 3, \ldots)$$

bestehen stets die sechs Bedingungen:

$$\underline{\alpha} + \underline{\beta} \leqq \underline{\gamma} \leqq \frac{\underline{\alpha} + \bar{\beta}}{\bar{\alpha} + \underline{\beta}} \leqq \bar{\gamma} \leqq \bar{\alpha} + \bar{\beta} .$$

Jede dieser sechs Bedingungen ist immer richtig, wenn sie einen Sinn hat, d. h. wenn nicht in den vorkommenden Summen $(a_n + b_n)$, $(\overline{\alpha} + \overline{\beta})$ u. s. f. der eine Summand gleich $+\infty$, der andere gleich $-\infty$ ist.

92. Es seien $a_1, a_2, \ldots$ und $b_1, b_2, \ldots$ zwei Zahlenfolgen, die aus lauter positiven, endlichen Zahlen bestehen und für welche die Gleichungen

(1) $$a_n b_n = 1 \qquad (n = 1, 2, \ldots)$$

sämtlich erfüllt sind. Die Hauptlimites dieser Zahlenfolgen bezeichnen wir wieder mit $\underline{\alpha}$, $\overline{\alpha}$, $\underline{\beta}$ und $\overline{\beta}$ und bemerken, daß keine dieser Zahlen negativ sein kann. Ist nun $\overline{\alpha} > 0$ und η eine positive Zahl, die kleiner als $\overline{\alpha}$ ist,

(2) $$0 < \eta < \overline{\alpha},$$

so gibt es unendlich viele natürliche Zahlen n, für welche $a_n > \eta$ ist, und daher nach (1)

$$b_n < \frac{1}{\eta}$$

ist. Hieraus folgt aber

(3) $$\underline{\beta} \leqq \frac{1}{\eta}.$$

Ist zweitens $\overline{\alpha} < +\infty$ und ξ eine beliebige Zahl oberhalb $\overline{\alpha}$,

(4) $$\overline{\alpha} < \xi,$$

so gibt es nur höchstens endlich viele natürliche Zahlen, für welche $a_n > \xi$ und daher auch nach (1)

$$b_n < \frac{1}{\xi}$$

ist. Hieraus folgt aber

(5) $$\underline{\beta} \geqq \frac{1}{\xi}.$$

Ist also zunächst $\overline{\alpha}$ eine endliche und von Null verschiedene Zahl, so folgt aus (3) und (5), daß die Zahl $\underline{\beta}$ ebenfalls endlich und von Null verschieden sein muß, und diese Relationen können dann geschrieben werden

(6) $$\eta \leqq \frac{1}{\underline{\beta}} \leqq \xi.$$

Hieraus folgt aber

(7) $$\frac{1}{\underline{\beta}} = \overline{\alpha},$$

weil man sonst entweder eine Zahl η oder eine Zahl ξ finden könnte, für welche die Relationen (2), (4) und (6) nicht zugleich gelten können.

Ist aber $\bar{\alpha} = +\infty$ (oder $\bar{\alpha} = 0$), so kann man η $\left(\text{oder } \frac{1}{\xi}\right)$ gleich einer beliebigen positiven Zahl p setzen und es folgt dann aus (3) (oder (5))

$$\underline{\beta} = 0 \quad \text{bzw.} \quad \underline{\beta} = +\infty .$$

Satz 8. *Bestehen zwischen zwei Zahlenfolgen mit positiven Elementen a_n und b_n die Bedingungen*

$$a_n b_n = 1 , \qquad (n = 1, 2, \ldots)$$

so ist von den beiden Hauptlimites $\bar{\alpha}$ und $\underline{\beta}$ der eine gleich Null, falls der andere unendlich ist und umgekehrt, und in jedem anderen Falle ist

$$\bar{\alpha}\underline{\beta} = 1 .$$

Das Ergebnis des vorigen Satzes kann ohne Mühe auf den Fall erstreckt werden, daß die a_n auch die Werte 0 und $+\infty$ annehmen, und die entsprechenden b_n gleich $+\infty$ bzw. gleich 0 sind.

93. Wir betrachten jetzt wieder drei Zahlenfolgen, deren Elemente a_n, b_n, c_n nicht negativ und durch die Gleichungen

$$c_n = a_n b_n$$

miteinander verbunden sind. Die Voraussetzung, daß die Zahlen a_n, b_n alle endlich sein sollen, ist für das Folgende nicht notwendig; wir müssen nur verlangen, daß, wenn $a_n = +\infty$ ist, $b_n > 0$ und wenn $a_n = 0$ ist, $b_n < +\infty$ sein soll. Es seien wieder $\underline{\alpha}$, $\bar{\alpha}$, $\underline{\beta}$, $\bar{\beta}$, $\underline{\gamma}$ und $\bar{\gamma}$ die Hauptlimites dieser Folgen.

Wir nehmen zunächst an, die beiden Zahlen $\bar{\alpha}$ und $\bar{\beta}$ seien beide endlich und bezeichnen mit p eine beliebige positive Zahl. Es gibt nur höchstens endlich viele natürliche Zahlen, für welche

$$a_n > \bar{\alpha} + p \quad \text{oder} \quad b_n > \bar{\beta} + p$$

ist. Ist aber zugleich $a_n \leq \bar{\alpha} + p$ und $b_n \leq \bar{\beta} + p$, so ist auch

$$c_n = a_n b_n \leq (\bar{\alpha} + p)(\bar{\beta} + p)$$

und hieraus folgt, daß es nur höchstens endlich viele natürliche Zahlen gibt, für welche

$$c_n > (\bar{\alpha} + p)(\bar{\beta} + p)$$

sein kann. Dies besagt aber, daß für jedes $p > 0$

$$\bar{\gamma} \leq (\bar{\alpha} + p)(\bar{\beta} + p) \tag{1}$$

ist. Es sei nun ε eine beliebige positive Zahl; setzen wir p gleich der kleineren der beiden Zahlen

$$1 \text{ und } \frac{\varepsilon}{\overline{\alpha}+\overline{\beta}+1},$$

so ist:

$$(2) \qquad \begin{cases} (\overline{\alpha}+p)(\overline{\beta}+p) = \overline{\alpha}\overline{\beta} + p(\overline{\alpha}+\overline{\beta}+p) \\ \qquad \leqq \overline{\alpha}\overline{\beta} + p(\overline{\alpha}+\overline{\beta}+1) \\ \qquad \leqq \overline{\alpha}\overline{\beta} + \varepsilon. \end{cases}$$

Aus (1) und (2) folgt dann, daß $\overline{\gamma} \leqq \overline{\alpha}\overline{\beta} + \varepsilon$ ist, und da letzteres für **jedes** positive ε gelten muß, bekommt man

$$(3) \qquad \overline{\gamma} \leqq \overline{\alpha}\overline{\beta}.$$

Die letzte Relation ist natürlich auch dann erfüllt, wenn eine der beiden Zahlen gleich $+\infty$ ist und die andere endlich oder unendlich aber $\neq 0$; denn man hat dann

$$\overline{\alpha}\overline{\beta} = +\infty.$$

94. Wir nehmen jetzt an, die beiden Zahlen $\overline{\alpha}$ und $\underline{\beta}$ seien endlich und von Null verschieden. Sie müssen dann beide wegen unserer Voraussetzungen positiv sein, und wenn ε eine beliebige positive Zahl bedeutet, so ist die kleinste der drei Zahlen

$$\overline{\alpha},\ \underline{\beta},\ \frac{\varepsilon}{\overline{\alpha}+\underline{\beta}}$$

ebenfalls positiv; diese letzte Zahl bezeichnen wir mit p.

Es gibt nur höchstens endlich viele natürliche Zahlen n, für welche

$$b_n \leqq \underline{\beta} - p$$

ist, dagegen unendlich viele, für welche

$$a_n > \overline{\alpha} - p$$

ist. Also gibt es auch unendlich viele natürliche Zahlen, für welche **zugleich**

$$a_n > \overline{\alpha} - p \quad \text{und} \quad b_n > \underline{\beta} - p$$

und daher auch

$$c_n = a_n b_n > (\overline{\alpha} - p)(\underline{\beta} - p)$$

stattfindet. Mithin ist

$$(1) \qquad \overline{\gamma} \geqq (\overline{\alpha} - p)(\underline{\beta} - p).$$

Anderseits haben wir

$$(\bar{\alpha} - p)(\underline{\beta} - p) = \bar{\alpha}\underline{\beta} - p(\bar{\alpha} + \underline{\beta}) + p^2$$
$$\geqq \bar{\alpha}\underline{\beta} - p(\bar{\alpha} + \underline{\beta})$$
$$\geqq \bar{\alpha}\underline{\beta} - \varepsilon.$$

Es ist also, da ε beliebig gewählt werden konnte,

(2) $$\bar{\gamma} \geqq \bar{\alpha}\underline{\beta}.$$

Zu demselben Resultate gelangen wir, wenn eine der Zahlen $\bar{\alpha}$ oder $\underline{\beta}$ gleich $+\infty$ und die andere $\neq 0$ ist. Es sei z. B. $\bar{\alpha} = +\infty$; man wähle zwei positive Zahlen ξ und η, von denen die erste beliebig und die zweite kleiner als $\underline{\beta}$ ist. Dann beweist man mit ähnlichen Überlegungen, wie diejenigen, die zu (1) führten, die Relation

$$\bar{\gamma} \geqq \xi \cdot \eta$$

und da nach fester Wahl von η die Zahl ξ beliebig genommen werden kann, muß

$$\bar{\gamma} = +\infty = \bar{\alpha}\underline{\beta}$$

sein. Endlich ist die Relation (2) ebenfalls erfüllt, wenn die eine der Zahlen $\bar{\alpha}$ oder $\underline{\beta}$ verschwindet und die andere endlich ist; denn es ist dann $\bar{\alpha}\underline{\beta} = 0$.

Gibt es unter den Elementen a_n oder b_n unendlich viele verschwindende, so gilt dasselbe für die Folge der c_n und wir haben

$$\underline{\alpha}\underline{\beta} = \underline{\gamma} = 0$$

und daher auch

$$\underline{\gamma} \leqq \bar{\alpha}\underline{\beta},$$

außer, wenn die Produkte $\bar{\alpha}\underline{\beta}$ oder $\underline{\alpha}\underline{\beta}$ nicht ausführbar sind.

Sind aber nur höchstens endlich viele natürliche Zahlen vorhanden, für welche a_n oder b_n verschwinden, so kann man, um die Unbestimmtheitsgrenzen $\underline{\alpha}, \bar{\alpha}, \underline{\beta}, \bar{\beta}, \underline{\gamma}, \bar{\gamma}$ zu berechnen, von diesen absehen (§ 89, Satz 5), und daher voraussetzen, daß die Elemente a_n, b_n und c_n alle positiv sind. Wendet man dann die vorhergehenden Resultate auf die drei Folgen

$$\frac{1}{a_n}, \ \frac{1}{b_n}, \ \frac{1}{c_n} = \frac{1}{a_n \cdot b_n} \qquad (n = 1, 2, \ldots)$$

an, so ergibt sich mit Hilfe des § 92

$$\frac{1}{\underline{\alpha}\,\overline{\beta}} \leqq \frac{1}{\underline{\gamma}} \leqq \frac{1}{\underline{\alpha}\,\underline{\beta}}$$

oder

(3) $$\underline{\alpha}\,\underline{\beta} \leqq \underline{\gamma} \leqq \underline{\alpha}\,\overline{\beta}\,.$$

Bei dieser Überlegung muß man natürlich die Fälle, in welchen eine oder mehrere der Zahlen $\underline{\alpha}$, $\underline{\beta}$, $\overline{\beta}$, $\underline{\gamma}$ gleich Null oder unendlich sind, wieder getrennt behandeln, und man sieht leicht ein, daß die Relationen (3) immer dann stattfinden, wenn in den vorkommenden Produkten nicht die eine Zahl gleich Null und die andere gleich $+\infty$ ist.

Satz 9. *Sind*

$$a_n,\ b_n \quad \textit{und} \quad c_n = a_n \cdot b_n \qquad (n = 1, 2, \ldots)$$

drei beliebige Folgen von nicht negativen Zahlen mit den Hauptlimites $\underline{\alpha}$, $\overline{\alpha}$, $\underline{\beta}$, $\overline{\beta}$, $\underline{\gamma}$, $\overline{\gamma}$, *so bestehen zwischen diesen Zahlen immer die Relationen*

$$\underline{\alpha}\,\underline{\beta} \leqq \underline{\gamma} \leqq \frac{\underline{\alpha}\,\overline{\beta}}{\overline{\alpha}\,\underline{\beta}} \leqq \overline{\gamma} \leqq \overline{\alpha}\,\overline{\beta},$$

solange nicht in den vorkommenden Produkten der eine Faktor gleich Null und der andere gleich $+\infty$ *ist.*

95. Die Hauptlimites einer Zahlenfolge kann man durch schrittweise Bildung von oberen und unteren Grenzen berechnen:

Satz 10. *Bezeichnet man mit* α_n *die obere, mit* α_n' *die untere Grenze der Zahlenfolge*

(1) $$a_n,\ a_{n+1},\ a_{n+2},\ \ldots$$

und setzt

(2) $$\xi = \text{untere Grenze von } \{\alpha_1, \alpha_2, \ldots\},$$

(3) $$\eta = \text{obere Grenze von } \{\alpha_1', \alpha_2', \ldots\},$$

so sind die Zahlen ξ *und* η *gleich den Hauptlimites* $\overline{\alpha}$ *und* $\underline{\alpha}$ *der Zahlenfolge*

(4) $$a_1,\ a_2,\ a_3,\ \ldots.$$

Der Wortlaut dieses Satzes ist so zu verstehen: sind alle $\alpha_n = +\infty$, so hat man auch $\xi = +\infty$ zu setzen, und ebenso muß man $\eta = -\infty$ nehmen, wenn sämtliche α_n' gleich $-\infty$ sind.

Wir wollen z. B. beweisen, daß die durch die Gleichung (2) definierte Zahl ξ gleich dem oberen Limes der Folge (4) ist. Dazu bemerken wir, daß die Zahlenfolge (1) durch Weglassen von endlich vielen Elementen von (4) entsteht; nach dem Satze 5 des § 89 haben also die beiden Folgen dieselben Hauptlimites, und es kann daher die obere Grenze α_n von (1) nicht kleiner als $\bar{\alpha}$ sein:

$$\alpha_n \geqq \bar{\alpha}. \tag{5}$$

Ist insbesondere $\bar{\alpha} = +\infty$, so ist für jedes n die Zahl $\alpha_n = +\infty$ und dasselbe gilt dann auch von ξ; man kann dann schreiben

$$\xi = \bar{\alpha}. \tag{6}$$

Ist aber $\bar{\alpha} < +\infty$, so sei ξ' irgend eine Zahl, die $\bar{\alpha}$ übertrifft. Es gibt dann nur höchstens endlich viele natürliche Zahlen n, für welche

$$a_n \geqq \xi' \tag{7}$$

ist. Bezeichnet man mit n_0 die größte unter diesen natürlichen Zahlen, oder die Zahl Null im Falle, daß die Bedingung (7) für keinen Wert von n stattfindet, so ist für $n > n_0$ stets $a_n < \xi'$ und man hat daher

$$\alpha_{n_0+1} \leqq \xi'.$$

Hieraus folgt aber nach (2)

$$\xi \leqq \xi'$$

und da ξ' eine beliebige Zahl bedeutet, die $\bar{\alpha}$ übertrifft:

$$\xi \leqq \bar{\alpha}.$$

Anderseits entnimmt man aus (2) und (5)

$$\xi \geqq \bar{\alpha};$$

und es muß daher, wie wir angekündigt hatten,

$$\xi = \bar{\alpha}$$

sein. Genau ebenso beweist man, daß $\eta = \underline{\alpha}$ ist

Konvergente Zahlenfolgen.

96. Definition. Eine Zahlenfolge

$$a_1, a_2, a_3, \ldots \tag{1}$$

heißt konvergent, wenn ihre beiden Hauptlimites zusammenfallen:

$$\overline{\lim_{n=\infty}}\, a_n = \underline{\lim_{n=\infty}}\, a_n;$$

der gemeinsame Wert dieser beiden Zahlen heißt der Grenzwert der Folge (1) und wird mit

$$\lim_{n=\infty} a_n$$

bezeichnet.

Der Grenzwert einer Zahlenfolge kann sowohl endlich als auch unendlich sein.*) Er ist z. B. dann und nur dann gleich $+\infty$, wenn

$$\underline{\lim}_{n=\infty} a_n = +\infty$$

ist; wegen des Satzes 3 des § 87 ist dann nämlich auch immer

$$\overline{\lim}_{n=\infty} a_n = +\infty .$$

Ist die Zahlenfolge (1) konvergent, und ist der Grenzwert

$$\alpha = \lim_{n=\infty} a_n$$

eine endliche Zahl, so gibt es — wenn ε eine beliebige positive Zahl bedeutet — nur endlich viele natürliche Zahlen n, für welche

$$a_n > \alpha + \varepsilon \quad \text{oder} \quad a_n < \alpha - \varepsilon \tag{2}$$

ist. D. h. es gibt nur endlich viele natürliche Zahlen n, für welche

$$|a_n - \alpha| > \varepsilon \tag{3}$$

ist. Existiert umgekehrt eine endliche Zahl α, so daß für jedes beliebige positive ε nur endlich viele Elemente der Zahlenfolge (1) die Bedingung (3) befriedigen, so konvergiert die Zahlenfolge gegen α. In der Tat ist, wenn man mit $\underline{\alpha}$ und $\overline{\alpha}$ die Hauptlimites unserer Folge bezeichnet, für jedes positive ε

$$\overline{\alpha} \leqq \alpha + \varepsilon \quad \text{und} \quad \underline{\alpha} \geqq \alpha - \varepsilon$$

und daher

$$\overline{\alpha} \leqq \alpha \qquad \underline{\alpha} \geqq \alpha .$$

Diese beiden letzten Bedingungen in Verbindung mit $\underline{\alpha} \leqq \overline{\alpha}$ zeigen aber, daß

$$\underline{\alpha} = \overline{\alpha} = \alpha$$

ist.

Satz 1. *Dafür, daß eine Zahlenfolge $a_1, a_2, \ldots$ gegen eine endliche Zahl α konvergiere, ist notwendig und hinreichend, daß bei beliebig vorgeschriebenem $\varepsilon > 0$, nur höchstens endlich viele natürliche Zahlen n existieren, für welche*

$$|a_n - \alpha| \geqq \varepsilon$$

ist.

---

*) Gewöhnlich werden Zahlenfolgen mit unendlichem Grenzwert als divergent bezeichnet; die im Text benutzte Terminologie besitzt aber in Hinsicht auf unsere späteren Ziele große Vorteile, auf welche wir nicht verzichten wollen.

97. Es sei

(1) $$a_1, a_2, a_3, \ldots$$

eine beliebige Folge von endlichen Zahlen. Wir setzen

(2) $$b_n = \text{obere Grenze von } \{|a_{n+1} - a_n|, |a_{n+2} - a_n|, \ldots\}.$$

Ist der obere Limes $\overline{\alpha}$ der Zahlenfolge (1) gleich $+\infty$, und bezeichnet man mit ξ eine beliebige positive Zahl, so gibt es, wenn die Zahl n gegeben ist, unendlich viele natürliche Zahlen k, für welche die Ungleichheit

$$a_k > a_n + \xi$$

gilt. Unter den Zahlen $|a_{n+1} - a_n|, |a_{n+2} - a_n|, \ldots$ gibt es also auch mindestens eine, die größer als ξ ist und man folgert hieraus

$$b_n > \xi$$

und daher auch, weil ξ eine beliebige positive Zahl bedeutet

$$b_n = +\infty.$$

Alle Elemente der Zahlenfolge b_n sind dann gleich $+\infty$ und man findet ebenso, daß ebenfalls alle $b_n = +\infty$ sind, wenn der untere Limes der Zahlenfolge (1) gleich $-\infty$ ist. Wenn aber weder $\overline{\alpha} = +\infty$ noch $\underline{\alpha} = -\infty$ ist, so müssen beide Zahlen $\overline{\alpha}$ und $\underline{\alpha}$ **endlich** sein. Ist dann ε eine beliebige positive Zahl, so gibt es nur höchstens endlich viele natürliche Zahlen k, für welche a_k außerhalb des Intervalls

$$\underline{\alpha} - \frac{\varepsilon}{2} < x < \alpha + \frac{\varepsilon}{2}$$

liegt. Hieraus folgt erstens, daß man ein Intervall finden kann, in dem **sämtliche** Zahlen der Folge (1) liegen, woraus man entnimmt, daß die b_n lauter endliche Zahlen sind, die alle unterhalb einer festen Schranke liegen. Zweitens aber folgt aus dieser selben Tatsache, daß man eine natürliche Zahl N finden kann, so daß für **jede** natürliche Zahl $n \geqq N$ die Bedingung

$$\alpha - \frac{\varepsilon}{2} < a_n < \overline{\alpha} + \frac{\varepsilon}{2}$$

stattfindet, und daß daher für jedes $n \geqq N$ und für jede natürliche Zahl p

$$|a_{n+p} - a_n| < (\overline{\alpha} - \underline{\alpha}) + \varepsilon.$$

Die Definitionsgleichung (2) von b_n zeigt dann, daß für jedes $n \geqq N$

$$b_n \leqq (\overline{\alpha} - \underline{\alpha}) + \varepsilon.$$

Es gibt also nur höchstens endlich viele b_n, welche die Zahl $(\overline{\alpha} - \underline{\alpha}) + \varepsilon$ übertreffen, und man hat, wenn man mit $\overline{\beta}$ den oberen Limes der Zahlenfolge $b_1, b_2, \ldots$ bezeichnet

$$\bar{\beta} \leqq (\bar{\alpha} - \underline{\alpha}) + \varepsilon.$$

Die letzte Relation ist für jedes beliebige $\varepsilon > 0$ erfüllt, und man hat daher

$$(3) \qquad \bar{\beta} \leqq \bar{\alpha} - \underline{\alpha}.$$

Anderseits hat man, wenn man mit β_0 die untere Grenze und mit $\underline{\beta}$ den unteren Limes der Folge $b_1, b_2, \ldots$ bezeichnet und wenn man berücksichtigt, daß kein b_n negativ sein kann,

$$(4) \qquad 0 \leqq \beta_0 \leqq \underline{\beta} \leqq \bar{\beta}.$$

Konvergiert nun die Zahlenfolge (1) gegen eine endliche Zahl α, so hat man

$$(5) \qquad \underline{\alpha} = \bar{\alpha} = \alpha$$

und daher nach (3) und (4)

$$(6) \qquad 0 = \beta_0 = \underline{\beta} = \bar{\beta}.$$

Die Zahlenfolge $b_1, b_2, \ldots$ konvergiert also ebenfalls und zwar gegen Null und die untere Grenze β_0 der Zahlen b_n ist auch gleich Null.

Es sei umgekehrt

$$(7) \qquad \beta_0 = 0;$$

dann kann man, wenn ε eine beliebige positive Zahl bedeutet, eine natürliche Zahl n finden, für welche

$$b_n \leqq \frac{\varepsilon}{2}$$

ist. Ist dann p eine beliebige natürliche Zahl, so ist nach (2) stets

$$|a_{n+p} - a_n| \leqq \frac{\varepsilon}{2},$$

oder

$$a_n - \frac{\varepsilon}{2} \leqq a_{n+p} \leqq a_n + \frac{\varepsilon}{2}.$$

Es gibt also nur höchstens endlich viele natürliche Zahlen k, nämlich die Zahlen des Abschnitts $k \leqq (n-1)$ der natürlichen Zahlenreihe, für welche a_k außerhalb des abgeschlossenen Intervalls

$$a_n - \frac{\varepsilon}{2} \leqq x \leqq a_n + \frac{\varepsilon}{2}$$

liegen kann, und hieraus folgt, daß $\left(a_n - \frac{\varepsilon}{2}\right)$ nur höchstens endlich viele a_k übertrifft, und daß $\left(a_n + \frac{\varepsilon}{2}\right)$ nur durch höchstens endlich viele

a_k übertroffen wird. Man kann daher schreiben, wenn man noch die Relation $\underline{\alpha} \leqq \bar{\alpha}$ berücksichtigt,

$$a_n - \frac{\varepsilon}{2} \leqq \underline{\alpha} \leqq \bar{\alpha} \leqq a_n + \frac{\varepsilon}{2}$$

und also auch

$$\bar{\alpha} - \underline{\alpha} \leqq \varepsilon.$$

Da ε beliebig ist, muß also $\bar{\alpha} = \underline{\alpha}$ sein, d. h. die Folge (1) muß konvergieren und es müssen also auch die Zahlen $\underline{\beta}$ und $\bar{\beta}$ gleich Null sein.

Satz 2. *Es sei $a_1, a_2, \ldots$ eine Zahlenfolge mit den endlichen Hauptlimites $\underline{\alpha}$ und α. Setzt man für jede natürliche Zahl n*

$$b_n = \text{obere Grenze von } \{|a_{n+1} - a_n|, |a_{n+2} - a_n|, \ldots\},$$

so ist notwendig und hinreichend für die Konvergenz der Folge der a_n, daß die Folge der b_n gegen Null konvergiere oder auch nur, daß die untere Grenze der b_n gleich Null sei.

Drückt man die Bedingung, daß die untere Grenze β_0 der Folge $b_1, b_2, \ldots$ verschwinden soll, explizite aus, so führt der letzte Teil des vorigen Satzes auf das Konvergenzkriterium von Cauchy.

Satz 3. Cauchys Konvergenzkriterium. *Eine notwendige und hinreichende Bedingung dafür, daß eine Zahlenfolge $a_1, a_2, \ldots$ konvergent sei und einen endlichen Grenzwert besitze, ist die, daß man zu jeder positiven Zahl ε mindestens eine natürliche Zahl $N(\varepsilon)$ zuordnen kann, so daß für jede natürliche Zahl p die Bedingung*

$$|a_{N+p} - a_N| \leqq \varepsilon$$

erfüllt ist. Man kann dann zu jeder positiven Zahl ε eine Zahl N' zuordnen, so daß für jede natürliche Zahl p und für jede natürliche Zahl $n \geqq N'$

$$|a_{n+p} - a_n| \leqq \varepsilon$$

ist.

98. Ist $a_1, a_2, \ldots$ eine konvergente Folge von Zahlen und $b_1, b_2, \ldots$ irgendeine ihrer unendlichen Teilfolgen, so gelten nach dem Satze 5 des § 89 zwischen den Hauptlimites dieser Folgen die Beziehungen:

$$\underline{\alpha} \leqq \underline{\beta} \leqq \bar{\beta} \leqq \bar{\alpha}$$

und da hier $\underline{\alpha} = \bar{\alpha} = \alpha$ ist, muß auch $\underline{\beta} = \bar{\beta} = \alpha$ sein:

Satz 4. *Jede Teilfolge einer konvergenten Zahlenfolge ist konvergent und besitzt denselben Grenzwert.*

Man kann einen Satz derselben Art auch für nicht konvergente Zahlenfolgen aufstellen:

Satz 5. *Jede unendliche Zahlenfolge* $a_1, a_2, \ldots$ *besitzt Teilfolgen* $b_1, b_2, \ldots,$ *die gegen ihren oberen Limes* $\overline{\alpha}$ *oder gegen ihren unteren Limes* $\underline{\alpha}$ *konvergieren.*

Wir wollen z. B. $b_1, b_2, \ldots$ so bestimmen, daß

$$\lim_{n=\infty} b_n = \overline{\alpha}$$

ist. Ist $\overline{\alpha} = -\infty$, so ist die Folge der a_n konvergent, und man kann $b_n = a_n$ setzen.

Ist $\overline{\alpha}$ eine endliche Zahl und p eine gegebene natürliche Zahl, so betrachten wir die Gesamtheit N_p der natürlichen Zahlen n, für die

$$a_n > \overline{\alpha} - \frac{1}{p}$$

ist. Für jedes p ist dann N_p eine unendliche Menge von Zahlen; wir setzen n_1 gleich der kleinsten natürlichen Zahl von N_1, hierauf n_2 gleich der kleinsten Zahl von N_2, die $> n_1$ ist, also n_2 gleich der kleinsten Zahl von $N_2 - \{n_1\} N_2$ und allgemein n_{k+1} gleich der kleinsten Zahl, die in

$$N_{k+1} - \{n_1, n_2, \ldots, n_k\} N_{k+1}$$

vorkommt. Setzt man dann

$$b_k = a_{n_k}, \qquad (k = 1, 2, \ldots)$$

so ist die Zahlenfolge $b_1, b_2, \ldots$ eine Teilfolge der gegebenen und für ihren oberen Limes $\overline{\beta}$ gilt daher die Relation

$$\overline{\beta} \leqq \overline{\alpha}. \tag{1}$$

Anderseits ist für jede natürliche Zahl $k \geqq p$

$$b_k > \overline{\alpha} - \frac{1}{k} \geqq \overline{\alpha} - \frac{1}{p}.$$

Es gibt also nur höchstens endlich viele Zahlen $b_1, b_2, \ldots,$ die durch $\left(\overline{\alpha} - \frac{1}{p}\right)$ übertroffen werden, und der untere Limes $\underline{\beta}$ der Zahlenfolge $b_1, b_2, \ldots$ genügt der Relation

$$\underline{\beta} \geqq \overline{\alpha} - \frac{1}{p}$$

Da dieses für jede natürliche Zahl p stattfindet, so hat man

$$\underline{\beta} \geqq \overline{\alpha}$$

und daher mit Berücksichtigung von (1) und von $\underline{\beta} \leqq \overline{\beta}$

$$\underline{\beta} = \overline{\beta} = \overline{\alpha}.$$

Ist schließlich $\overline{\alpha} = +\infty$, so ändere man den obigen Beweis dahin, daß man die Zahlenfolge

$$\left(\overline{\alpha} - \frac{1}{p}\right) \qquad (p = 1, 2, \ldots)$$

durch die Folge der natürlichen Zahlen ersetzt.

Ein Korollar unseres letzten Satzes ist folgendes:

Satz 6. *Wenn der obere Limes jeder unendlichen Teilfolge einer gegebenen Folge $a_1, a_2, \ldots$ immer gleich einer und derselben Zahl ist, so konvergiert die Folge der a_k.*

Wäre nämlich $\underline{\alpha} < \overline{\alpha}$, so könnte man zwei Teilfolgen von $a_1, a_2, \ldots$ finden, die bzw. gegen $\underline{\alpha}$ und $\overline{\alpha}$ konvergieren, deren obere Limites also voneinander verschieden sind.

99. Die Sätze 4—10 der §§ 88—95 erlauben das Rechnen mit konvergenten Zahlenfolgen zu begründen. Wir bedienen uns der folgenden bequemen Symbolik:

$$a_k \to \alpha$$

soll bedeuten, daß die Folge $a_1, a_2, \ldots$ konvergiert, und daß

$$\lim_{k=\infty} a_k = \alpha$$

ist.

Wir entnehmen nun aus dem Satze 6 des § 89 folgendes Resultat:

Satz 7. *Ist für jedes k die Relation $a_k \leqq b_k$ erfüllt, so folgt aus*

$$a_k \to \alpha \quad \textit{und} \quad b_k \to \beta,$$

auch $\alpha \leqq \beta$.

Ferner liefert der Satz 4 des § 88 unmittelbar das Ergebnis:

Satz 8. *Ist für jedes k die Relation $a_k = -b_k$ erfüllt, so folgt aus $a_k \to \alpha$ auch $b_k \to -\alpha$.*

Eine direkte Folge des Satzes 7 des § 91 ist ferner:

Satz 9. *Sind $a_1, a_2, \ldots$ und $b_1, b_2, \ldots$ zwei gegebene Zahlenfolgen, von denen die erste gegen α konvergiert, so gelten die Gleichungen*

$$\overline{\lim_{k=\infty}}\,(a_k + b_k) = \alpha + \overline{\beta},$$

$$\underline{\lim_{k=\infty}}\,(a_k + b_k) = \alpha + \underline{\beta},$$

solange die vorkommenden Summen ausführbar sind. Aus

$$a_k \to \alpha \quad \textit{und} \quad b_k \to \beta$$

folgt dann insbesondere

$$(a_k + b_k) \longrightarrow (\alpha + \beta),$$

falls diese Summen einen Sinn haben.

100. Bei der Übertragung des Satzes des § 94 kann man sich von der Bestimmung, daß die vorkommenden Zahlen alle positiv sein müssen, befreien, und folgendes behaupten:

Satz 10. *Sind die Folgen $a_1, a_2, \ldots$ und $b_1, b_2, \ldots$ konvergent, so folgt aus $a_k \longrightarrow \alpha$ und $b_k \longrightarrow \beta$, daß auch*

$$a_k b_k \longrightarrow \alpha\beta,$$

wenn diese Produkte einen Sinn haben.

Es seien zunächst die Grenzwerte α und β beide positiv; dann gibt es nach Voraussetzung nur höchstens endlich viele a_k und ebenso nur höchstens endlich viele b_k, die negativ oder Null sind. Es gibt also eine Zahl N, so daß für jede natürliche Zahl p sowohl $a_{N+p} > 0$ als auch $b_{N+p} > 0$ ist. Die Zahlenfolgen $a_{N+1}, a_{N+2}, \ldots$ und $b_{N+1}, b_{N+2}, \ldots$ konvergieren als Teilfolgen der gegebenen Folgen gegen die Grenzen α und β (§ 98, Satz 4) und die Relationen des Satzes 9 in § 94 liefern dann

$$\lim_{p=\infty} a_{N+p} b_{N+p} = \alpha\beta.$$

Die Folge $a_1 b_1, a_2 b_2, \ldots$, die sich von der Folge $a_{N+1} b_{N+1}, a_{N+2} b_{N+2}, \ldots$ nur um endlich viele Elemente unterscheidet, hat dieselben Hauptlimites wie diese (§ 89, Satz 5) und muß daher auch gegen $\alpha\beta$ konvergieren.

Ist zweitens die eine der beiden Zahlen α und β, z. B. die Zahl α, negativ, so setze man $a_k' = -a_k$. Dann ist nach dem Satz 8 des vorigen Paragraphen die Folge $a_1', a_2', \ldots$ konvergent und

$$a_k' \longrightarrow -\alpha;$$

nach dem soeben bewiesenen Resultat ist dann

$$a_k' b_k \longrightarrow -\alpha\beta,$$

und, da für jedes k die Zahlen $a_k b_k$ und $a_k' b_k$ entgegengesetzt sind,

$$a_k b_k \longrightarrow \alpha\beta.$$

Ähnlich sieht man die Richtigkeit unserer Behauptung ein, wenn beide Zahlen α und β negativ sind.

Ist schließlich $\alpha = 0$ und β eine endliche Zahl, so ist die Folge $b_1, b_2, \ldots$ beschränkt, falls nicht einige b_k unendlich sind. Es gibt aber jedenfalls eine Zahl M und eine natürliche Zahl k_0, so daß für jedes $k > k_0$

$$|b_k| < M$$

ist. Ist dann ε eine beliebige positive Zahl, so gibt es, weil a_k gegen Null konvergiert, nur höchstens endlich viele natürliche Zahlen k, für welche

$$|a_k| \geqq \frac{\varepsilon}{M}$$

ist; für alle anderen Werte von k ist aber dann

$$|a_k b_k| < \varepsilon .$$

Es gibt also nur höchstens endlich viele Werte von k, für welche $|a_k b_k| \geqq \varepsilon$ ist, d. h.

$$a_k b_k \to 0 .$$

Der angekündigte Satz ist also für alle Fälle bewiesen.

101. Endlich gilt noch der Satz:

Satz 11. *Ist unter denselben Voraussetzungen wie im vorigen Satze jedes b_k endlich und $\neq 0$, $\beta \neq 0$, und sind α und β nicht beide ∞, so ist die Folge*

$$\frac{a_1}{b_1}, \frac{a_2}{b_2}, \frac{a_3}{b_3}, \ldots$$

konvergent, und es ist

$$\frac{a_k}{b_k} \to \frac{\alpha}{\beta} .$$

Es genügt den Satz für $\beta > 0$ zu beweisen, da man diese Voraussetzung erzwingen kann, indem man mit Berücksichtigung des Satzes 8 (§ 99) nötigenfalls jede der Zahlen a_k und b_k durch die entgegengesetzten Zahlen $-a_k$ und $-b_k$ ersetzt. Es sind dann höchstens nur endlich viele Zahlen b_k nicht positiv und für die übrigen gilt nach dem § 92

$$\lim_{k=\infty} \frac{1}{b_k} = \frac{1}{\beta} .$$

Diese Relation gilt aber dann ebenfalls, wenn wir die negativen b_k hinzufügen, und der behauptete Satz reduziert sich nun auf eine einfache Anwendung des vorigen.

102. Eine Zahlenfolge $a_1, a_2, a_3, \ldots$ heißt monoton wachsend, wenn stets für jede natürliche Zahl k

$$a_{k+1} \geqq a_k \tag{1}$$

ist, sie heißt **monoton abnehmend**, wenn für jedes k

$$a_{k+1} \leqq a_k$$

ist.

Satz 12. *Eine monotone Zahlenfolge konvergiert stets. Ist sie wachsend, so konvergiert sie gegen ihre obere Grenze, ist sie abnehmend, gegen ihre untere Grenze.*

Wir wollen z. B. eine monoton wachsende Zahlenfolge betrachten und mit $\underline{\alpha}$, $\overline{\alpha}$ und α ihre beiden Hauptlimites und ihre obere Grenze bezeichnen. Wir haben dann mit den Bezeichnungen des § 95 und, wenn wir die Bedingungen (1) berücksichtigen:

$$\alpha_n = \text{obere Grenze von } \{a_n, a_{n+1}, \ldots\} = \alpha,$$

$$\alpha_n' = \text{untere Grenze von } \{a_n, a_{n+1}, \ldots\} = a_n.$$

Ferner haben wir nach dem Satze 10 desselben Paragraphen

$$\overline{\alpha} = \text{untere Grenze von } \{\alpha_1, \alpha_2, \ldots\} = \alpha,$$

$$\underline{\alpha} = \text{obere Grenze von } \{\alpha_1', \alpha_2', \ldots\} = \alpha.$$

Also ist, wie wir beweisen wollten,

$$\underline{\alpha} = \overline{\alpha} = \alpha.$$

103. Es sei s eine positive Zahl; wir wollen die Folgen untersuchen, die dadurch entstehen, daß man

$$a_1 = s \quad \text{und} \quad a_{k+1} = s \cdot a_k$$

setzt. Dann ist a_k eine sogenannte **Potenz** von s und man schreibt $a_k = s^k$. Ist s größer als Eins, etwa gleich $(1 + p)$, so ist die Folge der Potenzen $s, s^2, \ldots$ monoton wachsend, denn es ist

$$s^{k+1} = (1 + p)s^k > s^k;$$

sie konvergiert also gegen ihre obere Grenze, von der wir zeigen wollen, daß sie gleich $+\infty$ ist. Dazu beweisen wir die Ungleichheit

$$s^k \geqq (1 + kp).$$

Diese Relation ist in der Tat für $k = 1$ erfüllt, und wenn sie für ein beliebiges k erfüllt ist, so ist

$$s^{k+1} = (1 + p)s^k \geqq (1 + p)(1 + kp),$$

und folglich

$$s^{k+1} \geqq 1 + (k + 1)p + kp^2 > 1 + (k + 1)p.$$

Ist M eine beliebige Zahl, so kann man k so wählen, daß

$$1 + kp > M$$

ist (§ 18); das entsprechende s^k ist dann auch größer als M, und die obere Grenze aller s^k ist also größer als jede beliebige Zahl und also gleich $+\infty$. Wir können also schreiben

$$s^k \to +\infty \qquad (\text{für } s > 1).$$

Ist dagegen $s < 1$, so setze man

$$t = \frac{1}{s}.$$

Es ist dann

$$t^k = \frac{1}{s^k},$$

und, da $t > 1$ ist, folgt nach dem Obigen

$$\lim_{k=\infty} \frac{1}{s^k} = +\infty,$$

also nach dem Satze 11 des § 101

$$s^k \to 0 \qquad (0 < s < 1).$$

Endlich sieht man, daß die letzte Relation auch für negative s stattfindet, sobald $|s| < 1$ ist, denn es ist allgemein

$$|s^k| = |s|^k.$$

Summen von positiven Zahlen.

104. Es sei

(1) $$p_1, p_2, p_3, \dots$$

eine Folge von lauter nicht negativen Zahlen. Ist

$$n_1, n_2, \dots, n_k$$

irgendeine Menge, die aus endlich vielen verschiedenen natürlichen Zahlen besteht, so nennt man die Summe

(2) $$p_{n_1} + p_{n_2} + \dots + p_{n_k}$$

eine Teilsumme der Folge (1).

Definition. Wir definieren jetzt als Summe

(3) $$s = \sum_n p_n$$

sämtlicher Zahlen der Folge (1) die obere Grenze aller möglichen Teilsummen (2).

Diese Summe ist also stets eine nicht negative Zahl, die auch gleich $+\infty$ sein kann. Um sie zu berechnen, genügt es, diejenigen ihrer Teilsummen zu betrachten, die den Abschnitten der natürlichen Zahlenreihe entsprechen. Es gilt der Satz:

Satz 1. *Setzt man*

$$s_m = p_1 + p_2 + \cdots + p_m,$$

so ist stets

$$s = \sum_k p_k = \lim_{m=\infty} s_m.$$

In der Tat ist stets

$$s_{m+1} = s_m + p_{m+1}$$

und daher

$$s_{m+1} \geqq s_m.$$

Die Folge

$$s_1, s_2, \ldots$$

ist also monoton wachsend und konvergiert gegen ihre obere Grenze (§ 102, Satz 12), die wir mit σ bezeichnen wollen:

$$s_m \longrightarrow \sigma.$$

Nun ist nach unserer Definition der Zahl $s = \sum_k p_k$ stets

$$s_m \leqq s$$

und daher ist auch die obere Grenze σ der s_m nicht größer als s,

$$\sigma \leqq s. \tag{4}$$

Ist anderseits

$$s' = p_{n_1} + p_{n_2} + \cdots + p_{n_k}$$

eine beliebige Teilsumme, und bezeichnet man mit m die größte unter den endlich vielen Zahlen $n_1, \ldots, n_k$, so enthält s_m jede der Zahlen, die in s' vorkommen und $(s_m - s')$ ist entweder gleich Null oder gleich einer Summe von endlich vielen nicht negativen Zahlen. Es ist daher

$$s' \leqq s_m \leqq \sigma$$

und, da s' eine beliebige Teilsumme von (1) bedeutet, muß auch

$$s \leqq \sigma \tag{5}$$

sein. Aus (4) und (5) folgt endlich

$$\sigma = s,$$

wie wir beweisen wollten.

105. Der Hauptsatz über Summen von positiven Zahlen ist folgender:

Satz 2. *Sind $P_1, P_2, \ldots$ endlich oder abzählbar unendlich viele nicht negative Zahlen und ist jedes P_m die Summe von endlich oder abzählbar unendlich vielen nicht negativen Zahlen p_{mk},*

$$P_m = \sum_k p_{mk},$$

so ist die Summe der P_m gleich der Summe der p_{mk}.

$$\sum_m P_m = \sum_{m,k} p_{mk}.$$

Man setze

(1) $$s = \sum_m P_m \qquad \sigma = \sum_{m,k} p_{mk};$$

wir wollen s und σ vergleichen.

Wir betrachten eine beliebige Teilsumme der p_{mk}

(2) $$p_{m_1'k_1'} + p_{m_2'k_2'} + \cdots + p_{m_j'k_j'};$$

die erste dieser Zahlen wird zu einer Summe P_{m_1} gehören; man streiche aus der Teilsumme (2) sämtliche p_{mk} weg, die zu dieser Summe gehören. Die Summe der weggestrichenen Zahlen sei π_1; es ist dann $\pi_1 \leqq P_{m_1}$. Die erste der übrigbleibenden Zahlen von (2) gehöre zu P_{m_2}; man streiche aus (2) nun auch sämtliche Zahlen, die zu P_{m_2} gehören, weg; ihre Summe sei π_2 und wir haben $\pi_2 \leqq P_{m_2}$ Wenn man so fortfährt, ist man nach höchstens j Schritten zu Ende und es folgt hieraus

$$\begin{aligned} p_{m_1'k_1'} + p_{m_2'k_2'} + \cdots + p_{m_j'k_j'} &= \pi_1 + \pi_2 + \cdots + \pi_r, \\ &\leqq P_{m_1} + P_{m_2} + \cdots + P_{m_r}, \\ &\leqq s. \end{aligned}$$

Da die Teilsumme (2) beliebig war, ist für die obere Grenze σ aller solchen Teilsummen

(3) $$\sigma \leqq s.$$

Es sei nun λ eine beliebige positive Zahl, die kleiner als s ist, und μ eine Zahl zwischen λ und s:

$$\lambda < \mu < s.$$

Die Zahlen λ und μ sind endliche Zahlen, selbst wenn $s = +\infty$ ist. Man kann nach dem vorigen Paragraphen eine natürliche Zahl r so finden, daß

(4) $$s_r = P_1 + P_2 + \cdots + P_r > \mu$$

ist. Nun wähle man die natürlichen Zahlen $k_1, k_2, \ldots, k_r$, derart daß

$$p_{11} + p_{12} + \cdots + p_{1k_1} > P_1 - \frac{\mu - \lambda}{r},$$

$$p_{21} + p_{22} + \cdots + p_{2k_2} > P_2 - \frac{\mu - \lambda}{r},$$

$$\cdot \quad \cdot \quad \cdot \quad \cdot \quad \cdot \quad \cdot \quad \cdot \quad \cdot \quad \cdot \quad \cdot \quad \cdot \quad \cdot \quad \cdot \quad \cdot \quad \cdot$$

$$p_{r1} + p_{r2} + \cdots + p_{rk_r} > P_r - \frac{\mu - \lambda}{r}.$$

Die durch Addition dieser Ungleichheiten links entstehende Teilsumme der p_{mk} heiße π_0; dann ist

$$\sigma \geqq \pi_0 > P_1 + P_2 + \cdots + P_r + (\lambda - \mu),$$

und mit Berücksichtigung von (4)

$$\sigma > \lambda.$$

Da die letzte Ungleichheit für jede Zahl $\lambda < s$ gilt, muß

$$\sigma \geqq s$$

und also, wegen (3),

$$\sigma = s$$

sein.

Dieses Resultat zeigt: man erhält die Summe von abzählbar unendlich vielen nicht negativen Zahlen auch, wenn man die gegebene Menge in endlich oder abzählbar unendlich viele Teilmengen zerlegt, jede für sich summiert, und die erhaltenen Zahlen wieder addiert.

Konvergente Reihen.

106. Es sei

(1) $$a_1, a_2, a_3, \ldots$$

eine Folge von abzählbar unendlich vielen beliebigen reellen endlichen Zahlen. Wir bilden die Summen

(2) $$s_m = a_1 + a_2 + \cdots + a_m,$$

die aus den m ersten Zahlen der Folge (1) bestehen und betrachten die Zahlenfolge

(3) $$s_1, s_2, s_3, \ldots.$$

Definition. Konvergiert die Zahlenfolge (3) gegen einen endlichen Grenzwert s

$$s_m \rightarrow s,$$

so sagt man, die Reihe

(4) $$a_1 + a_2 + a_3 + \cdots$$

konvergiert*), und besitzt die Summe s; man schreibt:

$$s = a_1 + a_2 + a_3 + \cdots.$$

Die Reihe (4) konvergiert also dann und nur dann, wenn das Cauchysche Kriterium (§ 97, Satz 3) für die Folge $s_1, s_2, \ldots$ der Abschnitte der Reihe erfüllt ist. Nun ist aber

$$s_{m+p} - s_m = a_{m+1} + a_{m+2} + \cdots + a_{m+p},$$

so daß man das betreffende Kriterium folgendermaßen aussprechen kann:

Satz 1. *Dafür, daß eine Reihe*

$$a_1 + a_2 + \cdots$$

konvergiere, ist notwendig und hinreichend, daß man jeder positiven Zahl ε mindestens eine natürliche Zahl N zuordnen kann, so daß für jede natürliche Zahl p

(5) $$|a_{N+1} + a_{N+2} + \cdots + a_{N+p}| \leqq \varepsilon$$

sei. Man kann dann stets jeder positiven Zahl ε eine natürliche Zahl N' zuordnen, so daß für jede natürliche Zahl p und jede natürliche Zahl $n \geqq N'$

(6) $$|a_{n+1} + \cdots + a_{n+p}| \leqq \varepsilon$$

ist.

Aus dem zweiten Teil des vorigen Satzes folgt als Korollar, wenn man $p = 1$ setzt:

Satz 2. *Dafür, daß eine Reihe $a_1 + a_2 + \cdots$ konvergiere, ist notwendig, daß*

(7) $$\lim_{n=\infty} a_n = 0$$

sei.

---

*) Nach unserer früheren Terminologie (§ 96, Fußnote) müßten wir konsequenterweise auch diejenigen Reihen konvergent nennen, für welche die Zahlenfolge (3) einen unendlichen Grenzwert besitzt; z. B. müßte dann die Reihe

$$1 - 1 + 2 - 1 + 3 - 1 + \cdots$$

konvergent genannt werden. Dies würde aber nicht nur einer hundertjährigen Gewohnheit widersprechen, sondern auch an sich unzweckmäßig sein. Gelegentlich werden diese Reihen eigentlich divergent genannt im Gegensatz zu den Reihen, wie

$$1 - 1 + 1 - 1 + \cdots,$$

für welche s_n keinen Grenzwert besitzt, und die uneigentlich divergent genannt werden.

Aus der Bedingung (7) folgt übrigens nicht, daß eine Reihe notwendig konvergieren muß. Setzt man z. B.

$$a_n = \frac{1}{n},$$

so ist zwar (7) erfüllt, aber es ist

$$|a_{n+1} + \cdots + a_{n+p}| > \frac{1}{n+p} + \cdots + \frac{1}{n+p} \text{ (p mal genommen)}$$
$$> \frac{p}{n+p},$$

und daher für $p = n$

$$|a_{n+1} + \cdots + a_{2n}| > \tfrac{1}{2}$$

Die Bedingung (6) kann also für keinen Wert von n erfüllt werden, wenn man

$$\varepsilon = \tfrac{1}{2}$$

nimmt.

107. Es sei $q_1, q_2, \ldots$ eine Folge von positiven Zahlen, deren Summe endlich ist; ferner sei $a_1, a_2, \ldots$ eine Folge von Zahlen, die der Bedingung

$$|a_m| \leqq q_m$$

genügen. Dann ist stets

$$(1) \quad \begin{cases} |a_{n+1} + \cdots + a_{n+p}| \leqq |a_{n+1}| + \cdots + |a_{n+p}| \\ \qquad \leqq q_{n+1} + \cdots + q_{n+p}. \end{cases}$$

Nun kann man, weil die Summe der q_m endlich ist, jeder positiven Zahl ε eine Zahl N zuordnen, so daß für jedes p

$$q_{N+1} + \cdots + q_{N+p} \leqq \varepsilon$$

ist. Es ist dann auch nach (1) für jedes p

$$|a_{N+1} + \cdots + a_{N+p}| \leqq \varepsilon,$$

d. h. die Reihe

$$a_1 + a_2 + \cdots$$

ist konvergent.

Definition. Eine Reihe $a_1 + a_2 + \cdots$ heißt absolut konvergent, wenn man eine Folge von nicht negativen Zahlen $q_1, q_2, \ldots$ finden kann, deren Summe endlich ist, und für welche

$$(2) \quad |a_m| \leqq q_m \qquad (m = 1, 2, \ldots)$$

stattfindet

Aus (2) folgt: wenn die Reihe $a_1 + a_2 + \cdots$ absolut konvergiert, so muß die Summe der nicht negativen Zahlen

$$|a_m| \qquad (m = 1, 2, 3, \ldots) \tag{3}$$

endlich sein; denn keine Teilsumme der Folge (3) ist größer als die Summe der q_m. Ist umgekehrt die Summe der Zahlen (3) endlich, so konvergiert die gegebene Reihe absolut:

Satz 3. *Für die absolute Konvergenz einer Reihe*

$$a_1 + a_2 + \cdots$$

ist notwendig und hinreichend, daß die Summe

$$\sum_m |a_m|$$

endlich sei.

Wir betrachten noch folgendes Beispiel. Es sei a eine beliebige Zahl, die der Bedingung

$$|a| < 1$$

genügt. Die Reihe

$$1 + a + a^2 + a^3 + \cdots \tag{4}$$

konvergiert. Denn es ist

$$s_m + a^m = s_{m+1} = 1 + a s_m,$$

und daher

$$s_m = \frac{1 - a^m}{1 - a},$$

woraus folgt (§ 103)

$$s_m \to \frac{1}{1 - a}.$$

Die Reihe (4) konvergiert aber absolut, weil die Summe

$$1 + |a| + |a^2| + |a^3| + \cdots$$

den endlichen Wert

$$\frac{1}{1 - |a|}$$

besitzt.

108. Um zu zeigen, daß es konvergente Reihen gibt, deren Summe endlich ist und die nicht absolut konvergieren, betrachten wir eine monoton abnehmende Zahlenfolge

$$a_1 > a_2 > a_3 > \cdots, \tag{1}$$

die gegen Null konvergiert

$$a_m \to 0, \tag{2}$$

und hierauf die Reihe

(3) $$a_1 - a_2 + a_3 - a_4 + \cdots.$$

Die Teilsummen s_{2m} dieser Reihe mit geradem Index bilden eine monoton wachsende Zahlenfolge, denn es ist

$$s_{2m+2} - s_{2m} = a_{2m+1} - a_{2m+2} > 0$$

Ferner ist

$$s_{2m} = a_1 - (a_2 - a_3) - \cdots - (a_{2m-2} - a_{2m-1}) - a_{2m} < a_1,$$

und hieraus folgt, daß die obere Grenze dieser Zahlen die Zahl a_1 nicht übertrifft und daher endlich ist. Die Grenze

$$s = \lim_{m=\infty} s_{2m}$$

ist also endlich. Ganz analog beweist man die Existenz einer endlichen Grenze s' für die Teilsummen mit ungeradem Index

$$s' = \lim_{m=\infty} s_{2m+1}$$

Endlich sieht man, daß

$$s' - s = \lim_{m=\infty} (s_{2m+1} - s_{2m}) = \lim_{m=\infty} a_{2m+1} = 0$$

ist, woraus die Konvergenz der Reihe (3) leicht folgt.

Setzt man nun insbesondere

$$a_m = \frac{1}{m},$$

so sind die Bedingungen (1) und (2) erfüllt, und daher die Reihe

$$1 - \tfrac{1}{2} + \tfrac{1}{3} - \tfrac{1}{4} + \cdots$$

konvergent. Diese Reihe ist aber nicht absolut konvergent, weil die Summe

$$1 + \tfrac{1}{2} + \tfrac{1}{3} + \cdots = +\infty$$

ist (§ 106).

109. Es sei

(1) $$s = a_1 + a_2 + \cdots$$

eine konvergente Reihe und λ eine beliebige endliche Zahl. Wir setzen

(2) $$b_n = \lambda a_n \qquad (n = 1, 2, 3, \ldots)$$

und betrachten die Reihe

(3) $$b_1 + b_2 + \cdots.$$

Es folgt dann mit den Bezeichnungen

$$s_m = a_1 + \cdots + a_m, \quad t_m = b_1 + \cdots + b_m$$

aus der Gleichung

$$t_m = \lambda s_m,$$

daß die Zahlenfolge $t_1, t_2, \ldots$ konvergiert und daß

$$\lim_{m=\infty} t_m = \lambda \lim_{m=\infty} s_m$$

ist (§ 100, Satz 10). Die Reihe (3) ist also ebenfalls konvergent und ihre Summe gleich dem Produkte von λ mit der Summe von (1). Ist die Reihe (1) absolut konvergent, so ist die Summe der positiven Zahlen

$$|b_n| = |\lambda|\,|a_n| \qquad (n = 1, 2, \ldots)$$

endlich, woraus die absolute Konvergenz der Reihe (3) folgt.

Satz 4. *Ist*

$$s = a_1 + a_2 + \cdots \tag{4}$$

eine konvergente Reihe und λ eine beliebige endliche Zahl und setzt man

$$b_n = \lambda a_n, \qquad (n = 1, 2, 3, \ldots)$$

so ist die Reihe

$$t = b_1 + b_2 + \cdots \tag{5}$$

konvergent und man hat

$$t = \lambda \cdot s,$$

Ist die Reihe (4) *absolut konvergent, so gilt dasselbe von der Reihe* (5).

Wir beweisen ferner den Satz:

Satz 5. *Sind*

$$s = a_1 + a_2 + \cdots \quad \text{und} \quad t = b_1 + b_2 + \cdots \tag{6}$$

zwei konvergente Reihen von Zahlen, so ist die Reihe

$$r = (a_1 + b_1) + (a_2 + b_2) + \cdots, \tag{7}$$

die man durch gliedweise Addition erhält, ebenfalls konvergent, und stellt die Zahl $(s+t)$ dar. Sind die beiden Reihen (6) *absolut konvergent, so gilt dasselbe von der Reihe* (7).

Setzt man in der Tat

$$s_m = a_1 + \cdots + a_m, \quad t_m = b_1 + \cdots + b_m,$$
$$r_m = (a_1 + b_1) + \cdots + (a_m + b_m),$$

so ist

$$r_m = s_m + t_m,$$

und daher die Folge $r_1, r_2, \ldots$ konvergent (§ 99, Satz 9); außerdem gilt dann die Gleichung

$$\lim_{m=\infty} r_m = \lim_{m=\infty} s_m + \lim_{m=\infty} t_m = s + t.$$

Den letzten Teil des zu beweisenden Satzes entnimmt man aus der Relation

$$|a_m + b_m| \leqq |a_m| + |b_m|.$$

Ein ganz analoger Satz gilt über die gliedweise Subtraktion von zwei konvergenten Reihen.

110. Es sei

$$(1) \qquad s = a_1 + a_2 + \cdots$$

eine absolut konvergente Reihe und man setze

$$(2) \qquad p_m = \frac{|a_m| + a_m}{2}, \qquad q_m = \frac{|a_m| - a_m}{2}.$$

Die Zahlen p_m und q_m genügen den Bedingungen

$$(3) \qquad 0 \leqq p_m \leqq |a_m|, \quad 0 \leqq q_m \leqq |a_m|,$$

$$(4) \qquad p_m - q_m = a_m,$$

und hieraus folgt, daß man die Reihe (1) durch gliedweise Subtraktion von zwei Reihen mit nichtnegativen Gliedern

$$(5) \qquad p = p_1 + p_2 + \cdots,$$

$$(6) \qquad q = q_1 + q_2 + \cdots$$

erhalten kann, die beide eine endliche Summe besitzen. Wir haben also $s = p - q$; nun bemerke man, daß nach (2) die Zahlen p_m gleich a_m oder gleich Null sind, je nachdem a_m positiv ist oder nicht. Die Reihe (5) ist also gleich der Summe der positiven Glieder der Reihe (1), falls es solche gibt und gleich Null im entgegengesetzten Fall; und ebenso sieht man, daß (6) gleich der Summe der absoluten Beträge der negativen Glieder von (1) ist, falls es solche gibt und gleich Null im entgegengesetzten Fall.

Da auch umgekehrt die Reihe (1) absolut konvergiert, wenn p und q endlich sind, haben wir den Satz:

Satz 6. *Für die absolute Konvergenz einer Reihe*

$$s = a_1 + a_2 + \cdots$$

ist notwendig und hinreichend, daß die Summe p ihrer positiven Glieder und die Summe $-q$ ihrer negativen Glieder beide endlich seien. Es ist dann stets

$$s = p - q.$$

111. Es seien

$$(1)\qquad \begin{cases} a_{11}, a_{12}, a_{13}, \dots \\ a_{21}, a_{22}, a_{23}, \dots \\ \cdot \quad \cdot \quad \cdot \quad \cdot \quad \cdot \quad \cdot \quad \cdot \end{cases}$$

abzählbar unendlich viele Folgen von Zahlen. Die Gesamtheit der Zahlen a_{mn} ist abzählbar (§ 42). Wir nehmen nun an, daß die Summe der abzählbar unendlich vielen nicht negativen Zahlen $|a_{mn}|$ endlich ist. Dann ist, wenn

$$(2)\qquad b_1, b_2, b_3, \dots$$

eine Folge bedeutet, die durch Umordnung der Zahlen (1) in eine einfache Folge entsteht, die Reihe

$$s = b_1 + b_2 + b_3 + \cdots$$

absolut konvergent, ebenso wie auch jede der Reihen

$$(3)\qquad s_m = a_{m1} + a_{m2} + a_{m3} + \cdots \qquad (m = 1, 2, 3, \dots).$$

Wir setzen

$$p_k = \frac{|b_k| + b_k}{2}, \qquad q_k = \frac{|b_k| - b_k}{2},$$

$$p_{mn} = \frac{|a_{mn}| + a_{mn}}{2}, \qquad q_{mn} = \frac{|a_{mn}| - a_{mn}}{2}$$

und bemerken, daß die Summen

$$P = \sum_k p_k, \qquad Q = \sum_k q_k,$$

$$P_m = \sum_n p_{mn}, \qquad Q_m = \sum_n q_{mn}$$

lauter endliche Zahlen bedeuten, die den Gleichungen

$$s = P - Q, \quad s_m = P_m - Q_m$$

genügen. Ferner ist nach dem Satze 2 des § 105

$$P = P_1 + P_2 + P_3 + \cdots$$
$$Q = Q_1 + Q_2 + Q_3 + \cdots$$

und daher, weil P und Q endliche Zahlen sind (§ 109)

$$P - Q = (P_1 - Q_1) + (P_2 - Q_2) + \cdots$$

oder

$$(4)\qquad s = s_1 + s_2 + s_3 + \cdots.$$

Man zeigt ebenso, daß wenn man

(5) $$t_n = a_{1n} + a_{2n} + a_{3n} + \cdots$$

setzt,

(6) $$s = t_1 + t_2 + t_3 + \cdots$$

ist.

Satz 7. *Sind abzählbar unendlich viele Zahlen a_{mn} gegeben und ist die Summe ihrer absoluten Beträge $|a_{mn}|$ endlich, so ist*

(7) $$\sum_{m,n} a_{mn} = \sum_m \left(\sum_n a_{mn}\right) = \sum_n \left(\sum_m a_{mn}\right).$$

Alle Reihen, die in der Gleichung (7) *vorkommen, sind absolut konvergent.*

Nach dem § 105 ist es für die Endlichkeit der Summe der $|a_{mn}|$ notwendig und hinreichend, daß die Reihen

$$S_m = |a_{m1}| + |a_{m2}| + \cdots$$

und

$$S_1 + S_2 + S_3 + \cdots$$

einen endlichen Wert besitzen. Dagegen folgt diese Endlichkeit nicht aus der absoluten Konvergenz der Reihen (3) und (4) allein; es können sogar die vier Reihen (3), (4), (5) und (6) absolut konvergieren und die Reihen $s_1 + s_2 + \cdots$ und $t_1 + t_2 + \cdots$ verschiedene Zahlen darstellen. Betrachten wir z. B. das Schema

$$\begin{array}{llllll}
0, & \frac{1}{2}, & \frac{1}{4}, & \frac{1}{8}, & \frac{1}{16}, & \ldots \\
-\frac{1}{2}, & 0, & \frac{1}{2}, & \frac{1}{4}, & \frac{1}{8}, & \ldots \\
-\frac{1}{4}, & -\frac{1}{2}, & 0, & \frac{1}{2}, & \frac{1}{4}, & \ldots \\
-\frac{1}{8}, & -\frac{1}{4}, & -\frac{1}{2}, & 0, & \frac{1}{2}, & \ldots \\
\cdot & \cdot & \cdot & \cdot & \cdot & \cdot
\end{array}$$

Man hat hier

$$s_m = \sum_n a_{mn} = \frac{1}{2^{m-1}}, \qquad t_n = \sum_m a_{mn} = -\frac{1}{2^{n-1}}$$

und daher

$$s_1 + s_2 + \cdots = 2, \qquad t_1 + t_2 + \cdots = -2,$$

obgleich alle betrachteten Reihen absolut konvergieren.

112. Es seien die Reihen

(1) $$\begin{cases} s = a_1 + a_2 + \cdots \\ t = b_1 + b_2 + \cdots \end{cases}$$

beide konvergent. Wir betrachten die Produkte $a_m b_n$ und nehmen an, daß die Summe der abzählbar unendlich vielen nicht negativen Zahlen

$|a_m b_n|$ endlich ist. Dann sind erstens, falls nicht alle a_m oder alle b_n verschwinden, die Reihen (1) absolut konvergent, und zweitens ist nach dem vorigen Satze

(2) $$\sum_{m,n} a_m b_n = \sum_m \left(\sum_n a_m b_n\right).$$

Anderseits ist

$$\sum_n a_m b_n = a_m \sum_n b_n = a_m \cdot t$$

und daher nach (2)

$$\sum_{m,n} a_m b_n = t \sum_m a_m = s \cdot t,$$

eine Gleichung, die auch im ausgeschlossenen Falle gilt.

Sind umgekehrt die Reihen (1) absolut konvergent, so sind die Zahlen

$$S = \sum_m |a_m| \quad \text{und} \quad T = \sum_n |b_n|$$

endlich, und man beweist durch eine analoge Rechnung wie die obige, daß die Summe aller $|a_m b_n|$ gleich ST, und daher endlich ist.

Satz 8. *Sind*

$$s = a_1 + a_2 + \cdots \quad \text{und} \quad t = b_1 + b_2 + \cdots$$

zwei absolut konvergente Reihen, so ist stets

$$st = \sum_{m,n} a_m b_n.$$

Man kann also insbesondere schreiben

$$st = a_1 b_1 + a_2 b_1 + a_1 b_2 + a_3 b_1 + a_2 b_2 + a_1 b_3 + a_4 b_1 + \cdots.$$

Konvergente Punktmengen.

113. Es sei A eine beschränkte lineare unendliche Punktmenge und $f(P)$ eine Funktion, die in jedem Punkte P von A gleich der Abszisse x des Punktes P ist, d. h. es sei

$$f(P) = x.$$

Der obere Limes $\bar{\alpha}$ und der untere Limes $\underline{\alpha}$ des Wertevorrats der Funktion $f(P)$ auf A (§ 86, 87) sind dann endliche Zahlen und stellen die Häufungspunkte von A dar, welche die größt- oder kleinstmögliche Abszisse besitzen. Denn es ist einerseits, wenn $\beta > \bar{\alpha}$ ist, und q eine Zahl bedeutet, die zwischen $\bar{\alpha}$ und β liegt, d. h. wenn

$$\bar{\alpha} < q < \beta$$

ist, die Halbgerade $q < x$ eine Umgebung von β, die nur höchstens endlich viele Punkte von A enthält, so daß der Punkt β kein Häufungspunkt von A sein kann, und anderseits liegen, wenn $p < \overline{\alpha}$ ist, unendlich viele Punkte von A auf der Halbgeraden $p < x$ und daher auch im Intervall $p < x < q$, woraus folgt, daß $\overline{\alpha}$ ein Häufungspunkt von A ist. Ganz analoge Betrachtungen gelten für $\underline{\alpha}$. Die Zahlen $\overline{\alpha}$ und $\underline{\alpha}$ sind also dann und nur dann gleich einer und derselben Zahl α, wenn die Menge H_A der Häufungspunkte von A, die nicht leer sein kann, (§ 62, Satz 2) aus einem einzigen Punkt P_0 besteht. Wir nennen dann, ähnlich wie im § 96 für Zahlenfolgen, die Punktmenge A konvergent und P_0 die Grenze von A.

Den Begriff einer konvergenten Punktmenge kann man nun leicht auf Punktmengen des n-dimensionalen Raumes übertragen:

Definition. Von einer Punktmenge A des n-dimensionalen Raumes sagen wir, daß sie gegen einen Punkt P_0 konvergiert, und daß sie diesen Punkt als Grenze besitzt, wenn A beschränkt ist, der Punkt P_0 Häufungspunkt von A ist und A keinen anderen Häufungspunkt besitzt.

114. Über konvergente Punktmengen gelten folgende Sätze:

Satz 1. *Eine konvergente Punktmenge besteht aus unendlich vielen Punkten und ist abzählbar.*

Wäre nämlich die Punktmenge A endlich, so hätte sie keinen einzigen Häufungspunkt und wäre sie nicht abzählbar, so hätte sie mindestens einen und folglich unendlich viele Kondensationspunkte (§ 63) und daher entgegen der Voraussetzung auch unendlich viele Häufungspunkte.

Satz 2. *Dafür, daß eine unendliche Punktmenge A gegen einen Punkt P_0 konvergiere, ist notwendig und hinreichend, daß nur höchstens endlich viele Punkte von A außerhalb einer jeden Umgebung U von P_0 liegen.*

Wenn es nämlich eine Umgebung U von P_0 gibt, so daß $(A - AU)$ unendlich viele Punkte enthält, so muß $(A - AU)$, wenn es beschränkt ist, mindestens einen Häufungspunkt P_1 enthalten, der sicher von P_0 verschieden ist. Die Punktmenge A ist also entweder nicht beschränkt oder sie besitzt mindestens einen von P_0 verschiedenen Häufungspunkt. In keinem dieser Fälle kann sie gegen P_0 konvergieren.

Ist umgekehrt A eine Punktmenge, die nicht gegen P_0 konvergiert, so ist sie entweder nicht beschränkt und es liegen unendlich viele Punkte von A außerhalb einer beliebigen beschränkten Umgebung von P_0, oder sie besitzt einen von P_0 verschiedenen Häufungspunkt P_1 und man kann zwei getrennt liegende Würfel W_0 und W_1 konstruieren, die P_0

und P_1 zu Mittelpunkten haben. Der Würfel W_0 ist dann eine Umgebung von P_0, außerhalb welcher unendlich viele Punkte von A liegen, nämlich die Punkte, die im Inneren des Würfels W_1 enthalten sind.

Satz 3. *Dafür, daß eine unendliche Punktmenge A gegen einen Punkt P_0 konvergiere, ist (notwendig und) hinreichend, daß, wenn man sich eine beliebige Folge*

(1) $$W_1, W_2, W_3, \ldots$$

von Würfeln gibt, die P_0 zum Mittelpunkte haben, und deren Kantenlängen gegen Null konvergieren, nur höchstens endlich viele Punkte von A außerhalb eines jeden Würfels der Folge liegen.

Ist nämlich U eine beliebige Umgebung von P_0, so gibt es mindestens einen Würfel W_k der Folge (1), der in U als Teilmenge enthalten ist (§ 52); hieraus folgt aber, daß nur höchstens endlich viele Punkte von A außerhalb von U liegen können, und nach dem vorigen Satze, daß A gegen P_0 konvergiert.

Satz 4. *Jede Punktmenge A, die einen Häufungspunkt P_0 besitzt, enthält auch mindestens eine Teilmenge B, die gegen P_0 konvergiert.*

Es sei

$$W_0 \succ W_1 \succ W_2 \succ W_3 \succ \cdots$$

eine Folge von ineinandergeschachtelten Würfeln, die P_0 zum Mittelpunkte haben, und deren Kantenlänge gegen Null konvergiert. Nach Voraussetzung enthält jeder dieser Würfel unendlich viele Punkte von A. Hieraus folgt, daß unter den Punktmengen

$$A(W_0 - W_1), \quad A(W_1 - W_2), \quad A(W_2 - W_3), \ldots$$

unendlich viele existieren, die nicht leer sind. Jeder dieser nicht leeren Punktmengen ordnen wir nach dem Zermeloschen Auswahlaxiom (§ 48) einen ihrer Punkte zu, und bekommen eine unendliche Folge $P_1, P_2, \ldots$ von Punkten, die in A liegen und gegen P_0 konvergieren.

Satz 5. *Eine Folge $P_1, P_2, \ldots$ von Punkten konvergiert dann und nur dann gegen einen Punkt*

$$P_0: \ \alpha_1, \alpha_2, \ldots \alpha_n,$$

wenn für die Koordinaten

$$a_{k1}, a_{k2}, \ldots, a_{kn}$$

eines jeden Punktes P_k der Folge das Gleichungssystem

(2) $$\lim_{k=\infty} a_{kj} = \alpha_j \qquad (j = 1, 2, \ldots n)$$

besteht.

Das Gleichungssystem (2) ist nämlich identisch mit der Bedingung, daß außerhalb eines jeden Würfels

$$W_p:\ \left(\alpha_j - \frac{1}{p}\right) < x_j < \left(\alpha_j + \frac{1}{p}\right) \quad (j = 1, 2, \ldots n)$$

der Folge $W_1, W_2, W_3, \ldots$ von Würfeln nur höchstens endlich viele Punkte unserer Punktmenge liegen. Der zu beweisende Satz ist also inhaltlich mit den früheren Sätzen 2 und 3 identisch.

Limes superior und inferior von Folgen von Punktmengen.

115. Die Eigenschaft einer Punktmenge B, Teilmenge einer Menge A zu sein:

(1) $$B \prec A,$$

hat eine gewisse formale Ähnlichkeit mit der Beziehung

$$b \leqq a$$

zwischen zwei Zahlen. Hierauf fußend kann man den Begriff der oberen und der unteren Grenze einer Zahlenmenge auf Folgen von Punktmengen übertragen: Die obere Grenze einer Zahlenmenge $\{a\}$ ist die kleinste Zahl α, die von keiner Zahl der Menge übertroffen wird. Ähnlich können wir, wenn eine Folge

(2) $$\mathfrak{A}:\ A_1, A_2, A_3, \ldots$$

von Punktmengen gegeben ist, eine Menge V aufsuchen, die erstens jede der Mengen A_k als Teilmengen enthält, und zweitens selbst in jeder Punktmenge enthalten ist, die der ersten Forderung genügt. Es ist klar, daß die Vereinigungsmenge

$$V = A_1 \dotplus A_2 \dotplus A_3 \dotplus \cdots$$

beide Eigenschaften besitzt, und daher der oberen Grenze entspricht. Ähnlich sieht man, daß der Durchschnitt

$$D = A_1 A_2 A_3 \ldots$$

alle Punktmengen enthält, die Teilmengen von A_k für jedes k sind, und daß er bei unserer Analogisierung dem Begriffe der unteren Grenze entspricht.

116. In Anlehnung an den § 95 können wir jetzt zwei Punktmengen definieren, die das Analogon der Hauptlimites von Zahlenfolgen sind. Wir setzen, wenn die Folge (2) von Punktmengen gegeben ist, für jede natürliche Zahl k

(3) $$V_k = A_k \dotplus A_{k+1} \dotplus A_{k+2} \dotplus \cdots$$
und
(4) $$D_k = A_k A_{k+1} A_{k+2} \cdots.$$

Hierauf schreiben wir für die gesuchten Analoga der Hauptlimites:

(5) $$\limsup_{k=\infty} A_k = V_1 V_2 V_3 \ldots$$

(6) $$\liminf_{k=\infty} A_k = D_1 \dotplus D_2 \dotplus D_3 \dotplus \cdots.$$

Die geometrische Bedeutung der beiden Punktmengen (5) und (6) ist dann folgende:

Satz 1. *Der Limes superior einer Folge von Punktmengen besteht aus allen Punkten des Raumes, die in unendlich vielen Mengen der Folge enthalten sind. Der Limes inferior aber aus den Punkten des Raumes, die in allen Mengen der Folge mit Ausnahme von höchstens nur endlich vielen enthalten sind.*

Ein Punkt P des Raumes, der in unendlich vielen der Mengen $A_1, A_2, \ldots$ enthalten ist, ist in jedem V_k enthalten, da auf jedes A_k sicher noch ein A_{k+p} folgen muß, das P enthält; er ist also auch in dem Durchschnitte aller V_k, d. h. in lim sup A_k enthalten. Ist dagegen P in nur endlich vielen A_k, z. B. in

$$A_{k_1}, A_{k_2}, \ldots A_{k_m},$$

enthalten, so wähle man k größer als die größte der Zahlen $k_1, k_2, \ldots k_m$. Dann ist P sicher nicht in V_k und folglich auch nicht im Durchschnitte aller V_k enthalten.

Ist zweitens P in endlich vielen A_k, z. B. in

$$A_{k_1}, A_{k_2}, \ldots A_{k_m}$$

nicht enthalten, wohl aber in allen übrigen, so ist P auch in D_k enthalten, sobald k größer ist als die größte der Zahlen $k_1, k_2, \ldots k_m$. Also ist P in der Vereinigungsmenge aller D_k, d. h. in lim inf A_k enthalten. Ist dagegen P in unendlich vielen A_k nicht enthalten, so ist P in k e i n e m D_k enthalten, weil auf jedes A_k mindestens ein A_{k+p} folgt, das P nicht enthält. Es kann also auch nicht P in der Vereinigungsmenge der D_k, d. h. in lim inf A_k enthalten sein.

117. Der Limes superior und der Limes inferior einer Folge von Punktmengen genügen folgenden Sätzen, die unseren früheren Sätzen über die Hauptlimites von Zahlenfolgen analog sind:

Satz 2. *Ist $A_1, A_2, \ldots$ eine gegebene Folge von Punktmengen, so ist:*

(1) $$\lim_{k=\infty} \inf A_k \prec \lim_{k=\infty} \sup A_k \qquad \text{(vgl. § 87, Satz 3).}$$

In der Tat ist jeder Punkt, der in allen A_k mit Ausnahme von höchstens endlich vielen enthalten ist, gewiß in unendlich vielen A_k enthalten.

Satz 3. *Ist $\mathfrak{A}$ eine Folge von Punktmengen $A_1, A_2, \ldots$ und ist $\mathfrak{A}'$ die Folge der zugehörigen Komplementärmengen $A_1', A_2', \ldots$, so gelten die Relationen*

(2) $$\lim \sup A_k' = (\lim \inf A_k)'$$

(3) $$\lim \inf A_k' = (\lim \sup A_k)' \qquad \text{(vgl. § 88, Satz 4).}$$

Der $\lim \sup A_k'$ besteht nämlich aus allen Punkten, die in unendlich vielen A_k' enthalten sind; die Komplementärmenge dieser Punktmenge, aus allen Punkten, die nur in höchstens endlich vielen A_k' enthalten sind. Diese letzten Punkte sind aber dann in allen A_k mit Ausnahme von höchstens endlich vielen enthalten; sie fallen also mit den Punkten von $\lim \inf A_k$ zusammen. Somit ist die erste der beiden Gleichungen bewiesen.

Die zweite folgt aber aus der ersten durch Vertauschung von $\mathfrak{A}$ mit $\mathfrak{A}'$.

Satz 4. *Es seien $A_1, A_2, \ldots$ und $B_1, B_2, \ldots$ zwei beliebige Folgen von Punktmengen und der Limes superior und inferior einer jeden dieser Folgen mit $\overline{A}$, $\underline{A}$, $\overline{B}$, $\underline{B}$ bezeichnet. Wir betrachten ferner die Folge der Vereinigungsmengen $(A_k \dotplus B_k)$ und die Folge der Durchschnitte $A_k B_k$ und setzen*

$$\overline{C} = \lim \sup (A_k \dotplus B_k), \qquad \underline{C} = \lim \inf (A_k \dotplus B_k),$$
$$\overline{D} = \lim \sup A_k B_k, \qquad \underline{D} = \lim \inf A_k B_k;$$

dann gelten die Relationen:

(4) $$\underline{A} \dotplus \underline{B} \prec \underline{C} \prec \frac{\underline{A} \dotplus \overline{B}}{\overline{A} \dotplus \underline{B}} \prec \overline{C} = \overline{A} \dotplus \overline{B}$$

und

(5) $$\underline{A}\,\underline{B} = \underline{D} \prec \frac{\underline{A}\,\overline{B}}{\overline{A}\,\underline{B}} \prec \overline{D} \prec \overline{A}\,\overline{B}$$

(vgl. § 91, Satz 7 und § 94, Satz 9).

Jeder Punkt, der in unendlich vielen A_k enthalten ist, ist in unendlich vielen $(A_k \dotplus B_k)$ enthalten, und es ist also

$$\overline{C} \succ \overline{A};$$

ebenso findet man, daß $\overline{B}$ eine Teilmenge von $\overline{C}$ ist, so daß auch

$$\overline{C} > \overline{A} \dotplus \overline{B}$$

sein muß. Anderseits ist aber ein Punkt von $\overline{C}$ in unendlich vielen $(A_k \dotplus B_k)$ enthalten und muß daher entweder in unendlich vielen A_k oder in unendlich vielen B_k enthalten sein, so daß man schreiben kann

$$\overline{C} < \overline{A} \dotplus \overline{B}.$$

Es ist daher

(6) $$\overline{C} = \overline{A} \dotplus \overline{B},$$

und wegen unseres Satzes 2

(7) $$\overline{C} > \overline{A} \dotplus \underline{B} \quad \text{und} \quad \overline{C} > \underline{A} \dotplus \overline{B}.$$

Jeder Punkt, der in sämtlichen A_k enthalten ist, mit Ausnahme von höchstens endlich vielen unter ihnen, ist auch in allen $(A_k \dotplus B_k)$ enthalten mit Ausnahme von höchstens nur endlich vielen unter ihnen; es ist also

$$\underline{A} < \underline{C};$$

ebenso findet man

$$\underline{B} < \underline{C},$$

so daß man auch

(8) $$\underline{A} \dotplus \underline{B} < \underline{C}$$

schreiben kann. Endlich ist jeder Punkt, der in allen $(A_k \dotplus B_k)$ mit Ausnahme von höchstens nur endlich vielen unter ihnen enthalten ist, entweder in unendlich vielen A_k und folglich in $\overline{A}$ enthalten, oder aber er ist in nur höchstens endlich vielen A_k enthalten und dann kann er in nur höchstens endlich vielen B_k nicht enthalten sein; d. h. er ist dann ein Punkt von $\underline{B}$. Man hat also in jedem Fall

(9) $$\underline{C} < \overline{A} \dotplus \underline{B}$$

und durch Vertauschen von A_k und B_k in der vorigen Schlußkette

(10) $$\underline{C} < \underline{A} \dotplus \overline{B}.$$

Die Relationen (6) bis (10) sind aber identisch mit (4).

Auf ganz analogem Wege beweist man die Relationen (2); man kann sie aber auch mit Hilfe des Satzes 3 und der Betrachtung von Komplementärmengen aus (1) entnehmen (vgl. § 40).

Die beiden letzten Sätze erlauben auch, wenn man sie miteinander vergleicht, ein ähnliches Resultat für die Mengenfolge der $(A_k - A_k B_k)$ auszusprechen. Es ist nämlich

$$(A_k - A_k B_k) = A_k B_k'$$

und daher z. B.

$$\limsup (A_k - A_k B_k) \prec \bar{A} \cdot \limsup B_k{}' ;$$

nach dem Satze 3 ist aber

$$\bar{A} \cdot \limsup B_k{}' = \bar{A}(B)' = \bar{A} - \bar{A}\underline{B} .$$

Durch ähnliche Überlegungen erweist man die übrigen Behauptungen im folgenden

Satz 5. *Für je zwei Mengenfolgen $A_1, A_2, \ldots$ und $B_1, B_2, \ldots$ gelten die Relationen*

$$A - A\bar{\bar{B}} = \liminf (A_k - A_k B_k) \prec \begin{matrix} \bar{A} - \bar{A}\bar{B} \\ \underline{A} - \underline{A}\underline{B} \end{matrix}$$

$$\prec \limsup (A_k - A_k B_k) \prec \bar{A} - \bar{A} B .$$

Satz 6. *Ist $B_1, B_2, \ldots$ eine beliebige Teilfolge von $A_1, A_2, \ldots$, so ist stets*

$$\text{(11)} \qquad \liminf A_k \prec \liminf B_k \prec \limsup B_k \prec \limsup A_k .$$

Wird aber $B_1, B_2, \ldots$ durch Streichen von endlich vielen Elementen von $A_1, A_2, \ldots$ gebildet, so ist

$$\text{(12)} \qquad \liminf A_k = \liminf B_k \prec \limsup B_k = \limsup A_k$$

(vgl. § 89, Satz 5).

Die mittlere Ungleichheit (11) ist nichts anderes als die Behauptung des Satzes 2. Ferner ist jeder Punkt, der in nur höchstens endlich vielen Punktmengen A_k nicht enthalten ist, erst recht in nur höchstens endlich vielen Punktmengen B_k nicht enthalten, und jeder Punkt, der in unendlich vielen B_k enthalten ist, erst recht in unendlich vielen A_k enthalten.

Entsteht aber $B_1, B_2, \ldots$ durch Streichen von endlich vielen Elementen von $A_1, A_2, \ldots$, so ist auch umgekehrt jeder Punkt, der in nur höchstens endlich vielen B_k nicht enthalten ist, auch in nur höchstens endlich vielen A_k nicht enthalten, und jeder Punkt, der in unendlich vielen A_k enthalten ist, ist auch in unendlich vielen B_k enthalten.

118. Wir definieren jetzt die Konvergenz der Mengenfolgen genau so, wie früher die Konvergenz von Zahlenfolgen (§ 96).

Definition. Eine Folge von Punktmengen $A_1, A_2, A_3, \ldots$ konvergiert gegen die Menge A, wenn

$$\limsup_{k=\infty} A_k = \liminf_{k=\infty} A_k = A$$

ist. Wir schreiben dann

$$\lim_{k=\infty} A_k = A \quad \text{oder} \quad A_k \to A.$$

Aus dem letzten Satze folgt dann unmittelbar das Resultat:

Satz 7. *Jede unendliche Teilfolge einer konvergenten Folge von Punktmengen ist konvergent und hat denselben Limes* (vgl. § 98, Satz 4).

Umgekehrt beweisen wir den Satz:

Satz 8. *Gilt für alle unendlichen Teilfolgen $B_1, B_2, \ldots$ von $A_1, A_2, \ldots$*

$$\lim\sup B_k = \lim\sup A_k,$$

so konvergiert die Hauptfolge (und also auch jede Teilfolge). Ein analoger Satz gilt für den Limes inferior (vgl. § 98, Satz 6).

Nehmen wir an, die Folge der A_k konvergiere nicht; dann gibt es einen Punkt P, der in $\lim\sup A_k$, aber nicht in $\lim\inf A_k$ enthalten ist. Ich nenne $B_1, B_2, \ldots$ die Teilfolge von $A_1, A_2, \ldots$, die aus sämtlichen Punktmengen A_k besteht, welche den Punkt P nicht enthalten. Die Teilfolge $B_1, B_2, \ldots$ besteht aus unendlich vielen Punktmengen, da sonst P in $\lim\inf A_k$ enthalten wäre. Nun enthält aber der $\lim\sup B_k$ nicht den Punkt P und ist entgegen der Voraussetzung von $\lim\sup A_k$ verschieden.

Man kann mit konvergenten Folgen von Punktmengen ähnlich wie mit konvergenten Zahlenfolgen rechnen. Hierzu benutzen wir die Sätze 3, 4 und 5 des § 117.

Satz 9. *Aus*

$$A_k \to A$$

folgt für die Komplementärmengen A_k' und A' von A_k und A

$$A_k' \to A' \qquad \text{(vgl. § 99, Satz 8).}$$

Satz 10. *Aus*

$$A_k \to A \quad \textit{und} \quad B_k \to B$$

folgen die Gleichungen

$$(A_k \dotplus B_k) \to A \dotplus B$$

$$A_k B_k \to AB$$

$$(A_k - A_k B_k) \to (A - AB)$$

(vgl. § 99, Satz 9 und § 100, Satz 10).

Übrigens bemerke man, daß die Sätze des § 117 uns erlauben, den Limes superior und den Limes inferior der Folgen $(A_k \dotplus B_k)$, $A_k B_k$ und $(A_k - A_k B_k)$ zu berechnen, wenn nur eine der Folgen $A_1, A_2, \ldots$ oder

$B_1, B_2, \ldots$ konvergiert. So hat man z. B., wenn $A_k \longrightarrow A$ ist:

$$\begin{aligned}
\limsup\, (A_k \dotplus B_k) &= A \dotplus \overline{B} \\
\limsup\, A_k B_k &= A\overline{B} \\
\limsup\, (A_k - A_k B_k) &= A - A\underline{B} \\
\limsup\, (B_k - A_k B_k) &= \overline{B} - \overline{B}A
\end{aligned}$$

und ähnliche Gleichungen für die lim inf dieser Mengenfolgen.

119. Folgen von ineinandergeschachtelten Punktmengen

(1) $$A_1 \prec A_2 \prec A_3 \prec \cdots$$

(2) $$B_1 \succ B_2 \succ B_3 \succ \cdots$$

wollen wir, ähnlich wie im § 102 für Zahlenfolgen, monoton wachsend und monoton abnehmend nennen. Es gilt dann der Satz:

Satz 11. *Monoton wachsende Folgen von Punktmengen konvergieren gegen ihre Vereinigungsmenge, monoton abnehmende Folgen von Punktmengen gegen ihren Durchschnitt* (vgl. § 102, Satz 12).

Setzen wir nämlich mit der Bezeichnung des § 116

$$V_k = A_k \dotplus A_{k+1} \dotplus \cdots$$

$$D_k = A_k A_{k+1} \cdots,$$

so ist wegen (1)

$$V_k = V_1, \quad D_k = A_k$$

und daher

$$\begin{aligned}
\limsup\, A_k &= V_1 V_2 V_3 \cdots = V_1 \\
\liminf\, A_k &= D_1 \dotplus D_2 \dotplus \cdots = V_1;
\end{aligned}$$

es ist also

$$\lim_{k=\infty} A_k = V_1 = A_1 \dotplus A_2 \dotplus \cdots.$$

Setzt man zweitens

$$V_k^* = B_k \dotplus B_{k+1} \dotplus \cdots$$

$$D_k^* = B_k B_{k+1} \cdots,$$

so ist nach (2)

$$V_k^* = B_k \quad \text{und} \quad D_k^* = D_1^*.$$

Also

$$\begin{aligned}
\limsup\, B_k &= V_1^* V_2^* V_3^* \cdots = D_1^* \\
\liminf\, B_k &= D_1^* \dotplus D_2^* \dotplus \cdots = D_1^*
\end{aligned}$$

und schließlich

$$\lim_{k=\infty} B_k = D_1^* = B_1 B_2 B_3 \ldots.$$

120. Beispiele. 1. Es sei im linearen Raum

$$L_{2k} = \{0, 1, 2, 3, \ldots, 2k\} \quad \text{und} \quad L_{2k+1} = \{1, 3, 5, \ldots, (2k+1)\}.$$

Dann ist die Null und jede positive Zahl in unendlich vielen L_m enthalten; die geraden Zahlen und die Null sind in unendlich vielen L_m nicht enthalten; jede ungerade Zahl $(2k+1)$ kommt aber in allen L_m vor, mit Ausnahme der $2k$ ersten. Es ist also

$$\liminf L_m = \{1, 3, 5, \ldots\},$$
$$\limsup L_m = \{0, 1, 2, 3, \ldots\}.$$

2. A_m bestehe aus dem abgeschlossenen zweidimensionalen Intervall, das in der xy-Ebene durch die Bedingungen

$$A_m: \quad \frac{1}{m+1} \leqq x \leqq \frac{2}{m+1}, \quad 0 \leqq y \leqq 1$$

definiert wird (Fig. 8). Man sieht leicht ein, daß kein Punkt der Ebene in unendlich vielen A_m vorkommt. Es ist also $\limsup A_m$ eine leere Punktmenge und das gleiche gilt dann notwendig von dem lim inf. Die Folge der Punktmengen konvergiert:

$$\lim_{k=\infty} A_k = 0.$$

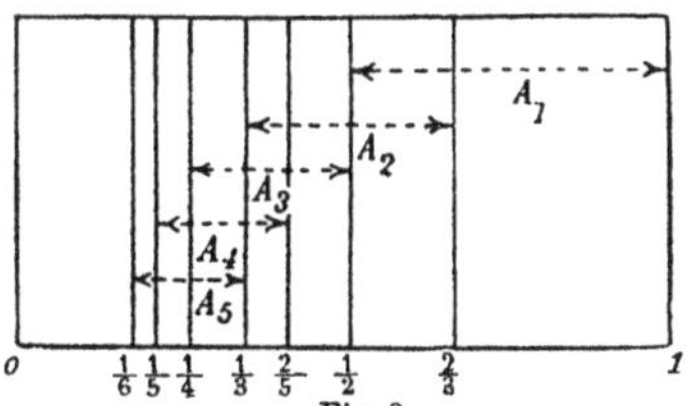

Fig. 8.

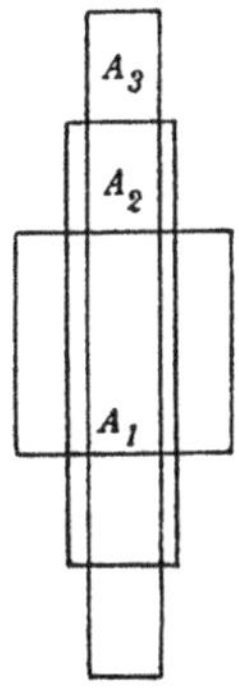

Fig. 9.

3. Die Folge $A_1, A_2, \ldots$ bestehe wieder aus zweidimensionalen Intervallen und es sei

$$A_k: \quad -\frac{1}{k} < x < \frac{1}{k}, \quad -k < y < k.$$

Dann besteht sowohl $\limsup A_k$ als auch $\liminf A_k$ aus der ganzen y-Achse (Fig. 9). Bezeichnet man diese (nicht beschränkte) Punktmenge mit Y, so ist

$$\lim_{k=\infty} A_k = Y.$$

Kapitel III. **Funktionen.**

Definitionen.

121. Bei Punkt- und Mengenfunktionen (§ 83) ist es nützlich, unter den Zahlen, die als Werte der Funktion vorkommen können, auch die Symbole $+\infty$ und $-\infty$ aufzunehmen. Eine Funktion, die auf ihrem ganzen Definitionsbereich ausschließlich endliche Werte annimmt, heißt eine endliche Funktion.

Die Gesamtheit der Werte, die eine Punkt- oder Mengenfunktion innerhalb ihres Definitionsbereiches A annehmen kann, bildet eine Zahlenmenge, deren obere und untere Grenze die obere und untere Grenze der Funktion auf A genannt werden; wir werden im folgenden diese Zahlen durch die Zeichen

$$G(f; A) \quad \text{bzw.} \quad g(f; A)$$

darstellen. Sind diese Zahlen beide endlich, so heißt die Funktion auf A beschränkt.

Eine endliche Funktion braucht nicht beschränkt zu sein; z. B. ist die Funktion $f(x) = x$ auf der ganzen x-Achse endlich, aber nicht beschränkt und dasselbe gilt von der Funktion $f(x) = 1 : x$ innerhalb des Intervalls $0 < x < 1$.

Besteht bei einer Punktfunktion für einen Punkt P_M von A die Gleichung

$$f(P_M) = G(f; A),$$

so sagt man, daß die Funktion $f(P)$ im Punkte P_M ein Maximum besitzt. Ähnlich spricht man von einem Minimum der Funktion im Punkte P_m, wenn die Gleichung

$$f(P_m) = g(f; A)$$

gilt.

Sind f_1 und f_2 zwei Punkt- oder Mengenfunktionen, mit demselben Definitionsbereich, so kann man mit Hilfe der Rechenoperationen

$$|f_1|, \quad f_1 \pm f_2, \quad f_1 \cdot f_2, \quad \frac{f_1}{f_2}$$

neue Funktionen definieren, die für alle Elemente des Definitionsbereiches erklärt sind, für welche diese Operationen ausführbar sind.

122. Eine Punktfunktion $F(P)$, die auf einer Punktmenge B eines m-dimensionalen Raumes erklärt ist, kann auch als Funktion der Koordinaten $x_1, x_2, \ldots, x_m$ des Punktes P angesehen werden; man schreibt dann

$$F(P) \equiv f(x_1, x_2, \ldots, x_m)$$

und spricht von einer Funktion der m Veränderlichen $x_1 \ldots x_m$.

Es seien $\psi_1, \psi_2, \ldots, \psi_m$ gegebene endliche Punkt- oder Mengenfunktionen, die denselben Definitionsbereich A besitzen. Jedem Elemente von A entspricht dann im m-dimensionalen Raum ein Punkt Q mit den Koordinaten

$$\psi_1, \psi_2, \cdots, \psi_m;$$

wir nehmen an, dieser Punkt liege stets im Definitionsbereiche B der Funktion $F(P)$. Dann ist jedem Elemente von A eine Zahl

$$F(Q) = f(\psi_1, \psi_2, \ldots, \psi_m)$$

zugeordnet und wir haben eine neue Funktion erklärt, die den Definitionsbereich A besitzt, und von der man sagt, daß sie durch Substitution der Funktionen $\psi_1 \ldots \psi_m$ in $f(x_1, \ldots, x_m)$ entstanden ist.

Limesfunktionen einer Punktfunktion.

123. Eine Punktfunktion $f(P)$, die auf einer Punktmenge A definiert ist, ist auch auf jeder Teilmenge B von A definiert, und die obere Grenze $G(f; B)$ der Funktion $f(P)$ auf B, sowie auch ihre untere Grenze $g(f; B)$ sind wohldefinierte Zahlen. Diese Größen sind Mengenfunktionen, deren Definitionsbereich $\mathfrak{B}$ aus allen Teilmengen B von A besteht. Es ist nun stets, weil die Menge der Funktionswerte von $f(P)$ auf B in der Menge der Funktionswerte von $f(P)$ auf A enthalten ist,

$$g(f; A) \leqq g(f; B) \leqq G(f; B) \leqq G(f; A).$$

Es sei nun H_A die Menge der Häufungspunkte von A und

$$\bar{A} = A + H_A$$

die abgeschlossene Hülle von A (§ 72). Ist P ein Punkt von $\bar{A}$ und U_P eine beliebige Umgebung von P, so ist der Durchschnitt $U_P A$ nie leer, weil der Punkt P entweder Punkt oder Häufungspunkt von A ist. Es existieren also die beiden Zahlen

$$G(f; U_P A) \quad \text{und} \quad g(f; U_P A).$$

Wir halten nun P fest und betrachten die Menge der Zahlen $G(f; U_P A)$ für alle möglichen Umgebungen U_P von P; die untere Grenze $\Phi(P)$ dieser Zahlenmenge soll der obere Limes der Funktion $f(P)$ im Punkte P genannt werden.

Ähnlich erklären wir den unteren Limes der Funktion $f(P)$ im Punkte P als die obere Grenze $\varphi(P)$ der Zahlenmenge $g(f; U_P A)$ für alle möglichen U_P. Die Zahlen $\Phi(P)$ und $\varphi(P)$ können als Funktionen von P aufgefaßt werden, die den Definitionsbereich $\bar{A}$ besitzen; wir wollen diese Funktionen die Limesfunktionen von $f(P)$ nennen, und zwar soll $\Phi(P)$ die obere und $\varphi(P)$ die untere Limesfunktion heißen. Für jeden Punkt P des Definitionsbereiches A von $f(P)$ und für jede Umgebung U_P von P hat man $g(f; U_P A) \leqq f(P) \leqq G(f; U_P A)$ und daher gelten auch die Relationen

$$\varphi(P) \leqq f(P) \leqq \Phi(P). \qquad (P \prec A)$$

124. Um $\Phi(P)$ zu berechnen, betrachten wir eine monoton abnehmende Folge von konzentrischen Würfeln

$$W_1 \succ W_2 \succ W_3 \succ \cdots, \tag{1}$$

die P enthalten und deren Kantenlängen gegen Null konvergieren. Wegen $W_{k+1}A \prec W_k A$ ist, wenn man

$$\Phi_k(P) = G(f; AW_k), \quad \varphi_k(P) = g(f; AW_k)$$

setzt, nach (1)

$$\Phi_{k+1} \leqq \Phi_k \quad \text{und} \quad \varphi_{k+1} \geqq \varphi_k.$$

Die Folgen $\Phi_1, \Phi_2, \ldots$ und $\varphi_1, \varphi_2, \ldots$ sind also beide monoton und konvergieren daher gegen ihre untere und obere Grenze. Nun sind die Zahlen $\Phi_1, \Phi_2, \ldots$ unter den Zahlen $G(f; U_P A)$ enthalten, weil jedes W_k eine Umgebung von P ist, also ist

$$\Phi(P) \leqq \lim_{k=\infty} \Phi_k; \tag{2}$$

anderseits gibt es, wenn U_P eine beliebige vorgeschriebene Umgebung von P bedeutet, mindestens ein W_k, das in diesem U_P enthalten ist. Es gibt also nach (1) mindestens ein Φ_k, das nicht größer ist als $G(f; AU_P)$; um so mehr ist dann die untere Grenze der Φ_k,

$$\lim_{k=\infty} \Phi_k \leqq G(f; U_P A),$$

und, da die letzte Relation für jedes willkürliche U_P gilt, ist

$$\lim_{k=\infty} \Phi_k \leqq \Phi(P). \tag{3}$$

Der Vergleich von (2) und (3) liefert

$$\Phi(P) = \lim_{k=\infty} \Phi_k(P),$$

und ebenso findet man

$$\varphi(P) = \lim_{k=\infty} \varphi_k(P).$$

Für jedes k ist nach Definition

$$\varphi_k(P) \leqq \Phi_k(P),$$

also ist auch nach dem Satze 7 des § 99

$$\varphi(P) \leqq \Phi(P).$$

Satz 1. *Die untere Limesfunktion einer Funktion $f(P)$ ist in keinem Punkte von $\bar{A}$ größer als die obere Limesfunktion von $f(P)$ in diesem Punkte.*

125. Betrachtet man die Funktion

$$f_1(P) = -f(P)$$

auf dem Definitionsbereich A von $f(P)$, so ist für jede Umgebung U_P eines Punktes P der abgeschlossenen Hülle $\bar{A}$ von A

$$G(f_1;\, U_P A) = -\,g(f;\, U_P A)$$

und

$$g(f_1;\, U_P A) = -\,G(f;\, U_P A).$$

Hieraus folgt aber der Satz:

Satz 2. *Zwischen den Limesfunktionen von zwei Funktionen $f(P)$ und $f_1(P)$, die denselben Definitionsbereich besitzen und entgegengesetzt sind,*

$$f_1(P) = -f(P),$$

gelten stets die Relationen

$$\Phi_1(P) = -\,\varphi(P) \quad \textit{und} \quad \varphi_1(P) = -\,\Phi(P).$$

126. Es sei P_0 ein Häufungspunkt von A und $Q_1, Q_2, \ldots$ eine Folge von Punkten, die in A enthalten sind und gegen P_0 konvergieren (§ 114, Satz 4). Ist im Punkte P_0 die obere Limesfunktion $\Phi(P)$ unserer Funktion $f(P)$ nicht gleich $+\infty$ und ist die Zahl

$$(1) \qquad p > \Phi(P_0),$$

so gibt es nach Voraussetzung eine Umgebung U_P von P_0, für die

$$(2) \qquad G(f;\, U_P A) \leqq p$$

ist. Es liegen aber nur höchstens endlich viele Punkte Q_k außerhalb von U_P (§ 114, Satz 2) und es gibt folglich wegen (2) nur höchstens endlich viele Q_k, für welche

$$f(Q_k) > p$$

sein kann. Hieraus folgt aber (§ 86)

$$\overline{\lim_{k=\infty}}\, f(Q_k) \leqq p$$

und da p eine beliebige Zahl bedeutet, die nur der Ungleichheit (1) genügen soll, so ist auch

$$\overline{\lim_{k=\infty}}\, f(Q_k) \leqq \Phi(P_0),$$

eine Bedingung, die offenbar auch dann erfüllt ist, wenn $\Phi(P_0) = +\infty$ ist.

Ganz analog beweist man die zweite Behauptung des folgenden Satzes:

Satz 3. *Ist P_0 ein Häufungspunkt des Definitionsbereichs einer Funktion $f(P)$, so gelten für jede gegen P_0 konvergierende Folge von Punkten $Q_1, Q_2, \ldots$ die beiden Relationen*

$$\overline{\lim_{k=\infty}} f(Q_k) \leqq \Phi(P_0), \tag{3}$$

$$\underline{\lim_{k=\infty}} f(Q_k) \geqq \varphi(P_0). \tag{4}$$

Ist nun $\Phi(P_0) = -\infty$, so konvergiert wegen der Bedingung (3) jede Folge von Zahlen

$$f(Q_1),\ f(Q_2), \ldots$$

gegen $\Phi(P_0)$. Ist aber $\Phi(P_0) > -\infty$, so sei

$$p_1 < p_2 < p_3 < \cdots$$

eine monoton wachsende Folge von Zahlen, die gegen $\Phi(P_0)$ konvergieren,

$$p_k \rightarrow \Phi(P_0), \tag{5}$$

und

$$W_1 \succ W_2 \succ W_3, \ldots$$

eine monoton abnehmende Folge von Würfeln, die sämtlich P_0 zum Mittelpunkt haben und deren Kantenlängen gegen Null konvergieren. Aus

$$G(f;\, W_k A) \geqq \Phi(P_0) > p_k$$

folgt nach dem Auswahlaxiom (§ 48), daß man innerhalb eines jeden dieser Würfel einen Punkt Q_k' von A ausfindig machen kann, für welchen

$$f(Q_k') > p_k \tag{6}$$

ist.

Nun sind zwei Fälle zu unterscheiden: gibt es erstens nur endlich viele unter den so konstruierten Q_k', die vom Punkte P_0 verschieden sind, so können von einer gewissen Stelle ab die W_k keinen von P_0 verschiedenen Punkt Q_k' enthalten und es müssen daher diese Q_k' mit P_0 zusammenfallen. Dann ist aber wegen (6) für jedes k

$$f(P_0) > p_k$$

und wegen (5)

$$f(P_0) \geqq \Phi(P_0). \tag{7}$$

Dieser erste Fall kann natürlich nur dann eintreten, wenn P_0 in A enthalten ist; anderseits ist aber dann stets für jede Umgebung U_P von P_0

$$f(P_0) \leqq G(f;\, U_P A)$$

und folglich

$$(8) \qquad f(P_0) \leqq \Phi(P_0).$$

Der Vergleich von (7) und (8) liefert endlich

$$f(P_0) = \Phi(P_0).$$

Im zweiten Falle, in welchem es unendlich viele Q_k' gibt, die von P_0 verschieden sind, können wir alle diejenigen Werte von k, für welche vielleicht Q_k' mit P_0 oder ein Punkt Q'_{k_2} mit einem früheren Punkt Q'_{k_1} zusammenfällt, außer Betracht lassen, und es bleibt immer noch eine unendliche Punktfolge

$$Q_1, Q_2, Q_3, \ldots$$

übrig, die gegen P_0 konvergiert. In der Zahlenfolge

$$(9) \qquad f(Q_1), f(Q_2), \ldots$$

gibt es dann höchstens endlich viele Elemente, die unter den $(k-1)$ ersten zu suchen sind, für die

$$f(Q_m) \leqq p_k$$

ist. Hieraus folgt aber

$$\underline{\lim}_{m=\infty} f(Q_m) \geqq p_k$$

und, weil die letzte Ungleichheit für jeden Wert von k gilt,

$$(10) \qquad \underline{\lim}_{m=\infty} f(Q_m) \geqq \Phi(P_0).$$

Da nun der Satz 3 auch für unsere spezielle Folge gilt, bestehen beide Ungleichheiten (3) und (10) gleichzeitig und die Zahlenfolge (9) konvergiert daher (§ 96) gegen $\Phi(P_0)$.

Satz 4. *Ist P_0 ein Häufungspunkt des Definitionsbereiches A einer Funktion $f(P)$, so gibt es stets eine gegen P_0 konvergierende Folge von Punkten $Q_1, Q_2, \ldots,$ so daß*

$$\lim_{k=\infty} f(Q_k) = \Phi(P_0)$$

ist, oder P_0 ist ein Punkt von A, in dem

$$f(P_0) = \Phi(P_0)$$

ist. Diese beiden Möglichkeiten schließen sich aber nicht aus.

Ein entsprechender Satz gilt natürlich auch für die untere Limesfunktion $\varphi(P)$ von $f(P)$.

Halbstetigkeits- und Stetigkeitspunkte.

127. Für jede Umgebung U_P eines Punktes P des Definitionsbereiches A einer Punktfunktion $f(P)$ hat man

$$g(f; U_P A) \leqq f(P) \leqq G(f; U_P A)$$

und daher auch

$$(1) \qquad \varphi(P) \leqq f(P) \leqq \Phi(P).$$

In allen isolierten Punkten von A (§ 53) sind natürlich diese drei Zahlen gleich, da bei geeigneter Wahl von U_P die Mengen $U_P A$ aus einem einzigen Punkte bestehen. Die übrigen Punkte von A liegen auf dem Durchschnitt AH_A der Punktmenge A mit der Menge H_A ihrer Häufungspunkte. Für jeden Punkt P dieser letzten Punktmenge sagt man: die Funktion $f(P)$ ist in P nach oben halbstetig (oder auch aufwärts halbstetig), wenn

$$f(P) = \Phi(P)$$

ist, sie ist in diesem Punkte nach unten halbstetig (oder auch abwärts halbstetig), wenn

$$f(P) = \varphi(P)$$

ist, und sie ist im Punkte P stetig, wenn sie sowohl nach oben als nach unten halbstetig ist, d. h. wenn

$$\varphi(P) = f(P) = \Phi(P)$$

ist.

128. Es gibt Funktionen, die in keinem Punkte von AH_A halbstetig, geschweige denn stetig sind. Wir definieren z. B. die Funktion $f(x)$ der einen Veränderlichen x folgendermaßen auf der Halbachse $x > 0$:

Für jeden rationalen Punkt $x = \frac{p}{q}$ (wo p und q teilerfremd und positiv sein sollen) ist $f(x) = 1 - \frac{1}{q}$, wenn q eine gerade Zahl und $f(x) = -1 + \frac{1}{q}$, wenn q eine ungerade Zahl bedeutet, und für jeden irrationalen Punkt ist $f(x) = 0$. Bezeichnet man mit δ ein beliebiges Intervall, das einen Punkt der Halbachse $x > 0$ enthält, und mit k eine beliebige ganze Zahl, so liegen unendlich viele rationale Punkte $p:q$, wo p und q teilerfremd und q gerade ist, im Intervall δ, dagegen nur endlich viele dieser Punkte, bei denen $q \leqq k$ ist. Es gibt also sicher innerhalb δ Punkte, für welche

$$f(x) \geqq 1 - \frac{1}{k}$$

ist. Da diese Eigenschaft für jeden Wert von k erfüllt ist, muß

$$G(f;\,\delta) \geqq 1$$

sein. Anderseits ist für jedes $x > 0$ nach Definition $f(x) < 1$; die obere Grenze von f kann daher nicht größer als Eins sein und wir haben für jedes beliebige unter den betrachteten Intervallen δ

$$G(f;\,\delta) = 1.$$

Hieraus folgt aber für jeden Punkt $x > 0$

$$\Phi(x) = 1,$$

und genau ebenso würde man finden, daß

$$\varphi(x) = -1$$

ist; da aber für jeden positiven Wert von x

$$|f(x)| < 1$$

ist, kann niemals $f(x) = \Phi(x)$ oder $f(x) = \varphi(x)$ sein.

129. Wenn in einem Punkte P von AH_A die Funktion $f(P)$ nach oben halbstetig ist, so muß entweder $f(P) = +\infty$ sein, oder man kann, weil hier $f(P) = \Phi(P)$ ist, jeder Zahl A, die $f(P)$ übersteigt,

$$f(P) < A, \tag{1}$$

eine Umgebung U_P von P zuordnen, so daß

$$G(f;\,U_P A) < A \tag{2}$$

ist. Umgekehrt sieht man, wenn $f(P) = +\infty$ ist, so muß die obere Limesfunktion $\Phi(P)$, die nie kleiner als $f(P)$ sein kann, ebenfalls gleich $+\infty$ sein. Anderseits folgt aber aus der Ungleichheit (2)

$$\Phi(P) < A; \tag{3}$$

kann man also schließen, daß jeder Zahl A, die die Bedingung (1) erfüllt, eine Umgebung U_P von P zugeordnet werden kann, für welche (2) gilt, so muß

$$\Phi(P) \leqq f(P)$$

sein, woraus mit Hilfe der Bedingung (1) des § 127 die Halbstetigkeit von $f(P)$ im Punkte P folgt.

Wir können also folgenden Satz aussprechen, dessen zweite Hälfte entweder direkt bewiesen oder mit Hilfe des Satzes 2 in § 125 auf die erste zurückgeführt werden kann:

Satz 1. *Dafür, daß eine Funktion $f(P)$ in einem Punkte P_0 von AH_A nach oben halbstetig sei, ist notwendig und hinreichend, daß entweder jeder Zahl*

$$\Lambda > f(P_0)$$

eine Umgebung U_P von P_0 zugeordnet werden könne, für die

$$G(f;\, U_P A) < \Lambda$$

stattfindet, oder daß $f(P_0) = +\infty$ sei. Für die Halbstetigkeit nach unten muß in analoger Weise entweder $f(P_0) = -\infty$ sein, oder

$$g(f;\, U_P A) > \lambda$$

bestätigt werden können, sobald $\lambda < f(P_0)$ ist.

Es sei $Q_1, Q_2, \ldots$ eine beliebige Punktfolge, die in A liegt und gegen den Punkt P_0 von AH_A konvergiert. Aus dem Satze 3 des § 126 folgt, daß, wenn $f(P)$ im Punkte P_0 aufwärts halbstetig ist, stets

$$\overline{\lim_{k=\infty}}\, f(Q_k) \leqq f(P_0)$$

stattfinden muß. Ist dagegen P_0 ein Punkt von AH_A, in dem die Funktion $f(P)$ nicht aufwärts halbstetig ist und daher

$$f(P_0) < \Phi(P_0)$$

ist, so gibt es nach dem Satze 4 des § 126 Punktfolgen $Q_1, Q_2, \ldots$, für die

$$\overline{\lim_{k=\infty}}\, f(Q_k) = \Phi(P_0) > f(P_0)$$

ist, und hieraus folgt der Satz, dessen zweiter Teil sich ganz analog beweisen läßt:

Satz 2. *Dafür, daß eine Funktion $f(P)$ in einem Punkte P_0 von AH_A nach oben halbstetig sei, ist notwendig und hinreichend, daß für jede in A liegende und gegen P_0 konvergierende Punktfolge $Q_1, Q_2, \ldots$*

$$\overline{\lim_{k=\infty}}\, f(Q_k) \leqq f(P_0) \tag{4}$$

ist. Für die Halbstetigkeit nach unten in P_0 lautet die entsprechende Bedingung

$$\underline{\lim_{k=\infty}}\, f(Q_k) \geqq f(P_0). \tag{5}$$

130. Die beiden letzten Sätze erlauben auch Kriterien für die Stetigkeit einer Funktion auszusprechen.

Satz 3. *Dafür, daß eine Funktion $f(P)$ in einem Punkte P_0 von AH_A stetig sei, ist notwendig und hinreichend, daß man, wenn $f(P_0)$ endlich ist, jeder positiven Zahl ε eine Umgebung U_ε von P_0 zuordnen kann, so daß für jeden Punkt Q von $U_\varepsilon A$*

$$|f(P_0) - f(Q)| \leqq \varepsilon$$

ist, und daß, wenn $f(P_0)$ unendlich ist, $\varphi(P_0) = +\infty$ oder $\Phi(P_0) = -\infty$ sei.

In der Tat ist in allen drei Fällen die Funktion $f(P)$ im Punkte P_0 sowohl aufwärts wie auch abwärts halbstetig und man hat $\varphi(P_0) = f(P_0) = \Phi(P_0)$.*)

Satz 4. *Wenn eine Funktion $f(P)$ im Punkte P_0 endlich und stetig ist, so kann man jeder positiven Zahl ε eine Umgebung U von P_0 zuordnen, so daß für je zwei Punkte Q_1 und Q_2 von UA*

$$|f(Q_1) - f(Q_2)| \leqq \varepsilon$$

gilt.

Man braucht nämlich nur die Umgebung U von P_0 so zu wählen, daß für jeden Punkt Q von U nach dem vorigen Satze

$$|f(P_0) - f(Q)| \leqq \frac{\varepsilon}{2}$$

ist, und hierauf die Relation

$$|f(Q_1) - f(Q_2)| \leqq |f(Q_1) - f(P_0)| + |f(P_0) - f(Q_2)|$$

anwenden, die aus

$$f(Q_1) - f(Q_2) = (f(Q_1) - f(P_0)) + (f(P_0) - f(Q_2))$$

folgt.

Die notwendige uud hinreichende Bedingung dafür, daß die Relationen (4) und (5) des vorigen Paragraphen zugleich erfüllt seien, ist das Bestehen von

$$f(Q_k) \to f(P_0);$$

hieraus folgt der

Satz 5. *Für die Stetigkeit einer Funktion $f(P)$ in einem Punkte P_0 von AH_A ist notwendig und hinreichend, daß für jede in A liegende und gegen P_0 konvergierende Punktfolge $Q_1, Q_2, \ldots$ die Gleichung*

$$\lim_{k=\infty} f(Q_k) = f(P_0)$$

bestehe.

---

*) Gewöhnlich wird die Stetigkeit einer Funktion nur in solchen Punkten P_0 von AH_A definiert, in denen $f(P_0)$ endlich ist. Die im Text gegebene Definition hat lediglich den Zweck, gewisse Fallunterscheidungen zu vermeiden.

Die Funktion einer Veränderlichen

$$f(x) = x$$

ist für jeden Wert x_0 stetig; denn im Intervall

$$\delta: \quad x_0 - \varepsilon < x < x_0 + \varepsilon$$

ist

$$G(f;\delta) = x_0 + \varepsilon \quad \text{und} \quad g(f;\delta) = x_0 - \varepsilon,$$

woraus folgt, daß $f(x)$ sowohl nach oben wie nach unten halbstetig ist.

Ein Beispiel einer Funktion $f(x)$, die in einem Punkte stetig ist, wo sie unendlich wird, erhält man, wenn man

$$f(x) = \frac{1}{|x|} \quad \text{für} \quad x \neq 0$$

setzt und

$$f(0) = +\infty$$

nimmt; in der Tat ist dann auch

$$\varphi(0) = +\infty.$$

131. Die letzten Sätze in Verbindung mit denen der §§ 91—94 erlauben uns folgende Resultate auszusprechen:

Satz 6. *Sind die Funktionen $f_1(P)$ und $f_2(P)$ in demselben Bereiche A definiert, und beide in einem Punkte P_0 von AH_A nach oben (unten) halbstetig, so ist ihre Summe, falls sie in einer Umgebung P_0 ausführbar ist, ebenfalls nach oben (unten) halbstetig in diesem Punkte.*

Es sei $Q_1, Q_2, \ldots$ eine Punktfolge, die in A enthalten ist und gegen P_0 konvergiert. Dann folgt aus

$$\overline{\lim}\, f_1(Q_k) \leqq f_1(P_0) \quad \text{und} \quad \overline{\lim}\, f_2(Q_k) \leqq f_2(P_0)$$

die Relation

$$\overline{\lim}\, (f_1(Q_k) + f_2(Q_k)) \leqq f_1(P_0) + f_2(P_0);$$

und ebenso folgt aus

$$\underline{\lim}\, f_1(Q_k) \geqq f_1(P_0) \quad \text{und} \quad \underline{\lim}\, f_2(Q_k) \geqq f_2(P_0)$$

die Relation

$$\underline{\lim}\, (f_1(Q_k) + f_2(Q_k)) \geqq f_1(P_0) + f_2(P_0),$$

womit der Satz bewiesen ist.

Auf ganz analogem Wege beweist man die Sätze:

Satz 7. *Sind die Funktionen $f_1(P)$ und $f_2(P)$ in demselben Bereiche A definiert, positiv, und in einem Punkte P_0 von AH_A nach oben (unten)* *halbstetig, so ist ihr Produkt $f_1(P)f_2(P)$, falls es ausführbar ist, ebenfalls nach oben (unten) halbstetig in diesem Punkte.*

Ist ferner $f_1(P)$ nach oben (unten) halbstetig im Punkte P_0, so ist $-f_1(P)$ dort nach unten (oben) halbstetig.

Satz 8. *Ist $f(P)$ nicht negativ und in einem Punkte P_0 von AH_A nach unten (oben) halbstetig, so ist die durch die Gleichungen*

$$\psi(P) = \frac{1}{f(P)} \quad \text{für} \quad f(P) > 0$$

$$\psi(P) = +\infty \quad \text{für} \quad f(P) = 0$$

definierte Funktion $\psi(P)$ nach oben (unten) halbstetig im Punkte P_0.

Für Stetigkeitspunkte erhält man, wenn man den Satz 5 des vorigen Paragraphen mit den Resultaten der § 99—101 vergleicht:

Satz 9. *Sind zwei Funktionen $f_1(P)$ und $f_2(P)$, die denselben Definitionsbereich A besitzen, beide stetig in einem Punkte P_0 von AH_A, so ist die Summe, die Differenz, das Produkt und der Quotient der beiden Funktionen, solange diese Operationen in einer Umgebung von P_0 ausführbar sind, ebenfalls stetig im Punkte P_0.*

132. Es seien $f_1(P)$ und $f_2(P)$ zwei Funktionen mit demselben Definitionsbereich A; wir bezeichnen mit $\Psi(P)$ die Funktion, die in jedem Punkte von A gleich der größeren der beiden Zahlen $f_1(P)$ und $f_2(P)$ und mit $\psi(P)$ die Funktion, die auf A stets gleich der kleineren dieser Zahlen ist.

Sind nun die Funktionen $f_1(P)$ und $f_2(P)$ nach oben halbstetig in einem Punkte P_0 von AH_A, so gilt dasselbe sowohl von $\Psi(P)$ als auch von $\psi(P)$. Es genügt übrigens den Fall zu betrachten, wo die Funktionen $\Psi(P)$ und $\psi(P)$ im Punkte P_0 von $+\infty$ verschieden sind, da eine Funktion in jedem Punkte, wo sie gleich $+\infty$ ist, von selbst aufwärts halbstetig ist. Ist nun zunächst α eine beliebige Zahl, die $\Psi(P_0)$ übertrifft, so übertrifft α sowohl $f_1(P_0)$ als auch $f_2(P_0)$ und es gibt, weil beide Funktionen in P_0 halbstetig sein sollen, zwei Umgebungen U' und U'' von P_0, so daß

$$G(f_1;\, U'A) \leqq \alpha, \qquad G(f_2;\, U''A) \leqq \alpha.$$

Setzt man $U = U'U''$, so ist für jeden Punkt Q von U sowohl f_1 als auch f_2 nicht größer als α und daher

$$G(\Psi;\, UA) \leqq \alpha;$$

nun ist aber U eine Umgebung von P_0 und folglich $\Psi(P)$ nach oben halbstetig im Punkte P_0.

Zweitens sei β eine beliebige Zahl, die $\psi(P_0)$ übertrifft; dann ist mindestens eine der beiden Zahlen $f_1(P_0)$ und $f_2(P_0)$ kleiner als β. Es sei z. B. $f_1(P_0) < \beta$ und U eine Umgebung von P_0, für die wegen der Halbstetigkeit von $f_1(P)$ im Punkte P_0

$$G(f_1; UA) \leqq \beta$$

ist. Es wird aber dann um so mehr

$$G(\psi; UA) \leqq \beta$$

sein, woraus folgt, daß $\psi(P)$ im Punkte P_0 nach oben halbstetig ist. Ganz ähnlich schließt man, daß $\Psi(P)$ und $\psi(P)$ im Punkte P_0 nach unten halbstetig sind, wenn das gleiche für $f_1(P)$ und $f_2(P)$ zutrifft.

Also müssen auch die Funktionen $\Psi(P)$ und $\psi(P)$ beide in jedem Punkte stetig sein, für welchen $f_1(P)$ und $f_2(P)$ zugleich stetig sind.

Satz 10. *Haben zwei Funktionen $f_1(P)$ und $f_2(P)$ einen gemeinsamen Definitionsbereich A, und bezeichnet man mit $\Psi(P)$ die größere, mit $\psi(P)$ die kleinere der beiden Zahlen $f_1(P)$ und $f_2(P)$, so sind in jedem Punkte P_0, in welchem die Funktionen $f_1(P)$ und $f_2(P)$ beide nach oben oder beide nach unten halbstetig oder beide stetig sind, ebenfalls die Funktionen $\Psi(P)$ und $\psi(P)$ zugleich nach oben oder unten halbstetig oder stetig.*

Bemerkt man, daß der absolute Betrag $|f(P)|$ einer Funktion $f(P)$ als die größere der beiden Zahlen $f(P)$ und $-f(P)$ angesehen werden kann, so folgt noch aus dem letzten Satze:

Satz 11. *Ist die Funktion $f(P)$ stetig in einem Punkte P_0 ihres Definitionsbereiches, so gilt auch dasselbe von der Funktion $|f(P)|$.*

133. Satz 12. *Bezeichnet man mit $\bar{A}$ die abgeschlossene Hülle des Definitionsbereiches A einer Funktion $f(P)$, mit $\Phi(P)$ und $\varphi(P)$ ihre beiden Limesfunktionen und mit U eine offene Punktmenge, so gelten, wenn $\bar{A}U$ nicht leer ist, die Gleichungen:*

$$G(\Phi; \bar{A}U) = G(\Phi; AU) = G(f; AU) \tag{1}$$

$$g(\varphi; \bar{A}U) = g(\varphi; AU) = g(f; AU). \tag{2}$$

Für jeden Punkt P des Durchschnitts $\bar{A}U$ ist (weil U eine Umgebung von P ist) nach der Definition von $\Phi(P)$

$$\Phi(P) \leqq G(f; AU).$$

Es ist daher auch für die obere Grenze von $\Phi(P)$ auf $\bar{A}U$

$$G(\Phi; \bar{A}U) \leqq G(f; AU). \tag{3}$$

Anderseits hat man in jedem Punkte P von AU

$$f(P) \leqq \Phi(P)$$

und daher auch

$$G(f; AU) \leqq G(\Phi; AU). \tag{4}$$

Endlich ist A eine Teilmenge von $\bar{A}$, woraus folgt

$$G(\Phi; AU) \leqq G(\Phi; \bar{A}U). \tag{5}$$

Der Vergleich von (3), (4) und (5) liefert aber sofort die Gleichungen (1) und ebenso beweist man die Gleichungen (2).

Der folgende Satz rührt von Weierstraß her:

Satz 13. *Ist der Definitionsbereich A einer Funktion $f(P)$ eine beschränkte Punktmenge, die mehr als einen Punkt enthält, so gibt es auf der abgeschlossenen Hülle $\bar{A}$ von A mindestens zwei Punkte P_M und P_m, so daß die Gleichungen*

$$\Phi(P_M) = G(f; A) \tag{6}$$

$$\varphi(P_m) = g(f; A) \tag{7}$$

gelten.

Es genügt, den Satz für den Fall zu beweisen, daß die Funktion $f(P)$ keine Konstante ist; dann ist $G(f; A) > -\infty$ und wir können eine monoton wachsende Zahlenfolge

$$p_1 < p_2 < p_3 < \cdots \tag{8}$$

konstruieren, für welche

$$\lim_{k=\infty} p_k = G(f; A) \tag{9}$$

ist. Jedem Punkte P der abgeschlossenen Hülle $\bar{A}$ von A, für den

$$\Phi(P) < G(f; A) \tag{10}$$

ist, können wir nun eine Zahl p_k der Folge (8) zuordnen, so daß

$$\Phi(P) < p_k$$

ist, und es gibt dann auch eine Umgebung U_P von P, für die

$$G(f; U_P A) \leqq p_k \tag{11}$$

ist. Da aber der Definitionsbereich A unserer Funktion beschränkt ist, so ist die abgeschlossene Hülle $\bar{A}$ ebenfalls beschränkt. Unter der Annahme, daß in jedem Punkte von $\bar{A}$ die Ungleichheit (10) erfüllt ist, kann man nach dem Borelschen Überdeckungssatze endlich viele Punkte

$$P_1, P_2, \ldots P_\alpha$$

bestimmen, so daß die Vereinigung der zugeordneten Umgebungen

$$(12) \qquad U_{P_1},\ U_{P_2},\ \ldots\ U_{P_\alpha}$$

die beschränkte und abgeschlossene Punktmenge $\bar{A}$ und daher auch die Punktmenge A enthält. Es ist nun nach (11) jedem Punkte P_j eine natürliche Zahl k_j zugeordnet, so daß

$$G(f;\ U_{P_j} A) \leqq p_{k_j} \qquad (j = 1, 2, \ldots \alpha)$$

ist. Bezeichnet man mit β die größte unter den endlich vielen Zahlen $k_1, \ldots k_\alpha$, so ist für jeden Punkt P von A

$$f(P) \leqq p_\beta,$$

weil P stets in mindestens einer der Punktmengen (12) liegt; es müßte aber dann auch

$$G(f;\ A) \leqq p_\beta$$

stattfinden, was nach (8) und (9) nicht möglich ist, da

$$p_\beta < p_{\beta+1} \leqq G(f;\ A)$$

ist. Die Annahme, daß die Ungleichheit (10) für jeden Punkt von $\bar{A}$ erfüllt ist, ist also nicht richtig, und es muß, weil nach dem Satze 12 stets

$$\Phi(P) \leqq G(f, A)$$

ist, für mindestens einen Punkt P_M von $\bar{A}$

$$\Phi(P_M) = G(f;\ A)$$

sein. Genau ebenso beweist man die zweite Hälfte des Satzes d. h. die Gleichung (7).

Ist A nicht beschränkt, so braucht die Zahl $G(f;\ A)$ für keinen Punkt von $\bar{A}$ durch $\Phi(P)$ angenommen zu werden; für die Funktion $f(x) = x$, die auf der ganzen x-Achse definiert ist, ist z. B.

$$G(f;\ A) = +\infty$$
$$\Phi(x) = x < G(f;\ A).$$

Da nach dem Satze 12

$$G(f;\ A) = G(\Phi;\ \bar{A})$$

ist, besagt der Weierstraßsche Satz, daß die obere Limesfunktion $\Phi(P)$ auf der abgeschlossenen Hülle $\bar{A}$ von A, falls diese beschränkt ist, ein Maximum P_M besitzt (§ 121). Ist dann U' eine beliebige Umgebung von P_M, so folgt aus

$$G(f;\ A U') \geqq \Phi(P_M) = G(f;\ A),$$

daß auch

$$G(f;\, A\,U') = G(f;\, A)$$

sein muß. Genau ebenso schließt man, daß für jede Umgebung U'' von P_m

$$g(f;\, A\,U'') = g(f;\, A)$$

gilt.

Halbstetige und stetige Funktionen.

134. Definition. Eine Funktion, die auf einer in sich dichten Punktmenge A definiert ist, heißt nach oben halbstetig, wenn sie in jedem Punkte von A nach oben halbstetig ist und ebenso sagen wir, daß sie nach unten halbstetig oder stetig ist, wenn sie in jedem Punkte ihres Definitionsbereiches die gleichnamige Eigenschaft besitzt.

Es sei $f(P)$ eine Funktion, die auf ihrem Definitionsbereich A nach oben halbstetig ist und B eine beliebige in sich dichte Teilmenge von A. Wir bezeichnen nun mit $\Phi_1(P)$ die obere Limesfunktion von $f(P)$, wenn man B als Definitionsbereich von $f(P)$ betrachtet. Dann ist, wenn P einen beliebigen Punkt von B und U_P eine Umgebung von P bedeutet

$$G(f;\, B\,U_P) \leqq G(f;\, A\,U_P),$$

woraus folgt, wenn wir wieder mit $\Phi(P)$ die obere Limesfunktion von $f(P)$ im Definitionsbereiche A bezeichnen,

$$\Phi_1(P) \leqq \Phi(P).$$

Anderseits ist (§ 123)

$$f(P) \leqq \Phi_1(P)$$

und nach Voraussetzung, weil $f(P)$ eine auf A nach oben halbstetige Funktion bedeutet,

$$f(P) = \Phi(P);$$

wir haben also auch

$$f(P) = \Phi_1(P)$$

und können folgenden Satz aussprechen, dessen zweite Hälfte ebenso zu beweisen ist:

Satz 1. *Eine Funktion $f(P)$, die auf einer Punktmenge A nach oben halbstetig ist, ist auf jeder in sich dichten Teilmenge B von A ebenfalls nach oben halbstetig. Ebenso ist $f(P)$ in B nach unten halbstetig oder stetig, wenn sie die gleiche Eigenschaft auf A besitzt.*

135. Die obere Limesfunktion $\Phi(P)$ einer beliebigen Funktion $f(P)$ ist auf der abgeschlossenen Hülle $\bar{A}$ des Definitionsbereiches A von $f(P)$

definiert. Es sei B eine in sich dichte Teilmenge von $\bar{A}$ und $\Psi(P)$ die obere Limesfunktion von $\Phi(P)$, wenn man die letzte Funktion auf der Punktmenge B allein betrachtet.

Ist nun P irgend ein Punkt von B, so hat man erstens (§ 123)

$$\Phi(P) \leqq \Psi(P) \tag{1}$$

und anderseits, wenn U_P eine beliebige Umgebung von P bedeutet

$$\Psi(P) \leqq G(\Phi; B\, U_P) \leqq G(\Phi; \bar{A}\, U_P);$$

nun ist nach dem Satze 12 des § 133

$$G(\Phi; \bar{A}\, U_P) = G(f; A\, U_P)$$

und daher auch

$$\Psi(P) \leqq G(f; A\, U_P)$$

für **jede** beliebige Umgebung U_P von P. Hieraus folgt aber

$$\Psi(P) \leqq \Phi(P),$$

oder mit Hilfe von (1)

$$\Phi(P) = \Psi(P).$$

Die Funktion $\Phi(P)$ ist also nach oben halbstetig auf B; ebenso sieht man, daß $\varphi(P)$ nach unten halbstetig auf B ist.

Satz 2. *Auf jeder in sich dichten Teilmenge der abgeschlossenen Hülle $\bar{A}$ des Definitionsbereiches A einer Funktion $f(P)$ ist die obere Limesfunktion $\Phi(P)$ der Funktion $f(P)$ nach oben halbstetig, die untere Limesfunktion $\varphi(P)$ dieser Funktion nach unten halbstetig.*

Ist schon A selbst in sich dicht, so ist $\bar{A}$ perfekt und die Funktionen $\Phi(P)$ und $\varphi(P)$ halbstetig auf ihrem gesamten Definitionsbereich $\bar{A}$.

136. Mit Benutzung der Relativbegriffe, die wir in den § 74, 75 eingeführt haben, können wir folgenden Satz aussprechen, den wir später (§ 344, Satz 3) noch vervollständigen werden:

Satz 3. *Dafür, daß eine Funktion $f(P)$ auf einer in sich dichten Punktmenge A nach oben halbstetig sei, ist notwendig und hinreichend, daß für jede beliebige endliche Zahl α die Punktmenge*

$$M(f \geqq \alpha)$$

leer oder relativ zu A abgeschlossen sei; oder auch, daß für jedes endliche α die Punktmenge

$$M(f < \alpha)$$

leer oder relativ zu A offen sei. Für die Halbstetigkeit nach unten der

Funktion $f(P)$ ist notwendig und hinreichend, daß die Punktmengen

$$\mathbf{M}(f \leqq \alpha) \quad \text{oder} \quad \mathbf{M}(f > \alpha),$$

falls sie nicht leer sind, abgeschlossen oder offen auf A seien.

Es sei z. B. $f(P)$ nach oben halbstetig auf A; es ist zunächst zu beweisen, daß jeder Punkt von A, der Häufungspunkt von $\mathbf{M}(f \geqq \alpha)$ ist, in der Punktmenge $\mathbf{M}(f \geqq \alpha)$ enthalten ist (§ 74). In der Tat kann nicht, wenn Q ein solcher Punkt ist, $f(Q) < \alpha$ sein; denn es würde dann, wenn man bedenkt, daß $f(P)$ nach oben halbstetig ist, jeder Zahl p, die zwischen $f(Q)$ und α liegt, eine Umgebung U_Q von Q zugeordnet werden können, für welche

$$G(f;\, U_Q A) \leqq p$$

wäre, und der Punkt Q könnte nicht Häufungspunkt von $\mathbf{M}(f \geqq \alpha)$ sein.

Ist umgekehrt $f(P)$ nicht halbstetig nach oben in jedem Punkte von A, so existiert ein Punkt Q von A, in dem $f(Q) < \Phi(Q)$ ist; wählt man nun die Zahl α zwischen $f(Q)$ und $\Phi(Q)$, so ist in jeder Umgebung U_Q von Q

$$G(f;\, U_Q A) \geqq \Phi(Q) > \alpha$$

und zugleich

$$f(Q) < \alpha\,.$$

Es gibt also Punkte von U_Q, die zu der Punktmenge $\mathbf{M}(f \geqq \alpha)$ gehören und diese Punkte sind von Q verschieden. Der Punkt Q ist also Häufungspunkt von $\mathbf{M}(f \geqq \alpha)$; er gehört außerdem zu A, aber nicht zu $\mathbf{M}(f \geqq \alpha)$, d. h. die Punktmenge $\mathbf{M}(f \geqq \alpha)$ ist nicht abgeschlossen auf A. Die erste Behauptung unseres Satzes ist also erwiesen. Nach dem § 75 folgt dann sofort, daß es notwendig und hinreichend ist, daß $\mathbf{M}(f < \alpha)$ offen auf A liege, wenn $f(P)$ nach oben halbstetig sein soll.

Die Sätze 1 und 4 der §§ 74, 75 zeigen uns dann, daß unsere Funktion $f(P)$ dann und nur dann nach oben halbstetig ist, wenn die Punktmengen $\mathbf{M}(f \geqq \alpha)$ der Durchschnitt von A mit abgeschlossenen, die Punktmengen $\mathbf{M}(f < \alpha)$ der Durchschnitt von A mit offenen Punktmengen sind. Der zweite Teil des obigen Satzes läßt sich ganz ähnlich behandeln.

Erinnert man sich an die Definition der stetigen Funktionen, so hat man als Korollar des vorigen Satzes:

Satz 4. *Dafür, daß die Funktion $f(P)$ auf einer in sich dichten Punktmenge A stetig sei, ist notwendig und hinreichend, daß für jedes beliebige endliche α die Punktmengen $\mathbf{M}(f \geqq \alpha)$ und $\mathbf{M}(f \leqq \alpha)$ abgeschlossen auf A oder daß die Punktmengen $\mathbf{M}(f > \alpha)$ und $\mathbf{M}(f < \alpha)$ offen auf A seien.*

137. Der Satz 13 des § 133 liefert ferner unmittelbar, wenn man ihn mit der Definition der halbstetigen und stetigen Funktionen kombiniert, folgende Resultate:

Satz 5. *Eine Funktion $f(P)$, die auf einer beschränkten und abgeschlossenen Punktmenge A definiert ist und die in jedem Häufungspunkt von A nach oben (unten) halbstetig ist, besitzt mindestens ein Maximum (Minimum).*

Die obere Limesfunktion $\Phi(P)$ erreicht nämlich unter den Voraussetzungen des Satzes ihren Maximalwert in einem Punkte P_M, und es ist zugleich $f(P) = \Phi(P)$ in jedem Punkte von A, also insbesondere

$$f(P_M) = \Phi(P_M) = G(f; A).$$

Satz 6. *Eine auf einer beschränkten und abgeschlossenen Punktmenge definierte endliche Funktion, die in jedem Häufungspunkt ihres Definitionsbereiches stetig ist, ist beschränkt.*

In der Tat erreicht nach dem vorigen Satze $f(P)$ in einem Punkte P_1 ihr Maximum und in einem Punkte P_2 ihr Minimum und es ist stets

$$f(P_2) \leqq f(P) \leqq f(P_1).$$

Die Zahlen $f(P_1)$ und $f(P_2)$ sind nach ihrer Definition endlich; bezeichnet man mit M die größere der beiden Zahlen $|f(P_1)|$ und $f(P_2)|$, so ist stets, wie wir zeigen wollten,

$$|f(P)| \leqq M.$$

138. Es sei $F(Q) = f(\xi_1, \xi_2, \ldots, \xi_m)$ eine beliebige Funktion des Punktes Q in einem m-dimensionalen Raum $\mathfrak{R}_m$, die auf einer Punktmenge B definiert ist; ferner seien

$$(1) \qquad \xi_1(P), \xi_2(P), \ldots, \xi_m(P)$$

stetige Funktionen des Punktes P eines n-dimensionalen Raumes $\mathfrak{R}_n$, deren gemeinsamer Definitionsbereich eine in sich dichte Punktmenge A ist. Jedem Punkte P von A sollen gemäß (1) Werte entsprechen, die, als Koordinaten eines Punktes des m-dimensionalen Raumes aufgefaßt, einen Punkt Q darstellen, der in B liegt; dann ist (§ 122) die Funktion

$$F_1(P) = f(\xi_1(P), \xi_2(P), \ldots, \xi_m(P))$$

auf der Punktmenge A definiert. Wir bezeichnen mit $\Phi_1(P)$, $\varphi_1(P)$ die oberen und unteren Limesfunktionen dieser Funktion und mit $\Phi(Q)$ und $\varphi(Q)$ die oberen und unteren Limesfunktionen von $F(Q)$.

Es sei U_Q eine beliebige Umgebung von Q im $\mathfrak{R}_m$, W_Q ein Würfel mit der Kantenlänge 2ε, dessen Mittelpunkt Q ist und der ganz in U_Q enthalten ist. Man kann, weil die Funktionen (1) stetig sind, Umgebungen $U_P^{(1)}, U_P^{(2)}, \ldots, U_P^{(m)}$ finden, so daß für jeden Punkt P' der Umgebung $U_P^{(j)}$

$$|\xi_j(P') - \xi_j(P)| < \varepsilon \qquad (j = 1, 2, \ldots m)$$

ist. Setzt man

$$U_P = U_P^{(1)} U_P^{(2)} \ldots U_P^{(m)},$$

so liegt für jeden Punkt P'' dieser Punktmenge, die auch eine Umgebung von P ist, der Punkt des m-dimensionalen Raumes mit den Koordinaten

$$\xi_1(P''), \xi_2(P''), \ldots, \xi_m(P'')$$

im Inneren von W_Q und also auch im Inneren von U_Q. Man hat demnach

$$\Phi_1(P) \leqq G(F_1, U_P A) \leqq G(F, U_Q B)$$

und

$$\varphi_1(P) \geqq g(F_1, U_P A) \geqq g(F, U_Q B).$$

Da diese Relationen für jede beliebige Umgebung U_Q von Q stattfinden, ist schließlich

$$\Phi_1(P) \leqq \Phi(Q)$$

$$\varphi_1(P) \geqq \varphi(Q),$$

also auch

$$\varphi(Q) \leqq \varphi_1(P) \leqq F_1(P) = F(Q) \leqq \Phi_1(P) \leqq \Phi(Q).$$

Ist also insbesondere die Funktion $F(Q)$ im Punkte Q nach oben halbstetig, d. h. ist

$$F(Q) = \Phi(Q),$$

so muß im entsprechenden Punkte P

$$F_1(P) = \Phi_1(P)$$

sein, d. h. $F_1(P)$ ist ebenfalls nach oben halbstetig. Ebenso sieht man, daß, wenn $F(Q)$ im Punkte Q nach unten halbstetig ist, die durch Substitution gewonnene Funktion $F_1(P)$ im entsprechenden Punkte P nach unten halbstetig ist.

Am meisten werden diese Sätze angewandt, wenn $F(Q)$ sowohl nach oben wie nach unten halbstetig ist, d. h. wenn $F(Q)$ eine **stetige** Funktion ist; dann muß auch die durch Substitution gewonnene neue Funktion $F_1(P)$ ebenfalls stetig sein.

Schwankung. Punktiert und totalunstetige Funktionen.

139. Wenn man um jeden Punkt P des Definitionsbereiches A einer Funktion $f(P)$ eine Umgebung U_P so abgrenzen kann, daß die beiden Zahlen

$$G(f; AU_P) \quad \text{und} \quad g(f; AU_P)$$

endlich sind, so wollen wir sagen, daß die Funktion $f(P)$ **im Kleinen beschränkt** ist. Die Funktion $f(P)$ ist dann jedenfalls endlich; sie braucht aber nicht beschränkt zu sein — wie das Beispiel $f(x) = x$ zeigt — außer wenn die Punktmenge A abgeschlossen und beschränkt ist, in welchem Falle man eine ähnliche Schlußweise wie für den Satz 13 des § 133 anwenden kann.

Der Satz 12 des § 133 zeigt, daß, wenn die Funktion $f(P)$ im Kleinen beschränkt ist, ihre Limesfunktionen $\Phi(P)$ und $\varphi(P)$ in jedem Punkte von A endlich sind und daß sie sogar im Kleinen beschränkt sind, wenn man $\Phi(P)$ und $\varphi(P)$ auf der Punktmenge A allein betrachtet, d. h. von den Werten dieser Funktionen auf der Punktmenge $(\bar{A}-A)$ absieht. Dagegen brauchen diese Limesfunktionen auf der Punktmenge $(\bar{A}-A)$ nicht endlich zu sein, wie das Beispiel der Funktion

$$f(x) = \frac{1}{x}$$

im Intervalle $0 < x < 1$ zeigt, deren Limesfunktionen im Punkte $x = 0$ beide gleich $+\infty$ sind.

Sind umgekehrt $\Phi(P)$ und $\varphi(P)$ endlich auf A, so kann man jedem Punkte P von A eine Umgebung U_P zuordnen, so daß

$$G(f; AU_P) \leqq \Phi(P) + 1, \quad g(f; AU_P) \geqq \varphi(P) - 1$$

stattfindet, d. h. $f(P)$ ist auf der Punktmenge A im Kleinen beschränkt.

Satz 1. *Dafür, daß eine Funktion $f(P)$ auf ihrem Definitionsbereiche A im Kleinen beschränkt sei, ist notwendig und hinreichend, daß ihre Limesfunktionen $\Phi(P)$ und $\varphi(P)$ in jedem Punkt von A endlich seien. Dann sind diese letzten Funktionen ebenfalls auf der Punktmenge A im Kleinen beschränkt.*

140. Sind die Limesfunktionen $\Phi(P)$ und $\varphi(P)$ in einem Punkte P der abgeschlossenen Hülle $\bar{A}$ des Definitionsbereichs A einer Funktion $f(P)$ beide endlich, so nennt man die Differenz

$$S(P) = \Phi(P) - \varphi(P)$$

die **Schwankung** der Funktion im Punkte P; man bemerke, daß diese Zahl nie negativ sein kann. Wir bezeichnen mit $\varphi_1(P)$ die untere Limesfunktion der Funktion $\Phi(P)$ im Punkte P; aus der Tatsache, daß stets $\varphi(P) \leqq \Phi(P)$ ist, folgt, daß die untere Limesfunktion der Funktion $\varphi(P)$, die, wie wir gesehen haben, gleich $\varphi(P)$ ist (§ 135, Satz 2), die Zahl $\varphi_1(P)$ nicht übertreffen kann.

Es ist daher

$$\varphi(P) \leqq \varphi_1(P) \leqq \Phi(P)$$

und die Schwankung

$$S_\Phi(P) = \Phi(P) - \varphi_1(P)$$

der Funktion $\Phi(P)$ im Punkte P kann nicht größer sein als $S(P)$. Eine analoge Betrachtung über die Schwankung $S_\varphi(P)$ der Funktion $\varphi(P)$ liefert den

Satz 2. *In einem Punkte P von $\bar{A}$, in welchem die Schwankung $S(P)$ einer Funktion $f(P)$ definiert ist, sind die Schwankungen $S_\Phi(P)$ und $S_\varphi(P)$ der Limesfunktionen $\Phi(P)$ und $\varphi(P)$ nie größer als $S(P)$. Daß unter Umständen $S_\Phi(P) < S(P)$ und $S_\varphi(P) < S(P)$ sein kann, zeigt das Beispiel des § 128.*

Wir geben uns eine beliebige positive Zahl ε vor und bestimmen, unter der Voraussetzung, daß $\Phi(P)$ und $\varphi(P)$ endliche Zahlen sind, zwei Umgebungen U_P' und U_P'' des Punktes P, so daß

$$G(f; U_P' A) \leqq \Phi(P) + \frac{\varepsilon}{2},$$

$$g(f; U_P'' A) \geqq \varphi(P) - \frac{\varepsilon}{2}$$

ist. Für zwei beliebige Punkte Q und R des Durchschnitts $U_P = U_P' U_P''$ unserer beiden Umgebungen ist dann

$$\varphi(P) - \frac{\varepsilon}{2} \leqq f(Q) \leqq \Phi(P) + \frac{\varepsilon}{2},$$

$$\varphi(P) - \frac{\varepsilon}{2} \leqq f(R) \leqq \Phi(P) + \frac{\varepsilon}{2},$$

und hieraus entnimmt man den

Satz 3. *Jeder positiven Zahl ε kann man eine Umgebung U_P eines Punktes P von $\bar{A}$ zuordnen, so daß für je zwei Punkte Q und R von U_P die Bedingung*

$$|f(Q) - f(R)| \leqq S(P) + \varepsilon$$

erfüllt ist, vorausgesetzt, daß die Schwankung $S(P)$ von $f(P)$ im Punkte P definiert ist.

141. Es sei eine Funktion $f(P)$ auf einer Punktmenge A erklärt, die perfekt oder offen oder der Durchschnitt einer perfekten und einer offenen, also jedenfalls eine in sich dichte Punktmenge ist (§ 70, Satz 5); ferner sei $f(P)$ im Kleinen beschränkt auf ihrem Definitionsbereich. Dann ist auch in jedem Punkte von A die Schwankung

(1) $$S(P) = \Phi(P) - \varphi(P)$$

definiert; außerdem sind nach dem Satze 2 des § 135 die Funktionen

$\Phi(P)$ und $\varphi(P)$ halbstetig auf A, die erste aufwärts, die zweite abwärts und nach den Sätzen 6 und 7 des § 131 ist ihre Differenz $S(P)$ eine nach oben halbstetige Funktion auf A. Ist also p irgendeine natürliche Zahl, so ist die Teilmenge von A

$$B_p = \boldsymbol{M}\left(S < \frac{1}{p}\right) \tag{2}$$

eine auf A offene Punktmenge (§ 136, Satz 3) und kann (§ 75) als der Durchschnitt von A mit einer offenen Punktmenge U_p dargestellt werden. Es kann nun vorkommen, daß jede der unendlich vielen Punktmengen

$$B_1, B_2, B_3, \ldots$$

überall dicht auf A liege (§ 76); das Gleiche gilt dann auch von den offenen Punktmengen $U_1, U_2, U_3, \ldots$ und nach dem Satze 5 des § 78 vom Durchschnitt

$$U = U_1 U_2 U_3 \ldots.$$

Also ist auch die Punktmenge

$$B = B_1 B_2 B_3 \cdots = AU \tag{3}$$

überall dicht auf A; in jedem Punkte von B ist nach (2) und (3) die Schwankung $S(P)$ kleiner als jede der Zahlen $1:p$ und daher gleich Null, und folglich ist jeder Punkt von B ein Stetigkeitspunkt unserer Funktion $f(P)$.

Ist zweitens nicht jede der Punktmengen B_p überall dicht auf A, so kann man eine Umgebung U_P eines Punktes P von A und eine natürliche Zahl p_0 so wählen, daß für jeden Punkt von AU_P

$$S(P) \geqq \frac{1}{p_0}$$

ist.

Bei den unstetigen Funktionen, die auf einer beliebigen in sich dichten Punktmenge A definiert werden, unterscheidet man die punktiert unstetigen Funktionen, deren Stetigkeitspunkte überall dicht auf A liegen und die totalunstetigen Funktionen, welche diese Eigenschaft nicht haben. Mit dieser Terminologie gilt also nach dem Obigen der

Satz 4. *Wenn der Definitionsbereich A einer Funktion $f(P)$, die im Kleinen beschränkt ist, perfekt ist, oder offen, oder der Durchschnitt einer perfekten und einer offenen Punktmenge, so ist es hinreichend dafür, daß die Funktion $f(P)$ punktiert unstetig sei, daß für jede natürliche Zahl p die Punktmenge*

$$\boldsymbol{M}\left(S < \frac{1}{p}\right)$$

überall dicht auf A liege.

Die Beschränkung über den Definitionsbereich A ist natürlich wesentlich: es bestehe z. B. A aus allen rationalen Zahlen

$$x = \frac{p}{q} \qquad (p \text{ und } q \text{ teilerfremd, } q > 0)$$

der x-Achse mit Ausnahme der Null und es sei

$$f(x) = \frac{1}{q}.$$

Die Funktion $f(x)$ ist halbstetig nach oben und ihre Schwankung $S(x)$ ist in jedem Punkte von A gleich $f(x)$. Sie ist also totalunstetig, obgleich die Punktmenge

$$M\left(S < \frac{1}{q}\right)$$

für jeden Wert von q überall dicht auf A liegt. Dagegen ist die obere Limesfunktion $\Phi(x)$ von $f(x)$, die in jedem Punkte der x-Achse definiert ist, punktiert unstetig. Die Punkte der Komplementärmenge von A sind Stetigkeitspunkte von $\Phi(x)$.

142. Satz 5. *Jede halbstetige, im Kleinen beschränkte Funktion ist punktiert unstetig, falls ihr Definitionsbereich A denselben Bedingungen wie im vorigen Satze genügt.*

Es sei U_P eine beliebige Umgebung eines Punktes P von A; ferner sei $f(P)$ z. B. nach oben halbstetig. Wir bezeichnen mit V_P eine Umgebung von P, in welcher $f(P)$ beschränkt ist. Dann ist die Zahl

$$g(f;\, A U_P V_P)$$

endlich und es gibt für jede natürliche Zahl p einen Punkt Q von $A\,U_P V_P$, so daß

$$f(Q) \leqq g(f;\, A U_P V_P) + \frac{1}{p}$$

ist. Aus

$$g(f;\, A U_P V_P) \leqq \varphi(Q) \leqq f(Q)$$

und aus

$$f(Q) = \Phi(Q)$$

folgt dann

$$S(Q) = \Phi(Q) - \varphi(Q) \leqq \frac{1}{p},$$

womit nach dem vorigen Satze unsere Behauptung erwiesen ist.

Funktionen einer Veränderlichen.

143. Bei den Funktionen einer Veränderlichen spielen gewisse Begriffsbildungen, die mit dem Vorhergehenden in engem Zusammenhange stehen, eine wichtige Rolle. Wir nehmen an, es sei das Intervall

$$I:\quad a < x < b$$

im Definitionsbereich A einer Funktion $f(x)$ enthalten. Wir betrachten die Limesfunktionen $\Phi_1(x)$ und $\varphi_1(x)$ der Funktion $f(x)$, wenn man die Funktion $f(x)$ nur auf dem Intervall I betrachtet. Die beiden Funktionen $\Phi_1(x)$ und $\varphi_1(x)$ sind alsdann in den Endpunkten a und b des Intervalls I definiert, und wir können die Bezeichnungen einführen:

(1) $$\Phi_1(a) = \overline{\lim_{x=a+0}} f(x),$$

(2) $$\varphi_1(a) = \underline{\lim_{x=a+0}} f(x),$$

(3) $$\Phi_1(b) = \overline{\lim_{x=b-0}} f(x),$$

(4) $$\varphi_1(b) = \underline{\lim_{x=b-0}} f(x).$$

In diesen Formeln sollen die Symbole $(a+0)$, $(b-0)$ daran erinnern, daß a den Anfangs- und b den Endpunkt des Intervalls I bedeutet. Sollen also die beiden Ausdrücke

(5) $$\overline{\lim_{x=a+0}} f(x) \quad \text{und} \quad \overline{\lim_{x=a-0}} f(x)$$

zugleich einen Sinn haben, so muß die Funktion $f(x)$ in allen Punkten einer gewissen Umgebung von a, die von a verschieden sind, definiert sein. Die größte der beiden Zahlen (5) bezeichnen wir dann mit

(6) $$\overline{\lim_{x=a}} f(x)$$

und ebenso bezeichnen wir die kleinere der beiden Zahlen

(7) $$\underline{\lim_{x=a+0}} f(x) \quad \text{und} \quad \underline{\lim_{x=a-0}} f(x),$$

falls sie beide definiert sind, mit

(8) $$\underline{\lim_{x=a}} f(x).$$

Es gelten natürlich stets die Relationen

(9) $$\overline{\lim_{x=a+0}} f(x) \geqq \underline{\lim_{x=a+0}} f(x),$$

(10) $$\overline{\lim_{x=a-0}} f(x) \geqq \underline{\lim_{x=a-0}} f(x),$$

(11) $$\overline{\lim_{x=a}} f(x) \geqq \underline{\lim_{x=a}} f(x).$$

Haben die Zahlen (1) und (2) denselben Wert, so bezeichnen wir sie mit einem der einfacheren Symbole

(12) $$\lim_{x=a+0} f(x) \quad \text{oder} \quad f(a+0);$$

ebenso schreiben wir für die Zahlen (3) und (4), falls sie gleich sind,

(13) $$\lim_{x=b-0} f(x) \quad \text{oder} \quad f(b-0).$$

Endlich schreibt man für die Zahlen (6) und (8), wenn sie einander gleich sind,

$$\lim_{x=a} f(x).$$

Dies letztere kann dann und nur dann vorkommen, wenn die vier Zahlen (5) und (7) ein und denselben Wert haben, oder wenn die Zahlen $f(a+0)$ und $f(a-0)$ beide definiert und einander gleich sind, so daß man hat

(14) $$\lim_{x=a} f(x) = f(a+0) = f(a-0).$$

144. Ist die Funktion $f(x)$ in allen Punkten einer Umgebung des Punktes $x=a$, also auch im Punkte a selbst definiert, so ist der obere Limes $\Phi(a)$ von $f(x)$ im Punkte a gleich der größeren der beiden Zahlen

$$f(a) \quad \text{und} \quad \overline{\lim_{x=a}} f(x),$$

und der untere Limes $\varphi(a)$ gleich der kleineren der beiden Zahlen

$$f(a) \quad \text{und} \quad \underline{\lim_{x=a}} f(x);$$

die Funktion $f(x)$ ist also dann und nur dann im Punkte $x=a$ nach oben halbstetig, wenn

(15) $$f(a) \geqq \overline{\lim_{x=a}} f(x)$$

ist, und sie ist dann und nur dann in a nach unten halbstetig, wenn

(16) $$f(a) \leqq \underline{\lim_{x=a}} f(x)$$

ist. Endlich ist $f(x)$ dann und nur dann stetig in a, wenn die beiden letzten Relationen zugleich stattfinden; dies ist aber wegen (11) dann und nur dann der Fall, wenn

$$f(a) = \overline{\lim_{x=a}} f(x) = \underline{\lim_{x=a}} f(x),$$

oder, mit Berücksichtigung von (14), wenn

(17) $$f(a) = f(a+0) = f(a-0)$$

ist.

145. Für den speziellen Wert $a = 0$ kann man die Bezeichnungen der vorigen Paragraphen etwas vereinfachen, indem man z. B. statt

$$\overline{\lim_{x=a+0}} f(x)$$

einfach

(1) $$\overline{\lim_{x=+0}} f(x)$$

schreibt, und ähnlich für die anderen vorkommenden Symbole. Ebenso werden wir dann $f(a+0)$ einfach durch $f(+0)$ ersetzen. Ist ferner die Funktion $f(x)$ für alle Werte von x definiert, die eine positive Zahl α übertreffen, so ist $f\left(\frac{1}{x}\right)$ für alle Punkte des Intervalls $0 < x < \frac{1}{\alpha}$ definiert. Für die Größe

$$\overline{\lim_{x=+0}} f\left(\frac{1}{x}\right)$$

schreiben wir dann

(2) $$\overline{\lim_{x=+\infty}} f(x)$$

und ebenso setzen wir

(3) $$\underline{\lim_{x=+0}} f\left(\frac{1}{x}\right) = \underline{\lim_{x=+\infty}} f(x).$$

Im Falle, daß die Größen (2) und (3) einander gleich sind, bezeichnen wir sie durch die einfacheren Symbole

$$\lim_{x=+\infty} f(x) \quad \text{oder} \quad f(+\infty).$$

Ganz ähnlich definiert man, wenn die Funktion $f(x)$ für alle Werte von x erklärt ist, die kleiner sind als eine negative Zahl β, die Ausdrücke

$$\overline{\lim_{x=-\infty}} f(x), \qquad \underline{\lim_{x=-\infty}} f(x)$$

und im Falle der Gleichheit dieser Zahlen bezeichnet man sie wieder mit

$$\lim_{x=-\infty} f(x) \quad \text{oder} \quad f(-\infty).$$

146. In einem Intervall $a < x < b$, das im Definitionsbereich A einer Funktion $f(x)$ enthalten ist, betrachten wir eine Zahlenfolge x_1, $x_2, \ldots$ die gegen a konvergiert:

(1) $$x_k \longrightarrow a \qquad (x_k > a).$$

Der Satz 3 des § 126 lehrt uns dann, wenn wir die Gleichungen (1) und (2) des § 143 berücksichtigen, daß

(2) $$\overline{\lim_{k=\infty}} f(x_k) \leqq \overline{\lim_{x=a+0}} f(x),$$

(3) $$\underline{\lim_{k=\infty}} f(x_k) \geqq \underline{\lim_{x=a+0}} f(x).$$

Ebenso zeigt uns der Satz 4 des § 126, daß die beiden letzten Relationen bei geeigneter Wahl der Folge $x_1, x_2, \ldots$ als Gleichungen geschrieben werden können. Endlich schließen wir aus dem § 130, daß $f(a+0)$ dann und nur dann existiert, wenn für jede Folge $x_1, x_2, \ldots$ die Zahlenfolge

$$f(x_1), f(x_2), \ldots$$

konvergent ist; es ist dann stets

(4) $$f(x_k) \rightarrow f(a+0).$$

Betrachtet man Zahlenfolgen $x_1, x_2, \ldots$, die den Bedingungen

(5) $$x_k \rightarrow a \qquad (x_k < a)$$

genügen, so gelten genau dieselben Resultate, in denen man nur $(a+0)$ durch $(a-0)$ zu ersetzen hat.

Es ist nützlich, zu bemerken, daß die Sätze der §§ 99—101, wenn man sie auf unsere Relation (4) anwendet, folgendes Resultat liefern:

Existieren für zwei Funktionen $f_1(x)$ und $f_2(x)$ die Symbole $f_1(a+0)$ und $f_2(a+0)$ und setzt man

$$s(x) = f_1(x) + f_2(x),$$
$$p(x) = f_1(x) \cdot f_2(x),$$
$$q(x) = \frac{f_1(x)}{f_2(x)},$$

so kann man auch schreiben

$$s(a+0) = f_1(a+0) + f_2(a+0),$$
$$p(a+0) = f_1(a+0) \cdot f_2(a+0),$$
$$q(a+0) = \frac{f_1(a+0)}{f_2(a+0)},$$

solange die betreffenden Operationen ausführbar sind, und dasselbe gilt auch, wenn man in diesen Gleichungen $(a+0)$ durch $(a-0)$ ersetzt.

Endlich kann man die Resultate dieses Paragraphen auf den Fall übertragen, daß a eine der Zahlen $\pm\infty$ ist.

Monotone Funktionen.

147. Die Gesamtheit der Punkte einer offenen Punktmenge

$$a < x < b,$$

wobei a und b endliche oder unendliche Zahlen bedeuten, nennt man ein lineares Gebiet (vgl. § 225).

Von einer endlichen Funktion $f(x)$, die auf einem Gebiete A definiert ist, sagt man, sie sei monoton wachsend, wenn stets für zwei beliebige Punkte x_1 und x_2 des Gebietes A die Relation

(1) $$(x_2 - x_1)(f(x_2) - f(x_1)) \geqq 0$$

stattfindet; man sagt die Funktion ist monoton abnehmend, wenn stets

(2) $$(x_2 - x_1)(f(x_2) - f(x_1)) \leqq 0$$

ist. Beide Arten von Funktionen bezeichnet man kurz als monotone. Die Funktion $f(x) = x$ ist z.B. monoton wachsend, die Funktion $f(x) = -x$ monoton abnehmend. Die Relation (1) ist gleichbedeutend mit der Bedingung, daß stets mit $x_2 > x_1$ auch $f(x_2) \geqq f(x_1)$ stattfinde, die Relation (2), daß stets mit $x_2 > x_1$ auch $f(x_2) \leqq f(x_1)$ sei.

Man sieht leicht ein, daß die Konstanten die einzigen Funktionen sind, die sowohl monoton wachsend als abnehmend sind. Ist jedesmal, wenn $x_2 > x_1$ auch $f(x_2) > f(x_1)$, so sagen wir, daß die Funktion $f(x)$ stets wachsend ist, und ebenso sprechen wir von stets abnehmenden Funktionen, wenn mit $x_2 > x_1$ immer auch $f(x_2) < f(x_1)$ stattfindet.

Ist $f(x)$ eine monoton wachsende Funktion, so sind die Funktionen

$$-f(x) \quad \text{und} \quad f(-x)$$

monoton abnehmend; jede Eigenschaft der monoton wachsenden Funktionen läßt sich also sofort auf monoton abnehmende übertragen und es genügt, die ersteren genauer zu studieren.

148. Es sei $f(x)$ eine monoton wachsende Funktion, die in einem Gebiete

$$A: \; a < x < b$$

definiert ist und ξ ein beliebiger Punkt dieses Gebietes. Wir bezeichnen mit $\overline{\alpha}(\xi)$ die untere Grenze der Funktionswerte $f(x)$, die auf dem Gebiete $\xi < x < b$ angenommen werden,

(1) $$\overline{\alpha}(\xi) = g(f;\; \xi < x < b)$$

und setzen ebenso

(2) $$\underline{\alpha}(\xi) = G(f;\; a < x < \xi).$$

Sind x_1 und x_2 zwei Punkte des Gebietes A, die der Bedingung

$$x_1 < \xi < x_2$$

genügen, so ist wegen der Monotonie von $f(x)$

$$(3) \qquad f(x_1) \leqq \underline{\alpha}(\xi) \leqq f(\xi) \leqq \overline{\alpha}(\xi) \leqq f(x_2),$$

woraus folgt, daß die beiden Zahlen $\underline{\alpha}(\xi)$ und $\overline{\alpha}(\xi)$ endlich sind. Als Funktionen von ξ aufgefaßt, sind die Funktionen $\underline{\alpha}(\xi)$ und $\overline{\alpha}(\xi)$ außerdem noch monoton wachsend im Gebiete A.

Es sei $\xi_1, \xi_2, \ldots$ eine Folge von Zahlen, die alle im Gebiete $\xi < x < b$ liegen und gegen den Punkt ξ konvergieren. Da stets $f(\xi_k) \geqq \overline{\alpha}(\xi)$ ist, hat man

$$(4) \qquad \underline{\lim}_{k=\infty} f(\xi_k) \geqq \overline{\alpha}(\xi).$$

Anderseits kann man, wenn man sich eine positive Zahl ε vorgibt, die Zahl x_2 in der Relation (3) so wählen, daß

$$f(x_2) \leqq \overline{\alpha}(\xi) + \varepsilon$$

ist; da nur endlich viele Punkte $\xi_1, \xi_2, \ldots$ außerhalb des Intervalls $\xi < x < x_2$ liegen und für alle übrigen Punkte $f(\xi_k) \leqq f(x_2)$ ist, muß nun auch

$$\overline{\lim}_{k=\infty} f(\xi_k) \leqq f(x_2) \leqq \overline{\alpha}(\xi) + \varepsilon$$

sein, und weil die letzte Relation für jedes positive ε gilt, hat man

$$(5) \qquad \overline{\lim}_{k=\infty} f(\xi_k) \leqq \overline{\alpha}(\xi).$$

Die Bedingungen (4) und (5), die gleichzeitig gelten müssen, zeigen nun, daß die Zahlenfolge $f(\xi_1), f(\xi_2), \ldots$ konvergiert, und daß

$$f(\xi_k) \rightarrow \overline{\alpha}(\xi).$$

Nach dem § 146 kann man also schreiben

$$(6) \qquad \overline{\alpha}(\xi) = f(\xi + 0)$$

und ebenso findet man

$$(7) \qquad \underline{\alpha}(\xi) = f(\xi - 0).$$

Dieselbe Schlußweise zeigt, daß im Anfangspunkte a des linearen Gebietes $a < x < b$, der Ausdruck $f(a + 0)$ oder, falls $a = -\infty$ ist, der Ausdruck $f(-\infty)$ einen Sinn hat. Diese Zahl braucht aber nicht endlich zu sein und kann auch den Wert $-\infty$ annehmen, und ähnliches gilt von der Zahl $f(b - 0)$ bzw. $f(+\infty)$, die ebenfalls definiert ist.

Nach dem § 144 ist die obere Limesfunktion $\Phi(x)$ der Funktion $f(x)$ in einem beliebigen Punkte des Gebietes A gleich der größten der drei Zahlen

$$f(x-0),\ f(x),\ f(x+0)$$

und die untere Limesfunktion $\varphi(x)$ gleich der kleinsten dieser Zahlen. Nun ist aber nach (3), (6) und (7), wenn wir die Buchstaben x und ξ vertauschen,

$$f(x-0) \leqq f(x) \leqq f(x+0)$$

und daher auch

$$\varphi(x) = f(x-0), \quad \Phi(x) = f(x+0).$$

Indem wir alles zusammenfassen haben wir den

Satz 1. *Die Limesfunktionen $\Phi(x)$ und $\varphi(x)$ einer in einem linearen Gebiete A definierten monoton wachsenden Funktion $f(x)$ sind monoton wachsend und durch folgende Gleichungen definiert:*

$$\Phi(x) = f(x+0) = g(f;\ x < \xi < b),$$
$$\varphi(x) = f(x-0) = G(f;\ a < \xi < x).$$

Sind x_1 und x_2 zwei Punkte des Gebietes A und hat man $x_1 < x_2$, so haben die beiden Punktmengen $x_1 < x < b$ und $a < x < x_2$ gemeinsame Punkte und es ist daher

$$g(f;\ x_1 < x < b) \leqq G(f;\ a < x < x_2).$$

Hieraus entnehmen wir den

Satz 2. *Für zwei Punkte x_1 und x_2 des Gebietes A ist, mit den Bezeichnungen des vorigen Satzes, wenn $x_1 < x_2$ gilt,*

$$\Phi(x_1) \leqq \varphi(x_2).$$

149. Die untere Limesfunktion der monoton wachsenden Funktion $\Phi(x)$ ist nach dem Satze 1 gleich $\Phi(x-0)$. Nun bemerke man, daß aus $\Phi(x) \geqq f(x)$ stets

(1) $$\Phi(x-0) \geqq f(x-0) = \varphi(x)$$

folgt. Anderseits ist nach dem Satze 2 für jedes $x_1 < x$, wenn beide Punkte x und x_1 in A liegen,

$$\Phi(x_1) \leqq \varphi(x)$$

und hieraus folgt

(2) $$\Phi(x-0) \leqq \varphi(x).$$

Aus (1) und (2) folgt, wenn wir noch berücksichtigen, daß $\varphi(x)$ halbstetig nach unten ist (§ 135, Satz 2),

$$\Phi(x-0) = \varphi(x) = \varphi(x-0) \tag{3}$$

und ebenso findet man

$$\varphi(x+0) = \Phi(x) = \Phi(x+0). \tag{4}$$

Haben zwei monoton wachsende Funktionen $f(x)$ und $f_1(x)$ dieselbe obere Limesfunktion $\Phi(x)$, so muß nach (3) sowohl $f(x-0)$ wie auch $f_1(x-0)$ gleich $\Phi(x-0)$ sein und wir haben den Satz:

Satz 3. *Zwei monoton wachsende Funktionen, welche dieselbe obere (untere) Limesfunktion besitzen, müssen auch dieselbe untere (obere) Limesfunktion haben.*

Wir betrachten eine beliebige Funktion $f_1(x)$, welche der Relation

$$\varphi(x) \leqq f_1(x) \leqq \Phi(x) \tag{5}$$

genügt, und bemerken, daß, wenn x' und x'' zwei Punkte von A bedeuten und wenn $x' < x''$ ist, nach dem Satze 2

$$f_1(x') \leqq \Phi(x') \leqq \varphi(x'') \leqq f_1(x'')$$

stattfinden muß, woraus folgt, daß $f_1(x)$ ebenfalls monoton wachsend ist. Es folgt aber dann noch außerdem aus (5)

$$\varphi(x+0) \leqq f_1(x+0) \leqq \Phi(x+0);$$

dies, verglichen mit der Gleichung (4), liefert $f_1(x+0) = \Phi(x)$, und ebenso findet man $f_1(x-0) = \varphi(x)$. Die Funktion $f_1(x)$ hat also dieselben Limesfunktionen wie $f(x)$; umgekehrt muß aber jede Funktion $f_1(x)$, welche die Funktionen $\varphi(x)$ und $\Phi(x)$ als Limesfunktionen besitzt, die Relation (5) befriedigen.

Satz 4. *Dafür, daß eine Funktion $f_1(x)$ dieselben Limesfunktionen $\Phi(x)$ und $\varphi(x)$ wie die monoton wachsende Funktion $f(x)$ besitze, ist notwendig und hinreichend, daß*

$$\varphi(x) \leqq f_1(x) \leqq \Phi(x)$$

sei. Die Funktion $f_1(x)$ ist dann ebenfalls monoton wachsend.

Die Schwankung $S(x)$ einer monoton wachsenden Funktion ist durch die Gleichung gegeben

$$S(x) = \Phi(x) - \varphi(x) = f(x+0) - f(x-0).$$

Mit Hilfe von (3) und (4) haben wir also den Satz:

Satz 5. *In jedem Punkte ihres Definitionsbereiches A ist die Schwankung einer monoton wachsenden Funktion gleich der Schwankung einer jeden ihrer Limesfunktionen* (vgl. § 140, Satz 2).

150. Die Summe

(1) $$s(x) = f_1(x) + f_2(x)$$

von zwei monoton wachsenden Funktionen $f_1(x)$ und $f_2(x)$ ist ebenfalls monoton wachsend. Außerdem folgt aus dem § 146, daß

$$s(x+0) = f_1(x+0) + f_2(x+0),$$
$$s(x-0) = f_1(x-0) + f_2(x-0)$$

sein muß, und hieraus erhält man durch gliedweise Subtraktion den Satz:

Satz 6. *Die Schwankung der Summe von zwei monoton wachsenden Funktionen, die denselben Definitionsbereich A haben, ist in jedem Punkte von A gleich der Summe der Schwankungen dieser Funktionen.*

Ebenso sieht man, daß das Produkt

$$p(x) = f_1(x) \cdot f_2(x)$$

von zwei monoton wachsenden positiven Funktionen monoton wachsend ist und daß die Relation

$$p(x+0) - p(x-0) = f_1(x+0)\, f_2(x+0) - f_1(x-0)\, f_2(x-0)$$

gelten muß. Ist endlich $f(x)$ positiv und monoton wachsend, so ist

$$q(x) = \frac{1}{f(x)}$$

monoton abnehmend und man hat

$$q(x-0) - q(x+0) = \frac{1}{f(x-0)} - \frac{1}{f(x+0)}.$$

151. Wir bezeichnen mit B_n die Teilmenge des Definitionsbereichs A einer monotonen Funktion $f(x)$, in der die Schwankung $S(x)$ dieser Funktion die Zahl $\frac{1}{n}$ übertrifft:

(1) $$B_n = \mathfrak{M}\left(S > \frac{1}{n}\right).$$

Wir wollen nun zeigen, daß die Punktmenge B_n für jeden Wert der natürlichen Zahl n eine höchstens abzählbare Punktmenge ist. Im entgegengesetzten Falle würde sie mindestens einen Kondensationspunkt besitzen, der im Gebiete A liegt (§ 63) und es würde ein Intervall

(2) $$\alpha < x < \beta$$

geben, das mit seinen Endpunkten in A enthalten ist, und in dem nicht abzählbar unendlich viele Punkte von B_n enthalten sein müßten.

Es seien anderseits $\xi_1, \xi_2, \dots, \xi_p$ beliebig viele Punkte von B_n, die in (2) enthalten sind; wir können die Bezeichnungen so festsetzen, daß

$$\alpha < \xi_1 < \xi_2 < \cdots < \xi_p < \beta$$

ist. Wählt man irgend welche Punkte $x_1, x_2, \dots, x_{p-1}$, die den Bedingungen

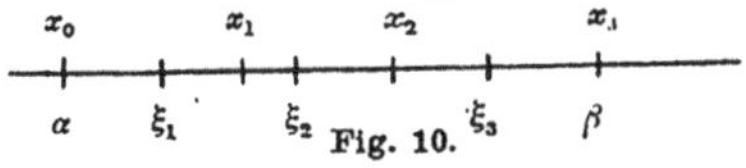

Fig. 10.

$$\xi_k < x_k < \xi_{k+1} \qquad (k = 1, 2, \dots (p-1))$$

genügen, und führt noch die Bezeichnung ein

$$\alpha = x_0, \quad \beta = x_p,$$

so ist nach der Relation (3) des § 148

$$f(x_k) - f(x_{k-1}) \geqq f(\xi_k + 0) - f(\xi_k - 0) = S(\xi_k) \quad (k = 1, 2, \dots, p)$$

und daher

$$(3) \qquad \begin{cases} f(\beta) - f(\alpha) = \sum_{k=1}^{p} (f(x_k) - f(x_{k-1})) \\ \qquad \geqq S(\xi_1) + \cdots + S(\xi_p). \end{cases}$$

Nun sollten die ξ_k alle in B_n enthalten sein, d. h. es sollte

$$(4) \qquad S(\xi_k) > \frac{1}{n} \qquad (k = 1, 2, \dots, p)$$

sein; dann folgt aber aus (3) und (4)

$$f(\beta) - f(\alpha) > \frac{p}{n}$$

oder

$$p < n(f(\beta) - f(\alpha)).$$

Die Anzahl der Punkte von B_n, die im Intervall (2) liegen, ist also nicht größer als die endliche Zahl $n(f(\beta) - f(\alpha))$; daher kann die Punktmenge B_n keinen Kondensationspunkt besitzen und muß höchstens abzählbar sein.

Die Vereinigungsmenge

$$B_1 \dotplus B_2 \dotplus B_3 \dotplus \cdots$$

ist also ebenfalls höchstens abzählbar (§ 43), und sie enthält alle Punkte von A, in denen die Schwankung $S(x)$ nicht verschwindet; daher der Satz:

Satz 7. *Jede monotone Funktion besitzt höchstens abzählbar viele Unstetigkeitsstellen.*

In jedem Intervall, das einen Punkt von A enthält, gibt es also mindestens einen Stetigkeitspunkt von $f(x)$, und da A in sich dicht und $f(x)$ im Kleinen beschränkt ist (§ 139), so ist jede monotone Funktion $f(x)$ entweder stetig oder höchstens punktiert unstetig (§ 141).

152. Es seien x_1 und x_2 zwei beliebige Punkte des linearen Gebietes A, in dem die monoton wachsende Funktion $f(x)$ definiert ist und es sei $x_1 < x_2$. Die Unstetigkeitspunkte dieser Funktion, die im Intervall

$$x_1 < x < x_2 \tag{1}$$

liegen, bilden eine aus höchstens abzählbar unendlich vielen Punkten

$$\xi_1, \xi_2, \xi_3, \ldots \tag{2}$$

bestehende Punktmenge. Wir führen die Funktion $D(x_1, x_2)$ der zwei Veränderlichen x_1 und x_2 ein, die durch die Gleichung

$$D(x_1, x_2) = (f(x_1+0) - f(x_1)) + \sum_k S(\xi_k) + (f(x_2) - f(x_2-0)) \tag{3}$$

definiert ist, wenn die Punktmenge (2) nicht leer ist, und durch

$$D(x_1, x_2) = (f(x_1+0) - f(x_1)) + (f(x_2) - f(x_2-0)),$$

wenn diese Punktmenge leer ist. Nach dem Satze 1 des § 104 ist, wenn die Punktmenge (2) unendlich viele Punkte enthält

$$\sum_k S(\xi_k) = \lim_{p=\infty} \sum_{k=1}^{p} S(\xi_k). \tag{4}$$

Nun ist, wenn man ein Intervall $\alpha < x < \beta$ betrachtet, dessen Endpunkte in (1) liegen und welches die Punkte $\xi_1, \xi_2, \ldots, \xi_p$ enthält, nach der Relation (3) des vorigen Paragraphen

$$\sum_{k=1}^{p} S(\xi_k) \leqq f(\beta) - f(\alpha)$$

und daher, weil

$$f(\beta) \leqq f(x_2-0) \quad \text{und} \quad f(\alpha) \geqq f(x_1+0)$$

ist,

$$\sum_{k=1}^{p} S(\xi_k) \leqq f(x_2-0) - f(x_1+0).$$

Nach (4) ist also auch

$$\sum_k S(\xi_k) \leqq f(x_2-0) - f(x_1+0)$$

und, wenn man diese letzte Relation mit (3) vergleicht,

$$D(x_1, x_2) \leqq f(x_2) - f(x_1). \tag{5}$$

Man sieht sofort ein, daß die Relation (5) auch dann bestehen muß, wenn die Punktmenge (2) nur aus endlich vielen Punkten besteht oder auch, wenn diese Punktmenge leer ist.

Die Funktion $D(x_1, x_2)$, die ihrer Natur nach nie negativ sein kann, wollen wir die totale Diskontinuität der Funktion $f(x)$ im Intervall (1) nennen, die Differenz $(f(x_2)-f(x_1))$ heißt die Variation der monoton wachsenden Funktion $f(x)$ in diesem Intervall (vgl. § 178). Die Relation (5) kann also folgendermaßen ausgesprochen werden:

Satz 8. *In jedem Teilintervall des Definitionsbereichs A einer monoton wachsenden Funktion $f(x)$ ist die totale Diskontinuität der Funktion nie größer als ihre Variation.*

153. Sind x_1, x_2 und x_3 drei Punkte des Definitionsbereichs A unserer monotonen Funktion $f(x)$ und ist

$$x_1 < x_2 < x_3,$$

so folgt aus der Gleichung (3) des vorigen Paragraphen in Verbindung mit dem Satze 2 des § 105, daß stets

$$D(x_1, x_3) = D(x_1, x_2) + D(x_2, x_3) \tag{1}$$

sein muß. Nun sei x_0 ein fester Punkt und x ein beliebiger Punkt von A; wir definieren auf dem Gebiete A eine Funktion $\psi(x)$ folgendermaßen:

$$\begin{cases} \psi(x) = D(x_0, x) & \text{für } x > x_0, \\ \psi(x) = -D(x, x_0) & \text{für } x < x_0, \\ \psi(x_0) = 0. \end{cases} \tag{2}$$

Mit Hilfe von (1) sieht man sofort ein, daß, wenn x_1 und x_2 zwei beliebige Punkte von A bedeuten und $x_1 < x_2$ ist, die Gleichung

$$\psi(x_2) - \psi(x_1) = D(x_1, x_2) \tag{3}$$

stattfinden muß. Hieraus folgt aber, daß $\psi(x)$ eine monoton wachsende Funktion ist, und daß in jedem Intervall ihre Variation gleich der totalen Diskontinuität von $f(x)$ ist. Ferner liefert die letzte Gleichung in Verbindung mit den Relationen (3) und (5) des vorigen Paragraphen

$$f(x_2) - f(x_2 - 0) \leqq \psi(x_2) - \psi(x_1), \tag{4}$$

$$f(x_1 + 0) - f(x_1) \leqq \psi(x_2) - \psi(x_1), \tag{5}$$

$$f(x_2) - f(x_1) \geqq \psi(x_2) - \psi(x_1). \tag{6}$$

Aus der Relation (4) folgt

$$\lim_{x_1 = x_2 - 0} (\psi(x_2) - \psi(x_1)) \geqq f(x_2) - f(x_2 - 0)$$

oder

$$\psi(x_2) - \psi(x_2 - 0) \geqq f(x_2) - f(x_2 - 0);$$

ähnlich schließt man aus (6)

$$f(x_2) - f(x_2 - 0) \geqq \psi(x_2) - \psi(x_2 - 0)$$

und diese beiden Relationen geben zusammen

$$\psi(x_2) - \psi(x_2 - 0) = f(x_2) - f(x_2 - 0).$$

Ebenso folgt aus (5) und (6)

$$\psi(x_1 + 0) - \psi(x_1) = f(x_1 + 0) - f(x_1).$$

Da die Punkte x_1 und x_2 ganz beliebige Punkte von A waren, sehen wir also, daß für jeden Punkt x von A die Gleichungen

$$(7) \qquad \begin{cases} \psi(x) - \psi(x - 0) = f(x) - f(x - 0), \\ \psi(x + 0) - \psi(x) = f(x + 0) - f(x) \end{cases}$$

gelten müssen. Aus diesen beiden letzten Gleichungen folgt nicht nur, daß in jedem Punkte von A die Schwankung der Funktion $\psi(x)$ gleich der Schwankung von $f(x)$ ist, sondern auch nach der Gleichung (3) des vorigen Paragraphen, daß die totale Diskontinuität von $\psi(x)$ in einem beliebigen Intervall $x_1 < x < x_2$, dessen Endpunkte in A enthalten sind, gleich der totalen Diskontinuität von $f(x)$ in diesem Intervall ist. In einem solchen Intervall ist also die totale Diskontinuität von $\psi(x)$ gleich ihrer eigenen Variation.

Setzt man

$$(8) \qquad f(x) = \psi(x) + \chi(x),$$

so ist für je zwei Punkte x_1 und x_2 von A

$$f(x_2) - f(x_1) = \psi(x_2) - \psi(x_1) + \chi(x_2) - \chi(x_1)$$

und daher nach (6), wenn $x_1 < x_2$ ist,

$$\chi(x_2) - \chi(x_1) \geqq 0.$$

Die Funktion $\chi(x)$ ist also monoton wachsend; ferner folgt aus (8) nach dem Ergebnis des § 146

$$f(x + 0) - f(x - 0) = \psi(x + 0) - \psi(x - 0) + \chi(x + 0) - \chi(x - 0)$$

oder, wenn man die Gleichungen (7) berücksichtigt,

$$\chi(x + 0) - \chi(x - 0) = 0.$$

Die Funktion $\chi(x)$ ist also eine stetige Funktion, und wir haben den Satz:

Satz 9. *Jede auf einem linearen Gebiete A definierte monoton wachsende Funktion $f(x)$ kann als Summe von zwei monoton wachsenden Funktionen $\psi(x)$ und $\chi(x)$ betrachtet werden, deren erste $\psi(x)$ in jedem abgeschlossenen Teilintervall von A eine totale Diskontinuität besitzt, die gleich ihrer eigenen Variation und auch gleich der totalen Diskontinuität von $f(x)$ in diesem Intervall ist, und deren zweite $\chi(x)$ eine stetige Funktion ist.*

154. Ist c eine Konstante und setzt man

(1) $$\overline{\psi}(x) = \psi(x) + c, \qquad \overline{\chi}(x) = \chi(x) - c,$$

so ist wiederum $\overline{\psi}(x)$ eine monoton wachsende Funktion, deren totale Diskontinuität in irgend einem Teilintervall von A gleich ihrer Variation in diesem Intervall ist, und $\overline{\chi}(x)$ ist eine stetige monoton wachsende Funktion; überdies hat man

$$f(x) = \overline{\psi}(x) + \overline{\chi}(x).$$

Man erhält auf diese Weise sämtliche Zerlegungen von $f(x)$ in eine Summe von zwei Funktionen, welche die oben genannten Eigenschaften haben. Denn aus der Stetigkeit von $\overline{\chi}(x)$ folgt

$$f(x+0) - f(x) = \overline{\psi}(x+0) - \overline{\psi}(x),$$
$$f(x) - f(x-0) = \overline{\psi}(x) - \overline{\psi}(x-0),$$

und hieraus, daß in jedem Intervall, dessen Endpunkte in A liegen, die totalen Diskontinuitäten von $f(x)$ und $\overline{\psi}(x)$ einander gleich sind. Folglich müssen die Variationen von $\psi(x)$ und $\overline{\psi}(x)$ in jedem solchen Intervall ebenfalls einander gleich sein; d. h. man muß für jeden Punkt x von A

$$\overline{\psi}(x) - \overline{\psi}(x_0) = \psi(x) - \psi(x_0)$$

haben, woraus dann leicht die Gleichungen (1) folgen.

155. Es sei mit

(1) $$x_1, x_2, \ldots$$

eine abzählbare Punktmenge bezeichnet, die auf dem linearen Gebiete A überall dicht liegt; ferner sei jedem Punkte x_k eine Zahl y_k zugeordnet und für zwei beliebige natürliche Zahlen k_1, k_2 sei stets

(2) $$(x_{k_1} - x_{k_2})(y_{k_1} - y_{k_2}) \geqq 0.$$

Ist dann x irgendein Punkt von A und mit $p_1, p_2, \ldots$ diejenige Teilmenge der natürlichen Zahlenreihe bezeichnet, für welche

(3) $$x_{p_k} \geqq x$$

ist, und setzt man

$$f(x) = \text{untere Grenze von } \{y_{p_1}, y_{p_2}, \ldots\},$$

so ist die Funktion $f(x)$ wegen (2) monoton wachsend und außerdem ist für jede natürliche Zahl k

(4) $$f(x_k) = y_k.$$

Wir bezeichnen mit $\Phi(x)$ und $\varphi(x)$ die Limesfunktionen der soeben konstruierten Funktion $f(x)$ und bemerken, daß jede monoton wachsende Funktion $f_1(x)$, welche die Bedingung

$$(5) \qquad f_1(x_k) = y_k \qquad (k = 1, 2, \ldots)$$

befriedigt, dieselben Limesfunktionen wie $f(x)$ haben muß. In der Tat liegen in jedem Teilintervall des linearen Gebietes A Punkte x_k, für welche

$$f(x_k) = f_1(x_k)$$

ist, und daher folgt auch für jeden Punkt x von A

$$f(x+0) = f_1(x+0) \quad \text{und} \quad f(x-0) = f_1(x-0).$$

Es ist also

$$(6) \qquad \varphi(x) \leqq f_1(x) \leqq \Phi(x)$$

und hieraus folgt, daß die Punktmenge, in welcher die Funktion $f_1(x)$ von $f(x)$ verschieden sein kann, aus den Unstetigkeitspunkten von $f(x)$ besteht, die in der Folge (1) nicht enthalten sind.

Umgekehrt wächst jede Funktion $f_1(x)$, die die Bedingung (6) erfüllt, monoton (§ 149, Satz 4). Die Gesamtheit der monoton wachsenden Funktionen, welche in den gegebenen Punkten x_k die vorgeschriebenen Werte y_k annehmen, fällt also zusammen mit der Gesamtheit der Funktionen, die die Bedingungen (5) und (6) zugleich befriedigen.

156. Die Unstetigkeitspunkte einer monoton wachsenden Funktion können überall dicht auf dem Gebiete A liegen.

Wir ordnen, um dies an einem Beispiele zu zeigen, jedem Punkte des Intervalls $0 < x < 1$, mit rationaler Abszisse $p:q$ (p und q teilerfremd), deren Nenner q eine Potenz von 2 ist, zwei Zahlen $\Phi(x)$ und $\varphi(x)$ zu, die durch folgende Regel berechnet werden, nachdem wir noch außerdem

$$(1) \qquad \Phi(0) = \varphi(0) = 0$$

und

$$\Phi(1) = \varphi(1) = 1$$

gesetzt haben Man zerlege das Ordinatenintervall von $\Phi(0)$ bis $\varphi(1)$ (siehe Fig. 11) in drei gleiche Teile und setze $\varphi(\frac{1}{2})$ gleich der Ordinate des unteren Teilpunktes und $\Phi(\frac{1}{2})$ gleich der des oberen; d. h. es sei

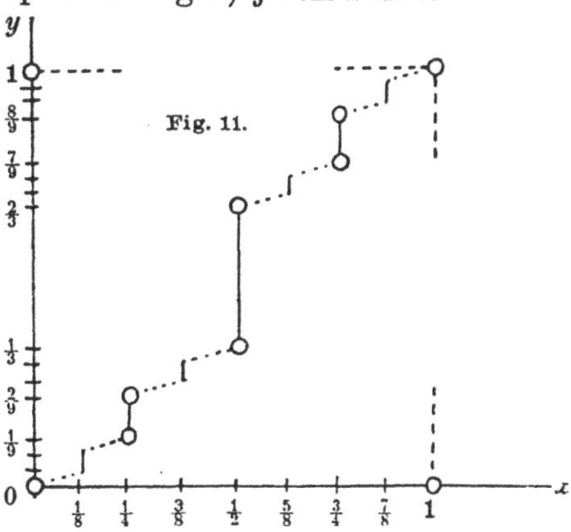

Fig. 11.

$$(2) \qquad \varphi(\tfrac{1}{2}) = \tfrac{1}{3}, \quad \Phi(\tfrac{1}{2}) = \tfrac{2}{3}.$$

Dann teile man wieder die Ordinatenintervalle von $\Phi(0)$ bis $\varphi(\frac{1}{2})$ und von $\Phi(\frac{1}{2})$ bis $\varphi(1)$ je in drei gleiche Teile und wähle ebenso die unteren Teilpunkte für $\varphi(\frac{1}{4})$ bzw. $\varphi(\frac{3}{4})$, die oberen Teilpunkte für $\Phi(\frac{1}{4})$ bzw. $\Phi(\frac{3}{4})$. Ebenso teile man, um im allgemeinen

$$\varphi\left(\frac{2n+1}{2^k}\right) \quad \text{und} \quad \Phi\left(\frac{2n+1}{2^k}\right) \tag{3}$$

zu bekommen, das Ordinatenintervall

$$\Phi\left(\frac{n}{2^{k-1}}\right) < y < \varphi\left(\frac{n+1}{2^{k-1}}\right)$$

in drei gleiche Teile und setze die erste der Zahlen (3) gleich der Ordinate des untersten dieser Teilpunkte, die zweite der Zahlen (3) gleich der Ordinate des obersten Teilpunktes; d. h. es gelten die Rekursionsformeln

$$\left\{\begin{aligned} \varphi\left(\frac{2n+1}{2^k}\right) &= \frac{2}{3}\,\Phi\left(\frac{n}{2^{k-1}}\right) + \frac{1}{3}\,\varphi\left(\frac{n+1}{2^{k-1}}\right), \\ \Phi\left(\frac{2n+1}{2^k}\right) &= \frac{1}{3}\,\Phi\left(\frac{n}{2^{k-1}}\right) + \frac{2}{3}\,\varphi\left(\frac{n+1}{2^{k-1}}\right). \end{aligned}\right. \tag{4}$$

Wir haben auf diese Weise die Funktionen $\varphi(x)$ und $\Phi(x)$ auf einer abzählbaren Punktmenge $x_1, x_2, x_3, \ldots$ definiert, die auf dem Intervall $0 < x < 1$ überall dicht liegt; hierbei ist

$$x_1 = \tfrac{1}{2},\; x_2 = \tfrac{1}{4},\; x_3 = \tfrac{3}{4},\; x_4 = \tfrac{1}{8},\; x_5 = \tfrac{3}{8}, \ldots \tag{5}$$

und für jedes x_k

$$\varphi(x_k) < \Phi(x_k). \tag{6}$$

Sind ferner x_j und x_k zwei Punkte unserer Folge und ist $x_j < x_k$, so zeigt man leicht, daß

$$\Phi(x_j) < \varphi(x_k) \tag{7}$$

ist. Aus (6) und (7) folgt erstens nach dem vorigen Paragraphen, daß man im Intervall $0 < x < 1$ zwei monoton wachsende Funktionen $\varphi(x)$ und $\Phi(x)$ bestimmen kann, welche in den Punkten der Folge (5) die vorgeschriebenen Werte annehmen und zweitens, daß die Gleichungen

$$\Phi(x+0) = \varphi(x+0) \quad \text{und} \quad \Phi(x-0) = \varphi(x-0) \tag{8}$$

überall befriedigt sind Die Gleichungen (8) zeigen, daß die Funktionen $\Phi(x)$ und $\varphi(x)$ dieselben Limesfunktionen besitzen und daß also ihre Schwankung $S(x)$ in jedem Punkte mindestens gleich dem absoluten Betrage ihrer Differenz ist. Für die Punkte der Folge (5) ist insbesondere

$$S(x_k) \geqq \Phi(x_k) - \varphi(x_k). \tag{9}$$

Die totale Diskontinuität $D(0, 1)$ der beiden Funktionen im Intervall $0 < x < 1$ genügt nun der Bedingung

(10) $$D(0,1) \geqq \sum_k S(x_k)$$

und es ist daher nach (9)

(11) $$D(0,1) \geqq \sum_k (\Phi(x_k) - \varphi(x_k)).$$

Nun ist aber, wenn man die letzte Summe ausrechnet,

$$\begin{aligned}\sum_k (\Phi(x_k) - \varphi(x_k)) &= \frac{1}{3} + \frac{2}{3^2} + \frac{2^2}{3^3} + \cdots \\ &= \frac{1}{3}\left\{1 + \frac{2}{3} + \left(\frac{2}{3}\right)^2 + \cdots\right\} \\ &= 1\end{aligned}$$

und also

(12) $$D(0,1) \geqq 1.$$

Anderseits ist, wegen der Bedingungen

$$0 < \varphi(x) < 1, \quad 0 < \Phi(x) < 1$$

die Variation der Funktionen $\Phi(x)$ und $\varphi(x)$ höchstens gleich Eins im Intervall $0 < x < 1$ und dies ist nur dann mit (12) verträglich, wenn

(13) $$\left\{\begin{aligned} D(0,1) &= 1 \\ &= \sum_k (\Phi(x_k) - \varphi(x_k)) \end{aligned}\right.$$

ist. Aus der letzten Gleichung folgt aber, daß die Gleichheitszeichen auch in den Relationen (9) und (10) gelten müssen, und dies besagt erstens, daß unsere Funktionen außer in den Punkten der Folge (5) keine Unstetigkeiten haben können und zweitens, daß ihre Schwankung in diesen Punkten gleich ihrer Differenz ist. Hieraus folgt, wenn man noch die Gleichungen (8) berücksichtigt, daß $\Phi(x)$ aufwärts und $\varphi(x)$ abwärts halbstetig ist.

157. Jeder beschränkten, in einem abgeschlossenen Intervall definierten, monoton wachsenden Funktion $f(x)$ kann man ein geometrisches Bild zuordnen, das man den Graph der Funktion nennt. Der Graph ist eine ebene Punktmenge, die aus allen Punkten der xy-Ebene besteht, deren Abszissen x auf dem abgeschlossenen Intervall

(1) $$A: \quad a \leqq x \leqq b$$

liegen, und deren Ordinaten y der Bedingung

(2) $$\varphi(x) \leqq y \leqq \Phi(x)$$

genügen, in der wieder

(3) $$\varphi(x) = f(x-0), \quad \Phi(x) = f(x+0)$$

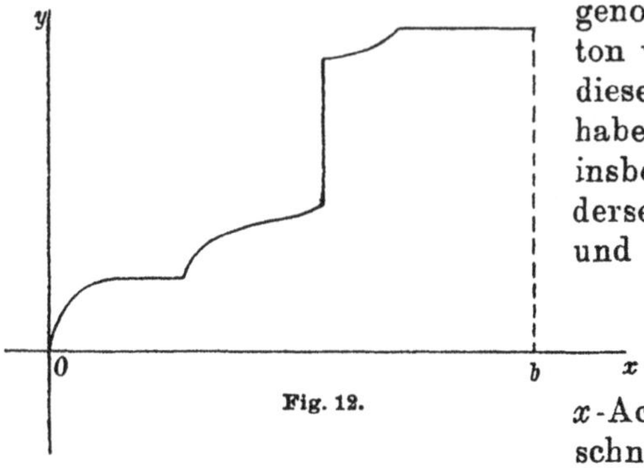

Fig. 12.

genommen worden sind. Zwei monoton wachsende Funktionen, welche dieselben Limesfunktionen besitzen, haben demnach denselben Graph; insbesondere ist der Graph von $f(x)$ derselbe wie der Graph von $\Phi(x)$ und $\varphi(x)$.

Der Durchschnitt des Graphs von $f(x)$ mit einer Parallelen $x = \xi$ zur y-Achse, welche die x-Achse in einem Punkte ξ von A schneidet, besteht nach (2) entweder aus einem einzigen Punkt oder aus einem abgeschlossenen linearen Intervall auf der betrachteten Geraden.

158. Wir wollen jetzt die Punkte des Graphs bestimmen, die auf einer Parallelen $y = \eta$ zur x-Achse liegen, und bemerken dazu, daß die Abszissen dieser Punkte, d. h. die Werte von x, für welche

$$\varphi(x) \leqq \eta \leqq \Phi(x)$$

ist, mit dem Durchschnitt der beiden Punktmengen

(4) $$\mathfrak{M}(\varphi(x) \leqq \eta) \quad \text{und} \quad \mathfrak{M}(\Phi(x) \geqq \eta)$$

identisch sind. Es genügt den Fall zu untersuchen, in dem die gegebene Funktion $f(x)$ nicht konstant ist; setzt man

(5) $$\alpha = \varphi(a) \quad \text{und} \quad \beta = \Phi(b),$$

so ist dann $\alpha < \beta$ und eine der beiden Punktmengen (4) ist leer, sobald η nicht auf dem abgeschlossenen Intervall

(6) $$A_1\colon \quad \alpha \leqq y \leqq \beta$$

liegt. Anderseits ist aber für $\alpha \leqq \eta \leqq \beta$ keine der Punktmengen (4) leer und diese Punktmengen sind beide — weil $\varphi(x)$ abwärts und $\Phi(x)$ aufwärts halbstetig ist — abgeschlossen auf A (§ 136, Satz 3). Berücksichtigt man noch die Monotonie dieser Funktionen, so sieht man, daß es in A zwei Punkte $\bar{\xi}$ und ξ gibt, so daß die erste Punktmenge (4) identisch ist mit der Punktmenge

(7) $$a \leqq x \leqq \bar{\xi}$$

und die zweite mit der Punktmenge

(8) $$\xi \leqq x \leqq b.$$

Übrigens muß $\xi \leqq \bar{\xi}$ sein, denn sonst würde in A mindestens ein Punkt ξ' existieren, so daß $\bar{\xi} < \xi' < \xi$ wäre. Es würde dann aus $\xi' > \bar{\xi}$ die Relation

$$\varphi(\xi') > \eta$$

und aus $\xi' < \xi$ die Relation

$$\Phi(\xi') < \eta$$

folgen, was nicht zu gleicher Zeit stattfinden kann, weil stets $\varphi(\xi') \leqq \Phi(\xi')$ sein muß. Der Durchschnitt der beiden Punktmengen (7) und (8) besteht also im Falle $\xi = \bar{\xi}$ aus einem einzigen Punkt $x = \xi$ und im Falle $\xi < \bar{\xi}$ aus dem abgeschlossenen Intervall

$$\xi \leqq x \leqq \bar{\xi}.$$

Die Zahlen ξ und $\bar{\xi}$ können als Funktionen von η aufgefaßt werden, deren Definitionsbereich das abgeschlossene Intervall A_1 ist; wir schreiben

$$(9) \qquad \xi = \varphi_1(\eta), \quad \bar{\xi} = \Phi_1(\eta).$$

Nach unseren bisherigen Überlegungen ist dann stets

$$(10) \qquad \varphi_1(\eta) \leqq \Phi_1(\eta)$$

und der Durchschnitt des Graphs mit der Geraden $y = \eta$ durch die Bedingung

$$(11) \qquad \varphi_1(\eta) \leqq x \leqq \Phi_1(\eta)$$

charakterisiert. Die Bedingung (11) wird mithin durch genau dieselben Punkte der xy-Ebene befriedigt, wie die Bedingung (2).

159. Wir wollen jetzt zeigen, daß die Funktionen $\varphi_1(y)$ und $\Phi_1(y)$ als Limesfunktionen einer monoton wachsenden Funktion von y auf dem abgeschlossenen Intervall A_1 aufgefaßt werden können.

Es seien η und η' zwei Punkte von A_1 und $\eta < \eta'$; wir setzen

$$\bar{\xi} = \Phi_1(\eta), \quad \xi' = \varphi_1(\eta').$$

Da die erste der Punktmengen (4) und die Punktmenge (7) identisch sind, ist

$$\varphi(\bar{\xi}) \leqq \eta,$$

und ebenso findet man

$$\Phi(\xi') \geqq \eta'.$$

Hieraus folgt mit Berücksichtigung von $\eta < \eta'$

$$\varphi(\bar{\xi}) < \Phi(\xi'),$$

was nicht möglich ist, wenn $\xi' < \bar{\xi}$ sein sollte (§ 148, Satz 2). Aus $\eta < \eta'$ folgt also $\bar{\xi} \leqq \xi'$, oder

$$\Phi_1(\eta) \leqq \varphi_1(\eta'). \tag{12}$$

Mit Hilfe von (10) hat man dann auch

$$\varphi_1(\eta) \leqq \varphi_1(\eta') \quad \text{und} \quad \Phi_1(\eta) \leqq \Phi_1(\eta'),$$

d. h. die beiden Funktionen $\varphi_1(y)$ und $\Phi_1(y)$ sind **monoton wachsend**.

Hieraus folgt mit Berücksichtigung von (10)

$$\varphi_1(\eta) \leqq \varphi_1(\eta + 0) \leqq \Phi_1(\eta + 0);$$

anderseits aber hat man, weil die Relation (12) eine Folge von $\eta < \eta'$ ist,

$$\Phi_1(\eta' - 0) \leqq \varphi_1(\eta').$$

Nun folgt aber, nach dem Satze 4 des § 149, aus diesen letzten Relationen, die für jedes beliebige η oder η' innerhalb A_1 gelten und die man daher schreiben kann

$$\Phi_1(y - 0) \leqq \varphi_1(y) \leqq \Phi_1(y + 0),$$

daß die beiden monoton wachsenden Funktionen $\varphi_1(y)$ und $\Phi_1(y)$ **dieselben Limesfunktionen** haben müssen.

Da die zweite der Punktmengen (4) und die Punktmenge (8) identisch sein sollen, folgt aus

$$\xi = \varphi_1(\eta)$$

und aus $\xi' < \xi$, daß

$$\Phi(\xi') < \eta$$

sein muß. Ist dann η'' eine Zahl zwischen $\Phi(\xi')$ und η, so muß $\xi' < \varphi_1(\eta'')$ sein; denn aus $\xi' \geqq \varphi_1(\eta'')$ würde, entgegen der Definition von η'', die Relation $\Phi(\xi') \geqq \eta''$ folgen. Man kann also, weil $\eta'' < \eta$ ist und $\varphi_1(\eta)$ monoton wächst, schreiben:

$$\xi' < \varphi_1(\eta - 0).$$

Da die letzte Relation für alle Zahlen $\xi' < \xi$ gilt, ist auch $\xi \leqq \varphi_1(\eta - 0)$ oder

$$\varphi_1(\eta) \leqq \varphi_1(\eta - 0).$$

Anderseits ist aber $\varphi_1(y)$ monoton wachsend und daher

$$\varphi_1(\eta - 0) \leqq \varphi_1(\eta);$$

man muß also haben

$$\varphi_1(\eta - 0) = \varphi_1(\eta),$$

d. h. die Funktion $\varphi_1(y)$ ist **nach unten halbstetig**. Ganz ähnlich beweist man, daß

$$\Phi_1(\eta) = \Phi_1(\eta + 0)$$

ist, d. h. daß die Funktion $\Phi_1(y)$ nach oben halbstetig ist. Hiermit ist das behauptete Resultat bewiesen.

160. Die beiden monoton wachsenden Funktionen $\Phi(x)$ und $\Phi_1(y)$ haben nach dem Obigen die Eigenschaft, denselben Graph zu besitzen. Die Beziehung zwischen den Funktionen $\Phi(x)$ und $\varphi(x)$ einerseits und den Funktionen $\Phi_1(y)$ und $\varphi_1(y)$ andererseits ist also eine symmetrische und dieselben Überlegungen, die uns erlaubt haben $\Phi_1(y)$ und $\varphi_1(y)$ zu berechnen, wenn $\Phi(x)$ oder $\varphi(x)$ gegeben waren, führen zur Bestimmung von $\Phi(x)$ und $\varphi(x)$, wenn man $\Phi_1(y)$ oder $\varphi_1(y)$ kennt.

Aus der Bedeutung der Relationen (7) und (8) des § 158 folgt, wie wir schon bemerkt haben,

$$\varphi(\xi) \leqq \eta \leqq \Phi(\xi),$$

was man auch schreiben kann

$$\varphi(\Phi_1(\eta)) \leqq \eta \leqq \Phi(\varphi_1(\eta)). \tag{1}$$

Für jeden Punkt y des Gebietes A_1 haben wir also

$$\varphi(\Phi_1(y)) \leqq y \leqq \Phi(\varphi_1(y)); \tag{2}$$

ebenso muß für jeden Punkt x des Gebietes A die Relation

$$\varphi_1(\Phi(x)) \leqq x \leqq \Phi_1(\varphi(x)) \tag{3}$$

erfüllt sein.

Sind die Funktionen $\Phi(x)$ und $\varphi(x)$ nicht stets wachsend, d. h. gibt es zwei Punkte ξ' und ξ'' des Gebietes A, für welche

$$\xi' < \xi'' \quad \text{und} \quad \varphi(\xi') = \Phi(\xi') = \varphi(\xi'') = \Phi(\xi'') = \eta$$

ist, so muß zugleich

$$\varphi_1(\eta) \leqq \xi' \quad \text{und} \quad \Phi_1(\eta) \geqq \xi''$$

sein, d. h. die Funktionen $\Phi_1(y)$ und $\varphi_1(y)$ besitzen eine Unstetigkeit im Punkte $y = \eta$. Ist umgekehrt dieses der Fall, d. h. ist $\varphi_1(\eta) < \Phi_1(\eta)$, so muß

$$\varphi(\Phi_1(\eta)) \geqq \Phi(\varphi_1(\eta))$$

stattfinden und dies in Verbindung mit (1) liefert

$$\varphi(\Phi_1(\eta)) = \Phi(\varphi_1(\eta)),$$

was nur dann möglich ist, wenn die Funktionen $\varphi(x)$ und $\Phi(x)$ nicht stets wachsend sind.

Die Funktionen $\Phi_1(y)$ und $\varphi_1(y)$ sind also dann und nur dann stetig im Gebiete A_1, wenn eine der Funktionen $\Phi(x)$ und $\varphi(x)$ (und dann auch beide) im Gebiete A stets wachsend sind. Und ebenso sind $\Phi(x)$ und $\varphi(x)$ dann und nur dann stetig in A, wenn die Funktionen $\Phi_1(y)$ und $\varphi_1(y)$ stets wachsend in A_1 sind.

Ist die Funktion $\Phi(x)$ stetig und stets wachsend, d. h. ist für jeden Punkt x von A

$$\Phi(x) = \varphi(x)$$

und für jedes Punktepaar x', x'' dieses Gebietes, für welches $x' < x''$ ist, auch

$$\Phi(x') < \Phi(x''),$$

so ist die Funktion $\Phi_1(y)$ stetig und stets wachsend, und man hat insbesondere

$$\Phi_1(y) = \varphi_1(y).$$

Die Relationen (2) und (3) werden dann einfach

$$\Phi(\Phi_1(y)) = y, \quad \Phi_1(\Phi(x)) = x$$

und die Funktion $x = \Phi_1(y)$ heißt die zu $y = \Phi(x)$ inverse Funktion, oder auch die Umkehrung der Funktion $\Phi(x)$.

161. Die Summe von zwei stetigen und stets wachsenden Funktionen hat dieselbe Eigenschaft, ebenso das Produkt von zwei derartigen Funktionen, falls sie positiv sind (§ 131, Satz 9).

Ebenso sieht man leicht ein, daß, wenn $y = \psi(u)$ und $u = f(x)$, beide stetig und stets wachsend sind, dasselbe von

$$y = \psi(f(x))$$

gelten muß (§ 138).

Da die Funktion $y = x$ monoton und stets wachsend ist, so gilt auf der Punktmenge $0 \leqq x < +\infty$ dasselbe von $y = x \cdot x = x^2$. Die Umkehrung dieser Funktion

$$y = \sqrt{x},$$

die für nicht negative x definiert ist, hat demnach dieselbe Eigenschaft.

Ebenso sieht man, daß die Umkehrung von $y = x^m$ (für ganzzahlige m), die für positive x definiert ist, stetig und stets wachsend ist; man schreibt diese Funktion in der Gestalt

$$y = x^{\frac{1}{m}}.$$

Endlich kann man, wenn man

$$y = \psi(u) = u^{\frac{1}{q}} \quad \text{und} \quad u = f(x) = x^p$$

setzt und die Bezeichnung

$$\psi(f(x)) = x^{\frac{p}{q}}$$

einführt, nach dem obigen Resultat schließen, daß $x^{\frac{p}{q}}$ für positive Werte von x definiert ist und eine stetige und stets wachsende Funktion von x darstellt, deren Inverse leicht zu berechnen ist.

Erzeugung stetiger Funktionen.

162. Da unter allen Punktfunktionen die Klasse der stetigen Funktionen die einfachsten und daher wichtigsten Funktionen umfaßt, ist es notwendig, bestimmte Regeln anzugeben, durch welche man derartige Funktionen bilden kann.

Zunächst bemerken wir, daß, wenn P einen Punkt des n-dimensionalen Raumes mit den Koordinaten

$$P\colon\ x_1, x_2, \ldots, x_k, \ldots, x_n$$

bedeutet, für jeden festen Wert von k die Funktion

$$f(P) = x_k$$

stetig ist. Die Gesamtheit der Punkte

$$Q\colon\ x_1', x_2', \ldots, x_n',$$

für welche

$$x_k - h < x_k' < x_k + h \qquad (h > 0)$$

ist, ist nämlich eine Umgebung von P, für welche

$$|f(P) - f(Q)| < h$$

ist, dieses ist aber für die Stetigkeit von $f(P)$ hinreichend (§ 130, Satz 3).

Ebenso sieht man, daß jede Konstante eine stetige Funktion darstellt. Benutzt man die Sätze, daß Summe und Produkt von stetigen Funktionen wieder stetige Funktionen sind, so sieht man leicht ein, daß ganze rationale Funktionen oder, wie wir sagen wollen, Polynome in den n Veränderlichen $x_1, \ldots, x_n$ stetig sind. Denn man kann jeden Ausdruck der Form

$$\sum a_j x_1^{k_1} x_2^{k_2} \ldots x_n^{k_n}$$

als eine Summe von Produkten von stetigen Funktionen ansehen.

Ebenso ist jede rationale Funktion mehrerer Veränderlichen stetig, solange der Nenner nicht verschwindet.

163. Zu neuen stetigen Funktionen kommt man durch Einsetzen von Polynomen in nicht rationale stetige Funktionen einer Veränderlichen, z. B. in solche, die man durch Inversion von monotonen stets wachsenden Funktionen erhält. So ist z. B. der Ausdruck

$$\sqrt{(x_1-y_1)^2+(x_2-y_2)^2+\cdots+(x_n-y_n)^2}$$

eine stetige Funktion der $2n$ Veränderlichen $x_1 \ldots x_n$, $y_1 \ldots y_n$, die für jeden Punkt dieses $2n$-dimensionalen Raumes definiert ist, weil der Ausdruck unter dem Wurzelzeichen nie negativ sein kann.

164. Zu komplizierteren stetigen Funktionen kann man mit Hilfe des folgenden Satzes gelangen:

Satz 1. *Es seien die Funktionen $f_1(P)$ und $f_2(P)$ auf den perfekten Punktmengen A_1 bzw. A_2 stetig und in den Punkten des Durchschnittes $A_1 A_2$ einander gleich. Dann ist die Funktion $f(P)$, die auf der Vereinigungsmenge*

$$A = A_1 \dotplus A_2$$

definiert ist und in jedem Punkte von A_1 gleich $f_1(P)$, in jedem Punkte von A_2 gleich $f_2(P)$ ist, ebenfalls stetig auf A.

Ist nämlich α eine beliebige endliche Zahl, so besteht die Teilmenge

$$M(f \geqq \alpha) \tag{1}$$

von A aus der Vereinigung der Teilmengen $M(f_1 \geqq \alpha)$ von A_1 und $M(f_2 \geqq \alpha)$ von A_2. Die letzten Punktmengen sind relativ zu A_1 und A_2 abgeschlossen (§ 136, Satz 3); da aber A_1 und A_2 perfekte Punktmengen sind, müssen sie (§ 74, Satz 3), und daher auch ihre Vereinigungsmenge (1) im gewöhnlichen Sinne abgeschlossen sein und ebenso sieht man, daß

$$M(f \leqq \alpha)$$

eine abgeschlossene Punktmenge ist. Dies ist aber nach dem Satze 4 des § 136 hinreichend dafür, daß $f(P)$ eine stetige Funktion sei.

165. Unter den stetigen Funktionen, die man mit Hilfe des letzten Satzes bilden kann, sind die stückweise linearen Funktionen besonders zu erwähnen.

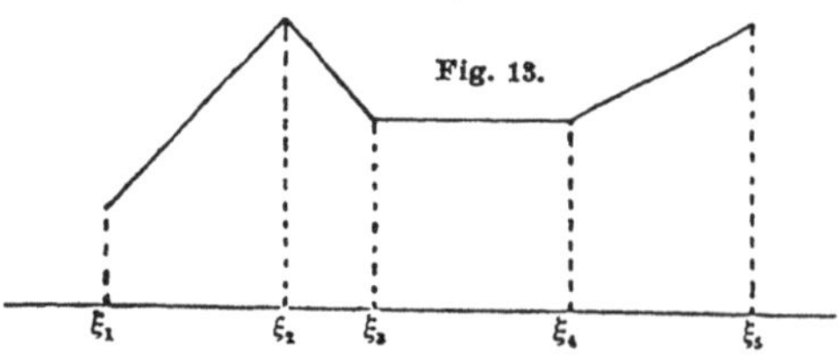

Fig. 13.

Für Funktionen einer Veränderlichen zerlegt man das Intervall, in dem die Funktion definiert werden soll, in eine endliche Anzahl von Teilintervallen und gibt sich die Werte der Funktion in den Endpunkten $\xi_1, \xi_2, \ldots$ dieser Teilintervalle. Im Inneren dieser Intervalle ist dann die Funktion durch die Bedingung der Linearität eindeutig bestimmt.*)

166. Aus dem Resultat des § 138 folgt ohne weiteres, daß die Funktion von k Veränderlichen, die man erhält, wenn man in einer stetigen Funktion von n Veränderlichen $(n-k)$ unter diesen Größen gleich Konstanten setzt, auf jeder in sich dichten Teilmenge ihres Definitionsbereiches ebenfalls stetig ist.

Insbesondere sind die Funktionen der einen Variablen x_k

$$f(a_1, a_2, \ldots, a_{k-1}, x_k, a_{k+1}, \ldots, a_n),$$

die man erhält, wenn man alle Variablen bis auf die Eine x_k festhält, stetig.

Die Umkehrung dieses Satzes ist aber nicht richtig; es gilt vielmehr der

Satz 2. *Eine Funktion von n Veränderlichen kann, als Funktion jeder einzelnen ihrer Variablen aufgefaßt, stetig sein und doch als Punktfunktion des n-dimensionalen Raumes Unstetigkeiten aufweisen.*

Wir wollen dies an einem Beispiele zeigen:

Wir betrachten die Funktion $f(x, y)$, die im Punkte $x = y = 0$ verschwindet,

$$f(0, 0) = 0,$$

und in allen anderen Punkten der Ebene durch die Gleichung

$$f(x, y) = \frac{xy}{x^2 + y^2}$$

gegeben ist. Für $y = y_0$ ist unsere Funktion als Funktion von x stetig, sowohl wenn $y_0 \neq 0$ ist, als auch wenn $y_0 = 0$ ist, in welchem Falle $f(x, 0)$ identisch verschwindet. Ebenso ist $f(x, y)$ stetig als Funktion von y, wenn man $x = x_0$ setzt. Anderseits gibt es in jeder Umgebung des Punktes $x = y = 0$ Punkte, in denen $x = y$ ist; für diese Punkte hat $f(x, y)$ den Wert $\frac{1}{2}$, solange $x \neq 0$ ist, und den Wert Null, wenn $x = 0$ ist.**)

---

*) Ähnlich muß man sich für Funktionen von zwei Veränderlichen die Werte der Funktion in den Ecken eines Dreiecknetzes, für Funktionen von drei Veränderlichen ihre Werte in den Eckpunkten eines Tetraedernetzes usf. geben.

**) Man kann das Beispiel leicht so modifizieren, daß $u = f(x, y)$ auf jeder Geraden der Ebene stetig und dennoch als Funktion von zwei Veränderlichen unstetig ist. Man braucht bloß wieder $f(0, 0) = 0$ und in allen anderen Punkten der Ebene

$$f(x, y) = \frac{yx^2}{x^4 + y^2}$$

zu setzen.

Konvergente Funktionenfolgen.

167. Es sei A eine beliebige Punktmenge und auf A seien abzählbar viele Funktionen

(1) $$f_1(P),\ f_2(P),\ \dots$$

definiert. Diese Funktionen können nun überall endlich sein, ohne doch beschränkt zu sein (§ 121). Ferner kann eine jede der Funktionen $f_n(P)$ überall beschränkt sein, ohne daß doch eine Zahl M zu existieren braucht, so daß für jedes k

(2) $$|f_k(P)| < M$$

ist. Es ist z. B., wenn $f_k(P) = k$ ist, jede Funktion $f_k(P)$ beschränkt, aber es gibt keine Zahl M, die alle $|f_k(P)|$ übertrifft.

Existiert dagegen eine solche Zahl M, so daß für jedes k die Ungleichheit (2) erfüllt ist, so heißt die Funktionenfolge **gleichmäßig beschränkt auf A.**

Ist jetzt P ein bestimmter Punkt von A, so sagt man, daß die Folge (1) im Punkte P konvergiert, wenn

$$\lim_{k=\infty} f_k(P)$$

existiert. Konvergiert die Funktionenfolge in jedem Punkte P von A, so heißt die Folge $f_k(P)$ **auf A konvergent.** Dann ist durch

$$f_k(P) \longrightarrow f(P)$$

eine neue Funktion auf A definiert.

Die Grenzfunktion $f(P)$ braucht nicht endlich zu sein, wenn die einzelnen Funktionen $f_k(P)$ endlich sind, ja selbst dann nicht, wenn sie beschränkt sind. Setzt man z. B.

$$f_k(P) = k,$$

so ist die Folge konvergent und besteht aus lauter beschränkten Funktionen und es ist trotzdem die Grenzfunktion $f(P)$ identisch gleich $+\infty$.

Dagegen muß die Grenzfunktion $f(P)$ beschränkt sein, wenn die Folge (1) gleichmäßig beschränkt ist. Ist nämlich die Bedingung (2) für jedes k erfüllt, so muß auch in jedem Punkte P von A

$$\lim_{k=\infty} |f_k(P)| = |f(P)| \leqq M$$

sein (§ 99, Satz 7).

168. Die Umkehrung gilt aber nicht. Es kann die Grenzfunktion $f(P)$ beschränkt sein, ohne daß die $f_k(P)$ gleichmäßig beschränkt wären.

Es sei z. B. die Funktionenfolge der einen Veränderlichen x auf dem abgeschlossenen Intervall $0 \leqq x \leqq 1$ folgendermaßen definiert:

$$f_k(0) = 0, \qquad f_k(1) = 0,$$

$$f_k\left(\frac{1}{k}\right) = 0, \qquad f_k\left(\frac{1}{2k}\right) = k,$$

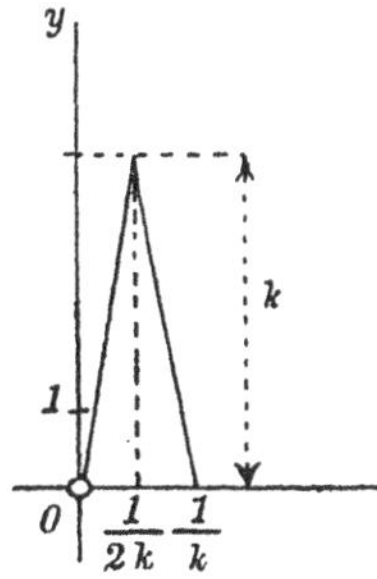

Fig. 14.

und zwischen diesen Punkten sei $f_k(x)$ linear.

Die gegebene Funktionenfolge konvergiert überall gegen Null: für $x = 0$ ist dies selbstverständlich; für $x > 0$ ist aber $f_k(x) = 0$, sobald $k > \frac{1}{x}$ ist. Trotzdem ist die gegebene Folge nicht gleichmäßig beschränkt.

169. Ganz ähnlich kann man sehen, daß eine Folge von stetigen Funktionen gegen eine unstetige Funktion konvergieren kann. Es seien wieder die $f_k(x)$ stückweise linear und zwar sei

$$f_k(x) = 0 \quad \text{für} \quad |x| \geqq \frac{1}{k}, \quad f_k(0) = 1$$

und $f_k(x)$ linear in den abgeschlossenen Intervallen

$$-\frac{1}{k} \leqq x \leqq 0 \quad \text{und} \quad 0 \leqq x \leqq \frac{1}{k}.$$

Dann ist die Folge $f_k(x)$ konvergent und die Grenzfunktion $f(x)$ gleich Null für $x \neq 0$ und gleich Eins für $x = 0$.

Ein anderes Beispiel dieser Art ist folgendes: Man setze

$$f_k(x) = \frac{1}{1 + kx^2};$$

die Funktion $f_k(x)$ ist stetig für alle x. Für $x = 0$ ist

$$f_k(0) = 1, \quad \text{also} \quad \lim_{k=\infty} f_k(0) = 1;$$

für $x \neq 0$ ist aber

$$\lim_{k=\infty} f_k(x) = 0.$$

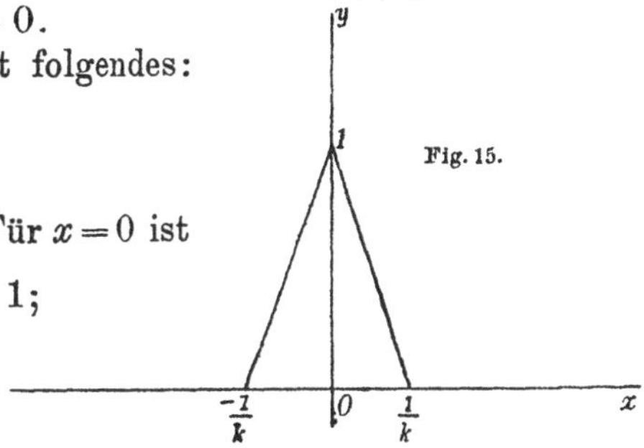

Fig. 15.

170. Die Dirichletsche Funktion. Man kann von stetigen Funktionen ausgehend durch sukzessive Anwendung von Grenzprozessen sehr komplizierte unstetige Funktionen bilden. Wir wollen auf diese Weise die Funktion einer Veränderlichen x darstellen, die für alle rationalen Werte von x gleich Eins ist und für alle irrationalen Werte von x verschwindet.

Die rationalen Punkte der x-Achse lassen sich in eine Reihe

$$\alpha_1, \alpha_2, \ldots$$

bringen. Wir setzen

$$\varphi(x) = \lim_{k=\infty} \frac{1}{1+kx^2}$$

und

$$\psi_n(x) = \varphi(x-\alpha_1) + \varphi(x-\alpha_2) + \cdots + \varphi(x-\alpha_n).$$

Dann ist

$$F(x) = \lim_{n=\infty} \psi_n(x)$$

die gesuchte Funktion. Ist in der Tat x irrational, so sind alle $(x-\alpha_m) \neq 0$ und alle $\varphi(x-\alpha_m) = 0$; für jedes n ist also $\psi_n(x) = 0$ und mithin auch $F(x) = 0$. Ist aber $x = \alpha_p$, so ist für jedes $n > p$

$$\psi_n(x) = 1,$$

also ist auch die Grenzfunktion $F(x) = 1$.

Setzt man

$$g_{kn}(x) = \frac{1}{1+k(x-\alpha_1)^2} + \frac{1}{1+k(x-\alpha_2)^2} + \cdots + \frac{1}{1+k(x-\alpha_n)^2},$$

so ist (§ 99, Satz 9)

$$\psi_n(x) = \lim_{k=\infty} g_{kn}(x)$$

und

(1) $$F(x) = \lim_{n=\infty} \lim_{k=\infty} g_{kn}(x).$$

Man beachte die Reihenfolge der Limites; es ist, wie wir im § 111 schon gesehen haben, nicht statthaft, die Reihenfolge von zwei Grenzprozessen ohne weiteres zu vertauschen. Hier wäre z. B.

(2) $$\lim_{k=\infty} \lim_{n=\infty} g_{kn}(x) = +\infty$$

und nicht gleich $F(x)$. In der Tat gibt es unendlich viele rationale Zahlen α_p im Intervalle von $(x-1)$ bis $(x+1)$, also unendlich viele Indizes p, für welche

$$\frac{1}{1+k(x-\alpha_p)^2} > \frac{1}{1+k}.$$

Also ist die Summe

$$\lim_{n=\infty} g_{kn}(x)$$

aller Ausdrücke

$$\frac{1}{1+k(x-\alpha_n)^2}$$

gleich $+\infty$. Das gleiche gilt dann auch vom Ausdrucke (2).

Gleichmäßige Konvergenz.

171. Es sei die Funktionenfolge

(1) $$f_1(P), f_2(P), \ldots$$

auf der Punktmenge A konvergent und die Grenzfunktion $f(P)$ sowohl wie auch die einzelnen Funktionen $f_k(P)$ endlich.

Wir betrachten die Folge der nicht negativen Funktionen

(2) $$\varphi_k(P) = |f_k(P) - f(P)|;$$

man nennt manchmal $f_k(P)$ die $k$te Approximation der Funktion $f(P)$ und $\varphi_k(P)$ den Fehler der $k$ten Approximation. Da die Folge (1) konvergiert, so ist

$$\varphi_k(P) \longrightarrow 0.$$

Nun setzen wir mit der Bezeichnung des § 121

$$\vartheta_k = G(\varphi_k; A);$$

die Zahl ϑ_k, welche die obere Grenze der Funktion φ_k in der Punktmenge A darstellt, hängt nicht mehr von der Lage des Punktes P ab.

Im Beispiele des § 168 ist $\vartheta_k = k$ und

$$\vartheta_k \longrightarrow +\infty.$$

Die Funktionenfolge (1) kann also konvergieren, ohne daß die ϑ_k gegen Null konvergieren; ist das aber der Fall, ist also

$$\lim_{k=\infty} \vartheta_k = 0,$$

so sagt man, daß die Funktionenfolge (1) gleichmäßig auf der Punktmenge A konvergiert.

172. Folgende zwei Sätze finden eine häufige Anwendung:

Satz 1. *Eine gleichmäßig konvergierende Folge von beschränkten Funktionen ist gleichmäßig beschränkt, und konvergiert gegen eine beschränkte Funktion.*

Man kann mit den Bezeichnungen des vorigen Paragraphen k_0 so wählen, daß für $k \geqq k_0$ die Relation $\vartheta_k < 1$ besteht. Ist dann $k > k_0$, so ist in jedem Punkte P von A

$$f_k(P) - f_{k_0}(P) = (f_k(P) - f(P)) - (f_{k_0}(P) - f(P))$$

und folglich

(1) $$|f_k(P) - f_{k_0}(P)| \leqq \varphi_k(P) + \varphi_{k_0}(P) < 2\,.$$

Nach Voraussetzung gibt es zu jeder positiven ganzen Zahl k eine positive Zahl M_k, so daß für jeden Punkt P von A

$$|f_k(P)| < M_k$$

ist. Für $k > k_0$ ist nun nach (1)

$$|f_k(P)| \leqq |f_{k_0}(P)| + |f_k(P) - f_{k_0}(P)| < M_{k_0} + 2\,.$$

Bedeutet daher M die größte der k_0 Zahlen

$$M_1,\ M_2, \ldots,\ M_{k_0-1},\ M_{k_0} + 2\,,$$

so ist für jedes k

$$|f_k(P)| < M,$$

d. h. die Funktionenfolge ist gleichmäßig beschränkt. Der zweite Teil des Satzes ist nach dem § 167 eine Folge des ersten.

Satz 2. *Eine gleichmäßig konvergierende Folge von Funktionen, die in einem Punkte P stetig sind, konvergiert gegen eine im Punkte P stetige Funktion.*

Nach Voraussetzung (§ 171) ist die Grenzfunktion $f(P)$ endlich. Ist ε eine beliebig vorgeschriebene positive Zahl, so kann man k so wählen, daß

$$\vartheta_k \leqq \frac{\varepsilon}{3}$$

ist. Die Funktion $f_k(P)$ ist im Punkte P endlich und stetig; man kann eine Umgebung U_P von P finden, so daß für jeden Punkt Q der Punktmenge $U_P A$

$$|f_k(Q) - f_k(P)| < \frac{\varepsilon}{3}$$

ist. Nun ist

$$|f(P) - f_k(P)| = \varphi_k(P) \leqq \vartheta_k \leqq \frac{\varepsilon}{3}$$

und

$$|f(Q) - f_k(Q)| = \varphi_k(Q) \leqq \vartheta_k \leqq \frac{\varepsilon}{3}$$

Endlich ist

$$f(P) - f(Q) = (f(P) - f_k(P)) + (f_k(P) - f_k(Q)) + (f_k(Q) - f(Q))$$

und daher

$$|f(P) - f(Q)| \leqq |f(P) - f_k(P)| + |f_k(P) - f_k(Q)| + |f_k(Q) - f(Q)| < \varepsilon\,.$$

Da die letzte Ungleichheit bei beliebiger Wahl von ε für jeden Punkt einer geeigneten Umgebung von P gilt, ist $f(P)$ stetig in P.

Auf ganz analogem Wege hätte man zeigen können, daß die Grenzfunktion einer gleichmäßig konvergierenden Folge von Funktionen, die alle in einem Punkte P nach oben (oder unten) halbstetig sind, ebenfalls in P nach oben (unten) halbstetig ist.

173. Durch gleichmäßig konvergierende Folgen von Polynomen kann man Funktionen darstellen, die keine Polynome sind. Setzt man z. B.

$$f_k(x) = 1 + x + x^2 + \cdots + x^k$$
$$= \frac{1 - x^{k+1}}{1 - x},$$

so ist für $|x| < 1$

$$\lim_{k=\infty} |x^k| = 0 \quad \text{und} \quad \lim_{k=\infty} f_k(x) = \frac{1}{1-x}.$$

Man hat demnach

$$\varphi_k(x) = \frac{|x^{k+1}|}{1-x}$$

und, wenn ε eine positive Zahl zwischen Null und Eins bedeutet und x im Intervalle

$$(1) \qquad -1 + \varepsilon < x < 1 - \varepsilon$$

liegt,

$$0 \leqq \varphi_k(x) \leqq \vartheta_k = \frac{(1-\varepsilon)^{k+1}}{\varepsilon}.$$

Es ist also (§ 103)

$$\lim_{k=\infty} \vartheta_k = 0$$

und die Konvergenz eine gleichmäßige im Intervalle (1).

174. Eine auf der Punktmenge A definierte Folge

$$(1) \qquad f_1(P), f_2(P), \ldots$$

von Funktionen heißt monoton wachsend oder abnehmend, wenn für jeden Punkt P von A die Zahlenfolge (1) monoton wachsend resp. abnehmend ist. Monotone Folgen von Funktionen sind natürlich stets konvergent (§ 102) und genügen den folgenden beiden Sätzen:

Satz 3. *Eine monoton wachsende Folge von Funktionen, die in einem Punkte P_0 von A alle nach unten halbstetig sind, konvergiert gegen eine im Punkte P_0 nach unten halbstetige Funktion. Ist die Folge monoton abnehmend und die Funktionen der Folge im Punkte P_0 nach oben halbstetig, so hat die Grenzfunktion dieselbe Eigenschaft.*

Es genügt, den ersten Teil des Satzes zu beweisen, da der zweite Teil aus dem ersten sofort folgt, wenn man die Funktionen $f_k(P)$ durch

$-f_k(P)$ ersetzt. Wir setzen

(2) $$f(P) = \lim_{k=\infty} f_k(P);$$

ist $f(P_0) = -\infty$, so ist die Funktion $f(P)$ im Punkte P_0 nach unten halbstetig und der Satz bewiesen. Ist $f(P_0) > -\infty$, so sei λ eine beliebige Zahl, die kleiner als $f(P_0)$ ist. Wir können in der Folge

$$f_1(P) \leqq f_2(P) \leqq f_3(P) \leqq \cdots$$

eine Funktion $f_k(P)$ finden, für welche $f_k(P_0) > \lambda$ ist und hierauf, weil $f_k(P)$ im Punkte P_0 nach unten halbstetig ist, eine Umgebung U von P_0, so daß

$$g(f_k; AU) \geqq \lambda$$

stattfindet. Da die Folge aber monoton wachsend ist, muß auch

$$g(f; AU) \geqq \lambda$$

sein, und nach dem Satze 1 des § 129 ist dann die Grenzfunktion $f(P)$ im Punkte P_0 nach unten halbstetig.

Satz 4. *Eine monoton wachsende (abnehmende) Folge von Funktionen, die in jedem Häufungspunkt einer abgeschlossenen und beschränkten Punktmenge A nach unten (nach oben) halbstetig sind, konvergiert gleichmäßig, wenn die Grenzfunktion endlich und in den oben erwähnten Häufungspunkten stetig ist.*

Es sei z. B. die Folge der $f_k(P)$ monoton wachsend und die Funktionen $f_k(P)$ nach unten halbstetig in den Häufungspunkten von A. Nach dem Obigen kann man, weil die Grenzfunktion $f(P)$ endlich ist, jeder positiven Zahl ε und jedem Punkte P von A eine Umgebung U'_P und eine natürliche Zahl k so zuordnen, daß für jeden Punkt Q von $U'_P A$

(3) $$f_k(Q) \geqq f(P) - \frac{\varepsilon}{2}$$

ist. Wegen der vorausgesetzten Stetigkeit von $f(P)$ kann man zweitens eine Umgebung U''_P von P finden, so daß in jedem Punkte von $U''_P A$

(4) $$f(Q) \leqq f(P) + \frac{\varepsilon}{2}$$

ist. Nennt man U_P den Durchschnitt der beiden Umgebungen U'_P und U''_P von P, so ist nach (3) und (4) für jeden Punkt Q von $U_P A$

$$f(Q) - f_k(Q) \leqq \varepsilon.$$

Nun kann man nach dem Borelschen Überdeckungssatz (§ 59) endlich viele Punkte $P_1, P_2, \ldots, P_m$ finden, so daß die Vereinigungsmenge der zugeordneten Umgebungen $U_1, U_2, \ldots, U_m$ die ganze Punktmenge A enthält. Nennt man $k_1, k_2, \ldots, k_m$ die den Punkten $P_1, P_2, \ldots, P_m$ zugeordneten Werte des Index k und bezeichnet man mit $\varkappa$ die größte dieser Zahlen, so ist für jeden Punkt P von A und für jedes $k \geqq \varkappa$

$$\varphi_k(P) = f(P) - f_k(P) \leqq \varepsilon$$

Es ist also für jedes $k \geqq \varkappa$

$$\vartheta_k = G(\varphi_k; A) \leqq \varepsilon$$

und, da ε beliebig war,

$$\vartheta_k \rightarrow 0,$$

d. h. die Konvergenz ist gleichmäßig auf A.

175. Das Cauchysche Kriterium für konvergente Zahlenfolgen gibt uns eine Handhabe, um die Theorie der gleichmäßigen Konvergenz von Funktionenfolgen weiter auszubauen.

Es seien die Funktionen $f_k(P)$ der Folge wieder endliche Funktionen; wir setzen

$$\psi_k(P) = \text{obere Grenze von } |f_{k+p+q}(P) - f_{k+p}(P)| \quad (p, q = 0, 1, 2, 3, \ldots)$$

Nach dem Cauchyschen Kriterium (§ 97) ist für die Konvergenz unserer Funktionenfolge gegen eine endliche Funktion notwendig und hinreichend, daß

$$\psi_k(P) \rightarrow 0$$

in jedem Punkte P von A sei.

Ist unsere Funktionenfolge gleichmäßig konvergent, so kann man jeder positiven Zahl ε eine natürliche Zahl $\varkappa$ zuordnen, so daß mit den Bezeichnungen des § 171 für jedes $k \geqq \varkappa$ die Relation $\vartheta_k \leqq \frac{\varepsilon}{2}$ stattfindet. Dann ist aber für jeden Punkt P von A und für $k \geqq \varkappa$

$$\begin{aligned} |f_{k+p+q}(P) - f_{k+p}(P)| &\leqq |f_{k+p+q}(P) - f(P)| + |f(P) - f_{k+p}(P)| \\ &\leqq \vartheta_{k+p+q} + \vartheta_{k+p} \\ &\leqq \varepsilon \end{aligned}$$

und hieraus folgt

$$G(\psi_k; A) \leqq \varepsilon,$$

und schließlich, weil ε eine beliebige positive Zahl bedeutet,

$$\lim_{k=\infty} G(\psi_k; A) = 0. \tag{1}$$

Bezeichnen wir mit $\Psi_k(P)$ die obere Limesfunktion von $\psi_k(P)$, so ist nach dem § 133, wenn wir mit $\bar{A}$ die abgeschlossene Hülle von A bezeichnen

$$G(\Psi_k; \bar{A}) = G(\psi_k; A)$$

und also nach (1)

(2) $$\lim_{k=\infty} G(\Psi_k; \bar{A}) = 0.$$

Wir sehen also, daß, wenn die gegebene Funktionenfolge $f_1(P)$, $f_2(P), \ldots$ gleichmäßig gegen die endliche Funktion $f(P)$ konvergiert, die Funktionenfolge $\Psi_1(P)$, $\Psi_2(P), \ldots$ auf der abgeschlossenen Hülle von A ebenfalls gleichmäßig und zwar gegen Null konvergiert. Umgekehrt ist aber diese letzte Bedingung, die mit der Gleichung (2) und daher auch mit (1) gleichbedeutend ist, hinreichend für die gleichmäßige Konvergenz der Folge der $f_k(P)$; denn man hat in jedem Punkte

$$\psi_k(P) \geqq \lim_{q=\infty} |f_{k+q}(P) - f_k(P)| = |f(P) - f_k(P)|$$

und daher

$$G(\psi_k; A) \geqq \vartheta_k.$$

Nun bemerken wir, daß die Funktionen $\Psi_k(P)$ nach oben halbstetig sind, und daß in jedem Punkte von $\bar{A}$

$$\Psi_1(P) \geqq \Psi_2(P) \geqq \cdots$$

ist. Ist nun A eine beschränkte Punktmenge, so muß die abgeschlossene Hülle $\bar{A}$ von A ebenfalls beschränkt sein; nach dem Satze des vorigen Paragraphen folgt aber dann, daß, wenn in jedem Punkte von $\bar{A}$

(3) $$\lim_{k=\infty} \Psi_k(P) = 0$$

ist, die Folge der $\Psi_k(P)$ gleichmäßig gegen Null konvergieren muß; wir haben also den

Satz 5. *Für die gleichmäßige Konvergenz der Funktionenfolge der $f_k(P)$ auf ihrem Definitionsbereich A ist notwendig, daß in jedem Punkte der abgeschlossenen Hülle $\bar{A}$ von A*

$$\lim_{k=\infty} \Psi_k(P) = 0$$

sei; diese Bedingung ist hinreichend, wenn die Punktmenge A beschränkt ist.

176. Die vorigen Resultate geben uns die Mittel, folgenden merkwürdigen und wichtigen Satz zu beweisen, den man Herrn R. Baire verdankt:

Satz 6. *Es sei A eine Punktmenge, die perfekt, offen, oder der Durchschnitt einer perfekten und einer offenen Punktmenge ist; ferner sei $f(P)$ eine Funktion, die auf A definiert und im Kleinen beschränkt ist und die als Grenze einer konvergenten Folge von auf A endlichen und stetigen*

Funktionen $f_k(P)$ dargestellt werden kann. Dann ist $f(P)$ immer höchstens punktiert unstetig.

Nach dem Satze 4 des § 141 genügt es zu beweisen, daß für jedes gegebene positive ε die Punktmenge $\mathfrak{M}(S < \varepsilon)$, in welcher die Schwankung $S(P)$ von $f(P)$ kleiner ist als die Zahl ε, überall dicht auf A liege; und dies ist nach dem Satze 3 des § 77 stets der Fall, wenn für jede Umgebung U_P eines beliebigen Punktes P von A der Durchschnitt

$$\mathfrak{M}(S < \varepsilon) A U_P \tag{1}$$

nicht leer ist.

Wir führen die Funktionen ein:

$$\chi_k(P) = \text{obere Grenze von } |f_{k+p}(P) - f_k(P)| \text{ für } p = 1, 2, 3, \ldots \tag{2}$$

und bemerken, daß, wenn wir zur Abkürzung

$$\varphi_1(P) = |f_{k+1}(P) - f_k(P)|,$$

und $\varphi_{m+1}(P)$ gleich der größeren der beiden Zahlen

$$\varphi_m(P) \quad \text{und} \quad |f_{k+m+1}(P) - f_k(P)|$$

setzen, die Folge der $\varphi_m(P)$ monoton wächst und gegen $\chi_k(P)$ konvergiert. Wegen der Stetigkeit der Funktionen $f_k(P)$ auf A müssen die Funktionen $\varphi_m(P)$ ebenfalls stetig sein und nach dem Satze 3 des § 174 sind die Funktionen $\chi_k(P)$ nach unten halbstetig.

Hieraus folgt (§ 136, Satz 3), daß die Punktmenge

$$\mathfrak{M}\left(\chi_k > \frac{\varepsilon}{4}\right)$$

relativ zu dem Definitionsbereich A der $\chi_k(P)$ offen ist und daher als der Durchschnitt einer offenen Punktmenge U_k mit A dargestellt werden kann.

Berücksichtigt man nun, daß nach dem Cauchyschen Konvergenzkriterium (§ 97) in jedem Punkte von A

$$\lim_{k=\infty} \chi_k(P) = 0 \tag{3}$$

ist, so folgt, daß die Punktmenge

$$A\, U_1\, U_2\, U_3 \ldots \tag{4}$$

leer sein muß. Wären nun sämtliche Punktmengen U_k überall dicht auf $A\,U_P$, so könnte, weil $A\,U_P$ der Durchschnitt einer abgeschlossenen und einer offenen Punktmenge ist, nach dem Satze 5 des § 78 der Durchschnitt von $A\,U_P$ mit $U_1\, U_2\, U_3 \ldots$ nicht leer sein, und dann könnte auch die Punktmenge (4) nicht leer sein. Hieraus folgt die Existenz einer natürlichen Zahl m, für welche U_m nicht überall dicht auf AU_P ist, oder, was gleichbedeutend ist, die Existenz einer offenen Teilmenge V_0 von U_P, für welche

$$V_0 A \neq 0 \quad \text{und} \quad V_0 U_m A = 0$$

zugleich stattfinden. In jedem Punkte Q von $V_0 A$ ist also für jede natürliche Zahl p

$$|f_{m+p}(Q) - f_m(Q)| \leqq \frac{\varepsilon}{4}$$

und daher ist auch für die Grenzfunktion $f(P)$

(5) $$|f(Q) - f_m(Q)| \leqq \frac{\varepsilon}{4}.$$

Wegen der Stetigkeit der Funktion $f_m(P)$ auf A können wir eine offene Teilmenge V von V_0 finden, die Punkte von A enthält, so daß für zwei beliebige Punkte Q_1 und Q_2 von VA die Relation

(6) $$|f_m(Q_1) - f_m(Q_2)| < \frac{\varepsilon}{4}$$

erfüllt ist. Nun ist aber

$$|f(Q_1) - f(Q_2)| \leqq |f_m(Q_1) - f_m(Q_2)| + |f(Q_1) - f_m(Q_1)| + |f_m(Q_2) - f(Q_2)|$$

und wegen (5) und (6), weil Q_1 und Q_2 beide in V_0 enthalten sind,

$$|f(Q_1) - f(Q_2)| \leqq \frac{3\varepsilon}{4}.$$

Es ist daher auch

$$G(f; AV) - g(f; AV) \leqq \frac{3\varepsilon}{4} < \varepsilon$$

und mithin, da V auch eine Teilmenge von U_P ist, die nicht leere Punktmenge AV in der Punktmenge (1) enthalten. Diese letzte Punktmenge ist also, wie wir zeigen wollten, ebenfalls nicht leer.

Dieses Resultat ist um so bemerkenswerter, als die Grenzfunktion einer konvergenten und sogar einer monoton wachsenden Folge von nach oben halbstetigen und beschränkten Funktionen schon totalunstetig sein kann. Man bezeichne z. B. mit $r_1, r_2, \ldots$ die abzählbar unendlich vielen rationalen Punkte des Raumes und setze $f_k(P)$ gleich Eins in den Punkten $r_1, r_2, \ldots, r_k$ und sonst gleich Null. Die Folge $f_1(P), f_2(P), \ldots$ ist dann monoton wachsend, sie besteht aus lauter halbstetigen Funktionen und die Grenzfunktion ist totalunstetig.

Funktionen von beschränkter Variation.

177. Es sei die Funktion $f(x)$ im abgeschlossenen linearen Intervall

(1) $$x_1 \leqq x \leqq x_2$$

definiert und endlich. Wir zerlegen dieses Intervall durch endlich viele

Punkte $\xi_1, \xi_2, \ldots \xi_m$ in $(m+1)$ Teilintervalle; dabei seien die Bezeichnungen so gewählt, daß, wenn wir zur Vereinfachung der Formeln noch

$$x_1 = \xi_0, \quad x_2 = \xi_{m+1}$$

setzen, die Ungleichheiten

$$\xi_0 < \xi_1 < \cdots < \xi_m < \xi_{m+1} \tag{2}$$

stattfinden. Nun betrachten wir alle Differenzen

$$f(\xi_{k+1}) - f(\xi_k) \qquad (k = 0, 1, \ldots m), \tag{3}$$

die einen positiven Wert haben, falls es solche gibt, und setzen ihre Summe gleich P, im Falle aber, daß keine der Zahlen (3) positiv ist, setzen wir $P = 0$. Ebenso nennen wir $-N$ die Summe der negativen Zahlen, die in (3) vorkommen, und setzen $N = 0$, wenn keine negativen Zahlen in (3) enthalten sind. Jeder Zerlegung (2) sind also die Zahlen P und N eindeutig zugeordnet und diese genügen den Beziehungen

$$P \geqq 0, \quad N \geqq 0, \tag{4}$$

$$f(x_2) - f(x_1) = P - N, \tag{5}$$

$$P + N = \sum_{k=0}^{m} |f(\xi_{k+1}) - f(\xi_k)|. \tag{6}$$

Wir bezeichnen mit $p(x_1, x_2)$, $n(x_1, x_2)$ und $t(x_1, x_2)$ die oberen Grenzen der Zahlen P, N und $(P+N)$, wenn man die Intervalleinteilung (2) beliebig variiert; die Zahlen $p(x_1, x_2)$ und $n(x_1, x_2)$ werden die positive bzw. die negative Variation der Funktion $f(x)$, die Zahl $t(x_1, x_2)$ die totale Variation dieser Funktion im Intervalle (1) genannt.

Wegen (4) ist für jede Intervalleinteilung

$$P \leqq P + N \leqq t(x_1, x_2)$$

und daher auch

$$p(x_1, x_2) \leqq t(x_1, x_2); \tag{7}$$

und ebenso findet man

$$n(x_1, x_2) \leqq t(x_1, x_2). \tag{8}$$

Anderseits folgt aus

$$P + N \leqq p(x_1, x_2) + n(x_1, x_2),$$

weil diese Ungleichheit für jede beliebige Intervalleinteilung (2) gilt,

$$t(x_1, x_2) \leqq p(x_1, x_2) + n(x_1, x_2). \tag{9}$$

Die Relationen (7), (8) und (9) zeigen, daß die Variationen der Funktion $f(x)$ entweder alle drei endlich, oder daß die totale Variation und mindestens eine der beiden anderen gleich $+\infty$ sein müssen. Im ersten Falle nennt man die Funktion $f(x)$ von **beschränkter Variation** im abgeschlossenen Intervall (1).

Es seien x_1, x_2, x_3 drei Punkte, die der Bedingung $x_1 < x_2 < x_3$ genügen, und $f(x)$ sei im abgeschlossenen Intervall

$$x_1 \leqq x \leqq x_3 \tag{10}$$

definiert. Jeder Intervalleinteilung des abgeschlossenen Intervalls $x_1 \leqq x \leqq x_2$ entspricht nach dem Früheren eine nicht negative Zahl P; ebenso ordnen wir jeder Einteilung von $x_2 \leqq x \leqq x_3$ in endlich viele Intervalle die Zahl P' zu. Es ist dann stets

$$P + P' \leqq p(x_1, x_3)$$

und daher auch

$$p(x_1, x_2) + p(x_2, x_3) \leqq p(x_1, x_3). \tag{11}$$

Wir betrachten anderseits irgend eine Intervalleinteilung des abgeschlossenen Intervalls (10) und die zugeordnete Zahl P''; durch Hinzufügung des Punktes x_2 zu den übrigen Teilungspunkten erhalten wir eine neue Intervalleinteilung mit der zugeordneten Zahl P^*. Dann ist aber stets

$$P'' \leqq P^* \quad \text{und} \quad P^* \leqq p(x_1, x_2) + p(x_2, x_3)$$

und daher, weil P'' einer beliebigen Intervalleinteilung von (10) zugeordnet war,

$$p(x_1, x_3) \leqq p(x_1, x_2) + p(x_2, x_3).$$

Diese letzte Relation mit (11) verglichen, liefert endlich

$$p(x_1, x_3) = p(x_1, x_2) + p(x_2, x_3) \tag{12}$$

und ebenso findet man

$$n(x_1, x_3) = n(x_1, x_2) + n(x_2, x_3). \tag{13}$$

178. Wir nehmen jetzt an, daß $f(x)$ im Intervalle $x_1 \leqq x \leqq x_2$ von beschränkter Variation sei. Wegen der Gleichung (5) des vorigen Paragraphen ist für j e d e der betrachteten Intervalleinteilungen

$$P = N + (f(x_2) - f(x_1)) \leqq n(x_1, x_2) + (f(x_2) - f(x_1)),$$
$$N = P - (f(x_2) - f(x_1)) \leqq p(x_1, x_2) - (f(x_2) - f(x_1))$$

und daher auch

$$p(x_1, x_2) \leqq n(x_1, x_2) + (f(x_2) - f(x_1)),$$
$$n(x_1, x_2) \leqq p(x_1, x_2) - (f(x_2) - f(x_1)).$$

Schließlich folgt aus den beiden letzten Relationen die Gleichung

(1) $$f(x_2) - f(x_1) = p(x_1, x_2) - n(x_1, x_2).$$

Wir wollen jetzt die totale Variation $t(x_1, x_2)$ berechnen; man hat für jede der betrachteten Intervalleinteilungen

$$t(x_1, x_2) \geqq P + N$$

und nach dem Vorigen

$$\begin{aligned} P + N &= P + \big(P - (f(x_2) - f(x_1))\big) \\ &= 2P + n(x_1, x_2) - p(x_1, x_2). \end{aligned}$$

Es ist also stets

$$t(x_1, x_2) \geqq 2P + n(x_1, x_2) - p(x_1, x_2)$$

und daher, wenn wir in der letzten Relation P durch seine obere Grenze $p(x_1, x_2)$ ersetzen, und die Relation (9) des vorigen Paragraphen berücksichtigen,

(2) $$t(x_1, x_2) = p(x_1, x_2) + n(x_1, x_2).$$

Bei Funktionen von beschränkter Variation ist also die totale Variation in einem Intervall stets gleich der Summe der positiven und der negativen Variation in diesem Intervall.

Für monoton wachsende Funktionen verschwindet die negative Variation und die positive Variation ist gleich der totalen und gleich der Differenz $(f(x_2) - f(x_1))$; unsere jetzige Terminologie deckt sich also in diesem Falle mit derjenigen, die wir im § 152 benutzt haben.

179. Es sei

(1) $$A: \quad a < x < b$$

ein beliebiges lineares Gebiet (§ 147) und $f(x)$ eine Funktion, die auf A definiert ist und die auf jedem abgeschlossenen Intervall $x_1 \leqq x \leqq x_2$ dessen Endpunkte in A liegen, von beschränkter Variation ist. Wir wollen dann sagen, daß die Funktion $f(x)$ innerhalb des Gebietes A von beschränkter Variation ist.

Es sei x_0 ein gegebener fester Punkt und x ein beliebiger Punkt, die beide in A liegen. Wir führen zwei Funktionen $p(x)$ und $n(x)$ durch die Gleichungen ein:

(2) $$\begin{cases} p(x) = f(x_0) + p(x_0, x) & \text{für } x > x_0, \\ n(x) = \qquad\quad\; n(x_0, x) & \;\,\text{„} \;\; x > x_0, \\ p(x_0) = f(x_0), \quad n(x_0) = 0, & \\ p(x) = f(x_0) - p(x, x_0) & \text{für } x < x_0, \\ n(x) = \qquad - n(x, x_0) & \;\,\text{„} \;\; x < x_0. \end{cases}$$

Die beiden letzten Relationen des § 177 zeigen uns dann, daß, wenn x_1, x_2 zwei beliebige Punkte von A bedeuten und $x_1 < x_2$ ist, die Gleichungen

$$p(x_2) - p(x_1) = p(x_1, x_2), \tag{3}$$

$$n(x_2) - n(x_1) = n(x_1, x_2) \tag{4}$$

gelten müssen; und es ist daher

$$f(x) - f(x_0) = (p(x) - p(x_0)) - (n(x) - n(x_0))$$

oder nach (2)

$$f(x) = p(x) - n(x). \tag{5}$$

Nun sind nach den Gleichungen (3) und (4), weil die Zahlen $p(x_1, x_2)$ und $n(x_1, x_2)$ ihrer Bedeutung nach nicht negativ sein können, die Funktionen $p(x)$ und $n(x)$ monoton wachsend; die Gleichung (5) liefert also den Satz:

Satz 1. *Jede Funktion $f(x)$, die innerhalb eines linearen Gebietes A von beschränkter Variation ist, ist die Differenz von zwei monoton wachsenden Funktionen, die in diesem Gebiete definiert sind.*

Es seien umgekehrt $\varphi(x)$ und $\psi(x)$ zwei monoton wachsende Funktionen, die auf A definiert sind und

$$f(x) = \varphi(x) - \psi(x). \tag{6}$$

Ist dann, wie im vorigen Paragraphen irgendeine Einteilung des abgeschlossenen Intervalls $x_1 \leqq x \leqq x_2$, dessen Endpunkte in A liegen, durch die Punkte

$$\begin{cases} \xi_0 < \xi_1 < \cdots < \xi_m < \xi_{m+1}, \\ x_1 = \xi_0, \qquad x_2 = \xi_{m+1} \end{cases} \tag{7}$$

charakterisiert, so folgen aus der Tatsache, daß stets

$$-(\psi(\xi_{k+1}) - \psi(\xi_k)) \leqq f(\xi_{k+1}) - f(\xi_k) \leqq (\varphi(\xi_{k+1}) - \varphi(\xi_k))$$

gelten muß, die Ungleichheiten

$$\begin{cases} P \leqq \varphi(x_2) - \varphi(x_1), \\ N \leqq \psi(x_2) - \psi(x_1), \end{cases} \tag{8}$$

wobei P und N dieselben Bedeutung wir früher haben. Die Relationen (8) zeigen, daß die Zahlen P und N für jede Einteilung des betrachteten Intervalls unterhalb fester Schranken liegen, so daß die Funktion $f(x)$ innerhalb des Gebietes A von beschränkter Variation sein muß. Wir können also die Funktionen $p(x)$ und $n(x)$ wie oben bilden und es ist stets nach (8)

$$(9) \qquad \begin{cases} p(x_2) - p(x_1) \leqq \varphi(x_2) - \varphi(x_1), \\ n(x_2) - n(x_1) \leqq \psi(x_2) - \psi(x_1). \end{cases}$$

Satz 2. *Jede Funktion $f(x)$, welche in einem linearen Gebiet A die Differenz von zwei dort monoton wachsenden Funktionen $\varphi(x)$ und $\psi(x)$ ist, ist von beschränkter Variation innerhalb des Gebietes A. Insbesondere besitzt jede in A monotone Funktion diese Eigenschaft.*

180. Aus der Definition der beschränkten Variation einer Funktion innerhalb eines Gebietes A folgt unmittelbar der Satz:

Satz 3. *Sind zwei Funktionen $f_1(x)$ und $f_2(x)$ im linearen Gebiete A definiert, und hat man für je zwei Punkte x_1 und x_2 von A*

$$|f_2(x_2) - f_2(x_1)| \leqq |f_1(x_2) - f_1(x_1)|,$$

so ist die Funktion $f_2(x)$ von beschränkter Variation innerhalb A, wenn dasselbe von $f_1(x)$ gilt.

Berücksichtigt man, daß stets

$$\big||f(x_2)| - |f(x_1)|\big| \leqq |f(x_2) - f(x_1)|,$$

so folgt aus dem vorigen Satz folgender:

Satz 4. *Ist innerhalb eines Gebietes A die Funktion $f(x)$ von beschränkter Variation, so gilt dasselbe von $|f(x)|$.*

Ferner haben wir noch die Sätze:

Satz 5. *Sind $f_1(x)$ und $f_2(x)$ von beschränkter Variation innerhalb eines Gebietes A, so gilt dasselbe von ihrer Summe, ihrer Differenz und ihrem Produkte.*

Es folgen nämlich aus

$$f_1(x) = p_1(x) - n_1(x),$$
$$f_2(x) = p_2(x) - n_2(x)$$

die Gleichungen

$$f_1(x) + f_2(x) = (p_1(x) + p_2(x)) - (n_1(x) + n_2(x)),$$
$$f_1(x) - f_2(x) = (p_1(x) + n_2(x)) - (n_1(x) + p_2(x)).$$

Ferner kann man, wenn x_0 einen beliebigen Punkt von A bedeutet, von den Funktionen $p_1(x)$, $n_1(x)$, $p_2(x)$ und $n_2(x)$ voraussetzen, daß sie für $x > x_0$ nicht negativ sind, denn die hier in Betracht kommenden Eigenschaften dieser Funktionen bleiben erhalten, wenn man jeder von ihnen eine und dieselbe Konstante hinzuaddiert. Dann folgt aus

$$f_1(x) \cdot f_2(x) = (p_1(x) p_2(x) + n_1(x) n_2(x)) - (p_1(x) n_2(x) + p_2(x) n_1(x)),$$

daß das Produkt $f_1(x) \cdot f_2(x)$ für $x > x_0$ von beschränkter Variation ist. Und dieses gilt, weil x_0 ein beliebiger Punkt von A war, für das ganze Gebiet A.

Satz 6. *Ist $f(x)$ innerhalb des Gebietes A von Null verschieden und ist in jedem abgeschlossenen Teilintervall von A die Funktion*

$$\frac{1}{f(x)} \tag{1}$$

beschränkt, so ist sie innerhalb A von beschränkter Variation, wenn $f(x)$ es ist.

Für jeden Punkt eines beliebigen abgeschlossenen Intervalls $x_1 \leqq x \leqq x_2$, das in A liegt, ist nach Voraussetzung

$$\frac{1}{|f(x)|} < \mu;$$

für zwei beliebige Punkte ξ_k und ξ_{k+1} dieses Intervalls hat man daher

$$\left|\frac{1}{f(\xi_{k+1})} - \frac{1}{f(\xi_k)}\right| \leqq \mu^2 \,|f(\xi_{k+1}) - f(\xi_k)|$$

und hieraus folgt schon die Behauptung.

Satz 7. *Sind $f_1(x)$ und $f_2(x)$ zwei Funktionen von beschränkter Variation innerhalb A und bezeichnet man mit $\Psi(x)$ die größere, mit $\psi(x)$ die kleinere der beiden Zahlen $f_1(x)$ und $f_2(x)$, so sind diese beiden Funktionen ebenfalls von beschränkter Variation innerhalb A.*

In der Tat ist

$$\Psi(x) = \frac{f_1(x) + f_2(x) + |f_1(x) - f_2(x)|}{2},$$

$$\psi(x) = \frac{f_1(x) + f_2(x) - |f_1(x) - f_2(x)|}{2},$$

und daher der zu beweisende Satz auf die vorhergehenden zurückgeführt.

Ist $f(x)$ eine Funktion von beschränkter Variation innerhalb A, so folgt aus ihrer Darstellung als Differenz von zwei monoton wachsenden Funktionen $p(x)$ und $n(x)$ unmittelbar, daß für jeden Punkt x von A die Zahlen

$$\begin{cases} f(x+0) = p(x+0) - n(x+0), \\ f(x-0) = p(x-0) - n(x-0) \end{cases} \tag{2}$$

existieren und, weil $p(x \pm 0)$ und $n(x \pm 0)$ monoton wachsend sind, daß die Funktionen (2) ebenfalls von beschränkter Variation sind.

Bemerkt man, daß die obere Limesfunktion $\Phi(x)$ und die untere Limesfunktion $\varphi(x)$ von $f(x)$ gleich der größten bzw. kleinsten der drei Zahlen

$$f(x-0),\quad f(x),\quad f(x+0)$$

ist, so folgt als Anwendung des letzten Satzes:

Satz 8. *Die Limesfunktionen einer Funktion, die innerhalb eines Gebietes A von beschränkter Variation ist, haben dieselbe Eigenschaft.*

181. Wir wollen jetzt die Unstetigkeiten einer beliebigen Funktion

$$f(x) = p(x) - n(x) \tag{1}$$

von beschränkter Variation untersuchen. Dazu bemerken wir, daß, wenn $p(x)$ und $n(x)$ dieselbe Bedeutung haben wie vorher und wenn mit ξ ein beliebiger Punkt von A bezeichnet wird, die Zahlen

$$p(\xi+0) - p(\xi) \quad \text{und} \quad n(\xi+0) - n(\xi) \tag{2}$$

nicht beide zugleich von Null verschieden sein können. Wäre dies nämlich der Fall, und mit h die kleinere dieser beiden Zahlen bezeichnet, so führe man eine Funktion $\chi(x)$ ein, die für $x \leqq \xi$ verschwindet und für $x > \xi$ gleich h ist. Dann sind die beiden Funktionen

$$\varphi(x) = p(x) - \chi(x) \quad \text{und} \quad \psi(x) = n(x) - \chi(x)$$

monoton wachsend in A, und es ist außerdem

$$f(x) = \varphi(x) - \psi(x).$$

Sind nun x_1 und x_2 zwei beliebige Punkte von A, für welche $x_1 < \xi < x_2$ ist, so hat man

$$\varphi(x_2) - \varphi(x_1) = p(x_2) - p(x_1) - h < p(x_2) - p(x_1),$$

was der ersten Relation (9) des § 179 widerspricht. Ganz analog beweist man, daß die Zahlen

$$p(\xi) - p(\xi-0) \quad \text{und} \quad n(\xi) - n(\xi-0)$$

nicht beide zugleich größer als Null sein können.

Hieraus folgt aber, daß für jeden Punkt x des linearen Gebietes A

$$\begin{cases} |f(x+0) - f(x)| = |(p(x+0) - p(x)) - (n(x+0)) - n(x))| \\ \qquad = (p(x+0) - p(x)) + (n(x+0) - n(x)) \end{cases} \tag{3}$$

sein muß, und genau ebenso findet man die Gleichung

$$|f(x) - f(x-0)| = (p(x) - p(x-0)) + (n(x) - n(x-0)). \tag{4}$$

Aus den beiden letzten Gleichungen folgt der Satz:

Satz 9. *Für die Stetigkeit einer Funktion von beschränkter Variation*

$$f(x) = p(x) - n(x)$$

in einem Punkte x von A ist notwendig und hinreichend, daß die beiden Funktionen $p(x)$ und $n(x)$ in diesem Punkte stetig seien. Insbesondere ist jede stetige Funktion, die innerhalb des Gebietes A von beschränkter Variation ist, die Differenz von zwei monoton wachsenden stetigen Funktionen.

Nach diesem ist die Menge der Unstetigkeitsstellen von $f(x)$ identisch mit der Vereinigungsmenge der Unstetigkeitsstellen von $p(x)$ und von $n(x)$ und daher wie diese (§ 151, Satz 7) höchstens abzählbar.

Satz 10. *Die Menge der etwaigen Unstetigkeitsstellen einer Funktion von beschränkter Variation ist höchstens abzählbar.*

182. Unter Diskontinuität der Funktion $f(x)$ von beschränkter Variation in einem Punkte, wo diese nicht stetig ist, verstehen wir die Zahl

$$D(x) = |f(x+0) - f(x)| + |f(x) - f(x-0)|;$$

nach den Gleichungen (3) und (4) des vorigen Paragraphen ist dann

$$D(x) = (p(x+0) - p(x-0)) + (n(x+0) - n(x-0)).$$

Unter totaler Diskontinuität der Funktion $f(x)$ in einem abgeschlossenen Intervall $x_1 \leqq x \leqq x_2$ verstehen wir die Summe von $|f(x_1+0) - f(x_1)|$, $|f(x_2) - f(x_2-0)|$ und von allen Diskontinuitäten von $f(x)$, die im Innern des Intervalls stattfinden. Die letzte Gleichung in Verbindung mit den Gleichungen (3) und (4) des vorigen Paragraphen und mit Berücksichtigung des § 152 führt zu folgendem Satz:

Satz 11. *Bezeichnet man mit $D(x_1, x_2)$, $D_p(x_1, x_2)$ und $D_n(x_1, x_2)$ die totalen Diskontinuitäten der Funktionen $f(x)$, $p(x)$ und $n(x)$ im abgeschlossenen Intervall $x_1 \leqq x \leqq x_2$, so ist stets*

$$D(x_1, x_2) = D_p(x_1, x_2) + D_n(x_1, x_2).$$

Die Gleichung (15) des § 178 zeigt, daß in jedem abgeschlossenen Intervall $x_1 \leqq x \leqq x_2$ die totale Variation von $f(x)$ gleich der Summe der totalen Variation von $p(x)$ und $n(x)$ ist; vergleicht man dieses Resultat mit dem obigen Satze, so folgt aus dem Satze 8 des § 152 der

Satz 12. *In jedem abgeschlossenen Teilintervall des Gebietes A ist die totale Diskontinuität einer Funktion $f(x)$ von beschränkter Variation nie größer als ihre totale Variation.*

183. Es seien, wenn man mit den obigen Bezeichnungen

$$f(x) = p(x) - n(x) \tag{1}$$

setzt, $\varphi_1(x)$, $\varphi_2(x)$, $\psi_1(x)$ und $\psi_2(x)$ vier monoton wachsende Funktionen, die im Gebiete A definiert sind und die den Bedingungen

$$p(x) = \varphi_1(x) + \varphi_2(x), \quad n(x) = \psi_1(x) + \psi_2(x) \tag{2}$$

genügen. Es sind dann, wenn man

$$f_1(x) = \varphi_1(x) - \psi_1(x), \quad f_2(x) = \varphi_2(x) - \psi_2(x) \tag{3}$$

setzt, die Funktionen $f_1(x)$ und $f_2(x)$ von beschränkter Variation und

$$f(x) = f_1(x) + f_2(x). \tag{4}$$

Setzen wir jetzt mit unseren früheren Bezeichnungen

$$f_1(x) = p_1(x) - n_1(x), \qquad f_2(x) = p_2(x) - n_2(x), \tag{5}$$

so folgt nach der ersten Relation (9) des § 179, wenn x' und x'' zwei beliebige Punkte des Gebietes A bedeuten, und $x' < x''$ ist, aus (3) und (5)

$$p_1(x'') - p_1(x') \leqq \varphi_1(x'') - \varphi_1(x'), \tag{6}$$

$$p_2(x'') - p_2(x') \leqq \varphi_2(x'') - \varphi_2(x'); \tag{7}$$

anderseits ist nach (4) und (5)

$$f(x) = (p_1(x) + p_2(x)) - (n_1(x) + n_2(x)),$$

und da die beiden Funktionen $(p_1(x) + p_2(x))$ und $(n_1(x) + n_2(x))$ monoton wachsend sind, muß nach derselben Relation

$$p(x'') - p(x') \leqq (p_1(x'') + p_2(x'')) - (p_1(x') + p_2(x')) \tag{8}$$

stattfinden. Wäre nun eine der Relationen (6) oder (7) eine Ungleichheit, so hätte man mit Hilfe von (2)

$$(p_1(x'') + p_2(x'')) - (p_1(x') + p_2(x')) < p(x'') - p(x'),$$

was der Bedingung (8) widerspricht. Also muß in jeder der Relationen (6) und (7) das Gleichheitszeichen gelten, woraus man sofort entnimmt, daß sich die Funktionen $\varphi_1(x)$ und $\varphi_2(x)$ nur um Konstanten von $p_1(x)$ und $p_2(x)$ unterscheiden. Aus (3) und (5) folgt alsdann, daß $\psi_1(x)$ und $\psi_2(x)$ sich von $n_1(x)$ und $n_2(x)$ ebenfalls nur um Konstanten unterscheiden. Es muß daher in jedem abgeschlossenen Teilintervall von A erstens die totale Variation von $f_1(x)$ gleich der Summe der Variationen von $\varphi_1(x)$ und $\psi_1(x)$ sein, und zweitens nach dem Satze 11 des vorigen Paragraphen die totale Diskontinuität von $f_1(x)$ gleich der Summe der totalen Diskontinuitäten von $\varphi_1(x)$ und $\psi_1(x)$.

Bestimmt man also in den Gleichungen (2) — wie es nach dem Satze 9 des § 153 stets möglich ist — die Funktionen $\varphi_1(x)$ und $\psi_1(x)$ derart, daß in jedem abgeschlossenen Teilintervall von A ihre totalen Diskontinuitäten gleich ihren eigenen Variationen sind, so muß auch stets die totale Diskontinuität von $f_1(x)$ gleich ihrer totalen Variation sein. Nach dem soeben erwähnten Satze sind dann die Funktionen $\varphi_2(x)$ und $\psi_2(x)$ stetig, und das Gleiche gilt dann auch von $f_2(x)$. Ferner ist in jedem Punkte von A die Diskontinuität von $f(x)$ gleich der Diskontinuität von $f_1(x)$, denn es ist, wegen der Stetigkeit von $f_2(x)$,

$$f(x+0)-f(x)=f_1(x+0)-f_1(x), \qquad f(x-0)-f(x)=f_1(x-0)-f_1(x).$$

Alles in allem haben wir den

Satz 13. *Jede auf einem linearen Gebiete A definierte Funktion $f(x)$, die von beschränkter Variation innerhalb A ist, ist die Summe von zwei Funktionen $f_1(x)$ und $f_2(x)$, die ebenfalls von beschränkter Variation innerhalb A sind, von denen die erste in jedem abgeschlossenen Teilintervall von A eine totale Diskontinuität besitzt, die gleich ihrer eigenen totalen Variation und auch gleich der totalen Diskontinuität von $f(x)$ in diesem Intervall ist, und die zweite eine stetige Funktion bedeutet.*

Die Schlüsse des § 154, die man auch hier machen kann, zeigen uns ferner, daß die Funktionen $f_1(x)$ und $f_2(x)$ durch die von ihnen verlangten Eigenschaften bis auf additive Konstanten eindeutig festgelegt sind.

184. Es gibt stetige Funktionen, die in keinem Teilintervall von A von beschränkter Variation sind. Man betrachte das Intervall $a<x<b$, wo $b=a+h$ ist, und in diesem Intervall die Punkte

$$x_k = a + \frac{h}{2^k} \qquad (k=1,2,3,\ldots).$$

Hierauf definiere man eine Funktion $\varphi(x;a,b)$ folgendermaßen:

1) $\varphi(x;a,b)=0$ für $x \geqq b$ und $x \leqq a$,

2) $\varphi(x_1)=\frac{h}{2}, \quad \varphi(x_2)=0, \quad \varphi(x_3)=\frac{h}{3}, \quad \varphi(x_4)=0, \quad \ldots,$

3) $\varphi(x)$ soll linear sein, in jedem der Intervalle

$$b \geqq x \geqq x_1, \quad x_1 \geqq x \geqq x_2, \quad \ldots .$$

Die Funktion $\varphi(x)$ ist stetig, aber ihre totale Variation im Intervalle $a \leqq x \leqq b$ ist gleich $+\infty$.

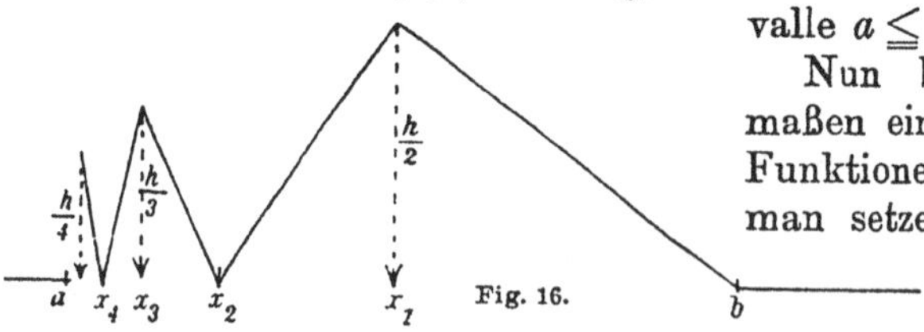

Fig. 16.

Nun bilde man folgendermaßen eine Folge von stetigen Funktionen $f_1(x)$, $f_2(x)$, ...: man setze

$$f_1(x)=\varphi(x;0,1),$$

$f_1(x)$ ist stückweise linear; das größte Teilintervall von $0<x<1$, in dem $f_1(x)$ linear ist,

ist das Intervall $\frac{1}{2} < x < 1$. Man setze

$$f_2(x) = f_1(x) + \varphi(x; \tfrac{1}{2}, 1).$$

Die Funktion $f_2(x)$ ist stückweise linear. Es gibt zwei Teilintervalle von größter Länge, in denen $f_2(x)$ linear ist; das sind die Intervalle

$$\tfrac{1}{4} < x < \tfrac{1}{2} \quad \text{und} \quad \tfrac{3}{4} < x < 1.$$

Man setze

$$f_3(x) = f_2(x) + \varphi(x; \tfrac{1}{4}, \tfrac{1}{2}) + \varphi(x; \tfrac{3}{4}, 1).$$

Die Funktion $f_3(x)$ ist ebenfalls stückweise linear und enthält vier größte Intervalle, in denen sie linear ist; das sind die Intervalle

$$\tfrac{1}{8} < x < \tfrac{1}{4}, \quad \tfrac{3}{8} < x < \tfrac{1}{2}, \quad \tfrac{5}{8} < x < \tfrac{3}{4}, \quad \tfrac{7}{8} < x < 1.$$

Wir setzen

$$f_4(x) = f_3(x) + \varphi(x; \tfrac{1}{8}, \tfrac{1}{4}) + \varphi(x; \tfrac{3}{8}, \tfrac{1}{2}) + \varphi(x; \tfrac{5}{8}, \tfrac{3}{4}) + \varphi(x; \tfrac{7}{8}, 1).$$

Indem man auf diese Weise fortfährt, erhält man eine monoton wachsende Folge von stetigen Funktionen, die gleichmäßig konvergieren und folglich eine stetige Funktion $f(x)$ als Grenzwert haben. Denn es ist

$$f_2(x) - f_1(x) < \frac{1}{2}, \quad f_3(x) - f_2(x) < \frac{1}{4}, \quad \ldots, \quad f_{k+1}(x) - f_k(x) < \frac{1}{2^k}.$$

Außerdem ist aber die Funktion $f(x)$ in keinem Intervall $\alpha < x < \beta$, das einen Punkt von $0 < x < 1$ enthält, von beschränkter Variation. Die totale Variation der Grenzfunktion $f(x)$ in diesem Intervall ist nämlich mindestens gleich der totalen Variation $t_k(\alpha, \beta)$ von jeder einzelnen Funktion $f_k(x)$, und diese ist gleich $+\infty$, sobald das Intervall $\alpha < x < \beta$ ein Teilintervall enthält, das man in der Gestalt

$$\frac{2m-1}{2^k} < x < \frac{2m}{2^k} \qquad (0 < m \leqq 2^{k-1})$$

schreiben kann.

Kapitel IV. **Entfernung und Zusammenhang.**

Entfernung von Punkten.

185. Unter Entfernung von zwei Punkten P und Q des n-dimensionalen Raumes mit den Koordinaten

$$(1) \qquad \begin{cases} P\colon & x_1, x_2, \ldots, x_n \\ Q\colon & y_1, y_2, \ldots, y_n \end{cases}$$

versteht man den Ausdruck

$$(2) \quad \boldsymbol{E}(P, Q) = \boldsymbol{E}(Q, P) = \sqrt{(x_1 - y_1)^2 + (x_2 - y_2)^2 + \cdots + (x_n - y_n)^2}.$$

Von diesem Ausdrucke haben wir bewiesen, daß er eine **stetige** Funktion der $2n$ Veränderlichen $x_1 \ldots x_n, y_1 \ldots y_n$ ist (§ 163) und somit eine stetige Funktion des Punktes P bei festgehaltenem Q oder des Punktes Q bei festgehaltenem P (§ 166).

Aus der Stetigkeit von $E(P, Q)$ als Funktion von P allein folgt, daß, wenn r_0 eine beliebige positive Zahl und Q einen festen Punkt bedeutet, die Punktmenge

$$E(P, Q) < r_0 \tag{3}$$

eine offene Punktmenge sein muß (§ 136, Satz 4).

Die Punktmenge (3) deckt sich für $n = 1$ mit dem linearen Intervall

$$y_1 - r_0 < x < y_1 + r_0;$$

für $n = 2$ nennt man sie einen Kreis, für $n \geqq 3$ eine n-dimensionale Kugel mit dem Mittelpunkte

$$Q: \quad y_1, y_2, \ldots, y_n$$

und dem Radius r_0. Wir werden aber im Folgenden um den Wortlaut zu vereinfachen auch dann von Kugeln sprechen, wenn wir über die Dimension n des betrachteten Raumes nicht vorausgesetzt haben, daß sie mindestens gleich 3 sein muß.

Eine Kugel $K(Q; r_0)$ mit dem Mittelpunkte Q und dem Radius r_0 ist also für uns immer die offene Punktmenge (3); da sie ihren Mittelpunkt Q enthält, so ist sie eine Umgebung von Q (§ 52).

Man bezeichne mit $W(Q; r_0)$ den Würfel

$$W(Q; r_0): \quad y_k - r_0 < x_k < y_k + r_0. \quad (k = 1, 2, \ldots, n)$$

Für jeden Punkt P der Komplementärmenge von W ist mindestens für ein k

$$|x_k - y_k| \geqq r_0$$

und daher nach (2)

$$E(P, Q) \geqq r_0.$$

Die Kugel $K(Q; r_0)$ ist also eine Teilmenge des Würfels $W(Q; r_0)$ und demnach eine beschränkte Punktmenge.

186. Die abgeschlossene Hülle (§ 72) einer Kugel $K(Q; r_0)$ nennen wir eine abgeschlossene Kugel und bezeichnen sie mit $\overline{K}(Q; r_0)$.

Die Gesamtheit A aller Punkte P, für welche

$$E(P, Q) \leqq r_0 \tag{4}$$

ist, ist eine abgeschlossene Punktmenge (§ 136, Satz 4), die $K(Q; r_0)$ enthält; es ist also

$$\overline{K}(Q; r_0) \prec A.$$

Anderseits ist jeder Punkt P von A entweder ein Punkt von $K(Q; r_0)$, oder ein Punkt, für welchen

$$E(P, Q) = r_0 \tag{5}$$

ist. Dann muß aber in (2) mindestens eine unter den Zahlen $(x_k - y_k) \neq 0$ sein; es sei z. B.

$$x_k = y_k + h. \qquad h \neq 0$$

Ein Punkt P', dessen sämtliche Koordinaten außer der $k$ten mit denen von P zusammenfallen und für welchen als $k$te Koordinate

$$x_k' = y_k + \vartheta h \qquad 0 < \vartheta < 1$$

genommen wird, genügt aber der Bedingung

$$E(P', Q) < r_0,$$

weil die Funktion $\sqrt{u}$ eine stets wachsende Funktion von u ist (§ 161).

Hieraus folgt, daß jeder Punkt, welcher der Gleichung (5) genügt, Häufungspunkt von $K(Q; r_0)$ ist, und daß folglich

$$\overline{K}(Q; r_0) = A$$

sein muß. Die abgeschlossene Kugel $\overline{K}(Q; r_0)$ ist also identisch mit der Punktmenge

$$E(P, Q) \leqq r_0.$$

187. Der Dreieckssatz. *Sind P, Q und R beliebige Punkte im n-dimensionalen Raume, so ist stets*

$$E(P, Q) \leqq E(P, R) + E(Q, R).$$

Es seien x_k die Koordinaten von P, y_k die Koordinaten von Q und z_k die Koordinaten von R; dann ist zu beweisen, daß stets

$$\sqrt{\sum_k (x_k - y_k)^2} \leqq \sqrt{\sum_k (x_k - z_k)^2} + \sqrt{\sum_k (y_k - z_k)^2}$$

stattfindet.

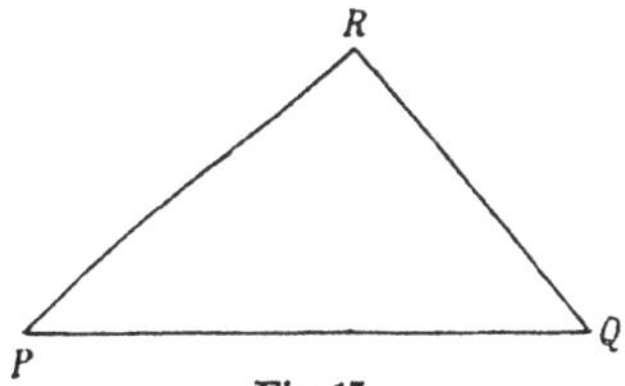

Fig. 17.

Setzen wir $x_k - z_k = \xi_k$ und $y_k - z_k = \eta_k$, so geht dies über in:

$$\sqrt{\sum_k (\xi_k - \eta_k)^2} \leqq \sqrt{\sum_k \xi_k^2} + \sqrt{\sum_k \eta_k^2}. \tag{1}$$

Verschwinden sämtliche ξ_k (oder sämtliche η_k), so ist die Relation (1) evident. Wenn dies nicht der Fall ist, so erhebe man diese Relation ins Quadrat und es ist nur noch zu beweisen:

$$\sum(\xi_k - \eta_k)^2 \leqq \sum \xi_k^2 + \sum \eta_k^2 + 2\sqrt{\sum \xi_k^2 \cdot \sum \eta_k^2}.$$

Führt man links die Quadrate aus, so heben sich $\sum \xi_k^2$ und $\sum \eta_k^2$ weg und es bleibt, nachdem man noch rechts und links durch 2 dividiert hat:

$$(2) \qquad -\sum \xi_k \eta_k \leqq \sqrt{\sum \xi_k^2 \cdot \sum \eta_k^2}.$$

Ist

$$\sum \xi_k \eta_k > 0,$$

so ist die Ungleichheit (2) erfüllt, der Satz also richtig. Ist dagegen

$$\sum \xi_k \eta_k \leqq 0,$$

so ist keine Seite von (2) negativ und die zu beweisende Ungleichheit äquivalent mit

$$(3) \qquad \left(\sum \xi_k \eta_k\right)^2 \leqq \sum \xi_k^2 \cdot \sum \eta_k^2.$$

Um die Relation (3) zu beweisen, gehen wir von der Ungleichheit aus

$$0 \leqq \sum_k (\lambda \xi_k + \mu \eta_k)^2,$$

die für alle λ und μ gilt, weil die rechte Seite eine Summe von Quadraten ist. Setzen wir

$$a = \sum \xi_k^2, \quad b = \sum \xi_k \eta_k, \quad c = \sum \eta_k^2,$$

so ist

$$(4) \qquad 0 \leqq \sum (\lambda \xi_k + \mu \eta_k)^2 = a\lambda^2 + 2b\lambda\mu + c\mu^2$$

für alle λ und μ. Uns interessiert nur der Fall $a > 0$, da für $a = 0$, d. h. im Falle des Verschwindens sämtlicher ξ_k, der Dreieckssatz schon bewiesen ist. Setzen wir dann

$$\lambda = -\frac{b}{a} \quad \text{und} \quad \mu = 1,$$

so nimmt die letzte Ungleichheit die Form an

$$(5) \qquad 0 \leqq a\frac{b^2}{a^2} - 2b\frac{b}{a} + c = \frac{ac - b^2}{a},$$

und da a positiv ist, folgt daraus

$$b^2 \leqq ac,$$

was sich in unserer neuen Bezeichnung mit der zu beweisenden Ungleichheit (3) deckt.

188. Wir wollen noch untersuchen, wann das Gleichheitszeichen stattfindet, d. h. wann zwischen drei Punkten P, Q, R des n-dimensionalen Raumes die Relation

$$E(P, Q) = E(P, R) + E(R, Q)$$

besteht, unter der Voraussetzung, daß P und Q voneinander verschiedene Punkte sind.

Nach den Schlüssen des vorigen Paragraphen kann dies nur dann der Fall sein, wenn

$$a = \sum \xi_k^2 = 0$$

ist, oder wenn $b^2 - ac = 0$ ist.

Die Relation (5) des vorigen Paragraphen zeigt aber im letzten Falle, wenn man sie mit (4) vergleicht, daß dann

$$\sum \left(-\frac{b}{a}\xi_k + \eta_k\right)^2 = 0 \tag{6}$$

ist; und da die Summe (6) aus lauter nicht negativen Gliedern besteht, so muß jedes einzelne für sich verschwinden, d. h. man hat, wenn man die Bezeichnung

$$-\frac{b}{a} = \tau$$

einführt,

$$\eta_k = -\tau\xi_k \qquad (k = 1, 2, \ldots n). \tag{7}$$

Es muß also entweder $a = 0$ sein, oder die Größen η_k sind den ξ_k proportional.

Wir fragen nun nach Werten von τ, für welche die Gleichung

$$\sqrt{\sum(\xi_k + \tau\xi_k)^2} = \sqrt{\sum \xi_k^2} + \sqrt{\sum \tau^2\xi_k^2},$$

die man durch Einsetzen von (7) in (1) erhält, richtig ist. Dies liefert, wenn, wie es sein soll, alle Wurzelzeichen positiv genommen werden,

$$|1 + \tau| = 1 + |\tau|$$

eine Gleichung, die offenbar nur für positive Werte von τ oder für $\tau = 0$ erfüllt ist.

Ersetzen wir in (7) die Größen ξ_k und η_k durch die ursprünglichen Koordinaten von P, Q und R, so bekommen wir

$$(y_k - z_k) + \tau(x_k - z_k) = 0$$

oder

$$z_k = \frac{\tau}{1+\tau}x_k + \frac{1}{1+\tau}y_k.$$

Setzt man endlich

$$\frac{1}{1+\tau} = t,$$

wobei also die Bedingung $\tau \geqq 0$ in die Bedingung $0 < t \leqq 1$ übergeht, so erhält man

$$z_k = (1-t)x_k + ty_k \tag{8}$$

und ferner

$$\xi_k = x_k - z_k = t(x_k - y_k), \quad \eta_k = y_k - z_k = (t-1)(x_k - y_k).$$

Der bisher ausgeschlossene Fall $a = 0$ entspricht aber dem Werte $t = 0$ des Parameters; läßt man also den Parameter t das abgeschlossene Intervall

$$0 \leqq t \leqq 1 \tag{9}$$

durchlaufen, so erhält man aus (8) sämtliche Punkte, für welche das Gleichheitszeichen im Dreieckssatz gilt.

Die Gesamtheit der Punkte R des Raumes, deren Koordinaten $(z_1, z_2, \ldots z_n)$ den Gleichungen (8) mit der Nebenbedingung (9) genügen, nennt man die Strecke, welche P mit Q verbindet, und bezeichnet diese Punktmenge mit $\overline{PQ}$.

Abgesehen vom trivialen Fall, wo die drei Punkte P, Q und R alle zusammenfallen und die Entfernungen alle Null sind, lautet also der vollständige Dreieckssatz folgendermaßen:

Für alle Punkte R der Strecke, welche zwei voneinander verschiedene Punkte P und Q des n-dimensionalen Raumes verbindet, ist

$$\boldsymbol{E}(P,Q) = \boldsymbol{E}(P,R) + \boldsymbol{E}(R,Q);$$

für alle übrigen Punkte des Raumes ist

$$\boldsymbol{E}(P,Q) < \boldsymbol{E}(P,R) + \boldsymbol{E}(R,Q).$$

Entfernung von Punktmengen.

189. Definition. Es sei A eine beliebige Punktmenge und P irgendein Punkt des Raumes. Dann definieren wir als Entfernung $\boldsymbol{E}(P, A)$ zwischen dem Punkte P und der Punktmenge A die untere Grenze aller $\boldsymbol{E}(P, Q)$, wenn Q ein beliebiger Punkt von A ist.

Die Entfernung $\boldsymbol{E}(P, A)$ ist demnach eine Punktfunktion, die von P abhängt, wenn man A festhält, und eine Mengenfunktion, die von A abhängt, wenn man P festhält.

Die Punktmenge A braucht hier durchaus nicht abgeschlossen zu sein; für abgeschlossene Punktmengen A gilt aber der Satz:

Satz 1. *Ist P ein beliebig gegebener Punkt und A eine abgeschlossene nicht leere Punktmenge, so gibt es mindestens einen Punkt Q_0 auf A, so daß*

$$E(P, Q_0) = E(P, A)$$

ist.

Es sei $E(P, A) = d$; die Zahl d ist endlich. Wir betrachten die abgeschlossene Kugel $\bar{K}(P; (d+1))$ mit dem Mittelpunkte P und dem Radius $(d+1)$. Diese Kugel ist eine beschränkte Punktmenge, und der Durchschnitt $A\bar{K}(P; (d+1))$ ist es also auch. Ferner ist dieser Durchschnitt nicht leer, denn es gibt Punkte von A, deren Entfernung von P kleiner ist als $(d+1)$, da d die untere Grenze dieser Entfernungen ist; endlich ist er als Durchschnitt von zwei abgeschlossenen Punktmengen ebenfalls abgeschlossen (§ 69, Satz 1). In dieser beschränkten und abgeschlossenen Punktmenge muß aber die in Q stetige Funktion $E(P, Q)$ in mindestens einem Punkte Q_0 ihre untere Grenze annehmen (§ 137, Satz 5). Nun ist nach Konstruktion Q_0 ein Punkt von A und für jeden anderen Punkt Q von A muß

$$E(P, Q) \geqq E(P, Q_0)$$

sein, sowohl wenn Q außerhalb der abgeschlossenen Kugel $\bar{K}$ oder in dieser liegt. Also ist, wie wir zeigen wollten,

$$E(P, Q_0) = E(P, A).$$

190. Es sei A eine beliebige Punktmenge und $\bar{A}$ ihre abgeschlossene Hülle. Da A eine Teilmenge von $\bar{A}$ ist, so ist für jeden Punkt P des Raumes

(1) $$E(P, A) \geqq E(P, \bar{A}).$$

Nun gibt es nach dem vorigen Satze einen Punkt Q_0 von $\bar{A}$, für welchen

(2) $$E(P, \bar{A}) = E(P, Q_0)$$

ist. Ist Q_0 nicht nur in $\bar{A}$, sondern auch in A enthalten, so muß

$$E(P, A) \leqq E(P, Q_0)$$

und wegen (1) und (2)

(3) $$E(P, A) = E(P, \bar{A})$$

sein. Sonst muß Q_0 ein Häufungspunkt von A sein, und es gibt in jeder Umgebung von Q_0, insbesondere in jeder Kugel mit dem Mittelpunkte Q_0 und dem beliebigen Radius ε, Punkte Q, die zu A gehören. Für einen derartigen Punkt ist

$$E(Q, Q_0) < \varepsilon,$$

und nach dem Dreieckssatze (§ 187) ist demnach

$$E(P, Q) \leqq E(P, Q_0) + E(Q, Q_0) < E(P, \bar{A}) + \varepsilon.$$

Es ist also für jedes positive ε

$$\boldsymbol{E}(P, A) \leqq \boldsymbol{E}(P, \bar{A}) + \varepsilon,$$

und mit Hilfe von (1) wird wieder die Gleichung (3) bestätigt.

Wir haben also den

Satz 2. *Der Abstand $\boldsymbol{E}(P, A)$ eines Punktes P von einer beliebigen Punktmenge A ist stets gleich dem Abstande $\boldsymbol{E}(P, \bar{A})$ zwischen P und der abgeschlossenen Hülle $\bar{A}$ von A.*

Insbesondere ist $\boldsymbol{E}(P, A)$ dann und nur dann gleich Null, wenn $\boldsymbol{E}(P, Q_0)$ verschwindet, d. h. wenn P mit Q_0 zusammenfällt. Dazu ist aber hinreichend und notwendig, daß P ein Punkt von $\bar{A}$ sei.

Ferner gilt auch der

Satz 3. *Jede Umgebung U_P eines Punktes P enthält eine Kugel mit P als Mittelpunkt.*

Es sei U' die Komplementärmenge von U_P; da P nicht zu U' gehört, und auch, weil U' abgeschlossen ist, kein Häufungspunkt von U' ist, so ist

$$\boldsymbol{E}(P, U') = r_0 \neq 0.$$

Die Kugel mit dem Mittelpunkte P und dem Radius r_0 ist daher vollständig in U_P enthalten. Nimmt man eine positive Zahl $\varrho < r_0$, so ist sogar die abgeschlossene Kugel mit dem Mittelpunkte P und dem Radius ϱ in U_P enthalten.

191. Satz 4. *Der Abstand $\boldsymbol{E}(P, A)$ zwischen einem veränderlichen Punkte P und einer festen Punktmenge A ist eine im ganzen Raume stetige Funktion von P.*

Es sei Q ein beliebiger Punkt von A; nach dem Dreieckssatze hat man, wenn P_0 und P zwei beliebige Punkte des Raumes bedeuten

$$\boldsymbol{E}(P, Q) < \boldsymbol{E}(P, P_0) + \boldsymbol{E}(P_0, Q)$$

und folglich, weil $\boldsymbol{E}(P, A) \leqq \boldsymbol{E}(P, Q)$ ist:

$$\boldsymbol{E}(P, A) \leqq \boldsymbol{E}(P, P_0) + \boldsymbol{E}(P_0, Q).$$

Da diese letzte Ungleichheit für jeden beliebigen Punkt Q von A gilt, ist also auch

$$\boldsymbol{E}(P, A) \leqq \boldsymbol{E}(P, P_0) + \boldsymbol{E}(P_0, A)$$

und durch Vertauschung von P mit P_0 erhält man

$$\boldsymbol{E}(P_0, A) \leqq \boldsymbol{E}(P, P_0) + \boldsymbol{E}(P, A).$$

Hieraus folgt aber

$$|E(P, A) - E(P_0, A)| \leqq E(P, P_0).$$

Ist jetzt ε eine beliebige positive Zahl, so stellt die Ungleichheit

$$E(P_0, P) < \varepsilon$$

bei veränderlichem P und festem P_0 eine Umgebung von P_0 dar, nämlich die Kugel mit P_0 als Mittelpunkt und ε als Radius. Für jeden Punkt dieser Kugel ist

$$|E(P, A) - E(P_0, A)| \leqq \varepsilon,$$

d. h. die Funktion $E(P, A)$ ist stetig im Punkte P_0 (§ 130, Satz 3).

192. Definition. Als Entfernung $E(A, B)$ zweier Punktmengen A und B definieren wir die untere Grenze aller $E(P, Q)$, wenn P in A und Q in B liegt.

Dann erkennt man zunächst, daß auch

(1) $$E(A, B) = \text{untere Grenze von } E(P, B) \text{ für } P \prec A$$

ist. Es ist nämlich jedem Element der Zahlenmenge der $E(P, Q)$ ein nicht größeres Element der Zahlenmenge der $E(P, B)$ zugeordnet und daher sicher

$$E(A, B) \geqq \text{untere Grenze von } E(P, B) \text{ für } P \prec A.$$

Wäre nun wirklich

$$E(A, B) > \text{untere Grenze von } E(P, B),$$

so müßte es mindestens ein P_0 in A geben, so daß

$$E(A, B) > E(P_0, B)$$

ist. Hieraus würde aber die Existenz eines Q_0 in B folgen, so daß

$$E(A, B) > E(P_0, Q_0),$$

was aber der Definition von $E(A, B)$ widerspricht. Also ist die Gleichung (1) richtig und ebenso beweist man, daß

(2) $$E(A, B) = \text{untere Grenze von } E(Q, A) \text{ für } Q \prec B$$

ist.

193. Es seien A und B zwei beliebige Punktmengen, $\bar{A}$ und $\bar{B}$ ihre abgeschlossenen Hüllen. Dann ist zunächst, weil A eine Teilmenge von $\bar{A}$ ist,

(1) $$E(\bar{A}, B) \leqq E(A, B).$$

Ferner sei ε eine beliebige positive Zahl; man kann nach Definition einen Punkt $\overline{P}$ von $\bar{A}$ und einen Punkt Q von B finden, für welche

(2) $$E(\overline{P}, Q) < E(\bar{A}, B) + \frac{\varepsilon}{2}$$

ist. In der Kugel $K\left(\overline{P}; \frac{\varepsilon}{2}\right)$ gibt es ferner mindestens einen Punkt P von A, weil $\overline{P}$ entweder Punkt oder Häufungspunkt von A ist. Nun ist wegen des Dreiecksatzes

$$E(P, Q) \leqq E(P, \overline{P}) + E(\overline{P}, Q),$$

und, wenn man (2) sowie auch die Relationen

$$E(A, B) \leqq E(P, Q), \quad E(P, \overline{P}) < \frac{\varepsilon}{2}$$

berücksichtigt,

(3) $$E(A, B) < E(\bar{A}, B) + \varepsilon.$$

Diese letzte Ungleichheit, die für jedes ε gilt, liefert mit (1) verglichen die Relation $E(A, B) = E(\bar{A}, B)$. Genau ebenso beweist man die Gleichungen $E(A, B) = E(A, \bar{B})$ und $E(A, \bar{B}) = E(\bar{A}, \bar{B})$. Man erhält also den

Satz 5. *Sind A und B zwei beliebige Punktmengen und $\bar{A}$ und $\bar{B}$ ihre abgeschlossenen Hüllen, so gelten die Relationen*

$$E(A, B) = E(\bar{A}, B) = E(A, \bar{B}) = E(\bar{A}, \bar{B}).$$

194. Satz 6. *Sind A und B zwei abgeschlossene Punktmengen und ist überdies die eine von ihnen, z. B. A beschränkt, so gibt es einen Punkt P_0 in A und einen Punkt Q_0 in B, so daß*

$$E(P_0, Q_0) \doteq E(A, B)$$

ist, und die Entfernung $E(A, B)$ ist dann und nur dann gleich Null, wenn A und B einen gemeinsamen Punkt besitzen.

Da die Funktion $E(P, B)$ auf der abgeschlossenen und beschränkten Punktmenge A stetig ist, erreicht sie in einem Punkte P_0 von A ihr Minimum (§ 137, Satz 5) und es ist nach dem § 192

$$E(A, B) = E(P_0, B);$$

ferner gibt es wegen der Abgeschlossenheit von B einen Punkt Q_0 von B, für welchen

$$E(P_0, B) = E(P_0, Q_0)$$

stattfindet (§ 189, Satz 1), womit der erste Teil des Satzes bewiesen ist. Der zweite Teil des Satzes folgt aber direkt aus der Tatsache, daß

$E(P_0, Q_0)$ dann und nur dann verschwindet, wenn P_0 und Q_0 zusammenfallen.

Bemerkung: Der Satz braucht nicht richtig zu sein, wenn keine der beiden Punktmengen beschränkt ist. Es seien z. B. A und B die abgeschlossenen Punktmengen der xy-Ebene

$$A: \quad x = 0 \text{ für beliebige } y, \qquad B: \quad y = \frac{1}{x} \text{ für } x \neq 0.$$

Diese abgeschlossenen Punktmengen haben keinen gemeinsamen Punkt und es ist doch $E(A, B) = 0$.

Durchmesser.

195. Wir nennen Durchmesser einer Punktmenge A die obere Grenze der Entfernungen von zwei beliebigen ihrer Punkte und bezeichnen diese Mengenfunktion mit $D(A)$.

Sind

$$x_1, x_2, \ldots, x_n \quad \text{und} \quad y_1, y_2, \ldots, y_n$$

die Koordinaten von zwei Punkten P und Q eines n-dimensionalen Würfels, dessen Kanten gleich a sind, so folgt aus der Formel (2) des § 185 und aus den Ungleichheiten

$$|x_k - y_k| < a \qquad (k = 1, 2, \ldots, n)$$

die Relation

$$E(P, Q) < a\sqrt{n}.$$

Ist die gegebene Punktmenge A eine Teilmenge des Würfels W, so ist also auch ihr Durchmesser

$$D(A) \leqq a\sqrt{n};$$

jede beschränkte Punktmenge hat also einen endlichen Durchmesser.

Ist umgekehrt der Durchmesser $D(A) = \varrho$ endlich und P_0 irgend ein Punkt von A, so ist A eine Teilmenge der Kugel $K(P_0; 2\varrho)$ und da diese eine beschränkte Punktmenge ist (§ 185), so ist A ebenfalls beschränkt. Der Durchmesser einer Punktmenge ist also dann und nur dann endlich, wenn die Punktmenge beschränkt ist.

196. Es sei A eine beschränkte und abgeschlossene Punktmenge,

$$\delta = D(A)$$

ihr Durchmesser. Jedem Punktepaare P, Q von A mit den Koordinaten

$$P: \quad x_1 x_2 \ldots x_n,$$
$$Q: \quad y_1 y_2 \ldots y_n$$

entspricht ein Punkt R des $2n$-dimensionalen Raumes mit den Koordinaten

$$R: \quad x_1, x_2, \ldots, x_n, \quad y_1, y_2, \ldots, y_n.$$

Wenn P und Q jeder für sich die Gesamtheit der Punkte von A durchläuft, so beschreibt R eine Punktmenge B des $2n$-dimensionalen Raumes. Diese Punktmenge B ist beschränkt und abgeschlossen. Letzteres sieht man sofort ein, wenn man bemerkt, daß, wenn

$$R' = (P', Q')$$

ein Häufungspunkt von B ist, sowohl P' als auch Q' in A enthalten sein müssen, so daß R' in B enthalten ist.

Die Funktion

$$f(R) = \boldsymbol{E}(P, Q)$$

ist, wie wir sahen, eine stetige Funktion im $2n$-dimensionalen Raume (§ 163); sie erreicht also ihr Maximum in einem bestimmten Punkt

$$R_0 = (P_0, Q_0)$$

der Punktmenge B, und es ist

$$\boldsymbol{D}(A) = \boldsymbol{E}(P_0, Q_0).$$

Wir haben also den Satz:

Satz 1. *Auf jeder beschränkten und abgeschlossenen Punktmenge A gibt es zwei Punkte P_0 und Q_0, deren Entfernung gleich dem Durchmesser von A ist:*

$$\boldsymbol{E}(P_0, Q_0) = \boldsymbol{D}(A).$$

197. Satz 2. *Ist $\bar{A}$ die abgeschlossene Hülle einer beschränkten Punktmenge A, so ist der Durchmesser $\boldsymbol{D}(\bar{A})$ von $\bar{A}$ gleich dem Durchmesser $\boldsymbol{D}(A)$ von A.*

In der Tat ist $\bar{A}$ ebenfalls beschränkt, und es gibt zwei Punkte P_0 und Q_0 dieser Punktmenge, deren Entfernung gleich dem Durchmesser von $\bar{A}$ ist:

$$\boldsymbol{E}(P_0, Q_0) = \boldsymbol{D}(\bar{A}).$$

Ist ε eine beliebige positive Zahl, so liegt in jeder der Kugeln $K\left(P_0; \frac{\varepsilon}{2}\right)$ und $K\left(Q_0; \frac{\varepsilon}{2}\right)$ mindestens ein Punkt P bzw. Q von A und man hat

$$\boldsymbol{D}(\bar{A}) \leqq \boldsymbol{E}(P_0, P) + \boldsymbol{E}(P, Q) + \boldsymbol{E}(Q, Q_0)$$

oder, wenn man

$$\boldsymbol{E}(P_0, P) < \frac{\varepsilon}{2}, \quad \boldsymbol{E}(P, Q) < \boldsymbol{D}(A) \quad \text{und} \quad \boldsymbol{E}(Q, Q_0) < \frac{\varepsilon}{2}$$

berücksichtigt,

$$\mathfrak{D}(\bar{A}) < \mathfrak{D}(A) + \varepsilon;$$

da dies für jedes positive ε gilt, ist

$$\mathfrak{D}(\bar{A}) \leqq \mathfrak{D}(A).$$

Anderseits ist A eine Teilmenge von $\bar{A}$ und folglich

$$\mathfrak{D}(A) \leqq \mathfrak{D}(\bar{A}).$$

Der Vergleich der beiden letzten Ungleichheiten liefert den behaupteten Satz.

Gleichmäßige Stetigkeit.

198. Es sei $f(P)$ auf einer beschränkten und abgeschlossenen Punktmenge A definiert und dort beschränkt. Die Schwankung $S(P)$ der Funktion $f(P)$ ist dann ebenfalls eine beschränkte Funktion auf A und ihre obere Grenze μ ist eine endliche Zahl. Nach dem Satze 3 des § 140 kann man jedem Punkte P von A nach Vorgabe einer positiven Zahl ε, die nicht von P abhängt, eine Umgebung U_P zuordnen, so daß für je zwei Punkte Q_1 und Q_2 von $U_P A$ die Bedingung

$$|f(Q_1) - f(Q_2)| \leqq S(P) + \varepsilon \leqq \mu + \varepsilon \tag{1}$$

erfüllt ist.

Da A beschränkt und abgeschlossen ist, kann man den Borelschen Überdeckungssatz anwenden (§ 59). Es gibt nach ihm endlich viele Punkte $P_1, P_2, \ldots, P_m$ von A, so daß die zugehörigen Umgebungen $U_1, U_2, \ldots, U_m$, von denen man voraussetzen kann, daß keine von ihnen den ganzen Raum ausfüllt, der Bedingung

$$A \prec U_1 \dotplus U_2 \dotplus \cdots \dotplus U_m \tag{2}$$

genügen. Nun seien $U_1', U_2', \ldots, U_m'$ die Komplementärmengen von $U_1, U_2, \ldots, U_m$; ist dann Q irgend ein Punkt des Raumes, so sind die Entfernungen

$$\mathfrak{E}(Q, U_k') \qquad (k = 1, 2, \ldots, m) \tag{3}$$

als Funktionen von Q endlich und stetig im ganzen Raum (§ 191). Bezeichnet man mit $\varphi(Q)$ die größte der Zahlen (3), wenn k die Folge $1, 2, \ldots, m$ durchläuft, so ist $\varphi(Q)$ ebenfalls eine durchweg stetige Funktion (§ 132, Satz 10). Auf der beschränkten und abgeschlossenen Punktmenge A gibt es also einen Punkt Q_0, so daß für jeden anderen Punkt Q von A

$$\varphi(Q) \geqq \varphi(Q_0)$$

ist. Der Punkt Q_0 ist wegen (2) in mindestens einer der offenen Punktmengen $U_1, U_2, \ldots, U_m$, also z. B. in U_j enthalten. Es ist daher (§ 194)

$$E(Q_0, U_j') > 0$$

und umsomehr

$$\varphi(Q_0) = \delta > 0;$$

für jeden Punkt Q von A ist also

(4) $$\varphi(Q) \geqq \delta > 0.$$

Nun seien Q_1 und Q_2 zwei beliebige Punkte von A, deren Entfernung

(5) $$E(Q_1, Q_2) < \delta$$

ist. Da nach (4)

$$\varphi(Q_1) \geqq \delta$$

ist, so gibt es mindestens eine Punktmenge U_j', so daß

$$E(Q_1, U_j') \geqq \delta$$

ist; zugleich folgt dann aus (5), daß die Punkte Q_1 und Q_2 beide in der Komplementärmenge U_j von U_j' enthalten sind, so daß für die beiden Punkte Q_1 und Q_2 die Relation (1) besteht. Hieraus folgt der

Satz 1: *Bezeichnet man mit μ die obere Grenze der Schwankungen einer beschränkten Funktion $f(P)$ auf einer beschränkten und abgeschlossenen Punktmenge A, so kann man jeder positiven Zahl ε eine positive Zahl δ zuordnen, so daß aus der Ungleichheit*

$$E(Q_1, Q_2) < \delta$$

die Relation

$$|f(Q_1) - f(Q_2)| \leq \mu + \varepsilon$$

folgt.

199. Ist insbesondere $f(P)$ eine auf einer beschränkten und perfekten Punktmenge A stetige Funktion, so kann man jeder positiven Zahl ε eine positive Zahl δ so zuordnen, daß, wenn Q_1 und Q_2 zwei beliebige Punkte von A bedeuten, deren Entfernung kleiner als δ ist, die Relation

$$|f(Q_1) - f(Q_2)| \leqq \varepsilon$$

gilt, denn es ist hier $\mu = 0$.

Diese Eigenschaft ist natürlich weitergehend als der bloße Begriff der Stetigkeit; nach diesem konnte man, wenn Q_1 festgehalten wird, eine Zahl $\delta'(Q_1)$ finden, welche dieselbe Eigenschaft wie oben δ besitzt. Diese Zahl $\delta'(Q_1)$ variiert aber mit Q_1, und es wäre denkbar gewesen, daß die untere Grenze von $\delta'(Q_1)$, wenn Q_1 die Punktmenge A beschreibt, Null wäre, obgleich $\delta'(Q_1)$ selbst für jeden Punkt dieser Punktmenge von Null verschieden ist. Die Bedeutung unseres Satzes besteht aber eben darin, daß man die Funktion $\delta'(Q_1)$ so bestimmen kann, daß ihre untere Grenze δ_0 von Null verschieden ist. Man kann also für ein gegebenes ε dieselbe Zahl δ_0 gleichmäßig für jeden Punkt Q_1 wählen und man drückt diese Eigenschaft der stetigen Funktionen aus, indem man sagt

Satz 2. *Auf jeder beschränkten und perfekten Punktmenge ist eine endliche und stetige Funktion gleichmäßig stetig.*

Ist die Punktmenge A nicht abgeschlossen, so ist der Satz nicht mehr richtig; dies kann z. B. an der Funktion

$$y = \frac{1}{x}$$

im Intervall $0 < x < 1$ bestätigt werden. Das gleiche gilt, wenn A nicht beschränkt ist, wie aus der auf der ganzen x-Achse definierten Funktion $y = x^2$ folgt.

Man kann unseren Satz auch folgendermaßen formulieren. Wir bezeichnen mit $\sigma(\delta)$ die obere Grenze der Zahlen

$$|f(Q_1) - f(Q_2)|$$

für alle Paare von Punkten, die voneinander um weniger als δ entfernt sind. Die Funktion $\sigma(\delta)$ von δ ist monoton wachsend und unser Resultat läßt sich schreiben

$$\lim_{\delta = 0} \sigma(\delta) = 0\,.$$

Stetige Abbildung.

200. Ist jedem Punkte P einer Punktmenge A des n-dimensionalen Raumes ein Punkt P^* eines m-dimensionalen Raumes eindeutig zugeordnet und nennt man A^* die Gesamtheit der Punkte P^*, die man erhält, wenn P in der Punktmenge A liegt, so sagt man, daß A auf A^* eindeutig „abgebildet" ist und bezeichnet A^* als das „Bild" von A (§ 83). Hierbei sind n und m zwei beliebige natürliche Zahlen; es kann sowohl $n < m$ als auch $n = m$ oder $n > m$ sein. Es können mehrere, ja unendlich viele Punkte P von A dasselbe Bild haben; wir sprechen z. B. auch dann von einer Abbildung, wenn A^* sich auf einen einzigen Punkt reduziert.

Die analytische Darstellung einer derartigen Abbildung erhält man, indem man bemerkt, daß die Koordinaten des Punktes P^* Zahlen sind, die durch die Lage von P innerhalb A eindeutig bestimmt sind, und daß man daher die Abbildung vollständig kennt, wenn man sich m Funktionen

$$(1) \qquad \varphi_1(P),\ \varphi_2(P),\ \ldots,\ \varphi_m(P)$$

gibt, welche diese Koordinaten darstellen. Umgekehrt liefert jede Folge (1) von m endlichen Funktionen, die alle in der Punktmenge A definiert sind, die Abbildung von A auf eine Punktmenge A^* des m-dimensionalen Raumes.

201. Die Abbildung, die durch das Funktionensystem (1) definiert ist, heißt in einem Punkte P **stetig**, wenn sämtliche Funktionen des Systems in diesem Punkte stetig sind.

Ist die Abbildung stetig im Punkte P, und $K(P; \varrho)$ eine Kugel mit dem Mittelpunkte P und dem Radius ϱ, so setze man

$$B_\varrho = A \cdot K(P; \varrho)$$

und bezeichne mit $\delta(\varrho)$ den Durchmesser des Bildes B_ϱ^* von B_ϱ. Wir wollen zeigen, daß

$$\lim_{\varrho = 0} \delta(\varrho) = 0 \tag{2}$$

ist.

Ist nämlich η eine positive Zahl, so kann man Umgebungen $U_P^{(k)}$ des Punktes P für $k = 1, 2, \ldots, m$ angeben, so daß für alle Punktepaare Q_1, Q_2 des Durchschnitts einer derartigen Umgebung mit A

$$|\varphi_k(Q_1) - \varphi_k(Q_2)| < \eta$$

ist. Führt man die Bezeichnung

$$U_P = U_P^{(1)} \cdot U_P^{(2)} \cdots U_P^{(m)}$$

ein, so ist U_P eine Umgebung von P und für hinreichend kleine Werte von ϱ

$$K(P; \varrho) \prec U_P.$$

Das Bild Q_1^*, Q_2^* eines Punktepaares Q_1, Q_2 von B_ϱ genügt dann der Bedingung

$$E(Q_1^*, Q_2^*) < \eta \sqrt{m}$$

und es ist folglich auch

$$\delta(\varrho) \leqq \eta \sqrt{m}.$$

Aus der Tatsache, daß die letzte Zahl $\eta \sqrt{m}$ durch geeignete Wahl von η einen beliebigen positiven Wert darstellen kann, folgt dann ohne weiteres die Gleichung (2).

Umgekehrt sieht man aber, daß, wenn die Gleichung (2) gilt und wenn man ϱ einen solchen Wert gibt, daß

$$\delta(\varrho) < \varepsilon$$

ist, für jeden Punkt Q von B_ϱ und für jedes k

$$\varphi_k(Q) - \varphi_k(P) < \varepsilon$$

ist, so daß die Funktionen (1) und folglich die Abbildung im Punkte P stetig sind.

Die Bedingung (2) ist daher nicht nur notwendig, sondern auch hinreichend für die Stetigkeit der Abbildung in P.

202. Wir nehmen jetzt an, daß die Abbildung in allen Häufungspunkten einer abgeschlossenen und beschränkten Teilmenge B von A stetig ist. Wir wollen dann zeigen, daß das Bild B^* von B ebenfalls beschränkt und abgeschlossen ist.

Daß B^* beschränkt ist, folgt direkt aus dem Satze 6 des § 137, weil nach diesem Satze jede der m Funktionen $\varphi_k(P)$ beschränkt ist, wenn P in B liegt.

Es sei nun R^* irgend ein Häufungspunkt von B^*, falls ein solcher existiert; dann kann man eine abzählbare Teilmenge von unendlich vielen Punkten

(1) $$P_1^*, P_2^*, \ldots, P_k^*, \ldots$$

von B^* finden, die gegen R^* konvergiert (§ 114, Satz 4). Jeder der Punkte P_k^* der Folge (1) ist das Bild von mindestens einem Punkte von B, aber kann auch möglicherweise unendlich vielen solchen Punkten entsprechen. Jedenfalls können wir nach dem Auswahlaxiom (§ 48) einen Punkt P_k von B wählen, dessen Bild mit P_k^* zusammenfällt; auf diese Weise erhalten wir eine abzählbare Folge

(2) $$P_1, P_2, \ldots$$

von Punkten, die alle von einander verschieden und folglich in unendlicher Anzahl vorhanden sind.

Die in der beschränkten Punktmenge B liegende unendliche Folge (2) besitzt mindestens einen Häufungspunkt Q, der übrigens mit einem der Punkte P_k zusammenfallen kann. Wegen der Abgeschlossenheit von B ist nun Q in B enthalten und besitzt folglich ein Bild Q^*, das in B^* enthalten ist. Ferner ist nach Voraussetzung die betrachtete Abbildung von B auf B^* stetig im Punkte Q. In jeder beliebigen Umgebung U_{Q^*} von Q^* liegt eine Kugel $K(Q^*; \varepsilon)$ des m-dimensionalen Raumes, die Q^* zum Mittelpunkte und ε als Radius hat (§ 190, Satz 3). Nach dem vorigen Paragraphen kann man eine Zahl ϱ finden, so daß das Bild P^* eines jeden Punktes P von B, der innerhalb der n-dimensionalen Kugel $K(Q; \varrho)$ mit dem Mittelpunkte Q und dem Radius ϱ liegt, um weniger als ε von Q^* entfernt ist. Nun enthält die Kugel $K(Q; \varrho)$ als Umgebung von Q unendlich viele Punkte der Folge (2), von der ja Q ein Häufungspunkt ist; also muß die m-dimensionale Kugel $K(Q^*; \varepsilon)$ und daher auch die gegebene Umgebung U_{Q^*} von Q^* unendlich viele Punkte der Folge (1) enthalten. Dieser Schluß gilt für jede Umgebung von Q^*, woraus folgt, daß der Punkt Q^* ein Häufungspunkt der Folge (1) ist. Diese letzte Folge besitzt aber nach Konstruktion einen einzigen Häufungspunkt, nämlich R^*, also ist

$$Q^* = R^*$$

und hiermit ist bewiesen, daß R^* in B^* enthalten ist, und ferner, daß B^* abgeschlossen ist.

203. Mit denselben Voraussetzungen wie im vorigen Paragraphen kann man nach dem Resultate des § 198 (wenn man berücksichtigt, daß in unserem Falle die dort vorkommende Zahl μ verschwindet) folgendes schließen:

Es ist möglich, jeder positiven Zahl $\varepsilon > 0$ eine positive (von Null verschiedene) Zahl δ so zuzuordnen, daß, wenn P und Q zwei beliebige Punkte von B sind und P^* und Q^* ihre Bilder in B^* bezeichnen, aus

$$E(P, Q) < \delta$$

notwendig

$$E(P^*, Q^*) < \varepsilon$$

folgt.

Man wähle z. B. δ als die kleinste der Zahlen δ_k $(k = 1, 2, \ldots, m)$, wo die δ_k so gebildet sind, daß mit der Ungleichheit

$$E(P, Q) < \delta_k$$

die Bedingung

$$|\varphi_k(P) - \varphi_k(Q)| < \frac{\varepsilon}{\sqrt{m}}$$

besteht.

Kontinuen.

204. Definition. Eine abgeschlossene Punktmenge, die aus mehr als einem Punkte besteht, heißt zusammenhängend, wenn man sie nicht in zwei abgeschlossene nicht leere Punktmengen zerlegen kann, die keine gemeinsamen Punkte besitzen.

Anders ausgedrückt: Die abgeschlossene Punktmenge A heißt zusammenhängend, wenn man nicht zwei abgeschlossene Punktmengen A_1 und A_2 finden kann, so daß

$$A = A_1 + A_2$$

ist. Eine zusammenhängende abgeschlossene Punktmenge heißt auch ein Kontinuum.

Durch diese Definition ist noch nichts über die Existenz eines Kontinuums ausgemacht: es könnte ja sein, daß jede abgeschlossene

Punktmenge sich in zwei abgeschlossene Punktmengen ohne gemeinsame Punkte zerlegen läßt. Die Existenz von Kontinuen werden wir erst später durch die Herstellung einer solchen Menge beweisen (§ 210); dies hindert uns aber nicht, eine Reihe von Eigenschaften der Kontinuen zu untersuchen, die aus der Definition selbst folgen.

205. **Satz 1.** *Ein Kontinuum ist eine perfekte Punktmenge.*

Nach Definition ist ein Kontinuum A eine abgeschlossene Punktmenge. Wäre diese Punktmenge nicht auch in sich dicht, so würde sie mindestens einen isolierten Punkt P enthalten. Dann kann man A in die beiden abgeschlossenen Punktmengen P und $(A - P)$ zerlegen, was der Definition des Kontinuums widerspricht.

Satz 2. *Es sei A eine beliebige Punktmenge und $\bar{A}$ ihre abgeschlossene Hülle. Dafür, daß $\bar{A}$ ein Kontinuum sei, ist notwendig und hinreichend, daß man jedem beliebigen Punktepaare P, Q in A ein Kontinuum C zuordnen kann, das P und Q enthält und selbst in der abgeschlossenen Punktmenge $\bar{A}$ enthalten ist.*

Ist nämlich $\bar{A}$ ein Kontinuum, so kann man stets $C = \bar{A}$ setzen; die Bedingung ist also notwendig.

Ist dagegen $\bar{A}$ kein Kontinuum, so kann man zwei abgeschlossene nicht leere Punktmengen B_1 und B_2 finden, für welche die Bedingung

(1) $$\bar{A} = B_1 + B_2$$

gilt.

Nun kann aber keine von den beiden Punktmengen AB_1 und AB_2 leer sein; denn aus $AB_1 = 0$ würde z. B. folgen

$$A = A\bar{A} = A(B_1 + B_2) = AB_2,$$

und da die Punktmenge B_2 abgeschlossen ist, müßte die abgeschlossene Hülle $\bar{A}$ von A in B_2 enthalten sein, und B_1 entgegen der Voraussetzung leer sein. Wählt man nun den Punkt P in AB_1 und den Punkt Q in AB_2 und ist C eine abgeschlossene Teilmenge von $\bar{A}$, die P und Q enthält, so ist keine der beiden Punktmengen

$$C_1 = CB_1 \quad \text{und} \quad C_2 = CB_2$$

leer; diese Punktmengen sind aber als Durchschnitt von abgeschlossenen Punktmengen abgeschlossen und aus

$$C_1 C_2 = CB_1 B_2 = 0,$$
$$C = C\bar{A} = C(B_1 + B_2) = C_1 + C_2,$$

folgt, daß C kein Kontinuum ist. Unsere Bedingung ist also auch hinreichend.

Satz 3. *Sind die Mengen A_1 und A_2 Kontinuen mit einem gemeinsamen Punkt P, so ist ihre Vereinigungsmenge $A = A_1 + A_2$ auch ein Kontinuum.*

Die Punktmenge A ist abgeschlossen (§ 69, Satz 3); wäre sie kein Kontinuum, so könnte man schreiben

$$A = C_1 + C_2,$$

wo C_1 und C_2 abgeschlossene nicht leere Punktmengen bedeuten, und man könnte außerdem die Bezeichnung so wählen, daß der gemeinsame Punkt P in C_1 enthalten ist. Es sei Q ein Punkt von C_2; der Punkt Q ist entweder in A_1 oder in A_2, z. B. in A_1 enthalten. Dann haben wir

$$A_1 = A_1 A = A_1 C_1 + A_1 C_2,$$

die Punktmenge $A_1 C_1$ ist nicht leer, weil P darin liegt; ebenso ist $A_1 C_2$ nicht leer, da Q darin liegt. Beide Mengen sind ferner abgeschlossen und besitzen wegen $C_1 C_2 = 0$ keinen gemeinsamen Punkt. Danach wäre aber A_1 entgegen der ursprünglichen Voraussetzung kein Kontinuum.

206. Es sei A eine beliebige Punktmenge, die den Punkt P_0 enthält, und δ eine feste positive Zahl. Es kann nun vorkommen, daß man, wenn P einen zweiten festen Punkt von A bedeutet, endlich viele Punkte

$$Q_1, Q_2, \ldots, Q_m$$

finden kann, die sämtlich in A liegen, so daß sämtliche Entfernungen

$$E(P_0, Q_1), E(Q_1, Q_2), \ldots, E(Q_{m-1}, Q_m), E(Q_m, P)$$

kleiner als δ sind. Dann sagen wir, daß man die Punkte P_0 und P durch eine „δ-Kette" innerhalb A miteinander verbinden kann.

Es gilt nun folgender Satz:

Satz 4. *Es sei A eine abgeschlossene Punktmenge und δ eine feste positive Zahl und die Punktmenge A_1 bestehe aus einem bestimmten Punkt P_0 von A und aus sämtlichen Punkten P von A, die man mit P_0 durch eine δ-Kette verbinden kann. Dann ist A_1 abgeschlossen. Ist ferner $A_2 = A - A_1$ nicht leer, so ist A_2 auch abgeschlossen.*

Es sei ein beliebiger Häufungspunkt von A_1 mit R_1 bezeichnet; dann ist R_1 auch Häufungspunkt von A und folglich in A enthalten. Wir betrachten die Kugel $K(R_1; \delta)$ mit dem Mittelpunkte R_1 und dem Radius δ. Dann liegt nach Voraussetzung mindestens ein Punkt P_1 von A_1 in dieser Kugel, weil R_1 Häufungspunkt von A_1 ist. Ferner ist P_1, als Punkt von A_1, durch eine δ-Kette innerhalb A von P_0 aus erreichbar. Da P_1 in unserer Kugel liegt und daher $E(P_1, R_1) < \delta$ ist, kann ebenfalls R_1 durch eine δ-Kette innerhalb A mit P_0 verbunden werden. Infolge dieser beiden Eigenschaften gehört R_1 zur Menge A_1; die Punktmenge A_1 ist folglich abgeschlossen.

Es sei zweitens A_2 nicht leer und R_2 ein Häufungspunkt von A_2. Da $A_2 \prec A$ und A abgeschlossen ist, ist R_2 in A enthalten. Der Punkt R_2 ist daher entweder ein Punkt von A_1 oder von A_2. In der Kugel $K(R_2; \delta)$ liegt aber mindestens ein Punkt P_2 von A_2; würde nun R_2 in A_1 liegen, so könnte man R_2 und folglich entgegen der Voraussetzung auch P_2 durch eine δ-Kette mit P_0 verbinden. Also liegt jeder Häufungspunkt R_2 von A_2 in dieser Punktmenge, d. h. A_2 ist abgeschlossen.

Ist also A_2 für ein bestimmtes δ nicht leer, so ist die gegebene Punktmenge A kein Kontinuum, da man sie dann in die beiden abgeschlossenen Punktmengen A_1 und A_2 zerlegen kann. Man kann daher den Satz aussprechen:

Satz 5. *Zwei beliebige Punkte eines Kontinuums können für jeden beliebig vorgeschriebenen Wert von δ durch eine δ-Kette innerhalb des Kontinuums verbunden werden.*

207. Der letzte Satz erlaubt oft von einer gegebenen Punktmenge zu beweisen, daß sie kein Kontinuum ist; für beschränkte und abgeschlossene Punktmengen kann man ihn aber auch umkehren:

Satz 6. *Ist A beschränkt und abgeschlossen und kann man stets für jedes beliebige δ zwei beliebige Punkte von A durch eine δ-Kette innerhalb A miteinander verbinden, so ist A ein Kontinuum.*

Angenommen A wäre kein Kontinuum, so gäbe es also zwei abgeschlossene Punktmengen A_1 und A_2, in die man A zerlegen kann:

$$A = A_1 + A_2.$$

Da A_1 und A_2 als Teilmengen von A ebenfalls beschränkt sind, so haben sie nach einem früheren Satze (§ 194, Satz 6) eine von Null verschiedene Entfernung

$$E(A_1, A_2) = \varepsilon > 0.$$

Nun sei P_1 ein Punkt von A_1 und P_2 ein Punkt von A_2; wählen wir die positive Zahl δ kleiner als ε, indem wir z. B. $\delta = \varepsilon : 2$ setzen, so gibt es keine δ-Kette mit diesem δ, die P_1 und P_2 innerhalb A verbindet. Denn es sei

$$P_1 = Q_0, Q_1, Q_2, \ldots, Q_m, P_2 = Q_{m+1}$$

eine beliebige Kette von Punkten, die in A liegen. Der erste Punkt dieser Kette, nämlich $Q_0 = P_1$, liegt in A_1, der letzte, nämlich $Q_{m+1} = P_2$, liegt in A_2. Es gibt also unter den endlich vielen Punkten der Kette einen letzten Punkt, z. B. Q_k, der in A_1 liegt, und Q_{k+1} liegt dann in A_2. Es muß aber dann sein

$$E(Q_k, Q_{k+1}) \geqq E(A_1, A_2) = \varepsilon > \delta .$$

Unter der Annahme, daß A kein Kontinuum ist, kann man also ein δ angeben, so daß eine zugehörige δ-Kette nicht stets zwei Punkte von A innerhalb A verbinden kann.

208. Wir kehren jetzt einen Augenblick zu den Betrachtungen der §§ 200—203 zurück. Es sei A ein beschränktes Kontinuum des n-dimensionalen Raumes, das durch eine stetige Abbildung auf die Punktmenge A^* des m-dimensionalen Raumes abgebildet wird, von der wir voraussetzen, daß sie mehr als einen Punkt enthält. Wir hatten gesehen (§ 202), daß A^* beschränkt und abgeschlossen ist.

Sind P^* und Q^* zwei beliebige Punkte von A^*, so gibt es in A nach Voraussetzung zwei Punkte P und Q, so daß P^* das Bild von P und Q^* das Bild von Q ist. Wählt man jetzt eine beliebige positive Zahl ε, so kann man nach dem § 203 eine Zahl δ so bestimmen, daß jede δ-Kette zwischen P und Q, die in A liegt, auf eine ε-Kette zwischen P^* und Q^* innerhalb A^* abgebildet wird. Da man nun nach dem Satze 5 (§ 206) innerhalb des Kontinuums A für jedes δ die Punkte P und Q miteinander durch eine δ-Kette verbinden kann, so kann man für jedes ε die Punkte P^* und Q^* durch eine ε Kette innerhalb A^* miteinander verbinden und A^* ist nach unserem letzten Satze ein Kontinuum:

Satz 7. *Das stetige Bild eines beliebigen beschränkten Kontinuums ist wieder ein Kontinuum, falls es mehr als einen Punkt enthält.*

209. Es sei A ein beschränktes Kontinuum und A^* ein stetiges Bild von A, das mehr als einen Punkt enthält. Nach dem vorigen Paragraphen ist A^* ein Kontinuum und daher (§ 205, Satz 1) eine perfekte Punktmenge. Wir wollen nun zeigen, daß, wenn C eine Teilmenge von A ist, die überall dicht auf A liegt (§ 76), das Bild C^* von C überall dicht auf A^* liegen muß. Nach dem Satze 3 des § 77 genügt es hierzu, wenn wir zeigen, daß in jeder Umgebung U_{P^*} eines beliebigen Punktes P^* von A^* ein Punkt von C^* enthalten sein muß. Nun enthält aber U_{P^*} eine Kugel $K(P^*; \varrho)$, die den Mittelpunkt P^* und den Radius ϱ besitzt. Ist dann P ein Punkt von A, der auf P^* abgebildet wird, so gibt es wegen der Stetigkeit der Abbildung eine Kugel $K(P;\delta)$, deren sämtliche zu A gehörige Punkte in das Innere von $K(P^*;\varrho)$ abgebildet werden. Nun enthält, weil C überall dicht auf A liegt, der Durchschnitt von C mit $K(P;\delta)$ mindestens einen Punkt Q. Das Bild Q^* von Q ist aber dann sowohl in C^* als auch in $K(P^*;\varrho)$ enthalten, und hieraus folgt, daß, wie wir es beweisen wollten, die Punktmenge $C^* U_{P^*}$ nicht leer ist.

210. Die letzten Sätze erlauben von einer großen Anzahl von Punktmengen zu beweisen, daß sie Kontinuen sind, und somit die Existenz von Kontinuen darzulegen.

Zunächst bemerken wir, daß das eindimensionale abgeschlossene Intervall

(1) $$0 \leqq t \leqq 1,$$

weil es die Forderungen des Satzes 6 (§ 207) erfüllt, ein Kontinuum ist.

Die Punkte einer Strecke $\overline{PQ}$, welche zwei Punkte P und Q des n-dimensionalen Raumes verbindet, werden durch die Gleichungen (8) und (9) des § 188 definiert. Demnach ist aber die Strecke $\overline{PQ}$ das stetige Bild eines Kontinuums und also ebenfalls ein Kontinuum (§ 208, Satz 7).

Bezeichnet man mit $\overline{I}$ ein beliebiges abgeschlossenes n-dimensionales Intervall, und sind P und Q zwei beliebige Punkte von $\overline{I}$, so liegt nach den Definitionsgleichungen der Strecke $\overline{PQ}$ diese ganze Strecke in $\overline{I}$; nach dem Satze 2 (§ 205) ist also $\overline{I}$ ein Kontinuum.

Genau ebenso sieht man, daß die Gesamtheit der Punkte des Raumes ein Kontinuum bilden, weil man je zwei Punkte des Raumes durch eine Strecke verbinden kann.

211. Jeden Punkt einer abgeschlossenen Kugel kann man mit dem Mittelpunkte durch eine ganz in der Kugel liegende Strecke verbinden. Man betrachte nämlich die Kugel

$$\overline{K}(P;r): \quad E(P,Q) \leqq r,$$

wobei P den Mittelpunkt und Q einen beliebigen Punkt der Kugel bedeutet; dann ist, wenn man mit ξ_k und η_k die Koordinaten von P und Q und mit t eine geeignete Zahl zwischen Null und Eins (diese Zahlen mit einbegriffen) bezeichnet, für jeden Punkt R der Strecke $\overline{PQ}$

$$\begin{aligned} E(P,R) &= t\sqrt{\sum(\eta_k-\xi_k)^2} \\ &= t\cdot E(P,Q) \\ &\leqq r. \end{aligned}$$

Sind jetzt Q_1 und Q_2 zwei beliebige Punkte der abgeschlossenen Kugel $\overline{K}(P; r)$, so enthält diese Kugel die Kontinuen $\overline{Q_1 P}$ und $\overline{P Q_2}$, also auch das Kontinuum

$$\overline{Q_1 P} \dotplus \overline{Q_2 P}$$

(§ 205, Satz 3). Diese Kugel ist also selbst ein Kontinuum.

Unter Oberfläche oder Begrenzung einer n-dimensionalen Kugel $K(P; r)$ versteht man (cf. § 213) die Punkte der Menge

$$\overline{K}(P; r) - K(P; r);$$

das sind die Punkte Q, für welche

$$E(P, Q) = r$$

ist. Wir wollen beweisen, daß jede Kugeloberfläche (falls $n > 1$) ein Kontinuum ist. Es genügt aber, die Kugeloberfläche

$$x_1^2 + x_2^2 + \cdots + x_n^2 = 1 \tag{1}$$

zu betrachten, weil jede andere Kugelfläche ein stetiges Bild dieser ist. Bezeichnet man nämlich mit η_k die Koordinaten des Mittelpunktes und mit r den Radius einer beliebigen Kugel des n-dimensionalen Raumes, so erhält man die Koordinaten $y_1 \ldots y_n$ eines beliebigen Punktes der Oberfläche dieser Kugel, wenn man

$$y_k = \eta_k + r x_k \qquad (k = 1, 2, \ldots, n)$$

setzt, und die Gleichung (1) berücksichtigt.

Nun bemerke man, daß die Punktmenge (1) die Vereinigungsmenge der Punktmengen

$$\text{(2)} \qquad \begin{cases} \xi_k = x_k & (k = 1, 2, \ldots (n-1)), \\ \xi_n = \sqrt{1 - (x_1^2 + x_2^2 + \cdots + x_{n-1}^2)} \end{cases}$$

und

$$\text{(3)} \qquad \begin{cases} \eta_k = x_k & (k = 1, 2, \ldots (n-1)), \\ \eta_n = -\sqrt{1 - (x_1^2 + x_2^2 + \cdots + x_{n-1}^2)} \end{cases}$$

ist, beide für alle Werte von $x_1, x_2, \ldots, x_{n-1}$ genommen, die Punkte der $(n-1)$-dimensionalen abgeschlossenen Kugel

$$x_1^2 + x_2^2 + \cdots + x_{n-1}^2 \leqq 1 \tag{4}$$

darstellen.

Nun sind (2) und (3) als stetige Bilder des Kontinuums (4) selbst Kontinuen (§ 208, Satz 7), und da der Durchschnitt dieser Punktmengen nicht leer ist, ist nach dem Satze 3 des § 205 ihre Vereinigungsmenge ebenfalls ein Kontinuum.

212. Nach den obigen Beispielen gibt es in zwei- oder höher dimensionalen Räumen sehr mannigfache Arten von Kontinuen. Für **lineare** Mannigfaltigkeiten ist dies nicht der Fall; es gilt nämlich der Satz:

Satz 8. *Jedes lineare Kontinuum ist entweder ein abgeschlossenes Intervall oder eine (abgeschlossene) Halbgerade oder die ganze Gerade.*

Zunächst zeigen wir, daß, wenn ein lineares Kontinuum C die Punkte P und Q enthält, es jeden Punkt R der Strecke $\overline{PQ}$ enthalten muß. Es habe R die Abszisse ξ, B_1 sei die Menge der Punkte, deren Abszisse $x \leqq \xi$ und B_2 die Menge, deren Abszisse $x \geqq \xi$ ist. Die Punktmengen B_1 und B_2 sind abgeschlossen; ferner enthält $(B_1 \dotplus B_2)$ jeden Punkt der Achse. Es ist also

$$C = CB_1 \dotplus CB_2;$$

CB_1 und CB_2 sind nicht leer und sind außerdem abgeschlossen, da C, B_1 und B_2 abgeschlossene Punktmengen sind. Hätten nun CB_1 und CB_2 keinen gemeinsamen Punkt, wäre also CB_1B_2 leer, so wäre C kein Kontinuum. Nun ist ferner

$$CB_1B_2 \prec B_1B_2$$

und B_1B_2 enthält nach Konstruktion nur den Punkt R. Also enthält auch CB_1B_2 und demnach auch C den Punkt R. Damit ist die Behauptung bewiesen.

Nun sei α die untere Grenze der Abszissen aller Punkte von C, und β die obere Grenze dieser Zahlenmenge; ist ξ irgend ein Punkt der Achse, für welchen

$$\alpha < \xi < \beta$$

ist, so gibt es sicher zwei Punkte x_1 und x_2 von C, die den Bedingungen

$$\alpha < x_1 < \xi \quad \text{und} \quad \xi < x_2 < \beta$$

genügen. Nach dem soeben erhaltenen Resultat muß also ξ in C enthalten sein. Ist eine der Zahlen α oder β endlich, so muß wegen der Abgeschlossenheit von C der Punkt $x = \alpha$ bzw. $x = \beta$ in C enthalten sein. Es sind also nur folgende Fälle möglich:

1. α und β sind beide endlich und die Punktmenge C besteht aus dem abgeschlossenen Intervall

$$\alpha \leqq x \leqq \beta,$$

2. α ist endlich und $\beta = +\infty$; C besteht aus der Halbgeraden

$$\alpha \leqq x,$$

3. $\alpha = -\infty$ und β ist endlich; C besteht aus der Halbgeraden

$$x \leqq \beta,$$

4. $\alpha = -\infty$ und $\beta = +\infty$ und C besteht aus der ganzen Geraden.

Daß in jedem dieser Fälle C wirklich ein Kontinuum darstellt, ist mit Hilfe unserer früheren Sätze sofort zu verifizieren.

Begrenzung von Punktmengen.

213. Der n-dimensionale Gesamtraum $\mathfrak{R}_n$ ist nach dem § 210 ein Kontinuum. Ist also weder die Punktmenge A noch ihre Komplementärmenge A' leer, so können diese beiden Punktmengen nicht zugleich abgeschlossen sein. Und wenn insbesondere A eine offene Punktmenge ist, so ist A' abgeschlossen (§ 54) und also A nicht, woraus folgt:

Satz 1. *Eine Punktmenge, die vom Gesamtraume verschieden ist, kann nicht zugleich offen und abgeschlossen sein.*

Aus diesem Satze kann man aber noch einen weiteren Schluß ziehen; wir bezeichnen mit H_A und $H_{A'}$ die Menge der Häufungspunkte von A und A' und bemerken, daß jeder Punkt des Raumes in mindestens einer der abgeschlossenen Hüllen $(A \dotplus H_A)$ und $(A' \dotplus H_{A'})$ von A bzw. A' liegt. Da $\mathfrak{R}_n$ ein Kontinuum ist, kann also der Durchschnitt

$$(1) \qquad \gamma = (A \dotplus H_A)(A' \dotplus H_{A'})$$

dieser beiden Punktmengen nicht leer sein. Die Punktmenge γ, die als Durchschnitt von zwei abgeschlossenen Punktmengen stets abgeschlossen ist, wird die Begrenzung der Punktmengen A und A' genannt. Es gilt also der

Satz 2. *Jede vom Gesamtraume verschiedene nicht leere Punktmenge besitzt eine abgeschlossene und nicht leere Begrenzung.*

214. Den Durchschnitt γA einer Punktmenge mit ihrer Begrenzung, der auch leer sein kann, nennt man manchmal den Rand der Punktmenge. Eine Punktmenge hat also stets eine Begrenzung, aber nicht immer einen Rand. Aus (1) folgt mit Berücksichtigung von

$$A(A \dotplus H_A) = A \quad \text{und} \quad A(A' \dotplus H_{A'}) = A H_{A'},$$

daß

$$(2) \qquad \gamma A = A(A \dotplus H_A)(A' \dotplus H_{A'}) = A H_{A'}$$

ist. Hieraus und aus $\gamma A' = A' H_A$ entnimmt man ferner die Gleichung

$$(3) \qquad \gamma = \gamma A + \gamma A' = A H_{A'} + A' H_A.$$

Die Gleichungen (2) und (3) liefern den

Satz 3. *Der Rand einer Punktmenge A ist identisch mit dem Durchschnitte von A mit den Häufungspunkten der Komplementärmenge A' von A. Die Begrenzung von A ist gleich der Summe der Ränder von A und A'.*

Aus der Gleichung (3) folgt ferner

$$(4)\qquad \begin{cases} A \dotplus \gamma = A \dotplus A H_{A'} \dotplus A' H_A \\ \qquad\;\; = A \dotplus A' H_A \\ \qquad\;\; = A \dotplus H_A, \end{cases}$$

was man, mit Berücksichtigung des § 72, folgendermaßen aussprechen kann:

Satz 4. *Die Vereinigungsmenge einer Punktmenge A mit ihrer Begrenzung γ ist gleich der abgeschlossenen Hülle von A.*

Nach dem letzten Satze ist $(A' \dotplus \gamma)$ eine abgeschlossene Punktmenge und ihre Komplementärmenge $(A - A\gamma)$ daher offen. Nun folgt aber aus (2)

$$A - A\gamma = A - A H_{A'};$$

jeder innere Punkt von A ist aber ein Punkt, der in A, aber nicht in $H_{A'}$ enthalten ist, und daher ein Punkt von $(A - A\gamma)$. Eine beliebige offene Teilmenge von A besteht aus lauter inneren Punkten von A und muß daher in $(A - A\gamma)$ enthalten sein; da nach dem Obigen diese letzte Punktmenge selbst eine offene Teilmenge von A ist, haben wir den

Satz 5. *Die Punktmenge $(A - A\gamma)$, die aus allen Punkten von A besteht, die nicht auf der Begrenzung γ von A liegen, ist die größte offene Teilmenge von A. Jede beliebige offene Teilmenge von A ist in ihr enthalten.*

215. Ist die Punktmenge A abgeschlossen, so fällt sie mit ihrer abgeschlossenen Hülle zusammen und nach dem Satze 4 des vorigen Paragraphen muß die Begrenzung γ von A in A enthalten sein, oder, was dasselbe ist, es muß $\gamma - \gamma A = 0$ sein. Ist umgekehrt dies der Fall, so ist

$$A \dotplus \gamma = A \dotplus (\gamma - \gamma A) = A$$

und A ist, wieder nach dem Satze 4, abgeschlossen.

Ist dagegen A eine offene Punktmenge, so muß nach dem Satze 5 des vorigen Paragraphen

$$A - A\gamma = A$$

sein, d. h. $A\gamma$ eine leere Punktmenge sein. Aus $A\gamma = 0$ folgt umgekehrt aus demselben Satze, daß A offen ist.

Satz 6. *Eine Punktmenge A ist dann und nur dann abgeschlossen, wenn sie ihre Begrenzung γ enthält; sie ist dann und nur dann offen, wenn sie keinen einzigen Punkt von γ enthält.*

Ferner beweisen wir den

Satz 7. *Die Begrenzung einer abgeschlossenen (oder offenen) Punktmenge ist nirgends dicht.*

Es sei z. B. A eine offene Punktmenge, A' ihre abgeschlossene Komplementärmenge und γ die Begrenzung dieser beiden Mengen. Man muß zeigen, daß jeder Punkt des Raums Häufungspunkt von inneren Punkten der Komplementärmenge von γ ist (§ 79). Nun besteht aber diese Komplementärmenge

$$A + (A' - \gamma)$$

schon selbst aus lauter inneren Punkten, da sie die Summe von zwei offenen Punktmengen ist. Jeder Punkt des Raumes ist nun entweder ein Punkt von $A + (A' - \gamma)$ oder ein Punkt von γ; im ersten Falle ist er Häufungspunkt von $A + (A' - \gamma)$, da diese Punktmenge als offene Punktmenge in sich dicht ist. Im zweiten Falle ist er nach der Definition von γ ein Häufungspunkt von A und umsomehr ein Häufungspunkt von $A + (A' - \gamma)$.

216. Es sei C ein Kontinuum, das einen Punkt P einer Menge A mit einem Punkte Q der Komplementärmenge A' verbindet; wir bezeichnen wieder mit γ die Begrenzung von A. Dann ist, da jeder Punkt des Raumes in einer der beiden abgeschlossenen Punktmengen

$$A \dotplus H_A, \quad A' \dotplus H_{A'}$$

liegen muß,

$$C = C(A \dotplus H_A) \dotplus C(A' \dotplus H_{A'}).$$

Nun sind die beiden Punktmengen $C(A \dotplus H_A)$ und $C(A' \dotplus H_{A'})$ nicht leer und als Durchschnitt von abgeschlossenen Punktmengen ebenfalls abgeschlossen. Da C ein Kontinuum ist, kann ihr Durchschnitt

$$C(A \dotplus H_A)(A' \dotplus H_{A'}) = C\gamma$$

nicht leer sein; hiermit ist aber gezeigt, daß C stets mindestens einen Punkt von γ enthält.

Satz 8. *Jedes Kontinuum C, das einen Punkt P einer beliebigen Punktmenge A und einen Punkt Q der Komplementärmenge A' von A enthält, muß mindestens einen Punkt der Begrenzung γ von A enthalten.*

217. Sind A und B zwei Punktmengen ohne gemeinsame Punkte und α und β ihre Begrenzungen, so liegt auf jeder Strecke PQ, die einen Punkt P von A mit einem Punkt Q von B verbindet, sowohl ein Punkt von α als auch ein Punkt von β, denn $\overline{PQ}$ ist ein Kontinuum, das sowohl Punkte der Mengen A und B als auch Punkte ihrer Komplementärmengen enthält. Es ist daher stets

$$(1) \qquad \boldsymbol{E}(\alpha, \beta) \leqq \boldsymbol{E}(P, Q)$$

und da P und Q beliebig in A und B angenommen werden konnten,

$$\boldsymbol{E}(\alpha, \beta) \leqq \boldsymbol{E}(A, B).$$

Anderseits sind die Begrenzungen α und β von A und B nach dem Satze 4 des § 214 Teilmengen der abgeschlossenen Hüllen $\bar{A}$ und $\bar{B}$ von A und B, und hieraus schließt man, daß

$$(2) \qquad \boldsymbol{E}(\alpha, \beta) \geqq \boldsymbol{E}(\bar{A}, \bar{B})$$

ist. Berücksichtigt man endlich den Satz 5 des § 193, nach welchem $\boldsymbol{E}(A, B) = \boldsymbol{E}(\bar{A}, \bar{B})$ ist, so folgt aus (1) und (2)

$$(3) \qquad \boldsymbol{E}(\alpha, \beta) = \boldsymbol{E}(A, B)$$

d. h. der

Satz 9. *Die Entfernung $\boldsymbol{E}(A, B)$ von zwei Punktmengen A und B, deren Durchschnitt leer ist, ist gleich der Entfernung $\boldsymbol{E}(\alpha, \beta)$ ihrer Begrenzungen α und β.*

Im speziellen Falle, in dem B aus einem einzigen Punkte P besteht, ist die Punktmenge B identisch mit ihrer Begrenzung β und es folgt aus dem letzten Satze der

Satz 10. *Die Entfernung zwischen einem Punkte P und einer beliebigen Punktmenge A, die ihn nicht enthält, ist gleich der Entfernung zwischen P und der Begrenzung α von A.*

Hieraus folgt, wenn P ein beliebiger Punkt des Raumes ist, so ist die Größe $\boldsymbol{E}(P, \alpha)$ entweder gleich $\boldsymbol{E}(P, A)$ oder gleich $\boldsymbol{E}(P, A')$, je nachdem P in der Komplementärmenge A' von A oder in A selbst enthalten ist.

218. Es sei A eine beliebige abgeschlossene Punktmenge und es sei weder A noch ihre offene Komplementärmenge A' leer. Dann ist die stetige Funktion $\varphi(P) = \boldsymbol{E}(P, A)$, welche die Entfernung zwischen einem beliebigen Punkte P des Raumes und A darstellt, nicht identisch Null, und man kann positive Zahlen h angeben, für welche die Punktmenge

$$(1) \qquad B_h = \boldsymbol{M}(\varphi(P) < h)$$

nicht mit dem Gesamtraume $\mathfrak{R}_n$ zusammenfällt. Wenn die Punktmenge A

aus einem einzigen Punkte P besteht, so ist die Punktmenge B_h einfach die Kugel $K(P; h)$; im allgemeinen Falle ist jede Kugel $K(P; h)$, deren Mittelpunkt P auf A liegt, in B_h enthalten, denn es ist für jeden Punkt Q einer derartigen Kugel

$$E(Q, A) \leqq E(Q, P) < h.$$

Ist umgekehrt Q ein Punkt von B_h, so gibt es nach (1) mindestens einen Punkt P auf A, so daß

$$E(P, Q) < h$$

ist, und daher mindestens eine Kugel $K(P; h)$, deren Mittelpunkt auf A liegt und die Q enthält. Unsere Punktmenge B_h ist m. a. W. die Vereinigungsmenge aller derartigen Kugeln.

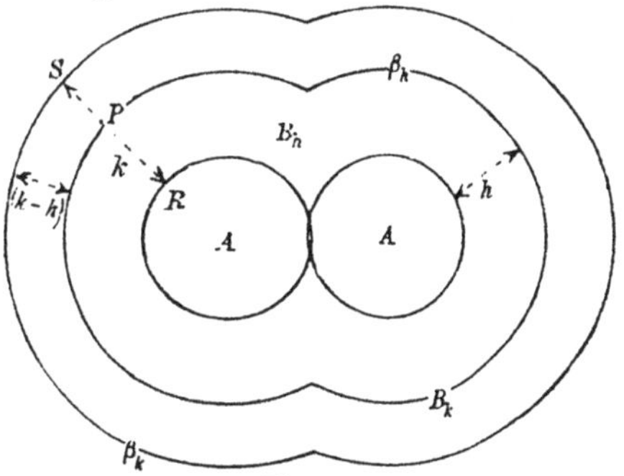

Fig. 18.

Da $\varphi(P)$ eine stetige Funktion ist, folgt aus der Gleichung (1), daß die Punktmenge B_h eine offene Punktmenge ist (§ 136, Satz 4). Sie enthält also keinen einzigen Punkt ihrer Begrenzung β_h und für jeden Punkt P dieser Begrenzung muß also $\varphi(P) \geqq h$ sein; anderseits aber ist jeder Punkt P von β_h Häufungspunkt von B_h und wegen der Stetigkeit von $\varphi(P)$ muß in einem solchen Punkte $\varphi(P) \leqq h$ sein. In jedem Punkte P der Begrenzung β_h von B_h ist also

(2) $$E(P, A) = \varphi(P) = h.$$

Es sei nun S ein beliebiger Punkt des Raumes, der nicht in B_h enthalten ist, so daß man schreiben kann

(3) $$E(S, A) = k \geqq h;$$

nach dem Satze 10 des vorigen Paragraphen ist dann

(4) $$E(S, \beta_h) = E(S, B_h).$$

Um diese letzte Zahl mit Hilfe von (3) zu berechnen, bemerken wir, daß auf der abgeschlossenen Punktmenge A mindestens ein Punkt R liegt, für den

(5) $$E(S, R) = E(S, A) = k$$

ist. Auf der Strecke $\overline{SR}$, die einen Punkt von B_h mit einem Punkte ihrer Komplementärmenge verbindet, muß nach dem Satz 8 des § 216 mindestens ein Punkt P von β_h liegen; dann ist

$$E(S, R) = E(S, P) + E(P, R), \tag{6}$$

$$E(S, P) \geqq E(S, \beta_h), \quad E(P, R) \geqq E(P, A) = h \tag{7}$$

und der Vergleich von (5), (6) und (7) liefert

$$E(S, \beta_h) < k - h. \tag{8}$$

Anderseits können wir auf der abgeschlossenen Punktmenge β_h einen Punkt P' so bestimmen, daß

$$E(S, P') = E(S, \beta_h) \tag{9}$$

ist, und nach (2) auf der abgeschlossenen Punktmenge A einen Punkt R', so daß

$$E(P', R') = E(P', A) = h \tag{10}$$

ist. Dann folgt aus

$$k = E(S, A) < E(S, R') \tag{11}$$

und

$$E(S, R') \leqq E(S, P') + E(P', R') \tag{12}$$

durch Vergleich der letzten vier Relationen

$$E(S, \beta_h) \geqq k - h. \tag{13}$$

Die Relationen (8) und (13) zeigen uns endlich, daß

$$E(S, \beta_h) = k - h \tag{14}$$

ist. Mit Hilfe von (3) und (4) sieht man ferner, daß für alle Punkte S des Raumes, die nicht in B_h enthalten sind, die Gleichung

$$E(S, A) - E(S, B_h) = h$$

gilt. Für alle Punkte P des Raumes, für welche die Gleichung (2) gilt, ist insbesondere

$$E(P, B_h) = 0,$$

woraus folgt, daß P auf der Begrenzung β_h von B_h liegen muß.

Satz 11. *Wir betrachten alle offenen Punktmengen B_h, die aus allen Punkten bestehen, deren Entfernung von einer gegebenen abgeschlossenen Punktmenge A kleiner als die positive Zahl h ist, und bezeichnen mit β_h ihre Begrenzung, sofern B_h nicht mit dem Gesamtraum identisch ist. Dann besteht jede der Punktmengen β_h aus allen Punkten P, für welche $E(P, A) = h$ ist und nur aus diesen.*

Für jeden beliebigen Punkt S der nicht in B_h enthalten ist, gilt ferner die Gleichung

$$E(S, A) = E(S, B_h) + h.$$

219. Wir nehmen jetzt an, daß für eine Zahl $k > h$ die Punktmenge

$$B_k = \boldsymbol{M}(\varphi < k)$$

vom Gesamtraume $\mathfrak{R}_n$ verschieden ist, und bezeichnen mit β_k die Begrenzung von B_k. Für jeden Punkt S, der auf β_k liegt, ist nach dem vorigen Paragraphen

$$\boldsymbol{E}(S, A) = k$$

und daher auch nach demselben Paragraphen

$$\boldsymbol{E}(S, B_h) = \boldsymbol{E}(S, \beta_h) = k - h.$$

Hieraus folgt aber nach den §§ 192 u. 217

$$\boldsymbol{E}(\beta_k, B_h) = \boldsymbol{E}(\beta_k, \beta_h) = k - h.$$

Bezeichnet man ferner mit C_k die Komplementärmenge von $(B_k + \beta_k)$, so ist, falls C_k nicht leer ist, die Begrenzung γ_k von C_k eine Teilmenge von β_k, weil B_k und C_k offene Punktmengen sind, und man hat

$$\boldsymbol{E}(C_k, B_h) = \boldsymbol{E}(\gamma_k, \beta_h) = k - h.$$

Nach dem Satze 5 des § 193 ist dann auch, wenn man mit $\overline{B}_h$ die abgeschlossene Hülle von B_h bezeichnet,

$$\boldsymbol{E}(C_k, \overline{B}_h) = k - h.$$

Wir haben also den

Satz 12. *Außer den Punktmengen B_h und β_h des vorigen Satzes betrachten wir noch die offenen Punktmengen C_h, die aus allen Punkten P bestehen, für welche $\boldsymbol{E}(P, A) > h$ ist. Ist dann $k > h$ und ist C_k nicht leer, so gelten die Gleichungen*

$$\boldsymbol{E}(C_k, B_h) = \boldsymbol{E}(\beta_k, B_h) = k - h.$$

Gebiete.

220. Eine ähnliche Theorie des Zusammenhanges, wie wir sie in den §§ 204—212 für abgeschlossene Punktmengen dargestellt haben, wollen wir jetzt auch für offene Punktmengen entwickeln.

Definition. Eine offene Punktmenge heißt zusammenhängend, wenn man sie nicht als Summe von zwei offenen Punktmengen darstellen kann. Eine offene zusammenhängende Punktmenge heißt ein Gebiet.

Aus unseren früheren Resultaten folgt schon, daß der ganze Raum ein Gebiet ist; ist nämlich B eine beliebige Punktmenge und B' ihre Komplementärmenge, so ist, wenn B offen ist, B' abgeschlossen, und wir haben gesehen, daß eine abgeschlossene Punktmenge, die nicht den ganzen Raum ausfüllt, niemals offen sein kann (§ 213, Satz 1). Der ganze Raum kann also nie als Summe von zwei offenen Punktmengen angesehen werden; es ist übrigens die einzige Punktmenge des n-dimensionalen Raumes, die zugleich ein Kontinuum und ein Gebiet ist.

221. Satz 1. *Ist A eine offene Punktmenge, die einen Punkt P_0 enthält, und nennt man G die Gesamtheit der Punkte von A, die man mit P_0 durch ein ganz in A liegendes Kontinuum verbinden kann, so ist G eine offene, niemals leere Teilmenge von A und $H = A - G$ ist entweder leer oder offen.*

Da A offen ist, so gibt es ein abgeschlossenes Intervall $\bar{I}_0$, das in A liegt und P_0 enthält; nach der Definition muß also G sowohl P_0 als auch sämtliche Punkte von $\bar{I}_0$ enthalten und ist demnach nicht leer. Ist ferner P ein beliebiger Punkt von G, den man gemäß der Definition von G innerhalb A mit P_0 durch ein Kontinuum C verbinden kann, und ist $\bar{I}_P$ ein abgeschlossenes Intervall, das P als inneren Punkt enthält und in A liegt, so ist die Punktmenge

$$C \dotplus \bar{I}_P$$

nach dem Satze 3 des § 205 ein Kontinuum, woraus folgt, daß jeder Punkt von $\bar{I}_P$ ein Punkt von G ist. Der Punkt P ist demnach ein innerer Punkt von G, und da P ein willkürlicher Punkt von G war, besteht G aus lauter inneren Punkten und ist demnach eine offene Punktmenge.

Es sei jetzt die Differenz

$$H = A - G$$

nicht leer und Q ein Punkt von H. Da H Teilmenge von A ist, ist Q in A enthalten und es gibt ein abgeschlossenes Intervall $\bar{I}_Q$, das Q als inneren Punkt enthält und in A enthalten ist. Wäre ein einziger Punkt von $\bar{I}_Q$ ein Punkt von G und mit P_0 durch ein Kontinuum C innerhalb A verbindbar, so wäre jeder Punkt von

$$C \dotplus \bar{I}_Q$$

also auch insbesondere Q in G und nicht in H enthalten. Aus unserer Voraussetzung, daß Q in H enthalten ist, folgt also, daß kein Punkt von $\bar{I}_Q$ in G oder, was dasselbe ist, daß alle Punkte von $\bar{I}_Q$ in H enthalten sind. Die Punktmenge H enthält also lauter innere Punkte und ist demnach offen. Der angekündigte Satz ist also in allen seinen Einzelheiten bewiesen.

222. Ist bei der obigen Konstruktion die Punktmenge H nicht leer, so ist A kein Gebiet, weil man schreiben kann

$$A = H + G,$$

wo G und H offene, nicht leere Punktmengen bedeuten. Ist aber H leer, so kann man P_0 mit jedem Punkt von A und daher auch zwei beliebige Punkte von A untereinander durch ein Kontinuum innerhalb A verbinden. Wir haben also den Satz:

Satz 2. *Dafür, daß eine offene Punktmenge A ein Gebiet sei, ist notwendig, daß man je zwei Punkte von A durch ein Kontinuum verbinden kann, das in A liegt.*

Es sei jetzt die offene Punktmenge A die Summe von zwei offenen Punktmengen A_1 und A_2:

$$A = A_1 + A_2.$$

Verbinden wir einen Punkt P_1 von A_1 mit einem Punkt P_2 von A_2 durch ein Kontinuum C, so muß nach dem Satze 8 des § 216 das Kontinuum C mindestens einen Punkt Q der Begrenzung α_1 von A_1 enthalten. Dieser Punkt Q ist aber kein Punkt von A_1, weil eine offene Punktmenge keinen Punkt ihrer Begrenzung enthält (§ 215, Satz 6); er ist aber auch kein Punkt von A_2, weil man um jeden Punkt von A_2 eine Umgebung konstruieren kann, die ganz in A_2 liegt und folglich keinen Punkt von A_1 enthält, während anderseits der Punkt Q als Punkt der Begrenzung von A_1, der nicht in A_1 liegt, Häufungspunkt von A_1 sein muß. Also kann das Kontinuum C nicht ganz in A liegen.

Mit anderen Worten, man kann nicht je zwei Punkte einer offenen Punktmenge A, die kein Gebiet ist, durch ein Kontinuum miteinander verbinden, das ganz in A liegt. Hieraus folgt der Satz:

Satz 3. *Dafür, daß eine offene Punktmenge ein Gebiet sei, ist auch hinreichend, daß man je zwei ihrer Punkte miteinander durch ein Kontinuum verbinden kann, das ganz in der Punktmenge liegt.*

223. Insbesondere ist bei der Zerlegung

$$A = G + H$$

des § 221 die Punktmenge G stets ein Gebiet. Wir wollen jetzt zeigen, daß es keine andere Zerlegung

$$A = G' + H'$$

der offenen Punktmenge A gibt, bei der G' ein Gebiet ist, das den Punkt P_0 enthält, und H' eine leere oder offene Punktmenge bedeutet. Wir haben in der Tat, weil G eine Teilmenge von A ist,

$$G = GA = G(G' + H') = GG' + GH'.$$

Die beiden Punktmengen GG' und GH' sind als Durchschnitte von offenen Punktmengen selbst offen, falls sie nicht leer sind. Nun enthält GG' den Punkt P_0 und ist nicht leer, wäre aber GH' nicht leer, so könnte G kein Gebiet sein; es muß also

$$G = GG' \quad \text{oder} \quad G \prec G'$$

sein. Genau ebenso kann man aber beweisen, indem man G mit G' und H mit H' vertauscht, daß $G' \prec G$ ist. Es muß also $G = G'$ und folglich auch $H = H'$ sein. Unser Resultat lautet also:

Satz 4. *Ist A eine offene Punktmenge und P ein beliebiger Punkt von A, so kann man auf eine und nur eine Weise die Punktmenge A in zwei Summanden G und H zerlegen und*

$$A = G + H$$

setzen, wobei G ein Gebiet bedeutet, das P enthält und H entweder offen oder leer ist.

224. Wir betrachten jetzt die abzählbare Menge

(1) $$R\colon\ r_1, r_2, r_3, \ldots$$

der rationalen Punkte des Raumes, die in einer beliebigen offenen Punktmenge A enthalten sind. Da jedes Intervall unendlich viele Punkte mit rationalen Koordinaten enthält, muß R aus unendlich vielen Punkten bestehen.

Wir setzen nach dem Satze 4 des vorigen Paragraphen

$$A = G_1 + H_1,$$

wo G_1 das Gebiet bedeutet, das den Punkt r_1 enthält und H_1 entweder offen oder leer ist. Ist H_1 leer, so ist A ein Gebiet; ist H_1 nicht leer, so gibt es in H_1 unendlich viele Punkte von R und unter diesen einen ersten r_{k_2} und man kann schreiben

$$H_1 = G_2 + H_2,$$

wo G_2 das Gebiet bedeutet, das r_{k_2} enthält, und H_2 eine offene oder leere Punktmenge ist. Indem man diesen Prozeß wiederholt, bekommt man entweder eine natürliche Zahl p, so daß in der Gleichung

$$H_{p-1} = G_p + H_p$$

H_p eine leere Menge ist, und es ist dann

$$A = G_1 + G_2 + \cdots + G_p,$$

oder aber es gibt keine derartige Zahl p, und nach dem Axiome der vollständigen Induktion wird jeder natürlichen Zahl p ein Gebiet G_p zugeordnet.

Die Gebiete G_p haben die Eigenschaft, daß für jedes p die Punktmenge $(A - G_p)$ offen oder leer ist; je zwei dieser Gebiete mit verschiedenen Indizes liegen getrennt und jedes Gebiet G_p ist in A enthalten; d. h. es ist

$$G_1 + G_2 + \cdots \prec A.$$

Ferner ist jeder Punkt der abzählbaren Folge (1) in $(G_1 + G_2 + \cdots)$ enthalten, denn diese Punktmenge enthält nach Konstruktion den Punkt r_1 und wenn der Punkt r_m in G_q enthalten ist, so ist r_{m+1} entweder in $(G_1 + G_2 + \cdots + G_q)$ oder in G_{q+1} enthalten. Es sei nun P ein beliebiger Punkt von A; wir können

$$A = G + H$$

setzen, wobei G ein Gebiet bedeutet, das P enthält, und H eine leere oder offene Punktmenge ist. Das Gebiet G enthält mindestens einen Punkt r_k unserer Folge (1) und dieser Punkt ist in einem unserer Gebiete G_p enthalten. Aus der Tatsache, daß G und G_p beides Gebiete sind, die einen gemeinsamen Punkt r_k besitzen, und daß $(A - G)$ und $(A - G_p)$ offen oder leer sind, folgt nach dem vorigen Paragraphen, daß $G = G_p$ ist, und mithin ist jeder Punkt von A in $(G_1 + G_2 + \cdots)$ enthalten. Man kann also schreiben

$$A = G_1 + G_2 + \cdots.$$

Es sei

$$A = G_1' + G_2' + \cdots$$

eine zweite Zerlegung von A in eine Summe von Gebieten. Man kann dann jeder natürlichen Zahl p eine natürliche Zahl q so zuordnen, daß der Durchschnitt $G_p G_q'$ nicht leer ist. Da G_p und G_q' Gebiete sind und $(A - G_p)$, $(A - G_q')$ leer oder offen sind, folgt aus dem vorigen Paragraphen, daß $G_p = G_q'$ sein muß. Die beiden betrachteten Zerlegungen sind also bis auf die Bezeichnung identisch und wir haben den

Satz 5. *Jede offene Punktmenge kann auf eine und nur eine Weise als Summe von endlich oder abzählbar unendlich vielen Gebieten dargestellt werden.*

Mit denselben Hilfsmitteln kann auch folgender, auf Cantor zurückgehender Satz bewiesen werden:

Satz 6. *Eine Menge von getrennt liegenden Gebieten, die in einem n-dimensionalen Raume beliebig gegeben ist, kann höchstens abzählbar sein.*

225. Aus den Überlegungen der §§ 210–211 folgt jetzt mit Hilfe der Sätze des § 222, daß jedes n-dimensionale Intervall und jede n-dimensionale Kugel ein Gebiet ist.

Ferner bemerken wir, daß, wenn P und Q zwei Punkte eines linearen Gebietes A bedeuten, in A ein lineares Kontinuum liegen muß, das P und Q enthält. Ein solches muß aber nach dem § 212 jeden Punkt R enthalten, der zwischen P und Q liegt, und hieraus entnimmt man durch eine ähnliche Schlußweise wie in diesem Paragraphen den

Satz 7. *Jedes lineare Gebiet ist entweder ein lineares Intervall oder eine (offene) Halbgerade oder endlich der lineare Gesamtraum.*

Wendet man endlich auf ein Gebiet G den Satz 2 des § 205 an, so erhält man folgendes allgemeine Resultat:

Satz 8. *Die Summe*

$$\overline{G} = G + \gamma$$

eines Gebietes G und seiner Begrenzung γ ist stets ein Kontinuum. Die Menge $\overline{G}$ heißt ein abgeschlossenes Gebiet.

Anwendung auf stetige Funktionen.

226. Satz 1. *Eine stetige Funktion $f(P)$, die auf einem Kontinuum C definiert ist, nimmt jeden Zwischenwert zwischen zwei beliebigen Werten an, die sie auf C annimmt.*

Es seien z. B. α und β zwei Werte von $f(P)$, die auf C angenommen werden, und

$$\alpha < \xi < \beta .$$

Nennt man C_1 die Menge der Punkte von C, für welche $f(P) \leqq \xi$ ist, und C_2 die Menge der Punkte von C, für welche $f(P) \geqq \xi$ ist, so ist sowohl C_1 als auch C_2 abgeschlossen (§ 136). Anderseits aber ist jeder Punkt von C entweder in C_1 oder in C_2 enthalten und folglich

$$C = C_1 \dotplus C_2 .$$

Da C ein Kontinuum ist, muß der Durchschnitt $C_1 C_2$ mindestens einen Punkt P enthalten und in diesem Punkte ist

$$f(P) = \xi .$$

Da je zwei Punkte eines Gebietes durch ein Kontinuum innerhalb des Gebietes verbunden werden können, läßt sich der Satz ohne weiteres auf Gebiete übertragen.

227. Die soeben abgeleitete Eigenschaft stetiger Funktionen ist für diese nicht charakteristisch.

So ist z. B. die stückweise lineare Funktion einer Veränderlichen (§ 165), die durch die Werte

$$f(1) = 0, \quad f(\tfrac{1}{2}) = 1, \quad f(\tfrac{1}{4}) = 0, \quad f(\tfrac{1}{8}) = 1, \ldots$$

und allgemein

$$f\left(\frac{1}{2^n}\right) = \begin{cases} 1 \text{ für ungerades } n \\ 0 \text{ für gerades } n \end{cases}$$

charakterisiert ist, wenn man ihr außerdem den Wert

$$f(0) = 0$$

zuschreibt, im Punkte $x = 0$ unstetig. Sind aber x_1 und x_2 zwei beliebige Punkte des abgeschlossenen Intervalls $0 \leqq x \leqq 1$, und α ein beliebiger Zwischenwert zwischen $f(x_1)$ und $f(x_2)$, so gibt es im Intervall $x_1 < x < x_2$ mindestens einen Punkt ξ, so daß $f(\xi) = \alpha$ ist.

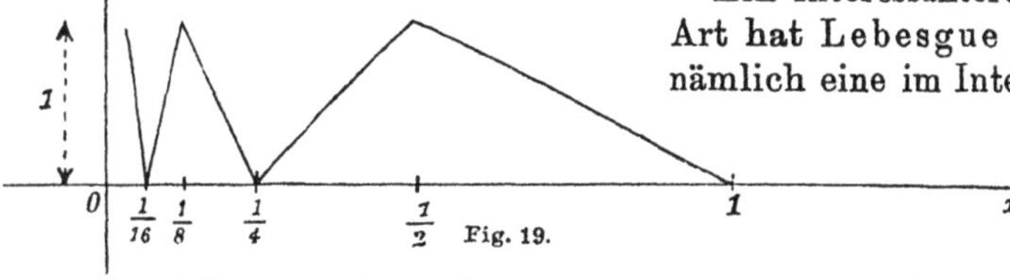

Fig. 19.

Ein interessanteres Beispiel dieser Art hat Lebesgue gegeben; er hat nämlich eine im Intervalle $0 < x < 1$ definierte Funktion angegeben, die in jedem Teilintervall jeden Wert zwischen Null und Eins annimmt. Wir gehen von der Tatsache aus, daß man jeden Punkt des Intervalls $0 < x < 1$ durch einen Dezimalbruch

$$(1) \qquad x = 0, a_1 a_2 a_3 \cdots = \frac{a_1}{10} + \frac{a_2}{10^2} + \frac{a_3}{10^3} + \cdots$$

darstellen kann, und daß dieser Dezimalbruch eindeutig definiert ist, wenn man verlangt, daß unendlich viele unter den Zahlen $a_k < 9$ sein sollen.

Um nun $y = f(x)$ im Punkte (1) zu definieren, betrachten wir die Zahlenfolge

$$a_1, a_3, a_5, \ldots, a_{2n+1}, \ldots.$$

Entweder sind unendlich viele dieser Zahlen verschieden von 1 oder nicht. Im ersten Falle setzen wir $y = 0$, im zweiten gibt es eine kleinste Zahl p, so daß für alle $n \geqq p$ die Zahlen $a_{2n+1} = 1$ sind, und wir setzen

$$y = 0, a_{2p+2}\, a_{2p+4}\, a_{2p+6} \cdots.$$

Diese Funktion hat die geforderte Eigenschaft: Es seien nämlich r und s zwei beliebige Zahlen zwischen Null und Eins, wobei $r < s$,

$$r = 0, \alpha_1 \alpha_2 \alpha_3 \ldots,$$

und unendlich viele $\alpha_k < 9$ sind. Ein solches α_k wählen wir und nehmen die Zahl

$$r' = 0, \alpha_1 \alpha_2 \ldots (\alpha_k + 1)\, 0\,0\,0 \ldots.$$

Dann ist $r' > r$; da aber $r' - r \leqq \frac{1}{10^k}$ ist, ist für hinreichend große k die Zahl $r' < s$ und man kann dann m ungerade und größer als k so wählen, daß

$$s' = r' + \frac{1}{10^m} < s \quad \text{ist.}$$

Es ist also

$$r' = 0,\, \alpha_1\alpha_2 \ldots (\alpha_k + 1)\, 0\, 0 \ldots 0\overset{m}{0}|0\,0\,0 \ldots,$$

$$s' = 0,\, \alpha_1\alpha_2 \ldots (\alpha_k + 1)\, 0\, 0 \ldots 0\overset{m}{1}|0\,0\,0 \ldots.$$

Nun sei $\qquad 0,\, \beta_1\beta_2\beta_3 \ldots$

ein ganz beliebiger Dezimalbruch und man setze

$$\xi = 0,\, \alpha_1\alpha_2 \ldots (\alpha_k + 1)\, 0\, 0 \ldots \overset{m}{0}|0\, 1\beta_1\, 1\beta_2\, 1\beta_3 \ldots;$$

dann ist erstens $r' < \xi < s'$ und folglich $r < \xi < s$ und zweitens nach unserer Definition $\qquad f(\xi) = 0,\, \beta_1\beta_2\beta_3 \ldots.$

Man kann das letzte Beispiel noch beliebig modifizieren: Wir bezeichnen mit $f_1(x)$ eine Funktion, die in allen Punkten, in welchen die soeben konstruierte Funktion $f(x) = 0$ oder 1 ist, der Gleichung $f_1 = \frac{1}{2}$ genügt, und die in allen übrigen Punkten, in denen $f(x)$ von Null und Eins verschieden ist, mit dieser Funktion übereinstimmt. Dann nimmt die durch die Gleichung $\varphi(x) = \frac{1}{1 - f_1(x)} - \frac{1}{f_1(x)}$ definierte Funktion $\varphi(x)$ in jedem Teilintervall des Intervalls $0 < x < 1$ jeden beliebigen reellen Wert mindestens einmal an.

Kapitel V. **Inhalt und Meßbarkeit.**

Äußerer Inhalt.

228. Wir definieren zunächst den Inhalt eines Intervalls

$$I: \quad x_k^0 - \frac{h_k}{2} < x_k < x_k^0 + \frac{h_k}{2} \qquad (k = 1, 2, \ldots, n)$$

des n-dimensionalen Raumes als das Produkt seiner Kantenlängen und führen die Bezeichnung ein

$$(1) \qquad (I) = h_1 h_2 \cdots h_n.$$

Also ist der Inhalt eines linearen Intervalls gleich seiner Länge, der Inhalt eines zweidimensionalen Intervalls der Ebene gleich seiner Oberfläche und der Inhalt eines drei- oder mehrdimensionalen Intervalls gleich seinem Volumen.

Man bezeichne mit k eine beliebige unter den n ersten natürlichen Zahlen und zerlege das Intervall I durch einen Querschnitt $x_k = \xi_k$ in zwei Teilintervalle I_1 und I_2; dann ist wegen der Formel (1)

$$(I) = (I_1) + (I_2).$$

Indem man diese Operation eine endliche Anzahl von Malen wiederholt und dabei für den Index k der Querschnitte $x_k = \xi_k^{(l)}$ auch verschiedene Zahlen der Reihe $1, 2, \ldots, n$ nimmt, kann man auf unendlich viele Weisen Teilintervalle $I_1, I_2, \ldots, I_p$ bekommen, die alle außerhalb einander liegen und in I enthalten sind, so daß stets

$$(I) = (I_1) + (I_2) + \cdots + (I_p)$$

ist.

229. Die letzte Bemerkung wird uns dazu dienen, zwei Sätze zu beweisen, die wir im Folgenden brauchen:

Satz 1. *Sind $I_1, I_2, \ldots, I_m$ endlich viele Intervalle, die ein gegebenes abgeschlossenes Intervall $\bar{I}$ überdecken, d. h. deren Vereinigungsmenge das Intervall $\bar{I}$ enthält, so ist stets, wenn I die größte offene Teilmenge von $\bar{I}$ bedeutet,*

$$(I_1) + (I_2) + \cdots + (I_m) \geqq (I).$$

Jedes der $(m + 1)$ Intervalle

$$I, I_1, I_2, \ldots, I_m$$

projiziert sich auf der Achse der x_k als ein lineares Intervall; durch die Endpunkte $\xi_k^{(l)}$ eines jeden dieser Intervalle legen wir Querschnitte $x_k = \xi_k^{(l)}$ und wiederholen diese Operation für $k = 1, 2, \ldots, n$. Durch die Gesamtheit dieser Querschnitte wird jedes der Intervalle in endlich viele Teilintervalle zerlegt, z. B. I_1 in $e_{11}, e_{12}, \ldots, e_{1p_1}$, ebenso I_m in $e_{m1}, e_{m2}, \ldots, e_{mp_m}$ und I selbst in $e_1, e_2, \ldots, e_p$. Man hat also

$$(I_1) = (e_{11}) + (e_{12}) + \cdots + (e_{1p_1})$$
$$\cdots\cdots\cdots\cdots\cdots$$
$$(I_m) = (e_{m1}) + (e_{m2}) + \cdots + (e_{mp_m})$$
$$(I) = (e_1) + (e_2) + \cdots + (e_p).$$

Nun bemerke man, daß zwei beliebige Teilintervalle e_{rs} und e_t entweder zusammenfallen müssen oder keinen gemeinsamen Punkt besitzen können. Da die I_k das Intervall I überdecken, so muß also insbesondere e_1 ein Teilintervall irgendeines der $I_1 \ldots I_m$ sein, z. B. von I_{k_1}. Wir nehmen sämtliche e_t weg, die ebenfalls in I_{k_1} enthalten sind; die Summe ihrer Inhalte ist kleiner oder gleich (I_{k_1}). Das erste der übrigbleibenden e_t sei in I_{k_2} enthalten. Wir nehmen nun sämtliche e_t weg, die in I_{k_2} enthalten sind; die Summe ihrer Inhalte ist nicht größer als (I_{k_2}). So fahren wir fort, bis wir die e_t erschöpft haben. Dann ist

$$\begin{aligned}(I) = (e_1) + (e_2) + \cdots + (e_p) &\leqq (I_{k_1}) + (I_{k_2}) + \cdots + (I_{k_j}) \\ &\leqq (I_1) + (I_2) + \cdots + (I_m).\end{aligned}$$

Hiermit ist die Behauptung erwiesen.

Satz 2. *Man kann die abgeschlossene Hülle $\bar{I}$ eines beliebigen Intervalls I durch endlich viele Intervalle überdecken, deren Durchmesser kleiner als die gegebene positive Zahl ϱ ist, und zugleich erreichen, daß die Summe ihrer Inhalte kleiner ist als*

$$(I) + \varepsilon,$$

wo ε eine beliebig vorgeschriebene positive Zahl bedeutet.

Wir zerlegen dazu durch Querschnitte das Intervall I in Teilintervalle $e_1, e_2, \ldots, e_p$, deren Kantenlängen kleiner sind als $\varrho : 2n$, wobei n die Dimensionszahl des Raumes bedeutet. Der Durchmesser eines jeden der e_k ist dann sicher kleiner als $\varrho : 2$ (§ 195) und man hat

$$(I) = (e_1) + (e_2) + \cdots + (e_p).$$

Nun ersetzen wir jedes der Intervalle e_k durch ein konzentrisches Intervall e_k', dessen Seiten zu den entsprechenden Seiten von e_k im Verhältnis $\lambda : 1$ stehen. Dann ist immer

$$(e_k') = \lambda^n (e_k).$$

Wählt man nun $\lambda > 1$, so überdecken die e_k' die abgeschlossene Hülle $\bar{I}$ des ursprünglichen Intervalls I; wählt man zudem $\lambda < 2$, so ist der Durchmesser eines jeden der e_k' kleiner als ϱ. Endlich ist die Summe der Inhalte der e_k' gleich

$$\lambda^n (I)$$

und dafür, daß diese Zahl die Größe $(I) + \varepsilon$ nicht übertreffe, genügt es

$$\lambda < \left(1 + \frac{\varepsilon}{(I)}\right)^{\frac{1}{n}}$$

zu nehmen. Da die verschiedenen Bedingungen für λ sich nicht widersprechen, ist unser Satz bewiesen.

230. Es sei A eine ganz beliebige Punktmenge des n-dimensionalen Raumes. Dann kann man die Punktmenge A mit endlich oder abzählbar unendlich vielen n-dimensionalen Intervallen

$$I_1, I_2, \ldots, I_m, \ldots$$

überdecken und dies auf verschiedene Weisen (§§ 60 und 73).

Nun betrachten wir die Zahlenmenge, die dadurch entsteht, daß man die Summe

$$\sum_m (I_m)$$

der Inhalte aller Überdeckungsintervalle für alle möglichen Überdeckungen bildet. Diese Zahlenmenge besitzt eine untere Grenze, die wir den äußeren Inhalt der Punktmenge A nennen, und mit

$$m^* A$$

bezeichnen.

Da die (I_m) ihrer Definition nach positiv sind, muß stets $m^* A \geqq 0$ sein.

Der äußere Inhalt $m^* A$ ist also gleich $+\infty$, wenn es nicht möglich ist, endlich oder abzählbar unendlich viele Intervalle $I_1, I_2, \ldots$ zu finden, die A überdecken, so daß die Summe ihrer Inhalte eine endliche Zahl ist.

Der äußere Inhalt von A ist endlich und gleich einer nicht negativen Zahl σ,

$$m^* A = \sigma \geqq 0,$$

wenn für jede Menge von endlich oder abzählbar unendlich vielen Intervallen $I_1, I_2, \ldots$, die A überdecken,

$$\sum_m (I_m) \geqq \sigma$$

ist, und wenn jeder positiven Zahl ε mindestens eine Folge von Überdeckungsintervallen so zugeordnet werden kann, daß

$$\sum_m (I_m) < \sigma + \varepsilon$$

ist.

Der Fall $m^* A = 0$ kommt z. B. vor, wenn A aus einem einzigen Punkte besteht. Ist $m^* A = 0$, so sagen wir, daß die Punktmenge den Inhalt Null hat, oder auch, daß A eine „Nullmenge“ ist.

Es ist, wie wir im folgenden sehen werden, wesentlich, daß wir zu den Überdeckungsmengen auch solche zugelassen haben, die aus unendlich vielen Intervallen bestehen. Wir werden nämlich sehen, daß man unter Umständen eine ganz andere Zahl bekommt, wenn man nur Überdeckungsmengen mit endlich vielen Intervallen zuläßt (vgl. § 287).

231. Dagegen finden wir die Zahl $m^* A$ wieder, wenn wir von sämtlichen Überdeckungsintervallen noch außerdem verlangen, daß ihre Durchmesser durchweg kleiner sein sollen als eine gegebene feste positive Zahl ϱ.

Nennen wir nämlich $M_\varrho A$ die untere Grenze aller Summen

$$\sum_m (I_m),$$

die Folgen von Überdeckungsintervallen entsprechen, deren Durchmesser kleiner als ϱ ist, so ist, weil diese Intervallfolgen unter den früheren allgemeineren vorkommen, nach einem Satze über die untere Grenze (§ 23, Satz 7)

$$(1) \qquad M_\varrho A \geqq m^* A.$$

Ist $m^* A = +\infty$, so kann nur das Gleichheitszeichen in (1) vorkommen und unsere Behauptung ist richtig.

Ist dagegen $m^* A$ endlich und ε eine beliebige positive Zahl, so kann man A mit endlich oder abzählbar vielen Intervallen $J_1, J_2, \ldots$ überdecken, für welche

$$\sum_m (J_m) < m^* A + \frac{\varepsilon}{2}.$$

Nun kann man nach dem Satze 2 des § 229 das Intervall J_1 mit endlich vielen Intervallen $I_{11}, I_{12}, \ldots, I_{1k_1}$ überdecken, deren Durchmesser kleiner als ϱ sind und so daß

$$(I_{11}) + (I_{12}) + \cdots + (I_{1k_1}) < (J_1) + \frac{\varepsilon}{4}$$

ist. Ebenso kann man für jedes m das Intervall J_m mit endlich vielen Intervallen $I_{m1}, I_{m2}, \ldots, I_{mk_m}$, deren Durchmesser kleiner als ϱ sind, überdecken, so daß

$$(I_{m1}) + (I_{m2}) + \cdots + (I_{mk_m}) < (J_m) + \frac{\varepsilon}{2^{m+1}}$$

ist. Die Vereinigungsmenge aller I_{mp}, welche auch noch aus abzählbar vielen Intervallen besteht, überdeckt also A und nach dem Satze des § 105 ist die Summe ihrer Inhalte nicht größer als

$$(J_1) + \frac{\varepsilon}{4} + (J_2) + \frac{\varepsilon}{8} + \cdots + (J_m) + \frac{\varepsilon}{2^{m+1}} + \cdots < m^* A + \varepsilon.$$

Da die Durchmesser der I_{mp} alle kleiner als ϱ sind, ist also auch

$$M_\varrho A < m^* A + \varepsilon$$

und, da diese Ungleichheit für jedes positive ε gilt, ist mit Berücksichtigung von (1)

$$M_\varrho A = m^* A;$$

unsere Behauptung ist daher ganz allgemein bewiesen.

232. Man könnte glauben, daß es unzweckmäßig war, das Wort „Inhalt“ in zwei verschiedenen Bedeutungen zu benutzen, nämlich einmal für Intervalle mit der Bedeutung des Produktes der Seiten dieses Intervalls, und dann als äußerer Inhalt eines Intervalls, mit der Bedeutung des § 230.

In Wirklichkeit sind die beiden Zahlen einander gleich. Wir wollen nämlich zeigen: wenn I ein offenes Intervall und $\bar{I}$ die abgeschlossene Hülle von I bedeutet, so gilt in den Bezeichnungen der vorigen Paragraphen

$$m^* I = m^* \bar{I} = (I). \tag{1}$$

Nach dem Borelschen Überdeckungssatze (§ 59) gibt es unter den Elementen einer Folge von Intervallen, welche die abgeschlossene Punktmenge $\bar{I}$ überdeckt, eine endliche Anzahl, deren Vereinigung dieselbe Eigenschaft besitzt. Nach dem Satz 1 des § 229 ist aber die Summe der Inhalte dieser letzten Intervalle stets $\geqq (I)$ und hieraus schließt man

$$m^* \bar{I} \geqq (I). \tag{2}$$

Anderseits kann man ein zu $\bar{I}$ konzentrisches Intervall J finden, das $\bar{I}$ überdeckt und für welches bei vorgeschriebenem positiven ε

$$(J) < (I) + \varepsilon$$

ist. Es ist aber nach der Definition des äußeren Inhaltes

$$m^* \bar{I} \leqq (J)$$

und folglich

$$m^* \bar{I} < (I) + \varepsilon;$$

da dies für jedes ε gilt, erhält man mit Berücksichtigung von (2)

$$m^* \bar{I} = (I).$$

Um nun auch den äußeren Inhalt des offenen Intervalls I zu berechnen, bemerken wir, daß jede Folge von Intervallen, die $\bar{I}$ überdeckt, auch I überdecken muß, und daß folglich

$$m^* I \leqq m^* \bar{I} = (I) \tag{3}$$

ist. Aus demselben Grunde sieht man, daß, wenn $\bar{I}_1$ ein beliebiges abgeschlossenes Intervall bedeutet, das ganz in I enthalten ist,

$$m^* I \geqq m^* \bar{I}_1 = (I_1)$$

sein muß, und da man bei vorgeschriebenen positivem ε das Intervall I_1 so wählen kann, daß

$$(I_1) > (I) - \varepsilon$$

ist, so muß für jedes ε

$$m^* I > (I) - \varepsilon \tag{4}$$

sein. Der Vergleich von (3) und (4) liefert schließlich

$$m^* I = (I).$$

233. Über den äußeren Inhalt von beliebigen Punktmengen gelten folgende allgemeine Sätze:

Satz 3. *Ist B eine Teilmenge von A, so ist der äußere Inhalt von B nie größer als der äußere Inhalt von A.*

Der Satz folgt direkt aus der Definition des äußeren Inhalts, wenn man bedenkt, daß jede Folge von Intervallen, die A überdeckt, auch B überdecken muß und den § 23 berücksichtigt.

Satz 4. *Ist V die Vereinigungsmenge von endlich oder abzählbar unendlich vielen Punktmengen $A_1, A_2, \ldots$, so gilt stets die Relation*

$$m^*V \leqq m^*A_1 + m^*A_2 + \cdots.$$

Der Satz bedarf natürlich nur dann eines Beweises, wenn die Summe der nicht negativen Zahlen m^*A_k endlich ist; dann ist jede einzelne dieser Zahlen endlich. Wir bezeichnen die Summe aller m^*A_k mit σ und führen, wenn ε eine beliebige positive Zahl bedeutet, endlich oder abzählbar unendlich viele Intervalle

$$I_{11}, I_{12}, I_{13}, \ldots$$

ein, welche A_1 überdecken, so daß

$$(I_{11}) + (I_{12}) + \cdots \leqq m^*A_1 + \frac{\varepsilon}{2}$$

ist. Ebenso überdecke man A_2 mit einer Folge von Intervallen

$$I_{21}, I_{22}, I_{23}, \ldots,$$

von der man verlangt, daß

$$(I_{21}) + (I_{22}) + \cdots \leqq m^*A_2 + \frac{\varepsilon}{2^2}$$

ist, und allgemein A_k mit einer Folge von Intervallen I_{kp}, für welche

$$(I_{k1}) + (I_{k2}) + \cdots \leqq m^*A_k + \frac{\varepsilon}{2^k}$$

besteht. Die Gesamtheit der Intervalle I_{kp} für sämtliche k und p überdeckt aber V und die Summe der Inhalte dieser Intervalle ist nach dem Satze 2 des § 105 nicht größer als

$$\left(m^*A_1 + \frac{\varepsilon}{2}\right) + \left(m^*A_2 + \frac{\varepsilon}{2^2}\right) + \left(m^*A_3 + \frac{\varepsilon}{2^3}\right) + \cdots;$$

diese letzte Summe ist aber nach demselben Satze nicht größer als $\sigma + \varepsilon$. Es ist also für jedes positive ε

$$m^*V \leqq \sigma + \varepsilon$$

und folglich

$$m^*V \leqq \sigma.$$

Satz 5. *Sind A und B zwei Punktmengen, deren Entfernung δ von Null verschieden ist, so ist*

$$m^*(A+B) = m^*A + m^*B. \tag{1}$$

Ist eine der beiden Zahlen m^*A und m^*B gleich $+\infty$, so muß nach dem Satze 3 auch $m^*(A+B) = +\infty$ sein und die Relation (1) ist erfüllt.

Sind dagegen m^*A und m^*B beide endlich, so ist nach dem Satze 4

$$m^*(A+B) \leqq m^*A + m^*B. \tag{2}$$

Ist nun ε eine beliebige positive Zahl, so kann man die Punktmenge $(A+B)$ mit Hilfe von endlich oder abzählbar unendlich vielen Intervallen

$$I_1, I_2, I_3, \ldots \tag{3}$$

überdecken, deren Durchmesser kleiner als δ sind und für die

$$\sum_k (I_k) \leqq m^*(A+B) + \varepsilon$$

ist (§ 231). Nun seien diejenigen Intervalle (3), die mindestens einen Punkt von A enthalten, mit

$$I_1', I_2', I_3', \ldots \tag{4}$$

und die übrigen mit

$$I_1'', I_2'', I_3'', \ldots \tag{5}$$

bezeichnet. Da nach Voraussetzung die Entfernung

$$E(A, B) = \delta$$

ist, ist kein einziger Punkt von B in einem der Intervalle (4) enthalten und man hat

$$B \prec I_1'' \dotplus I_2'' \dotplus I_3'' \dotplus \cdots,$$

so daß auch

$$m^*B \leqq \sum_k (I_k'')$$

ist. Anderseits ist aber jeder Punkt von A in einem der Intervalle I_k' enthalten und man hat

$$m^*A \leqq \sum_k (I_k').$$

Es ist also schließlich

$$\begin{aligned} m^*B + m^*A &\leqq \sum_k (I_k') + \sum_k (I_k'') \\ &\leqq \sum_k (I_k) \\ &\leqq m^*(A+B) + \varepsilon, \end{aligned}$$

und da ε beliebig gewählt werden kann, muß mit Rücksicht auf (2)

$$m^*(A+B) = m^*A + m^*B$$

sein.

234. Es sei A eine Punktmenge, deren äußerer Inhalt m^*A eine endliche Zahl ist, und ε eine beliebige positive Zahl. Man kann nach Voraussetzung endlich oder abzählbar unendlich viele Intervalle $I_1, I_2, \ldots$ finden, die A überdecken und für welche

(1) $$\sum_k m^* I_k \leqq m^*A + \varepsilon$$

ist.

Setzt man

$$U_0 = I_1 \dotplus I_2 \dotplus I_3 \dotplus \cdots,$$

so ist U_0 eine offene Punktmenge (§ 71, Satz 7), die A enthält, d. h. eine Umgebung von A.

Nun ist nach dem Satze 4 des vorigen Paragraphen

$$m^*U_0 \leqq m^*I_1 + m^*I_2 + \cdots,$$

und daher nach (1)

(2) $$m^*U_0 \leqq m^*A + \varepsilon.$$

Anderseits gilt für jede beliebige Umgebung U von A die Relation

$$A \prec U$$

und somit nach dem Satze 3 des vorigen Paragraphen

(3) $$m^*A \leqq m^*U.$$

Da die positive Zahl ε beliebig ist, liefert der Vergleich von (2) und (3) folgendes Resultat, das für Punktmengen von unendlichem äußeren Inhalte evident ist.

Satz 6. *Der äußere Inhalt m^*A einer beliebigen Punktmenge A ist stets gleich der unteren Grenze der äußeren Inhalte m^*U aller Umgebungen U von A.*

Maßfunktionen.

235. Da die endliche oder unendliche Zahl m^*A für jede Punktmenge A eindeutig bestimmt ist, kann der äußere Inhalt von Punktmengen als eine Mengenfunktion aufgefaßt werden (§ 83). Es hat sich nun gezeigt, daß die Eigenschaften dieser Mengenfunktion, die für die Anwendungen maßgebend sind, direkt aus den drei Sätzen des § 233 gefolgert werden können.

Somit entsteht für uns die Aufgabe, diejenige Klasse von Mengenfunktionen zu untersuchen, die durch die Eigenschaften, die in diesen Sätzen ausgedrückt sind, charakterisiert werden.

Für Punktfunktionen haben wir schon ähnliche Untersuchungen durchgeführt, als wir z. B. die halbstetigen oder die monotonen Funktionen, oder die Funktionen von beschränkter Variation studierten (§ 134, 147, 177). Die Verhältnisse liegen hier nur insofern komplizierter, als die Mengenfunktionen der Klasse, die wir jetzt betrachten wollen, gleichzeitig mehreren Forderungen zu genügen haben werden*), während früher, z. B. die nach oben halbstetigen Funktionen durch eine einzige Eigenschaft gekennzeichnet wurden (nämlich durch die Forderung, daß die Funktion $f(P)$ in jedem Punkte ihres in sich dichten Definitionsbereiches gleich ihrer oberen Limesfunktion $\Phi(P)$ sein soll).

Wir geben, ebenso wie wir es für Punktfunktionen getan haben, den Mengenfunktionen unserer Klasse einen besonderen Namen und stellen für sie folgende Definition auf:

Definition. Eine Mengenfunktion

$$\mu^* A$$

heißt eine Maßfunktion oder auch ein äußeres Maß, wenn sie folgende vier Eigenschaften besitzt:

I. Die Zahl $\mu^* A$, die jeder beliebigen Punktmenge A zugeordnet wird, ist entweder Null, oder endlich und positiv oder gleich $+\infty$. Es gibt Punktmengen, für welche diese Zahl $\neq 0$ und endlich ist; für leere Mengen ist sie gleich Null.**)

II. Für eine Teilmenge B von A ist stets:

$$\mu^* B \leqq \mu^* A.$$

III. Ist V die Vereinigungsmenge einer Folge von endlich oder abzählbar unendlich vielen Punktmengen A_1, A_2, A_3, ..., so ist stets:

$$\mu^* V \leqq \mu^* A_1 + \mu^* A_2 + \mu^* A_3 + \cdots.$$

---

*) Wir werden sogar später feststellen, daß diese Forderungen voneinander unabhängig sind, und nicht etwa die eine eine Folge der übrigen ist (§ 338).

**) Wir werden die Zahl $\mu^* A$ selbst der Kürze halber das äußere Maß von A nennen und z. B. von Punktmengen von endlichem (oder verschwindendem) äußeren Maße sprechen, anstatt zu sagen: die Punktmengen, für welche ein gegebenes äußeres Maß $\mu^* A$ endlich ist (oder verschwindet).

IV. Sind A und B zwei Punktmengen, deren Entfernung $\delta \neq 0$ ist, so ist stets:

$$\mu^*(A+B) = \mu^*A + \mu^*B.$$

236. Der äußere Inhalt von Punktmengen, d. h. die Mengenfunktion, die im § 230 für jeden n-dimensionalen Raum definiert wurde, ist ein spezielles äußeres Maß; man kann aber sehr leicht auch andere Mengenfunktionen angeben, die ebenfalls Maßfunktionen sind. Wir wollen hier einige Beispiele behandeln:

Beispiel 1. Wir betrachten einen beliebigen festen Punkt P_0 des n-dimensionalen Raumes und setzen

(1) $$\mu^*A = 1, \quad \text{falls} \quad AP_0 = P_0$$

und

(2) $$\mu^*A = 0, \quad \text{falls} \quad AP_0 = 0$$

ist.

Man sieht zunächst sofort ein, daß diese Mengenfunktion μ^*A die Eigenschaft I der Definition des letzten Paragraphen besitzt. Es sei nun B irgendeine Teilmenge von A; ist $\mu^*A = 1$, so muß nach (1) und (2)

(3) $$\mu^*B \leqq \mu^*A$$

sein, ist dagegen $\mu^*A = 0$, so kann nach (2) der Punkt P_0 kein Punkt von A sein und P_0 ist daher auch kein Punkt von B. Man hat daher $\mu^*B = 0$ und die Bedingung (3) ist wiederum erfüllt. Unsere Mengenfunktion besitzt m. a. W. die Eigenschaft II der Definition der Maßfunktionen.

Wir betrachten jetzt die Vereinigungsmenge V von endlich oder abzählbar unendlich vielen Punktmengen $A_1, A_2, \ldots$. Die Relation

(4) $$\mu^*V \leqq \mu^*A_1 + \mu^*A_2 + \cdots$$

kann in unserem Falle nur dann nicht erfüllt sein, wenn ihre linke Seite gleich Eins ist und ihre rechte Seite verschwindet. Dann aber müßte P_0 in der Punktmenge V, dagegen in keiner einzigen der Punktmengen A_k enthalten sein, was unmöglich ist; die Bedingung III der Definition der äußeren Maße ist demnach auch erfüllt.

Sind endlich A und B zwei Punktmengen ohne gemeinsame Punkte, so ist P_0 entweder in keiner oder aber in höchstens einer dieser Punktmengen und dann auch in $(A+B)$ enthalten. In jedem dieser beiden Fälle ist aber

(5) $$\mu^*(A+B) = \mu^*A + \mu^*B,$$

woraus insbesondere folgt, daß die Eigenschaft IV der äußeren Maße ebenfalls vorhanden ist. Unsere Mengenfunktion ist mithin eine Maßfunktion.

Beispiel 2. Wir bezeichnen im n-dimensionalen Raum der $x_1, \ldots, x_n$ (wobei $n \geqq 2$ sein möge) mit X die Gesamtheit der Punkte der x_1-Achse, d. h. die Punkte, für welche

$$x_2 = x_3 = \cdots = x_n = 0$$

ist; ferner sei, wenn C eine beliebige Teilmenge von X bedeutet, mit $\overline{m}C$ der lineare äußere Inhalt von C bezeichnet, d. h. der äußere Inhalt von C, wenn man diese Punktmenge als Punktmenge des eindimensionalen Raumes der x_1 betrachtet. Dann ist die Mengenfunktion

$$\mu^* A = \overline{m} A X \tag{6}$$

ein äußeres Maß.

In der Tat folgt aus $B \prec A$ stets auch $BX \prec AX$, aus $V = A_1 + A_2 + \cdots$ stets auch $VX = A_1 X + A_2 X + \cdots$ und man hat ganz allgemein $E(AX, BX) \geqq E(A, B)$. Hieraus folgt aber unmittelbar, daß die vier Eigenschaften I—IV der Maßfunktionen, die für die äußeren Inhalte $\overline{m} AX$ bestehen, auch für unsere Mengenfunktion $\mu^* A$ gelten müssen.

Ganz ebenso beweist man den

Satz 1. *Ist die Mengenfunktion $\mu^* A$ eine Maßfunktion und bezeichnet man mit C eine beliebige feste Punktmenge, so ist die Mengenfunktion*

$$\nu^* A = \mu^* A C \tag{7}$$

ebenfalls eine Maßfunktion, falls sie nicht identisch verschwindet.

Läßt man in unserem Beispiele 1 den Punkt P_0 oder in unserem letzten Satze die Punktmenge C variieren, so sieht man, daß es unendlich viele verschiedene äußere Maße gibt; zu weiteren äußeren Maßen gelangt man durch den

Satz 2. *Bezeichnet man mit $\mu_1^* A, \mu_2^* A, \ldots$ endlich oder abzählbar unendlich viele Maßfunktionen und mit $\alpha_1, \alpha_2, \ldots$ ihnen zugeordnete positive Zahlen, so ist die Mengenfunktion*

$$\mu^* A = \sum_k \alpha_k \mu_k^* A \tag{8}$$

ebenfalls ein Maßfunktion, falls sie für mindestens eine Punktmenge A_0 endlich und von Null verschieden ist.

Der letzte Zusatz muß dafür gemacht werden, daß die Eigenschaft I der äußeren Maße bestehe; die übrigen Eigenschaften II—IV werden dann mit Hilfe des Satzes 2 des § 105 abgeleitet. Wir wollen z. B. zeigen, daß mit

$$(9) \qquad V = A_1 + A_2 + \cdots$$

stets auch

$$(10) \qquad \mu^* V \leqq \mu^* A_1 + \mu^* A_2 + \cdots$$

erfüllt ist. Die Relation (10) braucht natürlich nur für den Fall bewiesen zu werden, daß ihre rechte Seite, d. h. die Doppelsumme

$$\sigma = \sum_j \sum_k \alpha_k \mu_k^* A_j$$

endlich ist. Diese Doppelsumme, die aus lauter nicht negativen Zahlen besteht, kann aber mit Hilfe des soeben erwähnten Satzes geschrieben werden

$$(11) \qquad \sigma = \sum_k \alpha_k \sum_j \mu_k^* A_j;$$

und man hat anderseits wegen (9) nach der Eigenschaft III der äußeren Maße

$$(12) \qquad \mu_k^* V \leqq \sum_j \mu_k^* A_j \qquad (k = 1, 2, \ldots).$$

Es ist also nach (11) und (12) mit Berücksichtigung von (8)

$$\mu^* V = \sum_k \alpha_k \mu_k^* V \leqq \sigma,$$

was mit der zu beweisenden Relation (10) identisch ist.*)

237. Unsere erste Aufgabe, um eine Theorie der Maßfunktionen aufzustellen, wird darin bestehen, die Eigenschaft IV dieser Mengenfunktionen zu verallgemeinern. Wir werden nämlich zeigen, daß, wenn A und B zwei Punktmengen bedeuten, von denen die eine in einer offenen Punktmenge H und die andere in der abgeschlossenen Komplementärmenge K von H enthalten ist, für jede beliebige Maßfunktion

$$(1) \qquad \mu^*(A + B) = \mu^* A + \mu^* B$$

ist. Diese noch zu beweisende Eigenschaft der äußeren Maße enthält aber die Eigenschaft IV der Definition als Spezialfall. Ist nämlich die Entfernung $E(A, B)$ der gegebenen Punktmengen von Null verschieden,

*) Wir haben durch die Ausführungen dieses Paragraphen nur zeigen wollen, daß man sehr leicht die verschiedenartigsten Maßfunktionen bilden kann. Die Mengenfunktionen dieser Art, die außer dem äußeren Inhalt (§ 230) eine wichtige Rolle in der Analysis spielen, sind solche, die man mit den Begriffen der Länge einer Kurve oder des Flächeninhalts einer krummen Oberfläche verknüpft, auf die wir aber nicht eingehen werden.

und bezeichnet man mit $\bar{A}$ die abgeschlossene Hülle von A, so ist nach dem § 193
$$E(\bar{A}, B) = E(A, B) > 0$$
und daher B in der offenen Komplementärmenge von $\bar{A}$ enthalten, während zu gleicher Zeit A eine Teilmenge der abgeschlossenen Punktmenge $\bar{A}$ ist.

Setzt man in (1)
$$A + B = W,$$
so ist $A = KW = W - HW$ und $B = HW$ und man kann diese Gleichung in der Form schreiben

$$\mu^* W = \mu^* HW + \mu^*(W - HW). \tag{2}$$

Es wird sich also darum handeln, die Gleichung (2) allgemein zu beweisen; wir leiten zunächst einen Hilfssatz ab:

Es sei $\mu^* A$ eine gegebene Maßfunktion und H eine beliebige offene Punktmenge, deren Komplementärmenge K mindestens einen Punkt enthält. Wir bezeichnen mit m eine natürliche Zahl und mit H_m die Gesamtheit der Punkte des Raumes, deren Entfernung von der Punktmenge K größer als $1 : m$ ist.

Die Punktmengen $H_1, H_2, \ldots$ und ihre Komplementärmengen K_1, $K_2, \ldots$ besitzen nach dem Satze 12 des § 219 folgende Eigenschaften:

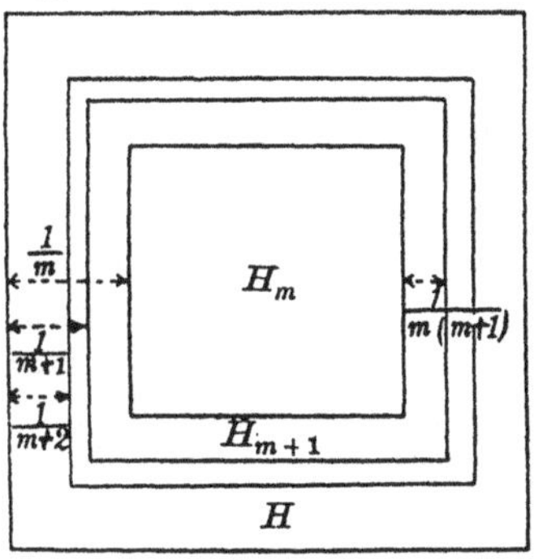

Fig. 20.

a) Für jedes hinreichend große m ist H_m eine offene Teilmenge von H, und K_m eine abgeschlossene Punktmenge, die K als Teilmenge enthält.

b) Die Punktmengen $H_1, H_2, \ldots$ bilden eine monoton wachsende, die Punktmengen $K_1, K_2, \ldots$ eine monoton abnehmende Folge von Punktmengen; man hat also

$$H_m \prec H_{m+1}, \tag{3}$$

$$K_m \succ K_{m+1}. \tag{4}$$

c) Man hat für jedes m, dem eine nicht leere Punktmenge H_m entspricht, für die Entfernungen zwischen H_m und K bzw. zwischen H_m und K_{m+1} die Gleichungen

$$E(H_m, K) = \frac{1}{m}, \quad E(H_m, K_{m+1}) = \frac{1}{m} - \frac{1}{m+1} = \frac{1}{m(m+1)}. \tag{5}$$

Da nun K eine abgeschlossene Punktmenge ist, ist für jeden Punkt des Raumes, der nicht in K enthalten ist, d. h. für jeden Punkt P von H
$$E(P, K) > 0$$

(§ 190) und folglich muß P für hinreichend große Werte von m in jedem H_m enthalten sein. Wir können demnach schreiben:

(6) $$H = H_1 \dotplus H_2 \dotplus H_3 \dotplus \cdots.$$

Wir nehmen nun an, es gibt eine Punktmenge B, die Teilmenge von H ist, mit endlichem äußeren Maß $\mu^* B$.

Wir setzen
$$B_m = BH_m;$$
dann folgt aus (3)
$$B_m \prec B_{m+1}$$
und aus (6)
$$B = HB = B_1 \dotplus B_2 \dotplus B_3 \dotplus \cdots,$$
oder, wenn wir

(7) $$B = B_m + R_m \qquad (m = 1, 2, 3, \ldots)$$
und

(8) $$C_p = B_{p+1} - B_p \qquad (p = 1, 2, 3, \ldots)$$
setzen,

(9) $$R_m = C_m + C_{m+1} + C_{m+2} + \cdots.$$

Nun wollen wir die Gleichung beweisen:

(10) $$\mu^* B = \lim_{m=\infty} \mu^* B_m.$$

Aus $B_m \prec B_{m+1}$ und $B_m \prec B$ folgt zunächst, wegen der Eigenschaft II der äußeren Maße (§ 235), daß die Zahlen $\mu^* B_m$ mit m monoton wachsen und die endliche Zahl $\mu^* B$ nie übertreffen. Es existiert also der Grenzwert

(11) $$\lim_{m=\infty} \mu^* B_m = \lambda$$
und man hat

(12) $$\lambda \leqq \mu^* B.$$

Anderseits ist, wegen der Eigenschaft III der äußeren Maße, nach (7)

(13) $$\mu^* B \leqq \mu^* B_m + \mu^* R_m$$
und nach (9)

(14) $$\mu^* R_m \leqq \mu^* C_m + \mu^* C_{m+1} + \cdots.$$

Nun folgt aber aus (8) für jede natürliche Zahl $p \geqq 2$
$$B_{p+1} = C_p + B_p \succ C_p + B_{p-1},$$
weil B_{p-1} eine Teilmenge von B_p ist; es ist also nach der Eigenschaft II der äußeren Maße

(15) $$\mu^*(C_p + B_{p-1}) \leqq \mu^* B_{p+1}.$$

Nun bemerke man, daß B_{p-1} als Teilmenge von H_{p-1} und $C_p = B_{p+1} - B_p$ als Teilmenge von K_p einen Abstand besitzen, der nach (5) mindestens gleich

$$\boldsymbol{E}(H_{p-1}, K_p) = \frac{1}{p(p-1)}$$

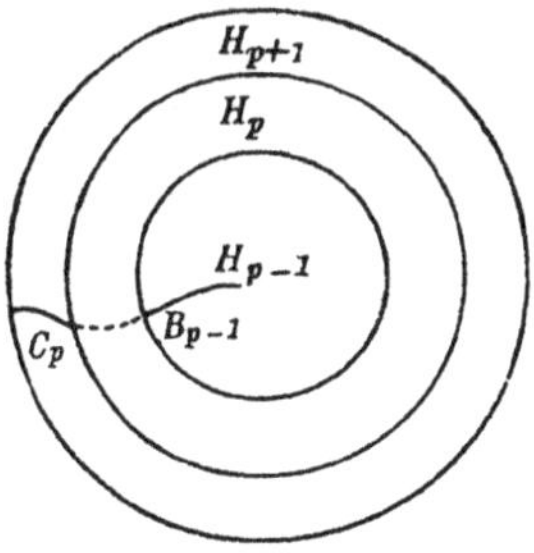

Fig. 21.

und folglich von Null verschieden ist. Nach der postulierten vierten Eigenschaft der äußeren Maße ist also

$$\mu^*(C_p + B_{p-1}) = \mu^* C_p + \mu^* B_{p-1}$$

und man entnimmt dann aus (15)

$$\mu^* C_p \leqq \mu^* B_{p+1} - \mu^* B_{p-1} \qquad (p = 2, 3, \ldots).$$

Setzt man diese letzte Relation in (14) ein, so bekommt man mit Berücksichtigung von (13)

$$\mu^* B \leqq \mu^* B_m + (\mu^* B_{m+1} - \mu^* B_{m-1}) + (\mu^* B_{m+2} - \mu^* B_m) + \cdots;$$

dies kann aber auch geschrieben werden

$$\mu^* B \leqq \lim_{p=\infty} (\mu^* B_{m+p} + \mu^* B_{m+p+1} - \mu^* B_{m-1}),$$

oder, wenn man (11) benutzt,

$$\mu^* B \leqq 2\lambda - \mu^* B_{m-1}.$$

Da diese Beziehung für jedes m gelten muß, ist also

$$\mu^* B \leqq \lim_{m=\infty} (2\lambda - \mu^* B_{m-1}) = \lambda$$

und wegen (12)

$$\mu^* B = \lambda.$$

Wir haben somit den

Satz 1. *Bezeichnet man mit H eine beliebige offene Punktmenge, deren Komplementärmenge K mindestens einen Punkt enthält, und mit H_m die Gesamtheit der Punkte des Raumes, deren Entfernung von K größer als $1:m$ ist; ist ferner B eine Teilmenge von H und setzt man für jede natürliche Zahl m*

$$B_m = B H_m,$$

so gilt stets, für jede beliebige Maßfunktion, die Gleichung

$$\mu^* B = \lim_{m=\infty} \mu^* B_m,$$

falls $\mu^* B$ eine endliche Zahl ist.

238. Wir betrachten jetzt eine Punktmenge W von endlichem äußeren Maße, die aber sonst ganz willkürlich ist, und führen die Bezeichnungen ein

(1) $$B = HW, \qquad B_m = H_m W = H_m B,$$

wobei H und H_m dieselbe Bedeutung wie im vorigen Paragraphen haben sollen.

Sind die beiden Mengen $(W-B)$ und B_m nicht leer, so kann man schreiben

$$E((W-B), B_m) \geqq E(K, H_m) = \frac{1}{m},$$

weil

$$W - B = W - HW = KW$$

eine Teilmenge von K und B_m eine Teilmenge von H_m ist. Es ist also nach der Eigenschaft IV des § 235

(2) $$\mu^*((W-B) + B_m) = \mu^*(W-B) + \mu^* B_m .$$

Diese letzte Gleichung ist übrigens auch dann erfüllt, wenn eine der beiden Punktmengen $(W-B)$ und B_m oder auch beide leer sind.

Anderseits ist aber

$$W \succ (W-B) + B_m$$

und folglich, wegen der Eigenschaft II der Maßfunktionen

$$\mu^* W \geqq \mu^*((W-B) + B_m)$$

oder nach (2)

(3) $$\mu^* W \geqq \mu^*(W-B) + \mu^* B_m .$$

Nach dem Satze des vorigen Paragraphen hatten wir nun

$$\lim_{m=\infty} \mu^* B_m = \mu^* B,$$

und da die Ungleichheit (3) für jedes beliebige m gilt, können wir schreiben:

(4) $$\mu^* W \geqq \mu^*(W-B) + \mu^* B.$$

Nach der Eigenschaft III des § 235 folgt aber aus

$$W = B + (W-B)$$

die Relation

(5) $$\mu^* W \leqq \mu^* B + \mu^*(W-B).$$

Die Relationen (4) und (5) liefern uns dann die Gleichung

$$\mu^* W = \mu^* B + \mu^*(W-B)$$

und, wenn wir nach (1) statt B wieder HW einsetzen,

$$(6) \qquad \mu^* W = \mu^* HW + \mu^*(W - HW).$$

Diese Gleichung ist nur für offene Punktmengen H bewiesen worden, die vom Gesamtraume verschieden sind; ist aber $H = \mathfrak{R}_n$, so hat man stets $W = HW$ und $(W - HW) = 0$, so daß auch hier die Gleichung (6) besteht.

Satz 2. *Ist H eine offene und W eine beliebige Punktmenge, so gilt für jede Maßfunktion die Relation*

$$\mu^* W = \mu^* HW + \mu^*(W - HW),$$

falls $\mu^* W$ eine endliche Zahl ist.

Meßbarkeit.

239. Ist A eine beliebige Punktmenge, so gilt für jede weitere Punktmenge W die Relation

$$W = AW + (W - AW),$$

wobei die auftretenden Mengen auch leer sein können. Wegen der Eigenschaft III des § 235 hat man nun aber für jede Maßfunktion

$$\mu^* W \leqq \mu^* AW + \mu^*(W - AW).$$

Ist das äußere Maß von W gleich $+\infty$, so muß dann mindestens eine der Zahlen auf der rechten Seite der vorigen Relation ebenfalls gleich $+\infty$ sein, und diese Relation reduziert sich auf eine Identität. Nach dem letzten Paragraphen muß aber das Gleichheitszeichen auch für alle Punktmengen W von endlichem Maße genommen werden, falls A eine offene Punktmenge bedeutet. Punktmengen, welche in dieser Hinsicht dasselbe Verhalten wie die offenen Punktmengen zeigen, spielen eine hervorragende Rolle in unserer Theorie; wir wollen ihnen deshalb einen besonderen Namen geben:

Definition. Für eine gegebene Maßfunktion $\mu^* A$ soll eine Punktmenge A meßbar heißen, wenn für jede willkürliche Punktmenge W von endlichem äußeren Maße die Gleichung

$$\mu^* W = \mu^* AW + \mu^*(W - AW)$$

erfüllt ist. Das äußere Maß $\mu^* A$ einer meßbaren Punktmenge A wird das Maß der Punktmenge genannt und mit μA bezeichnet.

Eine Punktmenge B ist also nicht meßbar (für das gegebene äußere Maß $\mu^* A$), wenn man wenigstens eine Punktmenge W_0 finden kann, so daß

$$\mu^* W_0 < \mu^* BW_0 + \mu^*(W_0 - BW_0)$$

ist. Für eine nicht meßbare Punktmenge ist zwar das äußere Maß $\mu^* B$, aber nicht das Maß μB definiert; dieses ist vielmehr eine Mengenfunktion, deren Definitionsbereich $\mathfrak{A}$ nur aus den (für $\mu^* A$) meßbaren Punktmengen besteht, und die für diese Punktmengen gleich $\mu^* A$ ist.

Bemerkung. Um die hier dargelegten Verhältnisse besser zu verstehen, ist es vielleicht zweckmäßig, folgenden Vergleich zu machen: wir betrachten die Funktionen $\Phi(x)$ einer Veränderlichen x, die für alle Werte von x definiert, nach oben halbstetig und monoton wachsend sind, und die außerdem für alle rationalen Werte von x stetig sind. Diese Funktionen sollen in unserer Analogisierung den Maßfunktionen $\mu^* A$ entsprechen. Die Stetigkeitspunkte x der Funktionen $\Phi(x)$ verhalten sich dann zu diesen Funktionen genau wie die meßbaren Punktmengen A zu den Mengenfunktionen $\mu^* A$. Sie sind ebenso wie diese stets vorhanden, eine spezielle Funktion $\Phi(x)$ mit den gegebenen Eigenschaften braucht aber nicht überall stetig zu sein. In einem gegebenen Punkte x_0 der x-Achse kann von zwei unserer monotonen Funktionen die eine stetig sein und die andere nicht; ebenso kann eine feste Punktmenge A_0 für eine Maßfunktion $\mu^* A$ meßbar und für eine andere $\nu^* A$ nicht meßbar sein. Die Punktmengen, die wie z. B. die offenen für jede Maßfunktion meßbar sind, entsprechen den rationalen Punkten der x-Achse, in denen alle Funktionen $\Phi(x)$ stetig sein sollen. Das Maß μA, d. h. die Mengenfunktion, deren Definitionsbereich $\mathfrak{A}$ aus allen meßbaren Punktmengen A besteht, und für diese gleich $\mu^* A$ ist, würde einer stetigen Funktion $f(x)$ entsprechen, die nur in den Stetigkeitspunkten von $\Phi(x)$ definiert, und in diesen gleich $\Phi(x)$ ist.*)

Es entsteht die Frage, ob wir durch die Forderung, daß eine Punktmenge meßbar sein soll, dieser Punktmenge eine Beschränkung auferlegen, d. h. ob es Punktmengen gibt, die nicht meßbar sind. Diese Frage muß für jede spezielle Maßfunktion untersucht werden. So werden wir im § 333 zeigen, daß es Punktmengen gibt, deren Inhalt nicht meßbar ist, d. h. die für die Maßfunktion des § 230 nicht meßbar sind. Hieraus folgt jedenfalls, daß die Meßbarkeit einer Punktmenge nicht aus den Eigenschaften I—IV des § 235 gefolgert werden kann.

*) Die Analogisierung kann sogar noch etwas weiter verfolgt werden. Man kann nämlich dem weiter unten (§ 253) definierten inneren Maß $\mu_* A$ die untere Limesfunktion $\varphi(x)$ von $\Phi(x)$ zuordnen. Die Stetigkeitspunkte von $\Phi(x)$ sind dann diejenigen, für welche $\Phi(x) = \varphi(x)$ ist, ebenso wie die meßbaren Punktmengen endlichen Maßes diejenigen sind, für welche $\mu^* A = \mu_* A$ ist (§ 258, Satz 6).

Es gibt aber auch Maßfunktionen, für welche alle Punktmengen ausnahmslos meßbar sind. Das Beispiel 1 des § 236 ist ein solches, wie die Gleichung (5) dieses Paragraphen zeigt, die ja für zwei beliebige Punktmengen ohne gemeinsame Punkte abgeleitet ist. Die Meßbarkeit einer Punktmenge ist m. a. W. ein relativer Begriff, der von der zugrunde gelegten Maßfunktion abhängt.

240. Über die Punktmengen, die für eine beliebige, aber ein für allemal gegebene Maßfunktion $\mu^* A$ meßbar sind, gelten eine Reihe von grundlegenden Sätzen, die wir jetzt ableiten wollen.

Es sei A' die Komplementärmenge von A; dann ist für jede willkürliche Punktmenge W

$$A'W = W - AW, \qquad W - A'W = AW$$

und folglich

$$\mu^* A'W + \mu^*(W - A'W) = \mu^* AW + \mu^*(W - AW).$$

Hieraus entnehmen wir sofort den Satz:

Satz 1. *Die Komplementärmenge einer meßbaren Punktmenge ist meßbar.*

241. Es seien A und B zwei meßbare Punktmengen, und

$$D = AB$$

ihr Durchschnitt. Wegen der Meßbarkeit von A ist für jede willkürliche Punktmenge W von endlichem äußeren Maße

$$\mu^* W = \mu^* AW + \mu^*(W - AW). \tag{1}$$

Nun setze man

$$W_1 = AW$$

und bemerke, daß wegen der Meßbarkeit von B

$$\mu^* AW = \mu^* W_1 = \mu^* BW_1 + \mu^*(W_1 - BW_1),$$

oder, weil

$$BW_1 = BAW = DW \quad \text{und} \quad W_1 - BW_1 = AW - DW$$

ist,

$$\mu^* AW = \mu^* DW + \mu^*(AW - DW) \tag{2}$$

ist. Zweitens setze man

$$W_2 = W - DW;$$

es ist, weil A meßbar ist,

$$\mu^* W_2 = \mu^* AW_2 + \mu^*(W_2 - AW_2)$$

oder, weil

$$AW_2 = AW - ADW = AW - DW$$

und

$$W_2 - AW_2 = (W - DW) - (AW - DW) = W - AW$$

ist,

(3) $$\mu^*(W - DW) = \mu^*(AW - DW) + \mu^*(W - AW).$$

Der Vergleich von (1) und (2) mit (3) liefert schließlich

$$\mu^* W = \mu^* DW + \mu^*(W - DW)$$

Da W willkürlich war, muß also auch die Punktmenge $D = AB$ meßbar sein. Mit Hilfe des Schlusses von n auf $(n+1)$ folgert man hieraus, daß der Durchschnitt von endlich vielen meßbaren Punktmengen stets auch meßbar ist.

242. Es seien wieder $A_1, A_2, \ldots, A_m$ endlich viele meßbare Punktmengen und V ihre Vereinigungsmenge. Nennt man $A_1', A_2', \ldots, A_m'$ die Komplementärmengen von $A_1, \ldots, A_m$ und V' die Komplementärmenge von V, so ist (§ 37)

$$V' = A_1' A_2' \ldots A_m'.$$

Die Punktmengen $A_1' \ldots A_m'$ sind nach dem Satze 1 des § 240 meßbar; wegen des Resultats von § 241 ist also auch V' und schließlich die Komplementärmenge V von V' ebenfalls meßbar.

Die Vereinigungsmenge von endlich vielen meßbaren Punktmengen ist meßbar.

243. Die Resultate der beiden letzten Paragraphen lassen sich auf Folgen von abzählbar unendlich vielen Punktmengen übertragen. Während wir aber in diesen Paragraphen nur von der Definition der Meßbarkeit, nicht aber von den Eigenschaften der Mengenfunktionen, die wir äußere Maße genannt haben, Gebrauch gemacht haben, müssen wir jetzt die Eigenschaften II und III von $\mu^* A$, die im § 235 dargelegt sind, wesentlich benutzen.

Es sei eine monoton abnehmende Folge

(1) $$B_1 \succ B_2 \succ B_3 \succ \cdots$$

von meßbaren Punktmengen gegeben, die gegen den Durchschnitt Ω der Punktmengen B_k konvergiert; wir wollen zeigen, daß Ω ebenfalls meßbar ist.

Es sei W eine Punktmenge von endlichem äußeren Maße; wir setzen

(2) $$W_k = B_k W, \qquad W_0 = \Omega W$$

und bemerken, daß W_k für sämtliche k sowie auch W_0, als Teilmengen von W, ebenfalls ein endliches äußeres Maß besitzen. Es ist ferner stets nach (1)

$$B_{k+1} = B_{k+1} B_k, \qquad \Omega = \Omega B_k$$

und daher

(3) $$W_{k+1} = B_{k+1} W_k \prec W_k \quad \text{und} \quad W_0 = \Omega W_k \prec W_k.$$

Nach der Eigenschaft II des § 235 hat man also

$$\mu^* W_{k+1} \leqq \mu^* W_k \quad \text{und} \quad \mu^* W_0 \leqq \mu^* W_k$$

und hieraus folgt ohne weiteres die Existenz des Grenzwertes

(4) $$\lim_{k=\infty} \mu^* W_k = \lambda,$$

sowie auch die Relation

(5) $$\mu^* W_0 \leqq \lambda.$$

Nun bemerke man, daß die Punktmenge $(W - W_0)$ aus gerade allen den Punkten von W besteht, die nicht in sämtlichen W_k enthalten sind; ist P ein Punkt von $(W - W_0)$, so gibt es also in der Folge $W_1, W_2, \ldots$ eine erste Punktmenge W_m, die P nicht enthält (§ 15). Ist $m = 1$, so ist P in W, aber nicht in W_1, und daher in $(W - W_1)$ enthalten; ist $m > 1$, so sieht man ebenso, daß P in $(W_{m-1} - W_m)$ enthalten sein muß. Umgekehrt ist aber jeder Punkt von $(W - W_1)$ sowie auch jeder Punkt von $(W_m - W_{m+1})$ für $m = 1, 2, \ldots$ nicht in W_0, wohl aber in $(W - W_0)$ enthalten. Man kann also schreiben

(6) $$W - W_0 = (W - W_1) + (W_1 - W_2) + (W_2 - W_3) + \cdots$$

und also auch

(7) $$W = W_0 + (W - W_1) + (W_1 - W_2) + \cdots.$$

Die Eigenschaft III des § 235 auf die Gleichung (7) angewandt liefert

(8) $$\mu^* W \leqq \mu^* W_0 + \mu^*(W - W_1) + \mu^*(W_1 - W_2) + \cdots.$$

Nun sind aber $B_1, B_2, \ldots$ nach Voraussetzung **meßbare** Punktmengen; man entnimmt also aus (2) und (3)

(9) $$\mu^*(W - W_1) = \mu^*(W - B_1 W) = \mu^* W - \mu^* W_1,$$

(10) $$\mu^*(W_{k-1} - W_k) = \mu^*(W_{k-1} - B_k W_{k-1}) = \mu^* W_{k-1} - \mu^* W_k,$$

und dies in (8) eingesetzt liefert mit Berücksichtigung von (4)

$$\mu^* W \leqq \mu^* W_0 + \mu^* W - \lambda, \quad \text{d. h.} \quad \lambda \leqq \mu^* W_0,$$

woraus mit Hilfe von (5) folgt:

(11) $$\mu^* W_0 = \lambda.$$

Nun wende man die Eigenschaft III des äußeren Maßes auf die Relation (6) an; man erhält zunächst

$$\mu^*(W - W_0) \leqq \mu^*(W - W_1) + \mu^*(W_1 - W_2) + \cdots$$

oder wegen (9), (10) und (4)

$$\mu^*(W - W_0) \leqq \mu^* W - \lambda. \tag{12}$$

Der Vergleich von (11) und (12) liefert ferner

$$\mu^* W \geqq \mu^* W_0 + \mu^*(W - W_0),$$

während anderseits nach der Eigenschaft III des äußeren Maßes

$$\mu^* W \leqq \mu^* W_0 + \mu^*(W - W_0)$$

sein muß.

Es ist also

$$\begin{aligned}\mu^* W &= \mu^* W_0 + \mu^*(W - W_0)\\ &= \mu^* \Omega W + \mu^*(W - \Omega W),\end{aligned}$$

wodurch die Meßbarkeit von Ω bewiesen ist.

244. Es seien jetzt $A_1, A_2, \ldots$ beliebige meßbare Punktmengen in abzählbarer Menge und D sei ihr Durchschnitt. Die Punktmengen

$$B_1 = A_1, \; B_2 = A_1 A_2, \; B_3 = A_1 A_2 A_3, \; \ldots$$

sind nach dem § 241 meßbar; außerdem ist

$$B_1 > B_2 > B_3 > \cdots.$$

Nun ist aber der Durchschnitt dieser letzten Punktmengen, von dem wir gesehen haben, daß er meßbar ist, identisch mit D.

Wir haben also, wenn wir das Resultat des § 241 hinzunehmen, folgenden allgemeinen Satz:

Satz 2. *Der Durchschnitt von endlich vielen oder abzählbar unendlich vielen meßbaren Punktmengen ist stets eine meßbare Punktmenge.*

Die Schlüsse des § 242 können ohne weiteres auf abzählbar unendlich viele Punktmengen mit Hilfe des obigen Satzes 2 angewandt werden und man kann den Satz behaupten:

Satz 3. *Die Vereinigungsmenge von endlich vielen oder abzählbar unendlich vielen meßbaren Punktmengen ist stets eine meßbare Punktmenge.*

Sind A und B zwei meßbare Punktmengen und bezeichnet man mit B' die Komplementärmenge von B, so ist nach Satz 1 die Punktmenge B', nach Satz 2 die Punktmenge

$$AB' = A - AB$$

meßbar, und man erhält den Satz:

Satz 4. *Sind A und B zwei meßbare Punktmengen, so gilt dasselbe von der Punktmenge $(A - AB)$.*

Alle Punktmengen, die man aus einer gegebenen Folge von abzählbar unendlich vielen meßbaren Punktmengen durch sukzessive Bildung von Komplementär-, Durchschnitts- oder Vereinigungsmengen erhält, sind ebenfalls meßbar, wie die Sätze 1—4 lehren.

Der Limes superior und der Limes inferior einer Folge von Punktmengen können aber durch derartige Operationen erzeugt werden (§ 116). Wir haben also den Satz:

Satz 5. *Sowohl der Limes superior, wie der Limes inferior einer Folge von abzählbar unendlich vielen meßbaren Punktmengen sind wieder meßbare Punktmengen.*

245. Die bisherigen Sätze zeigten uns, wie man aus meßbaren Punktmengen neue meßbare Punktmengen ableiten kann. Die nun folgenden Sätze sind anderer Natur; sie enthalten eine Aussage über den Wert des Maßes einer Punktmenge und erlauben das Rechnen mit Maßfunktionen zu begründen. Dabei muß im Auge behalten werden, daß es sehr wohl meßbare Punktmengen mit unendlichem Maße geben kann.

Sind A und B zwei Punktmengen, von denen A meßbar und B von endlichem äußeren Maße ist, so hat man, wenn man mit V die Vereinigungsmenge von A und B bezeichnet,

$$\begin{aligned} \mu^* V &= \mu^* A V + \mu^*(V - AV) \\ &= \mu A + \mu^*(B - AB). \end{aligned}$$

Anderseits ist, weil B von endlichem äußeren Maße und A meßbar ist,

$$\mu^*(B - AB) = \mu^* B - \mu^* AB.$$

Es gilt also der Satz:

Satz 6. *Ist A eine meßbare und B eine beliebige Punktmenge von endlichem äußeren Maße, so genügt das äußere Maß $\mu^* V$ ihrer Vereinigungsmenge der Relation*

$$\mu^* V = \mu A + \mu^* B - \mu^* AB.$$

246. Es seien $A_1, A_2, \ldots, A_m$ endlich viele meßbare Punktmengen ohne gemeinsame Punkte; man kann leicht schließen, daß ihre Summe S_m, die nach dem Satze 3 ebenfalls meßbar ist, stets der Relation genügt

$$(1) \qquad \mu S_m = \mu A_1 + \mu A_2 + \cdots + \mu A_m .$$

Diese Relation ist nämlich evident, wenn eine der Punktmengen A_k das Maß $+\infty$ besitzt; im Falle aber, daß sämtliche A_k von endlichem Maße sind, ist sie eine Folge der Anwendung des Schlusses der vollständigen Induktion auf den Satz 6 des vorigen Paragraphen für den speziellen Fall, in welchem $AB = 0$ ist.

Nun seien $A_1, A_2, \ldots$ abzählbar unendlich viele meßbare Punktmengen, von denen keine zwei einen gemeinsamen Punkt besitzen und S ihre nach dem Satze 3 meßbare Summe.

Bezeichnet man wieder die Summe der m ersten A_k mit S_m, so ist

$$S \succ S_m; \quad \mu S \geqq \mu S_m$$

und wegen (1)

$$(2) \qquad \mu S \geqq \sum_{k=1}^{m} \mu A_k .$$

Die Beziehung (2) gilt für jeden beliebigen Wert von m; hat also die Summe rechterhand im Limes den Wert $+\infty$, so ist demnach ebenfalls $\mu S = \infty$. Ist aber

$$\sum_{k=1}^{\infty} \mu A_k = \lambda$$

eine endliche Zahl, so folgt aus (2)

$$\mu S \geqq \lambda$$

und aus der Eigenschaft III für die äußeren Maße

$$\mu S \leqq \lambda ,$$

und wir haben schließlich

$$\mu S = \sum_{k=1}^{\infty} \mu A_k .$$

Satz 7. *Das Maß der Summe von endlich oder abzählbar unendlich vielen meßbaren Punktmengen, von denen keine zwei einen gemeinsamen Punkt besitzen, ist gleich der Summe der Maße dieser Mengen.*

247. Es sei

$$A_1 \prec A_2 \prec A_3 \prec \cdots$$

eine monoton wachsende Folge von meßbaren Punktmengen. Diese Folge konvergiert gegen die Vereinigungsmenge V der Punktmengen A_k und man hat

$$(1) \qquad V = A_1 + (A_2 - A_1) + (A_3 - A_2) + \cdots .$$

Die Summanden der Summe (1) genügen den Bedingungen unseres letzten Satzes und hieraus folgt

$$\mu V = \mu A_1 + \mu(A_2 - A_1) + \mu(A_3 - A_2) + \cdots,$$

oder wegen der Meßbarkeit der A_k, falls diese von endlichem Maße sind,

$$\mu V = \mu A_1 + (\mu A_2 - \mu A_1) + (\mu A_3 - \mu A_2) + \cdots$$
$$= \lim_{k=\infty} \mu A_k.$$

Hat aber ein A_k das Maß unendlich, so gilt dasselbe von allen folgenden wie auch von V, so daß wir den Satz aussprechen können:

Satz 8. *Bilden die meßbaren Punktmengen $A_1, A_2, \ldots$ eine monoton wachsende Folge*

$$A_1 < A_2 < A_3 \ldots$$

und ist V ihre Vereinigungsmenge, so hat man stets

$$\mu V = \lim_{k=\infty} \mu A_k.$$

Ähnlich beweist man den folgenden Satz:

Satz 9. *Bilden die meßbaren Punktmengen $B_1, B_2, \ldots$ eine monoton abnehmende Folge*

$$B_1 > B_2 > B_3 > \cdots$$

und bezeichnet man mit D ihren Durchschnitt, sind ferner nicht alle B_k von unendlichem Maße, so hat man

$$\mu D = \lim_{k=\infty} \mu B_k.$$

Es sei z. B. das Maß von B_m endlich; man kann dann in den Ausführungen des § 243 die Punktmenge W durch B_m ersetzen. Mit den Bezeichnungen desselben Paragraphen folgt dann für $k > m$

$$W_k = B_m B_k = B_k$$

und außerdem

$$W_v = \Omega W = D B_m = D.$$

Nach den Gleichungen (4) und (11) der p. 250 haben wir demnach die

$$\mu D = \lim_{k=\infty} \mu \bar{B}_k.$$

Die Einschränkung, daß mindestens ein B_m von endlichem Maße sein soll, ist wesentlich für die Richtigkeit des Satzes 9; es kann z. B. sehr wohl jedes $\mu B_k = +\infty$ und $\mu D = 0$ sein. Dies ist z. B. der Fall, wenn man im linearen Raum, für B_k die Punktmenge $x > k$ nimmt, und μB gleich dem Inhalt mB der linearen Punktmenge B setzt.

248. Es seien jetzt wieder $A_1, A_2, \ldots$ abzählbar unendlich viele meßbare Punktmengen; wir bezeichnen mit $\underline{\alpha}$ und $\overline{\alpha}$ den Limes inferior bzw. den Limes superior dieser Folge von Punktmengen.

Nach dem § 116 erhält man $\underline{\alpha}$, indem man die Durchschnitte bildet

(1) $$D_k = A_k A_{k+1} A_{k+2} \cdots$$

und hierauf

$$\underline{\alpha} = D_1 \dotplus D_2 \dotplus \cdots$$

setzt. Da die Punktmengen $D_1, D_2, \ldots$ eine monoton wachsende Folge

$$D_1 \prec D_2 \prec D_3 \ldots$$

bilden, so ist nach dem Satze 8

$$\mu \underline{\alpha} = \lim_{k=\infty} \mu D_k .$$

Nun ist, weil nach (1) die Punktmenge D_k eine Teilmenge von jeder der Mengen $A_k, A_{k+1}, \ldots$ ist,

$$\mu D_k \leqq \text{untere Grenze von } \{\mu A_k, \mu A_{k+1}, \cdots\}$$

und folglich (§ 95, Satz 10)

$$\lim_{k=\infty} \mu D_k \leqq \varliminf_{k=\infty} \mu A_k .$$

Wir haben also den Satz:

Satz 10. *Bezeichnet man mit $\underline{\alpha}$ den Limes inferior einer Folge von meßbaren Punktmengen $A_1, A_2, \ldots$, so ist stets*

$$\mu \underline{\alpha} \leqq \varliminf_{k=\infty} \mu A_k .$$

249. Um $\overline{\alpha}$ zu erhalten, muß man (§ 116) den Durchschnitt der Vereinigungsmengen

$$V_k = A_k \dotplus A_{k+1} \dotplus \cdots \qquad (k = 1, 2, \ldots)$$

bilden; die Punktmengen V_k bilden eine monoton abnehmende Folge

$$V_1 \succ V_2 \succ V_3 \succ \cdots$$

und es ist für jeden Wert von k, weil V_k die Mengen $A_k, A_{k+1} \cdots$ enthält,

$$\mu V_k \geqq \text{obere Grenze von } \{\mu A_k, \mu A_{k+1}, \cdots\} .$$

Mit Rücksicht auf den Satz 9 hat man also den

Satz 11. *Der Limes superior $\overline{\alpha}$ einer Folge von meßbaren Punktmengen $A_1, A_2, \ldots$ genügt der Beziehung*

$$\mu \overline{\alpha} \geqq \varlimsup_{k=\infty} \mu A_k ,$$

falls die Vereinigungsmengen

$$V_k = A_k \dotplus A_{k+1} \dotplus \cdots$$

nicht sämtlich von unendlichem Maße sind.

Die letzte Bedingung kann man auch aussprechen, indem man sagt, daß von einem bestimmten k_0 ab sämtliche A_k Teilmengen einer Menge von endlichem Maße sein sollen.

250. Die Vergleichung der zwei letzten Sätze liefert endlich den

Satz 12. *Ist $A_1, A_2, \ldots$ eine konvergente Folge von meßbaren Punktmengen, die sämtlich Teilmengen einer Menge S von endlichem äußeren Maße sind, und setzt man*

$$\lim_{k=\infty} A_k = \alpha,$$

so ist auch

$$\mu\alpha = \lim_{k=\infty} \mu A_k.$$

In der Tat ist hier, wenn man wieder den Limes superior und inferior mit $\bar{\alpha}$, $\underline{\alpha}$ bezeichnet, nach dem § 118

$$\bar{\alpha} = \underline{\alpha} = \alpha$$

und folglich

$$\mu\bar{\alpha} = \mu\underline{\alpha} = \mu\alpha.$$

Nach den vorhergehenden Sätzen ist aber mit Berücksichtigung des Satzes 3 des § 87

$$\mu\underline{\alpha} \leq \underline{\lim_{k=\infty}}\, \mu A_k \leq \overline{\lim_{k=\infty}}\, \mu A_k \leq \mu\bar{\alpha}$$

und folglich

$$\underline{\lim_{k=\infty}}\, \mu A_k = \overline{\lim_{k=\infty}}\, \mu A_k = \lim_{k=\infty} \mu A_k = \mu\alpha,$$

wodurch unser Satz bewiesen ist.

251. Das Resultat des § 238 fällt zusammen mit der Behauptung, daß offene Punktmengen stets meßbar sind. Die allgemeinen Sätze 1—5 (§§ 240—244) lehren uns dann, daß die Punktmengen, die man aus offenen Punktmengen durch sukzessive Bildung von Komplementär-, Durchschnitts- oder Vereinigungsmengen erhält, und die neuerdings Borelsche Mengen genannt werden, ebenfalls für jedes äußere Maß meßbar sind. Darunter fallen natürlich die abgeschlossenen Punktmengen, aber außerdem noch andere Punktmengen, da z. B. schon die Vereinigungsmenge einer offenen und einer abgeschlossenen Punktmenge weder offen noch abgeschlossen zu sein braucht.

Für eine gegebene Maßfunktion $\mu^* A$ sind noch, wie wir jetzt zeigen wollen, diejenigen Punktmengen meßbar, für welche $\mu^* A = 0$ ist. Diese letzten Punktmengen, die übrigens nicht immer Borelsche Mengen zu sein brauchen*), nennt man **Mengen vom Maße Null** (oder genauer: Mengen vom Maße μ^*A Null).

Es sei A eine Punktmenge, für die

(1) $$\mu^*A = 0$$

ist. Wir betrachten eine beliebige Punktmenge W von endlichem äußeren Maße. Der Durchschnitt AW muß als Teilmenge von A ein äußeres Maß besitzen, das nicht größer als μ^*A ist (§ 235, Eigenschaft II).

Es ist also, weil μ^*AW nicht negativ ist,

(2) $$\mu^*AW = 0.$$

Ferner folgt aus der Eigenschaft III des äußeren Maßes

$$\mu^*W \leqq \mu^*AW + \mu^*(W - AW)$$

und wegen (2)

(3) $$\mu^*W \leqq \mu^*(W - AW).$$

Anderseits ist aber, weil

$$W - AW \prec W$$

ist,

(4) $$\mu^*(W - AW) \leqq \mu^*W.$$

Es ist also nach (3) und (4)

$$\mu^*W = \mu^*(W - AW)$$

und wegen (2)

$$\mu^*W = \mu^*AW + \mu^*(W - AW),$$

was wir beweisen wollten.

Satz 13. *Jede Punktmenge B, deren äußeres Maß μ^*B verschwindet, ist meßbar für die Maßfunktion μ^*A.*

252. Eine genaue Betrachtung der Beweise dieses Abschnitts zeigt, daß wir die im § 235 postulierte Eigenschaft IV ausschließlich dazu benutzt haben, um zu zeigen, daß offene Punktmengen meßbar sind. Diese Eigenschaft IV des äußeren Maßes, die sich in allen speziellen Fällen, die man betrachtet, fast von selbst darbietet und deshalb zweckmäßig in den Vordergrund geschoben worden ist, ist vollständig äquivalent mit folgender theoretisch einfacheren Forderung (vgl. hierzu den § 341):

IV^a. Ist I ein offenes Intervall und W eine willkürliche Punktmenge, so ist stets

(1) $$\mu^*W = \mu^*IW + \mu^*(W - IW)$$

*) Die Nullmenge C^*, die im Beispiel des § 351 gebildet wird, ist z. B. keine Borelsche Menge.

Ist in der Tat IV erfüllt, so ist jedes Intervall als offene Punktmenge meßbar und daher die Gleichung (1) richtig. Die Forderung IV^a ist also eine Folge von IV.

Anderseits kann aber jede beliebige offene Punktmenge als Vereinigungsmenge von Intervallen betrachtet werden (§ 73). Da diese nach IV^a meßbar wären, so ist also nach dem Satze 3 des § 244 jede offene und daher auch jede abgeschlossene Punktmenge meßbar. Dann muß aber auch nach den zu Beginn des § 237 gemachten Überlegungen die Eigenschaft IV erfüllt sein, d. h. die Eigenschaft IV ist eine Folge von IV^a.

Die regulären Maßfunktionen.

253. Für den äußeren Inhalt m^*A der Punktmengen (§ 230) haben wir außer den drei Sätzen des § 233 noch einen weiteren Satz im § 234 bewiesen, der besagt, daß m^*A gleich der unteren Grenze der äußeren Inhalte aller Umgebungen U von A ist. Da U eine offene Punktmenge und daher von meßbarem Inhalte ist (§ 238) und da jede Punktmenge, die A als Teilmenge besitzt, einen äußeren Inhalt hat, der $\geqq m^*A$ ist (§ 235, Eigenschaft II), so folgt aus dem Satze 6 des § 234, daß m^*A gleich der unteren Grenze der Inhalte aller Punktmengen meßbaren Inhalts ist, die A als Teilmenge enthalten.

Wir wollen demgemäß die äußeren Maße besonders untersuchen, die eine analoge Eigenschaft besitzen:

Definition 1. Eine Mengenfunktion μ^*A soll eine reguläre Maßfunktion oder auch ein reguläres äußeres Maß genannt werden, wenn außer den Eigenschaften I—IV des § 235 noch folgende besteht:

V. Für jede beliebige Punktmenge A ist μ^*A gleich der unteren Grenze der Maße μB aller (für μ^*A) meßbaren Punktmengen B, die A als Teilmenge enthalten.

Für reguläre äußere Maße ist es nur natürlich, neben dieser unteren Grenze auch die obere Grenze der Maße aller meßbaren Teilmengen von A zu betrachten; wir führen diese neue Mengenfunktion durch folgende Definition ein:

Definition 2. Ist μ^*A ein reguläres äußeres Maß, so verstehen wir unter dem inneren Maß einer Punktmenge A die obere Grenze der Maße aller meßbaren Teilmengen von A und bezeichnen diese Zahl mit

$$\mu_* A.$$

254. Aus den Eigenschaften I und II des äußeren Maßes (§ 235) folgt, daß das innere Maß einer beliebigen Punktmenge nie negativ sein kann und daß stets die Beziehung

$$\mu_* A \leqq \mu^* A$$

gelten muß.

Ist $B \prec A$, so ist jede meßbare Teilmenge B_1 von B auch eine meßbare Teilmenge von A und daher

$$\mu B_1 \leqq \mu_* A$$

und weil dies für j e d e beliebige meßbare Teilmenge von B gilt, ist

(1) $$\mu_* B \leqq \mu_* A.$$

Es seien A_1, A_2 zwei Punktmengen ohne gemeinsame Punkte; ist B_1 eine meßbare Teilmenge von A_1 und B_2 eine meßbare Teilmenge von A_2, so ist $(B_1 + B_2)$ eine meßbare Teilmenge von $(A_1 + A_2)$ und daher

$$\mu_*(A_1 + A_2) \geqq \mu(B_1 + B_2) = \mu B_1 + \mu B_2$$

und, da dies für jede Teilmenge B_1 von A_1 und B_2 von A_2 gilt, ist auch

(2) $$\mu_*(A_1 + A_2) \geqq \mu_* A_1 + \mu_* A_2.$$

Sind $A_1, \ldots A_n$ endlich viele Punktmengen ohne gemeinsame Punkte, so folgt aus (2) mit Hilfe des Schlusses der vollständigen Induktion

(3) $$\mu_*(A_1 + \cdots + A_n) \geqq \mu_* A_1 + \cdots + \mu_* A_n$$

Es sei S die Summe von abzählbar unendlich vielen Punktmengen $A_1, A_2, \ldots$ ohne gemeinsame Punkte. Aus $S \succ (A_1 + A_2 + \cdots A_n)$ folgt nach (1)

(4) $$\mu_* S \geqq \mu_*(A_1 + \cdots + A_n)$$

und mit Hilfe von (3)

(5) $$\mu_* S \geqq \mu_* A_1 + \cdots + \mu_* A_n.$$

Da endlich (5) für jeden Wert der natürlichen Zahl n gilt, ist

$$\mu_* S \geqq \mu_* A_1 + \mu_* A_2 + \cdots.$$

Satz 1. *Ist $B \prec A$, so ist*

$$\mu_* B \leqq \mu_* A$$

und ist S die Summe von endlich oder abzählbar unendlich vielen Punktmengen $A_1, A_2, \ldots$ ohne gemeinsame Punkte, so ist

(6) $$\mu_* S \geqq \mu_* A_1 + \mu_* A_2 + \cdots.$$

Wir werden sehen, daß man innere Maße angeben kann, für welche in der Relation (6) das Gleichheitszeichen nicht immer gilt (§ 334, Satz 2). Die inneren Maße sind also Mengenfunktionen, die nicht dieselben Eigenschaften haben wie die äußeren. Während wir aber diese durch ihre charakteristischen Eigenschaften definiert haben, wollen wir uns hier damit begnügen, die inneren Maße als abgeleitete Mengenfunktionen anzusehen, die jeder regulären Maßfunktion zugeordnet sind.

255. Ist die Punktmenge A von endlichem äußeren Maße, so gibt es, wegen unserer neuen Eigenschaft V, nach Voraussetzung, zu jeder natürlichen Zahl k mindestens eine meßbare Punktmenge B_k, für welche

$$B_k \succ A \quad \text{und} \quad \mu B_k \leqq \mu^* A + \frac{1}{k} \cdot$$

Wählt man für jedes k eine derartige Punktmenge und setzt

$$\bar{A} = B_1 B_2 B_3 \ldots,$$

so ist erstens $\bar{A}$ meßbar (§ 244, Satz 2) und ferner ist, wegen

$$A \prec \bar{A} \prec B_k,$$

für jedes k

$$\mu^* A \leqq \mu \bar{A} \leqq \mu B_k \leqq \mu^* A + \frac{1}{k} \cdot$$

Hieraus folgt aber durch Grenzübergang:

$$\mu \bar{A} = \mu^* A .$$

Ist A von unendlichem äußeren Maße, so ist der ganze Raum eine meßbare (weil offene) Punktmenge, die A enthält und deren Maß also ebenfalls gleich $+\infty$ sein muß. Wir haben also ganz allgemein:

Satz 2. *Zu jeder beliebigen Punktmenge A gibt es meßbare Punktmengen $\bar{A}$, für die*

$$\bar{A} \succ A \quad \textit{und} \quad \mu \bar{A} = \mu^* A$$

ist. Derartige Punktmengen nennen wir „maßgleiche Hüllen" von A, falls A von endlichem äußeren Maße ist.

256. Ist A eine Punktmenge mit von Null verschiedenem innerem Maß $\mu_* A$, so betrachte man eine Folge von positiven Zahlen

$$p_1 \cdot p_2, \ldots,$$

die den Bedingungen genügen

$$p_k < \mu_* A \qquad (k = 1, 2, \ldots),$$

$$\lim_{k=\infty} p_k = \mu_* A .$$

Nach der Definition des inneren Maßes kann man jeder der Zahlen p_k eine meßbare Teilmenge C_k von A zuordnen, für die

$$\mu\, C_k > p_k$$

ist. Die Vereinigungsmenge

$$A = C_1 \dotplus C_2 \dotplus C_3 \dotplus \cdots$$

ist eine Teilmenge von A, die meßbar ist (§ 244, Satz 3); für sie gilt also

$$\mu\underline{A} \leqq \mu_* A$$

Anderseits folgt aus $A \succ C_k$, daß auch

$$\mu\underline{A} \geqq \mu\, C_k > p_k$$

ist, und da dies für jeden Wert von k gilt, daß

$$\mu A \geqq \lim_{k=\infty} p_k = \mu_* A$$

ist. Wir haben also $\mu A = \mu_* A$; ist dagegen das innere Maß von A gleich Null, so ist jede meßbare Teilmenge von A eine Nullmenge und wir können also ganz allgemein den Satz aussprechen:

Satz 3. *Ist A eine beliebige Punktmenge und $\mu_* A$ ihr inneres Maß, so gibt es stets meßbare Teilmengen A von A, deren Maß gleich $\mu_* A$ ist:*

$$\mu A = \mu_* A.$$

Ist $\mu_* A$ eine endliche Zahl, so nennen wir A einen „maßgleichen Kern“ von A.

257. Es sei A eine Punktmenge von endlichem äußeren Maß; dann gibt es für unsere reguläre Maßfunktion nach der Definition 1 des § 253 meßbare Punktmengen B, die A umfassen und ebenfalls ein endliches Maß besitzen. Ist C eine meßbare Teilmenge von A, so ist dann

$$B - A \prec B - C$$

und folglich

$$\mu^*(B - A) \leqq \mu(B - C) = \mu B - \mu\, C,$$

letzteres nach dem Satze 7 des § 246. Es ist also

$$\mu C \leqq \mu B - \mu^*(B - A)$$

und folglich auch für die obere Grenze $\mu_* A$ aller möglichen $\mu\, C$

(1) $$\mu_* A < \mu B - \mu^*(B - A).$$

Nun ist aber, wenn M eine maßgleiche Hülle von $(B - A)$ bedeutet (§ 255, Satz 2)

(2) $$(B - A) \prec M, \quad \mu M = \mu^*(B - A).$$

Die Punktmenge $(B - BM)$ ist dann eine meßbare Teilmenge von A und es ist folglich

(3) $$\mu_* A \geqq \mu(B - BM).$$

Anderseits hat man

(4) $$\mu(B - BM) = \mu B - \mu BM \geqq \mu B - \mu M$$

und durch den Vergleich von (2), (3) und (4)

(5) $$\mu_* A \geqq \mu B - \mu^*(B - A).$$

Wegen (1) und (5) ist schließlich

$$\mu_* A = \mu B - \mu^*(B - A).$$

Man kann also das innere Maß einer Punktmenge von endlichem äußeren Maße stets durch die Differenz von äußeren Maßen von zwei anderen Punktmengen ausdrücken; genauer gesagt, besteht der Satz:

Satz 4. *Ist B eine meßbare Punktmenge von endlichem Maße, die eine gegebene Punktmenge A als Teilmenge enthält, so ist stets:*

$$\mu_* A = \mu B - \mu^*(B - A).$$

258. Setzt man in dem letzten Satze $B = \bar{A}$, wobei $\bar{A}$ eine maßgleiche Hülle von A bedeutet, so wird

$$\mu_* A = \mu \bar{A} - \mu^*(\bar{A} - A).$$

Hieraus folgt der Satz:

Satz 5. *Wenn A eine Punktmenge von endlichem äußeren Maße und $\bar{A}$ eine maßgleiche Hülle von A bedeutet, d. h. wenn zugleich*

(1) $$\bar{A} \succ A \quad \textit{und} \quad \mu \bar{A} = \mu^* A$$

ist, so ist stets

(2) $$\mu^*(\bar{A} - A) = \mu^* A - \mu_* A.$$

Das äußere Maß von $(\bar{A} - A)$ ist mithin unabhängig von der speziellen Wahl der maßgleichen Hülle $\bar{A}$.

Ist A meßbar, so ist nach der Definition der Meßbarkeit (mit Berücksichtigung von $A \prec \bar{A}$)

$$\mu \bar{A} = \mu^* A + \mu^*(\bar{A} - A),$$

also nach (1) und (2)

$$\mu^* A - \mu_* A = \mu^*(\bar{A} - A) = 0.$$

Ist umgekehrt A von endlichem äußeren Maße und

$$\mu^* A = \mu_* A,$$

so ist nach (2) die Punktmenge $(\bar{A} - A)$ vom Maße Null und folglich meßbar (§ 251, Satz 13); dann ist aber auch

$$A = \bar{A} - (\bar{A} - A)$$

als Differenz von zwei meßbaren Punktmengen ebenfalls meßbar.

Für meßbare Punktmengen von unendlichem Maße ist offenbar das innere Maß gleich dem äußeren; wir haben also den

Satz 6. *Für die Meßbarkeit einer Punktmenge A ist notwendig, daß ihr äußeres und ihr inneres Maß zusammenfallen; diese Bedingung ist hinreichend, wenn diese Zahlen endlich sind.*

259. Es seien A und B zwei Punktmengen von endlichem äußeren Maße ohne gemeinsamen Punkt:

$$AB = 0. \tag{1}$$

Wir bezeichnen mit S die Summe dieser beiden Punktmengen, die dann ebenfalls von endlichem äußeren Maße ist, und mit $\bar{S}$ und $\underline{S}$ eine maßgleiche Hülle bzw. einen maßgleichen Kern von S. Wir wenden nun den Satz 4 des § 257 zweimal hintereinander an.

Zuerst folgt mit Hilfe dieses Satzes aus

$$\bar{S} = A + (\bar{S} - A)$$

die Relation

$$\mu_* A = \mu \bar{S} - \mu^* (\bar{S} - A). \tag{2}$$

Nun ist aber nach Konstruktion $\mu \bar{S} = \mu^* S$ und $B = (S - A) \prec (\bar{S} - A)$ also

$$\mu^* B \leqq \mu^* (\bar{S} - A);$$

hieraus folgt mit Hilfe von (2)

$$\mu_* A + \mu^* B \leqq \mu^* S. \tag{3}$$

Durch Vertauschung von A mit B findet man ebenso

$$\mu^* A + \mu_* B \leqq \mu^* S. \tag{4}$$

Zweitens bemerken wir, daß aus $\underline{S} \prec S = A + B$ folgt

$$\underline{S} = \underline{S}A + \underline{S}B;$$

der Satz 4 des § 257 gibt uns hier

$$\mu \underline{S} = \mu_* \underline{S}A + \mu^* \underline{S}B. \tag{5}$$

Anderseits ist aber

$$\mu \underline{S} = \mu_* S, \quad \mu_* \underline{S} A \leqq \mu_* A, \quad \mu^* \underline{S} B \leqq \mu^* B,$$

so daß aus (5) folgt:

$$\text{(6)} \qquad \mu_* S \leqq \mu_* A + \mu^* B.$$

Durch Vertauschung von A mit B in (5) erhält man ebenso

$$\text{(7)} \qquad \mu_* S \leqq \mu^* A + \mu_* B.$$

Die Ungleichheiten (3) und (4) bilden ein Gegenstück zur Relation

$$\text{(8)} \qquad \mu^* S \leqq \mu^* A + \mu^* B,$$

die aus der Eigenschaft III des äußeren Maßes folgt, und die Ungleichheiten (6) und (7) bilden ein Gegenstück zur Relation

$$\text{(9)} \qquad \mu_* S \geqq \mu_* A + \mu_* B,$$

die wir im § 254 bewiesen haben.

Man kann alle diese Ungleichheiten durch eine letzte Beziehung zwischen den äußeren und inneren Maßen von S, A, B vervollständigen, die viel tiefer liegt und deren Beweis infolgedessen viel komplizierter ist. Zu diesem Zwecke führen wir neben die Punktmengen $\underline{S}$ und $\overline{S}$ noch vier neue Punktmengen A', A'', B', B'' ein, die ebenfalls meßbar sein sollen und folgende Eigenschaften haben:

$$\text{(10)} \qquad A' \prec A \prec A'', \quad \mu A' = \mu_* A, \quad \mu A'' = \mu^* A$$

$$\text{(11)} \qquad B' \prec B \prec B'', \quad \mu B' = \mu_* B, \quad \mu B'' = \mu^* B.$$

Nach den Sätzen 2 und 3 der §§ 255, 256 ist die Existenz aller dieser Punktmengen gesichert; wir wollen aber A', A'', B', B'' durch andere maßgleiche Kerne oder Hüllen von A und B ersetzen, die sich diesen Punktmengen besser anschmiegen als die vorigen.

Zunächst bemerken wir, daß die meßbare Punktmenge $(\overline{S} - B')$ sämtliche Punkte von A enthält; das gleiche gilt also auch von der meßbaren Punktmenge

$$\text{(12)} \qquad \bar{A} = A''(\overline{S} - B').$$

Nun folgt aber aus der Tatsache, daß $\bar{A}$ meßbar ist, und daß nach unserer Konstruktion

$$A \prec \bar{A} \prec A''$$

ist, nach (10)

$$\text{(13)} \qquad \mu \bar{A} = \mu^* A.$$

Durch Vertauschung von A mit B in den obigen Formeln erhält man, wenn man

$$(14)\qquad \overline{B} = B''(\overline{S} - A')$$

setzt,

$$(15)\qquad B \prec \overline{B} \prec B'' \quad \text{und} \quad \mu\overline{B} = \mu^* B.$$

Nach unserer Konstruktion ist

$$(16)\qquad \overline{A}B' = 0 \quad \text{und} \quad \overline{B}A' = 0$$

sowie auch

$$S \prec \overline{A} \dotplus \overline{B} \prec \overline{S};$$

also ist die Punktmenge $(\overline{A} \dotplus \overline{B})$ eine meßbare Hülle von S, und man kann nach dem Satze 6 des § 245 schreiben:

$$\begin{aligned}\mu^* S &= \mu(\overline{A} \dotplus \overline{B}) \\ &= \mu\overline{A} + \mu\overline{B} - \mu\overline{A}\overline{B}.\end{aligned}$$

Hieraus folgt mit Hilfe von (13) und 15)

$$(17)\qquad \mu^* S = \mu^* A + \mu^* B - \mu\overline{A}\overline{B}.$$

Nun bemerken wir, daß die meßbare Punktmenge A' nach (16) keinen einzigen Punkt von $\overline{B}$ enthält; das Gleiche gilt von der Punktmenge $(\underline{S} - \underline{S}\overline{B})$, die übrigens, ebenso wie A' aus lauter Punkten von A besteht; also ist erstens die meßbare Punktmenge

$$(18)\qquad \underline{A} = A' \dotplus (\underline{S} - \underline{S}\overline{B})$$

ein maßgleicher Kern von A, für welchen die Beziehung

$$(19)\qquad \mu\underline{A} = \mu_* A$$

gilt, und zweitens ist

$$(20)\qquad \underline{A}\overline{B} = 0.$$

Aus (18) folgt ferner

$$(21)\qquad A + \overline{B} = A' \dotplus (\underline{S} - S\overline{B}) + \overline{B} \succ S.$$

Ebenso findet man, wenn man

$$(22)\qquad \underline{B} = B' + (\underline{S} - \underline{S}\overline{A})$$

setzt, die Relationen

$$(23)\qquad \mu B = \mu_* B, \quad \overline{A}\underline{B} = 0, \quad \overline{A} + B \succ S.$$

Wir bemerken nun, daß die Punktmenge $(\underline{A} + \underline{B})$ eine meßbare Teilmenge von S ist, und daß also die Punktmenge $(\underline{A} + \underline{B}) \dot{+} \underline{S}$ ebenso wie $\underline{S}$ ein maßgleicher Kern von S sein muß.

Setzt man also

$$(24) \qquad (\underline{A} + \underline{B}) \dot{+} \underline{S} = \underline{A} + \underline{B} + R,$$

so folgt, wenn man noch berücksichtigt, daß $\underline{A}$, B und R meßbare Punktmengen ohne gemeinsame Punkte sind,

$$(25) \qquad \begin{aligned} \mu_* S &= \mu \underline{A} + \mu \underline{B} + \mu R \\ &= \mu_* A + \mu_* B + \mu R. \end{aligned}$$

Anderseits folgt aus (24), weil

$$\underline{A} + \underline{B} \prec \underline{A} + \overline{B} \quad \text{und} \quad \underline{S} \prec \underline{A} + \overline{B}$$

ist,

$$\underline{A} + \underline{B} + R \prec \underline{A} + \overline{B}.$$

Hieraus entnimmt man $R \prec \overline{B}$ und genau ebenso findet man $R \prec \bar{A}$, so daß wir schreiben können

$$(26) \qquad R \prec \bar{A}\overline{B}.$$

Der Vergleich von (25) mit (26) liefert also

$$\mu_* S \leqq \mu_* A + \mu_* B + \mu \bar{A}\overline{B};$$

addiert man zu dieser letzten Relation die Gleichung (17), so erhält man schließlich

$$(27) \qquad \mu_* S + \mu^* S \leqq \mu_* A + \mu^* A + \mu_* B + \mu^* B.$$

Die Ungleichheiten (3), (4), (6), (7), (8), (9) und (27) geben uns zusammengefaßt folgendes Resultat:

Satz 7. *Sind A und B zwei Punktmengen von endlichem äußeren Maß mit leerem Durchschnitt und bezeichnet man mit S ihre Summe, so gelten folgende Ungleichheiten:*

$$\mu_* A + \mu_* B \leqq \mu_* S \leqq \begin{matrix} \mu_* A + \mu^* B \\ \mu^* A + \mu_* B \end{matrix} \leqq \mu^* S \leqq \mu^* A + \mu^* B,$$

$$0 \leqq \mu_* S - \mu_* A - \mu_* B \leqq - \mu^* S + \mu^* A + \mu^* B.$$

260. Der letzte Satz ist die Quelle einer Reihe von wichtigen Anwendungen. Wir setzen zunächst voraus, die Summe S der beiden Punktmengen A und B sei meßbar; dann folgt aus

$$\mu S \leqq \begin{matrix} \mu_* A + \mu^* B \\ \mu^* A + \mu_* B \end{matrix} \leqq \mu S,$$

daß

(1) $$\mu^*A + \mu_*B = \mu_*A + \mu^*B = \mu S$$

ist, und hieraus

$$2\mu S = \mu^*A + \mu_*B + \mu_*A + \mu^*B$$

oder

(2) $$\mu S - \mu_*A - \mu_*B = \mu^*A + \mu^*B - \mu S.$$

Mit Hilfe von (1) hat man alsdann

(3) $$\mu S - \mu_*A - \mu_*B = (\mu^*A - \mu_*A) = (\mu^*B - \mu_*B),$$

und daher (mit Berücksichtigung des Satzes 6 des § 258) auch den

Satz 8. *Zerlegt man eine meßbare Punktmenge S von endlichem Maß in zwei Punktmengen A und B ohne gemeinsame Punkte, so ist für die Meßbarkeit von A und B notwendig und hinreichend, daß eine der beiden Gleichungen*

$$\mu S = \mu^*A + \mu^*B,$$

$$\mu S = \mu_*A + \mu_*B$$

(und dann auch alle beide) erfüllt sei.

261. Ist A eine beliebige nicht meßbare Punktmenge, so gibt es nach der Definition der Meßbarkeit (§ 239) mindestens eine Punktmenge W von endlichem äußeren Maße, für welche

(1) $$\mu^*W < \mu^*AW + \mu^*(W - AW)$$

ist. Es sei $\overline{W}$ eine maßgleiche Hülle von W; d. h. es sei

(2) $$\overline{W} \succ W, \qquad \mu\overline{W} = \mu^*W.$$

Da W eine Teilmenge von $\overline{W}$ ist, so ist auch

$$A\overline{W} \succ AW, \qquad \overline{W} - A\overline{W} \succ W - AW$$

und hieraus entnimmt man

$$\mu^*AW \leqq \mu^*A\overline{W}, \qquad \mu^*(W - AW) \leqq \mu^*(\overline{W} - A\overline{W}),$$

also wegen (1) und (2)

(3) $$\mu\overline{W} < \mu^*A\overline{W} + \mu^*(\overline{W} - A\overline{W})$$

und wir können das Resultat aussprechen:

Satz 9. *Für die Meßbarkeit einer Punktmenge A ist hinreichend, daß für alle meßbaren Punktmengen $\overline{W}$ von endlichem Maße*

$$\mu\overline{W} = \mu^*A\overline{W} + \mu^*(\overline{W} - A\overline{W})$$

ist.

Außerdem aber folgt aus (3) noch ein anderes bemerkenswertes Resultat. Wäre nämlich die Punktmenge $A\overline{W}$ meßbar, so müßte nach dem Satze 4 des § 244 das Gleiche von $(\overline{W}-A\overline{W})$ gelten, und man hätte

$$\mu\overline{W}=\mu A\overline{W}+\mu(\overline{W}-A\overline{W})=\mu^*A\overline{W}+\mu^*(\overline{W}-A\overline{W}).$$

Da dies der Ungleichheit (3) widerspricht, so kann $A\overline{W}$ keine meßbare Punktmenge sein; nun ist $A\overline{W}$ als Teilmenge von $\overline{W}$ eine Punktmenge von endlichem äußeren Maße und wir haben den

Satz 10. *Jede nicht meßbare Punktmenge enthält nicht meßbare Teilmengen von endlichem äußeren Maße.*

262. Nach dem letzten Paragraphen kann man jeder nicht meßbaren Punktmenge A eine meßbare Punktmenge $\overline{W}$ von endlichem Maße zuordnen, so daß $A\overline{W}$ nicht meßbar wird. Dann ist nach dem Satze 6 des § 258

$$\mu_*A\overline{W}<\mu^*A\overline{W}; \tag{1}$$

anderseits liefern die Gleichungen (1) des § 260, in denen man S, A und B bzw. durch $\overline{W}$, $A\overline{W}$ und $(\overline{W}-A\overline{W})$ ersetzt hat,

$$\mu\overline{W}=\mu^*A\overline{W}+\mu_*(\overline{W}-A\overline{W}). \tag{2}$$

Der Vergleich von (1) und (2) liefert uns also

$$\mu\overline{W}>\mu_*A\overline{W}+\mu_*(\overline{W}-A\overline{W}).$$

Ist dagegen A eine meßbare und W eine beliebige Punktmenge, so ist für jede beliebige meßbare Teilmenge U von W

$$\mu U=\mu AU+\mu(U-AU).$$

Nun sind die Punktmengen AU und $(U-AU)$ meßbare Teilmengen von AW und $(W-AW)$, und man hat

$$\mu AU\leqq\mu_*AW,\qquad \mu(U-AU)\leqq\mu_*(W-AW).$$

Wir können also schreiben

$$\mu U\leqq\mu_*AW+\mu_*(W-AW)$$

und, weil U eine beliebige meßbare Teilmenge von W bedeutet,

$$\mu_*W\leqq\mu_*AW+\mu_*(W-AW).$$

Anderseits ist nach dem Satze 1 des § 254

$$\mu_*W\geqq\mu_*AW+\mu_*(W-AW)$$

und wir sehen, daß stets aus der Meßbarkeit von A auch die Gleichung

$$\mu_*W=\mu_*AW+\mu_*(W-AW)$$

folgen muß. Wir haben also den

Satz 11. *Für die Meßbarkeit einer Punktmenge A ist notwendig, daß für jede Punktmenge W*

$$\mu_* W = \mu_* A W + \mu_*(W - A W)$$

sei; es ist für die Meßbarkeit von A hinreichend, daß diese Gleichung für alle meßbaren Punktmengen W von endlichem Maße erfüllt sei.

263. Es sei A eine Punktmenge von endlichem äußeren Maße, $\bar{A}$ eine ihrer maßgleichen Hüllen, und W eine beliebige meßbare Punktmenge. Aus der Meßbarkeit von W folgt

$$(1) \qquad \begin{cases} \mu \bar{A} = \mu \bar{A} W + \mu(\bar{A} - \bar{A} W), \\ \mu^* A = \mu^* A W + \mu^*(A - A W). \end{cases}$$

Da A eine Teilmenge von $\bar{A}$ ist, ist $A W$ eine Teilmenge von $\bar{A} W$ und $(A - A W)$ eine Teilmenge von $(\bar{A} - \bar{A} W)$ und man hat

$$(2) \qquad \mu^* A W \leqq \mu \bar{A} W, \qquad \mu^*(A - A W) \leqq \mu(\bar{A} - \bar{A} W).$$

Endlich folgt aus den Gleichungen (1), weil nach Voraussetzung $\mu^* A = \mu \bar{A}$ ist,

$$(3) \qquad \mu^* A W + \mu^*(A - A W) = \mu \bar{A} W + \mu(\bar{A} - \bar{A} W).$$

Die Relationen (2) und (3) können nur dann gleichzeitig bestehen, wenn

$$\mu^* A W = \mu \bar{A} W$$

ist, und wir haben den

Satz 12. *Ist A eine Punktmenge von endlichem äußeren Maße, $\bar{A}$ eine maßgleiche Hülle von A und W eine beliebige meßbare Punktmenge, so ist $\bar{A} W$ eine maßgleiche Hülle von $A W$.*

Ganz analog beweist man mit Hilfe der Gleichung

$$\mu_* A = \mu_* A W + \mu_*(A - A W),$$

die aus der Meßbarkeit von W folgt (§ 262, Satz 11), den

Satz 13. *Ist die Punktmenge A von endlichem inneren Maße, $\underline{A}$ ein maßgleicher Kern von A und W eine beliebige meßbare Punktmenge, so ist $\underline{A} W$ ein maßgleicher Kern von $A W$.*

264. Es sei die Punktmenge A von endlichem äußeren Maße; wir bezeichnen wieder mit $\bar{A}$ und $\underline{A}$ eine maßgleiche Hülle und einen maßgleichen Kern von A und betrachten die Relationen:

$$(1) \qquad \underline{A} \prec A \prec \bar{A}, \quad \mu \underline{A} = \mu_* A \quad \text{und} \quad \mu \bar{A} = \mu^* A.$$

Wir hatten schon gesehen (§ 258), daß dann

$$(2) \qquad \mu^*(\bar{A} - A) = \mu^* A - \mu_* A$$

ist. Setzt man in die Gleichung (1) des § 260 statt S, A, B die Punktmengen $\bar{A}, A, (\bar{A} - A)$, so wird

$$\mu \bar{A} = \mu^* A + \mu_*(\bar{A} - A),$$

und wegen (1) folgt dann

$$\mu_*(\bar{A} - A) = 0. \tag{3}$$

Ähnlich folgt aus dem Satze 7 des § 259, wenn man S, A, B bzw. durch $A, A, (A - \underline{A})$ ersetzt und die Meßbarkeit von $\underline{A}$ benutzt,

$$\mu A + \mu_*(A - \underline{A}) \leqq \mu_* A \leqq \mu \underline{A} + \mu_*(A - \underline{A})$$

und

$$\mu \underline{A} + \mu^*(A - \underline{A}) \leqq \mu^* A \leqq \mu \underline{A} + \mu^*(A - A).$$

Diese beiden Bedingungen liefern also die Gleichungen

$$\mu \underline{A} + \mu_*(A - \underline{A}) = \mu_* A,$$
$$\mu \underline{A} + \mu^*(A - \underline{A}) = \mu^* A,$$

woraus mit Berücksichtigung von (1) folgt:

$$\mu_*(A - \underline{A}) = 0, \qquad \mu^*(A - A) = \mu^* A - \mu_* A.$$

Zusammenfassend haben wir den Satz, der sich teilweise mit dem Satz 5 des § 258 deckt:

Satz 14. *Hat A endliches äußeres Maß und ist*

$$A \prec A \prec \bar{A}, \quad \mu A = \mu_* A, \quad \mu \bar{A} = \mu^* A,$$

so gelten stets die Gleichungen

$$\mu^*(\bar{A} - A) = \mu^*(A - A) = \mu^* A - \mu_* A,$$
$$\mu_*(\bar{A} - A) = \mu_*(A - \underline{A}) = 0.$$

265. Wir sind jetzt in der Lage, die Sätze 8 und 9 des § 247 auch auf beliebige Punktmengen zu übertragen, also diese Sätze zu beweisen, ohne die Meßbarkeit der betrachteten Punktmengen vorauszusetzen, sobald die betrachtete Maßfunktion regulär ist.

Satz 15. *Für eine monoton wachsende Folge $A_1 \prec A_2 \prec A_3 \prec \cdots$ von beliebigen Punktmengen besteht stets die Gleichung*

$$\mu^*(\lim_{k=\infty} A_k) = \lim_{k=\infty} \mu^* A_k;$$

für eine monoton abnehmende Folge $B_1 \succ B_2 \succ B_3 \succ \cdots$ dagegen die Gleichung

$$\mu_*(\lim_{k=\infty} B_k) = \lim_{k=\infty} \mu_* B_k,$$

falls die letzte Zahl endlich ist.

Es ist z. B. zu beweisen, daß aus

$$A_1 \prec A_2 \prec A_3 \prec \cdots \quad \text{und} \quad \lim_{k=\infty} A_k = A$$

die Gleichung

(1) $$\mu^* A = \lim_{k=\infty} \mu^* A_k$$

folgt.

Dazu konstruieren wir eine Folge von meßbaren Punktmengen $A_1', A_2', \ldots$, die den Bedingungen genügen:

$$A_k' \succ A_k, \qquad \mu A_k' = \mu^* A_k$$

und bilden die Durchschnitte

$$\bar{A}_k = A_k' A_{k+1}' A_{k+2}' \cdots;$$

man hat

$$A_k \prec \bar{A}_k \prec A_k'$$

und es ist folglich

(2) $$\mu \bar{A}_k = \mu^* A_k.$$

Die $\bar{A}_k$ bilden aber gleichfalls eine monoton wachsende Folge und ihre Vereinigungsmenge $\bar{A}$ enthält A als Teilmenge. Es ist also

$$\mu^* A \leqq \mu \bar{A}$$

und, da nach unserem früheren Satze (§ 247) und nach (2)

$$\mu \bar{A} = \lim_{k=\infty} \mu \bar{A}_k = \lim_{k=\infty} \mu^* A_k$$

ist, so hat man

(3) $$\mu^* A \leqq \lim_{k=\infty} \mu^* A_k.$$

Anderseits aber ist A_k für jeden Wert von k eine Teilmenge von A und daher

(4) $$\mu^* A \geqq \mu^* A_k \qquad (k = 1, 2, \ldots).$$

Der Vergleich von (3) und (4) liefert endlich die Gleichung (1) und der zweite Teil des Satzes ist auf ganz analogem Wege zu beweisen.

266. Es ist jetzt ein Leichtes folgenden Satz abzuleiten:

Satz 16. *Das äußere Maß einer beliebigen Menge A ist die obere Grenze der äußeren Maße aller beschränkten Teilmengen von A.*

Bezeichnet man nämlich mit W_p einen Würfel von der Kantenlänge p, dessen Mittelpunkt im Anfangspunkt der Koordinaten liegt, und wobei p eine natürliche Zahl bedeutet, und setzt

$$A_p = W_p A,$$

so ist nach dem vorigen Satze, weil

$$A_1 \prec A_2 \prec A_3 \prec \cdots$$

und

$$\lim_{p=\infty} A_p = A$$

ist,

(1) $$\mu^* A = \lim_{p=\infty} \mu^* A_p.$$

Die Punktmengen A_p sind aber beschränkte Teilmengen von A und nach der letzten Gleichung wird für hinreichend große p die Zahl $\mu^* A_p$ größer als jede Zahl, die kleiner als $\mu^* A$ ist.

267. Es gibt einen Fall, in welchem man auch für eine monoton abnehmende Folge von Punktmengen

(1) $$A_1 \succ A_2 \succ A_3 \succ \cdots,$$

die gegen eine Punktmenge A konvergiert, die Formel

(2) $$\mu^* A = \lim_{k=\infty} \mu^* A_k,$$

ableiten kann, selbst wenn die A_k nicht meßbar sind. Das tritt dann ein, wenn A_k der Durchschnitt einer beliebigen festen Menge A_0 von endlichem äußeren Maße mit einer meßbaren Punktmenge B_k ist. Man kann ohne Beschränkung der Allgemeinheit annehmen, daß die B_k ebenfalls eine monoton abnehmende Folge von Punktmengen bilden; sonst braucht man nur die monoton abnehmende Folge

$$C_1 = B_1,\ C_2 = B_1 B_2,\ C_3 = B_1 B_2 B_3, \ldots$$

zu betrachten und zu bemerken, daß wegen (1)

$$\begin{aligned} A_k &= A_1 A_2 \ldots A_k \\ &= (A_0 B_1)(A_0 B_2) \ldots (A_0 B_k) \\ &= A_0 C_k \end{aligned}$$

ist. Nun hat man wegen der Meßbarkeit der B_k, wenn man mit B_k' die Komplementärmenge von B_k bezeichnet,

$$\mu^* A_0 = \mu^* A_0 B_k + \mu^* A_0 B_k'$$

für jedes k.

Anderseits bilden die Zahlen $\mu^* A_0 B_k$ bei wachsendem k eine monoton abnehmende, die Zahlen $\mu^* A_0 B_k'$ aber eine monoton wachsende Folge: Es existieren also die Grenzen $\lim\limits_{k=\infty} \mu^* A_0 B_k$ und $\lim\limits_{k=\infty} \mu^* A_0 B_k'$ und man kann schreiben:

(3) $$\mu^* A_0 = \lim_{k=\infty} \mu^* A_0 B_k + \lim_{k=\infty} \mu^* A_0 B_k'.$$

Bezeichnet man mit B den Durchschnitt aller B_k, so ist

$$\lim_{k=\infty} A_0 B_k' = \lim_{k=\infty} (A_0 - A_0 B_k) = (A_0 - A_0 B)$$

und nach dem Satze 15 des § 265

(4) $$\lim_{k=\infty} \mu^* A_0 B_k' = \mu^*(A_0 - A_0 B) = \mu^* A_0 - \mu^* A_0 B,$$

letzteres, weil B meßbar ist. Der Vergleich von (3) mit (4) liefert aber

$$\mu^* A_0 B = \lim_{k=\infty} \mu^* A_0 B_k,$$

d. h. eine Gleichung, die bis auf die Bezeichnung mit (2) übereinstimmt.

Satz 17. *Es sei $A_1, A_2, \ldots$ eine monoton abnehmende Folge von Punktmengen, und für jede natürliche Zahl k sei A_k der Durchschnitt einer festen Punktmenge A_0 von endlichem äußeren Maße mit einer meßbaren Punktmenge B_k. Dann ist, wenn man mit A den Limes der Folge $A_1, A_2, \ldots$ bezeichnet,*

$$\mu^* A = \lim_{k=\infty} \mu^* A_k$$

268. Wir beweisen jetzt einen Satz, der den Satz 7 des § 246 verallgemeinert:

Satz 18. *Sind $B_1, B_2, \ldots$ endlich oder abzählbar unendlich viele meßbare Punktmengen ohne gemeinsame Punkte, d. h. ist für $j \neq k$*

$$B_j B_k = 0$$

und sind $A_1, A_2, \ldots$ beliebige Punktmengen, die für jedes k der Bedingung

$$A_k \prec B_k$$

genügen, so gelten, wenn die Summe der A_k mit S bezeichnet wird, die Gleichungen

(1) $$\mu^* S = \mu^* A_1 + \mu^* A_2 + \cdots,$$

(2) $$\mu_* S = \mu_* A_1 + \mu_* A_2 + \cdots.$$

Man setze

$$V = B_1 + B_2 + \cdots$$

und es sei $\overline{S}$ eine beliebige meßbare Punktmenge, die S enthält; es ist dann (§ 246)

(3) $$\mu \overline{S} \geqq \mu \overline{S} V = \mu \overline{S} B_1 + \mu \overline{S} B_2 + \cdots.$$

Anderseits ist

$$\overline{S} B_k \succ S B_k = A_k$$

und daher

(4) $$\mu \overline{S} B_k \geqq \mu^* A_k.$$

Aus (3) und (4) folgt für jede meßbare Punktmenge $\bar{S}$, die S enthält,

$$\mu\bar{S} \geqq \mu^* A_1 + \mu^* A_2 + \cdots$$

und es ist also auch, da die betrachtete Maßfunktion regulär sein soll,

$$\mu^* S \geqq \mu^* A_1 + \mu^* A_2 + \cdots. \tag{5}$$

Ebenso sei $\underline{S}$ eine beliebige meßbare Teilmenge von S; es ist dann

$$\mu\underline{S} = \mu\underline{S}V = \mu\underline{S}B_1 + \mu\underline{S}B_2 + \cdots. \tag{6}$$

Anderseits ist

$$\underline{S}B_k \prec SB_k = A_k,$$

d. h. $\underline{S}B_k$ ist eine meßbare Teilmenge von A_k. Man kann also schreiben

$$\mu\underline{S}B_k \leqq \mu_* A_k, \tag{7}$$

und, wenn man (7) mit (6) vergleicht,

$$\mu\underline{S} \leqq \mu_* A_1 + \mu_* A_2 + \cdots.$$

Da nun hierin $\underline{S}$ eine beliebige meßbare Teilmenge von S sein konnte, folgt

$$\mu_* S \leqq \mu_* A_1 + \mu_* A_2 + \cdots. \tag{8}$$

Anderseits ist aber nach den §§ 235 und 254

$$\mu^* S \leqq \mu^* A_1 + \mu^* A_2 + \cdots,$$

$$\mu_* S \geqq \mu_* A_1 + \mu_* A_2 + \cdots$$

und diese letzten Relationen, mit (5) und (8) verglichen, liefern die gewünschten Gleichungen (1) und (2).

Anwendung der Theorie der Meßbarkeit auf den Inhalt von Punktmengen.

269. Da, wie wir schon im § 253 bemerkten, der äußere Inhalt von Punktmengen eine reguläre Maßfunktion ist, können wir die ganze Theorie, die in den drei letzten Abschnitten (§§ 235—268) entwickelt wurde, für den Inhalt von Punktmengen benutzen. Insbesondere können wir Punktmengen meßbaren Inhalts einführen, sowie auch den inneren Inhalt einer Punktmenge definieren.

Unter den speziellen Eigenschaften des Inhalts einer Punktmenge, die wir für die allgemeinen regulären Maßfunktionen nicht postuliert haben, müssen wir aber einige besonders erörtern.

Aus der Tatsache, daß ein Intervall stets von endlichem Inhalte ist, folgt erstens unmittelbar der

Satz 1. *Jede beschränkte Punktmenge ist von endlichem äußeren Inhalt.*

Ebenso folgt aus der Tatsache, daß jede Punktmenge, die aus einem einzigen Punkte besteht, den Inhalt Null hat, mit Berücksichtigung der Eigenschaft III des § 235 der

Satz 2. *Jede endliche oder abzählbare Punktmenge hat den Inhalt Null.*

Ferner bemerken wir, daß der Satz 6 des § 234 etwas spezieller ist als die Eigenschaft V der regulären äußeren Maße (§ 253); für den inneren Inhalt können wir in ganz analoger Weise die Definition des § 253 ebenfalls durch eine speziellere ersetzen, die folgendermaßen lautet:

Satz 3. *Der innere Inhalt $m_* A$ einer Punktmenge A ist die obere Grenze der Inhalte aller beschränkten perfekten Teilmengen von A.*

Es genügt natürlich, diesen Satz für Punktmengen von nicht verschwindendem inneren Inhalt zu beweisen. Es sei zunächst A eine beschränkte Punktmenge, für welche $m_* A > 0$ ist, und $\bar{I}$ ein abgeschlossenes Intervall, das A in seinem Inneren enthält. Nach dem Satz 4 des § 257 gilt dann für den inneren Inhalt $m_* A$ die Gleichung

$$(1) \qquad m_* A = m\bar{I} - m^*(\bar{I} - A).$$

Nun gibt es (§ 234) eine Umgebung U von $(\bar{I} - A)$, die für ein vorgeschriebenes positives ε die Ungleichheit

$$mU < m^*(\bar{I} - A) + \varepsilon$$

befriedigt, und man hat umsomehr

$$mU\bar{I} < m^*(\bar{I} - A) + \varepsilon.$$

Es ist daher

$$(2) \qquad \begin{cases} m(\bar{I} - U\bar{I}) = m\bar{I} - mU\bar{I} \\ \qquad\qquad > m\bar{I} - m^*(\bar{I} - A) - \varepsilon \\ \qquad\qquad > m_* A - \varepsilon. \end{cases}$$

Die Komplementärmenge U' von U ist abgeschlossen; also ist

$$\bar{I} - U\bar{I} = U'\bar{I}$$

als Durchschnitt von zwei abgeschlossenen Punktmengen ebenfalls abgeschlossen (§ 69, Satz 1). Zweitens aber ist

$$\bar{I} - A \prec U\bar{I}$$

und folglich

$$\bar{I} - U\bar{I} \prec A,$$

d. h. $(\bar{I} - U\bar{I})$ ist eine abgeschlossene Teilmenge von A. Wählt man nun $\varepsilon < m_* A$, so kann $(\bar{I} - U\bar{I})$ nach (2) keine Nullmenge sein;

der Satz 2 lehrt uns dann, daß diese Punktmenge nicht abzählbar ist. Nach dem Cantor-Bendixsonschen Satz (§ 64, Satz 8) kann man $(\bar{I} - U\bar{I}) = T + S$ setzen, wobei T eine perfekte, und S eine abzählbare, eventuell leere Punktmenge bedeutet. Jedenfalls hat man aber $mS = 0$ und daher nach (2)

$$mT = m(\bar{I} - U\bar{I}) > m_* A - \varepsilon,$$

womit unsere Behauptung bewiesen ist.

Es sei jetzt A eine beliebige nicht beschränkte Punktmenge; ist dann p eine beliebige Zahl, die kleiner ist als der innere Inhalt von A, so daß man schreiben kann

$$p < m_* A,$$

so gibt es nach Voraussetzung (§ 253) eine meßbare Teilmenge B von A, für welche

$$p < mB$$

ist. Wir konstruieren nach dem § 266 einen Würfel W, so daß

$$mWB > p$$

ist. Nun gibt es aber nach dem Vorigen, weil WB meßbar ist und folglich $mWB = m_* WB$ ist, und weil außerdem WB beschränkt ist, eine perfekte Teilmenge C von WB, für die

$$mC > p$$

ist Da nun C eine beschränkte perfekte Teilmenge von A ist, so ist die Behauptung, daß $m_* A$ gleich der oberen Grenze der Inhalte von derartigen Punktmengen ist, erwiesen.

270. Wir bezeichnen wieder mit W_p einen Würfel von der Kantenlänge p, dessen Mittelpunkt im Anfangspunkt der Koordinaten liegt, und mit $\overline{W}_p$ die abgeschlossene Hülle von W_p. Dann ist, weil W_p und $\overline{W}_p$ von meßbarem und zudem noch von gleichem (§ 232) Inhalte sind,

$$m(\overline{W}_p - W_p) = m\overline{W}_p - mW_p = 0$$

und daher ist auch die Punktmenge

$$C_0 = (\overline{W}_1 - W_1) + (\overline{W}_2 - W_2) + \cdots$$

eine Nullmenge. Ferner sind die Punktmengen

$$C_1 = W_1, \quad C_p = W_p - \overline{W}_{p-1} \qquad (p = 2, 3, \ldots)$$

lauter offene Punktmengen von endlichem Inhalte, und die Summe

$$C_0 + C_1 + C_2 + \cdots$$

identisch mit dem Gesamtraume. Diese spezielle Zerlegung des Raumes erlaubt uns eine Reihe von früheren Resultaten, die wir für Punktmengen von endlichem Maße ausgesprochen haben, zu verallgemeinern. Für jede beliebige Punktmenge A gilt nämlich mit der Bezeichnung

$$B_p = A C_p \qquad (p = 0, 1, \ldots) \tag{1}$$

die Gleichung

$$A = B_0 + B_1 + B_2 + \cdots. \tag{2}$$

Da die Punktmengen B_p von endlichem äußeren Inhalte sind, können wir nach Vorgabe einer positiven Zahl ε Umgebungen $U_p'(\varepsilon)$ von B_p finden, so daß

$$m U_p'(\varepsilon) \leqq m^* B_p + \frac{\varepsilon}{2^{p+1}} \qquad (p = 0, 1, \ldots) \tag{3}$$

ist. Wir setzen jetzt

$$U_0(\varepsilon) = U_0'(\varepsilon), \quad U_p(\varepsilon) = C_p U_p'(\varepsilon) \qquad (p = 1, 2, \ldots), \tag{4}$$

$$U(\varepsilon) = U_0(\varepsilon) + [U_1(\varepsilon) + U_2(\varepsilon) + \cdots] \tag{5}$$

und bemerken, daß da die Punktmengen $C_1, C_2, \ldots$ Umgebungen von $B_1, B_2, \ldots$ sind, die Punktmenge $U_p(\varepsilon)$ für jedes p eine Umgebung von B_p ist, und daß daher erstens nach (3) und (4)

$$m U_p(\varepsilon) \leqq m^* B_p + \frac{\varepsilon}{2^{p+1}} \qquad (p = 0, 1, \ldots) \tag{6}$$

ist und daß zweitens $U(\varepsilon)$ ebenfalls eine Umgebung von A bedeutet.

Nun ist, wenn V eine beliebige Punktmenge meßbaren Inhalts bedeutet

$$m U_p = m V U_p + m(U_p - V U_p),$$
$$m^* B_p = m^* V B_p + m^*(B_p - V B_p),$$

also mit Benutzung von (6)

$$(m V U_p - m^* V B_p) + (m(U_p - V U_p) - m^*(B_p - V B_p)) \leqq \frac{\varepsilon}{2^{p+1}}.$$

Anderseits ist $(B_p - V B_p)$ eine Teilmenge von $(U_p - V U_p)$ und daher die zweite Klammer in der vorigen Relation nicht negativ; man hat also für jedes p

$$m V U_p \leqq m^* V B_p + \frac{\varepsilon}{2^{p+1}} \qquad (p = 0, 1, 2, \ldots) \tag{7}$$

Nun haben wir wegen (2)

$$V A = V B_0 + V B_1 + V B_2 + \cdots$$

und nach dem Satze 18 des § 268, der hier anwendbar ist, weil $V B_p \prec C_p$ ist,

$$m^* V A = m^* V B_0 + m^* V B_1 + \cdots; \tag{8}$$

ferner ist nach (5)

(9) $$mVU \leqq mVU_0 + mVU_1 + mVU_2 + \cdots.$$

Nehmen wir nun an, daß der Inhalt von V endlich ist, so ist m^*VA eine endliche Zahl und die Reihe auf der rechten Seite von (8) hat daher eine endliche Summe; das Gleiche gilt aber auch von der Reihe auf der rechten Seite von (9), wie sofort aus der Vergleichung von (7) mit (8) folgt.

$$mV(U - UU_0) = mVU_1 + mVU_2 + \cdots.$$

Durch gliedweise Subtraktion der beiden Reihen (8) und (9) erhält man mit Berücksichtigung von (7)

(10) $$mVU \leqq m^*VA + \varepsilon.$$

Ein weiteres Resultat erhält man unter der Voraussetzung, daß A meßbar ist; dann sind nämlich alle Punktmengen $B_p = AC_p$ ebenfalls meßbare Punktmengen und daher ist mit Berücksichtigung von (6)

(11) $$m(U_p - B_p) = mU_p - mB_p < \frac{\varepsilon}{2^{p+1}}.$$

Ferner ist aber nach (5)

$$(U - A) = U_0(U - A) + [U_1(U - A) + U_2(U - A) + \cdots]$$

und daher

$$(U - A) \prec U_0 + [(U_1 - B_1) + (U_2 - B_2) + \cdots];$$

hieraus folgt mit Hilfe von (6), und wenn man berücksichtigt, daß B_0 eine Nullmenge ist und daher $mU_0 = m(U_0 - B_0) \leqq \frac{\varepsilon}{2}$ ist,

$$m(U - A) \leqq \varepsilon.$$

Dies alles liefert uns den

Satz 4. *Es sei A eine beliebige Punktmenge und ε eine beliebige positive Zahl. Es gibt dann Umgebungen $U(\varepsilon)$ von A, so daß für jede beliebige meßbare Punktmenge V endlichen Inhalts die Relation*

$$mVU(\varepsilon) < m^*VA + \varepsilon$$

erfüllt ist. Ist ferner der Inhalt von A meßbar, so gilt außerdem die Relation

$$m(U(\varepsilon) - A) \leqq \varepsilon.$$

Um den entsprechenden Satz für innere Inhalte aufzustellen, müssen wir annehmen, daß der innere Inhalt unserer Punktmenge A von Null verschieden ist. Da nach dem Satze 18 des § 268 die Relation

$$m_*A = m_*B_0 + m_*B_1 + \cdots$$

erfüllt ist, kann der innere Inhalt unserer Punktmengen B_p nicht für jedes p verschwinden. Jede Punktmenge B_p, für welche $m_* B_p > 0$ ist, enthält dann nach dem Satz 3 des § 269 eine perfekte Teilmenge T_p, von der man verlangen kann, daß

$$m T_p \geqq m_* B_p - \frac{\varepsilon}{2^p}$$

ist. Wir bezeichnen mit $T(\varepsilon)$ die Summe aller dieser T_p und bemerken, daß erstens $T(\varepsilon)$ als Summe von in sich dichten Punktmengen ebenfalls in sich dicht ist (§ 70, Satz 4). Zweitens aber ist $T(\varepsilon)$ abgeschlossen: denn ein Häufungspunkt P von $T(\varepsilon)$, der z. B. in dem Würfel W_m enthalten ist, ist notwendig Häufungspunkt von $(T_1 + \cdots + T_m)$; der Punkt P ist aber in dieser abgeschlossenen (§ 69, Satz 3) Teilmenge von $T(\varepsilon)$ und daher auch in $T(\varepsilon)$ selbst enthalten. Die Punktmenge $T(\varepsilon)$ ist m. a. W. eine perfekte Teilmenge von A. Eine ganz analoge Schlußweise wie diejenige, welche uns den letzten Satz geliefert hat, führt sodann zu folgendem

Satz 5. *Es sei A eine Punktmenge von nicht verschwindendem inneren Inhalt und ε eine gegebene positive Zahl. Dann gibt es perfekte Teilmengen $T(\varepsilon)$ von A, so daß, für jede beliebige meßbare Punktmenge V von endlichem Inhalte, die Relation*

$$m\, V T(\varepsilon) \geqq m_* V A - \varepsilon$$

erfüllt ist. Ist ferner der Inhalt von A meßbar, so gilt außerdem

$$m(A - T(\varepsilon)) \leqq \varepsilon.$$

271. Die Überlegungen des vorigen Paragraphen erlauben die Begriffe der maßgleichen Hülle und der maßgleichen Kerne, die wir bisher (§ 255, 256) nur für Punktmengen endlichen äußeren bzw. inneren Maßes definiert haben, auf beliebige Punktmengen zu übertragen, wenn wir mit Inhalten von Punktmengen operieren.

Wir gehen von folgender Definition aus (vgl. § 263):

Definition. Eine meßbare Punktmenge $\bar{A}$, die eine gegebene Punktmenge A enthält, soll eine maßgleiche Hülle von A genannt werden, wenn für jede Punktmenge W von meßbarem und endlichem Inhalte die Gleichung

$$m\, W \bar{A} = m^* W A \tag{1}$$

erfüllt ist. Eine meßbare Teilmenge $\underline{A}$ von A soll ein maßgleicher Kern von A genannt werden, wenn stets, für meßbare Punktmengen W endlichen Inhalts

$$m\, W \underline{A} = m_* W A \tag{2}$$

gilt.

Setzt man statt W unsere Punktmenge C_p des vorigen Paragraphen in die Gleichung (1) ein, und berücksichtigt die Gleichungen (§ 268)

$$m\bar{A} = m\bar{A}C_0 + m\bar{A}C_1 + \cdots,$$
$$m^*A = m^*AC_0 + m^*AC_1 + \cdots,$$

so folgt

$$m\bar{A} = m^*A$$

und man sieht hieraus und aus dem Satze 12 des § 263, daß die obige Definition der maßgleichen Hülle mit der früheren zusammenfällt, sobald die Forderung, daß A von endlichem äußeren Inhalt sein soll, erfüllt ist. Ebenso verhält es sich mit dem Begriff des maßgleichen Kerns.

Ist $\bar{A}$ eine maßgleiche Hülle der Punktmenge A, so ist also für jede unserer Punktmengen C_p, die Punktmenge $\bar{A}C_p$ eine maßgleiche Hülle von AC_p. Nach dem Satze 14 des § 264 ist dann

$$m_* C_p(\bar{A} - A) = 0.$$

Anderseits ist aber

$$\bar{A} - A = C_0(\bar{A} - A) + C_1(\bar{A} - A) + \cdots$$

und nach dem Satze 18 des § 268

$$m_*(\bar{A} - A) = m_* C_0(\bar{A} - A) + m_* C_1(\bar{A} - A) + \cdots;$$

wir haben also

$$(3) \qquad m_*(\bar{A} - A) = 0$$

und ganz ebenso beweist man, daß

$$(4) \qquad m_*(A - \underline{A}) = 0$$

ist. Aus den zwei letzten Gleichungen folgt, daß, wenn A meßbar ist, die Punktmengen $(\bar{A} - A)$ und $(A - \underline{A})$ den Inhalt Null besitzen. Daß umgekehrt A von meßbarem Inhalt ist, wenn

$$m(\bar{A} - A) = 0 \quad \text{oder} \quad m(A - \underline{A}) = 0$$

ist, ist selbstverständlich.

Satz 6. *Für die Meßbarkeit einer Punktmenge A ist folgendes notwendig und hinreichend: wenn man mit $\bar{A}$ eine maßgleiche Hülle und mit $\underline{A}$ einen maßgleichen Kern von A versteht, so muß eine der Punktmengen $(\bar{A} - A)$ oder $(A - \underline{A})$ eine Nullmenge sein; dann ist es natürlich auch die andere.*

Es bleibt noch zu zeigen, daß es zu jeder Punktmenge A maßgleiche Hüllen $\bar{A}$ und maßgleiche Kerne $\underline{A}$ gibt. Dazu konstruieren wir nach den Sätzen 4 und 5 des vorigen Paragraphen eine Folge von Umgebungen

$$U(\tfrac{1}{2}),\ U(\tfrac{1}{3}),\ \ldots$$

und, falls $m_* A \neq 0$ ist, eine Folge von perfekten Teilmengen

$$T(\tfrac{1}{2}),\ T(\tfrac{1}{3}),\ \ldots$$

von A und setzen

$$\bar{A} = U(\tfrac{1}{2}) \cdot U(\tfrac{1}{3}) \ldots,$$

$$\underline{A} = T(\tfrac{1}{2}) \dotplus T(\tfrac{1}{3}) \dotplus \cdots.$$

Ist dann V eine beliebige Punktmenge meßbaren und endlichen Inhalts, so ist

$$m\bar{A}V < m\,U\left(\frac{1}{p}\right) \cdot V \leqq m^* A V + \frac{1}{p},$$

$$m\underline{A}V \geqq m\,T\left(\frac{1}{p}\right) \cdot V \geqq m_* A V - \frac{1}{p}.$$

Da diese letzten Ungleichheiten für jeden Wert von p gelten und $\bar{A}V$ die Punktmenge AV enthält, $\underline{A}V$ dagegen eine Teilmenge von AV ist, so hat man

$$m\bar{A}V = m^* A V, \qquad m\underline{A}V = m_* A V,$$

d. h. $\bar{A}$ ist nach unserer Definition eine maßgleiche Hülle und $\underline{A}$ ein maßgleicher Kern von A. Bemerkt man endlich, daß nach der Konstruktion des vorigen Paragraphen jede der Punktmengen $T(1:p)$ die Summe von beschränkten und perfekten Punktmengen ist, so haben wir schließlich den

Satz 7. *Zu jeder Punktmenge A gibt es maßgleiche Hüllen $\bar{A}$, die entweder offen oder der Durchschnitt von abzählbar unendlich vielen offenen Punktmengen sind, und, falls $m_* A > 0$ ist, maßgleiche Kerne $\underline{A}$, die entweder perfekt oder die Vereinigung von abzählbar unendlich vielen beschränkten perfekten Punktmengen sind.*

Ist A meßbar, so sind nach dem Satz 6 die Punktmengen $(\bar{A} - A)$ und $(A - \underline{A})$ Nullmengen; mit Berücksichtigung unseres letzten Resultats folgt nun der

Satz 8. *Jeder Punktmenge A meßbaren Inhalts kann man zwei Nullmengen N_1 und N_2 zuordnen, so daß $(A + N_1)$ offen oder der Durchschnitt von abzählbar unendlich vielen offenen Punktmengen ist, und $(A - N_2)$ leer oder perfekt oder die Vereinigung von abzählbar vielen beschränkten perfekten Punktmengen ist.*

272. Man kann ein Kriterium für die Meßbarkeit des Inhalts einer Punktmenge A angeben, das einfacher ist als diejenigen, die wir in der allgemeinen Theorie der Meßbarkeit kennen gelernt haben. Es seien die Punktmengen $C_1, C_2, \ldots$ beschränkt, von meßbarem Inhalt und so beschaffen, daß ihre Vereinigungsmenge den Gesamtraum $\mathfrak{R}_n$ enthält. Wir haben dann den

Satz 9. *Für die Meßbarkeit des Inhalts einer beliebigen Punktmenge A ist hinreichend, daß für jede natürliche Zahl p eine der beiden Gleichungen*

$$m C_p = m^* A C_p + m^*(C_p - A C_p)$$
$$m C_p = m_* A C_p + m_*(C_p - A C_p)$$

erfüllt ist.

In der Tat ist dann nach dem Satze 8 des § 260 jede der Punktmengen $A C_p$ meßbar und das Gleiche gilt von ihrer Vereinigungsmenge A. Ist insbesondere A beschränkt und I ein Intervall, das A enthält, so ist nach demselben Satze hinreichend für die Meßbarkeit von A, daß eine der beiden Gleichungen

$$m I = m^* A + m^*(I - A)$$
$$m I = m_* A + m_*(I - A)$$

erfüllt sei. Die erste dieser beiden Gleichungen wurde von Lebesgue für die Definition der Meßbarkeit des Inhalts einer Punktmenge benutzt.

273. Wir können die Tatsache, daß der Inhalt von beschränkten Punktmengen endlich ist, dazu benutzen, um den Satz 12 des § 250 zu verallgemeinern.

Satz 10. *Ist $A_1, A_2, \ldots$ eine konvergente Folge von meßbaren Punktmengen endlichen Inhalts, deren Limes A ebenfalls einen endlichen Inhalt besitzt, so ist die notwendige und hinreichende Bedingung dafür, daß*

$$\lim_{k=\infty} m A_k = m A \tag{1}$$

ist, daß jeder positiven Zahl ε ein Würfel $W(\varepsilon)$ zugeordnet werden kann, so daß die außerhalb dieses Würfels liegenden Teile eines jeden A_k einen Inhalt haben, der kleiner als ε ist.

Wir führen wieder die Würfel W_p ein, die wir im § 266 gebraucht haben; die Durchschnitte $A W_p$ bilden bei wachsendem p eine monoton wachsende Folge von Punktmengen, die gegen A konvergieren und man hat also (§ 247, Satz 8)

$$\lim_{p=\infty} m A W_p = m A. \tag{2}$$

Ferner bemerke man, daß wegen der Konvergenz der Folge der A_k nach dem Satze 10 des § 118

$$\lim_{k=\infty} A_k W_p = A W_p$$

ist und daher auch, weil alle Punktmengen $A_k W_p$ Teilmengen der beschränkten Punktmenge W_p sind (§ 250, Satz 12),

(3) $$\lim_{k=\infty} m A_k W_p = m A W_p$$

ist. Setzt man also

(4) $$A_k = A_k W_p + R_{pk}$$

und zur Abkürzung

(5) $$m R_{pk} = r_{pk},$$

so folgt

$$m A_k = m A_k W_p + r_{pk}$$

und mit Hilfe des Satzes 9 des § 99 unter Benutzung von (3)

(6) $$\begin{cases} \overline{\lim_{k=\infty}}\, m A_k = m A W_p + \lim_{k=\infty} r_{pk}, \\ \underline{\lim_{k=\infty}}\, m A_k = m A W_p + \underline{\lim_{k=\infty}}\, r_{pk}. \end{cases}$$

Es ist nun zu beweisen, daß, wenn man

(7) $$s_p = \text{obere Grenze von } \{r_{p1}, r_{p2}, r_{p3}, \ldots\}$$

setzt, die Bedingung

(8) $$\lim_{p=\infty} s_p = 0$$

für das Bestehen der Gleichung (1) notwendig und hinreichend ist.

Nun folgt erstens aus (6) und (7), wenn man berücksichtigt, daß alle $r_{pk} \geqq 0$ sind,

(9) $$m A W_p \leqq \underline{\lim_{k=\infty}}\, m A_k \leqq \overline{\lim_{k=\infty}}\, m A_k \leqq m A W_p + s_p;$$

ist nun die Gleichung (8) erfüllt, so erhält man mit Hilfe von (2) die Gleichung (1), wenn man in (9) die natürliche Zahl p gegen ∞ konvergieren läßt.

Ist umgekehrt die Gleichung (1) erfüllt, so folgt aus (6), daß die Zahlenfolge $r_{p1}, r_{p2}, \ldots$ konvergiert, und daß

(10) $$\lim_{k=\infty} r_{pk} = m A - m A W_p$$

ist. Ferner ist aber nach (4) und (5) für jedes k

(11) $$r_{1k} \geqq r_{2k} \geqq r_{3k} \geqq \cdots$$

und, wenn man die Gleichung

$$\lim_{p=\infty} m A_k W_p = m A_k$$

berücksichtigt, die ebenso wie (2) bewiesen wird, ist auch

$$\lim_{p=\infty} r_{pk} = 0 \qquad (k = 1, 2, \ldots). \tag{12}$$

Für jede positive Zahl ε kann man nach (2) die natürliche Zahl p_0 so wählen, daß

$$mA - mAW_{p_0} \leqq \frac{\varepsilon}{2}$$

ist; dann ist nach (10)

$$\lim_{k=\infty} r_{p_0 k} \leqq \frac{\varepsilon}{2}.$$

Es gibt also eine Zahl k_0, so daß für $k > k_0$ stets $r_{p_0 k} \leqq \varepsilon$ stattfindet und wegen (11) ist dann auch

$$r_{pk} \leqq \varepsilon \quad \text{für} \quad p \geqq p_0 \quad \text{und} \quad k > k_0.$$

Man bestimme mit Berücksichtigung von (12) die Zahlen p_1, $p_2, \ldots, p_{k_0}$, so daß

$$r_{pj} \leqq \varepsilon \quad \text{für} \quad p \geqq p_j \quad \text{und} \quad j = 1, 2, \ldots, k_0$$

sei; nennt man dann p_ε die größte der natürlichen Zahlen $p_0, p_1, \ldots, p_{k_0}$, so ist für jedes k und für $p \geqq p_\varepsilon$

$$r_{pk} < \varepsilon;$$

es ist dann auch

$$s_p \leqq \varepsilon \quad \text{für} \quad p \geqq p_\varepsilon,$$

woraus man die Gleichung (8) entnimmt.

Bemerkung. Die obigen Bedingungen sind natürlich erfüllt, wenn, wie im § 250 verlangt wurde, die Punktmengen A_k Teilmengen einer und derselben Punktmenge S von endlichem äußeren Inhalte sind. Man kann dann (§ 266) einen Würfel W so bestimmen, daß

$$m^*(S - WS) < \varepsilon$$

ist, wobei ε eine beliebige vorgeschriebene positive Zahl bedeutet. Es folgt nun aus $A_k \prec S$

$$A_k - WA_k \prec S - WS$$

und also auch

$$m(A_k - WA_k) < \varepsilon$$

für jedes beliebige k.

274. Die im vorigen Satze geforderte Bedingung ist wirklich eine Einschränkung für die Folgen A_k. Man kann konvergente Folgen von meßbaren Punktmengen angeben, bei denen sowohl jede einzelne Menge der Folge, wie auch der Limes von endlichem Inhalt sind, und noch dazu der Grenzwert

$$\lim_{k=\infty} m A_k$$

existiert und endlich ist, aber die unserer Bedingung nicht genügen.

Man braucht z. B. nur lineare Mengen zu betrachten und für A_k zu setzen:

$$A_k:\quad k < x < (k+1).$$

Dann ist

$$\lim_{k=\infty} A_k = A = 0,$$

also

$$mA = 0;$$

dagegen ist

$$\lim_{k=\infty} m A_k = m A_k = 1.$$

275. Der Inhalt einer beschränkten Punktmenge A des n-dimensionalen Raumes der $x_1, x_2, \ldots, x_n$, die in einer $(n-1)$-dimensionalen Ebene

$$x_k = c_k$$

liegt, ist Null. Ist nämlich

$$I:\quad \xi_j - h_j < x_j < \xi_j + h_j \qquad (j = 1, 2, \ldots, n)$$

ein Intervall, das A enthält, so muß A auch im Intervall

$$I_\varepsilon:\ \begin{cases} \xi_j - h_j < x_j < \xi_j + h_j \ (j = 1, 2, \ldots, (k-1), (k+1), \ldots, n), \\ c_k - \varepsilon < x_k < c_k + \varepsilon \end{cases}$$

liegen und, da

$$m I_\varepsilon = 2^n (h_1 h_2 \ldots h_{k-1} h_{k+1} \ldots h_n)\varepsilon$$

für hinreichend kleine ε beliebig klein gemacht werden kann, ist

$$m^* A = m A = 0.$$

Nach dem § 266 gilt dann der Satz:

Satz 11. *Jede $(n-1)$-dimensionale Ebene*

$$E_k:\quad x_k = c_k$$

ist eine Punktmenge vom Inhalte Null.

Der Inhalt von E_k ist nämlich die obere Grenze des Inhalts aller beschränkten Teilmengen von E_k, die ja nach dem Obigen lauter Nullmengen sind.

Legt man durch jeden der abzählbar unendlich vielen rationalen Punkte des Raumes mit den Koordinaten $r_{k1}, r_{k2}, \ldots, r_{kn}$ die $(n-1)$-dimensionalen Ebenen

$$x_1 = r_{k1}, \; x_2 = r_{k2}, \; \ldots, \; x_n = r_{kn},$$

so hat die Vereinigungsmenge V dieser Punktmengen ebenfalls den Inhalt Null. Die Punktmenge V hat die Eigenschaft nicht nur überall dicht im Raume zu liegen, sondern jeder Punkt des Raumes ist Kondensationspunkt von V; hierbei muß natürlich $n > 1$ sein.

276. Man kann sogar lineare Punktmengen vom Inhalte Null konstruieren, die die Eigenschaft besitzen, daß jeder Punkt der x-Achse Kondensationspunkt unserer Nullmenge ist.

Wir gehen zunächst von einem beliebigen Intervall

$$I_a^b: \quad a < x < b$$

aus. Wir teilen dieses Intervall durch zwei Punkte a_1 und b_1 in drei gleiche Teile und bezeichnen das mittlere Intervall

$$a_1 < x < b_1$$

mit δ_1. Hierauf teilen wir die Intervalle $a < x < a_1$ und $b_1 < x < b$ durch je ein Punktepaar a_2, b_2 und a_3, b_3 in drei gleiche Teile und bezeichnen die mittleren Intervalle $a_2 < x < b_2$ und $a_3 < x < b_3$ mit δ_2 und δ_3.

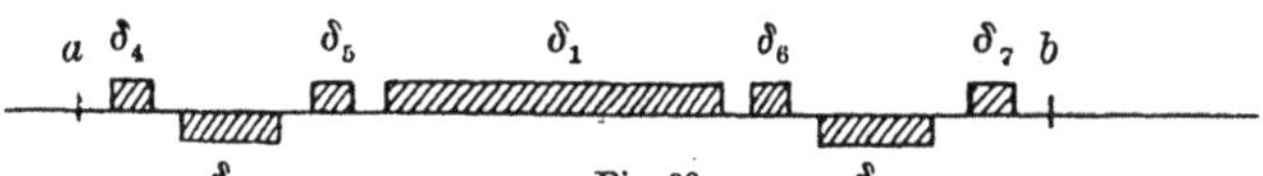

Fig. 22.

Ebenso behandeln wir die vier Intervalle $a < x < a_2$, $b_2 < x < a_1$, $b_1 < x < a_3$, $b_3 < x < b$ und setzen dieses Verfahren ins Unendliche fort. Die abzählbar vielen Teilintervalle $\delta_1, \delta_2, \delta_3, \ldots$ liegen alle außerhalb einander und ihre Vereinigungsmenge bildet eine offene Punktmenge

$$B = \delta_1 + \delta_2 + \delta_3 + \cdots,$$

deren Inhalt leicht berechnet werden kann. Es ist nämlich:

$$\begin{aligned} mB &= (b-a)\left\{\frac{1}{3} + \frac{2}{3^2} + \frac{2^2}{3^3} + \cdots\right\} \\ &= \frac{b-a}{3}\left\{1 + \frac{2}{3} + \left(\frac{2}{3}\right)^2 + \left(\frac{2}{3}\right)^3 + \cdots\right\} \\ &= \frac{b-a}{3} \cdot \frac{1}{1-\frac{2}{3}} \\ &= (b-a). \end{aligned}$$

Die Punktmenge C_a^b, die man zu dieser Punktmenge B addieren muß, um das abgeschlossene Intervall

$$\bar{I}: \quad a \leqq x \leqq b$$

zu erhalten, besteht aus den Endpunkten der Intervalle δ_k und aus den Häufungspunkten dieser Endpunkte, sie ist als Komplementärmenge einer offenen Punktmenge (nämlich von $B+$ der Komplementärmenge von $\bar{I}$) abgeschlossen und nach ihrer Konstruktion in sich dicht und ist folglich perfekt (§ 54). Ihr Inhalt ist sofort zu berechnen:

$$m C_a^b = m\bar{I} - mB = 0.$$

Die Punktmenge C_a^b ist eine perfekte, also nicht abzählbare lineare Nullmenge. Außerdem ist, weil B eine auf $\bar{I}$ überall dichte offene Punktmenge darstellt, ihre Komplementärmenge C_a^b nirgends dicht auf $\bar{I}$ (§ 79); sie bildet das einfachste Beispiel einer nirgends dichten perfekten linearen Punktmenge.

277. Mit Hilfe der perfekten nirgends dichten Punktmengen C_a^b, die wir jedem Intervalle $a < x < b$ zugeordnet haben, ist es jetzt sehr leicht, eine Punktmenge von den angekündigten Eigenschaften zu konstruieren.

Wir bezeichnen mit M_1 die perfekte Punktmenge, die man durch die Vereinigung der Punktmengen C_a^{a+1} für alle möglichen ganzzahligen a erhält. Die Komplementärmenge von M_1 ist eine offene lineare Punktmenge, d. h. eine Summe von linearen Intervallen; sie enthält abzählbar unendlich viele Intervalle $a_1 < x < a_1 + \frac{1}{3}$ und kein Intervall von größerer Länge. Wir addieren zu M_1 alle die diesen Punktmengen entsprechenden $C_{a_1}^{a_1+\frac{1}{3}}$ und bezeichnen die so erhaltene Punktmenge mit M_2. Die Komplementärmenge M_2' von M_2 ist ebenfalls eine offene Punktmenge, die aus lauter Intervallen besteht von Inhalten $1:3^k$, wo $k \geqq 2$ ist.

In jedem der unendlich vielen unter diesen Intervallen, welche die Gestalt $a_2 < x < a_2 + \frac{1}{3^2}$ haben, legen wir die Punktmenge $C_{a_2}^{a_2+\frac{1}{3^2}}$ und addieren alle diese Punktmengen zu M_2; die Summe heiße M_3. Wir fahren auf diese Weise fort und bekommen schließlich eine Menge

$$M = \lim_{k=\infty} M_k,$$

die folgende Eigenschaften hat: Jeder Punkt der x-Achse ist Kondensationspunkt von M; der Inhalt von M ist gleich Null, weil M gleich der Vereinigungsmenge von abzählbar unendlich vielen Punktmengen C_a^b ist, die alle den Inhalt Null besitzen.

278. Wir beweisen endlich den sehr oft nützlichen

Satz 12. *Ist der äußere Inhalt m^*A einer beliebigen Punktmenge A von Null verschieden und bezeichnet man mit β eine beliebige Zahl, die der Bedingung*

$$0 < \beta < m^*A \tag{1}$$

genügt, so gibt es beschränkte Teilmengen B von A, für die

$$m^*B = \beta \tag{2}$$

ist. Ist $\beta < m_*A$, so kann man sogar verlangen, daß B eine perfekte Punktmenge sein soll.

Da m^*A gleich der oberen Grenze der äußeren Inhalte aller beschränkten Teilmengen von A ist (§ 266, Satz 16), kann man eine beschränkte Teilmenge A_1 von A finden, für welche

$$m^*A_1 > \beta$$

ist. Nun bezeichne man mit H_ξ die offene Punktmenge, die aus allen Punkten des n-dimensionalen Raumes besteht, für welche

$$x_1 < \xi$$

ist, und mit $\overline{H}_\xi$ die abgeschlossene Hülle von H_ξ, d. h. die Punktmenge, die aus allen Punkten besteht, für welche

$$x_1 \leqq \xi$$

ist. Wegen der Beschränktheit von A_1 gibt es eine positive Zahl p, für die

$$A_1 H_{-p} = 0 \quad \text{und} \quad A_1 H_p = A_1$$

zugleich stattfindet. Die obere Grenze ξ_0 aller Zahlen ξ, für die

$$m^*A_1 H_\xi \leqq \beta \tag{3}$$

ist, liegt demnach im abgeschlossenen Intervall $-p \leqq \xi \leqq p$. Für jede monoton wachsende Folge $\xi_1, \xi_2, \ldots$ von Zahlen, die gegen ξ_0 konvergiert, ist aber

$$A_1 H_{\xi_1} \prec A_1 H_{\xi_2} \prec \cdots$$

und

$$\lim_{k=\infty} A_1 H_{\xi_k} = A_1 H_{\xi_0}.$$

Wir haben also (§ 265, Satz 15) mit Berücksichtigung von (3)

$$m^*A_1 H_{\xi_0} = \lim_{k=\infty} m^*A_1 H_{\xi_k} \leqq \beta. \tag{4}$$

Ferner sei $\eta_1, \eta_2, \ldots$ eine monoton abnehmende Zahlenfolge, die gegen ξ_0 konvergiert; es ist dann

$$A_1 H_{\eta_1} > A_1 H_{\eta_2} > \cdots$$

und

$$\lim_{k=\infty} A_1 H_{\eta_k} = A_1 \overline{H}_{\xi_0}.$$

Hieraus folgt nach dem Satze 17 des § 267, wenn man bemerkt, daß A_1 als beschränkte Punktmenge von endlichem Inhalte ist, und wenn man berücksichtigt, daß wegen der Definition von ξ_0

$$m^* A_1 H_{\eta_k} > \beta \qquad (k = 1, 2, \ldots)$$

ist,

(5) $$m^* A_1 \overline{H}_{\xi_0} = \lim_{k=\infty} m^* A_1 H_{\eta_k} \geqq \beta.$$

Nun ist die Punktmenge $(A_1 \overline{H}_{\xi_0} - A_1 H_{\xi_0})$ eine Teilmenge der $(n-1)$-dimensionalen Ebene $x_1 = \xi_0$ und daher eine Nullmenge (§ 275, Satz 11). Man hat also

(6) $$m^* A_1 H_{\xi_0} = m^* A_1 \overline{H} \quad ,$$

und, wenn man $B = A_1 \overline{H}_{\xi_0}$ setzt, durch Vergleich von (4), (5) und (6)

(7) $$m^* B = \beta,$$

wie wir zeigen wollten.

Ist endlich $\beta < m_* A$, so hätte man für A_1 eine abgeschlossene Teilmenge von A wählen können und für B den perfekten Bestandteil der abgeschlossenen Punktmenge $A_1 \overline{H}_{\xi_0}$ (§ 64, Satz 8). Dann ist $(A_1 \overline{H}_{\xi_0} - B)$ abzählbar und daher eine Nullmenge, und die Gleichung (7) ist wiederum erfüllt.

Quadrierbare Punktmengen. Räumliche Zellennetze.

279. Wir bezeichnen mit γ_A die Begrenzung einer beliebigen Punktmenge A (§ 213); die abgeschlossene Hülle $\bar{A}$ von A ist dann durch die Gleichung

$$\bar{A} = A \dotplus \gamma_A = A + (\gamma_A - A\gamma_A)$$

und die größte offene Teilmenge $\underline{A}$ von A durch die Gleichung

$$\underline{A} = A - A\gamma_A$$

gegeben (§ 214). Wir nennen die Punktmenge A **nach außen quadrierbar**, wenn die Punktmenge $(\bar{A} - A)$ den Inhalt Null besitzt, d. h. wenn

(1) $$m(\bar{A} - A) = m(\gamma_A - A\gamma_A) = 0$$

ist; es soll dagegen A **nach innen quadrierbar** heißen, wenn die Gleichungen

(2) $$m(A - \underline{A}) = m A\gamma_A = 0$$

bestehen. Eine Punktmenge, die sowohl nach außen wie auch nach innen quadrierbar ist, soll einfach **quadrierbar** genannt werden; aus der Relation

$$\gamma_A = A\gamma_A + (\gamma_A - A\gamma_A)$$

folgt, daß eine Punktmenge A dann und nur dann quadrierbar ist, wenn ihre Begrenzung γ_A den Inhalt Null besitzt.

Eine nach außen quadrierbare Punktmenge ist die Differenz einer abgeschlossenen Punktmenge und einer Nullmenge, sie ist also jedenfalls **meßbar**, und ebenso sieht man, daß eine nach innen quadrierbare Punktmenge von meßbarem Inhalte ist.

Da eine Punktmenge A und ihre Komplementärmenge A' dieselbe Begrenzung γ_A besitzen und $A'\gamma_A = \gamma_A - A\gamma_A$ ist, so folgt der

Satz 1. *Die Komplementärmenge einer nach außen quadrierbaren Punktmenge ist nach innen quadrierbar und umgekehrt.*

Sind A und B zwei nach außen quadrierbare Punktmengen, und bezeichnet man mit $\bar{A}$ und $\bar{B}$ ihre abgeschlossenen Hüllen, mit D ihren Durchschnitt und mit V ihre Vereinigungsmenge, so folgt aus der Tatsache, daß die Punktmengen $\bar{A}\bar{B}$ und $\bar{A} \dotplus \bar{B}$ abgeschlossene Punktmengen sind, die D bzw. V enthalten, daß die abgeschlossenen Hüllen $\bar{D}$ und $\bar{V}$ von D und V den Bedingungen

$$\bar{D} \prec \bar{A}\bar{B}, \qquad \bar{V} \prec \bar{A} \dotplus \bar{B}$$

genügen. Da alle betrachteten Punktmengen meßbar sind, haben wir also

$$(3)\quad m(\bar{D} - D) \leqq m(\bar{A}\bar{B} - AB), \quad m(\bar{V} - V) \leqq m\{(\bar{A} \dotplus \bar{B}) - (A \dotplus B)\}.$$

Nun ist aber

$$\begin{aligned}\bar{A}\bar{B} - AB &= (A + (\bar{A} - A))\,(B + (\bar{B} - B)) - AB\\ &= (\bar{A} - A)B + \bar{A}(\bar{B} - B)\end{aligned}$$

und

$$(\bar{A} \dotplus \bar{B}) - (A \dotplus B) \prec (\bar{A} - A) \dotplus (\bar{B} - B);$$

die beiden letzten Relationen zeigen in Verbindung mit (3), daß die Punktmengen D und V ebenso wie A und B nach außen quadrierbar sein müssen, und ebenso beweist man, daß D und V nach innen quadrierbar sind, wenn A und B diese Eigenschaft haben. Durch Anwendung des Schlusses der vollständigen Induktion haben wir also den

Satz 2. *Der Durchschnitt und die Vereinigungsmenge von* **endlich vielen** *nach außen (innen) quadrierbaren Punktmengen sind ebenfalls nach außen (innen) quadrierbare Punktmengen.*

Der letzte Satz hat eine gewisse Ähnlichkeit mit den Resultaten der §§ 241 und 242; er läßt sich aber nicht wie jene auf den Durchschnitt oder die Vereinigung von abzählbar unendlich vielen Punktmengen übertragen. So ist z. B. jede Punktmenge, die aus einem einzigen Punkte besteht, nach außen quadrierbar; die abzählbare Punktmenge R, die aus allen rationalen Punkten des Raumes besteht, ist es dagegen nicht, denn ihre Begrenzung enthält den Gesamtraum und die Komplementärmenge R' von R ist keine Nullmenge.

280. Aus dem Satze 6 des § 215 entnimmt man sofort den

Satz 3. *Jede abgeschlossene Punktmenge ist stets nach außen und jede offene Punktmenge ist immer nach innen quadrierbar.*

Es gibt aber offene und dann nach dem Satze 1 auch abgeschlossene Punktmengen, die nicht quadrierbar sind. Derartige Punktmengen erhält man durch eine geringfügige Änderung der Konstruktion des § 276; wir gehen vom linearen Intervalle

$$I\colon \quad 0 < x < 1$$

aus und nennen δ_1 ein konzentrisches Intervall von der Länge $\frac{1}{4}$. Die Punktmenge $(I - \bar{\delta}_1)$ besteht aus zwei gleich langen Intervallen δ_2' und δ_3'; wir konstruieren zwei neue Intervalle δ_2 und δ_3, beide von der Länge $\frac{1}{4^2}$, die mit diesen konzentrisch sind. Ebenso bilden wir vier Intervalle $\delta_4, \delta_5, \delta_6, \delta_7$ von der Länge $\frac{1}{4^3}$, die zu den vier Intervallen der offenen Punktmenge $(I - \bar{\delta}_1 - \bar{\delta}_2 - \bar{\delta}_3)$ konzentrisch sind, und setzen dieses Verfahren ins Unendliche fort.

Die Punktmenge

$$A = \delta_1 + \delta_2 + \delta_3 + \cdots$$

ist offen; ihr Inhalt ist aber

$$\begin{aligned} mA &= \frac{1}{4} + \frac{2}{4^2} + \frac{2^2}{4^3} + \cdots \\ &= \frac{1}{4}\left(1 + \frac{1}{2} + \frac{1}{2^2} + \frac{1}{2^3} + \cdots\right) \\ &= \frac{1}{2}. \end{aligned}$$

Die Punktmenge, die man zu A addieren muß, um das abgeschlossene Intervall $0 \leqq x \leqq 1$, das wir mit $\bar{I}$ bezeichnen, zu erhalten, besteht aus den Endpunkten der Intervalle δ_k und aus den Häufungspunkten dieser Endpunkte und ist also mit γ_A identisch. Man hat also

$$m\gamma_A = m\bar{I} - mA = \tfrac{1}{2}.$$

Die offene Punktmenge A ist demnach nicht quadrierbar.

Ein Intervall ist stets quadrierbar (§ 232); ebenso ist jedes lineare Gebiet (§ 225, Satz 7) quadrierbar. In zwei- oder mehrdimensionalen Räumen gibt es aber nicht quadrierbare Gebiete.

In einer xy-Ebene breite man z. B. auf der x-Achse die lineare Punktmenge
$$A = \delta_1 + \delta_2 + \delta_3 + \cdots,$$
die wir soeben konstruiert haben, aus. Ferner bezeichne man mit A_1 die Summe der zweidimensionalen Intervalle, die sich einerseits auf ein δ_k, anderseits auf die Punktmenge
$$x = 0, \qquad 0 < y < 1$$
projizieren, und mit A_2 das Intervall
$$0 < x < 1, \qquad -1 < y < 0.$$
Dann ist die Punktmenge
$$G = A + A_1 + A_2$$
nicht nur eine offene Punktmenge, sondern ein Gebiet, wie aus dem Satze 2 des § 222 folgt. Bezeichnet man ferner mit γ die Begrenzung von G, so ist
$$m(G + \gamma) = 2, \qquad mG = \tfrac{1}{2} + 1,$$
also
$$m\gamma = \tfrac{1}{2}.$$
Das Gebiet G ist also nicht quadrierbar.

281. Es sei A eine beliebige Punktmenge, γ_A ihre Begrenzung und
$$A = A - A\gamma_A$$
ihre größte offene Teilmenge. Ist der Inhalt von $\underline{A}$ von Null verschieden, so gibt es zu jeder positiven Zahl

(1) $$p < m\underline{A}$$

eine beschränkte und abgeschlossene Teilmenge M von $\underline{A}$, für welche

(2) $$mM > p$$

ist (§ 269, Satz 3). Die Komplementärmenge von $\underline{A}$ ist eine abgeschlossene Punktmenge, die keinen Punkt von M enthält, und ihre Entfernung δ von M ist positiv (§ 194, Satz 6). Für die Komplementärmenge A' von A gilt aber dann umsomehr die Relation
$$E(M, A') \geqq \delta > 0.$$

Bezeichnet man mit σ eine positive Zahl, die δ nicht erreicht, und mit $B(\sigma)$ die Gesamtheit der Punkte P des Raumes, für die
$$E(P, A') > \sigma,$$

so enthält $B(\sigma)$ die Punktmenge M und ist, wegen der Stetigkeit von $E(P, A')$, eine offene Teilmenge von A (§ 136, Satz 4), also in $\underline{A}$ enthalten. Man hat also

$$mM \leqq mB(\sigma) \leqq m\underline{A} \quad \text{für} \quad \sigma < \delta. \tag{3}$$

Anderseits ist aber $mB(\sigma)$ nach Konstruktion eine monoton abnehmende Funktion von σ, und man kann daher, wenn man (2) und (3) vergleicht, schreiben

$$p < \lim_{\sigma=0} mB(\sigma) \leqq m\underline{A}.$$

Hieraus folgt aber, weil p eine beliebige positive Zahl bedeutet, die der Ungleichheit (1) genügt,

$$\lim_{\sigma=0} mB(\sigma) = m\underline{A}. \tag{4}$$

282. Es sei A eine beschränkte Punktmenge; dann ist ihre abgeschlossene Hülle

$$\bar{A} = A \dotplus \gamma_A$$

ebenfalls beschränkt und daher von endlichem Inhalte. Für jede Zahl p, die $m\bar{A}$ übertrifft, gibt es eine Umgebung U von $\bar{A}$, für die

$$mU < p$$

ist. Die Entfernung δ zwischen A und der Komplementärmenge U' von U ist positiv (§ 194). Bezeichnet man also mit σ eine positive Zahl, die δ nicht erreicht und mit $C(\sigma)$ die Gesamtheit der Punkte, für welche

$$E(P, A) < \sigma$$

ist, so ist $C(\sigma)$ eine offene Punktmenge, die A enthält und in U enthalten ist. Man hat also

$$m\bar{A} \leqq mC(\sigma) < p,$$

und wenn man berücksichtigt, daß $mC(\sigma)$ eine monoton wachsende Funktion von σ ist, und daß p eine beliebige Zahl bedeutet, die $m\bar{A}$ übertrifft, so folgt hieraus wie oben

$$\lim_{\sigma=0} mC(\sigma) = m\bar{A}.$$

283. Definition. Unter einem räumlichen Zellennetz verstehen wir die Bildung einer abzählbaren Folge von getrennt liegenden quadrierbaren Gebieten

$$g_1, g_2, g_3, \ldots,$$

falls die Vereinigung der abgeschlossenen Hüllen

$$\bar{g}_1, \bar{g}_2, \bar{g}_3, \ldots$$

dieser Gebiete den Gesamtraum enthält. Die Punktmengen g_k nennen wir die Zellen des Netzes, die abgeschlossenen Punktmengen $\bar{g}_k$ sollen abgeschlossene Zellen heißen, die obere Grenze ϱ der Durchmesser der Zellen bezeichnen wir als Durchmesser des Netzes.

Man bekommt die einfachsten Zellennetze endlichen Durchmessers, wenn man den Gesamtraum durch Parallelen zu den Koordinatenebenen in ein Netz kongruenter Würfel zerlegt.

Bei unserer Definition ist ferner zu beachten, daß die Forderung, daß

$$\bar{g}_1 \dot{+} \bar{g}_2 \dot{+} \cdots$$

den Gesamtraum enthalten soll, zwar zur Folge hat, daß jeder Punkt des Raumes in der abgeschlossenen Hülle von

$$g_1 + g_2 + \cdots$$

enthalten ist. Dieses kann aber wohl der Fall sein, ohne daß jeder Punkt des Raumes in mindestens einem $\bar{g}_k$ enthalten ist und daher ohne daß die g_k ein Zellennetz bilden.

284. Es sei ein beliebiges Zellennetz von endlichem Durchmesser ϱ und eine beliebige Punktmenge A gegeben. Wir bezeichnen mit

S_1' die Vereinigungsmenge aller abgeschlossenen Zellen, die in A enthalten sind,

S_2 die Vereinigungsmenge aller offenen Zellen, die in A enthalten sind,

S_3 die Vereinigungsmenge aller offenen Zellen, die mit A einen Punkt gemeinsam haben,

S_4' die Vereinigungsmenge aller abgeschlossenen Zellen, die mit A einen Punkt gemeinsam haben.

Ferner seien S_1 und S_4 die Vereinigungsmengen aller offenen Zellen, die in S_1' bzw. S_4' vorkommen und S_2', S_3' die Vereinigungsmengen aller abgeschlossenen Hüllen der Zellen von S_2 bzw. S_3.

Diese acht Punktmengen können teilweise leer sein, sie können auch teilweise miteinander zusammenfallen; sie genügen aber stets folgenden Beziehungen:

Ist g_k eine Zelle, die in S_1 vorkommt, so ist nach Definition $\bar{g}_k$ und folglich auch g_k eine Teilmenge von A; also kommt auch g_k in S_2 vor, d. h. es ist

$$S_1 \prec S_2.$$

Ist zweitens g_k eine Zelle von S_2, so ist g_k in A enthalten und folglich auch in S_3; hieraus entnimmt man aber, daß

$$S_2 \prec S_3 .$$

Ist g_k eine Zelle von S_3, so hat um so mehr $\bar{g}_k$ einen Punkt mit A gemeinsam und g_k ist also auch eine Zelle von S_4

$$S_3 \prec S_4 .$$

Zusammenfassend hat man

$$S_1 \prec S_2 \prec S_3 \prec S_4 \tag{1}$$

und folglich, da es sich um Punktmengen von meßbarem Inhalte handelt,

$$mS_1 \leqq mS_2 \leqq mS_3 \leqq mS_4 . \tag{2}$$

Die Punktmengen

$$(S_j' - S_j) \qquad (j = 1, 2, 3, 4)$$

bestehen aus der Vereinigungsmenge der Begrenzungen von höchstens abzählbar unendlich vielen Zellen; da die Zellen nach Definition quadrierbar sind, hat man also stets

$$mS_j' = mS_j \qquad (j = 1, 2, 3, 4). \tag{3}$$

Aus (1) folgt übrigens ohne weiteres

$$S_1' \prec S_2' \prec S_3' \prec S_4' . \tag{4}$$

Es sei nun wieder γ_A die Begrenzung von A und

$$\bar{A} = A \dotplus \gamma_A, \qquad \underline{A} = (A - A\gamma_A) .$$

Die Punktmenge S_2 ist eine offene Teilmenge von A und daher in $\underline{A}$ enthalten; hieraus folgt

$$mS_2 \leqq m\underline{A}$$

und nach (3)

$$mS_2' \leqq m\underline{A} . \tag{5}$$

Die Vereinigungsmenge der Punkte des Raumes, die auf der Begrenzung von mindestens einer Zelle liegen, hat als Vereinigungsmenge von abzählbar unendlich vielen Nullmengen den Inhalt Null. Um so mehr werden die Punkte von $\bar{A}$, die auf der Begrenzung irgendeiner Zelle liegen, den Inhalt Null haben. Die übrigen Punkte von $\bar{A}$ liegen im I n n e r n einer Zelle, und da diese Punkte entweder schon zu A gehören oder aber mindestens Häufungspunkte von A sind, so ist jede solche Zelle in S_3 enthalten. Die Punktmenge $(\bar{A} - \bar{A}S_3)$ besteht also ausschließlich aus Begrenzungspunkten von Zellen unseres Netzes, und es ist

$$m(\bar{A} - \bar{A}S_3) = 0 .$$

Hieraus folgt aber

$$m\bar{A} = m\bar{A}S_3 \leqq mS_3$$

und daher auch

(6) $$m\bar{A} \leqq mS_3'.$$

Wir führen jetzt die Punktmengen $B(\sigma)$ und $C(\sigma)$ ein, die wir in den §§ 281, 282 betrachtet haben und nehmen an, daß zwischen dem Durchmesser ϱ unseres Zellennetzes und der Zahl σ die Beziehung $\varrho < \sigma$ besteht.

Jeder Punkt des Raumes und daher auch jeder Punkt P von $B(\sigma)$ ist nach Voraussetzung in mindestens einer abgeschlossenen Zelle $\bar{g}_k$ enthalten, deren Durchmesser die Zahl $\varrho < \sigma$ nicht übersteigt. Wegen der Bedeutung von $B(\sigma)$ muß dann $\bar{g}_k$ in A und daher auch in S_1' enthalten sein; jeder Punkt von $B(\sigma)$ ist mithin ein Punkt von S_1', d. h.

$$B(\sigma) \prec S_1'.$$

Hieraus folgt aber mit Rücksicht auf (4) und (5)

(7) $$mB(\sigma) \leqq mS_1' \leqq mS_2' \leqq m\underline{A}.$$

Ebenso sieht man, daß jeder Punkt von S_4' in $C(\sigma)$ enthalten ist, und hieraus folgt mit Rücksicht auf (4) und (6)

(8) $$m\bar{A} \leqq mS_3' \leqq mS_4' \leqq mC(\sigma).$$

285. Nun betrachte man eine beliebige Folge von Zellennetzen des Raumes, deren Durchmesser $\varrho_1, \varrho_2, \ldots$ gegen Null konvergieren, und bilde für jedes dieser Zellennetze die Punktmengen $S_1, S_1', \ldots, S_4, S_4'$, die wir jetzt, um die Abhängigkeit von ϱ_k hervortreten zu lassen, mit

$$S_1(\varrho_k),\ S_1'(\varrho_k),\ \ldots,\ S_4(\varrho_k),\ S_4'(\varrho_k)$$

bezeichnen.

Dann folgt aus der Relation (7) des vorigen Paragraphen für jedes beliebige positive σ

$$mB(\sigma) \leqq \underline{\lim}_{k=\infty} mS_1'(\varrho_k) \leqq \overline{\lim}_{k=\infty} mS_1'(\varrho_k) \leqq m\underline{A}$$

und wegen der Schlußgleichung des § 281

$$\lim_{k=\infty} mS_1'(\varrho_k) = m\underline{A};$$

genau dieselbe Relation kann man für $S_2'(\varrho_k)$ ableiten, und wenn man die Gleichungen (3) des vorigen Paragraphen berücksichtigt, wird

(1) $$\lim_{k=\infty} mS_1(\varrho_k) = \lim_{k=\infty} mS_1'(\varrho_k) = \lim_{k=\infty} mS_2(\varrho_k) = \lim_{k=\infty} mS_2'(\varrho_k) = m\underline{A}.$$

Jetzt machen wir die Voraussetzung, daß A eine beschränkte Punktmenge ist. Dann folgt, wenn man die Schlußgleichung des § 282 mit der Gleichung (8) des vorigen Paragraphen vergleicht, durch genau dieselbe Schlußweise wie oben

$$(2) \qquad \lim_{k=\infty} S_3(\varrho_k) = \lim_{k=\infty} S_3'(\varrho_k) = \lim_{k=\infty} S_4(\varrho_k) = \lim_{k=\infty} S_4'(\varrho_k) = m\bar{A}.$$

286. Die Punktmenge $(S_3(\varrho) - S_2(\varrho))$ besteht aus genau allen Zellen einer gegebenen Einteilung, welche Punkte der Begrenzung γ_A von A enthalten; ist nun A beschränkt und setzt man

$$\varepsilon = mS_3(\varrho) - mS_2(\varrho),$$

so folgt aus

$$mS_2(\varrho) \leqq m\underline{A} \leqq m_* A \leqq m^* A \leqq m\bar{A} \leqq mS_3(\varrho),$$

daß man die Inhalte von $\underline{A}$ und $\bar{A}$, sowie auch den äußeren und den inneren Inhalt von A mit der Approximation ε berechnen kann. Ist A quadrierbar, so kann man die Zahl ε, durch Verkleinerung des Durchmessers des Zellennetzes, beliebig klein machen und so eine beliebige Genauigkeit erreichen.

Da wie wir sahen in den obigen Darlegungen der Durchmesser der Zellennetze des Raumes allein eine Rolle spielt, wird man sich in praxi auf Netze von kongruenten Würfeln beschränken. Diese erlauben durch eine einfache Abzählung der in $S_1 \ldots S_4$ vorkommenden endlich vielen Würfel den Inhalt einer quadrierbaren Punktmenge mit beliebiger Genauigkeit abzuschätzen.

287. Man kann eine beschränkte Punktmenge A mit Hilfe endlich vieler Intervalle überdecken und zwar auf verschiedene Arten.

Es ist interessant, die Zahl zu bestimmen, die man erhält, wenn man ähnlich wie im § 230 die Summe der Inhalte dieser Intervalle bildet und zur unteren Grenze aller dieser Summen übergeht.

Es seien

$$I_1, I_2, \ldots, I_p$$

endlich viele Intervalle, die A überdecken. Die Vereinigungsmenge der abgeschlossenen Intervalle $\bar{I}_1, \bar{I}_2, \ldots, \bar{I}_p$ ist eine abgeschlossene Punktmenge (§ 69, Satz 3), die A enthält; folglich enthält sie auch $\bar{A} = A + \gamma_A$ und es ist

$$m\bar{A} \leqq \sum_{k=1}^{p} m\bar{I}_k = \sum_{k=1}^{p} mI_k.$$

Die gesuchte untere Grenze ist also sicher nicht kleiner als $m\bar{A}$.

Ist anderseits ε eine beliebige positive Zahl, so kann man nach dem § 285 den Raum mit einem Würfelnetz überdecken, dessen Durchmesser so klein ist, daß die zugeordnete Zahl mS_4' der Bedingung

$$mS_4' < m\bar{A} + \frac{\varepsilon}{2}$$

genügt. Es sei N die (jedenfalls endliche) Anzahl der in S_4' vorkommenden abgeschlossenen Würfel; ersetzt man jeden dieser Würfel durch einen konzentrischen größeren Würfel, so daß die Differenz der Inhalte von zwei entsprechenden Würfeln die Zahl $\varepsilon : 2N$ nicht übersteigt, so wird die Vereinigungsmenge der neuen Würfel die Punktmenge A enthalten, und die Summe ihrer Inhalte wird kleiner als $(m\bar{A} + \varepsilon)$ sein.

Da ε beliebig gewählt werden kann, folgt hieraus, daß die gesuchte untere Grenze mit $m\bar{A}$ zusammenfällt.

Die Zahl $m\bar{A}$ ist ursprünglich von Cantor, Peano und Jordan zur Definition des Inhalts der Punktmenge A benutzt worden. Die beiden letzten Autoren führten den Begriff der Quadrierbarkeit ein; eine beschränkte Punktmenge A wurde nämlich quadrierbar genannt, wenn mit der Bezeichnung

$$B = \bar{I} - A$$

(wobei $\bar{I}$ ein abgeschlossenes Intervall bedeutet, das A enthält) die Gleichung

$$m\bar{A} + m\bar{B} = m\bar{I} \tag{1}$$

erfüllt war.*) Nun ist jeder Punkt des offenen Intervalls I, dessen abgeschlossene Hülle $\bar{I}$ ist, entweder ein innerer Punkt von A, der also nicht in $\bar{B}$ enthalten ist, oder ein innerer Punkt von B, der also nicht in $\bar{A}$ enthalten ist, oder endlich ein Punkt der Begrenzung γ_A von A, der sowohl in $\bar{A}$ als auch in $\bar{B}$ enthalten sein muß. Setzt man also

$$A_1 = \bar{A} \dotplus (\bar{I} - I), \qquad B_1 = \bar{B} \dotplus (\bar{I} - I), \tag{2}$$

so ist

$$A_1 B_1 = \gamma_A \dotplus (\bar{I} - I). \tag{3}$$

Anderseits hat man aber

$$\bar{I} = A + B = \bar{A} \dotplus \bar{B} = A_1 \dotplus B_1 = A_1 + (B_1 - A_1 B_1)$$

und daher

$$m\bar{I} = mA_1 + mB_1 - mA_1 B_1. \tag{4}$$

Da nun $(\bar{I} - I)$ eine Nullmenge ist (§ 275), so folgt aus (2) und (3)

$$mA_1 = m\bar{A}, \quad mB_1 = m\bar{B}, \quad mA_1 B_1 = m\gamma_A$$

*) Die Lebesguesche Definition der Meßbarkeit (§ 272) ist also durch Übertragung des Jordanschen Begriffes der Quadrierbarkeit entstanden.

und daher aus (4)

$$m\bar{A} + m\bar{B} = m\bar{I} + m\gamma_A$$

Dafür, daß die Gleichung (1) gelte, ist also notwendig und hinreichend, daß γ_A eine Nullmenge sei, d. h. die ursprüngliche Definition der Quadrierbarkeit führt zu denselben Punktmengen wie die von uns benutzte (§ 279).

Da für quadrierbare Punktmengen $m\bar{A} = mA$ ist, so liefert die alte Definition des Inhalts einer Punktmenge auch eine brauchbare Theorie, die allerdings nicht die Anwendungsfähigkeit der modernen Theorie besitzt und daher heute an Bedeutung verloren hat.

Überdeckungssatz von Vitali.

288. Der Vitalische Satz ist ein Überdeckungssatz, der analog und tiefer ist als die Sätze der §§ 57—61. Es ist bequem, das allgemeinste Resultat, das man auf diese Weise bekommen kann, in eine Reihe von spezielleren Sätzen zu zerlegen.

Satz 1, *Es sei A eine beliebige beschränkte Punktmenge, die nicht den Inhalt Null besitzt, und U eine Umgebung von A. Jedem Punkte P von A sei eine Folge von abgeschlossenen Punktmengen*

(1) $$\sigma_1(P),\ \sigma_2(P),\ \sigma_3(P), \ldots$$

zugeordnet, die folgende Eigenschaften besitzen:

a) die Punktmenge $\sigma_k(P)$ liegt ganz im Innern eines Würfels $W_k(P)$ mit dem Mittelpunkt P, dessen Kantenlänge $a_k(P)$ mit $1:k$ gegen Null konvergiert:

(2) $$\lim_{k=\infty} a_k(P) = 0;$$

b) das Verhältnis der Inhalte von $\sigma_k(P)$ und $W_k(P)$ ist stets größer als eine feste von k und P unabhängige positive Zahl α

(3) $$m\sigma_k(P) > mW_k(P)\cdot\alpha.$$

Ist dann ϑ eine beliebig vorgeschriebene positive Zahl unterhalb Eins, so kann man endlich viele Punkte von A

$$P_1,\ P_2, \ldots, P_m$$

und ebensoviele ganze Zahlen $k_1, k_2, \ldots, k_m$ finden, so daß mit der Bezeichnung

(4) $$\sigma_i' = \sigma_{k_i}(P_i) \qquad (i = 1, 2, \ldots, m)$$

c) die Punktmengen σ_i' alle innerhalb U liegen und keine gemeinsamen Punkte besitzen:

(5) $$\sigma_i' \prec U, \qquad \sigma_i'\sigma_j' = 0 \qquad (i \neq j);$$

d) die Vereinigungsmenge

(6) $$S = \sigma_1' + \sigma_2' + \cdots + \sigma_m'$$

den Bedingungen genügt

(7) $$m^*AS > \vartheta \cdot m^*A,$$

(8) $$m^*(A - AS) < (1 - \vartheta) m^*A.$$

Die Wahl von abgeschlossenen Punktmengen $\sigma_k(P)$, die den Bedingungen a) und b) unseres Satzes genügen, ist in hohem Maße willkürlich. Man kann z B. die $\sigma_k(P)$ gleich abgeschlossenen, zu P konzentrischen Würfeln setzen und für $W_k(P)$ Würfel von doppelter Kantenlänge wählen. Die $\sigma_k(P)$ können auch abgeschlossene zu P konzentrische Intervalle bedeuten, die keine Würfel sind; nur muß das Verhältnis zwischen der kleinsten und größten Kantenlänge dieser Intervalle eine von P und k unabhängige feste positive Zahl übertreffen, um der Bedingung b) des Satzes gerecht zu werden. Ferner kann man

$$\sigma_k(P) = \overline{K}(P; \varrho_k)$$

setzen, wo $\overline{K}(P; \varrho_k)$ eine abgeschlossene zu P konzentrische Kugel mit dem Radius ϱ_k bedeutet. Der Inhalt einer Kugel ist nämlich nicht kleiner als der eines Würfels von der Kantenlänge $2\varrho_k : q$ (wenn q die Dimension des Raumes bedeutet) und nicht größer als der eines Würfels von der Kantenlänge $3\varrho_k$; man kann daher in der Ungleichheit (3) die Zahl $\alpha = (2:3q)^q$ setzen, wenn die $\sigma_k(P)$ Kugeln bedeuten.

Das merkwürdigste ist aber, daß man auch Punktmengen $\sigma_k(P)$ wählen kann, die den Punkt P gar n i c h t e n t h a l t e n. So kann man für diese Punktmengen Würfel nehmen, deren Mittelpunkte nicht mit P zusammenfallen, wenn nur das Verhältnis der Kantenlänge dieser Würfel zu der Entfernung ihres Mittelpunktes von P eine von k und P unabhängige positive Zahl übertrifft.

Der Satz besagt nun, daß man für jede derartige Wahl der Punktmengen $\sigma_k(P)$ endlich viele unter ihnen finden kann, die keine gemeinsamen Punkte besitzen, alle in U enthalten sind und einen dem Inhalte nach beliebig großen Bruchteil von A überdecken. Jede der Bedingungen (7) und (8) ist natürlich eine Folge der anderen; wegen der Meßbarkeit von S ist nämlich

$$m^*A = m^*AS + m^*(A - AS).$$

Um den behaupteten Satz zu beweisen, betrachten wir eine Umgebung U' von A, von der wir voraussetzen, daß sie der Relation genügt,

$$mU' < (1 + \eta) \cdot m^*A,$$

indem wir uns vorbehalten, η später zu bestimmen. Dann ist, wenn wir $U_1 = UU'$ setzen,

(9) $$A \prec U_1 \prec U$$

und

(10) $$m\,U_1 < (1+\eta)\cdot m^*A.$$

Zu jedem Punkt P von A gibt es in der Reihe $W_1(P), W_2(P), \ldots$ einen ersten Würfel $W'(P)$, der ganz in U_1 liegt. Nach dem Satze des § 61 können wir die Punktmenge A, weil sie beschränkt ist, mit abzählbar vielen unter diesen Würfeln

(11) $$W'(P_1),\ W'(P_2), \ldots$$

überdecken und diese Würfel nach absteigender Länge ihrer Kanten geordnet denken.

Bezeichnen wir mit T die Vereinigungsmenge

$$T = W'(P_1) \dotplus W'(P_2) \dotplus W'(P_3) \dotplus \cdots,$$

so ist

$$A \prec T \prec U_1$$

und folglich

(12) $$m^*A \leqq m\,T < (1+\eta)\cdot m^*A.$$

Wir streichen nun in der Mengenfolge (11) alle Würfel weg, die mit $W'(P_1)$ einen Punkt gemeinsam haben; es sei $W'(P_{n_1})$ der erste übrig bleibende Würfel. Hierauf streichen wir alle Würfel der Folge weg, die mit $W'(P_{n_1})$ einen Punkt gemeinsam haben; es sei $W'(P_{n_2})$ der erste übrig bleibende Würfel. Indem wir auf diese Weise fortfahren, erhalten wir eine Folge

$$W'(P_{n_0}) = W'(P_1),\ W'(P_{n_1}),\ W'(P_{n_2}), \ldots$$

von endlich oder abzählbar unendlich vielen Würfeln, die keine gemeinsamen Punkte besitzen.

Bezeichnen wir jetzt mit $W''(P_{n_k})$ einen zu $W'(P_{n_k})$ konzentrischen Würfel, dessen Kanten die dreifache Länge der Kanten von $W'(P_{n_k})$ besitzen, so ist, wenn die Dimension des Raumes mit q bezeichnet wird:

(13) $$m\,W''(P_{n_k}) = 3^q\, m\,W'(P_{n_k}).$$

Anderseits ist von den Würfeln, die bei der $k$ten Operation weggestrichen worden sind, keiner größer als $W'(P_{n_k})$ und diese Würfel, die mit $W'(P_{n_k})$ mindestens einen Punkt gemeinsam haben sollten, liegen folglich in $W''(P_{n_k})$; wir haben also

$$T \prec W''(P_{n_0}) \dotplus W''(P_{n_1}) \dotplus W''(P_{n_2}) \dotplus \cdots$$

und folglich

$$mT \leqq mW''(P_{n_0}) + mW''(P_{n_1}) + \cdots,$$

woraus mit Rücksicht auf (12) und (13) folgt

$$mW'(P_{n_0}) + mW'(P_{n_1}) + \cdots \geqq \frac{1}{3^q} m^*A.$$

Bezeichnet man jetzt mit $\sigma_1', \sigma_2', \sigma_3', \ldots$ die den Würfeln $W'(P_{n_0})$, $W'(P_{n_1})$, $W'(P_{n_2}) \ldots$ zugeordneten, innerhalb derselben liegenden Punktmengen, so ist wegen (3)

$$m\sigma_1' + m\sigma_2' + m\sigma_3' + \cdots \geqq \frac{\alpha}{3^q} m^*A.$$

Man kann daher die ganze Zahl p_1 so groß wählen, daß

$$m\sigma_1' + m\sigma_2' + \cdots + m\sigma_{p_1}' \geqq \frac{\alpha}{2 \cdot 3^q} m^*A \tag{14}$$

ist.

Wir setzen jetzt

$$S_1 = \sigma_1' + \sigma_2' + \cdots + \sigma_{p_1}'$$

und bemerken, daß, da die σ_k' keine gemeinsamen Punkte besitzen,

$$mS_1 = m\sigma_1' + \cdots + m\sigma_{p_1}' \tag{15}$$

ist. Die abgeschlossene Punktmenge S_1 ist meßbar und als Teilmenge von T in U_1 enthalten; wir haben also

$$m(U_1 - S_1) = mU_1 - mS_1$$

und wegen (10), (14) und (15)

$$m(U_1 - S_1) < \left(1 + \eta - \frac{\alpha}{2 \cdot 3^q}\right) m^*A.$$

Wir können aber annehmen, daß wir von vornherein für η den Wert

$$\eta = \frac{\alpha}{4 \cdot 3^q}$$

gewählt haben; setzen wir dann zur Abkürzung

$$\vartheta_1 = 1 - \frac{\alpha}{4 \cdot 3^q},$$

so wird

$$m(U_1 - S_1) < \vartheta_1 m^*A. \tag{16}$$

Da die Punktmenge A eine Teilmenge von U_1 ist, so ist auch

$$(A - AS_1) \prec (U_1 - U_1 S_1) = U_1 - S_1$$

und folglich wegen (16)

$$m^*(A - AS_1) < \vartheta_1 m^*A. \tag{17}$$

Die Punktmenge $(U_1 - U_1 S_1)$ ist der Durchschnitt von zwei offenen Punktmengen, nämlich von U_1 und von der Komplementärmenge S_1' von S_1; wir können also unsere Überlegungen wiederholen, indem wir die ursprüngliche Punktmenge A durch $(A - A S_1)$ und ihre Umgebung U durch die Umgebung $(U_1 - U_1 S_1)$ von $(A - A S_1)$ ersetzen. Wir konstruieren dazu eine offene Teilmenge U_2 von $(U_1 - U_1 S_1)$, so daß

$$(A - AS_1) \prec U_2 \prec (U_1 - U_1 S_1)$$

und außerdem

$$m U_2 < \left(1 + \frac{\alpha}{4 \cdot 3^q}\right) m^*(A - A S_1)$$

ist. Hierauf können wir eine endliche Anzahl p_2 von unseren abgeschlossenen Punktmengen $\sigma_k(P)$ ausfindig machen, die keine gemeinsamen Punkte besitzen, alle in U_2 enthalten sind, und die ferner, wenn man sie mit

$$\sigma'_{p_1+1},\ \sigma'_{p_1+2},\ \ldots,\ \sigma'_{p_1+p_2}$$

und ihre Summe mit S_2 bezeichnet, die Eigenschaft haben, daß

$$(18) \qquad m(U_2 - S_2) < \vartheta_1 m^*(A - A S_1)$$

ist. Berücksichtigt man endlich, daß $S_1 S_2 = 0$ und daß daher

$$(A - A(S_1 + S_2)) = [(A - AS_1) - S_2(A - AS_1)] \prec U_2 - S_2$$

ist, so folgt aus (17) und (18) die Ungleichheit

$$m^*(A - A(S_1 + S_2)) < \vartheta_1^2 m^* A.$$

Die Punktmenge

$$S_1 + S_2 = \sigma_1' + \sigma_2' + \cdots + \sigma'_{p_1+p_2}$$

liegt außerdem ganz in der ursprünglich gegebenen Umgebung U von A.

Durch n-malige Wiederholung unserer Konstruktion bestimmen wir auf diese Weise eine endliche Anzahl von Punktmengen $\sigma_k(P)$ ohne gemeinsame Punkte, die alle in U enthalten sind und deren Summe

$$S = \sigma_1' + \sigma_2' + \cdots + \sigma_m'$$

der Bedingung

$$m^*(A - AS) < \vartheta_1^n m^* A$$

genügt. Nun kann man, da

$$\lim_{n=\infty} \vartheta_1^n = 0$$

ist, die Zahl n so bestimmen, daß

$$\vartheta_1^n < (1 - \vartheta)$$

ist, wo ϑ die in den Ungleichheiten (7) und (8) vorkommende gegebene Zahl bedeutet. Hiermit ist die Relation (8) und daher auch der behauptete Satz bewiesen.

289. Den soeben bewiesenen Satz kann man leicht verallgemeinern:

Satz 2. *Die Behauptung des Satzes 1 kann auch dann erfüllt werden, wenn A zwar nicht beschränkt, aber von endlichem äußeren Inhalte ist, und wenn die Forderung b) über das Verhältnis der Inhalte von $\sigma_k(P)$ und $W_k(P)$ durch die allgemeinere*

$$\frac{m\,\sigma_k(P)}{m\,W_k(P)} > \alpha(P) > 0 \tag{1}$$

ersetzt wird.

Statt der festen Zahl α haben wir also jetzt ein mit P variierendes $\alpha(P)$, das nur der einen Beschränkung unterworfen ist, positiv zu sein.*)

Nach dem Satze des § 266 können wir eine beschränkte Teilmenge A_1 von A finden, so daß

$$m^*A_1 > \vartheta^{\frac{1}{3}} m^*A$$

ist, denn $\vartheta^{\frac{1}{3}}$ ist zugleich mit ϑ kleiner als Eins. Bezeichnen wir jetzt mit B_p die Gesamtheit aller Punkte von A_1, für welche

$$\alpha(P) > \frac{1}{2^p}$$

ist, so bilden die Punktmengen $B_1, B_2, B_3, \ldots$ eine monoton wachsende Folge von Punktmengen und es ist außerdem, weil nach der Bedingung (1) die Funktion $\alpha(P)$ in keinem Punkte von A_1 verschwindet,

$$\lim_{p=\infty} B_p = A_1 .$$

Der Satz 15 des § 265 lehrt uns hierauf, daß

$$\lim_{p=\infty} m^*B_p = m^*A_1$$

---

*) Man könnte sogar den Satz 2 noch unwesentlich verallgemeinern, indem man erlaubt, daß die Funktion $\alpha(P)$ auf einer Nullmenge N ihres Definitionsbereiches A verschwindet; denn es ist gleichgültig, ob man einen Teil von A oder von $(A-N)$ überdeckt. Aus einem ähnlichen Grunde kann man die Forderung, daß die Punktmengen $\sigma_k(P)$ abgeschlossen sein sollen, durch die andere ersetzen, daß die $\sigma_k(P)$ nach außen quadrierbar sind (§ 279). Dagegen kann man nicht die Bedingung b) des Satzes 1 ganz fortlassen. Es ist z. B. möglich, beim Beispiele des § 280 jedem Punkte der perfekten Punktmenge $(\bar{I}-A)$ eine Folge von abgeschlossenen Intervallen zuzuordnen, die alle in der offenen Punktmenge A liegen und der Bedingung a) unseres ersten Satzes genügen. Mit Hilfe dieser Intervalle kann man aber keinen einzigen Punkt von $(\bar{I}-A)$ überdecken.

Ebenso gilt der Vitalische Satz selbst dann nicht immer für zwei- oder mehrdimensionale Räume, wenn die $\sigma_k(P)$ zu P konzentrische Intervalle bedeuten. (Siehe die Note I am Ende des Buches.)

ist; wir können also eine ganze Zahl ν so bestimmen, daß

$$m^*B_\nu > \vartheta^{\frac{1}{3}} \cdot m^*A_1 > \vartheta^{\frac{2}{3}} \cdot m^*A$$

ist. Nun besitzt aber B_ν sämtliche im Satze des vorigen Paragraphen geforderten Eigenschaften; diese Punktmenge ist nämlich beschränkt und man hat in jedem Punkte P von B_ν

$$m\sigma_k(P) > m W_k(P) \cdot \frac{1}{2^\nu}.$$

Wir können also endlich viele unter diesen Punktmengen $\sigma_k(P)$ finden, die in U enthalten sind und keine gemeinsamen Punkte besitzen, so daß ihre Summe S der Bedingung

$$m^*SB_\nu > \vartheta^{\frac{1}{3}} \cdot m^*B_\nu > \vartheta \cdot m^*A$$

genügt. Es ist aber

$$SA \succ SB_\nu$$

und folglich

$$m^*SA \geqq m^*SB_\nu,$$

und daher

$$m^*AS > \vartheta \cdot m^*A,$$

wie wir zeigen wollten.

290. Satz 3. *Ist A eine beliebige Punktmenge und U eine beliebige Umgebung von A; sind ferner $\sigma_k(P)$ Punktmengen, die genau denselben Forderungen genügen wie im Satze 2, so gibt es Folgen von abzählbar unendlich vielen unter diesen Punktmengen, die innerhalb U liegen, keine gemeinsamen Punkte besitzen und deren Vereinigungsmenge die ganze Punktmenge A mit Ausnahme von höchstens einer Nullmenge enthält.*

Ist zunächst A von endlichem äußeren Inhalt, so folgt unsere Behauptung direkt durch Wiederholung der Konstruktion des vorigen Paragraphen. Man bestimmt z. B. endlich viele Punktmengen

$$\sigma_1', \sigma_2', \ldots, \sigma_{p_1}',$$

die in U liegen und deren Summe S_1 der Bedingung

$$m^*AS_1 > \tfrac{1}{2} m^*A$$

genügt. Dann ist

$$m^*(A - AS_1) < \tfrac{1}{2} m^*A$$

und $(U - S_1)$ eine offene Punktmenge. Hierauf bestimmt man endlich viele $\sigma_k(P)$ innerhalb $(U - S_1)$, deren Summe S_2 der Bedingung

$$m^*(A - AS_1)S_2 = m^*AS_2 > \tfrac{1}{2} m^*(A - AS_1)$$

genügt. Dann ist

$$m^*(A - AS_1) = m^*(A - AS_1)S_2 + m^*(A - AS_1 - AS_2)$$

und daher

$$m^*(A - A(S_1 + S_2)) < \tfrac{1}{2} m^*(A - AS_1) < \tfrac{1}{4} m^*A$$

Indem man auf diese Weise fortfährt, bekommt man eine Folge von abzählbar unendlich vielen Punktmengen

$$S_1, S_2, \ldots, S_p, \ldots,$$

deren Summe S als Summe von abzählbar unendlich vielen $\sigma_k(P)$ angesehen werden kann, und es ist

$$m^*(A - AS) \leqq m^*(A - A(S_1 + S_2 + \cdots + S_p)) < \frac{1}{2^p}\, m^*A.$$

Da dies für jedes p gilt, ist der Inhalt von $(A - AS)$ gleich Null; außerdem ist S eine Teilmenge von U.

Ist zweitens A von unendlichem äußeren Inhalt, so kann man den Raum in abzählbar unendlich viele beschränkte Zellen zerlegen (§ 283). Die Begrenzung der Zellen, die nach Voraussetzung den Inhalt Null hat, braucht man nicht zu überdecken. Ist g eine unserer Zellen, so kann man nach dem Vorigen Ag mit abzählbar unendlich vielen $\sigma_k(P)$ ohne gemeinsame Punkte, die innerhalb Ug liegen, bis auf eine Nullmenge überdecken. Tut man dies für jede einzelne Zelle, so genügt die Vereinigungsmenge aller dieser Überdeckungsmengen allen Forderungen unseres Satzes.

291. Ist A von endlichem äußeren Inhalt, so kann man von U verlangen, daß

$$mU < m^*A + \varepsilon \tag{1}$$

ist, wobei ε eine beliebige positive von Null verschiedene Zahl bedeutet.

Wählt man dann die Zahl ϑ, so daß $(1 - \vartheta)m^*A < \varepsilon$ ist, so kann man nach unserm zweiten Satze eine Summe S von endlich vielen $\sigma_k(P)$ finden, für welche die Relationen

$$mS < m^*A + \varepsilon, \tag{2}$$

$$m^*AS > \vartheta \cdot m^*A > m^*A - \varepsilon, \tag{3}$$

$$m^*(A - AS) < \varepsilon \tag{4}$$

zugleich stattfinden. Aus (3) folgt dann erstens, wenn man berücksichtigt, daß $mS \geqq m^*AS$ ist,

$$mS > m^*A - \varepsilon. \tag{5}$$

Man kann ferner eine sehr oft nützliche Abschätzung für den Inhalt der Punktmenge $(S - AS)$ aus unseren Ungleichheiten entnehmen. Nach dem Satze 4 des § 257 ist nämlich

$$mU = m_*A + m^*(U - A),$$

und hieraus folgt mit Berücksichtigung von (1)

$$m^*(U - A) < (m^*A - m_*A) + \varepsilon.$$

Nun ist $S \prec U$ und daher auch $(S - AS) \prec (U - A)$; aus der letzten Relation folgt also

(6) $$m^*(S - AS) < (m^*A - m_*A) + \varepsilon.$$

Der soeben erwähnte Satz liefert aber auch

$$m^*(S - AS) = mS - m_*AS,$$

und hieraus folgt, wenn man (5) und $m_*AS \leqq m_*A$ benutzt,

(7) $$m^*(S - AS) > (m^*A - m_*A) - \varepsilon.$$

Ist insbesondere A eine meßbare Punktmenge, so folgt aus (4) und (6), daß man S so bestimmen kann, daß die Ungleichheiten

$$m(A - AS) < \varepsilon \quad \text{und} \quad m(S - AS) < \varepsilon$$

zugleich gelten.

Kapitel VI. **Lineare Gebilde.**

Vektoren des q-dimensionalen Raumes.

292. Für viele Fragen ist es zweckmäßig, den Begriff des Punktes eines q-dimensionalen Raumes durch den Begriff eines Vektors zu ergänzen.

Unter einem q-dimensionalen Vektor verstehen wir hier einfach die Gesamtheit von q Zahlen, die in einer bestimmten Reihenfolge gegeben sind und die wir die Komponenten des Vektors nennen.*) Wir bezeichnen die Vektoren stets mit deutschen Buchstaben

$$\mathfrak{a}: \quad a_1, a_2, \ldots, a_q.$$

Jedem Punkte des q-dimensionalen Raumes ist ein Vektor eindeutig zugeordnet, dessen Komponenten gleich den Koordinaten des

*) Die Ausführungen dieses Kapitels erlauben erst den Begriff des Vektors so auszugestalten, wie er in der Mechanik und Physik gebraucht wird. Dort versteht man unter Vektor eine gerichtete Strecke des Raumes, die durch ihre Länge und ihre Richtung festgelegt wird, und benutzt vor allem die Tatsache, daß die Operationen über Vektoren von der speziellen Wahl des Koordinatensystems unabhängig sind. Die Definition des Textes muß daher nur als eine vorläufige angesehen werden, die zum Aufbau der Theorie nützlich ist. Die Spezialisierung, von der wir Gebrauch machen, ist zweierlei Art: erstens halten wir ein bestimmtes Koordinatensystem fest (in der Tat wollen wir die linearen Transformationen des Raumes erst im Laufe der Untersuchung erklären) und zweitens betrachten wir ausschließlich Vektoren, deren Anfangspunkte im Anfangspunkt der Koordinaten liegen.

Punktes sind. Die Einführung einer neuen Bezeichnung wird dadurch gerechtfertigt, daß wir für die Vektoren folgende Festsetzungen treffen:

I. Ist $\mathfrak{a}$ ein Vektor mit den Komponenten $a_1 \ldots a_q$ und λ eine beliebige endliche Zahl, so wollen wir mit $\lambda\mathfrak{a}$ den Vektor bezeichnen, dessen Komponenten gleich $\lambda a_1, \lambda a_2, \ldots, \lambda a_q$ sind; ferner bezeichnen wir mit $-\mathfrak{a}$ den Vektor mit den Komponenten $-a_1, \ldots, -a_q$.

II. Unter Summe $\mathfrak{a}+\mathfrak{b}$ von zwei Vektoren $\mathfrak{a}$: $a_1, a_2, \ldots, a_q$ und $\mathfrak{b}$: $b_1, b_2, \ldots, b_q$ verstehen wir den Vektor mit den Komponenten

$$(a_1+b_1), (a_2+b_2), \ldots, (a_q+b_q).$$

III. Zwei Vektoren $\mathfrak{a}$ und $\mathfrak{b}$ sollen dann und nur dann gleich heißen, wenn alle ihre gleichnamigen Komponenten übereinstimmen,

$$a_k = b_k \qquad (k = 1, \ldots, q);$$

ein Vektor ist dann und nur dann gleich Null, wenn seine sämtlichen q Komponenten verschwinden.

Aus diesen Regeln folgt, daß man mit Vektoren rechnen kann; sind nämlich $\mathfrak{a}, \mathfrak{b}, \mathfrak{c}, \ldots$ irgendwelche Vektoren und $\lambda, \mu, \ldots$ beliebige endliche Zahlen, so hat man

$$\lambda(\mu\mathfrak{a}) = \mu(\lambda\mathfrak{a}) = \lambda\mu\mathfrak{a}, \tag{1}$$

$$\lambda(\mathfrak{a}+\mathfrak{b}) = \lambda\mathfrak{a} + \lambda\mathfrak{b}, \tag{2}$$

$$\mathfrak{a}+\mathfrak{b} = \mathfrak{b}+\mathfrak{a}, \tag{3}$$

$$\mathfrak{a}+(\mathfrak{b}+\mathfrak{c}) = (\mathfrak{a}+\mathfrak{b})+\mathfrak{c} = \mathfrak{a}+\mathfrak{b}+\mathfrak{c}. \tag{4}$$

Ferner folgt aus

$$\lambda\mathfrak{a} = 0,$$

daß entweder λ oder $\mathfrak{a}$ verschwindet, und aus

$$\mathfrak{a}+\mathfrak{b} = \mathfrak{a},$$

daß

$$\mathfrak{b} = 0$$

ist; ferner folgt aus

$$\mathfrak{a}+\mathfrak{b} = 0,$$

daß

$$\mathfrak{b} = -\mathfrak{a}$$

ist und aus

$$\lambda_1\mathfrak{a}_1 + \lambda_2\mathfrak{a}_2 + \cdots + \lambda_p\mathfrak{a}_p = 0 \tag{5}$$

folgt ebenso, falls $\lambda_1 \neq 0$ ist,

$$\mathfrak{a}_1 = -\frac{\lambda_2}{\lambda_1}\mathfrak{a}_2 - \frac{\lambda_3}{\lambda_1}\mathfrak{a}_3 - \cdots - \frac{\lambda_p}{\lambda_1}\mathfrak{a}_p. \tag{6}$$

Lineare Vektorgebilde.

293. Definition. Ein lineares Vektorgebilde ist eine Menge L von Vektoren, die folgende zwei Eigenschaften besitzt:

a) ist der Vektor $\mathfrak{a}$ im linearen Gebilde L enthalten, so soll, wenn λ eine beliebige endliche Zahl bedeutet, $\lambda\mathfrak{a}$ ebenfalls in L enthalten sein;

b) sind $\mathfrak{a}$ und $\mathfrak{b}$ zwei Vektoren von L, so soll auch der Vektor $\mathfrak{a} + \mathfrak{b}$ zu L gehören.

Hieraus folgt, daß jedes lineare Gebilde den verschwindenden Vektor $\mathfrak{a} = 0$ enthält, daß ferner dieser letzte Vektor schon für sich allein ein lineares Gebilde darstellt und daß endlich jedes lineare Gebilde, das einen nicht verschwindenden Vektor enthält, aus unendlich vielen Vektoren besteht.

Satz 1. *Sind $\mathfrak{a}_1, \mathfrak{a}_2, \ldots, \mathfrak{a}_p$ beliebige Vektoren, von denen wir ohne Beschränkung der Allgemeinheit voraussetzen können, daß sie alle von Null verschieden sind, so bildet die Gesamtheit von Vektoren der Form*

$$(1) \qquad \lambda_1\mathfrak{a}_1 + \lambda_2\mathfrak{a}_2 + \cdots + \lambda_p\mathfrak{a}_p$$

ein lineares Vektorgebilde und zwar das kleinste derartige Gebilde, das $\mathfrak{a}_1, \mathfrak{a}_2, \ldots, \mathfrak{a}_p$ enthält.

Ist nämlich $\mathfrak{b}$ ein Vektor von der Form (1), so gilt dasselbe von $\lambda\mathfrak{b}$ und sind $\mathfrak{b}$ und $\mathfrak{c}$ von der Form (1), so gilt dasselbe von $(\mathfrak{b} + \mathfrak{c})$. Ist endlich L ein beliebiges lineares Vektorgebilde, das die Vektoren $\mathfrak{a}_1, \mathfrak{a}_2, \ldots, \mathfrak{a}_p$ enthält, so muß wegen der Eigenschaften a) und b) auch der Vektor (1) in L enthalten sein.

Wir wollen dieses kleinste lineare Vektorgebilde, das $\mathfrak{a}_1, \ldots, \mathfrak{a}_p$ enthält, mit $L(\mathfrak{a}_1, \ldots, \mathfrak{a}_p)$ bezeichnen und gelegentlich die Vektoren $\mathfrak{a}_1, \ldots, \mathfrak{a}_p$ die Erzeugenden dieses Gebildes nennen.

294. Man sagt, daß p Vektoren $\mathfrak{a}_1 \ldots \mathfrak{a}_p$ linear unabhängig sind, wenn es nicht möglich ist, die Gleichung

$$(1) \qquad \lambda_1\mathfrak{a}_1 + \lambda_2\mathfrak{a}_2 + \cdots + \lambda_p\mathfrak{a}_p = 0$$

zu erfüllen, ohne daß sämtliche λ_k verschwinden; im entgegengesetzten Falle nennt man $\mathfrak{a}_1 \ldots \mathfrak{a}_p$ linear abhängig.

Die p Vektoren sind z. B. stets linear abhängig, wenn einer unter ihnen verschwindet. Dagegen sind die beiden zweidimensionalen Vektoren

$$\mathfrak{a}_1 : 1,\ 0,$$
$$\mathfrak{a}_2 : 0,\ 1$$

linear unabhängig.

Es ist für viele Zwecke bequem, diese Terminologie auch auf den Fall $p = 1$ auszudehnen und von einem Vektor zu sagen, daß er linear abhängig oder unabhängig ist, je nachdem er verschwindet oder nicht.

Jedenfalls folgt aus der linearen Abhängigkeit von p Vektoren ($p > 1$), daß man den einen unter ihnen mit Hilfe der anderen darstellen kann. Es ist dann nämlich die Gleichung (1) erfüllt und außerdem z. B. $\lambda_1 \neq 0$; hieraus folgt aber (§ 292)

$$\mathfrak{a}_1 = \mu_1 \mathfrak{a}_2 + \cdots + \mu_p \mathfrak{a}_p.$$

In diesem Falle ist das lineare Gebilde $L(\mathfrak{a}_2, \mathfrak{a}_3, \ldots, \mathfrak{a}_p)$ **identisch** mit dem linearen Gebilde $L(\mathfrak{a}_1, \mathfrak{a}_2, \ldots, \mathfrak{a}_p)$. Man kann also durch sukzessives Wegstreichen von Vektoren erreichen, daß ein gegebenes lineares Gebilde $L(\mathfrak{a}_1, \mathfrak{a}_2, \ldots, \mathfrak{a}_p)$, falls es überhaupt einen von Null verschiedenen Vektor enthält, durch **linear unabhängige** Vektoren $\mathfrak{b}_1, \mathfrak{b}_2, \ldots, \mathfrak{b}_r$ erzeugt wird.

Ein System von linear unabhängigen Vektoren, die ein lineares Gebilde erzeugen, heißt eine **Basis** des linearen Gebildes.

Satz 2. *Ist* $\mathfrak{b}_1, \mathfrak{b}_2, \ldots, \mathfrak{b}_r$ *eine Basis des linearen Gebildes* $L(\mathfrak{b}_1, \mathfrak{b}_2, \ldots, \mathfrak{b}_r)$, *so ist die notwendige und hinreichende Bedingung dafür, daß ein Vektor* $\mathfrak{a}$ *zu diesem Gebilde gehöre, die lineare Abhängigkeit der Vektoren* $\mathfrak{a}, \mathfrak{b}_1, \mathfrak{b}_2, \ldots, \mathfrak{b}_r$.

Jeder Vektor von $L(\mathfrak{b}_1, \mathfrak{b}_2, \ldots, \mathfrak{b}_r)$ genügt nämlich nach dem § 293 einer Gleichung wie

$$\mathfrak{a} = \lambda_1 \mathfrak{b}_1 + \cdots + \lambda_r \mathfrak{b}_r, \tag{2}$$

woraus folgt, daß die Vektoren $\mathfrak{a}, \mathfrak{b}_1, \ldots, \mathfrak{b}_r$ linear abhängig sind. Ist umgekehrt eine lineare Abhängigkeit zwischen diesen Vektoren vorhanden, so muß eine Gleichung wie

$$\mu_0 \mathfrak{a} + \mu_1 \mathfrak{b}_1 + \cdots + \mu_r \mathfrak{b}_r = 0 \tag{3}$$

bestehen, und in dieser Gleichung muß $\mu_0 \neq 0$ sein, da sonst entgegen der Voraussetzung die $\mathfrak{b}_1, \ldots, \mathfrak{b}_r$ nicht linear unabhängig sein würden. Löst man aber die Gleichung (3) nach $\mathfrak{a}$ auf, so folgt, daß $\mathfrak{a}$ im gegebenen linearen Gebilde enthalten ist.

295. Satz 3. *Enthält ein lineares Gebilde* $L(\mathfrak{a}_1, \mathfrak{a}_2, \ldots, \mathfrak{a}_r)$, *das von* r *Vektoren erzeugt wird, ebensoviele linear unabhängige Vektoren* $\mathfrak{b}_1, \mathfrak{b}_2, \ldots, \mathfrak{b}_r$, *so bilden diese eine Basis des linearen Gebildes.*

Im Falle, daß $r = 1$ ist, bedeutet die postulierte lineare Unabhängigkeit einfach, daß $L(\mathfrak{a}_1)$ einen von Null verschiedenen Vektor $\mathfrak{b}_1$ enthält. Die Behauptung reduziert sich dann auf die triviale Gleichung

$$L(\mathfrak{a}_1) = L(\mathfrak{b}_1).$$

Wir setzen jetzt voraus, daß der Satz für lineare Gebilde, die von $(r-1)$ Vektoren erzeugt werden, richtig ist, und beweisen ihn für lineare Vektorgebilde, die von r Vektoren erzeugt werden.

Nach Voraussetzung gibt es r Vektoren

$$(1)\qquad \left\{\begin{array}{l} \mathfrak{b}_1 = \alpha_{11}\mathfrak{a}_1 + \alpha_{12}\mathfrak{a}_2 + \cdots + \alpha_{1r}\mathfrak{a}_r \\ \mathfrak{b}_2 = \alpha_{21}\mathfrak{a}_1 + \alpha_{22}\mathfrak{a}_2 + \cdots + \alpha_{2r}\mathfrak{a}_r \\ \cdots\cdots\cdots\cdots\cdots \\ \mathfrak{b}_r = \alpha_{r1}\mathfrak{a}_1 + \alpha_{r2}\mathfrak{a}_2 + \cdots + \alpha_{rr}\mathfrak{a}_r, \end{array}\right.$$

die linear unabhängig und folglich alle von Null verschieden sind. Insbesondere ist $\mathfrak{b}_r \neq 0$ und es können nicht alle Zahlen $\alpha_{r1}, \alpha_{r2}, \ldots, \alpha_{rr}$ verschwinden. Es ist also z. B. $\alpha_{r1} \neq 0$ und man hat, wenn man die letzte der Gleichungen (1) nach $\mathfrak{a}_1$ auflöst und diesen Wert von $\mathfrak{a}_1$ in die übrigen Gleichungen einsetzt,

$$(2)\qquad \left(\mathfrak{b}_k - \frac{\alpha_{k1}}{\alpha_{r1}}\mathfrak{b}_r\right) = \left(\alpha_{k2} - \alpha_{k1}\frac{\alpha_{r2}}{\alpha_{r1}}\right)\mathfrak{a}_2 + \cdots + \left(\alpha_{kr} - \alpha_{k1}\frac{\alpha_{rr}}{\alpha_{r1}}\right)\mathfrak{a}_r$$

Die $(r-1)$ Vektoren

$$(3)\qquad \mathfrak{b}_k' = \mathfrak{b}_k - \frac{\alpha_{k1}}{\alpha_{r1}}\mathfrak{b}_r \qquad (k = 1, 2, \ldots, (r-1))$$

liegen wegen der Gleichungen (2) im linearen Vektorgebilde $L(\mathfrak{a}_2, \ldots, \mathfrak{a}_r)$ und sind linear unabhängig, da man aus (3) von ihrer linearen Abhängigkeit auf die der ursprünglichen Vektoren $\mathfrak{b}_1, \ldots, \mathfrak{b}_r$ schließen müßte. Nach unserer Annahme bilden die Vektoren $\mathfrak{b}_1', \ldots, \mathfrak{b}_{r-1}'$ eine Basis von $L(\mathfrak{a}_2, \ldots, \mathfrak{a}_r)$, und man kann daher die Vektoren $\mathfrak{a}_2, \mathfrak{a}_3, \ldots, \mathfrak{a}_r$ linear in den $\mathfrak{b}_k'$ und nach (3) auch in den $\mathfrak{b}_k$ ausdrücken. Ferner folgt aus

$$\mathfrak{a}_1 = \frac{1}{\alpha_{r1}}\mathfrak{b}_r - \frac{\alpha_{r2}}{\alpha_{r1}}\mathfrak{a}_2 - \cdots - \frac{\alpha_{rr}}{\alpha_{r1}}\mathfrak{a}_r,$$

daß man auch $\mathfrak{a}_1$ linear in $\mathfrak{b}_1 \ldots \mathfrak{b}_r$ ausdrücken kann. Es ist also

$$L(\mathfrak{b}_1, \mathfrak{b}_2, \ldots, \mathfrak{b}_r) = L(\mathfrak{a}_1, \mathfrak{a}_2, \ldots, \mathfrak{a}_r)$$

und, da die $\mathfrak{b}_k$ linear unabhängig sind, bilden sie eine Basis unseres linearen Vektorgebildes.

Eine fast selbstverständliche Folgerung des letzten Satzes ist folgende:

Satz 4. *Zwischen je $(r+1)$ Vektoren eines linearen Gebildes $L(\mathfrak{a}_1, \ldots, \mathfrak{a}_r)$, das von r Vektoren erzeugt wird, besteht eine lineare Abhängigkeit.*

Sind in der Tat $\mathfrak{b}_1, \mathfrak{b}_2, \ldots, \mathfrak{b}_r, \mathfrak{b}_{r+1}$ irgendwelche Vektoren des linearen Gebildes, so sind entweder die Vektoren $\mathfrak{b}_1, \mathfrak{b}_2, \ldots, \mathfrak{b}_r$ schon linear abhängig, oder aber sie bilden nach dem vorigen Satze eine Basis von $L(\mathfrak{a}_1, \ldots, \mathfrak{a}_r)$ und man kann $\mathfrak{b}_{r+1}$ linear in $\mathfrak{b}_1, \ldots, \mathfrak{b}_r$ ausdrücken. In beiden Fällen besteht eine lineare Abhängigkeit zwischen den $(r+1)$ gegebenen Vektoren.

296. Sind $\mathfrak{b}_1, \mathfrak{b}_2, \ldots, \mathfrak{b}_r$ und $\mathfrak{c}_1, \mathfrak{c}_2, \ldots, \mathfrak{c}_s$ zwei Basen eines und desselben linearen Vektorgebildes $L(\mathfrak{a}_1, \mathfrak{a}_2, \ldots, \mathfrak{a}_m)$, so kann nicht $s > r$ sein, da sonst die Vektoren $\mathfrak{c}_k$ nach dem Satze 4 nicht linear unabhängig sein würden. Aus demselben Grunde kann aber auch nicht $r > s$ sein. Es muß also $r = s$ sein, d. h. sämtliche Basen eines linearen Gebildes bestehen aus derselben Anzahl von Vektoren.

Diese Zahl nennt man den Rang des Vektorensystems $\mathfrak{a}_1, \mathfrak{a}_2, \ldots, \mathfrak{a}_m$ oder die Dimension des Vektorgebildes $L(\mathfrak{a}_1, \mathfrak{a}_2, \ldots, \mathfrak{a}_m)$; sie kann definiert werden als die größte Anzahl von linear unabhängigen Vektoren, die man innerhalb dieses linearen Gebildes auswählen kann.

Das lineare Gebilde, das nur den verschwindenden Vektor enthält, wollen wir als ein Gebilde nullter Dimension betrachten.

Satz 5. *Im q-dimensionalen Raum gibt es nur ein einziges lineares Vektorgebilde $q$ter Dimension; dieses enthält sämtliche Vektoren des Raumes.*

Jeder beliebige Vektor $\mathfrak{x}$ läßt sich nämlich linear durch die q „Einheitsvektoren“

$$\begin{array}{ll} \mathfrak{e}_1: & 1, 0, 0, \ldots, 0 \\ \mathfrak{e}_2: & 0, 1, 0, \ldots, 0 \\ \cdot & \cdot\ \cdot\ \cdot\ \cdot\ \cdot\ \cdot \\ \mathfrak{e}_q: & 0, 0, 0, \ldots, 1 \end{array}$$

ausdrücken. Diese q Vektoren sind linear unabhängig, aber zwischen $(q+1)$ beliebigen Vektoren des Raumes muß stets eine lineare Abhängigkeit bestehen. Sind jetzt $\mathfrak{b}_1, \mathfrak{b}_2, \ldots, \mathfrak{b}_q$ irgendwelche linear unabhängige Vektoren, so bilden sie nach dem Satze 3 eine Basis des Gebildes, das von $\mathfrak{e}_1, \ldots, \mathfrak{e}_q$ erzeugt wird, und es ist

$$L(\mathfrak{b}_1, \mathfrak{b}_2, \ldots, \mathfrak{b}_q) = L(\mathfrak{e}_1, \mathfrak{e}_2, \ldots, \mathfrak{e}_q).$$

297. Wir sind jetzt imstande zu zeigen, daß jedes lineare Vektorgebilde L des q-dimensionalen Raumes durch höchstens q linear unabhängige Vektoren erzeugt werden kann.

Entweder besteht nämlich L aus einem einzigen verschwindenden Vektor oder es enthält einen von Null verschiedenen Vektor $\mathfrak{a}_1$. Im letzten Falle ist entweder

$$L \equiv L(\mathfrak{a}_1)$$

oder es enthält einen von $\mathfrak{a}_1$ linear unabhängigen Vektor $\mathfrak{a}_2$. Ist dieses der Fall, so ist entweder

$$L \equiv L(\mathfrak{a}_1, \mathfrak{a}_2)$$

oder es gibt in L einen Vektor $\mathfrak{a}_3$, der von $\mathfrak{a}_1$ und $\mathfrak{a}_2$ unabhängig ist. Indem man auf diese Weise fortfährt, und die Tatsache benutzt, daß zwischen je $(q+1)$ Vektoren des Raumes eine lineare Abhängigkeit besteht, sehen wir, daß für L nur endlich viele Möglichkeiten bestehen, und daß mithin entweder überhaupt kein von Null verschiedener Vektor in L enthalten ist, oder daß

$$L \equiv L(\mathfrak{a}_1, \mathfrak{a}_2, \ldots, \mathfrak{a}_r)$$

ist, wobei die Zahl $r \leqq q$ sein muß.

Orthogonalitätseigenschaften.

298. Sind zwei Vektoren

$$\mathfrak{a}:\quad a_1, a_2, \ldots, a_q$$
$$\mathfrak{b}:\quad b_1, b_2, \ldots, b_q$$

gegeben, so nennt man die Zahl

$$a_1 b_1 + a_2 b_2 + \cdots + a_q b_q,$$

die man mit Hilfe ihrer Komponenten erhält, das innere Produkt der beiden Vektoren und bezeichnet es mit $\mathfrak{a}\mathfrak{b}$.

Das innere Produkt

$$\mathfrak{a}\mathfrak{b} = a_1 b_1 + a_2 b_2 + \cdots + a_q b_q$$

besitzt die Eigenschaften:

$$\mathfrak{b}\mathfrak{a} = \mathfrak{a}\mathfrak{b},$$
$$(\lambda\mathfrak{a})\cdot(\mu\mathfrak{b}) = \lambda\mu(\mathfrak{a}\mathfrak{b}),$$
$$\mathfrak{a}(\mathfrak{b}+\mathfrak{c}) = \mathfrak{a}\mathfrak{b} + \mathfrak{a}\mathfrak{c}.$$

Hieraus folgt, wenn

$$\mathfrak{a} = \sum_k \lambda_k \mathfrak{a}_k \qquad \mathfrak{b} = \sum_j \mu_j \mathfrak{b}_j$$

ist, so muß

$$\mathfrak{a}\mathfrak{b} = \sum_{k,j} \lambda_k \mu_j\, \mathfrak{a}_k \cdot \mathfrak{b}_j \tag{1}$$

sein.

Als absoluten Betrag eines Vektors $\mathfrak{a}$ versteht man die Zahl

$$|\mathfrak{a}| = \sqrt{\mathfrak{a}\cdot\mathfrak{a}} = \sqrt{\mathfrak{a}^2}, \tag{2}$$

d. h., mit unseren früheren Bezeichnungen (§ 185), die Entfernung des Punktes des q-dimensionalen Raumes, dem unser Vektor zugeordnet ist, vom Anfangspunkt der Koordinaten.

Ist $\mathfrak{a} = 0$, so ist sowohl $|\mathfrak{a}| = 0$ als auch das innere Produkt mit einem beliebigen anderen Vektor $\mathfrak{b}$

$$\mathfrak{a} \cdot \mathfrak{b} = 0;$$

aus $\mathfrak{a} \neq 0$ folgt aber stets $|\mathfrak{a}| > 0$.

299. Zwei Vektoren $\mathfrak{a}$ und $\mathfrak{b}$ heißen orthogonal oder senkrecht, wenn ihr inneres Produkt verschwindet. Ein System von m Vektoren

$$\mathfrak{a}_1, \mathfrak{a}_2, \ldots, \mathfrak{a}_m$$

soll normiert genannt werden, wenn jeder unter ihnen den absoluten Betrag Eins hat und je zwei Vektoren des Systems orthogonal zueinander stehen; es soll also stets

$$(1) \qquad \begin{cases} \mathfrak{a}_j \mathfrak{a}_k = 1 & \text{für } j = k \\ \phantom{\mathfrak{a}_j \mathfrak{a}_k} = 0 & \text{für } j \neq k \end{cases}$$

sein. Wir werden auch gelegentlich von den Vektoren (1) selbst sagen, daß sie normiert sind.

Die Vektoren eines normierten Systems sind linear unabhängig, denn aus

$$\lambda_1 \mathfrak{a}_1 + \lambda_2 \mathfrak{a}_2 + \cdots + \lambda_m \mathfrak{a}_m = 0$$

folgt einerseits

$$(\lambda_1 \mathfrak{a}_1 + \lambda_2 \mathfrak{a}_2 + \cdots + \lambda_m \mathfrak{a}_m)\mathfrak{a}_k = 0$$

und anderseits wegen der Gleichungen (1)

$$(\lambda_1 \mathfrak{a}_1 + \lambda_2 \mathfrak{a}_2 + \cdots + \lambda_m \mathfrak{a}_m)\mathfrak{a}_k = \lambda_k;$$

es müssen also sämtliche λ_k verschwinden.

300. Ist ein Vektor $\mathfrak{p}$ orthogonal zu jedem Vektor der Basis eines linearen Vektorgebildes, so folgt aus der Gleichung (1) des § 298, daß $\mathfrak{p}$ überhaupt zu jedem Vektor des linearen Gebildes orthogonal ist; man sagt dann, daß $\mathfrak{p}$ orthogonal zu dem linearen Gebilde ist.

Es sei $\mathfrak{a}_1, \mathfrak{a}_2, \ldots, \mathfrak{a}_m$ ein System normierter Vektoren und $\mathfrak{x}$ ein beliebiger Vektor des Raumes; man kann dann $\mathfrak{x}$ auf eindeutige Weise in der Form darstellen

$$(1) \qquad \mathfrak{x} = \mathfrak{a} + \mathfrak{p},$$

wobei $\mathfrak{a}$ im linearen Gebilde $L(\mathfrak{a}_1, \mathfrak{a}_2, \ldots, \mathfrak{a}_m)$ liegt und $\mathfrak{p}$ orthogonal zu diesem Gebilde ist.

Wir setzen

$$(2) \qquad \mathfrak{a} = \lambda_1 \mathfrak{a}_1 + \lambda_2 \mathfrak{a}_2 + \cdots + \lambda_m \mathfrak{a}_m;$$

dann muß für jeden Wert k von 1 bis m

$$\mathfrak{p}\mathfrak{a}_k = (\mathfrak{x} - \mathfrak{a})\, \mathfrak{a}_k = 0$$

sein. Diese Gleichung kann man aber schreiben, weil die $\mathfrak{a}_k$ normiert sind,

(3) $$\mathfrak{x}\mathfrak{a}_k - \lambda_k = 0.$$

Die λ_k sind hierdurch eindeutig bestimmt; umgekehrt ist aber der Vektor

(4) $$\mathfrak{p} = \mathfrak{x} - \sum_k (\mathfrak{x}\mathfrak{a}_k)\mathfrak{a}_k$$

orthogonal zu $L(\mathfrak{a}_1, \mathfrak{a}_2, \ldots, \mathfrak{a}_m)$ und erfüllt also unsere Bedingungen.

Man kann leicht zeigen, daß für jede Zerlegung

(5) $$\mathfrak{x} = \mathfrak{a}' + \mathfrak{b},$$

für welche der Vektor $\mathfrak{a}'$ im linearen Gebilde $L(\mathfrak{a}_1, \ldots, \mathfrak{a}_m)$ liegt,

(6) $$|\mathfrak{b}| \geqq |\mathfrak{p}|$$

ist, und daß das Gleichheitszeichen nur dann gilt, wenn $\mathfrak{a}' = \mathfrak{a}$ und $\mathfrak{b} = \mathfrak{p}$ ist. Man hat nämlich

$$\mathfrak{b} = (\mathfrak{a} - \mathfrak{a}') + \mathfrak{p}$$

und folglich, weil

$$\mathfrak{p}(\mathfrak{a} - \mathfrak{a}') = 0$$

ist,

(7) $$\mathfrak{b}^2 = (\mathfrak{a} - \mathfrak{a}')^2 + \mathfrak{p}^2,$$

also

$$\mathfrak{b}^2 \geqq \mathfrak{p}^2,$$

woraus (6) unmittelbar folgt.

Liegt $\mathfrak{x}$ im linearen Gebilde $L(\mathfrak{a}_1, \mathfrak{a}_2, \ldots, \mathfrak{a}_m)$, so verschwindet $\mathfrak{p}$. Es ist nämlich dann

$$\mathfrak{x} = \mu_1\mathfrak{a}_1 + \mu_2\mathfrak{a}_2 + \cdots + \mu_m\mathfrak{a}_m$$

und

$$\mathfrak{x}\mathfrak{a}_k = \mu_k;$$

nach der Gleichung (4) ist dann $\mathfrak{p} = 0$. Ist aber umgekehrt $\mathfrak{p} = 0$, so liegt natürlich $\mathfrak{x}$ im linearen Gebilde der $\mathfrak{a}_k$.

Wenn anderseits $\mathfrak{p} \neq 0$ ist, so ist

$$\mathfrak{a}_1, \ldots, \mathfrak{a}_m, \frac{\mathfrak{p}}{|\mathfrak{p}|}$$

normiert und das lineare Gebilde

$$L\left(\mathfrak{a}_1, \ldots, \mathfrak{a}_m, \frac{\mathfrak{p}}{|\mathfrak{p}|}\right)$$

enthält $\mathfrak{x}$.

301. Man kann mit Hilfe der Operationen des vorigen Paragraphen stets eine Basis eines beliebigen Gebildes $L(\mathfrak{a}_1, \mathfrak{a}_2, \ldots, \mathfrak{a}_m)$ bestimmen, die normiert ist.

Es ist keine Beschränkung, wenn wir voraussetzen, daß alle Vektoren $\mathfrak{a}_1, \mathfrak{a}_2, \ldots, \mathfrak{a}_m$ von Null verschieden sind. Man setze

$$\mathfrak{b}_1 = \frac{\mathfrak{a}_1}{|\mathfrak{a}_1|},$$

dann ist $|\mathfrak{b}_1| = 1$. Hierauf setze man

$$\mathfrak{b}_2' = \mathfrak{a}_2 - (\mathfrak{a}_2 \mathfrak{b}_1)\mathfrak{b}_1.$$

Ist $\mathfrak{b}_2' = 0$, so sind $\mathfrak{a}_2$ und $\mathfrak{b}_1$ linear abhängig und man kann $\mathfrak{a}_2$ einfach fortlassen; ist aber $\mathfrak{b}_2' \neq 0$, so setze man

$$\mathfrak{b}_2 = \frac{\mathfrak{b}_2'}{|\mathfrak{b}_2'|};$$

das Vektorensystem $(\mathfrak{b}_1, \mathfrak{b}_2)$ ist dann normiert. Ferner setze man

$$\mathfrak{b}_3' = \mathfrak{a}_3 - (\mathfrak{a}_3\mathfrak{b}_1)\mathfrak{b}_1 - (\mathfrak{a}_3\mathfrak{b}_2)\mathfrak{b}_2,$$

lasse $\mathfrak{a}_3$ fort, falls $\mathfrak{b}_3' = 0$ ist, und setze andernfalls

$$\mathfrak{b}_3 = \frac{\mathfrak{b}_3'}{|\mathfrak{b}_3'|}.$$

Indem man in dieser Weise fortfährt, erhält man die gewünschte normierte Basis von $L(\mathfrak{a}_1, \mathfrak{a}_2, \ldots, \mathfrak{a}_m)$ und zugleich die Möglichkeit, den Rang eines beliebigen Systems von Vektoren durch elementare Rechnungen zu bestimmen.

302. Es sei $\mathfrak{b}_1, \mathfrak{b}_2, \ldots, \mathfrak{b}_m$ die normierte Basis eines linearen Gebildes $L(\mathfrak{b}_1, \mathfrak{b}_2, \ldots, \mathfrak{b}_m)$, wobei $m < q$ sein soll. Bezeichnet man wieder mit $\mathfrak{e}_1, \mathfrak{e}_2, \ldots, \mathfrak{e}_q$ die Einheitsvektoren des Raumes, so ist das lineare Gebilde

(1) $$L(\mathfrak{b}_1, \mathfrak{b}_2, \ldots, \mathfrak{b}_m, \mathfrak{e}_1, \mathfrak{e}_2, \ldots, \mathfrak{e}_q)$$

ein Gebilde $q$ter Dimension und jede Basis dieses Gebildes, das den ganzen Raum umfaßt, besteht aus q Vektoren. Berücksichtigt man, daß die $\mathfrak{b}_k$ normiert sind, und wendet auf das Vektorensystem

$$\mathfrak{b}_1, \ldots, \mathfrak{b}_m, \mathfrak{e}_1, \ldots, \mathfrak{e}_q$$

die Operationen des vorigen Paragraphen an, so erhält man eine normierte Basis von (1), welche die Vektoren $\mathfrak{b}_1, \ldots, \mathfrak{b}_m$ enthält, und folglich in der Gestalt

$$\mathfrak{b}_1, \mathfrak{b}_2, \ldots, \mathfrak{b}_m; \mathfrak{c}_1, \mathfrak{c}_2, \ldots, \mathfrak{c}_{q-m}$$

erscheint. Jeder Vektor $\mathfrak{x}$ des Raumes genügt also einer Gleichung

$$\mathfrak{x} = \lambda_1\mathfrak{b}_1 + \lambda_2\mathfrak{b}_2 + \cdots + \lambda_m\mathfrak{b}_m + \mu_1\mathfrak{c}_1 + \cdots + \mu_{q-m}\mathfrak{c}_{q-m}.$$

Sind hierbei die Koeffizienten λ_k alle gleich Null, so ist natürlich $\mathfrak{x}$ orthogonal zu $L(\mathfrak{b}_1, \ldots, \mathfrak{b}_m)$; ist umgekehrt $\mathfrak{x}$ orthogonal zu $L(\mathfrak{b}_1, \ldots, \mathfrak{b}_m)$

und folglich zu jedem der Vektoren $\mathfrak{b}_k$, so müssen die Gleichungen

$$\mathfrak{x}\mathfrak{b}_k = \lambda_k = 0 \qquad (k = 1, 2, \ldots, m)$$

bestehen. Mit andern Worten: das lineare Gebilde $L(\mathfrak{c}_1, \mathfrak{c}_2, \ldots, \mathfrak{c}_{q-m})$ enthält alle Vektoren, die auf $L(\mathfrak{b}_1, \ldots, \mathfrak{b}_m)$ senkrecht stehen und nur diese.

Man sagt diese beiden linearen Gebilde sind **orthogonal** zueinander.

Das lineare Gebilde, das zu einem gegebenen orthogonal ist, ist eindeutig bestimmt und die Summe der Dimensionen von zwei zueinander orthogonalen Gebilden ist stets gleich der Dimension q des Gesamtraumes.

Ist $m = q$, so gibt es keinen nicht verschwindenden Vektor, der zu dem Gebilde $L(\mathfrak{b}_1, \ldots, \mathfrak{b}_q)$ orthogonal ist, da jeder Vektor des Raumes in diesem Gebilde enthalten ist.

303. Die Gesamtheit der Vektoren, die in zwei gegebenen linearen Gebilden L und M zugleich enthalten sind, muß wegen der Definition des § 293 ebenfalls ein lineares Vektorgebilde erzeugen. Dieses lineare Vektorgebilde, das natürlich stets den verschwindenden Vektor enthält, wollen wir den **Durchschnitt** von L und M nennen und mit S bezeichnen.

Wir bezeichnen mit L^0 und M^0 die zu L und M orthogonalen Gebilde und mit S^0 das kleinste lineare Gebilde, das sowohl L^0 als auch M^0 enthält; jeder Vektor des Durchschnitts S von L und M ist dann sowohl zu L^0 als auch zu M^0 orthogonal, und er muß folglich auch orthogonal zu S^0 sein, da man eine Basis von S^0 aus Vektoren von L^0 und M^0 zusammensetzen kann (§ 294). Umgekehrt ist aber jeder Vektor, der auf S^0 senkrecht steht, orthogonal sowohl zu L^0 als auch zu M^0 und folglich ein Vektor von S. Mit anderen Worten die linearen Gebilde S und S^0 sind zueinander orthogonal. Da man nun durch unsere elementaren Operationen L^0, M^0 und S^0 konstruieren kann, so gilt dasselbe auch von S.

Bezeichnet man mit m, n, s die Dimensionen von L, M, S, so sind die Dimensionen von L^0, M^0, S^0 bzw. $(q-m)$, $(q-n)$ und $(q-s)$; außerdem aber ist die Dimension von S^0 nie größer als die Summe der Dimensionen von L^0 und M^0; man kann also schreiben

$$q - s \leqq (q-m) + (q-n)$$

oder

$$s \geqq (m+n-q).$$

Hieraus folgt insbesondere, daß der Durchschnitt von L und M stets von Null verschiedene Vektoren enthält, wenn $m + n > q$ ist.

Determinanten.

304. Definition. Es seien im n-dimensionalen Raume n Vektoren $\mathfrak{a}_1, \mathfrak{a}_2, \ldots, \mathfrak{a}_n$ in bestimmter Reihenfolge gegeben.

Wir wollen Funktionen $D(\mathfrak{a}_1, \mathfrak{a}_2, \ldots, \mathfrak{a}_n)$ untersuchen mit folgenden drei Eigenschaften:

a) Der Wert der Funktion bleibt ungeändert, wenn man einen der Vektoren $\mathfrak{a}_k$ durch den Vektor $(\mathfrak{a}_k + \mathfrak{a}_j)$ ersetzt, wobei $j \neq k$ ist.

b) Der Wert der Funktion wird mit λ multipliziert, wenn man irgendeinen der Vektoren $\mathfrak{a}_k$ durch $\lambda \mathfrak{a}_k$ ersetzt.

c) Bezeichnet man mit $\mathfrak{e}_1, \mathfrak{e}_2, \ldots, \mathfrak{e}_n$ die Einheitsvektoren des Raumes in ihrer natürlichen Reihenfolge (d. h. in derselben Reihenfolge, wie in § 296), so ist

$$D(\mathfrak{e}_1, \mathfrak{e}_2, \ldots, \mathfrak{e}_n) = 1.$$

Diese Funktionen, die, wie wir bald sehen werden, durch die Eigenschaften a), b) und c) eindeutig definiert sind, nennt man Determinanten und bezeichnet sie, wenn man die Komponenten $a_{k1}, a_{k2}, \ldots, a_{kn}$ jedes Vektors $\mathfrak{a}_k$ ausführlich hinschreiben will, durch das Symbol

$$\begin{vmatrix} a_{11}, a_{12}, \ldots, a_{1n} \\ a_{21}, a_{22}, \ldots, a_{2n} \\ \cdot \quad \cdot \quad \cdot \quad \cdot \quad \cdot \quad \cdot \quad \cdot \\ a_{n1}, a_{n2}, \ldots, a_{nn} \end{vmatrix}. \tag{1}$$

Die letzte Bezeichnungsweise erlaubt ohne weiteres von Zeilen und Spalten (Kolonnen) der Determinante zu sprechen; die Zahlen a_{ik} nennt man die Elemente der Determinante. Die n Elemente $a_{11}, a_{22}, \ldots, a_{nn}$ bilden im Schema (1) die Hauptdiagonale der Determinante und die ganze Zahl n heißt ihre Ordnung.

Wir wollen zunächst die Untersuchung führen, ohne uns darum zu kümmern, ob es für jeden beliebigen Wert der natürlichen Zahl n auch Determinanten gibt. Der betreffende Existenzbeweis, der uns zugleich darüber unterrichten wird, daß die Bedingungen a), b) und c) sich nicht widersprechen, wird erst im § 311 gegeben werden.

305. Satz 1. *Der Wert einer Determinante bleibt unverändert, wenn man einen beliebigen der Vektoren $\mathfrak{a}_k$ durch $\mathfrak{a}_k + \lambda \mathfrak{a}_j$ ersetzt, wobei $j \neq k$ und λ eine willkürliche Zahl bedeutet.*

Der Satz braucht natürlich nur für nicht verschwindendes λ bewiesen zu werden. Der Wert D unserer Determinante geht nach b) in λD über, wenn wir $\mathfrak{a}_j$ durch $\lambda \mathfrak{a}_j$ ersetzen; hierauf bleibt nach a) der Wert λD erhalten, wenn wir $\mathfrak{a}_k$ durch $\mathfrak{a}_k + \lambda \mathfrak{a}_j$ ersetzen. Endlich geht nach b) wieder λD in D über, wenn wir $\lambda \mathfrak{a}_j$ mit $1:\lambda$ multiplizieren.

Satz 2. *Der Wert einer Determinante wird mit* -1 *multipliziert, wenn man zwei Zeilen der Determinante miteinander vertauscht.*

Es seien $\mathfrak{a}_j$ und $\mathfrak{a}_k$ zwei verschiedene Vektoren von $D(\mathfrak{a}_1, \mathfrak{a}_2, \ldots, \mathfrak{a}_n)$. Der Wert der Determinante wird nach dem obigen Satze nicht geändert, wenn man nacheinander die Vektoren $\mathfrak{a}_j$ und $\mathfrak{a}_k$ ersetzt durch

$$\begin{aligned} \mathfrak{a}_j' &= \mathfrak{a}_j + \mathfrak{a}_k, & \mathfrak{a}_k' &= \mathfrak{a}_k, \\ \mathfrak{a}_j'' &= \mathfrak{a}_j' = \mathfrak{a}_j + \mathfrak{a}_k, & \mathfrak{a}_k'' &= \mathfrak{a}_k' - \mathfrak{a}_j' = -\mathfrak{a}_j, \\ \mathfrak{a}_j''' &= \mathfrak{a}_j'' + \mathfrak{a}_k'' = \mathfrak{a}_k, & \mathfrak{a}_k''' &= \mathfrak{a}_k'' = -\mathfrak{a}_j. \end{aligned}$$

Endlich wird D mit -1 multipliziert, wenn man $\mathfrak{a}_k'''$ durch $-\mathfrak{a}_k''' = \mathfrak{a}_j$ ersetzt.

Satz 3. *Eine Determinante verschwindet, wenn alle Elemente einer Zeile gleich Null sind.*

Multipliziert man in der Tat alle Elemente dieser Zeile mit dem Faktor $\lambda = 2$, so muß nach b) der Wert der Determinante verdoppelt werden; anderseits aber behalten alle Elemente dieser Zeile ihren Wert Null, so daß der Wert der Determinante unverändert geblieben ist. Hieraus folgt aber ohne weiteres

$$D = 0.$$

306. Wir müssen jetzt zeigen, daß der Wert der Funktion D durch die Eigenschaften a), b) und c), welche die vorigen drei Sätze nach sich ziehen, eindeutig bestimmt ist. Das erreichen wir dadurch, daß wir ein Verfahren angeben, um die Determinante auszurechnen, wenn die a_{ik} gegebene numerische Konstanten sind.

Man kann nämlich durch wiederholte Anwendung der Operationen, die in den Sätzen 1 und 2 beschrieben sind, jede Determinante D von höherer als erster Ordnung in eine gleichwertige D_1 transformieren, bei welcher sämtliche Elemente unterhalb der Hauptdiagonale gleich Null sind. Wir wollen dann sagen, daß D in die Normalform erster Art übergeführt worden ist.

Wir betrachten zunächst die Elemente der ersten Spalte:

$$a_{11}, a_{21}, a_{31}, \ldots, a_{n1};$$

entweder sind diese alle Null oder aber man kann durch eventuelle Vertauschung von zwei Zeilen und Multiplikation der einen dieser Zeilen mit -1 unsere Determinante in eine gleichwertige transformieren, für welche $a_{11} \neq 0$ ist. Ist nun in der Determinante $a_{11} \neq 0$, so ist nach dem ersten Satze

$$(1) \qquad D(\mathfrak{a}_1, \mathfrak{a}_2', \mathfrak{a}_3', \ldots, \mathfrak{a}_n') = D(\mathfrak{a}_1, \mathfrak{a}_2, \ldots, \mathfrak{a}_n),$$

wenn wir

$$(2) \qquad \mathfrak{a}_k' = \mathfrak{a}_k - \frac{a_{k1}}{a_{11}} \mathfrak{a}_1 \qquad (k = 2, 3, \ldots, n)$$

setzen. In der neuen Determinante verschwinden aber in jedem dieser Fälle die $(n-1)$ letzten Elemente der ersten Spalte und wir können schreiben

$$(3) \qquad D = \begin{vmatrix} a_{11}, & a_{12}, & a_{13}, & \ldots, & a_{1n} \\ 0, & a_{22}', & a_{23}', & \ldots, & a_{2n}' \\ 0, & a_{32}', & a_{33}', & \ldots, & a_{3n}' \\ \cdot & \cdot & \cdot & \cdot & \cdot \\ 0, & a_{n2}', & a_{n3}', & \ldots, & a_{nn}' \end{vmatrix}$$

Falls also unsere Determinante D zweiter Ordnung war, ist unser Ziel schon erreicht.

Um den Schluß von n auf $(n+1)$ anzuwenden, nehme man jetzt an, daß die Determinante $(n-1)$ter Ordnung

$$\begin{vmatrix} a_{22}', & a_{23}', & \ldots, & a_{2n}' \\ a_{32}', & a_{33}', & \ldots, & a_{3n}' \\ \cdot & \cdot & \cdot & \cdot \\ a_{n2}', & a_{n3}', & \ldots, & a_{nn}' \end{vmatrix}$$

durch die Operationen der Sätze 1 und 2 des § 305, verbunden mit der Voraussetzung b) der Definition, in die Normalform erster Art übergeführt werden kann. Bemerkt man, daß bei Anwendung der gleichen Operationen auf die $(n-1)$ letzten Zeilen des Schemas (3) die $(n-1)$ letzten Elemente der ersten Spalte ihren Wert Null beibehalten, so sieht man, daß durch diese Operationen die Determinante D in die Normalform erster Art übergeführt worden ist. Die Möglichkeit der Transformation ist also für jeden Wert von n bewiesen.

307. Wir wollen sagen, daß eine Determinante in der Normalform zweiter Art erscheint, wenn entweder alle Elemente einer Zeile oder alle Elemente, die nicht auf der Hauptdiagonale liegen, verschwinden.

Es ist sehr leicht, durch Anwendung derselben Operationen wie vorhin eine Determinante aus der Normalform erster Art in eine gleichwertige Determinante der zweiten Normalform überzuführen.

Es sei nämlich

$$(1) \qquad D = \begin{vmatrix} b_{11}, b_{12}, b_{13}, \ldots, b_{1n} \\ 0, \; b_{22}, b_{23}, \ldots, b_{2n} \\ 0, \; 0, \; b_{33}, \ldots, b_{3n} \\ \cdot \quad \cdot \quad \cdot \quad \cdot \quad \cdot \quad \cdot \quad \cdot \\ 0, \; 0, \; 0, \; \ldots, b_{nn} \end{vmatrix}$$

Ist $b_{nn} = 0$, so ist das Schema (1) schon von der zweiten Normalform. Ist aber $b_{nn} \neq 0$, so kann man durch Addition der mit geeigneten Faktoren multiplizierten letzten Zeile von (1) zu den früheren erreichen, daß die $(n-1)$ ersten Elemente der letzten Spalte verschwinden. Ist die Ordnung der Determinante gleich zwei, so ist unser Ziel schon erreicht; ist aber $n > 2$, so zeigt die Anwendung des Schlusses von n auf $(n+1)$, den wir genau so handhaben wie im vorigen Paragraphen, daß man durch unsere Elementaroperationen die Determinante D in eine gleichwertige Determinante von der zweiten Normalform überführen kann.

308. Sind in einer Determinante, welche in der zweiten Normalform erscheint, alle Elemente der Hauptdiagonale von Null verschieden, so ist nach der Eigenschaft b) des § 304 der Wert von D gleich dem Produkte der Elemente in der Hauptdiagonale multipliziert mit $D(\mathfrak{e}_1, \mathfrak{e}_2, \ldots, \mathfrak{e}_n)$, also nach der Eigenschaft c) desselben Paragraphen ist D gleich diesem Produkte

Ist aber ein Element der Hauptdiagonale gleich Null, so müssen auch nach der Definition des vorigen Paragraphen alle Elemente einer Zeile verschwinden und die Determinante folglich den Wert Null haben (§ 305, Satz 3).

Bemerkt man endlich, daß bei den Operationen, durch welche wir eine Determinante der ersten Normalform in eine der zweiten transformiert haben, die Diagonalglieder unverändert bleiben, so haben wir den

Satz 4. *Jede Determinante, die in einer der beiden Normalformen erscheint, ist gleich dem Produkte ihrer Elemente in der Hauptdiagonale.*

309. Man bemerke, daß bei allen Operationen, durch welche wir eine Determinante in die Normalformen erster und zweiter Art transformiert haben, jede Spalte ganz unabhängig von den übrigen aber in genau derselben Weise wie die übrigen transformiert worden ist.

Ersetzt man also die Elemente einer Spalte der ursprünglichen Determinante D durch ihre Summe mit den entsprechenden Elementen einer anderen Spalte und führt für die so modifizierte Determinante D' nacheinander alle Operationen aus, die zu der Normalform zweiter Art D_2 geführt hatten, so erhält man statt D_2 eine Determinante D_2', die aus D_2 hervorgeht, indem man die Elemente einer ihrer Spalten zu den Elementen einer anderen Spalte addiert.

Wir brauchen also nur zu untersuchen, wie sich D_2 bei der betrachteten Operation über die Spalten transformiert.

Besteht eine Zeile von D_2 aus lauter verschwindenden Elementen, so muß D_2' auch gleich Null sein; andernfalls sind die Hauptdiagonalen von D_2 und D_2' einander gleich und enthalten lauter nicht verschwindende Elemente. Außerdem ist nur noch ein einziges Element von D_2' nicht Null und man sieht sofort ein, daß die Normalform zweiter Art von D_2' wiederum D_2 ist Hieraus folgt aber $D_2' = D_2$ und, wenn man die Gleichungen $D' = D_2'$ und $D = D_2$ berücksichtigt, schließlich auch $D' = D$.

Ebenso sieht man, daß durch Multiplikation einer Spalte mit einem willkürlichen Faktor λ die Determinante mit λ multipliziert wird.

Nun setze man
$$\bar{\mathfrak{a}}_k\colon\ a_{1k}, a_{2k}, \ldots, a_{nk};$$
die Komponenten von $\bar{\mathfrak{a}}_k$ sind also die Elemente der $k$ten. Spalte. Unsere Determinante kann aufgefaßt werden als Funktion der n Vektoren $\bar{\mathfrak{a}}_k$
$$D(\mathfrak{a}_1, \mathfrak{a}_2, \ldots, \mathfrak{a}_n) = \Delta(\bar{\mathfrak{a}}_1, \bar{\mathfrak{a}}_2, \ldots, \bar{\mathfrak{a}}_n).$$
Die obigen Bemerkungen zeigen, daß die Funktion $\Delta(\bar{\mathfrak{a}}_1, \ldots, \bar{\mathfrak{a}}_n)$ die Eigenschaften a) und b), welche die Determinante $D(\bar{\mathfrak{a}}_1, \bar{\mathfrak{a}}_2, \ldots, \bar{\mathfrak{a}}_n)$ besitzt, ebenfalls erfüllt. Ist ferner
$$\bar{\mathfrak{a}}_k = \mathfrak{e}_k, \qquad (k = 1, 2, \ldots, n)$$
so ist auch
$$\mathfrak{a}_k = \mathfrak{e}_k \qquad (k = 1, 2, \ldots, n)$$
und man kann schreiben
$$\Delta(\mathfrak{e}_1, \mathfrak{e}_2, \ldots, \mathfrak{e}_n) = 1.$$
Die Eigenschaft c) ist also ebenfalls erfüllt; nun haben wir bewiesen, daß durch diese drei Eigenschaften der Wert einer Funktion eindeutig bestimmt ist. Es muß also
$$\Delta(\bar{\mathfrak{a}}_1, \ldots, \bar{\mathfrak{a}}_n) = D(\bar{\mathfrak{a}}_1, \ldots, \bar{\mathfrak{a}}_n)$$
und daher auch
$$D(\mathfrak{a}_1, \mathfrak{a}_2, \ldots, \mathfrak{a}_n) = D(\bar{\mathfrak{a}}_1, \bar{\mathfrak{a}}_2, \ldots, \bar{\mathfrak{a}}_n)$$
sein, d. h. wir haben den

Satz 5. *Der Wert einer Determinante wird durch Spiegelung ihrer Elemente an der Hauptdiagonale nicht verändert.*

Hieraus folgt, daß die drei Sätze des § 305, die wir für die Zeilen einer Determinante ausgesprochen haben, auch für die Kolonnen einer Determinante richtig sind. Ebenso kann man den Satz behaupten:

Satz 6. *Sind die entsprechenden Elemente zweier Zeilen oder Spalten einer Determinante einander gleich, so verschwindet die Determinante.*

Sind z. B. die beiden Vektoren $\mathfrak{a}_j$ und $\mathfrak{a}_k$ einander gleich und ersetzen wir $\mathfrak{a}_j$ durch $(\mathfrak{a}_j - \mathfrak{a}_k)$, was den Wert unserer Determinante nicht verändert, so verschwinden alle Elemente einer Zeile unserer neuen Determinante.

310. Setzt man der Reihe nach für die Elemente der letzten Spalte einer Determinante D unbestimmte Größen

$$x_1, x_2, \ldots, x_n,$$

und transformiert nach dem § 306 die Determinante in eine gleichwertige von der ersten Normalform, so erscheint das letzte Element der Hauptdiagonale in der transformierten Determinante als homogene lineare Funktion der x_k, deren Koeffizienten bestimmte numerische Zahlen sind, während in den übrigen Elementen dieser Hauptdiagonale die x_k nicht vorkommen. Wegen des Satzes 4 des § 308 ist also D eine lineare und homogene Funktion der Elemente ihrer letzten Spalte. Nach den Sätzen 2 und 5 der §§ 305 und 309 kann man dasselbe von jeder Zeile oder Spalte behaupten:

Satz 7. *Eine Determinante ist eine lineare und homogene Funktion der Elemente einer jeden ihrer Zeilen und Spalten.*

Insbesondere kann man also schreiben:

$$D = \alpha_1 a_{11} + \alpha_2 a_{12} + \cdots + \alpha_n a_{1n}, \tag{1}$$

wobei die Koeffizienten α_k nur von den Elementen der $(n-1)$ letzten Zeilen der Determinante abhängen. Wir können α_1 ausrechnen, indem wir $\mathfrak{a}_1 = \mathfrak{e}_1$ setzen; es ist dann:

$$\alpha_1 = \begin{vmatrix} 1, & 0, & 0, & \ldots, & 0 \\ a_{21}, & a_{22}, & a_{23}, & \ldots, & a_{2n} \\ . & . & . & . & . \\ a_{n1}, & a_{n2}, & a_{n3}, & \ldots, & a_{nn} \end{vmatrix},$$

oder nach dem § 306

$$\alpha_1 = \begin{vmatrix} 1, & 0, & 0, & \ldots, & 0 \\ 0, & a_{22}, & a_{23}, & \ldots, & a_{2n} \\ . & . & . & . & . \\ 0, & a_{n2}, & a_{n3}, & \ldots, & a_{nn} \end{vmatrix}. \tag{2}$$

Man sieht nun sofort ein, daß der Wert (2) von α_1 mit demjenigen der Determinante $(n-1)$ter Ordnung

$$\begin{vmatrix} a_{22}, & a_{23}, & \ldots, & a_{2n} \\ . & . & . & . \\ a_{n2}, & a_{n3}, & \ldots, & a_{nn} \end{vmatrix},$$

die man durch Weglassen der ersten Zeile und der ersten Spalte von D erhält, übereinstimmen muß. Beide sind nämlich Funktionen von denselben Veränderlichen und besitzen die Eigenschaften a), b) und c) des § 304, durch welche der numerische Wert der Funktion eindeutig bestimmt ist (§ 308).

Wir wollen mit A_{ik} diejenige Determinante $(n-1)$ter Ordnung bezeichnen, die man erhält, wenn man die Zeile und die Spalte, welche sich im Elemente a_{ik} von D kreuzen, wegläßt und das übrige Schema unverändert beibehält.

Wir wollen ferner die Größen

$$C_{ik} = (-1)^{i+k} A_{ik}$$

einführen und sie das algebraische Komplement des Elementes a_{ik} nennen. Dann läßt sich die Gleichung (2) schreiben:

$$\alpha_1 = A_{11} = C_{11}.$$

Um α_2 zu berechnen, vertauschen wir die beiden ersten Spalten, wobei D in $-D$ übergeht, und setzen $a_{12} = 1$ und die übrigen Elemente der ersten Zeile von D gleich Null; nach dem obigen Resultat ist dann

(3) $$\alpha_2 = -A_{12} = C_{12}.$$

Um α_3 zu berechnen, vertausche man die zweite mit der dritten Spalte, bezeichne mit D' die transformierte Determinante und mit α_k' die Transformierte von α_k. Man hat dann

$$D' = -D, \quad \alpha_2' = -\alpha_3, \quad C_{12}' = -C_{13}$$

und nach (3)

$$\alpha_2' = C_{12}'.$$

Es ist demnach

$$\alpha_3 = C_{13}.$$

Indem man in dieser Weise fortfährt, erhält man statt (1) die Formel

(4) $$D = C_{11}a_{11} + C_{12}a_{12} + \cdots + C_{1n}a_{1n}.$$

Durch Vertauschung der beiden ersten Zeilen von D folgt aus einer ganz analogen Schlußweise

$$D = C_{21}a_{21} + C_{22}a_{22} + \cdots + C_{2n}a_{2n}.$$

Allgemein erhält man, wenn man die Sätze 2, 5 und 6 benutzt, und wenn man mit δ_{kj} ein System von n^2 Zahlen bezeichnet, die den Bedingungen $\delta_{kj} = 0$ für $k \neq j$ und $\delta_{kj} = 1$ für $k = j$ genügen, folgendes System von Formeln:

(5) $$\sum_{i=1}^{n} C_{ki} a_{ji} = \delta_{kj} D,$$

(6) $$\sum_{i=1}^{n} C_{ik} a_{ij} = \delta_{kj} D.$$

311. Die Formel (4) des vorigen Paragraphen erlaubt einen analytischen Ausdruck für die Determinanten $n$ter Ordnung zu berechnen, falls man einen solchen für die Determinanten $(n-1)$ter Ordnung kennt; man kann mit seiner Hilfe verifizieren, ob die Bedingungen a), b), c) des § 304 für jedes n miteinander verträglich sind oder nicht.

Wir wollen nun zeigen, daß der Ausdruck

$$D = a_{11} C_{11} + a_{12} C_{12} + \cdots + a_{1n} C_{1n} \tag{1}$$

eine Determinante $n$ter Ordnung darstellt, falls man die Existenz von Determinanten $(n-1)$ter Ordnung voraussetzt. Da ferner für $n = 2$ die Gleichung (1) explizite lautet:

$$D = a_{11} a_{22} - a_{12} a_{21}$$

und dieser letzte Ausdruck unseren Forderungen genügt, wird hiermit die Existenz von Determinanten für jedes beliebige n erwiesen sein.

Man sieht zunächst sofort ein, daß die Eigenschaften b) und c) des § 304 für den Ausdruck

$$D(\mathfrak{a}_1, \mathfrak{a}_2, \ldots, \mathfrak{a}_n) = a_{11} C_{11} + a_{12} C_{12} + \cdots + a_{1n} C_{1n}$$

von selbst erfüllt sind. Ebenso sieht man, daß dieser Ausdruck sich nicht ändert, wenn man $\mathfrak{a}_k$ durch $\mathfrak{a}_k + \mathfrak{a}_j$ ersetzt, solange $k \neq j$ und keine der beiden Zahlen gleich Eins ist; endlich, daß D mit -1 multipliziert wird, wenn man $\mathfrak{a}_2$ mit einem beliebigen unter den folgenden Vektoren vertauscht. Es bleibt demnach nur noch zu zeigen, daß D unverändert bleibt, wenn man $\mathfrak{a}_1$ oder $\mathfrak{a}_2$ (aber nicht beide zugleich) durch $\mathfrak{a}_1 + \mathfrak{a}_2$ ersetzt. Um dies zu verifizieren, entwickeln wir jedes der C_{1j} nach seiner ersten Zeile und bekommen, wenn wir diese Werte in (1) einsetzen, für D einen Ausdruck von der Form

$$D = \sum_j a_{1j} \sum_k \beta_{jk} a_{2k} = \sum_{j,k} \beta_{jk} a_{1j} a_{2k},$$

wobei die β_{jk} nur noch von den Komponenten von $\mathfrak{a}_3, \mathfrak{a}_4, \ldots, \mathfrak{a}_n$ abhängen; da nun die C_{1k} Funktionen sind, die von den Elementen der $k$ten Spalte von D nicht abhängen, ist $\beta_{kk} = 0$. Ferner ist nach dem vorigen Paragraphen, wenn $k < j$ ist und γ_{jk} die Determinante $(n-2)$ter Ordnung bedeutet, die man durch Wegstreichen der zwei ersten Zeilen und der $j$ten und $k$ten Spalte von D erhält,

$$\beta_{jk} = (-1)^{j+1}(-1)^{k+1}\gamma_{jk} \quad \text{und} \quad \beta_{kj} = (-1)^{k+1}(-1)^{j}\gamma_{jk},$$

woraus stets

$$\beta_{jk} = -\beta_{kj}$$

folgt. Man kann also schreiben

$$D = \sum_{j=2}^{n} \sum_{k=1}^{(j-1)} \beta_{jk}(a_{1j} a_{2k} - a_{1k} a_{2j}),$$

und da dieser Ausdruck unverändert bleibt, wenn man $\mathfrak{a}_1$ oder $\mathfrak{a}_2$ durch $\mathfrak{a}_1 + \mathfrak{a}_2$ ersetzt, ist die Existenz von Determinanten $n$ter Ordnung erbracht.

Anwendung der Determinanten auf die linearen Vektorgebilde.

312. Es seien $\mathfrak{a}_1, \mathfrak{a}_2, \ldots, \mathfrak{a}_m$ eine Anzahl von linear unabhängigen n-dimensionalen Vektoren; nach dem § 297 ist dann notwendig $m \leqq n$. Wir können jeden dieser Vektoren mit Hilfe der Einheitsvektoren $\mathfrak{e}_k$ in der Form darstellen

$$\mathfrak{a}_j = a_{j1}\mathfrak{e}_1 + a_{j2}\mathfrak{e}_2 + \cdots + a_{jn}\mathfrak{e}_n,$$

wobei die Zahlen a_{jk} die Komponenten des Vektors $\mathfrak{a}_j$ bedeuten sollen. Da die Vektoren $\mathfrak{a}_k$ linear unabhängig sind, ist jeder von ihnen, also insbesondere $\mathfrak{a}_1$ von Null verschieden und besitzt mindestens eine von Null verschiedene Komponente. Es sei a_{1p} eine solche.

Wir bilden nun neue Vektoren

$$\mathfrak{a}_j' = \mathfrak{a}_j - \lambda_j \mathfrak{a}_1 \qquad (j = 2, 3, \ldots, m)$$

und bestimmen λ_j derart, daß die $p$te Komponente von $\mathfrak{a}_j'$ verschwindet. Es genügt dazu

$$\mathfrak{a}_j' \mathfrak{e}_p = \mathfrak{a}_j \mathfrak{e}_p - \lambda_j \mathfrak{a}_1 \mathfrak{e}_p = 0$$

zu setzen, woraus

$$\lambda_j = \frac{a_{jp}}{a_{1p}}$$

folgt.

Es ist klar, daß die beiden linearen Gebilde $L(\mathfrak{a}_1, \mathfrak{a}_2, \ldots, \mathfrak{a}_m)$ und $L(\mathfrak{a}_1, \mathfrak{a}_2', \ldots, \mathfrak{a}_m')$ einander gleich sind, da man auch umgekehrt die $\mathfrak{a}_j$ linear in den $\mathfrak{a}_j'$ und in $\mathfrak{a}_1$ ausdrücken kann. Hieraus folgt aber die lineare Unabhängigkeit von $\mathfrak{a}_1, \mathfrak{a}_2', \ldots, \mathfrak{a}_m'$ (und folglich auch die von $\mathfrak{a}_2', \mathfrak{a}_3', \ldots, \mathfrak{a}_m'$), da sonst die Dimension des linearen Gebildes $L(\mathfrak{a}_1, \ldots, \mathfrak{a}_m)$ kleiner als m sein würde.

Wir wollen jetzt zeigen, daß unter den Determinanten $m$ter Ordnung, die man durch Weglassen von $(n - m)$ Spalten aus dem Schema

$$(1) \qquad \begin{matrix} a_{11}, a_{12}, \ldots, a_{1p}, \ldots, a_{1n}, \\ a_{21}, a_{22}, \ldots, a_{2p}, \ldots, a_{2n}, \\ \cdot \quad \cdot \quad \cdot \quad \cdot \quad \cdot \quad \cdot \quad \cdot \\ a_{m1}, a_{m2}, \ldots, a_{mp}, \ldots, a_{mn} \end{matrix}$$

erhält, mindestens eine von Null verschieden ist.

Da wegen des Satzes 1 des § 305 diese Determinanten denselben Wert haben wie die entsprechenden Determinanten des Schemas

$$(2)\qquad \begin{cases} a_{11}, a_{12}, \ldots, a_{1p}, \ldots, a_{1n}, \\ a'_{21}, a'_{22}, \ldots, \;0, \;\ldots, a'_{2n}, \\ \cdot\;\cdot\;\cdot\;\cdot\;\cdot\;\cdot\;\cdot\;\cdot\;\cdot\;\cdot\;\cdot \\ a'_{m1}, a'_{m2}, \ldots, \;0, \;\ldots, a'_{mn}, \end{cases}$$

wobei die a'_{jk} die Komponenten der obigen Vektoren $\mathfrak{a}_j'$ bedeuten, so genügt es den Satz für letztere zu beweisen.

Ist $m = 2$, so folgt aus $\mathfrak{a}_2' \neq 0$, daß mindestens eine der Komponenten $a'_{21}, a'_{22}, \ldots, a'_{2n}$ nicht verschwindet; es sei a'_{2q} diese Komponente, wobei q notwendigerweise eine von p verschiedene Zahl bedeutet. Dann ist aber, wie wir beweisen wollten, eine der Determinanten des Schemas, nämlich

$$\begin{vmatrix} a_{1q}, & a_{1p} \\ a'_{2q}, & 0 \end{vmatrix} \neq 0.$$

Für $m > 2$ wenden wir den Schluß der vollständigen Induktion an. Es sei also der behauptete Satz für $(m-1)$ Vektoren richtig. Es muß dann mindestens eine der Determinanten des Schemas, das aus (2) durch Fortlassen der ersten Zeile hervorgeht, von Null verschieden sein. Diese Determinante erhält man durch Fortlassen von $(n - m + 1)$ Spalten. Unter den fortgelassenen Spalten befindet sich aber notwendigerweise die $p$te, die ja aus lauter Nullen besteht. Läßt man nun im Schema (2) genau dieselben Spalten weg bis auf die $p$te, die man beibehält, so erhält man eine Determinante, die nach den Formeln (4) des § 310 bis auf das Vorzeichen gleich dem Produkte der früheren von Null verschiedenen Determinante $(m-1)$ter Ordnung mit a_{1p} ist. Diese letzte Determinante $m$ter Ordnung ist also ebenfalls, wie wir beweisen wollten, von Null verschieden.

313. Betrachten wir wieder das Schema (1), aber jetzt unter der Voraussetzung, daß zwischen $\mathfrak{a}_1, \mathfrak{a}_2, \ldots, \mathfrak{a}_m$ eine lineare Abhängigkeit besteht, während nach wie vor $m \leq n$ sein soll, so sehen wir, daß sämtliche Determinanten $m$ter Ordnung dieses Schemas verschwinden müssen. Man kann nämlich in diesem Falle einen der Vektoren z. B. $\mathfrak{a}_1$ linear mit Hilfe der anderen ausdrücken und daher stets schreiben

$$\mathfrak{a}_1 - \mu_2 \mathfrak{a}_2 - \mu_3 \mathfrak{a}_3 - \cdots - \mu_m \mathfrak{a}_m = 0.$$

Hieraus folgt aber unmittelbar, daß jede Determinante $m$ter Ordnung des Schemas (1) verschwinden muß. Wir können unser Resultat folgendermaßen aussprechen:

Satz 1. *Für die lineare Unabhängigkeit der Vektoren*

$$\begin{array}{ll} \mathfrak{a}_1: & a_{11}, a_{12}, \ldots, a_{1n} \\ \mathfrak{a}_2: & a_{21}, a_{22}, \ldots, a_{2n} \\ \cdot & \cdot\ \cdot\ \cdot\ \cdot\ \cdot\ \cdot \\ \mathfrak{a}_m: & a_{m1}, a_{m2}, \ldots, a_{mn} \end{array} \qquad (m \leqq n)$$

ist notwendig und hinreichend, daß mindestens eine der m-reihigen Determinanten des Schemas von Null verschieden sei.

Ist $m = n$, so enthält das Schema eine einzige n-reihige Determinante und der Satz 1 ist gleichbedeutend mit folgendem:

Satz 2. *Eine Determinante nter Ordnung*

$$D(\mathfrak{a}_1, \mathfrak{a}_2, \mathfrak{a}_3, \ldots, \mathfrak{a}_n)$$

ist dann und nur dann von Null verschieden, wenn die n Vektoren $\mathfrak{a}_1, \ldots, \mathfrak{a}_n$ *linear unabhängig sind.*

314. Bisher haben wir nur den Fall untersucht, daß $m \leqq n$ ist. Wir wollen jetzt den Rang eines beliebigen Systems von n-dimensionalen Vektoren $\mathfrak{a}_1, \mathfrak{a}_2, \ldots, \mathfrak{a}_m$ untersuchen. Wir betrachten dazu sämtliche Determinanten, die man erhält, wenn man im Schema

$$(1) \qquad \left| \begin{array}{l} a_{11}, a_{12}, \ldots, a_{1n}, \\ a_{21}, a_{22}, \ldots, a_{2n}, \\ \cdot\ \cdot\ \cdot\ \cdot\ \cdot\ \cdot\ \cdot \\ a_{m1}, a_{m2}, \ldots, a_{mn} \end{array} \right.$$

$(m-p)$ beliebige Zeilen und $(n-p)$ beliebige Kolonnen wegstreicht, wobei die natürliche Zahl p alle Werte von 1 bis zur kleinsten der beiden Zahlen n und m annimmt. Ist r der Rang des Vektorensystems $\mathfrak{a}_1, \mathfrak{a}_2, \ldots, \mathfrak{a}_m$, so ist, falls nicht alle Vektoren verschwinden,

$$1 \leqq r \leqq \frac{(m+n) - |m-n|}{2}$$

und r befindet sich folglich unter den Zahlen, die p annehmen kann.

Ist $p \leqq r$, so befinden sich sicher p unter unsern Vektoren, die linear unabhängig sind, und folglich gibt es nach dem Satze 1 des vorigen Paragraphen mindestens eine nicht verschwindende Determinante $p$ter Ordnung des Schemas (1).

Ist dagegen $p > r$, so sind für jede Kombination von p Vektoren unserer Folge diese linear abhängig und es folgt nach demselben Satze, daß alle p-reihigen Determinanten unseres Schemas verschwinden.

Nennen wir die Zahl r den Rang des Schemas, so können wir also für diese Zahl folgende Definition einführen, die mit unserer früheren Definition sachlich übereinstimmt:

Definition. Unter Rang des Schemas (1) verstehen wir die Ordnung der größten nicht verschwindenden Determinante dieses Schemas, falls nicht alle Elemente von (1) verschwinden, und die Zahl Null, falls alle $a_{ij} = 0$ sind.

315. Dieses letzte Resultat gibt uns die Möglichkeit, einen sehr wichtigen und merkwürdigen Satz zu beweisen. Führen wir nämlich neben den n-dimensionalen Vektoren

$$\mathfrak{a}_k:\quad a_{k1}, a_{k2}, \ldots, a_{kn} \qquad (k = 1, 2, \ldots, m) \tag{1}$$

die m-dimensionalen Vektoren

$$\bar{\mathfrak{a}}_j:\quad a_{1j}, a_{2j}, \ldots, a_{mj} \qquad (j = 1, 2, \ldots, n) \tag{2}$$

ein, so erhält man jede Determinante des Schemas (2) durch Spiegelung einer Determinante des Schemas (1) an ihrer Hauptdiagonale, wodurch der Wert dieser Determinante unverändert bleibt (§ 309, Satz 5).

Der Rang der beiden Systeme muß also ebenfalls derselbe sein.

Satz 3. *Die beiden Vektorensysteme* $\mathfrak{a}_1, \mathfrak{a}_2, \ldots, \mathfrak{a}_m$ *und* $\bar{\mathfrak{a}}_1, \bar{\mathfrak{a}}_2, \ldots, \bar{\mathfrak{a}}_n$ *haben stets gleichen Rang.*

Lineare Gleichungen.

316. Die vorigen Entwicklungen gestatten eine sehr einfache Behandlung der linearen Gleichungssysteme.

Es seien zunächst m lineare und homogene Gleichungen in n Veränderlichen

$$a_{k1}x_1 + a_{k2}x_2 + \cdots + a_{kn}x_n = 0 \qquad (k = 1, 2, \ldots, m) \tag{1}$$

gegeben, wobei m und n beliebige natürliche Zahlen bedeuten. Führt man die Bezeichnung ein

$$\mathfrak{a}_k:\quad a_{k1}, a_{k2}, \ldots, a_{kn} \qquad (k = 1, 2, \ldots, m)$$

und

$$\mathfrak{x}:\quad x_1, x_2, \ldots, x_n,$$

so lautet das Gleichungssystem nach der im § 298 eingeführten Bezeichnung

$$\mathfrak{a}_k\mathfrak{x} = 0. \qquad (k = 1, 2, \ldots, m) \tag{2}$$

Jede Lösung stellt also einen Vektor $\mathfrak{x}$ dar, der auf allen Vektoren $\mathfrak{a}_1, \ldots, \mathfrak{a}_m$ und folglich (§ 300) auf dem linearen Gebilde $L(\mathfrak{a}_1, \mathfrak{a}_2, \ldots, \mathfrak{a}_m)$ senkrecht steht. Der Vektor $\mathfrak{x}$ muß demnach im linearen Gebilde L_0 enthalten sein, das zu L orthogonal ist (§ 302). Ist umgekehrt ein Vektor $\mathfrak{x}$ in L_0

enthalten, so sind sämtliche Gleichungen (2) und folglich auch die Gleichungen (1) erfüllt.

Ist r der Rang des Vektorensystems $\mathfrak{a}_1, \mathfrak{a}_2, \ldots, \mathfrak{a}_m$ (man sagt dann auch, das Gleichungssystem (1) habe den Rang r), so ist die Dimension des linearen Gebildes L_0 gleich $(n-r)$ und man kann jede Lösung von (1) linear durch $(n-r)$ unabhängige partikuläre Lösungen $\mathfrak{x}_1, \mathfrak{x}_2, \ldots, \mathfrak{x}_{n-r}$ darstellen. Wir können dieses Resultat folgendermaßen aussprechen:

Satz 1. *Deutet man die Zahlen x_k als Komponenten eines Vektors $\mathfrak{x}$, so bildet die Gesamtheit der Lösungen des Gleichungssystems* (1) *ein lineares Vektorgebilde, dessen Rang $(n-r)$ ist, wenn man mit r den Rang des Vektorensystems $\mathfrak{a}_1, \mathfrak{a}_2, \ldots, \mathfrak{a}_m$ bezeichnet.*

Ist insbesondere $r = n$, so hat das Gleichungssystem (1) keine Lösung $\mathfrak{x}$ die $\neq 0$ ist. Dieses ist z. B. der Fall, wenn $m = n$ ist und die Determinante $D(\mathfrak{a}_1, \mathfrak{a}_2, \ldots, \mathfrak{a}_n) \neq 0$ ist (§ 313, Satz 2).

317. Es sei jetzt ein System von m linearen unhomogenen Gleichungen in n Veränderlichen

$$(1) \qquad a_{k1}x_1 + a_{k2}x_2 + \cdots + a_{kn}x_n = y_k \qquad (k = 1, 2, \ldots, m)$$

gegeben, wobei m und n wieder beliebige natürliche Zahlen bedeuten. Wir führen neben den n-dimensionalen Vektoren $\mathfrak{a}_k$ und $\mathfrak{x}$, die wir im vorigen Paragraphen betrachtet haben, $(n+1)$-dimensionale Vektoren

$$\begin{array}{llllll} \mathfrak{a}_k'\colon & a_{k1}, & a_{k2}, \ldots, & a_{kn}, & -y_k & \qquad (k = 1, 2, \ldots, m) \\ \mathfrak{e}'\colon & 0, & 0, \ldots, & 0, & 1 & \\ \mathfrak{x}'\colon & x_1, & x_2, \ldots, & x_n, & x_{n+1} & \end{array}$$

ein. Das Gleichungssystem (1) ist dann äquivalent mit

$$(2) \qquad \mathfrak{a}_k'\mathfrak{x}' = 0 \qquad (k = 1, 2, \ldots, m),$$

$$(3) \qquad \mathfrak{e}'\mathfrak{x}' = 1,$$

denn aus (3) folgt, daß $x_{n+1} = 1$ sein muß.

Nun kann man nach dem § 300

$$(4) \qquad \mathfrak{e}' = \lambda_1\mathfrak{a}_1' + \lambda_2\mathfrak{a}_2' + \cdots + \lambda_m\mathfrak{a}_m' + \mathfrak{p}'$$

setzen, wobei

$$(5) \qquad \mathfrak{p}'\mathfrak{a}_k' = 0 \qquad (k = 1, 2, \ldots, m)$$

ist.

Ist $\mathfrak{p}' = 0$ (was dann und nur dann vorkommt, wenn $\mathfrak{e}'$ im linearen Vektorgebilde $L(\mathfrak{a}_1', \mathfrak{a}_2', \ldots, \mathfrak{a}_m')$ enthalten ist), so widersprechen sich die Gleichungen (2) und (3); denn es folgt dann aus den Gleichungen (2)

$$\mathfrak{e}'\mathfrak{x}' = 0;$$

die Gleichungen (1) widersprechen sich dann ebenfalls.

Ist dagegen $\mathfrak{p}' \neq 0$, so verifiziert man sofort mit Hilfe von (4) und (5), daß

$$\mathfrak{x}_0' = \frac{\mathfrak{p}'}{\mathfrak{p}'^2} \tag{6}$$

eine Lösung des Gleichungssystems (2) und (3) ist.

Es sei jetzt $\mathfrak{x}'$ eine andere beliebige Lösung desselben Gleichungssystems; setzt man

$$\mathfrak{t}' = (\mathfrak{x}' - \mathfrak{x}_0'),$$

so muß der Vektor $\mathfrak{t}'$ den Gleichungen genügen

$$\begin{cases} \mathfrak{a}_k'\mathfrak{t}' = 0 & (k = 1, 2, \ldots, m), \\ \mathfrak{e}'\mathfrak{t}' = 0 \end{cases} \tag{7}$$

und die Frage ist auf die des vorigen Paragraphen zurückgeführt. Ist umgekehrt $\mathfrak{t}'$ eine Lösung von (7), so ist $\mathfrak{x}' = \mathfrak{x}_0' + \mathfrak{t}'$ eine Lösung von (2) und (3).

Die n-dimensionalen Vektoren $\mathfrak{x}$ und $\mathfrak{x}_0$, die man erhält, wenn man von der letzten Komponente von $\mathfrak{x}'$ und $\mathfrak{x}_0'$ absieht, liefern dann Lösungen des Gleichungssystems (1).

Wir haben mithin den

Satz 2. *Das System* (1) *von m linearen unhomogenen Gleichungen in n Veränderlichen besitzt dann und nur dann Lösungen, wenn der* $(n+1)$*-dimensionale Vektor* $\mathfrak{e}'$ *nicht im linearen Gebilde* $L(\mathfrak{a}_1', \mathfrak{a}_2', \ldots, \mathfrak{a}_m')$ *enthalten ist.*

Diese Lösungen werden durch die n ersten Komponenten der Vektoren $\mathfrak{x}' = \mathfrak{x}_0' + \mathfrak{t}'$ *geliefert, wobei* $\mathfrak{x}_0'$ *und* $\mathfrak{t}'$ *den Gleichungen* (6) *und* (7) *genügen.*

318. Man bemerke, daß wegen der Gleichungen (4), (6) und (7) des vorigen Paragraphen

$$\mathfrak{t}'\mathfrak{x}_0' = 0$$

ist. Hieraus folgt aber

$$\mathfrak{x}'^2 = (\mathfrak{x}_0' + \mathfrak{t}')^2 = \mathfrak{x}_0'^2 + \mathfrak{t}'^2$$

und folglich

$$\mathfrak{x}'^2 \geqq \mathfrak{x}_0'^2.$$

Nun bemerke man, daß wegen der Gleichung (3) des vorigen Paragraphen

$$\mathfrak{x}_0'^2 = \mathfrak{x}_0^2 + 1 \quad \text{und} \quad \mathfrak{x}'^2 = \mathfrak{x}^2 + 1$$

ist; man hat also ebenfalls

$$\mathfrak{x}^2 \geqq \mathfrak{x}_0^2,$$

d. h. die Lösung $\mathfrak{x}_0$ ist diejenige, deren absoluter Betrag am kleinsten ist. Es gibt übrigens keine zweite Lösung des nicht homogenen linearen Gleichungssystems mit demselben absoluten Betrage wie $\mathfrak{x}_0$.

319. Wir betrachten jetzt die beiden Vektorensysteme $\mathfrak{a}_1, \mathfrak{a}_2, \ldots, \mathfrak{a}_m$ und $\mathfrak{a}_1', \mathfrak{a}_2', \ldots, \mathfrak{a}_m'$, die wir im § 317 nebeneinander geführt haben, und bezeichnen mit r bzw. r' ihren Rang. Da jede Determinante, die im Schema der $\mathfrak{a}_1, \ldots, \mathfrak{a}_m$ vorkommt, auch eine Determinante des Schemas der $\mathfrak{a}_1', \ldots, \mathfrak{a}_m'$ ist, so haben wir stets

$$r \leqq r'. \tag{1}$$

Jede nicht verschwindende Determinante des Schemas

$$\begin{array}{ll} \mathfrak{a}_1': & a_{11},\ a_{12},\ \ldots,\ a_{1n},\ \ -y_1 \\ \cdot & \cdot\ \cdot\ \cdot\ \cdot\ \cdot\ \cdot\ \cdot\ \cdot\ \cdot\ \cdot\ \cdot \\ \mathfrak{a}_m': & a_{m1},\ a_{m2},\ \ldots,\ a_{mn},\ -y_n \\ \mathfrak{e}': & \ \ 0,\ \ \ 0,\ \ldots,\ \ \ 0,\ \ \ \ 1 \end{array}$$

enthält entweder kein Element der letzten Zeile $\mathfrak{e}'$ und ihre Ordnung ist dann $\leqq r'$, oder sie enthält Elemente dieser Zeile und ihre Ordnung ist $\leqq r+1$. Der Rang ϱ des Vektorensystems $\mathfrak{a}_1', \ldots, \mathfrak{a}_m', \mathfrak{e}'$ ist also gleich der größten der beiden Zahlen r' und $r+1$.

Nun hat das Gleichungssystem

$$a_{k1}x_1 + a_{k2}x_2 + \cdots + a_{kn}x_n = y_n \qquad (k = 1, 2, \ldots, m)$$

nach dem § 317 dann und nur dann Lösungen, wenn $\mathfrak{e}'$ nicht im linearen Gebilde $L(\mathfrak{a}_1', \mathfrak{a}_2', \ldots, \mathfrak{a}_m')$ enthalten ist. Diese Forderung deckt sich aber mit der Bedingung $\varrho > r'$ und diese wieder mit der Bedingung $r' = r$; denn wegen (1) könnte sonst nur $r < r'$ stattfinden, woraus $\varrho = r'$ jedenfalls folgen würde.

Es gilt daher der

Satz 3. *Ein System*

$$\mathfrak{a}_k\mathfrak{x} = a_{k1}x_1 + \cdots + a_{kn}x_n = y_k \qquad (k = 1, 2, \ldots, m)$$

von m linearen Gleichungen in n Veränderlichen hat dann und nur dann Lösungen, wenn die linearen Vektorgebilde $L(\mathfrak{a}_1, \ldots, \mathfrak{a}_m)$ *und* $L(\mathfrak{a}_1', \ldots, \mathfrak{a}_m')$ *den gleichen Rang r besitzen.*

Ist diese Bedingung erfüllt, so erhält man die allgemeinste Lösung von (1), wenn man

$$\mathfrak{x} = \mathfrak{x}_0 + \mathfrak{t}$$

setzt, und für t eine beliebige Lösung des homogenen Gleichungssystems

$$a_{k1}t_1 + a_{k2}t_2 + \cdots + a_{kn}t_n = 0 \quad (k = 1, 2, \ldots, m)$$

wählt. Das ist aber hier ein beliebiger Vektor eines $(n - r)$-dimensionalen linearen Gebildes.

320. Läßt man im Gleichungssystem

$$(1) \qquad a_{k1}x_1 + a_{k2}x_2 + \cdots + a_{kn}x_n = y_k \quad (k = 1, 2, \ldots, m)$$

alle Gleichungen nach einander fort, die aus linearen Kombinationen der früheren folgen, so erhält man ein reduziertes, dem ersten äquivalentes Gleichungssystem, bei dem sämtliche $(n + 1)$-dimensionale Vektoren $\mathfrak{a}_k'$ linear unabhängig sind. Es ist daher keine Einschränkung der Allgemeinheit, wenn wir von vornherein voraussetzen, daß der Rang r' des Vektorensystems $\mathfrak{a}_1', \mathfrak{a}_2', \ldots, \mathfrak{a}_m'$ gleich m ist.

Der letzte Satz liefert uns nun die Bedingung, daß die Vektoren $\mathfrak{a}_1, \mathfrak{a}_2, \ldots, \mathfrak{a}_m$ ebenfalls linear unabhängig sein müssen. In diesem Falle ist mit den Bezeichnungen des vorigen Paragraphen $r = r' = m$ und das Gleichungssystem (1) besitzt stets eine Lösung. Ferner ist diese Lösung nur dann eindeutig bestimmt, wenn $(n - r)$, oder, was jetzt dasselbe ist, wenn $(n - m)$ verschwindet. Dies alles ist schließlich gleichwertig mit der Bedingung, daß die Determinante $D(\mathfrak{a}_1, \mathfrak{a}_2, \ldots, \mathfrak{a}_n) \neq 0$ ist.

In diesem Falle kann man die Werte von x_k mit Hilfe der Formeln (6) des § 310 sofort hinschreiben. Multipliziert man nämlich jede der n Gleichungen (1) nacheinander mit $C_{1k}, C_{2k}, \ldots$ und addiert, so erhält man

$$(2) \qquad D \cdot x_k = C_{1k}y_1 + C_{2k}y_2 + \cdots + C_{nk}y_n,$$

woraus die Werte von $x_1, x_2, \ldots, x_n$ als Funktionen der y_k sofort zu entnehmen sind.

Lineare Punktgebilde.

321. Nach dem § 317 kann man die Punkte des Raumes, welche ein Gleichungssystem

$$(1) \qquad a_{k1}x_1 + a_{k2}x_2 + \cdots + a_{kn}x_n = c_k \quad (k = 1, 2, \ldots, m)$$

befriedigen, falls es solche gibt, einer Menge von Vektoren $\mathfrak{x}$ zuordnen, die folgendermaßen charakterisiert sind:

Es ist

$$(2) \qquad \mathfrak{x} = \mathfrak{x}_0 + \mathfrak{y},$$

wobei $\mathfrak{x}_0$ einen festen Vektor bedeutet und $\mathfrak{y}$ ein beliebiger Vektor eines linearen Gebildes $L(\mathfrak{b}_1, \mathfrak{b}_2, \ldots, \mathfrak{b}_p)$ ist. Jede derartige Punktmenge nennt man ein **lineares Punktgebilde** des n-dimensionalen Raumes. Die Dimension p von $L(\mathfrak{b}_1, \ldots, \mathfrak{b}_p)$ wird auch die **Dimension** des **linearen Punktgebildes** genannt. Ist $p = 1$, so spricht man von einer **geraden Linie**, ist $p = n - 1$, von einer $(n-1)$-dimensionalen **Ebene** des n-dimensionalen Raumes.

Jedes lineare Punktgebilde, dessen Dimension unter n liegt, kann umgekehrt durch ein Gleichungssystem wie (1) dargestellt werden. Es sei nämlich $L(\mathfrak{c}_1, \ldots, \mathfrak{c}_{n-p})$ das zu $L(\mathfrak{b}_1, \ldots, \mathfrak{b}_p)$ orthogonale Vektorgebilde; dann liefert das Gleichungssystem

$$(\mathfrak{x} - \mathfrak{x}_0)\mathfrak{c}_k = 0, \qquad (k = 1, 2, \ldots, (n-p))$$

das nur in der Bezeichnungsweise von (1) abweicht, notwendige und hinreichende Bedingungen dafür, daß $\mathfrak{x}$ der Gleichung (2) genügt.

Sind P_1 und P zwei beliebige Punkte eines und desselben linearen Gebildes, und bezeichnet man mit $\mathfrak{x}_1$ und $\mathfrak{x}$ die Vektoren, welche diesen Punkten entsprechen, so sind nach Voraussetzung

$$(\mathfrak{x}_1 - \mathfrak{x}_0) \quad \text{und} \quad (\mathfrak{x} - \mathfrak{x}_0)$$

Vektoren von $L(\mathfrak{b}_1, \ldots, \mathfrak{b}_p)$; dasselbe gilt also auch von

$$\mathfrak{x} - \mathfrak{x}_1 = (\mathfrak{x} - \mathfrak{x}_0) - (\mathfrak{x}_1 - \mathfrak{x}_0)$$

und man kann daher schreiben

$$\mathfrak{x} = \mathfrak{x}_1 + \mathfrak{y},$$

wo $\mathfrak{y}$ dieselbe Bedeutung hat wie oben.

Man kann also in der Formel (2) den Vektor $\mathfrak{x}_0$ durch einen Vektor ersetzen, der einem beliebigen anderen Punkte unseres linearen Gebildes zugeordnet ist.

Die linearen Vektorgebilde, die wir früher betrachtet haben, sind speziellen linearen Punktgebilden zugeordnet, nämlich solchen, die den Anfangspunkt der Koordinaten enthalten.

Ein lineares Punktgebilde $r$ter Dimension kann nach dem Obigen entweder in **Parameterdarstellung** gegeben werden, d. h. in vektorieller Schreibweise durch die Relation

$$\mathfrak{x} = \mathfrak{x}_0 + \lambda_1 \mathfrak{b}_1 + \lambda_2 \mathfrak{b}_2 + \cdots + \lambda_r \mathfrak{b}_r, \tag{3}$$

oder aber man kann $(n-r)$ Gleichungen

$$a_{k1} x_1 + a_{k2} x_2 + \cdots + a_{kn} x_n = c_k \quad (k = 1, 2, \ldots, (n-r)) \tag{4}$$

dazu verwenden.

Den Durchschnitt von zwei linearen Punktgebilden erhält man am bequemsten, wenn man die Werte von x_k sucht, die dem Gleichungssystem (4) und einem zweiten Gleichungssystem derselben Art genügen.

Hieraus folgt, daß dieser Durchschnitt entweder leer oder wieder ein lineares Gebilde ist. Sind r_1 und r_2 die Dimensionen der Gebilde, die man zum Durchschnitt bringt, so erhält man die Punkte des Durchschnitts mit Hilfe eines Gleichungssystems, das höchstens $(n-r_1)+(n-r_2)$ linear unabhängige Gleichungen enthält. Die Dimension des Durchschnitts ist also mindestens gleich (r_1+r_2-n) und der Durchschnitt selbst kann nicht leer sein, sobald $r_1+r_2 \geqq n$ ist (vgl. § 303).

Lineare Punkttransformationen.

322. Das Gleichungssystem

$$\bar{x}_k = a_{k1}x_1 + a_{k2}x_2 + \cdots + a_{kn}x_n \qquad (k=1, 2, \ldots, m) \tag{1}$$

kann als eine eindeutige und stetige Abbildung des n-dimensionalen Raumes $\mathfrak{R}_n$, dessen Punkte die Koordinaten $x_1, x_2, \ldots, x_n$ besitzen, in den m-dimensionalen Raum $\bar{\mathfrak{R}}_m$ mit den Punktkoordinaten $\bar{x}_1, \bar{x}_2, \ldots, \bar{x}_m$ aufgefaßt werden (§ 200); hierbei sollen m und n zwei beliebige natürliche Zahlen bedeuten. Jedem Vektor

$$\mathfrak{x}\colon \quad x_1, x_2, \ldots, x_n$$

des ersten Raumes entspricht bei dieser Transformation ein Vektor

$$\bar{\mathfrak{x}}\colon \quad \bar{x}_1, \bar{x}_2, \ldots, \bar{x}_m$$

des zweiten, und zwar ist diese Beziehung eindeutig, aber nicht immer umkehrbar eindeutig.

Bemerkt man, daß, wenn die Bilder von zwei Vektoren $\mathfrak{x}$ und $\mathfrak{y}$ mit $\bar{\mathfrak{x}}$ und $\bar{\mathfrak{y}}$ bezeichnet werden, der Vektor $\lambda\mathfrak{x}$ vermöge (1) auf $\lambda\bar{\mathfrak{x}}$ und $(\mathfrak{x}+\mathfrak{y})$ auf $(\bar{\mathfrak{x}}+\bar{\mathfrak{y}})$ abgebildet wird, so folgt, daß jeder Vektor eines linearen Gebildes

$$L(\mathfrak{x}_1, \mathfrak{x}_2, \ldots, \mathfrak{x}_p)$$

auf einen Vektor des linearen Gebildes

$$\bar{L}(\bar{\mathfrak{x}}_1, \bar{\mathfrak{x}}_2, \ldots, \bar{\mathfrak{x}}_p)$$

abgebildet wird, und daß ferner jeder Vektor von $\bar{L}$ im Bilde von L mindestens einmal vorkommt.

Ebenso sieht man, daß jedes lineare Punktgebilde

$$\mathfrak{x}_0 + L(\mathfrak{x}_1, \mathfrak{x}_2, \ldots, \mathfrak{x}_p)$$

des ersten Raumes in ein lineares Punktgebilde des zweiten Raumes,

$$\bar{\mathfrak{x}}_0 + \bar{L}(\bar{\mathfrak{x}}_1, \bar{\mathfrak{x}}_2, \ldots, \bar{\mathfrak{x}}_p),$$

transformiert wird.

Wegen aller dieser Eigenschaften und auch wegen der Form der Gleichungen (1) nennt man die Punkttransformation (1) eine lineare und homogene.

Satz 1. *Bei linearen homogenen Punkttransformationen gehen die linearen Gebilde des ersten Raumes* $\mathfrak{R}_n$ *in lineare Gebilde des zweiten Raumes* $\overline{\mathfrak{R}}_m$ *über.*

323. Wir bezeichnen wieder mit $\mathfrak{a}_k$ den Vektor

$$\mathfrak{a}_k\colon\ a_{k1}, a_{k2}, \ldots, a_{kn} \qquad (k = 1, 2, \ldots, m)$$

und mit r den Rang des Systems $\mathfrak{a}_1, \mathfrak{a}_2, \ldots, \mathfrak{a}_m$; die Zahl r ist jedenfalls nicht größer als die kleinere der beiden Zahlen n und m. Nun sei $\mathfrak{b}_1, \mathfrak{b}_2, \ldots, \mathfrak{b}_{n-r}$ eine beliebige Basis des zu $L(\mathfrak{a}_1, \mathfrak{a}_2, \ldots, \mathfrak{a}_m)$ orthogonalen linearen Vektorgebildes (§ 302). Jeder Vektor $\mathfrak{b}$ des linearen Gebildes $L(\mathfrak{b}_1, \mathfrak{b}_2, \ldots, \mathfrak{b}_{n-r})$ geht vermöge (1) von § 322 in den verschwindenden Vektor des $\overline{\mathfrak{R}}_m$ über, und die Vektoren $\mathfrak{b}$ sind die einzigen, welche diese Eigenschaft besitzen. Hieraus folgt, daß die Vektoren $\mathfrak{x}$ und $\mathfrak{y} = \mathfrak{x} + \mathfrak{b}$ dasselbe Bild $\bar{\mathfrak{x}}$ haben müssen, und daß umgekehrt, wenn $\mathfrak{x}$ und $\mathfrak{y}$ dasselbe Bild $\bar{\mathfrak{x}}$ besitzen, der Vektor $(\mathfrak{y} - \mathfrak{x})$ in $L(\mathfrak{b}_1, \mathfrak{b}_2, \ldots, \mathfrak{b}_{n-r})$ enthalten sein muß.

Ferner folgt, daß die beiden linearen Vektorgebilde

$$L(\mathfrak{x}_1, \mathfrak{x}_2, \ldots, \mathfrak{x}_p) \quad \text{und} \quad L(\mathfrak{b}_1, \mathfrak{b}_2, \ldots, \mathfrak{b}_{n-r}, \mathfrak{x}_1, \mathfrak{x}_2, \ldots, \mathfrak{x}_p)$$

stets dasselbe Bild, nämlich

$$L(\bar{\mathfrak{x}}_1, \bar{\mathfrak{x}}_2, \ldots, \bar{\mathfrak{x}}_p)$$

besitzen.

Wir beweisen jetzt den

Satz 2. *Die Bilder* $\bar{\mathfrak{x}}_1, \bar{\mathfrak{x}}_2, \ldots, \bar{\mathfrak{x}}_p$ *der Vektoren* $\mathfrak{x}_1, \mathfrak{x}_2, \ldots, \mathfrak{x}_p$ *sind dann und nur dann linear unabhängig, wenn das System von Vektoren* $\mathfrak{b}_1, \mathfrak{b}_2, \ldots, \mathfrak{b}_{n-r}, \mathfrak{x}_1, \mathfrak{x}_2, \ldots, \mathfrak{x}_p$ *aus linear unabhängigen Vektoren besteht.*

Da die $\mathfrak{b}_k$ nach Voraussetzung linear unabhängig sind, folgt aus der linearen Abhängigkeit von $\mathfrak{b}_1, \ldots, \mathfrak{b}_{n-r}, \mathfrak{x}_1, \ldots, \mathfrak{x}_p$ mindestens eine Relation der Form

$$(1) \quad \mathfrak{x}_p = \lambda_1 \mathfrak{b}_1 + \lambda_2 \mathfrak{b}_2 + \cdots + \lambda_{n-r} \mathfrak{b}_{n-r} + \mu_1 \mathfrak{x}_1 + \cdots + \mu_{p-1} \mathfrak{x}_{p-1}$$

und hieraus folgt nach dem Obigen

$$(2) \qquad \bar{\mathfrak{x}}_p = \mu_1 \bar{\mathfrak{x}}_1 + \mu_2 \bar{\mathfrak{x}}_2 + \cdots \mu_{p-1} \bar{\mathfrak{x}}_{p-1},$$

d. h. die $\bar{\mathfrak{x}}_k$ sind dann ebenfalls linear abhängig.

Sind aber umgekehrt die $\bar{\mathfrak{x}}_k$ linear abhängig, so besteht mindestens eine Gleichung der Form (2), woraus man schließt, daß $\mathfrak{x}_p$ und

$(\mu_1 \mathfrak{x}_1 + \mu_2 \mathfrak{x}_2 + \cdots + \mu_{p-1} \mathfrak{x}_{p-1})$ dasselbe Bild haben, oder, was identisch damit ist, daß

$$\mathfrak{x}_p - \mu_1 \mathfrak{x}_1 - \mu_2 \mathfrak{x}_2 - \cdots - \mu_{p-1} \mathfrak{x}_{p-1}$$

durch eine lineare Kombination der $\mathfrak{b}_k$ dargestellt werden kann; dieses ist aber gleichbedeutend mit der linearen Abhängigkeit von $\mathfrak{b}_1, \ldots, \mathfrak{b}_{n-r}$, $\mathfrak{x}_1, \ldots, \mathfrak{x}_p$.

Den soeben bewiesenen Satz können wir folgendermaßen verallgemeinern:

Satz 3. *Bezeichnet man mit $(n - r + \bar{r})$ den Rang des Vektorensystems*

(3) $$\mathfrak{b}_1, \mathfrak{b}_2, \ldots, \mathfrak{b}_{n-r}, \mathfrak{x}_1, \mathfrak{x}_2, \ldots, \mathfrak{x}_p,$$

so ist der Rang des Vektorensystems

(4) $$\bar{\mathfrak{x}}_1, \bar{\mathfrak{x}}_2, \ldots, \bar{\mathfrak{x}}_p$$

stets gleich $\bar{r}$

In der Tat besteht für $\bar{r} < p$ wegen des vorigen Satzes zwischen je $(\bar{r} + 1)$ Vektoren $\bar{\mathfrak{x}}_k$ eine lineare Beziehung, da zwischen den $(n - r)$ Vektoren $\mathfrak{b}_j$ und den entsprechenden $(\bar{r} + 1)$ Vektoren $\mathfrak{x}_k$ nach Voraussetzung eine lineare Beziehung besteht.

Anderseits kann man, weil die $\mathfrak{b}_j$ linear unabhängig sind, $\bar{r}$ Vektoren $\mathfrak{x}_k$ wählen, die zusammen mit den $\mathfrak{b}_j$ ein System linear unabhängiger Vektoren bilden. Die entsprechenden Vektoren $\bar{\mathfrak{x}}_k$ sind aber dann nach dem vorigen Satze linear unabhängig.

Sind im letzen Satze die Vektoren $\mathfrak{x}_1, \mathfrak{x}_2, \cdots, \mathfrak{x}_p$ linear unabhängig, so ist in unserer Bezeichnung erstens $(n - r + \bar{r}) \geqq p$ und $(n - r + \bar{r}) \leqq n$, was auch geschrieben werden kann $\bar{r} \leqq r$. Andererseits zeigt uns das Vektorensystem (4), daß man auch schreiben kann $\bar{r} \leqq p$, so daß wir schließlich haben:

(5) $$p - (n - r) \leqq \bar{r} \leqq \frac{p + r - |p - r|}{2}.$$

Man kann ferner eine Basis des n-dimensionalen Raumes $\mathfrak{R}_n$ konstruieren, die folgendermaßen aussieht:

(6) $$\mathfrak{b}_1, \mathfrak{b}_2, \ldots, \mathfrak{b}_{n-r}, \mathfrak{c}_1, \mathfrak{c}_2, \ldots, \mathfrak{c}_r.$$

Hieraus folgt, daß jeder Vektor des Raumes $\mathfrak{R}_n$ auf einen Vektor des Gebildes

(7) $$\bar{L}(\bar{\mathfrak{c}}_1, \bar{\mathfrak{c}}_2, \ldots, \bar{\mathfrak{c}}_r)$$

abgebildet wird, und jeder Vektor dieses letzten Gebildes ist das Bild von mindestens einem Vektor des $\mathfrak{R}_n$.

Da die Vektoren (6) linear unabhängig sind, so ist die Dimension von (7) gleich r und wir haben den

Satz 4. *Der Raum $\mathfrak{R}_n$ wird auf ein r-dimensionales lineares Gebilde*

$$\bar{L}(\bar{\mathfrak{c}}_1, \bar{\mathfrak{c}}_2, \ldots, \bar{\mathfrak{c}}_r)$$

von $\mathfrak{R}_m$ transformiert.

Die notwendige und hinreichende Bedingung dafür, daß jeder in Betracht kommende Vektor von $\mathfrak{R}_m$ das Bild eines einzigen Vektors von $\mathfrak{R}_n$ sei, ist die, daß das lineare Gebilde $L(\mathfrak{b}_1, \mathfrak{b}_2, \ldots, \mathfrak{b}_{n-r})$ von nullter oder $L(\mathfrak{a}_1, \mathfrak{a}_2, \ldots, \mathfrak{a}_m)$ von $n$ter Dimension sei, was natürlich nur für $m > n$ stattfinden kann. Oder mit anderen Worten, es muß $r = n$ sein.

Ist dann außerdem $m = n$, so wird der Raum $\mathfrak{R}_n$ in den ganzen Raum $\mathfrak{R}_m$ transformiert.

Satz 5. *Für die Eineindeutigkeit der Abbildung ist notwendig und hinreichend, daß $r = n$ sei; ist außerdem $m = n$, so liefert die Transformation eine eineindeutige Abbildung des Raumes $\mathfrak{R}_n$ in sich selbst.*

Im Falle, daß $m = n$ ist, ist das Schema der a_{jk} quadratisch und man nennt dann die Determinante

$$D(\mathfrak{a}_1, \mathfrak{a}_2, \ldots, \mathfrak{a}_n)$$

die Determinante der Transformation. Für die Eineindeutigkeit der Transformation ist also, nach dem Satze 2 des § 313, notwendig und hinreichend, daß diese Determinante von Null verschieden sei.

324. Die Transformationen

$$z_k = a_{k0} + y_k \qquad (k = 1, 2, \ldots, n)$$

des n-dimensionalen Raumes in sich nennt man Translationen. Sie sind eineindeutig und stetig und transformieren jedes lineare Punktgebilde in ein ebensolches. Durch geeignet gewählte Translationen kann man ein beliebig gegebenes lineares Punktgebilde in eines überführen, das einem Vektorgebilde entspricht. Kombiniert man eine Translation mit einer homogenen linearen Transformation des n-dimensionalen Raumes in sich, deren Determinante nicht verschwindet, so bekommt man die allgemeinste, nicht homogene lineare eineindeutige, oder, wie man auch sagt, die allgemeinste affine Transformation des n-dimensionalen Raumes in sich.

Durch diese Transformationen, die man durch das Gleichungssystem

$$(1) \qquad y_k = a_{k0} + a_{k1}x_1 + a_{k2}x_2 + \cdots + a_{kn}x_n \quad (k = 1, 2, \ldots, n)$$

darstellen kann, wird ebenfalls jedes lineare Punktgebilde in ein ebensolches transformiert und die Dimension eines solchen Gebildes ist gleich der Dimension seines Bildes. Die Determinante

$$\begin{vmatrix} a_{11}, & \ldots, & a_{1n} \\ \vdots & \vdots & \vdots \\ a_{n1}, & \ldots, & a_{nn} \end{vmatrix}$$

wird die Determinante der Transformation genannt.

325. Führt man, wie wir es auch früher getan haben (§ 315), die Vektoren

$$\bar{\mathfrak{a}}_j: \; a_{1j}, a_{2j}, \ldots, a_{nj} \qquad (j = 0, 1, \ldots, n)$$

ein, so läßt sich das Gleichungssystem (1) des letzten Paragraphen, dessen Determinante aber jetzt den Rang $r \leqq n$ haben möge, folgendermaßen schreiben:

(1) $$\mathfrak{y} = \bar{\mathfrak{a}}_0 + \bar{\mathfrak{a}}_1 x_1 + \bar{\mathfrak{a}}_2 x_2 + \cdots + \bar{\mathfrak{a}}_n x_n .$$

Wir betrachten jetzt eine zweite affine Transformation des Raumes, dessen Determinante den Rang $s \leqq n$ besitzt:

(2) $$\mathfrak{z} = \bar{\mathfrak{b}}_0 + \bar{\mathfrak{b}}_1 y_1 + \bar{\mathfrak{b}}_2 y_2 + \cdots + \bar{\mathfrak{b}}_n y_n .$$

Die Zusammensetzung der Transformationen (1) und (2) kann mit Hilfe der Einheitsvektoren $\mathfrak{e}_1, \mathfrak{e}_2, \ldots, \mathfrak{e}_n$ analytisch durch folgende Formel dargestellt werden:

$$\mathfrak{z} = \bar{\mathfrak{b}}_0 + \bar{\mathfrak{b}}_1(\mathfrak{y}\mathfrak{e}_1) + \bar{\mathfrak{b}}_2(\mathfrak{y}\mathfrak{e}_2) + \cdots + \bar{\mathfrak{b}}_n(\mathfrak{y}\mathfrak{e}_n),$$

was man mit Hilfe von (1) schreiben kann

(3) $$\mathfrak{z} = \bar{\mathfrak{b}}_0 + \sum_p \bar{\mathfrak{b}}_p(\bar{\mathfrak{a}}_0\mathfrak{e}_p) + \sum_p \bar{\mathfrak{b}}_p(\bar{\mathfrak{a}}_1\mathfrak{e}_p)x_1 + \cdots + \sum_p \bar{\mathfrak{b}}_p(\bar{\mathfrak{a}}_n\mathfrak{e}_p)x_n .$$

Wir führen nun die Bezeichnungen ein

(4) $$\bar{\mathfrak{c}}_0 = \bar{\mathfrak{b}}_0 + \sum_p \bar{\mathfrak{b}}_p(\bar{\mathfrak{a}}_0\mathfrak{e}_p),$$

(5) $$\bar{\mathfrak{c}}_j = \sum_p \bar{\mathfrak{b}}_p(\bar{\mathfrak{a}}_j\mathfrak{e}_p) \qquad (j = 1, 2, \ldots, n)$$

und setzen

(6) $$\bar{\mathfrak{c}}_j\colon \quad c_{1j}, c_{2j}, \ldots, c_{nj} \qquad (j = 0, 1, \ldots, n).$$

Hieraus folgt, daß man das Gleichungssystem (3) in der Form

(7) $$z_k = c_{k0} + c_{k1} x_1 + c_{k2} x_2 + \cdots + c_{kn} x_n \quad (k = 1, 2, \ldots, n)$$

schreiben kann und daß folgende Relationen bestehen müssen:

(8) $$c_{k0} = b_{k0} + \sum_p b_{kp} a_{p0},$$

(9) $$c_{kj} = \sum_p b_{kp} a_{pj} \qquad (j = 1, 2, \ldots, n).$$

Wir führen jetzt für die Substitutionsdeterminanten der Transformationen (1), (2) und (3) die Bezeichnung

(10) $$D_a = D(\bar{\mathfrak{a}}_1, \bar{\mathfrak{a}}_2, \ldots, \bar{\mathfrak{a}}_n),$$

(11) $$D_b = D(\bar{\mathfrak{b}}_1, \bar{\mathfrak{b}}_2, \ldots, \bar{\mathfrak{b}}_n),$$

(12) $$D_c = D(\bar{\mathfrak{c}}_1, \bar{\mathfrak{c}}_2, \ldots, \bar{\mathfrak{c}}_n)$$

ein und bezeichnen mit t den Rang von D_c.

Nach dem Satze 4 des § 323 wird der Raum der x_i auf ein r-dimensionales Gebilde des Raumes der y_j und dieses wieder wegen (7) in ein t-dimensionales Gebilde des Raumes der z_k transformiert. Zwischen den Rängen r, s, t der Determinanten D_a, D_b, D_c müssen also nach § 323 Beziehungen bestehen, die man erhält, wenn man in der Relation (5) dieses Paragraphen die Zahl p durch r, die Zahl r durch s und die Zahl $\bar{r}$ durch t ersetzt.

Auf diese Weise erhalten wir die Ungleichungen

$$r + s - n \leqq t \leqq \frac{r + s - |r - s|}{2}, \tag{13}$$

die das berühmte „Nullitätsgesetz", das Sylvester für Matrizen ausgesprochen hat, enthalten. Für $r = s = n$ muß nach (13) auch $t = n$ sein Die Determinanten D_a, D_b, D_c sind dann alle von Null verschieden.

Nun bemerke man, daß die Determinante D_c wegen (5) bei festgehaltenen $\bar{\mathfrak{b}}_j$ als Funktion der n-Vektoren $\bar{\mathfrak{a}}_1, \bar{\mathfrak{a}}_2, \ldots, \mathfrak{a}_n$ angesehen werden kann. Anderseits bleibt ebenfalls wegen (5) der Wert von D_c unverändert, wenn man $\mathfrak{a}_k$ durch $(\bar{\mathfrak{a}}_k + \bar{\mathfrak{a}}_j)$ $(j \neq k)$ ersetzt, weil dann einfach $\bar{\mathfrak{c}}_k$ durch $\bar{\mathfrak{c}}_k + \bar{\mathfrak{c}}_j$ ersetzt wird; und D_c wird mit λ multipliziert, wenn man $\bar{\mathfrak{a}}_k$ durch $\lambda \bar{\mathfrak{a}}_k$ ersetzt. Endlich aber wird $\bar{\mathfrak{c}}_k = \bar{\mathfrak{b}}_k$ und $D_c = D_b$, wenn man für die $\bar{\mathfrak{a}}_k$ die Einheitsvektoren in ihrer natürlichen Reihenfolge setzt. Nach dem § 304 hat nun das Produkt

$$D_a \cdot D_b$$

bei festgehaltenen $\mathfrak{b}_j$ genau die soeben geschilderten Eigenschaften, und die Ausführungen der §§ 305—307, bei denen wir ja von der Eigenschaft c) der Determinanten (§ 304) keinen Gebrauch gemacht haben, zeigen, daß der Wert der Funktion D_c als Funktion der $\mathfrak{a}_k$ durch diese drei Eigenschaften eindeutig bestimmt ist.

Es ist also auf jeden Fall

$$D_c = D_a \cdot D_b$$

und die Formeln (6) erlauben uns, das Produkt von zwei Determinanten gleicher Ordnung wieder als Determinante hinzuschreiben.

Ist die Determinante $D_a \neq 0$, so kann man nach dem Satze 5 des § 323 für (2) die Inverse der Transformation (1) einsetzen, d. h. eine solche, für die die Vektoren $\mathfrak{c}_1, \mathfrak{c}_2, \ldots$ in die Einheitsvektoren $\mathfrak{e}_1, \mathfrak{e}_2, \ldots$ übergehen und die letzte Gleichung zeigt, daß dann

$$D_b = \frac{1}{D_a}$$

sein muß.

Transformation des Inhalts von Punktmengen.

326. Wir betrachten in einem n-dimensionalen Raume die linearen Transformationen

I	$\bar{x}_k = x_k + c_k$	$(k = 1, 2, \ldots, n)$,
II	$\bar{x}_p = x_q,\ \bar{x}_q = x_p,\ \bar{x}_k = x_k$	$(k \neq p, q)$,
IIIa	$\bar{x}_1 = x_1 + x_2,\quad \bar{x}_k = x_k$	$(k = 2, 3, \ldots, n)$,
IIIb	$\bar{x}_1 = x_1 - x_2,\quad \bar{x}_k = x_k$	$(k = 2, 3, \ldots, n)$.

Jede dieser Transformationen des Raumes führt ein beliebiges Intervall in eine Punktmenge über, deren äußerer Inhalt gleich dem des Intervalls oder mindestens nicht größer ist: Bei den Transformationen I und II wird nämlich jedes Intervall wieder in ein Intervall transformiert und man sieht sofort, daß sich der Inhalt (§ 228) dabei nicht geändert hat.

Für die Transformation IIIa bemerken wir, daß ein Intervall

$$I: \quad a_k < x_k < a_k + h_k \qquad (k = 1, 2, \ldots, n)$$

in eine Punktmenge I^* übergeht, die durch folgende Ungleichheiten charakterisiert ist

$$(1) \qquad I^*: \begin{cases} a_1 < (\bar{x}_1 - \bar{x}_2) < a_1 + h_1 \\ a_k < \bar{x}_k < a_k + h_k \qquad (k = 2, 3, \ldots, n). \end{cases}$$

Wir betrachten nun im transformierten Raume die p Streifen $S_1, \ldots, S_p$, die durch die Ungleichheiten

$$S_q: \quad a_2 + \frac{(q-1)}{p} h_2 \leqq \bar{x}_2 \leqq a_2 + \frac{q}{p} h_2 \qquad (q = 1, 2, \ldots, p)$$

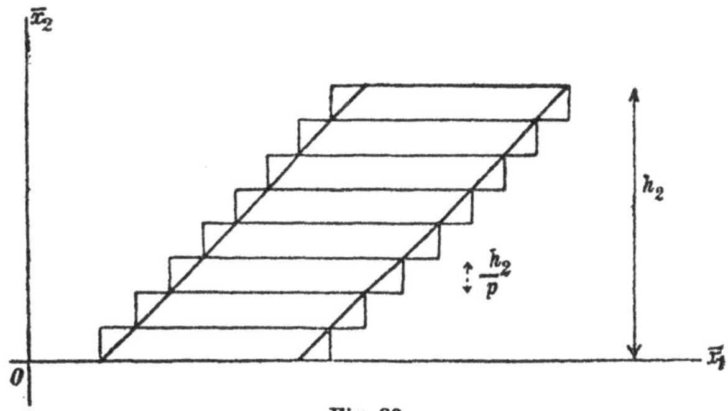

Fig. 23.

definiert sind. Man hat dann

$$I^* = I^* S_1 \dotplus I^* S_2 \dotplus \cdots \dotplus I^* S_p$$

und folglich (§ 233, Satz 4)

$$(2) \qquad m^* I^* \leqq \sum_{q=1}^{p} m^* S_q I^*.$$

Nun ist, wegen der Ungleichheiten (1), die Punktmenge $S_q I^*$ enthalten in einem abgeschlossenen Intervall, das durch die Bedingungen

$$a_1 + a_2 + \frac{q-1}{p} h_2 \leqq \bar{x}_1 \leqq a_1 + a_2 + \frac{q}{p} h_2 + h_1,$$

$$a_2 + \frac{q-1}{p} h_2 \leqq \bar{x}_2 \leqq a_2 + \frac{q}{p} h_2,$$

$$a_k \leqq \bar{x}_k \leqq a_k + h_k \qquad (k = 3, 4, \ldots, n)$$

charakterisiert ist.

Der Inhalt dieses Intervalls ist nun

$$\left(h_1 + \frac{h_2}{p}\right) \frac{h_2}{p} \cdot h_3 \ldots h_n = mI \left(1 + \frac{h_2}{p h_1}\right) \frac{1}{p}.$$

Wir haben also

$$m^* S_q I^* \leqq m I \left(1 + \frac{h_2}{p h_1}\right) \frac{1}{p} \qquad (q = 1, 2, \ldots, p)$$

und, wegen (2),

$$m^* I^* \leqq m I \left(1 + \frac{h_2}{p h_1}\right).$$

Da die letzte Ungleichheit für jeden ganzzahligen Wert von p gelten muß, folgern wir, wie wir behauptet hatten, daß auch bei der Transformation IIIa

(3) $$m^* I^* \leqq m I$$

ist, und genau ebenso beweist man die Richtigkeit der Relation (3) für die Transformation IIIb.

327. Es sei jetzt A eine beliebige Punktmenge von endlichem äußeren Inhalte und A^* die transformierte Punktmenge, die durch eine der Transformationen des vorigen Paragraphen entsteht.

Man kann nach Voraussetzung (§ 230) nach vorheriger Wahl einer beliebigen positiven Zahl ε die Punktmenge A mit abzählbar unendlich vielen Intervallen $I_1, I_2, \ldots$ überdecken, so daß

(1) $$\sum_{k=1}^{\infty} m I_k < m^* A + \varepsilon$$

ist Das Resultat des vorigen Paragraphen lehrt uns dann, daß für jeden Wert von k das Bild I_k^* von I_k der Bedingung genügt

(2) $$m^* I_k^* \leqq m I_k;$$

anderseits ist A^* in der Vereinigungsmenge der I_k^* enthalten und folglich (§ 233, Satz 4)

(3) $$m^* A^* \leqq \sum_{k=1}^{\infty} m^* I_k^*.$$

Der Vergleich von (1), (2) und (3) liefert also

$$m^* A^* < m^* A + \varepsilon,$$

und, da dies für jeden Wert von ε gilt,

(4) $$m^* A^* \leqq m^* A.$$

Nun bemerke man, daß die Inversen der drei Transformationen, die wir betrachtet haben, genau dieselbe Gestalt haben, wie diese Transformationen selbst; man hätte also ebenso schließen können, daß

(5) $$m^* A \leqq m^* A^*$$

ist und der Vergleich von (4) und (5) liefert also

$$m^* A = m^* A^*,$$

d. h. den

Satz 1. *Durch die Transformationen*

$$\text{I} \qquad \bar{x}_k = x_k + c_k \qquad (k = 1, 2, \ldots, n),$$

$$\text{II} \qquad \bar{x}_p = x_q, \ \bar{x}_q = x_p, \ \bar{x}_k = x_k \qquad (k \neq p, q),$$

$$\text{III} \qquad \bar{x}_1 = x_1 \pm x_2, \ \bar{x}_k = x_k \qquad (k = 2, 3, \ldots, n)$$

geht jede Punktmenge A von endlichem äußeren Inhalte in eine Punktmenge A^* über, die denselben äußeren Inhalt besitzt.

328. Wir betrachten jetzt die Transformation

$$\text{IV} \qquad \bar{x}_p = \lambda x_p, \qquad \bar{x}_k = x_k \qquad (k \neq p),$$

wobei p eine beliebige unter den Zahlen $1, 2, \ldots, n$ und λ irgendeine reelle Zahl bedeutet

Wir wollen abermals das äußere Maß des Bildes A^* berechnen, das bei dieser Transformation einer Punktmenge A von endlichem äußeren Maße entspricht.

Zunächst bemerken wir, daß, wenn $\lambda = 0$ ist, jeder Punkt des Raumes in einen Punkt der $(n-1)$-dimensionalen Ebene $\bar{x}_p = 0$ transformiert wird. Die Punktmenge A^* ist dann eine Teilmenge dieser Ebene und folglich vom Inhalt Null (§ 275, Satz 11):

$$m A^* = 0.$$

Ist dagegen $\lambda \neq 0$, so geht jedes Intervall I in ein Intervall I^* über, und zwischen den Inhalten dieser Intervalle besteht die Relation

$$m I^* = |\lambda| \, m I;$$

hieraus schließt man aber durch eine ganz analoge Betrachtung, wie im vorigen Paragraphen, daß

$$(1) \qquad m^* A^* \leqq |\lambda| \, m^* A,$$

und, wenn man zur inversen Transformation

$$x_p = \frac{1}{\lambda} \bar{x}_p, \qquad x_k = \bar{x}_k \qquad (k \neq p)$$

übergeht (was erlaubt ist, weil (1) die Endlichkeit von m^*A^* zur Folge hat), daß

$$(2) \qquad m^* A \leqq \frac{1}{|\lambda|} \, m^* A^*$$

bestehen muß. Der Vergleich von (1) und (2) liefert endlich

$$m^* A^* = |\lambda| \, m^* A$$

und wir haben daher den

Satz 2. *Bei der Transformation*

$$\text{IV} \qquad \bar{x}_p = \lambda x_p, \qquad \bar{x}_k = x_k \qquad (k \neq p)$$

besteht zwischen dem äußeren Inhalt einer Punktmenge A von endlichem äußeren Inhalt und dem ihres Bildes A^* stets die Relation

$$m^*A^* = |\lambda|\, m^*A.$$

329. Wir betrachten jetzt die allgemeinste lineare Punkttransformation

$$(1) \qquad \bar{x}_k = a_{k0} + a_{k1}x_1 + a_{k2}x_2 + \cdots + a_{kn}x_n \qquad (k = 1, 2, \ldots, n),$$

die den n-dimensionalen Raum in sich überführt, und bezeichnen mit

$$(2) \qquad D = D(\mathfrak{a}_1, \mathfrak{a}_2, \ldots, \mathfrak{a}_n)$$

die Determinante dieser Transformation (§ 324).

Eine beschränkte Punktmenge A geht vermöge der Transformation (1) in eine beschränkte Punktmenge A^* über. Beide haben also einen endlichen äußeren Inhalt, und es wird sich jetzt darum handeln, eine Relation zwischen m^*A und m^*A^* zu finden.

Bezeichnet man mit B die Punktmenge, in welche A durch die homogene lineare Transformation

$$(3) \qquad y_k = a_{k1}x_1 + a_{k2}x_2 + \cdots + a_{kn}x_n \qquad (k = 1, 2, \ldots, n)$$

übergeht, so sehen wir, daß B in A^* durch die Transformation

$$\bar{x}_k = a_{k0} + y_k \qquad (k = 1, 2, \ldots, n)$$

übergeführt ist, die mit der Transformation I des § 327 übereinstimmt. Bei einer solchen Transformation bleibt aber der äußere Inhalt unverändert; wir haben also

$$(4) \qquad m^*A^* = m^*B$$

und brauchen nur noch diese letzte Zahl zu bestimmen. Es ist nun klar, daß m^*B bei gegebenem A nur noch von den Transformationskoeffizienten a_{kj} abhängt, eine Tatsache, die wir nach Einführung der Vektoren

$$\mathfrak{a}_k\colon \; a_{k1}, a_{k2}, \ldots, a_{kn}.$$

folgendermaßen ausdrücken können:

$$(5) \qquad m^*B = \Psi(\mathfrak{a}_1, \mathfrak{a}_2, \ldots, \mathfrak{a}_n).$$

Führt man nach der Transformation (3) eine der Transformationen II, III, IV der vorigen Paragraphen aus, so bleibt m^*B unverändert oder wird mit $|\lambda|$ multipliziert. Anderseits ist die resultierende Transformation wieder homogen und linear und unterscheidet sich von (3) nur dadurch, daß man zwei Vektoren $\mathfrak{a}_q$ und $\mathfrak{a}_p$ miteinander vertauscht hat, oder $\mathfrak{a}_1$ durch $\mathfrak{a}_1 \pm \mathfrak{a}_2$ oder endlich $\mathfrak{a}_p$ durch $\lambda \mathfrak{a}_p$ ersetzt hat.

Wir können also behaupten:

α) Die Funktion $\Psi(\mathfrak{a}_1, \mathfrak{a}_2, \ldots, \mathfrak{a}_n)$ bleibt unverändert, wenn man $\mathfrak{a}_p$ mit $\mathfrak{a}_q$ vertauscht oder $\mathfrak{a}_1$ durch $\mathfrak{a}_1 + \mathfrak{a}_2$ ersetzt. Sie bleibt also auch unverändert, wenn man $\mathfrak{a}_p$ durch $\mathfrak{a}_p + \mathfrak{a}_q$ $(p \neq q)$ ersetzt.

β) Die Funktion $\Psi(\mathfrak{a}_1, \ldots, \mathfrak{a}_n)$ wird mit $|\lambda|$ multipliziert, wenn man $\mathfrak{a}_p$ durch $\lambda \mathfrak{a}_p$ ersetzt.

Endlich sieht man, daß, wenn man für die Vektoren $\mathfrak{a}_1 \ldots \mathfrak{a}_n$ die Einheitsvektoren $\mathfrak{e}_1 \ldots \mathfrak{e}_n$ setzt, $B = A$ ist. Hieraus folgt

γ) Es besteht stets die Gleichung

$$\Psi(\mathfrak{e}_1, \mathfrak{e}_2, \ldots, \mathfrak{e}_n) = m^*A.$$

Wir können jetzt genau, wie wir es in den §§ 305—308 für die Determinanten getan haben, beweisen, daß die Funktion $\Psi(\mathfrak{a}_1, \mathfrak{a}_2, \ldots, \mathfrak{a}_n)$ durch die drei Eigenschaften α), β) und γ) eindeutig definiert ist Anderseits folgt aus den Eigenschaften der Determinanten, daß das Produkt

$$|D(\mathfrak{a}_1, \mathfrak{a}_2, \ldots, \mathfrak{a}_n)| \cdot m^*A$$

von m^*A mit dem absoluten Betrage der Determinante $D(\mathfrak{a}_1, \ldots, \mathfrak{a}_n)$ unseren Bedingungen α), β) und γ) genügt.

Es ist also stets

$$\Psi(\mathfrak{a}_1 \ldots \mathfrak{a}_n) = |D| \cdot m^*A$$

und wegen (4) und (5)

(6) $$m^*A^* = |D| \cdot m^*A.$$

Ist jetzt A eine beliebige Punktmenge, so kann man eine monoton wachsende Folge von beschränkten Punktmengen $A_1, A_2, \ldots$ finden, die gegen A konvergieren

(7) $$\lim_{k=\infty} A_k = A.$$

Nennt man wieder A^* das Bild von A und A_k^* das Bild von A_k, so ist $A_1^*, A_2^*, \ldots$ ebenfalls eine monoton wachsende Folge von Punktmengen, für welche die Gleichung

(8) $$\lim_{k=\infty} A_k^* = A^*$$

gilt. Die aus (7) und (8) folgenden Gleichungen (§ 265, Satz 15)

$$\lim_{k=\infty} m^* A_k = m^* A,$$

$$\lim_{k=\infty} m^* A_k^* = m^* A^*,$$

kombiniert mit (6), zeigen, daß die Gleichung

$$m^* A^* = |D| \cdot m^* A$$

ganz allgemein gilt, wenn $D \neq 0$ ist, daß aber für $D = 0$ stets

$$m^* A^* = 0$$

besteht, selbst wenn $m^* A = \infty$ ist.

Ist die Determinante $D \neq 0$ und B eine beschränkte abgeschlossene Teilmenge von A, so folgt aus der Stetigkeit der Transformation, daß das Bild B^* von B ebenfalls beschränkt und abgeschlossen ist (§ 202). Hieraus folgt nun

$$m B = \frac{1}{|D|} m B^* \leqq \frac{1}{|D|} m_* A^*$$

und, weil die letzte Relation für alle beschränkten und abgeschlossenen Teilmengen von A gilt, nach dem Satze 3 des § 269

$$m_* A^* \geqq |D| m_* A.$$

Für die inverse Transformation mit der Determinante $\Delta = \frac{1}{D}$ findet man ebenso

$$m_* A \geqq |\Delta| m_* A^*$$

und aus den beiden letzten Ungleichheiten folgt $m_* A^* = |D| m_* A$.

Satz 3. *Wenn die lineare Transformation*

$$y_k = a_{k0} + a_{k1} x_1 + a_{k2} x_2 + \cdots + a_{kn} x_n \quad (k = 1, 2, \ldots, n)$$

eine von Null verschiedene Determinante D besitzt, so bestehen zwischen dem äußeren und inneren Inhalt einer beliebigen Punktmenge A und dem ihres Bildes A^* die Relationen

$$m^* A^* = |D| m^* A, \qquad m_* A^* = |D| m_* A;$$

ist aber $D = 0$, so hat man stets

$$m A^* = 0.$$

Orthogonale Transformationen.

330. Eine lineare und homogene Transformation

(1) $$y_k = a_{k1}x_1 + a_{k2}x_2 + \cdots + a_{kn}x_n \qquad (k = 1, 2, \ldots, n)$$

heißt orthogonal, wenn die Länge des transformierten Vektors $\mathfrak{y}$ stets gleich der Länge des ursprünglichen Vektors $\mathfrak{x}$ ist.

Wir müssen also immer haben

(2) $$\mathfrak{y}^2 = \mathfrak{x}^2.$$

Bemerkt man, daß, wenn zwei Vektoren $\mathfrak{x}_1$ und $\mathfrak{x}_2$ bzw. in $\mathfrak{y}_1$ und $\mathfrak{y}_2$ transformiert werden, auch für jedes λ der Vektor $(\mathfrak{x}_1 + \lambda\mathfrak{x}_2)$ in $(\mathfrak{y}_1 + \lambda\mathfrak{y}_2)$ transformiert wird, so folgt aus (2)

$$(\mathfrak{y}_1 + \lambda\mathfrak{y}_2)^2 = (\mathfrak{x}_1 + \lambda\mathfrak{x}_2)^2,$$

und da die Gleichung identisch in λ erfüllt sein muß, hat man insbesondere

(3) $$\mathfrak{y}_1\mathfrak{y}_2 = \mathfrak{x}_1\mathfrak{x}_2.$$

Wir führen jetzt wieder die Bezeichnungen ein:

$$\mathfrak{a}_k\colon \quad a_{k1}, a_{k2}, \ldots, a_{kn},$$
$$\bar{\mathfrak{a}}_j\colon \quad a_{1j}, a_{2j}, \ldots, a_{nj}.$$

Dann lassen sich die Gleichungen (1) schreiben

(4) $$y_k = \mathfrak{a}_k\mathfrak{x} \qquad (k = 1, 2, \ldots, n),$$

oder auch, wie im § 325,

(5) $$\mathfrak{y} = \bar{\mathfrak{a}}_1 x_1 + \bar{\mathfrak{a}}_2 x_2 + \cdots + \bar{\mathfrak{a}}_n x_n.$$

Nach dieser letzten Gleichung entsprechen die Einheitsvektoren $\mathfrak{e}_k$ des ersten Raumes den Vektoren $\bar{\mathfrak{a}}_k$ im zweiten. Die Relationen (2) und (3) zeigen also, daß

$$\bar{\mathfrak{a}}_k^2 = \mathfrak{e}_k^2 = 1 \quad \text{und} \quad \bar{\mathfrak{a}}_k\bar{\mathfrak{a}}_j = \mathfrak{e}_k\mathfrak{e}_j = 0 \qquad (k \neq j)$$

sein muß, d. h. daß das Vektorensystem

(6) $$\bar{\mathfrak{a}}_1, \bar{\mathfrak{a}}_2, \ldots, \bar{\mathfrak{a}}_n$$

normiert ist (§ 299).

Ist umgekehrt das Vektorensystem (6) normiert, so folgt aus (5)

$$\mathfrak{y}^2 = (\bar{\mathfrak{a}}_1 x_1 + \cdots + \bar{\mathfrak{a}}_n x_n)^2 = \mathfrak{x}^2,$$

d. h. die Bedingung ist auch hinreichend für die Orthogonalität der Transformation.

Satz 1. *Für die Orthogonalität der Transformation* (1) *ist notwendig und hinreichend, daß das Vektorensystem* $\bar{\mathfrak{a}}_1, \ldots, \bar{\mathfrak{a}}_n$ *normiert sei.*

Da ein normiertes Vektorensystem stets aus linear unabhängigen Vektoren besteht (§ 299), ist der Rang des Systems gleich n, die Transformation also eineindeutig (§ 323, Satz 5) und ihre Determinante $D(\mathfrak{a}_1, \mathfrak{a}_2, \ldots, \mathfrak{a}_n)$ von Null verschieden (§ 313, Satz 2).

In der Tat kann man hier das Gleichungssystem (1) sehr leicht nach den x_k auflösen. Da das Vektorensystem (6) normiert ist, folgt nämlich aus der Gleichung (5)

$$x_k = \bar{\mathfrak{a}}_k \mathfrak{y} \tag{7}$$

oder ausführlich geschrieben

$$x_k = a_{1k} y_1 + a_{2k} y_2 + \cdots + a_{nk} y_n \quad (k = 1, 2, \ldots, n). \tag{8}$$

Da die Gleichung (2) für diese inverse Transformation ebenfalls gelten muß, so sehen wir, daß diese Transformation ebenfalls orthogonal ist und daß folglich die Vektoren $\mathfrak{a}_1, \mathfrak{a}_2, \ldots, \mathfrak{a}_n$ ebenfalls normiert sein müssen:

Satz 2. *Sind die Vektoren* $\bar{\mathfrak{a}}_1, \bar{\mathfrak{a}}_2, \ldots, \bar{\mathfrak{a}}_n$ *normiert, so sind es die Vektoren* $\mathfrak{a}_1, \mathfrak{a}_2, \ldots, \mathfrak{a}_n$ *ebenfalls und umgekehrt.*

331. Ist A eine beliebige Punktmenge, deren äußerer Inhalt weder Null noch unendlich ist, und bezeichnet man wieder nach Vorgabe einer beliebigen orthogonalen Transformation das Bild von A mit A^*, so ist nach dem Satz 3 des § 329 einerseits wegen der Gleichungen (1) des vorigen Paragraphen

$$m^* A^* = |D(\mathfrak{a}_1 \ldots \mathfrak{a}_n)| \, m^* A \tag{9}$$

und anderseits wegen der Gleichungen (8)

$$m^* A = |D(\bar{\mathfrak{a}}_1 \ldots \bar{\mathfrak{a}}_n)| \, m^* A^*. \tag{10}$$

Nun ist (§ 309, Satz 5)

$$D(\mathfrak{a}_1 \ldots \mathfrak{a}_n) = D(\bar{\mathfrak{a}}_1 \ldots \bar{\mathfrak{a}}_n),$$

so daß wir aus (9) und (10) schließen können, daß

$$|D(\mathfrak{a}_1, \mathfrak{a}_2, \ldots, \mathfrak{a}_n)| = 1$$

ist.

Satz 3. *Der absolute Betrag der Determinante einer orthogonalen Transformation ist stets gleich Eins. Der äußere und der innere Inhalt einer beliebigen Punktmenge bleiben unverändert bei einer derartigen Transformation.*

Bezeichnet man wieder wie im § 310 mit A_{ik} die zu a_{ik} konjugi te Unterdeterminante und mit

$$C_{ik} = (-1)^{i+k} A_{ik}$$

das algebraische Komplement von a_{ik}, so liefert der Vergleich der Formel (2) des § 320 mit der Formel (8) des § 330

$$D \cdot a_{ik} = C_{ik}$$

und folglich, weil $D = \pm 1$ ist,

$$A_{ik} = \pm (-1)^{i+k} a_{ik};$$

hierbei ist das obere oder untere Vorzeichen zu nehmen, je nachdem D positiv oder negativ ist.

Punktmengen von nicht meßbarem Inhalt.

332. Wir bezeichnen mit $\mathfrak{r}_1, \mathfrak{r}_2, \ldots$ die abzählbar vielen Vektoren des n-dimensionalen Raumes, deren Komponenten sämtlich rational sind und mit $\mathfrak{x}$ einen Vektor, dessen Endpunkt P in das „halbgeschlossene" Intervall

$$(1) \qquad I: \quad 0 \leqq x_k < 1 \qquad (k = 1, 2, \ldots, n)$$

fällt. Wir bezeichnen mit $\{P\}$ die abzählbare, in sich dichte Punktmenge, die aus allen Endpunkten der Vektoren $(\mathfrak{x} + \mathfrak{r}_i)$ besteht, die in I enthalten sind.

Zwei auf diese Weise gebildete Punktmengen $\{P\}$ und $\{Q\}$, die den Punkten P und Q von I zugeordnet sind, sind identisch, falls sie auch nur einen Punkt R gemeinsam haben. Werden nämlich die Punkte P und Q als Endpunkte der Vektoren $\mathfrak{x}$ und $\mathfrak{y}$ dargestellt, so wird R als Endpunkt eines Vektors erscheinen, den man sowohl in der Form $\mathfrak{x} + \mathfrak{r}_i$ als auch in der Form $\mathfrak{y} + \mathfrak{r}_j$ schreiben kann und es ist daher $\mathfrak{y} = \mathfrak{x} + \mathfrak{r}_i - \mathfrak{r}_j$. Nun kann jeder Punkt S der Punktmenge $\{Q\}$ als Endpunkt eines Vektors $\mathfrak{y} + \mathfrak{r}_m$ dargestellt werden; man kann also schließlich schreiben

$$\mathfrak{y} + \mathfrak{r}_m = \mathfrak{x} + (\mathfrak{r}_m + \mathfrak{r}_i - \mathfrak{r}_j),$$

woraus unmittelbar folgt, daß S auch in $\{P\}$ enthalten ist.

Nach dem Zermeloschen Auswahlaxiom (§ 48) ordnen wir nun gleichzeitig jeder Teilmenge von I einen ihrer Punkte zu und hiermit jeder der abzählbaren Punktmengen $\{P\}$ einen bestimmten Punkt P'. Die Gesamtheit dieser Punkte P' bildet eine Punktmenge A, von der wir beweisen wollen, daß sie nicht meßbar ist.

333. Es sei

$$\mathfrak{r}_i : r_{i1}, r_{i2}, \ldots, r_{in}$$

ein Vektor, dessen Komponenten r_{ij} rational und dem absoluten Betrage nach kleiner als Eins sind. Wir bezeichnen mit B_i die Punktmenge, die man erhält, wenn man die soeben konstruierte Punktmenge A einer Translation unterwirft, die in Richtung und Größe gleich $\mathfrak{r}_i$ ist. Nach dem Satze 3 des § 329 bestehen dann die Gleichungen

$$(3) \qquad m^* B_i = m^* A, \quad m_* B_i = m_* A.$$

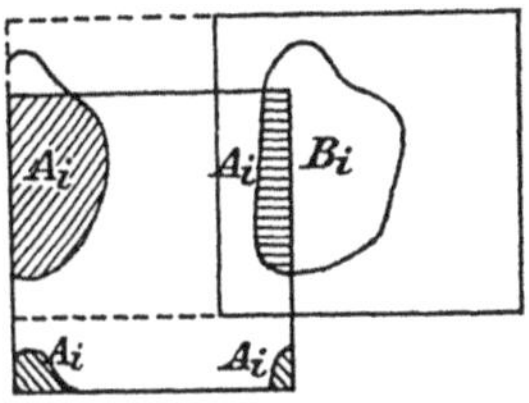

Fig. 24.

Wir ersetzen die Punktmenge B_i durch eine Punktmenge gleichen äußeren Inhalts A_i, die im Inneren des Intervalls I liegt und folgendermaßen konstruiert wird.

Es werden alle Punkte von B_i, falls es solche gibt, für welche $x_1 \geqq 1$ parallel zur x_1-Achse um eine Einheit nach links oder die Punkte von B_i, für welche $x_1 < 0$ ist um eine Einheit nach rechts verschoben. Wir erhalten auf diese Weise eine Punktmenge B_i^1, für welche die Relationen

$$(4) \qquad m^* B_i^1 = m^* B_i, \quad m_* B_i^1 = m_* B_i$$

gelten. Hierauf wird für alle Punkte von B_i^1, für welche $x_2 \geqq 1$ ist die Koordinate x_2 durch $(x_2 - 1)$ ersetzt oder für alle Punkte von B_i^1, für welche $x_2 < 0$ ist diese Koordinate um 1 vermehrt. Für die durch diese Operation gewonnene Punktmenge B_i^2 gelten die Relationen

$$(5) \qquad m^* B_i^2 = m^* B_i^1, \quad m_* B_i^2 = m_* B_i^1.$$

Wir fahren auf diese Weise fort und konstruieren nacheinander die Punktmengen $B_i^3, B_i^4, \ldots, B_i^n$; wir setzen $B_i^n = A_i$. Es ist dann offenbar $A_i \prec I$ und nach (3), (4), (5) und den folgenden ähnlichen Relationen

$$(6) \qquad m^* A_i = m^* A, \quad m_* A_i = m_* A.$$

Haben nun zwei Punktmengen A_i und A_j, die auf die soeben geschilderte Weise mit Hilfe der Vektoren $\mathfrak{r}_i$ und $\mathfrak{r}_j$ konstruiert worden sind, auch nur einen einzigen gemeinsamen Punkt P, so sind sie identisch. In der abzählbaren Punktmenge $\{P\}$ gibt es nämlich nach Voraussetzung gerade einen einzigen Punkt P', der zu A gehört. Bezeichnen wir mit $\mathfrak{r}_m$ den Vektor, der P' mit P verbindet, so müssen, nach unserer Konstruktion, alle Komponenten von $(\mathfrak{r}_i - \mathfrak{r}_m)$ und $(\mathfrak{r}_j - \mathfrak{r}_m)$ mithin auch alle Komponenten von $(\mathfrak{r}_i - \mathfrak{r}_j)$ ganzzahlig sein.

Es sei nun

$$\mathfrak{y} : y_1, y_2, \ldots, y_n$$

ein Vektor, dessen Endpunkt mit einem beliebigen Punkt Q von A zusammenfällt. Bezeichnet man mit r_{ik} und r_{jk} die k-ten Komponenten der Vektoren $\mathfrak{r}_i$ und $\mathfrak{r}_j$, so erhält man die k-ten Koordinaten der Bilder Q_i und Q_j von Q in A_i und A_j, indem man in den Zahlentrippeln

$$y_k + r_{ik} - 1, \quad y_k + r_{ik}, \quad y_k + r_{ik} + 1,$$
$$y_k + r_{jk} - 1, \quad y_k + r_{jk}, \quad y_k + r_{jk} + 1$$

diejenigen Zahlen aussucht, die nicht negativ und die kleiner als Eins sind. Da nun $(r_{ik} - r_{jk})$ ganzzahlig ist, müssen diese Zahlen für jeden Wert von k und folglich auch die Punkte Q_i und Q_j zusammenfallen. Hieraus folgt aber sofort $A_i = A_j$.

Zweitens bemerken wir, daß jeder innere Punkt von I in mindestens einer der Punktmengen A_i enthalten ist. Es sei nämlich P ein solcher Punkt und P' der Punkt von A, der in der Punktmenge $\{P\}$ enthalten ist. Der Vektor $\mathfrak{r}_m$, der von P' zu P führt, hat lauter rationale Komponenten, die dem absoluten Betrage nach kleiner als Eins sind.

Die Punktmenge A_m, die mit Hilfe des Vektors $\mathfrak{r}_m$ aus A entsteht, muß dann den Punkt P enthalten.

Wir ordnen die Punktmenge A und die aus ihr entstehenden Punktmengen A_i in eine einfache Folge $A, A_{i_1}, A_{i_2}, \ldots$ in der jede dieser Punktmengen nur einmal vorkommt. Da je zwei dieser Punktmengen keine gemeinsamen Punkte besitzen und ihre Summe in I enthalten ist und alle inneren Punkte von I enthält, so folgen aus der Eigenschaft III der Maßfunktionen (§ 235) und aus dem Satze 1 des § 254 die beiden Relationen

$$1 \leq m^*A + m^*A_{i_1} + m^*A_{i_2} + \cdots$$
$$1 \geq m_*A + m_*A_{i_1} + m^*A_{i_2} + \cdots$$

Wegen (6) können diese Relationen nur dann erfüllt sein, wenn

$$m^*A > 0, \quad m_*A = 0$$

ist. Es gilt also der

Satz 1. *Es gibt Punktmengen von nicht meßbarem Inhalt, deren innerer Inhalt verschwindet.*

334. Der äußere Inhalt der nicht meßbaren Punktmenge A, die wir soeben konstruiert haben, liegt zwischen Null exklusive und Eins inklusive. Es ist aber nicht möglich, eine positive untere Schranke für die Zahl $m^* A$ anzugeben. Da nämlich die abzählbaren Punktmengen $\{P\}$, die wir zur Konstruktion benutzt haben, nach dem § 332 überall dicht auf I liegen, so hätte man, wenn U eine beliebige offene Teilmenge von I bedeutet, das Zermelosche Auswahlaxiom so handhaben können, daß der aus $\{P\}$ ausgewählte Punkt P' stets in das Innere von U fällt. Dann wäre aber auch $m^* A \leqq m\, U$, und man kann offenbar die letzte Zahl beliebig klein wählen.

Es ist daher durchaus notwendig unsere Konstruktion zu vervollständigen. Wir betrachten das Intervall

$$I:\quad 0 < x_k < 1 \qquad (k = 1, 2, \ldots, n)$$

und setzen $B = AI$; dann ist, weil $(A - B)$ eine Nullmenge ist,

$$m^* B = m^* A > 0, \qquad m_* B = m_* A = 0,$$

und die Punktmenge B von nicht meßbarem Inhalte. Es sei $\bar{B}$ eine maßgleiche Hülle von B, die in I enthalten ist, und $\bar{C}$ eine perfekte Teilmenge von $\bar{B}$, die keine Nullmenge ist (§ 278, Satz 12). Setzt man

$$C = B\bar{C},$$

so ist nach dem Satze 12 des § 263 die Punktmenge $\bar{C}$ eine maßgleiche Hülle von C; anderseits ist aber, weil C eine Teilmenge von B ist, der innere Inhalt von C gleich Null. Man kann also schreiben

$$(1) \qquad m^* C = m\bar{C} = \alpha > 0, \qquad m_* C = 0.$$

Wir bezeichnen nun, wenn P einen beliebigen Punkt des n-dimensionalen Raumes bedeutet, mit $I_k(P)$ einen Würfel, der P zum Mittelpunkt hat und dessen Kantenlänge $1:k$ ist; hierbei bedeutet k eine natürliche Zahl. Wir können durch eine lineare Transformation des Raumes in sich (§§ 322—324) die Punktmenge I in $I_k(P)$ überführen und bezeichnen mit $\bar{C}_k(P)$ und $C_k(P)$ die Punktmengen, in welche $\bar{C}$ und C übergegangen sind. Die äußeren und inneren Inhalte aller dieser Punktmengen werden dabei im selben Verhältnis $1:k^n$ verkleinert (§ 329, Satz 3) und wir können daher schreiben

$$(2) \qquad m^* C_k(P) = m\bar{C}_k(P) = \alpha \cdot m I_k(P),$$

$$(3) \qquad m_* C_k(P) = 0.$$

Die Punktmengen $\bar{C}_k(P)$ sind überdies abgeschlossen und es gibt nach dem Vitalischen Satze (§ 290, Satz 3) abzählbar viele Punkte P_m und ihnen zugeordnete natürliche Zahlen k_m, so daß, wenn wir zur Abkürzung

$$\overline{C}_m = \overline{C}_{k_m}(P_m) \quad \text{und} \quad C_m = C_{k_m}(P_m)$$

setzen und mit N eine Nullmenge bezeichnen, der Gesamtraum identisch ist mit der Summe

$$N + \overline{C}_1 + \overline{C}_2 + \overline{C}_3 + \cdots.$$

Hierbei ist also, wenn k und j zwei voneinander verschiedene natürliche Zahlen bedeuten,

$$\overline{C}_k \overline{C}_j = 0.$$

Nun setzen wir

$$\Omega = C_1 + C_2 + C_3 + \cdots \tag{4}$$

und betrachten eine beliebige meßbare Punktmenge V von endlichem Inhalte; dann ist

$$V = VN + V\overline{C}_1 + V\overline{C}_2 + \cdots$$

und daher

$$mV = mV\overline{C}_1 + mV\overline{C}_2 + \cdots. \tag{5}$$

Ebenso bekommen wir mit Hilfe des Satzes 18 des § 268

$$m^*V\Omega = m^*VC_1 + m^*VC_2 + \cdots. \tag{6}$$

Endlich ist, weil nach (2) die Punktmenge $\overline{C}_k$ eine maßgleiche Hülle von C_k ist (§ 263, Satz 12)

$$m^*VC_k = mV\overline{C}_k \qquad (k = 1, 2, \ldots),$$

so daß aus (5) und (6) folgt

$$mV = m^*V\Omega. \tag{7}$$

Anderseits haben wir nach dem § 268

$$\left\{\begin{aligned} m_*\Omega &= m_*\Omega C_1 + m_*\Omega \overline{C}_2 + \cdots \\ &= m_* C_1 + m_* C_2 + \cdots \\ &= 0. \end{aligned}\right. \tag{8}$$

Bezeichnen wir mit Ω' die Komplementärmenge von Ω, so ist nach dem § 257, Satz 4

$$mV = m^*V\Omega + m_*V\Omega' = m_*V\Omega + m^*V\Omega'$$

und mit Berücksichtigung von (7) und (8)

$$m_*V\Omega' = 0, \qquad m^*V\Omega' = mV.$$

Aus der ersten dieser beiden Gleichungen folgt übrigens genau so wie für Ω

$$m_*\Omega' = 0.$$

Nach der Definition des § 271 können wir diese Resultate folgendermaßen aussprechen:

Satz 2. *Es gibt Punktmengen Ω, die zugleich mit ihrer Komplementärmenge Ω' den Gesamtraum als maßgleiche Hülle besitzen und den inneren Inhalt Null haben.*

Ist A eine beliebige Punktmenge, deren äußerer Inhalt von Null verschieden ist, so ist entweder A selbst nicht meßbar oder es ist A eine maßgleiche Hülle von $A\Omega$. Dann haben wir aber die Gleichungen

$$m^* A\Omega = mA > 0, \qquad m_* A\Omega \leqq m_*\Omega = 0,$$

d. h. die Punktmenge $A\Omega$ ist nicht meßbar. Diese Bemerkung liefert uns den wichtigen

Satz 3. *Jede Punktmenge A, die keine Nullmenge ist, besitzt Teilmengen von nicht meßbarem Inhalte.*

Stetige meßbare Abbildungen.

335 Eine eineindeutige Abbildung von zwei Punktmengen E und E^* aufeinander, die in demselben oder in zwei verschiedenen Räumen liegen (§ 84), wollen wir meßbar nennen, wenn aus der Meßbarkeit des Inhalts einer Teilmenge A von E stets die Meßbarkeit des Inhalts ihres Bildes A^* folgt und umgekehrt.

Wenn sich bei einer eineindeutigen Abbildung zwei Punktmengen entsprechen, von denen die eine eine Nullmenge ist und die andere einen von Null verschiedenen Inhalt besitzt, so ist das Bild jeder nicht meßbaren Teilmenge der zweiten (§ 334, Satz 3) ebenfalls eine Nullmenge und folglich meßbar. Die Abbildung ist dann keine meßbare.

Satz 1. *Für die Meßbarkeit einer eineindeutigen Abbildung von zwei Punktmengen ist notwendig, daß jeder Nullmenge der einen Punktmenge eine Nullmenge der anderen in der Abbildung zugeordnet ist.*

Wir wollen nun zeigen, daß diese Bedingung bei stetigen Abbildungen (§ 201) auch hinreichend ist. Wir nehmen also an, die betrachtete Abbildung sei stetig und führe jede Nullmenge in eine Nullmenge über. Es sei dann z. B. A eine Teilmenge von E von meßbarem Inhalt, und A^* sei das Bild von A. Nach dem Satze 8 des § 271 kann man die Punktmenge A darstellen als Vereinigung einer Nullmenge N mit höchstens abzählbar vielen beschränkten perfekten Punktmengen $T_1, T_2, \ldots$

$$A = N \dotplus T_1 \dotplus T_2 \dotplus \cdots.$$

Hieraus folgt für das Bild A^* von A die Darstellung

$$A^* = N^* \dotplus T_1^* \dotplus T_2^* \dotplus \cdots.$$

Die Punktmenge N^* ist als Bild einer Nullmenge nach Voraussetzung ebenfalls eine Nullmenge und daher meßbaren Inhalts Die Punktmengen T_k^* sind wegen der Stetigkeit der Abbildung als Bilder von beschränkten abgeschlossenen Punktmengen ebenfalls abgeschlossen (§ 202) und daher auch meßbar. Hieraus folgt aber, daß A^* von meßbarem Inhalte sein muß.

Satz 2. *Jede eineindeutige stetige Abbildung, die Nullmengen in Nullmengen überführt, ist meßbar.*

Dafür, daß eine lineare Transformation eine eineindeutige Abbildung darstelle, muß ihre Determinante von Null verschieden sein (§ 323). In diesem Falle geht aber nach dem Satze 3 des § 329 jede Nullmenge in eine Nullmenge über und da die Abbildung außerdem noch stetig ist, so ist sie meßbar.

Satz 3. *Jede lineare Transformation von nicht verschwindender Determinante ist eine meßbare Abbildung.*

336. Es ist sehr leicht, eineindeutige stetige Abbildungen von abgeschlossenen Punktmengen zu konstruieren, die nicht meßbar sind. Dies gelingt schon bei der Abbildung von linearen Intervallen aufeinander.

Man braucht z. B. nur die gleich numerierten Intervalle der offenen Punktmengen, die in den §§ 276 und 280 beschrieben worden sind, linear aufeinander zu beziehen und die Häufungspunkte dieser offenen Punktmengen so aufeinander zu beziehen, daß die Abbildung der beiden Strecken, die diese offenen Punktmengen enthalten, eineindeutig und stetig sei.

Wir wollen, wegen der Wichtigkeit dieser Tatsache, ein ganz ähnliches Beispiel etwas ausführlicher behandeln.

Es seien auf den Achsen einer xy-Ebene zwei abgeschlossene Intervalle

$$a \leqq x \leqq b \quad \text{und} \quad a_1 \leqq y \leqq b_1$$

gegeben. Wir geben uns eine feste positive Zahl ϑ, die kleiner als Eins ist, und konstruieren eine Folge von stückweise linearen, stetigen, monotonen, stets wachsenden Funktionen $\psi_k(x)$ folgendermaßen:

Wir betrachten zuerst auf der x-Achse die offene Punktmenge

$$B = \delta_1 + \delta_2 + \delta_3 + \cdots,$$

die wir im § 276 konstruiert haben.

Die Funktion $\psi_0(x)$ ist dann im Intervalle $a \leqq x \leqq b$ diejenige lineare Funktion, welche den Gleichungen

$$\psi_0(a) = a_1, \qquad \psi_0(b) = b_1$$

genügt; sie besitzt eine konstante Steigung

$$\frac{b_1 - a_1}{b - a} = k.$$

Die Funktion $\psi_1(x)$ fällt in den Punkten a, b und im Mittelpunkt von δ_1 mit ψ_0 zusammen. Sie ist stetig, stückweise linear und besitzt innerhalb des Intervalls δ_1 die Steigung $\vartheta \cdot k$ und ist außerhalb dieses Intervalls linear. Ihr Graph (§ 157) besteht also aus drei geradlinigen Stücken.

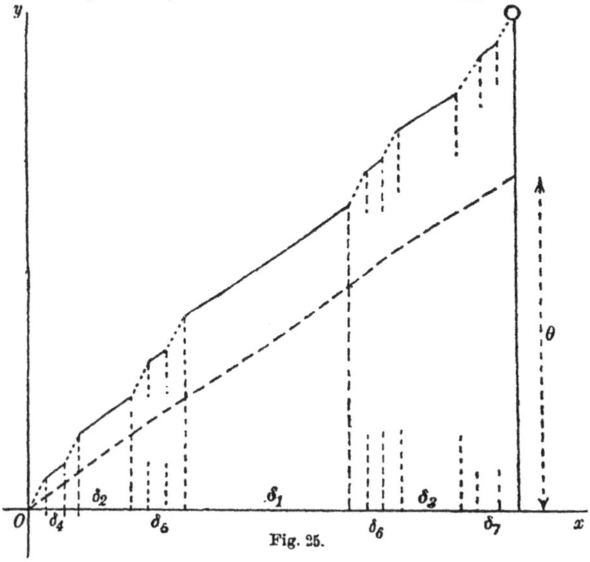

Fig. 25.

Die Funktion $\psi_2(x)$ ist stetig, stückweise linear, sie fällt in den Punkten a, b im Intervalle δ_1 und in den Mittelpunkten von δ_2 und δ_3 mit $\psi_1(x)$ zusammen; außerdem besitzt sie in den Intervallen δ_2 und δ_3 die Steigung $\vartheta \cdot k$ und ist überall außerhalb der Intervalle δ_1, δ_2 und δ_3 linear.

Allgemein fällt die Funktion $\psi_{k+1}(x)$ in den Punkten a, b, den $(2^k - 1)$ ersten der Intervalle $\delta_1, \delta_2, \ldots$ und in den Mittelpunkten der 2^k folgenden dieser Intervalle mit $\psi_k(x)$ zusammen. In allen diesen $(2^{k+1} - 1)$ ersten Intervallen δ_p besitzt sie die Steigung $\vartheta \cdot k$ und sie ist außerhalb dieser Intervalle ebenfalls linear und stetig im Intervall $a \leqq x \leqq b$. Die Fig. 25 stellt demnach die Funktion $\psi_3(x)$ dar.

Nun bemerke man, daß im ganzen Definitionsintervall

$$|\psi_1(x) - \psi_0(x)| < \frac{b_1 - a_1}{2}$$

ist, und daß ebenso

$$|\psi_2(x) - \psi_1(x)| < \frac{b_1 - a_1}{2^2}$$

und allgemein

$$|\psi_{k+1}(x) - \psi_k(x)| < \frac{b_1 - a_1}{2^{k+1}}$$

stattfindet. Die Folge der Funktionen $\psi_1, \psi_2, \ldots$ konvergiert also gleichmäßig gegen eine stetige Funktion (§ 172, Satz 2), die wir mit $\varphi(x)$ oder ausführlicher mit

$$\varphi(x;\ \vartheta, a, b, a_1, b_1)$$

bezeichnen wollen. Diese Funktion $\varphi(x)$ ist monoton wachsend; außerdem gibt es, da die Punktmenge $(\delta_1 + \delta_2 + \delta_3 + \cdots)$, in welcher $\varphi(x)$ die Steigung $\vartheta \cdot k$ besitzt, überall dicht im Intervalle $a < x < b$ ist (§ 76), zwischen je zwei Punkten dieses letzten Intervalls Teilintervalle, in denen die Funktion $\varphi(x)$ nicht konstant ist. Die Funktion $\varphi(x)$ ist also nicht nur monoton, sondern auch stets wachsend und liefert eine eineindeutige und stetige Abbildung der beiden Strecken $a < x < b$ und $a_1 < y < b_1$ aufeinander. Die Punktmenge B erfüllt nun das ganze Intervall $a < x < b$ mit Ausnahme einer Nullmenge A; anderseits aber besteht nach unserer Konstruktion zwischen den Inhalten des Intervalls δ_p und seines Bildes δ_p^* die Relation

$$m\delta_p^* = \vartheta k \cdot m\delta_p;$$

es ist also, wenn wir das Bild von B mit B^* bezeichnen,

$$mB^* = \vartheta k \cdot mB,$$

oder, weil (§ 276)

$$mB = b - a$$

ist,

$$mB^* = \vartheta(b_1 - a_1).$$

Folglich ist

$$mA^* = (1 - \vartheta)(b_1 - a_1),$$

d. h. das Bild der Nullmenge A besitzt einen von Null verschiedenen Inhalt. Die von uns betrachtete eineindeutige und stetige Abbildung ist demnach nicht meßbar.

337. Durch einen ähnlichen Gedankengang wie im § 277 kann man mit Hilfe der soeben geschilderten Abbildung zu einer viel merkwürdigeren gelangen.

Wir gehen zunächst von der Funktion

$$y = \varphi(x;\ \vartheta, 0, 1;\ 0, 1)$$

aus und nennen diese Funktion zur Abkürzung $\chi_1(x)$. Der Graph von $\chi_1(x)$ enthält abzählbar unendlich viele Strecken, die sich auf der x-Achse in eine offene Punktmenge B_1 vom Inhalte Eins projizieren. Wir ersetzen jede dieser Strecken durch den Graph der Funktion

$$\varphi(x; \vartheta, a, b, a_1, b_1),$$

wobei a, a_1 und b, b_1 die Koordinaten der Endpunkte der Strecke bedeuten.

Durch diese Operation erhalten wir eine Funktion $\chi_2(x)$, von der man sehr leicht sieht, daß sie stetig, monoton und stets wachsend ist.

Die Funktion $\chi_2(x)$ enthält ebenfalls unendlich viele Strecken, die sich auf eine offene Punktmenge B_2 der x-Achse projizieren, wobei B_2 eine Teilmenge von B_1 bedeutet, die ebenfalls den Inhalt Eins besitzt.

Man iteriere nun das Verfahren, durch welches wir von $\chi_1(x)$ zu $\chi_2(x)$ gelangt sind; wir erhalten eine Folge von abzählbar unendlich vielen stetigen, stets wachsenden Funktionen

$$(1) \qquad \chi_1(x),\ \chi_2(x),\ \chi_3(x),\ \ldots .$$

Überdies ist für jeden beliebigen Wert des Definitionsbereiches

$$|\chi_2 - \chi_1| < \frac{1}{3}, \ |\chi_3 - \chi_2| < \frac{1}{9}, \ \ldots, \ |\chi_{k+1} - \chi_k| < \frac{1}{3^k},$$

woraus folgt, daß die Folge (1) gleichmäßig gegen eine Grenzfunktion $\chi(x)$ konvergiert. Die Funktion $\chi(x)$ ist daher monoton und stetig; man kann aber leicht sehen, daß sie ebenfalls stets wachsend ist. Sind nämlich ξ_1 und ξ_2 zwei voneinander verschiedene Punkte des Definitionsintervalls, so kann man n so groß wählen, daß eine der Strecken, in denen $\chi_n(x)$ linear ist, sich ganz in das Innere des Intervalles $\xi_1 < x < \xi_2$ projiziert. Es seien x_1 und x_2 die Endpunkte dieser Projektion; dann ist

$$\chi(\xi_1) \leqq \chi(x_1), \quad \chi(x_1) = \chi_n(x_1),$$
$$\chi_n(x_1) < \chi_n(x_2),$$
$$\chi_n(x_2) = \chi(x_2), \quad \chi(x_2) \leqq \chi(\xi_2),$$

woraus folgt, daß $\chi(x)$ im Intervalle $\xi_1 < x < \xi_2$ nicht konstant ist.

Die Funktion $\chi(x)$ liefert also die eineindeutige stetige Abbildung von zwei Strecken von der Länge Eins aufeinander.

Nennt man, in Übereinstimmung mit der obigen Bezeichnung, B_p die Projektion auf die x-Achse der Strecken, die im Graph von $\chi_p(x)$ enthalten sind, und $B_p{}^*$ die Projektion dieser Strecken auf die y-Achse, so ist für jedes p

$$B_{p+1} \prec B_p \quad \text{und} \quad B^*_{p+1} \prec B_p{}^*.$$

Es ist ferner nach der obigen Konstruktion

$$m B_{p+1} = m B_p, \qquad m B^*_{p+1} = \vartheta m B_p{}^*$$

oder, weil

$$mB_1 = 1 \quad \text{und} \quad mB_1^* = \vartheta$$

ist, für jedes p

$$mB_p = 1, \qquad mB_p^* = \vartheta^p.$$

Wir bezeichnen jetzt mit B den Durchschnitt aller B_p und mit B^* das durch $\chi(x)$ vermittelte Bild von B auf der y-Achse. Es ist (§ 247, Satz 9)

$$mB = \lim_{p=\infty} mB_p = 1.$$

Ist nun P irgendein Punkt von B und P^* der entsprechende Punkt von B^*, nennt man ferner P_q^* das durch die Funktion $\chi_q(x)$ vermittelte Bild von P auf der y-Achse, so ist

$$P^* = \lim_{q=\infty} P_q^*.$$

Außerdem ist, wenn p irgendeine feste positive ganze Zahl bedeutet, P_q^* für alle $q > p$ in einem und demselben Intervall der Punktmenge B_p^* enthalten. Der Punkt P^* ist demnach entweder ein Punkt des Inneren oder aber ein Endpunkt dieses Intervalls und hieraus folgt, daß B^* in der Punktmenge enthalten ist, die man erhält, wenn man die Endpunkte der Intervalle, die in der offenen Punktmenge B_p^* enthalten sind, diesen Intervallen hinzufügt. Da die hinzugefügten Punkte in abzählbarer Anzahl sind und folglich den Inhalt Null haben, folgt hieraus, daß

$$mB^* \leqq mB_p^* = \vartheta^p$$

ist. Da dieses aber für jedes p gilt, schließt man daraus, daß B^* eine Nullmenge ist.

Die Punkte des Intervalls $0 \leqq x \leqq 1$, die nicht in B enthalten sind, bezeichnen wir mit A; die Punktmenge A ist eine Nullmenge und das durch die Funktion $\chi(x)$ vermittelte Bild A^* von A besitzt den Inhalt

$$mA^* = 1 - mB^* = 1.$$

Satz 4. *Es gibt eineindeutige und stetige Abbildungen der Intervalle* $0 \leqq x \leqq 1$ *und* $0 \leqq y \leqq 1$ *aufeinander, die alle Punkte des einen dieser Intervalle mit Ausnahme einer Nullmenge in eine Nullmenge des andern Intervalls transformieren.*

Kritik der Theorie der Maßfunktionen.*)

338. Im § 235 haben wir die Maßfunktionen durch vier Eigenschaften definiert, die wir mit I—IV numeriert haben. Wir wollen jetzt zeigen, daß jede der Grundeigenschaften II, III, IV von den übrigen unab-

*) Von diesem Abschnitt wird im Folgenden kein Gebrauch gemacht.

hängig ist, also z. B., daß II nicht aus I, III und IV gefolgert werden kann.*) Wäre nun II eine Folge von I, III und IV, so müßte **jede** Mengenfunktion, die diese letzten drei Eigenschaften besitzt, auch die Eigenschaft II haben. Wir erreichen also unser Ziel, indem wir Mengenfunktionen konstruieren, die **einige**, aber nicht alle vier Grundeigenschaften besitzen.

a) Es sei P_0 ein fester Punkt des zweidimensionalen Raumes. Wir definieren eine Mengenfunktion $\nu_2 A$ folgendermaßen: Ist W_A das größte Quadrat mit dem Mittelpunkte P_0 und mit parallelen Seiten zu den Koordinatenachsen, das in einer gegebenen Punktmenge A enthalten ist, so setze man

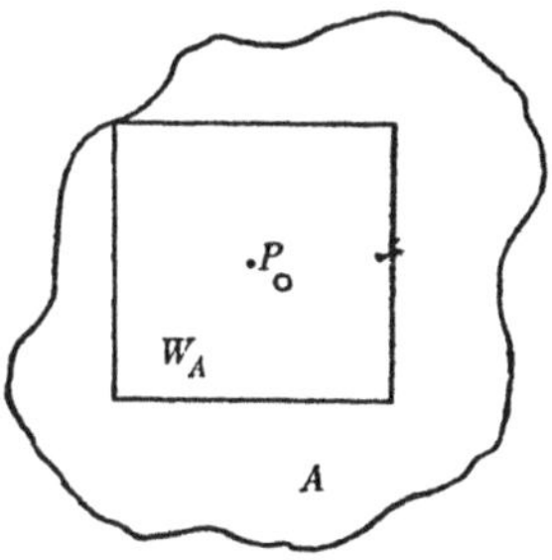

Fig. 26.

$$\nu_2 A = m^*(A - W_A),$$

wobei wie stets mit $m^*(A - W_A)$ der äußere Inhalt der Punktmenge $(A - W_A)$ bezeichnet wird. Ist also P_0 kein **innerer** Punkt der betrachteten Punktmenge A, so ist einfach

$$\nu_2 A = m^* A.$$

Die betrachtete Mengenfunktion besitzt die Eigenschaft III der Maßfunktionen; setzt man nämlich

$$V = A_1 \dotplus A_2 \dotplus \cdots$$

und bezeichnet mit W_0 das größte zu P_0 konzentrische Quadrat, das in V enthalten ist, und mit W_k das größte dieser Quadrate, das in A_k enthalten ist, wobei einige oder alle Punktmengen $W_0, W_1, W_2, \ldots$ auch leer sein können, so folgt aus $A_k \prec V$ auch $W_k \prec W_0$ und daher

$$(1) \qquad A_k - A_k W_0 \prec A_k - W_k \qquad (k = 1, 2, \ldots).$$

Nun ist aber

$$V - W_0 = (A_1 - A_1 W_0) \dotplus (A_2 - A_2 W_0) \dotplus \cdots$$

und daher

$$(2) \quad \nu_2 V = m^*(V - W_0) \leqq m^*(A_1 - A_1 W_0) + m^*(A_2 - A_2 W_0) + \cdots.$$

*) Das Wesentlichste an der Eigenschaft I, d. h. die Tatsache, daß die betrachtete Mengenfunktion νA keiner negativen Werte fähig sein soll, ist eine Folge von III. Denn wäre für eine bestimmte Punktmenge A_0

$$\nu A_0 < 0,$$

so könnte schon die Ungleichheit

$$\nu(A \dotplus B) \leqq \nu A + \nu B$$

nicht stets erfüllt sein; für $A = B = A_0$ wäre sie nämlich falsch.

Anderseits folgt aber aus (1)

$$(3) \qquad m^*(A_k - A_k W_0) \leqq m^*(A_k - W_k) = \nu_2 A_k$$

und es ist also nach (2) und (3), wie wir zeigen wollten,

$$\nu_2 V \leqq \nu_2 A_1 + \nu_2 A_2 + \cdots.$$

Unsere Mengenfunktion besitzt aber auch die Eigenschaft IV der Maßfunktionen.

Es seien nämlich A und B zwei Punktmengen, deren Entfernung $E(A, B) = \delta > 0$ ist. Dann ist entweder der Punkt P_0 nicht in $(A+B)$ enthalten und man hat

$$\nu_2(A+B) = m^*(A+B) = m^*A + m^*B = \nu_2 A + \nu_2 B,$$

oder P_0 ist in einer der beiden Punktmengen, z. B. in A enthalten. Bezeichnet man dann mit W_A das größte zu P_0 konzentrische Quadrat, das in A enthalten ist (oder vielleicht auch den Punkt P_0 selbst), so ist $E(W_A, B) \geqq \delta$; kein Punkt P der Ebene, für den $E(P, W_A) < \delta$ ist, liegt in B und daher ist W_A auch das größte zu P_0 konzentrische Quadrat, das in $(A+B)$ enthalten ist. Man hat nun, weil $(A+B) - W_A = (A - W_A) + B$ und $E((A - W_A), B) \geqq \delta$ ist,

$$\nu_2(A+B) = m^*((A+B) - W_A) = m^*(A - W_A) + m^*B = \nu_2 A + \nu_2 B,$$

d. h. die Gleichung, die wir ableiten wollten.

Ist endlich A eine beschränkte Punktmenge, die den Punkt P_0 als **inneren** Punkt enthält, so ist, nach der Definition unserer Mengenfunktion

$$\nu_2(A - P_0) > \nu_2 A,$$

woraus folgt, daß hier die Eigenschaft II der Maßfunktionen nicht immer gilt.

Die Eigenschaft II ist mithin von I, III und IV unabhängig.

b) Um zweitens zu zeigen, daß die Grundeigenschaft III der Maßfunktionen von I, II und IV unabhängig ist, genügt es, den **inneren Inhalt** $m_* A$ der Punktmengen zu betrachten. Für diesen ist ja nach dem Satze 1 des § 254 die Eigenschaft II vorhanden. Dasselbe gilt aber auch von der Eigenschaft IV; denn wenn A und B zwei Punktmengen bedeuten, deren Entfernung positiv ist, so ist die Entfernung zwischen B und der abgeschlossenen Hülle $\bar{A}$ von A ebenfalls positiv (§ 193) und der Durchschnitt $\bar{A}B$ ist leer (§ 194). Da nun $\bar{A}$ von meßbarem Inhalte ist, hat man nach dem Satze 11 des § 262

$$m_*(A+B) = m_*(A+B)\bar{A} + m_*((A+B)-(A+B)\bar{A})$$
$$= m_* A + m_* B.$$

Dagegen ist die Eigenschaft III nicht immer vorhanden; bezeichnet man mit A eine beschränkte Punktmenge, deren Inhalt nicht meßbar ist (§ 333), und mit I ein Intervall, das A enthält, so ist

$$mI = m^*A + m_*(I-A) > m_*A + m_*(I-A),$$

womit bewiesen ist, daß die Eigenschaft III der Maßfunktionen von I, II und IV unabhängig ist. Ein anderes einfacheres Beispiel, das dasselbe leistet, werden wir im § 340 kennen lernen.

c) Endlich bezeichnen wir mit $\nu_4 A$ die Mengenfunktion, die, falls A nicht leer ist, gleich der größeren der beiden Zahlen 1 und m^*A ist, wobei wieder m^*A den äußeren Inhalt von A bedeutet und die für $A = 0$ verschwindet. Dann ist erstens stets nach dieser Definition.

(4) $$\nu_4 A \geqq m^*A,$$

(5) $$\nu_4 A \geqq 1.$$

Ist jetzt $B \prec A$, so ist, falls $m^*B \geqq 1$ ist, auch $m^*A \geqq 1$ und man hat

$$\nu_4 A = m^*A \quad \text{und} \quad \nu_4 B = m^*B,$$

woraus

(6) $$\nu_4 B \leqq \nu_4 A$$

ohne weiteres folgt; ist aber $m^*B < 1$, so ist $\nu_4 B = 1$ und die Relation (6) eine direkte Folge von (5). Unsere Mengenfunktion hat also jedenfalls die Eigenschaft II. Zweitens sei

$$V = A_1 \dotplus A_2 \dotplus \cdots;$$

ist nun $m^*V < 1$, so muß auch $m^*A_1 < 1$ sein, und man hat $\nu_4 V = \nu_4 A_1 = 1$, woraus

(7) $$\nu_4 V \leqq \sum_k \nu_4 A_k$$

sofort zu entnehmen ist. Ist aber $m^*V \geqq 1$, so hat man

(8) $$\nu_4 V = m^*V \leqq \sum_k m^*A_k$$

und die Relation (7) ist wiederum richtig als Folge von (8) und (4). Unsere Mengenfunktion besitzt also auch die Grundeigenschaft III.

Dagegen besteht die Eigenschaft IV nicht, wenn man für A und B zwei Punktmengen nimmt, deren Entfernung positiv ist, und die den Bedingungen $m^*A = m^*B = 1:3$ genügen; denn es ist dann

$$\nu_4(A+B) = \nu_4 A = \nu_4 B = 1\,;$$

hieraus folgt, daß die Eigenschaft IV von I, II und III unabhängig ist.

339. Wir wollen jetzt zeigen, daß es Maßfunktionen gibt, die nicht regulär sind, d. h. Mengenfunktionen, die die Eigenschaften I–IV des § 235, aber nicht die Eigenschaft V des § 253 haben; hieraus folgt dann, daß auch V von den Grundeigenschaften I—IV unabhängig ist.*)

Zu diesem Zweck ziehen wir die Punktmenge Ω heran, die wir im § 334 konstruiert haben; diese Punktmenge hat die Eigenschaft, daß, wenn W eine beliebige Punktmenge meßbaren Inhalts bedeutet, die Gleichungen

$$m^*W\Omega = m^*(W - W\Omega) = mW \tag{1}$$

stets erfüllt sind.

Nun betrachten wir die Mengenfunktion

$$\nu_5 A = m^*A + m^*A\Omega\,, \tag{2}$$

die nach den Sätzen 1 und 2 des § 236 eine Maßfunktion ist. Für $\nu_5 A$ gelten also alle Sätze der §§ 237—252. Es sei I ein gegebenes Intervall des Raumes und

$$A = (I - I\Omega). \tag{3}$$

Aus (1) und (2) folgt, weil I meßbaren Inhalts ist,

$$\nu_5 I = mI + m^*I\Omega = 2mI. \tag{4}$$

Ferner ist, weil nach (3) $A\Omega = 0$ und $(I-A) = (I-A)\Omega = I\Omega$ ist,

$$\nu_5 A = m^*A = mI, \tag{5}$$

$$\nu_5(I-A) = m^*(I-A) + m^*(I-A)\Omega = 2m^*I\Omega = 2mI. \tag{6}$$

Aus (4), (5) und (6) folgt

$$\nu_5 I = \nu_5 A + \nu_5(I-A) - mI,$$

*) Dagegen ist die Eigenschaft II eine Folge der Eigenschaft V. In der Tat gibt es nach V, wenn ε eine beliebige positive Zahl und A eine beliebige Punktmenge bedeutet, mindestens eine für die gegebene Mengenfunktion νA meßbare Punktmenge $\bar{A}$, so daß $A \prec \bar{A}$ und $\nu\bar{A} \leq \nu A + \varepsilon$ ist. Ist dann $B \prec A$, so hat man, weil $\bar{A}$ meßbar und $B \prec \bar{A}$ ist, wiederum nach V $\nu B \leq \nu\bar{A}$ und daher $\nu B \leq \nu A + \varepsilon$, woraus man auf $\nu B \leq \nu A$ schließt.

woraus wir entnehmen, daß die betrachtete Punktmenge A für unsere Maßfunktion nicht meßbar ist. Nun sei $\bar{A}$ eine beliebige Punktmenge, die für diese Maßfunktion meßbar ist und die A als Teilmenge enthält; dann ist auch

(7). $$B = I\bar{A}$$

meßbar für unsere Maßfunktion und man hat

(8) $$A \prec B \prec I,$$

und wegen der Meßbarkeit von B ist außerdem

(9) $$\nu_5 I = \nu_5 B + \nu_5(I - B).$$

Aus (8) und $m^*A = mI$ folgt nun $m^*B = mI$ und dies verbunden mit $B\Omega = (B - A)$ liefert

(10) $$\nu_5 B = m^*B + m^*B\Omega = mI + m^*(B - A);$$

anderseits ist $(I - B)\Omega = I - B$ und daher

(11) $$\nu_5(I - B) = m^*(I - B) + m^*(I - B)\Omega = 2m^*(I - B).$$

Mit Hilfe von (4), (10) und (11) folgt nun aus (9)

(12) $$mI = m^*(B - A) + 2m^*(I - B).$$

Nun ist aber $(I - A) = I\Omega$ und $(I - A) = (I - B) + (B - A)$; man hat also

(13) $$mI = m^*(I - A) \leqq m^*(I - B) + m^*(B - A)$$

und die Vergleichung von (12) mit (13) gibt uns $m^*(I - B) < 0$, woraus unmittelbar

$$m^*(I - B) = 0$$

folgt. Dies in (12) eingesetzt liefert $m^*(B - A) = mI$ und nach (10) ist dann

(14) $$\nu_5 B = 2mI.$$

Wir haben also auch wegen (7) und (5)

(15) $$\nu_5 \bar{A} \geqq 2mI = \nu_5 A + mI.$$

Die untere Grenze der äußeren Maße $\nu_5 \bar{A}$ aller für unsere Maßfunktion meßbaren Punktmengen, die A als Teilmenge enthalten, ist demnach, wie aus (14) folgt, $(\nu_5 A + mI) > \nu_5 A$, so daß die Eigenschaft V des § 253 hier nicht besteht. Unsere Maßfunktion ist nicht regulär.

340. Wir betrachten eine Mengenfunktion μA, die außer den Eigenschaften I, II und IV des § 235 noch folgende beide Eigenschaften besitzt:

III′. Ist S die Summe von endlich oder abzählbar unendlich vielen Punktmengen $A_1, A_2, \ldots$ ohne gemeinsame Punkte, so ist

$$\mu S \geqq \mu A_1 + \mu A_2 + \cdots.$$

V′. Die Zahl μA ist die obere Grenze der Funktionswerte μB, die allen meßbaren Teilmengen B von A zugeordnet sind. Hierbei soll die Punktmenge B meßbar heißen, wenn für jede willkürliche Punktmenge W, die einen endlichen Funktionswert μW besitzt, die Gleichung

$$\mu W = \mu BW + \mu(W - BW)$$

besteht.

Die inneren Maße (§ 253) haben alle diese Eigenschaften. Man beweist nämlich, wie wir es im § 338 unter b) für die inneren Inhalte getan haben, daß sie die Eigenschaften I, II und IV besitzen. Daß auch die Forderung III′ erfüllt ist, ist im Satze 1 des § 254 enthalten. Endlich ist aber auch V′ erfüllt, wie aus dem Satze 11 des § 262 und der Definition 2 des § 253 folgt.

Diese Eigenschaften sind den fünf Grundeigenschaften, durch die die regulären äußeren Maße definiert werden, vollkommen analog; sie genügen aber nicht, wie man zunächst wegen dieser Symmetrie vermuten könnte, um die inneren Maße zu charakterisieren.

Zu diesem Zweck betrachten wir im linearen Raum ein abgeschlossenes Intervall $\bar{I}$ und setzen

$$\mu A = 1 \quad \text{falls} \quad \bar{I} \prec A, \tag{1}$$

$$\mu A = 0 \quad \text{falls} \quad (\bar{I} - \bar{I}A) \neq 0 \tag{2}$$

ist. Diese spezielle Mengenfunktion besitzt offenbar die Eigenschaft I. Ist nun $B \prec A$ und $(\bar{I} - \bar{I}A) \neq 0$, so ist umsomehr $(\bar{I} - \bar{I}B) \neq 0$, so daß nach (2) aus $\mu A = 0$ auch $\mu B = 0$ folgt; ist dagegen $\mu A = 1$, so folgt $\mu B \leqq \mu A$ direkt aus (1) und (2). Die Eigenschaft II ist also vorhanden.

Von endlich oder abzählbar unendlich vielen Punktmengen $A_1, A_2, \ldots$ ohne gemeinsame Punkte enthält höchstens eine das abgeschlossene Intervall $\bar{I}$. Entweder gilt also für jedes k die Gleichung $\mu A_k = 0$ und es ist

$$\mu S \geqq \sum_k \mu A_k = 0,$$

oder man hat $\sum_k \mu A_k = 1$ und dann auch (wegen der schon bewiesenen Eigenschaft II) $\mu S = 1$. Die Eigenschaft III′ gilt also auch.

Um zu beweisen, daß unsere Mengenfunktion auch die Eigenschaft IV besitzt, bemerken wir, daß nach dem Vorigen

$$\mu(A+B) > \mu A + \mu B$$

nur dann stattfinden kann, wenn zugleich

$$\bar{I} \prec A + B, \quad (\bar{I} - A\bar{I}) \neq 0, \quad (\bar{I} - B\bar{I}) \neq 0$$

ist, oder was dasselbe ist, wenn die Relationen

$$\bar{I} = A\bar{I} + B\bar{I}, \quad A\bar{I} \neq 0, \quad B\bar{I} \neq 0$$

zugleich gelten. Wären nun diese letzten Relationen für zwei Punktmengen A und B befriedigt, deren Entfernung positiv ist, so hätte man auch für die abgeschlossenen Hüllen $\bar{A}$ und $\bar{B}$ dieser Punktmengen außer $\bar{A}\bar{I} \neq 0$ und $\bar{B}\bar{I} \neq 0$ auch

$$\bar{I} = \bar{A}\bar{I} + \bar{B}\bar{I},$$

denn aus $E(A, B) > 0$ folgt $\bar{A}\bar{B} = 0$. Dies ist aber unmöglich, weil das abgeschlossene Intervall $\bar{I}$ als Kontinuum nicht als Summe von zwei abgeschlossenen, nicht leeren Punktmengen dargestellt werden kann (§ 204).

Es bleibt also nur noch übrig V′ zu verifizieren. Wir bemerken dazu, daß eine Punktmenge A, die entweder alle Punkte von $\bar{I}$ oder aber keinen einzigen Punkt von $\bar{I}$ enthält, für unsere Mengenfunktion meßbar ist. Man müßte sonst eine Punktmenge W finden können, für die zugleich

$$\bar{I} \prec W, \quad \bar{I} - \bar{I}WA \neq 0, \quad \bar{I} - \bar{I}(W - WA) \neq 0$$

ist, und man sieht sofort ein, daß diese Relationen mit unseren Annahmen über A unverträglich sind, wenn man sie in der Form schreibt

$$\bar{I} = \bar{I}W, \quad \bar{I} - \bar{I}A \neq 0, \quad \bar{I}A \neq 0.$$

Dagegen ist jede Punktmenge, für welche zugleich $\bar{I}A \neq 0$ und $(\bar{I} - \bar{I}A) \neq 0$ ist, nicht meßbar für unsere Mengenfunktion, denn man hat

$$\mu\bar{I} = 1, \quad \mu\bar{I}A = 0, \quad \mu(\bar{I} - \bar{I}A) = 0$$

und daher

$$\mu\bar{I} > \mu\bar{I}A + \mu(\bar{I} - \bar{I}A).$$

Da nun nach unseren Definitionsgleichungen für alle nicht meßbaren Punktmengen B der Funktionswert μB verschwindet, ist die Richtigkeit der Eigenschaft V′ evident; da aber anderseits jedes (offene) Intervall, das in $\bar{I}$ enthalten ist, eine für unsere Mengenfunktion nicht meßbare Punktmenge darstellt, kann diese Mengenfunktion nicht ein inneres Maß sein.

341. Für die Mengenfunktion μA des vorigen Paragraphen gibt es, wie wir soeben sahen, Intervalle, die nicht meßbar sind. Hieraus entnimmt man, daß die Eigenschaft IV^a, die wir im § 252 aus den Eigenschaften I—IV des § 235 abgeleitet hatten, nicht aus unsern neuen Eigenschaften I, II, III', IV, V' gefolgert werden kann. Es entsteht nun die Frage, ob wir nicht die inneren Maße dadurch kennzeichnen können, daß wir zu den Forderungen des vorigen Paragraphen noch die neue Forderung IV^a hinzufügen, die besagt, daß jedes Intervall meßbar sein soll.

Daß dem nicht so ist, beweist folgendes Beispiel: wir bezeichnen im linearen Raum mit νA die obere Grenze der Inhalte aller offenen Punktmengen, deren rationale Punkte in A enthalten sind.

Daß die Mengenfunktion νA die Eigenschaften I und II besitzt, ist evident. Um die übrigen Eigenschaften zu untersuchen, bezeichnen wir mit

(1) $$R: \quad r_1, r_2, r_3, \ldots$$

die rationalen Punkte des linearen Raumes. Ferner sei, wenn A eine beliebige Punktmenge bedeutet, δ_1 entweder das größte lineare Gebiet, das r_1 enthält und die Relation $\delta_1 \cdot R \prec AR$ befriedigt, oder aber eine leere Punktmenge, falls kein derartiges Gebiet existiert. Wir bezeichnen mit r_{k_2} den ersten Punkt der Folge (1), der nicht in δ_1 vorkommt oder, falls δ_1 leer ist, den Punkt r_2 und mit δ_2 entweder das größte lineare Gebiet, das r_{k_2} enthält und die Bedingung $\delta_2 \cdot R \prec AR$ erfüllt, oder aber eine leere Punktmenge. Allgemein sei $r_{k_{m+1}}$ der erste Punkt, der in der Folge (1) nach r_{k_m} vorkommt und der nicht in $(\delta_1 + \delta_2 + \cdots + \delta_m)$ enthalten ist, und δ_{m+1} entweder das größte lineare Gebiet, das $r_{k_{m+1}}$ enthält und die Bedingung $\delta_{m+1} \cdot R \prec AR$ erfüllt, oder eine leere Punktmenge. Dann hat die offene Punktmenge

$$U_A = \delta_1 + \delta_2 + \delta_3 + \cdots$$

erstens die Eigenschaft, daß $U_A R \prec AR$ ist, und zweitens ist jede offene Punktmenge V, für welche $VR \prec AR$ ist, eine Teilmenge von U_A. Man hat also nach unserer Definition

$$\nu A = m U_A.$$

Sind jetzt $A_1, A_2, \ldots$ endlich oder abzählbar unendlich viele Punktmengen ohne gemeinsame Punkte und S ihre Summe, so folgt erstens aus $A_k A_j = 0$ (für $k \neq j$), daß auch $U_{A_k} U_{A_j} = 0$ sein muß, und zweitens, daß

$$U_S \succ U_{A_1} + U_{A_2} + \cdots$$

ist. Man hat demnach

$$\nu S = m U_S \geqq \sum_k m U_{A_k} = \sum_k \nu A_k,$$

wodurch die Eigenschaft III′ verifiziert ist.

Ferner ist, wenn A und B keinen gemeinsamen Punkt besitzen, nur dann

$$\nu(A+B) > \nu A + \nu B,$$

wenn für mindestens ein Intervall σ, das in U_{A+B} als Teilmenge enthalten ist, keine der Punktmengen

$$\varrho_A = RA\sigma, \qquad \varrho_B = RB\sigma$$

leer ist. Bezeichnen wir mit $\bar{\varrho}_A$, $\bar{\varrho}_B$ und $\bar{\sigma}$ die abgeschlossenen Hüllen von ϱ_A, ϱ_B, σ, so ist erstens $\bar{\varrho}_A \dotplus \bar{\varrho}_B \prec \bar{\sigma}$ und zweitens, weil jeder Punkt von $\bar{\sigma}$ Häufungspunkt von ϱ_A oder ϱ_B ist, $\bar{\sigma} \prec \bar{\varrho}_A \dotplus \bar{\varrho}_B$; man hat also

$$\bar{\varrho}_A \dotplus \bar{\varrho}_B = \bar{\sigma},$$

und, weil $\bar{\sigma}$ als abgeschlossenes Intervall ein Kontinuum ist, $\bar{\varrho}_A \bar{\varrho}_B \neq 0$. Hieraus folgt aber, daß die abgeschlossenen Hüllen von A und B gemeinsame Punkte besitzen, und daß also die Entfernung $E(A, B)$ dieser Punktmengen verschwindet. Aus $E(A, B) > 0$ folgt also $\nu(A+B) = \nu A + \nu B$: die Eigenschaft IV ist vorhanden.

Es sei ξ ein beliebiger Punkt der x-Achse, wir bezeichnen mit H_ξ die Gesamtheit der Punkte $x < \xi$ und mit K_ξ die Gesamtheit der Punkte $x > \xi$. Ist dann W eine beliebige Punktmenge und U_W die nach der obigen Konstruktion ihr zugeordnete offene Punktmenge, so ist, wie man sofort sieht,

$$U_{WH_\xi} = U_{W-WK_\xi} = U_W H_\xi,$$
$$U_{WK_\xi} = U_{W-WH_\xi} = U_W K_\xi$$

und hieraus folgt

$$\nu W = \nu W H_\xi + \nu(W - WH_\xi),$$
$$\nu W = \nu W K_\xi + \nu(W - WK_\xi),$$

d. h. die Punktmengen H_ξ und K_ξ sind meßbar für unsere Mengenfunktion. Nach den §§ 241 und 242 ist dann der Durchschnitt und die Vereinigung von endlich vielen derartigen Punktmengen, oder was dasselbe ist, die Summe von endlich vielen getrennt liegenden linearen Gebieten meßbar für νA. Insbesondere sind die Intervalle meßbare Punktmengen und die Eigenschaft IV[a] ist vorhanden.

Endlich aber kann man folgendermaßen die Richtigkeit von V′ einsehen: setzt man wieder

$$U_A = \delta_1 + \delta_2 + \cdots,$$

so ist für jede natürliche Zahl p die Punktmenge $(\delta_1 + \delta_2 + \cdots + \delta_p)$ meßbar, und weil außerdem noch die Menge der rationalen Punkte R offenbar auch meßbar ist, ist $B_p = (\delta_1 + \delta_2 + \cdots + \delta_p) R$ eine meßbare Punktmenge. Nun ist aber B_p eine Teilmenge von A und außerdem

$$\nu B_p \to \nu A,$$

womit V′ bewiesen ist.

Dagegen gibt es offene Punktmengen, die nicht für νA meßbar sind, und folglich ist die Mengenfunktion νA kein inneres Maß. Es sei z. B. A eine offene Punktmenge, die überall dicht auf dem Intervall I liegt und es sei wie im § 280

$$mA = \tfrac{1}{2} mI.$$

Dann ist

$$\nu I = mI, \qquad \nu A = mA = \tfrac{1}{2} mI$$

und da die rationalen Punkte keines einzigen Intervalls in $(I - A)$ enthalten sind

$$\nu(I - A) = 0.$$

Aus diesen Gleichungen folgt aber

$$\nu I - \nu A - \nu(I - A) = \tfrac{1}{2} mI > 0,$$

d. h. die Tatsache, daß A nicht meßbar ist.*)

Kapitel VII. **Meßbare Funktionen.**

Darstellung von Funktionen durch Folgen von Punktmengen.

342. Die Möglichkeit, die Lehre von der Meßbarkeit der Punktmengen auf die Theorie der reellen Funktionen anzuwenden, beruht auf der **Tatsache**, daß man jede Punktfunktion $f(P)$ durch die Angabe einer **Folge** von Punktmengen eindeutig festlegen kann.

Wir geben uns eine abzählbare Zahlenfolge

$$(1) \qquad \alpha_1, \alpha_2, \alpha_3, \ldots,$$

die überall dicht auf der Zahlenachse liegt (§ 76), und betrachten eine Folge

$$(2) \qquad A_1, A_2, A_3, \ldots$$

) Wären für νA alle offenen Punktmengen meßbar gewesen, so hätten wir die Eigenschaft IV aus IV durch eine ähnliche Schlußweise, wie die des Beginns des § 237 ableiten können. Hier aber mußten wir IV und IV* getrennt behandeln.

von Teilmengen einer und derselben Punktmenge E, von denen einige auch leer sein dürfen. Wir fragen nun, ob es Funktionen $f(P)$ mit dem Definitionsbereich E gibt, die für jede natürliche Zahl k der Bedingung (§ 85)

$$M(f \geqq \alpha_k) \succ A_k \succ M(f > \alpha_k) \tag{3}$$

genügen.

Sind α_p und α_q zwei Zahlen der Folge (1), für welche $\alpha_p < \alpha_q$ ist, so hat man für jede beliebige Funktion $f(P)$

$$M(f > \alpha_p) \succ M(f \geqq \alpha_q);$$

wenn es also eine Punktfunktion geben soll, für welche die Bedingungen (3) immer erfüllt sind, so müssen notwendig die Relationen

$$\alpha_p < \alpha_q \quad \text{und} \quad A_p \succ A_q \tag{4}$$

stets zugleich gelten. Das gestellte Problem kann also nur dann eine Lösung haben, wenn für jedes Paar p, q von natürlichen Zahlen die Relation $A_p \succ A_q$ aus $\alpha_p < \alpha_q$ folgt. Wir wollen zeigen, daß dieses Problem dann aber immer eine und nur eine Lösung besitzt.

Jedem beliebigen Punkte P_0 von E kann man eine Zerlegung der Folge (2) in zwei Teilfolgen zuordnen: wir bezeichnen mit $A_{p_1}, A_{p_2}, \ldots$ diejenigen unter den Mengen $A_1, A_2, \ldots$, die den Punkt P_0 enthalten und mit $A_{q_1}, A_{q_2}, \ldots$ die übrigen. Da nach Voraussetzung von zwei beliebigen unserer Punktmengen A_k stets die eine eine Teilmenge der andern sein muß, ist hier stets

$$A_{p_m} \succ A_{q_m}$$

und bei der entsprechenden Zerlegung der Zahlenfolge (1) in zwei Teilfolgen $\alpha_{p_1}, \alpha_{p_2}, \ldots$ und $\alpha_{q_1}, \alpha_{q_2}, \ldots$ muß also nach (4)

$$\alpha_{p_m} < \alpha_{q_m}$$

sein. Da die α_k nach Voraussetzung überall dicht liegen, ist dann die obere Grenze α der Zahlen α_{p_m} zugleich auch die untere Grenze der Zahlen α_{q_m}.

Es sei nun $f(P)$ eine Funktion, die den Bedingungen (3) genügt; für jedes p_m ist dann

$$P_0 \prec A_{p_m} \prec M(f \geqq \alpha_{p_m})$$

und hieraus folgt

$$f(P_0) \geqq \alpha_{p_m} \qquad (m = 1, 2, \ldots)$$

und daher auch

$$f(P_0) \geqq \alpha. \tag{5}$$

Anderseits enthält keine der Punktmengen A_{q_n} und daher auch keine der Punktmengen $M(f > \alpha_{q_n})$, die ja nach (3) Teilmengen von A_{q_n}

sind, den Punkt P_0. Hieraus folgt aber

$$f(P_0) \leqq \alpha_{q_n} \qquad (n = 1, 2, \ldots)$$

und daher auch

(6) $$f(P_0) \leqq \alpha.$$

Der Vergleich von (5) und (6) liefert uns endlich $f(P_0) = \alpha$.

Wir haben bisher stillschweigend vorausgesetzt, daß keine der Folgen $A_{p_1}, A_{p_2}, \ldots$ und $A_{q_1}, A_{q_2}, \ldots$ leer ist. Im Falle nun, wo P_0 in sämtlichen A_k enthalten ist, muß für jedes k die Relation $f(P_0) \geqq \alpha_k$ bestehen und daher $f(P_0) = +\infty$ sein; und ebenso sieht man, daß, wenn P_0 in keinem einzigen der A_k liegt, $f(P_0) = -\infty$ ist. Wenn also eine Funktion existiert, die unsere Bedingungen (3) befriedigt, so ist diese Funktion durch die gegebenen Bedingungen **eindeutig** definiert.

Es bleibt also nur noch zu zeigen, daß die von uns konstruierte Funktion $f(P)$ den Bedingungen (3) genügt. Dazu bemerke man, daß für diese Funktion nur dann

$$f(P) > \alpha_k$$

ist, wenn P in A_k enthalten ist, und daß daher

$$A_k \succ \mathfrak{M}(f > \alpha_k)$$

ist. Anderseits ist nach unserer Konstruktion für jeden Punkt von A_k die Relation $f(P) \geqq \alpha_k$ erfüllt und es ist daher auch

$$\mathfrak{M}(f \geqq \alpha_k) \succ A_k.$$

Satz 1. *Ordnet man einer auf der Zahlenachse überall dicht liegenden abzählbaren Folge $\alpha_1, \alpha_2, \ldots$, die aus lauter verschiedenen Zahlen besteht, eine Folge von Punktmengen $A_1, A_2, \ldots$ zu, die in einer Punktmenge E enthalten sind, so gibt es dann und nur dann Funktionen $f(P)$ mit dem Definitionsbereich E, die den Bedingungen*

$$\mathfrak{M}(f > \alpha_k) \succ A_k \succ \mathfrak{M}(f > \alpha_k) \qquad (k = 1, 2, \ldots)$$

genügen, wenn stets aus $\alpha_p < \alpha_q$ auch $A_p \succ A_q$ folgt, und es kann nie mehr als eine derartige Funktion geben.

Es gilt ferner der

Satz 2. *Sind auf einer Punktmenge E die Funktionen $f(P)$ und $\varphi(P)$, wie im vorigen Satze, durch die Bedingungen*

(7) $$\mathfrak{M}(f \geqq \alpha_k) \succ A_k \succ \mathfrak{M}(f > \alpha_k),$$

(8) $$\mathfrak{M}(\varphi \geqq \alpha_k) \succ B_k \succ \mathfrak{M}(\varphi > \alpha_k)$$

definiert, so ist dann und nur dann stets $\varphi(P) \leqq f(P)$, *wenn zugleich mit* $\alpha_p < \alpha_q$ *auch* $B_q \prec A_p$ *stattfindet.*

Die zwei Mengenfolgen A_k *und* B_k *stellen also dann und nur dann dieselbe Funktion dar, wenn stets mit* $\alpha_p < \alpha_q$ *sowohl* $B_q \prec A_p$ *also auch* $A_q \prec B_p$ *stattfindet.*

Aus $\varphi(P) \leqq f(P)$ und $\alpha_p < \alpha_q$ folgt nämlich

(9) $$\boldsymbol{M}\,(\varphi \geqq \alpha_q) \prec \boldsymbol{M}\,(f > \alpha_p)$$

und daher nach (7) und (8) $B_q \prec A_p$.

Gibt es aber einen Punkt P_0, für welchen die Relation $f(P_0) < \varphi\,(P_0)$ gilt, so wähle man α_p und α_q gemäß der Bedingung

$$f(P_0) < \alpha_p < \alpha_q < \varphi\,(P_0).$$

Dann ist

$$\boldsymbol{M}(f \geqq \alpha_p)\,P_0 = 0, \qquad \boldsymbol{M}(\varphi > \alpha_q)\,P_0 \neq 0$$

und daher $A_p P_0 = 0$ und $B_q P_0 \neq 0$; also kann B_q keine Teilmenge von A_p sein.

343. Mit Hilfe der Folge $A_1, A_2, \ldots$ von Punktmengen, die wir im vorigen Paragraphen betrachtet haben, ist es sehr leicht, die Punktmengen $\boldsymbol{M}(f \geqq \alpha)$ und $\boldsymbol{M}(f > \alpha)$ für jeden beliebigen Wert von α zu berechnen. Es sei also α eine beliebige Zahl; wir ordnen die von α verschiedenen Zahlen der Folge $\alpha_1, \alpha_2, \ldots$ in zwei Teilfolgen $\alpha_{p_1}, \alpha_{p_2}, \ldots$ und $\alpha_{q_1}, \alpha_{q_2}, \ldots$, so daß die Bedingung

(1) $$\alpha_{p_m} < \alpha < \alpha_{q_n}$$

stets erfüllt ist, und betrachten die entsprechenden Folgen von Punktmengen $A_{p_1}, A_{p_2}, \ldots$ und $A_{q_1}, A_{q_2}, \ldots$. Wir bilden nun die Punktmengen

(2) $$D_\alpha = A_{p_1} A_{p_2} A_{p_3} \cdots,$$

(3) $$V_\alpha = A_{q_1} \dotplus A_{q_2} \dotplus A_{q_3} \dotplus \cdots;$$

aus der Tatsache, daß die Relation

$$D_\alpha \prec A_{p_m} \prec \boldsymbol{M}(f \geqq \alpha_{p_m})$$

für jedes p_m gilt, folgt

(4) $$D_\alpha \prec \boldsymbol{M}(f \geqq \alpha).$$

Anderseits aber ist für jedes p_m

$$A_{p_m} \succ \boldsymbol{M}(f > \alpha_{p_m}) \succ \boldsymbol{M}(f \geqq \alpha)$$

und daher auch

(5) $$D_\alpha = A_{p_1} A_{p_2} \cdots \succ \boldsymbol{M}(f \geqq \alpha).$$

Aus (4) und (5) folgt dann

(6) $$D_\alpha = \boldsymbol{M}(f \geqq \alpha).$$

Ebenso entnimmt man aus den Relationen

$$V_\alpha \succ A_{q_n} \succ \boldsymbol{M}(f > \alpha_{q_n}),$$

die für alle $\alpha_{q_n} > \alpha$ gelten, daß

$$V_\alpha \succ \boldsymbol{M}(f > \alpha)$$

bestehen muß; und aus

$$A_{q_n} \prec \boldsymbol{M}(f \geqq \alpha_{q_n}) \prec \boldsymbol{M}(f > \alpha)$$

folgt nach (3)

$$V_\alpha \prec \boldsymbol{M}(f > \alpha),$$

also schließlich

(7) $$V_\alpha = \boldsymbol{M}(f > \alpha).$$

Ferner bekommt man, wenn man (6) und (7) vergleicht,

(8) $$\boldsymbol{M}(f = \alpha) = D_\alpha - V_\alpha,$$

und, wenn man berücksichtigt, daß

$$\boldsymbol{M}(f < \alpha) + \boldsymbol{M}(f \geqq \alpha) = \boldsymbol{M}(f \leqq \alpha) + \boldsymbol{M}(f > \alpha) = E$$

ist,

(9) $$\boldsymbol{M}(f < \alpha) = E - D_\alpha, \qquad \boldsymbol{M}(f \leqq \alpha) = E - V_\alpha.$$

344. Wir bezeichnen mit $\bar{E}$ und $\bar{A}_k$ die abgeschlossenen Hüllen der Punktmengen E und A_k, die eine Funktion $f(P)$ mit dem Definitionsbereich E definieren. Da aus $A_q \prec A_p$ die Relation $\bar{A}_q \prec \bar{A}_p$ folgt, ist die Bedingung (4) des § 342 auch für die Punktmengen $\bar{A}_k$ erfüllt; diese definieren also eine Funktion auf $\bar{E}$, von der wir beweisen wollen, daß sie mit der oberen Limesfunktion $\Phi(P)$ von $f(P)$ (§ 123) identisch ist. Jeder Punkt P_0 von $\bar{A}_k$ ist entweder ein isolierter Punkt oder ein Häufungspunkt von A_k und da in jedem Punkte von A_k die Relation $f \geqq \alpha_k$ gilt, muß in jedem der beiden möglichen Fälle nach § 123 auch $\Phi(P_0) \geqq \alpha_k$ sein. Wir haben also

$$\bar{A}_k \prec \boldsymbol{M}(\Phi \geqq \alpha_k).$$

Ist zweitens P_0 ein Punkt von $\bar{E}$ in dem $\Phi(P_0) > \alpha_k$ ist, so muß entweder auch $f(P_0) > \alpha_k$ sein, oder P_0 ist Häufungspunkt der Punktmenge $\boldsymbol{M}(f > \alpha_k)$; in beiden Fällen muß P_0 in $\bar{A}_k$ enthalten sein. Dieses besagt aber, daß die Relation

$$\boldsymbol{M}(\Phi > \alpha_k) \prec \bar{A}_k$$

gilt. Nach dem § 127 ist $f(P)$ auf einer in sich dichten Punktmenge E dann und nur dann halbstetig nach oben, wenn überall auf E die Relation $f(P) = \Phi(P)$ gilt. In diesem Falle kann man in der Konstruktion von $f(P)$ die Punktmenge A_k durch $\bar{A}_k E$ ersetzen, und wir haben den folgenden Satz, der den Satz 3 des § 136 ergänzt:

Satz 3. *Dafür, daß eine Funktion $f(P)$ auf einer in sich dichten Punktmenge E nach oben halbstetig sei, ist notwendig und hinreichend,* *daß für jeden Wert α_k einer auf der Zahlenachse überall dichten Folge $\alpha_1, \alpha_2, \ldots$ die Punktmenge $\boldsymbol{M}(f \geqq \alpha_k)$ relativ zu E abgeschlossen sei.*

Genau ebenso kann man ferner zeigen, daß die Funktion $f(P)$ nach unten halbstetig ist, wenn die abzählbar vielen Punktmengen $\boldsymbol{M}(f > \alpha_k)$, falls sie nicht leer sind, relativ zu E offen sind.

Meßbare Funktionen.

345. Eine für die Anwendungen besonders wichtige Klasse von Funktionen erhält man, wenn man voraussetzt, daß der betrachtete Definitionsbereich E und die Punktmengen A_k, die wir im vorigen Abschnitt betrachtet haben, lauter Punktmengen von **meßbarem Inhalte** sind. Man sagt dann, daß die Funktionen $f(P)$ selbst **meßbar** sind.

In diesem Falle sind die Punktmengen D_α und V_α des § 343 als Durchschnitt bzw. Vereinigung von abzählbar unendlich vielen meßbaren Punktmengen ebenfalls meßbar und hieraus folgt, wenn man noch die Gleichungen (9) von § 343 berücksichtigt, daß die Punktmengen

$$\boldsymbol{M}(f > \alpha), \quad \boldsymbol{M}(f > \alpha), \quad \boldsymbol{M}(f < \alpha), \quad \boldsymbol{M}(f \leqq \alpha)$$

für **jeden** Wert von α meßbar sind.

Die Punktmengen $\boldsymbol{M}(f = +\infty)$ und $\boldsymbol{M}(f = -\infty)$ sind dann ebenfalls meßbare Punktmengen, denn die erste ist gleich dem Durchschnitte der Punktmengen

$$\boldsymbol{M}(f > n) \qquad (n = 1, 2, 3, \ldots)$$

und die zweite gleich dem Durchschnitt von

$$\boldsymbol{M}(f \leqq -n) \qquad (n = 1, 2, 3, \ldots).$$

Ist umgekehrt für jede natürliche Zahl k eine der vier Punktmengen

$$\boldsymbol{M}(f \geqq \alpha_k), \quad \boldsymbol{M}(f > \alpha_k), \quad \boldsymbol{M}(f < \alpha_k), \quad \boldsymbol{M}(f \leqq \alpha_k)$$

von meßbarem Inhalte und ist außerdem E meßbar, so können wir für die A_k stets meßbare Punktmengen wählen. Denn man kann A_k durch eine beliebige unter den Gleichungen

$$A_k = \boldsymbol{M}(f \geqq \alpha_k) = E - \boldsymbol{M}(f < \alpha_k),$$

$$A_k = \boldsymbol{M}(f > \alpha_k) = E - \boldsymbol{M}(f \leqq \alpha_k)$$

definieren.

Hieraus folgt der

Satz 1. *Dafür, daß eine Funktion $f(P)$, deren Definitionsbereich E von meßbarem Inhalte ist, selbst eine meßbare Funktion sei, ist notwendig, daß für jeden beliebigen endlichen Wert von α die vier Punktmengen*

$$\boldsymbol{M}(f \geqq \alpha), \quad \boldsymbol{M}(f > \alpha), \quad \boldsymbol{M}(f < \alpha), \quad \boldsymbol{M}(f \leqq \alpha)$$

und außerdem noch die Punktmengen

$$\boldsymbol{M}(f=+\infty) \quad \textit{und} \quad \boldsymbol{M}(f=-\infty)$$

stets einen meßbaren Inhalt besitzen, und hinreichend, daß für jeden Wert α_k *einer auf der Zahlenachse überall dichten abzählbaren Zahlenmenge* $\alpha_1, \alpha_2, \ldots$ *eine beliebige unter den vier Punktmengen*

$$\boldsymbol{M}(f \geqq \alpha_k), \quad \boldsymbol{M}(f > \alpha_k), \quad \boldsymbol{M}(f < \alpha_k), \quad \boldsymbol{M}(f \leqq \alpha_k)$$

meßbar sei.

Die Existenz von meßbaren Funktionen wird uns durch den Satz geliefert:

Satz 2. *Jede auf einer meßbaren in sich dichten Punktmenge definierte halbstetige Funktion ist meßbar.*

Es sei z. B. E eine meßbare, in sich dichte Punktmenge und $f(P)$ auf E nach oben halbstetig. Dann ist für jeden Wert von α die Punktmenge $\boldsymbol{M}(f \geqq \alpha)$ abgeschlossen relativ zu E (§ 136) und diese Punktmenge ist daher als Durchschnitt von E mit einer abgeschlossenen Punktmenge (§ 74, Satz 1) meßbar. Das Gleiche gilt dann auch nach dem vorigen Satze von $f(P)$.

346. Eine Funktion braucht nicht meßbar zu sein, wenn für j e d e s α die Punktmenge $\boldsymbol{M}(f=\alpha)$ stets meßbar ist. Wir betrachten z. B. eine lineare nicht meßbare Punktmenge A und bestimmen eine Funktion $f(x)$ durch die Vorschrift, daß $f(x)$ gleich $+x$ oder gleich $-x$ sein soll, je nachdem der Punkt x in A enthalten ist oder nicht. Dann ist die Punktmenge $\boldsymbol{M}(f>0)$, die aus der Summe des Durchschnitts von A mit der positiven Halbachse und des Durchschnitts der Komplementärmenge von A mit der negativen Halbachse besteht, nicht meßbar und daher $f(P)$ keine meßbare Funktion. Dagegen enthält die Punktmenge $\boldsymbol{M}(f=\alpha)$ höchstens zwei Punkte und ist daher immer meßbar.

347. Die folgenden Sätze erlauben mit meßbaren Funktionen zu rechnen; sie geben die Möglichkeit, sehr allgemeine meßbare Funktionen zu erzeugen, und liefern Kriterien um zu entscheiden, ob eine gegebene Funktion meßbar ist.

Satz 3. *Eine Funktion* $f(P)$, *die auf endlich oder abzählbar unendlich vielen meßbaren Punktmengen* $C_1, C_2, \ldots$ *definiert und auf jeder dieser Punktmengen meßbar ist, ist auch auf der Vereinigung und auf dem Durchschnitte dieser Punktmengen meßbar.*

Wir bezeichnen mit $\boldsymbol{M}(f>\alpha)$ die Teilmenge von $V = C_1 \dotplus C_2 \dotplus \cdots$, auf welcher die gegebene Funktion größer als α ist. Dann ist die Punktmenge

$$\boldsymbol{M}(f>\alpha) = \boldsymbol{M}(f>\alpha)\, C_1 \dotplus \boldsymbol{M}(f>\alpha)\, C_2 \dotplus \cdots$$

meßbar, weil nach Voraussetzung jede der Punktmengen $\boldsymbol{M}(f > \alpha) C_k$ meßbar ist. Aus der Meßbarkeit des Inhalts von $\boldsymbol{M}(f > \alpha)$ für jedes α folgt aber die Meßbarkeit von $f(P)$ auf V. Ferner folgt aus der Meßbarkeit von $\boldsymbol{M}(f > \alpha)$ die Meßbarkeit von

$$\boldsymbol{M}(f > \alpha) \cdot C_1 C_2 C_3 \ldots$$

und aus dieser die Meßbarkeit von $f(P)$ auf der Punktmenge $C_1 C_2 C_3 \ldots$.

Auf ganz analogem Wege beweist man den

Satz 4. *Eine Funktion $f(P)$, die auf einer meßbaren Punktmenge A meßbar ist, ist auf jeder meßbaren Teilmenge B von A ebenfalls eine meßbare Funktion.*

Ferner gilt der

Satz 5. *Wenn die Funktion $f(P)$ auf einer Punktmenge C von meßbarem Inhalte meßbar ist, so gilt dasselbe von ihrem absoluten Betrage $|f(P)|$.*

Es ist nämlich, wenn $\alpha \geqq 0$ ist,

$$\boldsymbol{M}(|f| > \alpha) = \boldsymbol{M}(f > \alpha) + \boldsymbol{M}(f < -\alpha)$$

und, wenn $\alpha < 0$ ist,

$$\boldsymbol{M}(|f| > \alpha) = \boldsymbol{M}(f \geqq 0) + \boldsymbol{M}(f < 0),$$

so daß $\boldsymbol{M}(|f| > \alpha)$ stets als die Summe von zwei meßbaren Punktmengen angesehen werden kann.

348. Satz 6. *Es sei $\varphi(u)$ eine monotone Funktion, die auf einem linearen Gebiete definiert ist und $f(P)$ eine meßbare Funktion; dann ist die Funktion*

$$F(P) = \varphi(f(P))$$

ebenfalls meßbar auf ihrem Definitionsbereiche.

Ist nämlich $a < u < b$ der Definitionsbereich von $\varphi(u)$, so ist

$$\boldsymbol{M}(a < f < b) = \boldsymbol{M}(f > a) \cdot \boldsymbol{M}(f < b)$$

der Definitionsbereich von $F(P)$, also jedenfalls von meßbarem Inhalte. Ferner ist, wenn z. B. $\varphi(u)$ monoton wachsend ist, für $\alpha \geqq \varphi(b-0)$, die Punktmenge

$$\boldsymbol{M}(F > \alpha) \tag{1}$$

leer. Ist aber $\alpha < \varphi(b-0)$, so bestimme man zunächst auf der u-Achse die Punktmenge

$$\boldsymbol{M}(\varphi > \alpha);$$

diese besitzt, weil $\varphi(u)$ monoton wächst, eine der beiden Gestalten

$$u_\alpha \leqq u < b \quad \text{oder} \quad u_\alpha < u < b.$$

Die Punktmenge (1) ist dann identisch mit einer der beiden Punktmengen

$$\boldsymbol{M}(u_\alpha \leqq f < b) \quad \text{oder} \quad \boldsymbol{M}(u_\alpha < f < b)$$

und diese sind, wegen der Meßbarkeit von $f(P)$, von meßbarem Inhalte.

Ganz ähnlich schließt man, wenn der Definitionsbereich von $\varphi(u)$ den Punkt $u = a$ oder den Punkt $u = b$ enthält.

349. Satz 7. *Es sei $\varphi(u_1, u_2, \ldots, u_m)$ eine endliche und halbstetige Funktion von m Veränderlichen, deren Definitionsbereich C perfekt oder die Vereinigung von abzählbar unendlich vielen perfekten Punktmengen ist. Ferner seien die m Funktionen $f_1(P), \ldots, f_m(P)$ eines Punktes P des n-dimensionalen Raumes auf einer meßbaren Punktmenge B dieses Raumes definiert und dort endlich und meßbar. Dann besitzt die Funktion*

$$F(P) = \varphi(f_1(P), \ldots, f_m(P)) \tag{1}$$

einen meßbaren Definitionsbereich A und ist meßbar auf A.

Wir nehmen zunächst an, daß der Definitionsbereich C unserer Funktion $\varphi(u_1 \ldots u_m)$ perfekt ist. Dann ist die Komplementärmenge C' von C eine offene Punktmenge, die man als Vereinigungsmenge von abzählbar unendlich vielen Intervallen

$$J_1, J_2, J_3, \ldots$$

des m-dimensionalen Raumes darstellen kann (§ 73). Jedes Intervall J_k wird durch die m Ungleichheiten

$$J_k\colon \quad a_{\overline{kj}} < u_j < b_{kj} \qquad (j = 1, 2, \ldots, m)$$

definiert. Setzen wir zur Abkürzung

$$B_{kj} = \boldsymbol{M}(a_{kj} < f_j < b_{kj}), \tag{2}$$

so ist die Punktmenge

$$B_k = B_{k1} B_{k2} \ldots B_{km} \tag{3}$$

die Teilmenge des gemeinsamen Definitionsbereichs B unserer Funktionen $f_j(P)$, für welche der Punkt des m-dimensionalen Raumes mit den Koordinaten

$$f_1(P), f_2(P), \ldots, f_m(P) \tag{4}$$

in J_k liegt. Die Punktmenge

$$B_0 = B - (B_1 \dotplus B_2 \dotplus \cdots) \tag{5}$$

stellt dann die Teilmenge von B dar, für welche der Punkt (4) in C liegt, d. h. B_0 ist der Definitionsbereich von $F(P)$. Wegen der Meßbarkeit der Funktionen $f_j(P)$ müssen nun nach (2) die Punktmengen B_{kj} meßbar sein und das Gleiche gilt dann von den Punktmengen B_k und von B_0.

Ist nun z. B. die Funktion $\varphi(u_1 \ldots u_m)$ nach oben halbstetig, so ist für jeden Wert von α die Punktmenge

$$C(\alpha) = \boldsymbol{M}(\varphi \geqq \alpha)$$

eine abgeschlossene Teilmenge von C und man beweist genau so wie oben, daß die Teilmenge $B(\alpha)$ von B, für welche der Punkt (4) in $C(\alpha)$ liegt, meßbar ist. Diese letzte Punktmenge ist aber identisch mit

$$\boldsymbol{M}(F \geqq \alpha)$$

und daraus folgt die Meßbarkeit von $F(P)$.

Wir nehmen zweitens an, daß die Punktmenge C die Vereinigungsmenge von abzählbar vielen perfekten Punktmengen $C_1, C_2, \ldots$ ist. Bezeichnet man dann mit B_{0p} den Definitionsbereich von $F(P)$, wenn man den Definitionsbereich von $\varphi(u_1 \ldots u_m)$ auf C_p reduziert, so ist $F(P)$ nach dem Obigen meßbar auf B_{0p} und wegen des Satzes 3 des § 347 ist $F(P)$ meßbar auf

$$B_{01} \dotplus B_{02} \dotplus B_{03} \dotplus \cdots.$$

Diese letzte Punktmenge enthält aber alle Punkte P des n-dimensionalen Raumes, für welche $F(P)$ überhaupt definiert ist; unsere Behauptung ist daher vollständig bewiesen.

350. Satz 8. *Die Summe $f_1 + f_2$, die Differenz $f_1 - f_2$ und das Produkt $f_1 \cdot f_2$ von zwei meßbaren endlichen Funktionen $f_1(P)$ und $f_2(P)$ sind ebenfalls meßbare Funktionen. Das Gleiche gilt auch vom Quotienten f_1/f_2, wenn $f_2 \neq 0$ ist.*

Dieser Satz ist ein einfaches Korollar des vorigen. Man braucht nur für $\varphi(u_1, u_2)$ eine der Funktionen

$$u_1 + u_2, \quad u_1 - u_2, \quad u_1 \cdot u_2, \quad \frac{u_1}{u_2}$$

zu setzen, von denen die drei ersten auf der ganzen $u_1 u_2$-Ebene definiert und stetig sind und die dritte diese Eigenschaften besitzt, falls $u_2 \neq 0$ ist. Die Punkte der $u_1 u_2$-Ebene, für welche $u_2 \neq 0$ ist, bilden aber eine offene Punktmenge, d. h eine Punktmenge, die man als Vereinigung von abzählbar vielen abgeschlossenen Punktmengen darstellen kann (§ 73).

Es ist übrigens sehr leicht, sich von der Voraussetzung, daß die Funktionen $f_1(P)$ und $f_2(P)$ endlich sein sollen, zu befreien. Es seien also $f_1(P)$ und $f_2(P)$ auf einer meßbaren Punktmenge E beliebige meßbare Funktionen und z. B.

$$F(P) = f_1(P) + f_2(P)$$

in jedem Punkte von E, in dem die Summe rechts einen Sinn hat, und $F(P) = 0$ in den übrigen Punkten von E. Setzt man

$$A_i = M(f_i = +\infty), \qquad B_i = M(f_i = -\infty) \qquad (i = 1, 2),$$

so ist nach dem letzten Satze die Funktion $F(P)$ auf $(E - (A_1 \dotplus A_2 \dotplus B_1 \dotplus B_2))$ meßbar. Ferner ist aber $F(P) = +\infty$ auf der meßbaren Punktmenge $(A_1 - A_1 B_2) \dotplus (A_2 - A_2 B_1)$ und $F(P) = -\infty$ auf $(B_1 - B_1 A_2) \dotplus (B_2 - B_2 A_1)$; endlich ist $F(P) = 0$ auf $(A_1 B_2 + A_2 B_1)$. Da alle in Betracht kommenden Punktmengen meßbar sind, muß nach dem Satze 3 des § 347 die Funktion $F(P)$ meßbar auf E sein.

351. Für den Beweis des Satzes 7 des § 349 war die Halbstetigkeit von $\varphi(u_1 \ldots u_m)$ eine wesentliche Voraussetzung. Aus der Meßbarkeit von $\varphi(u)$ und $f(x)$ folgt nicht die Meßbarkeit von $\varphi(f(x))$. Es gilt sogar der

Satz 9. *Es gibt meßbare Funktionen $\varphi(u)$ und monoton wachsende stetige Funktionen $f(x)$, so daß die Funktion $\varphi(f(x))$ nicht meßbar ist* (vgl. § 348, Satz 6).

Dazu setzen wir $f(x)$ gleich der Funktion $\chi(x)$, die wir im § 337 konstruiert haben. Die Funktion

$$u = f(x)$$

liefert dann das eineindeutige und stetige Bild der abgeschlossenen Intervalle

$$0 \leqq x \leqq 1 \quad \text{und} \quad 0 \leqq u \leqq 1$$

aufeinander. Man kann ferner das erste Intervall in zwei Punktmengen A und B so zerlegen, so daß

$$mA = 0, \qquad mB = 1$$

ist und für die Bilder A^* und B^* die Beziehungen

$$mA^* = 1, \qquad mB^* = 0$$

gelten. Nun sei C' eine beliebige, nicht meßbare Teilmenge des abgeschlossenen Intervalls $0 \leqq x \leqq 1$; aus

$$C' = C'A + C'B$$

und aus

$$mC'A \leqq mA = 0$$

folgt, daß die Punktmenge

$$C = C'B$$

ebenfalls nicht meßbar ist. Wäre sie nämlich meßbar, so müßte ihre Summe C' mit der Nullmenge $C'A$ entgegen der Voraussetzung meßbar sein. Das Bild C^* von C ist dagegen eine Teilmenge von B^* und also ebenfalls eine Nullmenge.

Nun setze man

$$\varphi(u) = 1 \quad \text{für} \quad u \prec C^*$$

und $\varphi(u) = 0$ in allen andern Punkten des Intervalls $0 \leqq u \leqq 1$. Die Funktion $\varphi(u)$ ist, wie man leicht sieht, eine meßbare Funktion. Dagegen ist

$$\boldsymbol{M}(\varphi(f) \geqq 1) = C,$$

also nicht meßbar, und das Gleiche gilt von $\varphi(f(x))$.

352. Es seien $f_1(P), f_2(P), \ldots$ endlich oder abzählbar unendlich viele Funktionen, die auf einer Punktmenge A definiert sind; wir setzen

(1) $$G(P) = \text{obere Grenze von } \{f_1(P), f_2(P), \ldots\}$$

und

(2) $$g(P) = \text{untere Grenze von } \{f_1(P), f_2(P), \ldots\}.$$

Ferner führen wir zur Abkürzung die Bezeichnung ein:

$$B_k = \boldsymbol{M}(f_k > \alpha), \qquad C_k = \boldsymbol{M}(f_k \geqq \alpha),$$

wobei α eine beliebige feste Zahl bedeutet.

Ist dann P ein beliebiger Punkt der Punktmenge

$$\boldsymbol{M}(G > \alpha),$$

d. h. ist

$$G(P) > \alpha,$$

so kann nicht für alle k

$$f_k(P) \leqq \alpha$$

sein. Es gibt also eine ganze Zahl k_0, für welche ebenfalls $f_{k_0}(P) > \alpha$ ist, oder mit anderen Worten P ist in B_{k_0} enthalten. Hieraus folgt aber

(3) $$\boldsymbol{M}(G > \alpha) \prec B_1 \dotplus B_2 \dotplus B_3 \dotplus \cdots.$$

Umgekehrt aber ist jeder Punkt P der Punktmenge $B_1 \dotplus B_2 \dotplus B_3 \dotplus \cdots$ in mindestens einem B_k z. B. in B_{k_0} enthalten; d. h. es ist für diesen Punkt

$$f_{k_0}(P) > \alpha$$

und umsomehr

$$G(P) > \alpha,$$

woraus folgt

$$B_1 \dotplus B_2 \dotplus B_3 \dotplus \cdots \prec M(G > \alpha)$$

und in Verbindung mit (3)

(4) $$M(G > \alpha) = B_1 \dotplus B_2 \dotplus B_3 \dotplus \cdots.$$

Ebenso sieht man, daß, wenn P in der Punktmenge

$$M(g \geqq \alpha)$$

enthalten ist, für jedes k

(5) $$f_k(P) \geqq \alpha$$

sein muß, und daß folglich

(6) $$M(g \geqq \alpha) \prec C_1 C_2 C_3 \ldots$$

ist. Ist umgekehrt P ein beliebiger Punkt von $C_1 C_2 C_3 \ldots$, so ist für jedes k die Bedingung (5) erfüllt, und folglich auch

$$g(P) \geqq \alpha.$$

Hieraus schließt man aber

$$C_1 C_2 C_3 \cdots \prec M(g \geqq \alpha)$$

und mit Hilfe von (6)

(7) $$M(g \geqq \alpha) = C_1 C_2 C_2 \ldots.$$

Sind die Funktionen $f_k(P)$ alle meßbar, so gilt dasselbe vom Inhalte der Punktmengen B_k und C_k und folglich auch von den Inhalten ihrer Vereinigungsmenge und ihres Durchschnitts. Nach den Gleichungen (4) und (7) sind dann aber auch die Funktionen $G(P)$ und $g(P)$ meßbar.

Satz 10. *Die obere Grenze $G(P)$ und die untere Grenze $g(P)$ einer Folge von endlich oder abzählbar unendlich vielen meßbaren Funktionen sind ebenfalls meßbare Funktionen.*

353. Man erhält den oberen Limes $\bar{f}(P)$ einer Folge von abzählbar unendlich vielen Funktionen

$$f_1(P), f_2(P), \ldots,$$

indem man die Funktionen

$$\varphi_n(P) = \text{obere Grenze von } \{f_n(P), f_{n+1}(P), \ldots\}$$

und hierauf die untere Grenze der Folge

$$\varphi_1(P), \varphi_2(P), \ldots$$

bestimmt. Ähnlich wird der untere Limes $\underline{f}(P)$ dieser Funktionenfolge berechnet. Sind die Funktionen $f_k(P)$ alle meßbar, so sind es nach dem vorigen Satze die Funktionen $\varphi_n(P)$ ebenfalls, und ebenso **auch** die untere Grenze dieser letzten Funktionen. Man kann also sagen:

Satz 11. *Die beiden Hauptlimites einer Folge von abzählbar unendlich vielen meßbaren Funktionen sind meßbare Funktionen.*

Insbesondere ist die Grenze einer konvergenten Folge von meßbaren Funktionen ebenfalls eine meßbare Funktion.

354. Über die Konvergenz von Folgen meßbarer Funktionen gilt folgender bemerkenswerter

Satz 12. *Die Punkte des Raumes, in denen eine beliebige Folge von meßbaren Funktionen gegen eine endliche Zahl konvergiert, bilden stets eine meßbare Punktmenge C. Ist der Inhalt von C von Null verschieden und α eine beliebige Zahl, die der Bedingung*

$$0 < \alpha < mC \tag{1}$$

genügt, so gibt es meßbare Teilmengen C_α von C, für welche

$$mC_\alpha \geqq \alpha$$

ist, und in denen die Konvergenz der gegebenen Folge eine gleichmäßige ist.

Wir bezeichnen wieder mit $\bar{f}(P)$ und $\underline{f}(P)$ die beiden Hauptlimites unserer Folge und betrachten die Punktmenge

$$C' = \boldsymbol{M}(\bar{f} < +\infty) \cdot \boldsymbol{M}(\underline{f} > -\infty);$$

diese Punktmenge C' besitzt wegen der Meßbarkeit von $\bar{f}(P)$ und $\underline{f}(P)$ einen meßbaren Inhalt. Auf C' ist die Funktion $(\bar{f}(P) - \underline{f}(P))$ überall definiert, endlich und meßbar. Die Punktmenge C, auf welcher unsere Folge gegen eine endliche Zahl konvergiert, ist aber identisch mit derjenigen Teilmenge von C', auf welcher $\bar{f}(P) - \underline{f}(P) = 0$ ist; sie ist also ebenfalls meßbar.

Ist nun $mC > 0$ und α eine positive Zahl, die der Relation (1) genügt, so gibt es positive Zahlen ε, für welche

$$0 < \alpha + \varepsilon < mC$$

ist und meßbare Teilmengen C_0 von C, deren Inhalt endlich ist, und die der Bedingung

$$mC_0 > \alpha + \varepsilon \tag{2}$$

genügen (§ 269, Satz 3). Auf C_0 ist $\lim\limits_{n=\infty} f_n(P) = f(P)$ endlich; wir definieren ferner auf dieser Punktmenge die Funktionenfolge

$$\varphi_n(P) = \text{obere Grenze von } \{|f_n - f|, |f_{n+1} - f|, \ldots\}.$$

Die Funktionen $f(P)$ und $\varphi_n(P)$ sind nach den vorigen Sätzen meßbar auf C_0. Außerdem ist

$$(3)\qquad \varphi_{n+1}(P) \leqq \varphi_n(P) \quad \text{und} \quad \varphi_n(P) \geqq 0,$$

und, weil $f(P)$ in jedem Punkt von C_0 endlich ist (vgl. den § 97),

$$(4)\qquad \lim_{n=\infty} \varphi_n(P) = 0.$$

Wir bemerken ferner, wenn die Folge $\varphi_1, \varphi_2, \ldots$ in einer Teilmenge C_α von C_0 gleichmäßig konvergiert, so muß dasselbe für die ursprüngliche Folge $f_1(P), f_2(P), \ldots$ gelten. Wir brauchen also nur den Satz für die $\varphi_n(P)$ zu beweisen.

Es sei jetzt λ eine beliebige positive Zahl; wir setzen zur Abkürzung

$$(5)\qquad A_n(\lambda) = \boldsymbol{M}(\varphi_n > \lambda)$$

und wegen (3) ist dann

$$(6)\qquad A_{n+1}(\lambda) \prec A_n(\lambda).$$

Wegen (4) liegt jeder einzelne Punkt von C_0 in nur höchstens endlich vielen $A_n(\lambda)$; es ist also

$$(7)\qquad \lim_{n=\infty} A_n(\lambda) = 0,$$

und da die Punktmengen (5) meßbar sind und als Teilmengen von C_0 einen endlichen Inhalt besitzen, so ist wegen (6) und (7) nach dem Satze 9 des § 247

$$(8)\qquad \lim_{n=\infty} m A_n(\lambda) = 0.$$

Man setze jetzt der Reihe nach

$$\lambda = \frac{1}{2}, \frac{1}{3}, \ldots, \frac{1}{p}, \ldots;$$

zunächst gibt es, wegen (8), ein n_1, so daß

$$m A_{n_1}\left(\frac{1}{2}\right) < \frac{\varepsilon}{2}$$

ist, wobei ε dieselbe Bedeutung hat, wie in der Ungleichheit (2); hierauf gibt es ein n_2, so daß

$$m A_{n_2}\left(\frac{1}{3}\right) < \frac{\varepsilon}{2^2}$$

ist, und allgemein ein n_p, so daß

$$(9)\qquad m A_{n_p}\left(\frac{1}{p+1}\right) < \frac{\varepsilon}{2^p}$$

stattfindet. Wir bilden jetzt die Vereinigungsmenge

$$(10)\qquad V = A_{n_1}(\tfrac{1}{2}) \dotplus A_{n_2}(\tfrac{1}{3}) \dotplus \cdots$$

aller dieser abzählbar unendlich vielen $A_{n_p}\left(\frac{1}{p+1}\right)$ und setzen für das gesuchte C_α

(11) $$C_\alpha = C_0 - V.$$

Unsere Bedingungen sind dann alle erfüllt; in der Tat ist erstens, wegen der Relationen (9) und (10)

$$mV < \frac{\varepsilon}{2} + \frac{\varepsilon}{2^2} + \frac{\varepsilon}{2^3} + \cdots = \varepsilon$$

und hierauf wegen (2)

$$mC_\alpha = mC_0 - mV$$
$$> \alpha,$$

wie es sein soll.

Ist jetzt δ eine beliebige positive Zahl, so wähle man die ganze Zahl p, so daß

$$\frac{1}{p} < \delta$$

ist, und bemerke, daß, weil die Punktmenge C_α nach (10) und (11) keinen einzigen Punkt von $A_{n_{p-1}}(1:p)$ enthält, die obere Grenze $G(\varphi_{n_{p-1}}; C_\alpha)$ von $\varphi_{n_{p-1}}$ auf C_α nicht größer als $1:p$ und folglich kleiner als δ ist. Hieraus folgt aber nach (3)

$$G(\varphi_k; C_\alpha) < \delta \quad \text{für} \quad k \geqq n_{p-1}$$

und damit ist die gleichmäßige Konvergenz der Folge $\varphi_1(P), \varphi_2(P), \ldots$ auf C_α bewiesen.

355. Der Satz des vorigen Paragraphen läßt sich übrigens nicht dahin verschärfen, daß man die Punktmenge C_α durch einen maßgleichen Kern von C ersetzt. Folgendes Beispiel zeigt diese Unmöglichkeit.

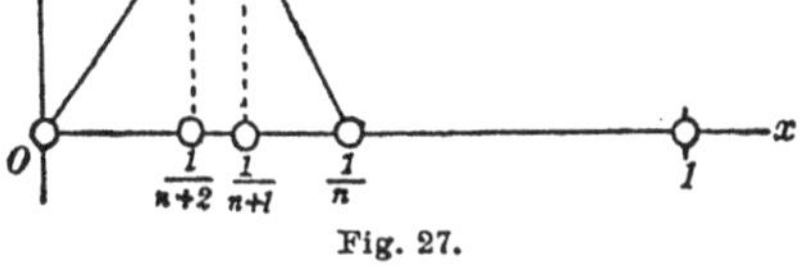

Fig. 27.

Es sei die Folge von Funktionen einer Veränderlichen

(1) $$f_1(x), f_2(x), \ldots \quad (0 \leqq x \leqq 1)$$

folgendermaßen definiert: Die Funktion $f_n(x)$ sei außerhalb des Intervalles

$$0 < x < \frac{1}{n}$$

gleich Null, in diesem Intervalle stückweise linear und durch die Ecken

$$f_n(0) = 0, \quad f_n\left(\frac{1}{n+2}\right) = 1, \quad f_n\left(\frac{1}{n+1}\right) = 1, \quad f_n\left(\frac{1}{n}\right) = 0$$

bestimmt (Fig. 27). Dann ist für jedes x

$$\lim_{n=\infty} f_n(x) = 0.$$

Es sei nun im abgeschlossenen Intervall $0 \leqq x \leqq 1$ eine beliebige Punktmenge B gegeben, die den Häufungspunkt $x = 0$ besitzt. Dann konvergiert die Folge (1) nicht gleichmäßig gegen Null auf B. Denn ist N eine natürliche Zahl, so gibt es in B nach Voraussetzung einen Punkt P, dessen Abszisse x_0 kleiner als $\frac{1}{N+1}$ ist. Dann gibt es sicher eine ganze Zahl $k \geqq 0$, so daß

$$\frac{1}{N+k+2} \leqq x_0 \leqq \frac{1}{N+k+1}$$

ist, woraus folgt, daß

$$f_{N+k}(x_0) = 1$$

ist. Wie groß also auch N gewählt ist, so gibt es stets eine Funktion der Folge mit nicht kleinerem Index, die sich in einem Punkte P von B um Eins von der Grenzfunktion unterscheidet, was der gleichmäßigen Konvergenz auf B widerspricht.

Ist also A eine solche Teilmenge des abgeschlossenen Intervalls $0 \leqq x \leqq 1$, auf welcher unsere Folge gleichmäßig gegen Null konvergiert, so darf der Nullpunkt kein Häufungspunkt von A sein. Dies hat aber zur Folge, daß die Komplementärmenge von A notwendig ein Intervall $0 < x < \eta$ enthält, und daß also $mA < 1$ ist.

Endlichwertige Funktionen.

356. Die einfachsten Funktionen sind solche, die nur endlich viele voneinander verschiedene Werte annehmen; sie sollen endlichwertig genannt werden.

Eine endlichwertige Funktion $f(P)$, welche die p Werte $\alpha_1, \alpha_2, \ldots, \alpha_p$ annimmt, ist eindeutig bestimmt, wenn man die p Punktmengen

$$(1) \qquad A_k = \boldsymbol{M}(f \geqq \alpha_k) \qquad (k = 1, 2, \ldots, p)$$

kennt; ist unter den α_k der Wert $+\infty$ vertreten, also z. B. $\alpha_p = +\infty$, so muß man die $p$te Gleichung (1) durch

$$A_p = \boldsymbol{M}(f = +\infty)$$

ersetzen. Man kann dann in der Tat für jede reelle endliche Zahl α die Punktmenge

$$A(\alpha) = \boldsymbol{M}(f \geqq \alpha)$$

bilden. Ist α größer als die größte unter den Zahlen $\alpha_1, \ldots, \alpha_p$, so ist die Punktmenge $A(\alpha)$ leer; im entgegengesetzten Falle ist, wenn man mit α_k die kleinste unter den Zahlen $\alpha_1, \ldots, \alpha_p$ bezeichnet, die nicht kleiner als α ist,

$$(2) \qquad A(\alpha) = A(\alpha_k) = A_k.$$

Man kann sich umgekehrt die Punktmengen $A_1, A_2, \ldots, A_p$ beliebig vorschreiben, wenn sie nur die Bedingung (4) des § 342 erfüllen; d. h. es muß, wenn $\alpha_j > \alpha_k$ ist, die Punktmenge A_j eine Teilmenge von A_k sein.

Ist die Funktion $f(P)$ meßbar, so müssen die Punktmengen A_k alle meßbar sein; umgekehrt folgt aus der Meßbarkeit der A_k nicht nur die Meßbarkeit des Definitionsbereichs von $f(P)$, sondern auch die Meßbarkeit von $f(P)$ selbst, wie aus den Gleichungen (2) und dem Satz 1 des § 345 folgt. Es gilt also der

Satz 1. *Für die Meßbarkeit einer endlichwertigen Funktion $f(P)$, welche die Werte $\alpha_1, \ldots, \alpha_p$ annimmt, ist notwendig und hinreichend, daß die p Punktmengen*

$$A_k = M(f \geqq \alpha_k) \qquad (k = 1, 2, \ldots, p)$$

einen meßbaren Inhalt besitzen.

Ist die Funktion $f(P)$ auf ihrem Definitionsbereich E nach oben halbstetig, so müssen alle A_k relativ zu E abgeschlossen sein; ist das aber der Fall, so folgt aus den Gleichungen (2) und aus dem Satze 3 des § 136, daß $f(P)$ nach oben halbstetig ist.

Um das analoge Resultat für Funktionen, die nach unten halbstetig sind, abzuleiten, bemerke man: wenn α eine Zahl bedeutet, die von den p Zahlen $\alpha_1 \ldots \alpha_p$ verschieden ist und die von einer dieser Zahlen übertroffen wird, so ist

$$(3) \qquad M(f > \alpha) = M(f \geqq \alpha_k) = A_k,$$

wenn man mit α_k die kleinste unter den Zahlen $\alpha_1 \ldots \alpha_p$ bezeichnet, die α übertrifft. Hat man ferner z.B. $\alpha_1 = -\infty$, so ist $A_1 = E$. Hieraus folgt, daß wenn $f(P)$ nach unten halbstetig ist, sämtliche Punktmengen A_k relativ zu E offen sein müssen. Ist aber dieses der Fall, so entnimmt man aus (3), daß jede Punktmenge $M(f > \alpha)$ für alle α, die von $(\alpha_1, \ldots, \alpha_p)$ verschieden sind, leer oder relativ zu E offen ist. Nach dem § 344 ist aber dann $f(P)$ nach unten halbstetig und wir haben den

Satz 2. *Dafür, daß eine endlichwertige Funktion $f(P)$ nach oben halbstetig sei, ist es notwendig und hinreichend, daß die Punktmengen A_k relativ zum Definitionsbereich E von $f(P)$ abgeschlossen seien. Für die Halbstetigkeit nach unten ist notwendig und hinreichend, daß die Punktmengen A_k relativ zu E offen seien.*

357. Es sei jetzt, ebenso wie im § 342, eine ganz beliebige Funktion $f(P)$ auf einer Punktmenge E durch eine Folge $A_1, A_2, \ldots$ von Punktmengen definiert, die den Bedingungen

$$M(f \geqq \alpha_k) \succ A_k \succ M(f > \alpha_k) \tag{1}$$

genügen; hierbei ist wieder die Zahlenfolge $\alpha_1, \alpha_2, \ldots$ überall dicht auf der Zahlenachse gewählt. Wir bezeichnen mit $\varphi_1(P), \varphi_2(P), \ldots$ eine Folge von endlichwertigen Funktionen, die auf E folgendermaßen definiert sind: Die Funktion $\varphi_m(P)$ nimmt höchstens nur die $(m+1)$ Werte $-\infty, \alpha_1, \alpha_2, \ldots, \alpha_m$ an, und wird durch die Gleichungen

$$\left\{\begin{array}{ll} M(\varphi_m \geqq \alpha_k) = A_k & (k = 1, 2, \ldots, m) \\ M(\varphi_m = -\infty) = E - (A_1 \dotplus A_2 \dotplus \cdots \dotplus A_m) & \end{array}\right. \tag{2}$$

definiert. Die Funktionenfolge der $\varphi_m(P)$ ist monoton wachsend: ist nämlich α_{m+1} kleiner als die kleinste unter den m Zahlen $\alpha_1, \ldots, \alpha_m$, die wir z. B. mit α_q bezeichnen, so unterscheidet sich die Funktion $\varphi_{m+1}(P)$ von $\varphi_m(P)$ nur dadurch, daß sie in den Punkten von $(A_{m+1} - A_q)$ den Wert α_{m+1} statt des Wertes $-\infty$ annimmt. Ist zweitens α_{m+1} größer als die größte der Zahlen $\alpha_1 \ldots \alpha_m$, so erhält man $\varphi_{m+1}(P)$, indem man $\varphi_{m+1} = \varphi_m$ in $(E - A_{m+1})$ und $\varphi_{m+1} = \alpha_{m+1}$ in A_{m+1} setzt. In jedem anderen Falle gibt es unter den $(\alpha_1, \ldots, \alpha_m)$ zwei Zahlen α_p und α_q, die der Bedingung

$$\alpha_p < \alpha_{m+1} < \alpha_q$$

genügen, so daß alle übrigen $(\alpha_1, \ldots, \alpha_m)$ entweder kleiner als α_p oder größer als α_q sind, und man erhält φ_{m+1}, indem man in $(A_{m+1} - A_q)$

$$\varphi_{m+1}(P) = \varphi_m(P) + (\alpha_{m+1} - \alpha_p)$$

und in $E - (A_{m+1} - A_q)$

$$\varphi_{m+1}(P) = \varphi_m(P)$$

setzt. Es ist also stets und für jeden Punkt von E

$$\varphi_{m+1}(P) \geqq \varphi_m(P), \tag{3}$$

und daher existiert der Grenzwert

$$\lim_{m=\infty} \varphi_m(P) = \varphi(P) \tag{4}$$

Ist P irgendein Punkt der Punktmenge A_m, so ist nach (2)

$$\varphi_m(P) > \alpha_m$$

und daher auch nach (3) und (4)

$$\varphi(P) \geqq \alpha_m;$$

dieses Resultat kann man schreiben:

(5) $$\boldsymbol{M}(\varphi \geqq \alpha_m) \succ A_m. \qquad (m = 1, 2, \ldots)$$

Ist anderseits Q irgendein Punkt der Punktmenge $\boldsymbol{M}(\varphi > \alpha_m)$, so muß nach (4) mindestens eine natürliche Zahl $p \geqq m$ existieren, für welche

$$\varphi_p(Q) \geqq \alpha_m$$

ist; hieraus folgt aber

$$Q \prec \boldsymbol{M}(\varphi_p \geqq \alpha_m) = A_m$$

und daher ist auch

(6) $$\boldsymbol{M}(\varphi > \alpha_m) \prec A_m. \qquad (m = 1, 2, \ldots)$$

Nach dem Satze 1 des § 342 gibt es aber nur eine einzige Funktion, für welche die beiden Relationen (5) und (6) zugleich erfüllt sind, und da nach (1) die Funktion $f(P)$ diese Relationen befriedigt, muß man haben

(7) $$\varphi(P) = \lim_{m=\infty} \varphi_m(P) = f(P).$$

Ist die Funktion $f(P)$ meßbar, so kann man voraussetzen, daß sowohl der Definitionsbereich E wie auch die Punktmengen A_k meßbar sind, und dann sind die Approximationsfunktionen $\varphi_m(P)$ ebenfalls meßbar (§ 356, Satz 1).

Ist E eine in sich dichte Punktmenge und $f(P)$ nach oben halbstetig auf E, so setze man

$$A_k = \boldsymbol{M}(f \geqq \alpha_k);$$

dann sind die Punktmengen A_k abgeschlossen relativ zu E und die Funktionen $\varphi_m(P)$ sind dann ebenfalls nach oben halbstetig.

Ist dagegen $f(P)$ nach unten halbstetig, so setze man

$$A_k = \boldsymbol{M}(f > \alpha_k)$$

und man zeigt ebenso, daß die Funktionen $\varphi_m(P)$ nach unten halbstetig sind.

Ist endlich $f(P)$ nach unten beschränkt, d. h. die untere Grenze g von $f(P)$ auf E eine endliche Zahl, so führe man eine Folge von Approximationsfunktionen $\psi_m(P)$ ein, die dadurch definiert ist, daß man $\psi_m(P)$ gleich der größten unter den beiden Zahlen g und $\varphi_m(P)$ setzt. Die Funktionen $\psi_m(P)$ sind dann beschränkt und zugleich mit den $\varphi_m(P)$ meßbar oder nach oben oder unten halbstetig (§ 132, Satz 10). Wir haben daher den

Satz 3. *Man kann jede beliebige Funktion $f(P)$ auf ihrem Definitionsbereich E als Grenze einer monoton wachsenden Folge von endlichwertigen Funktionen $\psi_m(P)$ ansehen, welche dieselbe untere Grenze g wie $f(P)$ und eine endliche obere Grenze besitzen.*

Ist $f(P)$ meßbar oder nach oben oder unten halbstetig, so kann man von den $\psi_m(P)$ voraussetzen, daß sie die gleiche Eigenschaft besitzen.

358. Wir betrachten eine Teilmenge E_1 unseres Definitionsbereiches E, auf welcher die gegebene Funktion $f(P)$ beschränkt ist. Dann sind die beiden Zahlen (§ 121)

$$g_1 = \boldsymbol{g}(f; E_1), \qquad G_1 = \boldsymbol{G}(f; E_1)$$

endlich und man kann, wenn man sich eine positive Zahl ε vorgibt, das Intervall

$$g_1 - \varepsilon < \alpha < G_1$$

durch endlich viele Teilpunkte in Teilintervalle zerlegen, deren Länge die Zahl $\varepsilon : 2$ nicht übertrifft. Hierauf kann man die natürliche Zahl m_0 so wählen, daß mindestens eine von den Zahlen $\alpha_1, \alpha_2, \ldots, \alpha_{m_0}$ in jedem dieser Teilintervalle liegt. Ist dann P irgendein Punkt von E_1, und bezeichnet man mit α_k die größte unter den Zahlen $\alpha_1, \ldots, \alpha_{m_0}$, die $f(P)$ nicht übertrifft, so ist

$$(1) \qquad 0 \leqq f(P) - \alpha_k < \varepsilon .$$

Der Punkt P liegt also in der Punktmenge

$$\boldsymbol{M}(f \geqq \alpha_k) = A_k$$

und für jeden Punkt dieser Menge ist nach unserer Konstruktion

$$\alpha_k \leqq \varphi_{m_0}(P) \leqq f(P);$$

es ist also auch nach (1)

$$0 \leqq f(P) - \varphi_{m_0}(P) < \varepsilon .$$

Da nun einerseits P einen beliebigen Punkt von E_1 bedeutete und die Folge $\varphi_1(P), \varphi_2(P), \ldots$ monoton wächst, folgt aus der letzten Relation, daß diese Funktionenfolge auf E_1 gleichmäßig konvergiert; das Gleiche gilt natürlich auch von der Folge $\psi_1(P), \psi_2(P), \ldots$.

Satz 4. *Auf jeder Teilmenge E_1 von E, in welcher die Funktion $f(P)$ beschränkt ist, ist die monoton wachsende Folge der endlichwertigen Funktionen $\psi_1(P), \psi_2(P), \ldots$ gleichmäßig konvergent.*

Äquivalente Funktionen.

359. Definition. Von zwei Funktionen $f(P)$ und $\varphi(P)$ sagen wir, daß sie auf einer Punktmenge A äquivalent sind und schreiben

$$\varphi \sim f \quad (\text{auf } A),$$

wenn sie in jedem Punkte von A außer höchstens in einer Punktmenge vom Inhalte Null übereinstimmen.

Es seien $f_1(P)$ und $f_2(P)$ zwei Funktionen, die auf einer und derselben Punktmenge A einer dritten Funktion $\varphi(P)$ äquivalent sind. Setzt man dann

$$N_1 = \mathbf{M}(f_1 \neq \varphi), \qquad N_2 = \mathbf{M}(f_2 \neq \varphi),$$

so sind also N_1 und N_2 Nullmengen und dasselbe gilt von ihrer Vereinigungsmenge $(N_1 \dotplus N_2)$. Nun ist aber

$$\mathbf{M}(f_1 \neq f_2) \prec N_1 \dotplus N_2$$

und hieraus folgt, daß $f_1(P)$ und $f_2(P)$ äquivalente Funktionen sind.

Satz 1. *Sind $f_1(P)$ und $f_2(P)$ zwei Funktionen, die auf derselben Punktmenge A einer dritten Funktion $\varphi(P)$ äquivalent sind, so sind die beiden Funktionen $f_1(P)$ und $f_2(P)$ einander äquivalent auf A.*

Folgender Satz ist evident:

Satz 2. *Sind zwei Funktionen auf einer Punktmenge A äquivalent, so sind sie es auch auf jeder Teilmenge B von A.*

Ferner gilt aber auch der

Satz 3. *Sind die Funktionen $f_1(P)$ und $f_2(P)$ auf jeder der abzählbar unendlich vielen Punktmengen $A_1, A_2, \ldots$ äquivalent, so sind sie es auch auf der Vereinigung V dieser Punktmengen.*

Bezeichnet man nämlich mit N_k diejenigen Punkte von A_k, für welche $f_1 \neq f_2$ ist, so sind diese Punktmengen lauter Nullmengen. Daher ist auch

$$N = N_1 \dotplus N_2 \dotplus N_3 \dotplus \cdots$$

eine Nullmenge; diese letzte Punktmenge enthält aber sämtliche Punkte von V, für welche $f_1 \neq f_2$ ist.

360. Wir betrachten zwei Paare von Funktionen $f_1(P)$, $\varphi_1(P)$ und $f_2(P)$, $\varphi_2(P)$, die auf einer Punktmenge A äquivalent sind, so daß man schreiben kann

$$f_1(P) \sim \varphi_1(P), \qquad f_2(P) \sim \varphi_2(P).$$

Wir führen die Bezeichnungen ein

$$N_1 = \mathbf{M}(f_1 \neq \varphi_1), \quad N_2 = \mathbf{M}(f_2 \neq \varphi_2), \quad N = N_1 \dotplus N_2;$$

ferner sei A' diejenige Teilmenge von A, in welcher die Operation $(f_1 + f_2)$ und A'' diejenige Teilmenge von A, auf welcher die Operation $(\varphi_1 + \varphi_2)$ ausführbar ist (§ 22). Die Punktmenge $A'A''$ ist dann diejenige Teilmenge von A, in welcher beide Operationen ausführbar sind. Wir betrachten nun diejenige Teilmenge N' von $A'A''$, auf welcher $(f_1+f_2) \neq (\varphi_1+\varphi_2)$ ist; in jedem Punkte von $(A'A''-A'A''N)$ ist sowohl $f_1=\varphi_1$ als auch $f_2=\varphi_2$ und man hat daher

$$A'A''-A'A''N \prec A'A''-N'$$

oder

$$N' \prec A'A''N.$$

Da nun N_1 und N_2 nach Voraussetzung Nullmengen sind, gilt dasselbe von N', d. h. die Funktionen (f_1+f_2) und $(\varphi_1+\varphi_2)$ sind auf $A'A''$ äquivalent.

Genau ebenso beweist man die übrigen Behauptungen des folgenden Satzes:

Satz 4. *Aus $f_1(P) \sim \varphi_1(P)$ und $f_2(P) \sim \varphi_2(P)$ auf einer Punktmenge A folgt*

$$f_1(P) \pm f_2(P) \sim \varphi_1(P) \pm \varphi_2(P),$$

$$f_1(P)\cdot f_2(P) \sim \varphi_1(P)\cdot\varphi_2(P),$$

$$\frac{f_1(P)}{f_2(P)} \sim \frac{\varphi_1(P)}{\varphi_2(P)}$$

auf denjenigen Teilmengen von A, in welchen diese Operationen ausführbar sind.

Endlich beweisen wir den

Satz 5. *Sind $f_1(P), f_2(P), \ldots$ und $\varphi_1(P), \varphi_2(P), \ldots$ zwei Folgen von Funktionen und ist auf einer Punktmenge A für jede natürliche Zahl k*

$$f_k(P) \sim \varphi_k(P),$$

so sind die Funktionen, die man dadurch erhält, daß man die oberen oder unteren Grenzen oder die Hauptlimites der beiden Folgen zugleich bildet, ebenfalls äquivalente Funktionen.

Bezeichnet man nämlich mit N_k die Nullmenge, in welcher $f_k(P) \neq \varphi_k(P)$ ist, und setzt

$$N = N_1 \dotplus N_2 \dotplus N_3 \dotplus \cdots,$$

so ist N eine Nullmenge und in jedem Punkte der Punktmenge $(A-N)$ ist für jedes k

$$f_k(P) = \varphi_k(P).$$

Auf der Punktmenge $(A-N)$ stimmen also die oberen und unteren Grenzen oder Limites der beiden Folgen überein.

361. Die Darstellung von Funktionen, die wir im § 342 betrachtet haben, liefert ein bequemes Kriterium, um die Äquivalenz von zwei Funktionen zu untersuchen. Wir betrachten zwei beliebige Funktionen $f(P)$ und $\varphi(P)$, die auf einer Punktmenge E durch zwei Folgen $A_1, A_2, \ldots$ und $B_1, B_2, \ldots$ von Punktmengen definiert werden, die den Relationen

$$(1) \qquad \begin{cases} \boldsymbol{M}(f \geqq \alpha_k) \succ A_k \succ \boldsymbol{M}(f > \alpha_k) \\ \boldsymbol{M}(\varphi \geqq \alpha_k) \succ B_k \succ \boldsymbol{M}(\varphi > \alpha_k) \end{cases} \qquad (k = 1, 2, \ldots)$$

genügen. Hierbei soll wieder die Zahlenfolge $\alpha_1, \alpha_2, \ldots$ überall dicht auf der Zahlenachse liegen. Ist nun P ein Punkt von E, in welchem $f(P) > \varphi(P)$ ist, so gibt es in der Folge der α_k mindestens eine Zahl α_p, die der Relation

$$f(P) > \alpha_p > \varphi(P)$$

genügt. Dann ist aber P ein Punkt von $\boldsymbol{M}(f > \alpha_p)$, aber sicher kein Punkt von $\boldsymbol{M}(\varphi \geqq \alpha_p)$ und daher nach (1) in A_p, aber nicht in B_p enthalten; unser Punkt P ist m. a. W. in $(A_p - A_p B_p)$ und umso eher in

$$(2) \qquad (A_1 - A_1 B_1) \dotplus (A_2 - A_2 B_2) \dotplus \cdots$$

enthalten. Hiermit ist aber gezeigt, daß jeder Punkt, in welchem $f(P) > \varphi(P)$ ist, in (2) enthalten ist, oder daß

$$\boldsymbol{M}(f > \varphi) \prec (A_1 - A_1 B_1) \dotplus (A_2 - A_2 B_2) \dotplus \cdots$$

ist. Ebenso findet man

$$\boldsymbol{M}(f < \varphi) \prec (B_1 - A_1 B_1) \dotplus (B_2 - A_2 B_2) \dotplus \cdots.$$

Setzt man also zur Abkürzung

$$(3) \qquad C_k = (A_k - A_k B_k) + (B_k - A_k B_k),$$

so gilt stets die Relation

$$\boldsymbol{M}(f \neq \varphi) \prec C_1 \dotplus C_2 \dotplus C_3 \dotplus \cdots.$$

Sind die C_k lauter Nullmengen, so sind die beiden Funktionen $f(P)$ und $\varphi(P)$ äquivalent auf E. Ist umgekehrt dieses der Fall und setzt man zur Abkürzung

$$(4) \qquad A(\alpha) = \boldsymbol{M}(f > \alpha), \qquad B(\alpha) = \boldsymbol{M}(\varphi > \alpha),$$

so sind die Punkte der Menge $(A(\alpha) - A(\alpha) B(\alpha)) + (B(\alpha) - A(\alpha) B(\alpha))$ lauter solche, in denen $f \neq \varphi$ ist, und diese Menge muß den Inhalt Null haben. Wir haben also den

Satz 6. *Eine notwendige und hinreichende Bedingung dafür, daß zwei Funktionen $f(P)$ und $\varphi(P)$ auf einer Punktmenge E äquivalent seien, be-*

steht darin, daß man die Punktmengen A_k und B_k gemäß (1) so bestimmen kann, daß für jedes k die Punktmengen C_k Nullmengen sind.

Sind die Funktionen $f(P)$ und $\varphi(P)$ äquivalent auf einer meßbaren Punktmenge E und die Funktion $f(P)$ meßbar auf E, so ist nach (4) die Punktmenge $A(\alpha)$ für jedes α meßbar und die Punktmengen $(A(\alpha) - A(\alpha)B(\alpha))$ und $(B(\alpha) - A(\alpha)B(\alpha))$ sind außerdem Nullmengen. Dann ist aber die Punktmenge

$$\begin{aligned} B(\alpha) &= A(\alpha)B(\alpha) + (B(\alpha) - A(\alpha)B(\alpha)) \\ &= A(\alpha) - (A(\alpha) - A(\alpha)B(\alpha)) + (B(\alpha) - A(\alpha)B(\alpha)) \end{aligned}$$

auch eine meßbare Punktmenge, und weil dies für jeden Wert von α gilt, haben wir den

Satz 7. *Ist eine Funktion $f(P)$ auf einer meßbaren Punktmenge E meßbar und dort einer Funktion $\varphi(P)$ äquivalent, so ist $\varphi(P)$ ebenfalls meßbar auf E.*

Die Klassen von Baire.

362. Es sei A eine in sich dichte Punktmenge und $\bar{A}$ die abgeschlossene Hülle von A; ferner sei $f(P)$ eine beliebige Funktion, die auf A gegeben ist. Die oberen und unteren Limesfunktionen $\Phi(P)$ und $\varphi(P)$ der Funktion $f(P)$ sind auf der Punktmenge $\bar{A}$ definiert (§ 123). Für die Stetigkeit der gegebenen Funktion $f(P)$ auf A ist notwendig und hinreichend, daß in jedem Punkte von A die Gleichung

$$\Phi(P) = \varphi(P) \tag{1}$$

bestehe (§ 127). Ist die Gleichung (1) nicht nur in jedem Punkte von A, sondern sogar in jedem Punkte von $\bar{A}$ erfüllt, so sagen wir nach Herrn R. Baire, daß die Funktion $f(P)$ auf A von der nullten Klasse ist. Ist A perfekt, so ist jede stetige Funktion auf A von der nullten Klasse und umgekehrt ist jede auf einer perfekten Punktmenge stetige Funktion dort von der nullten Klasse; ist A aber nicht abgeschlossen, so ist zwar jede Funktion, die auf A von der nullten Klasse ist, jedenfalls auf A stetig, aber man kann leicht Funktionen konstruieren, die zwar auf A stetig, aber nicht von der nullten Klasse sind; dies ist z. B. für die stückweise lineare Funktion des § 227 der Fall.

Wir betrachten nun Funktionen, die wir auf der Punktmenge A durch Grenzübergänge aus den Funktionen nullter Klasse bilden können. Wir nennen Funktionen erster Klasse auf A, diejenigen, die wir als Grenze einer konvergenten Folge von Funktionen nullter Klasse und allgemein Funktionen $p$ter Klasse diejenigen, die wir als Grenze einer konvergenten Folge von Funktionen $(p-1)$ter Klasse darstellen können.

Dabei brauchen unsere Folgen natürlich nur auf A, nicht aber auch auf $\bar{A}$ zu konvergieren.

Da man jede Funktion $p$ter Klasse auch als Grenze einer konvergenten Folge von Funktionen derselben Klasse ansehen kann (dies ist z. B. der Fall, wenn die verschiedenen Funktionen der Folge alle einander gleich sind), so umfaßt jede Klasse von Funktionen auch alle vorhergehenden, d. h. jede Funktion $p$ter Klasse ist auch $(p+1)$ter Klasse. Um die Einführung von Funktionen $p$ter Klasse zu rechtfertigen, muß man daher zeigen, daß es wirklich Funktionen gibt, die $p$ter aber nicht $(p-1)$ter Klasse sind. Dies ist für die zwei ersten Klassen, die in unseren Anwendungen allein eine Rolle spielen, äußerst einfach. Die Funktion des § 169 ist höchstens von der ersten Klasse, da sie aber unstetig ist, kann sie nicht von der nullten Klasse sein. Die Dirichletsche Funktion (§ 170) ist höchstens von der zweiten Klasse; da sie aber auf einer perfekten Punktmenge definiert und total unstetig ist, kann sie nach dem Satze von Baire (§ 176, Satz 6) nicht von der ersten Klasse sein.

363. Satz 1. *Ist auf einer Punktmenge A eine Funktion $f(P)$ von der $p$ten Klasse, so ist $f(P)$ auf jeder in sich dichten Teilmenge B von A ebenfalls von der $p$ten Klasse.*

Ist $f(P)$ von der nullten Klasse, so ist die Behauptung evident; denn die abgeschlossene Hülle $\bar{B}$ von B ist eine Teilmenge der abgeschlossenen Hülle $\bar{A}$ von A. Bezeichnet man also mit $\Phi_1(P)$ und $\varphi_1(P)$ die Limesfunktionen von $f(P)$, wenn man den Definitionsbereich dieser Funktion auf B reduziert, so ist in jedem Punkte von $\bar{B}$

$$\varphi(P) \leqq \varphi_1(P) \leqq \Phi_1(P) \leqq \Phi(P)$$

und wegen der Gleichung (1) des vorigen Paragraphen müssen diese Zahlen überall auf $\bar{B}$ einander gleich sein.

Nehmen wir nun an, der Satz wäre für Funktionen der $(p-1)$ten Klasse bewiesen. Jede Funktion $p$ter Klasse auf A ist als Grenze von Funktionen $(p-1)$ter Klasse auf A darstellbar, also ist sie es nach unserer Voraussetzung auch auf B und somit von der $p$ten Klasse auf B.

Eine unmittelbare Folge des letzten Satzes ist der

Satz 2. *Eine auf der Punktmenge A definierte Funktion $f(P)$, die man auf der abgeschlossenen Hülle $\bar{A}$ von A zu einer Funktion $p$ter Klasse auf $\bar{A}$ ergänzen kann, ist von der $p$ten Klasse.*

Nach der Definition der Funktionen nullter Klasse kann man auch umgekehrt jede Funktion, die nullter Klasse auf A ist, zu einer Funktion nullter Klasse auf $\bar{A}$ ergänzen. Für höhere Klassen ist dies aber nicht mehr der Fall; es kann Funktionen erster Klasse auf einer Punktmenge A geben, die man nur zu Funktionen zweiter Klasse auf $\bar{A}$ ergänzen kann, wie z. B. die Funktion des § 370, wenn man ihren Definitionsbereich auf einen maßgleichen Kern des abgeschlossenen Intervalls $0 \leqq x \leqq 1$ reduziert, auf welchem sie nach dem Satze 8 des § 372 von der ersten Klasse ist.

364. Wir beweisen nun den

Satz 3. *Es seien $f_1(P)$ und $f_2(P)$ beide von der pten Klasse auf der Punktmenge A; bezeichnet man mit $\Psi(P)$ die größere, mit $\psi(P)$ die kleinere der beiden Zahlen $f_1(P)$ und $f_2(P)$, so sind die erklärten Funktionen $\psi(P)$* und *$\Psi(P)$ ebenfalls auf A von der pten Klasse.*

Sind die gegebenen Funktionen $f_1(P)$ und $f_2(P)$ beide von der nullten Klasse, so kann man sie zu stetigen Funktionen auf der abgeschlossenen Hülle von $\bar{A}$ ergänzen. Die Funktion, die in jedem Punkte von $\bar{A}$ gleich der größeren dieser letzten beiden Funktionen ist, ist nach dem Satze 10 des § 132 auf $\bar{A}$ stetig; anderseits ist sie aber gleich $\Psi(P)$ auf A. Die Funktion $\Psi(P)$ ist also von der nullten Klasse.

Wir nehmen jetzt an, der Satz sei bewiesen, wenn die gegebenen Funktionen von der $(p-1)$ten Klasse sind. Sind dann $f_1(P)$ und $f_2(P)$ von der $p$ten Klasse, so kann man schreiben

$$f_1(P) = \lim_{k=\infty} f_{1k}(P), \qquad f_2(P) = \lim_{k=\infty} f_{2k}(P),$$

wobei $f_{1k}(P)$ und $f_{2k}(P)$ von der $(p-1)$ten Klasse sind. Setzt man $\Psi_k(P)$ in jedem Punkte von A gleich der größeren der beiden Zahlen $f_{1k}(P)$ und $f_{2k}(P)$, so ist nach Voraussetzung $\Psi_k(P)$ von der $(p-1)$ten Klasse und, da man anderseits hat

$$\Psi(P) = \lim_{k=\infty} \Psi_k(P),$$

so ist $\Psi(P)$ von der $p$ten Klasse. Ganz ebenso behandelt man die Funktion $\psi(P)$.

Ein wichtiges Korollar des vorigen Satzes ist der

Satz 4. *Auf einer Punktmenge A sei die Funktion $f(P)$ von der pten Klasse; dann ist die Funktion $\varphi(P)$, die durch die Bedingungen*

$$\begin{aligned} \varphi(P) &= f(P) \quad \textit{auf} \quad M(\alpha < f < \beta),\\ \varphi(P) &= \alpha \qquad\;\; ,, \qquad M(f \leqq \alpha),\\ \varphi(P) &= \beta \qquad\;\; ,, \qquad M(f \geqq \beta) \end{aligned}$$

definiert ist, wobei α und β zwei beliebige Zahlen bedeuten und $\alpha < \beta$ ist, ebenfalls von der pten Klasse auf A.

In der Tat bekommt man $\varphi(P)$, indem man zuerst eine Funktion $\varphi_1(P)$ konstruiert, die gleich der kleineren der beiden Zahlen $f(P)$ und β ist, und hierauf $\varphi(P)$ gleich der größeren der beiden Zahlen α und $\varphi_1(P)$ setzt.

Satz 5. *Bezeichnet man mit g und G die untere und obere Grenze einer Funktion $f(P)$, die auf A von der p^{ten} Klasse ist, wobei $p \geqq 1$ ist, so kann man $f(P)$ als Grenze von beschränkten Funktionen $(p-1)$ter Klasse darstellen, deren untere und obere Grenzen zwischen g und G liegen.*

Wir bemerken zunächst, daß $g < G$ ist, da für $g = G$ die Funktion $f(P)$ konstant und daher von der nullten Klasse wäre. Wir können dann zwei monotone Zahlenfolgen

$$g_1 > g_2 > g_3 > \cdots, \tag{1}$$

$$G_1 < G_2 < G_3 < \cdots \tag{2}$$

konstruieren, von denen die erste gegen g und die zweite gegen G konvergiert, und dabei voraussetzen, daß $g_1 < G_1$ ist.

Wir bezeichnen mit $\varphi_1(P), \varphi_2(P), \ldots$ eine Folge von Funktionen $(p-1)$ter Klasse, die gegen $f(P)$ konvergieren, und setzen

$$f_n(P) = \varphi_n(P) \quad \text{auf} \quad \boldsymbol{M}(g_n < \varphi_n < G_n), \tag{3}$$

$$f_n(P) = g_n \quad \text{„} \quad \boldsymbol{M}(\varphi_n \leqq g_n), \tag{4}$$

$$f_n(P) = G_n \quad \text{„} \quad \boldsymbol{M}(\varphi_n \geqq G_n). \tag{5}$$

Die Funktionen $f_n(P)$ sind dann alle beschränkt und ihre oberen und unteren Grenzen liegen zwischen g und G. Es sei P_0 ein Punkt von $\boldsymbol{M}(g < f < G)$; man kann dann eine natürliche Zahl n_1 angeben, so daß

$$g_{n_1} < f(P_0) < G_{n_1}$$

und hierauf eine Zahl $n_2 \geqq n_1$, so daß für alle $n > n_2$

$$g_{n_1} < \varphi_n(P_0) < G_{n_1}$$

ist. Es ist dann aber $g_n < g_{n_1}$ und $G_n > G_{n_1}$ und nach (3)

$$f_n(P_0) = \varphi_n(P_0),$$

und hieraus folgt

$$\lim_{n=\infty} f_n(P_0) = \lim_{n=\infty} \varphi_n(P_0) = f(P_0). \tag{6}$$

Es sei zweitens P_0 ein Punkt der Punktmenge $\boldsymbol{M}(f = g)$; es gibt dann eine natürliche Zahl n_0, so daß für $n \geqq n_0$

$$\varphi_n(P_0) < G_1$$

ist, und dann ist $f_n(P_0)$ gleich der größeren der beiden Zahlen g_n und $\varphi_n(P_0)$. Aus

$$\lim_{n=\infty} g_n = \lim_{n=\infty} \varphi_n(P_0) = f(P_0)$$

folgt dann, daß auch

$$\lim_{n=\infty} f_n(P_0) = f(P_0)$$

ist. Eine ganz analoge Schlußweise zeigt, daß die Gleichung

$$\lim_{n=\infty} f_n(P) = f(P)$$

auch für die Punkte von $M(f = G)$ gilt; sie besteht also in jedem Punkte von A.

365. Satz 6. *Die Summe, die Differenz und das Produkt von zwei beschränkten Funktionen, die auf einer Punktmenge A von der $p$ten Klasse sind, sind ebenfalls Funktionen von derselben Klasse auf A.*

Sind die beiden beschränkten Funktionen $f_1(P)$ und $f_2(P)$ von der nullten Klasse auf A, so kann man sie zu beschränkten stetigen Funktionen $\Phi_1(P)$ und $\Phi_2(P)$ auf der abgeschlossenen Hülle $\bar{A}$ von A ergänzen. Nun sind nach dem § 131 die Funktionen

$$\Phi_1(P) \pm \Phi_2(P) \quad \text{und} \quad \Phi_1(P)\,\Phi_2(P)$$

stetig auf $\bar{A}$ und daher die Funktionen

$$f_1(P) \pm f_2(P) \quad \text{und} \quad f_1(P) f_2(P)$$

von der nullten Klasse auf A. Ist aber unser Satz für Funktionen $(p-1)$ter Klasse bewiesen und setzt man

$$f_1(P) = \lim_{k=\infty} f_{1k}(P), \qquad f_2(P) = \lim_{k=\infty} f_{2k}(P),$$

so können nach dem vorigen Satze die Funktionen $f_{1k}(P)$ und $f_{2k}(P)$ als beschränkt angesehen werden und unsere Behauptung folgt dann für Funktionen $p$ter Klasse aus den Formeln

$$f_1(P) \pm f_2(P) = \lim_{k=\infty} (f_{1k}(P) \pm f_{2k}(P)),$$

$$f_1(P) f_2(P) = \lim_{k=\infty} f_{1k}(P) f_{2k}(P).$$

Bemerkt man, daß man für die Approximationsfunktionen auch dann beschränkte Funktionen wählen kann, wenn die Funktionen $f_1(P)$ und $f_2(P)$ selbst nicht beschränkt und sogar nicht endlich sind, und daß die letzten Gleichungen in jedem Punkte von A gelten, in welchem die Operationen $f_1(P) \pm f_2(P)$ bzw. $f_1(P) f_2(P)$ einen Sinn haben, so sieht man, daß auch folgender Satz behauptet werden kann:

Satz 7. *Die Summe, die Differenz und das Produkt von zwei beliebigen Funktionen, die auf einer Punktmenge A von der $p$ten Klasse sind, sind, wenn $p \geq 1$ ist, auch von der $p$ten Klasse auf jeder in sich dichten Teilmenge von A, in welcher die betreffende Operation ausführbar ist.*

Dagegen kann man sehr wohl endliche Funktionen von der nullten Klasse angeben, deren Summe nicht von der nullten Klasse ist; z. B. kann die stückweise lineare Funktion des § 227 als Summe von zwei stetigen monotonen Funktionen angesehen werden, die zwar nicht beschränkt aber doch von der nullten Klasse sind.

Genau ebenso beweist man den

Satz 8. *Ist $f(P)$ eine nicht negative Funktion der $p$ten Klasse auf A, so ist für $p \geqq 1$ die Funktion $1 : f(P)$ ebenfalls von der $p$ten Klasse, falls man $1 : f(P)$ in den Nullstellen von $f(P)$ gleich $+\infty$ und in den Unendlichkeitsstellen von $f(P)$ gleich Null setzt.*

Wir beweisen jetzt den

Satz 9. *Ist $f(P)$ von der $p$ten Klasse auf der Punktmenge A, so gilt dasselbe von $|f(P)|$.*

Für $p = 0$ kann man $f(P)$ zu einer auf der abgeschlossenen Hülle $\bar{A}$ von A stetigen Funktion $\Phi(P)$ ergänzen; und da $|\Phi(P)|$ ebenfalls stetig auf $\bar{A}$ ist (§ 132, Satz 11), so ist $|f(P)|$ von der nullten Klasse auf A.

Für $p \geqq 1$ ist die Behauptung eine Folge des Satzes 7. Bezeichnet man nämlich mit $\Psi(P)$ die größere und mit $\psi(P)$ die kleinere der beiden Zahlen $f(P)$ und Null, so sind diese Funktionen nach dem Satze 3 von der $p$ten Klasse und man hat

$$|f(P)| = \Psi(P) - \psi(P),$$

wobei die Differenz der beiden Funktionen $\Psi(P)$ und $\psi(P)$ in jedem Punkte von A ausführbar ist.

366. Es sei $f_1(P), f_2(P), \ldots$ eine Folge von Funktionen der $p$ten Klasse auf A. Bezeichnet man mit $\Psi_m(P)$ die größte unter den m Zahlen $f_1(P), f_2(P), \ldots, f_m(P)$, so ist nach dem Satze 3 die Funktion $\Psi_m(P)$ von der $p$ten Klasse auf A. Die obere Grenze $\Psi(P)$ der gegebenen Folge von Funktionen kann aber geschrieben werden

$$\Psi(P) = \lim_{m=\infty} \Psi_m(P)$$

und ist also eine Funktion von der $(p+1)$ten Klasse. Ganz analog beweist man die übrigen Behauptungen des folgenden Satzes:

Satz 10. *Die obere und die untere Grenze einer Folge von Funktionen $p$ter Klasse auf A, sind $(p+1)$ter Klasse auf A. Der obere und der untere Limes einer derartigen Folge sind Funktionen $(p+2)$ter Klasse auf A.*

Für gleichmäßig konvergierende Folgen von Funktionen gilt der folgende Satz, der sehr wichtig ist, weil er in vielen Fällen erlaubt, die Klasse einer gegebenen Funktion zu bestimmen.

Satz 11. *Eine endliche Funktion $f(P)$, die man auf einer Punktmenge A als Grenze einer gleichmäßig konvergierenden Folge von Funktionen $p$ter Klasse darstellen kann, ist ebenfalls $p$ter Klasse auf A.*

Für $p = 0$ ist die Funktion $f(P)$ in jedem Punkte von A nach dem Satze 2 des § 172 eine stetige Funktion; dies genügt aber nicht im allgemeinen, um schließen zu können, daß $f(P)$ von der nullten Klasse ist. Wir müssen vielmehr zeigen, daß die Limesfunktionen $\Phi(P)$ und $\varphi(P)$ von $f(P)$ in jedem Punkte der abgeschlossenen Hülle $\bar{A}$ von A einander gleich sind. Wir bezeichnen mit $f_1(P), f_2(P), \ldots$ die Folge der Approximationsfunktionen, die auf A gleichmäßig gegen $f(P)$ konvergieren und dort von der nullten Klasse sind und mit $\Phi_m(P)$ die beiden zusammenfallenden Limesfunktionen von $f_m(P)$ auf $\bar{A}$. Ist dann ε eine beliebige Zahl, so kann man nach Voraussetzung die natürliche Zahl m so bestimmen, daß in jedem Punkte von A

$$f_m(P) - \varepsilon < f(P) < f_m(P) + \varepsilon$$

ist. Hieraus folgt aber für jeden Punkt P_0 der abgeschlossenen Hülle von $\bar{A}$, wenn man sich der Definition der Limesfunktionen einer Funktion erinnert (§ 123),

$$\Phi_m(P_0) - \varepsilon \leqq \varphi(P_0) \leqq \Phi(P_0) \leqq \Phi_m(P_0) + \varepsilon.$$

Ist nun $\Phi_m(P_0) = +\infty$, so müssen die beiden Zahlen $\varphi(P_0)$ und $\Phi(P_0)$ beide gleich $+\infty$, also einander gleich sein, und ebenso sieht man, daß diese Zahlen einander gleich sind, wenn $\Phi_m(P_0) = -\infty$ ist. Ist dagegen $\Phi_m(P_0)$ endlich, so sind die Zahlen $\varphi(P_0)$ und $\Phi(P_0)$ beide endlich und ihre Differenz ist nicht größer als 2ε. Da ε aber beliebig gewählt werden kann, müssen sie wieder denselben Wert besitzen; hiermit ist der Satz für $p = 0$ bewiesen.

Um den Satz nun für $p \geqq 1$ zu beweisen, gehen wir von der Bemerkung aus, daß wir jedenfalls aus der Folge der Approximationsfunktionen, wegen der vorausgesetzten Gleichmäßigkeit ihrer Konvergenz eine unendliche Teilfolge

$$f_1(P), f_2(P), \ldots \tag{1}$$

so bestimmen können, daß für jeden Punkt der Punktmenge A

$$|f_m(P) - f(P)| \leqq \frac{1}{2^m} \tag{2}$$

ist. Setzt man nun

(3) $$f_{m+1}(P) - f_m(P) = u_m(P),$$

so kann man schreiben

(4) $$f_m(P) = f_1(P) + u_1(P) + u_2(P) + \cdots + u_{m-1}(P).$$

Nun sind nach dem Satze 7 des § 365 die durch die Gleichung (3) definierten Funktionen $u_m(P)$ als Differenz von zwei endlichen Funktionen $p$ter Klasse, wobei $p \geqq 1$ ist, wiederum Funktionen von der $p$ten Klasse. Wir können daher setzen

(5) $$f_1(P) = \lim_{k=\infty} f_{1k}(P), \qquad u_m(P) = \lim_{k=\infty} u_{mk}(P),$$

wobei die Funktionen $f_{1k}(P)$ und $u_{mk}(P)$ beschränkte Funktionen von der $(p-1)$ten Klasse bedeuten. Ferner folgt aus (2) und (3)

$$\begin{aligned} |u_m(P)| &\leqq |f_{m+1}(P) - f(P)| + |f_m(P) - f(P)| \\ &\leqq \frac{1}{2^{m+1}} + \frac{1}{2^m} \\ &< \frac{1}{2^{m-1}}, \end{aligned}$$

und wir können sogar nach dem Satze 5 des § 364 voraussetzen, daß allgemein für jeden Punkt von A und für jede natürliche Zahl k

$$|u_{mk}(P)| < \frac{1}{2^{m-1}}$$

ist; folglich ist für jedes $k > m$

(6) $$|u_{mk} + u_{m+1,k} + \cdots + u_{kk}| < \frac{1}{2^{m-1}} + \frac{1}{2^m} + \cdots < \frac{1}{2^{m-2}}.$$

Nun setze man

(7) $$\varphi_k(P) = f_{1k}(P) + u_{1k}(P) + \cdots + u_{kk}(P)$$

und bemerke, daß diese Funktionen als Summen von endlich vielen beschränkten Funktionen $(p-1)$ter Klasse nach dem Satze 6 des § 365 ebenfalls von der $(p-1)$ten Klasse sind. Man hat für $k > m$, wenn man (6) benutzt,

$$\varphi_k(P) < [f_{1k}(P) + u_{1k}(P) + \cdots + u_{m-1,k}(P)] + \frac{1}{2^{m-2}}.$$

Mit Hilfe von (4) und (5) schließt man nun (§ 89, Satz 6)

(8) $$\overline{\lim_{k=\infty}}\, \varphi_k(P) \leqq f_m(P) + \frac{1}{2^{m-2}}$$

und ebenso folgt aus

$$\varphi_k(P) > [f_{1k}(P) + u_{1k}(P) + \cdots + u_{m-1,k}(P)] - \frac{1}{2^{m-2}},$$

daß

(9) $$\underline{\lim_{k=\infty}}\, \varphi_k(P) \geqq f_m(P) - \frac{1}{2^{m-2}}$$

ist. Da die linken Seiten von (8) und (9) von m unabhängig sind, folgt, wenn man m gegen Unendlich konvergieren läßt.

$$f(P) \leqq \underline{\lim}_{k=\infty} \varphi_k(P) \leqq \overline{\lim}_{k=\infty} \varphi_k(P) \leqq f(P),$$

oder schließlich

$$f(P) = \lim_{k=\infty} \varphi_k(P).$$

Die Funktion $f(P)$ ist also, wie zu beweisen war, von der $p$ten Klasse.

Anwendung des Klassenbegriffs auf meßbare Funktionen.

367. Wir bezeichnen mit $f(P)$ eine nach unten halbstetige Funktion mit endlicher unteren Grenze g und mit A die in sich dichte Punktmenge, auf welcher $f(P)$ definiert ist. Ferner sei k eine positive Zahl und Q ein beliebiger Punkt des n-dimensionalen Raumes; wir bezeichnen nun mit $\varphi_k(Q)$ die untere Grenze des Ausdrucks

(1) $$f(P) + kE(P, Q),$$

wenn P die Punktmenge A beschreibt und $E(P, Q)$ die Entfernung der beiden Punkte P und Q bedeutet. Da der Ausdruck (1) nie kleiner als g ist, gilt die Relation

(2) $$\varphi_k(Q) \geqq g.$$

Nun betrachten wir zwei Punkte Q_1 und Q_2, deren Entfernung $E(Q_1, Q_2) \leqq \delta$ ist. Nach Voraussetzung gibt es mindestens einen Punkt P_0 auf der Punktmenge A, so daß die Relation

$$\varphi_k(Q_1) > f(P_0) + kE(P_0, Q_1) - \delta$$

gilt. Andererseits bestehen die Ungleichheiten

$$\varphi_k(Q_2) \leqq f(P_0) + kE(P_0, Q_2),$$

$$E(P_0, Q_2) \leqq E(P_0, Q_1) + E(Q_1, Q_2) \leqq E(P_0, Q_1) + \delta.$$

Aus den drei letzten Relationen folgt nun

(3) $$\varphi_k(Q_2) < \varphi_k(Q_1) + (k+1)\delta,$$

und man beweist hieraus und aus der analogen Relation, die man durch Vertauschung von Q_1 mit Q_2 erhält, daß die Funktion $\varphi_k(Q)$ im ganzen Raume stetig ist.

Wir betrachten nun die monoton wachsende Folge von stetigen Funktionen

(4) $$\varphi_1(Q),\quad \varphi_2(Q),\quad \varphi_3(Q), \ldots,$$

die man erhält, wenn man in (1) für den Parameter k der Reihe nach die natürlichen Zahlen 1, 2, 3, ... einsetzt.

Dann muß der Grenzwert $\lim_{n=\infty} \varphi_n(Q)$ stets existieren und in allen Punkten $P \prec A$ der Bedingung

(5) $$\lim_{n=\infty} \varphi_n(P) \leqq f(P)$$

genügen.

Ist nun ε eine beliebige positive Zahl, so gibt es, weil $f(P)$ nach Voraussetzung eine nach unten halbstetige Funktion bedeutet, um jeden Punkt P von A eine Kugel $\varkappa$ vom Radius ϱ, so daß für alle Punkte P' von $A\varkappa$ die Ungleichheit

$$f(P') \geqq f(P) - \varepsilon$$

gilt. Für alle diese Punkte P' hat man also auch

$$f(P') + nE(P', P) \geqq f(P) - \varepsilon;$$

andererseits ist für alle Punkte $P'' \prec (A - \varkappa A)$

$$f(P'') + nE(P'', P) \geqq g + n\varrho.$$

Aus diesen beiden Tatsachen können wir nun schließen, daß, da die letzte Zahl $(g + n\varrho)$ mit n unbeschränkt wächst, für hinreichend große n die Relation $\varphi_n(P) \geqq f(P) - \varepsilon$ bestehen muß; man hat also stets für jeden Punkt P von A und für jede positive Zahl ε

(6) $$\lim_{n=\infty} \varphi_n(P) \geqq f(P) - \varepsilon.$$

Die Vergleichung von (5) und (6) liefert uns endlich die Relation

$$\lim_{n=\infty} \varphi_n(P) = f(P).$$

Unsere Untersuchung liefert also den

Satz 1. *Jede auf einer in sich dichten Punktmenge A nach unten halbstetige Funktion $f(P)$ mit endlicher unterer Grenze g kann als obere Grenze einer Folge von beschränkten Funktionen dargestellt werden, die im ganzen Raume stetig sind.*

Ist $f(P)$ eine nach oben halbstetige Funktion, deren obere Grenze G endlich ist, so genügt die Funktion $-f(P)$ den Bedingungen des vorigen Satzes und man hat den

Satz 2. *Jede auf einer in sich dichten Punktmenge A nach oben halbstetige Funktion $f(P)$ mit endlicher oberer Grenze G kann als untere Grenze einer Folge von beschränkten Funktionen dargestellt werden, die im ganzen Raume stetig sind.*

Die beiden letzten Sätze sind eine etwas verschärfte Umkehrung des Satzes 3 des § 174.

Nun sei $f(P)$ eine beliebige Funktion, die z. B. nach oben halbstetig ist. Wir bezeichnen mit $\Psi(P)$ die größere, mit $\psi(P)$ die kleinere der beiden Zahlen $f(P)$ und Eins. Die beiden Funktionen $\Psi(P)$ und $\psi(P)$ sind nach oben halbstetig (§ 132, Satz 10) und man hat

$$f(P) = \Psi(P) \cdot \psi(P).$$

Da die Funktion $\psi(P)$ eine endliche obere Grenze besitzt, ist sie nach dem Satze 2 von der ersten Klasse. Desgleichen ist $1 : \Psi(P)$ nach dem Satze 1 von der ersten Klasse, als beschränkte nach unten halbstetige Funktion (§ 131, Satz 8). Nach den Sätzen 8 und 7 des § 365 sind dann die Funktionen $\Psi(P)$ und $f(P)$ ebenfalls von der ersten Klasse, und man kann dasselbe von Funktionen beweisen, die nach unten halbstetig sind:

Satz 3. *Jede auf einer in sich dichten Punktmenge halbstetige Funktion ist auf dieser Punktmenge von der ersten Klasse.*

Ferner gilt der

Satz 4. *Jede Funktion $p$ter Klasse, die auf einer meßbaren Punktmenge A definiert ist, ist eine meßbare Funktion.*

Jede Funktion nullter Klasse auf A kann zu einer stetigen Funktion auf der abgeschlossenen Hülle $\bar{A}$ von A ergänzt werden; diese ist auf $\bar{A}$ meßbar (§ 345, Satz 2) und daher ist auch nach dem Satze 4 des § 347 die vorgegebene Funktion auf A meßbar.

Nehmen wir nun an, der Satz wäre für Funktionen $(p-1)$ter Klasse bewiesen, so gilt er auch nach dem Satze 11 des § 353 für Funktionen $p$ter Klasse, da diese sich als Grenzen von Funktionen $(p-1)$ter Klasse, also meßbarer Funktionen darstellen lassen.

Dieselbe Schlußweise würde uns erlauben, den Satz 7 des § 349 dahin zu verallgemeinern, daß wir von der dort vorkommenden Funktion $\varphi(u_1 \ldots u_m)$ voraussetzen, daß sie im ganzen m-dimensionalen Raume definiert und dort von der $p$ten Klasse ist, und diese letzte Bemerkung kann man benutzen, um meßbare Funktionen zu konstruieren, die von keiner endlichen Klasse sind. Wir haben nämlich im § 351 eine meßbare Funktion $\varphi(u)$ und eine stetige Funktion $f(x)$ angegeben, so daß $\varphi(f(x))$ nicht meßbar ist, was der Fall sein müßte, wenn $\varphi(u)$ von irgendeiner endlichen Klasse wäre.

368. Die Funktionen, die auf einer meßbaren Punktmenge A einer beliebigen endlichen Klasse angehören, sind also viel spezieller als die meßbaren Funktionen im allgemeinen. Unter den zu einer beliebigen meßbaren Funktion äquivalenten Funktionen (§ 359) gibt es aber, wie wir jetzt zeigen wollen, stets solche, die von der zweiten Klasse sind.

Es sei $f(P)$ eine meßbare Funktion, die auf der meßbaren Punktmenge A definiert ist, und $\alpha_1, \alpha_2, \ldots$ eine abzählbare und überall dicht auf der Zahlenachse liegende Zahlenmenge; die Punktmengen

$$A_k = \boldsymbol{M}(f \geqq \alpha_k)$$

sind dann alle von meßbarem Inhalte und man kann jeder von ihnen einen ihr maßgleichen Kern B_k' zuordnen und voraussetzen, daß B_k' entweder leer oder perfekt oder die Vereinigung von abzählbar unendlich vielen perfekten Punktmengen ist (§ 271, Satz 7). Die B_k' sind also jedenfalls entweder selbst abgeschlossen oder sie sind die Vereinigung von abzählbar vielen abgeschlossenen Punktmengen. Wir wollen die Mengenfolge der B_k' durch eine andere Folge von Punktmengen $B_1, B_2, \ldots$ ersetzen, die außer den soeben genannten Eigenschaften der ersten Folge, noch der Bedingung genügen, daß, wenn $\alpha_j < \alpha_k$ ist, B_k eine Teilmenge von B_j ist.

Wir setzen dazu

(1) $$B_1 = B_1'$$

und, je nachdem $\alpha_2 > \alpha_1$ oder $\alpha_2 < \alpha_1$ ist,

(2) $$B_2 = B_2' B_1 \quad \text{oder} \quad B_2 = B_2' \dot{+} B_1 .$$

Ähnlich wird B_j mit Hilfe von B_j' und $B_1, B_2, \ldots, B_{j-1}$ ermittelt; ist α_j weder die größte noch die kleinste unter den Zahlen $\alpha_1, \ldots, \alpha_j$, so bezeichne man mit α_p die größte unter denjenigen Zahlen dieser Folge, die kleiner als α_j sind und mit α_q die kleinste Zahl der Folge, die α_j noch übertrifft, und setze

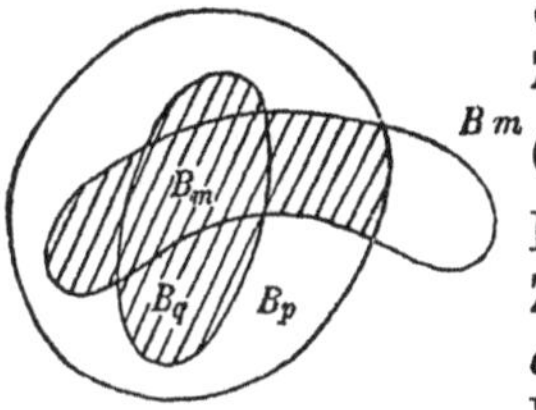

Fig. 28.

(3) $$B_j = B_j' B_p \dot{+} B_q .$$

Ist aber α_j die größte oder die kleinste der Zahlen $\alpha_1, \alpha_2, \ldots, \alpha_j$, so bestimme man die Zahlen α_p bzw. α_q ebenso wie früher und setze statt der letzten Gleichung

(4) $$B_j = B_j' B_p \quad \text{bzw.} \quad B_j = B_j' \dot{+} B_q ;$$

diese Konstruktion bewirkt, daß $\alpha_j < \alpha_k$ stets $B_j \succ B_k$ zur Folge hat.

Nun bemerke man, daß, wenn C_1 und C_2 zwei Punktmengen sind, die man als Vereinigung von endlich oder abzählbar unendlich vielen abgeschlossenen Punktmengen ansehen kann, dasselbe auch für die Vereinigungsmenge $(C_1 + C_2)$ und für den Durchschnitt $C_1 C_2$ der Punktmengen C_1 und C_2 zutrifft Die Gleichungen (1) bis (4) zeigen uns dann, daß die Punktmengen B_j ebenso wie die Punktmengen B_j' als die Vereinigung von endlich oder abzählbar unendlich vielen abgeschlossenen Punktmengen angesehen werden können.

Ferner kann man durch den Schluß der vollständigen Induktion leicht beweisen, daß für jeden Wert der natürlichen Zahl k die Relation

(5) $$B_k \prec A_k$$

besteht. Denn es ist z. B., wenn j, p und q dieselbe Bedeutung wie in (3) haben und wenn also $\alpha_p < \alpha_j < \alpha_q$ ist,

$$A_j \succ A_q, \quad B_j' \prec A_j, \quad B_q \prec A_q;$$

hieraus folgt aber nach (3)

$$B_j = B_j' B_p \dot{+} B_q \prec A_j \dot{+} A_q = A_j .$$

Wir wollen endlich zeigen, daß für jedes j die Punktmenge B_j ein maßgleicher Kern von A_j ist, d. h. daß die Gleichung

(6) $$m(A_j - B_j) = 0 \qquad (j = 1, 2, \ldots)$$

besteht. Dies ist nach (1) für B_1 der Fall; wir nehmen also an, die Gleichung (6) ist für alle Indizes erfüllt, die kleiner als j sind. Dann ist, wenn p und q dieselbe Bedeutung wie in (3) haben,

$$(7)\qquad m(A_p - A_p B_p) = 0$$

und anderseits

$$\begin{aligned} A_j - B_j &= A_j - (B_j' B_p \dotplus B_q) \\ &\prec A_j - B_j' B_p \\ &\prec (A_j - B_j') + (B_j' - B_j' B_p). \end{aligned}$$

Von diesen beiden letzten Punktmengen ist aber die erste eine Nullmenge, weil B_j' ein maßgleicher Kern von A_j ist, und die zweite ist eine Teilmenge von $(A_p - A_p B_p)$, weil $B_j' \prec A_j \prec A_p$ ist, also nach (7) ebenfalls eine Nullmenge.

369. Wir bezeichnen mit $\chi(P)$ die Funktion, die nach dem Satze 1 des § 342 durch die Relationen

$$M(\chi \geqq \alpha_k) \succ B_k \succ M(\chi > \alpha_k) \qquad (k = 1, 2, \ldots)$$

eindeutig bestimmt ist. Nach dem Satze 2 desselben Paragraphen ist wegen $B_k \prec A_k$ stets

$$(1)\qquad \chi(P) \leqq f(P);$$

nach dem Satze 6 des § 361 ist, weil $B_k \prec A_k$ und $(A_k - B_k)$ immer eine Nullmenge ist,

$$(2)\qquad \chi(P) \sim f(P).$$

Wir wollen nun zeigen, daß $\chi(P)$ von der zweiten Baireschen Klasse ist. Wir betrachten die m ersten Zahlen $\alpha_1, \ldots, \alpha_m$ und bezeichnen sie, wenn wir sie nach ihrer Größe ordnen, mit

$$\gamma_1 < \gamma_2 < \cdots < \gamma_m;$$

ferner bezeichnen wir die Punktmengen $B_1, B_2, \ldots, B_m$, wenn wir sie entsprechend umordnen, mit

$$C_1 \succ C_2 \succ \cdots \succ C_m.$$

Wir bezeichnen mit $\chi_{m1}(P)$ die Funktion, die auf der Komplementärmenge von C_1 gleich $-\infty$ und auf C_1 gleich γ_1 ist, und für $k \geqq 2$ mit $\chi_{mk}(P)$ die Funktion, welche auf C_k gleich Eins ist, und die auf der Komplementärmenge von C_k verschwindet. Dann ist, wenn wir

$$(3)\qquad \chi_m(P) = \chi_{m1}(P) + (\gamma_2 - \gamma_1)\chi_{m2}(P) + \cdots + (\gamma_m - \gamma_{m-1})\chi_{mm}(P)$$

setzen, nach dem § 357 die Funktionenfolge

$$\chi_1(P), \chi_2(P), \ldots$$

monoton wachsend, und ihre obere Grenze ist unsere Funktion $\chi(P)$.

Wir zeigen nun, daß die Funktionen $\chi_m(P)$ als obere Grenzen von Funktionenfolgen dargestellt werden können, die aus lauter nach oben halbstetigen Funktionen bestehen. Nach Voraussetzung ist nämlich

$$C_k = C_{k1} \dotplus C_{k2} \dotplus C_{k3} \dotplus \cdots, \tag{4}$$

wobei die Punktmengen C_{kj} lauter abgeschlossene Punktmengen sind Ersetzt man also in der Gleichung (3) die Funktion $\chi_{m1}(P)$ durch die nach oben halbstetige Funktion, die auf der abgeschlossenen Punktmenge

$$(C_{11} \dotplus C_{12} \dotplus \cdots + C_{1j}) \tag{5}$$

gleich γ_1 und auf ihrer Komplementärmenge gleich $-\infty$ ist, und für $k \geqq 2$ die Funktion $\chi_{mk}(P)$ durch die nach oben halbstetige Funktion, die auf der abgeschlossenen Punktmenge

$$(C_{k1} \dotplus C_{k2} \dotplus \cdots \dotplus C_{kj}) \tag{6}$$

gleich Eins ist und sonst verschwindet und berücksichtigt man, daß die Koeffizienten der rechten Seiten von (3) positiv sind, so bekommt man an Stelle von $\chi_m(P)$ eine Funktion $h_{mj}(P)$, die, als Summe von endlich vielen nach oben halbstetigen Funktionen, ebenfalls nach oben halbstetig ist. Es ist übrigens

$$h_{m1}(P) \leqq h_{m2}(P) \leqq \cdots,$$
$$\lim_{j=\infty} h_{mj}(P) = \chi_m(P).$$

Ordnet man nun die Funktionen $h_{mj}(P)$ in eine einfache Folge um, so erscheint $\chi(P)$ selbst als die obere Grenze von abzählbar vielen Funktionen, die alle nach oben halbstetig und daher (§ 367, Satz 3) von der ersten Klasse sind. Die Funktion $\chi(P)$ ist dann nach dem Satze 10 des § 366 von der zweiten Klasse. Der Satz, den wir hiermit bewiesen haben, lautet:

Satz 5. *Jede auf einer meßbaren Punktmenge A definierte meßbare Funktion $f(P)$ ist einer Funktion $\chi(P)$ von der zweiten Klasse äquivalent, die nicht größer als $f(P)$ ist, und als obere Grenze einer abzählbaren Folge von Funktionen angesehen werden kann, welche sämtlich halbstetig nach oben sind.*

Ordnet man der Funktion $-f(P)$ eine Funktion $-X(P)$ zu, welche die von der Funktion $\chi(P)$ im letzten Satze verlangten Eigenschaften besitzt, so ist

$$f(P) \leqq X(P), \qquad f(P) \sim X(P)$$

und $X(P)$ die untere Grenze einer Folge von nach unten halbstetigen Funktionen.

Die oberen und unteren Limesfunktionen $\Phi(P)$ und $\varphi(P)$ der Funktion $f(P)$ sind halbstetige Funktionen und daher von der ersten Klasse (§ 367, Satz 3). Bezeichnet man mit $\psi(P)$ die größere der beiden Zahlen $\varphi(P)$ und $\chi(P)$, mit $\Psi(P)$ die kleinere der beiden Zahlen $\Phi(P)$ und $X(P)$, so sind (§ 364, Satz 3) die Funktionen $\psi(P)$ und $\Psi(P)$ von der zweiten Klasse und es ist außerdem

$$\varphi(P) \leqq \psi(P) \leqq f(P) \leqq \Psi(P) \leqq \Phi(P), \tag{7}$$

$$\psi(P) \sim f(P) \sim \Psi(P).$$

Satz 6. *Es sei $f(P)$ eine beliebige meßbare Funktion, $\Phi(P)$ und $\varphi(P)$ ihre Limesfunktionen. Es gibt Funktionen $\psi(P)$ und $\Psi(P)$ von der zweiten Klasse, die zu $f(P)$ äquivalent sind, und die der Bedingung* (14) *genügen.*

370. Um die Bedeutung des vorigen Satzes besser hervortreten zu lassen, wollen wir auf dem abgeschlossenen Intervalle

$$\bar{I}: \quad 0 \leqq x \leqq 1$$

eine meßbare Funktion konstruieren, die keiner Funktion erster Klasse auf $\bar{I}$ äquivalent ist. Wir betrachten auf $\bar{I}$ die überall dichte offene Punktmenge des § 280, die wir hier B_1 nennen wollen, sowie die perfekte Punktmenge $(\bar{I} - B_1)$, die mit A_1 bezeichnet werden soll. Es ist dann

$$m B_1 = m A_1 = \tfrac{1}{2}.$$

An Stelle jedes Intervalles von B_1 nehmen wir jetzt die offene Punktmenge, die aus B_1 entsteht, wenn wir $\bar{I}$ auf das betrachtete Intervall durch Ähnlichkeitstransformation (mit geeignet gewähltem Ähnlichkeitszentrum) abbilden. Wir erhalten eine auf $\bar{I}$ überall dicht liegende offene Punktmenge B_2, die in B_1 enthalten ist, und es ist

$$m B_2 = \tfrac{1}{4}$$

und wenn man

$$I - B_2 = A_1 + A_2$$

setzt, ist auch

$$m A_2 = \tfrac{1}{4}.$$

Wenn wir jedes der Intervalle von B_2 ebenso behandeln, erhalten wir eine offene Teilmenge B_3 von B_2 und mit der Bezeichnung

$$\bar{I} - B_3 = A_1 + A_2 + A_3$$

erhält man

$$m B_3 = m A_3 = \frac{1}{2^3}.$$

Durch Wiederholung dieses Verfahrens erhalten wir abzählbar unendlich viele Punktmengen A_k; wir setzen jetzt

$$A = A_1 + A_3 + A_5 + \cdots,$$

und es besteht dann die Relation

$$\bar{I} - A \succ A_2 + A_4 + A_6 + \cdots.$$

Da nun die offene Punktmenge B_k für jedes k überall dicht auf $\bar{I}$ liegt und aus Intervallen besteht, deren jedes höchstens die Länge $1:4^k$ hat, muß für hinreichend große k in jedem beliebig gegebenen Teilintervall J von $\bar{I}$ mindestens eines dieser Intervalle liegen. Jedes Intervall von B_k enthält aber nach der Konstruktion eine Teilmenge von A_{k+1}, die keine Nullmenge ist, und hieraus folgt, daß die Relationen

$$(1) \qquad m A J \neq 0, \qquad m(J - AJ) \neq 0$$

beide zugleich erfüllt sein müssen.

Nun sei $f(x)$ eine Funktion, die gleich Eins auf A und gleich Null auf $(\bar{I} - A)$ ist und $\varphi(x)$ eine beliebige ihr äquivalente Funktion. Setzt man

$$\boldsymbol{M}(f \neq \varphi) = N,$$

so ist N nach Voraussetzung eine Nullmenge und nach (1) kann keine der Punktmengen

$$(AJ - ANJ), \qquad (J - AJ) - N(J - AJ)$$

leer sein. In der ersten dieser Punktmengen ist aber $\varphi(x) = f(x) = 1$ und in der zweiten $\varphi(x) = f(x) = 0$, und hieraus folgt, daß die Schwankung von $\varphi(x)$ in jedem Teilintervall von $\bar{I}$ gleich Eins ist, und daß daher die Schwankung von $\varphi(x)$ in jedem Punkte von $\bar{I}$ gleich Eins ist. Die Funktion $\varphi(x)$ ist also totalunstetig auf einer perfekten Punktmenge und muß nach dem Satze 6 des § 176 mindestens von der zweiten Klasse sein.

371. Auf einer beschränkten, in sich dichten und meßbaren Punktmenge A, die keine Nullmenge ist, sei eine meßbare Funktion $f(P)$ gegeben, die entweder selbst endlich ist, oder mindestens einer endlichen (aber nicht notwendig beschränkten) Funktion äquivalent ist; die Punktmenge

$$N' = \boldsymbol{M}(|f| = +\infty)$$

soll mit andern Worten eine Nullmenge sein. Es sei ferner $f_1(P)$ eine zu $f(P)$ äquivalente Funktion von der zweiten Klasse, die nach den Sätzen des § 369 stets vorhanden sein muß. Dann ist die Punktmenge

$$N'' = \boldsymbol{M}(f_1 \neq f)$$

eine Nullmenge und

$$A_0 = A - (N' \dotplus N'')$$

ein maßgleicher Kern von A, in welchem $f(P)$ endlich ist und die Darstellung

$$f(P) = f_1(P) = \lim_{k=\infty} \lim_{m=\infty} \varphi(P; m, k)$$

zuläßt; hierbei sind die $\varphi(P; m, k)$ Funktionen, die auf der abgeschlossenen Hülle $\bar{A}$ von A definiert und stetig sind.

Wir geben uns eine positive Zahl ε, die der Bedingung

$$\varepsilon < mA$$

genügt, aber sonst beliebig ist. Nach dem Satze 5 des § 364 können wir ohne Beschränkung der Allgemeinheit voraussetzen, daß auf A_0 die Funktionen

$$\psi(P; k) = \lim_{m=\infty} \varphi(P; m, k)$$

beschränkt sind.

Nun bestimmen wir nach dem Satze 12 des § 354 eine meßbare Teilmenge C_0 von A_0, deren Inhalt der Bedingung

$$mC_0 \leqq \frac{\varepsilon}{4}$$

genügt, und welche die Eigenschaft besitzt, daß die Folge der $\psi(P; k)$ auf der Punktmenge $(A_0 - C_0)$ gleichmäßig gegen $f(P)$ konvergiert, was möglich ist, weil $f(P)$ auf A_0 endlich ist. Ebenso bestimmen wir nach demselben Satze und indem wir die Endlichkeit der Funktionen $\psi(P; k)$ auf A_0 benutzen, eine Folge $C_1, C_2, C_3, \ldots$ von meßbaren Teilmengen von A_0, welche den Bedingungen

$$mC_k \leqq \frac{\varepsilon}{2^{k+2}} \qquad (k = 1, 2, \ldots)$$

genügen, so daß die Funktionen $\varphi(P; m, k)$ mit wachsendem m und bei konstantem k gleichmäßig auf $(A_0 - C_k)$ gegen $\psi(P; k)$ konvergieren. Die Punktmenge

$$C = C_0 \dotplus C_1 + C_2 \dotplus \cdots$$

ist dann ebenfalls meßbar und man hat

$$mC \leqq \frac{\varepsilon}{4} + \frac{\varepsilon}{8} + \cdots = \frac{\varepsilon}{2}$$

und daher auch

$$m(A_0 - C) = mA_0 - mC \geqq mA - \frac{\varepsilon}{2}.$$

Die Punktmenge $(A_0 - C)$ enthält nach dem Satze 12 des § 278 eine perfekte Punktmenge B, die der Bedingung

$$mB > mA - \varepsilon$$

genügt, und es ist dann

$$m(A - B) < \varepsilon .$$

Die Punktmenge B ist eine Teilmenge von $(A_0 - C_k)$ für jeden Wert von k; daher konvergieren die auf B stetigen Funktionen $\varphi(P; m, k)$ bei festem k und wachsendem m gleichmäßig gegen $\psi(P; k)$ und nach dem Satze 2 des § 172 ist dann auch $\psi(P; k)$ stetig auf B. Ebenso aber konvergieren die $\psi(P; k)$ mit wachsendem k gleichmäßig gegen $f(P)$ auf der Punktmenge B, und nach demselben Satze muß also auch $f(P)$ stetig auf B sein.

Wir lassen jetzt die Voraussetzung, daß A beschränkt sein soll, fallen; wir betrachten im Raume ein Netz von abzählbar unendlich vielen kongruenten Würfeln $W_1, W_2, \ldots$, deren Vereinigung den Raum mit Ausnahme einer Nullmenge überdecken. In jedem Würfel W_j kann man nach dem Obigen eine perfekte Punktmenge B_j finden, auf welcher die gegebene Funktion $f(P)$ endlich und stetig ist, und so daß noch außerdem die Gleichung

$$m(A W_j - B_j) < \frac{\varepsilon}{2^j}$$

gilt. Setzt man dann

$$B = B_1 + B_2 + B_3 + \cdots,$$

so ist die Funktion $f(P)$ stetig auf B und außerdem

$$m(A - B) = \sum_j m(A W_j - B_j) \leqq \varepsilon .$$

Ferner ist aber B eine perfekte Punktmenge, weil jeder Punkt des Raumes auf der Begrenzung von nur endlich vielen Würfeln W_k liegen kann und daher jeder Häufungspunkt von B auch Häufungspunkt von mindestens einer der Punktmengen B_j sein muß.

Endlich kann man auch die Bedingung, daß A in sich dicht sein soll, beiseite lassen, weil jede Punktmenge, die keine Nullmenge ist, einen in sich dichten maßgleichen Kern enthalten muß. Wir haben also folgendes Resultat:

Satz 7. *Es sei A eine beliebige meßbare Punktmenge, die keine Nullmenge ist, $f(P)$ eine auf A meßbare Funktion, die entweder selbst endlich oder einer endlichen Funktion äquivalent ist, und ε eine beliebige positive Zahl. Es gibt perfekte Teilmengen B von A, auf denen $f(P)$ endlich und stetig ist und die der Bedingung*

$$m(A - B) < \varepsilon$$

genügen.

Man darf natürlich nicht in diesem Satze die Stetigkeit einer Funktion $f(P)$ auf A mit ihrer Stetigkeit auf B verwechseln: die Dirichletsche Funktion des § 170 ist z. B. in jedem Punkte ihres Definitionsbereiches unstetig. Reduziert man aber diesen Definitionsbereich auf die irrationalen Punkte der Zahlenachse, so erhält man sogar einen maßgleichen Kern des ursprünglichen Definitionsbereiches, auf welchem die Funktion stetig ist. Genau ebenso ist der letzte Satz gemeint; die Funktion $f(P)$ ist auf der Punktmenge B stetig, wenn wir von den Werten der Funktion in der Punktmenge $(A-B)$ absehen.

Ferner können wir hier ebensowenig wie bei dem Satze 12 des § 354 die Punktmenge B durch einen maßgleichen Kern von A ersetzen, selbst wenn wir nicht verlangen, daß B perfekt sein soll. Die Funktion $f(x)$, die wir im vorigen Paragraphen betrachtet haben, hat z. B. die Eigenschaft, auf jedem maßgleichen Kern ihres Definitionsbereiches sogar totalunstetig zu sein.

372. Unter Vorwegnahme eines späteren Resultats können wir weitere Schlüsse ziehen. Wir werden nämlich zeigen, daß eine auf einer beliebigen perfekten Punktmenge definierte und dort stetige Funktion zu einer im ganzen Raume stetigen Funktion ergänzt werden kann (§ 541).

Nun seien $B_1, B_2, B_3, \ldots$ perfekte Teilmengen von A, auf denen die gegebene Funktion, welche die Bedingungen des letzten Satzes erfüllen soll, stetig ist, und es sei

$$m(A-B_k) \leqq \frac{1}{2^k}.$$

Setzt man dann

$$B = B_1 \dotplus B_2 \dotplus B_3 \dotplus \cdots,$$

so ist B ein maßgleicher Kern von A, der natürlich nicht mehr perfekt zu sein braucht. Die gegebene Funktion $f(P)$ ist nach dem Satze 1 des § 164 stetig auf den Punktmengen

$$C_k = B_1 \dotplus B_2 \dotplus \cdots \dotplus B_k$$

und es gibt Funktionen $f_k(P)$, die im ganzen Raume stetig sind und auf C_k mit $f(P)$ zusammenfallen. In jedem Punkte von B ist dann

(1) $$f(P) = \lim_{k=\infty} f_k(P)$$

und folglich ist $f(P)$ von der ersten Klasse auf B.

Satz 8. *Es sei die Funktion $f(P)$ meßbar auf einer meßbaren Punktmenge A und dort endlich oder einer endlichen Funktion äquivalent. Es gibt maßgleiche Kerne B von A, die perfekt oder die Vereinigung von abzählbar vielen perfekten Punktmengen sind, und auf welchen die gegebene Funktion endlich und von der ersten Klasse ist.*

Eine oberflächliche Betrachtung könnte vermuten lassen, daß der letzte Satz im Widerspruch mit dem Resultat des § 370 ist, wonach es meßbare Funktionen gibt, die auf ihrem Definitionsbereich A keiner Funktion von der ersten Klasse äquivalent sind. Dafür aber, daß $f(P)$ einer Funktion erster Klasse äquivalent sei, müßte man die $f_k(P)$ nicht nur so bestimmen können, daß die Relation (1) in jedem Punkte eines maßgleichen Kerns B von A erfüllt ist, sondern es müßte noch in jedem Punkte von $(A - B)$

$$\overline{\lim_{k=\infty}} f_k(P) = \underline{\lim_{k=\infty}} f_k(P)$$

sein, und es ist gerade diese Bedingung, die in bestimmten Fällen nicht erfüllbar ist.

373. Die letzten Sätze legen den Gedanken einer Klassifikation der meßbaren Funktionen, die nicht stetig sind, je nach dem Grade ihrer Unstetigkeit nahe. Wir beschränken uns wieder (obgleich es, wie auch im Vorigen, nicht unbedingt notwendig ist) auf endliche Funktionen oder solche, die einer endlichen Funktion äquivalent sind, und unterscheiden vier Arten von unstetigen Funktionen:

Funktionen I. Art sollen solche sein, die auf ihrem Definitionsbereich A einer stetigen Funktion äquivalent sind,

Funktionen II. Art solche, die auf einem maßgleichen Kern B von A stetig sind,

Funktionen III. Art solche, die auf A einer Funktion erster Klasse äquivalent sind, und

Funktionen IV. Art sollen keiner Beschränkung (außer der obigen) unterworfen sein.

Jede dieser vier Arten von Funktionen ist, wie wir zeigen wollen, in der folgenden enthalten und enger als diese. Wir brauchen uns übrigens nur um die drei ersten zu kümmern, da nach dem Beispiele des § 370 nicht jede Funktion IV. Art auch III. Art sein kann.

Es sei nun $f(P)$ eine Funktion, die, wie diejenige, die wir im § 370 konstruiert haben, auf keinem maßgleichen Kern B_1 ihres Definitionsbereiches A stetig ist. Nach dem letzten Satze gibt es aber einen maßgleichen Kern B von A, auf welchem $f(P)$ von der ersten Klasse ist. Auf der Punktmenge B ist also unsere Funktion $f(P)$ eine Funktion III. Art. Wäre sie nun auch zugleich II. Art auf B, so würde entgegen der Voraussetzung ein maßgleicher Kern B_1 von B existieren, der zugleich auch maßgleicher Kern von A wäre, auf welchem $f(P)$ stetig ist. Es gibt also Funktionen III. Art, die nicht II. Art sind.

Ist dagegen $f(P)$ eine Funktion II. Art, so ist $f(P)$ stetig auf einem maßgleichen Kern B von A. Es sei $\Phi(P)$ die (auf der abgeschlossenen Hülle $\bar{B}$ von B definierte) obere Limesfunktion der Funktion $f(P)$, wenn man ihren Definitionsbereich auf B reduziert. Dann ist $\Phi(P) = f(P)$ auf B und halbstetig nach oben auf $\bar{B}$; es sei jetzt $\psi(P) = \Phi(P)$ auf $\bar{B}$ und gleich $-\infty$ auf der Komplementärmenge von $\bar{B}$. Die Funktion $\psi(P)$ ist halbstetig im ganzen Raume, also von der ersten Klasse auf A und sie ist zugleich der Funktion $f(P)$ äquivalent auf der Punktmenge A. Jede Funktion II. Art ist also auch eine Funktion III. Art.

Ferner betrachten wir die stückweise lineare Funktion einer Veränderlichen x, die im abgeschlossenen Intervall $0 \leqq x \leqq 1$ durch folgende Bedingungen definiert ist:

$$\left\{\begin{array}{ll} f(0) = 1, & f(1) = 0, \\ f\left(\frac{1}{2k}\right) = 1, & f\left(\frac{1}{2k+1}\right) = 0 \qquad (k = 1, 2, \ldots). \end{array}\right.$$

Diese Funktion ist im Intervall $0 < x < 1$ stetig und folglich eine Funktion II. Art auf $0 \leqq x \leqq 1$. Eine zu $f(x)$ äquivalente Funktion $\varphi(x)$ besitzt aber stets die Schwankung Eins im Punkte $x = 0$ und kann daher nicht stetig im ganzen Intervall $0 \leqq x \leqq 1$ sein. Also ist $f(x)$ keine Funktion I. Art. Anderseits ist aber jede Funktion I. Art nach Definition einer stetigen Funktion äquivalent und folglich selbst stetig auf dem maßgleichen Kern ihres Definitionsbereiches, auf welchem die beiden Funktionen einander gleich sind; die gegebene Funktion ist also auch eine Funktion II. Art.

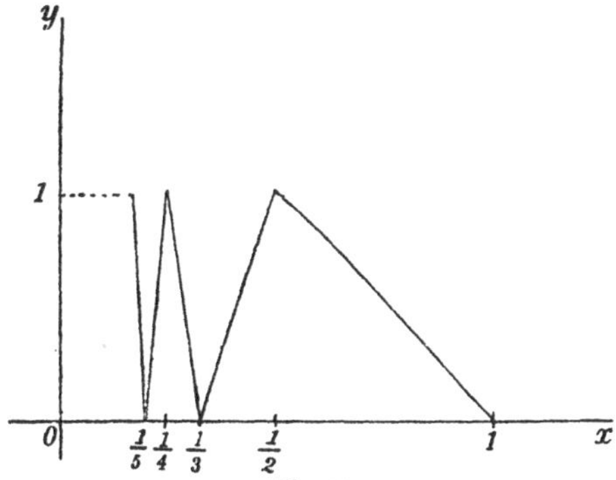

Fig. 29.

Eine Kategorie von unstetigen Funktionen, der wir später begegnen werden und die eine wichtige Rolle spielt, ist diejenige der Funktionen, deren Schwankung in einem maßgleichen Kern ihres Definitionsbereiches A verschwindet (§ 415). Diese Funktionen sind stetig auf einem maßgleichen Kern von A und daher Funktionen II. Art.

Dagegen ist das soeben behandelte Beispiel (Fig. 30) auch ein Beispiel für eine Funktion, deren Schwankung in einem maßgleichen Kern von A verschwindet und die nicht I. Art ist, und die Dirichletsche Funktion (§ 170) eine Funktion I. Art, deren Schwankung nirgends verschwindet.

Kapitel VIII. **Das bestimmte Integral.**

Zylindermengen.

374. Es sei B eine beliebige Punktmenge im n-dimensionalen Raume $\mathfrak{R}(x_1, x_2, \ldots, x_n)$; ferner sei C diejenige Punktmenge des $(n+1)$-dimensionalen Raumes $\mathfrak{R}(x_1, x_2, \ldots, x_n, z)$, die aus allen Punkten besteht, für die

$$0 \leqq z \leqq 1$$

ist, und $(x_1, x_2, \ldots, x_n)$ einen Punkt von B darstellt. Dann heiße C der auf B als Basis errichtete Zylinder von der Höhe Eins.

Um Verwechslungen vorzubeugen, behalten wir unsere früheren Bezeichnungen m und m^* für den Inhalt bzw. äußeren Inhalt einer Punktmenge nur für die Punktmengen des Raumes der $x_1, \ldots, x_n$ bei und bezeichnen dagegen die Inhalte von Punktmengen des Raumes der $(x_1, \ldots, x_n, z)$ durch die Buchstaben μ bzw. μ^*.

Ist die Basis B eines Zylinders C von endlichem äußeren Inhalte, so gibt es abzählbar viele n-dimensionale Intervalle I_k, die B überdecken, so daß

$$\sum_k m I_k < m^* B + \varepsilon \tag{1}$$

ist, wobei ε eine beliebige positive Zahl bedeutet.

Bezeichnet man mit J_k den Zylinder von der Höhe Eins, dessen Basis I_k ist, so ist

$$\mu J_k = m I_k \tag{2}$$

und

$$C \prec J_1 \dotplus J_2 \dotplus J_3 \dotplus \cdots$$

Aus der letzten Ungleichheit folgt aber (§ 235)

$$\mu^* C \leqq \sum \mu J_k,$$

und ferner, wegen (2) und (1),

$$\mu^* C < m^* B + \varepsilon.$$

Da dies für jedes ε gelten muß und die Zahlen $\mu^* C$ und $\mu^* B$ von der Hilfsgröße ε unabhängig sind, hat man schließlich

$$\mu^* C < m^* B. \tag{3}$$

375. Wir beweisen nun den

Satz 1. *Ist die Basis B eines Zylinders C von der Höhe Eins eine meßbare Punktmenge, so ist C ebenfalls von meßbarem Inhalte, und es ist*

$$\mu C = m B.$$

Ist zunächst B eine beschränkte Punktmenge, so ist B Teilmenge eines n-dimensionalen abgeschlossenen Intervalls I und C ist dann Teilmenge des auf I als Basis errichteten Zylinders J von der Höhe Eins. Setzt man nun

$$B' = I - B, \qquad C' = J - C,$$

so ist C' der über B' als Basis errichtete Zylinder von der Höhe Eins und nach dem vorigen Paragraphen hat man

$$(1) \qquad \mu^* C \leqq m B, \qquad \mu^* C' \leqq m B'$$

Ferner ist

$$J = C + C',$$

also (§ 235)

$$(2) \qquad \mu J \leqq \mu^* C + \mu^* C'$$

und, weil B meßbar ist (§ 245, Satz 6),

$$(3) \qquad m I = m B + m B'.$$

Der Vergleich von (1) und (3) liefert, wenn man noch bemerkt, daß nach der Definition des Inhalts eines Intervalls (§ 228)

$$(4) \qquad m I = \mu J$$

ist,

$$\mu J \geqq \mu^* C + \mu^* C'$$

und wegen (2)

$$(5) \qquad \mu J = \mu^* C + \mu^* C'.$$

Hieraus folgt aber nach dem Satze 8 des § 260, daß C eine meßbare Punktmenge ist. Endlich muß aber

$$(6) \qquad \mu C = m B$$

sein, da sonst nach (1), (3) und (5)

$$\mu J < m I$$

sein müßte, was (4) widerspricht.

Ist zweitens B nicht beschränkt, so kann man B als Limes einer monoton wachsenden Folge

$$B_1, B_2, B_3, \ldots$$

beschränkter meßbarer Punktmengen darstellen. Nennt man C_k den über B_k als Basis errichteten Zylinder von der Höhe Eins, so ist

$$C = \lim_{k=\infty} C_k$$

und es folgt aus der Meßbarkeit der C_k und aus

$$\mu C_k = m B_k,$$

daß C meßbar ist und daß die Gleichung (6) auch hier gilt (§ 247, Satz 8).

376. Satz 2. *Zwischen den äußeren Inhalten eines beliebigen Zylinders C von der Höhe Eins und seiner Basis B besteht stets die Relation*

$$m^* B = \mu^* C. \tag{1}$$

Ist die Zahl $m^* B$ endlich, so ist nach der Ungleichheit (3) des § 374 die Zahl $\mu^* C$ ebenfalls endlich. Ist also die Zahl $\mu^* C$ unendlich, so ist die Gleichung (1) sicher richtig; es genügt daher, diese Relation unter der Voraussetzung zu beweisen, daß $\mu^* C$ endlich ist.

Ist aber $\mu^* C$ endlich, so kann man im Raume der $(x_1, \ldots, x_n, z)$ eine Umgebung U von C finden, so daß bei beliebig vorgeschriebenem, positivem ε

$$\mu U \leqq \mu^* C + \varepsilon \tag{2}$$

ist. Nun sei P ein beliebiger Punkt von B und O_P der auf P errichtete Zylinder, der also aus einer einzigen abgeschlossenen Strecke besteht. Da jeder Punkt von O_P im Innern von U liegt und O_P abgeschlossen ist, so ist die Entfernung δ_P zwischen O_P und der Begrenzung von U von Null verschieden. Ist b_P ein n-dimensionaler Würfel im Raume der $(x_1, x_2, \ldots, x_n)$, dessen Mittelpunkt P und dessen Kantenlänge $\delta_P : n$ ist, so liegt der über b_P als Basis errichtete Zylinder c_P von der Höhe Eins ganz in U.

Mit abzählbar vielen dieser b_P kann man nun nach dem Lindelöfschen Überdeckungssatz (§ 60) die ganze Basis B von C überdecken; die Vereinigungsmenge $\overline{B}$ dieser ausgewählten, abzählbar vielen b_P ist meßbar (§ 244, Satz 3). Es ist

$$B \prec \overline{B},$$

und wenn man mit $\overline{C}$ den Zylinder von der Höhe Eins über $\overline{B}$ bezeichnet, so ist, da jedes c_P in U enthalten ist,

$$\overline{C} \prec U.$$

Nach dem vorigen Satze ist ferner

$$m\overline{B} = \mu\overline{C};$$

man erhält also:

$$m^* B \leqq m\overline{B} = \mu\overline{C} \leqq \mu U \leqq \mu^* C + \varepsilon.$$

Da dies für jedes ε gilt, folgt endlich in Verbindung mit der Ungleichheit (3) des § 374

$$m^* B = \mu^* C.$$

377. Satz 3. *Zwischen den inneren Inhalten eines beliebigen Zylinders C von der Höhe Eins und seiner Basis B besteht stets die Relation*

$$m_* B = \mu_* C. \tag{1}$$

Es sei erstens B_1 ein maßgleicher Kern von B und folglich

$$m B_1 = m_* B. \tag{2}$$

Der über B_1 errichtete Zylinder C_1 ist nach dem Satze 1 des § 375 ebenfalls meßbar und natürlich in C enthalten; wir haben also

$$\mu_* C \geqq \mu C_1 = m B_1$$

und wegen (2)

$$\mu_* C \geqq m_* B. \tag{3}$$

Zweitens sei C' eine beschränkte und abgeschlossene Teilmenge von C; wir können (§ 269, Satz 3) C' so wählen, daß für eine beliebig vorgeschriebene Zahl p, die kleiner als $\mu_* C$ ist, die Bedingung

$$\mu C' > p \tag{4}$$

besteht. Die Projektion B_2 der Punktmenge C' des Raumes der $(x_1, \ldots, x_n, z)$ auf den Raum der $(x_1, \ldots, x_n)$ kann als stetige Abbildung von C' (§ 200) aufgefaßt werden. Diese Punktmenge B_2 ist deshalb ebenfalls beschränkt, abgeschlossen (§ 202) und überdies in B enthalten; man kann also schreiben

$$m_* B \geqq m B_2 \tag{5}$$

Der über B_2 als Basis errichtete Zylinder C_2 von der Höhe Eins enthält die Punktmenge C', woraus folgt

$$m B_2 = \mu C_2 \geqq \mu C'. \tag{6}$$

Der Vergleich von (5), (6) und (4) liefert also

$$m_* B > p$$

und, da dies für jedes $p < \mu_* C$ stattfindet,

$$m_* B \geqq \mu_* C. \tag{7}$$

Aus (3) und (7) folgt dann sofort die gewünschte Gleichung (1).

378. Jetzt beweisen wir die Umkehrung des Satzes 1:

Satz 4. *Ist der Zylinder C meßbar im $(n+1)$-dimensionalen Raum, so ist es auch seine Basis B im Raume der $(x_1, x_2, \ldots, x_n)$.*

Für die Meßbarkeit von B genügt es, daß der Durchschnitt BI von B mit jedem n-dimensionalen Intervall I meßbar sei (§ 272). Es sei J der über I errichtete Zylinder. Der über BI errichtete Zylinder ist der Durchschnitt von C mit J, und ist also meßbar. Man hat daher

$$\mu^* CJ = \mu_* CJ$$

und wegen der Sätze der zwei letzten Paragraphen

$$\mu^* BI = \mu_* BI. \tag{1}$$

Da BI aber eine beschränkte Punktmenge ist und einen endlichen Inhalt besitzt, folgt aus der letzten Gleichung, daß sie meßbar ist (§ 258, Satz 6).

Ordinatenmengen.

379. Es sei A eine Punktmenge im n-dimensionalen Raume der $(x_1, x_2, \ldots, x_n)$; wir betrachten im $(n+1)$-dimensionalen Raume der $(x_1, \ldots, x_n, z)$ die Punktmenge O, die dadurch entsteht, daß man in jedem Punkte P von A eine zur positiven z-Achse parallele Ordinate von der Länge $\alpha(P)$ errichtet. Hierbei soll $\alpha(P)$ eine beliebige nicht negative Funktion bedeuten und außerdem soll für jeden einzelnen Punkt P von A festgesetzt werden, ob der Endpunkt dieser Ordinate zu O gehören soll oder nicht. Je nachdem das eine oder das andere der Fall ist, genügt also die Koordinate z der Bedingung

$$0 \leqq z \leqq \alpha(P),$$

oder aber der Bedingung

$$0 \leqq z < \alpha(P)$$

Zwei Ordinatenmengen O_1 und O_2 sollen **äquivalent** heißen, wenn sie durch dieselbe Funktion $\alpha(P)$ bestimmt sind; dann ist jeder innere Punkt einer Ordinate von O_1 Punkt von O_2 und umgekehrt. Die Punktmengen $(O_1 - O_1 O_2)$ und $(O_2 - O_1 O_2)$ bestehen nur aus gewissen Endpunkten der Ordinaten von O_1 oder O_2.

Ist c eine positive Zahl, so soll mit cO die Transformierte der Ordinatenmenge O bezeichnet werden, wenn man den $(n+1)$-dimensionalen Raum der linearen Transformation

$$\xi_1 = x_1, \ldots, \xi_n = x_n; \; \zeta = cz$$

unterwirft. Es ist also stets (§ 329, Satz 3):

$$\mu^* cO = c \cdot \mu^* O \quad \text{und} \quad \mu_* cO = c\mu_* O, \tag{1}$$

wobei, wie im vorigen Abschnitt, mit $\mu^* O$ und $\mu_* O$ der äußere bzw. innere $(n+1)$-dimensionale Inhalt von O bezeichnet wird.

Sind nun O_1 und O_2 zwei äquivalente Ordinatenmengen, so ist für jedes positive ε

(2) $$O_1 \prec (1+\varepsilon) O_2 \quad \text{und} \quad O_2 \prec (1+\varepsilon) O_1 .$$

Es ist also nach (2) und (1)

$$\mu^* O_1 \leqq (1+\varepsilon) \mu^* O_2 \quad \text{und} \quad \mu^* O_2 \leqq (1+\varepsilon) \mu^* O_1 ,$$

und, weil die letzten Relationen für jeden Wert von ε gelten,

(3) $$\mu^* O_1 = \mu^* O_2 .$$

Ebenso findet man

(4) $$\mu_* O_1 = \mu_* O_2 ,$$

so daß, wenn eine der beiden Ordinatenmengen meßbar und von endlichem Inhalte ist, die andere auch meßbar und von gleichem Inhalte sein muß. Aus der Meßbarkeit von O_1 folgt nämlich

$$\mu O_1 = \mu^* O_1 = \mu_* O_1$$

und hieraus wegen (3) und (4)

$$\mu^* O_2 = \mu_* O_2 ,$$

woraus man die Meßbarkeit von O_2 entnimmt.

Sind O_1 und O_2 zwei äquivalente Ordinatenmengen von beliebigem Inhalt, ist ferner O_1 meßbar, und bezeichnet man mit W einen beliebigen $(n+1)$-dimensionalen Würfel, dessen Mittelpunkt im Anfangspunkte der Koordinaten liegt, so sind die Punktmengen WO_1 und WO_2 äquivalente Ordinatenmengen, deren Inhalt endlich ist. Aus der Meßbarkeit von WO_1 folgt nach dem Obigen die Meßbarkeit von WO_2 und daraus, wenn man berücksichtigt, daß W beliebig genommen worden ist, die Meßbarkeit von O_2

Zusammenfassend haben wir den

Satz 1. *Zwei äquivalente Ordinatenmengen haben stets den gleichen $(n+1)$-dimensionalen äußeren oder inneren Inhalt. Ist die eine dieser Mengen meßbar, so ist es die andere auch.*

380. Ein Zylinder C von der positiven Höhe h geht aus einem Zylinder von der Höhe Eins durch die lineare Transformation

$$\xi_1 = x_1 ,\ \xi_2 = x_2 ,\ \ldots ,\ \xi_n = x_n ,\ \zeta = h \cdot z$$

hervor. Hieraus folgen (§ 329, Satz 3) mit den Bezeichnungen des vorigen Abschnitts die Gleichungen

$$\mu^* C = h m^* B \quad \text{und} \quad \mu_* C = h m_* B .$$

Ist insbesondere die Basis eine Nullmenge, so ist der Zylinder von der Höhe h ebenfalls eine Nullmenge. Aber noch mehr: Ist O eine beliebige Ordinatenmenge, deren Basis B im Raume der $(x_1 \ldots x_n)$ den Inhalt Null besitzt, so ist

$$O \prec C_1 + C_2 + C_3 + \cdots,$$

wobei C_k den Zylinder von der Basis B und der Höhe k bedeutet. Da diese sämtlichen Punktmengen nach dem Obigen den Inhalt Null haben, so folgt der für unsere weiteren Untersuchungen wichtige Satz:

Satz 2. *Eine Ordinatenmenge, deren Basis im Raume der* $(x_1, \ldots, x_n)$ *den Inhalt Null besitzt, ist selbst stets eine Nullmenge des* $(n+1)$*-dimensionalen Raumes.*

Das bestimmte Integral von nicht negativen Funktionen.

381. Der älteste Begriff des Integrals, dem man schon in den Werken von Archimedes begegnet, ist aus dem Bedürfnis entstanden, Flächen- und Rauminhalte zu berechnen.

Ist $f(x)$ eine positive stetige Funktion, so setzt man den Flächeninhalt des Gebietes, das zwischen der Kurve $y = f(x)$, der Achse $x = 0$ und den Ordinaten $x = a$ und $x = b$ liegt, gleich dem Inhalte der Ordinatenmenge, die durch die Ungleichheiten

$$a < x < b, \qquad 0 \leqq y < f(x)$$

charakterisiert wird.

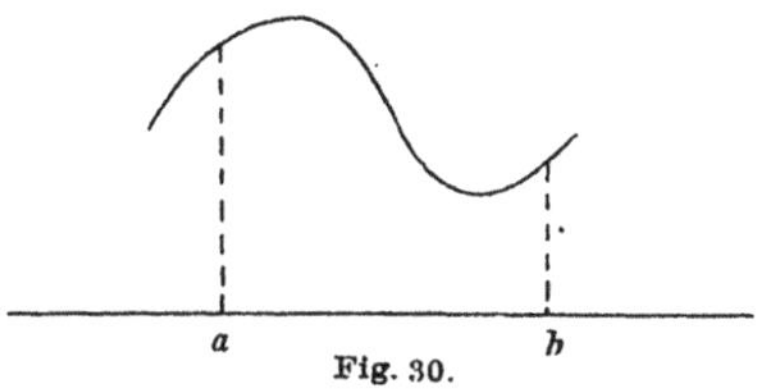

Fig. 30.

Dieser Begriff läßt sich nun mit unsern Hilfsmitteln sofort verallgemeinern. Es sei E eine beliebige meßbare Punktmenge des n-dimensionalen Raumes und $f(P)$ eine nicht negative Funktion, die auf dieser Menge definiert ist. Wir bezeichnen mit O_K die Ordinatenmenge, die dadurch entsteht, daß wir in jedem Punkte P von E, in welchem $f(P) > 0$ ist, die Ordinate

$$0 \leqq z < f(P)$$

errichten; von jeder zu O_K äquivalenten Ordinatenmenge O wollen wir sagen, sie sei eine Ordinatenmenge von $f(P)$ über E.

Es ist klar, daß O_K stets eine Teilmenge von O ist; der Index K soll daran erinnern, daß O_K die kleinste unter allen Ordinatenmengen von $f(P)$ ist.

Sind die Ordinatenmengen von $f(P)$ über E meßbar und von endlichem $(n+1)$-dimensionalen Inhalte, so heißt $f(P)$ summierbar über E und der gemeinsame Inhalt dieser Ordinatenmengen heißt das bestimmte Integral der Funktion $f(P)$ über die Punktmenge E, die, wie wir gleich sehen werden, keineswegs von endlichem n-dimensionalen Inhalte zu sein braucht. Man schreibt nach der durch die Jahrhunderte nur wenig modifizierten Leibnizschen Bezeichnung:

$$\mu O = \int_E f(P)\, dw.$$

Man kann durch eine rein formale Änderung der Bezeichnung jedes Integral in ein solches verwandeln, das über den ganzen n-dimensionalen Raum erstreckt ist. Dazu denken wir uns die Funktion $f(P)$ nicht nur auf der Punktmenge E, sondern im ganzen Raume dadurch definiert, daß sie auf der Komplementärmenge von E den Wert Null annimmt. Dann ist, wie man leicht an der Hand der Definition des Integrals erkennt,

$$\int_E f(P)\, dw = \int_{\mathfrak{R}_n} f(P)\, dw.$$

382. Wir wollen jetzt zuerst einige der Eigenschaften des Integrals erörtern, die aus seiner Definition allein folgen.

Satz 1. *Ist die nicht negative Funktion $f(P)$ über E summierbar und ist E_1 eine meßbare Teilmenge von E, so ist $f(P)$ auch über E_1 summierbar.*

Zum Beweise konstruieren wir die Ordinatenmenge U_1 einer Funktion, die in E_1 gleich $+\infty$ und sonst gleich Null ist. Die Punktmenge U_1 ist meßbar, denn sie ist der Limes für $k = \infty$ der meßbaren Zylinder C_k, deren Basis E_1 und deren Höhe k ist (vgl. § 375, Satz 1 und § 380).

Ist O eine Ordinatenmenge von $f(P)$ über E, so ist O und daher auch $U_1 O$ meßbar, und zwar von endlichem Inhalte wegen der Endlichkeit von μO. Nun ist aber $U_1 O$ eine Ordinatenmenge von $f(P)$ über E_1, also ist $f(P)$ über E_1 summierbar, und man kann schreiben

$$\mu U_1 O = \int_{E_1} f(P)\, dw. \tag{1}$$

Satz 2. *Zerlegt man E in endlich oder abzählbar unendlich viele meßbare Teilmengen*

$$E = E_1 + E_2 + E_3 + \cdots,$$

so ist

$$\int_E f(P)\, dw = \sum_k \int_{E_k} f(P)\, dw.$$

Wir konstruieren die Ordinatenmengen U_k von Funktionen, die in E_k gleich $+\infty$ und sonst gleich Null sind. Dann ist

$$O = OU_1 + OU_2 + \cdots$$

und folglich (§ 246, Satz 7)

$$\mu O = \sum_k \mu OU_k,$$

d. h. nach der Gleichung (1) und den ihr analogen

$$\int_E f(P)\,dw = \sum_k \int_{E_k} f(P)\,dw,$$

was zu beweisen war.

383. Satz 3. *Sind zwei über E summierbare nicht negative Funktionen $f_1(P)$ und $f_2(P)$ gegeben und ist in jedem Punkte von E*

(1) $$f_1(P) \leqq f_2(P),$$

so hat man auch

(2) $$\int_E f_1(P)\,dw \leqq \int_E f_2(P)\,dw.$$

Sind nämlich O_1 und O_2 die kleinsten Ordinatenmengen (§ 381) von $f_1(P)$ und $f_2(P)$ über E, so ist wegen (1)

$$O_1 \prec O_2$$

und hieraus folgt (2) unmittelbar.

Satz 4. *Ist $f_1(P), f_2(P), \ldots$ eine monoton wachsende, gegen $f(P)$ konvergierende Folge nicht negativer Funktionen, die über E summierbar sind, so ist die Grenzfunktion $f(P)$ dann und nur dann über E summierbar, wenn die Zahlenfolge*

$$\int_E f_m(P)\,dw \qquad (m = 1, 2, \ldots)$$

beschränkt ist, und es ist dann stets

(3) $$\int_E f(P)\,dw = \lim_{m=\infty} \int_E f_m(P)\,dw.$$

Wir bezeichnen mit O_m die kleinste Ordinatenmenge von $f_m(P)$ über E und mit O die kleinste Ordinatenmenge von $f(P)$ über E. Da nach Voraussetzung

$$f_m(P) \leqq f_{m+1}(P)$$

ist, so ist nach dem Obigen

$$O_1 \prec O_2 \prec O_3 \prec \cdots;$$

außerdem ist aber

$$O = \lim_{m=\infty} O_m,$$

weil jede Ordinate von O die entsprechende Ordinate von O_m für jedes m enthält und jeder Punkt dieser Ordinate in mindestens einem O_m enthalten ist. Die Punktmenge O ist also meßbar (§ 247, Satz 8) und es ist stets

$$\mu O = \lim_{m=\infty} \mu O_m .$$

Die letzte Gleichung ist aber nur eine andere Schreibweise für (3), falls $f(P)$ summierbar über E, d. h. μO eine endliche Zahl ist, und dieses ist dann und nur dann der Fall, wenn die Folge der μO_k beschränkt ist. Unser Satz ist hiermit vollständig bewiesen.

Meßbarkeit und Summierbarkeit.

384. Zwischen meßbaren und summierbaren Funktionen besteht ein sehr enger Zusammenhang, für welchen die folgenden Sätze die Grundlage bilden.

Satz 1. *Jede nicht negative über eine meßbare Punktmenge E summierbare Funktion ist meßbar auf E.*

Um die Meßbarkeit einer Funktion $f(P)$ zu beweisen, genügt es zu zeigen, daß für jedes α die Punktmenge

$$M(f > \alpha) \tag{1}$$

von meßbarem Inhalte ist (§ 345, Satz 1).

Wir führen im $(n+1)$-dimensionalen Raume der $(x_1, \ldots, x_n, z)$ die abgeschlossenen Punktmengen U_k ein, die durch die Bedingungen

$$\alpha \leqq z \leqq \alpha + \frac{1}{k} \tag{2}$$

bestimmt werden. Es sei jetzt O die kleinste Ordinatenmenge der nicht negativen über E summierbaren Funktion $f(P)$ und C_k die Punktmenge, die aus $O U_k$ durch die lineare Transformation

$$\xi_1 = x_1 , \ldots , \xi_n = x_n , \zeta = k(z - \alpha)$$

entsteht. Aus der Summierbarkeit von $f(P)$ folgt die Meßbarkeit von O und aus dieser die Meßbarkeit von $O U_k$ und von C_k (§ 335, Satz 3). Ferner ist die Punktmege C_k eine Ordinatenmenge, deren Projektion auf den Raum der $(x_1, x_2, \ldots, x_n)$ identisch mit (1) ist; denn der Durchschnitt von $O U_k$ (und folglich von C_k) mit einer Parallelen zur z-Achse, die sich in einen Punkt P des Raumes der $(x_1, \ldots, x_n)$ projiziert, ist dann und nur dann nicht leer, wenn $f(P) > \alpha$ ist.

Ferner bemerke man, daß wegen (2) in jedem Punkte von C_k

$$0 < \zeta \leqq 1$$

ist.

Die Vereinigungsmenge

$$C = C_1 \dotplus C_2 \dotplus C_3 \dotplus \cdots$$

ist nach dem Obigen ebenfalls meßbar. Nun ist aber C ein Zylinder, dessen Basis gerade die Punktmenge (1) ist; ist nämlich P irgendein Punkt von (1), d. h. ist $f(P) > \alpha$, so gibt es ein ganzzahliges k, so daß auch

$$f(P) > \alpha + \frac{1}{k}$$

ist, und die Ordinate von O über P durchsetzt die Menge U_k. Die entsprechende Punktmenge C_k wird also eine Ordinate über P besitzen, die von $z = 0$ bis $z = 1$ reicht und die Punktmenge C ebenfalls. Da der Zylinder C im $(n + 1)$-dimensionalen Raume meßbar ist, so ist es auch nach dem Satze 4 des § 378 seine Basis und das sollte ja gerade bewiesen werden.

385. Satz 2. *Eine endlichwertige, beschränkte, nicht negative und meßbare Funktion ist über eine meßbare Punktmenge E von endlichem Inhalte stets summierbar.*

Jede Ordinatenmenge einer solchen Funktion ist nämlich der Summe von endlich vielen Zylindern äquivalent, die sämtlich meßbar sind, weil ihre Basen meßbare Punktmengen sind (§ 375, Satz 1). Außerdem ist jeder dieser Zylinder von endlicher Höhe und seine Basis ist als Teilmenge von E von endlichem n-dimensionalen Inhalte, so daß die betrachtete Ordinatenmenge unserer Funktion ebenfalls einen endlichen $(n + 1)$-dimensionalen Inhalt besitzt.

Satz 3. *Eine nicht negative, beschränkte und meßbare Funktion $f(P)$ ist über jede meßbare Punktmenge E, die einen endlichen Inhalt besitzt, summierbar.*

Wir können (§ 357, Satz 3) eine monoton wachsende Folge

$$\varphi_1(P),\ \varphi_2(P),\ \ldots$$

von endlichwertigen, nicht negativen, meßbaren Funktionen finden, die gegen $f(P)$ konvergiert. Es ist also

$$(1) \qquad \varphi_m(P) \leqq \varphi_{m+1}(P) \quad \text{und} \quad f(P) = \lim_{m=\infty} \varphi_m(P)$$

und folglich für jedes m

$$(2) \qquad \varphi_m(P) \leqq f(P) \leqq G,$$

wobei G die obere Grenze der beschränkten Funktion $f(P)$ bedeutet.

Nach dem vorigen Satze sind die Funktionen $\varphi_m(P)$ sowie die konstante Funktion, die überall gleich G ist, über E summierbar.

Aus (2) folgt ferner (§ 383, Satz 3)

$$\int\limits_E \varphi_m(P)\,dw \leqq \int\limits_E G\,dw,$$

so daß die Folge der Integrale von $\varphi_1(P)$, $\varphi_2(P)$, ... über E beschränkt ist. Die Voraussetzungen des Satzes 4 des § 383 sind also sämtlich hier erfüllt und die gegebene Funktion $f(P)$ ist summierbar über E.

386. Ist E eine beliebige meßbare n-dimensionale Punktmenge, so kann man eine monoton wachsende Folge

$$E_1 \prec E_2 \prec E_3 \prec \cdots \tag{1}$$

von meßbaren Punktmengen angeben, die einen endlichen n-dimensionalen Inhalt besitzen und gegen E konvergieren.

Es sei nun $f(P)$ eine nicht negative, meßbare Funktion in E; wir bezeichnen mit $f_m(P)$ eine Funktion, die durch die Gleichungen

$$\begin{cases} f_m(P) = m & \text{in der Punktmenge } \mathfrak{M}(f \geqq m), \\ f_m(P) = f(P) & \text{„ „ „ } \mathfrak{M}(f < m) \end{cases} \tag{2}$$

bestimmt wird. Die Folge $f_1(P)$, $f_2(P)$, ... besteht aus lauter beschränkten und meßbaren Funktionen; nach dem vorigen Satze ist also $f_m(P)$ summierbar über E_m. Wir bezeichnen ferner mit $\varphi_m(P)$ eine Funktion, die durch die Gleichungen

$$\begin{cases} \varphi_m(P) = f_m(P) & \text{in der Punktmenge } E_m, \\ \varphi_m(P) = 0 & \text{„ „ „ } (E - E_m) \end{cases} \tag{3}$$

bestimmt wird. Jede Ordinatenmenge der Funktion $\varphi_m(P)$ über E ist dann eine Ordinatenmenge von $f_m(P)$ über E_m, woraus wir entnehmen, daß die Funktionen der Folge $\varphi_1(P)$, $\varphi_2(P)$, ... über E summierbar sind, und daß für jedes m die Gleichung

$$\int\limits_E \varphi_m(P)\,dw = \int\limits_{E_m} f_m(P)\,dw \tag{4}$$

besteht.

Ferner ist nach Voraussetzung

$$E = \lim_{m=\infty} E_m$$

und folglich gelten wegen (1), (2) und (3) in jedem Punkte von E die Relationen

$$\varphi_m(P) \leqq \varphi_{m+1}(P) \quad \text{und} \quad \lim_{m=\infty} \varphi_m(P) = f(P).$$

Nach dem Satze 4 des § 383 ist also die Funktion $f(P)$ über E summierbar, falls die Folge der Integrale von $\varphi_m(P)$ über E, oder, was nach (4) dasselbe ist, falls die Folge

$$\int_{E_m} f_m(P)\,dw \qquad (m = 1, 2, \ldots) \tag{5}$$

beschränkt ist, und man hat in diesem Fall

$$\int_E f(P)\,dw = \lim_{m=\infty} \int_{E_m} f_m(P)\,dw.$$

Ist umgekehrt $f(P)$ summierbar, so ist für jedes m

$$\int_{E_m} f_m(P)\,dw \leqq \int_E f(P)\,dw,$$

d. h. die Folge (5) ist beschränkt. Zusammenfassend mit dem Satz 1 des § 384 hat man also den

Satz 4. *Für die Summierbarkeit einer nicht negativen Funktion $f(P)$ über eine beliebige meßbare Punktmenge E von endlichem oder unendlichem Inhalte ist notwendig und hinreichend, daß $f(P)$ in E meßbar sei, und daß die Folge* (5), *die dann stets aus endlichen Zahlen besteht, beschränkt sei.*

Insbesondere sind die Voraussetzungen des vorigen Satzes erfüllt, wenn $f(P)$ meßbar ist und eine über E summierbare Funktion $\Phi(P)$ gefunden werden kann, für welche

$$f(P) \leqq \Phi(P)$$

ist. In diesem Falle besteht nämlich (§ 383, Satz 3) für jedes m die Gleichung

$$\int_E \varphi_m(P)\,dw \leqq \int_E \Phi(P)\,dw,$$

und die Folge (4) und daher auch (5) ist beschränkt.

Satz 5. *Eine nicht negative, meßbare Funktion $f(P)$, die in einer beliebigen meßbaren Punktmenge E eine über diese Punktmenge summierbare Funktion nicht übertrifft, ist summierbar über E.*

387. Ist $f(P)$ eine nicht negative über E summierbare Funktion und $\varphi(P)$ eine ebenfalls nicht negative, ihr äquivalente Funktion (§ 359), so ist nach Definition der n-dimensionale Inhalt der Punktmenge

$$E_0 = \boldsymbol{M}(f \neq \varphi)$$

gleich Null. Die Ordinatenmengen von $\varphi(P)$ über $(E - E_0)$ stimmen mit denen von $f(P)$ überein; die Funktion $\varphi(P)$ ist also über $(E - E_0)$ summierbar und man hat

$$\int_{E-E_0} \varphi(P)\,dw = \int_{E-E_0} f(P)\,dw. \tag{1}$$

Nach dem § 380 ist aber die Ordinatenmenge einer beliebigen, nicht negativen Funktion über E_0 eine $(n+1)$-dimensionale Nullmenge; hieraus folgt aber erstens, daß jede nicht negative Funktion, also auch $\varphi(P)$, über E_0 summierbar ist, und zweitens, daß die Integrale über E_0, die man so erhält, stets verschwinden. Man kann also schreiben

$$(2) \qquad \int_{E_0} \varphi(P)\, dw = \int_{E_0} f(P)\, dw = 0.$$

Ferner sehen wir (§ 382, Satz 2), daß dann $\varphi(P)$ auch über E summierbar ist, und wegen (1) und (2) folgt hieraus:

$$\int_E \varphi(P)\, dw = \int_E f(P)\, dw.$$

Es sei jetzt mit $E_{+\infty}$ die Punktmenge bezeichnet, in der eine summierbare, nicht negative Funktion $f(P)$ den Wert $+\infty$ annimmt. Die Ordinatenmenge von $f(P)$ über $E_{+\infty}$ hat nur dann einen endlichen Inhalt, wenn $E_{+\infty}$ eine Nullmenge ist.

Die endliche (aber nicht notwendig beschränkte) Funktion $\varphi(P)$, die in der Punktmenge $(E - E_{+\infty})$ gleich $f(P)$ und auf $E_{+\infty}$ Null ist, ist also der Funktion $f(P)$ äquivalent, und wir haben den

Satz 6. *Es sei $f(P)$ eine über die meßbare Punktmenge E summierbare, nicht negative Funktion und $\varphi(P)$ eine beliebige, nicht negative Funktion, die zu $f(P)$ äquivalent ist. Dann ist $\varphi(P)$ ebenfalls über E summierbar.*

Ferner gibt es unter den zu $f(P)$ auf E äquivalenten, nicht negativen Funktionen stets solche, die in jedem Punkte von E endlich sind.

Summierbare Funktionen beliebigen Vorzeichens.

388. Es seien auf einer meßbaren Punktmenge E zwei endlichwertige, beschränkte, nicht negative und über E summierbare Funktionen $\varphi(P)$ und $\psi(P)$ gegeben. Man kann als Ordinatenmenge von $\varphi(P)$ eine Summe von endlich vielen Zylindern wählen, deren Basen B_k' und deren Höhen die positiven Zahlen h_k' sein mögen, und ähnlich die Ordinatenmenge von $\psi(P)$ mit Hilfe von endlich vielen Zylindern, mit den Basen und Höhen B_j'' und h_j'' bestimmen. Dann folgt aus den Gleichungen

$$\int_E \varphi(P)\, dw = \sum_k h_k' \cdot m B_k',$$

$$\int_E \psi(P)\, dw = \sum_j h_j'' \cdot m B_j'',$$

daß wegen der Endlichkeit der linken Seiten, die n-dimensionalen Inhalte mB_k' und mB_j'' der notwendig meßbaren Punktmengen B_k' und B_j'' ebenfalls endliche Zahlen sein müssen.

Nun ist die Funktion $(\varphi(P) + \psi(P))$ ebenfalls eine endlichwertige Funktion und man erhält eine ihrer Ordinatenmengen, wenn man für jede Kombination von k und j auf der Basis

$$B_p = B_k' B_j''$$

einen Zylinder von der Höhe

$$h_p = h_k' + h_j''$$

errichtet.

Hieraus folgt aber für jedes der endlich vielen B_p, deren n-dimensionaler Inhalt ebenfalls eine endliche Zahl ist,

$$\int_{B_p} (\varphi(P) + \psi(P))\, dw = \int_{B_p} \varphi(P)\, dw + \int_{B_p} \psi(P)\, dw$$

und folglich nach dem Satze 2 des § 382

$$(1) \qquad \int_E (\varphi(P) + \psi(P))\, dw = \int_E \varphi(P)\, dw + \int_E \psi(P)\, dw.$$

389. Es seien jetzt $f(P)$ und $g(P)$ zwei beliebige über E summierbare, nicht negative Funktionen. Man kann (§ 357, Satz 3) monoton wachsende Folgen von endlichwertigen, nicht negativen meßbaren Funktionen $\varphi_m(P)$ und $\psi_m(P)$ finden, die gegen $f(P)$ bzw. $g(P)$ konvergieren:

$$\varphi_m(P) \leqq \varphi_{m+1}(P), \qquad \lim_{m=\infty} \varphi_m(P) = f(P),$$

$$\psi_m(P) \leqq \psi_{m+1}(P), \qquad \lim_{m=\infty} \psi_m(P) = g(P).$$

Dann sind aber auch nach dem Satze 5 des § 386 diese Funktionen summierbar und man hat (§ 383, Satz 4)

$$(1) \qquad \begin{cases} \int_E f(P)\, dw = \lim_{m=\infty} \int_E \varphi_m(P)\, dw, \\ \int_E g(P)\, dw = \lim_{m=\infty} \int_E \psi_m(P)\, dw. \end{cases}$$

Ferner ist die Funktionenfolge

$$(\varphi_1(P) + \psi_1(P)),\ (\varphi_2(P) + \psi_2(P)),\ \ldots$$

monoton wachsend und man hat

$$f(P) + g(P) = \lim_{m=\infty} (\varphi_m(P) + \psi_m(P)).$$

Endlich ist nach dem vorigen Paragraphen

$$(2)\qquad \int\limits_E (\varphi_m(P) + \psi_m(P))\,dw = \int\limits_E \varphi_m(P)\,dw + \int\limits_E \psi_m(P)\,dw$$
$$\leqq \int\limits_E f(P)\,dw + \int\limits_E g(P)\,dw.$$

Die Integrale über E von $(\varphi_m(P) + \psi_m(P))$ bilden demnach eine beschränkte Zahlenfolge und hieraus folgt (§ 383, Satz 4), daß die Funktion $(f(P) + g(P))$ über E summierbar ist, und daß

$$(3)\qquad \int\limits_E (f(P) + g(P))\,dw = \lim_{m=\infty} \int\limits_E (\varphi_m(P) + \psi_m(P))\,dw$$

ist. Der Vergleich der Gleichungen (1), (2) und (3) liefert endlich die Gleichung:

$$(4)\qquad \int\limits_E (f(P) + g(P))\,dw = \int\limits_E f(P)\,du + \int\limits_E g(P)\,dw.$$

Satz 1. *Die Summe $(f(P) + g(P))$ von zwei über E summierbaren, nicht negativen Funktionen ist eine summierbare Funktion, für welche die Gleichung* (4) *gilt.*

390. Es sei $F(P)$ eine endliche Funktion, die man auf einer meßbaren Punktmenge E als Differenz von zwei endlichen, über E summierbaren, nicht negativen Funktionen $f(P)$ und $g(P)$ ansehen kann; ferner seien $f_1(P)$ und $g_1(P)$ zwei beliebige, nicht negative, über E summierbare endliche Funktionen, deren Differenz ebenfalls gleich $F(P)$ ist. Man hat also

$$F(P) = f(P) - g(P) = f_1(P) - g_1(P)$$

und hieraus folgt

$$f(P) + g_1(P) = f_1(P) + g(P).$$

Nach unserm letzten Satze hat man dann

$$\int\limits_E f(P)\,dw + \int\limits_E g_1(P)\,dw = \int\limits_E f_1(P)\,dw + \int\limits_E g(P)\,dw$$

oder

$$\int\limits_E f(P)\,dw - \int\limits_E g(P)\,dw = \int\limits_E f_1(P)\,dw - \int\limits_E g_1(P)\,dw.$$

Zweitens betrachten wir eine beliebige, ebenfalls endliche Funktion $\overline{F}(P)$, die auf der Punktmenge E zu unserer Funktion $F(P)$ äquivalent ist, und setzen

$$\begin{aligned}
\bar{f}(P) &= f(P) && \text{auf } \boldsymbol{M}(\bar{F} \leqq F),\\
\bar{f}(P) &= (\bar{F}(P) - F(P)) + f(P) && \text{„ } \boldsymbol{M}(\bar{F} > F),\\
\bar{g}(P) &= g(P) && \text{„ } \boldsymbol{M}(\bar{F} \geqq F),\\
\bar{g}(P) &= (F(P) - \bar{F}(P)) + g(P) && \text{„ } \boldsymbol{M}(\bar{F} < F).
\end{aligned}$$

Nach dieser Definition hat man in jedem Punkte von E

$$\bar{F}(P) = \bar{f}(P) - \bar{g}(P),$$

und $\bar{f}(P) \geqq f(P)$, $\bar{g}(P) \geqq g(P)$, woraus folgt, daß die Funktionen $\bar{f}(P)$ und $\bar{g}(P)$ nicht negativ sind. Wegen der Äquivalenz von $\bar{F}(P)$ und $F(P)$ sind ferner die Punktmengen $\boldsymbol{M}(\bar{F} > F)$ und $\boldsymbol{M}(\bar{F} < F)$ beide Nullmengen und es ist daher

$$\bar{f}(P) \sim f(P) \quad \text{und} \quad \bar{g}(P) \sim g(P) \text{ auf } E.$$

Hieraus folgt aber nach dem Satze 6 des § 387, daß die Funktionen $\bar{f}(P)$ und $\bar{g}(P)$ summierbar über E sind, und es gelten die Gleichungen

$$\int_E \bar{f}(P)\, dw = \int_E f(P)\, dw, \qquad \int_E \bar{g}(P)\, dw = \int_E g(P)\, dw.$$

Zusammenfassend haben wir den

Satz 2. *Wenn man eine endliche Funktion $F(P)$ auf einer meßbaren Punktmenge E als Differenz von zwei über E summierbaren, nicht negativen Funktionen darstellen kann, so gestattet jede auf E zu $F(P)$ äquivalente endliche Funktion $\bar{F}(P)$ eine ebensolche Darstellung. Sind dann $f(P)$, $g(P)$, $\bar{f}_1(P)$, $\bar{g}_1(P)$ vier beliebige, nicht negative, über E summierbare Funktionen, die den Gleichungen*

$$F(P) = f(P) - g(P), \qquad \bar{F}(P) = \bar{f}_1(P) - \bar{g}_1(P)$$

genügen, so ist auch stets

$$\int_E f(P)\, dw - \int_E g(P)\, dw = \int_E \bar{f}_1(P)\, dw - \int_E \bar{g}_1(P)\, dw.$$

391. Der letzte Satz gestattet, den Begriff der Summierbarkeit auch auf Funktionen beliebigen Vorzeichens zu übertragen.

Definition I. Eine Funktion $\Phi(P)$ (die nicht endlich zu sein braucht) soll über eine meßbare Punktmenge E summierbar genannt werden, wenn sie der Differenz von zwei nicht negativen, endlichen und im früheren Sinne über E summierbaren Funktionen $f(P)$ und $g(P)$ äquivalent ist.

Die neue Definition der Summierbarkeit enthält die frühere; ist nämlich $f(P)$ im früheren Sinne über E summierbar, so gibt es eine endliche, zu $f(P)$ äquivalente, nicht negative Funktion $f_1(P)$, die (im früheren Sinne) über E summierbar ist (§ 387, Satz 6). Setzt man dann $g_1(P) \equiv 0$, so ist $g_1(P)$ ebenfalls über E summierbar und man hat

$$f(P) \sim f_1(P) - g_1(P). \tag{1}$$

Das Integral einer summierbaren Funktion $\Phi(P)$ wird nun folgendermaßen definiert:

Definition II. Ist $\Phi(P)$ eine Funktion beliebigen Vorzeichens und bedeuten $f(P)$ und $g(P)$ zwei endliche, nicht negative, über E im früheren Sinne summierbare Funktionen, deren Differenz äquivalent zu $\Phi(P)$ auf E ist, so setze man

$$\int_E \Phi(P)\, dw = \int_E f(P)\, dw - \int_E g(P)\, dw, \tag{2}$$

wobei die Integrale der rechten Seite die alte Bedeutung haben.

Daß die durch die Gleichung (2) definierte Zahl ganz unabhängig von der Wahl der Funktionen $f(P)$ und $g(P)$ ist, sobald diese Funktionen unseren Bedingungen genügen, ist eine Folge des Satzes des vorigen Paragraphen in Verbindung mit der Tatsache, daß zwei einer dritten äquivalente Funktionen einander äquivalent sind (§ 359, Satz 1). Für Funktionen $f(P)$, die im alten Sinne summierbar sind, folgt aus (1)

$$\int_E f_1(P)\, dw - \int_E g_1(P)\, dw = \int_E f(P)\, dw,$$

und hieraus sieht man, daß die neue Definition des Integrals in diesem Falle zu derselben Zahl führt wie die alte.

392. Ist $F(P)$ eine beliebige (nicht notwendig endliche) über E summierbare Funktion und ist $\Phi(P)$ eine in E ihr äquivalente Funktion, so folgt aus

$$F(P) \sim f(P) - g(P),$$

wo $f(P)$ und $g(P)$ zwei nicht negative, endliche, über E summierbare Funktionen bedeuten, daß ebenfalls

$$\Phi(P) \sim f(P) - g(P)$$

ist, und daß folglich $\Phi(P)$ über E summierbar ist und dasselbe Integral wie $F(P)$ besitzt:

Satz 3. *Ist $F(P)$ eine beliebige, über E summierbare Funktion und ist in der Punktmenge E*

$$F(P) \sim \Phi(P),$$

so ist die Funktion $\Phi(P)$ ebenfalls summierbar über E und es besteht die Gleichung

$$\int_E \Phi(P)\,dw = \int_E F(P)\,dw.$$

393. Ist $F(P)$ eine über E summierbare Funktion, so ist nach Definition

$$F(P) \sim f(P) - g(P), \tag{1}$$

wobei $f(P)$ und $g(P)$ zwei nicht negative, endliche, summierbare Funktionen bedeuten. Dann ist aber (§ 360, Satz 4)

$$-F(P) \sim g(P) - f(P), \tag{2}$$

also ist die Funktion $-F(P)$ ebenfalls über E summierbar und man hat die Relation

$$\int_E - F(P)\,dw = \int_E g(P)\,dw - \int_E f(P)\,dw = -\int_E F(P)\,dw. \tag{3}$$

Ist ferner λ eine endliche positive Zahl, so ist nach (1)

$$\lambda F(P) \sim \lambda f(P) - \lambda g(P);$$

nun erhält man aber die Ordinatenmengen von λf und λg aus denen von f und g durch die lineare Transformation

$$\xi_1 = x_1, \ldots, \xi_n = x_n, \ \zeta = \lambda z$$

des $(n+1)$-dimensionalen Raumes, in dem diese Ordinatenmengen liegen. Nach dem Satze 3 des § 329 müssen also λf und λg über E summierbar sein und die Gleichungen gelten

$$\int_E \lambda f(P)\,dw = \lambda \int_E f(P)\,dw, \qquad \int_E \lambda g(P)\,dw = \lambda \int_E g(P)\,dw.$$

Also ist auch $\lambda F(P)$ summierbar und man hat

$$\int_E \lambda F(P)\,dw = \lambda \int_E F(P)\,dw. \tag{4}$$

Mit Hilfe von (3) kann man die Relation (4) auf negative Werte von λ übertragen. Endlich ist aber die Gleichung (4) auch für $\lambda = 0$ erfüllt, falls $\lambda F(P)$ in jedem Punkte von E definiert ist, was dann und nur dann der Fall ist, wenn $F(P)$ eine endliche Funktion bedeutet.

Satz 4. *Ist die Funktion $F(P)$ über E summierbar und λ eine beliebige reelle, von Null verschiedene Zahl, so ist $\lambda F(P)$ ebenfalls eine über E summierbare Funktion und es besteht die Gleichung*

$$\int_E \lambda F(P)\,dw = \lambda \int_E F(P)\,dw.$$

Die Behauptung des Satzes ist auch für $\lambda = 0$ richtig, falls $F(P)$ eine endliche Funktion ist.

394. Es seien
$$F_1(P) = f_1(P) - g_1(P),$$
$$F_2(P) = f_2(P) - g_2(P)$$
zwei über E summierbare, endliche Funktionen. Dann sind die Funktionen $(f_1(P) + f_2(P))$ und $(g_1(P) + g_2(P))$ nach dem Satze 1 des § 389 ebenfalls über E summierbar und dasselbe muß also auch von
$$F_1(P) + F_2(P) = (f_1(P) + f_2(P)) - (g_1(P) + g_2(P))$$
gelten, und der soeben erwähnte Satz liefert außerdem die Gleichung
$$\int_E (F_1(P) + F_2(P))\, dw = \int_E F_1(P)\, dw + \int_E F_2(P)\, dw.$$

Mit Hilfe des Satzes des vorigen Paragraphen kann man schließlich behaupten:

Satz 5. *Sind $F_1(P)$ und $F_2(P)$ zwei über E summierbare endliche Funktionen und sind λ_1 und λ_2 irgend welche reelle Zahlen, so ist die Funktion $(\lambda_1 F_1(P) + \lambda_2 F_2(P))$ ebenfalls eine über E summierbare Funktion, für welche die Gleichung gilt:*
$$\int_E (\lambda_1 F_1(P) + \lambda_2 F_2(P))\, dw = \lambda_1 \int_E F_1(P)\, dw + \lambda_2 \int_E F_2(P)\, dw.$$

Dieser Satz, der insbesondere die Formeln für die Integrale über die Summe oder Differenz von summierbaren Funktionen als Spezialfälle enthält, läßt sich sofort auch auf nicht überall endliche, summierbare Funktionen übertragen, wenn man als Integrationsbereich die Menge E' wählt, in der die Operation $(\lambda_1 F_1 + \lambda_2 F_2)$ einen Sinn hat. Denn es ist stets, wie aus der ersten Definition des § 391 folgt,
$$m(E - E') = 0.$$

395. Jede über E summierbare Funktion $F(P)$ ist einer in E endlichen, summierbaren Funktion $F_1(P)$ äquivalent. Schreibt man also

(1) $$F(P) \sim F_1(P) = f_1(P) - g_1(P),$$

so ist $F_1(P)$ als Differenz von zwei endlichen meßbaren Funktionen meßbar (§ 384 u. 350) und das Gleiche gilt dann auch von $F(P)$ (§ 361, Satz 7). Ferner hat man

(2) $$|F(P)| \sim |F_1(P)| \leqq f_1(P) + g_1(P);$$

die Funktion $|F_1(P)|$ ist ebenfalls meßbar (§ 347, Satz 5) und sie ist nicht größer als die Funktion $f_1(P) + g_1(P)$, die über E summierbar ist (§ 389):

nach dem Satze 5 des § 386 ist also $|F_1(P)|$ ebenfalls über E summierbar und das Gleiche gilt von der ihr äquivalenten Funktion $|F(P)|$ (§ 387, Satz 6).

Ist umgekehrt $F(P)$ eine in E meßbare Funktion und die Funktion $|F(P)|$ über E summierbar, so ist $|F(P)|$ einer endlichen Funktion äquivalent; dann muß aber auch $F(P)$ einer endlichen Funktion $F_1(P)$ äquivalent sein. Man hat ferner

$$|F_1(P)| \sim |F(P)|$$

und hieraus folgt, daß $|F_1(P)|$ über E summierbar ist. Nun bilde man

$$(3) \qquad f_1(P) = \frac{|F_1(P)| + F_1(P)}{2}, \qquad g_1(P) = \frac{|F_1(P)| - F_1(P)}{2};$$

die beiden endlichen Funktionen $f_1(P)$ und $g_1(P)$ sind nicht negativ und nicht größer als die summierbare Funktion $|F_1(P)|$ und sind daher ebenfalls summierbar. Dasselbe muß also auch für

$$F_1(P) = f_1(P) - g_1(P)$$

und für die der Funktion $F_1(P)$ äquivalente Funktion $F(P)$ der Fall sein. Es gilt also der

Satz 6. *Für die Summierbarkeit einer Funktion $F(P)$ über die Punktmenge E ist notwendig und hinreichend, daß $F(P)$ in E meßbar und $|F(P)|$ über E summierbar sei.*

Im Wortlaute dieses Satzes müssen beide Voraussetzungen, die Meßbarkeit von $F(P)$ und die Summierbarkeit von $|F(P)|$, ausdrücklich erwähnt werden, da sie voneinander unabhängig sind. Z. B. ist die Funktion $1 : x^2$ im Intervalle I: $0 < x < 1$ meßbar, aber nicht summierbar (vgl. § 403). Anderseits aber ist, wenn A eine nicht meßbare Teilmenge von I bedeutet, die Funktion $f(x)$, die in jedem Punkte von A gleich $+1$ und in jedem Punkte von $(I - A)$ gleich -1 ist, keine meßbare Funktion, aber $|f(x)|$ ist hier konstant und daher summierbar auf der beschränkten Punktmenge I.

Im Falle, daß die Funktion $F(P)$ meßbar und beschränkt ist, ist $|F(P)|$ ebenfalls meßbar und beschränkt und daher auf jeder meßbaren Teilmenge des Definitionsbereiches von $F(P)$, die einen endlichen Inhalt besitzt, summierbar (§ 385, Satz 3); wegen des letzten Satzes können wir also sagen:

Satz 7. *Eine meßbare und beschränkte Funktion $F(P)$ ist summierbar über jede meßbare Teilmenge ihres Definitionsbereichs, die von endlichem Inhalte ist.*

Nach den Relationen (2) und (3) ist

$$|F(P)| \sim |F_1(P)| = f_1(P) + g_1(P).$$

Setzt man also

$$S_1 = \int_E f_1(P)\,dw, \qquad S_2 = \int_E g_1(P)\,dw,$$

so folgt

$$\int_E F(P)\,dw = S_1 - S_2, \qquad \int_E |F(P)|\,dw = S_1 + S_2;$$

nun ist aber, weil keine der Zahlen S_1 und S_2 negativ ist:

$$|S_1 - S_2| \leqq S_1 + S_2$$

und hieraus folgt der

Satz 8. *Für jede über die beliebige meßbare Punktmenge E summierbare Funktion $F(P)$ gilt die Gleichung*

$$\left|\int_E F(P)\,dw\right| \leqq \int_E |F(P)|\,dw.$$

396. Die Sätze des § 382 lassen sich auf summierbare Funktionen beliebigen Vorzeichens erweitern:

Ist z. B. E_1 eine meßbare Teilmenge von E, so ist jede über E summierbare Funktion $F(P)$ meßbar in E_1, weil sie in E meßbar ist. Außerdem ist die über E summierbare, nicht negative Funktion $|F(P)|$ nach dem Satze 1 des § 382 auch über E_1 summierbar, und daher muß auch $F(P)$ nach dem Satze 6 des vorigen Paragraphen die gleiche Eigenschaft besitzen.

Satz 9. *Eine über die Punktmenge E summierbare Funktion $F(P)$ ist auf jeder meßbaren Teilmenge E_1 von E ebenfalls summierbar.*

Zweitens existieren nach Voraussetzung zwei nicht negative, endliche, über E summierbare Funktionen, deren Differenz der Funktion $F(P)$ äquivalent ist,

(1) $$F(P) \sim f(P) - g(P).$$

Zerlegen wir nun die Punktmenge E in endlich oder abzählbar unendlich viele meßbare Teilmengen E_k ohne gemeinsame Punkte:

$$E = E_1 + E_2 + \cdots,$$

so folgt aus der Tatsache, daß die Beziehung (1) auch in jedem E_k gilt, nicht nur

(2) $$\int_E F(P)\,dw = \int_E f(P)\,dw - \int_E g(P)\,dw,$$

sondern auch

(3) $$\int_{E_k} F(P)\,dw = \int_{E_k} f(P)\,dw - \int_{E_k} g(P)\,dw.$$

Nun gelten nach dem Satze 2 des § 382 die Gleichungen

$$(4)\qquad \begin{cases} \int\limits_E f(P)\,dw = \sum\limits_k \int\limits_{E_k} f(P)\,dw, \\ \int\limits_E g(P)\,dw = \sum\limits_k \int\limits_{E_k} g(P)\,dw, \end{cases}$$

und da die Subtraktion der beiden Summen über k in (4) gliedweise erfolgen darf (§ 109), haben wir durch Vergleich von (2), (3), (4) den

Satz 10. *Ist die Funktion $F(P)$ über E summierbar, so gilt für jede Zerlegung von E in endlich oder abzählbar unendlich viele meßbare Punktmengen $E_1, E_2, \ldots$ ohne gemeinsame Punkte stets die Gleichung*

$$\int\limits_E F(P)\,dw = \sum_k \int\limits_{E_k} F(P)\,dw.$$

397. Wir setzen wieder, wie im vorigen Paragraphen,

$$E = E_1 + E_2 + E_3 + \cdots$$

und machen über die E_k dieselben Voraussetzungen wie dort. Die Summierbarkeit einer Funktion $F(P)$ über E zieht die Summierbarkeit von $|F(P)|$ über E und diese die Beschränktheit der Folge

$$(1)\qquad \sum_{k=1}^{m} \int\limits_{E_k} |F(P)|\,dw$$

für jedes m nach sich.

Wir betrachten nun eine Funktion $F(P)$, von der wir nur wissen, daß sie über jedes E_k summierbar ist, und setzen

$$\begin{cases} \varphi_k(P) = |F(P)| \text{ in der Punktmenge } E_k, \\ \varphi_k(P) = 0 \quad \text{„ „ „} \quad (E - E_k). \end{cases}$$

Die nicht negativen Funktionen $\varphi_k(P)$ sind über E summierbar und das Gleiche gilt (§ 389, Satz 1) von

$$\psi_m(P) = \varphi_1(P) + \varphi_2(P) + \cdots + \varphi_m(P).$$

Außerdem ist in jedem Punkte von E

$$\psi_m(P) \leqq \psi_{m+1}(P), \qquad \lim_{m=\infty} \psi_m(P) = |F(P)|$$

und es gilt auch die Gleichung

$$(2)\qquad \int\limits_E \psi_m(P)\,dw = \sum_{k=1}^{m} \int\limits_{E_k} |F(P)|\,dw.$$

Nach dem Satze 4 des § 383 ist also $|F(P)|$ dann und nur dann über E

summierbar, wenn die Zahlen (2) alle unterhalb einer endlichen Schranke liegen. Da die Funktion $F(P)$ aber jedenfalls in E meßbar ist, haben wir den

Satz 11. *Sind $E_1, E_2, \ldots$ endlich oder abzählbar unendlich viele meßbare Punktmengen ohne gemeinsame Punkte und ist eine gegebene Funktion $F(P)$ für jeden Wert von k über E_k summierbar, so ist sie dann und nur dann auch über*

$$E = E_1 + E_2 + E_3 + \cdots$$

summierbar, wenn die Folge der Zahlen

$$(3) \qquad \sum_{k=1}^{m} \int_{E_k} |F(P)|\, dw \qquad (m = 1, 2, \ldots)$$

beschränkt ist.

Man kann diesen Satz als Kriterium für den Beweis der Summierbarkeit gewisser Funktionen benutzen. Es sei z. B.

$$E\;: 0 < x < 1$$

$$E_k : \frac{1}{2^k} \leqq x < \frac{1}{2^{k-1}} \qquad (k = 1, 2, \ldots)$$

und

$$|F(x)| \leqq \frac{1}{\sqrt{x}}.$$

In jedem Punkte von E_k ist dann $|F(x)| \leqq 2^{\frac{k}{2}}$ und man kann daher schreiben

$$\int_{E_k} |F(P)|\, dw \leqq 2^{\frac{k}{2}} m E_k = \left(\frac{1}{\sqrt{2}}\right)^k.$$

Die Beschränktheit der Folge (3) folgt nun hier aus der Tatsache, daß die Summe

$$\frac{1}{\sqrt{2}} + \left(\frac{1}{\sqrt{2}}\right)^2 + \left(\frac{1}{\sqrt{2}}\right)^3 + \cdots$$

einen endlichen Wert besitzt (§ 107). Insbesondere ist also die Funktion $1 : \sqrt{x}$ über das Intervall $0 < x < 1$ summierbar.

398. Da wir von nun ab von der Äquivalenz einer summierbaren Funktion mit der Differenz von zwei nicht negativen endlichen Funktionen keinen Gebrauch mehr zu machen haben werden, wollen wir wieder für das Funktionszeichen kleine Buchstaben benutzen.

Es sei $f(P)$ eine über die beliebige meßbare Punktmenge E summierbare Funktion beliebigen Vorzeichens und $\varphi(P)$ eine in E meßbare und beschränkte Funktion, die in keinem Punkte von E verschwindet, in welchem $|f(P)| = +\infty$ ist. Dann gibt es eine endliche Zahl G, für welche die Relation

$$|\varphi(P)| < G$$

in jedem Punkte von E besteht, und hieraus folgt die Relation

$$(1) \qquad |\varphi(P) f(P)| \leqq G \cdot |f(P)|.$$

Nun ist aber $|f(P)|$ über E summierbar und nach dem Satze 4 des § 393 hat die Funktion $G|f(P)|$ dieselbe Eigenschaft. Also ist wegen (1) die nicht negative meßbare Funktion $|\varphi(P) f(P)|$ nach dem Satze 5 des § 386 ebenfalls über E summierbar, und da $\varphi(P) f(P)$ in E meßbar ist, muß diese Funktion ebenfalls über E summierbar sein (§ 395, Satz 6). Dies liefert den

Satz 12. *Das Produkt $\varphi(P) \cdot f(P)$ einer über E summierbaren Funktion $f(P)$ mit einer in E meßbaren und beschränkten Funktion $\varphi(P)$, die in keinem Punkte von E verschwindet, in welchem $f(P)$ unendlich ist, ist stets eine über E summierbare Funktion.*

Man bemerke, daß die Funktion $\varphi(P)$ nicht über E summierbar zu sein braucht, wenn E nicht von endlichem Inhalt ist. Ferner, daß, selbst wenn E von endlichem Inhalte ist und $\varphi(P)$ summierbar über E, aber nicht beschränkt ist, die Funktion $\varphi(P) \cdot f(P)$ nicht über E summierbar zu sein braucht. So ist z. B. nach dem vorigen Paragraphen $f(x) = 1 : \sqrt{x}$ summierbar im Intervall $0 < x < 1$; setzt man aber $\varphi(x) = f(x)$, so ist

$$\varphi(x) \cdot f(x) = \frac{1}{x}$$

nicht summierbar in demselben Intervall (vgl. § 403).

Die Voraussetzungen des letzten Satzes, die wegen ihrer Unsymmetrie auf den ersten Blick als verbesserungsbedürftig erscheinen könnten, lassen sich also nicht leicht durch andere praktischere oder allgemeinere ersetzen.

399. Es seien $f_1(P)$ und $f_2(P)$ zwei über E summierbare Funktionen und in jedem Punkte von E sei außerdem

$$(1) \qquad f_1(P) \leqq f_2(P).$$

Die Punkte von E, in denen

$$|f_1(P)| + |f_2(P)| = +\infty$$

ist, bilden eine Nullmenge N. Setzt man nun

$$\varphi_1(P) = f_1(P) \quad \text{und} \quad \varphi_2(P) = f_2(P) \quad \text{in der Punktmenge } (E - N)$$

und

$$\varphi_1(P) = \varphi_2(P) = 0 \quad \text{in der Punktmenge } N,$$

so sind φ_1 und φ_2 zwei zu f_1 und f_2 äquivalente Funktionen, die also auch über E summierbar sind, und die überdies endlich sind. Außerdem aber hat man nach Konstruktion

$$\varphi_2(P) - \varphi_1(P) \geqq 0$$

und folglich (§ 394, Satz 5)

$$\int_E \varphi_2(P)\,dw - \int_E \varphi_1(P)\,dw = \int_E (\varphi_2(P) - \varphi_1(P))\,dw \geqq 0.$$

Da nun aber, wegen der Äquivalenz unserer Funktionen,

$$\int_E f_1(P)\,dw = \int_E \varphi_1(P)\,dw \quad \text{und} \quad \int_E f_2(P)\,dw = \int_E \varphi_2(P)\,dw$$

ist, sieht man schließlich, daß die Ungleichheit (1) die folgende

$$(2) \qquad \int_E f_1(P)\,dw \leqq \int_E f_2(P)\,dw$$

nach sich zieht.

Es sei jetzt eine monoton wachsende Folge

$$(3) \qquad f_1(P) \leqq f_2(P) \leqq f_3(P) \leqq \cdots$$

von über E summierbaren Funktionen gegeben. Dann existiert stets der Limes

$$(4) \qquad f(P) = \lim_{k=\infty} f_k(P).$$

Ist $f(P)$ über E summierbar, so folgt nach dem Obigen für jedes k

$$\int_E f_k(P)\,dw \leqq \int_E f(P)\,dw$$

und die Zahlenfolge

$$(5) \qquad \int_E f_k(P)\,dw \qquad (k = 1, 2, 3, \ldots)$$

ist beschränkt.

Wir wollen aber auch umgekehrt zeigen, daß, wenn die Folge (5) beschränkt ist, die Funktion $f(P)$ über E summierbar ist.

Dazu bemerken wir, daß die Punktmengen

$$N_k = \boldsymbol{M}(|f_k| = +\infty)$$

und ihre Vereinigungsmenge

$$N = N_1 \dotplus N_2 \dotplus N_3 \dotplus \cdots$$

Nullmengen sind. Wir definieren eine neue Folge von Funktionen durch die Gleichungen

$$(6)\qquad \begin{cases} \varphi_k(P) = f_k(P) & \text{in der Punktmenge } (E-N), \\ \varphi_k(P) = 0 & \text{,, ,, ,, } N. \end{cases}$$

Die Relationen (6) und (3) haben aber zur Folge, daß

$$(7)\qquad \varphi_k(P) \leqq \varphi_{k+1}(P)$$

ist und daß $\varphi_k(P)$ für jedes k eine **endliche** Funktion ist, für welche die Beziehung

$$(8)\qquad \varphi_k(P) \sim f_k(P)$$

gilt. Also existiert stets die Grenzfunktion

$$\varphi(P) = \lim_{k=\infty} \varphi_k(P)$$

und ist der Funktion $f(P)$ äquivalent (§ 360, Satz 5). Es genügt also die Summierbarkeit von $\varphi(P)$ über E zu beweisen; dazu setze man

$$(9)\qquad \psi_k(P) = \varphi_k(P) - \varphi_1(P)$$

und bemerke, daß die Folge

$$\psi_1(P),\ \psi_2(P),\ \psi_3(P), \ldots$$

monoton wächst und aus lauter nicht negativen, über E summierbaren Funktionen besteht. Wegen (8) und (9) hat man nun für jedes k

$$(10)\qquad \int_E \psi_k(P)\,dw = \int_E f_k(P)\,dw - \int_E f_1(P)\,dw \qquad (k = 1, 2, \ldots)$$

und man sieht, daß die vorausgesetzte Beschränktheit der Zahlenfolge (5) die Beschränktheit der Folge (10) nach sich zieht. Nach dem Satze 4 des § 383 ist also die Funktion

$$\psi(P) = \lim_{k=\infty} \psi_k(P)$$

summierbar und man kann mit Benutzung von (10) schreiben:

$$(11)\qquad \int_E \psi(P)\,dw = \lim_{k=\infty} \int_E f_k(P)\,dw - \int_E f_1(P)\,dw.$$

Hieraus folgt die Summierbarkeit der Funktion

$$(12)\qquad \varphi(P) = \psi(P) + \varphi_1(P)$$

und der ihr äquivalenten Funktion $f(P)$. Mit Benutzung von (11) und (12) folgt überdies die Gleichung

$$\int_E f(P)\,dw = \lim_{k=\infty} \int_E f_k(P)\,dw.$$

Da nun dieselben Überlegungen unverändert auch für monoton abnehmende Funktionenfolgen gelten, können wir das allgemeine Resultat aussprechen:

Satz 13. *Ist* $f_1(P), f_2(P), \ldots$ *eine monotone, gegen* $f(P)$ *konvergierende Folge von beliebigen, über* E *summierbaren Funktionen, so ist die Zahlenfolge*

$$\int_E f_m(P)\,dw \qquad (m = 1, 2, \ldots) \tag{13}$$

ebenfalls monoton. Ferner ist die Grenzfunktion $f(P) = \lim_{m=\infty} f_m(P)$ *dann und nur dann über* E *summierbar, wenn die Folge* (13) *beschränkt ist. Ist dieses der Fall, so gilt stets die Gleichung*

$$\int_E f(P)\,dw = \lim_{m=\infty} \int_E f_m(P)\,dw.$$

400. Es sei jetzt

$$f_1(P), f_2(P), \ldots \tag{1}$$

eine beliebige Folge von über E summierbaren Funktionen. Wir betrachten in einem Punkte P von E die k Zahlen $f_1(P), f_2(P), \ldots, f_k(P)$ und bezeichnen mit $\varphi_k(P)$ die größte unter diesen Zahlen. Dann ist $\varphi_k(P)$ eine Funktion, die, auf E betrachtet, meßbar ist (§ 352, Satz 10); außerdem aber ist

$$|\varphi_k(P)| \leqq |f_1(P)| + |f_2(P)| + \cdots + |f_k(P)|, \tag{2}$$

und, da die Summe auf der rechten Seite der letzten Ungleichheit aus lauter über E summierbaren Funktionen besteht, ist sie selbst über E summierbar und das Gleiche gilt nach dem Satze 5 des § 386 von $|\varphi_k(P)|$. Hiernach muß aber auch $\varphi_k(P)$ selbst über E summierbar sein.

Die Folge

$$\varphi_1(P),\ \varphi_2(P), \ldots$$

ist nun nach Konstruktion monoton wachsend, und da sie aus lauter über E summierbaren Funktionen besteht, so kann man den Satz des vorigen Paragraphen hier anwenden, der hier eine Aussage über

$$G(P) = \text{obere Grenze der Folge } \{f_1(P),\ f_2(P), \ldots\} \tag{3}$$

enthält, weil man ja

$$G(P) = \lim_{k=\infty} \varphi_k(P) \tag{4}$$

setzen kann.

Man bemerke, daß, wenn $G(P)$ über E summierbar ist, jede der

Funktionen $f_k(P)$ kleiner als eine von k freie über E summierbare Funktion ist; und daß, wenn das der Fall ist, d. h. wenn für jedes k

$$f_k(P) \leqq S(P)$$

ist, wo $S(P)$ eine über E summierbare Funktion ist, die Folge der Integrale von $\varphi_1(P)$, $\varphi_2(P)$, ... über E beschränkt ist, da dann für jedes k

$$\int_E \varphi_1(P)\,dw \leqq \int_E \varphi_k(P)\,dw \leqq \int_E S(P)\,dw$$

ist. Hieraus folgt aber nach dem letzten Satze die Summierbarkeit von $G(P)$ über E und wir können den Satz aussprechen:

Satz 14. *Die notwendige und hinreichende Bedingung dafür, daß die obere Grenze $G(P)$ einer Folge von über E summierbaren Funktionen ebenfalls über E summierbar sei, ist die, daß sämtliche Funktionen $f_k(P)$ nicht größer seien als eine feste über E summierbare Funktion $S(P)$. Dann ist aber auch stets die*

$$\text{obere Grenze von} \int_E f_k(P)\,dw \leqq \int_E G(P)\,dw.$$

Ein ganz analoger Satz gilt natürlich auch für die untere Grenze einer Folge von Funktionen.

401. Liegen die Funktionen $f_1(P), f_2(P), \ldots$ sämtlich unterhalb einer festen, über E summierbaren Funktion $S_1(P)$ und setzt man

$$G_k(P) = \text{obere Grenze von } \{f_k(P), f_{k+1}(P), \ldots\}, \tag{1}$$

so sind nach dem letzten Paragraphen diese Funktionen summierbar. Außerdem ist aber nach unserer Konstruktion

$$G_1(P) \geqq G_2(P) \geqq G_3(P) \geqq \cdots \tag{2}$$

und folglich ist auch

$$\bar{\gamma}(P) = \lim_{k=\infty} G_k(P), \tag{3}$$

wegen des Satzes 13 des § 399, über E summierbar, falls

$$\lim_{k=\infty} \int_E G_k(P)\,dw > -\infty \tag{4}$$

ist.

Setzt man zur Abkürzung

$$I_k = \int_E f_k(P)\,dw,$$

so ist nach dem vorigen Paragraphen

$$\text{obere Grenze von } \{I_k, I_{k+1}, \ldots\} \leqq \int_E G_k(P)\,dw$$

und folglich für jedes k

$$\overline{\lim_{j=\infty}}\int_E f_j(P)\,dw \leqq \int_E G_k(P)\,dw.$$

Es ist also auch

(5) $$\overline{\lim_{j=\infty}}\int_E f_j(P)\,dw \leqq \lim_{k=\infty}\int_E G_k(P)\,dw,$$

woraus man entnimmt, daß die Bedingung (4) jedesmal dann erfüllt ist, wenn die linke Seite von (5) endlich ist. In diesem Falle ist aber $\overline{\gamma}(P)$ summierbar und

$$\int_E \overline{\gamma}(P)\,dw = \lim_{k=\infty}\int_E G_k(P)\,dw;$$

ferner kann man auch schreiben

$$\overline{\gamma}(P) = \overline{\lim_{k=\infty}} f_k(P),$$

sodaß wir den Satz aussprechen können:

Satz 15. *Sind die Funktionen der Folge $f_1(P), f_2(P), \ldots$ alle über E summierbar und nicht größer als eine feste, über E summierbare Funktion $S_1(P)$ und ist*

$$\overline{\lim_{k=\infty}}\int_E f_k(P)\,dw$$

eine von $-\infty$ verschiedene Zahl, so ist die Funktion $\overline{\lim\limits_{k=\infty}} f_k(P)$ ebenfalls eine über E summierbare Funktion und man hat

$$\overline{\lim_{k=\infty}}\int_E f_k(P)\,dw \leqq \int_E \overline{\lim_{k=\infty}} f_k(P)\,dw.$$

Einen ganz analogen Satz hat man für die unteren Limites, falls die Funktionen $f_1(P)$, $f_2(P)$, ... alle nicht kleiner sind als eine über E summierbare Funktion $S_2(P)$. Man kann ihn aus dem vorhergehenden sofort entnehmen, indem man $f_k(P)$ durch $-f_k(P)$ und $S_2(P)$ durch $-S_2(P)$ ersetzt.

402. Der wichtigste Fall ist aber der, daß beide Ungleichheiten zugleich gelten und man setzen kann:

(1) $$S_2(P) \leqq f_k(P) \leqq S_1(P);$$

dann hat man nämlich für jedes k

$$\int_E S_2(P)\,dw \leqq \int_E f_k(P)\,dw \leqq \int_E S_1(P)\,dw$$

und folglich

(2) $$\int_E S_2(P)\,dw \leqq \underline{\lim_{k=\infty}}\int_E f_k(P)\,dw \leqq \overline{\lim_{k=\infty}}\int_E f_k(P)\,dw \leqq \int_E S_1(P)\,dw,$$

woraus man entnimmt, daß die beiden Hauptlimites der Folgen der Integrale von $f_k(P)$ über E endliche Zahlen sind.

Aus der Bedingung (1) folgt überdies für jedes k

$$|f_k(P)| \leqq |S_1(P)| + |S_2(P)| = S(P),$$

wo $S(P)$ eine über E summierbare Funktion bedeutet; ist umgekehrt für jedes k

$$|f_k(P)| \leqq S(P), \tag{3}$$

so kann man schreiben:

$$-S(P) \leqq f_k(P) \leqq S(P),$$

womit gezeigt ist, daß man die Bedingung (1) durch (3) ersetzen kann.

Alles in allem haben wir folgenden, aus dem vorigen mit Hilfe unserer Bemerkungen sofort aufzustellenden

Satz 16. *Sind die Funktionen $f_1(P), f_2(P), \ldots$ über E summierbar, und ist ferner für jedes k*

$$|f_k(P)| \leqq S(P), \tag{4}$$

wo $S(P)$ eine über E summierbare Funktion bedeutet, so ist stets

$$\int_E \underline{\lim}_{k=\infty} f_k(P)\,dw \leqq \underline{\lim}_{k=\infty} \int_E f_k(P)\,dw \leqq \overline{\lim}_{k=\infty} \int_E f_k(P)\,dw \leqq \int_E \overline{\lim}_{k=\infty} f_k(P)\,dw. \tag{5}$$

Im Falle, daß die Funktionenfolge konvergiert, hat man insbesondere

$$\lim_{k=\infty} \int_E f_k(P)\,dw = \int_E \lim_{k=\infty} f_k(P)\,dw. \tag{6}$$

Für eine konvergente Funktionenfolge summierbarer Funktionen, die der Voraussetzung (4) des letzten Satzes genügt, folgt überdies, wenn man

$$f(P) = \lim_{k=\infty} f_k(P) \tag{7}$$

setzt, nicht nur die Gleichung

$$\int_E |f(P)|\,dw = \lim_{k=\infty} \int_E |f_k(P)|\,dw, \tag{8}$$

sondern sogar

$$\lim_{k=\infty} \int_E |f(P) - f_k(P)|\,dw = 0, \tag{9}$$

was natürlich mehr besagt, weil $|f(P) - f_k(P)| \geqq \big||f(P)| - |f_k(P)|\big|$ ist. Man beweist diese letzte Gleichung, indem man bemerkt, daß für jedes k

$$|f(P) - f_k(P)| \leqq |f(P)| + |f_k(P)| \leqq 2\,S(P)$$

ist, so daß unser Satz auch auf die gegen Null konvergierende Funktionenfolge

$$|f(P) - f_k(P)| \qquad (k = 1, 2, \ldots)$$

angewandt werden kann.

Für die Anwendungen ist es bequem, noch folgenden Satz auszusprechen, obgleich er viel spezieller als Satz 16 ist:

Satz 17. *Eine auf einer Punktmenge E endlichen Inhalts gleichmäßig konvergierende Folge $f_1(P)$, $f_2(P)$, ... von über E summierbaren endlichen Funktionen konvergiert gegen eine über E summierbare Funktion $f(P)$ und man hat stets*

$$(10) \qquad \int_E f(P)\,dw = \lim_{k=\infty} \int_E f_k(P)\,dw.$$

Man kann in der Tat nach Voraussetzung eine natürliche Zahl m finden, so daß für jede natürliche Zahl $j > m$ und in jedem Punkt P von E die Ungleichheiten

$$(11) \qquad |f_j(P) - f_m(P)| \leqq 1 \quad (j = m+1, m+2, \ldots)$$

gelten (§§ 171, 172). Nun ist aber, wegen der Endlichkeit des Inhalts von E und der Summierbarkeit der Funktionen $f_k(P)$ über E auch die Funktion

$$S(P) = |f_1(P)| + |f_2(P)| + \cdots + |f_m(P)| + 1$$

über E summierbar. Ferner hat man mit Hilfe von (11) für jede natürliche Zahl k

$$|f_k(P)| \leqq S(P),$$

so daß der Satz 16 auf unsere Funktionenfolge anwendbar ist.

Abschätzung und Approximation von Integralen.

403. Es sei E eine meßbare Punktmenge und $f(P)$ eine über E summierbare Funktion. Die Funktion $|f(P)|$ ist dann ebenfalls über E summierbar (§ 395, Satz 6) und das Integral

$$(1) \qquad J = \int_E |f(P)|\,dw$$

ist gleich dem Inhalte einer beliebigen Ordinatenmenge O von $|f(P)|$ (§ 381).

Wir setzen, wenn α eine beliebige positive Zahl bedeutet,

$$(2) \qquad E_\alpha = \boldsymbol{M}(|f| \geqq \alpha) \qquad (\alpha > 0)$$

und bemerken, daß, wenn E_α nicht leer ist, der Zylinder von der Höhe α, der E_α als Basis hat, in der Ordinatenmenge O als Teilmenge enthalten ist. Der Inhalt dieses Zylinders ist aber nach dem § 380 stets gleich $\alpha \cdot mE_\alpha$ und wir haben daher die Ungleichheit

$$\alpha \cdot mE_\alpha \leqq J,$$

welche die Endlichkeit der Zahl mE_α nach sich zieht.

Satz 1. *Ist $f(P)$ eine beliebige, über eine meßbare Punktmenge E summierbare Funktion und definiert man die Zahlen J und E_α durch die Gleichungen* (1) *und* (2), *so ist E_α stets eine Punktmenge von endlichem Inhalte, für welche die Ungleichheit*

(3) $$mE_\alpha \leqq \frac{1}{\alpha} J$$

besteht.

Die Ungleichheit (3) liefert uns eine notwendige (aber nicht hinreichende) Bedingung für die Summierbarkeit einer meßbaren Funktion $f(P)$, indem sie die Existenz einer positiven Zahl J behauptet, die für jedes positive α dieser Ungleichheit genügt. Sie gibt uns die Möglichkeit, meßbare Funktionen anzugeben, von denen man von vornherein sagen kann, daß sie nicht summierbar sind.

Betrachtet man z. B. die Funktion einer Veränderlichen $1 : x^2$ im Intervalle $0 < x < 1$, so gilt mit den Bezeichnungen dieses Paragraphen für jedes $\alpha > 1$ die Gleichung $\alpha \cdot mE_\alpha = \sqrt{\alpha}$. Eine Zahl J, die für jedes α der Bedingung (3) genügt, existiert also nicht und die Funktion $1 : x^2$ ist im betrachteten Intervall nicht summierbar.

Um zu zeigen, daß unser Kriterium nicht hinreichend ist, betrachte man etwa die Funktion $f(P) = 1 : x$ im Intervall I: $0 < x < 1$. Diese Funktion ist ebenfalls nicht summierbar; setzt man nämlich

$$I_k: \frac{1}{2^k} \leqq x < \frac{1}{2^{k-1}} \qquad (k = 1, 2, \ldots),$$

so ist $f(x) > 2^{k-1}$ in jedem Punkte von I_k und daher

$$\int\limits_{I_k} f(P)\, dw > 2^{k-1} m I_k = \frac{1}{2}\cdot$$

Wäre nun $f(P)$ über E summierbar, so müßte (§ 397, Satz 11)

$$\sum_k \int\limits_{I_k} f(P)\, dw$$

eine endliche Zahl sein, und dies ist offenbar nicht der Fall. Dagegen ist hier $mE_\alpha = 1 : \alpha$, so daß die Bedingung (3) für $J \geqq 1$ besteht.

404. Wir führen noch die Bezeichnungen ein:

(1) $$e_0 = \boldsymbol{M}(|f| = 0),$$

(2) $$e_\alpha = \boldsymbol{M}(0 < |f| < \alpha);$$

dann ist, wenn E_α dieselbe Bedeutung hat wie im vorigen Paragraphen,

$$E = e_0 + e_\alpha + E_\alpha,$$

und man hat, weil die Integrale von $f(P)$ und von $|f(P)|$ über e_0 beide verschwinden, die Gleichungen

$$\int_E f(P)\,dw = \int_{e_\alpha} f(P)\,dw + \int_{E_\alpha} f(P)\,dw, \tag{3}$$

$$\int_E |f(P)|\,dw = \int_{e_\alpha} |f(P)|\,dw + \int_{E_\alpha} |f(P)|\,dw. \tag{4}$$

Nun sei

$$\alpha_1 > \alpha_2 > \alpha_3 > \cdots$$

eine monoton abnehmende, gegen Null konvergierende Folge von positiven Zahlen. Bemerkt man, daß dann

$$E_{\alpha_1} \prec E_{\alpha_2} \prec E_{\alpha_3} \prec \cdots$$

und

$$\lim_{k=\infty} E_{\alpha_k} = E - e_0$$

ist, so folgt mit Hilfe des Satzes 13 des § 399, daß

$$\int_E |f(P)|\,dw = \lim_{k=\infty} \int_{E_{\alpha_k}} |f(P)|\,dw$$

stattfinden muß; hieraus folgt aber wegen (4)

$$\lim_{k=\infty} \int_{e_{\alpha_k}} |f(P)|\,dw = 0.$$

Statt der letzten Gleichung kann man aber auch schreiben, weil das Integral von $|f(P)|$ über e_α monoton mit α abnimmt,

$$\lim_{\alpha=0} \int_{e_\alpha} |f(P)|\,dw = 0, \tag{5}$$

und, wenn man noch den Satz 8 des § 395 berücksichtigt,

$$\lim_{\alpha=0} \int_{e_\alpha} f(P)\,dw = 0. \tag{6}$$

Die Gleichung (3) zeigt uns dann, daß

$$\int_E f(P)\,dw = \lim_{\alpha=0} \int_{E_\alpha} f(P)\,dw \tag{7}$$

sein muß.

Nach dem vorigen Paragraphen sind die Punktmengen E_α von endlichem Inhalte; aus der Formel (7) entnehmen wir ferner: um das Integral über eine Punktmenge unendlichen Inhaltes durch Integrale über Punktmengen endlichen Inhalts zu approximieren, können wir diese stets so wählen, daß in ihnen die zu integrierende Funktion merklich von Null verschieden ist.

405. Es sei $f(P)$ eine über E summierbare, nicht negative Funktion, die nicht der identisch verschwindenden Funktion äquivalent ist. Dann ist, wenn man die Bezeichnung einführt

$$E_0 = \boldsymbol{M}(f \geqq 1),$$

$$E_k = \boldsymbol{M}\left(\frac{1}{2^k} \leqq f < \frac{1}{2^{k-1}}\right) \qquad (k = 1, 2, \ldots),$$

mindestens eine der Punktmengen

$$E_0, E_1, E_2, \ldots$$

von nicht verschwindendem Inhalte, denn sonst wäre $f(P)$ nur in einer Nullmenge, nämlich in

$$E_0 + E_1 + E_2 + \cdots$$

von Null verschieden. Es ist also z. B.

$$mE_k \neq 0,$$

und es besteht dann nach dem § 403 die Relation

$$\int_{E_k} f(P)\,dw \geqq \frac{1}{2^k} mE_k > 0. \tag{1}$$

Anderseits ist aber, weil $f(P)$ nicht negativ ist,

$$\int_E f(P)\,dw \geqq \int_{E_k} f(P)\,dw \tag{2}$$

und der Vergleich von (1) und (2) liefert den

Satz 2. *Es sei $f(P)$ eine nicht negative, über die meßbare Punktmenge E summierbare Funktion. Die Gleichung*

$$\int_E f(P)\,dw = 0$$

findet dann und nur dann statt, wenn auf E

$$f(P) \sim 0$$

ist. Insbesondere kann man aus

$$\int_E f(P)\,dw > 0$$

schließen, daß die Punktmenge $\boldsymbol{M}(f > 0)$ keine Nullmenge ist.

406. Es sei E eine meßbare Punktmenge von endlichem Inhalte und $f(P)$ eine Funktion, die über E summierbar ist und deren untere Grenze

$$g = \mathbf{g}(f : E)$$

endlich ist. Eine Funktion, die auf der Punktmenge E konstant gleich g ist, ist über E summierbar und man hat

$$\int_E g\, dw = g \cdot mE.$$

Ferner ist die nicht negative Funktion $(f(P) - g)$ ebenfalls über E summierbar und diese letzte Funktion ist dann und nur dann der identisch verschwindenden Funktion äquivalent, wenn $f(P)$ äquivalent zu g ist. Man hat also nach dem letzten Satze stets

$$\int_E (f(P) - g)\, dw \geqq 0$$

oder

$$\int_E f(P)\, dw \geqq g \cdot mE,$$

und das Gleichheitszeichen ist dann und nur dann zu nehmen, wenn $f(P) \sim g$ ist.

Wir haben mit andern Worten den folgenden Satz, dessen zweiter Teil ebenso zu beweisen ist:

Satz 3. *Es sei E eine meßbare Punktmenge endlichen Inhalts und $f(P)$ eine über E summierbare Funktion mit endlicher unterer Grenze g. Dann ist dort entweder*

$$f(P) \sim g \quad \text{und} \quad \int_E f(P)\, dw = g \cdot mE$$

oder man hat stets

$$\int_E f(P)\, dw > g \cdot mE.$$

Ist dagegen die obere Grenze G von $f(P)$ auf E endlich, so ist dort entweder

$$f(P) \sim G \quad \text{und} \quad \int_E f(P)\, dw = G \cdot mE$$

oder man hat stets

$$\int_E f(P)\, dw < G \cdot mE.$$

Dieser wichtige Satz wird der erste Mittelwertsatz der Integralrechnung genannt.

407. Wir wollen jetzt das Grenzverfahren angeben, durch welches Lebesgue ursprünglich das Integral definiert hat. Es sei E eine Punktmenge von **endlichem** Inhalte und $f(P)$ eine nicht negative, über E summierbare Funktion. Wir geben uns eine monoton wachsende Folge von Werten,

$$y_0 < y_1 < y_2 < \cdots, \tag{1}$$

die folgende Eigenschaften besitzen sollen:

$$y_0 = 0, \qquad \lim_{k=\infty} y_k = +\infty, \tag{2}$$

$$y_k - y_{k-1} < \delta \qquad (k = 1, 2, \ldots), \tag{3}$$

und nennen eine Folge, die diese Eigenschaften besitzt, eine „Skala zwischen Null und Unendlich von der Breite δ".

Führen wir die Bezeichnung ein

$$E_k = \boldsymbol{M}(y_k \leqq f < y_{k+1}), \tag{4}$$

so ist

$$E = E_0 + E_1 + E_2 + \cdots$$

und folglich (§ 396, Satz 10)

$$\int_E f(P)\,dw = \sum_{k=0}^{\infty} \int_{E_k} f(P)\,dw. \tag{5}$$

Die Punktmengen E_k sind als Teilmengen von E alle von endlichem Inhalte, und nach dem Mittelwertsatze (§ 406) folgt hieraus

$$y_k m E_k < \int_{E_k} f(P)\,dw \leqq y_{k+1} m E_k. \tag{6}$$

Da keine der Zahlen $y_k m E_k$ negativ ist, folgt aus dem Vergleich von (5) mit (6), daß die Summe

$$s = \sum_{k=0}^{\infty} y_k \cdot m E_k = \sum_{k=1}^{\infty} y_k m E_k \tag{7}$$

einen Sinn hat und daß stets

$$s \leqq \int_E f(P)\,dw \tag{8}$$

sein muß.

Anderseits aber folgt aus (3) für jede natürliche Zahl p

$$\sum_{k=0}^{p} (y_{k+1} - y_k)\, m E_k < \delta \cdot m E,$$

woraus mit Hilfe von (7) folgt, daß die Summe von nicht negativen Zahlen

(9) $$S = \sum_{k=0}^{\infty} y_{k+1} m E_k$$

eine endliche Zahl darstellt, und daß

(10) $$S - s < \delta \cdot m E$$

ist. Wir haben aber nach (5), (6) und (9)

(11) $$S \geqq \int_E f(P)\, dw$$

und können also wegen (10) z. B. schreiben

(12) $$\int_E f(P)\, dw = s + \vartheta \cdot \delta \cdot m E \qquad (0 \leqq \vartheta \leqq 1).$$

Betrachtet man also unendlich viele Skalen mit gegen Null konvergierenden Breiten, so können wir das Integral der Funktion $f(P)$ über E als Grenze der Summen s (oder auch S) darstellen, die man für diese Skalen berechnet. Wichtig ist ferner, daß die Genauigkeit der jeweiligen Approximation nur von der Breite δ der Skala abhängt und für alle Funktionen, die über E summierbar sind, stets die gleiche ist.

408. Hat der Integrationsbereich E einen unendlichen Inhalt, so sind von den Punktmengen E_k, die wir im vorigen Paragraphen eingeführt hatten, die Punktmengen $E_1, E_2, \ldots$ nach dem Satze 1 des § 403 immer noch von endlichem Inhalte und die Punktmenge E_0 allein hat den Inhalt ∞. Die Zahl

$$s = \sum_{k=1}^{\infty} y_k m E_k$$

kann also ebenso wie früher gebildet werden und sämtliche Schlüsse, die wir über diese Zahl hergeleitet haben, bleiben gültig. Insbesondere hat man auch hier

(1) $$0 < s < \int_E f(P)\, dw;$$

dagegen hat jetzt S keinen Sinn. Wir wollen nun zeigen, daß man auch jetzt das Integral mit abnehmender Breite unserer Skala durch s mit beliebiger Genauigkeit approximieren kann; d. h., wenn man sich eine beliebige positive Zahl ε gibt, so existiert ein δ_0, so daß für alle Skalen, deren Breite $\delta < \delta_0$ ist, die Beziehung

(2) $$s \leqq \int_E f(P)\, dw \leqq s + \varepsilon$$

gilt. Wir führen nun die Bezeichnungen

$$e_{2\alpha} = \boldsymbol{M}(0 \leqq f < 2\alpha),$$
$$\bar{e}_\alpha = \boldsymbol{M}(\alpha \leqq f)$$

ein und bemerken, daß nach den Ergebnissen des § 404 das Integral von $f(P)$ über $e_{2\alpha}$ mit α gegen Null konvergiert und die Zahl $m\bar{e}_\alpha$ endlich ist. Wir können daher α derart wählen, daß die Relation

(3) $$\int_{e_{2\alpha}} f(P)\,dw \leqq \frac{\varepsilon}{2}$$

gilt; außerdem setzen wir δ_0 gleich der kleineren der beiden Zahlen

$$\alpha \text{ und } \frac{\varepsilon}{2m\bar{e}_\alpha}.$$

Ist jetzt die Breite δ der Skala kleiner als δ_0, so gibt es sicher unter den Zahlen der Skala eine Zahl y_p, die der Bedingung

$$\alpha \leqq y_p < 2\alpha$$

genügt und für die dann $p > 1$ ist. Nun setze man

(4) $$\begin{cases} E' = \boldsymbol{M}(f < y_p), \\ E'' = \boldsymbol{M}(f \geqq y_p), \end{cases}$$

woraus

(5) $$E' \prec e_{2\alpha} \quad \text{und} \quad E'' \prec \bar{e}_\alpha$$

folgt, und führe außerdem die Bezeichnungen ein

(6) $$s' = \sum_{k=1}^{p-1} y_k m E_k, \quad s'' = \sum_{k=p}^{\infty} y_k m E_k.$$

Man hat dann

(7) $$0 \leqq s' \leqq \int_{E'} f(P)\,dw,$$

und da wegen (5)

$$\int_{E'} f(P)\,dw \leqq \int_{e_{2\alpha}} f(P)\,dw$$

ist, entnimmt man aus (3)

(8) $$s' \leqq \int_{E'} f(P)\,dw \leqq \frac{\varepsilon}{2}.$$

Die Gleichung (12) des letzten Paragraphen liefert sodann, wenn man bemerkt, daß

$$\delta < \delta_0 \leqq \frac{\varepsilon}{2m\bar{e}_\alpha}$$

und daher

$$\delta \cdot mE'' < \delta \cdot m\bar{e}_\alpha \leqq \frac{\varepsilon}{2}$$

ist,

(9) $$s'' \leqq \int_{E''} f(P)\, dw < s'' + \frac{\varepsilon}{2}\cdot$$

Durch Addition von (8) und (9) erhält man endlich die Ungleichheiten (2), die wir beweisen wollten.

409. Man kann die Überlegungen des § 407 im Falle, daß der Integrationsbereich E einen endlichen Inhalt hat, auf über E summierbare Funktionen beliebigen Vorzeichens übertragen. Dazu betrachte man eine von $-\infty$ bis $+\infty$ reichende Skala von der Breite δ

$$\cdots < y_{-2} < y_{-1} < y_0 < y_1 < y_2 < \cdots,$$

in der wieder $y_0 = 0$ ist, und führe die Punktmengen

$$E' = \boldsymbol{M}(f \geqq 0),$$
$$E'' = \boldsymbol{M}(f < 0)$$

ein. Auf E' ist die gegebene Funktion $f(P)$ nicht negativ, desgleichen die Funktion $-f(P)$ auf E''. Die Ausführungen des § 407 können daher auf jeder dieser Punktmengen angewandt werden. Man behalte die früheren Bezeichnungen bei und setze für negative Werte von k

$$E_k = \boldsymbol{M}(y_k < f \leqq y_{k+1});$$

dann ist jede der Zahlen

$$s' = \sum_{k=0}^{\infty} y_k\, m E_k, \qquad s'' = \sum_{k=-1}^{-\infty} y_k\, m E_k,$$

$$S' = \sum_{k=0}^{\infty} y_{k+1}\, m E_k, \qquad S'' = \sum_{k=-1}^{-\infty} y_{k+1}\, m E_k$$

endlich, also auch

$$s = \sum_{k=-\infty}^{\infty} y_k\, m E_k \quad \text{und} \quad S = \sum_{k=-\infty}^{+\infty} y_{k+1}\, m E_k.$$

Man sieht ferner ebenso wie früher ein, daß die Gleichungen (8), (10) und (12) des § 407 auch hier gelten müssen.

Darbouxsche Summen.

410. Im Falle, daß der Integrationsbereich E eine beschränkte und abgeschlossene Punktmenge und die zu integrierende Funktion

$f(P)$ eine **beschränkte, halbstetige Funktion** ist, kann man das Integral

$$\int_E f(P)\, dw$$

durch ein Grenzverfahren ganz anderer Art, als das in den letzten Paragraphen angegebene, berechnen.

Wir betrachten ein Zellennetz des Raumes, wie wir es im § 283 beschrieben haben, und bezeichnen mit ϱ den endlichen Durchmesser und mit

$$\delta_1(\varrho),\ \delta_2(\varrho),\ \delta_3(\varrho),\ \dots$$

die endlich oder abzählbar unendlich vielen Zellen des Netzes, die mit E mindestens einen Punkt gemeinsam haben. Die Zellen sind nach Voraussetzung quadrierbare offene Punktmengen; die Gesamtheit der Punkte des Raumes, die auf der Begrenzung von mindestens einer Zelle des Netzes liegen, haben, wie wir im § 284 sahen, den Inhalt Null, und jeder Punkt des Raumes liegt entweder in einer Zelle oder auf der Begrenzung einer Zelle. Hieraus folgt, daß, wenn man

(1) $$\sigma_0 = \delta_1(\varrho) + \delta_2(\varrho) + \cdots$$

setzt,

$$m(E - E\sigma_0) = 0$$

ist, und daß folglich

(2) $$\begin{cases} \int_E f(P)\, dw = \int_{E\sigma_0} f(P)\, dw \\ \qquad = \sum_k \int_{E\delta_k} f(P)\, dw \end{cases}$$

ist. Wenn man nun mit $G(f; E\delta_k)$ die obere Grenze von $f(P)$ in der Punktmenge $E\delta_k(\varrho)$ bezeichnet, so ist nach dem Mittelwertsatz (§ 406)

(3) $$\begin{cases} \int_{E\delta_k} f(P)\, dw \leqq G(f; E\delta_k) \cdot mE\delta_k \\ \qquad \leqq G(f; E\delta_k) \cdot m\delta_k. \end{cases}$$

Nun setzen wir

(4) $$S_\varrho = \sum_k G(f; E\delta_k) \cdot m\delta_k,$$

und nennen S_ϱ die **obere Darbouxsche Summe der Funktion** $f(P)$ für das gegebene Zellennetz vom Durchmesser ϱ. Dann folgt aus (2), (3) und (4), daß

(5) $$\int_E f(P)\, dw < \bar{S}_\varrho$$

ist.

411. Wir wollen jetzt zeigen, daß, wenn die Funktion $f(P)$ beschränkt und nach oben halbstetig ist, bei hinreichend kleiner Abmessung des Durchmessers ϱ unseres Zellennetzes, die entsprechende Darbouxsche Summe das Integral der Funktion $f(P)$ mit beliebiger Genauigkeit approximiert.

Wir bezeichnen mit g und G die untere und obere Grenze der Funktion $f(P)$ innerhalb der Punktmenge E und zerlegen das Intervall

$$g < y < G + 1$$

in p gleiche Teile durch die Skala

(6) $$y_0 < y_1 < y_2 < \cdots < y_p.$$

Es ist also

(7) $$y_0 = g, \qquad y_p = G + 1,$$

und für jedes k

(8) $$y_{k+1} - y_k = h = \frac{G - g + 1}{p}$$

Setzt man jetzt zur Abkürzung

(9) $$s_k = \boldsymbol{M}(f \geqq y_k),$$

so erhält man eine monoton abnehmende Folge von Punktmengen

(10) $$s_0 \succ s_1 \succ s_2 \succ \cdots \succ s_p,$$

die alle abgeschlossen oder leer sind, weil $f(P)$ nach oben halbstetig und E abgeschlossen ist (§ 136, Satz 3). Außerdem aber ist wegen (7) und (9)

(11) $$s_0 = E, \qquad s_p = 0.$$

Wir setzen ferner

(12) $$e_k = s_k - s_{k+1} \qquad (k = 0, 1, \ldots, (p-1)),$$

was man wegen (9) schreiben kann

$$e_k = \boldsymbol{M}(y_k < f < y_{k+1}).$$

und bemerken, daß (nach den §§ 407 und 409)

(13) $$\sum_{k=0}^{p-1} y_{k+1}\, m e_k \leqq \int_E f(P)\, dw + h\, m E$$

ist. Wir können nun wegen (12) schreiben

$$m e_k = m s_k - m s_{k+1}$$

und hieraus folgt

$$\sum_{k=0}^{p-1} y_{k+1} m e_k = y_1 m s_0 + y_2 m s_1 + \cdots + y_p m s_{p-1}$$
$$- y_1 m s_1 - \cdots - y_{p-1} m s_{p-1} - y_p m s_p,$$

und weil $m s_p = 0$ ist, hat man schließlich

$$(14)\qquad y_1 m s_0 + h \sum_{k=1}^{p-1} m s_k < \int_E f(P)\,dw + h m E.$$

Wir bezeichnen jetzt mit σ_k die Vereinigungsmenge der Zellen unseres Zellennetzes, die mit s_k einen Punkt gemeinsam haben; das ist eine Punktmenge, die der Menge S_3 des § 284 entspricht. Wir erhalten eine monoton abnehmende Folge von Punktmengen

$$(15)\qquad \sigma_0 \succ \sigma_1 \succ \sigma_2 \succ \cdots \succ \sigma_p,$$

bei der σ_0 dieselbe Bedeutung hat wie im vorigen Paragraphen und σ_p leer ist. Außerdem ist, wegen der Eigenschaften des Zellennetzes, stets (§ 284)

$$(16)\qquad m\sigma_k > m s_k.$$

Setzt man jetzt

$$(17)\qquad \eta_k = \sigma_k - \sigma_{k+1},$$

so besteht η_k aus Zellen, die keinen einzigen Punkt von s_{k+1} enthalten; wegen der Gleichung (9) ist also

$$E\eta_k \prec \boldsymbol{M}(f < y_{k+1})$$

und durch Umordnen der Glieder der Summe in der Gleichung (4) erhält man die Beziehung

$$\bar{S}_\varrho \leqq \sum_{k=0}^{p-1} y_{k+1} m \eta_k.$$

Eine der Umformung von (13) in (14) analoge Rechnung liefert hierauf

$$\bar{S}_\varrho \leqq y_1 m\sigma_0 + h \sum_{k=1}^{p-1} m\sigma_k$$

und, wenn man (14) benutzt,

$$(18)\qquad \bar{S}_\varrho \leqq \int_E f(P)\,dw + h\cdot mE + y_1(m\sigma_0 - m s_0) + h \sum_{k=1}^{p-1} (m\sigma_k - m s_k).$$

Ist jetzt ε eine beliebige positive Zahl, so wähle man die Anzahl p der Teilungspunkte (6), so daß

$$h\cdot mE < \frac{\varepsilon}{2}$$

sei; dazu genügt es, die natürliche Zahl

$$p > \frac{2(G - g + 1)\,mE}{\varepsilon}$$

zu wählen. Hierauf kann man mit Berücksichtigung der Abgeschlossenheit der Punktmengen s_k nach der Schlußgleichung des § 285 eine positive Zahl ϱ_0 so wählen, daß die Ungleichheit

$$y_1(m\sigma_0(\varrho) - ms_0) + h\sum_{k=1}^{p-1}(m\sigma_k(\varrho) - ms_k) < \frac{\varepsilon}{2}$$

gilt, sobald $\varrho < \varrho_0$ ist. Dann ist aber nach (5) und (18) für jedes Zellennetz, dessen Durchmesser ϱ die Zahl ϱ_0 nicht übertrifft,

$$\int_E f(P)\,dw \leqq S_\varrho \leqq \int_E f(P)\,dw + \varepsilon. \tag{19}$$

Wir betrachten nun eine Folge von Zellennetzen, deren Durchmesser ϱ gegen Null konvergieren. Die vorige Überlegung zeigt uns dann, daß die entsprechenden oberen Darbouxschen Summen gegen eine ganz bestimmte Zahl, nämlich gegen das Integral unserer Funktion $f(P)$ über E konvergieren.

412. Es sei jetzt $f(P)$ eine beschränkte, nach unten halbstetige Funktion. Wir definieren die untere Darbouxsche Summe, die einem gegebenen Zellennetz des Raumes entspricht, durch die Gleichung

$$\underline{S}_\varrho = \sum_k g(f; E\delta_k)\cdot m\delta_k, \tag{1}$$

die der Gleichung (4) des § 410 nachgebildet ist, und in welcher $g(f; E\delta_k)$ die untere Grenze der Funktion $f(P)$ in der Punktmenge $E\cdot\delta_k(\varrho)$ bedeutet. Die Summe ist über dieselben Zellen des Raumes erstreckt wie früher.

Nun bemerke man, daß die Funktion $-f(P)$ eine beschränkte und nach oben halbstetige Funktion ist, deren obere Darbouxsche Summe der Zahl $\underline{S}_\varrho$ entgegengesetzt ist. Hieraus folgt, daß mit abnehmendem Durchmesser des Zellennetzes die Zahl $\underline{S}_\varrho$ gegen das Integral von $f(P)$ über E konvergiert.

Die Resultate dieses und des vorigen Paragraphen lassen sich in folgendem Doppelsatz zusammenfassen:

Satz 1. *Ist E eine beschränkte und abgeschlossene Punktmenge und $f(P)$ eine auf E definierte, nach oben (unten) halbstetige und außerdem beschränkte Funktion, so konvergieren die oberen (unteren) Darbouxschen Summen von $f(P)$ über Zellennetze des Raumes, deren Durchmesser gegen Null streben, gegen das Integral*

$$\int_E f(P)\,dw.$$

413. Bei der Definition der beiden Darbouxschen Summen haben wir nur von der Beschränktheit der Punktmenge E und der Funktion $f(P)$

Gebrauch gemacht, dagegen die Abgeschlossenheit von E und die Halbstetigkeit von $f(P)$ nur wegen der Bedürfnisse des Konvergenzverfahrens hinzugezogen.

Wir können also die Darbouxschen Summen auch für ganz beliebige, beschränkte — nicht einmal meßbare — Funktionen bilden, deren Definitionsbereich E ebenfalls beschränkt, aber nicht meßbar zu sein braucht. Es existieren dann stets die beiden Summen

$$\overline{S}_\varrho = \sum_k \mathbf{G}(f;\, E\delta_k)\, m\delta_k, \tag{1}$$

$$\underline{S}_\varrho = \sum_k \mathbf{g}(f;\, E\delta_k)\, m\delta_k, \tag{2}$$

die über alle Zellen δ_k zu summieren sind, welche mit E einen gemeinsamen Punkt besitzen. Diese Summen konvergieren stets absolut.

Das bemerkenswerte Resultat von Darboux ist, daß auch hier mit abnehmendem, gegen Null konvergierenden Durchmesser des Zellennetzes die beiden Summen $\overline{S}_\varrho$ und $\underline{S}_\varrho$ gegen zwei wohlbestimmte Zahlen

$$\overline{\mathsf{S}}_E f(P)\,dw \quad \text{und} \quad \underline{\mathsf{S}}_E f(P)\,dw$$

konvergieren. Um dies zu zeigen, betrachten wir die abgeschlossene Hülle $\overline{E}$ von E, die eine beschränkte, abgeschlossene Punktmenge ist, und die obere und untere Limesfunktion der Funktion $f(P)$, die wir hier ebenso wie im § 123 mit $\Phi(P)$ und $\varphi(P)$ bezeichnen wollen. Nun bemerken wir, daß jede Zelle δ_k, die mit $\overline{E}$ einen Punkt gemeinsam hat, auch mit E einen Punkt gemeinsam haben muß (§ 284), so daß die Darbouxschen Summen (1) und (2) und die Darbouxschen Summen der halbstetigen Funktionen $\Phi(P)$ und $\varphi(P)$ über $\overline{E}$ sich bei derselben Zelleneinteilung über dieselben Zellen erstrecken.

Da ferner die Zellen δ_k offene Punktmengen sind, hat man (§ 133, Satz 12)

$$\mathbf{G}(\Phi;\, \overline{E}\,\delta_k) = \mathbf{G}(f;\, E\delta_k)$$

und

$$\mathbf{g}(\varphi\colon \overline{E}\,\delta_k) = \mathbf{g}(f;\, E\delta_k).$$

Die obere Darbouxsche Summe von $f(P)$ über E ist also gleich — und zwar gliedweise gleich — der oberen Darbouxschen Summe von $\Phi(P)$ über $\overline{E}$, und ebenso ist die untere Darbouxsche Summe von $f(P)$ über E gleich der unteren Darbouxschen Summe von $\varphi(P)$ über $\overline{E}$.

Diese letzten Summen konvergieren nach den vorigen Paragraphen gegen die Integrale der Funktion $\Phi(P)$ bzw. $\varphi(P)$ über $\overline{E}$, wenn man den Durchmesser des Zellennetzes gegen Null konvergieren läßt.

Es existieren also die Limites

$$\lim_{\varrho=0} \overline{S}_\varrho = \underline{\mathsf{S}}_E f(P)\,dw$$

und

$$\lim_{\varrho=0} \underline{S}_\varrho = \underline{\mathsf{S}}_E f(P)\,dw.$$

Diese letzten Zahlen nennt man gewöhnlich das obere und das untere Riemannsche Integral der Funktion $f(P)$ über E und man hat den

Satz 2. *Bezeichnet man mit*

$$\overline{\mathsf{S}}_E f(P)\,dw. \quad \mathsf{S}_E f(P)\,dw$$

das obere und das untere Riemannsche Integral einer beschränkten Funktion $f(P)$ über die beschränkte Punktmenge E. so gelten mit den obigen Bezeichnungen die Gleichungen

$$\mathsf{S}_E f(P)\,dw = \int_{\overline{E}} \Phi(P)\,dw, \tag{3}$$

$$\mathsf{S}_E f(P)\,dw = \int_{\overline{E}} \varphi(P)\,dw. \tag{4}$$

Riemannsche Integrale.

414. Sind die Punktmenge E und die Funktion $f(P)$ beide meßbar, so folgt aus der Beschränktheit von E und $f(P)$, daß $f(P)$ über E summierbar ist (§ 395, Satz 7). Ferner ist die Funktion, die in E gleich $f(P)$ und in $(\overline{E}-E)$ gleich der unteren Grenze g von $f(P)$ ist, über $\overline{E}$ summierbar und in keinem Punkte von $\overline{E}$ größer als $\Phi(P)$. Hieraus und aus der Gleichung (3) des letzten Paragraphen folgt aber sofort

$$\mathsf{S}_E f(P)\,dw > \int_E f(P)\,dw + g\cdot m|\overline{E}-E).$$

Ebenso findet man durch den Vergleich von $\varphi(P)$ mit einer Funktion, die in E gleich $f(P)$ und in $(\overline{E}-E)$ gleich der oberen Grenze G von $f(P)$ ist,

$$\mathsf{S}_E f(P)\,dw < \int_E f(P)\,dw + G\cdot m(\overline{E}-E).$$

Ist endlich noch außerdem E nach außen quadrierbar (§ 279), d. h. hat man

$$m(\overline{E}-E)=0,$$

so kann man statt der letzten Relationen einfach schreiben

$$\underline{\mathsf{S}}_E f(P)\,dw < \int_E f(P)\,dw < \overline{\mathsf{S}}_E f(P)\,dw.$$

415. Die Definition des Integrals, die vor der Lebesgueschen Theorie üblich war, ist zuerst für stetige Funktionen von Cauchy und später für die allgemeinsten in Betracht kommenden Funktionen von Riemann gegeben worden. Nach unserer bisherigen Terminologie erstreckt sich diese Definition über folgende Funktionen:

Definition. Eine auf einer beschränkten nach außen quadrierbaren (§ 279) Punktmenge E definierte Funktion $f(P)$ heißt nach Riemann integrierbar, falls das obere und das untere Riemannsche Integral von $f(P)$ über E den gleichen Wert haben, der dann das Riemannsche Integral von $f(P)$ über E heißt.

Nach Voraussetzung ist hier mit den Bezeichnungen der vorigen Paragraphen

$$(1) \qquad m(\overline{E} - E) = 0$$

und

$$(2) \qquad \int_{E} \Phi(P)\,dw = \int_{\overline{E}} \varphi(P)\,dw.$$

Aus diesen beiden Gleichungen folgt nun

$$\int_{\overline{E}} (\Phi(P) - \varphi(P))\,dw = 0.$$

Nach dem Satze 2 des § 405 muß aber dann, weil $(\Phi(P) - \varphi(P))$ eine nicht negative Funktion, nämlich die Schwankung $S(P)$ von $f(P)$ in E bedeutet,

$$(3) \qquad S(P) = \Phi(P) - \varphi(P) \sim 0$$

sein, und diese Bedingung ist hinreichend für die Gültigkeit der Gleichung (2).

Satz 1. *Dafür, daß eine Funktion $f(P)$ nach Riemann über E integrierbar sei, ist notwendig und hinreichend, daß diese Funktion beschränkt und, außer in einer Nullmenge, überall stetig sei und daß E beschränkt und nach außen quadrierbar sei.*

Aus der Bedingung (3) folgt ferner, wenn man noch die in jedem Punkte von E bestehende Ungleichheit

$$\varphi(P) < f(P) < \Phi(P)$$

benutzt.

$$(4) \qquad \varphi(P) \sim f(P) \sim \Phi(P).$$

Die Funktionen $\varphi(P)$ und $\Phi(P)$ sind über E summierbar, desgleichen also auch die ihnen äquivalente Funktion $f(P)$, die deshalb auch meßbar (§ 395, Satz 6) sein muß. Aus den Gleichungen (1) und (4) oder wenn man will, aus der Schlußrelation des letzten Paragraphen folgt ferner, daß das Riemannsche Integral über E denselben Wert wie das gewöhnliche hat.

Satz 2. *Eine über E nach Riemann integrierbare Funktion ist in E meßbar und auch über E summierbar und ihr Riemannsches Integral über E ist gleich dem gewöhnlichen.**)

416. Die Umkehrung des vorigen Satzes ist natürlich nicht richtig: z. B. ist die Dirichletsche Funktion (§ 170) meßbar und beschränkt und daher über das Intervall $0 < x < 1$ summierbar, aber wie man sofort sieht nicht nach Riemann integrierbar.

Die Klasse der nach Riemann integrierbaren Funktionen ist aber nicht nur deshalb wichtig, weil sie bis vor kurzem die allgemeinste Klasse von beschränkten Funktionen war, die man in der mathematischen Literatur systematisch behandelt hatte, und daher die Kenntnis ihrer Eigenschaften für das Studium der meisten mathematischen Abhandlungen unentbehrlich ist, sondern vor allem, weil man die Riemannschen Integrale durch einen Grenzprozeß berechnen kann, der die in den §§ 407 und 410 geschilderten bei weitem an Einfachheit übertrifft.

Wir betrachten dazu wieder ein Zellennetz des Raumes vom endlichen Durchmesser ϱ und bezeichnen, wie im § 410, mit

(1) $$\delta_1(\varrho),\ \delta_2(\varrho),\ \ldots$$

die in endlicher (oder abzählbar unendlicher) Anzahl vorhandenen Zellen die mit der Punktmenge E einen Punkt gemeinsam haben. In jeder der Punktmengen

(2) $$E \cdot \delta_k(\varrho)$$

wählen wir einen Punkt P_k aus und bilden die Riemannsche Summe

$$R_\varrho = \sum_k f(P_k) \cdot m\,\delta_k.$$

Zu einem Zellennetz kann es unendlich viele Riemannsche Summen geben, da man noch die Freiheit in der Wahl von P_k innerhalb der Punktmenge (2) besitzt. Aber für jede solche Wahl ist nach den Formeln (1) und (2) des § 413

(3) $$\underline{S}_\varrho < R_\varrho \leqq \overline{S}_\varrho.$$

Man kann nun P_k innerhalb der Zelle δ_k so wählen, daß für jedes k die

*) D. h. dem Integral, das wir in den §§ 381 und 391 definiert haben, und das auch im Gegensatz zum Riemannschen das Lebesguesche Integral genannt wird.

Ungleichheit

$$(G(f: E\delta_k) - f(P_k)) \cdot m\delta_k < \frac{\varrho}{2^k}$$

ist. Dann ist, wenn man über k summiert,

$$\bar{S}_\varrho - R_\varrho < \varrho .$$

Durch eine andere Wahl der P_k hätte man bei demselben Zellennetz erreichen können, daß

$$R_\varrho - \underline{S}_\varrho < \varrho$$

ist.

Betrachtet man jetzt eine Folge von Zellennetzen, deren Durchmesser

$$\varrho_1, \varrho_2, \varrho_3, \ldots$$

gegen Null konvergieren, so kann man ihnen eine Folge von Riemannschen Summen zuordnen, für welche

$$\bar{S}_{\varrho_{2k-1}} - R_{\varrho_{2k-1}} < \varrho_{2k-1} \qquad (k = 1, 2, \ldots)$$

zugleich mit

$$R_{\varrho_{2k}} - \underline{S}_{\varrho_{2k}} < \varrho_{2k} \qquad (k = 1, 2, \ldots)$$

gilt.

Ist die Funktion $f(P)$ nicht nach Riemann integrierbar, so werden die Riemannschen Summen mit ungeradem Index gegen das obere, die mit geradem Index aber gegen das untere Riemannsche Integral konvergieren, die ganze Folge also überhaupt keinen Grenzwert haben.

Ist dagegen $f(P)$ über E nach Riemann integrierbar, so wird, wegen (3), bei ganz beliebiger Wahl der Riemannschen Summen R_{ϱ_k} die Gleichung

$$\lim_{k=\infty} R_{\varrho_k} = \int_E f(P)\, dw$$

stattfinden. Es gilt also der

Satz 3. *Ist E eine beschränkte, nach außen quadrierbare Punktmenge und bildet man für eine Folge von Zellennetzen, deren Durchmesser gegen Null konvergieren, ganz beliebige Riemannsche Summen einer in E beschränkten Funktion $f(P)$, so konvergieren diese Summen dann und nur dann immer gegen einen bestimmten Wert, wenn $f(P)$ über E nach Riemann integrierbar ist. In diesem Falle ist die Grenze der Riemannschen Summen stets gleich dem Integral der Funktion.*

Bei diesem Grenzverfahren ist vor allem zu beachten, daß man die Punkte P_k in jeder Zelle ganz willkürlich wählen kann. Es ist natürlich nicht gesagt, daß man bei spezieller, besonders kunstvoller Wahl der Punkte P_k nicht Riemannsche Summen bilden kann, die gegen das Integral einer summierbaren, aber nach Riemann nicht integrierbaren Funktion konvergieren.

417. Wir wollen jetzt einige Bedingungen aufstellen, unter denen eine gegebene Funktion nach Riemann integrierbar ist.

Satz 4. *Eine auf einer beschränkten, nach außen quadrierbaren Punktmenge E stetige und beschränkte Funktion ist nach Riemann integrierbar.*

Der Satz ist eine direkte Folge des Satzes 1 des § 415; die Bedingung der Beschränktheit der Funktion muß natürlich erwähnt werden und kann nur für abgeschlossene Punktmengen E durch die Bedingung ersetzt werden, daß $f(P)$ endlich sein soll (§ 137, Satz 6). Dagegen braucht die Funktion $f(P)$ nicht nullter Klasse auf E zu sein (§ 362), d. h. es kann in der Nullmenge $(\bar{E} - E)$ die Schwankung

$$\Phi(P) - \varphi(P) \neq 0$$

sein.

Satz 5. *Eine in einem Intervalle*

$$a < x < b$$

beschränkte monotone Funktion ist nach Riemann integrierbar.

Wir sahen nämlich, daß die Unstetigkeitspunkte einer solchen Funktion immer eine abzählbare Punktmenge (§ 151, Satz 7) bilden und eine solche Menge hat stets den Inhalt Null.

418. Eine beschränkte halbstetige Funktion braucht nicht nach Riemann integrierbar zu sein. Eine Funktion, die in der offenen, überall dichten Punktmenge A, die wir im § 280 angegeben haben, gleich Null ist und in allen übrigen Punkten des abgeschlossenen Intervalls $0 \leqq x \leqq 1$ den Wert Eins annimmt, ist halbstetig. Ihre Schwankung ist aber gleich Eins in allen Punkten des Intervalls, die nicht zu A gehören und von diesen Punkten haben wir gerade bewiesen, daß sie keine Nullmenge bilden, sondern eine Menge vom Inhalte $\frac{1}{2}$.

Dagegen gilt der

Satz 6. *Die obere und die untere Limesfunktion einer über E nach Riemann integrierbaren Funktion sind ebenfalls über E und sogar über $\bar{E}$ nach Riemann integrierbare Funktionen.*

In der Tat ist die Schwankung der Limesfunktionen einer Funktion in keinem Punkte von E größer als die der Funktion selbst (§ 140, Satz 2), und folglich, falls die Funktion nach Riemann integrierbar ist, überall Null außer höchstens in einer Nullmenge von E oder in der Nullmenge $(\bar{E}-E)$.

Dagegen können die beiden Limesfunktionen einer Funktion nach Riemann integrierbar sein, ohne daß dies für die Funktion selbst der Fall ist. Z. B. hat die Funktion, die in allen rationalen Punkten eines Intervalls gleich Eins und sonst gleich Null ist, überall die Schwankung Eins und ist also nicht nach Riemann integrierbar, ihre beiden Limesfunktionen sind aber stetige Funktionen und daher integrierbar nach Riemann. Hier fällt das untere Riemannsche Integral der Funktion mit dem gewöhnlichen Integral zusammen. Die im § 128 gebildete Funktion liefert uns dagegen ein Beispiel einer summierbaren Funktion, deren Integral weder dem oberen noch dem unteren Riemannschen Integral der Funktion gleich ist und wo die beiden Limesfunktionen der Funktion wiederum stetig sind.

419. Sind $f_1(P)$ und $f_2(P)$ zwei über E nach Riemann integrierbare Funktionen, so seien N_1 und N_2 die Teilmengen von E, in denen die Schwankungen von $f_1(P)$ und $f_2(P)$ von Null verschieden sind. Nach Voraussetzung sind N_1 und N_2 Nullmengen, desgleichen also ihre Vereinigungsmenge

$$N = N_1 \dotplus N_2.$$

In jedem Punkte von $(E-N)$ sind also die beiden Funktionen $f_1(P)$ und $f_2(P)$ stetig und nach dem Satze 9 des § 131 gilt dasselbe von

$$f_1(P) \pm f_2(P), \qquad f_1(P) f_2(P),$$

und, falls $f_2(P) \neq 0$ ist, von

$$\frac{f_1(P)}{f_2(P)}.$$

Die Schwankung dieser letzten Funktionen ist also höchstens in der Nullmenge N von Null verschieden und wir können folgendes schließen:

Satz 7. *Sind $f_1(P)$ und $f_2(P)$ zwei über E nach Riemann integrierbare Funktionen, so gilt dasselbe von*

$$f_1(P) \pm f_2(P), \qquad f_1(P) f_2(P) \tag{1}$$

und endlich auch von

$$\frac{f_1(P)}{f_2(P)}, \tag{2}$$

dieses aber nur, wenn in jedem Punkte von E die Bedingung $f_2(P) \neq 0$ besteht und wenn die Funktion (2) *in E beschränkt ist.*

Ist insbesondere $f_2(P) = \lambda$ eine Konstante, so folgt aus dem vorigen Satze, daß $\lambda f_1(P)$ nach Riemann integrierbar ist. Ferner folgt durch den Schluß von n auf $(n+1)$, daß jeder Ausdruck, in welchem endlich viele nach Riemann integrierbare Funktionen vorkommen und der durch Wiederholung von endlich vielen Operationen, wie (1) und (2), gebildet ist, ebenfalls eine nach Riemann über E integrierbare Funktion darstellt.

Dieselbe Schlußweise auf die Sätze 10 und 11 des § 132 angewandt liefert ferner den

Satz 8. *Der absolute Betrag* $|f(P)|$ *einer über* E *nach Riemann integrierbaren Funktion* $f(P)$ *ist nach Riemann integrierbar.*

Die obere und die untere Grenze einer Folge von endlich vielen, nach Riemann über E *integrierbaren Funktionen hat dieselbe Eigenschaft.*

420. Dagegen braucht die obere oder untere Grenze einer Folge von unendlich vielen, nach Riemann integrierbaren Funktionen, selbst wenn sie summierbar und beschränkt ist, nicht nach Riemann integrierbar zu sein. Im § 418 haben wir z. B. eine nach oben halbstetige Funktion untersucht, die beschränkt war und über das Intervall $0 \leqq x \leqq 1$ nicht nach Riemann integrierbar war. Eine solche Funktion kann aber stets als untere Grenze einer monoton abnehmenden Folge von stetigen beschränkten Funktionen angesehen werden (§ 367, Satz 2), womit aber schon unsere Behauptung erwiesen ist.

Die Sätze der §§ 399—402, die für summierbare Funktionen gelten, können also auf nach Riemann integrierbare Funktionen nicht übertragen werden, mit Ausnahme des Satzes 17, der sich auf gleichmäßig konvergente Folgen bezieht.

Es sei nämlich

$$f_1(P), f_2(P), \ldots \tag{1}$$

eine Folge von unendlich vielen, über E nach Riemann integrierbaren Funktionen, die gleichmäßig gegen eine Funktion $f(P)$ konvergiert.

Mit N_k bezeichnen wir die Nullmenge, in welcher die Schwankung von $f_k(P)$ nicht verschwindet, und mit N die Vereinigungsmenge

$$N = N_1 + N_2 + N_3 + \cdots.$$

Dann ist N ebenfalls eine Nullmenge und in jedem Punkte von $(E-N)$ ist für jedes k die Funktion $f_k(P)$ stetig.

Konvergiert die Folge (1) gleichmäßig gegen eine Funktion $f(P)$, so ist $f(P)$ beschränkt (§ 172, Satz 1) und stetig in jedem Punkte von $(E-N)$ (Satz 2 desselben Paragraphen), also auch nach Riemann integrierbar über E (§ 415, Satz 1).

Satz 9. *Eine gleichmäßig konvergente Folge von über* E *nach Riemann integrierbaren Funktionen konvergiert gegen eine Funktion von derselben Eigenschaft.*

421. Es sei E_1 eine beliebige, nach außen quadrierbare Teilmenge von E und $f(P)$ eine über E nach Riemann integrierbare Funktion. Dann ist $f(P)$ in E_1 beschränkt und die Punkte N_1 von E_1, in denen die Schwankung von $f(P)$ von Null verschieden ist, bilden eine Teilmenge der Punktmenge N von E, in welcher die Schwankung von $f(P)$ in E nicht verschwindet.

Da N eine Nullmenge ist, so gilt dasselbe von N_1 und wir haben den

Satz 10. *Eine über E nach Riemann integrierbare Funktion hat auf jeder nach außen quadrierbaren Teilmenge E_1 von E dieselbe Eigenschaft.*

Es seien anderseits E_1 und E_2 zwei nach außen quadrierbare beschränkte Punktmengen ohne gemeinsame Punkte, $\overline{E}_1$ und $\overline{E}_2$ ihre abgeschlossenen Hüllen und

$$E = E_1 + E_2. \tag{1}$$

Weil $E_1 E_2 = 0$ ist, kann man schreiben

$$\left\{\begin{array}{l} E_1 = (E_1 - \overline{E}_2 E_1) + (\overline{E}_2 - E_2) E_1, \\ E_2 = (E_2 - \overline{E}_1 E_2) + (\overline{E}_1 - E_1) E_2. \end{array}\right. \tag{2}$$

Ist nun $f(P)$ eine auf E definierte Funktion und $S(P)$, $S_1(P)$, $S_2(P)$ ihre Schwankung auf E, E_1 und E_2, so ist, weil $\overline{E}_2$ und $\overline{E}_1$ abgeschlossen sind,

$$\left\{\begin{array}{lll} S(P) = S_1(P) & \text{in der Punktmenge} & (E_1 - \overline{E}_2 E_1), \\ S(P) = S_2(P) & \text{,,} \quad \text{,,} \qquad \text{,,} & (E_2 - \overline{E}_1 E_2). \end{array}\right. \tag{3}$$

Nimmt man nun an, daß $f(P)$ über E_1 und E_2 nach Riemann integrierbar ist, und bezeichnet mit N_1 und N_2 die Nullmengen, in denen $S_1(P)$ und $S_2(P)$ nicht verschwinden, so ist nach (2) und (3) die Schwankung $S(P)$ unserer Funktion überall Null auf E, außer höchstens in der Punktmenge

$$N = N_1 + N_2 + (\overline{E}_1 - E_1) + (\overline{E}_2 - E_2). \tag{4}$$

Da nach Voraussetzung sämtliche Bestandteile der Vereinigungsmenge (4) Nullmengen sind und außerdem $f(P)$ auf E beschränkt und E nach außen quadrierbar (§ 279, Satz 2) und beschränkt ist, so ist $f(P)$ über E nach Riemann integrierbar.

Mit Hilfe des Schlusses der vollständigen Induktion haben wir den

Satz 11. *Sind $E_1, E_2, \ldots, E_m$ endlich viele beschränkte, nach außen quadrierbare Punktmengen ohne gemeinsame Punkte und setzt man*

$$E = E_1 + E_2 + \cdots + E_m,$$

so ist jede auf E definierte Funktion $f(P)$, die über jedes E_k nach Riemann integrierbar ist, auch über E nach Riemann integrierbar.

Dieser Satz kann nicht auf abzählbar unendlich viele Punktmengen E_k übertragen werden. Um dies zu zeigen, betrachten wir wieder das Beispiel am Anfang des § 418 und bezeichnen mit B die abgeschlossene Punktmenge, in welcher die Funktion unseres Beispiels gleich Eins ist, und mit

$$\delta_1, \delta_2, \delta_3, \ldots$$

die unendlich vielen (linearen) Intervalle, deren Summe gleich der Punktmenge A ist, in welcher unsere Funktion verschwindet. Dann ist die Funktion sowohl auf B als auch auf jedem δ_k nach Riemann integrierbar, nicht aber, wie wir schon sahen, auf

$$B + \delta_1 + \delta_2 + \delta_3 + \cdots.$$

Bemerkung. Da jede über eine Punktmenge E nach Riemann integrierbare Funktion auch über E summierbar ist und ihr gewöhnliches Integral gleich dem Riemannschen ist, gelten sämtliche früheren Rechnungsregeln für Integrale (und insbesondere der Mittelwertsatz) auch in der Riemannschen Integrationstheorie, insofern die vorkommenden Funktionen alle nach Riemann integrierbar sind. Dieses muß in jedem speziellen Falle z. B. mit Hilfe der Sätze dieses Abschnitts nachgewiesen werden. Das Rechnen mit Riemannschen Integralen folgt dann einfach aus der Kombination der letzten Sätze mit den früheren.

422. Durch eine geringfügige Änderung der Schlußweise am Ende des § 367 kann man nach Riemann integrierbare Funktionen angeben, die von keiner endlichen Klasse sind. Dazu betrachten wir, wie im § 351, eine stetige monoton wachsende Funktion $u = f(x)$, welche die abgeschlossenen Intervalle $0 \leqq x \leqq 1$ und $0 \leqq u \leqq 1$ eineindeutig und stetig aufeinander und einen maßgleichen Kern B des ersten Intervalls auf eine Nullmenge B^* des zweiten abbildet. Es sei B_1 eine perfekte Teilmenge von B, die keine Nullmenge ist (§ 278, Satz 12) und C eine nicht meßbare Teilmenge von B_1 (§ 334, Satz 3). Das Bild B_1^* von B_1 ist wegen der Stetigkeit der Abbildung abgeschlossen und als Teilmenge von B^* eine Nullmenge.

Es sei nun $\varphi(u)$ eine Funktion, die in jedem Punkte des Bildes C^* von C gleich Eins und in der Komplementärmenge von C^* gleich Null ist. In jedem Punkte der u-Achse, der nicht zur abgeschlossenen Hülle von C^* gehört, ist die Schwankung der Funktion $\varphi(u)$ gleich Null, und da diese abgeschlossene Hülle als Teilmenge von B_1^* eine Nullmenge ist, ist die Funktion $\varphi(u)$ nach Riemann integrierbar über das Intervall $0 \leqq u \leqq 1$. Dagegen beweist man, nach der Schlußweise am Ende des § 367, daß $\varphi(u)$ von keiner endlichen Klasse sein kann.

423. Wir wollen zeigen, wie man die Integration von stetigen Funktionen über beschränkte und abgeschlossene Punktmengen benutzen kann, um das Integral einer beliebigen, summierbaren Funktion zu berechnen. Eine über E summierbare Funktion $f(P)$ ist nämlich einer endlichen Funktion äquivalent (§ 391) und wir können daher die Resultate der §§ 371 und 372 benutzen.

Wir bezeichnen, wie im § 372, mit $B_1, B_2, B_3, \ldots$ eine Folge von abgeschlossenen Punktmengen, auf denen $f(P)$ stetig ist, und für welche

$$m(E - B_k) < \frac{1}{2^k} \tag{1}$$

ist. Ferner bezeichne man mit W_k einen abgeschlossenen Würfel, der dem Anfangspunkte der Koordinaten konzentrisch und von der Kantenlänge k ist, und setze

$$E_k = W_k(B_1 \dotplus B_2 \dotplus \cdots \dotplus B_k) \qquad (k = 1, 2, \ldots). \tag{2}$$

Die Funktion $f(P)$ ist auf jeder der abgeschlossenen Punktmengen E_k stetig (§ 164); ferner enthält die Punktmenge

$$E_0 = \lim_{k=\infty} E_k \tag{3}$$

jeden Punkt von

$$B_1 \dotplus B_2 \dotplus B_3 \dotplus \cdots$$

und wegen (1) ist

$$m(E - E_0) = 0.$$

Es ist also

$$\int_E f(P)\,dw = \int_{E_0} f(P)\,dw \tag{4}$$

und, wenn man mit $\varphi_k(P)$ eine Funktion bezeichnet, die in E_k gleich der Funktion $f(P)$ und sonst Null ist, so ist für jeden Punkt von E_0

$$f(P) = \lim_{k=\infty} \varphi_k(P).$$

Außerdem ist überall in E_0

$$|\varphi_k(P)| \leq |f(P)|$$

und folglich nach dem Satze 16 des § 402

$$\int_{E_0} f(P)\,dw = \lim_{k=\infty} \int_{E_0} \varphi_k(P)\,dw. \tag{5}$$

Endlich liefert der Vergleich von (4) und (5), wenn man noch berücksichtigt, daß

$$\int_{E_0} \varphi_k(P)\,dw = \int_{E_k} f(P)\,dw$$

ist, das Resultat

$$\int_E f(P)\,dw = \lim_{k=\infty} \int_{E_k} f(P)\,dw,$$

das u. a. folgenden Satz enthält:

Satz 12. *Jedes Integral einer summierbaren Funktion kann als Grenze von Integralen von stetigen Funktionen über abgeschlossene und beschränkte Punktmengen und mithin als Grenze von Riemannschen Integralen berechnet werden.*

Kapitel IX. Das unbestimmte Integral und die additiven totalstetigen Mengenfunktionen.

Das unbestimmte Integral.

424. In diesem Kapitel beschäftigen wir uns mit Funktionen $f(P)$ eines Punktes P des n-dimensionalen Raumes, die über jede meßbare Punktmenge des Raumes von endlichem Inhalte summierbar sind Die Funktionen, die zugleich meßbar und beschränkt sind, haben z. B. diese Eigenschaft (§ 395, Satz 7). Ebenso die Funktionen, die über eine meßbare Punktmenge E summierbar sind und in der Komplementärmenge E' von E verschwinden.

Der Wert des Integrals von $f(P)$ über eine beliebige meßbare Punktmenge e von endlichem Inhalt ist eine Zahl, die von der Wahl von e abhängt, und daher als eine Mengenfunktion $F(e)$ angesehen werden kann (§ 83). Diese Mengenfunktion

$$F(e) = \int_e f(P)\,dw \tag{1}$$

nennt man das unbestimmte Integral von $f(P)$.

Es seien $f(P)$ und $g(P)$ zwei Funktionen, welche dasselbe unbestimmte Integral $F(e)$ besitzen; wir betrachten die Punktmengen

$$E_1 = \boldsymbol{M}(f > g), \qquad E_2 = \boldsymbol{M}(f < g) \tag{2}$$

und bemerken, daß diese Punktmengen, die notwendig meßbar sind, beide Nullmengen sein müssen. Ist in der Tat z. B. E_1 keine Nullmenge, so gibt es meßbare Teilmengen e_1 von E_1, die ebenfalls keine Nullmengen sind, und deren Inhalt endlich und von Null verschieden ist (§ 269, Satz 3). Für diese muß nach Voraussetzung

$$\int_{e_1} f(P)\,dw = \int_{e_1} g(P)\,dw,$$

oder, wenn man bemerkt, daß wegen (2) die Operation $(f(P) - g(P))$ in e_1 stets ausführbar ist, muß auch nach der Bemerkung am Ende des § 395

$$\int_{e_1} (f(P) - g(P))\, dw = 0$$

sein, was aber, weil in jedem Punkte von e_1

$$f(P) > g(P)$$

ist, und $me_1 \neq 0$ ist, dem Satze 2 des § 405 widerspricht. Die Funktionen $f(P)$ und $g(P)$ müssen daher äquivalent sein.

Hat umgekehrt die Funktion $f(P)$ ein unbestimmtes Integral $F(e)$ und ist $g(P)$ eine ihr äquivalente Funktion, so ist nach dem Satze 3 des § 392 die Funktion $g(P)$ über jede Punktmenge mit endlichem Inhalte summierbar und ihr unbestimmtes Integral gleich $F(e)$.

Satz 1. *Die notwendige und hinreichende Bedingung dafür, daß zwei Funktionen dasselbe unbestimmte Integral besitzen, ist, daß sie im ganzen Raume äquivalent seien.*

Aus dem Satze 10 des § 396 folgt, wenn man mit e_1 und e_2 zwei meßbare Punktmengen von endlichem Inhalte ohne gemeinsame Punkte bezeichnet,

$$(3) \qquad \left\{ \begin{aligned} F(e_1 + e_2) &= \int_{e_1 + e_2} f(P)\, dw \\ &= \int_{e_1} f(P)\, dw + \int_{e_2} f(P)\, dw \\ &= F(e_1) + F(e_2). \end{aligned} \right.$$

Von einer Mengenfunktion, welche die Eigenschaft

$$F(e_1 + e_2) = F(e_1) + F(e_2)$$

besitzt, sagt man, daß sie additiv ist.

Satz 2. *Jedes unbestimmte Integral ist eine additive Mengenfunktion.*

425. Wir betrachten eine nicht negative Funktion $\varphi(P)$, die über den ganzen Raum $\mathfrak{R}_n$ summierbar ist, und definieren durch die Gleichungen

$$(1) \qquad \left\{ \begin{array}{lll} \varphi_k(P) = \varphi(P) & \text{auf} & M(\varphi < k), \\ \varphi_k(P) = k & \text{„} & M(\varphi \geqq k) \end{array} \right.$$

eine monoton wachsende Folge von beschränkten Funktionen, die gegen

$\varphi(P)$ konvergiert. Es ist dann (§ 383, Satz 4)

$$\int_{\Re_n} \varphi(P)\,dw = \lim_{k=\infty} \int_{\Re_n} \varphi_k(P)\,dw,$$

und man kann, wenn ε eine beliebige positive Zahl bedeutet, die natürliche Zahl k_0 so bestimmen, daß

$$\int_{\Re_n} (\varphi(P) - \varphi_{k_0}(P))\,dw < \frac{\varepsilon}{2}$$

ist.

Es sei jetzt e eine beliebige meßbare Punktmenge von **endlichem Inhalte**; man hat

$$\int_e \varphi(P)\,dw - \int_e \varphi_{k_0}(P)\,dw \leqq \int_{\Re_n} (\varphi(P) - \varphi_{k_0}(P))\,dw < \frac{\varepsilon}{2},$$

woraus mit Hilfe des Mittelwertsatzes (§ 406, Satz 3) folgt, da nach (1) stets $\varphi_{k_0}(P) < k_0$ ist,

$$\int_e \varphi(P)\,dw < k_0 \cdot me + \frac{\varepsilon}{2}.$$

Für alle meßbaren Punktmengen e, **die der Bedingung**

(2) $$me \leqq \frac{\varepsilon}{2k_0}$$

genügen, ist also stets

(3) $$\int_e \varphi(P)\,dw < \varepsilon$$

426. Einer **nicht negativen** meßbaren Funktion $f(P)$ ordnen wir die monoton abnehmende Folge von Punktmengen

(1) $$E_k = M(f > 2^k) \qquad (k = 1, 2, \ldots)$$

zu. Sind die Punktmengen E_k alle von **unendlichem Inhalt**, so kann man eine meßbare Teilmenge e_1 von E_1 bestimmen, für welche $me_1 = 1:2$ ist und hierauf für jede natürliche Zahl $k \geqq 2$ eine meßbare Teilmenge e_k von $(E_k - (e_1 + \cdots + e_{k-1})\,E_k)$, für welche $me_k = 1:2^k$ ist. Die Folge $e_1, e_2, \ldots$ von Punktmengen besitzt also folgende Eigenschaften

(2) $$\begin{cases} e_k \prec E_k, \quad e_j e_k = 0 & (j \neq k), \\ me_k = \dfrac{1}{2^k}. \end{cases}$$

Wir betrachten noch die Punktmenge

$$s = e_1 + e_2 + \cdots$$

und bemerken, daß wegen (2)

$$ms = 1$$

ist. Nun ist unsere Funktion $f(P)$ entweder schon nicht summierbar über eine der Punktmengen e_k oder, falls $f(P)$ über sämtliche e_k summierbar ist, so ist sie es nicht über s, denn man hat nach dem Mittelwertsatz (§ 406, Satz 3) mit Berücksichtigung von (1) und (2)

$$\int_{e_k} f(P)\,dw \geqq 1 \qquad (k = 1, 2, \ldots)$$

und daher

$$\sum_{k=1}^{\infty} \int_{e_k} f(P)\,dw = \infty;$$

dieses könnte aber nach dem Satze 11 des § 397 nicht stattfinden, falls $f(P)$ über s summierbar sein sollte. Die Punktmengen e_k und s sind von endlichem Inhalt; aus unserer Voraussetzung, daß die E_k sämtlich von unendlichem Inhalt sind, folgt also die Existenz von mindestens einer meßbaren Punktmenge endlichen Inhalts über die die Funktion $f(P)$ nicht summierbar ist.

Umgekehrt folgt also aus der Voraussetzung, daß eine nicht negative Funktion $f(P)$ über jede Punktmenge endlichen Inhalts summierbar ist, die Existenz einer Zahl k_0, so daß E_{k_0} von endlichem Inhalte ist. Dann muß aber $f(P)$ nach Voraussetzung auch über E_{k_0} summierbar sein; nach der Gleichung (1) ist in jedem Punkte der Komplementärmenge E'_{k_0} von E_{k_0} die nicht negative Funktion $f(P)$ nicht größer als 2^{k_0}, also beschränkt.

427. Das letzte Resultat des vorigen Paragraphen kann auf Funktionen beliebigen Vorzeichens übertragen werden. Es sei $f(P)$ eine nicht notwendig endliche Funktion, die über jede meßbare Punktmenge e von endlichem Inhalte summierbar ist. Ist dann W irgend ein Würfel des Raumes, so ist $f(P)$ über W summierbar und die Punkte von W, in denen $f(P)$ unendlich ist, müssen eine Nullmenge bilden. Hieraus folgt, daß $f(P)$ in allen Punkten des $\Re_n$, außer höchstens in einer Nullmenge N, endlich ist.

Wir betrachten die nicht negative Funktion $\varphi(P)$, die in allen Punkten der Komplementärmenge N' von N gleich $|f(P)|$ ist und in N verschwindet. Die Funktion $\varphi(P)$ ist endlich und über jede meßbare Punktmenge e von endlichem Inhalt summierbar. Nach dem vorigen Paragraphen gibt es dann eine meßbare Punktmenge E, so daß die Funktion $\varphi(P)$ über E summierbar ist und in der Komplementärmenge E' von E beschränkt ist. Es sei $\psi(P)$ eine Funktion, die in $(E + E'N)$ gleich $f(P)$ ist und in $(E' - E'N)$ verschwindet; diese Funktion ist dann über den ganzen Raum $\Re_n$ summierbar. Ferner sei $\chi(P)$ eine Funktion, die in $(E+E'N)$ verschwindet und in $(E'-E'N)$ gleich $f(P)$ ist; die Funktion $\chi(P)$ ist meßbar und beschränkt. Ferner ist

$$f(P) = \psi(P) + \chi(P),$$

d. h. eine Funktion, die über jede beliebige meßbare Punktmenge endlichen Inhalts summierbar ist, ist die Summe von zwei meßbaren Funktionen, von denen die eine über den ganzen Raum summierbar und die andere beschränkt ist.

Umgekehrt sieht man sofort ein, daß die Summe von zwei derartigen Funktionen über jede meßbare Punktmenge e von endlichem Inhalte summierbar ist. Wir haben also den

Satz 3. *Dafür, daß eine Funktion $f(P)$ ein unbestimmtes Integral $F(e)$ besitze, ist notwendig und hinreichend, daß man $f(P)$ als Summe von zwei meßbaren Funktionen darstellen kann, von denen die eine über den ganzen Raum summierbar und die andere beschränkt ist.*

428. Wir wollen jetzt die Bedingungen dafür aufstellen, daß das unbestimmte Integral $F(e)$ einer Funktion $f(P)$ eine beschränkte Mengenfunktion sei. Wir nehmen also an, es existiere eine endliche Zahl G, so daß für jede meßbare Punktmenge e von endlichem Inhalte

$$\left|\int_e f(P)\,dw\right| \leqq G \tag{1}$$

ist. Wir führen die beiden Punktmengen

$$E = \mathbf{M}(f \geqq 0) \quad \text{und} \quad E' = \mathbf{M}(f < 0)$$

ein. Dann ist für jede meßbare Punktmenge e von endlichem Inhalte

$$\int_e |f(P)|\,dw = \int_{eE} f(P)\,dw - \int_{eE'} f(P)\,dw$$

und daher nach (1)

$$\int_e |f(P)|\,dw \leqq 2\,G.$$

Da hiernach das Integral der nicht negativen Funktion $|f(P)|$ über jeden beliebigen Würfel nicht größer als die endliche Zahl $2G$ sein kann, so ist (§ 397) diese Funktion und daher auch $f(P)$ selbst (§ 395, Satz 6) über den ganzen Raum $\mathfrak{R}_n$ summierbar.

Ist umgekehrt $f(P)$ über den ganzen Raum summierbar, so gilt dasselbe von ihrem absoluten Betrage $|f(P)|$ und, wenn man

$$\int_{\mathfrak{R}_n} |f(P)|\,dw = G$$

setzt, so ist (§ 395, Satz 8) für jede meßbare Punktmenge e des Raumes

$$|F(e)| < \int_e |f(P)|\, dw < G.$$

Wir haben also den

Satz 4. *Dafür, daß das unbestimmte Integral $F(e)$ einer Funktion $f(P)$ eine beschränkte Mengenfunktion sei, ist notwendig und hinreichend, daß die Funktion $f(P)$ über den ganzen Raum $\mathfrak{R}_n$ summierbar sei.*

429. Es sei $F(e)$ das unbestimmte Integral einer Funktion $f(P)$ und ε eine beliebige positive Zahl. Nach dem Satze 3 des § 427 können wir schreiben

$$f(P) = \psi(P) + \chi(P),$$

wobei $\psi(P)$ über den ganzen Raum summierbar und $\chi(P)$ meßbar und beschränkt ist. Mit $\psi(P)$ ist auch die Funktion $|\psi(P)|$ über den ganzen Raum summierbar und nach dem § 425 können wir eine positive Zahl δ', die von ε abhängt, so bestimmen, daß für jede meßbare Punktmenge e, die der Bedingung

$$me \leqq \delta'$$

genügt, die Relation

$$(1) \qquad \int_e |\psi(P)|\, dw \leqq \frac{\varepsilon}{2}$$

erfüllt ist. Anderseits ist nach Voraussetzung

$$|\chi(P)| \leqq G$$

und daher ist auch, wenn man

$$\delta'' = \frac{\varepsilon}{2G}$$

setzt, für alle meßbaren Punktmengen e, die der Bedingung

$$me \leqq \delta''$$

genügen, nach dem Mittelwertsatz (§ 406, Satz 3)

$$(2) \qquad \int_e |\chi(P)|\, dw \leqq \frac{\varepsilon}{2}.$$

Bezeichnet man also mit δ die kleinere der beiden Zahlen δ' und δ'', so ist $\delta > 0$ und für jede meßbare Punktmenge e, welche der Bedingung

$$me \leqq \delta$$

genügt, sind die beiden Relationen (1) und (2) zugleich erfüllt und daher

$$|F(e)| \leqq \int_e |\psi(P)|\, dw + \int_e |\chi(P)|\, dw \leqq \varepsilon.$$

Hieraus folgt der

Satz 5. *Ist $F(e)$ das unbestimmte Integral einer Funktion, so kann man jeder positiven Zahl ε eine ebenfalls positive Zahl δ zuordnen, so daß für alle meßbaren Punktmengen e, die der Bedingung*

$$me \leqq \delta$$

genügen, die Relation

$$|F(e)| \leqq \varepsilon$$

erfüllt ist. Eine Mengenfunktion $F(e)$ mit dieser Eigenschaft heißt totalstetig.

Additive totalstetige Mengenfunktionen.

430. Wir wollen jetzt eine vom Begriffe des unbestimmten Integrals unabhängige Untersuchung der totalstetigen, additiven Mengenfunktionen führen, durch welche sich die Identität der beiden Begriffe ergeben wird (§ 439).

Wir betrachten also eine endliche Mengenfunktion $F(e)$, deren Definitionsbereich $\mathfrak{E}$ aus der Gesamtheit der meßbaren Punktmengen e mit endlichem Inhalte besteht. Von dieser Mengenfunktion setzen wir zunächst bloß voraus, daß sie additiv ist, d. h., daß wenn e_1 und e_2 zwei Punktmengen von $\mathfrak{E}$ ohne gemeinsame Punkte bedeuten, die Gleichung

$$F(e_1 + e_2) = F(e_1) + F(e_2) \tag{1}$$

gelten soll.

Wir bezeichnen, wenn λ eine endliche positive Zahl bedeutet, mit $\eta(\lambda)$ die obere Grenze der Zahlen $|F(e)|$ für alle Punktmengen e, die in $\mathfrak{E}$ enthalten sind, und der Bedingung

$$me \leqq \lambda \tag{2}$$

genügen. Die Funktion $\eta(\lambda)$ stellt für jedes positive λ eine nicht negative Zahl dar, die auch gleich $+\infty$ sein kann.

Es sei h eine zweite beliebige positive Zahl, und e eine meßbare Punktmenge, für welche

$$me \leqq \lambda + h \tag{3}$$

ist. Nach dem Satz 12 des § 278 kann man die Punktmenge e als Summe von zwei meßbaren Punktmengen e' und e'' ansehen, die keine gemeinsame Punkte besitzen und den Bedingungen

$$me' \leqq \lambda, \qquad me'' \leqq h \tag{4}$$

genügen. Nun folgt aber aus $e = e' + e''$ nach (1)

$$F(e) = F(e') + F(e''),$$

und hieraus, wenn man noch die Bedingungen (4) berücksichtigt,

$$|F(e)| < |F(e')| + |F(e'')| \leq \eta(\lambda) + \eta(h).$$

Da nun e eine beliebige meßbare Punktmenge bedeutet, die nur der Bedingung (3) zu genügen hat, folgt aus der letzten Relation

$$\eta(\lambda + h) \leq \eta(\lambda) + \eta(h). \tag{5}$$

Gibt es eine positive Zahl λ_0, für welche die Funktion $\eta(\lambda)$ endlich ist, so ist diese Funktion im ganzen Intervall $0 < \lambda < \lambda_0$ endlich und monoton wachsend, denn die Zahl $\eta(\lambda')$ ist jedesmal, wenn $\lambda' < \lambda''$ ist, die obere Grenze einer Teilmenge jener Zahlenmenge, deren obere Grenze $\eta(\lambda'')$ ist. Setzt man nun in (5)

$$\lambda = h = \lambda_0,$$

so kommt

$$\eta(2\lambda_0) \leq 2\eta(\lambda_0), \tag{6}$$

woraus man schließt, daß die Funktion $\eta(\lambda)$ auch im Intervall $0 < \lambda < 2\lambda_0$ endlich sein muß. Aus diesen Tatsachen schließt man, daß, wenn die Funktion $\eta(\lambda)$ überhaupt für einen positiven Wert von λ endlich ist, sie für alle endlichen Werte des linearen Gebietes $\lambda > 0$ endlich sein muß, und daß, wenn sie für einen positiven Wert von λ verschwindet, sie auch für jedes $\lambda > 0$ verschwinden muß.

Die Funktion $\eta(\lambda)$ ist mit andern Worten entweder konstant gleich Null oder konstant gleich $+\infty$ oder aber in ihrem ganzen Definitionsbereiche $\lambda > 0$ endlich, monoton wachsend und von Null verschieden.

Wir nehmen an, dieses sei der Fall und setzen in (5) $\lambda = ph$; es wird

$$\eta((p+1)h) < \eta(ph) + \eta(h)$$

und nach dem Schlusse der vollständigen Induktion muß also mit Berücksichtigung von (6) für jede natürliche Zahl p

$$\eta(ph) < p \cdot \eta(h) \tag{7}$$

sein. Ist λ eine beliebige positive Zahl, die h übertrifft, so kann man stets eine natürliche Zahl p und eine Zahl ϑ, die der Bedingung $0 < \vartheta \leq 1$ genügt, bestimmen, so daß

$$\lambda = (p + \vartheta)h \tag{8}$$

ist. Dann ist, wegen der Monotonie von $\eta(\lambda)$,

$$\eta(\lambda) \leq \eta((p+1)h) < (p+1)\eta(h)$$

und wegen (8)

$$\frac{\eta(\lambda)}{\lambda} < \left(\frac{p+1}{p+\vartheta}\right)\frac{\eta(h)}{h} < \left(1 + \frac{1}{p}\right)\frac{\eta(h)}{h}. \tag{9}$$

Für λ setzen wir der Reihe nach die Werte einer gegen unendlich konvergierenden Folge $\lambda_1, \lambda_2, \ldots$ ein, für welche die Gleichung

$$\lim_{k=\infty} \frac{\eta(\lambda_k)}{\lambda_k} = \lim_{\lambda=+\infty} \frac{\eta(\lambda)}{\lambda}$$

gilt (§ 146). Halten wir dabei h fest, so werden die entsprechenden Zahlen p_k gegen unendlich und die rechte Seite von (9) gegen

$$\frac{\eta(h)}{h}$$

konvergieren. Es ist also für **jeden** Wert von h

$$\lim_{\lambda=+\infty} \frac{\eta(\lambda)}{\lambda} < \frac{\eta(h)}{h} \tag{10}$$

und daher auch

$$\lim_{\lambda=+\infty} \frac{\eta(\lambda)}{\lambda} \leqq \underline{\lim}_{h=+\infty} \frac{\eta(h)}{h},$$

was nur dann stattfinden kann, wenn der Grenzwert

$$\lim_{\lambda=+\infty} \frac{\eta(\lambda)}{\lambda} = C$$

existiert; außerdem ist stets wegen (10)

$$\eta(\lambda) \geqq C \cdot \lambda .$$

431. Nachdem wir die Eigenschaften von $\eta(\lambda)$ für allgemeine additive Mengenfunktionen untersucht haben, nehmen wir an, daß die Mengenfunktion $F(e)$ **totalstetig** ist, d. h. daß man jeder positiven Zahl ε eine Zahl δ zuordnen kann, so daß aus der Bedingung

$$me \leqq \delta$$

die Relation

$$|F(e)| < \varepsilon$$

folgt; dann muß aber auch $\eta(\delta) \leqq \varepsilon$ sein und man sieht, daß die Forderung der Totalstetigkeit von $F(e)$ identisch ist mit der Gleichung

$$\lim_{\lambda=0} \eta(\lambda) = 0 .$$

In diesem Falle ist es leicht zu sehen, daß $\eta(\lambda)$ eine **stetige** Funktion von λ sein muß; denn es folgt aus (5), wenn man darin h gegen Null konvergieren läßt,

$$\eta(\lambda + 0) < \eta(\lambda) .$$

Anderseits hat man, wenn man in (5) die Zahl λ durch $(\lambda - h)$ ersetzt und h gegen Null konvergieren läßt,

$$\eta(\lambda - 0) \geqq \eta(\lambda)$$

und aus den beiden letzten Relationen folgt die Stetigkeit der monoton wachsenden Funktion $\eta(\lambda)$.

Alles in allem haben wir den

Satz 1. *Jeder additiven, totalstetigen und nicht identisch verschwindenden Mengenfunktion $F(e)$ kann man für beliebige positive Werte von λ eine endliche, von Null verschiedene, monoton wachsende und stetige Funktion $\eta(\lambda)$ zuordnen, die den Bedingungen*

$$\lim_{\lambda=0} \eta(\lambda) = 0, \qquad \lim_{\lambda=\infty} \frac{\eta(\lambda)}{\lambda} = C \geqq 0$$

genügt, und wobei $\eta(\lambda)$ die kleinste Zahl bedeutet, für welche die Ungleichheiten

$$me \leqq \lambda, \qquad |F(e)| \leqq \eta(\lambda)$$

stets zugleich stattfinden.

432. Ist $F(e)$ eine additive Mengenfunktion, so folgt aus der Formel

$$F(e_1 + e_2) = F(e_1) + F(e_2)$$

für zwei meßbare Punktmengen ohne gemeinsame Punkte mit Hilfe des Schlusses der vollständigen Induktion, daß auch für die Summe

$$e = e_1 + e_2 + \cdots + e_m$$

von endlich vielen, meßbaren Punktmengen von endlichem Inhalte ohne gemeinsame Punkte eine ähnliche Gleichung, nämlich

$$F(e) = \sum_{k=1}^{m} F(e_k), \tag{1}$$

stattfindet.

Ist $F(e)$ außerdem totalstetig, so kann man die Gleichung (1) auch auf die Summe von abzählbar unendlich vielen Punktmengen übertragen, natürlich aber immer nur in dem Falle, daß e von endlichem Inhalte ist.

Es sei nämlich e meßbar und von endlichem Inhalte und es gelte die Gleichung

$$e = e_1 + e_2 + e_3 + \cdots, \tag{2}$$

wobei die e_k meßbar sein sollen und kein Punkt des Raumes in zwei verschiedenen e_k vorkommt. Setzt man

$$\begin{cases} s_k = e_1 + e_2 + \cdots + e_k \\ r_k = e - s_k, \end{cases} \tag{3}$$

so ist (§ 247, Satz 9)

$$(4) \qquad \lim_{k=\infty} m r_k = \lim_{k=\infty} m(e - s_k) = 0.$$

Nun folgt aber aus (1) und (3)

$$(5) \qquad F(e) = F(s_k) + F(r_k) = \sum_{j=1}^{k} F(e_j) + F(r_k)$$

für jeden Wert von k und anderseits wegen der Totalstetigkeit von $F(e)$ mit Berücksichtigung von (4)

$$\lim_{k=\infty} |F(r_k)| = 0.$$

Hieraus folgt aber, daß die Summe in der Gleichung (5) mit wachsendem k gegen $F(e)$ konvergiert, und daß man schreiben kann:

$$F(e) = F(e_1) + F(e_2) + \cdots.$$

Satz 2. *Wird eine meßbare Punktmenge e von endlichem Inhalte in endlich oder abzählbar unendlich viele meßbare Teilmengen ohne gemeinsame Punkte zerlegt,*

$$e = e_1 + e_2 + e_3 + \cdots,$$

so gilt für jede additive, totalstetige Funktion $F(e)$ die Beziehung

$$F(e) = \sum_k F(e_k).$$

433. Sind $F_1(e)$ und $F_2(e)$ zwei additive, totalstetige Mengenfunktionen und bezeichnet man mit λ_1 und λ_2 zwei beliebige endliche Zahlen, so ist der Ausdruck

$$\Phi(e) = \lambda_1 F_1(e) + \lambda_2 F_2(e)$$

ebenfalls eine Mengenfunktion, von der man sofort sieht, daß sie additiv ist. Sie ist aber auch totalstetig, weil

$$|\Phi(e)| \leqq |\lambda_1 F_1(e)| + |\lambda_2 F_2(e)|$$

ist, und daher ist auch, wenn man mit $\eta_1(\delta)$ und $\eta_2(\delta)$ die nach dem § 431 den Funktionen $F_1(e)$ und $F_2(e)$ zugeordneten Funktionen bezeichnet, für $me < \delta$,

$$|\Phi(e)| < |\lambda_1| \eta_1(\delta) + |\lambda_2| \eta_2(\delta),$$

woraus man die Totalstetigkeit von $\Phi(e)$ sofort entnimmt.

Insbesondere ist, wenn $F(e)$ eine beliebige, additive, totalstetige Mengenfunktion bedeutet, für jedes beliebige endliche λ

$$F(e) + \lambda\, me$$

eine Mengenfunktion mit denselben Eigenschaften.

434. Es sei wieder $F(e)$ eine beliebige, additive, totalstetige Mengenfunktion und E eine meßbare Punktmenge. Setzt man nun

$$\Phi(e) = F(eE) \quad \text{falls} \quad eE \neq 0 \quad \text{ist,}$$
$$\Phi(e) = 0 \quad\quad \text{„} \quad eE = 0 \quad \text{ist,}$$

so ist $\Phi(e)$ für alle meßbaren Punktmengen von endlichem Inhalte definiert und, wie man sofort sieht, additiv. Außerdem ist, wenn $me \leqq \delta$ ist, auch $meE < \delta$ und daher

$$\Phi(e) < \eta(\delta),$$

wo $\eta(\delta)$ dieselbe Bedeutung hat wie früher. Die Mengenfunktion $\Phi(e)$ ist also auch totalstetig.

Ferner ist, falls der Inhalt

$$mE = \delta_0$$

von E endlich ist, für jede beliebige Punktmenge e

$$meE \leqq mE = \delta_0$$

und daher stets

$$|\Phi(e)| \leqq \eta(\delta_0).$$

Da $\eta(\delta_0)$ aber eine endliche Zahl ist, so folgt hieraus, daß $\Phi(e)$ beschränkt ist.

Die mittleren Derivierten.

435. Es sei $F(e)$ eine beliebige (endliche) Mengenfunktion, P ein beliebiger Punkt des n-dimensionalen Raumes und

$$q = q(P; a)$$

ein Würfel, dessen Mittelpunkt P und dessen Kantenlänge a ist. Wir bilden die Funktion

(1) $$\varphi(P; a) = \frac{F(q)}{mq},$$

wo $mq = a^n$ den Inhalt des Würfels bedeutet, und setzen ferner

(2) $$\overline{D}_F(P) = \overline{\lim_{a=0}}\, \varphi(P; a),$$

(3) $$\underline{D}_F(P) = \underline{\lim_{a=0}}\, \varphi(P; a).$$

Diese beiden Funktionen, die nur von der Lage des Punktes P abhängen, heißen die obere und untere mittlere Derivierte der Mengenfunktion $F(e)$ im Punkte P. Man nennt sie mittlere Derivierte, um sie von den allgemeineren Derivierten zu unterscheiden, die wir später betrachten werden (§ 443).

Aus den Gleichungen (2) und (3) folgt (§ 146), daß man zwei Folgen von Zahlen $a_1', a_2', a_3', \ldots$ und $a_1'', a_2'', a_3'', \ldots$, die monoton abnehmen und gegen Null konvergieren, so bestimmen kann, daß

$$\overline{D}_F(P) = \lim_{k=\infty} \varphi(P; a_k') \quad \text{und} \quad \underline{D}_F(P) = \lim_{k=\infty} \varphi(P; a_k'')$$

wird. Man kann also sowohl die obere als auch die untere mittlere Derivierte einer Funktion unter eine Klasse von Funktionen subsumieren, die folgender Definition genügt:

Definition. Jedem Punkte des Raumes sei eine m noton abnehmende, gegen Null konvergierende Folge von positiven Zahlen

$$a_1, a_2, a_3, \ldots$$

zugeordnet, die sich von Punkt zu Punkt ändern kann, aber die Eigenschaft besitzt, daß für jeden Punkt P des Raumes der Grenzwert

$$\lim_{k=\infty} \varphi(P; a_k)$$

existiert. Dann heißt die Funktion

$$D_F(P) = \lim_{k=\infty} \varphi(P; a_k) \tag{4}$$

eine mittlere Derivierte der Mengenfunktion $F(e)$.

Für jede mittlere Derivierte von $F(e)$ gilt natürlich die Beziehung

$$\underline{D}_F(P) \leq D_F(P) \leq \overline{D}_F(P). \tag{5}$$

Sind die obere und die untere mittlere Derivierte nicht überall gleich, so gibt es mehrere — in der Regel unendlich viele — mittlere Derivierte einer gegebenen Mengenfunktion. Z. B. ist dann jede Funktion, die teilweise mit der oberen, teilweise mit der unteren mittleren Derivierten übereinstimmt, selbst eine mittlere Derivierte. Diese Unbestimmtheit hat den Vorteil, daß jeder Satz, der für die mittleren Derivierten einer Funktion bewiesen wird, zugleich sowohl für die obere als auch für die untere mittlere Derivierte dieser Funktion gilt.

Es gibt Funktionen, die überhaupt nur eine mittlere Derivierte besitzen, z. B. die Mengenfunktion me, die gleich dem Inhalte von e ist. Hieraus folgt unmittelbar der sehr brauchbare

Satz 1. *Ist $F(e)$ eine endliche Mengenfunktion und setzt man*

$$\Phi(e) = F(e) + \lambda\, me,$$

wobei λ eine endliche Konstante bedeutet, so ist mit den obigen Bezeichnungen

$$D_\Phi(P) = D_F(P) + \lambda$$

eine mittlere Derivierte der Funktion $\Phi(e)$.

In der Tat ist stets für jeden Würfel q des Raumes

$$\frac{\Phi(q)}{mq} = \frac{F(q)}{mq} + \lambda .$$

436. Wir nehmen nun an, die Mengenfunktion $F(e)$ sei additiv und totalstetig; dann ist, wie wir zeigen wollen, die Funktion $\varphi(P; a)$, die wir am Anfang des vorigen Paragraphen definiert haben, sowohl eine stetige Funktion des Parameters a bei festgehaltenem P als auch eine stetige Funktion des Punktes P bei festgehaltenem a.

Sind nämlich a und a' zwei positive Zahlen und z. B. $a' > a$, und bezeichnet man mit q und q' die entsprechenden Würfel, die denselben Mittelpunkt P haben, so folgt aus der Additivität, weil $q \prec q'$ ist,

$$F(q') - F(q)| = F(q'-q)$$

und wegen der Totalstetigkeit ist die letzte Zahl kleiner als eine beliebige positive Zahl $\varepsilon = \eta(\delta)$, sobald

$$m(q'-q) = a'^n - a^n < \delta$$

ist (§ 431). Dies ist aber der Fall, sobald $(a'-a)$ hinreichend klein ist, weil a^n eine stetige Funktion ist. Also ist $F(q)$ bei festem P eine stetige Funktion von a und, da mq ebenfalls stetig in a und von Null verschieden ist, so gilt dasselbe vom Quotienten dieser beiden Funktionen, nämlich von $\varphi(P; a)$.

Zweitens sei a eine feste positive Zahl und es seien P und P_1 zwei beliebige Punkte des Raumes und ϱ ihre gegenseitige Entfernung

$$E(P, P_1) = \varrho .$$

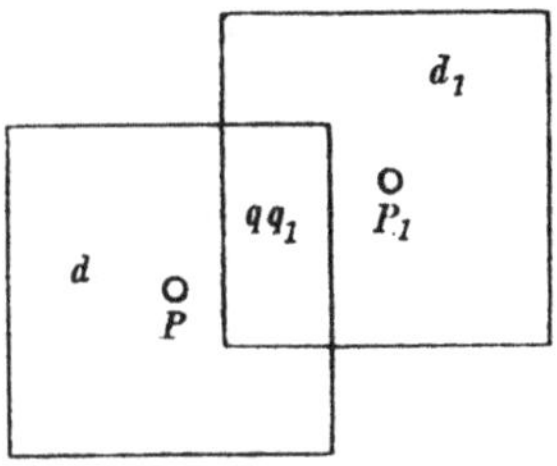

Fig. 31.

Bezeichnen wir mit q und q_1 die Würfel von der Kantenlänge a, deren Mittelpunkte in P bzw. P_1 liegen, so setze man (s. Fig. 31)

$$q = qq_1 + d, \qquad q_1 = qq_1 + d_1 .$$

Dann ist, wegen der Additivität unserer Mengenfunktion,

$$|F(q) - F(q_1)| = |F(d) - F(d_1)| \leqq |F(d)| + |F(d_1)| .$$

Nun liegt d im Innern des Würfels, der zu q_1 konzentrisch ist und die Kantenlänge $(a + 2\varrho)$ besitzt, enthält aber keinen einzigen Punkt von q_1 selbst; es ist also

$$md \leqq (a + 2\varrho)^n - a^n$$

und ebenso findet man

$$md_1 \leqq (a + 2\varrho)^n - a^n .$$

Wegen der Totalstetigkeit von $F(e)$ folgt also

$$\lim_{\varrho=0} |F(d)| = \lim_{\varrho=0} |F(d_1)| = 0$$

und folglich

$$\lim_{\varrho=0} |F(q) - F(q_1)| = 0.$$

Die Funktion $F(q)$ ist also bei konstantem a eine stetige Funktion von P und dasselbe gilt mithin von $\varphi(P; a)$.

Es seien jetzt

$$b_1, b_2, b_3, \ldots$$

abzählbar unendlich viele positive Zahlen, die im Intervalle von Null bis a überall dicht liegen. Setzen wir

(1) $\psi(P; a) =$ obere Grenze von $\varphi(P; b_n)$ für $n = 1, 2, 3, \ldots$

und

(2) $\chi(P; a) =$ obere Grenze von $\varphi(P; b)$ für $0 < b < a$,

so ist erstens

(3) $$\psi(P; a) \leqq \chi(P; a).$$

Zweitens aber sei α eine beliebige Zahl, die kleiner ist als $\chi(P; a)$, und α' eine zweite Zahl, die der Bedingung

$$\alpha < \alpha' < \chi(P; a)$$

genügt. Wegen (2) kann man im Intervalle $0 < b < a$ eine Zahl b_0 derart bestimmen, daß

$$\varphi(P; b_0) > \alpha'$$

ist, und, weil $\varphi(P; b)$ eine stetige Funktion von b ist, eine Umgebung von b_0 derart bestimmen, daß für jeden Punkt dieser Umgebung

$$\varphi(P; b) > \alpha$$

bleibt. Da nun die Zahlenfolge der b_k sicher Punkte innerhalb dieser Umgebung besitzt, folgt hieraus wegen (1)

$$\psi(P; a) > \alpha,$$

und, weil α eine beliebige Zahl unterhalb $\chi(P; a)$ bedeutete, mit Rücksicht auf (3)

(4) $$\psi(P; a) = \chi(P; a).$$

Ist nun $a_1, a_2, \ldots$ eine gegen Null konvergierende Folge von positiven Zahlen, so kann die Gleichung (2) des vorigen Paragraphen geschrieben werden:

(5) $$\overline{D}_F(P) = \lim_{k=\infty} \chi(P; a_k) = \lim_{k=\infty} \psi(P; a_k).$$

Nun bemerken wir, daß, da die $\varphi(P; b_k)$ nach dem Früheren stetige Funktionen in P sind, die Funktion $\psi(P; a)$ für jeden Wert von a eine nach unten halbstetige Funktion in P ist (§ 174, Satz 3) und daß folglich nach (5) die obere mittlere Derivierte die Grenze einer monoton abnehmenden Folge von nach unten halbstetigen Funktionen bedeutet, also jedenfalls meßbar und von der zweiten Klasse ist (§ 367).

Die untere mittlere Derivierte $\underline{D}_F(P)$ von $F(e)$ ist der oberen mittleren Derivierten von $-F(e)$ entgegengesetzt. Sie ist also die Grenze einer monoton zunehmenden Folge von nach oben halbstetigen Funktionen, was man übrigens auch direkt hätte zeigen können.

Satz 2. *Die obere und untere mittlere Derivierte einer additiven totalstetigen Funktion sind meßbare Funktionen und von der zweiten Klasse.*

437. Es sei jetzt $D_F(P)$ eine beliebige unter den mittleren Derivierten der additiven, totalstetigen Funktion $F(e)$, α sei eine gegebene reelle Zahl und e sei eine meßbare Punktmenge von endlichem Inhalte, die so gewählt ist, daß in jedem ihrer Punkte die Ungleichheit

$$\alpha < D_F(P) \tag{1}$$

stattfindet.

Unter diesen Voraussetzungen kann man nach der Gleichung (4) des § 435 um jeden Punkt P von e als Mittelpunkt abzählbar unendlich viele Würfel

$$q_1(P),\ q_2(P),\ \ldots$$

konstruieren, deren Dimensionen gegen Null konvergieren, so daß für jeden dieser Würfel die Ungleichheit

$$\alpha < \frac{F(q_k(P))}{m\,q_k(P)} \qquad (k = 1, 2, \ldots) \tag{2}$$

stets stattfindet.

Nach dem Vitalischen Satze (§ 290, Satz 3), dessen Voraussetzungen hier erfüllt sind, können wir jetzt abzählbar unendlich viele Punkte P_1, $P_2, \ldots$ innerhalb e auswählen und um jeden dieser Punkte als Mittelpunkt einen der vorigen Würfel bestimmen, so daß die Folge

$$q_1,\ q_2,\ q_3,\ \ldots$$

dieser ausgewählten Würfel folgende Eigenschaften besitzt:

1. Die Würfel haben keinen gemeinsamen Punkt und ihre Summe

$$s = q_1 + q_2 + q_3 + \cdots \tag{3}$$

überdeckt die ganze Punktmenge e höchstens mit Ausnahme einer Nullmenge, d. h. es ist

$$m(e - es) = 0. \tag{4}$$

2. Die Punktmenge s liegt innerhalb einer beliebig vorgeschriebenen Umgebung von e und man kann daher verlangen (§ 291), daß

(5) $$m(s-es) < \delta$$

ist, wobei δ eine beliebig vorgegebene positive Zahl bedeutet. Nun bemerke man, daß wegen (4)

$$me = mes$$

ist, und daß folglich nach (5)

(6) $$ms = mes + m(s-es) = me + \vartheta\cdot\delta \qquad (0 < \vartheta \leqq 1)$$

sein muß.

Anderseits aber ist wegen der Totalstetigkeit von $F(e)$ nach (4) und (5)

(7) $$F(e-es) = 0 \quad \text{und} \quad F(s-es)| \leqq \eta(\delta),$$

wobei $\eta(\delta)$ dieselbe Bedeutung wie im § 430 besitzt. Nun benutzen wir die Additivität von $F(e)$ und schreiben

$$F(e) = F(es) + F(e-es),$$
$$F(s) = F(es) + F(s-es),$$

woraus mit Hilfe von (7) folgt:

(8) $$F(s) \leqq F(e) + \eta(\delta).$$

Nach dem Satze 2 des § 432 können wir wegen (3) außerdem noch schreiben

(9) $$F(s) = F(q_1) + F(q_2) + \cdots;$$

anderseits ist aber, weil alle Würfel q_k der Bedingung (2) genügen, für jedes k

(10) $$\alpha\cdot mq_k < F(q_k)$$

und folglich, wenn man (9) und (10) vergleicht und noch die Gleichung

$$ms = mq_1 + mq_2 + \cdots$$

benutzt,

$$\alpha\cdot ms < F(s).$$

Hieraus folgt mit Hilfe von (6) und (8)

$$\alpha(me + \vartheta\delta) < F(e) + \eta(\delta)$$

oder, wenn man beachtet, daß die Zahl ϑ zwischen Null und Eins liegt,

$$\alpha\cdot me < F(e) + \eta(\delta) + |\alpha|\cdot\delta.$$

Die letzte Ungleichheit ist für jeden positiven Wert von δ erfüllt; läßt man also δ gegen Null konvergieren, so wird $\eta(\delta)$ ebenfalls gegen Null konvergieren und man bekommt

(11) $$\alpha\cdot me \leqq F(e).$$

Hätte man von der Punktmenge e nur gewußt, daß in jedem Punkte von e

$$\alpha \leqq D_F(P)$$

ist, so zeigt das soeben bewiesene Resultat, daß für jedes positive, von Null verschiedene ε

$$(\alpha - \varepsilon)\, me \leqq F(e)$$

ist, und hieraus folgt wieder die Bedingung (11).

Wäre e eine Punktmenge von endlichem Inhalte, in welcher

$$D_F(P) \leqq \beta$$

ist, so setze man

$$\Phi(e) = - F(e);$$

dann sind die mittleren Derivierten von F und Φ entgegengesetzte Zahlen und man hat

$$-\beta \leqq D_\Phi(P),$$

folglich nach dem Früheren

$$-\beta \cdot me \leqq \Phi(e)$$

und daher

$$F(e) \leqq \beta \cdot me.$$

Satz 3. *Gilt in jedem Punkte einer meßbaren Punktmenge e von endlichem Inhalte für eine beliebige unter den mittleren Derivierten einer additiven und totalstetigen Mengenfunktion $F(e)$ eine der Ungleichheiten*

$$\alpha \leqq D_F(P) \quad \text{oder} \quad D_F(P) \leqq \beta,$$

so ist zugleich die entsprechende unter den beiden Bedingungen

$$\alpha \cdot me \leqq F(e) \quad \text{oder} \quad F(e) \leqq \beta \cdot me$$

stets erfüllt.

438. Wir nehmen jetzt an, daß die mittlere Derivierte $D_F(P)$, die wir betrachten, eine meßbare Funktion sei; dies ist keine Beschränkung der Allgemeinheit hinsichtlich $F(e)$, da wir gesehen haben, daß jede additive, totalstetige Mengenfunktion meßbare Derivierten besitzt (§ 436, Satz 2).

Es sei e eine Punktmenge, die meßbar und von endlichem Inhalte ist und die Eigenschaft besitzt, daß in jedem ihrer Punkte

$$D_F(P) \geqq 0 \tag{1}$$

ist.

Wir führen eine Skala

$$y_0 < y_1 < y_2 < \cdots \tag{2}$$

von der Breite h ein, die von Null bis $+\infty$ reicht (§ 407). Es ist also

$$y_0 = 0, \quad y_{k+1} - y_k \leqq h, \quad \lim_{k=\infty} y_k = +\infty. \tag{3}$$

Nun setzen wir

(4) $$e_k = e \cdot \boldsymbol{M}(y_{k-1} \leqq D_F < y_k),$$

d. h. e_k ist diejenige Teilmenge von e, in der die betrachtete mittlere Derivierte nicht kleiner als y_{k-1}, aber kleiner als y_k ist, und führen außerdem die Bezeichnungen ein

(5) $$\begin{cases} s_k = e_1 + e_2 + \cdots + e_k, \\ e = s_k + r_k. \end{cases}$$

Die r_k bilden eine monoton abnehmende Folge von Punktmengen; falls man also

(6) $$\bar{e} = r_1 r_2 r_3 \ldots$$

setzt, so hat man

(7) $$e = \bar{e} + e_1 + e_2 + e_3 + \cdots$$

Nun enthält nach (4) und (5) die Punktmenge s_k sämtliche Punkte von e, in denen $D_F(P)$ kleiner als y_k ist, und für jeden Punkt von r_k ist

$$y_k \leqq D_F(P).$$

Nach dem letzten Satze ist also

(8) $$y_k \cdot m r_k \leqq F(r_k);$$

anderseits ist aber r_k eine Teilmenge von e, und wenn man den Inhalt von e mit δ bezeichnet, ist

$$m r_k \leqq \delta$$

und folglich nach dem § 431

$$F(r_k) \leqq \eta(\delta),$$

woraus nach (8) folgt

$$m r_k \leqq \frac{\eta(\delta)}{y_k}$$

und wegen (3)

$$\lim_{k=\infty} m r_k = 0.$$

Die Gleichung (6) liefert nun

(9) $$m \bar{e} = 0$$

und hieraus folgt wegen der Totalstetigkeit unserer Mengenfunktion $F(e)$

$$F(\bar{e}) = 0;$$

wendet man also den Satz 2 des § 432 auf die Summe (7) an, so erhält man mit Berücksichtigung der letzten Gleichung

(10) $$F(e) = F(e_1) + F(e_2) + F(e_3) + \cdots.$$

Anderseits liefert die Definitionsgleichung (4) von e_k, wenn man den Satz 3 des vorigen Paragraphen benutzt,

$$y_{k-1}\, me_k \leqq F(e_k) \leqq y_k\, me_k; \tag{11}$$

daher folgt aus (10)

$$\sum_{k=1}^{\infty} y_{k-1}\, me_k \leqq F(e) \leqq \sum_{k=1}^{\infty} y_k\, me_k, \tag{12}$$

falls die Summen in dieser letzten Formel einen Sinn haben. Dies ist in der Tat der Fall: die Glieder dieser Summen sind sämtlich nicht negativ und die Teilsummen von

$$\sum_{k=1}^{\infty} y_{k-1}\, me_k \tag{13}$$

sind sämtlich kleiner als die endliche Zahl $F(e)$, so daß diese Summe konvergiert. Ferner sind die Teilsummen von

$$\sum_{k=1}^{\infty} (y_k - y_{k-1})\, me_k \tag{14}$$

sämtlich kleiner als $h \cdot me$, woraus folgt, daß auch die Summe rechts in (12) konvergiert und daß die Differenz

$$\sum_{k=1}^{\infty} y_k\, me_k - \sum_{k=1}^{\infty} y_{k-1}\, me_k \leqq h \cdot me \tag{15}$$

ist.

In jeder der Punktmengen e_k ist nach (4) außerdem $D_F(P)$ beschränkt und nach Voraussetzung meßbar. Daher ist $D_F(P)$ über e_k summierbar (§ 395, Satz 7) und nach dem Mittelwertsatze haben wir dann

$$y_{k-1}\, me_k \leqq \int_{e_k} D_F(P)\, dw \leqq y_k\, me_k. \tag{16}$$

Hieraus folgt, weil die beiden Summen in (12) konvergieren, daß man schreiben kann:

$$\sum_{k=1}^{\infty} y_{k-1}\, me_k \leqq \sum_{k=1}^{\infty} \int_{e_k} D_F(P)\, dw \leqq \sum_{k=1}^{\infty} y_k\, me_k; \tag{17}$$

wobei die mittlere Summe dieses Ausdrucks, die aus lauter nicht negativen Zahlen besteht, ebenfalls konvergiert. Nach dem Satze 11 des § 397 ist dann aber $D_F(P)$ auch über

$$e - \bar{e} = e_1 + e_2 + e_3 + \cdots$$

summierbar, und weil $\bar{e}$ nach (9) eine Nullmenge ist, ist $D_F(P)$ sogar über e summierbar, und man hat

$$\int_e D_F(P)dw = \int_{e-\bar{e}} D_F(P)dw = \sum_{k=1}^{\infty} \int_{e_k} D_F(P)dw. \tag{18}$$

Der Vergleich von (17) und (18) zeigt uns dann, daß

$$\sum_{k=1}^{\infty} y_{k-1}\, me_k \leqq \int D_F(P)\,dw \leqq \sum_{k=1}^{\infty} y_k\, me_k,$$

und wenn man diese letzte Ungleichheit mit (12) und (15) vergleicht, so sieht man, daß $F(e)$ und das Integral von $D_F(P)$ über e zwischen zwei Zahlen liegen, deren Differenz die Zahl $h \cdot me$ nicht übertrifft. Es ist also auch

$$\left| F(e) - \int_e D_F(P)\,dw \right| \leqq h \cdot me,$$

und da die Breite h unserer Skala ganz willkürlich gewählt werden kann, folgert man hieraus

$$F(e) = \int D_F(P)dw. \tag{19}$$

439. Ist e eine meßbare Punktmenge von endlichem Inhalte, in deren Punkten

$$D_F(P) < 0$$

ist, so setze man

$$\Phi(e) = -F(e).$$

Die Mengenfunktion $\Phi(e)$ ist additiv und totalstetig, und die Funktion

$$D_\Phi(P) = -D_F(P)$$

ist eine mittlere Derivierte von $\Phi(e)$. Ist nun $D_F(P)$ meßbar, so ist es $D_\Phi(P)$ ebenfalls, und nach dem vorigen Paragraphen ist dann $D_\Phi(P)$ über e summierbar und

$$\Phi(e) = \int_e D_\Phi(P)\,dw.$$

Also ist auch $D_F(P)$ über e summierbar und die Gleichung (19) des vorigen Paragraphen gilt auch hier.

Endlich sei die mittlere Derivierte $D_F(P)$ wieder eine meßbare Funktion und e sei eine meßbare Punktmenge von endlichem Inhalte, aber über das Vorzeichen von $D_F(P)$ in e sei nichts bekannt. Wir zerlegen dann e in zwei meßbare Punktmengen e' und e'', die durch die Gleichungen

$$e' = e \cdot \boldsymbol{M}(D_F(P) \geqq 0),$$
$$e'' = e \cdot \boldsymbol{M}(D_F(P) < 0)$$

definiert werden. Diese beiden Punktmengen sind meßbar und von endlichem Inhalte, die mittlere Derivierte ist nach dem Früheren über jede dieser Punktmengen summierbar und man hat

$$F(e') = \int_{e'} D_F(P)\,dw,$$

$$F(e'') = \int_{e''} D_F(P)\,dw.$$

Ferner folgt aus

$$e = e' + e'',$$

daß $D_F(P)$ auch über e summierbar ist und daß die Gleichung

$$F(e) = \int_{e} D_F(P)\,dw,$$

wegen der Additivität von $F(e)$, bestehen muß.

Satz 4. *Ist $F(e)$ eine additive und totalstetige Mengenfunktion und e eine meßbare Punktmenge von endlichem Inhalte, so ist jede meßbare mittlere Derivierte $D_F(P)$ von $F(e)$, also insbesondere die obere oder die untere mittlere Derivierte dieser Funktion über e summierbar und $F(e)$ ist das unbestimmte Integral einer solchen mittleren Derivierten.*

Der Vergleich dieses letzten Satzes mit den Sätzen 2 und 5 der §§ 424 und 429 zeigt, daß die unbestimmten Integrale einer Funktion $f(P)$ und die additiven totalstetigen Mengenfunktionen äquivalente Begriffe sind.

440. Nach dem vorigen Satze haben die obere und die untere mittlere Derivierte $\overline{D}_F(P)$ und $\underline{D}_F(P)$ einer additiven, totalstetigen Mengenfunktion $F(e)$ dasselbe unbestimmte Integral, nämlich $F(e)$ selbst, und hieraus folgt, daß diese beiden Funktionen einander äquivalent sind (§ 424, Satz 1). Ist ferner $D_F(P)$ irgend eine andere mittlere Derivierte von $F(e)$, so folgt aus der Relation (5) des § 435, d. h. aus

$$\underline{D}_F(P) \leqq D_F(P) \leqq \overline{D}_F(P),$$

daß in allen Punkten des Raumes, in denen $\underline{D}_F(P) = \overline{D}_F(P)$ ist, auch $D_F(P) = \overline{D}_F(P)$ sein muß, und hieraus die Äquivalenz von $D_F(P)$ mit $\overline{D}_F(P)$ und dann auch die Meßbarkeit von $D_F(P)$ (§ 361, Satz 7).

Satz 5. *Alle mittleren Derivierten einer additiven totalstetigen Mengenfunktion sind meßbare, einander äquivalente Funktionen; sie sind sogar alle einander gleich, außer höchstens auf einer festen Nullmenge.*

Ferner liefert der Satz 4 des § 428 in Verbindung mit den letzten Sätzen das Resultat:

Satz 6. *Jede additive totalstetige und beschränkte Mengenfunktion ist das unbestimmte Integral einer über den ganzen Raum summierbaren Funktion.*

441. Wir bezeichnen wieder mit $D_F(P)$ irgend eine mittlere Derivierte von $F(e)$ und setzen

$$E' = \boldsymbol{M}(D_F \geqq 0), \qquad E'' = \boldsymbol{M}(D_F < 0).$$

Ferner definieren wir zwei neue Funktionen $\varphi(P)$ und $\psi(P)$ durch die Gleichungen

$$\varphi(P) = D_F(P) \text{ auf } E', \qquad \varphi(P) = 0 \text{ auf } E'',$$
$$\psi(P) = 0 \text{ auf } E', \qquad \psi(P) = -D_F(P) \text{ auf } E''.$$

In jedem Punkte des Raumes ist dann

$$(1) \qquad D_F(P) = \varphi(P) - \psi(P);$$

die Funktionen $\varphi(P)$ und $\psi(P)$ sind übrigens nicht negativ und über jede meßbare Punktmenge e von endlichem Inhalte summierbar. Die additiven totalstetigen Mengenfunktionen

$$(2) \qquad \Phi(e) = \int_e \varphi(P)\,dw, \qquad \Psi(e) = \int_e \psi(P)\,dw$$

sind dann ebenfalls nicht negativ und man hat nach (1) und (2)

$$F(e) = \int_e D_F(P)\,dw = \Phi(e) - \Psi(e).$$

Satz 7. *Jede additive totalstetige Mengenfunktion ist die Differenz von zwei ebensolchen nicht negativen Funktionen.*

442. Wir nehmen an, daß die additive totalstetige Mengenfunktion $F(e)$ für alle meßbaren Teilmengen endlichen Inhalts einer meßbaren Punktmenge $\bar{e}$ (deren Inhalt aber nicht endlich zu sein braucht) den Wert Null annimmt. Dieses ist gleichbedeutend mit der Aussage, daß die Mengenfunktion $F_1(e) = F(e\bar{e})$ für alle Punktmengen e endlichen Inhalts identisch verschwinden muß. Nun ist, wenn man mit $D_F(P)$ irgend eine mittlere Derivierte von $F(e)$ bezeichnet und mit $\varphi(P)$ eine Funktion bezeichnet, die in jedem Punkte von $\bar{e}$ gleich $D_F(P)$ ist und in den übrigen Punkten des Raumes verschwindet,

$$F_1(e) = F(e\bar{e}) = \int_{e\bar{e}} D_F(P)\,dw = \int_e \varphi(P)\,dw;$$

das unbestimmte Integral von $\varphi(P)$ muß also, nach unseren Annahmen, identisch Null sein, und nach dem Satze 1 des § 424 ist dies dann und nur dann der Fall, wenn die Funktion $\varphi(P)$ der Null äquivalent ist. Dann muß aber auch $D_F(P)$ auf der Punktmenge $\bar{e}$ der Null äquivalent sein, d. h. es muß einen maßgleichen Kern e_0' von $\bar{e}$ geben, in welchem die gegebene mittlere Derivierte $D_F(P) = 0$ ist.

Anderseits gibt es (§ 440, Satz 5) einen maßgleichen Kern e_0'' von $\bar{e}$, in dem sämtliche mittlere Derivierten stets denselben Wert haben. Berücksichtigt man, daß dann

$$e_0 = e_0' e_0''$$

ebenfalls ein maßgleicher Kern von $\bar{e}$ ist, so hat man den

Satz 8. *Ist für jede meßbare Teilmenge e' endlichen Inhaltes einer gegebenen meßbaren Punktmenge $\bar{e}$ der Wert $F(e')$ einer additiven totalstetigen Mengenfunktion stets gleich Null, so gibt es einen maßgleichen Kern e_0 von $\bar{e}$, in dem sämtliche mittlere Derivierten von $F(e)$ verschwinden.*

Die verallgemeinerten Derivierten.

443. Man kann den Begriff der mittleren Derivierten durch einen sehr viel allgemeineren ersetzen, auf den sich die soeben bewiesenen Sätze übertragen lassen.

Wir betrachten wieder in jedem Punkte des Raumes die Würfel $q(P; a)$, die den Punkt P als Mittelpunkt und die Kantenlänge a haben. Jedem dieser Würfel sei eine meßbare Punktmenge $\sigma(P; a)$ zugeordnet, die im Innern des Würfels liegt und sonst ganz beliebig ist, aber der Bedingung genügen soll, daß der Quotient

$$\frac{m\,\sigma(P;\,a)}{m\,q(P;\,a)} \geqq \vartheta(P) > 0 \tag{1}$$

ist, wo $\vartheta(P)$ eine von a unabhängige positive Funktion ist, die mit P irgendwie variiert und nicht einmal meßbar zu sein braucht. Nun bestimme man für jeden Punkt P eine gegen Null konvergierende Folge von positiven Zahlen

$$a_1,\ a_2,\ a_3,\ \ldots, \tag{2}$$

für welche der Grenzwert

$$\Delta(P) = \lim_{k=\infty} \frac{F(\sigma(P;\,a_k))}{m\,\sigma(P;\,a_k)} \tag{3}$$

existiert. Dann nennt man die Funktion $\Delta(P)$, die in jedem Punkte des Raumes entweder endlich oder gleich $\pm\infty$ ist, eine Derivierte der additiven totalstetigen Mengenfunktion $F(e)$ im Punkte P.

Diese Definition der Derivierten einer Mengenfunktion enthält natürlich die frühere Definition der mittleren Derivierten als Spezialfall; man braucht nur

$$\sigma(P; a) = q(P; a)$$

zu setzen, wobei dann $\vartheta(P) = 1$ ist.

Wir werden nun zeigen, daß trotz der großen Willkür in der Wahl der Punktmengen $\sigma(P; a)$ und der Folgen (2) nicht nur jede Derivierte für sich als Funktion von P betrachtet den mittleren Derivierten äquivalent ist, sondern sogar, daß, höchstens abgesehen von einer festen Nullmenge, in jedem der übrigen Punkte des Raumes alle Derivierten stets denselben Wert besitzen.

444. Wir bezeichnen mit E die Gesamtheit der Punkte des Raumes, in welchen die mittleren Derivierten einer additiven und totalstetigen Funktion $F(e)$ nicht alle einander gleich oder nicht alle endlich sind, und mit E' die Komplementärmenge von E. Die Punktmenge E ist dann notwendig eine Nullmenge (§§ 439, 440) und E' ein maßgleicher Kern des Gesamtraumes (§ 271). Ist dann α eine gegebene reelle Zahl und $D_F(P)$ irgend eine mittlere Derivierte von $F(e)$, so führe man die Bezeichnungen ein

$$H_\alpha = E' \boldsymbol{M}(D_F < \alpha) \tag{1}$$

und bemerke, daß, weil $D_F(P)$ eine meßbare Funktion ist, H_α eine meßbare Punktmenge sein muß.

Ferner sei $\varphi(P)$ eine Funktion, die in H_α gleich Eins und sonst gleich Null ist, und

$$\psi(P) = 1 - \varphi(P). \tag{2}$$

Die Funktionen $\varphi(P)$ und $\psi(P)$ sind dann ebenfalls meßbar und die Mengenfunktionen

$$\Phi(e) = \int_{eE'} \varphi(P)\,(D_F(P) + (1-\alpha))\,d\omega, \tag{3}$$

$$\Psi(e) = \int_{eE'} \psi(P)\,(D_F(P) + (1-\alpha))\,d\omega \tag{4}$$

existieren und sind additiv und totalstetig; ferner ist aber wegen (2)

$$\Phi(e) + \Psi(e) = F(eE') + (1-\alpha) m eE' = F(e) + (1-\alpha) m e. \tag{5}$$

Anderseits ist die Funktion unter dem Integral (3) in jedem Punkte von H_α wegen (1) kleiner als Eins und sonst gleich Null. Nach dem Mittelwertsatze ist also

$$\Phi(e) \leqq m e, \tag{6}$$

und der Vergleich von (5) und (6) liefert

$$(7) \qquad F(e) \leqq \alpha \cdot me + \Psi(e).$$

Nun betrachten wir die Funktion

$$(8) \qquad X(e) = \int_{eE'} \{\psi(P) \mid D_F(P) + (1-\alpha)\} \, dw,$$

die ebenfalls additiv und totalstetig ist, und bemerken, daß stets (§ 395, Satz 8)

$$|\Psi(e)| \leqq X(e)$$

ist. Es ist also nach (7)

$$(9) \qquad F(e) \leqq \alpha me + X(e).$$

Ferner ist die Funktion unter dem Integral (8) für alle Punkte von H_α gleich Null, weil $\psi(P)$ dort verschwindet und der zweite Faktor in E' endlich ist. Ist also e' irgend eine meßbare Teilmenge von H_α, deren Inhalt endlich ist, so ist

$$X(e') = 0,$$

und nach dem Satze 8 des § 442 gibt es einen maßgleichen Kern K_α von H_α, so daß alle mittleren Derivierten von $X(e)$ in jedem Punkte von K_α verschwinden.

Nun sei P irgendein Punkt von K_α und $\Delta_F(P)$ irgendeine Derivierte von $F(e)$ im Punkte P; man hat nach Voraussetzung

$$(10) \qquad \Delta_F(P) = \lim_{k=\infty} \frac{F(\sigma_k)}{m\sigma_k},$$

wo σ_k eine Abkürzung für die Bezeichnung $\sigma(P; a_k)$ des vorigen Paragraphen bedeuten soll. Da die Ungleichheit (9) für jede meßbare Punktmenge gilt, kann man schreiben:

$$(11) \qquad F(\sigma_k) \leqq \alpha m\sigma_k + X(\sigma_k).$$

Es sei nun q_k der Würfel, dem σ_k zugeordnet ist; nach Voraussetzung ist

$$\sigma_k \prec q_k$$

und folglich, weil die Funktion unter dem Integral (8) nicht negativ ist,

$$(12) \qquad X(\sigma_k) \leqq X(q_k).$$

Mit Berücksichtigung von (11) und (12) können wir also schreiben:

$$\frac{F(\sigma_k)}{m\sigma_k} \leqq \alpha + \frac{X(q_k)}{mq_k} \cdot \frac{mq_k}{m\sigma_k}$$

oder, wegen der Bedingung (1) des § 443,

$$(13) \qquad \frac{F(\sigma_k)}{m\sigma_k} \leqq \alpha + \frac{1}{\vartheta(P)} \frac{X(q_k)}{mq_k}.$$

Nun sind aber nach Voraussetzung alle mittleren Derivierten von $X(e)$ im Punkte P gleich Null, und dies hat zur Folge, daß man schreiben kann:

(14) $$\lim_{k=\infty} \frac{X(q_k)}{m q_k} = 0.$$

Vergleichen wir (10), (13), (14), so kommt schließlich

(15) $$\Delta_F(P) \leqq \alpha$$

eine Beziehung, die also für **alle** Derivierten von $F(e)$ in der Punktmenge K_α erfüllt ist. Oder mit anderen Worten: Die einzigen Punkte des Raumes, in denen zugleich

(16) $$D_F(P) < \alpha \quad \text{und} \quad \Delta_F(P) > \alpha$$

stattfinden kann, liegen entweder in der Nullmenge $(H_\alpha - K_\alpha)$ oder in der Nullmenge E, d. h. diese Punkte liegen sicher in der Vereinigungsmenge

$$A_\alpha = E \dotplus (H_\alpha - K_\alpha)$$

dieser beiden Nullmengen.

Bemerken wir, daß wenn $D_F(P)$ und $\Delta_F(P)$ eine mittlere bzw eine verallgemeinerte Derivierte von $F(e)$ bedeuten, die Funktionen $-D_F(P)$ und $-\Delta_F(P)$ eine mittlere bzw. verallgemeinerte Derivierte von $-F(e)$ darstellen, so können wir nach dem Früheren (indem wir α durch $-\alpha$ ersetzen) eine Nullmenge B_α bestimmen, die sämtliche Punkte enthält, für welche zugleich

$$-D_F(P) < -\alpha \quad \text{und} \quad -\Delta_F(P) > -\alpha$$

ist; sie enthält daher die Punkte, in denen die Relationen

$$D_F(P) > \alpha \quad \text{und} \quad \Delta_F(P) < \alpha$$

zugleich stattfinden.

445. Es seien jetzt $\alpha_1, \alpha_2, \ldots$ abzählbar unendlich viele Zahlen, die auf der ganzen Zahlenachse überall dicht liegen. Mit A_k bezeichnen wir eine Nullmenge, die sämtliche Punkte enthält, für welche zugleich

(1) $$D_F(P) < \alpha_k \quad \text{und} \quad \Delta_F(P) > \alpha_k,$$

mit B_k eine Nullmenge, welche die Punkte enthält, in denen zugleich

(2) $$D_F(P) > \alpha_k \quad \text{und} \quad \Delta_F(P) < \alpha_k$$

stattfinden kann.

Ist jetzt P ein Punkt des Raumes, in dem $D_F(P) \neq \Delta_F(P)$ ist, so gibt es mindestens eine Zahl α_k, die zwischen $D_F(P)$ und $\Delta_F(P)$ liegt.

Und es sind dann entweder die Ungleichheiten (1) oder die Ungleichheiten (2) zugleich erfüllt. Der Punkt P liegt daher stets in der Nullmenge

$$N = A_1 + B_1 + A_2 + B_2 + \cdots.$$

In allen übrigen Punkten des Raumes sind alle Derivierten der Mengenfunktion gleich $D_F(P)$ und also auch einander gleich.

Wir können jetzt folgenden Begriff aufstellen:

Definition. Eine additive totalstetige Mengenfunktion heißt in einem Punkte P des Raumes differentiierbar, wenn ihre sämtlichen Derivierten in diesem Punkte den gleichen Wert haben.

Das soeben abgeleitete Resultat lautet dann, wenn man noch berücksichtigt, daß $D_F(P)$ über jede Punktmenge endlichen Inhalts summierbar ist (§ 439) und daher einer endlichen Funktion äquivalent ist:

Satz 1. *Jede additive und totalstetige Funktion ist in einem maßgleichen Kern des Raumes, d. h. überall außer höchstens in einer Nullmenge differentiierbar und besitzt dort eine endliche Derivierte.*

Nach dem letzten Satz sind alle Derivierten einer totalstetigen additiven Mengenfunktion einander äquivalente Funktionen; im Satze 5 des § 440 hatten wir aber gesehen, daß die mittleren Derivierten einer derartigen Funktion meßbar sind, und im § 439, daß für jede meßbare mittlere Derivierte die Gleichung gilt:

$$F(e) = \int_e D_F(P)\, dw.$$

Hieraus folgt nun aber ohne weiteres der

Satz 2. *Jede Derivierte $\Delta_F(P)$ einer additiven totalstetigen Mengenfunktion $F(e)$ ist eine meßbare Funktion, die über jede meßbare Punktmenge e von endlichem Inhalte summierbar ist und deren unbestimmtes Integral die Mengenfunktion $F(e)$ ist.*

446. Ist $F(e)$ das unbestimmte Integral einer über jede Punktmenge endlichen Inhalts summierbaren Funktion $f(P)$ und $\Delta_F(P)$ irgendeine Derivierte von $F(e)$, so folgt aus der Gleichung

$$F(e) = \int_e f(P)\, dw = \int_e \Delta_F(P)\, dw,$$

daß $f(P)$ und $\Delta_F(P)$ äquivalent sind (§ 424, Satz 1).

Es gibt mit anderen Worten einen maßgleichen Kern E' des ganzen Raumes, in dem

$$f(P) = \Delta_F(P)$$

ist. Nennt man ferner E'' den maßgleichen Kern des Raumes, in dem nach dem Satze 1 des vorigen Paragraphen $F(e)$ differentiierbar ist, so ist

$$E = E'E''$$

ein maßgleicher Kern des Gesamtraumes und die gegebene Funktion $f(P)$ ist in jedem Punkte von E gleich sämtlichen Derivierten von $F(e)$.

Satz 3. *Eine über jede meßbare Punktmenge endlichen Inhalts summierbare Funktion $f(P)$ ist überall außer höchstens in einer Nullmenge gleich sämtlichen Derivierten ihres unbestimmten Integrals.*

447. Es ist sehr leicht einzusehen, daß alle diese Sätze nicht gelten, wenn wir die Punktmengen $\sigma(P; a)$, die wir im § 443 einführten, nicht der Beschränkung

$$\frac{m\sigma(P; a)}{mq(P; a)} \geqq \vartheta(P) > 0 \tag{1}$$

unterwerfen. Es sei z. B. A eine beschränkte, nirgends dichte Punktmenge, die keine Nullmenge ist; wir haben wiederholt derartige Punktmengen betrachtet (§ 280). Ferner sei $f(P)$ eine Funktion, die auf A gleich Eins und sonst gleich Null ist; das unbestimmte Integral $F(e)$ verschwindet nicht identisch, da hier stets

$$F(e) = meA$$

ist. In jedem Würfel $q(P; a)$ des Raumes gibt es aber nach Voraussetzung einen zweiten Würfel $\sigma(P; a)$, der keinen einzigen Punkt von A enthält, so daß hier

$$F(\sigma(P; a)) = 0$$

ist. Würden wir so gewählte $\sigma(P; a)$ für die Berechnung einer Derivierten benutzen, so würde diese Derivierte identisch Null sein und daher der Funktion $f(P)$ nicht äquivalent sein. Wir folgern hieraus, daß bei unserer Wahl der $\sigma(P; a)$ die Bedingung (1) nicht stets erfüllt sein kann, oder daß es Punkte P gibt, für welche

$$\lim_{a=0} \frac{m\sigma(P; a)}{mq(P; a)} = 0$$

ist.

Eine der Bedingung (1) genügende Folge von Punktmengen

$$\sigma_k(P) = \sigma(P; a_k) \qquad (k = 1, 2, \ldots)$$

nennt man nach Lebesgue eine gegen P konvergierende reguläre Folge von Punktmengen.

448. Es sei $\sigma_1(P)$, $\sigma_2(P)$, ... eine beliebige reguläre Folge von Punktmengen, die gegen einen Punkt P konvergiert; wir betrachten die Zahlenfolge

$$(1) \qquad \frac{F(\sigma_k)}{m\,\sigma_k} \qquad (k = 1, 2, 3, \ldots)$$

und bemerken, daß die konvergenten Teilfolgen der Folge (1) dann und nur dann alle denselben Grenzwert besitzen, wenn (1) selbst konvergent ist (§ 98). Hieraus folgt, daß, wenn die Mengenfunktion $F(e)$ im Punkte P differentiierbar ist, die Folge (1) notwendig gegen die Derivierte $D_F(P)$ konvergieren muß.

Ist umgekehrt P ein Punkt, in dem $F(e)$ nicht differentiierbar ist, so gibt es zwei gegen P konvergierende reguläre Mengenfolgen σ_1', σ_2', ... und σ_1'', σ_2'', ..., so daß

$$\lim_{k=\infty} \frac{F(\sigma_k')}{m\,\sigma_k'} \neq \lim_{k=\infty} \frac{F(\sigma_k'')}{m\,\sigma_k''}$$

ist. Setzt man dann

$$\sigma_{2k-1} = \sigma_k', \quad \sigma_{2k} = \sigma_k'', \qquad (k = 1, 2, \ldots)$$

so ist die Mengenfolge σ_1, σ_2, ... ebenfalls regulär, aber die für diese Mengenfolge gebildeten Zahlen (1) konvergieren nicht gegen eine Grenze.

Satz 4. *Für die Differentiierbarkeit einer additiven totalstetigen Mengenfunktion $F(e)$ in einem Punkte P des Raumes ist notwendig und hinreichend, daß für alle regulären Folgen von Punktmengen σ_1, σ_2, ... der Grenzwert*

$$\lim_{k=\infty} \frac{F(\sigma_k)}{m\,\sigma_k}$$

stets existiert. Dieser Grenzwert ist dann gleich der Derivierten $\Delta_F(P)$ von $F(e)$ im Punkte P.

449. Es seien $F_1(e)$ und $F_2(e)$ zwei beliebige additive totalstetige Mengenfunktionen und

$$\Phi(e) = c_1 F_1(e) + c_2 F_2(e)$$

eine lineare Schar von Mengenfunktionen, die von zwei willkürlichen Parametern c_1 und c_2 abhängt. In jedem Punkte P, in dem $F_1(e)$ und $F_2(e)$ beide differentiierbar sind und eine endliche Derivierte besitzen, ist jede Funktion der Schar differentiierbar. Es sei nämlich σ_1, σ_2, ... eine gegen P konvergierende reguläre Folge von Punktmengen, dann folgt aus

$$\Phi(\sigma_k) = c_1 F_1(\sigma_k) + c_2 F_2(\sigma_k)$$

und aus

$$\lim_{k=\infty}\frac{F_1(\sigma_k)}{m\sigma_k}=D_{F_1}(P),\qquad \lim_{k=\infty}\frac{F_2(\sigma_k)}{m\sigma_k}=D_{F_2}(P),$$

daß

$$\lim_{k=\infty}\frac{\Phi(\sigma_k)}{m\sigma_k}=\Delta_\Phi(P)$$

existiert und daß

$$\Delta_\Phi(P)=c_1 D_{F_1}(P)+c_2 D_{F_2}(P)$$

ist. Ferner folgt aus der Tatsache, daß die rechte Seite der letzten Gleichung ganz unabhängig von der Wahl der regulären Folge $\sigma_1, \sigma_2, \ldots$ ist, die Differentiierbarkeit von $\Phi(e)$ im Punkte P, so daß man schreiben kann

$$\Delta_\Phi(P)=D_\Phi(P).$$

Die Punkte, in denen $F_1(e)$ und $F_2(e)$ differentiierbar sind und endliche Derivierte besitzen, bilden zwei maßgleiche Kerne E_1 und E_2 des Raumes. Da die Punktmenge

$$E=E_1 E_2$$

ebenfalls einen maßgleichen Kern des Raumes bildet, so haben wir den

Satz 5. *Sind $F_1(e)$ und $F_2(e)$ additive totalstetige Mengenfunktionen, so gibt es einen maßgleichen Kern E des Raumes, in welchem alle Mengenfunktionen $\Phi(e)$ der linearen Schar*

(1) $$\Phi(e)=c_1F_1(e)+c_2F_2(e)$$

zugleich differentiierbar sind; in jedem Punkte von E ist die Derivierte $D_\Phi(P)$ von $\Phi(e)$ endlich und hat den Wert

(2) $$D_\Phi(P)=c_1 D_{F_1}(P)+c_2 D_{F_2}(P).$$

Sind $F_1(e)$ und $F_2(e)$ die unbestimmten Integrale von $f_1(P)$ und $f_2(P)$, so hätte man nach dem Satze 3 des § 446 die Punktmengen E_1 und E_2 so wählen können, daß in jedem ihrer Punkte die Gleichungen

$$D_{F_1}(P)=f_1(P)\quad\text{und}\quad D_{F_2}(P)=f_2(P)$$

gelten. Dann wäre in jedem Punkte von E nach (2)

(3) $$D_\Phi(P)=c_1f_1(P)+c_2f_2(P).$$

Die Limesfunktionen der Derivierten.

450. Es sei $\Delta_F(P)$ eine beliebige Derivierte der additiven und totalstetigen Mengenfunktion $F(e)$, und $\Phi(P)$ sei die obere Limesfunktion von $\Delta_F(P)$ (§ 123). Wir betrachten einen Punkt P des Raumes, in welchem $\Phi(P)$ von $-\infty$ verschieden ist, und zugleich mit diesem Punkte irgendeine endliche Zahl α, die der Bedingung

$$\alpha < \Phi(P) \tag{1}$$

genügt. Führen wir jetzt die Bezeichnung ein

$$e_\alpha = M(\Delta_F > \alpha), \tag{2}$$

so ist, wie wir zeigen wollen, für jede Umgebung U_P des Punktes P

$$m e_\alpha U_P \neq 0. \tag{3}$$

Wäre nämlich $e_\alpha U_P$ eine Nullmenge, so hätte man für jede Teilmenge e von U_P

$$m e e_\alpha = 0,$$

und es wäre daher, falls e meßbar und von endlichem Inhalte ist,

$$F(e) = \int_e \Delta_F(P)\,dw = \int_{e-ee_\alpha} \Delta_F(P)\,dw. \tag{4}$$

In der Punktmenge $(e - ee_\alpha)$ ist aber nach (2) stets $\Delta_F(P) \leqq \alpha$ und man bekommt, wenn man den Mittelwertsatz auf (4) anwendet,

$$\begin{aligned} F(e) &\leqq \alpha \cdot m(e - ee_\alpha) \\ &\leqq \alpha \cdot me. \end{aligned} \tag{5}$$

Ist nun Q irgendein Punkt von U_P und $\sigma_1, \sigma_2, \ldots$ eine reguläre Folge von Punktmengen, die gegen Q konvergiert und für welche

$$\lim_{k=\infty} \frac{F(\sigma_k)}{m\sigma_k} = \Delta_F(Q)$$

ist, so ist, weil U_P eine offene Punktmenge bedeutet, für jeden hinreichend großen Wert von k die Punktmenge σ_k eine Teilmenge von U_P und folglich nach (5)

$$\frac{F(\sigma_k)}{m\sigma_k} \leqq \alpha.$$

Es ist also auch

$$\Delta_F(Q) \leqq \alpha,$$

und weil Q einen beliebigen Punkt von U_P bedeutet, ist die obere Grenze von $\Delta_F(P)$ in U_P

$$G(\Delta_F; U_P) \leqq \alpha,$$

woraus aber (§ 123) im Widerspruch mit (1)

$$\Phi(P) \leqq \alpha$$

folgen würde. Die Bedingung (3) muß also stets bestehen.

Nun sei $f(P)$ irgendeine Funktion, die der Funktion $\Delta_F(P)$ äquivalent ist, und $\Psi(P)$ sei die obere Limesfunktion von $f(P)$. Da die

Punktmenge $e_\alpha U_P$ keine Nullmenge ist, enthält sie sicher Punkte, in denen

$$\Delta_F(P) = f(P)$$

ist, und hieraus folgt, wegen (2),

$$G(f; U_P) > \alpha. \tag{6}$$

Nun erinnere man sich daran, daß U_P eine ganz beliebige Umgebung von P bedeuten sollte; man kann also aus (6) schließen:

$$\Psi(P) \geqq \alpha$$

und ferner, weil α nur der Bedingung (1) genügen sollte, aber sonst ganz beliebig war,

$$\Psi(P) \geqq \Phi(P). \tag{7}$$

Die Ungleichheit (7) ist unter der Voraussetzung bewiesen worden, daß $\Phi(P)$ von $-\infty$ verschieden ist; in den Punkten, wo $\Phi(P) = -\infty$ ist, ist aber (7) von selbst erfüllt. Sie gilt also allgemein.

Bezeichnet man mit $\varphi(P)$ und $\psi(P)$ die unteren Limesfunktionen von $\Delta_F(P)$ und $f(P)$ und berücksichtigt man, daß dann $-\varphi(P)$ und $-\psi(P)$ die oberen Limesfunktionen von $-\Delta_F(P)$ und $-f(P)$ sind, daß diese beiden letzten Funktionen einander äquivalent sind und daß die erste unter ihnen eine Derivierte von $-F(e)$ ist, so folgt aus dem obigen Resultate

$$-\psi(P) \geqq -\varphi(P)$$

oder

$$\psi(P) \leqq \varphi(P).$$

Satz 1. *Zwischen den oberen und unteren Limesfunktionen $\Phi(P)$ und $\varphi(P)$ einer beliebigen Derivierten $\Delta_F(P)$ der additiven totalstetigen Mengenfunktion $F(e)$ und den Limesfunktionen $\Psi(P)$ und $\psi(P)$ einer beliebigen zu $\Delta_F(P)$ äquivalenten Funktion $f(P)$ bestehen stets die Relationen*

$$\psi(P) \leqq \varphi(P) \leqq \Phi(P) \leqq \Psi(P).$$

451. Zwei beliebige Derivierte $\Delta_1(P)$ und $\Delta_2(P)$ derselben additiven und totalstetigen Mengenfunktion $F(e)$ sind äquivalente Funktionen. Nach dem letzten Satz muß also, wenn man mit $\Phi_1(P)$ und $\Phi_2(P)$ ihre oberen Limesfunktionen bezeichnet, sowohl

$$\Phi_2(P) \geqq \Phi_1(P)$$

als auch

$$\Phi_1(P) \geqq \Phi_2(P)$$

sein. Die beiden oberen Limesfunktionen sind also einander gleich, und dasselbe gilt auch, nach einer analogen Schlußweise, für die unteren Limesfunktionen der beiden Derivierten.

Satz 2. *Alle Derivierten einer additiven totalstetigen Mengenfunktion haben dieselbe obere und dieselbe untere Limesfunktion.*

452. Wir nehmen nun an, $F(e)$ sei das unbestimmte Integral der Funktion $f(P)$. Ist diese Funktion stetig in einem Punkte P des Raumes, so ist, mit den obigen Bezeichnungen, in diesem Punkte

$$\Psi(P) = \psi(P) = f(P),$$

und nach dem Satze 1 des § 450 ist dann auch

$$\Phi(P) = \varphi(P) = f(P),$$

woraus folgt, daß jede Derivierte von $F(e)$ im Punkte P stetig ist und den Wert $f(P)$ besitzt.

Satz 3. *Das unbestimmte Integral $F(e)$ einer Funktion $f(P)$ ist in jedem Stetigkeitspunkte von $f(P)$ differentiierbar und seine Derivierten sind gleich $f(P)$ in diesem Punkte.*

Ist ferner die Funktion $f(P)$ über jede nach außen quadrierbare Punktmenge e nach Riemann integrierbar, so müssen (§ 415, Satz 1) die Unstetigkeitspunkte von $f(P)$ eine Nullmenge des Raumes bilden und dasselbe gilt dann auch von den Unstetigkeitspunkten einer beliebigen unter den Derivierten $\Delta_F(P)$. Diese sind also auch nach Riemann integrierbar über e.

Satz 4. *Ist die additive totalstetige Mengenfunktion $F(e)$ das unbestimmte Integral einer über jede nach außen quadrierbare Punktmenge e nach Riemann integrierbaren Funktion, so gilt dasselbe von jeder Derivierten von $F(e)$. Hierzu genügt aber, daß eine dieser Derivierten nach Riemann integrierbar sei; dann sind es demnach auch alle übrigen.*

Die additiven totalstetigen Intervallfunktionen.

453. Wir bezeichnen mit $\mathfrak{J}$ die Gesamtheit der Punktmengen

$$\sigma = \delta_1 + \delta_2 + \cdots + \delta_p, \tag{1}$$

die aus der Summe von endlich vielen Intervallen ohne gemeinsame Punkte $\delta_1, \delta_2, \ldots, \delta_p$ bestehen. Eine Mengenfunktion $\Phi(\sigma)$, deren Definitionsbereich gleich $\mathfrak{J}$ ist, soll eine Intervallfunktion genannt werden. Jeder Mengenfunktion $F(e)$, deren Definitionsbereich alle Punktmengen σ von $\mathfrak{J}$ enthält, kann man eindeutig eine Intervallfunktion $\Phi(\sigma)$

zuordnen, die dadurch definiert wird, daß die Gleichung

(2) $$\Phi(\sigma) = F(\sigma)$$

für alle Punktmengen (1) gelten soll.

Gibt es eine (für alle meßbaren Punktmengen e von endlichem Inhalt definierte) additive und totalstetige Mengenfunktion $F(e)$, die für alle Punktmengen (1) einer gegebenen Intervallfunktion $\Phi(\sigma)$ gleich ist, so wollen wir die Intervallfunktion $\Phi(\sigma)$ selbst additiv und totalstetig nennen. Es ist sehr leicht, notwendige und hinreichende Bedingungen dafür anzugeben, daß $\Phi(\sigma)$ additiv und totalstetig sei. Da nämlich $\Phi(\sigma)$ für alle Würfel des n-dimensionalen Raumes definiert ist, kann man nach dem § 435 mittlere Derivierte von $\Phi(\sigma)$ definieren. Aus (2) folgt dann, daß z. B. die oberen mittleren Derivierten von $\Phi(\sigma)$ und von $F(e)$ in jedem Punkte P des Raumes einander gleich sein müssen:

(3) $$\overline{D}_\Phi(P) = \overline{D}_F(P).$$

Für die Addivität und Totalstetigkeit der Funktion $F(e)$ ist nun nach dem vorigen Abschnitt notwendig, daß die Funktion $\overline{D}_F(P)$ über jede meßbare Punktmenge e von endlichem Inhalte summierbar sei und daß die Gleichung

$$F(e) = \int_e \overline{D}_F(P)\, dw$$

für alle diese Punktmengen erfüllt sei. Aus alledem folgt, daß die Intervallfunktion $\Phi(\sigma)$ nur dann additiv und totalstetig sein kann, wenn eine Funktion $f(P)$ existiert, die über jede meßbare Punktmenge e von endlichem Inhalte summierbar ist, so daß für alle Punktmengen (1) die Gleichung

(4) $$\Phi(\sigma) = \int_\sigma f(P)\, dw$$

stattfindet. Diese Bedingung ist aber auch hinreichend, weil dann die additive und totalstetige Mengenfunktion

(5) $$F(e) = \int_e f(P)\, dw,$$

die für alle meßbaren Punktmengen e endlichen Inhalts definiert ist, der Gleichung (2) genügt. Wir haben also den

Satz 1. *Für die Additivität und Totalstetigkeit einer Intervallfunktion $\Phi(\sigma)$ ist notwendig und hinreichend, daß eine über jede meßbare Punktmenge e endlichen Inhalts summierbare Funktion $f(P)$ existiere, die für alle Punktmengen σ des Definitionsbereichs $\mathfrak{J}$ von $\Phi(\sigma)$ der Gleichung (4) genügt.*

454. Die im vorigen Satze vorkommende Bedingung wollen wir jetzt durch andere ersetzen, die bequemer anzuwenden sind. Zu diesem Zweck bemerken wir, daß die Gleichung (4) des vorigen Paragraphen folgende Eigenschaften von $\Phi(\sigma)$ nach sich zieht:

a) Besteht die Intervallmenge σ aus der Summe der Intervalle $\delta_1, \delta_2, \ldots, \delta_p$, so ist auch stets

$$\Phi(\sigma) = \Phi(\delta_1) + \Phi(\delta_2) + \cdots + \Phi(\delta_p). \tag{1}$$

b) Zerlegt man ein beliebiges Intervall δ des Raumes durch Parallele zu den Koordinatenebenen in endlich viele Teilintervalle $\delta_1, \delta_2, \ldots, \delta_p$, so ist

$$\Phi(\delta) = \Phi(\delta_1 + \delta_2 + \cdots + \delta_p). \tag{2}$$

In der Tat ist das ursprüngliche Intervall δ gleich der Summe einer Nullmenge ν und der Teilintervalle $\delta_1, \delta_2, \ldots, \delta_p$, und die Gleichung (2) ist eine Folge der beiden Gleichungen

$$\left\{\begin{aligned} \int_\delta f(P)\,dw &= \int_\nu f(P)\,dw + \sum_{k=1}^{p} \int_{\delta_k} f(P)\,dw, \\ \int_\nu f(P)\,dw &= 0. \end{aligned}\right.$$

c) Bezeichnet man mit $\eta(\lambda)$ die obere Grenze von $|\Phi(\sigma)|$ für alle Intervallmengen σ, für welche $m\sigma \leqq \lambda$ ist, so genügt die Funktion $\eta(\lambda)$ der Bedingung

$$\lim_{\lambda=0} \eta(\lambda) = 0. \tag{3}$$

Die Funktion $\eta(\lambda)$ ist nämlich nicht größer als die obere Grenze des absoluten Betrages der durch die Gleichung (5) des vorigen Paragraphen definierten Funktion $F(e)$ für alle meßbaren Punktmengen e, deren Inhalt $me \leqq \lambda$ ist, und diese letzte Funktion konvergiert stets mit λ gegen Null (§ 431).

Wir wollen nun zeigen, daß die drei Bedingungen a), b) und c) für die Additivität und Totalstetigkeit einer Intervallfunktion $\Phi(\sigma)$ nicht nur notwendig, sondern auch hinreichend sind.

Ehe wir diesen Beweis bringen, machen wir noch die Bemerkung: wenn λ und h zwei positive Zahlen bedeuten und σ eine Intervallmenge des Definitionsbereiches $\mathfrak{J}$ von $\Phi(\sigma)$ ist, die der Bedingung

$$m\sigma \leqq \lambda + h \tag{4}$$

genügt, so kann man die Punktmenge σ durch eine Parallele zu einer beliebigen unter den Koordinatenebenen in zwei Teilmengen σ' und σ'' so zerlegen, daß die Gleichungen

$$\text{(5)}\qquad \begin{cases} m(\sigma-(\sigma'+\sigma''))=0, \\ m\sigma'\leqq\lambda, \quad m\sigma''\leqq h \end{cases}$$

zugleich erfüllt sind. Die beiden Punktmengen σ' und σ'' sind dann im Definitionsbereich $\mathfrak{J}$ von $\Phi(\sigma)$ enthalten und man hat wegen der Bedingungen a) und b)

$$\text{(6)}\qquad \Phi(\sigma)=\Phi(\sigma')+\Phi(\sigma'').$$

Aus (4), (5) und (6) folgt aber, daß man die Überlegungen der §§ 430, 431 **wörtlich** auf unsere jetzige Funktion $\eta(\lambda)$ übertragen kann, und man kann daher die Gleichung (3) benutzen, um genau wie dort zu beweisen, daß die Funktion $\eta(\lambda)$ für alle positiven Werte von λ **endlich, stetig** und **monoton wachsend** ist.

455. Wir nehmen nun an, $\Phi(\sigma)$ sei eine Intervallfunktion, die den Bedingungen a), b) und c) des vorigen Paragraphen genügt, und betrachten zwei Punktmengen

$$\sigma=\delta_1+\delta_2+\cdots+\delta_p,$$
$$\sigma'=\delta_1'+\delta_2'+\cdots+\delta_q'$$

ihres Definitionsbereiches. Legt man durch alle Ecken der Intervalle δ_j und δ_j' Parallelen zu sämtlichen Koordinatenebenen, so wird jedes dieser Intervalle in höchstens endlich viele Teilintervalle zerlegt und jedes dieser Teilintervalle liegt in einer und nur einer der drei Punktmengen

$$\sigma\sigma',\quad \sigma-\sigma\sigma',\quad \sigma'-\sigma\sigma';$$

wir bezeichnen mit τ, ϱ, ϱ' die Vereinigungsmengen der Teilintervalle, die in je einer dieser drei Mengen liegen. Dann ist, wegen der Eigenschaften a) und b) von $\Phi(\sigma)$

$$\text{(1)}\qquad \Phi(\sigma)=\Phi(\tau)+\Phi(\varrho),$$

$$\text{(2)}\qquad \Phi(\sigma')=\Phi(\tau)+\Phi(\varrho').$$

Anderseits ist nach der Konstruktion

$$m(\sigma\sigma'-\tau)=0,\quad m(\sigma-(\tau+\varrho))=0,\quad m(\sigma'-(\tau+\varrho'))=0$$

und daher, weil alle betrachteten Punktmengen meßbar und von endlichem Inhalte sind,

$$\text{(3)}\qquad m\varrho=m(\sigma-\sigma\sigma')=\lambda,\quad m\varrho'=m(\sigma'-\sigma\sigma')=\lambda'.$$

Die Gleichungen (1), (2) und (3) liefern uns also, wenn man die Eigenschaft c) unserer Funktion $\Phi(\sigma)$ berücksichtigt,

$$\text{(4)}\qquad |\Phi(\sigma)-\Phi(\sigma')|\leqq|\Phi(\varrho)|+|\Phi(\varrho')|\leqq\eta(\lambda)+\eta(\lambda').$$

Wir betrachten eine meßbare Punktmenge e des Raumes, deren Inhalt endlich ist, und bezeichnen mit ε eine beliebige positive Zahl. Nach dem Vitalischen Satze (§ 291) können wir endlich viele Intervalle $\delta_1, \delta_2, \ldots, \delta_k$ ohne gemeinsame Punkte finden, deren Summe

$$\sigma = \delta_1 + \delta_2 + \cdots + \delta_k$$

den beiden Relationen

(5) $$m r \leqq \varepsilon, \quad m t \leqq \varepsilon$$

zugleich genügt, wenn wir zur Abkürzung die Bezeichnungen

(6) $$r = e - e\sigma, \quad t = \sigma - e\sigma$$

einführen. Es sei σ' eine zweite Punktmenge derselben Art, d. h. wieder eine Summe von endlich vielen Intervallen ohne gemeinsame Punkte, für welche, wenn man

(7) $$r' = e - e\sigma', \quad t' = \sigma' - e\sigma'$$

setzt, die Relationen

(8) $$m r' \leqq \varepsilon, \quad m t' \leqq \varepsilon$$

zugleich gelten.

Nach (6) und (7) ist dann

$$\sigma = e - r + t,$$

$$e = \sigma' - t' + r'$$

und daher

$$\sigma = \sigma' - t' + r' - r + t$$

oder wenn man rechts und links gliedweise mit σ multipliziert,

$$\sigma = \sigma\sigma' - \sigma t' + \sigma r' - \sigma r + \sigma t.$$

Hieraus folgt aber, weil wir es mit lauter meßbaren Punktmengen zu tun haben,

$$m\sigma = m\sigma\sigma' - m\sigma t' + m\sigma r' - m\sigma r + m\sigma t;$$

die vier letzten Glieder der rechten Seite sind abwechselnd positiv und negativ, und wegen (5) und (8) ist jedes von ihnen absolut genommen nicht größer als ε, und hieraus folgt

$$| m\sigma - m\sigma\sigma' | \leqq 2\varepsilon.$$

Ebenso findet man durch Vertauschung von σ mit σ'

$$| m\sigma' - m\sigma\sigma' | \leqq 2\varepsilon$$

und nach (3) und (4) folgt hieraus

(9) $$| \Phi(\sigma) - \Phi(\sigma') | \leqq 2\eta(2\varepsilon).$$

Wir betrachten jetzt eine Folge von Punktmengen

(10) $$\sigma_1, \sigma_2, \sigma_3, \ldots,$$

von denen jede im Definitionsbereich $\mathfrak{J}$ von $\Phi(\sigma)$ liegt und für welche, nach Einführung der Bezeichnung

$$r_k = e - e\sigma_k, \qquad t_k = \sigma_k - e\sigma_k,$$

die Relationen

$$m r_k \leqq \frac{1}{k}, \qquad m t_k \leqq \frac{1}{k}$$

gelten. Ist dann p eine beliebige natürliche Zahl, so ist nach (9) für jede natürliche Zahl k

$$|\Phi(\sigma_{k+p}) - \Phi(\sigma_k)| \leqq 2\eta\left(\frac{2}{k}\right);$$

da nun nach Voraussetzung

(11) $$\lim_{k=\infty} 2\eta\left(\frac{2}{k}\right) = 0$$

ist, folgt aus dem Cauchyschen Konvergenzkriterium (§ 97, Satz 3) die Existenz des Grenzwertes

(12) $$\lim_{k=\infty} \Phi(\sigma_k).$$

Ist ferner

$$\sigma_1', \sigma_2', \sigma_3', \ldots$$

irgendeine zweite Folge von Punktmengen, die denselben Bedingungen wie (10) genügen, so liefert uns die Relation (9) für jeden Wert von k

$$|\Phi(\sigma_k) - \Phi(\sigma_k')| \leqq 2\eta\left(\frac{2}{k}\right)$$

und daher, wenn man noch (12) berücksichtigt,

$$\lim_{k=\infty} \Phi(\sigma_k) = \lim_{k=\infty} \Phi(\sigma_k').$$

Der Grenzwert (12) ist also von der speziellen Wahl unserer Folge $\sigma_1, \sigma_2, \ldots$ unabhängig und wir können daher eine Mengenfunktion $F(e)$ durch die Gleichung

(13) $$F(e) = \lim_{k=\infty} \Phi(\sigma_k)$$

definieren. Für Punktmengen σ, welche im Definitionsbereich $\mathfrak{J}$ von $\Phi(\sigma)$ enthalten sind, kann man hierin für jedes k

$$\sigma_k = \sigma$$

setzen, woraus folgt, daß dann auch stets

$$F(\sigma) = \Phi(\sigma)$$

ist. Um die Additivität und Totalstetigkeit von $\Phi(\sigma)$ nachzuweisen, genügt es mithin zu zeigen, daß die Mengenfunktion $F(e)$, die wir durch einen wohlbestimmten Grenzprozeß für alle meßbaren Punktmengen e endlichen Inhalts eindeutig definiert haben, additiv und totalstetig ist.

456. Es sei e eine meßbare Punktmenge endlichen Inhalts und

$$me = \lambda;$$

dann ist, nach den Voraussetzungen des vorigen Paragraphen, für jede Folge $\sigma_1, \sigma_2, \ldots$ von Punktmengen, die wir dort betrachtet haben,

$$m\sigma_k = me - mr_k + mt_k \leqq \lambda + \frac{1}{k}$$

und daher

$$|\Phi(\sigma_k)| \leqq \eta\left(\lambda + \frac{1}{k}\right).$$

Nach der Gleichung (13) des vorigen Paragraphen ist aber dann, wenn man die Stetigkeit von $\eta(\lambda)$ berücksichtigt (§ 454),

$$|F(e)| \leqq \lim_{k=\infty} \eta\left(\lambda + \frac{1}{k}\right) = \eta(\lambda).$$

Ferner ist nach Voraussetzung $\lim\limits_{\lambda=0} \eta(\lambda) = 0$ und daher die Funktion $F(e)$ totalstetig.

457. Wir betrachten ferner zwei meßbare Punktmengen e und e' endlichen Inhalts mit leerem Durchschnitt und approximieren wie oben diese Punktmengen durch zwei Folgen

$$\text{(1)} \qquad \begin{cases} \sigma_1, \sigma_2, \sigma_3, \ldots, \\ \sigma_1', \sigma_2', \sigma_3', \ldots \end{cases}$$

von Intervallmengen, die im Definitionsbereich $\mathfrak{J}$ von $\Phi(\sigma)$ liegen. Wir verlangen also: wenn man die Bezeichnungen

$$\text{(2)} \qquad \begin{cases} r_k = e - e\sigma_k, & t_k = \sigma_k - e\sigma_k, \\ r_k' = e' - e'\sigma_k', & t_k' = \sigma_k' - e'\sigma_k' \end{cases}$$

einführt, so sollen die Relationen

$$\text{(3)} \qquad mr_k \leqq \frac{1}{k}, \quad mt_k \leqq \frac{1}{k}, \quad mr_k' < \frac{1}{k}, \quad mt_k' \leqq \frac{1}{k}$$

gleichzeitig gelten. Dann ist nach dem vorigen Paragraphen

$$\text{(4)} \qquad \begin{cases} F(e) = \lim\limits_{k=\infty} \Phi(\sigma_k) = \lim\limits_{k=\infty} F(\sigma_k), \\ F(e') = \lim\limits_{k=\infty} \Phi(\sigma_k') = \lim\limits_{k=\infty} F(\sigma_k'). \end{cases}$$

Nun folgt aber aus

$$\sigma_k = (e - r_k) + t_k,$$
$$\sigma_k' = (e' - r_k') + t_k',$$

wenn man noch berücksichtigt, daß die beiden Punktmengen $(e - r_k)$ und $(e' - r_k')$ als Teilmengen von e und e' keinen gemeinsamen Punkt besitzen,

$$\sigma_k \sigma_k' = (e - r_k)\sigma_k' + t_k \sigma_k' = (e - r_k)t_k' + t_k \sigma_k';$$

und hieraus entnimmt man nach (3)

$$m\sigma_k \sigma_k' \leqq \frac{2}{k}. \tag{5}$$

Bezeichnet man mit S_k die Vereinigungsmenge von σ_k und σ_k'

$$S_k = \sigma_k \dot{+} \sigma_k',$$

so ist

$$\left\{\begin{aligned} (e + e') - S_k(e + e') &= (e - S_k e) + (e' - S_k e') \\ &\prec (e - \sigma_k e) + (e' - \sigma_k' e') \end{aligned}\right. \tag{6}$$

und anderseits

$$\left\{\begin{aligned} S_k - (e + e')S_k &= (\sigma_k - (e + e')\sigma_k) \dot{+} (\sigma_k' - (e + e')\sigma_k') \\ &\prec (\sigma_k - e\sigma_k) \quad\; \dot{+} (\sigma_k' - e'\sigma_k'). \end{aligned}\right. \tag{7}$$

Aus den Relationen (6) und (7) folgert man mit Hilfe von (2) und (3)

$$\left\{\begin{aligned} & m((e + e') - S_k(e + e')) \leqq \frac{2}{k}, \\ & m(S_k - (e + e')S_k) \leqq \frac{2}{k}. \end{aligned}\right. \tag{8}$$

Nun lege man, wie im § 455, durch jede Ecke der Intervalle, aus deren Summe σ_k und σ_k' bestehen, Parallelen zu sämtlichen Koordinatenebenen, wodurch jedes der betrachteten Intervalle in höchstens endlich viele Teilintervalle zerlegt wird, und bezeichne mit τ_k, ϱ_k, ϱ_k' die Vereinigungsmengen dieser Teilintervalle, die in $\sigma_k \sigma_k'$, in $(\sigma_k - \sigma_k \sigma_k')$ und in $(\sigma_k' - \sigma_k \sigma_k')$ liegen. Die Relationen (8) bleiben bestehen, wenn man in ihnen die Punktmenge S_k durch $(\tau_k + \varrho_k + \varrho_k')$ ersetzt, und hieraus folgt nach der Definition der Mengenfunktion $F(e)$ (§ 455),

$$\left\{\begin{aligned} F(e + e') &= \lim_{k=\infty} \Phi(\tau_k + \varrho_k + \varrho_k') \\ &= \lim_{k=\infty} \{\Phi(\tau_k) + \Phi(\varrho_k) + \Phi(\varrho_k')\}. \end{aligned}\right. \tag{9}$$

Anderseits ist aber auch

$$(10)\qquad \begin{cases} F(e) = \lim\limits_{k=\infty} \Phi(\sigma_k) = \lim\limits_{k=\infty} \{ \Phi(\tau_k) + \Phi(\varrho_k) \}, \\ F(e') = \lim\limits_{k=\infty} \Phi(\sigma_k') = \lim\limits_{k=\infty} \{ \Phi(\tau_k) + \Phi(\varrho_k') \} \end{cases}$$

und wegen (5)

$$(11)\qquad \lim_{k=\infty} \Phi(\tau_k) = \lim_{k=\infty} \Phi(\sigma_k \sigma_k') = 0.$$

Der Vergleich von (9), (10) und (11) zeigt endlich, daß

$$F(e + e') = F(e) + F(e')$$

ist, wie wir beweisen wollten.

Wir haben also den

Satz 2. *Für die Additivität und Totalstetigkeit einer Intervallfunktion* $\Phi(\sigma)$ *ist notwendig und hinreichend, daß die Bedingungen* a), b) *und* c) *des* § 454 *erfüllt seien.*

Nachdem wir eingesehen haben, daß diese Bedingungen für die Additivität und Totalstetigkeit einer Intervallfunktion charakteristisch sind, sind wir in der Lage, die Eigenschaft der Additivität von der Eigenschaft der Totalstetigkeit auch für Intervallfunktionen zu trennen. Wir werden eine Intervallfunktion additiv nennen, wenn sie den Bedingungen a) und b) des § 454 genügt, und totalstetig, wenn sie der Bedingung c) dieses Paragraphen genügt.

Kapitel X. **Funktionen einer Veränderlichen.**

Die λ-Variation.

458. Es sei A ein lineares Gebiet, das also entweder aus einem Intervall oder aus einer Halbgeraden, wenn nicht aus der ganzen x-Achse besteht (§§ 147, 225), und $f(x)$ sei eine auf A definierte endliche Funktion. Wir bezeichnen mit

$$(1)\qquad \delta_k:\quad \alpha_k < x < \beta_k \qquad (k = 1, 2, \ldots, p)$$

eine endliche Anzahl von Intervallen ohne gemeinsame Punkte, die in A liegen, und mit

$$(2)\qquad \sigma = \delta_1 + \delta_2 + \cdots + \delta_p$$

die Summe dieser Intervalle, und betrachten die Mengenfunktion

$$F(\sigma) = \sum_{k=1}^{p} (f(\beta_k) - f(\alpha_k)).$$

Diese Mengenfunktion $F(\sigma)$ ist eine Intervallfunktion (§ 453), welche wir die der Funktion $f(x)$ zugehörige Intervallfunktion nennen wollen.

Die Intervallfunktion $F(\sigma)$ ist natürlich additiv (§ 457), denn es ist einerseits

$$F(\sigma) = F(\delta_1) + \cdots + F(\delta_p)$$

und anderseits, wenn man ein Intervall δ durch einen Teilungspunkt in zwei Intervalle δ', δ'' zerlegt,

$$F(\delta) = F(\delta') + F(\delta'');$$

d. h. die Bedingungen a) und b) des § 454 sind hier erfüllt.

Definition. Unter λ-Variation der Funktion $f(x)$ auf dem linearen Gebiete A verstehen wir eine Funktion $\tau(\lambda)$, die mit der Funktion $\eta(\lambda)$, die wir im § 454 jeder Intervallfunktion zugeordnet haben, eine gewisse Ähnlichkeit hat; die Funktion $\tau(\lambda)$ soll die obere Grenze der Zahlen

$$\sum_{k=1}^{p} |f(\beta_k) - f(\alpha_k)|$$

für alle Punktmengen (2) sein, die aus endlich vielen Teilintervallen von A ohne gemeinsame Punkte bestehen, für welche die Ungleichheit

$$\sum_{k=1}^{p} (\beta_k - \alpha_k) \leqq \lambda$$

erfüllt ist.

Ist $f(x)$ in einem abgeschlossenen Intervall $a \leqq x \leqq b$ definiert, so kann man ihren Definitionsbereich erweitern, indem man festsetzt, daß $f(x) = f(a)$ für $x < a$ und $f(x) = f(b)$ für $x > b$ sein soll. Die λ-Variation dieser letzten Funktion auf der ganzen x-Achse nennen wir dann die λ-Variation von $f(x)$ für das ursprünglich abgeschlossene Intervall. Es ist klar, daß man hier, um $\tau(\lambda)$ zu berechnen, nur Intervalle δ_k zu berücksichtigen hat, deren Endpunkte in der Punktmenge $a \leqq x \leqq b$ liegen, und daß $\tau(b-a)$ gleich der totalen Variation von $f(x)$ (§ 177) im Intervalle $a \leqq x \leqq b$ ist.

Man beweist genau wie wir es im § 430 für die Funktion $\eta(\lambda)$ getan haben, daß, wenn λ und h zwei positive Zahlen bedeuten,

$$\tau(\lambda) \leqq \tau(\lambda + h) \leqq \tau(\lambda) + \tau(h)$$

ist; nach den Ausführungen dieses Paragraphen ist dann $\tau(\lambda)$ eine monoton wachsende Funktion, die entweder konstant gleich Null oder konstant gleich $+\infty$ ist, oder aber für alle Werte von λ endlich und von Null verschieden ist.

Ist $f(x)$ eine Konstante, so ist natürlich die Funktion $\tau(\lambda)$ identisch Null; ist dagegen $f(x)$ nicht konstant, so gibt es mindestens zwei Punkte

x_1 und x_2 von A, für welche $f(x_1) \neq f(x_2)$ ist, und man hat

$$\tau(|x_2 - x_1|) \geqq |f(x_2) - f(x_1)| > 0,$$

woraus nach dem Früheren folgt, daß $\tau(\lambda)$ für keinen positiven Wert von λ verschwinden kann.

Satz 1. *Die λ-Variation einer Funktion $f(x)$, die auf einem linearen Gebiete A oder einem abgeschlossenen Intervall definiert ist, ist eine für positive Werte von λ definierte monoton wachsende Funktion $\tau(\lambda)$, die entweder konstant gleich $+\infty$ ist oder stets endlich ist. Im letzten Falle ist $\tau(\lambda)$ stets von Null verschieden, außer wenn $f(x)$ selbst konstant ist; dann verschwindet die λ-Variation identisch.*

459. Wir nehmen jetzt an, das Gebiet A sei ein Intervall $a < x < b$ und die λ-Variation sei eine endliche Funktion; ferner sei $f(x)$ auch in den Endpunkten a und b des Intervalls definiert und in jedem Punkte des abgeschlossenen Intervalls $a \leqq x \leqq b$ endlich. Sind dann x und x_0 zwei beliebige Punkte des Intervalls $a < x < b$, so folgt aus

$$|f(x) - f(x_0)| \leqq \tau(b - a),$$

daß $f(x)$ in diesem Intervalle und sogar im abgeschlossenen Intervalle $a \leqq x \leqq b$ beschränkt ist. In der letzten Punktmenge ist nämlich $|f(x)|$ nie größer als die größte der drei Zahlen

$$|f(a)|, \quad |f(b)|, \quad |f(x_0)| + \tau(b - a).$$

Es gibt also insbesondere eine endliche Zahl M, so daß für je zwei Punkte x' und x'' von $a \leqq x \leqq b$

$$(1) \qquad |f(x') - f(x'')| \leqq M$$

ist. Wir zerlegen das Intervall $a < x < b$ durch m Teilungspunkte

$$x_1 < x_2 < \cdots < x_m$$

in $(m + 1)$ Teilintervalle und betrachten die Zahlen

$$(2) \qquad |f(x_{k+1}) - f(x_k)| \qquad (k = 1, 2, \ldots, (m-1)).$$

Die Summe der Zahlen (2) ist nach der Definition von $\tau(\lambda)$ nicht größer als $\tau(b - a)$. Es ist also, wenn man noch (1) berücksichtigt,

$$|f(x_1) - f(a)| + \sum_{k=1}^{m-1} |f(x_{k+1}) - f(x_k)| + |f(b) - f(x_m)| \leqq \tau(b - a) + 2M,$$

und hieraus folgt, daß die Funktion $f(x)$ im abgeschlossenen Intervalle $a \leqq x \leqq b$ von beschränkter Variation ist (§ 177).

Ist umgekehrt $f(x)$ von beschränkter Variation im abgeschlossenen Intervalle $a \leqq x \leqq b$, so sieht man unmittelbar ein, daß $\tau(\lambda)$ eine endliche Funktion sein muß.

Satz 2. *Dafür, daß eine endliche Funktion $f(x)$ auf dem abgeschlossenen Intervalle $a \leqq x \leqq b$ von beschränkter Variation sei, ist notwendig und hinreichend, daß die λ-Variation von $f(x)$ im (offenen) Intervall $a < x < b$ eine endliche Funktion sei.*

Hieraus folgt insbesondere, daß eine Funktion, die, wie z. B. die Dirichletsche Funktion (§ 170), in einem Intervall totalunstetig ist, eine λ-Variation besitzt, die stets gleich $+\infty$ ist; es gibt sogar stetige Funktionen mit dieser Eigenschaft, wie das Beispiel des § 184 zeigt.

460. Da $\tau(\lambda)$ eine monoton wachsende Funktion ist, existiert stets der Grenzwert (§ 148)

$$\tau(0) = \lim_{\lambda=0} \tau(\lambda),$$

den wir die Nullvariation der Funktion $f(x)$ nennen wollen. Diese Nullvariation ist nach dem Vorhergehenden dann und nur dann endlich, wenn die λ-Variation eine durchweg endliche Funktion ist.

Wir bezeichnen wieder mit σ eine offene Punktmenge, die aus endlich vielen Intervallen ohne gemeinsame Punkte,

$$\delta_k : \alpha_k < x < \beta_k,$$

besteht. Ferner sei σ' die Summe der Intervalle δ_k, für die $f(\beta_k) \geqq f(\alpha_k)$ ist, und $\sigma'' = \sigma - \sigma'$. Dann ist, wenn $F(\sigma)$ die zu $f(x)$ gehörige Intervallfunktion bedeutet (§ 453),

$$\sum_k |f(\beta_k) - f(\alpha_k)| = F(\sigma') - F(\sigma''),$$

und man hat, wenn $m\sigma \leqq \lambda$ ist, woraus $m\sigma' \leqq \lambda$ und $m\sigma'' \leqq \lambda$ folgt,

$$\sum_k |f(\beta_k) - f(\alpha_k)| \leqq 2\eta(\lambda);$$

hierbei hat $\eta(\lambda)$ dieselbe Bedeutung wie im § 454. Nun folgt aber, nach der Definition der λ-Variation,

$$\tau(\lambda) \leqq 2\eta(\lambda)$$

und da anderseits $\eta(\lambda) \leqq \tau(\lambda)$ ist, so folgt aus $\tau(0) = 0$ stets $\lim\limits_{\lambda=0} \eta(\lambda) = 0$ und umgekehrt.

Die Intervallfunktion $F(\sigma)$ ist also dann und nur dann totalstetig (§ 457), wenn $\tau(0) = 0$ ist. Wenn dies der Fall ist, soll die Funktion $f(x)$ selbst totalstetig genannt werden.

Wir haben demnach folgende

Definition. Eine Funktion $f(x)$ einer Veränderlichen x soll in einem linearen Gebiet A, in dem ihre Nullvariation verschwindet, totalstetig genannt werden.

Die Totalstetigkeit einer Funktion hat ihre gewöhnliche Stetigkeit zur Folge; sind nämlich x_1 und x_2 zwei beliebige Punkte unseres linearen Gebietes A, so ist, wenn man

$$|x_2 - x_1| = \lambda$$

setzt,

$$|f(x_2) - f(x_1)| \leq \tau(\lambda),$$

und dies verbunden mit $\tau(0) = 0$ zeigt, daß $f(x)$ in jedem Punkte von A stetig ist.

Ist insbesondere das Gebiet A ein Intervall $a < x < b$ und $f(x)$ totalstetig auf A, so ist, wenn man der Funktion in den Endpunkten a und b des Intervalls irgendwelche endliche Werte zuschreibt, die so erweiterte Funktion, nach dem letzten Satze, von beschränkter Variation auf dem abgeschlossenen Intervall $a \leq x < b$. Es müssen also die beiden Zahlen $f(a+0)$ und $f(b-0)$ existieren und endlich sein (§ 180), und die erweiterte Funktion $f(x)$ ist auch in den Endpunkten a und b stetig, wenn man

$$f(a) = f(a+0) \quad \text{und} \quad f(b) = f(b-0)$$

setzt. Hieraus folgt der

Satz 3. *Jede in einem Intervall $a < x < b$ definierte totalstetige Funktion $f(x)$ kann erweitert werden zu einer Funktion, die auf der abgeschlossenen Hülle $a \leqq x \leqq b$ dieses Intervalls stetig ist und die außerdem noch dort von beschränkter Variation ist.*

Eine stetige Funktion von beschränkter Variation und sogar eine stetige, beschränkte monotone Funktion brauchen nicht totalstetig zu sein (vgl. § 509). Es ist deshalb nützlich, noch folgendes zu bemerken:

Es sei $f(x)$ eine Funktion, die im abgeschlossenen Intervalle

$$\bar{I}: \quad a \leqq x \leqq b$$

stetig und von beschränkter Variation ist und in jedem Intervalle $\alpha < x < \beta$, dessen Endpunkte im Innern von $\bar{I}$ liegen, totalstetig ist. Es ist also $\alpha > a$ und $\beta < b$, und wenn man mit $V(\alpha)$ und $V(\beta)$ die totale Variation der Funktion in den abgeschlossenen Intervallen $a \leqq x \leqq \alpha$ bzw. $\beta \leqq x \leqq b$ und mit $\tau_1(\lambda)$ die λ-Variation der Funktion im Intervalle $\alpha < x < \beta$ bezeichnet, so ist, für jede Menge von endlich vielen Teilintervallen von $\bar{I}$ ohne gemeinsame Punkte, deren Gesamtinhalt $\leqq \lambda$ ist, die Summe

$$\sum_k |f(\beta_k) - f(\alpha_k)|$$

über diese Intervalle sicher nicht größer als $V(\alpha) + V(\beta) + \tau_1(\lambda)$;

hieraus folgt aber für die obere Grenze $\tau(\lambda)$ dieser Summen

$$\tau(\lambda) < V(\alpha) + V(\beta) + \tau_1(\lambda),$$

und weil $f(x)$ totalstetig im Intervalle $\alpha < x < \beta$ ist,

$$\tau(0) \leqq V(\alpha) + V(\beta).$$

Wegen der Stetigkeit der Funktion konvergieren aber die Zahlen $V(\alpha)$ und $V(\beta)$ gegen Null, wenn α gegen a und β gegen b strebt (§§ 178 und 181); es ist daher

$$\tau(0) = 0,$$

d. h. die Funktion ist totalstetig in $\bar{I}$.

Satz 4. *Eine in einem abgeschlossenen Intervall $\bar{I}$ stetige Funktion von beschränkter Variation, die in jedem Teilintervall von $\bar{I}$, dessen Endpunkte mit denen von $\bar{I}$ nicht zusammenfallen, totalstetig ist, ist es auch in $\bar{I}$.*

Die Derivierten einer Funktion.

461. Sind x und ξ zwei beliebige Punkte eines linearen Gebietes A, in welchem eine endliche Funktion $f(x)$ definiert ist, so bezeichnet man die Zahl

$$\frac{f(\xi) - f(x)}{\xi - x} \tag{1}$$

als einen Differenzenquotienten der Funktion $f(x)$. Der Differenzenquotient (1) hat eine einfache geometrische Bedeutung: er ist nichts anderes als die „Steigung" der Strecke, welche die Punkte mit den Koordinaten $(x, f(x))$ und $(\xi, f(\xi))$ verbindet. Das Problem, Tangenten an eine Kurve zu legen, hat von altersher dazu geführt, die Grenzwerte des Ausdruckes (1) zu studieren, wenn man den Punkt ξ als veränderlich denkt und ihn gegen x konvergieren läßt.

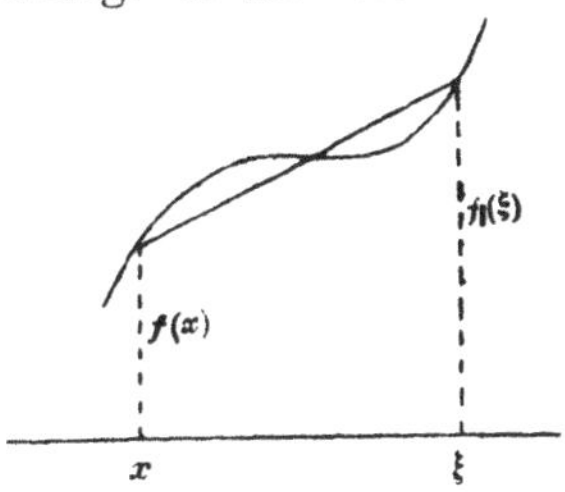

Fig. 32.

Man kann z. B. abzählbar unendlich viele Punkte

$$x_1', x_2', x_3', \ldots \tag{2}$$

des Intervalls betrachten, die alle größer als x sind und gegen x konvergieren, und aus dieser Folge (2) eine Teilfolge

$$x_1, x_2, x_3, \ldots \tag{3}$$

aussondern, so daß der Grenzwert

$$D_+ f(x) = \lim_{k=\infty} \frac{f(x_k) - f(x)}{x_k - x} \tag{4}$$

existiert und eine endliche oder unendliche Zahl darstellt. Die Zahl $D_+f(x)$ heißt eine rechte Derivierte von $f(x)$ im Punkte x; ganz analog findet man linke Derivierte $D_-f(x)$, die man in allen Punkten des Gebietes A berechnen kann, indem man von Folgen (2) ausgeht, für die stets $x_k' < x$ ist.

462. Betrachtet man die zu $f(x)$ gehörige Intervallfunktion $F(\sigma)$ und nennt man δ_k das Intervall zwischen x und x_k, so nimmt stets der entsprechende Differenzenquotient die Gestalt an

$$\frac{F(\delta_k)}{m\,\delta_k};$$

hieraus folgt, daß die rechten oder linken Derivierten unserer Funktion $f(x)$ auch als Derivierte der Mengenfunktion $F(\sigma)$ aufgefaßt werden können und daß sie unter den Begriff fallen, den wir im § 443 erklärt haben. Man muß dazu die dort vorkommende Punktmenge $\sigma(P; a)$ durch δ_k ersetzen und $q(P; a)$ durch ein offenes Intervall, das x zum Mittelpunkte hat und das z. B. dreimal so lang ist wie δ_k. Die Bedingung (1) des § 443 ist dann stets erfüllt, weil die Zahl $\vartheta(P)$, die in dieser Bedingung vorkommt, unter den jetzigen Voraussetzungen konstant und gleich $1:3$ ist.

Der Wert einer rechten (oder linken) Derivierten im Punkte x hängt im allgemeinen noch von der Wahl der Punktfolge (3) ab. Betrachten wir die Funktion

$$\varphi(\xi; x) = \frac{f(\xi) - f(x)}{\xi - x} \tag{1}$$

als Funktion von ξ in einem Intervall

$$x < \xi < \alpha, \tag{2}$$

in dem sie definiert ist, so ist der Punkt $\xi = x$ ein Häufungspunkt des Definitionsbereiches der Funktion, der nicht zu diesem Definitionsbereich selbst gehört. Nach dem Satze 4 des § 126 gibt es innerhalb des Intervalls (2) eine gegen x konvergierende Folge von Punkten

$$x_1, x_2, x_3, \ldots,$$

für welche

$$\lim_{k=\infty} \varphi(x_k; x)$$

existiert und gleich der oberen Limesfunktion der Funktion (1) im Punkte $\xi = x$ ist. Der so bestimmte Wert ist also eine rechte Derivierte unserer Funktion $f(x)$, die wir mit $\overline{D}_+f(x)$ bezeichnen und die obere rechte Derivierte von $f(x)$ in x nennen. Nach dem Satze 3 des § 126 ist für jede andere rechte Derivierte von $f(x)$ die Beziehung

$$D_+ f(x) \leqq \overline{D}_+ f(x)$$

erfüllt.

Man kann die rechte obere Derivierte folgendermaßen berechnen: man setze

$$\chi(x;\alpha) = \text{obere Grenze von } \frac{f(\xi)-f(x)}{\xi - x} \quad \text{für} \quad 0 < \xi - x < \alpha;$$

dann ist

$$\overline{D}_+ f(x) = \lim_{p=\infty} \chi\left(x; \frac{1}{p}\right).$$

Ebenso definiert man die untere rechte Derivierte $\underline{D}_+ f(x)$ und beweist, daß sie die untere Grenze aller rechten Derivierten ist, und die obere und untere linke Derivierte

$$\overline{D}_- f(x), \qquad \underline{D}_- f(x)$$

als obere und untere Grenzen der linken Derivierten von $f(x)$.

Die vier oberen und unteren rechten und linken Derivierten einer Funktion wollen wir auch die vier Hauptderivierten der Funktion nennen.

Man könnte auch ebenso wie früher (§ 435) mittlere Derivierte einführen, diese sind aber für die meisten Untersuchungen über Funktionen einer Veränderlichen nicht so bequem wie die rechten und linken Derivierten, die wir fortan allein benutzen werden.

463. Man kann durch eine Zeichnung die geometrische Bedeutung der vier oberen und unteren Derivierten veranschaulichen. Auf der nebenstehenden Figur ist z. B. der Fall dargestellt, daß sämtliche Derivierten endlich und die vier Hauptderivierten voneinander verschieden sind. Von den Strecken PR_1, PR_2, R_3P und R_4P haben die erste und dritte Steigungen, die größer sind als die oberen Derivierten rechts und links, die zweite und vierte Steigungen, die kleiner sind als die beiden unteren Derivierten im Punkte x. Jedem System von Geraden mit diesen Eigenschaften kann man ein Intervall

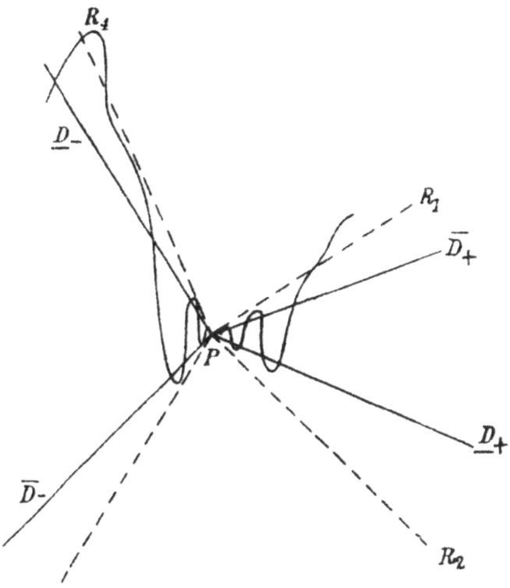

Fig. 33.

$$x - h < \xi < x + h$$

zuordnen, so daß für jeden Punkt ξ innerhalb dieses Intervalls, der Funktionswert $f(\xi)$ als Ordinate aufgetragen, weder unterhalb des Linienzuges R_3PR_2 noch oberhalb des Linienzuges R_4PR_1 zu liegen kommt.

464. Man sagt, die Funktion $f(x)$ ist im Punkte x nach rechts (oder nach links) differentiierbar, wenn für diesen Punkt alle ihre rechten (oder linken) Derivierten übereinstimmen. Dazu ist natürlich notwendig und hinreichend, daß die obere und die untere rechte (oder linke) Derivierte denselben Wert besitzen.

Definition. Ist die Funktion $f(x)$ im Punkte x sowohl nach rechts wie auch nach links differentiierbar und haben die Derivierten rechts und links denselben Wert, so heißt die Funktion in x differentiierbar.

Man bezeichnet die Derivierte einer Funktion $f(x)$, die im Punkte x differentiierbar ist, durch das eine oder andere der Symbole

$$\frac{df(x)}{dx}, \qquad f'(x),$$

von denen das erste von Leibniz, das zweite von Lagrange herrührt.

Es gibt Funktionen, die in jedem Punkte differentiierbar sind, z. B. die Funktion $f(x)$, die durch die Bedingungen

$$f(x) = x - 1 \quad \text{für} \quad x < 0,$$
$$f(0) = 0,$$
$$f(x) = x + 1 \quad \text{für} \quad x > 0$$

definiert ist und die in jedem Punkte $x \neq 0$ die Derivierte Eins, im Punkte $x = 0$ die Derivierte $+\infty$ besitzt.

Ist $f(x)$ totalstetig, so kann man die ihr zugeordnete Intervallfunktion $F(\sigma)$ (§ 458) zu einer totalstetigen Mengenfunktion $F(e)$ ergänzen (§§ 453 und 457). Ist diese im Punkte x differentiierbar (§ 445), so ist es $f(x)$ natürlich auch, weil jede rechte oder linke Derivierte von $f(x)$ als Derivierte von $F(e)$ gedeutet werden kann. Dagegen kann $f(x)$ sehr wohl in einem Punkte x differentiierbar sein, ohne daß dieses in diesem selbem Punkte für $F(e)$ stattfinde.

Die Regeln der Differentialrechnung.

465. Sind mehrere Funktionen $f_1(x), f_2(x), \ldots, f_m(x)$ in endlicher Anzahl gegeben und sind diese Funktionen alle endlich und im selben linearen Gebiete A definiert, so kann man jeder gegen Null konvergierenden Folge von Zahlen

(1) $$h_1', h_2', \ldots,$$

die alle dasselbe Vorzeichen haben, eine Teilfolge

(2) $$h_1, h_2, \ldots,$$

so zuordnen, daß die Grenzwerte

(3) $$D f_p(x) = \lim_{k=\infty} \frac{f_p(x + h_k) - f_p(x)}{h_k} \qquad (p = 1, 2, \ldots, m)$$

für einen gegebenen Punkt x des Gebietes A alle gleichzeitig existieren (§ 98). Diese Grenzwerte, die lauter rechte oder linke Derivierte unserer Funktionen darstellen, je nachdem die Zahlenfolge (1) aus positiven oder negativen Zahlen bestehen, wollen wir gleichzeitige oder zugeordnete Derivierte der Funktionenfolge $f_1(x), f_2(x), \ldots, f_m(x)$ im Punkte x nennen.

Man kann natürlich eine dieser gleichzeitigen Derivierten $D f_p(x)$ unter den Derivierten von $f_p(x)$ willkürlich wählen, indem man die Folge (1) so vorschreibt, daß die Gleichung

(4) $$D f_p(x) = \lim_{k=\infty} \frac{f_p(x + h_k') - f_p(x)}{h_k'}$$

stattfindet; dann wird für das betreffende p der Grenzwert unverändert bleiben, wenn man in (4) die Größen h_k' durch die h_k ersetzt.

Die Regeln der Differentialrechnung folgen sofort aus der Betrachtung gleichzeitiger Derivierter einer Anzahl von Funktionen.

466. Es sei z. B. die Funktion $f(x)$ gleich der Summe der beiden endlichen Funktionen $f_1(x)$ und $f_2(x)$. Sind dann

$$D f(x), \quad D f_1(x), \quad D f_2(x)$$

ein Tripel von zugeordneten Derivierten dieser drei Funktionen, so folgt aus

$$f(x + h_k) - f(x) = (f_1(x + h_k) - f_1(x)) + (f_2(x + h_k) - f_2(x))$$

in Verbindung mit der Gleichung (3) des vorigen Paragraphen, daß die Relation

$$D f(x) = D f_1(x) + D f_2(x)$$

besteht, so lange sie einen Sinn hat, d. h. solange ihre rechte Seite nicht gleich der Summe von unendlichen Zahlen entgegengesetzten Vorzeichens ist.

Satz 1. *Zwischen den gleichzeitigen Derivierten von zwei endlichen Funktionen $f_1(x)$ und $f_2(x)$ und ihrer Summe $f(x)$ besteht stets die Relation*

$$D f(x) = D f_1(x) + D f_2(x),$$

falls nicht die beiden Zahlen $D f_1(x)$ und $D f_2(x)$ beide unendlich und entgegengesetzten Vorzeichens sind.

Sind die beiden Funktionen $f_1(x)$ und $f_2(x)$ im Punkte x differentiierbar, und sind die Derivierten $f_1'(x)$ und $f_2'(x)$ nicht beide unendlich und von entgegengesetztem Vorzeichen, so folgt aus der Bemerkung am Ende des vorigen Paragraphen, nach der man zu jeder beliebigen Derivierten $Df(x)$ von $f(x)$ zwei mit dieser gleichzeitige Derivierte $Df_1(x)$ und $Df_2(x)$ finden kann, und aus

$$Df_1(x) = f_1'(x), \quad Df_2(x) = f_2'(x),$$

daß stets

$$Df(x) = f_1'(x) + f_2'(x)$$

ist und daß folglich die Funktion $f(x)$ ebenfalls im Punkte x differentiierbar ist.

Satz 2. *Sind die beiden Funktionen $f_1(x)$ und $f_2(x)$ beide im Punkte x differentiierbar und ihre Derivierten $f_1'(x)$ und $f_2'(x)$ nicht beide unendlich und von entgegengesetztem Vorzeichen, so ist ihre Summe $f(x)$ ebenfalls im Punkte x differentiierbar und es besteht die Relation*

$$f'(x) = f_1'(x) + f_2'(x).$$

Es sei ferner $f_1(x)$ im Punkte x differentiierbar und ihre Derivierte

$$f_1'(x) = +\infty.$$

Von der Funktion $f_2(x)$ setzen wir voraus, daß die untere Grenze ihrer Derivierten im Punkte x größer als $-\infty$ ist; dann folgt aus dem ersten Satze, daß jede Derivierte der Summe $f(x)$ dieser beiden Funktionen gleich $+\infty$ ist und daß folglich auch $f(x)$ im Punkte x differentiierbar ist.

Satz 3. *Die Summe einer Funktion $f_1(x)$, die im Punkte x differentiierbar ist und dort die Derivierte $+\infty$ besitzt, und einer Funktion $f_2(x)$, deren Derivierte in x nach unten beschränkt sind, ist im Punkte x differentiierbar und ihre Derivierte ist dort ebenfalls gleich $+\infty$.*

467. Wir nehmen jetzt an, daß die Derivierten der Funktion $f_2(x)$ im Punkte x alle endlich sind. Sind dann $D_+f_1(x)$ und $D_+f_2(x)$ zwei rechte Derivierte dieser Funktionen, die der oberen rechten Derivierten $\overline{D}_+f(x)$ ihrer Summe zugeordnet sind, so ist nach dem Satze 1 des vorigen Paragraphen

$$\overline{D}_+f(x) = D_+f_1(x) + D_+f_2(x),$$

und da

$$D_+f_1(x) \leqq \overline{D}_+f_1(x) \quad \text{und} \quad D_+f_2(x) \leqq \overline{D}_+f_2(x),$$

so folgt

(1) $$\overline{D}_+f(x) \leqq \overline{D}_+f_1(x) + \overline{D}_+f_2(x).$$

Es seien jetzt $D_+ f(x)$ und $D_+ f_2(x)$ zwei rechte Derivierte von $f(x)$ und $f_2(x)$, die der rechten oberen Derivierten $\overline{D}_+ f_1(x)$ von $f_1(x)$ zugeordnet sind. Aus

$$D_+ f(x) = \overline{D}_+ f_1(x) + D_+ f_2(x)$$

und aus

$$D_+ f(x) \leqq \overline{D}_+ f(x), \quad D_+ f_2(x) \geqq \underline{D}_+ f_2(x)$$

folgt dann

$$\overline{D}_+ f(x) \geqq \overline{D}_+ f_1(x) + D_+ f_2(x). \tag{2}$$

Genau ebenso beweist man die Formeln

$$\overline{D}_+ f(x) \geqq \underline{D}_+ f_1(x) + \overline{D}_+ f_2(x) \tag{3}$$

und

$$\underline{D}_+ f(x) \leqq \overline{D}_+ f_1(x) + \underline{D}_+ f_2(x), \tag{4}$$

$$\underline{D}_+ f(x) \leqq D_+ f_1(x) + \overline{D}_+ f_2(x), \tag{5}$$

$$\underline{D}_+ f(x) \geqq \underline{D}_+ f_1(x) + D_+ f_2(x) \tag{6}$$

und ganz analoge Formeln für die linken Derivierten.

Ist $f_2(x)$ im Punkte x nach rechts differentiierbar, so folgt aus (1) und (2)

$$\overline{D}_+ f(x) = \overline{D}_+ f_1(x) + D_+ f_2(x) \tag{7}$$

und aus (5) und (6)

$$\underline{D}_+ f(x) = \underline{D}_+ f_1(x) + D_+ f_2(x), \tag{8}$$

und ganz ähnliche Gleichungen erhält man, wenn man voraussetzt, daß $f_2(x)$ nach links oder $f_1(x)$ nach rechts oder nach links differentiierbar ist.

468. In ganz ähnlicher Weise findet man Beziehungen zwischen den gleichzeitigen Derivierten von zwei endlichen Funktionen und ihrer Differenz

$$f(x) = f_1(x) - f_2(x).$$

Aus

$$f(x + h_k) - f(x) = (f_1(x + h_k) - f_1(x)) - (f_2(x + h_k) - f_2(x))$$

folgt nämlich, wenn $Df(x)$, $Df_1(x)$ und $Df_2(x)$ irgend drei gleichzeitige Derivierte unserer Funktionen bedeuten,

$$Df(x) = Df_1(x) - Df_2(x),$$

solange die letzte Operation einen Sinn hat und nicht in der Gestalt $(\infty - \infty)$ erscheint.

Satz 4. *Ist $f(x)$ die Differenz von zwei endlichen Funktionen $f_1(x)$ und $f_2(x)$, so besteht zwischen den gleichzeitigen Derivierten dieser drei*

Funktionen stets die Relation

$$Df(x) = Df_1(x) - Df_2(x),$$

solange die beiden letzten Derivierten nicht beide unendlich sind und das gleiche Vorzeichen haben.

Dieser Satz ist die Quelle einer Reihe von Sätzen, die den eben für die Derivierten der Summe von zwei Funktionen abgeleiteten ähnlich sind und von denen wir hier nur ein Beispiel geben wollen.

Es sei die obere rechte Derivierte von $f_1(x)$ eine endliche Zahl $\overline{D}_+ f_1(x)$; bezeichnet man dann mit $D_+ f(x)$ und $D_+ f_2(x)$ zwei Derivierte von $f(x)$ und $f_2(x)$, die $\overline{D}_+ f_1(x)$ zugeordnet sind, so folgt aus

$$D_+ f(x) = \overline{D}_+ f_1(x) - D_+ f_2(x)$$

und aus

$$\overline{D}_+ f(x) \geqq D_+ f(x), \qquad - D_+ f_2(x) \geqq - \overline{D}_+ f_2(x),$$

daß

(1) $$\overline{D}_+ f(x) \geqq \overline{D}_+ f_1(x) - \overline{D}_+ f_2(x)$$

ist. Ebenso findet man unter derselben Voraussetzung

(2) $$\underline{D}_+ f(x) \leqq \overline{D}_+ f_1(x) - \underline{D}_+ f_2(x).$$

469. Wir wollen jetzt die Derivierten des Produktes und des Quotienten von zwei endlichen Funktionen mit den Derivierten dieser Funktionen vergleichen. Wir beschränken uns aber der Einfachheit halber auf Funktionen $f_1(x)$ und $f_2(x)$, deren sämtliche Derivierte im betrachteten Punkte endlich sind, so daß die Funktionen selbst in diesem Punkte s t e t i g sein müssen.

Setzt man nun

(1) $$p(x) = f_1(x) f_2(x) \quad \text{und} \quad q(x) = \frac{f_1(x)}{f_2(x)},$$

so folgt aus den Identitäten

$$p(x + h_k) - p(x)$$
$$= f_1(x + h_k)(f_2(x + h_k) - f_2(x)) + f_2(x)(f_1(x + h_k) - f_1(x))$$

und, wenn $f_2(x)$ nicht verschwindet

$$q(x + h_k) - q(x) = \frac{f_2(x)(f_1(x + h_k) - f_1(x)) - f_1(x)(f_2(x + h_k) - f_2(x))}{f_2(x + h_k) f_2(x)},$$

daß für jedes Tripel von gleichzeitigen Derivierten $Dp(x)$, $Df_1(x)$, $Df_2(x)$ oder $Dq(x)$, $Df_1(x)$, $Df_2(x)$ die Relationen gelten müssen

(2) $$Dp(x) = f_1(x) Df_2(x) + f_2(x) Df_1(x)$$

und

(3) $$Dq(x) = \frac{f_2(x) Df_1(x) - f_1(x) Df_2(x)}{(f_2(x))^2}$$

diese letzte natürlich nur, wenn $f_2(x)$ im Punkte x nicht verschwindet.

Aus der Formel (2) folgt hierauf wie oben, daß, wenn die Funktionen $f_1(x)$ und $f_2(x)$ beide nach rechts (oder links) differentiierbar sind, das gleiche auch von ihrem Produkte $p(x)$ gilt, und der analoge Satz gilt auch für den Quotienten $q(x)$, falls man die Bedingung $f_2(x) \neq 0$ hinzunimmt.

Die soeben bewiesenen Sätze erlauben zu zeigen, daß rationale Funktionen von x, d. h. der Quotient von Polynomen in x, überall dort differentiierbar sind, wo der Nenner einen von Null verschiedenen Wert hat, und daß der Differentialquotient dieser Funktionen in allen solchen Punkten endlich und stetig ist und als rationale Funktion dargestellt werden kann.

470. Es sei

$$y = f(x) \tag{1}$$

eine monotone, stetige und stets wachsende Funktion von x im abgeschlossenen Intervalle $a \leqq x \leqq b$; dann besitzt die inverse Funktion

$$x = \varphi(y) \tag{2}$$

dieselben Eigenschaften im Intervalle $\alpha \leqq y \leqq \beta$, wobei

$$\alpha = f(a) \quad \text{und} \quad \beta = f(b)$$

ist (§ 160).

Durch eine der Funktionen (1) oder (2) wird eine eineindeutige stetige Abbildung der Intervalle $a \leqq x \leqq b$ und $\alpha \leqq y < \beta$ aufeinander geliefert. Sind nun x, y und $(x+h)$, $(y+k)$ zwei Paare von Punkten, die sich bei dieser Abbildung entsprechen, so ist erstens das Vorzeichen von k immer dasselbe, wie das Vorzeichen von h, und zweitens, wegen der Gleichungen (1) und (2),

$$f(x+h) - f(x) = k, \tag{3}$$

$$\varphi(y+k) - \varphi(y) = h. \tag{4}$$

Ist nun $Df(x)$ irgendeine Derivierte von $f(x)$ im Punkte x und

$$h_1, h_2, h_3, \ldots$$

eine gegen Null konvergierende Folge von Zahlen, die alle dasselbe Vorzeichen besitzen und für welche

$$Df(x) = \lim_{p=\infty} \frac{f(x+h_p) - f(x)}{h_p}$$

ist, so kann man vermöge unserer Abbildung jeder Zahl h_p eine Zahl k_p zuordnen und die Folge

$$k_1, k_2, k_3, \ldots$$

konvergiert gegen Null und besteht aus lauter Zahlen, die dasselbe Vorzeichen besitzen. Aus (3) folgt ferner

(5) $$Df(x) = \lim_{p=\infty} \frac{k_p}{h_p}.$$

Nun existiert aber (§ 92, Satz 8) gleichzeitig mit dem Grenzwerte (5) der Grenzwert

$$\lim_{p=\infty} \frac{h_p}{k_p};$$

dieser Grenzwert stellt einerseits wegen (2) eine Derivierte $D\varphi(y)$ von $\varphi(y)$ dar, und anderseits ist dieser Grenzwert gleich $+\infty$ oder 0, wenn $Df(x)$ gleich 0 oder $+\infty$ ist, und in jedem anderen Falle ist

$$D\varphi(y) = \frac{1}{Df(x)}.$$

Wir können also auch hier von gleichzeitigen Derivierten sprechen und haben den

Satz 5. *Ist $y = f(x)$ eine stetige, monotone, stets wachsende Funktion und $x = \varphi(y)$ ihre Inverse, so ist von zwei gleichzeitigen Derivierten $Df(x)$ und $D\varphi(y)$ dieser Funktionen in entsprechenden Punkten die eine Null, falls die andere $+\infty$ ist, und umgekehrt, und in jedem anderen Falle besteht die Relation*

$$Df(x) \cdot D\varphi(y) = 1.$$

Ist ferner die eine Funktion nach rechts oder links im Punkte x differentiierbar, so ist es die andere auch.

471. Wir betrachten jetzt zwei endliche Funktionen

(1) $$u = f(y), \qquad y = \varphi(x)$$

und nehmen an, daß die Funktion

(2) $$u = F(x) = f(\varphi(x))$$

für ein Intervall der x-Achse definiert ist und daß in einem Punkte x_0 dieses Intervalls die Funktion $\varphi(x)$ stetig ist.

Wir betrachten zwei beliebige zugeordnete Derivierte $DF(x_0)$ und $D\varphi(x_0)$ der Funktionen $F(x)$ und $\varphi(x)$ im Punkte x_0. Es gibt dann eine gegen Null konvergierende Folge von Zahlen gleichen Vorzeichens

(3) $$h_1', h_2', h_3', \ldots,$$

so daß die Relationen

(4) $$\begin{cases} DF(x_0) = \lim\limits_{p=\infty} \dfrac{F(x_0 + h_p') - F(x_0)}{h_p'}, \\ D\varphi(x_0) = \lim\limits_{p=\infty} \dfrac{\varphi(x_0 + h_p') - \varphi(x_0)}{h_p'} \end{cases}$$

zu gleicher Zeit stattfinden. Setzt man nun

(5) $$k_p' = \varphi(x_0 + h_p') - \varphi(x_0), \qquad (p = 1, 2, \ldots)$$

so konvergiert die Zahlenfolge

(6) $$k_1', k_2', k_3', \ldots$$

wegen der Stetigkeit von $\varphi(x)$ im Punkte x_0 ebenfalls gegen Null.

Wir betrachten nun zunächst den Fall, in dem nur höchstens endlich viele $k_p' \neq 0$ sind; dann ist für hinreichend große p

$$\varphi(x_0 + h_p') - \varphi(x_0) = 0,$$

$$F(x_0 + h_p') - F(x_0) = f(\varphi(x_0 + h_p')) - f(\varphi(x_0)) = 0,$$

und man hat daher zu gleicher Zeit

(7) $$DF(x_0) = 0 \quad \text{und} \quad D\varphi(x_0) = 0.$$

Sind aber unendlich viele Zahlen der Folge (6) von Null verschieden, so gibt es Teilfolgen

(8) $$k_1, k_2, k_3, \ldots$$

von (6), die aus unendlich vielen Zahlen gleichen Vorzeichens bestehen und für welche mit der Bezeichnung $y_0 = \varphi(x_0)$ der Grenzwert

(9) $$Df(y_0) = \lim_{p=\infty} \frac{f(y_0 + k_p) - f(y_0)}{k_p}$$

existiert. Bezeichnet man mit

$$h_1, h_2, h_3, \ldots$$

die Teilfolge von (3), die der Teilfolge (8) von (6) entspricht, so ist mit Berücksichtigung von (2), (4) und (5)

$$DF(x_0) = \lim_{p=\infty} \frac{F(x_0 + h_p) - F(x_0)}{h_p} = \lim_{p=\infty} \frac{f(y_0 + k_p) - f(y_0)}{h_p},$$

$$D\varphi(x_0) = \lim_{p=\infty} \frac{\varphi(x_0 + h_p) - \varphi(x_0)}{h_p} = \lim_{p=\infty} \frac{k_p}{h_p}$$

und folglich mit Hilfe von (9)

(10) $$DF(x_0) = Df(y_0) \cdot D\varphi(x_0),$$

falls die rechte Seite dieser Gleichung einen Sinn hat, d. h. falls von den beiden Zahlen $Df(y_0)$ und $D\varphi(x_0)$ nicht die eine Null und die andere unendlich ist.

Dieses allgemeine Resultat ist ziemlich verwickelt und von geringem Nutzen für die Anwendungen, so lange man die beiden Möglichkeiten, die zu den Gleichungen (7) und (10) geführt haben, unterscheiden muß; man kann dies aber durch einschränkende Bedingungen vermeiden und erhält je nach der Wahl der Einschränkungen drei verschiedene Sätze, die wir jetzt formulieren wollen.

Satz 6. *Es seien die beiden Funktionen $u = f(y)$ und $y = \varphi(x)$ endlich, die Funktion*

$$F(x) = f(\varphi(x))$$

in einem Intervalle der x-Achse definiert und $\varphi(x)$ in einem Punkte x_0 dieses Intervalles stetig. Sind dann $DF(x_0)$ und $D\varphi(x_0)$ zwei beliebige zugeordnete Derivierte von $F(x)$ und $\varphi(x)$ im Punkte x_0 und ist $D\varphi(x_0)$ weder gleich Null noch unendlich, so gibt es im Punkte $y_0 = \varphi(x_0)$ mindestens eine Derivierte $Df(y_0)$ von $f(y)$, für welche die Gleichung

$$DF(x_0) = Df(y_0) \cdot D\varphi(x_0)$$

erfüllt ist.

In der Tat ist unter den Voraussetzungen dieses Satzes die zweite Gleichung (7) ausgeschlossen, sowie auch die Möglichkeit, daß die rechte Seite von (10) ein nicht ausführbares Produkt darstellt.

Weiß man, daß im Punkte $y_0 = \varphi(x_0)$ sämtliche Derivierte von $f(y)$ endlich (also auch beschränkt) sind, so hat die rechte Seite von (10) einen Sinn, sobald man weiß, daß $D\varphi(x_0)$ ebenfalls endlich ist. Aber es ist hier, im Falle, daß nur höchstens endlich viele unserer Zahlen $k_p' \neq 0$ sind, nach (7)

$$DF(x_0) = \overline{D}_+ f(y_0) D\varphi(x_0) = 0,$$

und man hat daher den

Satz 7. *Die Behauptung des vorigen Satzes ist auch im Falle, daß $D\varphi(x_0) = 0$ ist, erfüllt, falls sämtliche Derivierten von $f(y)$ im Punkte y_0 endlich sind.*

Drittens nehmen wir an, daß die Funktion $\varphi(x)$ im Punkte x_0 und die Funktion $f(y)$ im Punkte y_0 beide differentiierbar sind, setzen aber nicht mehr voraus, daß $Df(y_0)$ endlich sein soll, wohl aber, daß von den beiden Zahlen $D\varphi(x_0)$ und $Df(y_0)$ nicht die eine Null und die andere unendlich sein soll.

Für jede beliebige Derivierte von $F(x)$, für welche, nach unserer Rechnung, unendlich viele $k_p' \neq 0$ sind, ist dann die Gleichung (10) erfüllt. Für jede Derivierte von $F(x)$, für welche höchstens nur endlich viele $k_p' \neq 0$ sind, ist notwendig sowohl $D\varphi(x_0) = 0$ als auch $DF(x_0) = 0$; nun folgt aus der ersten dieser Gleichungen

$$Df(y_0) \cdot D\varphi(x_0) = 0$$

und die Gleichung (10) ist auch hier erfüllt. Die Funktion $F(x)$ ist also ebenfalls im Punkte x_0 differentiierbar.

Satz 8. *Sind unter den übrigen Voraussetzungen des Satzes 6 die Funktionen $\varphi(x)$ und $f(y)$ im Punkte x_0 bzw. y_0 differentiierbar und von den beiden Zahlen $\varphi'(x_0)$ und $f'(y_0)$ nicht die eine Null und die andere unendlich, so ist auch die Funktion $F(x) = f(\varphi(x))$ im Punkte x_0 differentiierbar und es besteht die Gleichung*

$$F'(x_0) = f'(y_0) \cdot \varphi'(x_0).$$

Die Derivierten von stetigen Funktionen als Funktionen der unabhängigen Veränderlichen.

472. Wir wollen zunächst einige Sätze, die wir für die Derivierten von totalstetigen additiven Mengenfunktionen abgeleitet haben, auf die Derivierten einer beliebigen endlichen und stetigen Funktion übertragen. Da es aber stetige Funktionen gibt, die nicht totalstetig sind — wir haben schon stetige Funktionen kennen gelernt, die nicht einmal von beschränkter Variation sind (§ 184) —, müssen die Beweise unabhängig von den früheren und teilweise auf ganz anderer Grundlage geführt werden.

Zunächst bemerken wir, daß wir ganz analog wie im § 436 beweisen können, daß die vier Hauptderivierten einer stetigen Funktion meßbare Funktionen und sogar, daß sie von der zweiten Baireschen Klasse sind.

Wir können uns dabei auf die rechten oberen Derivierten beschränken, weil die rechte untere Derivierte von $f(x)$ gleich dem Produkte von -1 mit der rechten oberen Derivierten von $-f(x)$ ist, und weil die linken Derivierten von $f(x)$ im Punkte x mit den rechten Derivierten der Funktion $\varphi(\xi) = -f(-\xi)$ im Punkte $\xi = -x$ zusammenfallen.

Eine in einem abgeschlossenen Intervall $a \leqq x \leqq b$ definierte endliche, stetige und daher beschränkte (§ 137, Satz 6) Funktion $f(x)$ kann man zu einer Funktion erweitern, die auf der ganzen x-Achse definiert, beschränkt, und stetig ist, indem man z. B. für $x < a$ die erweiterte Funktion gleich $f(a)$ setzt und diese Funktion für $x > b$ gleich $f(b)$ setzt. Wir betrachten eine abzählbare Folge von positiven Zahlen

$$(1) \qquad h_1, h_2, h_3, \ldots,$$

die im Intervalle $0 < h < \alpha$ überall dicht liegen und setzen

$$(2) \qquad \psi(x; \alpha) = \text{obere Grenze von } \frac{f(x+h_k) - f(x)}{h_k} \text{ für } k = 1, 2, 3, \ldots,$$

$$(3) \qquad \chi(x; \alpha) = \text{obere Grenze von } \frac{f(x+h) - f(x)}{h} \text{ für } 0 < h < \alpha.$$

Wegen der Stetigkeit von $f(x)$ ist aber auch für alle positiven h der Differenzenquotient

$$\frac{f(x+h)-f(x)}{h} \tag{4}$$

eine stetige Funktion von h und man beweist genau wie im § 436 (Gl. (4)), daß für jedes positive beliebig gegebene α

$$\psi(x;\alpha)=\chi(x;\alpha) \tag{5}$$

ist. Ist nun $\alpha_1, \alpha_2, \ldots$ eine monoton abnehmende gegen Null konvergierende Folge von positiven Zahlen, so ist nach Definition (§ 462)

$$\overline{D}_+ f(x)=\lim_{k=\infty}\chi(x;\alpha_k)$$

und folglich

$$\overline{D}_+ f(x)=\lim_{k=\infty}\psi(x;\alpha_k). \tag{6}$$

Nun bemerke man, daß $\chi(x;\alpha)$ nach ihrer Definitionsgleichung (3) eine monoton wachsende Funktion von α ist, und daß also das Gleiche von $\psi(x;\alpha)$ gilt. Ferner aber ist $\psi(x;\alpha)$ nach (2) die obere Grenze einer Folge von stetigen Funktionen von x und folglich selbst eine nach unten halbstetige Funktion von x (§ 174, Satz 3). Nach (6) ist also $\overline{D}_+ f(x)$ die Grenze einer monoton abnehmenden Folge von halbstetigen Funktionen und daher von der zweiten Klasse (§§ 362, 367).

Satz 1. *Die vier Hauptderivierten einer endlichen und stetigen Funktion sind meßbare Funktionen und von der zweiten Klasse.*

473. Das letzte Resultat erlaubt einige Schlüsse über die Punktmengen zu ziehen, in denen eine der Hauptderivierten, z. B. $\overline{D}_+ f(x)$, unendlich ist.

Wir bemerken zunächst, daß, wenn β irgendeine positive Zahl $<\alpha$ ist, und wenn man mit G die endliche obere Grenze der stetigen Funktion $|f(x)|$ in ihrem Definitionsbereich bezeichnet, für alle Werte von h, die im Intervalle

$$\beta \leqq h \leqq \alpha$$

liegen,

$$\frac{f(x+h)-f(x)}{h}\leqq\frac{2G}{\beta}$$

ist. Die Zahl $\chi(x;\alpha)=\psi(x;\alpha)$, die mindestens gleich $\psi(x;\beta)$ ist, ist also höchstens gleich der größeren der beiden Zahlen $\psi(x;\beta)$ und $2G:\beta$. Ist daher insbesondere

$$\psi(x;\alpha)>\frac{2G}{\beta},$$

so muß

$$\psi(x;\beta) = \psi(x;\alpha)$$

sein. In einem Punkte, in dem

(1) $$\psi(x;1) = +\infty$$

ist, muß also für jedes $\beta < 1$ auch

$$\psi(x;\beta) = +\infty$$

und daher auch

(2) $$\overline{D}_+ f(x) = \lim_{\beta=0} \psi(x;\beta) = +\infty$$

sein. Da anderseits aber stets

$$\psi(x;1) \geqq \overline{D}_+ f(x)$$

ist, muß in jedem Punkte, in welchem die Gleichung (2) gilt, auch die Gleichung (1) erfüllt sein.

Man erhält mit anderen Worten die Punktmenge

$$e_{+\infty} = \boldsymbol{M}(\overline{D}_+ f = +\infty)$$

durch die Bedingung

$$e_{+\infty} = \boldsymbol{M}(\psi(x;1) = +\infty).$$

Führt man also die Bezeichnung

$$A_k = \boldsymbol{M}(\psi(x;1) > k)$$

ein, so ist

(3) $$e_{+\infty} = A_1 A_2 A_3 \ldots .$$

Nun ist aber $\psi(x;1)$ eine nach unten halbstetige Funktion und daher die Punktmenge A_k für jedes k eine offene Punktmenge (§ 136, Satz 3). Wir haben also, wenn wir analoge Betrachtungen auch für die übrigen Hauptderivierten anstellen, den Satz:

Satz 2. *Die Punktmengen, in denen eine der oberen Derivierten gleich* $+\infty$ *oder eine der unteren Derivierten gleich* $-\infty$ *ist, können sämtlich als Durchschnitte von abzählbar unendlich vielen offenen Punktmengen dargestellt werden.*

Um die Punktmenge

$$e_{-\infty} = \boldsymbol{M}(\overline{D}_+ f = -\infty)$$

herzustellen, können wir folgendermaßen verfahren. Wir bezeichnen mit k und n zwei natürliche Zahlen und setzen

(4) $$B_{kn} = \boldsymbol{M}\left(\psi\left(x;\frac{1}{k}\right) \leqq -n\right);$$

ferner setzen wir

$$A'_n = B_{1n} \dotplus B_{2n} \dotplus B_{3n} \dotplus \cdots .$$

Jeder Punkt von A_n' gehört mindestens einem B_{kn} an, so daß in diesem Punkte — weil die $\psi\left(x; \frac{1}{k}\right)$ mit wachsendem k abnehmen und gegen $\overline{D}_+ f(x)$ konvergieren —

$$\overline{D}_+ f(x) \leqq -n$$

ist. Ist anderseits im Punkte x

$$\overline{D}_+ f(x) < -n,$$

so muß für hinreichend große k auch

$$\psi\left(x; \frac{1}{k}\right) < -n$$

sein und der betreffende Punkt x ist in A_n' enthalten. Es gelten mit anderen Worten die Beziehungen

$$M(\overline{D}_+ f < -n) \prec A_n' \prec M(\overline{D}_+ f \leqq -n)$$

und hieraus folgt, daß

$$e_{-\infty} = A_1' A_2' A_3' \ldots \tag{5}$$

ist. Da $\psi(x; \alpha)$ eine nach unten halbstetige Funktion ist, sind wegen (4) die Punktmengen B_{kn} alle abgeschlossen (§ 136, Satz 3)und es gilt folgender Satz, den wir auch für die übrigen Hauptderivierten aussprechen:

Satz 3. *Die Punktmengen, in denen eine der oberen Derivierten gleich $-\infty$ oder eine der unteren Derivierten gleich $+\infty$ ist, können sämtlich als Durchschnitte von abzählbar unendlich vielen Punktmengen dargestellt werden, von denen jede einzelne für sich die Vereinigungsmenge von abzählbar unendlich vielen abgeschlossenen Punktmengen ist.*

Der Vergleich der letzten beiden Sätze mit den Sätzen der §§ 81 und 82 liefert jetzt folgendes Resultat, das wir der Einfachheit wegen nur für eine der oberen Derivierten aussprechen:

Satz 4. *Die Punktmenge, in der die obere rechte Derivierte einer stetigen Funktion gleich $+\infty$ ist, ist entweder abzählbar und enthält dann keine in sich dichte Teilmenge, oder falls sie nicht abzählbar ist, ist mindestens eine ihrer Teilmengen perfekt.*

Die Punktmenge, in welcher diese Derivierte gleich $-\infty$ ist, ist abzählbar oder aber sie enthält mindestens eine perfekte Teilmenge.

474. Im § 451 haben wir bewiesen, daß sämtliche Derivierten einer additiven totalstetigen Mengenfunktion dieselbe obere und dieselbe untere Limesfunktion besitzen. Ein ganz analoger Satz gilt für die

Derivierten einer endlichen stetigen Funktion $f(x)$, die wir im (offenen) Intervall

(1) $$a < x < b$$

betrachten.

Wir bezeichnen mit L und l die obere und untere Grenze der Zahlen

(2) $$\frac{f(x_2) - f(x_1)}{x_2 - x_1}$$

für alle Punktepaare x_1, x_2, die im Intervalle (1) liegen und für welche $x_1 \neq x_2$ ist. Ähnlich bezeichnen wir mit $\overline{\Lambda}$ und $\overline{\lambda}$ die obere und untere Grenze von $\overline{D}_+ f(x)$, mit $\underline{\Lambda}$, $\underline{\lambda}$ die obere und untere Grenze von $\underline{D}_+ f(x)$ für alle Punkte des Intervalles (1). Aus

$$\underline{D}_+ f(x) \leqq \overline{D}_+ f(x)$$

folgen dann sofort die Relationen

(3) $$\underline{\lambda} \leqq \overline{\lambda} \quad \text{und} \quad \underline{\Lambda} \leqq \overline{\Lambda}.$$

Ist ferner $\overline{\Lambda} > -\infty$ und irgendeine Zahl

(4) $$p < \overline{\Lambda}$$

gegeben, so muß nach der Definition von $\overline{\Lambda}$ ein Punkt x_1 innerhalb des Intervalls (1) existieren, so daß

$$p < \overline{D}_+ f(x_1)$$

ist, und daher muß auch ein Punkt x_2 zwischen x_1 und b liegen, für welchen

$$p < \frac{f(x_2) - f(x_1)}{x_2 - x_1}$$

ist. Aus dieser letzten Bedingung schließt man aber, daß

$$p < L$$

sein muß, und da p eine beliebige Zahl bedeutet, die der Bedingung (4) genügt, muß auch

(5) $$\overline{\Lambda} \leqq L$$

sein, eine Beziehung, die auch im ausgeschlossenen Falle $\overline{\Lambda} = -\infty$ von selbst erfüllt ist. Ebenso findet man, daß stets

(6) $$l \leqq \underline{\lambda}$$

ist.

475. Es seien jetzt x_1 und x_2 zwei beliebige Punkte des Intervalls (1) und h und k zwei beliebige endliche Zahlen. Wir nehmen an, daß $x_1 < x_2$ ist und bezeichnen mit $\varphi(x)$ die lineare Funktion, die in den Punkten x_1 und x_2 die Werte

$$\varphi(x_1) = f(x_1) + h \quad \text{und} \quad \varphi(x_2) = f(x_2) + k \tag{7}$$

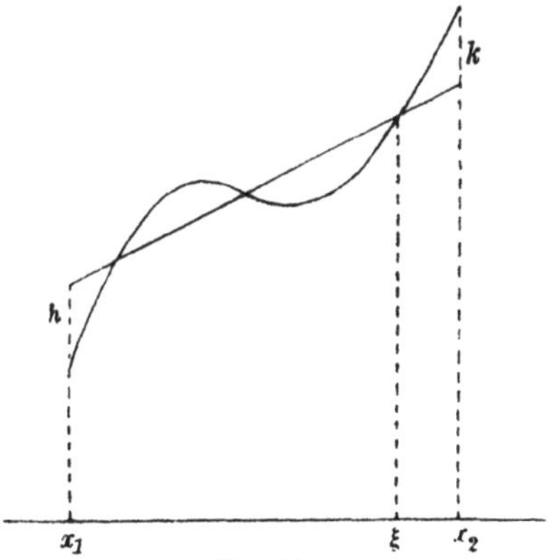

Fig. 34.

annimmt. Die Funktion $\varphi(x)$ ist in jedem Punkte differentiierbar und man hat

$$\varphi'(x) = \frac{f(x_2) - f(x_1)}{x_2 - x_1} + \frac{k - h}{x_2 - x_1} \tag{8}$$

Nun nehmen wir ferner an, daß $h > 0$ und $k < 0$ ist; dann ist die stetige Funktion

$$\psi(x) = f(x) - \varphi(x) \tag{9}$$

negativ im Punkte x_1 und positiv im Punkte x_2, denn es ist wegen (7) und (9)

$$\psi(x_1) = -h, \quad \psi(x_2) = -k.$$

Es gibt also Punkte des Intervalles $x_1 < x < x_2$, in denen $\psi(x) = 0$ ist (§ 226) und diese Punkte bilden eine abgeschlossene Punktmenge. Bezeichnen wir mit ξ die obere Grenze dieser Punkte, so ist also

$$\psi(\xi) = 0$$

und für alle Punkte des Intervalls $\xi < x < x_2$ ist

$$\psi(x) > 0. \tag{10}$$

Hieraus folgt aber

$$\underline{D}_+ \psi(\xi) \geqq 0.$$

Anderseits ist, weil $\varphi(x)$ differentiierbar ist, nach der Gleichung (8) des § 467

$$D_+ \psi(x) = \underline{D}_+ f(x) - \varphi'(x)$$

und der Vergleich der beiden letzten Relationen mit (8) liefert

$$D_+ f(\xi) \geqq \frac{f(x_2) - f(x_1)}{x_2 - x_1} + \frac{k - h}{x_2 - x_1} \tag{11}$$

Hieraus folgt aber mit den Bezeichnungen des vorigen Paragraphen

$$\underline{\Lambda} \geqq \frac{f(x_2) - f(x_1)}{x_2 - x_1} - \frac{h - k}{x_2 - x_1}$$

und wenn man $k = -h$ setzt und h gegen Null konvergieren läßt,

$$\underline{\Lambda} \geqq \frac{f(x_2) - f(x_1)}{x_2 - x_1} \tag{12}$$

Die Ungleichheit (12) gilt für jedes Punktepaar (x_1, x_2), das im Intervalle (1) liegt; es muß daher auch

$$\Lambda \geqq L$$

sein, und wenn man (3) und (5) hinzunimmt, so folgt hieraus

$$\Lambda = \Lambda = L.$$

Hätten wir die Größe h negativ und die Größe k positiv genommen und mit ξ ebenso wie vorhin die obere Grenze der Punkte des Intervalls $x_1 < x < x_2$ bezeichnet, für welche $\psi(x) = 0$ ist, so hätten wir gefunden

$$\overline{D}_+\psi(\xi) \leqq 0,$$

und hieraus mit ganz analogen Schlüssen die Bedingung

$$\lambda \leqq l$$

abgeleitet. Es ist also auch

$$\underline{\lambda} = \overline{\lambda} = l.$$

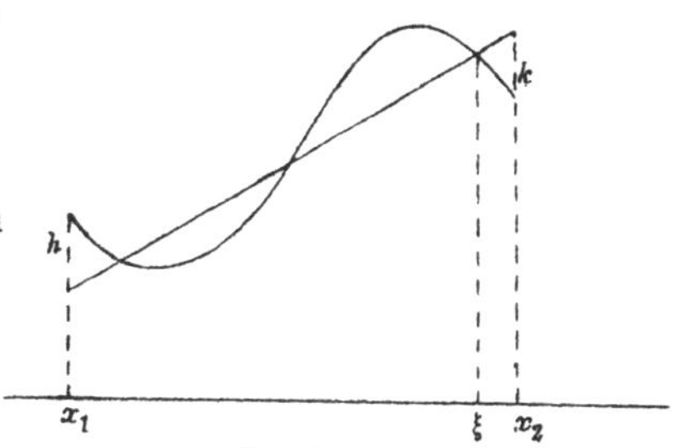

Fig. 35.

Bezeichnet man endlich mit Λ' und $\underline{\Lambda}'$ die oberen Grenzen der beiden linken Hauptderivierten von $f(x)$ im Intervalle $a < x < b$ und mit $\overline{\lambda}'$ und $\underline{\lambda}'$ die unteren Grenzen dieser Hauptderivierten, so gelten die Gleichungen

$$\Lambda' = \underline{\Lambda}' = L, \quad \lambda' = \underline{\lambda}' = l,$$

die man entweder direkt beweisen kann, oder besser aus der Bemerkung ableitet, daß die linken Hauptderivierten von $f(x)$ im Intervalle (1) und die rechten Hauptderivierten von $-f(-x)$ im Intervalle

$$-b < x < -a$$

dieselben oberen und unteren Grenzen besitzen, und daß die für die Funktion $-f(-x)$ im neuen Intervall berechneten Zahlen L und l dieselben sind wie vorher.

476. Ist nun $Df(x)$ irgendeine rechte Derivierte von $f(x)$ und bezeichnet man mit Λ und λ die obere und untere Grenze von $Df(x)$ im Intervalle $a < x < b$, so ist in jedem Punkte unseres Intervalls

$$D_+f(x) \leqq Df(x) \leqq \overline{D}_+f(x)$$

und daher

$$\Lambda \leqq \Lambda \leqq \overline{\Lambda}.$$

Es ist also nach dem Früheren

$$\Lambda = L$$

und ebenso findet man

$$\lambda = l.$$

Ebenso beweist man das analoge Resultat, wenn $Df(x)$ eine linke Derivierte bedeutet.

Satz 5. *Bezeichnet man mit Λ und λ die obere und die untere Grenze einer rechten oder einer linken Derivierten der stetigen und endlichen Funktion $f(x)$ innerhalb eines beliebigen Teilintervalls $a < x < b$ ihres Definitionsbereiches und mit L bzw. l die obere und untere Grenze des Differenzenquotienten*

$$\frac{f(x_2) - f(x_1)}{x_2 - x_1}$$

für alle Punktepaare (x_1, x_2) dieses Teilintervalls, so gelten stets die Gleichungen

$$\Lambda = L \quad \textit{und} \quad \lambda = l.$$

Da die oberen und unteren Grenzen der Derivierten $Df(x)$ hiernach für jedes Teilintervall des Definitionsbereiches einander gleich sind, müssen die oberen und unteren Limesfunktionen aller Derivierten in jedem Punkte des Definitionsbereiches übereinstimmen:

Satz 6. *Alle Derivierten $Df(x)$ einer im Intervalle $a < x < b$ definierten endlichen und stetigen Funktion besitzen dieselbe obere Limesfunktion $\Phi_D(x)$ und dieselbe untere Limesfunktion $\varphi_D(x)$.*

Hieraus folgt insbesondere, daß wenn eine rechte Derivierte $D_+ f(x)$ oder eine linke Derivierte $D_- f(x)$ existiert, die im Punkte x stetig ist, alle Derivierten $f(x)$ in diesem Punkte stetig sind und denselben Wert besitzen. Die Funktion $f(x)$ ist also in diesem Punkte differentiierbar.

Oder anders ausgedrückt:

Satz 7. *In einem Punkte, in dem $f(x)$ nicht differentiierbar ist, ist keine einzige Derivierte von $f(x)$ stetig.*

477. Der Satz 5 erlaubt uns über die Limesfunktionen $\Phi(x)$ und $\varphi(x)$ noch folgendes auszusagen: Wir bemerken, daß in keinem Teilintervall des Definitionsbereiches unserer Funktion die Zahl L, die ja als obere Grenze von endlichen Zahlen definiert ist, gleich $-\infty$ sein kann; es ist also auch stets

$$\Lambda > -\infty$$

und ebenso findet man

$$\lambda < +\infty.$$

In jedem Teilintervall unseres Definitionsbereiches liegen also Punkte, in denen eine der Derivierten von $f(x)$, z. B. $\overline{D}_+ f(x)$, von $-\infty$ verschieden ist, da sonst in diesem Intervalle $\Lambda = -\infty$ sein müßte, und Punkte, in denen $\overline{D}_+ f(x)$ von $+\infty$ verschieden ist, da sonst hierbei $\lambda = +\infty$ sein müßte.

Ist aber in einem Punkte ξ

$$\overline{D}_+ f(\xi) > -\infty,$$

so gilt dies um so mehr von $\Phi(\xi)$ und ähnlich schließt man für $\varphi(x)$. Es gilt also der Satz:

Satz 8. *Die Punktmengen*

$$\mathbf{M}(\Phi > -\infty) \quad \textit{und} \quad \mathbf{M}(\varphi < +\infty)$$

liegen überall dicht auf dem Definitionsbereich von $f(x)$.

Dieser Satz faßt übrigens das früher gesagte zusammen, denn in jeder Umgebung eines Punktes ξ, in welchem z. B.

$$\varphi(\xi) < +\infty$$

ist, muß es Punkte geben, in denen $\overline{D}_+ f(x)$ ebenfalls von $+\infty$ verschieden ist, sodaß jeder Häufungspunkt der Punktmenge

$$\mathbf{M}(\varphi < +\infty)$$

auch Häufungspunkt von

$$\mathbf{M}(\overline{D}_+ f < +\infty)$$

ist. Diese letzte Punktmenge ist also ebenfalls überall dicht im Intervalle $a < x < b$.

Insbesondere ist also eine perfekte Punktmenge, in welcher $\overline{D}_+ f = +\infty$ ist, die Komplementärmenge einer offenen, auf der Zahlenachse überall dichten Punktmenge und ist daher selbst nirgends dicht (§ 79). Dieses Resultat läßt sich offenbar auch auf die übrigen Hauptderivierten übertragen und liefert uns einen Satz, der den Satz 4 des § 473 vervollständigt:

Satz 9. *Eine perfekte Punktmenge, in welcher eine der Hauptderivierten entweder gleich* $+\infty$ *oder gleich* $-\infty$ *ist, ist stets eine nirgends dichte Punktmenge.*

478. Wir müssen auf einen Unterschied aufmerksam machen, der zwischen dem Satze 6 des § 476 und dem entsprechenden Satze für totalstetige Funktionen (§ 451) besteht. Bei totalstetigen Funktionen ist nämlich der Satz auch für den Fall bewiesen, in welchem $Df(x)$ für gewisse Punkte des Intervalls eine rechte und für andere eine linke Derivierte darstellt. Unter den jetzigen Voraussetzungen muß dagegen $Df(x)$ für alle Punkte des Intervalls stets entweder immer nur eine rechte oder immer nur eine linke Derivierte bedeuten. Daß aber diese Einschränkung eine notwendige ist, sieht man ein, wenn man das Beispiel betrachtet, das wir in den §§ 519—522 untersuchen werden.

Die Funktion $w(x)$, die wir dort konstruieren werden, hat nämlich die Eigenschaft, daß in jedem Punkte des Definitionsintervalls eine ihrer Hauptderivierten gleich $+\infty$ und eine andere gleich $-\infty$ ist. Es ist also für diese Funktion in jedem Punkte des Intervalls

$$\Phi(x) = +\infty \quad \text{und} \quad \varphi(x) = -\infty;$$

bezeichnet man nun mit $\Delta f(x)$ in jedem Punkte x eine Hauptderivierte, die gleich $+\infty$ ist, so ist die untere Limesfunktion von $\Delta f(x)$ ebenfalls stets gleich $+\infty$ und daher von $\varphi(x)$ verschieden.

479. Wir kehren jetzt zu der Konstruktion des § 475 zurück und behalten die dortigen Bezeichnungen bei, indem wir sie folgendermaßen spezialisieren: wir betrachten eine beliebige feste positive Zahl ε und bestimmen die Größen h und k durch die Bedingungen

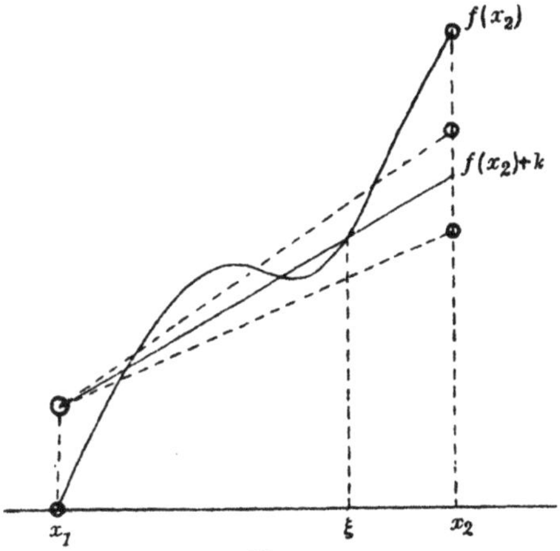

Fig. 36.

$$(1) \qquad h = \frac{\varepsilon(x_2 - x_1)}{3},$$

$$(2) \qquad -\frac{2\varepsilon(x_2 - x_1)}{3} \leqq k \leqq \frac{-\varepsilon(x_2 - x_1)}{3}$$

Jedem Werte von k entspricht dann eine lineare Funktion, die wir mit $\varphi(x, k)$ bezeichnen, sowie ein Punkt $\xi(k)$, der gleich der oberen Grenze der Punkte des Intervalls $x_1 < x < x_2$ ist, in denen

$$f(x) - \varphi(x, k) = 0$$

ist.

Sind jetzt k_1 und k_2 zwei Werte von k, die der Relation (2) genügen, und $k_1 < k_2$, so ist für jeden Punkt des Intervalls $x_1 < x < x_2$ (s. Fig. 37)

$$\varphi(x, k_1) < \varphi(x, k_2);$$

setzt man also zur Abkürzung

$$\xi_1 = \xi(k_1) \quad \text{und} \quad \xi_2 = \xi(k_2),$$

so folgt aus

$$\varphi(\xi_1, k_2) > \varphi(\xi_1, k_1) = f(\xi_1),$$

daß die stetige Funktion $(f(x) - \varphi(x, k_2))$ im Intervalle $\xi_1 \leqq x \leqq x_2$ ihr Zeichen wechselt, und daß folglich

$$\xi_2 > \xi_1$$

ist. Die Funktion $\xi(k)$ ist daher eine monotone stets wachsende (nicht notwendig stetige) Funktion, welche die eineindeutige Abbildung des abgeschlossenen Intervalls (2) auf eine Teilmenge A des Intervalls $x_1 < x < x_2$ liefert. Hieraus folgt, daß die Punktmenge A nicht abzählbar ist, da sonst auch das Intervall (2) aus einer abzählbaren Punktmenge bestehen müßte.

Die abgeschlossene Hülle $\bar{A}$ von A ist also ebenfalls nicht abzählbar und enthält daher eine perfekte Punktmenge B, nämlich die Menge ihrer Kondensationspunkte (§ 64).

Bezeichnet man mit ξ' und ξ'' die Punkte $\xi(k)$, die den Endpunkten des Intervalls (2) entsprechen, so liegt A und daher auch $\bar{A}$ im abgeschlossenen Intervall

$$\xi' \leqq x \leqq \xi'', \tag{3}$$

sodaß $\bar{A}$ eine Teilmenge des gegebenen Intervalls $x_1 < x < x_2$ ist.

Ist $\xi = \xi(k)$ irgendein Punkt von A und x ein Punkt des Intervalls $\xi < x < x_2$, so ist nach den Relationen (9) und (10) des § 475

$$f(x) > \varphi(x, k)$$

und daher auch

$$f(x) - f(\xi) > \varphi(x, k) - \varphi(\xi, k). \tag{4}$$

Nun ist aber, weil $\varphi(x, k)$ eine lineare Funktion bedeutet,

$$\varphi(x, k) - \varphi(\xi, k) = \varphi'(x, k) \cdot (x - \xi) \tag{5}$$

und man hat außerdem, wenn man die Gleichung (8) des § 475 mit unseren jetzigen Werten von h und k vergleicht,

$$\varphi'(x, k) = \frac{f(x_2) - f(x_1)}{x_2 - x_1} + \frac{k - h}{x_2 - x_1} \geqq \frac{f(x_2) - f(x_1)}{x_2 - x_1} - \varepsilon. \tag{6}$$

Aus (4), (5) und (6) folgt also

$$f(x) - f(\xi) > \left(\frac{f(x_2) - f(x_1)}{x_2 - x_1} - \varepsilon\right)(x - \xi). \tag{7}$$

Ist nun ξ_0 ein Punkt von $\bar{A}$, so ist entweder schon ξ_0 in A enthalten, oder ξ_0 ist Häufungspunkt von A und kann als Grenze von abzählbar unendlich vielen Punkten $\xi_1, \xi_2, \ldots$ angesehen werden, die in A enthalten sind, d. h. man kann schreiben

$$\xi_0 = \lim_{p=\infty} \xi_p;$$

für einen beliebigen festen Punkt x des Intervalls $\xi_0 < x < x_2$ kann man sogar voraussetzen, daß für jedes p die Ungleichheit $\xi_p < x$ gilt. Dann ist aber nach (7), wenn man die Stetigkeit von $f(x)$ berücksichtigt,

$$f(x) - f(\xi_0) = \lim_{p=\infty} (f(x) - f(\xi_p))$$

$$\geqq \lim_{p=\infty} \left(\frac{f(x_2) - f(x_1)}{x_2 - x_1} - \varepsilon\right)(x - \xi_p),$$

und schließlich, weil $x - \xi_0 > 0$ ist,

$$\frac{f(x) - f(\xi_0)}{x - \xi_0} \geqq \frac{f(x_2) - f(x_1)}{x_2 - x_1} - \varepsilon, \tag{8}$$

eine Bedingung, die natürlich auch im Falle gilt, in dem schon ξ_0 ein Punkt von A war.

Da die Beziehung (8) für jeden Punkt x des Intervalls $\xi_0 < x < x_2$ besteht, ist auch

$$\underline{D}_+ f(\xi_0) \geqq \frac{f(x_2) - f(x_1)}{x_2 - x_1} - \varepsilon; \tag{9}$$

diese letzte Bedingung gilt für jeden Punkt von $\bar{A}$ und daher auch für jeden Punkt der perfekten Menge B. Die Gesamtheit der Punkte ξ_0, in welchen die Relation (9) besteht, enthält also sicher eine perfekte Punktmenge.

480. Wir sahen (§ 477), daß die obere Grenze Λ der Hauptderivierten unserer Funktion $f(x)$ im Intervalle $a < x < b$ immer von $-\infty$ verschieden ist. Es gibt also Zahlen α, die kleiner als Λ sind; nach dem Satze 5 des § 476 ist dann auch $\alpha < L$ und es gibt sicher zwei Punkte x_1 und x_2 des Intervalls, sodaß

$$\frac{f(x_2) - f(x_1)}{x_2 - x_1} - \alpha = 2\varepsilon > 0$$

ist. Die Punktmenge, in welcher

$$D_+ f(x) \geqq \alpha + \varepsilon$$

ist, enthält also nach dem vorigen Paragraphen schon innerhalb des Intervalls $x_1 < x < x_2$ und um so mehr innerhalb des Intervalls $a < x < b$ eine perfekte Teilmenge. Das gleiche gilt daher auch für die Punktmenge $\boldsymbol{M}(\underline{D}_+ f > \alpha)$.

Hätten wir im vorigen Paragraphen ε negativ genommen, so hätten unsere Überlegungen zu einer Eigenschaft der rechten oberen Derivierten geführt; wir können zusammenfassend den Satz behaupten:

Satz 10. *Sind α und β zwei Zahlen, die den Bedingungen*

$$\alpha < \Lambda, \quad \beta > \lambda$$

genügen, so enthält jede der Punktmengen

$$\boldsymbol{M}(\underline{D}_+ f > \alpha), \quad \boldsymbol{M}(\overline{D}_+ f < \beta)$$

*eine perfekte (also nicht abzählbare) Teilmenge des Intervalls $a < x < b$, für welches Λ und λ definiert sind.**)

481. Wir untersuchen jetzt den speziellen Fall, in dem die gegebene Funktion $f(x)$ in jedem Punkte des Intervalls $a < x < b$ differentiierbar ist, und bezeichnen die Derivierte von $f(x)$, die in gewissen Punkten des Intervalls auch unendlich sein kann, mit $f'(x)$. Es seien x_1 und x_2 zwei beliebige Punkte des Intervalls $a < x < b$ und man habe z. B. $x_1 < x_2$; wir setzen

$$\varphi(x) = f(x_1) + \frac{(x - x_1)(f(x_2) - f(x_1))}{x_2 - x_1} \tag{1}$$

und bemerken, daß die Funktion

$$\psi(x) = f(x) - \varphi(x) \tag{2}$$

den Gleichungen

$$\psi(x_1) = 0, \quad \psi(x_2) = 0 \tag{3}$$

genügt. Außerdem ist die Funktion $\psi(x)$ differentiierbar und ihre Derivierte in jedem Punkte des Intervalls $a < x < b$ durch die Gleichung

$$\psi'(x) = f'(x) - \frac{f(x_2) - f(x_1)}{x_2 - x_1} \tag{4}$$

gegeben. Ist die stetige Funktion $\psi(x)$ im abgeschlossenen Intervalle $x_1 \leqq x \leqq x_2$ konstant, so muß sie wegen (3) in diesem Intervalle identisch verschwinden und in jedem inneren Punkte ξ des Intervalles ist dann

$$\psi'(\xi) = 0. \tag{5}$$

Ist $\psi(x)$ im abgeschlossenen Intervall $x_1 \leqq x \leqq x_2$ nicht konstant, so

---

*) Für totalstetige Funktionen $f(x)$ ist dieser Satz schon in den Ausführungen des § 450 enthalten. Die Ungleichheit $\alpha < \Lambda$ hat nämlich zur Folge, daß in mindestens einem Punkte des Intervalls $a < x < b$ die obere Limesfunktion $\Phi_D(x)$ der Derivierten von $f(x)$ größer ist als α. Hieraus folgt nach der Relation (3) des § 450, daß die meßbare Punktmenge $\boldsymbol{M}(\underline{D}_+ f > \alpha)$ von nicht verschwindendem Inhalte ist. Sie muß also (§ 278, Satz 12) perfekte Teilmengen enthalten. Dagegen gibt es stetige Funktionen, für die bei geeigneter Wahl von $\alpha < \Lambda$ die Punktmenge $\boldsymbol{M}(\underline{D}_+ f > \alpha)$ eine Nullmenge ist (vgl. hierzu die §§ 505, 510); das Resultat des § 450 kann also nicht in seinem ganzen Umfange übertragen werden.

muß (ebenfalls nach (3)) ihre obere Grenze in dieser Punktmenge positiv sein, wenn nicht ihre untere Grenze dort negativ ist. Nehmen wir an, ersteres wäre der Fall; dann ist jeder Punkt ξ, in welchem die in der abgeschlossenen Punktmenge $x_1 \leqq x \leqq x_2$ stetige Funktion $\psi(x)$ ihre obere Grenze erreicht (§ 137, Satz 5), ein innerer Punkt des Intervalls $x_1 < x < x_2$. In einem solchen Punkte ξ ist aber stets für

$$x_1 < x < x_2$$

die Bedingung

$$\psi(x) \leqq \psi(\xi)$$

erfüllt, und hieraus folgt, daß man zu gleicher Zeit

$$\overline{D}_-\psi(\xi) \geqq 0 \quad \text{und} \quad D_+\psi(\xi) \leqq 0 \tag{6}$$

schreiben kann. Da nun $\psi(x)$ im Punkte ξ differentiierbar ist, hat man

$$\overline{D}_-\psi(\xi) = D_+\psi(\xi) = \psi'(\xi)$$

und dieses ist nur dann zugleich mit (6) möglich, wenn auch hier die Gleichung (5) gilt. Ganz ebenso behandelt man den Fall, in dem die untere Grenze von $\psi(x)$ im Intervalle $x_1 \leqq x \leqq x_2$ negativ ist, und zeigt, daß auch hier mindestens ein innerer Punkt ξ des Intervalles $x_1 < x < x_2$ existiert, für welchen die Gleichung (5) besteht. Vergleicht man (5) mit (4), so erhält man

$$f'(\xi) = \frac{f(x_2) - f(x_1)}{x_2 - x_1}$$

und hieraus folgt der sogenannte Mittelwertsatz der Differentialrechnung:

Satz 11. *Ist $f(x)$ eine endliche, stetige und in jedem Punkte des Intervalles $a < x < b$ differentiierbare Funktion, so kann man zwischen je zwei getrennten Punkten x_1 und x_2 dieses Intervalles einen dritten von diesen verschiedenen Punkt ξ einschalten, sodaß die Gleichung*

$$f(x_2) - f(x_1) = (x_2 - x_1) f'(\xi)$$

besteht.

482. Es seien unter denselben Voraussetzungen für $f(x)$ wie im vorigen Paragraphen mit λ und Λ die untere und die obere Grenze der Derivierten $f'(x)$ im Intervalle $a < x < b$ bezeichnet. Ist $f'(x)$ nicht konstant in diesem Intervalle, so ist $\lambda < \Lambda$ und wir können eine endliche Zahl α finden, die den Bedingungen

$$\lambda < \alpha < \Lambda \tag{1}$$

genügt. Wegen des Satzes 5 des § 476 kann man innerhalb unseres Intervalls zwei Punktepaare

(2) $$a < x_1 < x_2 < b\,, \qquad a < y_1 < y_2 < b$$
finden, sodaß
(3) $$\frac{f(x_2) - f(x_1)}{x_2 - x_1} < \alpha \quad \text{und} \quad \frac{f(y_2) - f(y_1)}{y_2 - y_1} > \alpha$$
stattfindet. Setzt man nun
(4) $$\begin{cases} \xi_1 = t x_1 + (1 - t) y_1\,, \\ \xi_2 = t x_2 + (1 - t) y_2\,, \end{cases}$$
so ist für alle Werte des Parameters t, die im abgeschlossenen Intervall
(5) $$0 \leqq t \leqq 1$$
liegen, die Differenz
$$\xi_2 - \xi_1 = t(x_2 - x_1) + (1 - t)(y_2 - y_1)$$
positiv und daher die Funktion
$$\varphi(t) = \frac{f(\xi_2) - f(\xi_1)}{\xi_2 - \xi_1}$$
eine stetige Funktion von t. Überdies ist wegen (3)
$$\varphi(0) > \alpha\,, \qquad \varphi(1) < \alpha$$
und es gibt daher im Intervalle (5) eine Zahl τ, sodaß
$$\varphi(\tau) = \alpha$$
ist (§ 226). Nach (2) und (4) liegen aber die Punkte ξ_1 und ξ_2 im Intervalle $a < x < b$, solange t der Bedingung (5) genügt (vgl. § 188); wir haben also innerhalb dieses Intervalles die Existenz eines Punktepaares ξ_1, ξ_2 nachgewiesen, für welches
$$\frac{f(\xi_2) - f(\xi_1)}{\xi_2 - \xi_1} = \alpha$$
ist. Nach dem letzten Satze gibt es also zwischen diesen Punkten einen Punkt ξ, für den $f'(\xi) = \alpha$ ist.

Satz 12. *Die Derivierte $f'(x)$ einer differentiierbaren stetigen Funktion $f(x)$ nimmt in einem Intervalle $a < x < b$ alle Werte an, die zwischen ihrer oberen und ihrer unteren Grenze in diesem Intervalle liegen.*

Sind x_1 und x_2 zwei Punkte des Intervalles $a < x < b$, und bezeichnet man jetzt mit λ' und Λ' die untere und obere Grenze von $f'(x)$ und mit L' und l' die oberen und unteren Grenzen der Differenzenquotienten im Teilintervalle $x_1 < x < x_2$, so ist, weil $f'(x_1)$ und $f'(x_2)$ als Grenzen von solchen Differenzenquotienten dargestellt werden können,
$$l' \leqq f'(x_1) \leqq L', \qquad l' \leqq f'(x_2) \leqq L',$$

und daher nach dem Satze 5 des § 476

$$\lambda' \leqq f'(x_1) \leqq \Lambda' \quad \text{und} \quad \lambda' \leqq f'(x_2) \leqq \Lambda'.$$

Hieraus folgt mit Benutzung des letzten Satzes der

Satz 13. *Die Derivierte $f'(x)$ nimmt in einem Intervalle $x_1 < x < x_2$ alle Werte an, die zwischen den Zahlen $f'(x_1)$ und $f'(x_2)$ liegen.*

Einfache Integrale und totalstetige Funktionen.

483. Das Zeichen

$$\int_A f(P)\,dw, \tag{1}$$

das wir bisher für das Integral einer summierbaren Funktion $f(P)$ über eine beliebige Punktmenge A benutzt haben, ersetzt man, wenn $f(P)$ eine Funktion $f(x)$ einer einzigen Veränderlichen x ist, und wenn der Integrationsbereich A ein lineares Gebiet $a < x < b$ bedeutet, durch das Symbol

$$\int_a^b f(x)\,dx. \tag{2}$$

Sind also x_1 und x_2 zwei beliebige Punkte des Gebietes A und hat man $x_1 < x_2$, so bedeutet

$$\int_{x_1}^{x_2} f(x)\,dx \tag{3}$$

das Integral der (summierbaren) Funktion $f(x)$ über das Intervall $x_1 < x < x_2$. Diese Bezeichnungsweise, die auf Fourier zurückgeht, hat den Vorteil, daß man sie auch auf den Fall erweitern kann, daß $x_2 \leqq x_1$ ist, was für die Rechnung mit Integralen sehr bequem ist. Wir setzen dazu

$$\int_{x_1}^{x_2} f(x)\,dx = 0, \qquad \text{wenn} \quad x_2 = x_1 \quad \text{ist,} \tag{4}$$

$$\text{und} \int_{x_1}^{x_2} f(x)\,dx = -\int_{x_2}^{x_1} f(x)\,dx, \quad \text{wenn} \quad x_2 < x_1 \quad \text{ist.} \tag{5}$$

Sind dann x_1, x_2, x_3 drei beliebige Punkte des linearen Gebietes A, die nicht alle voneinander verschieden zu sein brauchen, so hat man stets

$$\int_{x_1}^{x_3} f(x)\,dx = \int_{x_1}^{x_2} f(x)\,dx + \int_{x_2}^{x_3} f(x)\,dx,$$

wie man durch eine Diskussion der verschiedenen Möglichkeiten einsieht.

Das durch die Gleichungen (3), (4) und (5) definierte Symbol

$$\int_{x_1}^{x_2} f(x)\,dx$$

nennt man das zwischen den Grenzen x_1 und x_2 genommene bestimmte Integral der summierbaren Funktion $f(x)$. Die Zahl x_1 heißt hierbei die untere Grenze, die Zahl x_2 die obere Grenze des Integrals und zwar auch dann, wenn $x_2 \leqq x_1$ ist. Die eine oder beide Grenzen können übrigens auch unendlich sein, falls $f(x)$ über eine Halbgerade oder über die ganze Achse summierbar ist. Die Integrale (2) nennt man auch einfache Integrale im Gegensatz zu den mehrfachen Integralen, die wir im nächsten Kapitel untersuchen werden.

484. Ist $f(x)$ über ein lineares Gebiet A summierbar und erweitert man den Definitionsbereich dieser Funktion, indem man in jedem Punkte der Komplementärmenge von A die Funktion $f(x) = 0$ setzt, so erhält man eine über die ganze x-Achse summierbare Funktion; einer solchen Funktion haben wir eine additive und totalstetige Mengenfunktion zugeordnet, die wir das unbestimmte Integral von $f(x)$ nannten (§ 424) und hier mit $H(e)$ bezeichnen wollen. Der additiven totalstetigen Mengenfunktion $H(e)$ haben wir ferner eindeutig eine ebenfalls additive totalstetige Intervallfunktion $\Phi(\sigma)$ zugeordnet (§ 453); die Funktion $\Phi(\sigma)$ ist übrigens, weil sie additiv ist, eindeutig definiert, wenn man ihren Wert für jedes Intervall δ der x-Achse kennt. Nun haben wir, wenn

$$\delta: \quad x_1 < x < x_2$$

irgendein solches Intervall bedeutet, nach unseren früheren Definitionen

$$\Phi(\delta) = H(\delta) = \int_{\delta} f(x)\,dx = \int_{x_1}^{x_2} f(x)\,dx. \tag{1}$$

Im § 458 haben wir schließlich jeder endlichen Funktion $F(x)$ einer Veränderlichen eine additive Intervallfunktion zugeordnet, indem wir mit den obigen Bezeichnungen

$$\Phi(\delta) = F(x_2) - F(x_1) \tag{2}$$

gesetzt haben. Nun ist es sehr leicht, Funktionen $F(x)$ zu bestimmen, welche die Gleichungen (1) und (2) zugleich befriedigen. Man braucht nur, wenn x_0 irgendeinen Punkt des ursprünglichen (oder erweiterten)

Definitionsbereiches von $f(x)$ bedeutet,

$$(3) \qquad F(x) = c + \int_{x_0}^{x} f(x)\,dx$$

zu setzen, wobei c eine beliebige endliche Konstante bedeutet. Dann ist nämlich

$$F(x_2) - F(x_1) = \int_{x_0}^{x_2} f(x)\,dx - \int_{x_0}^{x_1} f(x)\,dx = \int_{x_1}^{x_2} f(x)\,dx,$$

wie wir es haben wollten. Ist umgekehrt $F_1(x)$ eine beliebige Funktion, der unsere Intervallfunktion $\Phi(\sigma)$ zugeordnet ist, so folgt aus der Gleichung

$$F_1(x) - F_1(x_0) = F(x) - F(x_0),$$

die für jeden Wert von x gelten muß,

$$F_1(x) = (F_1(x_0) - F(x_0)) + F(x) = c' + F(x)$$

und hieraus, daß $F_1(x)$ sich ebenfalls durch eine Gleichung wie (3) darstellen läßt. Die Funktionen (3) sind also die einzigen, welche die geforderten Eigenschaften besitzen; man nennt sie von alters her das unbestimmte Integral von $f(x)$ und bezeichnet sie oft durch das Symbol

$$\int f(x)\,dx,$$

in welchem man alle Grenzen wegläßt. Der Umstand, daß wir, dem Vorgange von Lebesgue folgend, auch die Mengenfunktion $H(e)$ das unbestimmte Integral von $f(x)$ genannt haben, kann keine Verwechslungen hervorrufen, da eine Mengenfunktion und eine Punktfunktion zwei ganz verschiedene Begriffe sind. Bei Untersuchungen über Funktionen einer Veränderlichen kommt überdies die Mengenfunktion $H(e)$ kaum vor, wenn man die jetzt folgenden Sätze benutzt.

485. Aus der Totalstetigkeit der Funktion $\Phi(\sigma)$ folgt nach dem § 460 die Totalstetigkeit der ihr zugehörigen Funktion $F(x)$ und es gilt daher der

Satz 1. *Jedes unbestimmte Integral*

$$F(x) = c + \int_{x_0}^{x} f(x)\,dx$$

einer summierbaren Funktion $f(x)$ *ist eine totalstetige Funktion.*

Es sei umgekehrt $F(x)$ eine im linearen Gebiete $a < x < b$ beliebig gegebene totalstetige Funktion, d. h. eine solche, deren Nullvariation verschwindet. Ist $a > -\infty$, so haben wir schon gesehen (§ 460, Satz 3), daß die Zahl $F(a+0)$ existiert und endlich ist. Setzt man dann

$$F(x) = F(a+0) \quad \text{für} \quad x \leqq a,$$

so ist, wie man sofort sieht, die so erweiterte Funktion $F(x)$ auf dem linearen Gebiete $-\infty < x < b$ ebenfalls totalstetig, und man kann ähnlich verfahren, wenn $b < +\infty$ ist. Wir können also den Definitionsbereich von $F(x)$ so erweitern, daß er die ganze x-Achse umfaßt. Dann ist die zugehörige additive Intervallfunktion $\Phi(\sigma)$ ebenfalls totalstetig (§ 460) und kann nach dem § 453 zu einer additiven und totalstetigen Mengenfunktion $H(e)$ erweitert werden, die für alle meßbaren linearen Punktmengen endlichen Inhalts definiert ist. Bezeichnet man mit $\Delta_H(x)$ irgendeine Derivierte von $H(e)$, so ist nach dem Satze 2 des § 445

$$F(x_2) - F(x_1) = \int_{x_1}^{x_2} \Delta_H(x)\, dx$$

und daher die Funktion $F(x)$ ein unbestimmtes Integral von $\Delta_H(x)$. Nun kann aber nach dem § 462 jede rechte oder linke Derivierte von $F(x)$ als Derivierte von $H(e)$ aufgefaßt werden; bezeichnet man also mit $DF(x)$ eine Funktion, die in gewissen Punkten des Intervalles $x_1 < x < x_2$ gleich einer rechten und in den übrigen Punkten dieses Intervalles gleich einer linken Derivierten von $F(x)$ ist, so ist auch

$$F(x_2) - F(x_1) = \int_{x_1}^{x_2} DF(x)\, dx.$$

Es gilt also, wenn man sich der Sätze des § 445 erinnert, der

Satz 2. *Jede totalstetige Funktion $F(x)$ ist in einem maßgleichen Kern ihres Definitionsbereiches A differentiierbar; jede Derivierte $DF(x)$ von $F(x)$ ist eine über jedes in A enthaltene Intervall summierbare Funktion, für welche die Funktion $F(x)$ ein unbestimmtes Integral ist.*

Dagegen braucht, wie wir später sehen werden (§ 506), eine Funktion $F(x)$, deren Hauptderivierten summierbar sind, nicht immer totalstetig zu sein.

Wenn zwei Funktionen $f_1(x)$ und $f_2(x)$ über dasselbe lineare Gebiet A summierbar sind und ein gemeinsames unbestimmtes Integral $F(x)$ besitzen, so sind die Funktionen $\bar{f}_1(x)$ und $\bar{f}_2(x)$, die in A mit den gegebenen zusammenfallen und in der Komplementärmenge von A verschwinden, über die ganze x-Achse summierbar und man hat allgemein

$$\int_{x_1}^{x_2} \bar{f}_1(x)\,dx = \int_{x_1}^{x_2} \bar{f}_2(x)\,dx. \tag{1}$$

Die additiven totalstetigen Mengenfunktionen

$$H_1(e) = \int_e \bar{f}_1(x)\,dx, \qquad H_2(e) = \int_e \bar{f}_2(x)\,dx$$

besitzen dann wegen (1) dieselben mittleren Derivierten und sind daher nach dem Satze 4 des § 439 einander gleich. Hieraus folgt aber nach dem Satze 1 des § 424 die Äquivalenz der beiden Funktionen $\bar{f}_1(x)$ und $\bar{f}_2(x)$ und daher auch die Äquivalenz von $f_1(x)$ und $f_2(x)$.

Satz 3. *Zwei über dasselbe lineare Gebiet A summierbare Funktionen $f_1(x)$ und $f_2(x)$, die ein gemeinsames unbestimmtes Integral $F(x)$ besitzen, sind äquivalent.*

Der spezielle Fall dieses Satzes, in dem die eine der beiden Funktionen $f_1(x)$ und $f_2(x)$ verschwindet, läßt sich folgendermaßen aussprechen:

Satz 4. *Eine summierbare Funktion $f(x)$, die ein konstantes unbestimmtes Integral $F(x) = c$ besitzt, verschwindet in einem maßgleichen Kern ihres Definitionsbereiches.*

Aus der Gleichung

$$F(x) = c + \int_{x_0}^{x} D\,F(x)\,dx$$

folgt ferner, wenn man die summierbare Funktion $D\,F(x)$ als Differenz von zwei nicht negativen summierbaren Funktionen darstellt (§ 391), folgendes Analogon des Satzes 7 des § 441:

Satz 5. *Jede totalstetige Funktion $F(x)$ kann als Differenz von zwei monoton wachsenden totalstetigen Funktionen dargestellt werden.*

Man bemerke, daß dieses Resultat zwar teilweise, aber nicht in seinem vollen Umfange aus der Vergleichung des Satzes 3 des § 460 mit dem Satze 9 des § 181 hergeleitet werden kann.

486. Es ist bequem, jeder totalstetigen Funktion eine eindeutig bestimmte endliche Funktion $F'(x)$ zuzuordnen, deren unbestimmtes Integral $F(x)$ ist. Wir wollen diese Funktion die Ableitung von $F(x)$ nennen und sie folgendermaßen definieren:

Definition. Unter Ableitung einer totalstetigen Funktion $F(x)$ verstehen wir die endliche Funktion $\dot{F}(x)$, die in allen Punkten, in denen $F(x)$ differentiierbar ist und die Derivierte $DF(x)$ endlich ist, gleich der Derivierten von $F(x)$ ist, und die in allen übrigen Punkten des Definitionsbereiches von $F(x)$ verschwindet.*)

Ist e_1 die Nullmenge, in welcher z. B. die obere rechte Derivierte $\overline{D}_+ F(x)$ unendlich ist und e_2 die Nullmenge, auf welcher $F(x)$ nicht differentiierbar ist, so ist in jedem Punkte der Nullmenge $(e_1 \dotplus e_2)$ die Ableitung $\dot{F}(x)$ nach ihrer Definition gleich Null und in jedem Punkte von $A - (e_1 \dotplus e_2)$ ist

$$\overline{D}_+ F(x) = \dot{F}(x);$$

diese beiden Funktionen sind äquivalent und es ist also stets, wie wir es haben wollten,

$$F(x_2) - F(x_1) = \int_{x_1}^{x_2} \dot{F}(x)\, dx.$$

487. Wendet man den Satz 5 des § 394 auf die Ableitungen $\dot{f}(x)$ und $\dot{g}(x)$ von zwei totalstetigen Funktionen $f(x)$ und $g(x)$ an, so folgt, daß für alle Zahlenpaare (λ_1, λ_2) die Funktion $(\lambda_1 f(x) + \lambda_2 g(x))$ ebenfalls totalstetig ist, und daß stets die Gleichung

$$(\lambda_1 f(x) + \lambda_2 g(x)) = \lambda_1 f(x_0) + \lambda_2 g(x_0) + \int_{x_0}^{x} (\lambda_1 \dot{f}(x) + \lambda_2 \dot{g}(x))\, dx$$

bestehen muß.

Insbesondere ist die Summe und die Differenz von zwei im gleichen Intervall definierten totalstetigen Funktionen von x ebenfalls totalstetig.

Mit Hilfe der Definition der Totalstetigkeit, die wir im § 460 gegeben haben, sieht man, daß der absolute Betrag einer totalstetigen Funktion $f(x)$ ebenfalls totalstetig ist. Für jedes Intervall

$$\delta:\ \alpha < x < \beta$$

ist nämlich

$$\big|\,|f(\beta)| - |f(\alpha)|\,\big| \leqq |f(\beta) - f(\alpha)|.$$

*) Nach unserer Definition ist die Ableitung $\dot{F}(x)$ keineswegs immer eine Derivierte der totalstetigen Funktion $F(x)$. Nur für differentiierbare Funktionen, die in jedem Punkte ihres Definitionsbereiches eine endliche Derivierte besitzen, fallen die beiden Begriffe notwendig zusammen.

Sind also

$$\delta_k: \alpha_k < x < \beta_k \qquad (k = 1, 2, \ldots, m)$$

Intervalle ohne gemeinsame Punkte, deren Gesamtlänge die Zahl λ nicht überschreitet, und bezeichnet man mit $\tau(\lambda)$ die λ-Variation der Funktion $f(x)$, so ist

$$\sum_{k=1}^{m} \left| |f(\beta_k)| - |f(\alpha_k)| \right| \leqq \tau(\lambda)$$

und folglich die λ-Variation von $|f(x)|$ ebenfalls nicht größer als $\tau(\lambda)$. Die Nullvariation von $|f(x)|$ ist also gleich Null, womit unsere Behauptung bewiesen ist.

488. Zwei Funktionen $f(x)$ und $g(x)$, die im Intervalle

(1) $$a < x < b$$

totalstetig sind, sind nach dem Satze 3 des § 460 beschränkte Funktionen und man kann eine endliche Zahl G finden, so daß für alle Punkte von (1) die Bedingungen

$$|f(x)| \leqq G, \quad |g(x)| \leqq G$$

gelten. Bezeichnet man mit $u(x)$ das Produkt der beiden Funktionen $f(x)$ und $g(x)$

$$u(x) = f(x)\, g(x),$$

so ist für jedes Teilintervall

$$\delta: \quad \alpha < x < \beta$$

von (1)

$$u(\beta) - u(\alpha) = f(\beta)(g(\beta) - g(\alpha)) + g(\alpha)(f(\beta) - f(\alpha))$$

und daher

$$|u(\beta) - u(\alpha)| \leqq G\{|f(\beta) - f(\alpha)| + |g(\beta) - g(\alpha)|\}.$$

Bezeichnet man daher mit $\tau(\lambda)$, $\tau_f(\lambda)$ und $\tau_g(\lambda)$ die λ-Variationen von $u(x)$, $f(x)$ und $g(x)$, so folgt hieraus, wenn man ebenso wie im vorigen Paragraphen verfährt,

$$\tau(\lambda) \leqq G(\tau_f(\lambda) + \tau_g(\lambda));$$

wegen der Totalstetigkeit von $f(x)$ und $g(x)$ muß also die Nullvariation von $u(x)$ verschwinden und infolgedessen diese Funktion ebenfalls totalstetig sein.

Nach dem § 469 ist in jedem Punkte, in welchem $f(x)$ und $g(x)$ differentiierbar sind und eine endliche Derivierte besitzen, die Funktion $u(x)$ ebenfalls differentiierbar und es gilt die Formel

(2) $$Du(x) = f(x)\, g(x) + g(x)\, f(x).$$

Da nun die Punkte, in denen $f(x)$ und $g(x)$ beide differentiierbar sind und eine endliche Derivierte besitzen, einen maßgleichen Kern des Intervalls (1) bilden, ist die Funktion

$$f(x)\dot{g}(x) + g(x)\dot{f}(x)$$

in diesem Intervalle einer beliebigen Hauptderivierten von $u(x)$ äquivalent und für jedes Punktepaar x_1, x_2, das in (1) enthalten ist, gilt die Gleichung:

$$(3) \qquad u(x_2) - u(x_1) = \int_{x_1}^{x_2} (f(x)\dot{g}(x) + g(x)\dot{f}(x))\, dx.$$

Satz 6. *Das Produkt von zwei im Intervalle $a < x < b$ totalstetigen Funktionen ist eine in diesem Intervalle totalstetige Funktion, die einem unbestimmten Integral des Ausdrucks*

$$f(x)\dot{g}(x) + g(x)\dot{f}(x)$$

gleich ist.

489. Aus der Gleichung (3) des vorigen Paragraphen entnimmt man eine Formel, die als „partielle Integration" bekannt ist und sehr oft gebraucht wird. Diese Gleichung läßt sich nämlich schreiben:

$$(1) \qquad \int_{x_1}^{x_2} f(x)\dot{g}(x)\, dx = [f(x_2)g(x_2) - f(x_1)g(x_1)] - \int_{x_1}^{x_2} g(x)\dot{f}(x)\, dx.$$

Sei also $f(x)$ eine im Intervalle $a < x < b$ totalstetige (und daher beschränkte) und $\varphi(x)$ eine über dieses Intervall summierbare, endliche Funktion. Das Integral

$$\int_{x_1}^{x_2} f(x)\varphi(x)\, dx$$

hat einen Sinn (§ 398, Satz 12). Setzt man nun

$$(2) \qquad g(x) = c + \int_{a}^{x} \varphi(x)\, dx,$$

wobei c eine beliebige Konstante bedeutet, so ist $\dot{g}(x)$ eine zu $\varphi(x)$ äquivalente Funktion und daher gilt wegen (1) der

Satz 7. *Ist $f(x)$ eine im Intervalle $a < x < b$ totalstetige und $\varphi(x)$ eine über dieses Intervall summierbare endliche Funktion, so gilt für je zwei Punkte x_1, x_2 des gegebenen Intervalls die Gleichung*

(3) $$\int_{x_1}^{x_2} f(x)\,\varphi(x)\,dx = [f(x_2)\,g(x_2) - f(x_1)\,g(x_1)] - \int_{x_1}^{x_2} g(x)\,\dot{f}(x)\,dx,$$

in der die Funktion $g(x)$ irgendein unbestimmtes Integral von $\varphi(x)$ bedeutet.

490. Es sei $g(x)$ eine im Intervalle $a < x < b$ totalstetige Funktion und in jedem Punkte dieses Intervalls sei die Bedingung

(1) $$|g(x)| \geqq \vartheta > 0$$

erfüllt. Für je zwei Punkte α und β dieses Intervalls ist dann

$$\left|\frac{1}{g(\beta)} - \frac{1}{g(\alpha)}\right| = \frac{|g(\beta) - g(\alpha)|}{|g(\alpha)\,g(\beta)|} \leqq \frac{|g(\beta) - g(\alpha)|}{\vartheta^2},$$

woraus man ohne Mühe wie früher schließt, daß die Funktion

$$\frac{1}{g(x)}$$

im Intervalle $a < x < b$ totalstetig ist. Nach dem § 488 folgt also unter denselben Voraussetzungen für $f(x)$ wie dort, daß die Funktion

(2) $$\frac{f(x)}{g(x)}$$

auch totalstetig ist. In jedem Punkte, in dem $f(x)$ und $g(x)$ beide differentiierbar sind und eine endliche Derivierte besitzen, ist ferner (§ 469) die Funktion (2) differentiierbar und ihre Derivierte hat den Wert

$$\frac{g(x)\,\dot{f}(x) - f(x)\,\dot{g}(x)}{g^2(x)}.$$

Da die letzten Voraussetzungen aber in einem maßgleichen Kern von $a < x < b$ erfüllt sind, gilt außerdem noch die Formel

$$\frac{f(x_2)}{g(x_2)} - \frac{f(x_1)}{g(x_1)} = \int_{x_1}^{x_2} \frac{g(x)\,\dot{f}(x) - f(x)\,\dot{g}(x)}{g^2(x)}\,dx.$$

491. Wir betrachten jetzt Funktionen mit **beschränkten Differenzenquotienten**, d. h. solche, die die Eigenschaft haben, daß für je zwei Punkte x_1 und x_2 des Intervalls

$$a < x < b$$

die Beziehung

$$\left|\frac{f(x_2) - f(x_1)}{x_2 - x_1}\right| \leqq G$$

besteht. Aus

$$|f(x_2) - f(x_1)| \leqq G\,|x_2 - x_1|$$

folgt dann sofort, daß, wenn man mit $\tau(\lambda)$ die λ-Variation von $f(x)$ im gegebenen Intervall bezeichnet,

$$\tau(\lambda) \leqq G \cdot \lambda$$

ist, so daß $f(x)$ totalstetig sein muß.

Satz 8. *Jede Funktion, deren Differenzenquotienten für alle Punktepaare eines Intervalls beschränkt sind, ist totalstetig in diesem Intervall.*

Ferner bemerken wir, daß, wenn $f(x)$ im abgeschlossenen Intervall $a \leqq x \leqq b$ definiert, endlich und stetig ist, die oberen und unteren Grenzen L und l der Differenzenquotienten dieser Funktion innerhalb des offenen Intervalls $a < x < b$ und der Differenzenquotienten von $f(x)$ innerhalb des abgeschlossenen Intervalls $a \leqq x \leqq b$ dieselben sind. Mit Hilfe des Satzes 5 des § 476 kann man also behaupten:

Satz 9. *Dafür, daß eine endliche, stetige Funktion $f(x)$ im Intervalle $a \leqq x \leqq b$ beschränkte Differenzenquotienten besitze, ist notwendig und hinreichend, daß eine beliebige unter ihren rechten (oder linken) Derivierten im offenen Intervalle $a < x < b$ beschränkt sei.*

492. Der Satz 8 des vorigen Paragraphen läßt sich nicht umkehren, denn sonst würden alle totalstetigen Funktionen beschränkte Derivierte besitzen, was offenbar nicht der Fall ist. Man kann sogar totalstetige Funktionen leicht angeben, die überall differentiierbar sind und in gewissen Punkten die Derivierte $+\infty$ besitzen, z. B. die Funktion, die durch die Gleichungen

$$f(0) = 0 \quad \text{und} \quad f(x) = \frac{x}{|x|} \sqrt{|x|} \quad \text{für} \quad x \neq 0$$

definiert ist (vgl. § 494).

Die Punktmenge A, in welcher eine im Intervalle $a < x < b$ totalstetige Funktion differentiierbar ist und die Derivierte $+\infty$ besitzt, ist aber stets eine Nullmenge. Denn A ist eine Teilmenge von

$$\boldsymbol{M}(\overline{D}_+ f = +\infty)$$

und die letzte Punktmenge ist wegen der Summierbarkeit von $\overline{D}_+ f$ schon selbst eine Nullmenge.

Ist nun A eine beliebige Nullmenge, die im Intervalle $a < x < b$ enthalten ist, so kann man, wie wir jetzt zeigen wollen, totalstetige und monoton wachsende Funktionen $f(x)$ finden, die in jedem Punkte von A differentiierbar sind und dort die Ableitung $+\infty$ besitzen.

Es seien

$$U_1, U_2, U_3, \ldots$$

Umgebungen von A, deren Inhalte den Bedingungen

(1) $$m\,U_p \leqq \frac{1}{2^p} \qquad (p = 1, 2, \ldots)$$

genügen, und $\varphi_p(x)$ Funktionen, die in der offenen Punktmenge U_p den Wert Eins und in der abgeschlossenen Komplementärmenge von U_p den Wert Null besitzen. Ferner setzen wir

(2) $$\psi_k(x) = \varphi_1(x) + \varphi_2(x) + \cdots + \varphi_k(x)$$

und

(3) $$f_k(x) = \int_a^x \psi_k(x)\,dx.$$

Die nichtnegativen Funktionen $\psi_k(x)$ sind in jedem Punkte von A stetig und besitzen dort den Wert k; also sind die monoton wachsenden Funktionen $f_k(x)$ in jedem Punkte von A differentiierbar und ihre Derivierte in diesem Punkte ist gleich k (§ 452, Satz 3). Ferner ist für jedes p und für jedes $x > a$ nach (1)

$$\int_a^x \varphi_p(x)\,dx \leqq m\,U_p \leqq \frac{1}{2^p},$$

und folglich nach (2) und (3)

(4) $$f_k(x) \leqq 1.$$

Da die Folge der $\psi_k(x)$ monoton wachsend ist

$$\psi_1(x) \leqq \psi_2(x) \leqq \psi_3(x) \leqq \cdots$$

und ihre Integrale (3) sämtlich unterhalb Eins liegen, ist die Grenzfunktion

$$\psi(x) = \lim_{k=\infty} \psi_k(x)$$

über das Intervall $a \leqq x \leqq b$ summierbar (§ 383, Satz 4) und die Funktion

$$f(x) = \int_a^x \psi(x)\,dx$$

totalstetig. Setzt man nun

$$f(x) = f_k(x) + r_k(x),$$

so ist

$$r_k(x) = \int_a^x (\psi(x) - \psi_k(x))\,dx,$$

also $r_k(x)$ gleich dem Integral über eine nichtnegative Funktion und daher monoton wachsend. Hieraus folgt aber für jeden inneren Punkt x des betrachteten Intervalls

$$\underline{D}_+ f(x) \geqq \underline{D}_+ f_k(x) \quad \text{und} \quad \underline{D}_- f(x) \geqq \underline{D}_- f_k(x)$$

und insbesondere für jeden Punkt von A

$$(5) \qquad \underline{D}_+ f(x) \geqq k \quad \text{und} \quad \underline{D}_- f(x) \geqq k.$$

Da aber hierbei k eine beliebige natürliche Zahl bedeutet, ist in jedem Punkte von A die Funktion $f(x)$ differentiierbar und $f'(x) = +\infty$.

Satz 10. *Es gibt monoton wachsende totalstetige Funktionen $f(x)$, die in einer beliebig vorgeschriebenen Nullmenge A differentiierbar sind und dort die Derivierte $+\infty$ besitzen.*

493. Durch die Konstruktion des letzten Paragraphen erhält man sehr bemerkenswerte Funktionen, wenn man von der Nullmenge A voraussetzt, daß sie auf dem gegebenen Intervall $a < x < b$ überall dicht liegt. Setzt man nämlich

$$V_k = U_1 U_2 \ldots U_k,$$

so ist V_k eine offene Punktmenge, welche die überall dichte Punktmenge A enthält und daher selbst überall dicht ist. Der Durchschnitt von V_k mit irgendeinem Teilintervalle δ des Definitionsbereiches $a<x<b$ ist also eine nicht leere Punktmenge, die, weil sie offen ist, keine Nullmenge sein kann. Nun ist aber in jedem Punkte von V_k die Funktion $f_k(x)$ differentiierbar und ihre Derivierte gleich k, so daß in einem solchen Punkte die Bedingungen (5) des vorigen Paragraphen erfüllt sind. Bezeichnet man also mit α eine beliebige positive Zahl und mit e_α den Durchschnitt der beiden Punktmengen

$$\boldsymbol{M}(\underline{D}_+ f \geqq \alpha) \quad \text{und} \quad \boldsymbol{M}(\underline{D}_- f \geqq \alpha),$$

so ist die Punktmenge e_α nicht nur überall dicht im Definitionsbereich der Funktion, sondern es ist vielmehr auch

$$m e_\alpha \delta \neq 0$$

für jedes Teilintervall δ dieses Definitionsbereiches. Bezeichnet man in analoger Weise mit $e_{+\infty}$ die Punkte, in denen $f(x)$ differentiierbar und $Df(x) = +\infty$ ist, so ist nach dem Obigen der Durchschnitt

$$V_1 V_2 V_3 \cdots \prec e_{+\infty}.$$

Anderseits enthält die Punktmenge $\delta \cdot V_1 V_2 V_3 \ldots$ eine in sich dichte Teilmenge, nämlich $A\delta$; nach dem Satze 1 des § 81 muß also $e_{+\infty}\delta$ eine perfekte Punktmenge enthalten und dies selbst, wenn A abzählbar war. Man bemerke, daß dieses Resultat aus dem § 473 nicht gefolgert werden kann. Aus den dortigen Überlegungen folgt nämlich wohl, daß die Punktmenge $M(\overline{D}_+ f = +\infty)$ perfekte Teilmengen enthält, nicht aber, daß dasselbe auch für $M(\underline{D}_+ f = +\infty)$ der Fall sein muß.

494. Sind $f(u)$ und $u = \varphi(x)$ zwei totalstetige Funktionen, so kann die Funktion $f(\varphi(x))$ in einem gewissen abgeschlossenen Intervall der x-Achse definiert sein, ohne dort totalstetig zu sein.

Wir definieren z. B. $\varphi(x)$ folgendermaßen: jedes Intervall

$$\delta_k:\ \frac{1}{2^k} < x < \frac{1}{2^{k-1}}$$

der Folge

$$\delta_1,\ \delta_2,\ \delta_3,\ \ldots$$

teilen wir in 2^k gleiche Teile durch $(2^k - 1)$ Teilungspunkte und in jedem dieser Teilungspunkte schreiben wir für die Funktion $\varphi(x)$ abwechselnd die Werte

$$\frac{1}{2^{2k}} \quad \text{und} \quad 0$$

vor. In den Endpunkten der Intervalle δ_k und im Punkte $x = 0$ soll außerdem $\varphi(x)$ verschwinden und zwischen zwei aufeinander folgenden Punkten, in denen ihre Werte vorgeschrieben sind, linear sein. Die totale Variation der Funktion in einem Intervalle δ_k ist dann nach dem Obigen

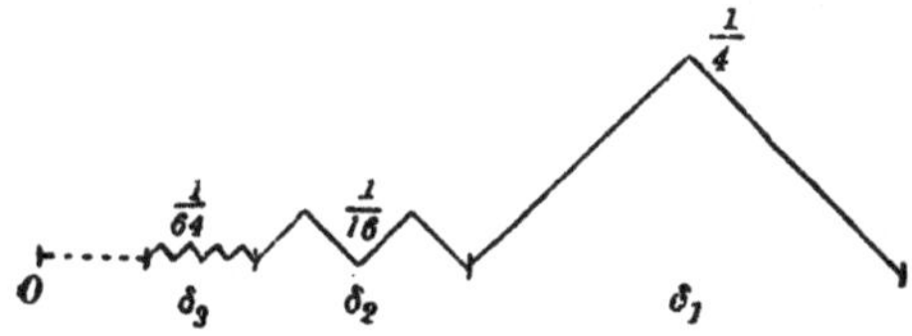

Fig. 37.

$$2^k \frac{1}{2^{2k}} = \frac{1}{2^k}$$

und die totale Variation von $\varphi(x)$ im Intervalle $0 \leqq x \leqq 1$ ist gleich

$$\frac{1}{2} + \frac{1}{2^2} + \cdots = 1.$$

Im Intervalle $0 \leqq x \leqq 1$ ist also $\varphi(x)$ von beschränkter Variation; in jedem Intervalle $\xi \leqq x \leqq 1$ ist für jede positive Zahl $\xi < 1$ die Funktion $\varphi(x)$ totalstetig, weil sie dort beschränkte Derivierten besitzt. Nach dem Satze 4 des § 460 ist also $\varphi(x)$ totalstetig im Intervalle $0 \leqq x \leqq 1$.

Die Funktion $f(u)$ sei nun für nichtnegative u durch die Bedingungen

$$f(0) = 0, \quad f(u) = \sqrt{u} \quad \text{für} \quad u > 0$$

definiert; diese Funktion ist im Intervalle $0 \leqq u \leqq 1$ monoton wachsend und beschränkt, also von beschränkter Variation und in jedem Intervalle $h \leqq u \leqq 1$ ist sie für jede positive Zahl $h < 1$ totalstetig, weil ihre

Derivierten dort beschränkt sind. Die Funktion $f(u)$ ist also ebenfalls im Intervalle $0 \leqq u \leqq 1$ totalstetig.

Nun nimmt aber die Funktion $f(\varphi(x))$ in den (2^k-1) Teilungspunkten von δ_k abwechselnd die Werte

$$\frac{1}{2^k} \quad \text{und} \quad 0$$

an; da sie zwischen zwei aufeinander folgenden dieser Teilungspunkte monoton verläuft, so ist ihre totale Variation in δ_k gleich

$$2^k \cdot \frac{1}{2^k} = 1.$$

Da es unendlich viele δ gibt, kann sie nicht von beschränkter Variation im Intervalle $0 \leqq x \leqq 1$ sein und ist daher auch nicht totalstetig in diesem Intervalle.

495. Es gibt nun zwei wichtige Fälle, in denen man von vornherein behaupten kann, das $f(\varphi(x))$ totalstetig ist.

Wir nehmen zunächst an, daß, wenn der Punkt x im Intervalle $a \leqq x \leqq b$ liegt, die Funktion $\varphi(x)$ den Bedingungen

$$a_1 \leqq \varphi(x) \leqq b_1 \tag{1}$$

genügt, und daß für alle Punktepaare (α_1, β_1) des Intervalls $a_1 \leqq u \leqq b_1$ die Relation

$$\left| \frac{f(\beta_1) - f(\alpha_1)}{\beta_1 - \alpha_1} \right| \leqq N \tag{2}$$

besteht. Sind dann α und β irgendzwei Punkte des Intervalls $a \leqq x \leqq b$, so folgt aus unseren Voraussetzungen, daß

$$|f(\varphi(\beta)) - f(\varphi(\alpha))| \leqq N |\varphi(\beta) - \varphi(\alpha)| \tag{3}$$

ist. Bezeichnet man also mit $\tau(\lambda)$ die λ-Variation von $\varphi(x)$ und mit $\tau_1(\lambda)$ die λ-Variation von $f(\varphi(x))$, so folgt aus (3)

$$\tau_1(\lambda) \leqq N \cdot \tau(\lambda). \tag{4}$$

Da nach Voraussetzung $\tau(0) = 0$ ist, muß also auch $\tau_1(0) = 0$ sein, d. h. die Funktion $f(\varphi(x))$ muß totalstetig sein.

Satz 11. *Es sei $\varphi(x)$ im Intervalle $a \leqq x \leqq b$ totalstetig und $f(u)$ eine Funktion, die im Intervall $a_1 \leqq u \leqq b_1$, das bei der Abbildung $u = \varphi(x)$ dem Definitionsbereiche von $\varphi(x)$ entspricht, beschränkte Differenzenquotienten besitzt; dann ist die Funktion $f(\varphi(x))$ ebenfalls totalstetig im Intervalle $a \leqq x \leqq b$.*

Zweitens nehmen wir an, daß $\varphi(x)$ im Intervalle $a \leqq x \leqq b$ nicht nur totalstetig ist, sondern auch monoton. Sind dann

(5) $$\delta_1, \delta_2, \ldots, \delta_m \qquad (\delta_p\colon \alpha_p < x < \beta_p)$$

irgendwelche Teilintervalle dieses Definitionsbereichs ohne gemeinsame Punkte, so werden sie durch die Abbildung

(6) $$u = \varphi(x)$$

in getrennt liegende Teilintervalle

(7) $$\delta_1', \delta_2', \ldots, \delta_k' \qquad (\delta_p'\colon \alpha_p' < u < \beta_p')$$

der u-Achse in gleicher oder geringerer Anzahl abgebildet, wenn wir erstens von denjenigen Intervallen (5) absehen, die auf einen Punkt und zweitens von denjenigen Punkten der übrigen Intervalle (5), die auf einen der Punkte α_p' oder β_p' abgebildet werden. Ist nun die Gesamtlänge der Intervalle (5) nicht größer als λ und $\tau(\lambda)$ die λ-Variation der Funktion $\varphi(x)$, so ist die Gesamtlänge der Intervalle (7) nicht größer als $\tau(\lambda)$.

Bezeichnet man jetzt mit $\tau'(\lambda)$ die λ-Variation der Funktion $f(u)$ und mit $\tau_1(\lambda)$ die λ-Variation der Funktion $f(\varphi(x))$, so ist die Zahl, die man erhält, wenn man die Ausdrücke

$$\sum_p |f(\varphi(\beta_p)) - f(\varphi(\alpha_p))| = \sum_p |f(\alpha_p') - f(\beta_p')|$$

bildet, nicht größer als $\tau'(\tau(\lambda))$ und daher ist auch

$$\tau_1(\lambda) \leqq \tau'(\tau(\lambda)).$$

Läßt man λ gegen Null konvergieren, so konvergieren $\tau(\lambda)$ und $\tau'(\tau(\lambda))$ ebenfalls gegen Null, woraus dann folgt, daß $f(\varphi(x))$ totalstetig ist.

Satz 12. *Ist $f(u)$ eine totalstetige und $\varphi(x)$ eine totalstetige und außerdem noch monotone Funktion, so ist die Funktion $f(\varphi(x))$ in jedem abgeschlossenen Intervalle, in welchem sie definiert ist, ebenfalls totalstetig.*

Die Substitutionstheorie der einfachen Integrale.

496. Es sei $F(x)$ eine Funktion, die im Intervalle

(1) $$\bar{I}\colon \quad a \leqq x \leqq b$$

beschränkte Differenzenquotienten besitzt; ferner sei $x = \varphi(t)$ im Intervalle

(2) $$\bar{J}\colon \quad t_0 \leqq t \leqq T$$

totalstetig und in jedem Punkte dieses letzten Intervalles sei

$$a \leqq \varphi(t) \leqq b.$$

Nach dem Satze 11 des vorigen Paragraphen ist dann die Funktion

$$\Phi(t) = F(\varphi(t)) \tag{3}$$

totalstetig im abgeschlossenen Intervalle (2). Sind also t_1 und t_2 zwei beliebige Punkte dieses Intervalls und setzt man

$$x_1 = \varphi(t_1), \quad x_2 = \varphi(t_2),$$

so ist nach (3)

$$\left\{\begin{aligned} F(x_2) - F(x_1) &= \Phi(t_2) - \Phi(t_1) \\ &= \int_{t_1}^{t_2} D\Phi(t)\,dt, \end{aligned}\right. \tag{4}$$

wobei $D\Phi(t)$ irgendeine Derivierte von $\Phi(t)$ bedeutet.

Es sei t ein beliebiger Punkt der Teilmenge e_t des Intervalls $(t_1 < t < t_2)$, in welcher die totalstetige Funktion $\varphi(t)$ differentiierbar ist und eine endliche Derivierte besitzt. Da die Derivierten $DF(x)$ von $F(x)$ im entsprechenden Punkte $x = \varphi(t)$ alle beschränkt sind, gibt es nach dem Satze 7 des § 471 mindestens eine unter ihnen, für welche

$$D\Phi(t) = DF(\varphi(t)) \cdot D\varphi(t)$$

ist oder, wenn man wieder mit $\dot\varphi(t)$ die Ableitung von $\varphi(t)$ bezeichnet (§ 486),

$$D\Phi(t) = DF(\varphi(t))\,\dot\varphi(t) \tag{5}$$

ist. In jedem Punkte der Komplementärmenge von e_t ist $\dot\varphi(t) = 0$; für jede beliebige Derivierte von $F(x)$ im entsprechenden Punkte $x = \varphi(t)$ ist dann auch

$$DF(\varphi(t))\,\dot\varphi(t) = 0. \tag{6}$$

Da ferner e_t ein maßgleicher Kern des Integrationsintervalls ist, kann man nach (5) und (6) die Gleichung (4) durch

$$F(x_2) - F(x_1) = \int_{t_1}^{t_2} DF(\varphi(t)) \cdot \dot\varphi(t)\,dt \tag{7}$$

ersetzen. Hierbei bedeutet aber $DF(\varphi(t))$ eine Derivierte von $F(x)$ im Punkte $x = \varphi(t)$, die durch den sehr komplizierten Prozeß des § 471 bestimmt wird, und es ist von vornherein nicht sicher, daß, wenn man $DF(x)$ durch eine auf der x-Achse äquivalente endliche Funktion $f(x)$ ersetzt, die Funktionen $DF(\varphi(t)) \cdot \dot\varphi(t)$ und $f(\varphi(t))\,\dot\varphi(t)$ als Funktionen von t einander äquivalent sind. Wir werden nun zeigen, daß dem so ist und dieses Resultat, das man de la Vallée Poussin verdankt, ist umso überraschender, als die beiden Funktionen $DF(\varphi(t))$ und $f(\varphi(t))$

als Funktionen von t durchaus nicht äquivalent zu sein brauchen, und sogar die Funktion $f(\varphi(t))$ gar nicht meßbar zu sein braucht, selbst wenn $\varphi(t)$ monoton ist (§ 351).

497. Es sei also $f(x)$ eine beschränkte Funktion, die einer Derivierten $DF(x)$ von $F(x)$ äquivalent ist; man hat dann für jeden Punkt x unseres abgeschlossenen Intervalls $\bar{I}$

$$F(x) - F(x_0) = \int_{x_0}^{x} f(x)\,dx, \tag{1}$$

wobei x_0 einen beliebigen festen Punkt desselben Intervalls bedeutet.

Ist nun erstens die Funktion $f(x)$ stetig, so ist $F(x)$ überall differentiierbar und man hat (§ 452, Satz 3) für jeden in Betracht kommenden Punkt x unseres Intervalls und für jede Derivierte von $F(x)$

$$DF(x) = f(x);$$

man kann also die Gleichung (7) des letzten Paragraphen durch

$$F(x_2) - F(x_1) = \int_{t_1}^{t_2} f(\varphi(t))\,\dot{\varphi}(t)\,dt \tag{2}$$

ersetzen.

Nun sei zweitens die Funktion $f(x)$ von der ersten Baireschen Klasse (§ 362); da man nach Voraussetzung

$$|f(x)| \leqq M \tag{3}$$

schreiben kann, gibt es nach dem Satze 5 des § 364 eine Folge von stetigen Funktionen $f_k(x)$, die den Bedingungen

$$\lim_{k=\infty} f_k(x) = f(x), \tag{4}$$

$$|f_k(x)| < M \qquad (k = 1, 2, \ldots) \tag{5}$$

zugleich genügen. Setzt man also

$$F_k(x) = F(x_0) + \int_{x_0}^{x} f_k(x)\,dx,$$

so ist nach dem Vorigen

$$F_k(x_2) - F_k(x_1) = \int_{t_1}^{t_2} f_k(\varphi(t))\,\dot{\varphi}(t)\,dt. \tag{6}$$

Nun wenden wir den Satz 16 des § 402 an; es ist erstens wegen (5)

$$\lim_{k=\infty} F_k(x) = F(x_0) + \int_{x_0}^{x} \lim_{k=\infty} f_k(x)\,dx = F(x) \tag{7}$$

und **zweitens**, weil für jeden Wert von k

$$|f_k(\varphi(t))\,\dot\varphi(t)| \leqq M\,|\dot\varphi(t)|$$

ist und die rechte Seite dieser Ungleichheit summierbar ist, nach (6)

$$(8)\qquad \lim_{k=\infty}(F_k(x_2)-F_k(x_1)) = \int_{t_1}^{t_2}\lim_{k=\infty} f_k(\varphi(t))\,\dot\varphi(t)\,dt = \int_{t_1}^{t_2} f(\varphi(t))\,\dot\varphi(t)\,dt.$$

Der Vergleich von (7) und (8) führt dann wieder auf die Gleichung (2). Dieselbe Schlußweise zeigt, daß die Gleichung (2) richtig bleibt, wenn die Funktion $f(x)$ von der zweiten Baireschen Klasse ist.

Endlich sei $f(x)$ eine beliebige meßbare Funktion, für welche die Relation (3) gilt; es gibt dann zwei zueinander und zu $f(x)$ äquivalente Funktionen $\psi(x)$ und $\Psi(x)$ von der zweiten Klasse, die den Bedingungen genügen (§ 369, Satz 6)

$$(9)\qquad \psi(x) \leqq f(x) \leqq \Psi(x),$$

$$(10)\qquad |\psi(x)| \leqq M, \quad |\Psi(x)| \leqq M.$$

Man kann also schreiben

$$F(x)-F(x_0) = \int_{x_0}^{x}\psi(x)\,dx = \int_{x_0}^{x}\Psi(x)\,dx$$

und, nach dem Obigen, weil die Funktionen $\psi(x)$ und $\Psi(x)$ von der zweiten Klasse sind,

$$F(x_2)-F(x_1) = \int_{t_1}^{t_2}\psi(\varphi(t))\,\dot\varphi(t)\,dt = \int_{t_1}^{t_2}\Psi(\varphi(t))\,\dot\varphi(t)\,dt.$$

Da nun die Punkte t_1 und t_2 ganz beliebige Punkte des abgeschlossenen Intervalls $t_0 \leqq t \leqq T$ waren, folgt aus der letzten Gleichung nach dem Satze 3 des § 485 die Äquivalenz der beiden Funktionen $\psi(\varphi(t))\,\dot\varphi(t)$ und $\Psi(\varphi(t))\,\dot\varphi(t)$. Die Punktmenge, in welcher diese beiden Funktionen voneinander verschieden sind, wird aus den Punkten gebildet, in denen $\psi(\varphi(t)) \neq \Psi(\varphi(t))$ ist und zugleich $\dot\varphi(t) \neq 0$ ist. Dies sind aber anderseits wegen (9) die einzigen Punkte, in welchen $\psi(\varphi(t))\,\dot\varphi(t)$ und $f(\varphi(t))\,\dot\varphi(t)$ voneinander verschieden sein können. Diese letzten Funktionen sind also auch äquivalent und die Gleichung (2) ist wiederum erfüllt. Wir haben also den

Satz 1. *Es sei $f(x)$ eine beschränkte summierbare Funktion und*

$$F(x)-F(x_0) = \int_{x_0}^{x} f(x)\,dx,$$

für alle x, die im Intervalle $a \leqq x \leqq b$ liegen; ferner sei $x = \varphi(t)$ eine beliebige totalstetige Funktion und es sei im Intervalle $t_0 \leqq t \leqq T$

$$a \leqq \varphi(t) \leqq b.$$

Dann ist, wenn t_1 und t_2 zwei beliebige Punkte des letzten Intervalls bedeuten,

$$F(\varphi(t_2)) - F(\varphi(t_1)) = \int_{t_1}^{t_2} f(\varphi(t))\,\dot{\varphi}(t)\,dt.$$

498. Aus dem letzten Satz kann man eine sehr merkwürdige Eigenschaft der totalstetigen Funktionen entnehmen. Es sei e_t eine Punktmenge des abgeschlossenen Intervalls $t_0 \leqq t \leqq T$, die durch die totalstetige Funktion $x = \varphi(t)$ auf eine Nullmenge e_x, die im Intervalle $a \leqq x \leqq b$ liegt, abgebildet wird. Da einem Punkte x des letzten Intervalles unendlich viele Punkte und sogar ganze Intervalle auf der t-Achse entsprechen können, braucht natürlich die Punktmenge e_t keine Nullmenge zu sein. Sie braucht nicht einmal meßbar zu sein, weil das Bild einer nicht meßbaren Teilmenge von e_t (§ 334, Satz 3) ebenfalls eine Nullmenge ist.

Wir wählen jetzt, indem wir die Bezeichnungen des vorigen Paragraphen beibehalten, für $f(x)$ eine Funktion, die in allen Punkten der Nullmenge e_x gleich Eins ist, und die sonst verschwindet. Die Funktion $f(x)$ ist beschränkt, summierbar und man hat

$$\int_{x_0}^{x} f(x)\,dx \equiv 0.$$

Es muß also auch nach dem letzten Satze für jedes Punktepaar t_1, t_2 innerhalb $t_0 \leqq t \leqq T$

$$\int_{t_1}^{t_2} f(\varphi(t))\,\dot{\varphi}(t)\,dt \equiv 0$$

sein und hieraus folgt, daß die Funktion $f(\varphi(t))\,\dot{\varphi}(t)$ in allen Punkten von $t_0 \leqq t \leqq T$ außer höchstens in einer Nullmenge verschwinden muß.

Wir bezeichnen mit e_t' diejenige Teilmenge von e_t, in welcher $\dot{\varphi}(t) \neq 0$ ist. In jedem Punkte von e_t' ist auch $f(\varphi(t))$ und daher auch $f(\varphi(t))\,\dot{\varphi}(t)$ von Null verschieden; die Punktmenge e_t' muß also eine Nullmenge sein. Da ferner die Punktmenge, in der $\varphi(t)$ nicht differentiierbar ist oder lauter unendliche Derivierten besitzt, ebenfalls eine Nullmenge ist, haben wir den

Satz 2. *Ist die Funktion $x = \varphi(t)$ im abgeschlossenen Intervalle $t_0 \leqq t \leqq T$ totalstetig und ist e_t eine beliebige Teilmenge dieses Intervalls,* *die durch die gegebene Funktion auf eine Nullmenge e_x der x-Achse abgebildet wird, so ist die Teilmenge von e_t, auf welcher $\varphi(t)$ mindestens eine von Null verschiedene Derivierte besitzt, ebenfalls eine Nullmenge.*

499. Zum Schluß wollen wir untersuchen, was aus unserem ersten Satze wird, wenn wir die Voraussetzung, daß die Differenzenquotienten der Funktion $F(x)$ im Intervalle $a \leqq x \leqq b$ beschränkt sind, fallen lassen. Wir setzen jetzt von dieser Funktion nur noch voraus, daß sie totalstetig ist; sie ist dann gleich einem unbestimmten Integral einer gegebenen endlichen summierbaren Funktion $f(x)$ und wir haben die Gleichung

$$F(x) - F(x_0) = \int_{x_0}^{x} f(x)\,dx. \tag{1}$$

Mit $f_n(x)$ bezeichnen wir eine beschränkte Funktion, die folgendermaßen definiert ist:

$$\begin{cases} f_n(x) = f(x) & \text{auf } \boldsymbol{M}(|f| \leqq n), \\ f_n(x) = n & \quad ,, \quad \boldsymbol{M}(f > n), \\ f_n(x) = -n & \quad ,, \quad \boldsymbol{M}(f < -n). \end{cases} \tag{2}$$

Setzen wir dann

$$F_n(x) = F(x_0) + \int_{x_0}^{x} f_n(x)\,dx, \tag{3}$$

so haben die Funktionen der Folge $F_1(x), F_2(x), \ldots$ lauter beschränkte Differenzenquotienten; ferner ist

$$\lim_{n=\infty} f_n(x) = f(x) \quad \text{und} \quad |f_n(x)| \leqq |f(x)| \tag{4}$$

für jeden Punkt des Intervalls $\bar{I}$. Nach dem Satze 16 des § 402 ist also

$$F(x) = \lim_{n=\infty} F_n(x). \tag{5}$$

Auf die Funktionen $F_n(x)$ können wir aber den Satz 1 des § 497 anwenden und schreiben:

$$F_n(x_2) - F_n(x_1) = \int_{t_1}^{t_2} f_n(\varphi(t))\,\dot{\varphi}(t)\,dt. \tag{6}$$

Der Vergleich von (5) und (6) liefert uns endlich den

Satz 3. *Es sei $F(x)$ eine totalstetige Funktion, für welche im Intervalle $a \leqq x \leqq b$ die Gleichung (1) gilt; ferner sei $\varphi(t)$ im Intervalle $t_0 \leqq t \leqq T$ definiert und totalstetig und für die Punkte dieses letzten Intervalles sei*

$$a \leqq \varphi(t) \leqq b$$

Dann gilt stets die Gleichung

$$(7)\qquad F(\varphi(t_2)) - F(\varphi(t_1)) = \lim_{n=\infty} \int_{t_1}^{t_2} f_n(\varphi(t))\,\dot\varphi(t)\,dt,$$

in welcher die Funktionen $f_n(x)$ durch die Gleichungen (2) definiert werden.

Die Funktion $F(\varphi(t))$ braucht, wie wir sahen (§ 494), nicht totalstetig zu sein; ist aber die nach Voraussetzung endliche Funktion

$$f(\varphi(t))\,\dot\varphi(t)$$

im Intervalle $t_0 \leqq t \leqq T$ summierbar, so folgt aus

$$f(\varphi(t))\,\dot\varphi(t) = \lim_{n=\infty} f_n(\varphi(t))\,\dot\varphi(t)$$

und aus der Tatsache, daß

$$|f_n(\varphi(t))\,\dot\varphi(t)| \leqq |f(\varphi(t))\,\dot\varphi(t)|$$

ist, nach dem Satze 16 des § 402 die Möglichkeit der Vertauschung des Integrationsprozesses mit dem Grenzprozeß in (7) und man kann folglich schreiben:

$$(8)\qquad F(\varphi(t_2)) - F(\varphi(t_1)) = \int_{t_1}^{t_2} f(\varphi(t))\,\dot\varphi(t)\,dt.$$

Aus der Summierbarkeit von $f(\varphi(t))\,\dot\varphi(t)$ folgt also nicht nur die Totalstetigkeit von $\Phi(t) = F(\varphi(t))$, sondern sogar die Gleichung (8).

Es sei umgekehrt $\Phi(t) = F(\varphi(t))$ totalstetig im Intervalle $t_0 \leqq t \leqq T$; dann ist sowohl die Ableitung $\dot\Phi(t)$ dieser Funktion als auch ihr absoluter Betrag $|\dot\Phi(t)|$ summierbar über dieses Intervall. Wir bezeichnen mit E_t den maßgleichen Kern dieses Intervalls, in welchem sowohl $\Phi(t)$ als auch $\varphi(t)$ differentiierbar sind und endliche Derivierte besitzen. Ferner sei e_x' die Nullmenge innerhalb des Intervalls $a \leqq x \leqq b$, in welcher $F(x)$ entweder nicht differentiierbar ist oder eine unendliche Derivierte besitzt und e_x'' sei die Nullmenge, in welcher $f(x) \neq \dot F(x)$ ist. Dann ist auch $e_x = e_x' + e_x''$ eine Nullmenge. Endlich sei e_t die (meßbare oder nicht meßbare) Teilmenge von E_t, die durch die Funktion $x = \varphi(t)$ auf e_x abgebildet wird. In jedem Punkte t' von $(E_t - e_t)$ sind $\Phi(t)$ und $\varphi(t)$ differentiierbar und im entsprechenden Punkte $x' = \varphi(t')$ ist $F(x)$ differentiierbar und alle Derivierten dieser Funktionen sind endlich in den betrachteten Stellen; außerdem ist $\dot F(x') = f(x')$. Für jeden Punkt von $(E_t - e_t)$ ist daher (§ 471, Satz 8)

$$(9)\qquad \dot\Phi(t) = \dot F(\varphi(t))\,\dot\varphi(t) = f(\varphi(t))\,\dot\varphi(t).$$

Nach dem vorigen Paragraphen ist die Teilmenge e_t' von e_t, auf welcher $\dot{\varphi}(t) \neq 0$ ist, eine Nullmenge; in allen Punkten von $(e_t - e_t')$ ist also

(10) $$f(\varphi(t))\,\dot{\varphi}(t) = 0.$$

Die Gleichungen (9) und (10) zeigen, daß in allen Punkten von $(E_t - e_t')$, d. h. in einem maßgleichen Kern des Intervalls $t_0 \leqq t \leqq T$ die Relation

$$|f(\varphi(t))\,\dot{\varphi}(t)| \leqq |\dot{\Phi}(t)|$$

stattfindet, und da die Funktion $f(\varphi(t))\,\dot{\varphi}(t)$ als Grenze der Folge von meßbaren Funktionen $f_n(\varphi(t))\,\dot{\varphi}(t)$ meßbar ist, so muß $f(\varphi(t))\,\dot{\varphi}(t)$ summierbar sein (§ 395, Satz 6 und § 386, Satz 5). Nach dem Obigen ist also auch die Gleichung (8) richtig.

Satz 4. *Für die Totalstetigkeit der Funktion $F(\varphi(t))$ im Intervalle $t_0 \leqq t \leqq T$ ist unter denselben Voraussetzungen wie im vorigen Satze notwendig und hinreichend, daß die sicher meßbare Funktion $f(\varphi(t))\,\dot{\varphi}(t)$ über dieses Intervall summierbar sei und es ist dann stets*

$$F(\varphi(t_2)) - F(\varphi(t_1)) = \int_{t_1}^{t_2} f(\varphi(t))\,\dot{\varphi}(t)\,dt.$$

Hierbei kann natürlich $f(x)$ durch eine beliebige, ihr äquivalente endliche Funktion, z. B. durch $\dot{F}(x)$, ersetzt werden: die Totalstetigkeit von $F(\varphi(t))$ bedingt also insbesondere die Summierbarkeit von $\dot{F}(\varphi(t))\,\dot{\varphi}(t)$ und umgekehrt. Ebenso kann man $\dot{\varphi}(t)$ durch eine beliebige ihr äquivalente Funktion, also auch z. B. durch eine beliebige Derivierte $D\varphi(t)$ von $\varphi(t)$ ersetzen.

Monotone Funktionen.

500. Wir wollen jetzt monotone Funktionen, die auch Unstetigkeiten besitzen können, bezüglich ihrer Differentiierbarkeit untersuchen. Es ist klar, daß man sich hierbei auf monoton wachsende Funktionen beschränken kann.

Die Funktionen $f(x)$, die wir betrachten, sollen alle im abgeschlossenen Intervalle

(1) $$I:\quad a \leqq x \leqq b$$

definiert und dort endlich sein; ist dann

(2) $$x_1 \leqq x \leqq x_2$$

irgendein Teilintervall von (1), so bezeichnen wir mit

(3) $$\tau(\lambda)_{x_1}^{x_2}$$

die λ-Variation (§ 458) unserer Funktion $f(x)$ im abgeschlossenen Intervalle (2) und setzen

(4) $$\nu(x) = \tau(0)_a^x \quad \text{für} \quad x > a \quad \text{und} \quad \nu(a) = 0;$$

die Funktion $\nu(x)$ ist monoton wachsend und nur dann konstant, wenn sie identisch Null, d. h. wenn $f(x)$ in (1) totalstetig ist.

Wir bezeichnen mit δ eine Summe von endlich vielen Intervallen, die alle in (1) liegen und keine gemeinsamen Punkte besitzen, mit $S(\delta)$ die der Funktion $f(x)$ zugeordnete positive Intervallfunktion (§ 458), und betrachten zwei beliebige Punkte x_1 und x_2 von (1), für welche $a < x_1 < x_2$ ist. Nun sei δ eine Intervallmenge, die in $a < x < x_2$ enthalten ist, und es sei

(5) $$m\delta \leqq \lambda.$$

Mit δ' und δ'' bezeichnen wir den Durchschnitt von δ mit den Intervallen $a < x < x_1$ bzw. $x_1 < x < x_2$; dann ist, wegen der Additivität von $S(\delta)$

(6) $$S(\delta) = S(\delta' + \delta'') = S(\delta') + S(\delta'').$$

Nun ist nach Konstruktion

$$S(\delta') \leqq \tau(\lambda)_a^{x_1}, \quad S(\delta'') \leqq \tau(\lambda)_{x_1}^{x_2}$$

und daher wegen (6)

$$S(\delta) \leqq \tau(\lambda)_a^{x_1} + \tau(\lambda)_{x_1}^{x_2}.$$

Da diese letzte Bedingung für alle Intervallmengen δ gilt, die in $a<x<x_2$ enthalten sind und die Bedingung (5) befriedigen, und da die obere Grenze aller entsprechenden $S(\delta)$ gleich der Zahl $\tau(\lambda)_a^{x_2}$ ist, so hat man schließlich

(7) $$\tau(\lambda)_a^{x_2} \leqq \tau(\lambda)_a^{x_1} + \tau(\lambda)_{x_1}^{x_2}.$$

Zweitens ist für alle Intervallmengen δ' und δ'', die wir wieder in den Intervallen $a < x < x_1$ und $x_1 < x < x_2$ wählen, aber jetzt den Bedingungen

$$m\delta' \leqq \lambda \quad \text{und} \quad m\delta'' \leqq \lambda$$

unterwerfen.

$$S(\delta') + S(\delta'') = S(\delta' + \delta'') \leqq \tau(2\lambda)_a^{x_2};$$

hier kann man wieder die Zahlen $S(\delta')$ und $S(\delta'')$ durch ihre oberen Grenzen für alle betrachteten Intervallmengen ersetzen und erhält

(8) $$\tau(2\lambda)_a^{x_2} \geqq \tau(\lambda)_a^{x_1} + \tau(\lambda)_{x_1}^{x_2}.$$

Der Vergleich von (7) und (8) liefert endlich, wenn man in diesen Relationen λ gegen Null konvergieren läßt,

(9) $$\tau(0)_a^{x_2} = \tau(0)_a^{x_1} + \tau(0)_{x_1}^{x_2},$$

oder nach (4)

(10) $$\tau(0)_{x_1}^{x_2} = \nu(x_2) - \nu(x_1),$$

und diese letzte Gleichung bleibt richtig, wenn man $x_1 = a$ setzt. Nun ist wegen der Monotonie von $f(x)$

$$\tau(0)_{x_1}^{x_2} \leqq f(x_2) - f(x_1)$$

und daher wegen (10)

$$f(x_2) - \nu(x_2) \geqq f(x_1) - \nu(x_1).$$

Satz 1. *Setzt man*

(11) $$f(x) = \nu(x) + \varphi(x),$$

so sind die beiden Summanden $\nu(x)$ und $\varphi(x)$ monoton wachsende Funktionen.

501. Um nun die λ Variation der Funktion $\nu(x)$, die wir im abgeschlossenen Intervalle

(1) $$J:\quad a \leqq x \leqq \xi$$

durch

$$\tau_\nu(\lambda)_a^\xi$$

bezeichnen, zu untersuchen, führen wir die Intervallfunktion $S_\nu(\delta)$ ein, die der Funktion $\nu(x)$ zugeordnet ist. Es sei δ' eine aus endlich vielen Intervallen ohne gemeinsame Punkte bestehende Intervallmenge, die in J enthalten ist, und δ'' die ev. leere Punktmenge, die aus den inneren Punkten von $(J - \delta')$ besteht.

Von δ' setzen wir voraus, daß

(2) $$m\delta' \leqq \lambda \qquad (\lambda > 0)$$

ist; die Intervallmenge δ'' besteht ebenfalls aus einer endlichen Anzahl p von Intervallen:

$$\begin{cases} \delta'' = \delta_1 + \delta_2 + \cdots + \delta_k + \cdots + \delta_p, \\ \delta_k : \alpha_k \leqq x \leqq \beta_k. \end{cases}$$

Wegen der Monotonie von $\nu(x)$ kann man schreiben

(3) $$S_\nu(\delta') + S_\nu(\delta'') = S_\nu(\delta' + \delta'') = \nu(\xi) - \nu(a) = \nu(\xi).$$

Ferner folgt aus der Gleichung (10) des vorigen Paragraphen, daß in jedem der (abgeschlossenen) Intervalle δ_k eine Intervallmenge ε_k existiert, für welche die beiden Bedingungen

$$\begin{cases} m\varepsilon_k \leqq \frac{\lambda}{p}, \\ \nu(\beta_k) - \nu(\alpha_k) \leqq S(\varepsilon_k) + \frac{\lambda}{p} \qquad (k = 1, 2, \ldots, p) \end{cases}$$

zugleich erfüllt sind.

Summiert man diese letzten Ungleichheiten über k und setzt

$$\varepsilon = \varepsilon_1 + \varepsilon_2 + \cdots + \varepsilon_p,$$

so kommt

$$(4) \qquad m\varepsilon \leqq \lambda,$$

$$(5) \qquad S_\nu(\delta'') \leqq S(\varepsilon) + \lambda.$$

Nun ist aber

$$S(\varepsilon) = S(\varepsilon + \delta') - S(\delta')$$

und wegen (4) und (2)

$$(6) \qquad S(\varepsilon) \leqq \tau(2\lambda)_a^\xi - S(\delta').$$

Anderseits ist nach (2) und (3)

$$(7) \qquad \nu(\xi) = S_\nu(\delta') + S_\nu(\delta'') \leqq \tau_\nu(\lambda)_a^\xi + S_\nu(\delta'')$$

und daher, wenn man die Relationen (5) und (6) berücksichtigt,

$$\nu(\xi) \leqq \tau_\nu(\lambda)_a^\xi + \lambda + S(\varepsilon) \leqq \tau_\nu(\lambda)_a^\xi + \lambda + \tau(2\lambda)_a^\xi - S(\delta')$$

oder

$$\tau_\nu(\lambda)_a^\xi \geqq \nu(\xi) - \tau(2\lambda)_a^\xi + S(\delta') - \lambda.$$

Die letzte Relation gilt für alle Werte von $S(\delta')$, wenn nur die Intervallmenge δ' der Bedingung (2) genügt und bleibt bestehen, wenn man $S(\delta')$ durch seine obere Grenze $\tau(\lambda)_a^\xi$ ersetzt; man kann daher schreiben:

$$\tau_\nu(\lambda)_a^\xi \geqq \nu(\xi) - \tau(2\lambda)_a^\xi + \tau(\lambda)_a^\xi - \lambda.$$

Hieraus folgt, wenn man λ gegen Null konvergieren läßt,

$$(8) \qquad \tau_\nu(0)_a^\xi \geqq \nu(\xi);$$

anderseits ist nach Definition für jeden Wert von λ

$$(9) \qquad \tau_\nu(0)_a^\xi \leqq \tau_\nu(\lambda)_a^\xi \leqq \nu(\xi)$$

und der Vergleich von (8) und (9) zeigt, daß

$$(10) \qquad \tau_\nu(0)_a^\xi = \tau_\nu(\lambda)_a^\xi = \nu(\xi)$$

sein muß, woraus folgt, daß in jedem Intervall $a < x < \xi$ die λ Variation der Funktion $\nu(\xi)$ eine von λ unabhängige Konstante bedeutet.

Die Funktionen, die in einem Intervall und dann in jedem beliebigen Teilintervall dieses Intervalls diese Eigenschaft besitzen, wollen wir Funktionen von konstanter λ-Variation nennen.

Satz 2. *Ist $f(x)$ im Intervalle $a \leqq x \leqq b$ monoton wachsend, so ist die Funktion*

$$\nu(x) = \tau(0)_a^x$$

von konstanter λ-Variation in jedem Teilintervall des Definitionsbereiches von $f(x)$.

502. Um nun auch die λ-Variation der Funktion

$$\varphi(x) = f(x) - \nu(x)$$

zu untersuchen, machen wir zunächst folgende Überlegungen.

Es seien $f_1(x)$ und $f_2(x)$ zwei endliche monoton wachsende Funktionen im Intervalle $a \leqq x \leqq b$ und

$$f(x) = f_1(x) + f_2(x) \tag{1}$$

ihre Summe. Wir bezeichnen mit $\tau_1(\lambda)_a^x$, $\tau_2(\lambda)_a^x$, $\tau(\lambda)_a^x$ die λ-Variationen dieser drei Funktionen, mit $S_1(\delta)$, $S_2(\delta)$ und $S(\delta)$ die Intervallfunktionen, die ihnen zugeordnet sind.

Es sei jetzt im Intervalle $a \leqq x \leqq \xi$ eine beliebige Intervallmenge δ gegeben, die nur der einen Bedingung

$$m\delta \leqq \lambda \tag{2}$$

genügen soll; dann ist

$$S_1(\delta) \leqq \tau_1(\lambda)_a^\xi, \quad S_2(\delta) \leqq \tau_2(\lambda)_a^\xi$$

und folglich, weil stets

$$S(\delta) = S_1(\delta) + S_2(\delta)$$

ist,

$$S(\delta) \leqq \tau_1(\lambda)_a^\xi + \tau_2(\lambda)_a^\xi \tag{3}$$

Da nun die letzte Bedingung für alle Intervallmengen δ gilt, die der Relation (2) genügen, und die rechte Seite von (3) von der Wahl der Intervallmenge δ unabhängig ist, so ist auch

$$\tau(\lambda)_a^\xi \leqq \tau_1(\lambda)_a^\xi + \tau_2(\lambda)_a^\xi. \tag{4}$$

Zweitens können wir, nach beliebiger Vorgabe der positiven Zahlen λ, μ, ε, zwei Intervallmengen δ' und δ'' innerhalb des Intervalles $a \leqq x \leqq \xi$ bestimmen, die den Bedingungen

(5) $$m\delta' \leqq \lambda, \quad m\delta'' \leqq \mu,$$

(6) $$S_1(\delta') > \tau_1(\lambda)_a^\xi - \varepsilon, \quad S_2(\delta'') > \tau_2(\mu)_a^\xi - \varepsilon$$

genügen. Setzen wir dann

$$\delta = \delta' + \delta'',$$

so ist δ wieder eine Intervallmenge, die aus endlich vielen Intervallen besteht, und für diese ist nach (5)

$$m\delta \leqq \lambda + \mu.$$

Es ist also auch

(7) $$S(\delta) = S_1(\delta) + S_2(\delta) \leqq \tau(\lambda + \mu)_a^\xi.$$

Anderseits aber ist, wenn man die Monotonie der Funktionen $f_1(x)$ und $f_2(x)$ berücksichtigt,

(8) $$S_1(\delta) \geqq S_1(\delta'), \quad S_2(\delta) \geqq S_2(\delta''),$$

und der Vergleich von (8) mit (6) und (7) liefert:

$$\tau(\lambda + \mu)_a^\xi > \tau_1(\lambda)_a^\xi + \tau_2(\mu)_a^\xi - 2\varepsilon.$$

Die letzte Ungleichheit ist für jeden positiven Wert von ε erfüllt und man hat daher

(9) $$\tau(\lambda + \mu)_a^\xi \geqq \tau_1(\lambda)_a^\xi + \tau_2(\mu)_a^\xi.$$

Läßt man endlich in (4) und (9) die positiven Zahlen λ und μ gegen Null konvergieren und vergleicht die Resultate, so kommt

(10) $$\tau(0)_a^\xi = \tau_1(0)_a^\xi + \tau_2(0)_a^\xi.$$

503. Wir wenden das letzte Resultat auf die Zerlegung

(1) $$f(x) = \nu(x) + \varphi(x)$$

an, die wir im § 500 angegeben haben, und erhalten die Gleichung

(2) $$\tau(0)_a^\xi = \tau_\nu(0)_a^\xi + \tau_\varphi(0)_a^\xi.$$

Nun ist nach der Gleichung (10) des § 501

$$\tau_\nu(0)_a^\xi = \nu(\xi)$$

und folglich wegen der Definition von $\nu(x)$

(3) $$\tau_\nu(0)_a^\xi = \tau(0)_a^\xi.$$

Aus (2) und (3) folgt

$$\tau_\varphi(0)_a^\xi = 0,$$

woraus wir schließen, daß $\varphi(x)$ totalstetig ist (§ 460).

Die Zerlegung einer monoton wachsenden Funktion in eine totalstetige Funktion und eine Funktion von konstanter λ-Variation, die im Punkte $x = a$ verschwindet, ist eindeutig, denn setzt man z. B.

$$f(x) = \nu_1(x) + \varphi_1(x)$$

mit den Bedingungen

$$\nu_1(a) = 0, \quad \tau_{\nu_1}(0)_a^\xi = \nu_1(\xi), \quad \tau_{\varphi_1}(0)_a^\xi = 0,$$

so folgt aus der Gleichung (10) des vorigen Paragraphen:

$$\tau(0)_a^\xi = \tau_{\nu_1}(0)_a^\xi + \tau_{\varphi_1}(0)_a^\xi = \nu_1(\xi)$$

und es ist daher

$$\nu_1(\xi) = \nu(\xi), \quad \varphi_1(\xi) = f(\xi) - \nu_1(\xi) = \varphi(\xi).$$

Satz 3. *Jede im Intervalle $a \leqq x \leqq b$ definierte monoton wachsende, endliche Funktion $f(x)$ kann auf eine und nur eine Weise als die Summe von zwei monoton wachsenden Funktionen*

$$f(x) = \varphi(x) + \nu(x) \tag{4}$$

angesehen werden, von denen die erste totalstetig ist, und die zweite im Punkte $x = a$ verschwindet und von konstanter λ-Variation ist.

Ist nun $f(x)$ selbst von konstanter λ-Variation, so ist

$$f(x) - f(a) = \tau(x-a)_a^x = \tau(0)_a^x = \nu(x) \tag{5}$$

und daher $\varphi(x)$ gleich einer Konstanten:

$$\varphi(x) = f(a); \tag{6}$$

ist umgekehrt $\varphi(x)$ konstant, so ist die λ-Variation von $f(x)$ in jedem Intervall gleich der von $\nu(x)$ und daher unabhängig von λ.

Ist zweitens $f(x)$ totalstetig im Intervall $a \leqq x \leqq b$, so ist für jeden Punkt x dieses Intervalls

$$\nu(x) = \tau(0)_a^x = 0,$$

also $\nu(x)$ konstant gleich Null und diese Bedingung ist natürlich für die Totalstetigkeit von $f(x)$ hinreichend.

Satz 4. *Dafür, daß die Funktion*

$$f(x) = \varphi(x) + \nu(x)$$

von konstanter λ-Variation sei, ist notwendig und hinreichend, daß $\varphi(x)$

konstant sei; für die Totalstetigkeit von $f(x)$ ist dagegen notwendig und hinreichend, daß $\nu(x)$ identisch verschwinde.

504. Es seien

$$f_1(x) = \varphi_1(x) + \nu_1(x),$$
$$f_2(x) = \varphi_2(x) + \nu_2(x)$$

zwei monoton wachsende Funktionen und

$$f(x) = \varphi(x) + \nu(x)$$

ihre Summe. Hierbei soll mit den früheren Bezeichnungen

$$\nu(x) = \tau(0)_a^x, \quad \nu_1(x) = \tau_1(0)_a^x, \quad \nu_2(x) = \tau_2(0)_a^x$$

sein. Aus der Gleichung (10) des § 502 folgt dann einfach

$$\nu(x) = \nu_1(x) + \nu_2(x) \tag{1}$$

und es ist also auch

$$\varphi(x) = \varphi_1(x) + \varphi_2(x) \tag{2}$$

Nun bemerke man, daß (wegen der Monotonie aller dieser Funktionen) die Funktion $\varphi(x)$ nach der Gleichung (2) nur dann konstant sein kann, wenn beide Funktionen $\varphi_1(x)$ und $\varphi_2(x)$ es sind, und daß $\nu(x)$ nur dann identisch verschwinden kann, wenn dasselbe von $\nu_1(x)$ und $\nu_2(x)$ gilt. Hieraus folgt der

Satz 5. *Die Summe von zwei monoton wachsenden Funktionen ist dann und nur dann totalstetig, wenn beide Summanden selbst totalstetig sind. Sie ist dann und nur dann von konstanter λ-Variation, wenn dasselbe von beiden Summanden gilt.*

505. Es sei $f(x)$ eine monoton wachsende endliche Funktion im Intervalle $a \leqq x \leqq b$, deren obere rechte Derivierte $\overline{D}_+ f(x)$ in einer Punktmenge E, von der wir voraussetzen, daß sie keine Nullmenge ist, nicht verschwindet. Da $f(x)$ nicht notwendig stetig ist, wissen wir nicht, ob $\overline{D}_+ f(x)$ eine meßbare Funktion von x ist; setzen wir aber

$$E_k = \boldsymbol{M}\left(\overline{D}_+ f > \frac{1}{k}\right) \cdot E,$$

so bilden die Punktmengen $E_1, E_2, \ldots$ eine monotone Folge

$$E_1 \prec E_2 \prec E_3 \prec \cdots,$$

die gegen E konvergiert, und es besteht daher zwischen den äußeren Inhalten der Punktmengen E_k und E die Relation (§ 265, Satz 15)

$$m^* E = \lim_{k=\infty} m^* E_k.$$

Nun ist nach Voraussetzung

$$m^* E > 0$$

und es gibt also mindestens eine Zahl k_0, so daß

$$(1) \qquad m^* E_{k_0} > 0$$

ist; wir setzen zur Abkürzung

$$(2) \qquad e = E_{k_0}, \quad \varepsilon = \frac{1}{k_0}.$$

Es sei nun

$$(3) \qquad J:\ x_1 < x < x_2$$

irgendein Intervall, dessen Endpunkte im abgeschlossenen Intervalle $a \leqq x \leqq b$ liegen.

Ist dann ξ ein beliebiger Punkt von Je, so ist nach unserer Konstruktion

$$\overline{D}_+ f(\xi) > \varepsilon$$

und man kann unendlich viele gegen Null konvergierende positive Zahlen

$$h_1, h_2, h_3, \ldots$$

finden, so daß

$$(4) \qquad \xi + h_k < x_2 \quad \text{und} \quad f(\xi + h_k) - f(\xi) > \varepsilon h_k \qquad (k = 1, 2, \ldots)$$

ist. Wir können also nach dem Vitalischen Satze (§ 290, Satz 3) abzählbar unendlich viele abgeschlossene Intervalle ohne gemeinsame Punkte

$$\delta_n : \xi_n \leqq x \leqq \beta_n \qquad (n = 1, 2, \ldots)$$

finden, die die ganze Punktmenge $J \cdot e$ mit Ausnahme von höchstens einer Nullmenge überdecken, und für welche

$$f(\beta_n) - f(\xi_n) > \varepsilon \cdot m\delta_n$$

ist. Setzt man

$$U = \delta_1 + \delta_2 + \delta_3 + \cdots,$$

so ist

$$(5) \qquad \begin{cases} f(x_2) - f(x_1) \geqq \sum\limits_n (f(\beta_n) - f(\xi_n)) \\ \qquad \geqq \varepsilon \sum\limits_n m\delta_n \\ \qquad \geqq \varepsilon \cdot mU. \end{cases}$$

Nun sei $\bar{e}$ eine maßgleiche Hülle von e; dann ist (§ 263, Satz 12) die Punktmenge $J\bar{e}$ eine maßgleiche Hülle von Je. Anderseits ist nach Konstruktion

$$m(eJ - eU) = 0$$

und folglich (§ 245, Satz 6)

$$m^* e J = m^* e U \leqq m U.$$

Also ist auch

$$m \bar{e} J \leqq m U$$

und nach (5)

(6) $$f(x_2) - f(x_1) \geqq \varepsilon \cdot m \bar{e} J.$$

Bezeichnen wir mit $\psi(x)$ die meßbare Funktion, die in jedem Punkte von $\bar{e}$ gleich Eins und sonst gleich Null ist, und setzen

$$\varphi(x) = \varepsilon \int_a^x \psi(x)\, dx,$$

so ist $\varphi(x)$ totalstetig und monoton wachsend und außerdem ist

(7) $$\varphi(x_2) - \varphi(x_1) = \varepsilon \cdot m J \bar{e}.$$

Nach (6) ist also

$$f(x_2) - f(x_1) \geqq \varphi(x_2) - \varphi(x_1)$$

und daher, wenn man

$$f(x) = \varphi(x) + \chi(x)$$

setzt, die Funktion $\chi(x)$ ebenfalls monoton wachsend. Nun ist aber die totalstetige Funktion $\varphi(x)$ nicht konstant im Intervalle $a \leqq x \leqq b$, denn es ist wegen (7)

$$\varphi(b) - \varphi(a) = \varepsilon m \bar{e} = \varepsilon \cdot m^* e > 0;$$

die Funktion $\varphi(x)$ ist also nicht konstant und nach dem Satze 5 des vorigen Paragraphen kann $f(x)$ nicht von konstanter λ-Variation sein.

Dieses Resultat läßt sich wörtlich auf die linke obere Derivierte $\bar{D}_- f(x)$ übertragen und so erhalten wir den

Satz 6. *Eine Funktion $f(x)$, die im Intervalle $a \leqq x \leqq b$ monoton wächst und von konstanter λ-Variation ist, ist in einem maßgleichen Kern des gegebenen Intervalls differentiierbar; ihre Derivierte ist dort überall Null außer höchstens in einer Nullmenge.*

506. Es sei jetzt $f(x)$ wieder eine beliebige endliche, monotone Funktion im Intervalle $a \leqq x \leqq b$, für welche wir mit den früheren Bezeichnungen schreiben:

$$f(x) = \varphi(x) + \nu(x).$$

Die Funktion $\varphi(x)$ ist als totalstetige Funktion in einem maßgleichen Kern des gegebenen Intervalles differentiierbar; das gleiche gilt nach dem letzten Satze von $\nu(x)$. Es gibt also (§ 466, Satz 2) maßgleiche Kerne des Intervalls, in welche $f(x)$ differentiierbar ist; bei passender Wahl eines derartigen Kerns genügen die Derivierten $f'(x)$, $\varphi'(x)$, $\nu'(x)$ unserer Funktionen dort der Relation

$$f'(x) = \varphi'(x) + \nu'(x) = \varphi'(x).$$

Hieraus folgt, daß jede Derivierte $Df(x)$ von $f(x)$ der Ableitung $\dot{\varphi}(x)$ von $\varphi(x)$ äquivalent ist,

$$Df(x) \sim \dot{\varphi}(x),$$

und daher im gegebenen Intervall summierbar ist; ferner gilt die Formel

$$\int_a^x Df(x)\,dx = \varphi(x) - \varphi(a). \tag{1}$$

Dies hat insbesondere zur Folge, daß die Punkte, in denen eine der oberen Hauptderivierten $\overline{D}_+f(x)$ und $\overline{D}_-f(x)$ gleich $+\infty$ ist, eine Nullmenge bilden.

Satz 7. *Jede monoton wachsende endliche Funktion $f(x)$ ist in einem maßgleichen Kern ihres Definitionsbereiches differentiierbar. Die Derivierten dieser Funktion sind alle meßbar und einander äquivalent. Außerdem sind sie summierbar über jedes Intervall, in welchem die Funktion definiert ist, und die Differenz zwischen $f(x)$ und einem ihrer unbestimmten Integrale ist eine Funktion von konstanter λ-Variation.*

Die Funktion $\dot{f}(x)$, die in allen Punkten, in welchen eine monotone Funktion differentiierbar ist und eine endliche Derivierte $Df(x)$ besitzt, gleich dieser Derivierten ist, und die in den übrigen Punkten des Definitionsbereiches verschwindet, nennen wir ähnlich wie im § 486 die **Ableitung** von $f(x)$. Es besteht dann natürlich die Gleichung

$$\int_a^x \dot{f}(x)\,dx = \varphi(x) - \varphi(a).$$

Ist eine der Derivierten $Df(x)$ in einem maßgleichen Kern des Definitionsbereiches von $f(x)$ gleich Null, so ist nach (1) die Funktion $\varphi(x)$ konstant und daher (§ 503, Satz 4) die Funktion $f(x)$ von konstanter λ-Variation. Wir können also den Satz 6 umkehren.

Satz 8. *Dafür, daß eine monoton wachsende Funktion $f(x)$ von konstanter λ-Variation sei, ist nicht nur notwendig sondern auch hinreichend, daß in einem maßgleichen Kern ihres Definitionsbereiches eine jede beliebige ihrer Derivierten verschwinde.*

507. Es sei $f(x)$ im abgeschlossenen Intervalle

$$\bar{I}: \quad a \leqq x \leqq b$$

monoton wachsend und von konstanter λ-Variation. Ist $f(x)$ nicht konstant, so gibt es im Intervalle I eine Punktmenge A, die nicht leer ist und in deren Punkten mindestens eine Derivierte von $f(x)$ nicht Null ist. Nach dem § 505 ist A eine Nullmenge. Mit U bezeichnen wir irgendeine Umgebung von A und mit

$$(1) \qquad \delta = \delta_1 + \delta_2 + \delta_3 + \cdots$$

die aus endlich oder abzählbar unendlich vielen getrennt liegenden Intervallen

$$(2) \qquad \delta_k: \quad a_k < x < b_k$$

bestehende offene Punktmenge IU.

Ist ϑ eine feste vorgeschriebene positive, aber sonst willkürliche Zahl, so können wir jedem Punkte ξ der abgeschlossenen Punktmenge $\bar{I} - \delta$ ein abgeschlossenes Intervall

$$(3) \qquad \varepsilon(\xi): \quad c \leqq x \leqq d$$

zuordnen, das ξ zum Mittelpunkte hat und die Eigenschaft besitzt, daß für jeden Punkt x von $\varepsilon(\xi)$, der in $\bar{I}$ liegt,

$$(4) \qquad |f(x) - f(\xi)| < \vartheta\,|x - \xi|$$

ist; denn im Punkte ξ sind alle Derivierten von $f(x)$ gleich Null.

Nach dem Borelschen Überdeckungssatz (§ 59) kann man also endlich viele Punkte

$$(5) \qquad \xi_1 < \xi_2 < \cdots < \xi_m$$

finden, so daß die Vereinigungsmenge der entsprechenden Intervalle

$$(6) \qquad \varepsilon_k = \varepsilon(\xi_k) \qquad (k = 1, 2, \ldots, m)$$

die ganze Punktmenge $(\bar{I} - \delta)$ enthält. Wir können hierbei voraussetzen, daß von zwei verschiedenen Intervallen ε_k und ε_j der Folge (6) nicht das eine ganz im andern liegt, woraus folgt, wenn man mit c_k und d_k die Endpunkte von ε_k bezeichnet, d. h. die Bezeichnung

$$(7) \qquad \varepsilon_k: \quad c_k \leqq x \leqq d_k$$

einführt, daß die Beziehungen

$$(8) \qquad c_k < c_{k+1}, \quad d_k < d_{k+1}$$

gelten müssen. Da nämlich ξ_k und ξ_{k+1} die Mittelpunkte von ε_k bzw. ε_{k+1} sind, so würde z. B. aus

$$c_k \geqq c_{k+1}$$

mit Berücksichtigung von (5) folgen:

$$d_{k+1} = c_{k+1} + 2(\xi_{k+1} - c_{k+1}) \geqq 2\xi_{k+1} - c_k > 2\xi_k - c_k = d_k$$

und es wäre daher $\varepsilon_k \prec \varepsilon_{k+1}$. Ganz ähnlich würde man im Falle, daß $d_k \geqq d_{k+1}$ ist, schließen können.

Wir nehmen nun erstens an, es sei

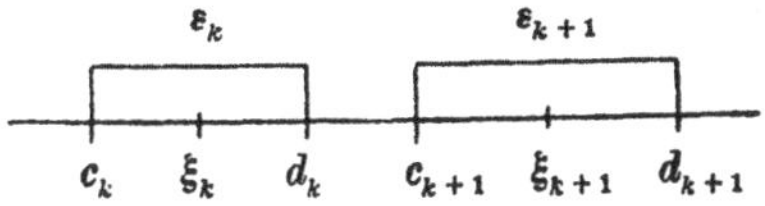

Fig. 38.

(9) $$d_k < c_{k+1};$$

da wegen (8) alle Intervalle $\varepsilon_1, \varepsilon_2, \ldots, \varepsilon_{k-1}$ links vom Punkte d_k und alle Intervalle $\varepsilon_{k+2}, \ldots, \varepsilon_m$ rechts vom Punkte c_{k+1} liegen, ist jeder Punkt des Intervalls

$$d_k < x < c_{k+1}$$

in δ enthalten und daher in einem der Intervalle von δ, z. B. in

$$\delta_p: \quad a_p < x < b_p.$$

Anderseits sind die Punkte ξ_k und ξ_{k+1} keine Punkte von δ und daher ist

$$\xi_k \leqq a_p \leqq d_k \quad \text{und} \quad c_{k+1} \leqq b_p \leqq \xi_{k+1}$$

Man hat also nach (4)

$$f(a_p) - f(\xi_k) \quad < \vartheta(a_p - \xi_k),$$
$$f(\xi_{k+1}) - f(b_p) < \vartheta(\xi_{k+1} - b_p),$$

so daß, wenn man noch die Bezeichnung

$$f(b_p) - f(a_p) = S(\delta_p)$$

einführt, durch Addition der letzten drei Relationen die Ungleichheit

(10) $$f(\xi_{k+1}) - f(\xi_k) < S(\delta_p) + \vartheta(\xi_{k+1} - \xi_k)$$

entsteht.

Im Falle, daß die Ungleichheit (9) nicht erfüllt ist, und also

$$d_k \geqq c_{k+1}$$

ist, gibt es stets einen Punkt x_0 des Intervalles

(11) $$\xi_k < x < \xi_{k+1},$$

der sowohl in ε_k als auch in ε_{k+1} enthalten ist, und man kann daher schreiben

$$f(x_0) - f(\xi_k) \quad \leqq \vartheta(x_0 - \xi_k),$$
$$f(\xi_{k+1}) - f(x_0) \leqq \vartheta(\xi_{k+1} - x_0);$$

hieraus folgt durch Addition

(12) $$f(\xi_{k+1}) - f(\xi_k) \leqq \vartheta(\xi_{k+1} - \xi_k).$$

Für jede in Betracht kommende Zahl k ist also eine der beiden Relationen (10) oder (12) erfüllt und analoge Relationen gelten für die Differenzen

$$f(\xi_1) - f(a) \quad \text{und} \quad f(b) - f(\xi_m),$$

falls nicht schon $\xi_1 = a$ oder $\xi_m = b$ ist.

Durch Summation über alle diese Teilintervalle von $\bar{I}$ erhält man also, wenn man bemerkt, daß

$$(13) \qquad S(\delta) = \sum_{k=1}^{\infty} S(\delta_k)$$

nicht kleiner sein kann als die Summe aller $S(\delta_p)$, die in (10) vorkommen,

$$f(b) - f(a) \leqq \vartheta(b-a) + S(\delta).$$

Diese Relation gilt für jeden beliebigen Wert der positiven Zahl ϑ und es ist daher

$$(14) \qquad f(b) - f(a) \leqq S(\delta).$$

Anderseits ist aber für jede positive natürliche Zahl j

$$(15) \qquad f(b) - f(a) \geqq \sum_{k=1}^{j} S(\delta_k).$$

Durch Vergleich von (13), (14) und (15) folgt endlich:

$$f(b) - f(a) = S(\delta).$$

Satz 9. *Bezeichnet man mit A die Punktmenge, in der eine, innerhalb des abgeschlossenen Intervalls $a \leqq x \leqq b$ monoton wachsende Funktion von konstanter λ-Variation mindestens eine nicht verschwindende Derivierte besitzt, und mit $U = \delta_1 + \delta_2 + \cdots$ eine beliebige Umgebung von A, so gilt stets die Gleichung*

$$f(b) - f(a) = \sum_k (f(b_k) - f(a_k)),$$

in der a_k und b_k die Endpunkte der Intervalle δ_k bedeuten.

508. Mit Hilfe des Resultats des § 153 kann man die kanonische Zerlegung

$$f(x) = \nu(x) + \varphi(x)$$

einer monoton wachsenden Funktion noch weiter vervollständigen. Da nämlich $\varphi(x)$ stetig ist, ist in jedem Punkte des Definitionsbereichs der Funktion

$$f(x+0) - f(x) = \nu(x+0) - \nu(x) \quad \text{und} \quad f(x-0) - f(x) = \nu(x-0) - \nu(x).$$

Die Funktion $\psi(x)$, die wir im § 153 definiert haben, und die nur von den Schwankungen von $f(x)$ abhängt, bleibt also dieselbe, wenn man bei der Konstruktion dieser Funktion statt von $f(x)$ von $\nu(x)$ ausgeht. Setzt man also

$$\nu(x) = \psi(x) + \chi(x),$$

so ist $\chi(x)$ eine monoton wachsende stetige Funktion, und nach dem Satze 5 des § 504 sind beide Funktionen $\psi(x)$ und $\chi(x)$ von konstanter λ-Variation.

Wir haben daher das Resultat:

Satz 10. *Jede monoton wachsende endliche Funktion $f(x)$ kann im abgeschlossenen Intervalle $a \leqq x \leqq b$ als Summe von drei monoton wachsenden Funktionen angesehen werden:*

$$f(x) = \psi(x) + \chi(x) + \varphi(x).$$

Von diesen Funktionen ist die erste gleich der Summe der Diskontinuitäten von $f(x)$ im abgeschlossenen Intervalle, dessen Endpunkte a und x sind, die zweite stetig und von konstanter λ-Variation, die dritte totalstetig. Diese Zerlegung ist eindeutig, wenn man verlangt, daß

$$\psi(a) = \chi(a) = 0$$

ist. Die Funktion $f(x)$ ist dann und nur dann stetig im Intervalle, wenn $\psi(b) = 0$ ist, dann und nur dann totalstetig, wenn $\psi(b) = \chi(b) = 0$ ist, dann und nur dann von konstanter λ-Variation, wenn $\varphi(x)$ konstant ist.

Ferner haben wir noch den

Satz 11. *Ist die im Intervalle $a \leqq x \leqq b$ definierte monoton wachsende Funktion $f(x)$ stets gleich der Summe ihrer Diskontinuitäten im abgeschlossenen Intervalle, dessen Endpunkte a und x sind, so ist $f(x)$ von konstanter λ-Variation.*

509. Es entsteht nun die Frage, ob es stetige monotone Funktionen von konstanter λ-Variation gibt, die nicht selbst konstant sind. Im entgegengesetzten Falle würde die Funktion $\chi(x)$ des vorigen Paragraphen immer verschwinden und wir hätten sie gar nicht einzuführen brauchen. Nun haben wir schon Beispiele von monotonen, stetigen Funktionen benutzt (§ 337), von denen man beweisen kann, daß ihre λ-Variation konstant ist. Es ist aber notwendig, darüber hinaus das Problem in seiner Allgemeinheit zu betrachten.

Ist die monoton wachsende, endliche, stetige Funktion $f(x)$ im Intervalle

(1) $$I: \quad a < x < b$$

nicht konstant, so ist die obere Grenze L ihrer Differenzenquotienten in diesem Intervalle, und folglich (§ 476, Satz 5) die obere Grenze Λ

ihrer Hauptderivierten größer als Null. Nach dem Satze 10 des § 480 enthält also schon die Punktmenge

$$\boldsymbol{M}(\underline{D}_+ f > 0)$$

und umsomehr die Punktmenge

$$\boldsymbol{M}(\overline{D}_+ f > 0) \tag{2}$$

eine perfekte Teilmenge A.

Ist $f(x)$ im Intervalle (1) von konstanter λ-Variation, so ist die Punktmenge (2) eine Nullmenge und dasselbe gilt von einer ihrer perfekten Teilmengen A.

Die offene Punktmenge $(I - A)$ ist dann ein maßgleicher Kern von I und hieraus folgt, daß $(I - A)$ überall dicht und A nirgends dicht auf dem Intervalle I liegt.

Es sei umgekehrt A eine beliebige perfekte Punktmenge, die im Intervalle I enthalten ist und nirgends dicht auf I liegt. Dann ist die offene Punktmenge $(I - A)$, die aus abzählbar vielen Intervallen δ_k besteht:

$$(I - A) = \delta_1 + \delta_2 + \delta_3 + \cdots, \tag{3}$$

überall dicht auf I. Sind

$$\delta_p:\ a_p < x < b_p, \qquad \delta_q:\ a_q < x < b_q$$

zwei beliebige Intervalle von (3) und liegt z. B. δ_p links von δ_q, so daß

$$b_p \leqq a_q$$

ist, so kann nicht $b_p = a_q$ sein; denn es würde dann b_p ein isolierter Punkt von A sein und A wäre nicht perfekt. Es ist also

$$b_p < a_q$$

und es gibt, weil $(I - A)$ überall dicht auf I liegt, mindestens ein Intervall der Menge (3), das sich zwischen δ_p und δ_q befindet.

Nun definieren wir auf $(I - A)$ eine Funktion $f(x)$ folgendermaßen: $f(x)$ ist konstant in jedem Intervall der Menge (3). Im Intervalle, dessen Anfangspunkt a ist, soll $f(x)$ gleich Null sein, im Intervalle, dessen Endpunkt b ist, soll $f(x)$ gleich Eins sein. Ferner soll, wenn $f(x)$ auf zwei Intervallen δ_p und δ_q definiert ist und dort die Werte α_p und α_q annimmt,

$$f(x) = \frac{\alpha_p + \alpha_q}{2}$$

sein im längsten Intervalle δ_r, das zwischen δ_p und δ_q liegt oder, falls es mehrere gleich lange Intervalle zwischen δ_p und δ_q gibt, die größer sind als alle anderen, im ersten dieser (jedenfalls nur in endlicher Anzahl vorkommenden) Intervalle, d. h. in demjenigen, dessen Anfangspunkt die kleinste Abszisse besitzt.

Hierdurch ist, wie man sich leicht überzeugt, $f(x)$ für alle Intervalle der Folge (3) eindeutig definiert.

Die für die überall dichte Punktmenge $(I - A)$ definierte Funktion $f(x)$ kann man zu einer stetigen Funktion ergänzen, die in jedem Punkte des abgeschlossenen Intervalls $\bar{I}$ definiert ist. Diese Funktion ist monoton wachsend, nicht konstant, in jedem Punkte von $(I - A)$ differentiierbar und ihre Derivierte in diesen Punkten ist gleich Null. Unter der weiteren Annahme, daß A eine Nullmenge ist, ist $(I - A)$ ein maßgleicher Kern von $\bar{I}$ und die Funktion $f(x)$ von konstanter λ-Variation.

Satz 12. *Ist A eine beliebige perfekte Teilmenge des Intervalls*

$$I: \quad a < x < b,$$

die nirgends dicht auf I liegt, so gibt es monoton wachsende, stetige Funktionen, die auf der abgeschlossenen Hülle $\bar{I}$ von I definiert und endlich sind, in jedem Punkte von $(I - A)$ differentiierbar sind, dort die Derivierte Null haben und die trotzdem nicht konstant sind. Ist ferner A eine Nullmenge, so sind diese Funktionen von konstanter λ-Variation.

510. Wir haben noch nicht festgestellt, ob eine der oberen Hauptderivierten einer monoton wachsenden, nicht konstanten Funktion von konstanter λ-Variation auch nur in einem Punkte ihres Definitionsintervalls unendlich sein muß, was zwar für unstetige Funktionen selbstverständlich ist, aber für stetige Funktionen noch einer Erörterung bedarf.

Wir beweisen dazu den folgenden Satz, den wir auch später benutzen werden:

Satz 13. *Ist die stetige endliche Funktion $f(x)$ im abgeschlossenen Intervall $\bar{I}$ definiert und weiß man, daß ihre obere rechte Derivierte $\bar{D}_+ f(x)$ höchstens in einer Nullmenge A, die in $\bar{I}$ enthalten ist, negativ sein kann, und höchstens in einer abzählbaren Teilmenge A_1 von A den Wert $-\infty$ besitzen kann, so ist $f(x)$ monoton wachsend im Intervalle $\bar{I}$ und die Punktmengen A und A_1 müssen notwendig leer sein.*

Wir betrachten eine monoton wachsende totalstetige Funktion $\varphi(x)$, die in jedem Punkte von A differentiierbar ist und dort die Derivierte $+\infty$ besitzt (§ 492, Satz 10). Ist dann μ irgendeine positive Zahl, so genügt die obere rechte Derivierte der Funktion

$$f(x) + \mu\,\varphi(x)$$

in allen Punkten von $(\bar{I} - A_1)$ der Bedingung (§ 467, Gl. (2))

$$\overline{D}_+(f + \mu\varphi) \geqq \overline{D}_+ f + \underline{D}_+ \mu\varphi \geqq 0,$$

denn in allen Punkten von $(\bar{I} - A)$ ist keine der beiden Zahlen $\overline{D}_+ f$ und $\underline{D}_+ \mu\varphi$ negativ und in allen Punkten von $(A - A_1)$ ist $\overline{D}_+ f$ endlich und $\underline{D}_+ \mu\varphi = +\infty$.

Die Zahl $\overline{D}_+(f + \mu\varphi)$ kann also nur in der abzählbaren Punktmenge A_1 negativ sein, und nach dem Satze 10 des § 480 (in dem man $\beta = 0$ zu setzen hat) muß also $(f(x) + \mu\varphi(x))$ monoton wachsend sein.

Hieraus folgt, wenn x_1 und x_2 zwei beliebige Punkte von $\bar{I}$ bedeuten, und $x_1 < x_2$ ist:

$$f(x_2) + \mu\varphi(x_2) \geqq f(x_1) + \mu\varphi(x_1)$$

und weil die letzte Bedingung für jeden positiven Wert von μ gilt,

$$f(x_2) \geqq f(x_1),$$

was zu beweisen war.

Der entsprechende Satz für die untere rechte Derivierte lautet:

Satz 14. *Kann $\underline{D}_+ f(x)$ höchstens in einer Nullmenge A positiv, und höchstens in einer abzählbaren Teilmenge A_1 von A gleich $+\infty$ sein, so ist $f(x)$ monoton abnehmend.*

Für eine monoton wachsende, stetige, nicht konstante Funktion von konstanter λ-Variation ist aber die Punktmenge A, in welcher $\underline{D}_+ f(x) > 0$ ist, eine Nullmenge; nach dem letzten Satze kann also die Punktmenge

$$A_1 = \boldsymbol{M}(\underline{D}_+ f = +\infty)$$

nicht abzählbar sein.

Ist $f(x)$ eine monoton wachsende stetige aber nicht totalstetige Funktion, so ist bei der Darstellung

$$f(x) = \psi(x) + \chi(x) + \varphi(x)$$

des Satzes 10 des § 508 die Funktion $\psi(x) = 0$ und die Funktion $\chi(x)$ von konstanter λ-Variation aber nicht konstant. Die Punktmenge

$$\boldsymbol{M}(\underline{D}_+ \chi = +\infty)$$

ist also nicht abzählbar und dieses gilt umsomehr von der Punktmenge

$$\boldsymbol{M}(\underline{D}_+ f = +\infty).$$

Nach den Resultaten des § 473 enthält also diese letzte Punktmenge mindestens eine perfekte Teilmenge.

Satz 15. *Die rechten Derivierten einer in einem Intervalle monoton wachsenden stetigen aber nicht totalstetigen Funktion sind in mindestens einer perfekten Teilmenge dieses Intervalls alle gleich $+\infty$.*

Meßbare Abbildungen.

511. Es sei

(1) $$y = f(x)$$

im abgeschlossenen Intervall

(2) $$\bar{I}:\quad a \leqq x \leqq b$$

monoton wachsend und stetig. Jeder Punktmenge e_x auf dem Intervalle

(3) $$I:\quad a < x < b$$

entspricht dann eindeutig eine Teilmenge e_y der abgeschlossenen Punktmenge

(4) $$\bar{J}:\quad f(a) \leqq y \leqq f(b).$$

Um den äußeren Inhalt $m^* e_y$ von e_y zu berechnen, kann man folgendermaßen verfahren.

Wir bezeichnen mit $S(\delta)$ die Intervallfunktion, die der **Funktion** $f(x)$ zugeordnet ist, und setzen

$$\alpha = \text{untere Grenze von } S(U)$$

für alle Umgebungen U der Punktmenge e_x, die in I enthalten sind. Ist

$$U = \delta_1 + \delta_2 + \delta_3 + \cdots$$

eine beliebige unter diesen Umgebungen, und setzt man

$$\delta_k:\quad a_k < x < b_k,$$

so ist

$$S(U) = \sum_k (f(b_k) - f(a_k)).$$

Nun bezeichne man mit $\bar{e}_y$ die Punktmenge, die aus der Vereinigung aller abgeschlossenen Intervalle

(5) $$f(a_k) \leqq y \leqq f(b_k) \qquad (k = 1, 2, \ldots)$$

auf der y-Achse entsteht. Dann ist erstens

$$e_y \prec \bar{e}_y$$

und zweitens, weil für zwei verschiedene Werte von k die Punktmengen (5) höchstens einen Punkt gemeinsam haben,

$$m\bar{e}_y = S(U).$$

Es ist also für jede Umgebung U von e_x

(6) $$m^* e_y \leqq S(U)$$

und also auch

(7) $$m^* e_y \leqq \alpha.$$

Ist umgekehrt V eine beliebige Umgebung von e_y, so kann man um jeden Punkt ξ von e_x, wegen der Stetigkeit von $f(x)$, ein Intervall

$$\delta_\xi: \quad a_\xi < x < b_\xi$$

so abgrenzen, daß nicht nur δ_ξ in I liegt, sondern auch die abgeschlossene Punktmenge

$$f(a_\xi) \leqq y \leqq f(b_\xi)$$

in V. Nun kann man aber die ganze Punktmenge e_x mit Hilfe des Lindelöfschen Überdeckungssatzes (§ 60) durch abzählbar viele dieser Intervalle überdecken; ihre Vereinigung bildet dann eine Umgebung U von e_x, für welche

$$S(U) \leqq mV$$

ist. Also ist auch

$$\alpha \leqq mV,$$

und da die letzte Relation für jede beliebige Wahl von V gilt, so ist auch

$$\alpha \leqq m^* e_y$$

und schließlich wegen (7)

$$\alpha = m^* e_y.$$

512. Wir setzen

(1) $$f(x) = \nu(x) + \varphi(x),$$

wobei $\nu(x)$ von konstanter λ-Variation und $\varphi(x)$ totalstetig ist und betrachten eine beliebige in I enthaltene Nullmenge e_x und eine Umgebung U von e_x, die der Bedingung

(2) $$mU \leqq \lambda$$

genügt; hierbei bedeutet λ eine beliebige positive Zahl. Dann ist, wenn man die zu $\nu(x)$ und $\varphi(x)$ gehörigen Intervallfunktionen mit $S_\nu(\delta)$ und $S_\varphi(\delta)$ bezeichnet,

(3) $$S(U) = S_\nu(U) + S_\varphi(U)$$

und daher mit den Bezeichnungen des vorigen Paragraphen

(4) $$m^* e_y = \alpha \leqq S_\nu(U) + S_\varphi(U).$$

Nun bemerke man, daß

$$S_\nu(U) \leqq \nu(b) - \nu(a) \quad \text{und} \quad S_\varphi(U) \leqq \tau_\varphi(\lambda)$$

ist; man hat also

$$m^* e_y \leqq \nu(b) - \nu(a) + \tau_\varphi(\lambda)$$

und, wenn man λ gegen Null konvergieren läßt und die Totalstetigkeit von $\varphi(x)$ benutzt,

(5) $$m^* e_y \leqq \nu(b) - \nu(a).$$

Wir betrachten nun den Fall, daß $\nu(x)$ nicht konstant ist und bezeichnen mit $\bar{e}_x$ die im Intervalle I liegende Nullmenge, in deren Punkten nicht sämtliche Derivierten von $\nu(x)$ verschwinden, und mit $\bar{e}_y$, das Bild von $\bar{e}_x$ auf der y-Achse. Nach dem Satze 9 des § 507 ist dann für jede Umgebung U von $\bar{e}_x$

$$S_\nu(U) = \nu(b) - \nu(a)$$

und daher wegen (3)

$$S(U) \geqq \nu(b) - \nu(a).$$

Die untere Grenze aller $S(U)$ ist aber nach dem vorigen Paragraphen gleich $m^*\bar{e}_y$ und man hat daher

$$m^*\bar{e}_y \geqq \nu(b) - \nu(a)$$

oder, wenn man (5) berücksichtigt,

$$m^*\bar{e}_y = \nu(b) - \nu(a). \tag{6}$$

Dies alles liefert uns den

Satz 1. *Ist $y = f(x)$ eine monotone stetige Funktion, die ein abgeschlossenes Intervall I der x-Achse auf ein abgeschlossenes Intervall J der y-Achse abbildet, so wird jede Nullmenge e_x, die in I liegt, auf eine Punktmenge e_y von J abgebildet, deren äußerer Inhalt m^*e_y die Nullvariation von $f(x)$ in I nicht übertrifft. Es gibt Nullmengen $\bar{e}_x$, für welche diese obere Grenze von m^*e_y erreicht wird.*

Aus diesem Satze kann man noch unmittelbar folgendes schließen:

Satz 2. *Die Funktion $f(x)$ ist dann und nur dann totalstetig in I, wenn jede Nullmenge e_x von I auf eine Nullmenge e_y von J abgebildet wird. Sie ist dann und nur dann von konstanter λ-Variation in I, wenn es mindestens eine Nullmenge $\bar{e}_x$ innerhalb I gibt, deren Bild $\bar{e}_y$ der Bedingung*

$$m^*\bar{e}_y = f(b) - f(a)$$

genügt.

Nach diesem letzten Satze ist die monotone, stets wachsende, stetige Funktion $\chi(x)$ des § 337 zugleich mit ihrer inversen Funktion von konstanter λ-Variation.

513. Ist nun die Funktion $y = f(x)$ im gegebenen Intervall stetig und stets wachsend, so ist die durch sie vermittelte Abbildung eineindeutig und stetig (§ 201). Nach dem vorigen Resultat ist also für die Meßbarkeit der Abbildung (§ 335) notwendig und hinreichend, daß sowohl $f(x)$ als auch die inverse Funktion $\varphi(y)$ totalstetig seien.

Man kann diese letzte Bedingung mit Hilfe des Satzes 2 des § 498 vorteilhaft transformieren. Nach diesem Satze sind nämlich, wenn e_x das

Bild einer Nullmenge e_y bedeutet und e_x selbst keine Nullmenge ist, in jedem Punkte von e_x, außer vielleicht in einer Nullmenge, sämtliche Derivierten von $f(x)$ gleich Null. Hierbei ist $f(x)$ als totalstetig und stets wachsend angenommen worden.

Wir sehen also, daß, wenn die durch $y = f(x)$ vermittelte Abbildung nicht meßbar ist, eine Punktmenge auf der x-Achse existiert, deren Inhalt von Null verschieden ist und in welcher alle Derivierten von $f(x)$ verschwinden.

Anderseits bemerken wir, daß, wenn ξ einen Punkt des abgeschlossenen Intervalls $\bar{I}$ bedeutet, in dem sämtliche Derivierten von $f(x)$ verschwinden, sämtliche Derivierten der inversen Funktion $\varphi(y)$ im Punkte

$$\eta = f(\xi)$$

gleich $+\infty$ sein müssen (§ 470, Satz 5). Die Punktmenge $\bar{e}_y$, in welcher sämtliche Derivierten von $\varphi(y)$ gleich $+\infty$ sind, ist aber nach dem Satze 7 des § 506 stets eine Nullmenge. Die Abbildung ist also nicht meßbar, falls die Punktmenge e_x, in welcher alle Derivierten von $f(x)$ verschwinden, keine Nullmenge ist.

Endlich sehen wir, daß bei jeder monoton wachsenden Funktion, die nicht stets wachsend ist, die Punktmenge e_x, von der zuletzt die Rede war, keine Nullmenge ist. Vergleichen wir alle diese Überlegungen, so folgt der

Satz 3. *Dafür, daß eine Funktion*

$$y = f(x)$$

eine eineindeutige stetige und meßbare Abbildung eines abgeschlossenen Intervalls I der x-Achse auf ein abgeschlossenes Intervall J der y-Achse liefert, ist notwendig und hinreichend, daß sie monoton und totalstetig sei, und daß die Punkte, in denen ihre sämtlichen Derivierten verschwinden, eine Nullmenge bilden.

Diese Bedingung ist zugleich notwendig und hinreichend dafür, daß die Funktion $f(x)$ stets wachsend (oder stets abnehmend) sei und die inverse Funktion $\varphi(y)$ totalstetig sei.

Funktionen von beschränkter Variation.

514. Es sei die endliche Funktion $f(x)$ im abgeschlossenen Intervalle

$$\bar{I}: \quad a \leqq x \leqq b$$

definiert und von beschränkter Variation; diese Funktion kann alsdann als Differenz von zwei monoton wachsenden Funktionen $f_1(x)$ und $f_2(x)$ angesehen werden (§ 179) und man kann schreiben

(1) $$f(x) = f_1(x) - f_2(x).$$

Nehmen wir an, daß die letzten Funktionen beide von konstanter λ-Variation sind, so können wir nach dem Satze 9 des § 507 zwei offene Punktmengen δ' und δ'' bestimmen, die aus endlich oder abzählbar unendlich vielen Intervallen bestehen, deren Inhalt den Bedingungen

(2) $$m\delta' \leqq \frac{\lambda}{2}, \quad m\delta'' \leqq \frac{\lambda}{2}$$

genügt, die außerdem in $\bar{I}$ enthalten sind, und für welche die Gleichungen

(3) $$S_1(\delta') = f_1(b) - f_1(a), \quad S_2(\delta'') = f_2(b) - f_2(a)$$

stattfinden. Hierbei bedeuten $S_1(\delta)$ und $S_2(\delta)$ die den Funktionen $f_1(x)$ und $f_2(x)$ zugeordneten Intervallfunktionen und λ eine beliebige positive Zahl.

Ist nun ε eine zweite beliebige positive Zahl und setzt man

(4) $$\bar{\delta} = \delta' \dotplus \delta'',$$

so kann man eine Teilmenge δ_0 von $\bar{\delta}$ finden, die nur aus endlich vielen Intervallen besteht und für welche die Bedingungen

(5) $$S_1(\delta_0) \geqq f_1(b) - f_1(a) - \varepsilon, \quad S_2(\delta_0) \geqq f_2(b) - f_2(a) - \varepsilon$$

zugleich gelten; überdies ist nach (2) und (4)

(6) $$m\delta_0 \leqq m\bar{\delta} \leqq m\delta' + m\delta'' \leqq \lambda.$$

Es sei nun Δ_2 eine beliebige Intervallmenge, die aus endlich vielen Intervallen ohne gemeinsame Punkte besteht, die in der Punktmenge $(\bar{I} - \delta_0)$ enthalten sind; nach (5) ist mit Berücksichtigung der Monotonie der beiden Funktionen $f_1(x)$ und $f_2(x)$

(7) $$S_1(\Delta_2) \leqq \varepsilon, \quad S_2(\Delta_2) \leqq \varepsilon.$$

Nach diesen Vorbereitungen führen wir eine Intervallfunktion $H(\delta)$ folgendermaßen ein: ist

$$\delta = \sum_{p=1}^{m} \delta_p$$

die Summe von endlich vielen Intervallen ohne gemeinsame Punkte

$$\delta_p: \quad \alpha_p < x < \beta_p,$$

die alle in $\bar{I}$ liegen, so soll

(8) $$H(\delta) = \sum_{p=1}^{m} |f(\beta_p) - f(\alpha_p)|$$

sein. Ist dann

$$m\delta \leqq \lambda,$$

so ist stets (§ 458)

$$H(\delta) \leqq \tau(\lambda) \tag{9}$$

und die obere Grenze von $H(\delta)$ für alle Intervalleinteilungen von $\bar{I}$ in endlich viele Intervalle ist gleich der totalen Variation von $f(x)$, d. h. gleich $\tau(b-a)$. Außerdem ist stets wegen (1)

$$H(\delta) \leqq S_1(\delta) + S_2(\delta). \tag{10}$$

Nun bedeute Δ eine beliebige Einteilung von $\bar{I}$ in endlich viele getrennt liegende Intervalle. Durch Hinzunahme der Endpunkte der Intervalle der Menge δ_0, die wir oben definiert haben, bekommen wir eine neue Intervalleinteilung, die aus zwei Intervallmengen Δ_1 und Δ_2 besteht, so daß die Intervalle von Δ_1 alle in δ_0, die Intervalle von Δ_2 alle in $(\bar{I} - \delta_0)$ liegen: für diese gelten also insbesondere die Relationen (7). Es ist jetzt wegen der Definition (8) von $H(\delta)$

$$H(\Delta) \leqq H(\Delta_1) + H(\Delta_2);$$

ferner ist, weil

$$m\Delta_1 \leqq m\delta_0 \leqq \lambda$$

ist, nach (9)

$$H(\Delta_1) \leqq \tau(\lambda)$$

und anderseits wegen (10) und (7)

$$H(\Delta_2) \leqq S_1(\Delta_2) + S_2(\Delta_2) \leqq 2\varepsilon.$$

Wir können deshalb schreiben

$$H(\Delta) \leqq \tau(\lambda) + 2\varepsilon$$

und da die letzte Beziehung für jede beliebige Intervalleinteilung Δ gilt, ist

$$\tau(b-a) \leqq \tau(\lambda) + 2\varepsilon.$$

Läßt man in dieser letzten Relation ε gegen Null konvergieren und berücksichtigt, daß stets (§ 458, Satz 1)

$$\tau(\lambda) \leqq \tau(b-a)$$

ist, so erhält man für jeden beliebigen Wert von λ die Gleichung

$$\tau(\lambda) = \tau(b-a),$$

d. h. die Funktion $f(x)$ ist von konstanter λ-Variation.

515. Wir machen jetzt umgekehrt die Voraussetzung, daß $f(x)$ von endlicher und konstanter λ-Variation im abgeschlossenen Interalle $\bar{I}$ und daher von beschränkter Variation sei (§ 459, Satz 2). Wir können (§ 179) zwei monoton wachsende Funktionen $p(x)$ und $n(x)$ finden, so daß

(1) $$f(x) = p(x) - n(x)$$

und die totale Variation von $f(x)$ gleich der Summe der beiden Zahlen $(p(b) - p(a))$ und $(n(b) - n(a))$ ist. Da $f(x)$ von konstanter λ-Variation sein soll, kann man daher schreiben

$$\tau(\lambda) = (p(b) - p(a)) + (n(b) - n(a))$$

oder, wenn wir mit $\tau_p(\lambda)$ und $\tau_n(\lambda)$ die λ-Variationen der Funktionen $p(x)$ und $n(x)$ im Intervalle $\bar{I}$ bezeichnen:

(2) $$\tau(\lambda) = \tau_p(b-a) + \tau_n(b-a).$$

Sind nun x_1 und x_2 zwei beliebige Punkte von $\bar{I}$, so hat man wegen (1)

$$\begin{aligned} |f(x_2) - f(x_1)| &= |(p(x_2) - p(x_1)) - (n(x_2) - (n(x_1))| \\ &\leqq |p(x_2) - p(x_1)| + |n(x_2) - n(x_1)| \end{aligned}$$

und daher mit den Bezeichnungen des vorigen Paragraphen für jede Intervallmenge δ, die in $\bar{I}$ enthalten ist:

$$H(\delta) \leqq S_p(\delta) + S_n(\delta).$$

Hieraus folgt aber, falls $m\delta \leqq \lambda$ ist, nach einer Schlußweise, die wir oft, z. B. in § 502, benutzt haben,

$$\tau(\lambda) \leqq \tau_p(\lambda) + \tau_n(\lambda),$$

also nach (2) für jeden Wert von λ

$$\tau_p(b-a) + \tau_n(b-a) \leqq \tau_p(\lambda) + \tau_n(\lambda).$$

Diese letzte Bedingung in Verbindung mit

$$\tau_p(\lambda) \leqq \tau_p(b-a) \quad \text{und} \quad \tau_n(\lambda) \leqq \tau_n(b-a)$$

zeigt aber, daß

$$\tau_p(\lambda) = \tau_p(b-a) \quad \text{und} \quad \tau_n(\lambda) = \tau_n(b-a)$$

sein muß. Alles in allem gilt also der

Satz 1. *Eine Funktion $f(x)$ ist dann und nur dann von konstanter endlicher λ-Variation im Intervalle $a \leqq x \leqq b$, wenn sie in diesem Intervall als Differenz von zwei monoton wachsenden Funktionen von konstanter λ-Variation dargestellt werden kann.*

516. Ist im Intervalle $\bar{I}$ die Funktion $f(x)$ gleich der Differenz vor zwei monoton wachsenden Funktionen $f_1(x)$ und $f_2(x)$ und setzt man

(1) $$f_1(x) = \nu_1(x) + \varphi_1(x), \quad f_2(x) = \nu_2(x) + \varphi_2(x),$$

wobei $\nu_1(x)$ und $\nu_2(x)$ monoton und von konstanter λ-Variation sind und

$\varphi_1(x)$, $\varphi_2(x)$ totalstetige Funktionen bedeuten, so gilt mit der Bezeichnung

(2) $$\nu(x) = \nu_1(x) - \nu_2(x), \quad \varphi(x) = \varphi_1(x) - \varphi_2(x)$$

die Gleichung

(3) $$f(x) = \nu(x) + \varphi(x).$$

Nach dem vorigen Paragraphen ist $\nu(x)$ eine Funktion von konstanter λ-Variation und die Funktion $\varphi(x)$ ist nach dem § 487 als Differenz von zwei totalstetigen Funktionen totalstetig.

Es sei
$$f(x) = \bar{\nu}(x) + \bar{\varphi}(x)$$
eine zweite Darstellung von $f(x)$ als Summe einer Funktion von konstanter λ-Variation und einer totalstetigen Funktion; wir bilden die Differenz
$$\psi(x) = \nu(x) - \bar{\nu}(x) = -\varphi(x) + \bar{\varphi}(x)$$
und bemerken, daß $\psi(x)$ einerseits totalstetig ist, weil sie die Differenz von zwei totalstetigen Funktionen $\varphi(x)$ und $\bar{\varphi}(x)$ ist, und daß sie zweitens als Differenz von zwei monoton wachsenden Funktionen von konstanter λ-Variation angesehen werden kann; dieses sieht man ein, wenn man
$$\bar{\nu}(x) = \bar{\nu}_1(x) - \bar{\nu}_2(x)$$
setzt, wobei die beiden Funktionen rechts monoton wachsend und von konstanter λ-Variation sind, und hierauf den Satz 5 des § 504 auf den Ausdruck
$$\psi(x) = (\nu_1(x) + \bar{\nu}_2(x)) - (\nu_2(x) + \bar{\nu}_1(x))$$
anwendet.

Für je zwei Punkte x_1 und x_2 des abgeschlossenen Intervalls $\bar{I}$ ist also
$$|\psi(x_2) - \psi(x_1)| \leqq \tau_\psi(|x_2 - x_1|) = \tau_\psi(0) = 0,$$
woraus folgt, daß $\psi(x)$ konstant ist.

Die Funktion $\nu(x)$ ist daher eindeutig bestimmt, wenn wir ihren Wert in einem Punkt von $\bar{I}$ kennen, also z. B. festsetzen, daß $\nu(a) = 0$ sein soll.

Satz 2. *Eine im abgeschlossenen Intervalle $\bar{I}$ definierte Funktion $f(x)$ von beschränkter Variation kann auf eine und nur eine Weise dargestellt werden als die Summe einer totalstetigen Funktion $\varphi(x)$ und einer Funktion von konstanter λ-Variation $\nu(x)$, die im Anfangspunkte des Intervalls verschwindet.*

Die Funktion $f(x)$ ist dann und nur dann totalstetig, wenn $\nu(x)$ identisch verschwindet, sie ist dann und nur dann von konstanter λ-Variation, wenn $\varphi(x)$ konstant ist.

Diese letzte Behauptung sieht man folgendermaßen ein: Ist in der vorigen Zerlegung $\nu(x) \equiv 0$, so ist $f(x)$ selbst totalstetig; ist $\varphi(x)$ gleich einer Konstanten c, so ist $f(x) = \nu(x) + c$ von konstanter λ-Variation.

Ist umgekehrt $f(x)$ selbst eine totalstetige Funktion, so kann man $\varphi(x) = f(x)$ und $\nu(x) \equiv 0$ setzen; ist $f(x)$ von konstanter λ-Variation, so kann man $\varphi(x) = f(a)$ und $\nu(x) = f(x) - f(a)$ setzen.

517. Es sei $f(x)$ von beschränkter Variation im Intervalle $\bar{I}$ und $Df(x)$ eine beliebige ihrer Derivierten; die Funktion $f(x)$ kann als Differenz von zwei monoton wachsenden Funktionen angesehen werden

$$f(x) = f_1(x) - f_2(x),$$

und es gibt (§ 506, Satz 7) einen maßgleichen Kern e von $\bar{I}$, in dem beide Funktionen $f_1(x)$ und $f_2(x)$ differentiierbar sind und endliche Derivierten besitzen. In jedem Punkte von e ist also (§ 468)

$$Df(x) = \dot{f}_1(x) - \dot{f}_2(x),$$

woraus erstens folgt, daß $f(x)$ in jedem Punkte von e differentiierbar ist und zweitens, daß die Funktionen $Df(x)$ und $(\dot{f}_1(x) - \dot{f}_2(x))$ einander äquivalent sind.

Also ist $Df(x)$ eine über $\bar{I}$ summierbare Funktion und es gelten nach dem § 506 mit den Bezeichnungen des vorigen Paragraphen die Formeln

$$(1) \qquad \begin{aligned} \int_a^x Df(x)\,dx &= \int_a^x (\dot{f}_1(x) - \dot{f}_2(x))\,dx \\ &= (\varphi_1(x) - \varphi_1(a)) - (\varphi_2(x) - \varphi_2(a)) \\ &= \varphi(x) - \varphi(a). \end{aligned}$$

Wir können hiermit den Satz aussprechen:

Satz 3. *Jede Funktion $f(x)$ von beschränkter Variation ist in einem maßgleichen Kern ihres Definitionsbereiches $\bar{I}$ differentiierbar. Jede Derivierte $Df(x)$ von $f(x)$ ist über $\bar{I}$ summierbar und der totalstetige Bestandteil $\varphi(x)$ von $f(x)$ ist gleich einem der unbestimmten Integrale von $Df(x)$.*

Aus diesem Satze folgt ferner, daß die Funktion $\varphi(x)$ dann und nur dann konstant ist, und daher $f(x)$ dann und nur dann von konstanter λ-Variation ist, wenn das Integral (1) verschwindet:

Satz 4. *Eine Funktion $f(x)$ von beschränkter Variation ist dann und nur dann von konstanter λ-Variation, wenn eine ihrer Derivierten* *in einem maßgleichen Kern des Definitionsbereiches $\bar{I}$ von $f(x)$ gleich Null ist. Dann gibt es aber auch einen maßgleichen Kern von $\bar{I}$ in dem sämtliche Derivierten von $f(x)$ verschwinden.*

518. Es ist schon jetzt nützlich zu bemerken, daß die Summierbarkeit der Hauptderivierten einer Funktion, die Funktionen von beschränkter Variation nicht charakterisiert. Wir betrachten z. B. die stückweise lineare Funktion $\varphi(x; a, b)$ des § 184, deren totale Variation im Intervalle $a \leqq x \leqq b$ unendlich ist, und ersetzen in jedem der Intervalle

$$x_{n+1} \leqq x \leqq x_n$$

$\varphi(x)$ durch eine stetige monoton wachsende oder abnehmende Funktion $\chi(x)$ von konstanter λ-Variation, die an den Endpunkten dieses Intervalles dieselben Werte annimmt wie $\varphi(x)$. Die so definierte Funktion ist stetig im Intervalle $a \leqq x \leqq b$, ihre totale Variation in diesem Intervalle ist unendlich, und in einem maßgleichen Kern des Definitionsintervalles verschwinden ihre sämtlichen Derivierten (vgl. aber hierzu die Sätze des § 527).

Die nirgends differentiierbare Funktion von Weierstraß.

519. Wir sahen, daß die Funktionen von beschränkter Variation in einem maßgleichen Kern ihres Definitionsbereiches differentiierbar sind. Läßt man aber die Bedingung fallen, daß die betrachtete Funktion von beschränkter Variation sein muß, so kann man sogar stetige Funktionen konstruieren, die in keinem Punkte ihres Definitionsbereiches differentiierbar sind.

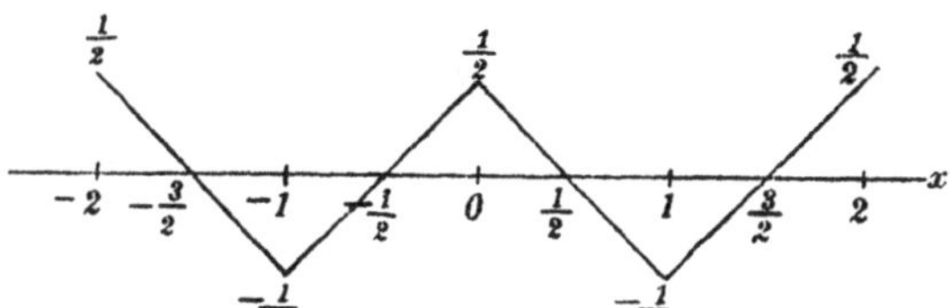

Fig. 39.

Wir gehen dazu von einer stückweise linearen, stetigen, periodischen Funktion $\varphi(x)$ von der Periode 2 aus, die für jeden positiven oder negativen Wert von x folgendermaßen definiert wird:

$$(1) \qquad \begin{cases} \varphi(x) = \frac{1}{2} - x & \text{im Intervalle } 0 \leqq x \leqq 1, \\ \varphi(x+1) = -\varphi(x). \end{cases}$$

Hieraus folgt, daß, wenn k eine ganze Zahl bedeutet,

$$(2) \qquad \varphi(x+k) = (-1)^k \varphi(x)$$

ist. Ist ferner

$$a = 2n + 1$$

eine ungerade, positive ganze Zahl, so ist

$$(3)\qquad \left\{\begin{aligned} \varphi(ak) &= \varphi(k + 2nk) \\ &= (-1)^{2nk}\varphi(k) \\ &= \varphi(k). \end{aligned}\right.$$

Endlich ist $\varphi(x)$ in jedem Punkte nach rechts und nach links differentiierbar und, falls man eine beliebige Derivierte von $\varphi(x)$ mit $D\varphi(x)$ bezeichnet, so ist

$$(4)\qquad |D\varphi(x)| = 1.$$

Hieraus folgt, daß, wenn λ und μ zwei beliebige reelle Zahlen bedeuten und wenn man

$$(5)\qquad \psi(x) = \lambda\,\varphi(\mu x)$$

setzt, für jede Derivierte von $\psi(x)$ stets die Gleichung

$$(6)\qquad |D\psi(x)| = \lambda\mu$$

gelten muß (§ 469 und § 471, Satz 6).

520. Nun sei a eine ganze, positive ungerade Zahl und b eine reelle positive Zahl, die kleiner als Eins ist; wir setzen

$$(7)\qquad w(x) = \sum_{k=0}^{\infty} b^k\,\varphi(a^k x).$$

Diese Reihe ist gleichmäßig konvergent (§ 171) für alle x, denn es ist, wenn man

$$(8)\qquad S_n(x) = \sum_{k=0}^{n-1} b^k\,\varphi(a^k x)$$

und

$$(9)\qquad R_n(x) = \sum_{k=n}^{\infty} b^k\,\varphi(a^k x)$$

setzt und dabei

$$(10)\qquad |\varphi(x)| \leqq \tfrac{1}{2}$$

berücksichtigt,

$$(11)\qquad |R_n(x)| \leqq \frac{1}{2}\,\frac{b^n}{1-b}.$$

Ferner sind die Funktionen $S_n(x)$ nach rechts und nach links differentiierbar, weil sie gleich der Summe von endlich vielen Funktionen sind welche diese Eigenschaft besitzen (§ 466, Satz 2); nach (5) und (6) ist dann für jede Derivierte von $S_n(x)$

$$|DS_n(x)| \leqq 1 + ab + \cdots + a^{n-1}b^{n-1} = \frac{a^n b^n - 1}{ab - 1}.$$

Hieraus folgt (§ 476, Satz 5), daß für je zwei beliebige Werte x_1 und x_2 von x

$$|S_n(x_2) - S_n(x_1)| \leqq \frac{a^n b^n - 1}{ab - 1} |x_2 - x_1| \tag{12}$$

ist; hierbei ist stillschweigend vorausgesetzt worden, daß $ab \neq 1$ ist.

521. Es sei jetzt ξ eine beliebige Zahl; es gibt dann stets für jedes n eine eindeutig bestimmte ganze Zahl s_n, die der Bedingung

$$a^n\xi - \tfrac{1}{2} \leqq s_n < a^n\xi + \tfrac{1}{2} \tag{13}$$

genügt. Es ist dann nach (2)

$$\varphi(a^n\xi) = (-1)^{s_n} \varphi(a^n\xi - s_n)$$

und da, nach (13),

$$|a^n\xi - s_n| \leqq \tfrac{1}{2}$$

und daher $\varphi(a^n\xi - s_n) \geqq 0$ ist, können wir schreiben

$$(-1)^{s_n} \varphi(a^n\xi) = |\varphi(a^n\xi)|. \tag{14}$$

Nun setze man

$$x_n'' = \frac{s_n + 1}{a^n}, \quad x_n' = \frac{s_n - 1}{a^n}; \tag{15}$$

es folgt dann, wenn man s_n aus (15) berechnet und in (13) einsetzt,

$$0 < x_n'' - \xi < \frac{3}{2a^n}, \quad 0 < \xi - x_n' \leqq \frac{3}{2a^n}. \tag{16}$$

Ferner ist nach (9) und (15)

$$R_n(x_n'') = b^n\varphi(s_n + 1) + b^{n+1}\varphi(a(s_n + 1)) + b^{n+2}\varphi(a^2(s_n + 1)) + \cdots \tag{17}$$

und weil

$$\varphi(s_n + 1) = \frac{(-1)^{s_n + 1}}{2}$$

ist, erhält man mit Hilfe von (3)

$$R_n(x_n'') = (-1)^{s_n+1}\frac{b^n}{2}\{1 + b + b^2 + \cdots\}. \tag{18}$$

Anderseits hat man aber, wenn man (14) berücksichtigt,

$$R_n(\xi) = (-1)^{s_n+1}\frac{b^n}{2}\{-2|\varphi(a^n\xi)| + (-1)^{s_n+1}2b\,\varphi(a^{n+1}\xi) + (-1)^{s_n+1}2b^2\varphi(a^{n+2}\xi) + \cdots\}; \tag{19}$$

zieht man also die Reihe (19) von (18) gliedweise ab und bemerkt, daß wegen (10)

$$1 + 2\,|\varphi(a^n \xi)| \geqq 1 \quad \text{und} \quad b^p - (-1)^{s_n+1} 2 b^p \varphi(a^{n+p}\xi) \geqq 0$$

ist, so folgt

$$R_n(x_n'') - R_n(\xi) = (-1)^{s_n+1} \frac{b^n}{2}(1+\alpha), \tag{20}$$

wobei $\alpha \geqq 0$ ist. Genau ebenso hätte man setzen können

$$R_n(x_n') = b^n \varphi(s_n - 1)\{1 + b + b^2 + \cdots\}$$

und da also wegen der Periodizität von $\varphi(x)$ die Zahlen $R_n(x_n')$ und $R_n(x_n'')$ einander gleich sind, so folgt aus (20)

$$R_n(\xi) - R_n(x_n') = (-1)^{s_n} \frac{b^n}{2}(1+\alpha).$$

Berücksichtigt man die Relationen (16), so kann man schreiben:

$$\frac{R_n(x_n'') - R_n(\xi)}{x_n'' - \xi} = (-1)^{s_n+1} \frac{a^n b^n}{3} A_n'' \qquad (A_n'' > 1), \tag{21}$$

$$\frac{R_n(\xi) - R_n(x_n')}{\xi - x_n'} = (-1)^{s_n} \frac{a^n b^n}{3} A_n' \qquad (A_n' \geqq 1). \tag{22}$$

Anderseits setze man

$$\frac{S_n(x_n'') - S_n(\xi)}{x_n'' - \xi} = (-1)^{s_n+1} \frac{a^n b^n - 1}{ab - 1} \vartheta_n''; \tag{23}$$

bemerkt man, daß wegen (12) der absolute Betrag von ϑ_n'' nicht größer als Eins ist, und addiert (21) und (23), so erhält man die Schlußgleichung

$$\frac{w(x_n'') - w(\xi)}{x_n'' - \xi} = (-1)^{s_n+1} \frac{a^n b^n}{3}\left\{A_n'' + 3\vartheta_n'' \frac{a^n b^n - 1}{(ab-1)\,a^n b^n}\right\}. \tag{24}$$

Es ist nun stets möglich, die ungerade ganze positive Zahl a und die Zahl $b < 1$ so zu wählen, daß für jedes n

$$\frac{3(a^n b^n - 1)}{(ab-1)\,a^n b^n} < \frac{1}{2} \tag{25}$$

wird, denn es ist, falls $ab > 1$ ist,

$$\frac{3(a^n b^n - 1)}{(ab-1)\,a^n b^n} = \frac{3\left(1 - \frac{1}{a^n b^n}\right)}{ab - 1} < \frac{3}{ab-1}$$

und die Ungleichheit (25) ist erfüllt, sobald $ab \geqq 7$ ist. Man kann also z. B.

$$b = \tfrac{1}{2}, \quad a = 15 \tag{26}$$

wählen.

Unter diesen Voraussetzungen folgt aus (24)

$$\frac{w(x_n'') - w(\xi)}{x_n'' - \xi} = (-1)^{s_n+1} \frac{a^n b^n}{6} (1 + \beta_n'') \qquad (\beta_n'' > 0) \tag{27}$$

und ebenso findet man mit Hilfe von (22)

$$\frac{w(\xi) - w(x_n')}{\xi - x_n'} = (-1)^{s_n} \frac{a^n b^n}{6} (1 + \beta_n') \qquad (\beta_n' > 0). \tag{28}$$

522. In der Reihe $s_1, s_2, s_3, \ldots$ gibt es sicher unendlich viele gerade oder unendlich viele ungerade Zahlen. Im ersten Falle folgt aus (27) und (28), wenn man noch dazu (16) berücksichtigt:

$$\underline{D}_+ w(\xi) = -\infty, \qquad \overline{D}_- w(\xi) = +\infty, \tag{29}$$

im zweiten Falle aber

$$\overline{D}_+ w(\xi) = +\infty, \qquad \underline{D}_- w(\xi) = -\infty. \tag{30}$$

Da ξ nun eine ganz beliebige Zahl bedeutete, folgt hieraus, daß $w(x)$ in keinem Punkte differentiierbar ist.

Ferner folgt, daß, wenn $w(x)$ in einem Punkte z. B. nach rechts differentiierbar ist, alle rechten Derivierten von $w(x)$ unendlich sein müssen.

Es gibt übrigens tatsächlich Punkte, in denen $w(x)$ sowohl nach rechts als auch nach links differentiierbar ist, der Punkt $x = 0$ ist z. B. ein derartiger Punkt.

Daher läßt unser Beispiel die Frage offen, ob es stetige Funktionen gibt, die in keinem einzigen Punkte nach rechts differentiierbar sind, oder auch ob es Funktionen gibt, die überall endliche — aber nicht beschränkte — Derivierte besitzen und die in keinem Punkte differentiierbar sind.[1])

Das Umkehrproblem der Differentialrechnung

523. Die sich von selbst darbietende Frage, ob man von einer beliebigen gegebenen Funktion verlangen kann, daß sie gleich einer der rechten oder linken Derivierten einer stetigen Funktion sei, läßt sich sofort, sogar für beschränkte Funktionen, verneinen.

Ist nämlich $g(x)$ eine beschränkte Funktion, von der wir verlangen, daß sie gleich einer der Derivierten einer stetigen und endlichen Funktion $f(x)$ sei, so folgt aus dem Satze 5 des § 476, daß $f(x)$ beschränkte Differenzenquotienten besitzt, und folglich (§ 491, Satz 8) totalstetig

1) Daß es tatsächlich Funktionen mit den oben angegebenen Eigenschaften geben kann, ist erst vor kurzem gezeigt worden. Siehe A. Besikowitsch, Diskussion der stetigen Funktionen im Zusammenhang mit der Frage über ihre Differentiierbarkeit I (Bull. de l'Acad. des Sc. de Russie 1925).

sein muß. Also muß $g(x)$ meßbar und $f(x)$ gleich einem der unbestimmten Integrale von $g(x)$ sein (§ 485, Satz 2).

Satz 1. *Eine beschränkte Funktion $g(x)$ ist dann und nur dann gleich einer der Derivierten einer stetigen und endlichen Funktion $f(x)$, wenn $g(x)$ meßbar und gleich einer der Derivierten eines ihrer unbestimmten Integrale ist.*

Ist nun $f(x)$ irgendeine Funktion mit beschränkten Differenzenquotienten und $Df(x)$ eine ihrer Derivierten, so gibt es eine endliche Zahl A, so daß stets

$$|Df(x)| \leqq A$$

ist. Wählt man

$$g(x) \sim Df(x),$$

so daß in einer Nullmenge A

$$|g(x)| > A$$

ist, so fällt (nach dem Satze 6 des § 476) die gegebene Funktion $g(x)$ mit keiner Derivierten von $f(x)$ zusammen.

So ist z. B. eine beschränkte Funktion $g(x)$, die überall außer in endlich oder abzählbar unendlich vielen Punkten verschwindet, sicher keine Derivierte einer stetigen und endlichen Funktion.

524. Wir nehmen nun an, wir wissen von einer Funktion $g(x)$, die nicht beschränkt zu sein braucht, daß sie gleich einer der Hauptderivierten einer stetigen und endlichen Funktion $f(x)$ ist und stellen uns die Frage, ob es möglich ist, eine zweite Funktion $\varphi(x)$ zu finden, welche dieselbe Hauptderivierte $g(x)$ besitzt, so daß $(f(x) - \varphi(x))$ nicht konstant ist. L. Scheeffer hat Bedingungen gefunden, unter welchen es nicht möglich ist, eine derartige Funktion $\varphi(x)$ zu finden; wir sprechen diese Bedingung aus, indem wir uns auf die obere rechte Derivierte beschränken.

Satz 2. *Ist $f(x)$ eine endliche und stetige Funktion, deren obere rechte Derivierte $\overline{D}_+ f(x)$ in einem abgeschlossenen Intervalle $\overline{I}$ außer höchstens auf einer abzählbaren Punktmenge e endlich ist, so ist für jede endliche und stetige Funktion $\varphi(x)$, die der Bedingung*

$$\overline{D}_+ \varphi(x) = \overline{D}_+ f(x)$$

genügt, auch die Gleichung

$$\varphi(x) - f(x) = \text{konst.}$$

erfüllt.

Wir setzen

$$\psi(x) = \varphi(x) - f(x)$$

und bemerken, daß in allen Punkten von $(\bar{I} - e)$ nach der Relation (1) des § 468

$$\overline{D}_+\psi(x) \geqq \overline{D}_+\varphi(x) - \overline{D}_+f(x) = 0$$

ist. Die obere rechte Derivierte von $\psi(x)$ ist also überall in I außer vielleicht in der **abzählbaren** Punktmenge e nicht negativ und hieraus folgt, daß $\psi(x)$ monoton wächst (§ 510, Satz 13). Dasselbe schließt man aber auch von der Funktion

$$\psi_1(x) = -\psi(x) = f(x) - \varphi(x),$$

die man erhält, indem man in der obigen Überlegung $f(x)$ mit $\varphi(x)$ vertauscht, und hieraus folgt der Scheeffersche Satz.

525. Man kann den Scheefferschen Satz umkehren und folgenden Satz behaupten:

Satz 3. *Ist $f(x)$ eine endliche und stetige Funktion, deren obere rechte Derivierte $\overline{D}_+f(x)$ in einer nicht abzählbaren Teilmenge e des Definitionsintervalls I unendlich ist, so gibt es Funktionen $\varphi(x)$, so daß für jeden Punkt von I*

(1) $$\overline{D}_+\varphi(x) = \overline{D}_+f(x)$$

ist, und $(f(x) - \varphi(x))$ nicht konstant ist.

Da die Punktmenge e, in welcher $\overline{D}_+f(x)$ unendlich ist, nicht abzählbar ist, so ist mindestens eine der beiden Punktmengen

$$M(\overline{D}_+f(x) = +\infty) \quad \text{oder} \quad M(\overline{D}_+f(x) = -\infty)$$

nicht abzählbar und enthält eine perfekte Teilmenge A (§ 473, Satz 4); diese Punktmenge A ist außerdem nirgends dicht (§ 477, Satz 9). Es sei nun $\chi(x)$ eine monoton wachsende, nicht konstante, stetige Funktion, deren Derivierten in jedem Punkte von $(I - A)$ sämtlich verschwinden (§ 509, Satz 12). Ist in jedem Punkte von A

$$\overline{D}_+f(x) = +\infty,$$

so setze man

$$\varphi(x) = f(x) + \chi(x);$$

ist aber in jedem Punkte von A

$$\overline{D}_+f(x) = -\infty,$$

so setze man

$$\varphi(x) = f(x) - \chi(x);$$

in beiden Fällen ist für jeden Punkt von $(I - A)$ und in jedem Punkte von A die Gleichung (1) erfüllt und $(\varphi(x) - f(x))$ ist nicht konstant.

526. Vergleicht man die beiden letzten Sätze mit den Eigenschaften der summierbaren Funktionen, so sieht man, daß das Problem der Bestimmung einer Funktion, von der man eine Hauptderivierte kennt und das Problem der Integration einer summierbaren Funktion unter völlig verschiedenen Voraussetzungen eine eindeutige Lösung zulassen.

Eine Funktion, die nicht totalstetig und sogar nicht von beschränkter Variation ist, kann eine obere rechte Derivierte besitzen, die überall endlich ist. Man braucht nur dazu eine Funktion zu konstruieren, die im Intervalle $0 \leqq x \leqq 1$ der Bedingung

$$0 \leqq f(x) \leqq x^2$$

genügt, in jedem Intervalle

$$\xi \leqq x \leqq 1 \qquad (\xi > 0)$$

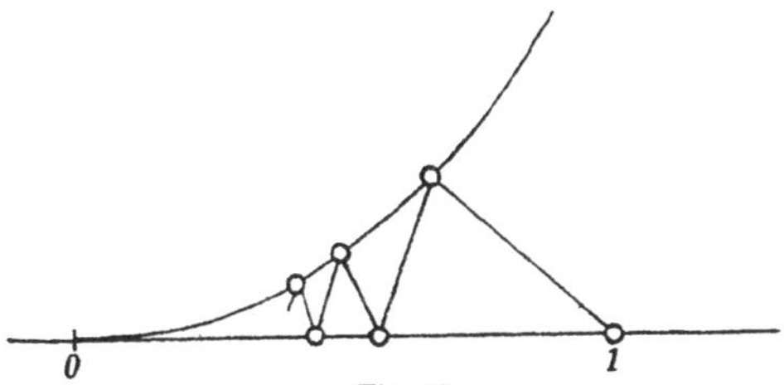

Fig. 40.

stückweise linear ist, und deren totale Variation in $0 \leqq x \leqq 1$ gleich $+\infty$ ist. Hier ist also $f(x)$ durch $\overline{D}_+ f(x)$ eindeutig bestimmt, die Funktion $\overline{D}_+ f(x)$ ist aber nicht summierbar im Definitionsintervall.

Anderseits können sämtliche Derivierten einer totalstetigen monotonen Funktion $f(x)$ in einer perfekten Punktmenge A gleich $+\infty$ sein (§ 492, Satz 10); dann ist $\overline{D}_+ f(x)$ summierbar, aber die Funktion selbst durch ihre obere rechte Derivierte nicht eindeutig bestimmt.

527. Dagegen zeigt der folgende Satz, daß die beiden Probleme vollständig äquivalent sind, sobald die Voraussetzungen, die für jedes von ihnen gemacht werden müssen, alle erfüllt sind, d. h. wenn z. B. $\overline{D}_+ f(x)$ summierbar ist und nur in abzählbar unendlich vielen Punkten unendlich werden kann:

Satz 4. *Ist die Derivierte $\overline{D}_+ f(x)$ einer stetigen und endlichen Funktion $f(x)$ in allen Punkten eines Intervalles I außer höchstens in den Punkten einer abzählbaren Punktmenge e endlich und ist $\overline{D}_+ f(x)$ über I summierbar, so ist $f(x)$ totalstetig und*

$$f(x) = c + \int_a^x \overline{D}_+ f(x)\, dx.$$

Dieser Satz ist deshalb nicht selbstverständlich, weil das unbestimmte Integral der summierbaren Funktion $\overline{D}_+ f(x)$ eine obere rechte Derivierte haben könnte, die in einer perfekten Punktmenge unendlich wird. Von dieser Derivierten wissen wir nämlich nur, **daß** sie zum Integranden, d. h. zu $\overline{D}_+ f(x)$ äquivalent ist. Es ist also nicht von vornherein klar, daß die Differenz zwischen $f(x)$ und diesem Integral konstant sein muß.

Wir führen eine Folge von Funktionen $\varphi_n(x)$ ein, die durch die Gleichungen

$$(1) \qquad \begin{cases} \varphi_n(x) = \overline{D}_+ f & \text{in der Punktmenge } \boldsymbol{M}(\overline{D}_+ f < n), \\ \varphi_n(x) = n & \text{,, ,, ,, } \boldsymbol{M}(\overline{D}_+ f \geqq n) \end{cases}$$

definiert werden. In jedem Punkte von I ist

$$(2) \qquad |\varphi_n(x)| \leqq |\overline{D}_+ f(x)|;$$

die Funktionen $\varphi_n(x)$ sind also summierbar, und aus (1) und (2) folgt (§ 402, Satz 16)

$$(3) \qquad \lim_{n=\infty} \int_{x_1}^{x_2} \varphi_n(x)\, dx = \int_{x_1}^{x_2} \lim_{n=\infty} \varphi_n(x)\, dx = \int_{x_1}^{x_2} \overline{D}_+ f(x)\, dx$$

für jedes Punktepaar x_1, x_2 des Intervalls I. Wir setzen ferner

$$(4) \qquad \Phi_n(x) = \int_a^x \varphi_n(x)\, dx$$

und bemerken, daß wegen (1) stets

$$(5) \qquad \overline{D}_+ \Phi_n(x) \leqq n$$

sein muß (§ 450, Satz 1).

In jedem Punkte von $(I - e)$ ist nach Voraussetzung $\overline{D}_+ f(x)$ endlich, also (§ 468)

$$(6) \qquad \overline{D}_+ (f(x) - \Phi_n(x)) \geqq \overline{D}_+ f(x) - \overline{D}_+ \Phi_n(x).$$

Innerhalb des maßgleichen Kernes von $(I - e)$, in dem

$$\overline{D}_+ \Phi_n(x) = \varphi_n(x) \leqq \overline{D}_+ f(x)$$

ist, haben wir also wegen (6)

$$\overline{D}_+ (f(x) - \Phi_n(x)) \geqq 0.$$

Die einzigen Punkte, in denen die obere rechte Derivierte von $(f(x) - \Phi_n(x))$ negativ sein kann, sind also einerseits die Punkte der abzählbaren Punktmenge e, und anderseits diejenigen Punkte von $(I - e)$, in welchen $\overline{D}_+ \Phi_n(x) \neq \varphi_n(x)$ ist; in diesen ist aber wegen (5) und (6)

$$\overline{D}_+ (f(x) - \Phi_n(x)) \geqq \overline{D}_+ f(x) - n$$

und daher die Funktion $\overline{D}_+ (f(x) - \Phi_n(x))$ jedenfalls von $-\infty$ verschieden. Hieraus folgt, daß $\overline{D}_+(f(x) - \Phi_n(x))$ höchstens in der abzählbaren Punktmenge e gleich $-\infty$ sein kann, und überhaupt nur in einer Nullmenge negativ sein kann. Nach dem Satz 13 des § 510 ist also die Funktion $(f(x) - \Phi_n(x))$ monoton wachsend und man kann schreiben, wenn man $x_1 < x_2$ wählt,

$$f(x_2) - f(x_1) \geqq \int_{x_1}^{x_2} \varphi_n(x)\, dx.$$

Diese letzte Bedingung ist für jeden Wert von n erfüllt, also gilt auch nach (3) die Beziehung

$$f(x_2) - f(x_1) \geqq \int_{x_1}^{x_2} \overline{D}_+ f(x)\, dx \qquad (x_1 < x_2). \tag{7}$$

Wir bestimmen zweitens eine Folge von Funktionen $\psi_n(x)$ durch die Gleichungen

$$\begin{aligned} \psi_n(x) &= \overline{D}_+ f(x) \quad \text{in der Punktmenge} \quad M(\overline{D}_+ f > -n), \\ \psi_n(x) &= -n \quad\quad\; \text{„ „ „} \quad M(\overline{D}_+ f \leqq -n) \end{aligned}$$

und setzen

$$\Psi_n(x) = \int_a^x \psi_n(x)\, dx.$$

Bemerkt man nun, daß stets

$$\underline{D}_+ \Psi_n(x) \geqq -n$$

ist, und daß in jedem Punkte von $(I - e)$ nach dem § 468

$$D_+(f(x) - \Psi_n(x)) < \overline{D}_+ f(x) - D_+ \Psi_n(x)$$

sein muß, so folgt durch eine ganz ähnliche Schlußweise wie oben mit Hilfe des Satzes 14 des § 510, daß die Funktion $(f(x) - \Psi_n(x))$ im abgeschlossenen Intervalle $\overline{I}$ monoton abnimmt, und hieraus

$$f(x_2) - f(x_1) \leqq \int_{x_1}^{x_2} \psi_n(x)\, dx \qquad (n = 1, 2, 3, \ldots).$$

Läßt man in dieser letzten Beziehung n gegen Unendlich konvergieren, so erhält man erstens die Ungleichheit

$$f(x_2) - f(x_1) \leqq \int_{x_1}^{x_2} \overline{D}_+ f(x)\, dx \qquad (x_1 < x_2)$$

und zweitens durch Vergleich mit (7) die Gleichung

$$f(x_2) - f(x_1) = \int_{x_1}^{x_2} \overline{D}_+ f(x)\, dx.$$

wodurch unsere Behauptung bewiesen ist.

Da die Hauptderivierten einer Funktion von beschränkter Variation, die auf einem abgeschlossenen Intervall definiert ist, immer summierbar sind (§ 517, Satz 3), so folgt aus dem letzten Satze folgendes Korollar, das den Satz 15 des § 510 als Spezialfall enthält.

Satz 5. *Ist die stetige Funktion $f(x)$ in einem abgeschlossenen Intervall $\bar{I}$ von beschränkter Variation und ist eine ihrer Hauptderivierten höchstens nur in einer abzählbaren Teilmenge von $\bar{I}$ unendlich, so ist $f(x)$ totalstetig in $\bar{I}$.*

Berechnung von einfachen Integralen.

528. Das Problem der Integration einer summierbaren Funktion und das Umkehrproblem der Differentialrechnung sind, wie wir soeben sahen, unter gewissen Voraussetzungen äquivalente Probleme. Man benutzt diese Tatsache in Verbindung mit den allgemeinen Sätzen über summierbare Funktionen (§§ 392—402), um die bestimmten oder unbestimmten Integrale einer summierbaren Funktion zu berechnen, ohne auf die ursprüngliche Definition des Integrals zurückzugreifen.

Durch die Rechnungsregeln der Differentialrechnung (§§ 465—471) ist man imstande, die Ableitungen einer großen Anzahl von differentiierbaren Funktionen zu berechnen. Es sei z. B. $F(x)$ eine solche Funktion, die im Intervalle

$$a < x < b \tag{1}$$

differentiierbar ist und dort eine bekannte beschränkte Ableitung $f(x)$ besitzt. Dann wissen wir, daß $f(x)$ in jedem Teilintervalle von (1) mit den Endpunkten x_1 und x_2 summierbar ist und nach dem Satze 4 des vorigen Paragraphen folgt dann, daß

$$\int_{x_1}^{x_2} f(x)\,dx = F(x_2) - F(x_1) \tag{2}$$

ist. Die letzte Formel kann übrigens auch aus früheren Sätzen erschlossen werden, z. B. aus der Tatsache, daß wegen der Sätze des § 491 die Funktion $F(x)$ totalstetig ist und daher gleich einem der unbestimmten Integrale ihrer Ableitung $f(x)$.

Man kann auf diese Weise die Integrale von vielen Funktionen berechnen; ist z. B. $f(x)$ ein Polynom:

$$f(x) = a_0 + a_1 x + \cdots + a_n x^n,$$

so kann man für $F(x)$ setzen

$$F(x) = a_0 x + a_1 \frac{x^2}{2} + \cdots + a_n \frac{x^n}{n}.$$

Diese Methode besitzt natürlich nur ein beschränktes Anwendungsfeld und liefert außerdem nur Integrale über Intervalle; in allen übrigen Fällen versucht man die zu integrierende Funktion $f(x)$ als Grenze einer Folge von Funktionen $f_1(x), f_2(x), \ldots$ darzustellen, deren Integrale man kennt und z. B. den Satz 16 des § 402 oder den Satz 13 des § 399 anzuwenden.

Man kann, selbst wenn die offene und zusammenhängende Punktmenge A, über die man integrieren will, aus einer Halbgeraden oder aus der ganzen x-Achse besteht, die Approximationsfunktionen $f_n(x)$ so wählen, daß sie nur in einem Intervalle von Null verschieden sind, so daß das Integral von $f_n(x)$ über A wieder durch eine Gleichung wie (2) berechnet werden kann.

529. Anstatt $f(x)$ durch die Folge $f_1(x), f_2(x), \ldots$ zu approximieren, stellt man oft $f(x)$ als unendliche Reihe dar:

$$f(x) = a_1(x) + a_2(x) + \cdots, \tag{1}$$

dieses ist aber nur eine andere Schreibweise für

$$f_n(x) = a_1(x) + a_2(x) + \cdots + a_n(x). \tag{2}$$

Da man aber fast immer in den Anwendungen die Darstellung (1) von $f(x)$ als Reihe von Funktionen bevorzugt, ist es nützlich, die Sätze 13 und 16 der §§ 399 und 402 auch für die Reihe (1) auszusprechen.

Es handelt sich darum, hinreichende Bedingungen anzugeben, um die Summierbarkeit von $f(x)$ über eine offene, zusammenhängende lineare Punktmenge A festzustellen, für welche zugleich die Gleichung

$$\int_A f(x)\,dx = \sum_{k=1}^{\infty} \int_A a_k(x)\,dx \tag{3}$$

besteht. Wir setzen natürlich voraus, daß jedes $a_k(x)$ endlich und über A summierbar ist. Dann ist auch nach (2) für jedes n sowohl $f_n(x)$ als auch $|f_n(x)|$ summierbar (§§ 394, 395) und

$$\int_A f_n(x)\,dx = \sum_{k=1}^{n} \int_A a_k(x)\,dx. \tag{4}$$

Nun setzen wir

$$\sigma_1(x) = |f_1(x) \tag{5}$$

und allgemein für jedes $n > 1$

$$\sigma_n(x) = \text{der größeren der beiden Zahlen } \{\sigma_{n-1}(x),\ f_n(x)|\}. \tag{6}$$

Die Funktionen $\sigma_n(x)$ sind für jedes n über A summierbar und die Folge dieser Funktionen ist monoton wachsend

$$\sigma_1(x) \leqq \sigma_2(x) \leqq \sigma_3(x) \leqq \cdots.$$

Ist

(7) $$\lim_{n=\infty} \int_A \sigma_n(x)\, dx$$

eine endliche Zahl, so ist (§ 399, Satz 13) die Funktion

$$\sigma(x) = \lim_{n=\infty} \sigma_n(x)$$

über A summierbar. Außerdem ist für jedes n

(8) $$|f_n(x)| \leqq \sigma(x)$$

und daher die Bedingung (4) des Satzes 16 des § 402 erfüllt. Unter der Voraussetzung, daß die Reihe (1) konvergiert, ist also nach diesem Satze $f(x)$ summierbar und das Integral dieser Funktion über A wird durch die Formel (3) dargestellt.

Umgekehrt ist aber, wenn die Voraussetzungen des zuletzt benutzten Satzes erfüllt sind, d. h. wenn für jedes n

(9) $$|f_n(x)| \leqq S(x)$$

ist, wobei $S(x)$ eine über A summierbare Funktion bedeutet, auch für jedes n

$$\sigma_n(x) \leqq S(x)$$

und daher der Limes (7) eine endliche Zahl.

Endlich bemerke man, wenn die Folge von Funktionen $f_1(x)$, $f_2(x)$, ... monoton wachsend ist, d. h. wenn die $a_n(x)$ für $n \geqq 2$ nicht negativ sind, so ist für jedes n

$$f_n(x) \leqq f(x)$$

und folglich ist

$$|f_n(x)| \leqq f(x) - f_1(x) + |f_1(x)|;$$

ist also $f(x)$ über A summierbar, so kann man setzen

$$S(x) = f(x) - f_1(x) + |f_1(x)|$$

und nach dem Obigen folgt, daß dann der Limes (7) endlich ist. Wir haben hiermit den Satz 13 des § 399 in etwas anderer Gestalt wiedergewonnen. Dasselbe Resultat bleibt überdies erhalten, wenn die $a_n(x)$ für $n \geqq p$, wo p eine beliebige natürliche Zahl ist, nicht negativ sind.

Satz 1. *Eine konvergente Reihe*

$$f(x) = a_1(x) + a_2(x) + a_3(x) + \cdots$$

von endlichen über ein lineares Gebiet A summierbaren Funktionen stellt *eine über A summierbare Funktion dar und ist gliedweise integrierbar, wenn der Limes* (7) *eine endliche Zahl darstellt. Sind für $n \geqq p$ die $a_n(x)$ nicht negativ, so ist diese Bedingung nicht nur hinreichend, sondern auch notwendig für die Summierbarkeit von $f(x)$ über A.*

Man braucht natürlich die Zahl (7) nicht zu berechnen; es genügt, wenn man beweisen kann, daß sie endlich ist. Dies ist z. B. der Fall, wenn A ein Intervall und die $|f_n(x)|$ sämtlich kleiner sind als eine feste von n unabhängige Zahl oder wenn für jedes n

$$|a_n(x)| \leqq b_n(x)$$

ist und die Summe

$$b_1(x) + b_2(x) + \cdots$$

eine über A summierbare Funktion darstellt.

530. Es ist oft wichtig zu beweisen, daß eine konvergente Reihe

$$(1) \qquad f(x) = b_1(x) + b_2(x) + b_3(x) + \cdots$$

von Funktionen $b_k(x)$, die in einem linearen Kontinuum A totalstetig sind, eine totalstetige Funktion darstellt. In den meisten Fällen genügt das folgende Kriterium. Wir nehmen an, daß die Summe

$$(2) \qquad \dot{b}_1(x) + \dot{b}_2(x) + \dot{b}_3(x) + \cdots$$

der Ableitungen $\dot{b}_k(x)$ von $b_k(x)$ in einem maßgleichen Kern von A konvergiert; setzt man für jede natürliche Zahl k

$$a_k(x) = \dot{b}_k(x)$$

in den Punkten von A, in denen (2) konvergiert, und $a_k(x) = 0$ in den übrigen Punkten von A, so konvergiert die Reihe

$$(3) \qquad \varphi(x) = a_1(x) + a_2(x) + \cdots$$

überall auf A; die $a_k(x)$ sind endliche Funktionen und wegen der Äquivalenz von $a_k(x)$ mit $\dot{b}_k(x)$ ist außerdem für jedes Punktepaar x_1, x_2 in A

$$(4) \qquad b_k(x_2) - b_k(x_1) = \int_{x_1}^{x_2} a_k(x)\,dx.$$

Genügt nun die Reihe (3) den Voraussetzungen des letzten Paragraphen, so ist $\varphi(x)$ über A summierbar und

$$\int_{x_1}^{x_2} \varphi(x)\,dx = \sum_{k=1}^{\infty} \int_{x_1}^{x_2} a_k(x)\,dx,$$

also wegen (1) und (4)

$$\int_{x_1}^{x_2} \varphi(x)\,dx = f(x_2) - f(x_1),$$

womit die Totalstetigkeit von $f(x)$ bewiesen ist. Außerdem ist in einem maßgleichen Kern von A

$$\dot{f}(x) = \dot{b}_1(x) + \dot{b}_2(x) + \dot{b}_3(x) + \cdots,$$

also die Reihe (1) gliedweise differentiierbar.

Aus der Totalstetigkeit von $f(x)$ folgt natürlich nicht die Differentiierbarkeit dieser Funktion in jedem Punkte von A, sondern nur ihre Differentiierbarkeit in einem maßgleichen Kern von A. Um die Differentiierbarkeit in einem vorgegebenen Punkte von A festzustellen, besitzt man nur wenig allgemeine Mittel; man kann aber z. B. den Satz 3 des § 452 benutzen, nach welchem in jedem Stetigkeitspunkte von $\varphi(x)$ die Funktion $f(x)$ differentiierbar ist.

Wir spezialisieren etwas die obigen Voraussetzungen und sprechen einen Satz aus, der für die meisten Anwendungen genügt:

Satz 2. *Es seien in einem linearen Kontinuum A die Glieder $b_k(x)$ der konvergenten Reihe*

$$f(x) = b_1(x) + b_2(x) + b_3(x) + \cdots \tag{5}$$

totalstetige Funktionen. Ferner sei die Reihe der Ableitungen

$$\varphi(x) = \dot{b}_1(x) + \dot{b}_2(x) + \dot{b}_3(x) + \cdots$$

konvergent und gliedweise integrierbar. Dann ist $f(x)$ totalstetig und gleich einem unbestimmten Integrale von $\varphi(x)$. In jedem Stetigkeitspunkte von $\varphi(x)$ sind außerdem alle Derivierten von $f(x)$ gleich $\varphi(x)$.

Wir nehmen nun speziell an, die Funktionen $b_k(x)$ seien alle monoton wachsend und $f(x)$ sei außerdem beschränkt; dann sind die Ableitungen $\dot{b}_k(x)$ nirgends negativ und die Funktionen

$$\varphi_n(x) = \dot{b}_1(x) + \dot{b}_2(x) + \cdots + \dot{b}_n(x) \qquad (n = 1, 2, \ldots)$$

bilden eine monoton wachsende Folge von Funktionen. Außerdem ist aber für je zwei Punkte x_1 und x_2 von A, für die $x_1 < x_2$ ist,

$$\int_{x_1}^{x_2} \varphi_n(x)\,dx < f(x_2) - f(x_1)$$

und hieraus folgt nach dem § 529 die Summierbarkeit von $\varphi(x)$ und daher auch die Totalstetigkeit von $f(x)$.

Satz 3. *Sind die Glieder $b_k(x)$ der konvergenten Reihe*

$$f(x) = b_1(x) + b_2(x) + \cdots$$

in einem linearen Kontinuum A totalstetig und monoton wachsend, ist außerdem $f(x)$ beschränkt in A, so ist $f(x)$ ebenfalls eine totalstetige Funktion.

531. In früheren Zeiten hat man die gliedweise Integration von Reihen nur für gleichmäßig konvergente Reihen und für beschränkte Integrationsbereiche bewiesen. Diese engeren Voraussetzungen sind in den Voraussetzungen des § 529 enthalten: konvergiert nämlich die Reihe

$$(1) \qquad f(x) = a_1(x) + a_2(x) + \cdots$$

gleichmäßig in A, so kann man eine natürliche Zahl p so bestimmen, daß für jedes $n > p$ und für jedes x innerhalb A

$$|f_n(x) - f_p(x)| < 1$$

ist; setzt man hierauf

$$S(x) = |f_1(x)| + |f_2(x)| + \cdots |f_p(x)| + 1,$$

so ist $S(x)$ über den Integrationsbereich A summierbar, falls dieser beschränkt ist, und genügt den Bedingungen (9) des § 529. Die Reihe (1) ist also gliedweise integrierbar über A.

Die Kriterien, die wir angegeben haben, sind aber nicht nur deshalb allgemeiner, weil wir über die Beschränktheit von A nichts vorauszusetzen brauchten, sondern auch, weil die Konvergenz der $f_n(x)$ gegen $f(x)$ tatsächlich nicht gleichmäßig zu sein braucht.

Dagegen konvergieren die unbestimmten Integrale

$$F_n(x) = \int_{x_0}^{x} f_n(x)\,dx$$

gleichmäßig gegen

$$F(x) = \int_{x_0}^{x} f(x)\,dx.$$

Denn es ist stets

$$|F(x) - F_n(x)| \leqq \int_A |f(x) - f_n(x)|\,dx$$

und nach der Gleichung (9) des § 402 konvergieren die letzten Zahlen mit wachsendem n gegen Null.

Uneigentliche Integrale.

532. Es sei

$$A:\quad a < x < b$$

ein lineares Gebiet und $F(x)$ eine Funktion, die auf dieser Punktmenge stetig und beschränkt ist und für welche die Grenzwerte

(1) $$\lim_{x=a} F(x) = F(a) \quad \text{und} \quad \lim_{x=b} F(x) = F(b)$$

existieren. Ist also A ein Intervall, so ist $F(x)$ im abgeschlossenen Intervalle

$$\bar{A}:\quad a \leqq x \leqq b$$

definiert und stetig auf A; ist A kein Intervall, so werden durch unsere Festsetzung das eine oder das andere der beiden Symbole $F(-\infty)$, $F(+\infty)$, gegebenenfalls auch beide, definiert.

Ist $F(x)$ ein unbestimmtes Integral einer über A summierbaren Funktion $f(x)$, so gilt in jedem Falle die Gleichung

(2) $$F(b) - F(a) = \int_A f(x)\,dx = \int_a^b f(x)\,dx,$$

die man nur zu beweisen braucht, wenn a oder b unendlich sind. Es sei z. B. $a = -\infty$ und b endlich; mit $x_1, x_2, \ldots$ bezeichne man eine Folge von Punkten, die gegen a konvergieren und mit $f_n(x)$ eine Funktion, die für $x < x_n$ verschwindet und für $x \geqq x_n$ gleich $f(x)$ ist. Dann ist stets

$$|f_n(x)| \leqq |f(x)|,$$

$$\lim_{n=\infty} f_n(x) = f(x).$$

Also ist nach dem Satze 16 des § 402

(3) $$\int_A f(x)\,dx = \lim_{n=\infty} \int_A f_n(x)\,dx.$$

Anderseits ist aber

(4) $$\int_A f_n(x)\,dx = \int_{x_n}^b f_n(x)\,dx = F(b) - F(x_n)$$

und der Vergleich von (1), (3) und (4) liefert uns die Gleichung (2).

533. Wir betrachten jetzt solche Funktionen $F(x)$, die den Gleichungen (1) des vorigen Paragraphen genügen und außerdem in jedem Teilintervall

(1) $$x_1 < x < x_2$$

von A, dessen Endpunkte von a und b verschieden sind,

$$(2) \qquad a < x_1, \quad x_2 < b$$

totalstetig sind. Dann ist $F(x)$ ein unbestimmtes Integral einer über jedes Intervall (1), aber nicht notwendig über A summierbaren Funktion $f(x)$. Es ist aber bequem, auch in diesem Falle von einem Integral der Funktion $f(x)$ über A zu sprechen, das durch die Gleichung

$$(3) \qquad \int_a^b f(x)\,dx = \lim_{\substack{x_1 = a \\ x_2 = b}} \int_{x_1}^{x_2} f(x)\,dx = F(b) - F(a)$$

definiert wird. Ein solches Integral heißt ein uneigentliches Integral von $f(x)$, falls $f(x)$ nicht über A selbst summierbar ist.

Die Zweckmäßigkeit dieser Bezeichnung ersieht man sofort, wenn man bedenkt, daß die Formeln

$$(4) \qquad \int_a^b (f(x) + g(x))\,dx = \int_a^b f(x)\,dx + \int_a^b g(x)\,dx,$$

$$(5) \qquad \int_a^b \lambda f(x)\,dx = \lambda \int_a^b f(x)\,dx,$$

$$(6) \qquad \int_a^b f(x)\,dx + \int_b^c f(x)\,dx = \int_a^c f(x)\,dx,$$

die für summierbare Funktionen gelten, auch dann bestehen bleiben, wenn uneigentliche Integrale in diesen Formeln vorkommen.

Wenn

$$(7) \qquad \int_a^b f(x)\,dx$$

ein uneigentliches Integral sein soll, darf $f(x)$ nicht über H summierbar sein; nun ist (§ 395) die Funktion $f(x)$ dann und nur dann über A summierbar, wenn dasselbe von $|f(x)|$ gilt. Hieraus folgt, daß (mit unseren obigen Voraussetzungen) das Integral (7) dann und nur dann ein uneigentliches Integral ist, wenn

$$(8) \qquad \lim_{\substack{x_1 = a \\ x_2 = b}} \int_{x_1}^{x_2} |f(x)|\,dx = +\infty$$

ist. Die Funktion $f(x)$ muß also ihr Vorzeichen derart wechseln, daß der Grenzwert (3), aber nicht der Grenzwert (8) endlich ist.

534. Es seien jetzt $f_1(x), f_2(x), \ldots$ Funktionen einer konvergenten Folge, die über die Punktmenge A summierbar sind, oder ein uneigentliches Integral über diese Punktmenge besitzen. Setzen wir

(1) $$f(x) = \lim_{n=\infty} f_n(x),$$

so kann man sehr leicht hinreichende Bedingungen dafür aufstellen, daß $f(x)$ ein eigentliches oder uneigentliches Integral über A besitze und die Gleichung

(2) $$\int_a^b f(x)\,dx = \lim_{n=\infty} \int_a^b f_n(x)\,dx$$

bestehe.

Wir verlangen zuerst, daß wir den Satz 16 des § 402 über jedes Intervall

(3) $$x_1 < x < x_2,$$

dessen Endpunkte von a und b verschieden sind, anwenden können; es muß daher eine über das Intervall (3) summierbare Funktion $S(x; x_1, x_2)$ existieren, so daß für jedes n die Bedingung

(4) $$f_n(x)| \leqq S(x: x_1, x_2)$$

erfüllt sei.

Nun seien $\xi_1', \xi_2', \ldots$ und $\xi_1'', \xi_2'', \ldots$ monotone Folgen von Punkten, die gegen a bzw. b konvergieren und von diesen Punkten verschieden sind:

$$\xi_k' \to a, \quad \xi_k'' \to b.$$

Wir bezeichnen ferner mit η_{kn}', η_{kn}'' die Differenz der oberen und der unteren Grenze der Funktionen

(5) $$F_n(x) = \int_a^x f_n(x)\,dx$$

in den Punktmengen

$$a < x < \xi_k', \quad \xi_k'' < x < b.$$

Setzen wir endlich

(6) $$\begin{cases} \eta_k' = \text{obere Grenze von } \{\eta_{k1}', \eta_{k2}', \ldots\}, \\ \eta_k'' = \quad\text{,,}\quad\text{,,}\quad\text{,,}\quad \{\eta_{k1}'', \eta_{k2}'', \ldots\}, \end{cases}$$

so ist die Gleichung (2) richtig, falls die Gleichungen

(7) $$\lim_{k=\infty} \eta_k' = 0 \quad \text{und} \quad \lim_{k=\infty} \eta_k'' = 0$$

bestehen.

Sind nämlich x' und x'' zwei Punkte, die den Bedingungen

$$a < x' < \xi_k', \quad \xi_k'' < x'' < b$$

genügen, so ist nach unseren Voraussetzungen

$$\int_{x'}^{x''} f(x)\,dx = \lim_{n=\infty} \int_{x'}^{x''} f_n(x)\,dx \tag{8}$$

und hieraus findet man, wenn man sich an die Definition von η_k' und η_k'' erinnert,

$$\int_{x'}^{x''} f(x)\,dx \geqq \varliminf_{n=\infty} \int_a^b f_n(x)\,dx - \eta_k' - \eta_k'' \tag{9}$$

und

$$\int_{x'}^{x''} f(x)\,dx \leqq \varliminf_{n=\infty} \int_a^b f_n(x)\,dx + \eta_k' + \eta_k''. \tag{10}$$

Aus den beiden letzten Relationen und aus

$$\varliminf_{n=\infty} \int_a^b f_n(x)\,dx \leqq \varlimsup_{n=\infty} \int_a^b f_n(x)\,dx$$

folgt ferner, daß diese beiden Limites endlich sind und daß

$$\varlimsup_{n=\infty} \int_a^b f_n(x)\,dx - \varliminf_{n=\infty} \int_a^b f_n(x)\,dx \leqq 2(\eta_k' + \eta_k'') \tag{11}$$

sein muß, und da die Relation (11) für jeden Wert von k besteht, entnimmt man aus (7) die Existenz des Grenzwertes

$$\lim_{n=\infty} \int_a^b f_n(x)\,dx.$$

Nun kann man aber statt (9) und (10) schreiben

$$\int_{x'}^{x''} f(x)\,dx = \lim_{n=\infty} \int_a^b f_n(x)\,dx + \vartheta(\eta_k' + \eta_k'') \qquad (-1 \leqq \vartheta \leqq 1),$$

woraus ohne Mühe die Existenz des Integrals von $f(x)$ über A, sowie auch die zu beweisende Gleichung (2) folgt.

535. Es seien

$$\xi_1 < \xi_2 < \cdots < \xi_m$$

endlich viele Punkte, die in der offenen Punktmenge

$$A: \quad a < x < b$$

enthalten sind; ferner sei $f(x)$ eine Funktion, die ein uneigentliches Integral in jeder der Punktmengen

$$a < x < \xi_1; \quad \xi_k < x < \xi_{k+1} \ (k = 1, 2, \ldots, (m-1)); \quad \xi_m < x < b$$

besitzt. Man kann nun ein uneigentliches Integral von $f(x)$ über A dadurch definieren, daß man setzt:

$$\int_a^b f(x)\,dx = \int_a^{\xi_1} f(x)\,dx + \int_{\xi_1}^{\xi_2} f(x)\,dx + \cdots + \int_{\xi_m}^{b} f(x)\,dx.$$

Nach dieser Definition, die man auf offene zusammenhängende Teilmengen von A übertragen kann, existiert für jeden Punkt x von A die Funktion

$$F(x) = \int_a^x f(x)\,dx;$$

diese Funktion ist stetig in A, außerdem ist

$$\lim_{x=a} F(x) = F(a) = 0$$

und in jedem abgeschlossenen Teilintervall von A, dessen Endpunkte von a und b verschieden sind, und das keinen einzigen der Punkte ξ_k enthält, ist $F(x)$ totalstetig und gleich einem der unbestimmten Integrale der in diesem Teilintervall summierbaren Funktion $f(x)$. Es ist klar, daß $F(x)$ durch diese Eigenschaften eindeutig bestimmt ist.

536. Endlich deuten wir kurz an, wie man den Begriff des uneigentlichen Integrals noch weiter ausbauen kann. Es sei A ein lineares Gebiet und B eine offene Teilmenge dieses Gebietes, die aus abzählbar unendlich vielen Intervallen $\delta_1, \delta_2, \ldots$ und eventuell aus einer oder zwei Halbgeraden δ' und δ'' besteht. Wir sagen nun, daß eine Funktion $f(x)$, die auf A definiert ist, ein uneigentliches Integral über A besitzt, wenn erstens $f(x)$ über jedes abgeschlossene Intervall, das in B enthalten ist, summierbar ist und wenn es zweitens eine einzige stetige und beschränkte Funktion $F(x)$ auf A gibt, für welche der Grenzwert $F(a+0) = 0$ ist und der Grenzwert $F(b-0)$ existiert, und die auf jedem abgeschlossenen Teilintervall von B gleich einem unbestimmten Integral von $f(x)$ ist.

Die Punktmenge $(A-B)$ ist entweder selbst abgeschlossen oder sie wird es, wenn man den einen oder die beiden Endpunkte von A ihr hinzufügt. Sie ist also entweder abzählbar oder sie enthält eine perfekte Teilmenge (§ 64). In diesem letzten Falle kann man nach dem Satze 12 des § 509 mehrere Funktionen $F(x)$ finden, die unseren obigen Bedingungen genügen, falls es überhaupt eine solche Funktion gibt.

Ist dagegen $(A-B)$ abzählbar und existiert eine Funktion $F(x)$ mit den angegebenen Eigenschaften, so betrachte man die Funktion $\Phi(x)$, die in jedem Punkte von $(A-B)$ und auf den Halbgeraden δ' und δ'' (falls sie vorhanden sind) gleich $F(x)$ ist und die in jedem der Intervalle δ_k gleich einer linearen Funktion ist, die in den Endpunkten dieser Intervalle dieselben Werte wie $F(x)$ annimmt.

Die Funktion $\Phi(x)$ ist in jedem Punkte von A stetig: für die Punkte von B und die isolierten Punkte von $(A-B)$ ist dies evident: um die Behauptung auch für die Häufungspunkte von $(A-B)$ zu beweisen, muß man die Tatsache benutzen, daß in jedem der Intervalle δ_k die Variation von $\Phi(x)$ nicht größer ist als die Differenz der oberen und unteren Grenze von $F(x)$ in diesem selben Intervalle.

Wäre nun eine zweite Funktion $F_1(x)$ mit den geforderten Eigenschaften vorhanden, so müßte die entsprechende Funktion $\Phi_1(x)$ innerhalb eines jeden δ_k dieselben Derivierten wie $\Phi(x)$ besitzen; in der Punktmenge $(A-(\delta'+\delta''))$ haben dann die beiden Funktionen $\Phi(x)$ und $\Phi_1(x)$ überall endliche Derivierte, die einander gleich sind außer höchstens in der abzählbaren Punktmenge $(A-B)$. Da außerdem $\Phi(x)=\Phi_1(x)$ auf der Punktmenge δ' ist, müssen nach dem § 524 diese beiden Funktionen auf A übereinstimmen und man schließt hieraus, daß auch $F(x)=F_1(x)$ überall auf A sein muß.

Hieraus entnimmt man, daß folgende Bedingungen dafür notwendig und hinreichend sind, daß ein uneigentliches Integral von $f(x)$ über A existiere:

1. Die Punktmenge $(A-B)$ muß abzählbar sein.

2. Die Funktion $f(x)$ muß über jede der Punktmengen δ_k, δ', δ'' entweder summierbar oder uneigentlich integrierbar sein.

3. Die Konstruktion einer stetigen beschränkten Funktion $\Phi(x)$, die linear in den δ_k ist und dort die vorgeschriebenen Variationen besitzt, muß möglich sein.

4. Wenn man in jedem der Intervalle

$$\delta_k:\quad a_k < x < b_k$$

die Funktion $\Phi(x)$ durch

$$\Phi(a_k)+\int_{a_k}^{x} f(x)\,dx$$

ersetzt, muß man eine **stetige** Funktion $F(x)$ erhalten.

Eine notwendige und hinreichende Bedingung dafür, daß diese vierte Bedingung erfüllt sei, ist folgende: man bezeichne mit σ_k die

Differenz der oberen und unteren Grenze der Funktion

$$\int_{\alpha_k}^{x} f(x)\, dx$$

im Intervalle δ_k. Dann muß

$$\lim_{k=\infty} \sigma_k = 0$$

sein.

Der zweite Mittelwertsatz der Integralrechnung.

537. In der Geschichte der Analysis hat ein Satz, den man den zweiten Mittelwertsatz nennt und den wir weiter unten formulieren, eine bedeutende Rolle gespielt. Man erhält ihn durch folgenden Kunstgriff, der unter dem Namen „partielle Summation" bekannt ist.

Es sei auf einem linearen Gebiet

$$(1) \qquad A\colon\ a < x < b$$

eine stetige und beschränkte Funktion $F(x)$ gegeben, für welche die Grenzwerte

$$(2) \qquad \lim_{x=a} F(x) = F(a), \qquad \lim_{x=b} F(x) = F(b)$$

existieren. Durch $(n-1)$ Punkte

$$(3) \qquad x_1 < x_2 < \cdots < x_{n-1},$$

die alle in A liegen, werden n offene zusammenhängende Teilmengen von A definiert. Wir geben uns ferner eine monotone Folge von n Zahlen

$$(4) \qquad \alpha_1 \leqq \alpha_2 \leqq \cdots \leqq \alpha_n$$

und betrachten den Ausdruck

$$(5) \quad S = \alpha_1(F(x_1) - F(a)) + \alpha_2(F(x_2) - F(x_1)) + \cdots + \alpha_{n-1}(F(x_{n-1}) - F(x_{n-2})) + \alpha_n(F(b) - F(x_{n-1})),$$

den man durch Umordnung der Glieder schreiben kann

$$(6) \quad S = -\alpha_1 F(a) - (\alpha_2 - \alpha_1)F(x_1) - \cdots - (\alpha_n - \alpha_{n-1})F(x_{n-1}) + \alpha_n F(b).$$

Addiert man gliedweise zu der letzten Gleichung die Identität

$$0 = \alpha_1\lambda + (\alpha_2 - \alpha_1)\lambda + \cdots + (\alpha_n - \alpha_{n-1})\lambda - \alpha_n\lambda,$$

wobei λ eine beliebige Zahl bedeutet, so kommt:

$$S = \alpha_1(\lambda - F(a)) + \alpha_n(F(b) - \lambda) + R(\lambda)$$

mit der Abkürzung

$$R(\lambda) = (\alpha_2 - \alpha_1)(\lambda - F(x_1)) + (\alpha_3 - \alpha_2)(\lambda - F(x_2)) + \cdots + (\alpha_n - \alpha_{n-1})(\lambda - F(x_{n-1})).$$

Die Funktion $R(\lambda)$ ist eine lineare Funktion von λ, die wegen (4) einen nicht negativen Wert annimmt, wenn man für λ die obere Grenze G von $F(x)$ im abgeschlossenen Intervall

$$x_1 \leqq x \leqq x_{n-1} \tag{7}$$

einsetzt, und einen nicht positiven Wert, wenn man für λ die untere Grenze g von $F(x)$ in (7) nimmt. Entweder ist also $R(\lambda)$ identisch Null (dann muß aber $\alpha_n = \alpha_1$ sein) oder der Wert von λ, für welchen

$$R(\lambda) = 0 \tag{8}$$

ist, liegt in der abgeschlossenen Punktmenge

$$g \leqq \lambda \leqq G. \tag{9}$$

Es gibt also jedenfalls mindestens einen speziellen Wert λ_0 von λ, der der Bedingung (9) genügt und für welchen (8) erfüllt ist, so daß

$$S = \alpha_1(\lambda_0 - F(a)) + \alpha_n(F(b) - \lambda_0)$$

wird. Nun gibt es innerhalb des abgeschlossenen Intervalls (7), wenn man die Stetigkeit von $F(x)$ benutzt, mindestens einen Punkt ξ, für welchen

$$\lambda_0 = F(\xi)$$

ist, und man kann schreiben:

$$\left\{\begin{aligned} S = \alpha_1(F(\xi) - F(a)) + \alpha_n(F(b) - F(\xi)),\\ x_1 \leqq \xi \leqq x_{n-1}. \end{aligned}\right. \tag{10}$$

538. Wir setzen jetzt voraus, daß $F(x)$ ein unbestimmtes Integral einer über A summierbaren Funktion $f(x)$ ist und bezeichnen mit $\psi(x)$ eine in A definierte, monoton wachsende endlichwertige Funktion, die in den n Teilgebieten von A, die durch die Punkte $x_1, x_2, \ldots, x_{n-1}$ bestimmt werden, die Werte $\alpha_1, \alpha_2, \ldots, \alpha_n$ annimmt. Nach der Gleichung (5) des vorigen Paragraphen ist dann

$$S = \int_a^b f(x) \cdot \psi(x)\, dx$$

und die Gleichung (10) läßt sich also schreiben

$$\int_a^b f(x) \cdot \psi(x)\, dx = \alpha_1 \int_a^\xi f(x)\, dx + \alpha_n \int_\xi^b f(x)\, dx. \tag{11}$$

Wir bezeichnen ferner mit $\varphi(x)$ eine beliebige, in A definierte monoton wachsende und beschränkte Funktion und wählen zwei beliebige endliche Zahlen α und β, die den Bedingungen

$$\alpha \leqq \varphi(a+0), \qquad \beta \geqq \varphi(b-0)$$

genügen.

Man kann nun die Funktion $\varphi(x)$ in jedem Punkte von A als Grenze einer Folge von endlichwertigen, monoton wachsenden Funktionen

$$\varphi_1(x),\ \varphi_2(x),\ \ldots$$

darstellen (§ 357), die in einer gewissen Umgebung von a den Wert α und in einer gewissen Umgebung von b den Wert β annehmen. Da nun stets

$$|\varphi_n(x) f(x)| \leqq (|\alpha| + |\beta|)\,|f(x)|$$

ist, ist nach dem Satze 16 des § 402

$$(12) \qquad \int_a^b f(x)\,\varphi(x)\,dx = \lim_{n=\infty} \int_a^b f(x)\,\varphi_n(x)\,dx.$$

Nun ist aber nach (11) für jedes n

$$(13) \qquad \int_a^b f(x)\,\varphi_n(x)\,dx = \alpha \int_a^{\xi_n} f(x)\,dx + \beta \int_{\xi_n}^b f(x)\,dx,$$

wobei ξ_n einen geeigneten Punkt der Punktmenge A bedeutet.

Aus der Folge

$$\xi_1,\ \xi_2,\ \xi_3,\ \ldots$$

kann man eine konvergente Teilfolge

$$\xi_{n_1},\ \xi_{n_2},\ \xi_{n_3},\ \ldots$$

aussondern, die gegen einen Punkt ξ konvergiert, der entweder in A liegt oder einen der Werte a oder b annimmt. Dann ist aber wegen der Stetigkeit des unbestimmten Integrals einer summierbaren Funktion als Funktion ihrer oberen oder unteren Grenze

$$(14) \qquad \begin{cases} \lim\limits_{k=\infty} \displaystyle\int_a^{\xi_{n_k}} f(x)\,dx = \int_a^{\xi} f(x)\,dx, \\ \lim\limits_{k=\infty} \displaystyle\int_{\xi_{n_k}}^b f(x)\,dx = \int_{\xi}^b f(x)\,dx \end{cases}$$

und folglich, wenn man (12), (13) und (14) berücksichtigt,

$$(15) \qquad \int_a^b f(x)\,\varphi(x)\,dx = \alpha \int_a^{\xi} f(x)\,dx + \beta \int_{\xi}^b f(x)\,dx.$$

Der zweite Mittelwertsatz. *Ist $f(x)$ eine über das lineare Gebiet*

$$A:\quad a < x < b$$

summierbare Funktion und $\varphi(x)$ eine monoton wachsende Funktion, die in A beschränkt ist, bezeichnet man ferner mit α und β zwei endliche Zahlen, die den Bedingungen

$$\alpha \leqq \varphi(a+0), \qquad \beta \geqq \varphi(b-0)$$

genügen, so gibt es eine endliche oder unendliche Zahl ξ, die entweder in A liegt oder einem der Werte a, b gleich ist, und für welche die Gleichung

$$\int_a^b f(x)\,\varphi(x)\,dx = \alpha\int_a^\xi f(x)\,dx + \beta\int_\xi^b f(x)\,dx$$

gilt.

539. Man kann den zweiten Mittelwertsatz auch auf uneigentliche Integrale übertragen. Ist z. B. $f(x)$ in jedem abgeschlossenen Teilintervall von A summierbar und existiert das uneigentliche Integral

$$\int_a^b f(x)\,dx\,, \tag{1}$$

so muß auch das uneigentliche Integral

$$\int_a^b f(x)\,\varphi(x)\,dx \tag{2}$$

existieren. Denn für je zwei Punkte x' und x'' von A ist nach dem vorigen Satz

$$\int_{x'}^{x''} f(x)\,\varphi(x)\,dx = \alpha\int_{x'}^{\eta} f(x)\,dx + \beta\int_{\eta}^{x''} f(x)\,dx \qquad (x' \leqq \eta \leqq x'') \tag{3}$$

und daher auch

$$\left|\int_{x'}^{x''} f(x)\,\varphi(x)\,dx\right| \leqq |\alpha|\left|\int_{x'}^{\eta} f(x)\,dx\right| + |\beta|\left|\int_{\eta}^{x''} f(x)\,dx\right|$$

Die rechte Seite dieser Relation konvergiert aber gegen Null, wenn man x' und x'' beide gegen a oder beide gegen b konvergieren läßt, und hieraus entnimmt man etwa wie im § 534 die Existenz des uneigentlichen Integrals (2).

Läßt man also in der Gleichung (3) den Punkt x' gegen a und den Punkt x'' gegen b konvergieren, so beweist man genau wie im vorigen Paragraphen die Existenz eines Punktes ξ, für welchen die Gleichung (15) dieses Paragraphen gilt.

Sind endlich, wie im § 535, die kritischen Punkte

$$x_1 < x_2 < \cdots < x_{m-1}$$

des uneigentlichen Integrals

$$F(x) = \int_a^x f(x)\,dx$$

in endlicher Anzahl vorhanden, so bemerke man, daß der zweite Mittelwertsatz auf jede der m Teilmengen angewandt, in welche A durch die Punkte x_k zerlegt wird, die Gleichung liefert

$$\int_a^b f(x)\,\varphi(x)\,dx = \left[\alpha \int_a^{\xi_1} f(x)\,dx + \varphi(x_1) \int_{\xi_1}^{x_1} f(x)\,dx\right]$$

$$+ \left[\varphi(x_1) \int_{x_1}^{\xi_2} f(x)\,dx + \varphi(x_2) \int_{\xi_2}^{x_2} f(x)\,dx\right] + \cdots$$

$$\cdots + \left[\varphi(x_{m-1}) \int_{x_{m-1}}^{\xi_m} f(x)\,dx + \beta \int_{\xi_m}^{b} f(x)\,dx\right].$$

Diese letzte Gleichung läßt sich aber schreiben

$$\int_a^b f(x)\varphi(x)\,dx = \alpha(F(\xi_1) - F(a)) + \varphi(x_1)(F(\xi_2) - F(\xi_1)) + \cdots + \beta(F(b) - F(\xi_m));$$

sie ist genau von derselben Gestalt wie die Gleichung (5) des § 537 und läßt sich ebenso wie dort in die Form

$$\int_a^b f(x)\,\varphi(x)\,dx = \alpha(F(\xi) - F(a)) + \beta(F(b) - F(\xi))$$

überführen.

540. Die geometrische Bedeutung des zweiten Mittelwertsatzes ist folgende: man kann im Integrale

$$\int_a^b f(x)\,\varphi(x)\,dx$$

die monoton wachsende Funktion $\varphi(x)$ durch eine zweiwertige monotone Funktion $\chi(x)$ ersetzen, ohne den Wert des Integrals zu ändern. Man kann sogar die beiden Werte von $\chi(x)$ beliebig vorschreiben unter der einzigen Einschränkung, daß die Ungleichheiten

$$\chi(a) \leqq \varphi(a+0) \quad \text{und} \quad \chi(b) \geqq \varphi(b-0)$$

bestehen.

Es ist klar, daß ein analoger Satz bestehen muß, wenn $\varphi(x)$ eine monoton abnehmende Funktion bedeutet; um dieses einzusehen, braucht man nur in unseren Formeln die unabhängige Veränderliche x durch eine Veränderliche $-y$ zu ersetzen.

Erweiterung des Definitionsbereichs stetiger Funktionen.

541. In der ersten Auflage dieses Buches habe ich mit Hilfe der Theorie der einfachen Integralen auf sehr einfachem Wege gezeigt, daß eine Funktion, die auf einer abgeschlossenen Punktmenge A des n-dimensionalen Raumes definiert und in jedem Häufungspunkt von A stetig ist, zu einer im ganzen Raume stetigen Funktion ergänzt werden kann. (S. die §§ 541—543 der ersten Auflage). Hier wollen wir einen anderen Beweis desselben Satzes geben, der elementarer ist und sich auf einen an sich sehr interessanten Satz von H. Hahn stützt:

Satz 1. *Es seien in einer in sich dichten Punktmenge A zwei Funktionen $f(P)$ und $g(P)$ gegeben, die der Bedingung $f(P) \leqq g(P)$ genügen. Die Funktion $f(P)$ soll auf A eine endliche obere Grenze besitzen und nach oben halbstetig sein; $g(P)$ dagegen soll eine endliche untere Grenze haben und nach unten halbstetig sein. Dann gibt es eine auf A stetige Funktion $h(P)$, die der Bedingung*

$$f(P) \leqq h(P) \leqq g(P) \tag{1}$$

genügt.

Nach den Sätzen 1 und 2 des § 367 gibt es zwei Folgen von beschränkten Funktionen $f_n(P)$ und $g_n(P)$, die auf A stetig sind und den Bedingungen

$$f_1(P) \geqq f_2(P) \geqq \cdots, \quad \lim_{n=\infty} f_n(P) = f(P) \tag{2}$$

$$g_1(P) \leqq g_2(P) \leqq \cdots, \quad \lim_{n=\infty} g_n(P) = g(P) \tag{3}$$

genügen.

Wir definieren nun $h(P)$ folgendermaßen: in der Teilmenge $A_1 = \boldsymbol{M}(f = g)$ von A setzen wir zunächst

$$h(P) = f(P) = g(P) \qquad (P \prec A_1). \tag{4}$$

In jedem Punkte P_0 der Punktmenge $A - A_1 = \boldsymbol{M}(f < g)$ gibt es eine kleinste natürliche Zahl n_0, für welche nach (2) und (3) die Relation $g_{n_0+1}(P_0) > f_{n_0}(P_0)$ gilt. Wir nennen n_0 die zum Punkte P_0 zugehörige charakteristische Zahl und setzen

$$h(P_0) = \frac{f_{n_0}(P_0) + g_{n_0}(P_0) + |f_{n_0}(P_0) - g_{n_0}(P_0)|}{2}, \tag{5}$$

d. h. gleich der größeren der beiden Zahlen $f_{n_0}(P_0)$ und $g_{n_0}(P_0)$.

Nach Voraussetzung gilt im Punkte P_0 die Relation $g_{n_0+1} > f_{n_0}$ und nach (2) ist $g_{n_0+1} \geqq g_{n_0}$; hieraus folgt also $h \leqq g_{n_0+1}$. Nimmt man die Relation $f_{n_0} \leqq h$ hinzu und berücksichtigt (2) und (3), so erhält man die Bedingungen

$$(6) \qquad f_n(P_0) \leqq h(P_0) \leqq g_{n+1}(P_0) \text{ für } n \geqq n_0.$$

Ferner sehen wir, daß nach Voraussetzung für $n_0 > 1$ im Punkte P_0 die Relation $g_{n_0} \leqq f_{n_0-1}$ gelten muß und nach (2) ist $f_{n_0} \leqq f_{n_0-1}$. Wir haben also jedenfalls $g_{n_0} \leqq h \leqq f_{n_0-1}$ und mit Berücksichtigung von (2) und (3)

$$(7) \qquad g_{n+1}(P_0) \leqq h(P_0) \leqq f_n(P_0) \text{ für } n < n_0 \text{ und } n_0 > 1.$$

Aus (2), (3) und (6) folgt nun sofort die Relation (1), und es bleibt nur noch zu zeigen, daß $h(P)$ auf A stetig ist.

542. Nun kann man zu jedem Punkte P_0 von $(A - A_1)$, für welchen entweder die charakteristische Zahl $n_0 = 1$ ist oder $g_{n_0}(P_0) < f_{n_0-1}(P_0)$ ist, eine Umgebung U_{P_0} zuordnen, für welche die charakteristische Zahl n_0 konstant ist. In dieser Umgebung wird $h(P)$ durch (5) definiert und ist im Punkte P_0 stetig.

In allen übrigen Punkten von $A - A_1$ gilt die Relation

$$g_{n_0}(P_0) = f_{n_0-1}(P_0) \geqq f_{n_0}(P_0),$$

und daher ist $h(P_0) = g_{n_0}(P_0)$. Ferner gibt es eine gewisse Umgebung U_{P_0} von P_0, in der die charakteristische Zahl $n'_0 \leqq n_0$ ist. In allen Punkten, in denen $n'_0 < n_0$ ist, kann man $n = n_0 - 1$ in (6) setzen und erhält

$$f_{n_0-1}(P) \leqq h(P) \leqq g_{n_0}(P);$$

in den übrigen Punkten von U_{P_0} ist

$$g_{n_0}(P) \leqq h(P) = \frac{f_{n_0}(P) + g_{n_0}(P) + |f_{n_0}(P) - g_{n_0}(P)|}{2}.$$

Definiert man also in U_P die stetige Funktion $\psi_1(P)$ als die kleinere der beiden Zahlen $f_{n_0-1}(P)$ und $g_{n_0}(P)$ und die stetige Funktion $\psi_2(P)$ als die größere der beiden Zahlen $f_{n_0}(P)$ und $g_{n_0}(P)$, so ist $\psi_1 \leqq h \leqq \psi_2$, und da $\psi_1(P_0) = \psi_2(P_0) = g_{n_0}(P_0)$ ist, ist auch hier die Funktion $h(P)$ stetig in P_0.

Ist endlich $P_1 \prec A_1$ und nach Definition $h(P_1) = f(P_1) = g(P_1)$, so gibt es nach (2) und (3) zu jeder positiven Zahl ε eine natürliche Zahl N und eine Umgebung U_{P_1} von P_1, so daß die Relationen

$$(8) \qquad \begin{cases} h(P_1) - \varepsilon \leqq f_N(P) \leqq h(P_1) + \varepsilon \\ h(P_1) - \varepsilon \leqq g_{N+1}(P) \leqq h(P_1) + \varepsilon \end{cases}$$

in jedem Punkte von U_{P_1} erfüllt sind. Hieraus folgt aber, für die Punkte von U_{P_1}, die zu A_1 gehören nach (2), (3) und (4) und für die Punkte von U_{P_1}, die zu $(A - A_1)$ gehören, nach (6) und (7), daß in allen Punkten von $U(P_1)$ die Funktion $h(P)$ zwischen f_N und g_{N+1} liegt, so daß nach (8) die Bedingung

$$h(P_1) - \varepsilon \leqq h(P) \leqq h(P_1) + \varepsilon$$

erfüllt sein muß. Hieraus folgt die Stetigkeit von $h(P)$ auch in allen Punkten von A_1, und der Satz von Hahn ist also vollständig bewiesen.

543. Es sei nun A eine abgeschlossene Punktmenge und $\Phi(P)$ eine endliche Funktion, die auf A definiert ist und in jedem Häufungspunkt von A stetig ist. Die Funktion

$$(1) \qquad \varphi(P) = \frac{\Phi(P)}{1 + |\Phi(P)|}$$

hat dann dieselbe Eigenschaft; außerdem ist aber $-1 < \varphi(P) < +1$. Die Funktion $f(P)$, die in A gleich $\varphi(P)$ und auf der Komplementärmenge A' von A gleich -1 ist, ist halbstetig nach oben; die Funktion $g(P)$, die auf A gleich $\varphi(P)$ und auf A' gleich $+1$ ist, ist halbstetig nach unten, und es ist im ganzen Raum $f \leqq g$. Nach dem vorigen Paragraphen gibt es eine im ganzen Raume stetige Funktion $h(P)$ mit der Bedingung $f(P) \leqq h(P) \leqq g(P)$; insbesondere gilt dann auf A die Gleichung $h(P) = \varphi(P)$. Bezeichnet man mit $E(P, A)$ die Entfernung eines beliebigen Punktes des Raumes von A, so ist die Funktion

$$\psi(P) = \frac{h(P)}{1 + E(P, A)}$$

ebenfalls stetig im ganzen Raume, und es ist $\psi(P) = \varphi(P)$ auf A; außerdem ist aber überall $-1 < \psi(P) < 1$.

Wir setzen jetzt

$$(2) \qquad F(P) = \frac{\psi(P)}{1 - |\psi(P)|};$$

die Funktion $F(P)$ ist stetig im ganzen Raume und man berechnet sofort mit Hilfe von (1), daß in jedem Punkte von A die Gleichung $F(P) = \Phi(P)$ gilt. Wir haben mit anderen Worten den

Satz 2. *Ist auf einer abgeschlossenen Punktmenge A des n-dimensionalen Raumes eine endliche Funktion $\Phi(P)$ definiert, die in allen Häufungspunkten von A stetig ist, so kann man eine im ganzen Raume endliche und stetige Funktion $F(P)$ finden, die in jedem Punkte von A gleich $\Phi(P)$ ist.*

Wir betrachten jetzt eine endliche Funktion $\Phi(P)$ mit endlicher unteren Grenze g, die auf einer in sich dichten Punktmenge A definiert, und auf einer abgeschlossenen Teilmenge B von A stetig ist.

Dann ist mit der Bezeichnung

$$\varphi(P) = \frac{\Phi(P)}{1 + |\Phi(P)|} \tag{3}$$

die Funktion $\varphi(P)$ ebenfalls stetig auf B; außerdem gelten, wenn man

$$\frac{g}{1 + |g|} = \gamma$$

setzt, die Ungleichheiten

$$-1 < \gamma \leqq \varphi(P) < 1.$$

Bezeichnen wir nun mit $\psi(P)$ die untere Limesfunktion von $\varphi(P)$ und mit $\chi(P)$ eine Funktion, die auf B gleich $\varphi(P)$ und auf $(A - B)$ gleich γ ist, so ist die Funktion $\psi(P)$ halbstetig nach unten und die Funktion $\chi(P)$ halbstetig nach oben. Außerdem gilt aber überall in $(A - B)$ die Relation $\chi(P) \leqq \psi(P)$ und in B die Relation $\chi(P) = \psi(P) = \varphi(P)$. Nach dem Satze 1 des § 541 gibt es also eine überall stetige Funktion $f(P)$, die nirgends $\varphi(P)$ übertrifft, auf B mit dieser letzten Funktion übereinstimmt und die nirgends kleiner als γ ist.

Für die durch die Relation

$$F(P) = \frac{f(P)}{1 - |f(P)|}$$

definierte Funktion, die in A stetig, und nicht größer als $\Phi(P)$ ist und die außerdem auf B mit $\Phi(P)$ zusammenfällt, gilt der

Satz 3. *Ist die Funktion $\Phi(P)$ auf einer in sich dichten Punktmenge A definiert und auf einer abgeschlossenen Teilmenge B von A stetig, so gibt es, falls $\Phi(P)$ eine endliche untere Grenze besitzt, Funktionen $F(P)$, die auf A stetig sind, die $\Phi(P)$ nirgends übertreffen und die außerdem auf der Punktmenge B mit $\Phi(P)$ übereinstimmen.*

Kapitel XI. **Funktionen von mehreren Veränderlichen.**

Der Satz von Fubini.

544. Wir betrachten einen $(m+n)$-dimensionalen Raum $\mathfrak{R}_{m+n}$ und bezeichnen die Koordinaten seiner Punkte mit

(1) $$x_1, x_2, \ldots, x_m; \quad y_1, y_2, \ldots, y_n.$$

Jedem Punkt P des $\mathfrak{R}_{m+n}$ entspricht dann eineindeutig ein Punktepaar $[P', P'']$, wobei P' ein Punkt des m-dimensionalen Raumes $\mathfrak{R}_m$ der x mit den Koordinaten

$$P': \ x_1, x_2, \ldots, x_m$$

und P'' ein Punkt des n-dimensionalen Raumes $\mathfrak{R}_n$ der y mit den Koordinaten

$$P'': \ y_1, y_2, \ldots, y_n$$

bedeutet. Wir können also P durch das Symbol $[P', P'']$ ersetzen:

(2) $$P = [P', P''].$$

Ein beliebiges Intervall I des $\mathfrak{R}_{m+n}$ ist durch die Ungleichheiten

(3) $$\begin{cases} a_k < x_k < b_k & (k = 1, 2, \ldots, m) \\ c_j < y_j < d_j & (j = 1, 2, \ldots, n) \end{cases}$$

definiert. Die erste Zeile von (3) bestimmt ein Intervall I' des $\mathfrak{R}_m$, die zweite Zeile aber ein Intervall I'' des $\mathfrak{R}_n$; und mit der Bezeichnung (2) ist ein Punkt $[P', P'']$ des $\mathfrak{R}_{m+n}$ dann und nur dann in I enthalten, wenn die Relationen

$$P' \prec I' \quad \text{und} \quad P'' \prec I''$$

zugleich gelten. Wir können also auch hier schreiben

(4) $$I = [I', I''].$$

Um Verwechslungen zu vermeiden, wollen wir den Inhalt einer meßbaren Punktmenge A des $(m+n)$-dimensionalen Raumes mit mA, den Inhalt einer meßbaren Punktmenge B des m-dimensionalen Raumes der x mit μB und den Inhalt einer meßbaren Punktmenge C des n-dimensionalen Raumes der y mit νC bezeichnen. Mit diesen Bezeichnungen ist dann nach der Definition des Inhaltes eines Intervalls (§ 228) für das Intervall (4)

(5) $$mI = \mu I' \cdot \nu I''.$$

545. Es sei nun A eine **meßbare und beschränkte** Punktmenge des $\mathfrak{R}_{m+n}$, die in dem Würfel

(1) $$W = [W', W'']$$

enthalten ist. Es sei P' ein beliebiger fester Punkt des $\mathfrak{R}_m$ und mit $B(P')$ die Gesamtheit der Punkte P'' des n-dimensionalen Raumes der y bezeichnet, für welche $[P', P'']$ einen Punkt von A bedeutet. D. h. die Punktmenge $B(P')$ ist die Projektion auf $\mathfrak{R}_n$ des Durchschnittes von A mit einer zu $\mathfrak{R}_n$ parallelen n-dimensionalen linearen Mannigfaltigkeit; sie ist entweder leer (was z. B. der Fall ist, wenn P' außerhalb des Würfels W' liegt) oder eine Teilmenge des Würfels W'', und daher immer beschränkt. Der äußere Inhalt $\nu^* B(P')$ ist dann eine beschränkte Funktion von P', die wir mit $\varphi(P')$ bezeichnen

(2) $$\varphi(P') = \nu^* B(P'),$$

und die für alle Punkte P' des $\mathfrak{R}_m$ definiert ist.

Genau ebenso können wir der meßbaren Punktmenge

(3) $$A_1 = W - A$$

eine Punktmenge $B_1(P')$ zuordnen, die für jeden Punkt P' des $\mathfrak{R}_m$ definiert ist und hierauf die Funktion

(4) $$\varphi_1(P') = \nu^* B_1(P')$$

einführen. Da, falls P' einen beliebigen Punkt von W' bedeutet, für jeden Punkt P'' des Würfels W'' der Punkt $[P', P'']$ des $(m+n)$-dimensionalen Raumes entweder in A oder in A_1 enthalten sein muß, haben wir stets

(5) $$B(P') + B_1(P') = W'',$$

und hieraus folgt wegen (2) und (4)

(6) $$\varphi(P') + \varphi_1(P') \geqq \nu W'', \qquad (\text{für } P' \prec W').$$

Es ist gut zu bemerken, daß die $(m+n)$-dimensionale Meßbarkeit der Punktmenge A nicht die n-dimensionale Meßbarkeit der Punktmengen $B(P')$ nach sich zieht. Man wähle z. B. A so, daß $B(P')$ immer leer ist, wenn P' nicht im Mittelpunkte P_0' von W' liegt, und daß $B(P_0')$ gleich einer nicht meßbaren Teilmenge des Würfels W'' ist. Dann ist A eine Nullmenge des $\mathfrak{R}_{m+n}$ und daher meßbar.

Wir bezeichnen mit

$$I_{p1}, I_{p2}, \ldots$$

eine Folge von Intervallen

(7) $$I_{pk} = [I'_{pk}, I''_{pk}] \qquad (k = 1, 2, \ldots)$$

des $\mathfrak{R}_{m+n}$, die erstens A überdecken,

$$A \prec I_{p1} + I_{p2} + \cdots,$$

zweitens alle im Würfel W enthalten sind,

$$I_{pk} \prec W, \tag{8}$$

und für welche endlich die Relation

$$\sum_{k=1}^{\infty} m I_{pk} \leqq mA + \frac{1}{p} \tag{9}$$

erfüllt ist.

Es sei nun $\psi_{pk}(P')$ eine Funktion des m-dimensionalen Raumes der x, die innerhalb des Intervalles I'_{pk} den Wert $\nu I''_{pk}$ annimmt und sonst Null ist. Da wegen (7) und (8)

$$I'_{pk} \prec W'$$

ist, hat man, wenn man die Funktion $\psi_{pk}(P')$ über W' integriert,

$$\int_{W'} \psi_{pk}(P')\,dw' = \mu I'_{pk} \cdot \nu I''_{pk},$$

und daher wegen der Gleichung (5) des vorigen Paragraphen:

$$\int_{W'} \psi_{pk}(P')\,dw' = m I_{pk}. \tag{10}$$

Setzt man

$$\Psi_p(P') = \psi_{p1}(P') + \psi_{p2}(P') + \psi_{p3}(P') + \cdots, \tag{11}$$

so ist, weil die $\psi_{pk}(P')$ lauter nichtnegative und meßbare Funktionen sind und weil nach (9) die Summe über k der Integrale (10) beschränkt ist, nach dem Satze 4 des § 383 die Funktion $\Psi_p(P')$ eine über W' summierbare nicht negative Funktion, und man hat nach demselben Satze mit Berücksichtigung von (9)

$$\int_{W'} \Psi_p(P')\,dw' \leqq mA + \frac{1}{p}. \tag{12}$$

Setzt man endlich

$$\Psi(P') = \text{untere Grenze von } \{\Psi_1(P'), \Psi_2(P'), \ldots\}, \tag{13}$$

so ist $\Psi(P')$ ebenfalls über W' summierbar (§ 400) und man hat nach (12) und (13)

$$\int_{W'} \Psi(P')\,dw' \leqq mA. \tag{14}$$

Wir wollen jetzt die Funktion $\Psi(P')$ mit der durch die Gleichung (2) definierten Funktion $\varphi(P')$ vergleichen und bemerken hierzu, daß für jeden festen Wert von p jeder Punkt der Punktmenge $B(P')$ bei fest gewähltem P' in mindestens einem der Intervalle I''_{pk} des n-dimensionalen Raumes liegt; für diesen Wert von k und für das betrachtete P' ist außerdem

$$\psi_{pk}(P') = \nu I''_{pk}.$$

Hieraus folgt aber nach (11) für jedes P'

$$\Psi_p(P') \geqq \nu^* B(P') = \varphi(P')$$

und da die letzte Bedingung für jede natürliche Zahl p gilt, können wir nach (13) schreiben

(15) $$\Psi(P') \geqq \varphi(P').$$

Genau ebenso können wir die Punktmenge $A_1 = (W - A)$ behandeln und eine nicht negative Funktion $X(P')$ bestimmen, die über W' summierbar ist und für welche die beiden Relationen

(16) $$\int_{W'} X(P')\, dw' \leqq m A_1,$$

(17) $$X(P') \geqq \varphi_1(P')$$

zugleich erfüllt sind.

Nun bemerke man, daß wegen der Meßbarkeit von A

(18) $$mA + mA_1 = mW$$

ist, und daß die Gleichung

$$mW = \mu W' \cdot \nu W''$$

auch geschrieben werden kann

(19) $$\int_{W'} \nu W'' dw' = mW;$$

addiert man also (14) und (16) und berücksichtigt (18) und (19), so erhält man die Relation

(20) $$\int_{W'} \{\Psi(P') + X(P') - \nu W''\}\, dw' \leqq 0.$$

Anderseits ist, wenn man (6) mit (15) und (17) vergleicht,

(21) $$\Psi(P') + X(P') \geqq \varphi(P') + \varphi_1(P') \geqq \nu W'';$$

die Funktion unter dem Integral (20) ist also nie negativ und hieraus folgt erstens, daß in (20) das Gleichheitszeichen gilt:

(22) $$\int_{W'} \{\Psi(P') + X(P') - \nu W''\}\, dw' = 0$$

und zweitens (§ 405, Satz 2), daß in jedem Punkte des Würfels W' außer höchstens in einer Nullmenge e' des m-dimensionalen Raumes

$$(23) \qquad \Psi(P') + X(P') = \nu W''$$

sein muß.

Die Gleichung (22), die man mit Hilfe von (18) und (19) schreiben kann

$$\int_{W'} (\Psi(P') + X(P'))\, dw' = mA + mA_1$$

ist nur dann möglich, wenn in den Relationen (14) und (16) das Gleichheitszeichen besteht. In der Punktmenge $(W' - e')$ des m-dimensionalen Raumes ist nach (21) und (23)

$$(24) \qquad \Psi(P') + X(P') = \varphi(P') + \varphi_1(P') = \nu W'';$$

für die Punkte dieser Menge muß also in (15) und (17) ebenfalls das Gleichheitszeichen bestehen, und da die Punktmenge e' eine Nullmenge ist, folgt hieraus, daß $\Psi(P')$ und $\varphi(P')$ äquivalente Funktionen sind. Die Funktion $\varphi(P')$ ist also ebenso wie $\Psi(P')$ über W' summierbar und man hat

$$(25) \qquad \int_{W'} \varphi(P')\, dw' = \int_{W'} \Psi(P')\, dw' = mA.$$

Nach dem Satze 8 des § 260 folgt ferner aus (24), wenn man bedenkt, daß $\varphi(P')$ und $\varphi_1(P')$ gleich den äußeren n-dimensionalen Inhalten der Punktmengen $B(P')$ und $B_1(P')$ sind, und daß die Summe dieser Punktmengen gleich dem Würfel W'' ist, die Meßbarkeit der Punktmengen $B(P')$ und $B_1(P')$ als Punktmengen des $\mathfrak{R}_n$ für alle Punkte P' von $(W' - e')$.

Dieses schöne Resultat, das man G. Fubini verdankt, bildet die Basis der Integrationstheorie der Funktionen von mehreren Veränderlichen.

546. Das Ergebnis des vorigen Paragraphen läßt sich ohne weiteres auf Punktmengen A übertragen, die meßbar im $(m+n)$-dimensionalen Raume und von endlichem Inhalte, aber nicht mehr notwendig beschränkt sind.

Es sei

$$(1) \qquad W_k = [W_k', W_k''] \qquad (k = 1, 2, \ldots)$$

eine beliebige Folge von konzentrischen Würfeln, deren Kantenlänge gleich k ist.

Man setze

$$(2) \qquad A_k = W_k A$$

und für jeden Punkt P' des m-dimensionalen Raumes der x sei mit

$B_k(P')$ bzw. $B(P')$ die Punktmenge des n-dimensionalen Raumes der y bezeichnet, für welche der Punkt $[P', P'']$ in A_k bzw. A enthalten ist. Die Punktmengen A_k und $B_k(P')$ bilden monoton wachsende Folgen von Punktmengen

$$A_1 \prec A_2 \prec A_3 \prec \cdots,$$

(3) $$B_1(P') \prec B_2(P') \prec B_3(P') \prec \cdots,$$

die gegen A bzw. $B(P')$ konvergieren; man hat also

$$\lim_{k=\infty} A_k = A, \qquad \lim_{k=\infty} B_k(P') = B(P'),$$

und die Punktmengen A_k sind außerdem ebenso wie A meßbar. Man kann also schreiben (§ 247 und § 265)

(4) $$mA = \lim_{k=\infty} mA_k,$$

(5) $$v^* B(P') = \lim_{k=\infty} v^* B_k(P').$$

Wir setzen ganz analog wie im vorigen Paragraphen

$$\varphi_k(P') = v^* B_k(P'), \quad \varphi(P') = v^* B(P')$$

und bemerken, daß die $\varphi_k(P')$ eine monoton wachsende Folge von Funktionen bilden, die gegen $\varphi(P')$ konvergiert und daß jedes $\varphi_k(P')$ außerhalb des Würfels W_k' verschwindet und nach dem vorigen Paragraphen über diesen Würfel summierbar ist. Es ist ferner

$$\int_{W'_k} \varphi_k(P')\, dw' = m A_k$$

und daher

(6) $$\int_{\mathfrak{R}_m} \varphi_k(P')\, dw' = m A_k \leqq m A.$$

Nach dem Satze 4 des § 383 ist also auch $\varphi(P)$ über den m-dimensionalen Raum der x summierbar, und mit Berücksichtigung von (4) gilt die Gleichung

(7) $$\int_{\mathfrak{R}_m} \varphi(P')\, dw' = m A.$$

Wir bezeichnen jetzt mit e_k' die Punktmenge des m-dimensionalen Raumes der x, für welche die Punktmenge $B_k(P')$ im Raume der y nicht meßbar ist. Die Punktmenge e_k', die auch leer sein kann, ist nach dem vorigen Paragraphen immer eine Nullmenge; ebenso ist die Punktmenge e_0', in der $\varphi(P')$ unendlich ist, eine Nullmenge. Das gleiche gilt also auch von

$$e' = e_0' \dotplus e_1' \dotplus e_2' \dotplus \cdots$$

Für jeden Punkt der Komplementärmenge E' von e' sind sämtliche $B_k(P')$ meßbare Punktmengen des Raumes der y und daher müssen auch die Punktmengen $B(P')$ meßbar sein, wenn P' in E' liegt; außerdem ist $B(P')$ in jedem dieser Punkte von endlichem Inhalte.

Satz 1. *Es sei A eine meßbare Punktmenge von endlichem Inhalte in einem $(m+n)$-dimensionalen Raume $\mathfrak{R}_{m+n}$, dessen Punkte durch das Symbol $[P', P'']$ dargestellt werden. Mit $B(P')$ bezeichne man die Gesamtheit der Punkte P'' des $\mathfrak{R}_n$, für welche $[P', P'']$ bei fest gegebenem P' in A liegt. Dann ist für alle Punkte P' des $\mathfrak{R}_m$ außer höchstens für die Punkte einer Nullmenge e' dieses Raumes die Punktmenge $B(P')$ meßbar im $\mathfrak{R}_n$ und von endlichem Inhalt und es gilt die Formel*

$$mA = \int_{\mathfrak{R}_m - e'} v B(P') \cdot dw'. \tag{8}$$

Ist insbesondere A selbst eine Nullmenge, so muß

$$\int_{\mathfrak{R}_m - e'} v B(P') dw' = 0$$

sein, und hieraus folgt die Existenz einer Nullmenge $\bar{e}'$ des m-dimensionalen Raumes, so daß für jeden Punkt P' der Punktmenge $\mathfrak{R}_m - \bar{e}'$ die Punktmenge $B(P')$ eine Nullmenge des $\mathfrak{R}_n$ ist.

Satz 2. *Ist A eine Nullmenge des $\mathfrak{R}_{m+n}$, so gibt es eine Nullmenge $\bar{e}'$ des $\mathfrak{R}_m$, so daß für jeden Punkt P', der in $\mathfrak{R}_m - \bar{e}'$ enthalten ist, $B(P')$ eine Nullmenge des $\mathfrak{R}_n$ ist.*

547. Wir nehmen jetzt an, wir wissen von den Punktmengen $B(P')$ des vorigen Paragraphen, daß sie, außer wenn P' in einer Nullmenge e' des $\mathfrak{R}_m$ liegt, selbst Nullmengen sind. Dann können wir aus den vorigen Sätzen entnehmen, daß die Punktmenge A, von der wir nicht mehr die Endlichkeit des Inhalts voraussetzen, entweder nicht meßbar oder eine Nullmenge ist.

Es ist nämlich mit den Bezeichnungen des vorigen Paragraphen, falls A meßbar ist, die Punktmenge

$$A_k = A W_k$$

meßbar und von endlichem Inhalte und daher

$$mA_k = \int_{\mathfrak{R}_m - e'} v B_k(P') dw' \leqq \int_{\mathfrak{R}_m - e'} v B(P') dw' = 0.$$

Da die A_k lauter Nullmengen sind, so muß dasselbe auch von ihrer Grenze A gelten.

Satz 3. *Bildet man wie oben für eine beliebige Punktmenge A die Punktmengen $B(P')$ und sind diese Punktmengen $B(P')$ stets Nullmengen des n-dimensionalen Raumes, außer wenn P' in einer Nullmenge e' des m-dimensionalen Raumes liegt, so ist A entweder nicht meßbar oder selbst eine Nullmenge des $(m+n)$-dimensionalen Raumes.*

Die wiederholten und die mehrfachen Integrale.

548. Es seien

$$z_1, z_2, \ldots, z_p$$

die Koordinaten eines p-dimensionalen Raumes und m, n zwei natürliche Zahlen, deren Summe gleich p ist. Wir führen die Bezeichnungen ein

$$\begin{cases} x_k = z_k & (k = 1, 2, \ldots, m), \\ y_j = z_{m+j} & (j = 1, 2, \ldots, n) \end{cases}$$

und bemerken, daß nach den Ausführungen der vorigen Paragraphen eine Funktion $f(P)$, die von einem Punkte P des $p = (m+n)$-dimensionalen Raumes der z abhängt, als Funktion eines Punktepaares $[P', P'']$ angesehen werden kann, wobei P' im Raume der x und P'' im Raume der y liegt. Wir können also schreiben

$$f(P) = f[P', P''].$$

Wir nehmen an, daß die Funktion $f(P)$ nicht negativ und über den Raum der z summierbar ist. Dann ist (§ 381) das Integral

$$\int\limits_{\Re_{m+n}} f(P)\,dw$$

nichts anderes, als der Inhalt einer Ordinatenmenge A von $f(P)$ in einem $(m+n+1)$-dimensionalen Raume, dessen Punkte mit

$$P_1\colon\ x_1, \ldots, x_m;\ y_1, \ldots, y_n;\ t$$

bezeichnet sein mögen. Wir betrachten den $(n+1)$-dimensionalen Raum mit den Punkten

$$P_1''\colon\ y_1, \ldots, y_n;\ t$$

und bemerken, daß dann

$$P_1 = [P', P_1'']$$

geschrieben werden kann. Wir bezeichnen ferner, ähnlich wie im vorigen Abschnitt, mit $B(P')$ die Gesamtheit der Punkte P_1'', für welche bei festgehaltenem P' der Punkt $[P', P_1'']$ in der $(m+n+1)$-dimensionalen Ordinatenmenge A enthalten ist. Dann stellen diese Punktmengen $B(P')$ gewisse Ordinatenmengen der Funktion $f[P', P'']$ als Funktion von P'' bei festgehaltenem P' dar. Der Satz 1 des § 546 besagt, daß $B(P')$ für alle Punkte P', die nicht in einer Nullmenge e' des Raumes der x liegen, meßbar und von endlichem Inhalt ist. Die Funktion $f[P', P'']$ ist also für diese Punkte P' als Funktion von P'' über den Raum der y summierbar und man hat

$$\nu B(P') = \int_{\mathfrak{R}_n} f[P', P'']\, dw''.$$

Die Gleichung (8) des § 546 kann also geschrieben werden

$$(1)\qquad \int_{\mathfrak{R}_{m+n}} f(P)\, dw = \int_{\mathfrak{R}_m - e'} dw' \int_{\mathfrak{R}_n} f[P', P'']\, dw''.$$

Wir bemerken nun, daß die Gesamtheit der Punkte $[P', P'']$, für welche P' in der m-dimensionalen Nullmenge e' liegt, selbst eine $(m+n)$-dimensionale Nullmenge e bilden. Wir bezeichnen mit

$$\varphi(P) = \varphi[P', P'']$$

eine Funktion, die in allen Punkten von e gleich Null und sonst gleich $f(P)$ ist. Dann sind die beiden Funktionen $f(P)$ und $\varphi(P)$ einander äquivalent im $p = (m+n)$-dimensionalen Raume der z

$$(2)\qquad f(P) \sim \varphi(P)$$

und außerdem ist, weil $f(P)$ eine nicht negative Funktion bedeutet,

$$(3)\qquad \varphi(P) \leqq f(P).$$

Für jeden Punkt P' des $\mathfrak{R}_m$, der nicht in der Nullmenge e' liegt, ist nach Konstruktion

$$f[P', P''] = \varphi[P', P'']$$

und die Gleichung (1) kann geschrieben werden

$$(4)\qquad \int_{\mathfrak{R}_{m+n}} f(P)\, dw = \int_{\mathfrak{R}_m - e'} dw' \int_{\mathfrak{R}_n} \varphi[P', P'']\, dw''.$$

Ferner ist für jeden Punkt P', der in e' enthalten ist,

$$\varphi[P', P''] = 0$$

und folglich auch

$$(5)\qquad \int_{e'} dw' \int_{\mathfrak{R}_n} \varphi[P', P'']\, dw'' = 0.$$

Der Vergleich von (4) und (5) liefert endlich die Gleichung

$$\int_{\mathfrak{R}_{m+n}} f(P)\, dw = \int_{\mathfrak{R}_m} dw' \int_{\mathfrak{R}_n} \varphi[P', P'']\, dw''.$$

Wir haben demnach die Sätze:

Satz 1. *Ist*

$$f(P) = f[P', P'']$$

eine über den $(m+n)$-dimensionalen Raum $\mathfrak{R}_{m+n}$ summierbare, nicht negative Funktion, so gibt es eine Nullmenge e' des m-dimensionalen Raumes $\mathfrak{R}_m$, so daß für jeden Punkt P', der in der Punktmenge $(\mathfrak{R}_m - e')$ enthalten ist, die Funktion $f[P', P'']$, als Funktion von P'' allein, über den n-dimensionalen Raum $\mathfrak{R}_n$ summierbar ist, und es gilt die Formel

$$\int\limits_{\mathfrak{R}_{m+n}} f(P)\,dw = \int\limits_{\mathfrak{R}_{m-e}} dw' \int\limits_{\mathfrak{R}_n} f[P', P'']\,dw''.$$

Satz 2. *Man kann unter den Voraussetzungen des vorigen Satzes eine Funktion $\varphi(P)$ konstruieren, die den Bedingungen*

$$0 \leqq \varphi(P) \leqq f(P), \quad \varphi(P) \sim f(P)$$

genügt und außerdem die Eigenschaft hat, daß für jeden Punkt P' des $\mathfrak{R}_m$ die Funktion $\varphi[P', P'']$, als Funktion von P'' allein, über $\mathfrak{R}_n$ summierbar ist und der Gleichung

$$\int\limits_{\mathfrak{R}_{m+n}} f(P)\,dw = \int\limits_{\mathfrak{R}_m} dw' \int\limits_{\mathfrak{R}_n} \varphi[P', P'']\,dw''$$

genügt.

549. Wir betrachten jetzt alle möglichen Spaltungen der Koordinaten

$$z_1, z_2, \ldots, z_p$$

des p-dimensionalen Raumes der z in zwei Gruppen von Koordinaten

$$x_1, \ldots, x_m \quad \text{und} \quad y_1, \ldots, y_n.$$

Man muß dazu der Reihe nach $m = 1, 2, \ldots, (p-1)$ setzen und für jeden dieser Werte von m alle Kombinationen von m unter den p Zahlen $(z_1, \ldots, z_p)$ für $x_1, \ldots, x_m$ wählen und die übrigen Zahlen mit $y_1, \ldots, y_n$ bezeichnen. Man findet leicht, daß im ganzen

(1) $$2^p - 2 = \alpha$$

derartige Spaltungen der z-Koordinaten in zwei Gruppen existieren; wir bezeichnen sie mit

(2) $$S_1, S_2, \ldots, S_\alpha.$$

Ist für eine dieser Spaltungen S_k mit den obigen Bezeichnungen

(3) $$\mathfrak{R}_p = [\mathfrak{R}_m, \mathfrak{R}_n], \quad P = [P', P''],$$

so sagen wir von einer über $\mathfrak{R}_p$ summierbaren Funktion $f(P)$, daß sie über S_k summierbar ist, wenn für jeden Punkt P' die Funktion $f[P', P'']$

als Funktion von P'' allein über $\mathfrak{R}_n$ summierbar ist; dann ist auch nach den obigen Ausführungen das Integral

$$(4) \qquad \int_{\mathfrak{R}_n} f[P', P''] \, dw''$$

über $\mathfrak{R}_m$ summierbar.

Der zweite Satz des vorigen Paragraphen besagt nun, daß, wenn $f(P)$ irgendeine über $\mathfrak{R}_p$ summierbare nicht negative Funktion bedeutet, eine Funktion $\varphi(P)$ gefunden werden kann, die den Bedingungen

$$0 \leqq \varphi(P) \leqq f(P), \quad \varphi(P) \sim f(P)$$

genügt und über ein gegebenes S_k summierbar ist.

Wir konstruieren nun eine Folge von unendlich vielen Funktionen

$$\varphi_1(P), \; \varphi_2(P), \; \varphi_3(P), \ldots$$

nach folgender Vorschrift. Es soll

$$0 \leqq \varphi_1(P) \leqq f(P), \quad \varphi_1(P) \sim f(P)$$

und außerdem $\varphi_1(P)$ über S_1 summierbar sein. Zweitens soll

$$0 \leqq \varphi_2(P) \leqq \varphi_1(P), \quad \varphi_2(P) \sim \varphi_1(P)$$

und $\varphi_2(P)$ über S_2 summierbar sein. Allgemein soll, wenn

$$q = m\alpha + k \quad \text{und} \quad 0 < k \leqq \alpha$$

ist,

$$0 \leqq \varphi_q(P) \leqq \varphi_{q-1}(P), \quad \varphi_q(P) \sim \varphi_{q-1}(P)$$

und $\varphi_q(P)$ über S_k summierbar sein.

Die monoton abnehmende Folge von nicht negativen Funktionen $\varphi_q(P)$ konvergiert gegen eine ebenfalls nicht negative Funktion $\varphi(P)$

$$\varphi(P) = \lim_{q=\infty} \varphi_q(P)$$

Außerdem sind die Funktionen $\varphi_q(P)$ alle der Funktion $f(P)$ äquivalent und hieraus folgt (§ 360, Satz 5)

$$\varphi(P) \sim f(P);$$

die Funktion $\varphi(P)$ ist also über den Raum $\mathfrak{R}_p$ summierbar. Ist nun S_k irgendeine der α Spaltungen, so ist für jede natürliche Zahl m die Funktion

$$\varphi_{m\alpha+k}(P)$$

über S_k summierbar und das gleiche gilt von unserer Grenzfunktion $\varphi(P)$, weil sie geschrieben werden kann

$$\varphi(P) = \lim_{m=\infty} \varphi_{m\alpha+k}(P),$$

und daher ist für jeden Wert von P' die Funktion $\varphi[P', P'']$ als Funktion von P'' allein über $\mathfrak{R}_n$ summierbar.

Satz 3. *Ist $f(P)$ eine nicht negative über $\mathfrak{R}_p$ summierbare Funktion, so gibt es mindestens eine Funktion $\varphi(P)$, die den Bedingungen*

$$0 \leqq \varphi(P) \leqq f(P) \quad \textit{und} \quad \varphi(P) \sim f(P)$$

genügt und über jede der α Spaltungen S_k summierbar ist.

550. Unter Benutzung des Satzes, daß man jede über den Raum $\mathfrak{R}_p$ summierbare Funktion $f(P)$ als Differenz von zwei nicht negativen, ebenfalls über $\mathfrak{R}_p$ summierbaren Funktionen auffassen kann, können wir die obigen Resultate auf Funktionen beliebigen Vorzeichens übertragen. Wir haben zunächst den Satz:

Satz 4. *Ist*

$$f(P) = f[P', P'']$$

eine über den $(m+n)$-dimensionalen Raum $\mathfrak{R}_{m+n} = [\mathfrak{R}_m, \mathfrak{R}_n]$ summierbare Funktion beliebigen Vorzeichens, so gibt es eine Nullmenge e' von $\mathfrak{R}_m$, so daß für jeden Punkt P' der Punktmenge $(\mathfrak{R}_m - e')$ die Funktion $f[P', P'']$ als Funktion von P'' allein betrachtet, über $\mathfrak{R}_n$ summierbar ist, und es gilt die Formel

$$\int\limits_{\mathfrak{R}_{m+n}} f(P)\,dw = \int\limits_{\mathfrak{R}_m - e'} dw' \int\limits_{\mathfrak{R}_n} f[P', P'']\,dw''$$

Um den dritten Satz (der den zweiten enthält und allein betrachtet zu werden braucht) zu übertragen, führen wir die Bezeichnungen

$$\begin{cases} f_1(P) = f(P) \ \text{ und } \ f_2(P) = 0 & \text{auf } \ M(f \geqq 0), \\ f_1(P) = 0 \quad\ \ \text{„} \quad\ f_2(P) = -f(P) \ \text{„} & M(f < 0) \end{cases}$$

ein; dann gelten die Relationen

$$\text{(1)} \qquad \begin{cases} f_1(P) \geqq 0, \quad f_2(P) \geqq 0 \\ f(P) = f_1(P) - f_2(P). \end{cases}$$

Bezeichnet man jetzt mit $\varphi_1(P)$ und $\varphi_2(P)$ Funktionen, die den Bedingungen

$$\text{(2)} \qquad 0 \leqq \varphi_1(P) \leqq f_1(P), \quad 0 \leqq \varphi_2(P) \leqq f_2(P)$$

und

$$\varphi_1(P) \sim f_1(P), \quad \varphi_2(P) \sim f_2(P)$$

genügen und über jede Spaltung S_k des Koordinatenraumes summierbar sind, so ist die Funktion

$$\varphi(P) = \varphi_1(P) - \varphi_2(P)$$

in jedem Punkte des Raumes $\mathfrak{R}_p$ eindeutig definiert, da wegen (2) die beiden Funktionen $\varphi_1(P)$ und $\varphi_2(P)$ nicht zu gleicher Zeit gleich $+\infty$ sein können. Ferner ist $\varphi(P) \sim f(P)$ und über jede Spaltung S_k, des Raumes $\mathfrak{R}_p$ summierbar. Endlich ist

$$|f(P)| = f_1(P) + f_2(P), \qquad |\varphi(P)| = \varphi_1(P) + \varphi_2(P)$$

und also nach (2)

$$|\varphi(P)| \leqq |f(P)|;$$

wir haben also den

Satz 5. *Ist $f(P)$ eine über $\mathfrak{R}_p$ summierbare Funktion, so gibt es mindestens eine Funktion $\varphi(P)$, die den Bedingungen*

$$|\varphi(P)| \leqq |f(P)|, \quad \varphi(P) \sim f(P)$$

genügen und über jede der α Spaltungen S_k des Koordinatenraumes summierbar sind.

551. Wir betrachten jetzt eine der Funktionen $\varphi(P)$, die dem letzten Satze genügen, als Funktion der Koordinaten $z_1, z_2, \ldots, z_p$ des Raumes $\mathfrak{R}_p$ und setzen

$$\varphi(P) = \varphi(z_1, z_2, \ldots, z_p).$$

Geben wir den Koordinaten $z_3, z_4, \ldots, z_p$ irgendwelche feste endliche Werte, so ist nach Voraussetzung die Funktion $\varphi(z_1, \ldots, z_p)$ über den zweidimensionalen Raum der (z_1, z_2) summierbar und da die Funktion φ als Funktion von z_1 allein betrachtet ebenfalls summierbar ist, so kann man nach dem Satze 2 das Integral dieser Funktion über den Raum der (z_1, z_2) schreiben:

$$\int_{-\infty}^{\infty} dz_2 \int_{-\infty}^{\infty} \varphi(z_1, \ldots, z_p)\, dz_1 .$$

Aus der Tatsache, daß unsere Funktion ebenfalls über den dreidimensionalen Raum der (z_1, z_2, z_3) summierbar ist, folgt nach derselben Schlußweise für den Wert dieses letzten Integrals die Formel

$$\int_{-\infty}^{\infty} dz_3 \int_{-\infty}^{\infty} dz_2 \int_{-\infty}^{\infty} \varphi(z_1, \ldots, z_p)\, dz_1 ,$$

und mit Hilfe des Schlusses von n auf $(n+1)$ erhält man schließlich die Formel:

$$\int_{\mathfrak{R}_p} f(P)\, dw = \int_{\mathfrak{R}_p} \varphi(P)\, dw = \int_{-\infty}^{\infty} dz_p \int_{-\infty}^{\infty} dz_{p-1} \cdots \int_{-\infty}^{\infty} \varphi(z_1, \ldots, z_p)\, dz_1 .$$

Das letzte Integral nennt man ein p-faches Integral und man sieht sofort ein, daß es unter den gemachten Voraussetzungen einen von der Reihenfolge der Integrationen unabhängigen Wert besitzt.

552. Aus der Voraussetzung, daß die Funktion

$$f(P) \sim \varphi(z_1, z_2, \ldots, z_p) \tag{1}$$

über den Raum $\mathfrak{R}_p$ summierbar ist, folgt, wie wir soeben sahen, die Existenz des mehrfachen Integrals

$$\int_{-\infty}^{\infty} dz_p \ldots \int_{-\infty}^{\infty} \varphi(z_1, \ldots, z_p)\, dz_1 \tag{2}$$

und die Unabhängigkeit des Wertes dieses Integrales von der Reihenfolge der Integrationen. Die Existenz eines oder mehrerer dieser p-fachen Integrale hat aber im allgemeinen nicht die Summierbarkeit von $f(P)$ über $\mathfrak{R}_p$ zur Folge, selbst wenn man die Meßbarkeit von $f(P)$ im p-dimensionalen Raume voraussetzt.

Man kann z. B. eine meßbare Funktion von zwei Veränderlichen $\chi(x, y)$ so definieren, daß die wiederholten Integrale

$$\int_{-\infty}^{\infty} dy \int_{-\infty}^{\infty} \chi(x, y)\, dx \quad \text{und} \quad \int_{-\infty}^{\infty} dx \int_{-\infty}^{\infty} \chi(x, y)\, dy$$

beide existieren und voneinander verschiedene Werte annehmen. Dann ist $\chi(x, y)$ sicher nicht über die xy-Ebene summierbar.

Dazu zerlegen wir etwa das Quadrat

$$0 < x < 1; \quad 0 < y < 1$$

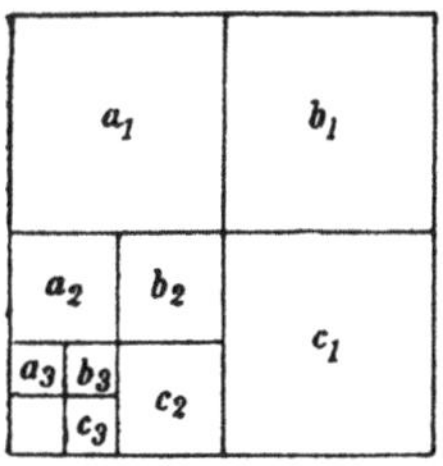

Fig. 41.

durch sukzessive Vierteilung gemäß der nebenstehenden Figur in abzählbar unendlich viele Teilquadrate

$$a_n, \; b_n, \; c_n \qquad (n = 1, 2, \ldots).$$

In den Quadraten a_n und auf der unteren Seite dieser Quadrate soll $\chi(x, y)$ konstant sein und den Wert α_n annehmen. In den Quadraten b_n und auf der linken und der unteren Seite dieser Quadrate soll $\chi(x, y)$ den Wert β_n annehmen; in c_n und auf der linken Seite von c_n soll $\chi(x, y) = \gamma_n$ sein. Für alle übrigen Punkte der Ebene soll $\chi(x, y)$ verschwinden; die Funktion $\chi(x, y)$, die in meßbaren Punktmengen stückweise konstant ist, ist sicher meßbar. Nun sei außerdem für jeden Wert von n

$$\beta_n = 0, \quad \alpha_n + \gamma_n = 0.$$

Wir wollen jetzt die α_n so bestimmen, daß für alle Werte von y im Intervall $0 < y < 1$ das Integral

$$\int_{-\infty}^{\infty} \chi(x, y)\, dx$$

einen von y unabhängigen Wert besitzt. Ist nun σ_n der Wert dieses Integrals über eine Parallele zur x-Achse, die das Quadrat a_ν durchschneidet oder einen Punkt des unteren Randes von a_n enthält, so ist nach der Figur

$$\sigma_{n+1} = \sigma_n + \frac{1}{2^{n+1}} \alpha_{n+1} - \frac{1}{2^n} \alpha_n + \frac{1}{2^n} \gamma_n,$$

und die Gleichung $\sigma_{n+1} = \sigma_n$ ist dann und nur dann erfüllt, wenn

$$\alpha_{n+1} = 2(\alpha_n - \gamma_n) = 4\alpha_n$$

ist. Die gewünschte Bedingung ist also erfüllt, falls wir z. B.

$$\alpha_n = 4^n, \quad \gamma_n = -4^n$$

setzen. Dann ist aber

$$\begin{aligned} \int_{-\infty}^{\infty} dy \int_{-\infty}^{\infty} \chi(x, y)\, dx &= \int_0^1 dy \int_0^1 \chi(x, y)\, dx \\ &= \int_0^1 2 \cdot dy \\ &= 2 \end{aligned}$$

und anderseits wegen $\gamma_n = -\alpha_n$

$$\int_{-\infty}^{\infty} dx \int_{-\infty}^{\infty} \chi(x, y)\, dy = -2.$$

Für die Summierbarkeit einer meßbaren Funktion von zwei Veränderlichen über die Ebene genügt nicht einmal, daß die beiden Doppelintegrale existieren und denselben Wert haben. Z. B. ist die Funktion

$$\psi(x, y) = \chi(x, y) - \chi(x-1, y-1)$$

nach dem Obigen sicher nicht summierbar über die Ebene xy, obwohl die Gleichungen

$$\int_{-\infty}^{\infty} dy \int_{-\infty}^{\infty} \psi(x, y)\, dx = \int_{-\infty}^{\infty} dx \int_{-\infty}^{\infty} \psi(x, y)\, dy = 0$$

bestehen.

553. Man kann aber die Voraussetzungen über $f(P)$ so einschränken, daß aus der Existenz eines mehrfachen Integrals die Summierbarkeit von $f(P)$ über $\mathfrak{R}_p$ gefolgert werden kann; es gilt nämlich der

Satz 6. *Eine im p-dimensionalen Raume $\mathfrak{R}_p$ meßbare Funktion*

(1) $$f(P) = f(z_1, z_2, \ldots, z_p)$$

ist summierbar über $\mathfrak{R}_p$, wenn man eine zu $f(P)$ äquivalente endliche Funktion $\varphi(P)$ finden kann, die nicht kleiner ist als eine über $\mathfrak{R}_p$ summierbare Funktion $g(P)$, und wenn die mehrfachen Integrale

(2) $$A = \int_{-\infty}^{\infty} dz_1 \int_{-\infty}^{\infty} dz_2 \ldots \int_{-\infty}^{\infty} \varphi(z_1, \ldots, z_p)\, dz_p,$$

(3) $$\gamma = \int_{-\infty}^{\infty} dz_1 \ldots \int_{-\infty}^{\infty} g(z_1, \ldots, z_p)\, dz_p$$

existieren und endliche Werte besitzen.

Wir gehen von der Bemerkung aus, daß infolge von (2) und (3) die nach Voraussetzung nicht negative meßbare Funktion $(\varphi(P) - g(P))$ ein p-faches Integral besitzt, und daß

(4) $$\int_{-\infty}^{\infty} dz_1 \ldots \int_{-\infty}^{\infty} (\varphi(z_1, \ldots, z_p) - g(z_1, \ldots, z_p))\, dz_p = A - \gamma$$

ist.

Wir bezeichnen mit k eine natürliche Zahl, mit W_k den p-dimensionalen Würfel, dessen Mittelpunkt im Anfangspunkt der Koordinaten liegt und dessen Kantenlänge k ist, und mit $\psi_k(P)$ eine Funktion, die in jedem Punkte von W_k gleich der kleineren unter den beiden Zahlen $(\varphi(P) - g(P))$ und k ist, und die sonst gleich Null ist. Die Folge $\psi_1(P)$, $\psi_2(P), \ldots$ besteht aus lauter meßbaren Funktionen, die über den ganzen Raum summierbar sind, denn sie verschwinden überall außer in einer beschränkten Punktmenge, auf welcher sie beschränkt sind. Ferner ist diese Folge monoton wachsend und man hat

$$\lim_{k=\infty} \psi_k(P) = \varphi(P) - g(P)$$

in jedem Punkte des Raumes. Um die Summierbarkeit von $(\varphi(P) - g(P))$ und daher auch die Summierbarkeit von $\varphi(P)$ über $\mathfrak{R}_p$ zu beweisen, genügt es also (§ 383, Satz 4) zu zeigen, daß

(5) $$\int_{\mathfrak{R}_p} \psi_k(P)\, dw$$

unterhalb einer von k unabhängigen Schranke liegt. Nach dem Satze 5 des § 550 gibt es nun mindestens eine Funktion $\chi_k(z_1 \ldots z_p)$, die den Bedingungen

$$(6)\quad 0 \leqq \chi_k(z_1,\ldots,z_p) \leqq \psi_k(z_1,\ldots,z_p) \leqq \varphi(z_1,\ldots,z_p) - g(z_1,\ldots,z_p),$$

$$(7)\quad \int\limits_{\mathfrak{R}_p} \psi_k(P)\, dw = \int\limits_{-\infty}^{\infty} dz_1 \ldots \int\limits_{-\infty}^{\infty} \chi_k(z_1,\ldots,z_p)\, dz_p$$

genügen. Der Vergleich von (4), (6) und (7) zeigt uns aber, daß das Integral (5) nicht größer als die von k unabhängige Konstante $(A-\gamma)$ ist. Die Funktion $\varphi(P)$ und die ihr äquivalente Funktion $f(P)$ sind daher über $\mathfrak{R}_p$ summierbar.

554. Für die Summierbarkeit einer meßbaren Funktion $f(P)$ über $\mathfrak{R}_p$ ist notwendig und hinreichend, daß $|f(P)|$ über $\mathfrak{R}_p$ summierbar sei (§ 395, Satz 6). Ist aber $|f(P)|$ über $\mathfrak{R}_p$ summierbar, so gibt es nach dem Satze 3 des § 549 eine zu $|f(P)|$ äquivalente nicht negative Funktion $\psi(P)$, für welche das p-fache Integral über den Koordinatenraum der z existiert. Nach dem letzten Satze folgt aber umgekehrt aus der Existenz einer solchen Funktion $\psi(P)$ die Summierbarkeit von $|f(P)|$; wir haben daher den

Satz 7. *Eine notwendige und hinreichende Bedingung dafür, daß eine meßbare Funktion*

$$f(P) = f(z_1, z_2, \ldots, z_p)$$

über den p-dimensionalen Raum $\mathfrak{R}_p$ summierbar sei, ist die Existenz einer zu $|f(P)|$ äquivalenten nicht negativen Funktion $\psi(z_1,\ldots,z_p)$, für welche das p-fache Integral

$$\int\limits_{-\infty}^{\infty} dz_1 \int\limits_{-\infty}^{\infty} dz_2 \ldots \int\limits_{-\infty}^{\infty} \psi(z_1,\ldots,z_p)\, dz_p$$

existiert und endlich ist.

In unseren Beispielen des § 552 haben wir nicht die Endlichkeit des Integrals

$$(1)\quad \int\limits_{-\infty}^{\infty} dx \int\limits_{-\infty}^{\infty} |f(x,y)|\, dy$$

verlangt, sondern nur die Endlichkeit von

$$(2)\quad \int\limits_{-\infty}^{\infty} |f(x,y)|\, dx \quad \text{und} \quad \int\limits_{-\infty}^{\infty} |f(x,y)|\, dy,$$

sowie auch die von

$$(3) \qquad \int_{-\infty}^{\infty} dx \left| \int_{-\infty}^{\infty} f(x, y)\, dy \right| \quad \text{und} \quad \int_{-\infty}^{\infty} dy \left| \int_{-\infty} \qquad y)\, dx \right|$$

Der Vergleich unseres dortigen Resultats mit dem jetzigen zeigt also, daß die Endlichkeit der Zahlen (2) und (3) nicht die Endlichkeit von (1) nach sich zieht. Das ist eine ganz ähnliche Erscheinung, wie die des § 111, wo wir Doppelsummen untersucht haben.

555. Man kann in gewissen Fällen die Existenz von wiederholten Integralen behaupten, in denen die Meßbarkeit der Funktion unter dem Integrationszeichen nicht verbürgt ist.

Es sei z. B. in einem $(m+n)$-dimensionalen Raume

$$\mathfrak{R}_{m+n} = [\mathfrak{R}_m, \mathfrak{R}_n],$$

dessen Punkte durch die Bezeichnung

$$P = [P', P'']$$

gekennzeichnet sind, eine Funktion

$$f(P) = f[P', P'']$$

gegeben, von der wir voraussetzen, daß sie bei festgehaltenem P'' als Funktion von P' betrachtet über $\mathfrak{R}_m$ summierbar ist, und bei festgehaltenem P' eine halbstetige Funktion von P'' ist. Ferner sei

$$(1) \qquad |f[P', P'']| \leqq S(P'),$$

wobei $S(P')$ eine über $\mathfrak{R}_m$ summierbare Funktion bedeutet. Wir betrachten die Funktion

$$(2) \qquad \varphi(P'') = \int_{\mathfrak{R}_m} f[P', P'']\, dw'$$

und bemerken, daß $\varphi(P'')$ eine beschränkte Funktion bedeutet; in der Tat ist

$$(3) \qquad |\varphi(P'')| \leqq \int_{\mathfrak{R}_m} |f[P', P'']|\, dw' \leqq \int_{\mathfrak{R}_m} S(P')\, dw'.$$

Wir wollen nun zeigen, daß $\varphi(P'')$ ebenfalls eine halbstetige Funktion von P'' ist. Wir betrachten eine Folge von Punkten

$$P_1'', P_2'', P_3'', \ldots,$$

die gegen P'' konvergieren, und setzen z. B. voraus, daß $f[P', P'']$ als Funktion von P'' allein nach oben halbstetig ist. Dann ist aber (§ 129, Satz 2)

$$(4) \qquad f[P', P''] \geqq \overline{\lim_{k=\infty}} f[P', P_k''].$$

Anderseits ist aber nach dem Satze 16 des § 402, dessen Voraussetzungen hier wegen (1) erfüllt sind,

$$(5)\qquad \int\limits_{\mathfrak{R}_m} \lim_{k=\infty} f[P', P_k''] \, dw' \geqq \lim_{k=\infty} \int\limits_{\mathfrak{R}_m} f[P', P_k''] \, dw'.$$

Der Vergleich von (4) und (5) liefert aber

$$\int\limits_{\mathfrak{R}_m} f[P', P''] \, dw' \geqq \overline{\lim_{k=\infty}} \int\limits_{\mathfrak{R}_m} f[P', P_k''] \, dw',$$

was geschrieben werden kann

$$\varphi(P'') \geqq \lim_{k=\infty} \varphi(P_k'').$$

Da nun die letzte Beziehung für jede konvergente Folge von Punkten P_k'' gilt, die gegen P'' konvergieren, muß $\varphi(P'')$ nach oben halbstetig sein (§ 129, Satz 2).

Die endliche und halbstetige Funktion $\varphi(P'')$ ist über jede meßbare Punktmenge A'' von endlichem (n-dimensionalem) Inhalt summierbar und das wiederholte Integral

$$(6)\qquad \int\limits_{A''} dw'' \int\limits_{\mathfrak{R}_m} f[P', P''] \, dw'$$

stellt also lauter ausführbare Operationen dar. Die Frage aber, ob die Funktion

$$f(P) = f[P', P'']$$

als Funktion von P meßbar ist, ist dabei ganz unentschieden gelassen worden (vgl. dagegen den § 558).

Satz 8. *Ist die Funktion $f[P', P'']$ als Funktion von P' summierbar und als Funktion von P'' nach oben (unten) halbstetig, ist außerdem*

$$|f[P', P'']| \leqq S(P'),$$

wo $S(P')$ eine summierbare Funktion von P' bedeutet, so ist die Funktion

$$\varphi(P'') = \int\limits_{\mathfrak{R}_m} f[P', P''] \, dw'$$

ebenfalls eine nach oben (unten) halbstetige Funktion, die außerdem beschränkt und daher über jede Punktmenge A'' von endlichem Inhalte summierbar ist.

556. Ein zweites Beispiel derselben Art ist folgendes: Die Funktion

$$f(P) = f[P', P'']$$

sei wiederum summierbar über $\mathfrak{R}_m$ als Funktion von P' und es sei auch hier

(1) $$|f[P', P'']| \leqq S(P'),$$

wo $S(P')$ eine summierbare Funktion bedeutet. Ferner sei aber $f[P', P'']$ als Funktion von P'' integrierbar nach Riemann (§ 415) über eine quadrierbare beschränkte Punktmenge Q'' des n-dimensionalen Raumes $\mathfrak{R}_n$. Man kann dann dieses letzte Integral als Grenzwert von gewissen Riemannschen Summen schreiben (§ 416). Bezeichnet man mit δ_k'' die Zellen des Zellennetzes, mit ϱ ihren Durchmesser und mit $\nu\delta_k''$ den (n-dimensionalen) Inhalt der Zellen, so erhält man:

(2) $$\psi(P') = \int\limits_{Q''} f[P', P''] \, dw'' = \lim_{\varrho = 0} \sum_k f[P', P_k''] \, \nu\delta_k''.$$

Wir können voraussetzen, daß für alle betrachteten Zellennetze

$$\sum_k \nu\delta_k'' \leqq 2 \nu Q''$$

ist; dann ist wegen (1) für jedes dieser Zellennetze

(3) $$\left|\sum_k f[P', P_k''] \nu\delta_k''\right| \leqq 2 \cdot S(P') \cdot \nu Q''.$$

Setzt man, wie im vorigen Paragraphen

(4) $$\varphi(P'') = \int\limits_{\mathfrak{R}_m} f[P', P''] \, dw',$$

so kann man schreiben

(5) $$\int\limits_{\mathfrak{R}_m} \left(\sum_k f[P', P_k''] \, \nu\delta_k''\right) dw' = \sum_k \varphi(P_k'') \, \nu\delta_k''.$$

Nun folgt aber aus (2) und (3), daß $\psi(P')$ die Grenze einer Folge von Funktionen ist, die über $\mathfrak{R}_m$ summierbar sind und deren absoluter Betrag nicht größer ist als die über $\mathfrak{R}_m$ summierbare Funktion $2 S(P') \cdot \nu Q''$. Die Funktion $\psi(P')$ ist daher auch über $\mathfrak{R}_m$ summierbar und wenn wir die Gleichung (5) noch hinzuziehen, so bekommen wir die Gleichung

$$\int\limits_{\mathfrak{R}_m} \psi(P') \, dw' = \lim_{\varrho = 0} \sum_k \varphi(P_k'') \, \nu\delta_k''.$$

Die letzte Summe konvergiert bei jeder Wahl der Punkte P_k'' innerhalb der jeweiligen Zelle, und hieraus folgt (§ 416, Satz 3), daß die Funktion $\varphi(P'')$ über Q'' nach Riemann integrierbar ist und daß man schreiben kann

$$\int\limits_{\mathfrak{R}_m} \psi(P') \, dw' = \int\limits_{Q''} \varphi(P'') \, dw''.$$

Die letzte Gleichung ist aber nur eine abgekürzte Schreibweise für

$$\int_{\mathfrak{R}_m} dw' \int_{Q''} f[P', P'']\,dw'' = \int_{Q''} dw'' \int_{\mathfrak{R}_m} f[P', P'']\,dw'.$$

Satz 9. *Ist die Funktion $f[P', P'']$ als Funktion von P' summierbar über $\mathfrak{R}_m$ und als Funktion von P'' nach Riemann integrierbar über eine quadrierbare Punktmenge Q'' des $\mathfrak{R}_n$, ist ferner*

$$|f[P', P'']| \leqq S(P'),$$

wo $S(P')$ eine über $\mathfrak{R}_m$ summierbare Funktion bedeutet, so ist von den beiden Funktionen

$$\varphi(P'') = \int_{\mathfrak{R}_m} f[P', P'']\,dw', \quad \psi(P') = \int_{Q''} f[P', P'']\,dw''$$

die erste über Q'' nach Riemann integrierbar, die zweite über $\mathfrak{R}_m$ summierbar, und es gilt die Gleichung

$$\int_{Q''} \varphi(P'')\,dw'' = \int_{\mathfrak{R}_m} \psi(P')\,dw'.$$

Partielle Ableitungen. Differentiierbarkeit.

557. Wenn man in einer endlichen Funktion $f(x_1, x_2, \ldots, x_n)$ von mehreren Veränderlichen allen Veränderlichen bis auf eine feste Werte gibt, so erhält man eine Funktion einer einzigen Veränderlichen x_k, auf welche man die Überlegungen des vorigen Kapitels anwenden kann. Insbesondere kann man dann die Derivierten von $f(x_1, \ldots, x_n)$ als Funktion von x_k allein bilden; man nennt diese Derivierten die partiellen Derivierten von f in bezug auf x_k und stellt z. B. die betreffenden Hauptderivierten durch die Symbole

$$\overline{D}_+ f_{x_k}, \quad \underline{D}_+ f_{x_k} \quad \text{usf.}$$

dar. Haben diese vier Hauptderivierten denselben Wert, so sagt man, daß f im betreffenden Punkte nach x_k partiell differentiierbar ist, und bedient sich dann eines der Symbole

$$\frac{\partial f}{\partial x_k} \quad \text{oder} \quad f_{x_k}.$$

Wir wollen auch im folgenden unter partieller Ableitung nach x_k eine Funktion verstehen, die gleich f_{x_k} ist in allen Punkten, in denen die gegebene Funktion nach x_k partiell differentiierbar ist und eine endliche Derivierte besitzt, und die sonst gleich Null ist. Wir bezeichnen diese partielle Ableitung mit

$$f'_{x_k}.$$

Ist die Funktion

$$f(P) = f(x_1, x_2, \ldots, x_n)$$

einerseits eine meßbare Funktion des n-dimensionalen Raumes, anderseits stetig in einer Veränderlichen x_k, so kann man, indem man die partiellen Hauptderivierten nach x_k nach der Methode berechnet, die im § 472 benutzt wurde, ohne weiteres folgern, daß diese ebenfalls meßbare Funktionen des $\mathfrak{R}_n$ sind.

Die Punkte, in denen die partiellen Hauptderivierten nach x_k einander gleich, d. h. die gegebene Funktion nach x_k partiell differentiierbar ist, bilden also jedenfalls eine meßbare Punktmenge und dasselbe gilt von den Punkten, in denen eine der Hauptderivierten unendlich ist. Hieraus folgt endlich, daß die partiellen Ableitungen f_{x_k} ebenfalls meßbare Funktionen sind.

Satz 1. *Die partiellen Hauptderivierten und die partiellen Ableitungen nach x_k von Funktionen mehrerer Veränderlichen, die meßbar und in x_k stetig sind, sind ebenfalls meßbar.*

558. Wir wollen nun zeigen, daß Funktionen, die in jedem Punkte eines n-dimensionalen Intervalles stetig in jeder Veränderlichen sind — und die, wie wir im § 166 sahen, unstetig sein können —, meßbare Funktionen sind. Der Beweis, den wir für Funktionen von zwei Veränderlichen führen werden, läßt sich ohne weiteres auf den allgemeinen Fall übertragen.

Es sei also die Funktion $f(x, y)$ für alle Punkte des Quadrats

$$(1) \qquad |x - x_0| < a, \quad |y - y_0| < a$$

stetig in x für konstante y und stetig in y für konstante x. Außerdem sei zunächst die gegebene Funktion beschränkt in (1)

$$(2) \qquad |f| < M;$$

setzen wir dann

$$(3) \qquad \varphi(x, y) = \int_{x_0}^{x} f(x, y)\, dx,$$

so ist $\varphi(x, y)$, so lange der Punkt (x, y) in (1) liegt, nach dem Satze 8 des § 555 eine stetige Funktion von y, für welche die Bedingung

$$(4) \qquad |\varphi(x, y)| \leqq M |x - x_0|$$

gilt. Da ferner die gegebene Funktion $f(x, y)$ für konstante y stetig in x sein soll, ist $\varphi(x, y)$ partiell nach x differentiierbar und man hat

$$(5) \qquad \varphi_x(x, y) = f(x, y).$$

Endlich ist, wenn der Punkt $(x+h, y)$ ebenfalls in (1) liegt,

$$(6) \qquad |\varphi(x+h, y) - \varphi(x, y)| = \left|\int_x^{x+h} f(x, y)\,dx\right| \leqq M \cdot |h|.$$

Nun setze man

$$F(x, y) = \int_{y_0}^{y} \varphi(x, y)\,dy$$

und bemerke, daß wegen der Stetigkeit von $\varphi(x, y)$ als Funktion von y für festgehaltene Werte von x

$$(7) \qquad \dot{F}_y(x, y) = \varphi(x, y)$$

ist. Liegt nun der Punkt $(x+h, y+k)$ im Quadrat (1), so kann man schreiben

$$F(x+h, y+k) - F(x, y) = \int_{y_0}^{y+k} \varphi(x+h, y)\,dy - \int_{y_0}^{y} \varphi(x, y)\,dy$$

$$= \int_{y_0}^{y} \{\varphi(x+h, y) - \varphi(x, y)\}\,dy + \int_{y}^{y+k} \varphi(x+h, y)\,dy$$

und hieraus folgt mit Hilfe von (6) und (4)

$$|F(x+h, y+k) - F(x, y)| \leqq M|y - y_0| \cdot |h| + M|x+h-x_0| \cdot |k|,$$

woraus die Stetigkeit der Funktion $F(x, y)$ im gewöhnlichen Sinne folgt. Die stetige Funktion $F(x, y)$ ist aber eine meßbare Funktion und nach dem vorigen Paragraphen muß ihre partielle Ableitung nach y, die nach (7) gleich $\varphi(x, y)$ ist, ebenfalls meßbar sein.

Diese letzte Funktion ist aber stetig in x und da sie außerdem meßbar ist, ist auch ihre partielle Ableitung nach x, die gleich der gegebenen Funktion $f(x, y)$ ist, eine meßbare Funktion.

Ist nun die gegebene Funktion $f(x, y)$ nicht beschränkt, so setze man, wenn n eine natürliche Zahl bedeutet,

$$\begin{cases} f_n(x, y) = f(x, y) & \text{auf} \quad \boldsymbol{M}(|f| \leqq n), \\ f_n(x, y) = n & \quad \text{„} \quad \boldsymbol{M}(f > n), \\ f_n(x, y) = -n & \quad \text{„} \quad \boldsymbol{M}(f < n). \end{cases}$$

Die Funktionen $f_n(x, y)$ sind beschränkt und in jeder ihrer Veränderlichen stetig, wenn man die andere konstant läßt. Nach dem Obigen sind sie also meßbar und das gleiche gilt von

$$f(x, y) = \lim_{n=\infty} f_n(x, y).$$

Wir haben also den

Satz 2. *Eine Funktion $f(x_1, \ldots, x_n)$ von mehreren Veränderlichen, die in jeder Veränderlichen x_k, bei Festhalten der übrigen, stetig ist, ist eine meßbare Funktion.*

559. Ist die Funktion $f(x_1, \ldots, x_n)$ nicht nur stetig in jeder Veränderlichen, sondern auch von beschränkter Variation in x_k, wenn man die übrigen Veränderlichen konstant hält, so ist sie auf jeder linearen eindimensionalen Mannigfaltigkeit, die zu der x_k-Achse parallel ist, nach x_k partiell differentiierbar außer höchstens in einer Punktmenge, die sich auf eine Nullmenge der x_k-Achse projiziert (§ 517, Satz 3). Nun ist nach den zwei letzten Paragraphen die Gesamtheit der Punkte, in denen die Funktion partiell nach x_k differentiierbar ist, meßbar; nach dem Satze 3 des § 547 ist also die Punktmenge, in welcher die gegebene Funktion nicht nach x_k partiell differentiierbar ist, eine n-dimensionale Nullmenge.

Ist $f(x_1, \ldots, x_n)$ in jeder Veränderlichen stetig und von beschränkter Variation, so gilt der obige Schluß für alle partiellen Derivierten und man kann den Satz behaupten:

Satz 3. *Eine Funktion $f(x_1, \ldots, x_n)$, die in einem n-dimensionalen Gebiete in jeder ihrer Veränderlichen stetig und von beschränkter Variation ist, ist in einem maßgleichen Kern dieses Gebietes nach jeder der n Veränderlichen $x_1, \ldots, x_n$ partiell differentiierbar.*

560. Bei Funktionen von mehreren Veränderlichen spielt der Begriff des **totalen Differentials** eine wichtige Rolle; wir führen zunächst den Begriff der **Differentiierbarkeit** ein, wie ihn O. Stolz gebildet hat.

Definition. Es sei $f(x_1, \ldots, x_n)$ eine endliche Funktion von einer oder mehreren Veränderlichen; mit

$$P:\quad x_1, \ldots, x_n \tag{1}$$

bezeichnen wir einen inneren Punkt des Definitionsbereiches A von $f(x_1, \ldots, x_n)$, mit

$$Q:\quad x_1 + h_1, \ldots, x_n + h_n \tag{2}$$

einen zweiten Punkt von A und mit

$$r = E(P, Q) = \sqrt{h_1^2 + \cdots + h_n^2} \tag{3}$$

die Entfernung der Punkte P und Q.

Die Funktion $f(x_1, \ldots, x_n)$ heißt dann im Punkte P differentiierbar, wenn man n konstante endliche Zahlen $a_1, \ldots, a_n$ finden kann, so daß in der Gleichung

$$f(x_1+h_1, \ldots, x_n+h_n) - f(x_1, \ldots, x_n) = a_1 h_1 + \cdots + a_n h_n + r R(h_1, \ldots, h_n) \tag{4}$$

die Funktion $R(h_1, \ldots, h_n)$ der Bedingung

$$|R(h_1, \ldots, h_n)| \leqq S(r) \tag{5}$$

mit

$$\lim_{r=0} S(r) = 0 \tag{6}$$

genügt.

Die durch die Relationen (5) und (6) geforderte Eigenschaft der Funktion $R(h_1, \ldots, h_n)$ ist gleichbedeutend mit der Voraussetzung, daß die Funktion, die für $r \neq 0$ gleich $R(h_1, \ldots, h_n)$ ist und im Punkte $r = 0$ verschwindet, in diesem letzten Punkte stetig sein soll. Hieraus folgt aber nach (4), daß eine im Punkte P nach Stolz differentiierbare Funktion in diesem Punkte auch stetig ist.

Setzt man alle Zahlen h_k außer einer unter ihnen, z. B. h_j, gleich Null, so bekommt man nach (3)

$$r = |h_j|$$

und die Gleichung (4) nimmt dann die Gestalt an

$$f(x_1, \ldots, x_j + h_j, \ldots, x_n) - f(x_1, \ldots, x_n) = a_j h_j + |h_j| R(0, \ldots, h_j, \ldots, 0).$$

Hieraus folgt aber, wenn man (5) und (6) berücksichtigt,

$$\lim_{h_j=0} \frac{f(x_1, \ldots, x_j + h_j, \ldots, x_n) - f(x_1, \ldots, x_n)}{h_j} = a_j;$$

d. h. die Funktion $f(x_1, \ldots, x_n)$ ist im Punkte P nach jeder Veränderlichen partiell differentiierbar, sie besitzt dort endliche partielle Derivierte und es gelten die Gleichungen

$$a_j = \frac{\partial f}{\partial x_j} \qquad (j = 1, 2, \ldots, n). \tag{7}$$

Hiermit ist bewiesen, daß die Zahlen a_j, wenn überhaupt, nur auf eine Weise so bestimmt werden können, daß unsere Voraussetzungen erfüllt sind.

Hängt die gegebene Funktion nur von einer einzigen Veränderlichen ab, so ist auch umgekehrt die Stolzsche Definition der Differentiierbarkeit eine Folge der gewöhnlichen Differentiierbarkeit der Funktion (§ 464), falls im betreffenden Punkte die Derivierte der Funktion endlich ist.

Dagegen kann schon eine Funktion von zwei Veränderlichen $f(x, y)$ in jedem Punkte des Raumes partiell nach x und y differentiierbar sein und dort endliche partielle Derivierte besitzen, ohne stetig zu sein (vgl. das Beispiel von § 166). Die Differentiierbarkeit von Funktionen von mehreren Veränderlichen folgt also nicht aus der partiellen Differentiierbarkeit nach jeder Veränderlichen und der Endlichkeit der partiellen Derivierten.

561. Wir bemerken, daß nach der Gleichung (3) des vorigen Paragraphen

$$|h_k| \leqq r \qquad (k = 1, 2, \ldots, n)$$

ist. Ist nun die Funktion $f(P)$ im Punkte P differentiierbar und Q ein Punkt des Definitionsbereiches der Funktion, der von P verschieden ist, und setzt man

$$(1) \qquad f(Q) - f(P) = rB(P, Q),$$

so ist nach der Gleichung (4) des vorigen Paragraphen

$$(2) \qquad |B(P, Q)| \leqq |a_1| + \cdots + |a_n| + |R(h_1, \ldots, h_n)|,$$

woraus folgt, daß $B(P, Q)$ in einer Umgebung des Punktes P beschränkt ist.

Wir nehmen jetzt die Größen $x_1, x_2, \ldots, x_n$ als Funktionen

$$(3) \qquad x_k = x_k(y_1, y_2, \ldots, y_m) \qquad (k = 1, 2, \ldots, n)$$

von m neuen Veränderlichen $y_1, y_2, \ldots, y_m$ an, die sämtlich in einem inneren Punkte

$$P^*: \quad y_1, y_2, \ldots, y_m$$

ihres gemeinsamen Definitionsbereiches (nach Stolz) differentiierbar sein sollen. Dem Punkte P^* des m-dimensionalen Raumes der y entspricht vermöge der Gleichungen (3) ein Punkt P des n-dimensionalen Raumes der x, in welchem eine gegebene Funktion $f(x_1, x_2, \ldots, x_n)$ ebenfalls differentiierbar sein möge. Der Punkt P^* ist nach Voraussetzung (§ 560) innerer Punkt des gemeinsamen Definitionsbereiches der Funktionen (3) und in diesem Punkte sind alle diese Funktionen nach dem vorigen Paragraphen stetig; da nun der Punkt P nach Definition innerer Punkt des Definitionsbereiches von $f(x_1, \ldots, x_n)$ ist, gibt es eine Umgebung U_{P^*} von P^*, so daß für alle Punkte

$$Q^*: \quad y_1 + p_1, y_2 + p_2, \ldots, y_m + p_m$$

dieser Umgebung der Punkt

$$Q: \quad x_k(y_1 + p_1, \ldots, y_m + p_m) = x_k + h_k \qquad (k = 1, 2, \ldots, n)$$

im Definitionsbereich von $f(x_1, \ldots, x_n)$ liegt.

Nun ist, wenn man

(4) $$\varrho = \sqrt{p_1^2 + \cdots + p_m^2}$$

setzt, wegen der Differentiierbarkeit der Funktionen $x_k(y_1, \ldots, y_m)$

(5) $$\left\{\begin{aligned} h_k &= x_k(y_1 + p_1, \ldots, y_m + p_m) - x_k(y_1, \ldots, y_m) \\ &= \sum_j \frac{\partial x_k}{\partial y_j} p_j + \varrho R_k(p_1, \ldots, p_m), \end{aligned}\right.$$

wobei die R_k mit ϱ gegen Null konvergieren; und überdies kann man schreiben

(6) $$h_k = \varrho \cdot B_k(p_1, \ldots, p_m),$$

wobei die Funktionen B_k beschränkt sind. Aus der letzten Gleichung folgt

(7) $$\left\{\begin{aligned} r &= \sqrt{h_1^2 + \cdots + h_n^2} \\ &= \varrho\sqrt{B_1^2 + \cdots + B_n^2} \\ &= \varrho\, C(p_1, \ldots, p_m), \end{aligned}\right.$$

wobei die Funktion $C(p_1, \ldots, p_m)$ ebenfalls beschränkt ist.

Nun ist, wenn man die Funktion $\varphi(y_1, \ldots, y_m)$ einführt, die durch Substitution der Werte (3) in $f(x_1, \ldots, x_n)$ entsteht, diese Funktion für die Umgebung U_{P^*} von P^* definiert, und man kann schreiben:

$$\begin{aligned} \varphi(y_1 + p_1, \ldots, y_m + p_m) - \varphi(y_1, \ldots, y_m) &= f(x_1 + h_1, \ldots, x_n + h_n) - f(x_1, \ldots, x_n) \\ &= \sum_k \frac{\partial f}{\partial x_k} h_k + r R(h_1, \ldots, h_n). \end{aligned}$$

Setzt man in diese Gleichung für h_k und r die Werte (5) und (7) ein, und führt man zur Abkürzung die Bezeichnungen ein

(8) $$b_j = \sum_k \frac{\partial f}{\partial x_k} \frac{\partial x_k}{\partial y_j},$$

(9) $$T(p_1, \ldots, p_m) = \sum_k \frac{\partial f}{\partial x_k} R_k + C(p_1, \ldots, p_m) R(h_1, \ldots, h_n),$$

so erhält man die Gleichung

$$\begin{aligned} &\varphi(y_1 + p_1, \ldots, y_m + p_m) - \varphi(y_1, \ldots, y_m) \\ &\qquad = b_1 p_1 + \cdots + b_m p_m + \varrho T(p_1, \ldots, p_m). \end{aligned}$$

Nun ist aber $T(p_1, \ldots, p_m)$ eine Funktion von $p_1, \ldots, p_m$, die nach ihrer Definitionsgleichung (9) mit ϱ gegen Null konvergiert; denn $C(p_1, \ldots, p_m)$ ist beschränkt und $R(h_1, \ldots, h_n)$ konvergiert nach (6) mit ϱ gegen Null. Die Funktion $\varphi(y_1, \ldots, y_m)$ ist daher im Punkte P^* differentiierbar.

Satz 4. *Sind die Funktionen*

$$x_k = x_k(y_1, \ldots, y_m) \qquad (k = 1, 2, \ldots, n)$$

in einem Punkte P^* des Raumes der y differentiierbar und stellen die Funktionen $x_k(P^*)$ die Koordinaten eines Punktes P dar, in welchem die Funktion

$$f(P) = f(x_1, \ldots, x_n)$$

differentiierbar ist, so ist die durch Substitution gewonnene Funktion

$$\varphi(y_1, \ldots, y_m) = f(x_1, \ldots, x_n)$$

im Punkte P^* differentiierbar, und man hat in diesem Punkte

$$\frac{\partial \varphi}{\partial y_j} = b_j = \sum_k \frac{\partial f}{\partial x_k} \frac{\partial x_k}{\partial y_j} \qquad (j = 1, 2, \ldots, m).$$

562. Der soeben bewiesene Satz kann dazu benutzt werden, um den Mittelwertsatz der Differentialrechnung (§ 481) auf Funktionen von mehreren Veränderlichen zu übertragen. Es sei $f(x_1, \ldots, x_n)$ in jedem Punkte eines Intervalls I des n-dimensionalen Raumes differentiierbar. Wir bezeichnen mit x_k und $(x_k + h_k)$ die Koordinaten von zwei beliebigen Punkten dieses Intervalls und setzen

$$\varphi(t) = f(x_1 + t h_1, \ldots, x_n + t h_n).$$

Dann ist $\varphi(t)$ in jedem Punkte der Strecke $0 \leqq t \leqq 1$ differentiierbar und man hat nach dem erwähnten Mittelwertsatz

$$(1) \qquad \begin{cases} f(x_1 + h_1, \ldots, x_n + h_n) - f(x_1, \ldots, x_n) = \varphi(1) - \varphi(0) \\ \qquad\qquad\qquad\qquad\qquad\qquad\qquad\quad = \varphi'(\vartheta), \end{cases}$$

wobei ϑ eine Zahl zwischen Null und Eins bedeutet. Bezeichnet man nun mit Q den Punkt

$$Q\colon \quad x_1 + \vartheta h_1, \ \ldots, \ x_n + \vartheta h_n,$$

so ist nach dem Früheren

$$(2) \qquad \varphi'(\vartheta) = \sum_k \frac{\partial f(Q)}{\partial x_k} h_k,$$

und dieser Wert in (1) eingesetzt liefert die Gleichung

$$f(x_1 + h_1, \ldots, x_n + h_n) - f(x_1, \ldots, x_n) = \sum_k \frac{\partial f(Q)}{\partial x_k} h_k.$$

Der Punkt Q befindet sich auf der Strecke, welche die Punkte mit den Koordinaten x_k und $(x_k + h_k)$ verbindet; die Übereinstimmung mit dem Mittelwertsatz der Differentialrechnung ist also vollkommen.

Ein anderes Korollar des im vorigen Paragraphen bewiesenen Satzes ist der

Satz 5. *Sind $f(P)$ und $g(P)$ zwei Funktionen von n Veränderlichen $x_1, \ldots, x_n$, die beide in einem Punkte P differentiierbar sind, so sind ihre Summe und ihr Produkt ebenfalls in P differentiierbar. Ist außerdem $g(P) \neq 0$, so ist auch der Quotient von $f(P)$ durch $g(P)$ in P differentiierbar.*

Setzt man nämlich $f(P) = u$ und $g(P) = v$, so sind die Funktionen, deren Differentiierbarkeit in P bewiesen werden soll, die Funktionen

$$u + v, \quad u \cdot v, \quad \frac{u}{v},$$

deren Differentiierbarkeit als Funktionen von u und v man sofort durch elementare Rechnungen verifiziert.

563. Es sei $f(P) = f(x_1, \ldots, x_n)$ eine in einer offenen Punktmenge A des n-dimensionalen Raumes differentiierbare Funktion. Man führt n neue Veränderliche ein, die man mit $dx_1, dx_2, \ldots, dx_n$ bezeichnet und setzt, wenn der Punkt P in A enthalten ist:

$$(1) \qquad df = \frac{\partial f(P)}{\partial x_1} dx_1 + \frac{\partial f(P)}{\partial x_2} dx_2 + \cdots + \frac{\partial f(P)}{\partial x_n} dx_n.$$

Die Funktion df, die von den $2n$ Veränderlichen $x_1, \ldots, x_n$ und $dx_1, \ldots, dx_n$ abhängt, heißt das Differential von $f(P)$ und spielt in vielen Theorien eine wichtige Rolle. Die wichtigste Eigenschaft des Differentials ist eine Folge des Satzes 4 des § 561. Führt man neue Veränderliche $y_1, \ldots, y_n$ ein und setzt

$$f(x_1, \ldots, x_n) = \varphi(y_1, \ldots, y_m),$$

so erhält man das Differential $d\varphi$ von φ, indem man in df die Größen dx_k durch die Differentiale von $x_k(y_1, \ldots, y_m)$ ersetzt; man kann also gewissermaßen schreiben:

$$d\varphi = df.$$

Ebenso kann man den Satz des vorigen Paragraphen in die Gleichungen kleiden:

$$\begin{aligned} d(f+g) &= df + dg, \\ d(fg) &= g\,df + f\,dg, \\ d\left(\frac{f}{g}\right) &= \frac{1}{g^2}\{g\,df - f\,dg\}. \end{aligned}$$

Die Vertauschung der Reihenfolge der Differentiationen.

564. Wir wollen folgenden Satz beweisen:

Satz 1. *In einem Intervall I der xy-Ebene sollen die Funktion $f(x,y)$ und ihre partiellen Ableitungen*

$$(1) \qquad p(x,y) = \frac{\partial f(x,y)}{\partial x}, \quad q(x,y) = \frac{\partial f(x,y)}{\partial y}$$

überall definiert und endlich sein. Ferner soll die Funktion

$$(2) \qquad \varphi(x,y) = \frac{\partial p(x,y)}{\partial y}$$

in I beschränkt sein und für konstante Werte von y stetig in x, für konstante Werte von x stetig in y sein. Dann ist in jedem Punkte von I die Funktion $q(x,y)$ partiell nach x differentiierbar und man hat

$$(3) \qquad \frac{\partial q(x,y)}{\partial x} = \varphi(x,y).$$

Es seien (x_0, y_0) und $(x_0 + h, y_0 + k)$ zwei beliebige Punkte von I und der Bequemlichkeit des Ausdrucks wegen seien h und k positiv genommen. Liegt dann x im abgeschlossenen Intervall $x_0 \leqq x \leqq x_0 + h$, so ist $\varphi(x,y)$ als Funktion von y über das Intervall $y_0 < y < y_0 + k$ summierbar und die Funktion

$$(4) \qquad \psi(x) = \int_{y_0}^{y_0+k} \varphi(x,y)\, dy$$

ist wegen der Beschränktheit von $\varphi(x,y)$ eine stetige Funktion von x (vgl. § 555, Satz 8). Ebenso sieht man, daß

$$(5) \qquad \chi(y) = \int_{x_0}^{x_0+h} \varphi(x,y)\, dx$$

im abgeschlossenen Intervall $y_0 \leqq y \leqq y_0 + k$ eine stetige Funktion von y ist. Die Funktion $\varphi(x,y)$ ist ferner nach dem § 558 meßbar in (x,y) und da sie beschränkt ist, ist sie summierbar über das Intervall

$$\delta\colon \quad x_0 < x < x_0 + h, \quad y_0 < y < y_0 + k.$$

Wegen der Existenz der Integrale (4) und (5) hat man also (§ 550, Satz 4)

$$(6) \qquad \int_{\delta} \varphi(x,y)\, dw = \int_{x_0}^{x_0+h} \psi(x)\, dx = \int_{y_0}^{y_0+k} \chi(y)\, dy.$$

Anderseits hat man wegen (2) und weil $\varphi(x,y)$ eine endliche Funktion bedeutet (§ 527, Satz 4)

$$\psi(x) = p(x, y_0 + k) - p(x, y_0).$$

Die Funktion $(p(x,y_0+k)-p(x,y_0))$ ist die Ableitung der Funktion $(f(x,y_0+k)-f(x,y_0))$ nach x und daher ist

$$\int_{x_0}^{x_0+h}\psi(x)\,dx=(f(x_0+h,y_0+k)-f(x_0+h,y_0))-(f(x_0,y_0+k)-f(x_0,y_0)).$$

Dividieren wir die beiden Seiten der letzten Gleichung durch k, so können wir wegen (6) schreiben:

$$\frac{1}{k}\int_{y_0}^{y_0+k}\chi(y)\,dy=\frac{f(x_0+h,y_0+k)-f(x_0+h,y_0)}{k}-\frac{f(x_0,y_0+k)-f(x_0,y_0)}{k}$$

oder, wenn wir k gegen Null konvergieren lassen und die Stetigkeit von $\chi(y)$ beachten:

$$\chi(y_0)=q(x_0+h,y_0)-q(x_0,y_0).$$

Nach (5) ist also

$$\int_{x_0}^{x_0+h}\varphi(x,y_0)\,dx=q(x_0+h,y_0)-q(x_0,y_0). \tag{7}$$

Die Gleichung (7) ist nur für positive Werte von h bewiesen, aber man sieht sofort ein, daß hieraus ihre Richtigkeit für beliebige Werte von h folgen muß. Dividiert man also die beiden Seiten dieser Gleichung durch h und läßt h gegen Null konvergieren, so folgt wegen der Stetigkeit von $\varphi(x,y_0)$ als Funktion von x die Existenz der Ableitung

$$\frac{\partial q(x_0,y_0)}{\partial x}$$

und die Richtigkeit der zu beweisenden Gleichung (3).

Totalstetige Funktionen von zwei Veränderlichen.

565. Es sei $f(x,y)$ eine Funktion, die über die xy-Ebene summierbar ist und für welche die Doppelintegrale

$$\int_{-\infty}^{\infty}dy\int_{-\infty}^{\infty}f(x,y)\,dx,\quad \int_{-\infty}^{\infty}dx\int_{-\infty}^{\infty}f(x,y)\,dy \tag{1}$$

existieren; diese Integrale sind dann auch einander gleich (§ 551). Wir betrachten das Intervall

$$\delta:\quad x_1<x<x_2,\quad y_1<y<y_2 \tag{2}$$

und bemerken, daß, da nach (1) für jedes feste y die Funktion $f(x,y)$

über die x-Achse summierbar ist, auch das Integral

$$\alpha(y) = \int_{x_1}^{x_2} f(x, y)\, dx$$

existieren muß. Die Funktion $f_1(x, y)$, die für jeden Punkt des Streifens $x_1 < x < x_2$ gleich $f(x, y)$ und sonst gleich Null ist, ist ebenfalls über die xy-Ebene summierbar (§ 396, Satz 9) und man hat für jeden beliebigen Wert von y

$$\int_{-\infty}^{\infty} f_1(x, y)\, dx = \alpha(y).$$

Hieraus folgt aber (§ 550, Satz 4), daß $\alpha(y)$ eine summierbare Funktion bedeutet und danach ist die Existenz des Integrals

$$\int_{y_1}^{y_2} \alpha(y)\, dy = \int_{y_1}^{y_2} dy \int_{x_1}^{x_2} f(x, y)\, dx$$

verbürgt.

Bemerkt man nun, daß das letzte Doppelintegral gleich dem (ebenen) Integral von $f(x, y)$ über δ ist und wiederholt die letzten Überlegungen, indem man x mit y vertauscht, so erhält man den

Satz 1. *Ist die Funktion* $f(P) = f(x, y)$ *über die* xy*-Ebene summierbar und existieren die wiederholten Integrale* (1), *dann existieren auch die Integrale*

$$\int_{y_1}^{y_2} dy \int_{x_1}^{x_2} f(x, y)\, dx \quad \textit{und} \quad \int_{x_1}^{x_2} dx \int_{y_1}^{y_2} f(x, y)\, dy$$

und man hat mit der Bezeichnung (2)

$$\int_{\delta} f(P)\, dw = \int_{x_1}^{x_2} dx \int_{y_1}^{y_2} f(x, y)\, dy = \int_{y_1}^{y_2} dy \int_{x_1}^{x_2} f(x, y)\, dx.$$

566. Wir setzen jetzt

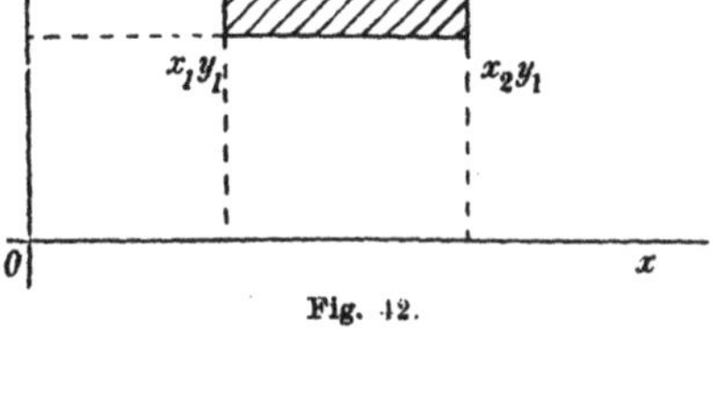

Fig. 42.

$$(1) \quad F(x, y) = \int_0^x \int_0^y f(x, y)\, dx\, dy$$

und berechnen die der summierbaren Funktion $f(x, y)$ zugeordnete Intervallfunktion

$$\Phi(\delta) = \int_{x_1}^{x_2} \int_{y_1}^{y_2} f(x, y)\, dx\, dy;$$

nun ist aber

$$\int_{x_1}^{x_2}\int_{y_1}^{y_2} = \int_{x_1}^{x_2}\int_{0}^{y_2} - \int_{x_1}^{x_2}\int_{0}^{y_1}$$

$$= \int_{0}^{x_2}\int_{0}^{y_2} - \int_{0}^{x_1}\int_{0}^{y_2} - \int_{0}^{x_2}\int_{0}^{y_1} + \int_{0}^{x_1}\int_{0}^{y_1}$$

und daher mit Hilfe von (1)

$$(2)\qquad \Phi(\delta) = F(x_2, y_2) - F(x_1, y_2) - F(x_2, y_1) + F(x_1, y_1).$$

Durch die Gleichung (2) können wir nun jeder **beliebigen** endlichen Funktion von zwei Veränderlichen eine Intervallfunktion $\Phi(\delta)$ zuordnen, genau wie wir es schon für Funktionen einer Veränderlichen getan haben (§ 458) und man sieht sofort ein, daß diese Intervallfunktion additiv ist, denn es ist, wenn wir δ in endlich viele Teilintervalle $\delta_1, \delta_2, \ldots, \delta_m$ zerlegen,

$$\Phi(\delta) = \Phi(\delta_1) + \Phi(\delta_2) + \cdots + \Phi(\delta_m).$$

Wir nehmen nun an, die Funktion $\Phi(\delta)$ sei eine **totalstetige** Intervallfunktion (§ 457); wir haben gesehen (§§ 429, 453), daß man dann eine über jedes Intervall δ summierbare Funktion $\bar{f}(P)$ finden kann, so daß

$$\Phi(\delta) = \int_\delta \bar{f}(P)\, dw$$

ist. Nach dem Satze 5 des § 550 kann man dann eine zu $\bar{f}(P)$ äquivalente Funktion $f(P) = f(x, y)$ finden, so daß $\Phi(\delta)$ durch ein Doppelintegral über $f(x, y)$ dargestellt wird, und man hat

$$(3)\quad F(x_2, y_2) - F(x_1, y_2) - F(x_2, y_1) + F(x_1, y_1) = \int_{x_1}^{x_2}\int_{y_1}^{y_2} f(x, y)\, dx\, dy.$$

Diese letzte Formel ist nur für den Fall $x_1 < x_2$ und $y_1 < y_2$ abgeleitet, aber ihr Bau ist derart, daß sie dann auch für $x_2 \leqq x_1$ oder $y_2 \leqq y_1$ gelten muß.

567. Wir führen jetzt folgende Definition ein:

Definition. Eine Funktion $F(x, y)$ soll **totalstetig genannt werden, wenn die ihr zugeordnete additive Intervallfunktion $\Phi(\delta)$ selbst totalstetig ist und wenn außerdem noch die Funktionen $F(x, 0)$ und $F(0, y)$ totalstetig sind.**

Man bemerke, daß man schreiben kann:

$$(4)\quad F(x, y) = F(0, 0) + [F(x, 0) - F(0, 0)] + [F(0, y) - F(0, 0)] + [F(x, y) - F(0, y) - F(x, 0) + F(0, 0)].$$

Wegen der Totalstetigkeit von $F(x, 0)$ und $F(0, y)$ gibt es nach dem Satze 2 des § 485 zwei über die x- bzw. die y-Achse summierbare Funktionen, für welche die Gleichungen

$$F(x, 0) - F(0, 0) = \int_0^x g(x)\,dx,$$

$$F(0, y) - F(0, 0) = \int_0^y h(y)\,dy$$

gelten. Durch Spezialisierung der Gleichung (3) erhalten wir ferner

$$F(x, y) - F(0, y) - F(x, 0) + F(0, 0) = \int_0^x\int_0^y f(x, y)\,dx\,dy;$$

hier bedeutet $f(x, y)$ eine über die xy-Ebene summierbare Funktion. Durch Einsetzen dieser Werte in (4) bekommen wir den Satz

Satz 1. *Jede totalstetige Funktion von zwei Veränderlichen kann mit Hilfe von summierbaren Funktionen $f(x, y)$, $g(x)$, $h(y)$ als Summe von Integralen und zwar in der Gestalt*

$$(5)\qquad F(x, y) = \int_0^x\int_0^y f(x, y)\,dx\,dy + \int_0^x g(x)\,dx + \int_0^y h(y)\,dy + C$$

geschrieben werden.

Gilt umgekehrt für $F(x,y)$ die Gleichung (5), so ist für jeden festen Wert von y die Funktion gleich einem unbestimmten Integral der Funktion

$$\int_0^y f(x, y)\,dy + g(x);.$$

die Funktion $F(x, y)$ ist also für konstante y totalstetig in x und ebenso sieht man, daß sie für konstante x totalstetig in y ist. Ferner ist, wie man sofort verifizieren kann, die Gleichung (3) eine Folge von (5) und daher ist auch die Totalstetigkeit der unserer Funktion $F(x, y)$ zugeordneten Intervallfunktion $\Phi(\delta)$ ebenfalls eine Folge von (5). Wir haben also den Satz:

Satz 2. *Jede Funktion $F(x, y)$ von der Form* (5) *ist totalstetig.*

Da die Summanden der rechten Seite von (5) stetige Funktionen von (x, y) darstellen, gilt auch der Satz:

Satz 3. *Jede totalstetige Funktion $F(x, y)$ ist auch stetig im gewöhnlichen Sinne, und totalstetig als Funktion von x oder y allein.*

568. Im § 491 haben wir gezeigt, daß Funktionen von einer Veränderlichen totalstetig sind, wenn ihre Differenzenquotienten beschränkt sind. Hier kann man mit ähnlichen Mitteln zeigen, daß $F(x, y)$ totalstetig ist, wenn die Ungleichheiten

$$\begin{cases} |F(x_2, y_2) - F(x_1, y_2) - F(x_2, y_1) + F(x_1, y_1)| \leqq N\,|x_2 - x_1|\,|y_2 - y_1| \\ |F(x_2, 0) - F(x_1, 0)| \leqq N\,|x_2 - x_1| \\ |F(0, y_2) - F(0, y_1)| \leqq N\,|y_2 - y_1| \end{cases}$$

für einen festen Wert von N stets zugleich stattfinden.

Allein aus der Beschränktheit der partiellen Differenzenquotienten von $F(x, y)$ folgt dagegen die Totalstetigkeit dieser Funktion noch nicht wie folgendes Beispiel zeigt.

Es sei q ein Quadrat der xy-Ebene mit der Seitenlänge $2a$; mit $\varphi_q(x, y)$ bezeichnen wir eine Funktion, die im Mittelpunkte von q den Wert a annimmt und auf dem Rande eines jeden zu q konzentrischen Quadrats von der Seitenlänge $2b$ konstant ist und den Wert

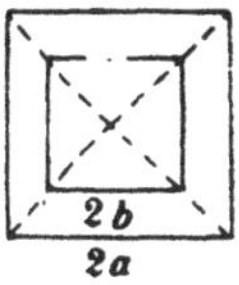

$$\frac{(a-b) + |a-b|}{2}$$

besitzt. Wir zerlegen jetzt ein beliebiges Quadrat der xy-Ebene in abzählbar unendlich viele Teilquadrate nach dem nebenstehenden Schema und setzen

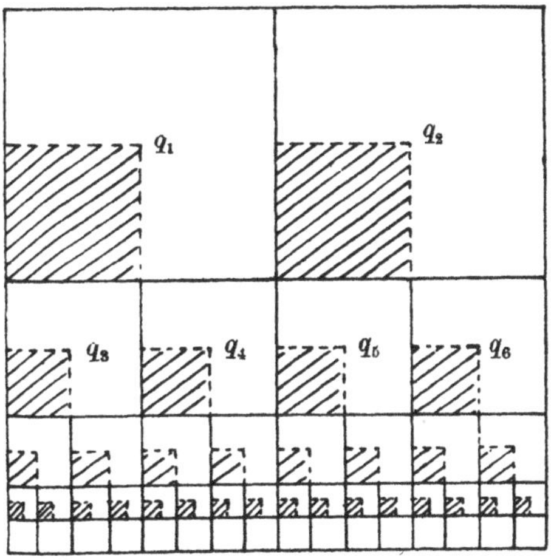

Fig. 43.

$$f(x, y) = \varphi_{q_1}(x, y) + \varphi_{q_2}(x, y) + \cdots$$

Die absoluten Beträge der partiellen Differenzenquotienten dieser Funktion, die für die ganze Ebene erklärt ist, sind, wie man leicht sieht, nicht größer als Eins:

$$|f(x_2, y) - f(x_1, y)| \leqq |x_2 - x_1|,$$
$$|f(x, y_2) - f(x, y_1)| \leqq |y_2 - y_1|.$$

Dagegen ist der Wert der entsprechenden Intervallfunktion $\Phi(\delta)$ für die schraffierten Teile δ_n eines jeden der Quadrate q_n gleich der halben Seitenlänge dieses Quadrats; wir haben also

$$\Phi(\delta_1) + \Phi(\delta_2) = \Phi(\delta_3) + \cdots + \Phi(\delta_6) = \Phi(\delta_7) + \cdots + \Phi(\delta_{14})$$

und allgemein

$$\Phi(\delta_1) + \Phi(\delta_2) = \sum_{k=2^n-1}^{2^{n+1}-2} \Phi(\delta_k) \qquad (n = 2, 3, \ldots).$$

Anderseits hat man für die Inhalte $m\delta_k$ der Punktmengen δ_k

$$\sum_{k=2^n-1}^{2^{n+1}-2} m\delta_k = \frac{1}{2^{n-1}}(m\delta_1 + m\delta_2) \qquad (n = 2, 3, \ldots)$$

und hieraus folgt, daß die Intervallfunktion $\Phi(\delta)$ nicht totalstetig ist.

Insbesondere haben wir also auch den Satz:

Satz 4. *Aus der Totalstetigkeit der Funktion $F(x, y)$ als Funktion von x für konstante y und als Funktion von y für konstante x folgt nicht die Totalstetigkeit von $F(x, y)$ in x und y.*

569. Um die partiellen Ableitungen einer totalstetigen Funktion $F(x, y)$ zu untersuchen, müssen wir folgenden Satz beweisen:

Satz 5. *Ist $f(x, y)$ eine meßbare Funktion von zwei Veränderlichen, die für jeden festen Wert von x über jedes beliebige Intervall der y-Achse summierbar ist, so ist die Funktion*

$$\varphi(x, y) = \int_0^y f(x, y)\,dy \tag{1}$$

ebenfalls meßbar als Funktion von zwei Veränderlichen.

Wir nehmen zunächst an, $f(x, y)$ sei beschränkt

$$|f(x, y)| \leqq N. \tag{2}$$

Die Funktion $f(x, y)$ ist einer (ebenfalls beschränkten) Funktion von der zweiten Klasse äquivalent (§ 369, Satz 6), d. h. man hat

$$f(x, y) \sim \psi(x, y) \tag{3}$$

zugleich mit der Gleichung

$$\psi(x, y) = \lim_{m=\infty} \lim_{n=\infty} \psi_{mn}(x, y), \tag{4}$$

in der die Funktionen $\psi_{mn}(x, y)$ stetige Funktionen bedeuten, die der Bedingung

$$|\psi_{mn}(x, y)| < N \tag{5}$$

genügen (§ 364, Satz 5). Wegen der Bedingung (5) ist nach dem Satze 16 des § 402, den man hier zweimal nacheinander anwenden muß, $\psi(x, y)$

für jedes feste x summierbar über ein beliebiges Intervall der y-Achse und man hat mit den Bezeichnungen

$$\varphi_{mn}(x, y) = \int_0^y \psi_{mn}(x, y)\,dy \tag{6}$$

$$\bar{\varphi}(x, y) = \int_0^y \psi(x, y)\,dy \tag{7}$$

die Gleichung

$$\varphi(x, y) = \lim_{m=\infty} \lim_{n=\infty} \varphi_{mn}(x, y). \tag{8}$$

Nun sind, wie man leicht sieht, die Funktionen $\varphi_{mn}(x, y)$ stetige Funktionen, denn man hat

$$\begin{aligned} \varphi_{mn}(x+h, y+k) - \varphi_{mn}(x, y) &= \int_0^{y+k} \psi_{mn}(x+h, y)\,dy - \int_0^y \psi_{mn}(x, y)\,dy \\ &= \int_0^y (\psi_{mn}(x+h, y) - \psi_{mn}(x, y))\,dy \\ &\quad + \int_y^{y+k} \psi_{mn}(x+h, y)\,dy \end{aligned}$$

und daher wegen (5)

$$|\varphi_{mn}(x+h, y+k) - \varphi_{mn}(x, y)| \leq \int_0^y |\psi_{mn}(x+h, y) - \psi_{mn}(x, y)|\,dy + N \cdot |k|.$$

Läßt man in dem letzten Ausdrucke h und k gegen Null konvergieren, so konvergiert (§ 402, Satz 16) die rechte Seite dieses Ausdrucks gegen Null, woraus dann die Stetigkeit von $\varphi_{mn}(x, y)$ folgt. Aus der Stetigkeit von $\varphi_{mn}(x, y)$ entnimmt man mit Hilfe von (8), daß $\varphi(x, y)$ von der zweiten Baireschen Klasse und daher meßbar ist.

Es sei nun E die Nullmenge der xy-Ebene, für welche nach (3)

$$f(x, y) \neq \psi(x, y)$$

ist; wegen des Satzes 2 des § 546 gibt es eine lineare Nullmenge e_x auf der x-Achse, so daß für jeden Punkt x_0, der nicht in e_x enthalten ist, die beiden Funktionen von y

$$f(x_0, y) \quad \text{und} \quad \psi(x_0, y)$$

nur in einer Nullmenge der y-Achse voneinander verschieden sein können. Es ist also mit anderen Worten

$$f(x_0, y) \sim \psi(x_0, y)$$

und daher nach (1) und (7)

$$\varphi(x_0, y) = \overline{\varphi}(x_0, y)$$

für jeden beliebigen Wert von y (§ 424, Satz 1). Die Punktmenge

$$M(\varphi(x, y) \neq \overline{\varphi}(x, y))$$

projiziert sich also auf eine Punktmenge der x-Achse, die in e_x enthalten ist, und ist daher selbst eine zweidimensionale Nullmenge (§ 380). Hieraus folgt aber

$$\varphi(x, y) \sim \overline{\varphi}(x, y)$$

und daher (§ 361, Satz 7) die Meßbarkeit von $\varphi(x, y)$ aus der Meßbarkeit von $\overline{\varphi}(x, y)$.

Ist nun die gegebene Funktion $f(x, y)$ nicht beschränkt, so setze man, wenn p eine natürliche Zahl bedeutet,

$$\left\{\begin{array}{lll} f_p(x, y) = f(x, y) & \text{in der Punktmenge} & M(|f| \leqq p), \\ f_p(x, y) = p & \text{„ „ „} & M(f > p), \\ f_p(x, y) = -p & \text{„ „ „} & M(f < -p). \end{array}\right.$$

Dann ist nach dem Obigen

$$\varphi_p(x, y) = \int_0^y f_p(x, y)\,dy$$

eine meßbare Funktion in beiden Veränderlichen. Anderseits ist, weil $f(x, y)$ für jeden festen Wert von x summierbar über ein beliebiges Intervall der y-Achse sein soll und weil stets $|f_p| \leqq |f|$ ist,

$$\varphi(x, y) = \lim_{p=\infty} \varphi_p(x, y);$$

also ist $\varphi(x, y)$ ebenfalls eine meßbare Funktion (§ 353, Satz 11).

570. Es sei

$$F(x, y) = \int_0^x \int_0^y f(x, y)\,dx\,dy + \int_0^x g(x)\,dx + \int_0^y h(y)\,dy + C$$

eine totalstetige Funktion und DF_x irgend eine ihrer partiellen Hauptderivierten nach x. Setzt man

$$(1) \qquad \varphi(x, y) = \int_0^y f(x, y)\,dy + g(x),$$

so kann $F(x, y)$ für jeden festen Wert von y als ein unbestimmtes Integral von $\varphi(x, y)$ nach x angesehen werden; man hat also insbesondere

$$F(x, y) = F(0, y) + \int_0^x \varphi(x, y)\,dx.$$

Anderseits ist aber auch

$$F(x, y) = F(0, y) + \int_0^x DF_x(x, y)\,dx$$

und hieraus folgt, daß für jedes feste $y = y_0$

$$DF_x(x, y_0) \sim \varphi(x, y_0)$$

ist. Die Punktmenge

(2) $$M(DF_x \neq \varphi)$$

hat also die Eigenschaft, auf jeder Parallelen $y = y_0$ zur x-Achse eine lineare Nullmenge zu sein. Diese Punktmenge ist aber **meßbar**; denn einerseits ist $DF_x(x, y)$ eine meßbare Funktion (§ 557, Satz 1) und anderseits ist nach den Ausführungen des vorigen Paragraphen die durch die Gleichung (1) definierte Funktion $\varphi(x, y)$ ebenfalls meßbar. Nach dem Satze 3 des § 547 ist also die Punktmenge (2) eine (zweidimensionale) Nullmenge und die Funktion $DF_x(x, y)$ ist der Funktion $\varphi(x, y)$ äquivalent

$$DF_x(x, y) \sim \varphi(x, y).$$

Genau ebenso hätten wir beweisen können, daß die partielle Ableitung

$$F_x(x, y) \sim \varphi(x, y)$$

ist. Ferner ist die Punktmenge, in welcher die Funktion $F(x, y)$ nicht partiell nach x differentiierbar ist oder eine unendliche Derivierte besitzt, eine Teilmenge derjenigen Punktmenge, in welcher unter den vier partiellen Hauptderivierten von $F(x, y)$ nach x mindestens eine von $\dot{F}_x(x, y)$ verschieden ist, also selbst eine Nullmenge.

Satz 6. *Die partiellen Derivierten nach x einer totalstetigen Funktion $F(x, y)$ sind in einem maßgleichen Kern der Ebene sämtlich endlich und gleich der Funktion $\varphi(x, y)$.*

Genau ebenso kann man zeigen, daß die partiellen Derivierten nach y der Funktion $\varphi(x, y)$ außer höchstens in einer zweidimensionalen Nullmenge alle gleich der summierbaren Funktion $f(x, y)$ sind.

571. Wir bezeichnen mit E_1 die ebene Punktmenge, in welcher unsere totalstetige Funktion $F(x, y)$ sowohl nach x als auch nach y

differentiierbar ist und endliche partielle Derivierten besitzt. In jedem Punkte (x,y) von E_1 ist dann

$$
(1)\quad \left\{
\begin{aligned}
&F(x+h,y)-F(x,y)=\frac{\partial F(x,y)}{\partial x}h+h\,R_1(h),\\
&F(x,y+k)-F(x,y)=\frac{\partial F(x,y)}{\partial y}k+k\,R_2(k),\\
&\lim_{h=0} R_1(h)=0,\qquad \lim_{k=0} R_2(k)=0.
\end{aligned}
\right.
$$

Ferner sei E_2 die Punktmenge, in welcher die obere mittlere Derivierte der totalstetigen additiven Mengenfunktion (§ 435)

$$\Psi(e)=\int_e |f\, dw$$

endlich ist; hierbei soll $f(P)=f(x,y)$ dieselbe **Bedeutung** haben, wie im vorigen Paragraphen.

Es seien (x,y) die Koordinaten eines Punktes von E_2, und h, k zwei beliebige Zahlen; wir setzen wieder

$$r=\sqrt{h^2+k^2}$$

und bezeichnen mit Q das Quadrat, das den Punkt (x,y) zum Mittelpunkte hat und die Seitenlänge $2r$ besitzt. Es ist dann

$$\int_x^{x+h}\int_y^{y+k} f(x,y)\,dx\,dy \leqq \int_Q |f|\,dw$$

und in der Gleichung

$$\int_Q |f|\,dw = 4r^2 B(r)$$

ist $B(r)$ für $r<1$ eine **beschränkte** Funktion, weil der Punkt (x,y) in E_2 enthalten ist. Setzt man also

$$(2)\qquad \int_x^{x+h}\int_y^{y+k} f(x,y)\,dx\,dy = r^2 S(h,k),$$

so ist die Funktion $S(h,k)$ ebenfalls beschränkt, wenn $r<1$ bleibt.

Die Punktmengen E_1, E_2 und ihr Durchschnitt $E=E_1E_2$ sind maßgleiche Kerne der Ebene (§ 570 und § 439).

Nun bemerke man, daß die Identität

$$
\begin{aligned}
F(x+h,y+k)-F(x,y)&=\\
(F(x+h,y)-F(x,y))&+(F(x,y+k)-F(x,y))\\
&+(F(x+h,y+k)-F(x+h,y)-F(x,y+k)+F(x,y))
\end{aligned}
$$

geschrieben werden kann

$$F(x+h,y+k)-F(x,y)=(F(x+h,y)-F(x,y))+(F(x,y+k)-F(x,y))$$
$$+\int_x^{x+h}\int_y^{y+k} f(x,y)\,dx\,dy;$$

es folgt dann mit Hilfe von (1) und (2) für jeden Punkt der Menge E

$$\begin{cases} F(x+h,y+k)-F(x,y)=\dfrac{\partial F(x,y)}{\partial x}h+\dfrac{\partial F(x,y)}{\partial y}k+r\,R(h,k), \\ R(h,k)=\dfrac{h}{r}R_1(h)+\dfrac{k}{r}R_2(k)+r\,S(h,k). \end{cases}$$

Die in der letzten Gleichung definierte Funktion $R(h,k)$ konvergiert nach dem Früheren gegen Null, wenn r gegen Null konvergiert, und hieraus folgt (§ 560) der Satz:

Satz 7. *Jede totalstetige Funktion von zwei Veränderlichen $F(x,y)$ ist in einem maßgleichen Kern E der Ebene differentiierbar.*

Differentiation unter dem Integralzeichen.

572. Es sei $f(P;t)$ eine endliche Funktion eines Punktes P des n-dimensionalen Raumes, die von einem Parameter t abhängt. Die Funktion $f(P;t)$ soll definiert sein, wenn P in einer meßbaren Punktmenge e des $\mathfrak{R}_n$ liegt und wenn t im Intervalle

$$(1) \qquad |t-t_0|<a$$

enthalten ist, und soll außerdem folgenden Bedingungen genügen:

a) für jeden Wert von t, der in (1) liegt, ist $f(P;t)$ als Funktion von P über e summierbar; wir setzen dann

$$(2) \qquad \varphi(t)=\int_e f(P;t)\,dw.$$

b) für jeden Punkt P von e ist $f(P;t)$, als Funktion von t allein, im Punkte t_0 differentiierbar; man kann also schreiben

$$(3) \qquad \lim_{h=0}\frac{f(P;t_0+h)-f(P;t_0)}{h}=\frac{\partial f(P;t_0)}{\partial t}.$$

c) Ist P in e und $t=t_0+h$ in (1) enthalten, so ist stets

$$(4) \qquad \left|\frac{f(P;t_0+h)-f(P;t_0)}{h}\right|\leqq S(P),$$

wobei $S(P)$ eine über e summierbare Funktion bedeutet, die von h unabhängig ist.

Es sei jetzt mit

(5) $$(t_0 + h_k) \qquad (k = 1, 2, \ldots)$$

eine Folge von Punkten des Intervalls (1) bezeichnet, die von t_0 verschieden sind und gegen t_0 konvergieren. Dann folgt aus (3) und (4), daß

$$\frac{\partial f(P; t_0)}{\partial t} = \lim_{k=\infty} \frac{f(P; t_0 + h_k) - f(P; t_0)}{h_k}$$

als Funktion von P über e summierbar ist, und aus (2), daß

$$\lim_{k=\infty} \frac{\varphi(t + h_k) - \varphi(t)}{h_k} = \int_e \frac{\partial f(P; t_0)}{\partial t} dw$$

ist (§ 394, Satz 5 und § 402, Satz 16). Da die letzte Gleichung für jede beliebige Wahl der Folge (5) stattfindet, ist $\varphi(t)$ im Punkte t_0 differentiierbar und hat dort eine endliche Derivierte, und man kann schreiben

$$\dot{\varphi}(t_0) = \int_e \frac{\partial f(P; t_0)}{\partial t} dw.$$

573. Um die Bedingung (4) des vorigen Paragraphen zu verifizieren, wird man in den meisten Fällen den Mittelwertsatz der Differentialrechnung heranziehen können. Es genügt dazu, daß die Funktion $f(P; t)$ für jeden festen Punkt P von e als Funktion von t nicht nur im Punkte t_0, sondern in jedem Punkte des Intervalles (1) nach t differentiierbar sei, und daß stets

$$\left| \frac{\partial f(P; t)}{\partial t} \right| \leqq S(P)$$

ist, wo $S(P)$ wieder eine über e summierbare Funktion bedeutet. Denn man hat in diesem Falle (§ 481)

$$\left| \frac{f(P; t_0 + h) - f(P; t)}{h} \right| = \left| \frac{\partial f(P; t_0 + \vartheta h)}{\partial t} \right| \leqq S(P) \qquad (|\vartheta| < 1),$$

wie wir zeigen wollten.

574. Die Überlegungen des § 572 lassen sich leicht auf Funktionen $f(P; t_1, t_2, \ldots, t_m)$, die von mehreren Parametern t_k abhängen, übertragen. Für diese Funktionen verlangen wir das Vorhandensein von folgenden Eigenschaften:

a) Für jeden Punkt $(t_1, \ldots, t_m)$ eines gewissen Würfels

(1) $$|t_k - t_k^0| < a \qquad (k = 1, 2, \ldots, m)$$

des m-dimensionalen Raumes soll $f(P, t_1, \ldots, t_m)$ als Funktion von P über die meßbare Punktmenge e summierbar sein. Wir schreiben

$$(2) \qquad \varphi(t_1, \ldots, t_m) = \int_e f(P; t_1, \ldots, t_m)\, dw.$$

b) Im Punkte $(t_1^0, \ldots, t_m^0)$ soll die gegebene Funktion $f(P; t_1, \ldots, t_m)$ als Funktion der Parameter $(t_1, t_2, \ldots, t_m)$ differentiierbar sein und dies für jeden Punkt P von e. D. h. es ist

$$(3) \qquad f(P; t_1^0 + h_1, \ldots, t_m^0 + h_m) - f(P; t_1^0, \ldots, t_m^0) =$$
$$\sum_{k=1}^{m} \frac{\partial f(P; t_1^0, \ldots, t_m^0)}{\partial t_k} h_k + r R(P: h_1, \ldots, h_m),$$

wobei wieder

$$(4) \qquad r = \sqrt{h_1^2 + \cdots + h_m^2}$$

bedeutet und $R(P; h_1, \ldots, h_m)$ mit r gegen Null konvergiert.

c) Es ist stets, wenn der Punkt mit den Koordinaten $t_k^0 + h_k$ im Intervall (1) liegt,

$$(5) \qquad |f(P; t_1^0 + h_1, \ldots, t_m^0 + h_m) - f(P; t_1^0, \ldots, t_m^0)| \leqq r \cdot S(P),$$

wobei $S(P)$ wieder eine über e summierbare Funktion bedeutet.

Aus diesen Voraussetzungen folgt nun wie im § 572, daß im Punkte $(t_1^0, t_2^0, \ldots, t_m^0)$ die partiellen Ableitungen von f nach den t_k als Funktionen von P über e summierbar sind und den Bedingungen

$$(6) \qquad \left|\frac{\partial f(P; t_1^0, \ldots, t_m^0)}{\partial t_k}\right| \leqq S(P) \qquad (k = 1, 2, \ldots, m)$$

genügen; ferner, daß $\varphi(t_1, \ldots, t_m)$ als Funktion des Parameters t_k im Punkte $t_1^0, \ldots, t_m^0$ partiell differentiierbar ist und daß die Gleichungen

$$(7) \qquad \frac{\partial \varphi(t_1^0, \ldots, t_m^0)}{\partial t_k} = \int_e \frac{\partial f(P; t_1^0, \ldots, t_m^0)}{\partial t_k} dw \qquad (k = 1, 2, \ldots, m)$$

gelten.

Die Gleichung

$$\varphi(t_1^0 + h_1, \ldots, t_m^0 + h_m) - \varphi(t_1^0, \ldots, t_m^0) =$$
$$\int_e [f(P; t_1^0 + h_1, \ldots, t_m^0 + h_m) - f(P; t_1^0, \ldots, t_m^0)]\, dw$$

kann also unter Benutzung von (3) und (7) folgendermaßen geschrieben werden:

$$(8) \qquad \varphi(t_1^0 + h_1, \ldots, t_m^0 + h_m) - \varphi(t_1^0, \ldots, t_m^0) =$$
$$\sum_{k=1}^{m} \frac{\partial \varphi(t_1^0, \ldots, t_m^0)}{\partial t_k} h_k + r \int_e R(P; h_1, \ldots, h_m)\, dw.$$

Nun bemerke man, daß aus (3) folgt:

$$r\,|R(P;h_1,\ldots,h_m)| \leqq |f(P;t_1^0+h_1,\ldots,t_m^0+h_m)-f(P;t_1^0,\ldots,t_m^0)|$$
$$+\,r\sum_{k=1}^{m}\left|\frac{\partial f(P;t_1^0,\ldots,t_m^0)}{\partial t_k}\right|,$$

und daher wegen (5) und (6)

$$(9)\qquad |R(P;h_1,\ldots,h_m)| \leqq (m+1)\,S(P).$$

Man kann hier also wieder den Satz 16 des § 402 anwenden und es wird dann, wenn man r gegen Null konvergieren läßt,

$$\lim_{r=0}\int_e R(P;h_1,\ldots,h_m)\,dw = 0.$$

Hieraus folgt, daß die Funktion $\varphi(t_1,\ldots,t_m)$ im Punkte $(t_1^0,\ldots,t_m^0)$ differentiierbar ist und daß man das Differential von φ erhält, indem man das Differential von $f(P;t_1,\ldots,t_m)$ für jeden festen Punkt P der Punktmenge e bildet und dieses Differential über e integriert.

575. Mit Hilfe des verallgemeinerten Mittelwertsatzes, den wir im § 562 aufgestellt haben, kann man, indem man genau wie im § 573 schließt, folgenden Satz aufstellen, der zwar etwas mehr Voraussetzungen über die Funktion $f(P;t_1,\ldots,t_m)$ als die obigen Überlegungen erfordert, dafür aber nicht nur mehr aussagt, sondern auch viel bequemer für die Anwendungen ist.

Satz. *Ist die Funktion $f(P;t_1,\ldots,t_m)$ als Funktion von P allein für jeden Punkt eines gewissen Intervalls I des m-dimensionalen Raumes der t über eine meßbare Punktmenge e des n-dimensionalen Raumes summierbar und als Funktion von $t_1,\ldots,t_m$ für jeden Punkt P von e in jedem Punkte von I differentiierbar, genügen außerdem für alle betrachteten Werte sämtlicher Veränderlichen die partiellen Differentialquotienten von f nach t_k der Bedingung*

$$\left|\frac{\partial f}{\partial t_k}\right| \leqq S(P),$$

wobei $S(P)$ eine über e summierbare Funktion bedeutet, so ist die Funktion

$$\varphi(t_1,\ldots,t_m) = \int_e f(P;t_1,\ldots,t_m)\,dw$$

in jedem Punkte von I differentiierbar und es gelten die Gleichungen

$$\frac{\partial\varphi}{\partial t_k} = \int_e \frac{\partial f(P;t_1,\ldots,t_m)}{\partial t_k}\,dw.$$

Differentialgleichungen.

576. Wir betrachten in einem linearen Gebiet

(1) $$a < x < b$$

eine Funktion $f(x, y)$, die für jeden festen Wert von y meßbar ist als Funktion von x und der Bedingung

(2) $$|f(x, y)| \leqq M(x)$$

genügt, wobei $M(x)$ eine von y freie, über (1) summierbare Funktion bedeutet. Ferner soll $f(x, y)$ für jeden Punkt x, der in (1) enthalten ist, als Funktion von y stetig sein.

Ist nun e eine beliebige meßbare Teilmenge von (1) und α eine beliebige endliche Zahl, so ist die Funktion, welche in e gleich $f(x, \alpha)$ ist und für alle übrigen Werte von x verschwindet, eine meßbare Funktion von x. Hieraus folgt, daß, wenn man mit $\psi(x)$ eine auf (1) endliche, meßbare und endlichwertige Funktion bezeichnet, die Funktion $f(x, \psi(x))$ meßbar ist. Eine in (1) meßbare und endliche Funktion $\varphi(x)$ kann man als Grenze einer Folge

$$\varphi_1(x), \quad \varphi_2(x), \quad \ldots$$

von endlichen, endlichwertigen und meßbaren Funktionen darstellen (§ 357, Satz 3). Wegen der Stetigkeit von $f(x, y)$ in y ist ferner

$$f(x, \varphi(x)) = \lim_{n=\infty} f(x, \varphi_n(x))$$

und hieraus folgt (§ 353, Satz 11), daß $f(x, \varphi(x))$ eine in (1) meßbare Funktion von x bedeutet. Ferner ist wegen (2)

$$|f(x, \varphi(x))| \leqq M(x)$$

und daher die Funktion $f(x, \varphi(x))$ über (1) summierbar (§ 395, Satz 6).

577. Wir wollen jetzt folgenden allgemeineren Satz beweisen:

Satz 1. *Es sei die Funktion $f(x, y_1, \ldots, y_n)$ als Funktion von x im linearen Gebiete $a < x < b$ meßbar und in jedem y_k stetig, wenn die übrigen Veränderlichen konstant sind. Endlich sei*

(1) $$|f(x, y_1, \ldots, y_n)| \leqq M(x),$$

wobei $M(x)$ eine über $a < x < b$ summierbare Funktion bedeutet. Sind dann die Funktionen $\varphi_1(x), \varphi_2(x), \ldots, \varphi_n(x)$ irgendwelche meßbare endliche Funktionen von x, so ist die Funktion

(2) $$f(x, \varphi_1(x), \ldots, \varphi_n(x))$$

summierbar über $a < x < b$.

Dieser Satz deckt sich für $n = 1$ mit dem Resultate des vorigen Paragraphen. Nehmen wir an, er sei für $(n-1)$ Veränderliche y_k richtig. Dann ist

$$f(x, \varphi_1(x), \ldots, \varphi_{n-1}(x), y_n)$$

für jeden festen Wert von y_n meßbar in x, ferner ist die Funktion stetig in y_n und endlich ist

$$|f(x, \varphi_1(x), \ldots, \varphi_{n-1}(x), y_n)| \leqq M(x).$$

Nach dem vorigen Paragraphen ist aber dann die Funktion (2) summierbar über $a < x < b$, wie zu beweisen war.

578. Wir betrachten jetzt n Funktionen

$$(1) \qquad f_k(x; y_1, y_2, \ldots, y_n) \qquad (k = 1, 2, \ldots, n),$$

für welche wir dieselben Voraussetzungen machen, wie im vorigen Paragraphen, aber außerdem noch verlangen, daß sie nicht nur als Funktionen von y_k für $(k = 1, 2, \ldots, n)$, sondern sogar als Funktionen von $(y_1, y_2, \ldots, y_n)$ stetig sind. Dies ist gleichbedeutend mit der Forderung, daß, wenn man n konvergente Folgen

$$y_k^{(1)}, y_k^{(2)}, \ldots \qquad (k = 1, 2, \ldots, n)$$

von Zahlen hat, die gegen endliche Werte konvergieren, aus

$$\lim_{j=\infty} y_k^{(j)} = y_k \qquad (k = 1, 2, \ldots, n)$$

stets die Relation

$$(2) \qquad \lim_{j=\infty} f(x; y_1^{(j)}, \ldots, y_n^{(j)}) = f(x, y_1, \ldots, y_n)$$

folgen soll.

Wir wollen jetzt zeigen, daß, wenn man einen beliebigen Punkt der Punktmenge $a < x < b$ mit x_0 bezeichnet, und wenn $\alpha_1, \ldots, \alpha_n$ irgendwelche endliche konstante Zahlen bedeuten, man im Intervalle $a < x < b$ stetige Funktionen $y_1(x), y_2(x), \ldots, y_n(x)$ finden kann, die den Gleichungen

$$(3) \qquad y_k(x) = \alpha_k + \int_{x_0}^{x} f_k(x; y_1(x), \ldots, y_n(x))\, dx \qquad (k = 1, 2, \ldots, n)$$

genügen. Die Funktionen $y_k(x)$ müssen dann sogar totalstetig sein, da jede von ihnen sich als unbestimmtes Integral einer summierbaren Funktion darstellen läßt, und man kann (§§ 485, 486) statt (3) schreiben

$$(4) \qquad \dot{y}_k(x) \sim f_k(x; y_1(x), \ldots, y_n(x)).$$

Spezialisiert man die Funktionen $f_k(x; y_1, \ldots, y_n)$ und fordert, daß sie z. B. in allen Veränderlichen (x mit einbegriffen) stetig sein sollen, so hat man statt (4) ein System von Differentialgleichungen

$$\frac{dy_k}{dx} = f_k(x; y_1, \ldots, y_n) \tag{5}$$

und das Problem, das wir behandeln wollen, ist also eine Verallgemeinerung des Problems der Integration eines solchen Systems. Wir werden der Einfachheit halber die Relationen (4) auch Differentialgleichungen nennen, da man stets in einem maßgleichen Kern des betrachteten Gebietes das Zeichen $\sim$ durch das Gleichheitszeichen ersetzen kann.

579. Es genügt, wenn wir die gesuchten Funktionen $y_k(x)$ nur auf der Punktmenge $x_0 \leqq x < b$ bestimmen; ihre Bestimmung in der Punktmenge $a < x \leqq x_0$ ergibt sich auf ganz analoge Weise.

Es seien $x_1, x_2, \ldots, x_m$ irgendwelche voneinander verschiedene Punkte, die in der Punktmenge $x_0 < x < b$ liegen. Wir bezeichnen mit ξ_1 die kleinste der Zahlen $x_1, \ldots, x_m$, mit ξ_2 die kleinste der übrigen Zahlen usf., so daß

$$\xi_1 < \xi_2 < \cdots < \xi_m$$

ist. Nun bestimmen wir n stückweise konstante Funktionen $\psi_k(x; x_1, \ldots, x_m)$ durch folgende Festsetzung:

$$\begin{array}{llll}
\text{für} & x_0 \leqq x < \xi_1 & \text{ist} & \psi_k = \alpha_k, \\
\text{„} & \xi_1 \leqq x < \xi_2 & \text{„} & \psi_k = \alpha_k + \int\limits_{x_0}^{\xi_1} f_k(x; \psi_1, \psi_2, \ldots, \psi_n)\,dx, \\
\text{„} & \xi_2 \leqq x < \xi_3 & \text{„} & \psi_k = \alpha_k + \int\limits_{x_0}^{\xi_2} f_k(x; \psi_1, \psi_2, \ldots, \psi_n)\,dx, \\
\cdots & \cdots & \cdots & \cdots\cdots\cdots\cdots \\
\text{„} & \xi_m \leqq x < b & \text{„} & \psi_k = \alpha_k + \int\limits_{x_0}^{\xi_m} f_k(x; \psi_1, \psi_2, \ldots, \psi_n)\,dx.
\end{array}$$

Durch diese Vorschrift werden die Funktionen $\psi_k(x; x_1, \ldots, x_m)$ eindeutig auf der Punktmenge $\xi_j \leqq x < \xi_{j+1}$ bzw. auf der Punktmenge $\xi_m \leqq x < b$ definiert, sobald man sie auf dem linearen Intervall $x_0 \leqq x < \xi_j$ bzw. $x_0 \leqq x < \xi_m$ kennt.

Für jedes x_p genügen die Funktionen $\psi_k(x; x_1, \ldots, x_m)$ nach ihrer Definition den Gleichungen

$$\psi_k(x_p; x_1, \ldots, x_m) = \alpha_k + \int\limits_{x_0}^{x_p} f(x; \psi_1, \ldots, \psi_n)\,dx \quad (p = 1, 2, \ldots, m). \tag{1}$$

Es ist wichtig zu bemerken, daß aus der Voraussetzung

(2) $$|f_k(x; y_1, \ldots, y_n)| \leqq M(x) \qquad (k = 1, 2, \ldots, n)$$

die gleichmäßige Beschränktheit der Funktionen ψ_k folgt. Der Mittelwertsatz der Integralrechnung liefert nämlich, wenn man ihn auf die Definitionsgleichungen von ψ_k anwendet, für jeden Wert von x im Intervalle $x_0 < x < b$

(3) $$|\psi_k(x; x_1, \ldots, x_m)| \leqq |\alpha_k| + \int_{x_0}^{b} M(x)\,dx.$$

Man kann also eine obere Schranke für die Funktionen $|\psi_k|$ finden, die ganz unabhängig ist von der Wahl von $x_1, \ldots, x_m$.

580. Wir betrachten jetzt eine im Intervalle $x_0 < x < b$ überall dichte abzählbare Punktmenge

(4) $$x_1, x_2, x_3, \ldots$$

und für jedes k die Folge von Funktionen

$$\psi_k(x; x_1, x_2, \ldots, x_m) \qquad (m = 1, 2, 3, \ldots).$$

Um die Bezeichnungen etwas zu vereinfachen, setzen wir

(5) $$\psi_k(x; x_1, x_2, \ldots, x_m) = \psi_k(x|m).$$

Aus der Folge der natürlichen Zahlen

$$m = 1, 2, 3, \ldots$$

wollen wir jetzt eine Teilfolge $m_1, m_2, m_3, \ldots$ aussondern, so daß für jede Zahl x_p, die in der Folge (4) vorkommt, die Grenzwerte

$$\lim_{j=\infty} \psi_k(x_p|m_j) \qquad (k = 1, 2, \ldots, n)$$

existieren. Wir können zunächst aus der natürlichen Zahlenfolge eine monotone unendliche Teilfolge

(6) $$m_{11}, m_{12}, m_{13}, \ldots$$

finden, so daß für alle n Werte von k die Grenzwerte

(7) $$\lim_{j=\infty} \psi_k(x_1|m_{1j}) \qquad (k = 1, 2, \ldots, n)$$

existieren. Wir setzen dann

(8) $$m_{11} = m_1$$

und wählen aus der Folge der übrig bleibenden Zahlen

$$m_{12}, m_{13}, m_{14}, \ldots$$

eine monotone unendliche Teilfolge

(9) $$m_{21},\ m_{22},\ m_{23},\ \ldots$$

aus, so daß für alle n Werte von k die Grenzwerte

$$\lim_{j=\infty} \psi_k(x_2|m_{2j}) \qquad (k=1,2,\ldots,n)$$

existieren. Wir setzen nun

$$m_{21} = m_2$$

und wählen aus den übrig bleibenden Zahlen der Folge (9) eine neue monotone Teilfolge

(10) $$m_{31},\ m_{32},\ m_{33},\ \ldots$$

aus, so daß für alle n Werte von k die Grenzwerte

$$\lim_{j=\infty} \psi_k(x_3|m_{3j}) \qquad (k=1,2,\ldots,n)$$

existieren. Die Folge (10) liefert uns die Zahl

$$m_{31} = m_3$$

und indem wir so fortfahren, erhalten wir eine monotone Folge von Zahlen

(11) $$m_1,\ m_2,\ m_3,\ \ldots,$$

welche folgende Eigenschaft hat: die Zahlen

$$m_p,\ m_{p+1},\ m_{p+2},\ \ldots$$

der Folge (11) sind alle in der Folge

$$m_{p1},\ m_{p2},\ m_{p3},\ \ldots$$

enthalten, für welche die Grenzwerte

$$\lim_{j=\infty} \psi_k(x_p|m_{pj}) \qquad (k=1,2,\ldots,n)$$

existieren, und es existieren daher auch für jedes p die Grenzwerte

(12) $$\lim_{j=\infty} \psi_k(x_p|m_j) \qquad (k=1,2,\ldots,n),$$

wie wir beweisen wollten.

Diese Auswahlmethode, die G. Cantor ersonnen hat, wird häufig das **Diagonalverfahren** genannt.

581. Es ist nun leicht zu zeigen, daß auch für alle übrigen Werte von x, die im Intervalle $x_0 < x < b$ enthalten sind, die Grenzwerte

(13) $$\lim_{j=\infty} \psi_k(x|m_j) = y_k(x) \qquad (k=1,2,\ldots,n)$$

existieren müssen. Es sei ε eine positive Zahl und, wenn $x > x_0$ gegeben ist, sei ξ eine Zahl zwischen x_0 und x, für welche

$$(14) \qquad \int_{\xi}^{x} M(x)\,dx \leqq \frac{\varepsilon}{3}$$

ist. Ferner sei x_p ein Punkt der Punktmenge (4), der zwischen ξ und x liegt. Der Grenzwert (12) stellt, wie aus (3) folgt, eine endliche Zahl dar. Man kann also eine natürliche Zahl $j > p$ finden, so daß für jede natürliche Zahl q

$$(15) \qquad |\psi_k(x_p|m_{j+q}) - \psi_k(x_p|m_j)| \leqq \frac{\varepsilon}{3}$$

ist (§ 98, Satz 3).

Für jedes $j>p$, ist der Punkt x_p unter den Punkten $x_1, \ldots, x_j$ und, da $m_j > j$ ist, um so mehr unter den Punkten

$$(16) \qquad x_1,\ x_2,\ \ldots,\ x_{m_j}$$

enthalten. Nach der Konstruktion von $\psi_k(x|m_j)$ ist dann

$$\psi_k(x_p|m_j) = \alpha_k + \int_{x_0}^{x_p} f_k(x;\psi_1(x|m_j),\ldots,\psi_n(x|m_j))\,dx \qquad (j>p)$$

Bezeichnet man mit x_r die größte unter den Zahlen (16), die nicht größer ist als die gegebene Zahl x, so ist erstens x_r nicht kleiner als x_p, aber eventuell gleich x_p, und zweitens ist nach der Definition von $\psi_k(x|m_j)$

$$\psi_k(x|m_j) = \psi_k(x_r|m_j) = \alpha_k + \int_{x_0}^{x_r} f_k(x;\psi_1,\ldots,\psi_n)\,dx.$$

Die beiden letzten Gleichungen liefern uns

$$\psi_k(x|m_j) - \psi_k(x_p|m_j) = \int_{x_p}^{x_r} f_k(x;\psi_1,\ldots,\psi_n)\,dx.$$

Es ist überdies

$$\xi < x_p \leqq x_r \leqq x$$

und daher nach (2) und (14)

$$(17) \qquad |\psi_k(x|m_j) - \psi_k(x_p|m_j)| \leqq \frac{\varepsilon}{3}.$$

Die Relation (17) ist unter der einzigen Voraussetzung $j > p$ bewiesen worden; für jede natürliche Zahl q ist daher auch

$$(18) \qquad |\psi_k(x|m_{j+q}) - \psi_k(x_p|m_{j+q})| \leqq \frac{\varepsilon}{3}$$

und der Vergleich von (15), (17) und (18) zeigt, daß

$$|\psi_k(x|m_{j+q}) - \psi_k(x|m_j)| \leqq \varepsilon$$

ist. Die letzte Relation ist nach beliebiger Wahl eines positiven ε für ein bestimmtes j und für jede natürliche Zahl q bewiesen; aus ihr folgt nach dem Cauchyschen Kriterium (§ 98, Satz 3) die behauptete Existenz des Grenzwertes (13).

Wegen der Stetigkeit von $f_k(x; y_1, \ldots, y_n)$ in $(y_1, \ldots, y_n)$ ist daher für jedes x

(19) $$\lim_{j=\infty} f_k(x; \psi_1(x|m_j), \ldots, \psi_n(x|m_j)) = f_k(x; y_1(x), \ldots, y_n(x)).$$

Ist nun x_p eine beliebige Zahl der Folge (4), so hatten wir für $j \geqq p$

$$\psi_k(x_p|m_j) = \alpha_k + \int_{x_0}^{x_p} f_k(x; \psi_1(x|m_j), \ldots, \psi_n(x|m_j))\, dx.$$

Lassen wir in der letzten Gleichung die Zahl j gegen unendlich konvergieren und bemerken, daß wir wegen (2) und (19) den Satz 16 des § 402 anwenden können, so kommt mit Berücksichtigung von (13)

(20) $$y_k(x_p) = \alpha_k + \int_{x_0}^{x_p} f_k(x; y_1(x), \ldots, y_n(x))\, dx.$$

582. Wir wollen nun zeigen, daß die Funktionen $y_k(x)$ stetig sind; es seien x' und x'' zwei beliebige Punkte der Punktmenge $x_0 \leqq x < b$ und ξ_j', ξ_j'' die größten unter den Zahlen

$$x_0, x_1, x_2, \ldots, x_{m_j},$$

die x' und x'' nicht übertreffen. Dann hat man einerseits, weil die Zahlen x_p in $x_0 \leqq x < b$ überall dicht liegen,

(21) $$\lim_{j=\infty} \xi_j' = x', \qquad \lim_{j=\infty} \xi_j'' = x'',$$

und anderseits

$$\psi_k(x''|m_j) - \psi_k(x'|m_j) = \int_{\xi_j'}^{\xi_j''} f_k(x; \psi_1, \ldots, \psi_n)\, dx.$$

Aus der letzten Gleichung folgt

$$|\psi_k(x''|m_j) - \psi_k(x'|m_j)| \leqq \left|\int_{\xi_j'}^{\xi_j''} M(x)\, dx\right|$$

und daher in der Grenze, wenn man (13) und (21) beachtet,

$$|y_k(x'') - y_k(x')| \leqq \left| \int_{x'}^{x''} M(x)\, dx \right| .$$

Aus dieser letzten Gleichung folgt sofort die gewünschte Stetigkeit von $y_k(x)$.

Die beiden stetigen Funktionen $y_k(x)$ und

$$\alpha_k + \int_{x_0}^{x} f_k(x;\, y_1(x), \ldots, y_n(x))\, dx ,$$

von denen die zweite sogar totalstetig ist, sind nach (20) für alle Punkte

$$x_1,\ x_2,\ \ldots$$

einander gleich; diese Punkte liegen überall dicht auf der Punktmenge $x_0 < x < b$. Außerdem ist noch $y_k(x_0) = \alpha_k$; man hat also für jeden Punkt von $x_0 \leqq x < b$ die Gleichungen

$$y_k(x) = \alpha_k + \int_{x_0}^{x} f_k(x;\, y_1(x), \ldots, y_n(x))\, dx \qquad (k = 1, 2, \ldots, n).$$

Unser Resultat läßt sich, wie wir schon sagten, unmittelbar auf die Punktmenge $a < x < x_0$ übertragen und wir haben den

Satz 2. *Sind n Funktionen*

$$f_k(x;\, y_1, \ldots, y_n) \qquad (k = 1, 2, \ldots, n)$$

gegeben, die für konstante Werte von $y_1, \ldots, y_n$ in x meßbar sind und für konstante Werte von x in $(y_1, \ldots, y_n)$ stetig sind, ist außerdem im linearen Gebiete $a < x < b$

$$|f_k(x;\, y_1, \ldots, y_n)| < M(x) \qquad (k = 1, 2, \ldots, n),$$

wobei $M(x)$ eine über diese Punktmenge summierbare Funktion bedeutet, so gibt es nach beliebiger Wahl eines Punktes x_0, der zwischen a und b liegt, und von n Konstanten $\alpha_1, \ldots, \alpha_n$ ein System von totalstetigen Funktionen $y_1(x), \ldots, y_n(x)$, für welche die Gleichungen

$$y_k(x) = \alpha_k + \int_{x_0}^{x} f_k(x;\, y_1(x), \ldots, y_n(x))\, dx \qquad (k = 1, 2, \ldots, n)$$

überall in $a < x < b$ erfüllt sind.

583. Wie wir im nächsten Paragraphen an Beispielen sehen werden, kann es unter Umständen mehrere und sogar unendlich viele stetige Funktionen $y_k(x)$ geben, die im Punkte x_0 die Werte α_k annehmen und unsere Gleichungen befriedigen.

Man kann aber sehr allgemeine Bedingungen für die Funktionen $f_k(x; y_1, \ldots, y_n)$ angeben, die die Eindeutigkeit einer bestimmten Lösung des Systems gewährleisten.

Wir nehmen an,

$$y_k(x) \qquad (k = 1, 2, \ldots, n)$$

sei die zu untersuchende Lösung und man habe

$$y_k(x_0) = \alpha_k.$$

Wir machen jetzt die Voraussetzung, daß in jedem Punkte von $a < x < b$ und für jede beliebige Wahl der endlichen Zahlen $\bar{y}_1, \ldots, \bar{y}_n$ die Bedingungen

$$(1) \qquad \begin{aligned} &|f_k(x; \bar{y}_1, \ldots, \bar{y}_n) - f_k(x; y_1(x), \ldots, y_n(x))| \\ &\qquad \leqq N(x)[|\bar{y}_1 - y_1(x)| + \cdots + |\bar{y}_n - y_n(x)|] \end{aligned}$$

erfüllt sind; hierbei soll $N(x)$ eine über $a < x < b$ summierbare Funktion bedeuten. Die Bedingung (1) ist unter dem Namen „Lipschitzsche Bedingung" bekannt.

Nun seien $\bar{y}_1(x), \ldots, \bar{y}_n(x)$ irgendwelche stetige Funktionen, welche die Gleichungen

$$(2) \qquad \bar{y}_k(x) = \alpha_k + \int_{x_0}^{x} f_k(x; \bar{y}_1(x), \ldots, \bar{y}_n(x))\, dx$$

befriedigen. Wir wollen beweisen, daß die Gleichungen

$$(3) \qquad \bar{y}_k(x) = y_k(x)$$

in der Punktmenge $x_0 \leqq x < b$ stets erfüllt sind; der Beweis für die Punktmenge $a < x \leqq x_0$ ist dann ebenso zu führen.

Wie betrachten die stetige Funktion

$$(4) \qquad \nu(x) = |\bar{y}_1(x) - y_1(x)| + \cdots + |\bar{y}_n(x) - y_n(x)|$$

und bezeichnen mit $\mu(\xi)$ das Maximum dieser Funktion im abgeschlossenen Intervall $x_0 \leqq x \leqq \xi$. Sind die Gleichungen (3) nicht stets in $x_0 \leqq x < b$ erfüllt, so gibt es einen Punkt ξ in dieser Punktmenge, für welchen $\mu(\xi)$ positiv ist. Ist dann ξ_0 die untere Grenze der Werte von ξ, für welche $\mu(\xi) > 0$ ist, so ist, weil $\mu(\xi)$ eine stetige und monoton wachsende Funktion darstellt, die für $x = x_0$ verschwindet,

$$\mu(\xi_0) = 0 \quad \text{und} \quad x_0 \leqq \xi_0 < b;$$

für jedes ξ, das zwischen ξ_0 und b liegt, ist dann

$$(5) \qquad \mu(\xi) > 0.$$

Es sei also ξ eine beliebige Zahl zwischen ξ_0 und b und mit ζ ein Punkt des abgeschlossenen Intervalls $x_0 \leqq x \leqq \xi$ bezeichnet, in welchem die stetige Funktion $\nu(x)$ ihre obere Grenze annimmt. Es ist dann

$$\nu(\zeta) = \mu(\xi) \tag{6}$$

und da die Funktion $\nu(x)$ in der Punktmenge $x_0 < x \leqq \xi_0$ verschwindet, so ist

$$\xi_0 < \zeta < \xi. \tag{7}$$

Nun hat man aber, wenn man bedenkt, daß $\bar{y}_k(\xi_0) = y_k(\xi_0)$ ist,

$$\begin{aligned}\bar{y}_k(\zeta) - y_k(\zeta) &= (\bar{y}_k(\zeta) - \bar{y}_k(\xi_0)) - (y_k(\zeta) - y_k(\xi_0)) \\ &= \int_{\xi_0}^{\zeta} [f_k(x; \bar{y}_1, \ldots, \bar{y}_n) - f_k(x; y_1, \ldots, y_n)]\, dx\end{aligned}$$

und daher nach (1) und (4)

$$\begin{aligned}|\bar{y}_k(\zeta) - y_k(\zeta)| &\leqq \int_{\xi_0}^{\zeta} N(x) \cdot \nu(x)\, dx \\ &\leqq \nu(\zeta) \int_{\xi_0}^{\zeta} N(x)\, dx.\end{aligned}$$

Mit Benutzung von (6) und (7) ist also

$$|\bar{y}_k(\zeta) - y_k(\zeta)| \leqq \mu(\xi) \int_{\xi_0}^{\xi} N(x)\, dx$$

und wenn man über k summiert und (4) und (6) beachtet,

$$\mu(\xi) \leqq n\, \mu(\xi) \int_{\xi_0}^{\xi} N(x)\, dx.$$

Nun ist aber nach (5) die Zahl $\mu(\xi)$ von Null verschieden; es müßte also für jeden Wert von ξ, der zwischen ξ_0 und b liegt, die Ungleichheit

$$\int_{\xi_0}^{\xi} N(x)\, dx \geqq \frac{1}{n}$$

erfüllt sein, was offenbar unmöglich ist. Unsere Annahme, daß $\mu(\xi)$ nicht stets verschwindet, ist also falsch und es müssen daher auch die Gleichungen (3) bestehen.

Satz 3. *Wenn die Lipschitzsche Bedingung für eine Lösung $y_1(x), \ldots, y_n(x)$ unseres Systems erfüllt ist, so ist diese Lösung durch ihre Anfangswerte α_k eindeutig bestimmt.*

Ist die Lipschitzsche Bedingung

$$|f_k(x; \bar{y}_1, \ldots, \bar{y}_n) - f(x; y_1, \ldots, y_n)| \\ \leqq N(x)[|\bar{y}_1 - y_1| + \cdots + |\bar{y}_n - y_n|]$$

für jedes Punktepaar $(y_1, \ldots, y_n)$ und $(\bar{y}_1, \ldots, \bar{y}_n)$ des Raumes der y erfüllt, so können unsere obigen Überlegungen auf jedes beliebige System von Funktionen $y_k(x)$ übertragen werden, das unsere Gleichungen befriedigt. Hieraus folgt dann der Satz:

Satz 4. *Ist im Raume der $x, y_1, y_2, \ldots, y_n$ die Lipschitzsche Bedingung in jedem Punkte des Streifens $a < x < b$ erfüllt, so geht durch jeden Punkt dieses Streifens eine und nur eine Lösung unseres Systems von Differentialgleichungen.*

584. Als Beispiel betrachten wir in der xy-Ebene die Kurvenschar, die für $|y| \leqq 1$ die Gleichung

$$y = (x - c)^3$$

und für $|y| > 1$ die Gleichung

$$y = 3(x - c_1)$$

besitzt. Hierbei bedeuten c und c_1 veränderliche Parameter. Diese Kurvenschar genügt der Differentialgleichung

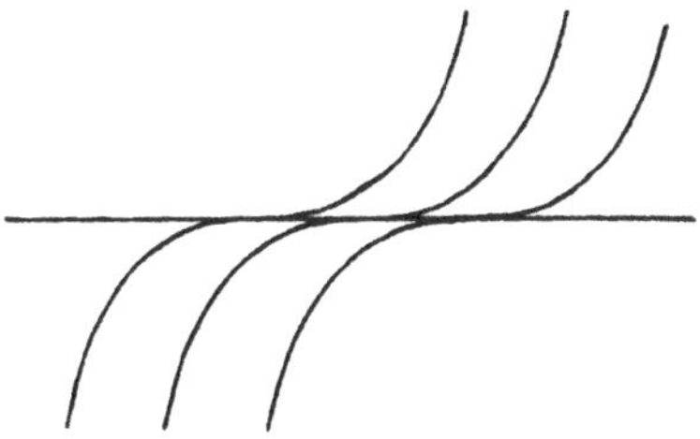

Fig. 44.

$$y' = f(x, y),$$

wobei

$$f(x, y) = 3y^{2/3} \quad \text{oder} \quad f(x, y) = 3$$

ist, je nachdem $|y| \leqq 1$ oder $|y| > 1$ ist. Diese Differentialgleichung wird aber auch durch die Linie $y = 0$ befriedigt. Durch den Punkt $x = y = 0$ gehen also zwei Lösungen unserer Differentialgleichung, nämlich

$$y = x^3 \quad \text{und} \quad y = 0$$

und die Lipschitzsche Bedingung ist hier nicht erfüllt, was auch leicht direkt verifiziert werden kann.

Als zweites Beispiel betrachten wir das Kurvensystem

$$\begin{cases} y = C & \text{für} \quad C \leqq 0, \\ y = C_1 x^2 & \quad\text{„} \quad 0 < C_1 < 1, \\ y = x^2 + C_2 & \quad\text{„} \quad C_2 \geqq 0. \end{cases}$$

Dieses Kurvensystem genügt der Differentialgleichung

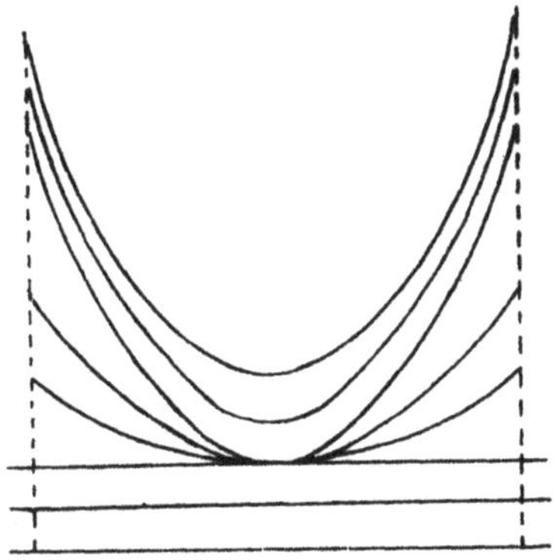
Fig. 45.

$$y' = f(x, y),$$

wobei

$$\begin{cases} f(x,y) = 0 & \text{für} \quad y \leqq 0, \\ f(x,y) = \frac{2y}{x} & \text{„} \quad 0 < y \leqq x^2 \text{ und } x \neq 0, \\ f(x,y) = 2x & \text{„} \quad y > x^2 \end{cases}$$

ist. Hier sind auch alle unsere Bedingungen bis auf die Lipschitzsche im Intervalle $|x| < 1$ erfüllt und es gehen in der Tat unendlich viele Kurven der Schar durch den Punkt $x = y = 0$.

585. Man darf aber nicht vergessen, daß die Lipschitzsche Bedingung nur eine hinreichende Bedingung für die Eindeutigkeit der Lösungen ist. Es kann daher sehr wohl vorkommen, wie das folgende Beispiel zeigt, daß eine Lösung unseres Systems von Differentialgleichungen auch dann durch die Anfangswerte α_k eindeutig bestimmt ist, wenn die Lipschitzsche Bedingung nicht erfüllt ist.

Wir bezeichnen mit β eine beliebige positive Zahl und betrachten im Streifen $\beta^2 \leqq y \leqq 4\beta^2$ der xy-Ebene eine Kurvenschar

$$(1) \qquad y = F(x; \lambda, \beta) \qquad 1 \leqq \lambda \leqq 4,$$

die vom Parameter λ abhängt und folgendermaßen definiert ist. Die Kurven $y = F(x; \lambda, \beta)$ sind stückweise linear, periodisch von der Periode 2β und besitzen Ecken in den Punkten $x = 0, \beta, -\beta, 2\beta, -2\beta, \ldots$. Die auf die Ecke mit den Koordinaten $0, \lambda\beta^2$ nächstfolgende Ecke, deren Abszisse β ist, besitzt die Ordinate

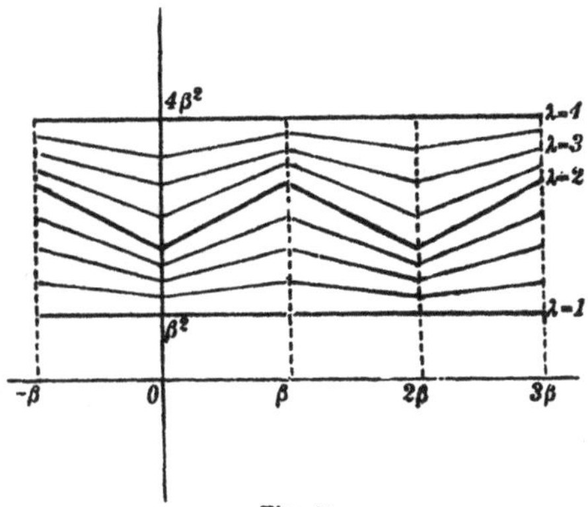

Fig. 46.

$$(2) \begin{cases} \beta^2 + 2(\lambda - 1)\beta^2 & \text{für } 1 \leqq \lambda \leqq 2, \\ 3\beta^2 + \frac{1}{2}(\lambda - 2)\beta^2 & \text{„ } 2 \leqq \lambda \leqq 4. \end{cases}$$

Man sieht sofort ein, daß durch jeden Punkt des Streifens $\beta^2 \leqq y \leqq 4\beta^2$ eine einzige Kurve der Schar (1) hindurchgeht und daß diese Kurve eine eindeutig bestimmte rechte Derivierte besitzt, die wir also durch eine Funktion $\varphi(x, y; \beta)$ darstellen können.

Für $\lambda = 1$ und $\lambda = 4$ fallen die Kurven (1) mit den Geraden $y = \beta^2$ und $y = 4\beta^2$ zusammen; für $y = \beta^2$ und $y = 4\beta^2$ ist also $\varphi(x, y; \beta) = 0$. Ferner ist nach unserer Konstruktion längs der Kurve $\lambda = 2$

(3) $$|\varphi(x, y; \beta)| = \beta,$$

und da in jedem Punkte dieser Kurve

$$y = F(x; 2, \beta) \leqq 3\beta^2$$

ist, hat man stets längs dieser Kurve

(4) $$|\varphi(x, y; \beta)| \geqq \frac{y}{3\beta}.$$

Nun definieren wir in der ganzen xy-Ebene eine Funktion $f(x, y)$ durch folgende Vorschrift:

(5) $$\begin{cases} \text{für} \quad y \geqq 1 \quad \text{ist } f(x, y) = 0, \\ \;,, \quad \frac{1}{4^n} < y < \frac{1}{4^{n-1}} \;,, \; f(x, y) = \varphi\left(x, y; \frac{1}{2^n}\right) \qquad (n = 1, 2, \ldots), \\ \;,, \quad y = 0 \quad ,, \; f(x, y) = 0, \\ \qquad f(x, -y) = f(x, y). \end{cases}$$

Die Funktion $f(x, y)$ ist für konstante y stückweise stetig, also meßbar als Funktion von x, für konstante x stetig als Funktion von y; außerdem ist in jedem Punkt der Ebene $|f(x, y)| \leqq 1:4$. Also genügt die Funktion $f(x, y)$ innerhalb eines jeden beliebigen Streifens $a < x < b$ allen Bedingungen des Satzes 2 und durch jeden Punkt der Ebene geht daher mindestens eine Lösung der Differentialgleichung

(6) $$\dot{y} \sim f(x, y).$$

Außerdem besteht für $\beta = 1 : 2^n$ die Kurvenschar (1) aus lauter Lösungen der Differentialgleichung (6), die keinen einzigen Punkt der Achse $y = 0$ enthalten; durch jeden Punkt der Ebene, der nicht auf der x-Achse liegt, geht eine derartige Lösung. Bedenkt man nun, daß nach unserer Konstruktion die Lipschitzsche Bedingung längs jeder dieser Lösungen erfüllt ist, so folgt nach dem Satze 3, daß diese Kurven die einzigen sind, die überhaupt Punkte enthalten, für die $y \neq 0$ ist. Hieraus entnimmt man wiederum, daß jede Lösung von (6), die Punkte der Geraden $y = 0$ enthält, mit dieser Geraden zusammenfallen muß.

Durch jeden Punkt der Ebene geht also eine einzige, eindeutig bestimmte Lösung von (6). Trotzdem ist auf der Geraden $y = 0$ die Lipschitzsche Bedingung, wegen (4), nirgends erfüllt.

586. Wir betrachten jetzt Systeme von Differentialgleichungen

$$\dot{y}_k \sim f_k(x; y_1, \ldots, y_n; t) \qquad (k = 1, 2, \ldots, n),$$

die von einem Parameter t abhängen, und untersuchen die Lösungen dieser Systeme in ihrer Abhängigkeit vom Parametar t. Es gilt dann der

Satz 5. *Es seien für $k = 1, 2, \ldots, n$ die Funktionen $f_k(x; y_1, \ldots, y_n, t)$ unter folgenden Voraussetzungen gegeben:*

a) für jeden festen Wert von t innerhalb einer gewissen Umgebung U_t des Punktes t_0 ist $f_k(x; y_1, \ldots, y_n; t)$ meßbar als Funktion von x für jedes feste System von Größen y_j, stetig als Funktion von $(y_1, \ldots, y_n)$ für jedes x, beides, wenn x im linearen Gebiete $a < x < b$ liegt, und außerdem ist, wenn $M(x)$ eine von t unabhängige über $a < x < b$ summierbare Funktion bedeutet,

$$|f_k(x; y_1, \ldots, y_n; t)| \leqq M(x) \qquad (k = 1, 2, \ldots, n);$$

b) für $t = t_0$ und für jedes beliebige Wertesystem $y_1, y_2, \ldots, y_n$ sind die $f_k(x; y_1, \ldots, y_n; t)$ stetig als Funktionen von $(y_1, \ldots, y_n; t)$;

c) für $t = t_0$ und $\alpha_k(t_0) = \alpha_k^0$ gibt es ein einziges System von Funktionen $y_k(x, t_0) = y_k^0(x)$, welche die Gleichungen

$$(1)\quad y_k(x, t) = \alpha_k(t) + \int_{x_0}^{x} f_k(x; y_1(x, t), \ldots, y_n(x, t); t)\, dx \quad (k = 1, 2, \ldots, n)$$

befriedigen.

Dann bestehen, für jedes Lösungssystem der Gleichungen (1) und für jeden Punkt des betrachteten Gebietes, zugleich mit

$$(2)\qquad \lim_{t = t_0} \alpha_k(t) = \alpha_k^0 \qquad (k = 1, 2, \ldots, n)$$

auch die Gleichungen

$$(3)\qquad \lim_{t = t_0} y_k(x, t) = y_k^0(x)$$

und die betrachteten Lösungen $y_k(x, t)$ sind in den Punkten

$$a < x < b, \quad t = t_0$$

überdies stetig als Funktionen der zwei Veränderlichen (x, t).

Es sei

$$(4)\qquad t_1, t_2, t_3, \ldots$$

eine Folge von unendlich vielen Zahlen, die gegen t_0 konvergieren, und

$$(5)\qquad x_1, x_2, x_3, \ldots$$

eine Folge von Punkten, die in der Punktmenge $a < x < b$ überall dicht liegen. Wir betrachten die Funktionenfolge

$$(6)\qquad y_k(x, t_m) \qquad (m = 1, 2, 3, \ldots),$$

die man erhält, wenn man in (1) die Werte (4) von t der Reihe nach einsetzt, und beweisen genau wie im § 580, daß man aus (4) eine Teilfolge

$$(7)\qquad t_{m_1},\ t_{m_2},\ t_{m_3},\ \ldots$$

aussondern kann, so daß für jeden Punkt x_p der Folge (5) die Grenzwerte

$$(8)\qquad \lim_{j=\infty} y_k(x_p, t_{m_j}) = \varphi_k(x_p) \qquad (k = 1, 2, \ldots, n)$$

existieren.

Nun betrachte man die Relation

$$(9)\qquad \left\{ \begin{aligned} |y_k(x, t_{m_{j+q}}) - y_k(x, t_{m_j})| \leqq {} & |y_k(x_p, t_{m_{j+q}}) - y_k(x_p, t_{m_j})| \\ & + |y_k(x, t_{m_{j+q}}) - y_k(x_p, t_{m_{j+q}})| \\ & + |y_k(x_p, t_{m_j}) - y_k(x, t_{m_j})|, \end{aligned} \right.$$

die für jeden Punkt x innerhalb des Gebietes $a < x < b$ und für alle natürliche Zahlen p, j und q gilt, und bemerke, daß wegen (1) für jeden Wert von t

$$(10)\qquad |y_k(x, t) - y_k(x_p, t)| \leqq \left| \int_x^{x_p} M(x)\, dx \right|$$

ist.

Ist nun ε eine beliebige positive Zahl, so kann man, weil in jeder Umgebung von x Punkte von (5) liegen, zunächst x_p so bestimmen, daß

$$\left| \int_x^{x_p} M(x)\, dx \right| \leqq \frac{\varepsilon}{3}$$

ist und hierauf wegen (8) die natürliche Zahl j so bestimmen, daß für jede natürliche Zahl q

$$|y_k(x_p, t_{m_{j+q}}) - y_k(x_p, t_{m_j})| \leqq \frac{\varepsilon}{3}$$

ist. Dann folgt aber aus (9) für jede beliebige natürliche Zahl q

$$|y_k(x, t_{m_{j+q}}) - y_k(x, t_{m_j})| \leqq \varepsilon,$$

woraus man die Existenz des Grenzwertes

$$(11)\qquad \lim_{j=\infty} y_k(x, t_{m_j}) = \varphi_k(x)$$

entnimmt.

Setzt man für t die Werte (7) der Reihe nach in die Gleichungen (1) ein und führt den Grenzübergang aus, so erhält man wegen der Bedingung $b)$ mit Berücksichtigung von (1), (2) und (11) das Gleichungssystem

$$(12)\qquad \varphi_k(x) = a_k^0 + \int_{x_0}^{x} f_k(x; \varphi_1(x), \ldots, \varphi_n(x); t_0)\, dt.$$

Nun waren nach der Bedingung c) die Funktionen $y_k(x; t_0)$ die einzigen, welche die Gleichungen (12) befriedigen, und hieraus folgt für jeden Wert von x

(13) $$\varphi_k(x) = y_k(x, t_0).$$

Wäre nun für irgendeinen Wert $\bar{x}$ von x die Gleichung (3) nicht erfüllt, so könnte man eine Folge (4) von Zahlen t_m bestimmen, so daß nicht nur die Relation (8), sondern noch außerdem

$$\lim_{j=\infty} y_k(\bar{x}, t_{m_j}) = \gamma$$

existiert und

(14) $$\gamma \neq y_k(\bar{x}, t_0)$$

ist. Dies ist aber unmöglich, weil dann auch nach (11)

(15) $$\varphi_k(\bar{x}) = \lim_{j=\infty} y_k(\bar{x}, t_{m_j}) = \gamma$$

wäre und die Bedingungen (13), (14) und (15) sich widersprechen.

Von den Funktionen $y_k(x, t)$ müssen wir endlich zeigen, daß sie in allen Punkten der xt-Ebene, die auf der Geraden $t = t_0$ innerhalb des Streifens $a < x < b$ liegen, sogar als Funktionen von zwei Veränderlichen aufgefaßt, stetig sind. Dies folgt aber sofort aus der Relation

$$|y_k(x+h, t) - y_k(x, t_0)| \leqq |y_k(x+h, t) - y_k(x, t)| + |y_k(x, t) - y_k(x, t_0)| \\ \leqq \int_x^{x+h} M(x)\,dx + y_k(x, t) - y_k(x, t_0) ,$$

wenn man unser früheres Resultat hinzunimmt.

*587. Es kommt sehr oft vor, daß man von den Funktionen $f_k(x; y_1, \ldots, y_n)$ oder $f_k(x; y_1, \ldots, y_n; t)$ nur weiß, daß sie in einem abgeschlossenen Intervall

(1) $$\bar{I}:\quad a_k \leqq y_k < b_k \qquad (k = 1, 2, \ldots, n)$$

des Raumes der $y_1, \ldots, y_n$ den Bedingungen genügen, die wir für die obige Theorie verlangt haben. Man kann sie aber dann durch andere Funktionen $\bar{f}_k(x; y_1, \ldots, y_n)$ ersetzen, die in $\bar{I}$ gleich den gegebenen sind, und außerhalb dieses abgeschlossenen Intervalles so definiert sind daß unsere früheren Bedingungen überall erfüllt sind.

Dazu benutzen wir am zweckmäßigsten folgenden Kunstgriff, der darin besteht, den Definitionsbereich von $\bar{f}_k$ sukzessive zu erweitern. In $\bar{I}$ setzen wir $\bar{f}_k = f_k$; hierauf sei für $y_1 < a_1$ oder $y_1 > b_1$, während die übrigen y_k den Bedingungen (1) genügen,

$$\bar{f}_k(x; y_1, \ldots, y_n) = \bar{f}_k(x; a_1, y_2, \ldots, y_n) \quad \text{bzw.} \quad \bar{f}_k(x; b_1, y_2, \ldots, y_n)$$

Jetzt ist $\bar{f}_k$ für alle Werte von y_1 und für

$$a_k \leq y_k \leq b_k \qquad (k=2, 3, \ldots, n)$$

definiert, und wir können nach derselben Methode die Beschränkung für y_2 und hierauf die Beschränkung für y_3 usf. aufheben.

Nun sind die Lösungen der Differentialgleichungen

$$\dot{y}_k \sim \bar{f}_k(x; y_1, \ldots, y_n)$$

auch Lösungen der ursprünglich gegebenen

$$\dot{y}_k \sim f_k(x; y_1, \ldots, y_n),$$

solange sich der Punkt

$$y_1(x),\ y_2(x),\ \ldots,\ y_n(x)$$

im Intervalle $\bar{I}$ befindet. Dies wird wegen der Stetigkeit der Funktion $y_k(x)$ in einer gewissen Umgebung des Punktes x_0 stets der Fall sein, falls die Anfangswerte α_k den Bedingungen

$$a_k < \alpha_k < b_k \qquad (k=1, 2, \ldots, n)$$

genügen. Wir werden aber nicht mehr wie oben ohne weiteres schließen können, daß die Lösungen der ursprünglichen Differentialgleichungen im ganzen Gebiete $a < x < b$ fortsetzbar sind.

588. Es kann auch vorkommen, daß die Funktionen $f_k(x; y_1, \ldots, y_n)$ keiner Bedingung der Form

$$|f_k| \leq M(x)$$

im ganzen Raume der y_j genügen, wohl aber der Bedingung

$$|f_k| \leq M(x)\, G(y_1, \ldots, y_n),$$

in welcher $M(x)$ summierbar ist und $G(y_1, \ldots, y_n)$ in jedem abgeschlossenen Intervall $\bar{I}$ des Raumes der $y_1, \ldots, y_n$ beschränkt ist.

Dann kann man, wenn die Anfangsbedingungen α_k im Punkte x_0 gegeben sind, das Intervall $\bar{I}$ so wählen, daß der Punkt $\alpha_1, \ldots, \alpha_n$ im Inneren dieses Intervalls liegt. Die Differentialgleichungen haben dann stets eine totalstetige Lösung in einer gewissen Umgebung von x_0 und zwar für jede beliebige Wahl der Anfangswerte α_k; man muß aber nicht daraus schließen wollen, daß die Lösungen im ganzen Gebiete $a < x < b$ endlich bleiben.

Z. B. besitzt die Differentialgleichung

$$\dot{y} = y^2$$

die Lösung

$$y = \frac{1}{c - x},$$

die im Punkte $x = c$ unendlich wird.

Satz 6. *Wenn die Voraussetzungen, die wir in den Sätzen 2, 3 und 5 dieses Abschnittes über die Funktionen $f_k(x; y_1, \ldots, y_n)$ und $f_k(x; y_1, \ldots, y_n; t)$ gemacht haben, nicht für beliebige Werte $y_1, \ldots, y_n$, sondern nur für die Punkte eines Intervalls $\bar{I}$ des Raumes y_j gelten, so existiert um jeden Punkt x_0 des linearen Gebietes $a < x < b$ eine ihm zugeordnete Umgebung, in welcher die früheren Sätze gelten.*

Dies ist insbesondere der Fall, wenn statt der Bedingungen $|f_k| \leqq M(x)$ nur noch die Ungleichheiten $|f_k| \leqq M(x) G(y_1, \ldots, y_n)$ gelten, in denen $M(x)$ über $a < x < b$ summierbar und $G(y_1, \ldots, y_n)$ auf jeder beschränkten Punktmenge des Raumes der y_j beschränkt ist.

589. Als letzte Frage, die uns beschäftigen soll, behandeln wir die Differentiation der Lösungen eines Systems von Differentialgleichungen

$$\dot{y}_k \sim f_k(x; y_1, \ldots, y_n; t) \tag{1}$$

nach einem Parameter t. Es gilt hier der

Satz 7. *Für $k = 1, 2, \ldots, n$ seien die Funktionen $f_k(x; y_1, \ldots, y_n; t)$ unter folgenden Voraussetzungen gegeben:*

a) Für jeden festen Wert von t innerhalb einer gewissen Umgebung U_t des Punktes t_0 sollen die Funktionen $f_k(x; y_1, \ldots, y_n; t)$ meßbar sein als Funktionen von x für feste y_j, stetig sein als Funktionen von $(y_1, \ldots, y_n)$ für feste x, beides, wenn x im linearen Gebiete $a < x < b$ liegt, und es soll außerdem

$$|f_k(x; y_1, \ldots, y_n; t)| < M(x, t) \qquad (k = 1, 2, \ldots, n) \tag{2}$$

sein, wo $M(x, t)$ eine für die betrachteten Werte von t über dieses Gebiet summierbare Funktion von x bedeutet.

b) Die Funktionen $f_k(x; y_1, \ldots, y_n; t)$ sollen für $t = t_0$ und längs einer bestimmten Lösung

$$y_k^0(x) = y_k(x, t_0) \qquad (k = 1, 2, \ldots, n) \tag{3}$$

von (1) als Funktionen von $(y_1, \ldots, y_n; t)$ differentiierbar sein (§ 560).

c) Mit der Bezeichnung

$$r = \sqrt{h_1^2 + \cdots + h_n^2 + h^2} \tag{4}$$

soll, wenn (t_0+h) *in der betrachteten Umgebung* U_t *von* t_0 *liegt,*

$$(5)\qquad \left|\frac{f_k(x; y_1^0+h_1, \ldots, y_n^0+h_n; t_0+h) - f_k(x; y_1^0, \ldots, y_n^0; t_0)}{r}\right| < K(x)$$

$$(k = 1, 2, \ldots, n)$$

sein, wobei $K(x)$ *eine über* $a < x < b$ *summierbare Funktion bedeutet.*

Dann sind die Lösungen

$$y_k(x, t) = \alpha_k(t) + \int_{x_0}^{x} f_k(x; y_1(x,t), \ldots, y_n(x,t); t)\,dx \quad (k = 1, 2, \ldots, n),$$

falls sie im Punkte $x = x_0$ *und* $t = t_0$ *nach* t *differentiierbar sind, für beliebige Werte von* x *innerhalb des Gebietes* $a < x < b$ *und für* $t = t_0$, *nach* t *differentiierbar und ihre Ableitungen nach* t *sind Lösungen des Systems von Differentialgleichungen* (26), *das weiter unten gebildet wird.*

Es sei x_0 ein beliebiger fester Punkt des Gebietes $a < x < b$ und $\alpha_k(t_0)$ seien die Werte der Funktionen (3) im Punkte x_0; wir betrachten eine Schar von Funktionen

$$(6)\qquad y_1(x, t_0+h), \ \ldots, \ y_n(x, t_0+h),$$

die von einem Parameter h abhängen, unsere Differentialgleichungen (1) für den Parameterwert $t = t_0 + h$ befriedigen und im Punkte x_0 die Werte $\alpha_k(t_0+h)$ annehmen. Ferner setzen wir voraus, daß die Grenzwerte

$$(7)\qquad \lim_{h=0} \frac{\alpha_k(t_0+h) - \alpha_k(t_0)}{h} = \beta_k$$

existieren und endlich sind. Wir wollen nun zeigen, daß die Funktionen (6) als Funktionen von h im Punkte $h = 0$ differentiierbar sind und ein System von Differentialgleichungen für die Ableitungen dieser Funktionen nach h aufstellen.

Wir bedienen uns zu diesem Zweck der Abkürzungen

$$(8)\qquad \eta_k(x, h) = \frac{y_k(x, t_0+h) - y_k^0(x)}{h},$$

$$(9)\qquad f_k^0(x) = f_k(x; y_1^0(x), \ldots, y_n^0(x); t_0),$$

$$(10)\qquad \begin{cases} \dfrac{\partial f_k^0}{\partial y_k} = \dfrac{\partial f_k}{\partial y_k} & \text{für } y_j = y_j^0(x)\ (j = 1, 2, \ldots, n) \text{ und } t = t_0, \\[2mm] \dfrac{\partial f_k^0}{\partial t} = \dfrac{\partial f_k}{\partial t} & \text{für } y_j = y_j^0(x)\ (j = 1, 2, \ldots, n) \text{ und } t = t_0. \end{cases}$$

Für die letzten Zahlen ist nach den Relationen (4) und (5), wenn man dort sämtliche Zahlen $h_1, \ldots, h_n, h$ außer der einen unter ihnen gleich Null setzt und diese letzte Zahl gegen Null konvergieren läßt,

$$(11)\qquad \left|\frac{\partial f_k^0}{\partial y_k}\right| \leqq K(x), \quad \left|\frac{\partial f_k^0}{\partial t}\right| \leqq K(x).$$

Nun setzen wir für alle h, die von Null verschieden sind und für welche (t_0+h) in U_t liegt,

(12) $$\psi_k(x;\eta_1,\ldots,\eta_n;h)=\frac{f_k(x;y_1^0+h\eta_1,\ldots,y_n^0+h\eta_n;t_0+h)-f_k^0(x)}{h},$$

für $h=0$ dagegen

(13) $$\psi_k(x;\eta_1,\ldots,\eta_n;0)=\frac{\partial f_k^0}{\partial y_1}\eta_1+\cdots+\frac{\partial f_k^0}{\partial y_n}\eta_n+\frac{\partial f_k^0}{\partial t}.$$

Aus (8) und (12) folgt, daß für alle betrachteten Werte von h, die von Null verschieden sind,

(14) $$\eta_k(x,h)=\frac{\alpha_k(t_0+h)-\alpha_k(t_0)}{h}+\int_{x_0}^{x}\psi_k(x;\eta_1(x,h),\ldots,\eta_n(x,h);h)\,dx$$

sein muß. Wir bemerken ferner, wenn wir die Zahlen $\eta_1,\ldots,\eta_n$ in (12) und (13) als unabhängige Veränderliche ansehen, daß die Funktionen $\psi_k(x;\eta_1,\ldots,\eta_n;h)$ folgende Eigenschaften besitzen:

1. Sie sind für alle betrachteten Werte von h (auch für $h=0$) meßbar als Funktionen von x (§ 577).

2. Sie sind ebenfalls für alle h und für feste x stetig in $(\eta_1,\eta_2,\ldots,\eta_n)$, wie aus den Gleichungen (12) und (13) unmittelbar folgt.

3. Wenn man beliebige endliche Zahlen mit $\eta_1^0,\eta_2^0,\ldots,\eta_n^0$ bezeichnet, so sind die Funktionen ψ_k als Funktionen von $(\eta_1,\eta_2,\ldots,\eta_n,h)$ stetig im Punkte

$$\eta_k=\eta_k^0\quad(k=1,2,\ldots,n),\qquad h=0.$$

Setzt man in der Tat

(15) $$r=h\sqrt{1+\eta_1^2+\cdots+\eta_n^2},$$

so folgt aus der unter b) verlangten Differentiierbarkeit der Funktionen f_k

$$f_k(x;y_1^0+h\eta_1,\ldots,y_n^0+h\eta_n;t_0+h)-f_k^0(x)=$$
$$\frac{\partial f_k^0}{\partial y_1}h\eta_1+\cdots+\frac{\partial f_k^0}{\partial y_n}h\eta_n+\frac{\partial f_k^0}{\partial t}h+r\,S(r),$$

wobei $S(r)$ eine Funktion bedeutet, die mit r gegen Null konvergiert und für $r=0$ verschwindet (§ 560). Hieraus folgt aber nach (12), (13) und (15)

(16) $$\psi_k(x;\eta_1,\ldots,\eta_n;h)-\psi_k(x;\eta_1^0,\ldots,\eta_n^0;0)=$$
$$\frac{\partial f_k^0}{\partial y_1}(\eta_1-\eta_1^0)+\cdots+\frac{\partial f_k^0}{\partial y_n}(\eta_n-\eta_n^0)+S(r)\sqrt{1+\eta_1^2+\cdots+\eta_n^2},$$

und dieser Ausdruck konvergiert gegen Null, wenn man irgendwie die η_k gegen η_k^0 und h gegen Null konvergieren läßt.

4. Man hat endlich wegen (5), (12) und (15), solange $h \neq 0$ ist,

$$(17) \qquad |\psi_k(x, \eta_1, \ldots, \eta_n; h)| \leqq K(x)\sqrt{1+\eta_1^2+\cdots+\eta_n^2},$$

und diese Ungleichheit ist wegen der soeben bewiesenen Stetigkeit der ψ_k auch für $h = 0$ erfüllt.

590. Wir bezeichnen mit γ die größte der Zahlen

$$1, \ |\beta_1|, \ |\beta_2|, \ \ldots, \ |\beta_n|,$$

wobei die β_k dieselbe Bedeutung wie in (7) haben. und betrachten im Raume der $\eta_1, \ldots, \eta_n$ den abgeschlossenen Würfel

$$(18) \qquad |\eta_k| < 3\gamma \qquad (k = 1, 2, \ldots, n).$$

Ferner bilden wir nach der Konstruktion des § 587 die Funktionen $\overline{\psi}_k(x; \eta_1, \ldots, \eta_n; h)$, die im Inneren des abgeschlossenen Würfels (18) mit unseren Funktionen ψ_k zusammenfallen, und betrachten das System von Differentialgleichungen

$$(19) \qquad \dot{\eta}_k \sim \overline{\psi}_k(x; \eta_1, \ldots, \eta_n; h).$$

Wir können jetzt auf der x-Achse ein lineares Gebiet angeben, das den Punkt x_0 enthält und die Eigenschaft besitzt, daß die Lösungen des Systems (19), die den Anfangsbedingungen

$$(20) \qquad \eta_k(x_0, h) = \frac{\alpha_k(t_0+h) - \alpha_k(t_0)}{h} \qquad (k = 1, 2, \ldots, n)$$

genügen, für hinreichend kleine Werte von h im Würfel (18) liegen. Dazu bemerken wir, daß nach der Konstruktion von $\overline{\psi}_k$ mit Berücksichtigung von (17), (18) und von $\gamma \geqq 1$ folgt:

$$(21) \qquad |\overline{\psi}_k| < K(x)\sqrt{1 + 9n\gamma^2} < \gamma K(x)\sqrt{1+9n}.$$

Wählen wir nun mit Berücksichtigung von (7) die positive Zahl h_0 derart, daß für $|h| \leqq h_0$ die Zahlen (20) dem absoluten Betrage nach kleiner als 2γ bleiben, so ist

$$|\eta_k(x, h)| \leqq 2\gamma + \gamma\sqrt{1+9n}\left|\int_{x_0}^{x} K(x)\,dx\right|$$

und es genügt daher, das gesuchte lineare Gebiet

$$(22) \qquad \xi_1 < x < \xi_2$$

so zu wählen, daß für jeden Punkt dieses Gebietes

$$\int_{x_0}^{x} K(x)\,dx \leqq \frac{1}{\sqrt{1+9n}} \tag{23}$$

ist; dabei ist wichtig zu bemerken, daß die Bestimmung des Gebietes (22) ganz unabhängig von der Zahl γ ist.

591. Für das Gebiet (22) und für $|h| \leqq h_0$ fallen also die Lösungen des Systems (19), welche die Anfangsbedingungen (20) besitzen, mit den Lösungen des Systems von Differentialgleichungen

$$\eta_k \sim \psi_k(x; \eta_1, \ldots, \eta_n; h) \tag{24}$$

zusammen. Außerdem sind alle Bedingungen, die für die Beweisführung des § 586 notwendig waren, hier erfüllt. Die erste dieser drei Bedingungen ist eine Folge von § 589 unter 1) und 2) der p. 684 und von (21), die zweite wurde explizite im § 589 unter 3) bewiesen, und die dritte ist erfüllt, weil hier sogar die Lipschitzsche Bedingung für $h = 0$ unbeschränkt gilt. Man hat nämlich wegen (11) und (13)

$$|\psi_k(x; \bar{\eta}_1, \ldots, \bar{\eta}_n; 0) - \psi_k(x; \eta_1, \ldots, \eta_n; 0)| \leqq$$
$$K(x)(|\bar{\eta}_1 - \eta_1| + \cdots + |\bar{\eta}_n - \eta_n|).$$

Aus den Resultaten des § 586 folgt nun, wenn wir berücksichtigen daß nach (14) die Funktionen $\eta_k(x, h)$ für $h \neq 0$ Lösungen von (24) sind, daß innerhalb des Gebietes (22) die Grenzwerte

$$\eta_k(x, 0) = \lim_{h=0} \eta_k(x, h) = \left(\frac{\partial y_k}{\partial t}\right)_{t=t_0}$$

existieren und Lösungen der Gleichungen

$$\eta_k(x, 0) = \beta_k + \int_{x_0}^{x} \left[\frac{\partial f_k^0}{\partial y_1} \eta_1(x, 0) + \cdots + \frac{\partial f_k^0}{\partial y_n} \eta_n(x, 0) + \frac{\partial f_k^0}{\partial t}\right] dx$$

sind.

Man kann nun wegen der Summierbarkeit von $K(x)$ über das lineare Gebiet $a < x < b$ dieses Gebiet mit endlich vielen übereinandergreifenden Intervallen (oder Gebieten) $\delta_1, \delta_2, \ldots, \delta_m$ überdecken, so daß für je zwei Punkte ξ' und ξ'' eines beliebigen unter diesen δ_k die Bedingung

$$\left|\int_{\xi'}^{\xi''} K(x)\,dx\right| \leqq \frac{1}{\sqrt{1+9n}}$$

befriedigt ist. Hieraus folgt aber, daß die Eigenschaften der Funktionen $\eta_k(x, h)$, die wir zunächst nur für das Gebiet (22) bewiesen haben, sich auf das ganze lineare Gebiet $a < x < b$ übertragen lassen. Existieren also in einem Punkte x_0 die Ableitungen

$$\left(\frac{\partial y_k}{\partial t}\right)_{t=t_0} \qquad (k = 1, 2, \ldots, n), \tag{25}$$

so sind die Funktionen $y_k(x, t)$ in jedem Punkte von $a < x < b$ für $t = t_0$ nach t partiell differentiierbar und die Ableitungen (25) sind Lösungen des Systems

$$\dot{\eta}_k \sim \frac{\partial f_k^0}{\partial y_1}\eta_1 + \cdots + \frac{\partial f_k^0}{\partial y_n}\eta_n + \frac{\partial f_k^0}{\partial t} \quad (k = 1, 2, \ldots, n), \tag{26}$$

das man die Variationsgleichungen des gegebenen Systems von Differentialgleichungen nennt.

Bemerkung. Die Sätze 5 und 7 dieses Abschnittes sind auch dann vielfach von Nutzen, wenn die Funktionen $f_k(x; y_1, \ldots, y_n)$ nicht explizite von einem Parameter t abhängen und man nur die Anfangswerte $\alpha_k(t)$ als Funktionen von t betrachtet. Beim Satze 5 fällt dann die Bedingung b) fort, beim Satze 7 muß man die Differentiierbarkeit der Funktionen $f_k(x; y_1, \ldots, y_n)$ als Funktionen von $(y_1, \ldots, y_n)$ postulieren.

592. Wir betrachten für $k = 1, 2, \ldots, n$ zwei Systeme von Funktionen $f_k(x; y_1, \ldots, y_n; t)$ und $g_k(x; y_1, \ldots, y_n; t)$, die für alle Werte von $y_1, \ldots, y_n$ definiert sind, wenn x in einem linearen Gebiet $a < x < b$ enthalten ist und t in einer Umgebung U_t des Punktes t_0 liegt; wir nehmen ferner an, daß für alle Punkte des Definitionsbereichs dieser Funktionen die Gleichungen

$$f_k(x; y_1, \ldots, y_n; t) = g_k(x; y_1, \ldots, y_n; t) \qquad (k = 1, 2, \ldots, n)$$

erfüllt sind, sobald x in einem maßgleichen Kern E des Gebietes $a < x < b$ enthalten ist.

Sind dann $y_1(x), \ldots, y_n(x)$ irgendwelche Funktionen von x, so sind die Funktionen

$$f_k(x; y_1(x), \ldots, y_n(x); t) \quad \text{und} \quad g_k(x; y_1(x), \ldots, y_n(x); t)$$

als Funktionen von x einander äquivalent und hieraus folgt, daß die Differentialgleichungen

$$\dot{y}_k \sim f_k(x; y_1, \ldots, y_n; t),$$
$$\dot{y}_k \sim g_k(x; y_1, \ldots, y_n; t)$$

bei gemeinsamen Anfangsbedingungen und gemeinsamem Wert des Parameters t, wenn sie überhaupt Lösungen besitzen, dieselben Lösungen haben müssen.

Diese Bemerkung erlaubt sämtliche Sätze dieses Abschnittes unter etwas allgemeineren Voraussetzungen zu beweisen, als wir es getan haben.

So gilt z. B. der Satz 2 des § 582, wenn man die Stetigkeit der Funktionen $f_k(x; y_1, \ldots, y_n)$ in $(y_1, \ldots, y_n)$ nur innerhalb eines maßgleichen Kernes E des Gebietes $a < x < b$ postuliert. Denn die Funktionen $g_k(x; y_1, \ldots, y_n)$, die in E gleich $f_k(x; y_1, \ldots, y_n)$ sind und in allen übrigen Punkten des Gebietes $a < x < b$ identisch verschwinden, genügen den Voraussetzungen des Satzes 2.

Ebenfalls genügt es, wenn man die Bedingungen b) der Sätze 5 und 7 nur innerhalb des maßgleichen Kernes E verlangt. Trotzdem ist die Differentiierbarbeit der Lösungen $y_k(x, t)$ als Funktionen von t für alle Werte von x vorhanden.

Note I.

Über den Überdeckungssatz von Vitali.

593. In der Literatur findet man zuweilen eine Formulierung des Überdeckungssatzes von Vitali (§§ 288—291), die ganz falsch ist. Es wird behauptet, daß der Vitalische Satz auch dann gilt, wenn die Folgen von Punktmengen $\sigma_k(P)$, die wir im Satze 2 des § 289 betrachtet haben, einfache Intervalle sind, die den Punkt P enthalten, und deren Durchmesser mit $1:k$ gegen Null konvergieren. Da es in diesem Falle keine positive Funktion $\alpha(P)$ zu geben braucht, für welche die Bedingung

$$\frac{m\,\sigma_k(P)}{m\,W_k(P)} > \alpha(P) > 0 \qquad (k = 1, 2, 3, \ldots)$$

erfüllt ist, sind die Voraussetzungen des § 289 nicht erfüllt. Der Satz ist nicht einmal richtig, wenn alle Intervalle konzentrisch zum Punkte P gewählt werden. Diese letzte Frage, die ich in einer Fußnote auf S. 304 der ersten Auflage dieses Werkes aufgeworfen hatte, ist durch Herrn S. Banach in vollkommen befriedigender Weise behandelt worden.[1])

Ich gebe hier einen anderen noch nicht veröffentlichten Beweis, den mir Herr H. Bohr schon in einem Briefe vom 8. 4. 1918 mitgeteilt hat, und der sich durch seine große Durchsichtigkeit auszeichnet. Es genügt, wenn wir die Bohrschen Überlegungen an ebenen, d. h. zweidimensionalen Punktmengen erklären.

594. Wir beweisen zunächst den

Satz 1. *Es sei*

$$I: a < x < a + h, \quad b < y < b + k$$

ein Intervall der Ebene und η *sei eine positive Zahl. Man kann endlich viele Teilintervalle* $I_1^{(1)}, I_2^{(1)}, \ldots I_N^{(1)}$ *von* I *angeben, so daß mit der Bezeichnung*

$$V^{(1)} = I_1^{(1)} \dotplus I_2^{(1)} \dotplus \cdots \dotplus I_N^{(1)}$$

zwischen den Inhalten dieser verschiedenen Punktmengen die Bedingungen

$$m\,I_1^{(1)} = m\,I_2^{(1)} = \cdots = m\,I_N^{(1)} < \eta\, m\, V^{(1)}$$

bestehen und der Durchschnitt $I_1^{(1)} I_2^{(1)} \ldots I_N^{(1)}$ *sämtlicher* $I_p^{(1)}$ *nicht leer ist.*

1) Sur le théorème de M. Vitali (Fundamenta Mathematicae Bd. V, 1924, p. 130).

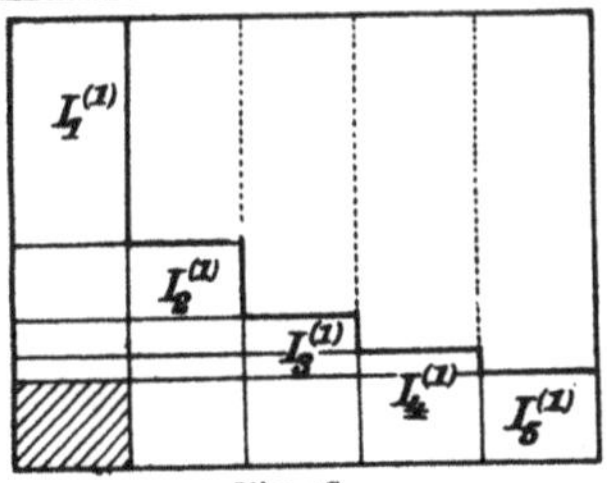

Fig. 47.

Zu diesem Zwecke setzen wir

$$I_p^{(1)}: a < x < a + \frac{ph}{N}, \quad b < y < b + \frac{k}{p};$$

dann ist für jeden der in Betracht kommenden Werte von p

$$m I_p^{(1)} = \frac{hk}{N}$$

und nach der Figur

$$m V^{(1)} = \frac{hk}{N}\left(1 + \frac{1}{2} + \frac{1}{3} + \cdots + \frac{1}{N}\right). \tag{3}$$

Hieraus folgt

$$m V^{(1)} = m I_p^{(1)}\left(1 + \frac{1}{2} + \cdots + \frac{1}{N}\right) \tag{4}$$

und die Bedingungen (2) unseres Satzes sind sämtlich erfüllt, wenn wir für N die kleinste natürliche Zahl wählen, für welche

$$1 + \frac{1}{2} + \cdots + \frac{1}{N} > \frac{1}{\eta} \tag{5}$$

ist.

595. Legen wir durch die Ecken der Intervalle $I_p^{(1)}$ parallele Geraden zur y-Achse, so wird die Punktmenge $(I - V^{(1)})$ durch diese Querschnitte in $(N - 1)$ Teilintervalle zerlegt. Auf jedem dieser Teilintervalle wenden wir die Konstruktion des § 594 an, indem wir an der durch (5) bestimmten Zahl N festhalten. Auf diese Weise bestimmen wir $(N - 1)$ treppenförmige Punktmengen $V^{(2)}, \ldots, V^{(N)}$, die keine gemeinsamen Punkte besitzen.

Setzen wir nun

$$\frac{1}{N}\left(1 + \frac{1}{2} + \cdots + \frac{1}{N}\right) = (1 - \vartheta_\eta),$$

so folgt aus (3)

$$m V^{(1)} = (1 - \vartheta_\eta) m I$$

und

$$m(I - V^{(1)}) = \vartheta_\eta m I.$$

Dieselben Überlegungen auf die Punktmengen $V^{(2)}, \ldots, V^{(N+1)}$ angewandt liefern die Gleichungen

$$m(I - (V^{(1)} + V^{(2)} + \cdots + V^{(N+1)})) = \vartheta_\eta m(I - V^{(1)}) = \vartheta_\eta^2 m I.$$

596. Wir iterieren $(k - 1)$mal dieses Verfahren, nach der $(k - 1)$ten Iteration haben wir dann $(1 + (N - 1) + (N - 1)^2 + \cdots + (N - 1)^{k-1})$ treppenförmige Punktmengen $V^{(i)}$ konstruiert und die Restmenge R besteht aus $(N - 1)^k$ getrennt liegenden Intervallen, deren Summe den Inhalt $\vartheta_\eta^k m I$ besitzt. Wir wählen für k die kleinste Zahl, für welche $\vartheta_\eta^k < \eta$ ist.

Jede der treppenförmigen Punktmengen $V^{(i)}$ ist die Vereinigung von N Intervallen $I_p^{(i)}$, die zu je zwei gemeinsame innere Punkte besitzen und die alle denselben Inhalt haben; dieser Inhalt ist nach Konstruktion kleiner als $\eta \cdot m\, V^{(i)}$. Wir numerieren durchlaufend die abgeschlossenen Hüllen dieser Intervalle und fügen zu diesen $\frac{N((N-1)^k-1)}{N-2}$ abgeschlossenen Intervallen die abgeschlossenen Hüllen der $(N-1)^k$ Intervalle der Restmenge R hinzu.

Wir erhalten auf diese Weise eine endliche Anzahl von abgeschlossenen Teilintervallen $\delta_1, \delta_2, \ldots, \delta_m$ der abgeschlossenen Hülle $\bar{I}$ von I, die folgende Eigenschaften haben:

1) ihre Vereinigungsmenge enthält jeden Punkt von $\bar{I}$,
2) die Summe von beliebig vielen δ_i, von denen keine zwei gemeinsame Punkte besitzen, hat einen Gesamtinhalt, der kleiner ist als $2\eta \cdot mI$.

In der Tat kann in jeder der Punktmengen $V^{(i)}$ höchstens ein einziges Intervall enthalten sein, dessen abgeschlossene Hülle in der besagten Summe vorkommt und für dieses Intervall δ_{n_i} gilt, nach Konstruktion, die Bedingung

$$m\delta_{n_i} < \eta \cdot m\, V^{(i)}.$$

Zu diesen Intervallen, deren Summe also höchstens den Inhalt

$$\eta \cdot \sum_i m\, V^{(i)} < \eta \cdot mI$$

kommen noch höchstens Teilintervalle hinzu, die den Intervallen der Restmenge R zugeordnet sind und deren Summe ebenfalls einen Inhalt besitzt, der kleiner als $\eta \cdot mI$ ist.

597. Ist P ein beliebiger Punkt von $\bar{I}$, so ist er in einem ersten unter den Intervallen $\delta_1, \delta_2, \ldots, \delta_m$ z. B. in δ_p enthalten. Wir bezeichnen mit $\delta(P)$ das kleinste zu P konzentrische abgeschlossene Intervall, das δ_p enthält. Wir können schreiben

$$m\delta(P) \leqq 4 m\delta_p$$

und zudem bemerken, daß der Durchmesser von $\delta(P)$ das Doppelte des Durchmessers von I nicht übertrifft. Mit Hilfe des Resultats des vorigen Paragraphen können wir folgenden Satz aussprechen, wenn wir $8\eta = \varepsilon$ setzen:

Satz 2. *Es sei $\bar{I}$ ein abgeschlossenes Intervall und ε eine positive Zahl, die kleiner als Eins ist. Man kann jedem Punkte P von $\bar{I}$ ein konzentrisches Intervall $\delta(P)$ zuordnen mit folgenden Eigenschaften:*

a) *der Durchmesser jedes Intervalls $\delta(P)$ übertrifft nicht das Doppelte des Durchmessers von $\bar{I}$,*

b) *sind $P_1, P_2, \ldots$ irgendwelche Punkte von $\bar{I}$ derart, daß die zugehörigen Intervalle $\delta(P_1), \delta(P_2), \ldots$ getrennt liegen, so ist stets*

$$m\delta(P_1) + m\delta(P_2) + \cdots < \varepsilon \cdot m\bar{I}.$$

598. Es sei $\bar{I}$ ein abgeschlossenes Intervall und ϱ eine beliebige positive Zahl. Wir zerlegen $\bar{I}$ in endlich viele kongruente Intervalle $I_1, I_2, \ldots, I_q$, deren Durchmesser kleiner als $\varrho : 2$ ist und ordnen jedem Punkte der abgeschlossenen Hülle $\bar{I}_k$ eines jeden I_k ein konzentrisches Intervall zu, so daß der dem Satze 2 analoge Satz besteht, den man erhält, wenn man im vorigen Satze $\bar{I}$ durch $\bar{I}_k$ ersetzt.

Nun ordnen wir jedem Punkte P von $\bar{I}$ dasjenige konzentrische Intervall $\delta(P)$ zu, das in dem ersten I_k enthalten ist, welches P enthält.

Für diese Intervalle $\delta(P)$ gilt der Satz 2 mit dem Zusatze, daß die Durchmesser der $\delta(P)$ kleiner sind als ϱ.

599. Wir wiederholen unendlich oft die Konstruktion des vorigen Paragraphen, indem wir der Reihe nach für ϱ die Zahlen $\frac{1}{2}, \frac{1}{4}, \ldots, \frac{1}{2^n} \cdots$ setzen und gleichzeitig die positive Zahl ε durch $\frac{\varepsilon}{2}, \frac{\varepsilon}{4}, \ldots, \frac{\varepsilon}{2^n} \cdots$ ersetzen. Man sieht sofort ein, daß man für die so konstruierten Intervalle folgenden Satz behaupten kann:

Satz 3. *Es sei $\bar{I}$ ein abgeschlossenes Intervall und ε eine beliebige positive Zahl, die kleiner als Eins ist. Man kann zu jedem Punkt P von I eine Folge von konzentrischen Intervallen mit dem Mittelpunkte P zuordnen, deren Durchmesser gegen Null konvergieren, so daß die Summe von endlich oder abzählbar unendlich vielen dieser Intervalle, sobald sie getrennt liegen, einen Inhalt besitzt, der die Zahl $\varepsilon \cdot m\bar{I}$ nicht übertrifft.*

Jede derartige Folge von getrennt liegenden Intervallen zerfällt nämlich in endlich oder abzählbar unendlich vielen Summen von (endlich vielen) Intervallen, wobei der Gesamtinhalt der einzelnen Summen die Zahlen $\frac{\varepsilon}{2}, \frac{\varepsilon}{4}, \frac{\varepsilon}{8} \cdots$ nicht übertrifft.

Hiermit ist gezeigt, daß der Vitalische Satz des § 289 nicht mehr notwendig gilt, wenn man von den im Wortlaute dieses Satzes vorkommenden Punktmengen $\sigma_k(P)$ lediglich verlangt, daß sie zu P konzentrische Intervalle sein sollen.

Note II.

Über das arithmetische Mittel des äußeren und inneren Inhalts.

600. Bezeichnet man mit $\mu^* A$ und $\mu_* A$ das äußere bzw. das innere Maß einer regulären Maßfunktion, so wollen wir zeigen, daß die Mengenfunktion

$$\nu^* A = \tfrac{1}{2}\,(\mu^* A + \mu_* A) \tag{1}$$

ebenfalls ein äußeres Maß ist.

Es ist erstens fast evident, daß die Eigenschaften I, II und IV der Maßfunktionen, die wir im § 235 postuliert haben, für νA erfüllt sind. Diese Eigenschaften gelten nämlich nach Voraussetzung für $\mu^* A$ und nach dem Satze 1 des § 254 und dem Satze 18 des § 268 auch für $\mu_* A$; also müssen sie auch (cf. § 236, Satz 2) für $\nu^* A$ bestehen.

601. Der Beweis, daß die Eigenschaft III der Maßfunktionen ebenfalls für die Mengenfunktion (1) gilt, kann ähnlich geführt werden, wie der Beweis der Relation (27) des § 259.

Es seien $A_1, A_2, \ldots$ beliebige Punktmengen ohne gemeinsame Punkte und

$$S = A_1 + A_2 + \cdots \tag{2}$$

ihre Summe; wir wollen zeigen, daß die Relation

$$\nu^* S \leqq \nu^* A_1 + \nu^* A_2 + \cdots \tag{3}$$

stets gilt. Ist nun erstens $\sum_i \mu^* A_i = +\infty$, so zeigt die Gleichung (1) in Verbindung mit $\mu_* A_i \geqq 0$, daß die rechte Seite von (3) ebenfalls den Wert unendlich besitzt, so daß die Relation (3) zu recht besteht. Ist dagegen $\sum_i \mu^* A_i$ endlich, so muß nach der Eigenschaft III der Maßfunktionen $\mu^* S$ ebenfalls endlich sein und es gibt nach den §§ 255, 256 maßgleiche Kerne A_i' und S' und maßgleiche Hüllen A_i'' und S'' für die Punktmengen A_i bzw. S, die folgenden Relationen genügen:

$$A_i' \prec A_i \prec A_i'', \quad \mu_* A_i = \mu A_i', \quad \mu^* A_i = \mu A_i'' \tag{4}$$

$$S' \prec S \prec S'', \quad \mu_* S = \mu S', \quad \mu^* S = \mu S''. \tag{5}$$

Wir führen nun die Bezeichnungen ein:

$$B_1' = A_2' + A_3' + \cdots, \quad B_i' = A_1' + \cdots + A_{i-1}' + A_{i+1}' + \cdots$$

und bemerken, daß die Punktmenge $S'' - B_i'$ alle Punkte von A_i enthält. Setzen wir also

$$\bar{A}_i = A_i''\,(S'' - B_i'), \tag{6}$$

so ist $A_i \prec \bar{A}_i \prec A_i''$, woraus folgt, daß $\bar{A}_i$ ebenso wie A_i'' eine maßgleiche Hülle von A_i ist. Man kann demnach schreiben

$$\mu \bar{A}_i = \mu^* A_i. \tag{7}$$

Ferner liefert aber noch (6) erstens die Relation $\bar{A}_i B_i' = 0$, woraus ohne weiteres folgt

(8) $$\bar{A}_i A_j' = 0 \quad (i \neq j),$$

und zweitens die Relation $\bar{A}_i \prec S''$, woraus man entnimmt

$$S \prec \bar{A}_1 \dotplus \bar{A}_2 \dotplus \cdots \prec S''.$$

Die meßbare Punktmenge

(9) $$\bar{S} = \bar{A}_1 \dotplus \bar{A}_2 \dotplus \cdots$$

ist also eine maßgleiche Hülle von S.

Wir definieren jetzt eine Folge von meßbaren Punktmengen C_1, $C_2 \ldots$ durch die Gleichungen

(10) $$C_1 = \bar{A}_2 \bar{A}_1, \quad C_2 = \bar{A}_3(\bar{A}_1 \dotplus \bar{A}_2), \ldots, \quad C_i = \bar{A}_{i+1}(\bar{A}_1 \dotplus \cdots \dotplus \bar{A}_i).$$

Dann kann man schreiben

$$\bar{S} = \bar{A}_1 + (\bar{A}_2 - C_1) + (\bar{A}_3 - C_2) + \cdots,$$

und hieraus folgt, da $\mu \bar{S} = \mu^* S$ und $\mu \bar{A}_i = \mu^* A_i$ ist,

(11) $$\mu^* S = \sum_i \mu^* A_i - \sum_i \mu C_i.$$

602. Wir betrachten nun neue Punktmengen $\bar{B}_1, \bar{B}_2, \ldots$, die durch die Gleichungen

(12) $$\bar{B}_1 = \bar{A}_2 \dotplus \bar{A}_3 \dotplus \cdots, \quad \bar{B}_i = \bar{A}_1 \dotplus \bar{A}_2 \dotplus \cdots \dotplus \bar{A}_{i-1} \dotplus \bar{A}_{i+1} \dotplus \cdots$$

definiert werden, und setzen

(13) $$\underline{A}_i = A_i' \dotplus (S' - S'\bar{B}_i).$$

Bemerkt man, daß wegen (8) und (12) die Relation

$$A_i' \bar{B}_i = 0$$

besteht, so folgt aus der Definition (13) von $\underline{A}_i$

(14) $$\underline{A}_i \bar{B}_i = 0.$$

Außerdem gilt nach (12) die Relation $S \prec (A_i \dotplus \bar{B}_i)$ und nach (5) ist $S' \prec S$; hieraus folgt, daß alle Punkte von $(S' - S'\bar{B}_i)$ in der Punktmenge A_i liegen. Nach (13) kann man also, wenn man noch (4) berücksichtigt, schreiben

(15) $$A_i' \prec \underline{A}_i \prec A_i, \quad \mu \underline{A}_i = \mu_* A_i.$$

Wir setzen nun

(16) $$\underline{S} = S' \dotplus \sum_i \underline{A}_i = \sum_i \underline{A}_i + R;$$

aus $S' \prec S$ und $\underline{A}_i \prec A_i \prec S$ folgt nunmehr mit Berücksichtigung von (5), daß $\underline{S}$ ein maßgleicher Kern von S ist

(17) $$S' \prec \underline{S} \prec S, \quad \mu \underline{S} = \mu_* S.$$

Die Gleichung (16) liefert also in Verbindung mit (15)

$$\mu_* S = \sum_i \mu_* A_i + \mu R. \tag{18}$$

Nach der Definitionsgleichung (16) für R ist jeder Punkt dieser Menge, der nicht in A_i enthalten ist, in $(S - A_i)$ und daher in $\overline{B}_i$ enthalten; jeder Punkt von RA_i ist aber notwendig ein Punkt von S', der nicht in $\underline{A}_i$ liegt und daher nach (13) ebenfalls ein Punkt von $\overline{B}_i$. Wir können also schreiben

$$R \prec \overline{B}_i,$$

und da diese Relation für alle natürlichen Zahlen i gilt,

$$R \prec \overline{B}_1 \cdot \overline{B}_2 \cdot \overline{B}_3 \ldots \tag{19}$$

Bemerkt man nun, daß jeder Punkt P des Raumes, der in mehr als einem $\bar{A}_i$ vorkommt, in jeder einzelnen der Punktmengen $\overline{B}_1, \overline{B}_2, \ldots$ enthalten ist, daß dagegen ein Punkt Q, der nur in einer dieser Punktmengen, z. B. in $\bar{A}_j$, aber nicht in den anderen enthalten ist, auch außerhalb der Punktmenge $\overline{B}_j$ liegt, so sehen wir, daß die Punktmenge $\overline{B}_1 \overline{B}_2 \ldots$ aus allen Punkten besteht, die in mehreren $\bar{A}_i$ vorkommen und nur aus diesen. Andererseits folgt aus (10), daß die Punktmenge $C_1 \dotplus C_2 \dotplus \cdots$ aus genau denselben Punkten besteht; denn jedes einzelne C_i besteht aus lauter Punkten, die in mindestens zwei verschiedenen der Punktmengen $\bar{A}_1, \bar{A}_2, \ldots$ liegen, und jeder Punkt P, der in zwei dieser Punktmengen z. B. in $\bar{A}_i$ und $\bar{A}_j$ $(i > j)$ liegt, muß nach (10) in C_{i-1} enthalten sein Statt der Relation (19) können wir demnach schreiben

$$R \prec C_1 \dotplus C_2 \dotplus \cdots$$

und der Vergleich dieser letzten Relation mit (18) liefert

$$\mu_* S \leqq \sum_i \mu_* A_i + \sum_i \mu C_i. \tag{20}$$

Durch gliedweise Addition dieser letzten Relation mit (11) erhalten wir schließlich

$$\mu^* S + \mu_* S \leqq \sum_i (\mu^* A_i + \mu_* A_i),$$

oder, wenn wir die Definitionsgleichung (1) berücksichtigen,

$$\nu^* S \leqq \nu^* A_1 + \nu^* A_2 + \cdots \tag{21}$$

603. Es seien nun beliebige Punktmengen $A_1, A_2, \ldots$ gegeben und V sei ihre Vereinigungsmenge. Man kann Teilmengen B_i der A_i definieren, von denen keine zwei gemeinsame Punkte besitzen, und deren Summe gleich V ist. Nach der letzten Relation des vorigen Paragraphen hat man

$$\nu^* V \leqq \nu^* B_1 + \nu^* B_2 + \cdots;$$

mit Berücksichtigung von $\nu^* B_i \leqq \nu^* A_i$ kann man also schreiben,

(1) $$\nu^* V \leqq \nu^* A_1 + \nu^* A_2 + \cdots$$

und wir haben den

Satz 1. *Bezeichnet man mit $\mu^* A$ eine beliebige reguläre Maßfunktion und setzt*

(2) $$\nu^* A = \tfrac{1}{2}(\mu^* A + \mu_* A),$$

so definiert $\nu^* A$ wiederum eine Maßfunktion, die aber nicht regulär zu sein braucht.

Bemerkung. Die Gleichungen (11) und (20) der vorigen Paragraphen zeigen, wenn man mit ϑ eine Zahl bezeichnet, die der Bedingung $0 \leqq \vartheta \leqq 1$ genügt, daß die Mengenfunktion

$$\frac{1+\vartheta}{2}\mu^* A + \frac{1-\vartheta}{2}\mu_* A$$

eine Maßfunktion ist.

604. Wir nehmen nun an, daß die im Satze 1 definierte Maßfunktion $\nu^* A$ eine reguläre Maßfunktion ist, und daß A eine Punktmenge von endlichem äußeren Maße ist. Aus der Definitionsgleichung

(1) $$\nu^* A = \tfrac{1}{2}(\mu^* A + \mu_* A)$$

folgt, wenn man noch $\mu_* A \geqq 0$ berücksichtigt,

(2) $$\mu^* A \leqq 2\,\nu^* A.$$

Es sei nun B eine maßgleiche Hülle von A für die reguläre Maßfunktion $\mu^* A$; man hat nach Definition $\mu B = \mu^* A$ und wegen der Meßbarkeit von B

(3) $$\nu^* B = \mu B.$$

Nach (2) ist also $\nu^* B$ endlich; wir bezeichnen mit C eine maßgleiche Hülle von B für die Maßfunktion $\nu^* B$. Wir haben nun einerseits

$$\mu^* C \geqq \mu_* C \geqq \mu B$$

und andererseits

$$\mu B = \nu^* B = \nu C = \tfrac{1}{2}(\mu^* C + \mu_* C).$$

Diese beiden letzten Relationen sind nur unter der Voraussetzung miteinander verträglich, daß

$$\mu^* C = \mu_* C = \mu B$$

ist, woraus folgt (§ 258 Satz 6), daß C auch für die Maßfunktion $\mu^* C$ meßbar ist. Nach dem Satze 4 des § 257 folgen nun die Gleichungen

$$\mu C = \mu^* A + \mu_* (C - A)$$
$$\mu C = \mu_* A + \mu^* (C - A)$$

und durch Addition

$$\nu C = \nu^* A + \nu^* (C - A).$$

Nun ist nach Voraussetzung C meßbar für die Maßfunktion $\nu^* C$; also ist nach dem Satze 8 des § 260 auch A meßbar für $\nu^* A$.

Von A wurde nur vorausgesetzt, daß $\nu^* A$ endlich ist; nach dem Satze 10 des § 261 müssen also alle Punktmengen für die Maßfunktion (1) meßbar sein, und wir haben den

Satz 2. *Entweder ist die im vorigen Satze definierte Maßfunktion nicht regulär, oder es gibt keine nicht meßbaren Punktmengen für diese Maßfunktion.*

605. Es ist nun sehr leicht, für zwei- oder mehrdimensionale Räume Punktmengen anzugeben, die für die Maßfunktion νA nicht meßbar sind, wenn man diese als Mittelwert

(1) $$\tfrac{1}{2}(m^* A + m_* A)$$

des äußeren und inneren Inhalts der betrachteten Punktmenge definiert. Nach dem Satze 2 des vorigen Paragraphen kann dann die Maßfunktion (1) nicht regulär sein, womit die Unabhängigkeit des Axiomes V des § 253 von den übrigen Axiomen I—IV des § 235 wiederum — und zwar durch ein weniger künstliches Beispiel als dasjenige des § 339 — bewiesen ist.

Wir begnügen uns damit, eine für νA nicht meßbare Punktmenge A in einer zweidimensionalen Ebene zu konstruieren. Die Konstruktion einer analogen Punktmenge in mehrdimensionalen Räumen kann nach genau derselben Methode erfolgen.

Es sei also ein Intervall I in einer xy-Ebene gegeben, von dem wir zwei aneinanderstoßende Seiten mit a und b bezeichnen; dabei sei z. B. die Seite a der x-Achse die Seite b der y-Achse parallel.

Wir betrachten jetzt auf a und b zwei Punktmengen M und M_1, die wie die Punktmenge Ω des § 334 gebildet sind, d. h. deren lineare äußeren Inhalte mit den linearen Inhalten von a bzw. b zusammenfallen und deren lineare inneren Inhalte verschwinden. Ferner sei mit C der zweidimensionale Zylinder über M bezeichnet, dessen Erzeugende der Strecke b parallel und gleich b sind und mit C_1 ein ebensolcher Zylinder über M_1, dessen Seiten der Strecke a parallel und gleich a sind (§ 374). Nach den Sätzen der §§ 374 bis 380 bestehen dann, wenn man noch den Satz 4 des § 257 hinzunimmt, die Relationen

(2) $$m^* C = m^*(I - C) = m I, \quad m_* C = m_*(I - C) = 0.$$

(3) $$m^* C_1 = m^*(I - C_1) = m I, \quad m_* C_1 = m_*(I - C_1) = 0.$$

Wir setzen jetzt

(4) $$A = C C_1$$

und behaupten, daß die Gleichung gilt

(5) $$m^* A = m I.$$

Es sei $\bar{A}$ eine maßgleiche Hülle von A (§ 255), die in I enthalten ist. Bezeichnet man mit x die Abszisse irgendeines Punktes der Seite a unseres Intervalles I, so ist nach dem Satze von Fubini (§ 546) der Durchschnitt einer Parallelen zur y-Achse durch diesen Punkt mit $\bar{A}$ stets linear meßbar außer höchstens, wenn x gleich der Abszisse eines Punktes einer linearen Nullmenge N ist, die auf a liegt. Setzen wir ferner die Funktion $f(x)$ gleich dem linearen Inhalte dieses Durchschnittes für die Abszissen aller Punkte von $(a - N)$ und gleich der Länge (b) der Seite b von I, falls x die Abszisse eines Punktes von N bedeutet, so ist $f(x)$ eine meßbare Funktion (§ 546, Satz 1) und man hat

$$m^* A = m\bar{A} = \int_a f(x)\,dx. \tag{6}$$

Ist nun x die Abszisse eines Punktes der Punktmenge M, so ist $f(x)$ entweder gleich dem linearen Maße einer meßbaren Hülle von M_1, weil der Durchschnitt von A mit der Parallelen zur y-Achse, die die Abszisse x besitzt, mit dem Durchschnitt von C_1 mit dieser Geraden identisch ist, und dann ist nach Konstruktion $f(x) = (b)$, oder x ist die Abszisse eines Punktes von N und wir haben wieder $f(x) = (b)$.

Die Punkte der linear meßbaren Punktmenge $\boldsymbol{M}(f = (b))$ enthält also alle Werte von x, die der Abszisse eines beliebigen Punktes von M entsprechen. Der lineare Inhalt dieser Punktmenge ist also gleich den Inhalten einer meßbaren Hülle von M, die in a enthalten ist, und ist also gleich der Länge (a) von a. Das Integral auf der rechten Seite der Gleichung (6) ist also bestimmt nicht kleiner als $(a)(b) = mI$, und da A eine Teilmenge von I ist, haben wir hiermit die Gleichung (5) bewiesen.

Genau ebenso beweist man die Relation

$$m^*(C - A) = mI. \tag{7}$$

Endlich entnehmen wir aus der letzten der Gleichungen (2), wenn wir berücksichtigen, daß die Punktmengen A und $(C - A)$ Teilmengen von C sind, die Relationen

$$m_* A = 0, \quad m_*(C - A) = 0. \tag{8}$$

Nach der Definition der Maßfunktion $\nu^* A$ folgt nun aus (2), (5), (7) und (8)

$$\nu^* C = \tfrac{1}{2} mI, \quad \nu^* A = \tfrac{1}{2} mI, \quad \nu^*(C - A) = \tfrac{1}{2} mI,$$

woraus folgt

$$\nu^* C < \nu^* A + \nu^*(C - A).$$

Aus dieser letzten Gleichung folgt aber unmittelbar, daß die Punktmenge A, wie wir beweisen wollten, für die Maßfunktion $\nu^* A$ nicht meßbar ist (§ 239).

Anleitung zur Benutzung der Literatur.

Im Texte dieser Vorlesungen sind Hinweise auf die ältere oder neuere Literatur, die dort nur störend gewirkt hätten, mit ganz vereinzelten Ausnahmen vermieden worden. Ausführliche Angaben über die Entstehungsgeschichte der verschiedenen Theorien, die vorgetragen worden sind, sind auch deshalb ganz unnötig, weil man solche in den unten zitierten Artikeln der mathematischen Enzyklopädie besonders in den ganz vorzüglichen Referaten von A. Rosenthal (s. u. Nr. 8) sehr bequem nachschlagen kann. Trotzdem kann es für manche Benutzer des Buches angenehm sein, eine möglichst knappe Aufzählung der wichtigsten Quellen kennenzulernen, aus denen der vorgetragene Stoff geflossen ist, der wir auch einige praktische Winke über die Benutzung der vorhandenen Literatur hinzufügen wollen.

A. Zusammenfassende Berichte.

In der Theorie der reellen Funktionen verfügen wir heute über eine Anzahl zusammenfassender Berichte mit vollständigen Literaturnachweisen, in denen die verschiedenen Abhandlungen ihrem Inhalte nach charakterisiert werden. Wir nennen hier in chronologischer Reihenfolge die folgenden:

1. A. Pringsheim, Grundlagen der allgemeinen Funktionentheorie (1899) Enzyklopädie der Mathem. Wiss. Bd. II, 1, 1 (Leipzig 1899—1916) p. 1—53.
2. P. Painlevé, Gewöhnliche Differentialgleichungen; Existenz der Lösungen (1900). Enzyklopädie der Mathem. Wiss. Bd. II, 1, 1 (Leipzig 1899—1916) p. 189—229.
3. A. Schoenflies, Die Entwicklung der Lehre von den Punktmannigfaltigkeiten, Bericht erstattet der Deutsch. Math. Ver. I. Teil Jahresber. d. Deutsch. Math. Ver. Bd. 8. 2 (1900) p. 1—250. II. Teil als zweiter Ergänzungsband des Jahresber. der Deutsch. Math. Ver. (Leipzig, 1908) p. 1—331.
4. A. Pringsheim et J. Molk, Principes fondamentaux de la théorie des fonctions Enzyclopédie des sciences mathématiques pures et appliquées. II t 1 (Paris, Leipzig 1909) p. 1—112.
5. E. Pascal, Repertorium der höheren Mathemathik, 2. Aufl., herausgegeben von P. Epstein und H. E. Timerding Bd. I. 1 (Leipzig und Berlin 1910) p. 1—42 u. 421—510.
6. E. Borel, L. Zoretti, P. Montel, M. Fréchet, Recherches contemporaires sur la théorie des fonctions. Encyclopédie des sciences mathématiques pures et appliquées II, 1, 2 (Paris, Leipzig 1912) p. 113—241.
7. A. Schoenflies und H. Hahn, Entwicklung der Mengenlehre und ihrer Anwendungen. Erste Hälfte: Allgemeine Theorie der unendlichen Mengen und Theorie der Punkmengen von A. Schoenflies (Leipzig u. Berlin 1913) [Umarbeitung des ersten Teiles des unter 3. zitierten Berichtes; der zweite Teil ist nicht erschienen und später in die unter Nr. 30 zitierte „Theorie der reellen Funktionen" aufgenommen worden.]

8. A. Rosenthal, Neuere Untersuchungen über Funktionen reeller Veränderlichen nach den Referaten von L. Zoretti, P. Montel und M. Fréchet. Enzyklopädie der Math. Wiss. Bd. II, 3 (1923) p. 851—1187. [Umarbeitung und Erweiterung des unter 6. zitierten französischen Berichtes mit Berücksichtigung der inzwischen erschienenen Literatur. Das Referat von Rosenthal ist auch als Buch bei Teubner verlegt worden.]

B. Lehrbücher.

Die wichtigsten Lehrbücher, die u. a. die Theorie der reellen Funktionen enthalten, sind chronologisch geordnet folgende:

9. U. Dini, Fondamenti per la teorica delle funzioni di variabili reali. Pisa 1878.
10. P. Bois Reymond, Die allgemeine Functionentheorie I, Tübingen 1882.
11. G. Peano, Applicazioni geometriche del calcolo infinitesimale. Torino 1887
12. U. Dini, Grundlagen für eine Theorie der Functionen einer veränderlichen reellen Größe, deutsch bearbeitet von J. Lüroth und A. Schepp. Leipzig 1892. [Übersetzung von Nr. 9.]
13. C. Jordan, Cours d'Analyse de l'École Polytechnique (2e edit.) Paris, Vol. I 1893, Vol. II 1894, Vol. III 1896 (3e edit.) [nur sehr wenig verändert] 1909—1915.
14. O. Stolz, Grundzüge der Differential- und Integralrechnung, Leipzig Bd. I 1893, Bd. II 1896, Bd. III 1899.
15. E. Borel, Leçons sur la théorie des fonctions, Paris 1898 (3e edit. 1914).
16. H. Lebesgue, Leçons sur l'intégration et la recherche des fonctions primitives, Paris 1904.
17. E. Borel, Leçons sur les fonctions de variables réelles et les développements en séries de polynomes, Paris 1905.
18. R. Baire, Leçons sur les fonctions discontinues, Paris 1905.
19. J. Pierpont, Lectures on the theory of functions of real variables. Boston Vol. I 1905, Vol. II 1912.
20. H. Lebesgue, Leçons sur les séries trigonométriques, Paris 1906.
21. W. H. Young and G. Chisholm Young, The theory of sets of points. Cambridge 1906.
22. G. Hessenberg, Grundbegriffe der Mengenlehre (Abhandl. der Fries'schen Schule, neue Folge Heft 4). Göttingen 1906.
23. E. W. Hobson The theory of functions of a real variable and the theory of Fourier's series, Cambridge 1907 [zweite sehr vermehrte Auflage in zwei Bänden Vol. I 1921, Vol. II 1926].
24. Ch. J. de la Vallée Poussin, Cours d'Analyse infinitésimale, Louvain-Paris 5e edit. 1925.
25. W. H. Young, The fundamental theorems of the differential calculus (Cambridge tracts Nr. 11). Cambridge 1910.
26. F. Hausdorff, Grundzüge der Mengenlehre. Leipzig 1914 [2. Aufl. unter dem Titel „Mengenlehre" Berlin u. Leipzig 1927].
27. A. Pringsheim, Vorlesungen über Zahlen und Funktionenlehre. Leipzig Bd. I 1 u. I 2 1916, Bd. I 3 1921, Bd. II 1 1925.
28. Ch. J. de la Vallée Poussin, Intégrales de Lebesgue, fonctions d'ensemble, classes de Baire. Paris 1916.
29. Ch. J. de la Vallée Poussin, Leçons sur l'approximation des fonctions d'une variable réelle. Paris 1919.
30. H. Hahn, Theorie der reellen Funktionen Bd. I. Berlin 1921.

31. E. Borel, Méthodes et problèmes de théorie des fonctions. Paris 1922.
32. C. H. Van Os, Moderne Integraalrekening. Groningen 1925.
33. E. Kamke, Das Lebesguesche Integral. Eine Einführung in die neuere Theorie der reellen Funktionen. Leipzig-Berlin 1925.
34. L. Schlesinger u. A. Plessner, Lebesguesche Integrale und Fouriersche Reihen. Berlin-Leipzig 1926.
35. L. C. Young, The theorie of integration (Cambridge tracts Nr. 21). Cambridge 1927.

Von diesen Büchern haben die zuerst zitierten mehr historisches Interesse, obgleich die mustergültige Darstellung von C. Jordan (Nr. 13) noch heute wertvoll ist. Die meisten Einzelheiten und die Behandlung von vielen Problemen, die den Rahmen unseres Buches überschreiten, findet man bei Hobson (Nr. 23) und Hahn (Nr. 30). Äußerst originell sind außerdem die Darstellungen bei de la Vallée Poussin (Nr. 24, 28).

C. Abhandlungen.

Für einige der Gegenstände, die in unserem Buche behandelt worden sind, führen wir noch folgende Originalabhandlungen an, entweder weil sie aus historischen Gründen besonders wichtig sind, oder weil sie Einzelheiten enthalten, die wir nicht berücksichtigt haben.

I. Punktmengen.

36. G. Cantor. Von den zahlreichen Abhandlungen dieses Forschers, der die Mengenlehre erfunden hat, sind acht der wichtigsten in französischer Übersetzung in Acta Mathem. 2 (1883) gesammelt erschienen.
37. J. Bendixson, Quelques théorèmes de la théorie des ensembles. Acta Mathem. 2 (1883). [In dieser Arbeit wurde der Cantor-Bendixsonsche Satz (§ 64), der aber im wesentlichen schon von Cantor stammt, bewiesen.]
38. E. Borel, Sur quelques points de la théorie des fonctions. Ann. Scient. de l'Éc. Normale (3) 12 (1895).
[Borelscher Überdeckungssatz (§ 59) zunächst mit einigen Einschränkungen, die später von W. H. Young Proc. Lond. Math. Soc. (1) 35 (1902/3) p. 384 und E. Borel Paris C. R. 136 (1903) p. 1055 und C. R. 140 (1905) p. 298 behoben wurden.]
39. E. Lindelöf, Sur quelques points de la théorie des ensembles. C. R. 137 (1903).
40. ——, Remarques sur un théorème fondamental de la théorie des ensembles. Acta Math. 29 (1905).
[Lindelöfscher Überdeckungssatz: für lineare Mengen ist der Satz gleichzeitig von W. H. Young gefunden worden: vgl. das unter Nr. 38 angeführte Zitat.]
41. T. H. Hildebrandt, The Borel Theorem and its generalizations. Bull. Amer Mathem. Soc. 32 (1926).
42. E. Zermelo. Beweis, daß jede Menge wohlgeordnet werden kann. Mathem. Ann. 59 (1904).
43. ——, Neuer Beweis über die Möglichkeit einer Wohlordnung. Math. Ann. 65 (1908).
44. Untersuchungen über die Grundlagen der Mengenlehre I. Math. Ann. 65 (1908).
[Zermelos Auswahlaxiom (§ 48).]

45. F. Hausdorff, Die Mächtigkeit der Borelschen Mengen. Math. Ann. 77 (1916).
[Beweis eines allgemeinen Satzes, der den Satz 2 des § 82 enthält; dasselbe Resultat erhielt gleichzeitig P. Alexandroff, C. R. 162 (1916) p. 323. In diesem Zusammenhang ist auch die Theorie der Mengen (A) zu erwähnen, die von M. Souslin, C. R. 164 (1917) und N. Lusin (ibid.) begründet wurde. Vgl. hierzu N. Lusin und W. Sierpinski, Bull. Acad. sc. Cracovie (A) 1918 und C. Kuratowski, Fundam. Math. 3 (1922) sowie N. Lusin, Fundam. Math. 10 (1926).]

II. Funktionenfolgen; Bairesche Klassen.

46. R. Baire, Sur les fonctions de variables réelles. Thèse. (Paris 1899). Ann. di matem. pura ed appl. (3) 3 (1899).
47. ——, Sur la représentation des fonctions discontinues. Acta Mathem. 30 (1906) u. 32 (1909).
48. H. Lebesgue, Sur les fonctions représentables analytiquement. Journ. de mathém. pures et appl. (6) 1. 1905.
Neben diesen Arbeiten, die allgemeinere Untersuchungen enthalten, vergleiche man für die Sätze des § 367:
49. R. Baire, Sur les séries à termes continus et tous de même signe. Bull. Soc. math. de France, 32 (1904).
[Vgl. auch W. H. Young Proc. Cambr. Philos. Soc. 14 (1908).]
50. H. Hahn, Über halbstetige und unstetige Funktionen. Wien. Sitzungsber. 126 (1917).
51. F. Hausdorff, Über halbstetige Funktionen und deren Verallgemeinerung Math. Zeitschr. 5 (1919).

III. Theorie des Inhalts und des Maßes.

Für die ältere Theorie des Jordanschen Inhalts (§§ 279—287) und ihrer Vorläufer sind folgende Arbeiten maßgebend:
52. G. Cantor. De la puissance des ensembles parfaits de points. Acta Math. 4 (1884) insbes. p. 388.
53. G. Peano, Applicazioni geometriche del calcolo infinitesimale. Torino (1887) insbes. p. 154.
54. C. Jordan, Cours d'Analyse (2e édit.) Vol. I. (Paris 1893) p. 28.
Die kürzeste und eleganteste Darstellung dieser Theorie findet man bei
55. E. Schmidt, Über die Darstellung der Lehre vom Inhalt in der Integralrechnung. Math. Zeitschr. 12 (1922).
Die Theorie des Borel-Lebesgueschen Inhalts ist in folgenden Arbeiten zuerst begründet worden:
56. E. Borel, Leçons sur la théorie des fonctions. Paris (1898) p. 46.
57. H. Lebesgue, Intégrale, Longueur, Aire. Thèse. Ann. di Matem. (3) 7, 1902.
Für die Entstehungsgeschichte der Lebesgueschen Theorie und für die Klärung gewisser Prioritätsfragen sind ferner interessant und wichtig:
58. H. Lebesgue, Remarques sur les théories de la mesure et de l'intégration. Ann. de l'Ec. Norm. 35. (1918).
59. E. Borel, Sur l'intégration des fonctions non bornées et sur les définitions constructives. Ann. de l'Ec. Norm. 36. (1919).
Eine originelle von E. Zermelo beeinflußte Darstellung der Lebesgueschen Theorie findet man bei:

60. W. Alexandrow, Elementare Grundlagen für die Theorie des Maßes. Diss. Zürich 1915.

Im Zusammenhang mit den Untersuchungen des § 336, die besagen, daß der Lebesguesche Inhalt keine Invariante der Analysis Situs ist, sehe man:

61. H. Rademacher, Eineindeutige Abbildung und Meßbarkeit. Gött. Diss. Monatshefte für Mathem. u. Physik 27, 1916.

Die im Kap. V dieses Buches entwickelte Theorie des Maßes ist aus dem Wunsche entstanden die Borel-Lebesguesche Theorie des Inhalts auf das m-dimensionale Maß im n-dimensionalen Raume zu erweitern. Diese Fragen, die hier keinen Platz gefunden haben, werden z. B. in folgenden Arbeiten behandelt:

62. C. Carathéodory, Über das lineare Maß von Punktmengen, eine Verallgemeinerung des Längenbegriffs. Gött. Nachr. 1914.

63. W. Gross, Über das lineare Maß von Punktmengen. Monatsh. für Math. u. Phys. 39 (1918).

64. W. Gross, Über das Flächenmaß von Punktmengen. Monatsh. für Math. u. Phys. 39 (1918).

Die Untersuchungen der §§ 338–341 wurden wesentlich weitergeführt durch:

65. A. Rosenthal, Beiträge zu Carathéodorys Meßbarkeitstheorie. Gött. Nachr. 1916.

Eine Anwendung der Lebesgueschen Inhaltstheorie auf ein Problem der Mechanik findet man bei:

66. C. Carathéodory, Über den Wiederkehrsatz von Poincaré. Berl. Sitzungsber. (1919).

IV. Definition des Integrals.

Die aufeinanderfolgenden Fortschritte in der Definition des Riemannschen Integrals können durch folgende Arbeiten charakterisiert werden:

67. B. Riemann, Über die Darstellbarkeit einer Funktion durch eine trigonometrische Reihe. (Habilitationsschrift 1854) Abhandl. d. Gött. Ges. d. Wiss. 13 (1868). Gesammelte Werke (2. Aufl.) p. 227.

68. G. Darboux, Mémoire sur les fonctions discontinues. Ann. scient. de l'Éc. Norm. (2) 4 (1878) et 8 (1879).

69. C. Jordan, Remarques sur les intégrales définies. Journ. de math. pures et appl. (4), 8 (1892).

Für die Geschichte des Lebesgueschen Integrals kommen außer den Schriften von Lebesgue, die unter den Nr. 57, 16 und 48 angeführt worden sind, noch folgende hauptsächlich in Betracht:

70. H. Lebesgue, Sur les intégrales singulières. Ann. de Toulouse (3) 1 (1909).

71. ——, Sur l'intégration des fonctions discontinues. Ann. scient. de l'Ec. Norm. (3) 27 (1910).

72. H. Hahn, Über den Fundamentalsatz der Integralrechnung. Monatsh. für Math. u. Phys. 16 (1905).

73. ——, Annäherung an Lebesguesche Integrale durch Riemannsche Summen. Wiener Sitzungsber. 123 (1914).

Eine mit der Lebesgueschen äquivalente Integrationstheorie hat W. H. Young gegeben [Philos. Trans. Roy. Soc. 204 A (1905)]; sie ist in dem unter Nr. 35 zitierten Buch seines Sohnes zu finden.

Eine ebenfalls mit der Lebesgueschen sehr verwandte Integrationstheorie verdankt man E. Borel:

74. E. Borel, Le calcul des intégrales définies. Journ. de mathém. pures et appl. (6) 8 (1912).

Eine Art Integralbegriff, die man als wesentliche Verallgemeinerung des Lebesgueschen Integrals ansehen kann, stammt von A. Denjoy:

75. A. Denjoy, Une extension de l'intégrale de M. Lebesgue. C. R. 154 (1912).
76. ——, Calcul de la primitive de la fonction dérivée la plus générale. C. R. 154 (1912).
77. ——, Mémoire sur la totalisation des nombres dérivés non sommables. Ann. scient. de l'Éc. Norm. (3) 34 (1917).
78. H. Looman, Sur la totalisation des dérivées des fonctions continues de plusieurs variables indépendantes. Fundam. Math. 4 (1923).
79. H. Lebesgue, Sur la recherche des fonctions primitives. Act. Math. 49 (1926).

Endlich hat O. Perron einen Integralbegriff formuliert, der für beschränkte Funktionen mit dem Lebesgueschen zusammenfällt und für nicht beschränkte Funktionen diesen umfaßt.

80. O. Perron, Über den Integralbegriff. Sitzungsber. d. Heidelb. Akad. d. Wiss. (1914).
81. H. Hake, Über de la Vallée-Poussins Ober- und Unterfunktionen einfacher Integrale und die Integraldefinition von Perron. Math. Ann. 83 (1921).
82. H. Looman, Über die Perronsche Integraldefinition. Math. Ann. 93 (1925).
83. P. Alexandroff, Über die Äquivalenz des Perronschen und des Denjoyschen Integralbegriffs. Math. Ztschr. 20 (1924).

V. Mengenfunktionen. Überdeckungssatz von Vitali.

Über die Eigenschaften von Mengenfunktionen kann man sich am bequemsten in der unter Nr. 26 zitierten Mengenlehre von F. Hausdorff unterrichten. Wir erwähnen noch außerdem:

84. M. Fréchet, Sur quelques points du calcul fonctionel. Rend. del Circ. Matem. di Palermo 22 (1906).
85. P. Lévy, Leçons d'Analyse fonctionnelle. Paris 1922.

Seinen Überdeckungssatz hat Vitali für lineare Intervalle ausgesprochen.

86. G. Vitali, Sui gruppi di punti e sulle funzioni di variabili reali. Rend. della R. Acc. di Torino 43 (1908).

Der allgemeine Satz der §§ 288—291 steht erst bei Lebesgue.

87. H. Lebesgue, Sur l'intégration des fonctions discontinues. Ann. scient. de l'Éc. Norm. (3) 27 (1910).

Einen weiteren interessanten Überdeckungssatz findet man in der unter Nr. 61 zitierten Abhandlung von Rademacher (p. 194).

Die zuletzt angegebene wichtige Arbeit von Lebesgue enthält die meisten Resultate der §§ 424—450, insbesondere die allgemeine Definition der totalstetigen Funktionen (§ 429), nachdem G. Vitali diesen Begriff für Funktionen einer Veränderlichen schon gebildet hatte.

88. G. Vitali, Sulle funzioni integrali. Rend. della R. Acc. di Torino 40. 1904—05.

Die Intervallfunktionen hat J. Radon eingehend untersucht:

89. J. Radon, Theorie und Anwendungen der absolut additiven Mengenfunktionen. Wiener Sitzungsber. 122 (1913).

In dieser Arbeit, wie auch im unter Nr. 28 angegebenen Buche von de la Vallée Poussin werden die Resultate, die wir in den §§ 500—510 nur für monotone Funktionen einer Veränderlichen abgeleitet haben, ganz allgemein für absolut additive Mengenfunktionen bewiesen. Man bemerke, daß auch die Beweise dieses Buches sich fast ohne Änderung auf diesen allgemeinen Fall übertragen lassen. In diesem Zusammenhang nennen wir noch:

90. M. Fréchet, Des familles et fonctions additives d'ensembles abstraits. Fundam. Math. 4 (1923).

VI. Funktionen einer und Funktionen mehrerer Veränderlichen.

Für die geschichtliche Entwicklung der Theorie der vorderen und hinteren Derivierten sind von Bedeutung:

91. L. Scheeffer, Allgemeine Untersuchungen über Rektifikation der Kurven. Acta Mathem. 5 (1884).

[Siehe auch hierzu C. Jordan Cours d'Analyse (Nr. 13) I p. 100, wo das Problem der Rektifikation zum ersten Male allgemein gelöst wird.]

92. L. Scheeffer, Zur Theorie der reellen Funktionen einer reellen Veränderlichen. Acta Mathem. 5. (1884).

Für das Umkehrproblem der Differentialrechnung sehe man die unter den Nrn. 16 und 76 angeführten Arbeiten von Lebesgue und Denjoy.

Sein klassisches Beispiel für eine nirgends differentiierbare Funktion hat Weierstrass seit 1861 in Vorlesungen erwähnt (cf. H A. Schwarz, Ges. Abh. II p. 269). Veröffentlicht wurde es zum ersten Male im Jahre 1875 durch P. du Bois-Reymond (Journ. f. Math. 79). Sehr durchsichtige Beispiele für derartige Funktionen hat K. Knopp gebildet:

93. K. Knopp, Eine einheitliche Erzeugungsart stetiger nirgends differenzierbarer Funktioneu. Sitzungsber. d. Berl. Mathm. Ges. 16 (1917).

94. K. Knopp, Ein einfaches Verfahren zur Bildung stetiger nirgends differenzierbarer Funktionen. Math. Zeitschr. 2 (1918).

Eine wichtige Arbeit, die u. a. das erste Beispiel für eine stetige Funktion enthält, die nirgends weder eine rechte noch eine linke Derivierte besitzt, ist folgende:

95. A. Besikovitch, Diskussion der stetigen Funktion im Zusammenhang mit der Frage über ihre Differenzierbarkeit. Bull. de l'Académie des Sciences de Russie (1925) I. Teil, p. 97—122. II. Teil, p. 527—540.

Für die Theorie der mehrfachen Integrale und den Satz von Fubini.

96. G. Fubini, 1907. Sugli Integrali multipli. Rendic. della R. Acc. dei Lincei (5) 16, I. Hierzu bemerke man, daß Sierpinski zweidimensionale, nicht meßbare Mengen konstruiert hat, deren Schnitt mit einer beliebigen Geraden ihrer Ebene eine Nullmenge erzeugt:

97. W. Sierpiński, Sur un problème conurnant les ensembles superficiellement. Fundam. Mathem. 1 (1920).

98. L. Lichtenstein, Über die Integration eines bestimmten Integrals in bezug auf einem Parameter. Gött. Nachr. (1910).

99. ——, Über die zweimalige Integration von Funktionen zweier reeller Veränderlichen. Sitzungsber. der Berl. Math. Gesells. 10 (1911).

100. W. Sierpiński, Sur les rapports entre l'existence des intégrales $\int_0^1 f(x,y)\,dx$, $\int_0^1 f(x,y)\,dy$ et $\int_0^1 dx \int_0^1 f(x,y)\,dy$. Fundam. Mathem. 1 (1920).

Eine interessante Eigenschaft der Integralkurven eines Systems von Differentialgleichungen hat H. Kneser angegeben.

101. H. Kneser, Über die Lösungen eines Systems gewöhnlicher Differentialgleichungen, das der Lipschitzschen Bedingung nicht genügt. Berl. Sitzungsber. der Phys. math. Klasse (1923).

Zum Schluß erwähnen wir, daß L. Tonelli das Problem der Oberflächenbestimmung einer krummen Oberfläche in vier kurzen Noten zu einem gewissen Abschluß gebracht hat:

102. L. Tonelli, Sulla Quadratura delle superficie. Rendic. della R. Acc. dei Lincei (6) 3 p. 357, 445 und 633 (1926).

103. ——, Su un polinomio d'approssimazione e l'area di una superficie. Rendic. della R. Acc. dei Lincei (6) 5 p. 313 (1927).

104. T. Radó, Sur le calcul de l'aire des surfaces courbes. Fund. Mathem. 10 (1927).

105. ——, Sur l'aire des surfaces courbes C. R. 184 (1927).

Verzeichnis der Beispiele.

Seite

1. Folge von offenen Punktmengen, die überall dicht relativ zu einer Punktmenge S sind und deren Durchschnitt diese Eigenschaft nicht besitzt . 63
2. Divergente Reihe 103
3. Absolut konvergente Reihe 104
4. Nicht absolut konvergente Reihe 104
5. Beispiele für die Nichtvertauschbarkeit der Summationsfolge bei einer Doppelsumme 109
6. Limites von Folgen von Punktmengen 120
7. Funktion, die nirgends halbstetig ist 127
8. Stetige, nicht endliche Funktion 131
9. Im Kleinen beschränkte, nicht beschränkte Funktion 141
10. Monotone Funktion mit überall dicht liegenden Unstetigkeitsstellen . . 159
11. Unstetige Funktion von zwei Veränderlichen, die in jeder Veränderlichen stetig ist 169
12. Beschränkte Funktion als Grenze einer nicht gleichmäßig beschränkten Funktionenfolge 170
13. Unstetige Funktion als Grenze einer Folge von stetigen 171
14. Monotone, gegen eine totalunstetige Funktion konvergierende Folge von halbstetigen Funktionen 180
15. Stetige Funktion, die in keinem Intervall von beschränkter Variation ist . 190
16. Unstetige Funktion, die in jedem Intervall, alle Werte zwischen Null und Eins annimmt 228
17. Beispiele von Maßfunktionen 239
18. Punktmenge, die keine Borelsche Menge ist (Fußnote) 257
19. Nirgends dichte perfekte Punktmenge 287
20. Perfekte Nullmenge 287
21. Nullmengen, deren Kondensationspunkte den Raum ausfüllen . . 286, 287
22. Nicht quadrierbare abzählbare Punktmengen 291
23. Nicht quadrierbare offene Punktmengen 291
24. Nicht quadrierbares Gebiet 292
25. Punktmengen vom inneren Inhalt Null mit dem Gesamtraum als maßgleiche Hülle 354
26. Nicht meßbare eineindeutige stetige Abbildung 355
27. Nicht reguläre Maßfunktion 363
28. Nicht meßbare Funktion, für die für jedes beliebige α die Punktmenge $M(f=\alpha)$ meßbar ist 375
29. Meßbare Funktion $\varphi(u)$ und monotone stetige Funktion $f(x)$, für welche $\varphi(f(x))$ nicht meßbar ist 379
30. Konvergente Folge meßbarer Funktionen, die auf keinem maßgleichen Kern ihres Definitionsbereiches gleichmäßig konvergiert 384
31. Stetige Funktion, die nicht von der nullten Klasse ist 393
32. Funktionen, die mindestens von der zweiten Klasse sind 394

Seite

33. Funktionen erster Klasse, die sich nur zu Funktionen zweiter Klasse auf der abgeschlossenen Hülle ihres Definitionsbereiches ergänzen lassen . 395
34. Meßbare Funktion, die keiner Funktion erster Klasse äquivalent ist. . 407
35. Meßbare, nicht summierbare Funktion 434
36. Halbstetig nicht nach Riemann integrierbare Funktion 463
37. Nach Riemann nicht integrierbare Funktion, deren Limesfunktionen nach Riemann integrierbar sind 464
38. Nach Riemann integrierbare Funktion, die von keiner endlichen Klasse ist 467
39. Funktion mit unendlicher λ-Variation 513
40. Totalstetige Funktion, deren sämtliche Derivierten in einer beliebig gegebenen Nullmenge gleich $+\infty$ sind 551
41. Totalstetige Funktion, deren sämtliche Derivierten in überall dichten Punktmengen gleich $+\infty$ sind 553
42. Beispiel von zwei totalstetigen Funktionen $f(u)$ und $\varphi(x)$, so daß $(\varphi(x))$ nicht totalstetig ist 554
43. Stetige monotone nicht konstante Funktion von konstanter λ-Variation . 578
44. Monotone Funktion, die mit ihrer inversen von konstanter λ-Variation ist 583
45. Stetige Funktion von unendlicher Variation mit summierbaren Hauptderivierten 590
46. Nirgends differentiierbare Funktion 590
47. Meßbare beschränkte Funktion, die mit keiner Derivierten einer stetigen Funktion zusammenfällt 595
48. Stetige Funktion von unendlicher Variation mit endlichen Hauptderivierten 597
49. Mehrfaches Integral einer nicht summierbaren Funktion 634
50. Partiell differentiierbare Funktion, die beschränkte partielle Ableitungen besitzt und nicht total differentiierbar ist 646
51. Funktion mit beschränkten partiellen Differenzenquotienten, die nicht totalstetig ist 655
52. Beispiele zur Lipschitzschen Bedingung 675, 676

Register.

(Die Zahlen beziehen sich auf die Seiten des Buches.)

Abbildung 72, (stetige Abbildung) 205, (meßbare Abbildung) 354, 581.
abgeschlossen (relativ) 58.
abgeschlossene Hülle 57.
abgeschlossene Punktmengen 39, 218.
abgeschlossenes Intervall 41.
abgeschlossene Zelle s. Zelle.
Abgeschlossenheit der Menge der Häufungspunkte 48.
Ableitung einer Funktion 546, 573.
Ableitung einer Funktion von konstanter λ-Variation 572, 589.
Ableitung einer Punktmenge 39.
Ableitung partielle 641.
Abschätzung (von Integralen) 447.
Abschnitte der natürlichen Zahlenreihe 6
absoluter Betrag (einer Zahl) 16, (eines Vektors) 313.
absoluter Betrag von meßbaren Funktionen 376.
absoluter Betrag von nach Riemann integrierbaren Funktionen 465.
absolute Konvergenz einer Reihe 103, 107.
abwärts halbstetig 127.
abzählbare Punktmengen 26.
Abzählbarkeit der rationalen Punkte des Raumes 30.
Abzählbarkeit eines quadratischen Schemas 29.
Achse 18.
Addition von Zahlen (Axiome) 2.
additive Mengenfunktion 470.
algebraisches Komplement 324.
analytische Geometrie 18.
Anordnungsaxiome 1.
Anzahlbegriff 9.
Approximation von beliebigen Funktionen durch monotone Folgen endlichwertiger 388.
Approximation von Integralen 447.
äquivalente Funktionen 389, ihre Integrale 427, 431, 470.
äquivalente Ordinatenmengen 418.
Äquivalenz der mittleren Derivierten 490.
Äquivalenz meßbarer Funktionen mit Funktionen 2ter Klasse 406.
Äquivalenz der verallgemeinerten Derivierten 496.
Archimedes 11, 420.
assoziative Eigenschaft der Addition 2.
assoziative Eigenschaft der Multiplikation 4.
assoziative Eigenschaft der Summe von Punktmengen 23.
assoziative Eigenschaft des Durchschnitts von Punktmengen 22.
aufwärts halbstetig 127.
äußerer Inhalt s. Inhalt.
äußeres Maß s. Maß.
Auswahl 33.
Auswahlaxiom 33.
Axiome der Addition 2; — der Division 5; — der Multiplikation 4; — der Subtraktion 3.
Axiome der natürlichen Zahlen 6

Baire: Satz über Grenzen von stetigen Funktionen 178.
Bairesche Klassen 393.
Basis eines linearen Vektorgebildes 310.
Basis eines Zylinders 414.
Begrenzung einer abgeschlossenen Punktmenge 218.

Begrenzung einer Punktmenge 216.
Bendixson 50.
Berechnung der Hauptlimites 87.
Berechnung eines Integrals 600, nach Lebesgue 450, nach Riemann 462, durch Grenzübergang aus Integralen von stetigen Funktionen 469.
beschränkte Differenzenquotienten 550 (s. Funktionen).
beschränkte Funktion 121 (Definition) ihre Summierbarkeit 424, 434.
beschränkte Punktmengen 37.
beschränkte Punktmengen ohne Häufungspunkt 48.
Beschränktheit einer stetigen Funktion 139.
Beschränktheit im Kleinen 141.
bestimmtes Integral 420.
Borelsche Mengen 256.
Borels Überdeckungssatz 45.
Breite einer Skala 450.
Bruch 13.

Cantor 31, 39, 50, 298, 669.
Cantor-Bendixsonscher Satz 50.
Cauchy 92.
Cauchys Konvergenzkriterium 92, 102.

Darboux 453.
Darbouxsche Summen 453.
Darstellung von Funktionen als Grenzen monoton wachsender Folgen endlichwertiger 388.
Darstellung von Funktionen durch Folgen von Punktmengen 369.
Darstellung von offenen Punktmengen durch feste Grundmengen 57.
Definitionsbereich einer Funktion 71. 72.
de la Vallée Poussin 557.
Derivierte einer Differenz 521.
Derivierte einer Funktion 515.
Derivierte einer inversen Funktion 524.
Derivierte eines Produktes 522, 649.
Derivierte eines Quotienten 522, 649.
Derivierte einer Summe 519, 649.
Derivierte einer zusammengesetzen Funktion 526, 648.
Derivierte; mittlere — einer Mengenfunktion 480.
Derivierte; Punktmengen, in denen eine Derivierte ∞ wird 529, 579.
Derivierte obere, untere 516, 517.
Derivierte rechte. linke 516.
Derivierte; verallgemeinerte — einer Mengenfunktion 492.
Derivierte von $f(x)$ als Funktion von x 527.
Determinante 318; Multiplikation von — 340.
Diagonalverfahren 669.
dicht (in sich —) 39.
dicht (nirgends —) 64.
dicht (überall —) 61.
Differentialgleichungen 667. mit Parameter 678.
Differentialrechnung 518.
Differential (totales) 644, 649.
Differentiation der Lösungen von Differentialgleichungen nach einem Parameter 682.
Differentiation unter dem Integralzeichen 661.
Differentiierbarkeit der additiven totalstetigen Mengenfunktionen 496, 502.
Differentiierbarkeit der Funktionen von beschränkter Variation 589.
Differentiierbarkeit der monotonen Funktionen 573.
Differentiierbarkeit (nach rechts, links) einer Funktion einer Veränderl. 518.
Differentiierbarkeit nach Stolz 644.
Differentiierbarkeit (nirgends differentiierbare stetige Funktion) 590.
Differentiierbarkeit partielle 641.
Differentiierbarkeit von Funktionen mehrerer Veränderlichen 644, 658.
Differentiierbarkeit von totalstetigen Funktionen 545, 661.
Differenz (von Zahlen) 3, (von Punktmengen) 23.
Differenzenquotient 515.
Dimension eines Punktgebildes 334.
Dimension eines Vektorgebildes 312.
Dirichletsche Funktion 171.
Diskontinuität (s. totale Diskontinuität).
distributive Eigenschaft der Multiplikation 4.
distributive Eigenschaft des Durchschnitts und der Summe von Punktmengen 23.
Division (Axiome) 5.

Doppelsummen 109.
dreidimensionaler Raum 18.
Dreieckssatz 193.
Durchmesser einer Punktmenge 201.
Durchmesser eines Zellennetzes 294.
Durchschnitt einer offenen und einer in sich dichten Menge 55.
Durchschnitt einer offenen und einer perfekten Punktmenge 63, 65.
Durchschnitt von abgeschlossenen Punktmengen 54.
Durchschnitt von Intervallen 34, 41.
Durchschnitt von linearen Gebilden 317, 334.
Durchschnitt von meßbaren Punktmengen 251.
Durchschnitt von Punktmengen 22, 27.
Durchschnitt von quadrierbaren Punktmengen 290.
Durchschnitt von relativ abgeschlossenen Punktmengen 59.
Durchschnitt von relativ offenen Punktmengen 60.
Durchschnitt von überall dichten Punktmengen 63.
Durchschnitt von Vereinigungen abgeschlossener Punktmengen 71.

Ebenen ((n — 1)-dimens. Eb. sind Nullmengen) 285, 334.
ebene Punktmengen 20.
echte Teilmenge 6, 21.
eigentlich divergente Folgen 89.
eigentlich divergente Reihen 102.
eindeutige Funktion 71.
Eindeutigkeit der Division 5.
Eindeutigkeit der Lösungen von Differentialgleichungen 675.
Eindeutigkeit der Subtraktion 3.
eineindeutige Abbildung 72.
einfaches Integral 542.
Einheitspunkt (einer Achse) 18.
Einheitsvektoren 312.
Eins, die, 5.
Element (einer Zahlenmenge) 6, (einer Determinante) 318.
endliche Funktionen 120.
Endliche Punktmengen 25.
Endlich viele Elemente 9.
Endlichwertige Funktionen 385.
endlichwertige Funktionen (ihre Summierbarkeit) 424.
Entfernung eines Punktes von einer Punktmenge 196.
Entfernung von zwei Punkten 191.
Entfernung $E(A, B)$ von zwei Punktmengen 199.
Entfernung von zwei Punktmengen ist gleich der Entfernung ihrer Begrenzungen 219.
entgegengesetzte Zahlen 3.
Entwickelung von Determinanten 324.
erreichbarer Punkt 42.
Erweiterung des Definitionsbereiches stetiger Funktionen 617.
Erzeugung meßbarer Punktmengen 256.
Erzeugung stetiger Funktionen 167.
Euklid 18.
Existenz der Lösungen von Differentialgleichungen 672.
Existenz meßbarer Punktmengen 199.
Existenz nicht meßbarer Punktmengen 352.
Existenz von Determinanten 325.

Fehler der k^{ten} Approximation 173.
Folgen von Funktionen p^{ter} Klasse 588.
Folgen von Punktmengen 27; reguläre — 497.
Fubini 621, 625.
Funktion 71.
Funktionen einer Veränderlichen; obere und untere Limites rechts und links eines Punktes 144.
Funktionen mit beschränkten Differenzenquotienten 550.
Funktion von beschränkter Variation 180, 584.
Funktion von beschränkter Variation innerhalb eines Gebietes 183.
Funktion von beschränkter Variation zerlegt in eine stetige Funktion und der Summe ihrer Diskontinuitäten 189.
Funktion von beschränkter Variation — Kanon. Zerlegung 588.
Funktionen von konstanter λ-Variation 567, 587.

Ganze Zahlen 12.
Gebiet 222.

Gebiet (lineares —) 149, 227.
Gebiet (nicht quadrierbares —) 292.
gerade Linie 334.
Gesamtraum 21.
gleichmäßig beschränkte Funktionenfolgen 170, 173.
gleichmäßige konvergente Folgen; ihre Integration 445, 465.
gleichmäßig konvergente Folgen von Funktionen p^{ter} Klasse 399.
gleichmäßige Konvergenz 173, 178.
gleichmäßige Konvergenz bei Folgen meßbarer Funktionen 382.
gleichmäßige Konvergenz monotoner Funktionenfolgen 176.
gleichmäßige Stetigkeit 205.
gleichzeitige Derivierte 519.
gliedweise Addition konvergenter Reihen 106.
gliedweise Integration von Reihen 602, — Differentiation 604.
Graph einer monotonen Funktion 161.
Grenze, s. obere, untere Grenze.
Grenzen eines einfachen Integrals 543.
Grenze (obere, untere) einer Folge von meßbaren Funktionen 381.
Grenzwert einer Folge von Potenzen 97.
Grenzwert einer konvergenten Zahlenfolge 88.
Grenzwert einer Summe 94.
Grenzwert eines Produkts 95.
Grenzwert eines Quotienten 96.
größtes Element einer Zahlenmenge 10.
größte offene Teilmenge 217.
Grundmengen 58.
Grundoperationen an Punktmengen 21.

Halbstetige endlichwertige Funktionen 386.
halbstetige Funktionen 136, 137, 373.
halbstetige Funktionen als Grenzen monotoner Folgen von stetigen 402.
Halbstetigkeitspunkte 127.
harmonische Reihe 103.
Häufungspunkt 38.
Häufungspunkte von Durchschnitts- und Vereinigungsmengen 52.
Hauptderivierte 517, Bestimmung einer Funktion durch ihre Hauptderivierte 595, sie sind von der 2ten Klasse 528.
Hauptdiagonale von Determinanten 318.
Hauptlimites der Summe von zwei Zahlenfolgen 82.
Hauptlimites des Produktes von nicht negativen Zahlenfolgen 87.
Hauptlimites einer Folge von meßbaren Funktionen 382.
Hauptlimites einer Zahlenfolge 77.
Hauptlimites einer Zahlenfolge und ihrer Teilfolgen 79.
Hauptlimites (ihre Berechnung) 87.
homogene lineare Gleichungssysteme 329.
Hülle (abgeschlossene) 57.
Hülle maßgleiche 260, 269, 279, 281.

Induktion (vollständige) 6.
Inhalt (äußerer —) einer Punktmenge 232.
Inhalt des Intervalls 229, des abgeschlossenen Intervalls 234.
Inhalt (innerer —) einer Punktmenge 274.
Inhalt (Transformation des —) 340.
Inhalt von quadrierbaren Punktmengen nach Jordan 298.
innerer Punkt 37.
inneres Maß 258, 365.
inneres Produkt 313.
in sich dichte Punktmengen 39.
Integral 420, 431.
Integral äquivalenter Funktionen 427, 431.
Integral der Hauptlimites einer Funktionenfolge 443.
Integral der oberen Grenze einer Funktionenfolge 442.
Integral des absoluten Betrages 434, 435.
Integral einfaches 542, ihre Berechnung 600.
Integral einer Grenzfunktion 422, 441, 444, 445.
Integral einer monotonen Folge 441, 442.
Integral einer positiven Funktion 448.
Integral eines Produkts 438.
Integral einer Summe 429, 433.
Integral mehrfaches 633.
Integral (unbestimmtes) 469, einer Funktion $f(x)$ 544.
Integral (unbestimmtes von äquivalenten Funktionen) 470.

Integral, wiederholtes 628, 630, 632.
Integral, wiederholtes einer nicht notwendig summierbaren Funktion 638.
Integrierbarkeit nach Riemann 460, 502.
Intervall 19, 20.
Intervall als Kontinuum 213.
Intervallfunktionen 502, additive und totalstetige 503, 510
Intervall lineares 19.
Intervall, n-dimensionales, 20.
inverse Funktion 166.
irrationale Zahlen 33.
isolierte Punkte 38.

Jordan 298.

Kantenlängen eines Intervalls 20.
Kardinalzahlen 9.
Kern (maßgleicher) 261, 269, 279, 281.
Kette von Punkten (δ-Kette) 210.
Klasse einer Funktion 393.
Klasse, Funktionen 2ter Klasse 406.
Klassifizierung unstetiger Funktionen 412.
kleinste natürliche Zahl 7.
kleinstes Element einer endlichen Zahlenmenge 9.
kleinstes Element einer Menge von natürlichen Zahlen 8.
Kolonnen einer Determinante 318.
kommutative Eigenschaft der Addition 2.
kommutative Eigenschaft der Multiplikation 4.
kommutative Eigenschaft der Summe von Punktmengen 23.
kommutative Eigenschaft des Durchschnitts von Punktmengen 22.
Komplement s. algebr. Komplement.
Komplementärmenge 21.
Komponenten eines Vektors 307.
Kondensationspunkt 38.
Kontinuen 208, — (Existenz) 213.
Kontinuen (lineare —) 215.
konvergente Folgen summierbarer Funktionen 444.
konvergente Folgen von Punktmengen 117.
konvergente Funktionenfolgen 170.
konvergente Reihen 101.
konvergente Zahlenfolgen 88.
Konvergenz (absolute — einer Reihe) 103.
Konvergenz der Darbouxschen Summen 459.
Konvergenz der Riemannschen Summen 462.
Konvergenz des Inhalts einer Folge von Punktmengen 282.
Konvergenz einer Punktmenge gegen einen Punkt 111.
Konvergenz von monotonen Zahlenfolgen 97.
Kreis 192.
Kriterien für die Additivität und Totalstetigkeit einer Intervallfunktion 503, 510.
Kriterien für die Äquivalenz von zwei Funktionen 392, 431, 470.
Kriterien für die Beschränkheit eines unbestimmten Integrals 473.
Kriterien für die Halbstetigkeit in einem Punkte 129.
Kriterien für die Halbstetigkeit (Stetigkeit) auf einer Punktmenge 137, 138.
Kriterien für die Integrierbarkeit nach Riemann 460, 462.
Kriterien für die Meßbarkeit einer Funktion 375 ff.
Kriterien für die Stetigkeit in einem Punkte 130.
Kriterien für die Summierbarkeit einer Funktion 426, 434, 636.
Kriterium dafür, daß eine Funktion punktiert unstetig sei 143.
Kritik der Definition des Maßes 359.
Kugel als Kontinuum 214.
Kugel (offene, abgeschlossene) 192.
Kugeloberfläche 214.

Lagrange 518.
Länge (eines Intervalls) 19.
Lebesgue 228, 282, 298, 450, 544.
leere Mengen 6, 21.
Leibniz 421, 518.
Limes (— des Wertevorrats einer Funktion) 74, 75.
Limes einer Zahlenfolge 76.
Limesfunktionen 122—126.
Limesfunktionen der Derivierten einer add. totalstetigen Mengenfunktion 499.
Limesfunktionen der Derivierten einer Funktion einer Veränderlichen 534.

Limesfunktionen einer Funktion von beschränkter Variation 187.
Limesfunktionen einer monotonen Funktion 151.
Limesfunktionen von nach Riemann integrierbaren 463.
Limes superior und inferior einer Folge von Punktmengen 114.
Lindelöfs Überdeckungssatz 46.
linear abhängige und unabhängige Vektoren 309.
lineare Gleichungen 329.
lineare Punktgebilde 333.
lineare Punkttransformationen 335, 338.
lineare Schar von additiven totalstetigen Mengenfunktionen 499.
lineares Intervall 19.
lineares Kontinuum 215.
lineares Vektorgebilde 309.
Lipschitzsche Bedingung 673.

Maß, Äußeres — 238, 271, Inneres — 258, 365.
Maßfunktion 69, 238, reguläre Maßfunktion 258.
maßgleiche Hülle 260, 269, 279, 281.
maßgleicher Kern 261, 269, 279, 281.
Maß Null (Punktmenge vom —) 257.
Matrix (s. Schema von Elementen)
Maximum einer Funktion (Definition) 121.
Maximum einer nach oben halbstetigen Funktion (Existenz) 139.
mehrdeutige Funktionen 72.
mehrfaches Integral 633.
Mengenfunktion 72, additive — 470, totalstetige — 475.
Mengen von Kondensationspunkten 49, 50.
Mengen von Punktmengen 27, 72.
meßbare Abbildung 354, 581.
meßbare endlichwertige Funktionen 386.
meßbare Funktionen 374.
Meßbarkeit 246, 263.
Meßbarkeit, Bedingungen für die Meßbarkeit 263, 267, 269, 282.
Meßbarkeit der Derivierten 484, 496, 528, 642.
Meßbarkeit der Funktionen die in jeder Veränderlichen stetig sind 644.
Meßbarkeit der Funktionen p^{ter} Klasse 403.
Meßbarkeit der Punktmengen vom Maße Null 257.
Meßbarkeit der Vereinigungs-, Durchschnitts- und Komplementärmengen 248. u. ff.
Meßbarkeit des Inhalts 281
Meßbarkeit des Limes superior und inferior 252.
Meßbarkeit in zwei Veränderlichen eines einfachen Integrals 656.
Meßbarkeit nach Lebesgue 282.
Meßbarkeit und Summierbarkeit 423, 434.
Minimum einer Funktion (Definition) 121.
Minimum einer nach unten halbstetigen Funktion (Existenz) 139.
Minuszeichen 4.
Mittelpunkt (eines Intervalls, Quadrats oder Würfels) 19, 20.
Mittelwertsatz der Differentialrechnung 540.
Mittelwertsatz d. Integralrechnung 449, zweiter Mittelwertsatz 612.
mittlere Derivierte 480.
monotone Folgen halbstetiger Funktionen 175, 406.
monotone Folgen summierbarer Funktionen 441.
monotone Folgen von Punktmengen (ihre Konvergenz) 119, (Maß der Grenzmenge) 270.
monotone Funktionen 149, 563.
monotone Funktion (Integrierbarkeit nach Riemann) 463.
monotone Funktion, Kanonische Zerlegung 577.
monotone Funktion, Unendlichkeitsstellen der Derivierten 580.
monotone Funktion von konstanter λ-Variation 567.
monotone Funktion (Zerlegung in eine stetige monotone Funktion und eine andere, deren totale Diskontinuität gleich ihrer Variation ist) 157.
monotone Funktion, Zerlegung in totalstetige und in Funktion von konstanter λ-Variation 569.
monotone Zahlenfolge 96.

Multiplikation absolut konvergenter Reihen 110.
Multiplikation (Axiome) 4.
Multiplikation der Determinanten 340.

Natürliche Zahl (Zahlenreihe) 6.
n-dimensionaler Raum ($\mathfrak{R}_n$) 18.
n-dimensionales Intervall 20.
negative Variation s. Variation.
negative Zahlen 3.
Nenner (eines Bruches) 13.
nichtabzählbare Punktmengen 49.
Nichtabzählbarkeit der perfekten Punktmengen 50.
Nichtabzählbarkeit des Intervalls 31.
Nicht meßbare Funktionen 379.
Nicht meßbare Punktmengen 246, 268, 349.
Nicht quadrierbare abgeschlossene Punktmengen 291.
Nicht quadrierbare Gebiete 292.
nirgends dichte Punktmengen 64.
Normalformen der Determinanten 319, 320.
normierte Vektorensysteme 314.
Normierung einer Basis eines Vektorgebildes 315.
Null 3.
Nullitätsgesetz von Sylvester 340.
Nullmenge 232, (perfekte —) 286.
Nullpunkt (einer Achse) 18.
Nullvariation 513.

Obere Grenze 11.
Obere Grenze der Limesfunktionen einer Funktion 133.
Obere Grenze einer Funktion auf einer Punktmenge 121.
obere Limesfunktion 122.
oberer Limes des Wertevorrats einer Funktion 74.
oberer Limes einer Funktion in einem Punkt 122.
oberer Limes einer Zahlenfolge 77.
oberer Limes von Teilfolgen einer Zahlenfolge 93, 94.
offen (relativ zu einer Punktmenge) 60.
offene Punktmengen 40, 218.
offene Punktmengen als Summen von Gebieten 226.
offene Zelle s. Zelle.
Ordinatenmengen 418.
Ordinatenmengen einer Funktion 420.
Ordnung einer Determinante 318.
orthogonale lineare Gebilde 317.
orthogonale Transformation 347.
orthogonale Vektoren 314.

Parallelmengen 220.
Parameterdarstellung von Punktgebilden 334.
partielle Ableitungen 641.
partielle Derivierte 642.
partielle Differentiierbarkeit 641.
partielle Integration 549
partielle Summation 612.
partielle und totale Differentiierbarkeit einer totalstetigen Funktion 659, 661.
Peano 298.
perfekte nirgends dichte Punktmengen 287, 291.
perfekte Punktmengen 39, 41, 50, 67.
Polynome 167.
positive Variation s. Variation.
positive Zahlen 3.
Potenz 97.
Prinzip der vollständigen Induktion 6.
Produkt der halbstetigen Funktionen 131.
Produkt von meßbaren Funktionen 378.
Produkt von nach Riemann integrierbaren 464.
Produkt von Zahlen 4.
Projektion einer Punktmenge a. e. lineare Mannigf. 622.
Punkt des $\mathfrak{R}_n$ 18, 20.
Punktfunktion 71.
punktiert unstetige Funktionen 143.
Punktmengen meßbaren Inhalts 281.
Punktmengen ohne Häufungspunkt 48.
Punktmengen ohne Kondensationspunkte 48.

Quadrat 20.
quadrierbar 290, (nach außen, innen —) 289.
Quadrierbarkeit nach Jordan 298.
Quotient von halbstetigen Funktionen 132.

Quotient von nach Riemann integrierbaren Funktionen 464.
Quotient von totalstetigen Funktionen 551.
Quotient (von Zahlen) 5.

Rand einer Punktmenge 216.
Rang eines Schemas 329.
Rationale Zahlen 13.
Rechnen mit den Hauptlimites 79 u. ff.
Rechnen mit konvergenten Reihen 106.
Rechnen mit konvergenten Zahlenfolgen 94.
Rechnen mit Maßfunktionen 252, 270, 272, 273.
Rechnen mit $\pm\infty$ 14.
Rechteck 20.
reelle Funktionen 71.
reelle Zahlen 1.
reguläre Folge von Punktmengen 497.
reguläre Maßfunktion s. Maßfunktion.
Reihen 101.
Reihen — ihre Integration 601, Differentiation 604.
Relativbegriffe 58.
Riemann 459.
Riemannsches Integral 459.
Riemannsche Summen 461.

Satz von Archimedes 11.
Satz von Baire 178.
Satz von Fubini 627.
Satz von Scheeffer 595.
Satz von Weierstraß 134.
Satz von Young 69.
Scheeffer 595.
Schema von Elementen 326.
Schluß von n auf $(n+1)$ 6.
Schwankung der Limesfunktionen von $f(P)$ 142.
Schwankung einer Funktion 141.
Schwankung von monotonen Funktionen 152.
senkrechte Vektoren 314.
Skala 450.
Spalten einer Determinante 318.
Spaltungen der Koordinaten 630.
Spiegelung an der Hauptdiagonale von Determinanten 322.
Steigung einer Strecke 515.
stetige Abbildung 205.
stetige Abbildung eines Kontinuums 212.
stetige Funktion 136, 138, (— integrierbar nach Riemann) 463.
stetige Funktionen — Erweiterung des Definitionsbereiches 617.
stetige Funktionen nehmen jeden Zwischenwert an 227.
Stetigkeit bei gleichmäßiger Konvergenz 174.
Stetigkeit der Entfernung $E(P, A)$ 198.
Stetigkeit der Lösungen von Differentialgleichungen nach einem Parameter 678.
Stetigkeitsaxiom 10.
Stetigkeitspunkte einer Funktion 127.
stets wachsende, abnehmende Funktionen 149.
Stolz 644.
Strecken als Kontinuum 213.
Streckenrechnung 18.
Strecken zwischen zwei Punkten 196.
stückweise lineare Funktionen 168
Substitution bei meßbaren Funktionen 376, 377, 379.
Substitution der einfachen Integrale 556.
Substitution von Funktionen in eine gegebene 122, 139.
Subtraktion von Zahlen (Axiome) 3.
Summe von halbstetigen Funktionen 131.
Summe von konvergenten Reihen 106.
Summe von meßbaren Funktionen 378.
Summe von nach Riemann integrierbaren Funktionen 464.
Summe von positiven Zahlen 98.
Summe von Punktmengen 22, 28.
Summe von unendlich vielen absolut konvergenten Reihen 109.
Summe von Zahlen 2.
Summierbarkeit 420, 430.
Summierbarkeit der mittleren Derivierten 490.
Summierbarkeit eines Produkts 438.
Summierbarkeit und Meßbarkeit 423.
Summierbarkeit verallgemeinerter Derivierten 496.
Sylvester 340.

Teilfolgen einer Folge von Punktmengen 117, 118.
Teilfolgen einer Zahlenfolge 79, 92, 93, 94.

Teilmenge von gegebenen Inhalt 288.
Teilmenge 6, 21.
Teilsummen 98.
totale Diskontinuität von Funktionen beschränkter Variation 188.
totale Diskontinuität von monotonen Funktionen 155.
totales Differential 649.
totale Variation s. Variation.
totalstetige Funktionen als unbestimmtes Integral 490.
totalstetige Funktionen einer Veränderlichen 513, 547.
totalstetige Funktionen von zwei Veränderlichen 653.
totalstetige Mengenfunktion 475.
Totalstetigkeit der Funktionen mit beschränkten Differenzenquotienten 551.
Totalstetigkeit des absoluten Betrages 547.
Totalstetigkeit des unbestimmten Integrals 475.
Totalstetigkeit einer Funktion mit summierbaren und nur in abzählbar vielen Stellen ∞ Hauptderivierten 597.
Totalstetigkeit einer Summe 547, eines Produkts 549, eines Quotienten 550.
Totalstetigkeit von $f(\varphi(x))$ 555.
totalunstetige Funktionen 143.
Transformation des Inhalts von Punktmengen 340.

Überall dichte Punktmengen 61, 62.
Überdeckung des Raumes durch abzählbar viele Würfel 36.
Überdeckungssatz von Borel 45.
Überdeckungssatz von Lindelöf 46.
Überdeckungssatz von Vitali 299, 304, 305.
Umgebung einer Punktmenge 40.
Umgebung eines Punktes 37, 40.
Umkehrproblem der Differentialrechnung 594.
Umkehrung einer Funktion 166.
Unabhängigkeit der Fundamentaleigenschaften der Maßfunktionen 359.
unbestimmtes Integral s. Integral.
Unbestimmtheitsgrenze s. Limes (oberer, unterer); Hauptlimites.
uneigentliche Integrale 606.
Unendlich 11.
unendliche Punktmengen 26, unendliche beschränkte Punktmengen 48.
Unendlich (Rechenregeln) 14.
unhomogene lineare Gleichungssysteme 330.
unstetig (punktiert, total) 143.
Unstetigkeitsstellen von Funktionen beschränkter Variation 187.
Unstetigkeitsstellen von monotonen Funktionen 154.
untere Grenze 12.
untere Grenze einer Funktion auf einer Punktmenge 121.
unterer Limes des Wertevorrats einer Funktion 75, 76.
unterer Limes einer Funktion in einem Punkt 122.
unterer Limes einer Zahlenfolge 77.
untere Limesfunktion 122.

Variation (positive, negative, totale) einer Funktion 181, (λ-Variation) 510.
Variation einer Funktion von beschränkter Variation 182.
Variation einer monotonen Funktion 156.
Variationsgleichungen 687.
Vektor 307.
Vektorensystem 312.
Vektorgebilde s. lineares Vektorgebilde.
verallgemeinerte Derivierte 492.
Vereinigungsmengen 23, 27.
Vereinigungsmenge von abgeschlossenen Punktmengen 55.
Vereinigungsmenge von in sich dichten Punktmengen 55.
Vereinigungsmenge von meßbaren Punktmengen 251.
Vereinigungsmenge von nirgends dichten Punktmengen 65.
Vereinigungsmenge von perfekten Punktmengen 56.
Vereinigungsmenge von quadrierbaren Punktmengen 290.
Vereinigungsmenge von relativ abgeschlossenen Punktmengen 59.
Vereinigungsmenge von relativ offenen Punktmengen 60.

Vereinigungsmenge von überall dichten Punktmengen 61.
Verhältnis (von Strecken) 18.
Verknüpfungsaxiome 1.
Vertauschung der Reihenfolge der Differentiationen 650.
Vitalis Überdeckungssatz 299, 304, 305, 689.
vollständige Induktion 6.
Vorzeichenregel der Multiplikation 4.

Weierstraß 134, 590.
Widerspruchslosigkeit (der Axiome) 1.
wiederholte Integrale 628, 630, 632
Würfel. n-dimensionaler Würfel 20.

Zahlenfolge 71.
Zahlenmengen 6, 19
Zahlenpaar 18.
Zahlentripel 18.
Zähler (eines Bruches) 13.
Zeilen einer Determinante 318.
Zelle (offene, abgeschlossene) 294.
Zellennetze 293.
Zermelos Auswahlaxiom 33.
zugehörige Intervallfunktionen 511, 651.
zugeordnete Derivierte 519.
Zuordnung 71.
Zuordnungsaxiom 18.
zusammenhängende abgeschlossene Punktmengen 208.
zusammenhängende offene Punktmengen 222.
Zusammensetzung von linearen Transformationen 339.
Zylinder deren Basen Nullmengen sind 420.
Zylindermengen 414.

GPSR Compliance

The European Union's (EU) General Product Safety Regulation (GPSR) is a set of rules that requires consumer products to be safe and our obligations to ensure this.

If you have any concerns about our products, you can contact us on ProductSafety@springernature.com

In case Publisher is established outside the EU, the EU authorized representative is:

Springer Nature Customer Service Center GmbH
Europaplatz 3
69115 Heidelberg, Germany

Batch number: 10619520

Printed by Printforce, the Netherlands